AIRCRAFT EQUIPMENT

항공기장비 I

저자 조용욱
최태원
강지일

도서출판 청 연

머 리 말

    항공기도 점점 복잡화, 대형화됨에 따라 항공장비 분야는 빠른 속도로 발전되고 응용되어서 더 정확하고 신속한 정보의 제공은 물론 모든 계통을 보다 편리하게 작동시킬 수 있게 하였다. 초창기 항공기는 비행에 필요한 간단한 장비로 OPERATOR가 많은 부분을 조작하고 MONITER 하였으나 현대는 항공장비의 발달로 사람이 할 수 있는 영역을 장비나 장치 등이 대신해 주고 있다. 과거에는 무선 통신기기 조작 및 운용을 위해 전문 통신사가 항공기에 탑승하여 업무를 수행해 왔으나 요즘에는 무선기기의 발달로 무선 통신사가 항공기에 별도로 탑승할 필요가 없는 것은 항공장비 분야의 발달을 대변해 주는 일부 예로 볼 수 있겠다. 반면 항공장비의 발달은 이를 운용, 정비하고 SERVICE 하는 종사자들에게는 더 많은 연구와 노력을 요구하고 있다. 그럼에도 불구하고 '항공기 장비' 부문은 처음 이 분야에 입문하는 사람은 물론이고 현재 항공기 기술분야에 종사하고 있는 사람들도 많이 알고 있지 못하는 분야이다. 항공기 장비라 함은 그 범위나 해석하기에 따라 항공기의 모든 부분품이 장비로 취급될 수 있기 때문에 그 한계를 명확히 구분한다는 것은 어려우며 국내에서도 '항공기 장비'는 완전하게 시리즈화된 책자가 없는 실정이다 저자도 과거 이 분야를 공부하면서 항공기 장비 부분에 해당하는 책자를 구입하는데 많은 어려움을 겪었던 경험이 있다. 이에 저자는 항공기술 선진국에서 수학과정 중 수집 연구한 자료와 과거의 실무경험을 바탕으로 처음 이 부문을 공부하는 사람도 '항공기 장비' 과목을 MASTER 할 수 있도록 한 권으로 엮어진 '항공기 장비' 책을 발간하게 되었다.

이 책에서는 '항공기 장비' 과목을 크게 다섯 편으로 분류하여 제1편 전기, 제2편 계기, 제3편 공유압, 제4편 보조장치, 제5편에 프로펠러로 구분하여 정리하였다. 본문내용을 보다 쉽게 이해할 수 있도록 많은 그림을 삽입하였으며 각 편과 장이 끝날 때마다 충분한 연습문제를 실었으며 '항공기 장비' 과목에서 가장 근본이 되는 전기편에 많은 지면을 할애해 기초부터 자세히 설명하였으며 계기편에서는 현대 항공기 장비 추세에 맞춰 통신 및 항법장치, 자동비행 조종장치 부분도 언급하였고 보조장치편을 첨가하여 보다 많은 항공기 보조장치에 대한 이해가 되도록 노력하였다.

아무튼 발간된 본 책자가 독자 여러분에게 많은 도움이 되길 바라마지 않으며 앞으로 내용을 더욱 보충하고 개선을 거듭하여 더욱 좋은 책이 꾸며지도록 노력하겠다.

끝으로 원고정리에 많은 도움을 준 CALIFPRNIA 주립대에 재학중인 이애경씨와 편집과 교정업무에 힘써준 한병회, 민병국, 황현룡 후배, 그리고 책이 발간되기까지 애써주신 눈문자료사에 진심으로 감사 드린다.

저 자

목 차

〈 제1편 전 기 〉

제1장 기초 전기 공학

I

⟨ 제2편 계 기 ⟩

〈 제3편　공유압 〉

제1장　A/C 유압장치

제2장　항공기 공압장치

〈 제4편　보조장치 〉

제1장　기내 기압 조정장치

제2장 산소장치 일반

제3장 Ice and Rain Protection

〈 제5편   프로펠러 〉

제1장 프로펠러 이론

제2장 프로펠러의 종류

제1편   전 기

제1장 기초 전기공학 (Basic Electricity)

1-1. 물질 (Matter)

물질은 질량과 공간을 갖고 있는 어떤 것으로 정의할 수 있다.

그리고 물질은 고체, 액체나 기체의 형태로 존재한다. 어떤 형태나 상태로든 물질이 가장 작은 알맹이를 분자(molecule)라고 한다. 물질(substance)이 오직 한가지 type의 원자로 구성되어진 것을 원소(element)라고 한다. 그러나 대부분의 물질은 화합물(compound) 형태여서 둘이나 그 이상의 여러 type의 원자로 결합되어 있다.

예를들면, 물은 두개의 수소(hydrogen) 원자와 하나의 산소(oxygen) 원자의 화합물이다.

Fig. 1-1은 물의 분자 모습이다.

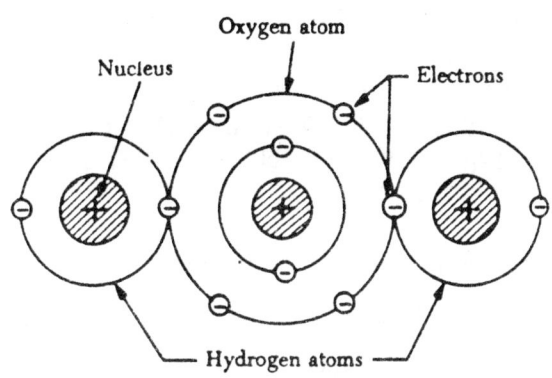

Fig. 1-1 A water molecule.

1) 원자 (atom)

이것은 가장 작은 알맹이로 원자가 화학적 특성을 유지할 수 있을때까지 나누어진 것이다. 가장 작은 형태로 하나 혹은 두개의 전자가 빠른 속도로 핵(nucleus)의 주변을 돌고 있다. 이 핵은 하나 혹은 그 이상의 양자(proton)로 만들어 졌으며 대부분의 원자는 하나 혹은 그 이상의 중성자(neutron)이기도 하다.

Fig. 1-2는 가장 간단한 원자인 수소 구조이다. 하나의 전자(electron)가 하나의 양자의 주변을 돌고 있다.

또 다른 것은 좀 더 복잡한 원자로 산소 구조이다. 여덟개의 전자가 두개의 궤도를 돌고 있고, 가운데는 여덟개의 양자와 여덟개의 중성자(neutron)로 이루어진 핵(nucles)이 있다.

전자는 전기적으로 음극을 띠고 있고 더 이상 나눌수 없다. 핵으로 부터 가장 멀리 떨어져

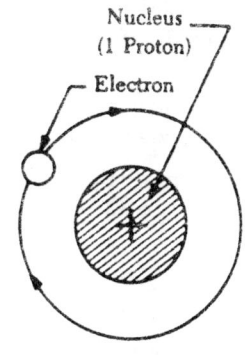

Fig. 1-2 Hydrogen atom.

서 맨 바깥쪽의 궤도를 돌고 있는 전자를 자유전자라고 한다. 이 자유전자는 양자의

positive attraction에 의해 쉽게 떨어져 나가서 electrical circuit의 전자의 흐름을 이루어지게 한다. 핵의 중성자는 전기적인 극성이 없다. 핵의 양자의 전체적인 양전하(positive charge)와 궤도의 전자의 전체 음전하(negative charge)가 똑같으면, 원자는 중성(neutral charge)이라고 말할 수 있다.

만약 원자에 전자, 즉 음전하가 부족하면 원자는 양전하를 띠게되며 양 이온이라고 부른다. 만약 전자의 수가 많으면 음전하를 띠며 음 이온이라고 말한다.

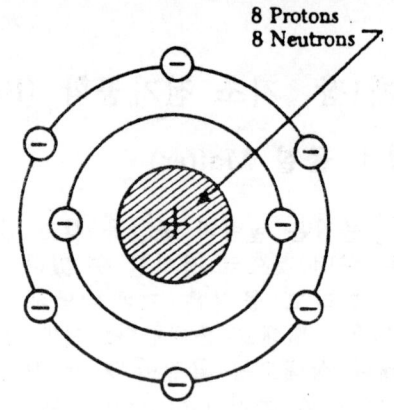

Fig. 1-3 Oxygen atom.

2) 전자운동 (Electron movement)

전기적으로 중성인 상태에서 원자는 하나의 전자에 하나의 양자를 갖고 있다. 원자에 의해서 잡혀있는 전자의 수는 여러가지 원소를 만들고 이 수는 하나의 수소(hydrogen)에서 부터 92개의 우라늄(uranium)에 이른다. 전자가 핵의 주변을 움직이는 궤도를 때로는 각(shell)이나 층(layer)이라고도 한다. 각 shell은 최대의 전자를 가질 수 있다. 만약 이 숫자를 넘어서면 초과된 전자(extra electron)는 그 다음의 바깥쪽 shell로 나가려고 한다. 핵 근처의 첫번째 궤도는 2개의 전자를 갖고 있다. 두번째 shell은 최대 8개의 전자를 가질 수 있다. 세번째 shell은 18개, 네번째 shell은 32개 등이다.

1-2. 정전기 (Static Electricity)

전기(electricity)는 가끔 정전기(static)나 동전기(dynamic) 등으로 설명한다. 전자가 모두 같은 형태여서 위에서 말한 것은 전혀 다른 두가지 type의 전기가 아니고, 전자가 쉬고 있는 상태나 움직이고 있는 상태를 말한다.

단어 static의 뜻은 "staionary"나 "at rest"의 뜻으로, 전자가 부족하거나 남아돌때 등을 말한다.

원래 정전기는 쉬고 있는 상태의 전기를 말하는데, 전기 에너지는 마찰에 의해서 생겨나지만 움직이지 않을때에는 마찰이 없고 전기 에너지가 없기 때문이다. 쉬운 예로, 머리 빗을 머리에 문지르면 이상한 소리가 난다. 이것은 정전기 방전(static discharge)이 일어나는 것을 나타낸다. 마찰에 의해서 전자가 빗으로 옮겨지기 때문이다.

방전(discharge)은 빗(comb)의 반대방향으로 전자가 빨리 움직이기 때문에, 빗에서 머리로 이루어진다. 어두운 곳에서 작은 spark를 볼수 있는데 이것이 discharge되는 현상이다. 정전기는 조절하기가 힘들고 빨리 discharge한다. 반대로 dynamic이나 current electricity는 쉽게 만들고 조절되므로 유용한 energy로 사용한다.

1) 정전기 발생 (Generation of Static Electricity)

정전기는 접촉(contact), 마찰(friction), 유도(induction)등에 의해 만들어진다. 마찰(friction)을 예로들면, 유리막대를 가죽에 문지르면 음전하를 띠게되고 반대로 silk에 문지르면 양전하를 띠게 된다. 플란넬(flannel), silk, rayon, 호박, hard rubber, glass등은 정전기가 쉽게 쌓인다. 유리 막대를 silk에 문지르면 유리막대가 전자를 포기해서 양전하(positive charge)가 된다. silk는 negative charge가 되고, 초과 전자를 갖고 있다. 이 전하(electric charge)의 근원은 마찰이다. 이 대전(charge)된 유리막대는 다른 물질을 charge하는데 사용할 수 있다.

Fig. 1-4에서와 같이 피스볼(pithball)을 매달아 두고 각각의 볼에 대전된 glass rod를 갖다 대면 rod의 charge가 ball로 전해진다. ball은 비슷하게 charge되어 그림 B와 같이 서로 멀리한다.

만약 plastic rod를 가죽에 문질러서 positive charge를 만들고, 이것으로 ball에 갖다대면 ball은 opposite charge를 얻게 되서 그림 C와 같이 서로 잡아 당긴다.

대부분의 물건이 마찰에 의해서 정전기로 charge가 되지만 일단 charge된 물질도 근처의 물체에 접촉해서 영향을 줄수 있다.

이에 대한 설명은 Fig. 1-5를 보면 알수 있다.

만약 양전하를 띠고 있는 막대가 대전되지 않은 금속막대에 접촉되면 대전되지 않은 막대에서 전자를 뽑아낸다. 일부의 전자가 rod로 들어가고, 금속막대는 전자의 부족상태(positively charged)가 되어 rod는 전보다 약한 positive가 되거나 완전히 중성화된다.

Fig. 1-6은 유도(induction)에 의해서 금속막대를 charging시키는 방법이다.

양전하를 띠는 막대(positively charged rod)를 대전되지 않는 금속막대에 가까이 접근시킨다.

metal bar의 전자가 양전하를 띠는 막대의 가까운 쪽으로 이끌

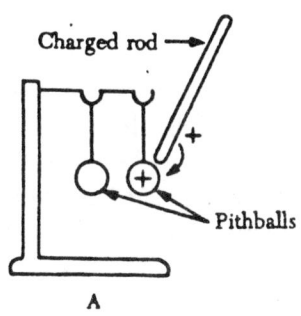

A

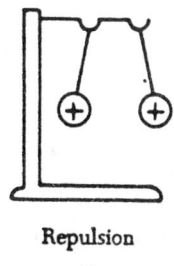

Repulsion
B

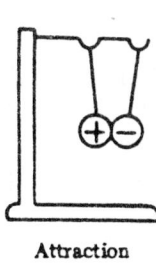

Attraction
C

Fig. 1-4 Reaction of like and unlike charges.

리게 되어 bar의 반대쪽에는 전자가 부족해진다. 전자가 부족한 상태인 곳은 양전하로 띠게 되는데 이곳에 중성물질을 접근시키면 metal bar로 전자가 흘러 들어가서 charge를 중성화시킨다.

그러면 좌측에 metal bar는 전자가 많은 상태로 유지하고 있다.

2) 정전기장 (Electrostatic field)

대전체 (charged body) 주변에는 힘의 장 (field) 이 존재한다. 이 field를 electrostatic field (때로는 유전체 장이라고도 부름)라 하며, 대전체에서 나오는 line으로 나타내고 opposite charge에서 끝난다. electrostatic field를 설명하기 위해 line을 이용해서 방향과 electric field의 강도등을 나타낸다.

양전하 (positive charge) 주변의 field의 방향은 항상 바깥쪽으로 벗어나려고 한다.

Fig. 1-8은 positive charge이다. charge의 type에 관계없이 만약 charge가 비슷하면 서로 밀어낸다. 이 line은 항상 positive charge에서 음전하 (negative charge)로 뻗힌다.

Fig. 1-9에서 소형 metal disk는 음전하 분포로 되어 있다. 검전기 (electrostatic detector)로 disk의 전체 표면에 분포된 상태를 볼수 있다.

metal disk가 전체 표면에 고른 저항을 갖고 있어서 전자의 상호 반발작용이 전체 표면에 고른 분포를 가능케한다.

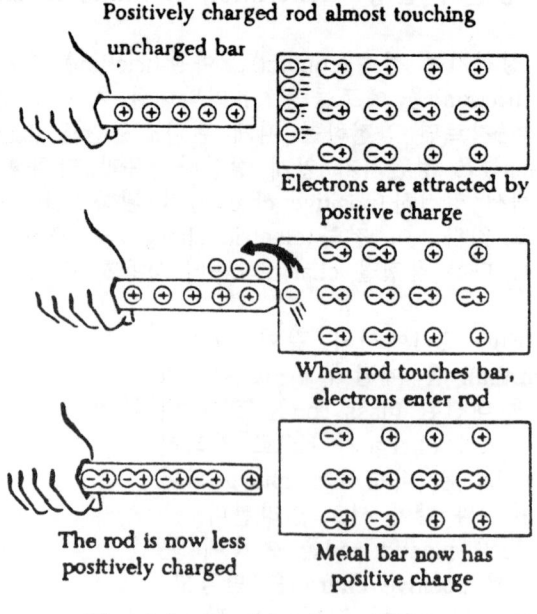

Positively charged rod almost touching uncharged bar

Electrons are attracted by positive charge

When rod touches bar, electrons enter rod

The rod is now less positively charged

Metal bar now has positive charge

Fig. 1-5 Charging by contact.

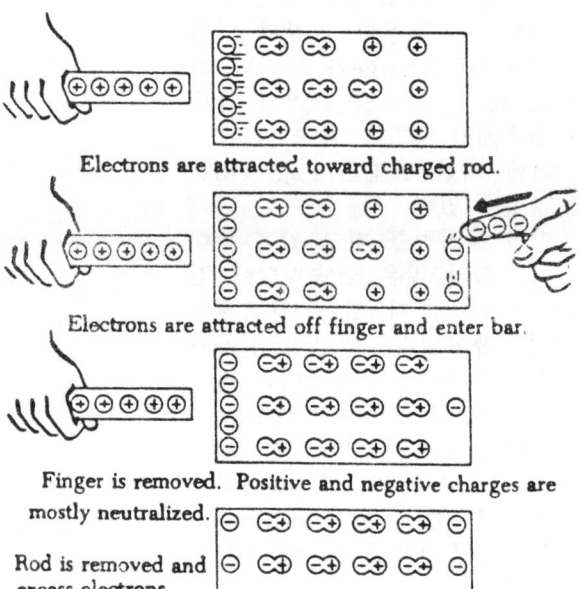

Electrons are attracted toward charged rod.

Electrons are attracted off finger and enter bar.

Finger is removed. Positive and negative charges are mostly neutralized.

Rod is removed and excess electrons remain.

Fig. 1-6 Charging a bar by induction.

4

Fig. 1-10은 속이 빈 공의 전하분포 상태이다. 이것은 전도성 물질(condu-cting material)로 만들어져 있고, 전하가 바깥 표면에 골고루 퍼져 있다.

내부 표면은 완전히 중성이다. 이 현상은 원자 파괴(atomsma-shing)를 위한 Van de Graaff 정전기 발전기의 운전 요원의 안전을 위하여 사용하며 내부는 operator가 안전한 지역이다.

불규칙한 형태의 물체에서 전하 분포는 모양에 따라 다르며 Fig. 1-11과 같이 골고루 분배되지 않는다. point나 sharpest curvature가 가장 큰 전하가 생기며, A/C의 정비에 이 정전기(static electricity)의 영향을 꼭 고려해야 한다.

A/C 통신계통(communication system)의 정전기 간섭효과와 A/C가 공기 중을 움직일때 생기는 static charge등은 정전기에 의해서 생기는 문제의 좋은 보기이다. A/C의 part는 "bonded" structure로 low-resistance path를 만들어 정전기 방전기(static dis-charge)를 쉽게 하고 radio part는 shielding을 해야 한다. static charge는 A/C의 refueling 중에도 고려해야 한다.

1-3. 기전력
(Electromotive Force)

음(negative point)에서 양(positive point)으로의 전자 흐름을 전류(electric current)라고 하는데, 이는 두 point간의 전압(electric pressure) 차이에 의한 것이다. 만약 conductor의 한 끝에 전자의 수가 많은 negative charge가 존재하고, 반대쪽에는

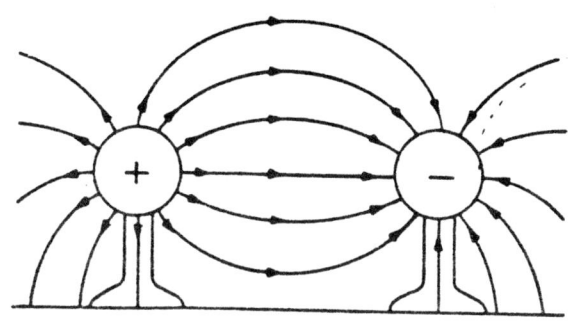

Fig. 1-7   Direction of electric field around positive and negative charges.

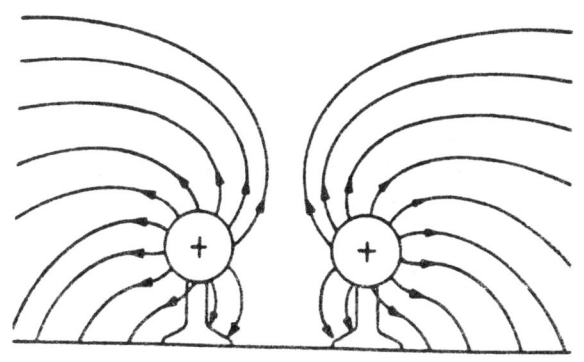

Fig. 1-8   Field around two positively charged bodies.

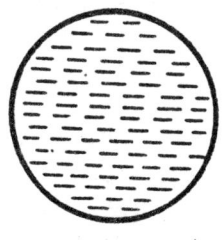

Fig. 1-9   Even distribution of charge on metal disk.

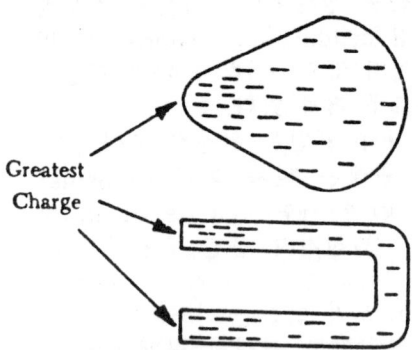

Fig. 1-10   Charge on a hollow sphere

Fig. 1-11   Charge on irregularly
shaped objects.

전자가 부족한 상태의 positive charge일 경우, 이 두 charge사이에 정전기장 (electrostatic field)이 존재한다.

전자는 negative charge쪽에서 밀어내고 positive charge쪽에서는 끌어 당긴다. electric current의 전자의 흐름은 서로 연결된 두 water tank사이의 물의 흐름과 비교 할 수 있다.

Fig. 1-12에서 tank A의 물의 높이가 tank B보다 높다. 만약 tank 사이를 연결한 valve를 열면 물은 tank A에서 tank B로 흘러 결국에는 물의 높이가 같아진다.

위에서 가장 중요한 것은, 물을 흐르게 한 것은 tank A의 pressure가 높기 때문이 아니고 tank A와 tank B사이의 pressure 차이 때문이다. 두 tank의 물의 높이가 똑같으면 물은 흐르지 않

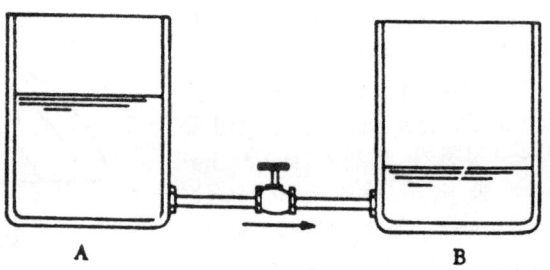

Fig. 1-12   Difference of pressure.

는다. 왜냐하면 pressure차이가 없기 때문이다.

위의 설명은 전자의 움직임과 똑같다. 적당한 길이 있고, 한쪽은 전자가 남아 돌고 다른 한쪽은 부족할때, 두 지점간의 전기 에너지의 전위차 (potential difference)가 힘으로 작용해서 전자의 움직임을 일으키게 한다.

이 힘은 전압이나 전위차 혹은 electromotive force (electron-moving force)등과 같은 것으로 간주한다. 기전력을 간단히 줄여서 e. m. f라고 하고, 전류가 전기의 통로나 회로에서 움직이게 한다.

e. m. f나 전위차의 측정 단위는 volt이다.

e. m. f의 symbol은 대문자 E 이다. Fig. 1-12에서 tank A의 pressure가 10 p. s. i이고, tank B가 2 p. s. i이면 pressure차이는 8 p. s. i이다.

이것을 두 전기단자 사이에 8 volt의 기전력이 존재한다고 말할 수 있다.

6

전위차는 volt로 측정하므로 voltage는 전위차의 양이라고 설명할 수 있다.

A/C battery가 24 volt이면, 이것의 또 다른 의미는, conductor에 의해 연결된 두 점 사이에 24 volt의 전위차가 존재한다고 말할 수 있다.

1-4. 전류 (Current Flow)

전류는 current나 current flow라고 부르고, 얼마나 많은 electron이 움직이는 가는 별 문제이다.

current flow가 한 방향으로 흐를때, 이것을 직류(direct current)라고 한다. electric current는 다양한 수의 electron으로 구성되어 있고, 주어진 시간에 회로 내에서 흐르는 전자의 수를 아는 것이 중요하다.

전자(electron)의 수는 각 전자의 기본 전하량(basic electrical charge)을 측정해서 셀수 있다. 이 charge가 아주 작아서 사용하는 unit은 coulomb이고, electrical charge의 크기나 양을 측정한다.

6.28×10^8의 전자를 1 coulomb이라고 한다. 이 만큼의 전자가 회로내의 주어진 점을 통과했을때 1 ampere의 전류가 회로에 흘렀다고 말할 수 있다. current flow는 ampere로 측정되고 ammetere로 측정한다. 공식이나 표에서 쓰는 전류의 표시는 I 이다.

1-5. 저항 (Resistance)

electricity conductor의 특성으로, electric current의 흐름을 제한하거나 방해하는 것을 저항이라고 한다. 전압이 이 resistance를 극복해야 한다. 이 저항은 그 자체의 궤도에 전자를 붙잡아 두려는 힘이다. electrical conductor의 재질은 current flow에 아주 작은 저항을 갖도록 만들어진다. wire는 크기나 저항치로 표시하고 conductor는 current flow에 낮은 저항을 갖는 물질이고, 절연체(insulator)는 전기흐름에 대해 높은 저항을 갖는 물질로 설명된다. 가장 좋은 전도체와 아주 나쁜 전도체 사이의 중간 정도의 저항을 갖는 것을 반도체(semiconductor)라고 하고 transistor에 가장 많이 사용한다. 좋은 전도체의 재질은 주로 metal이고, 이것은 많은 수의 자유전자(free electron)를 가지고 있고, 반대로 insulator는 작은 수의 free electron을 가지고 있다. 좋은 전도체는 silver, copper, gold, aluminum등이고 non-metal 로는 carbon, water 등이 conductor로 쓰인다.

rubber, glass, ceramic과 plastic등은 나쁜 전도체로, 보통 insulator로 쓰인다. 이런 종류의 물질에 흐르는 전류는 거의 "0"에 가깝다. resistance를 측정하는 단위는 ohm이다. ohm의 symbol은 Ω로 표시한다. 수학적인 공식에서는 대문자 R을 저항으로 쓴다.

1 volt의 전압이 가해져서 1 ohm의 저항이 1 ampere의 전류를 제한한다.

1) 저항에 영향을 주는 요소 (Factor affecting resistance)

도체의 저항에 미치는 4가지 요소중에서 가장 중요한 것이 도체의 재질이다. 구리 (copper)를 가장 좋은 전도체 재질로 취급하는데, 이유는 같은 직경의 aluminum보다 전류 흐름에 대한 저항이 낮기 때문이다. 그러나 aluminum은 copper보다 훨씬 가벼다. 그래서 무게가 중요시 될때는 aluminum을 사용한다. 두번째 요소가 도체의 길이이다. 같은 크기의 wire에서 길이가 길어지면, 저항이 커진다.

Fig. 1-13은 다른 길이의 두개의 도체이다. 1 volt의 전압이 양쪽 wire 끝에 가해지면 우측의 1 foot의 길이에서, 자유전자의 움직임에 저항하는 것은 1 ohm이고 전류의 흐름은 1 ampere로 제한된다. 좌측과 같이 길이가 두배로 늘어나면 저항이 두배로 늘어나서 전류 흐름은 반으로 줄어든다.

저항에 미치는 3번째 요소는 도체의 단면적(cross-sectional area)이다. 만약 도체의 단면적이 두배로 늘어나면 저항은 반으로 줄어든다. 면적이 늘어나면 electron이 atom에 의해 충돌이나 융합되지 않기 때문이다. 그래서 저항은 도체의 단면적과 반비례한다.

wire diameter의 측정 단위로 mil (1/1000 inch)이 쓰인다.

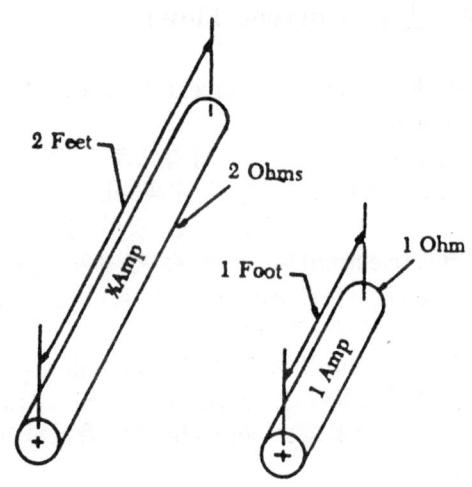

Fig. 1-13 Resistance varies with length of conductor.

wire length의 단위는 foot를 쓴다. 이런 표준을 사용해서 size의 unit은 mil-foot로 표시할 수 있다. 제곱 밀(square mil)은 정사각형과 직사각형의 단면적을 나타낼때 편리하다.

1 square mil은 한쪽의 길이가 각각 1 mil 일때의 면적이다.

직사각형 bus bar를 예로들면, 두께가 3/8 inch이고, 폭이 4 inch일때, 3/8 inch는 0.375 inch와 같고 1,000 mil은 1 inch와 같으므로 0.375 × 4,000 = 1,500 square mil이다. 가장 흔한 것은 원형전도체이다. 원형 밀(circular mil)은 wire의 단면적을 표시하는 표준으로 사용된다. wire의 직경이 0.025 inch일때 편리하게 25 mil이라고 표시한다.

Fig. 1-14는 직경이 1 mil이다.

wire의 직경이 25 mil이면 단면적은 25 × 25 = 625 circular mil이다.

정사각형과 원형전도체를 비교할때 circular mil이 square mil의 면적보다 작다. square mil면적을 알고 있을때 circular-mil면적을 알기 위해서는 square mil을 0.7854로 나눈다.

반대로, circular-mil면적을 알고 있을때 square-mil 면적을 찾기 위해서 circular mil × 0.7854를 한다. wire는 크기별로 제작되는데, 이때 미국 도선규격(American wire gage(AWG))의 순서데로 제작된다.

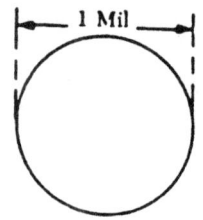

Fig. 1-14 Circular mil.

8

규격번호(wire gage number)가 커질수록 wire diameter는 작아진다.

나머지 네번째, 저항에 영향을 미치는 요소로는 온도가 있다.

carbon은 온도가 높아지면 저항이 낮아지지만, 대부분 도체로 쓰이는 재질은 온도가 높아지면 저항이 함께 커지게 되어 있다.

constantan과 maganin은 온도 변화에 거의 저항이 변하지 않는다.

0℃이상의 온도에서 1℃온도 상승할 때마다 1 ohm의 저항이 증가할때를 표준으로 하고, 이때 저항의 온도계수(temperature coefficient)는 각 metal마다 각각 다른 수치를 나타낸다. copper는 대략 0.00427 ohm이다.

copper wire가 0℃에서 50 ohm의 저항을 갖고 있으면 온도가 1℃씩 상승할때마다 저항이 50 × 0.00427 = 0.214씩 증가하게 된다.

1-6. 기본회로 구성요소와 부호 (Basic Circuit Component and Symbol)

전기회로는 전압 즉 기전력의 원천, 에너지를 흡수하는 전기 기구에 의해 형성된 저항, 전도체등으로 구성된다.

Fig. 1-15의 circuit은 e. m. f의 source, (storage battery) 그리고 battery의 negative에서 positive terminal로 전자가 흐르는 것을 나타낸다. 그리고 전력 방출장치(power-dissipating device, 여기서는 전구이다)가 전류 흐름을 제한한다.

circuit에 일부의 저항이 없으면 두 terminal 사이의 potential difference가 아주 빨리 neutralize되거나 전자의 흐름이 많아져서 conduct는 overheat되거나 타게 된다. 동시에 lamp는 circuit에서 전류를 제한하는 저항의 역할을 하고 또한 원하는 빛을 밝히게 된다.

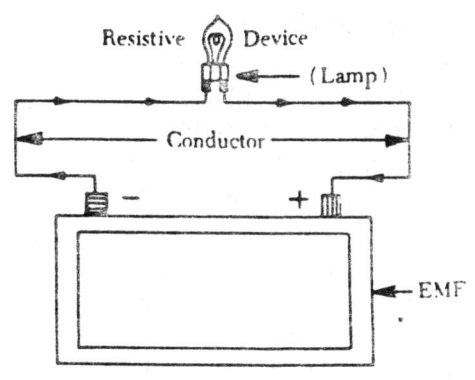

Fig. 1-15   A practical circuit.

Fig. 1-16은 1-15의 그림을 schematic으로 표시한 것이다. symbol로써 circuit component를 나타냈다.

1) 전원 (Power Source)

circuit에 공급된 voltage나 power source는 다음과 같은 e. m. f source 중의 하나이다. 여기에는 mechanical source(generator), chemical source (battery), photoelectric source(light), thermal source(heat) 등이 있다.

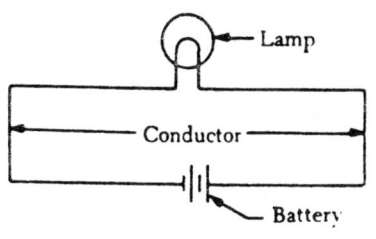

Fig. 1-16   Circuit components represented by symbols.

Fig. 1-17은 generator의 symbol이다. 대부분의 electrical component는 오직 하나의 symbol만 갖고 있지만 generator와 몇 가지는 하나 이상의 symbol이 있다. 이들 하나 이상의 symbol을 갖고 있는 것들은 그 모양이 거의 비슷해서 큰 혼돈은 없다. circuit에 공급된 voltage의 흔한 source로 battery가 있다.

Fig. 1-18은 single cell battery three-cell battery이다.

다음은 schematic diagram 에 사용하는 battery symbol에 관한 설명이다.
ⓐ 짧은 수직선은 negative (-) terminal을 나타낸다.
ⓑ 긴 수직선은 positive (+) terminal을 나타낸다.
ⓒ 수평선은 terminal에 연결된 conductor이다.
ⓓ 각 battery cell은 하나의 negative terminal과 positive terminal을 갖고 있다.

flash light등에 사용하는 dry cell battery는 primary cell이라고 부른다. 몇개의 primary cell을 갖고 있는 larger storage battery를 secondary cell이라고 부른다.

Fig. 1-19는 primary cell의 schematic symbol이다. center rod는 cell의 positive terminal이고 cell의 case는 negative terminal이다.

1.5V 이상이 필요할때는 cell을 직렬 (series) 로 연결한다.

cell을 직렬로 연결하기 위해서 각 cell의 negative terminal이 다음 cell의 positive terminal에 연결된다.

Fig. 1-20은 cell을 직렬로 연결한 것이다. 이때 voltage는 각 cell의 voltage의 합과 같다. 같은 전류가 각각의 cell을 계속해서

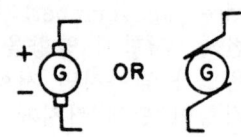

Fig. 1-17　Electrical symbols for a d.c. generator.

Fig. 1-18　One-cell and thee-cell battery symbols.

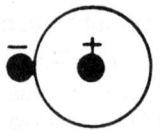

Fig. 1-19　Schematic symbol for a dry cell battery.

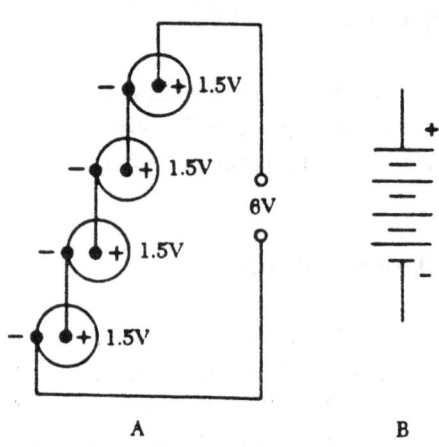

A　　　　　　B

Fig. 1-20　Schematic diagram and symbol of cells connected in series.

흘러야 하므로, 전류는 single cell의 current rating과 같다.

　cell이 직렬로 연결되어 만들어진 battery는 voltage는 높지만 current capacity는 그다지 크지 않다.

　각 cell이 갖고 있는 전류보다 큰 current flow를 얻기 위해서는 cell을 병렬 (parallel)로 연결해야 한다. 사용 가능한 total current는 각 cell의 전류의 합과 같지만 voltage는 single cell의 voltage와 같다. cell을 병렬로 연결하기 위해서는 모든 positive terminal을 서로 연결하고 모든 negative terminal은 서로 끼리끼리 연결한다.

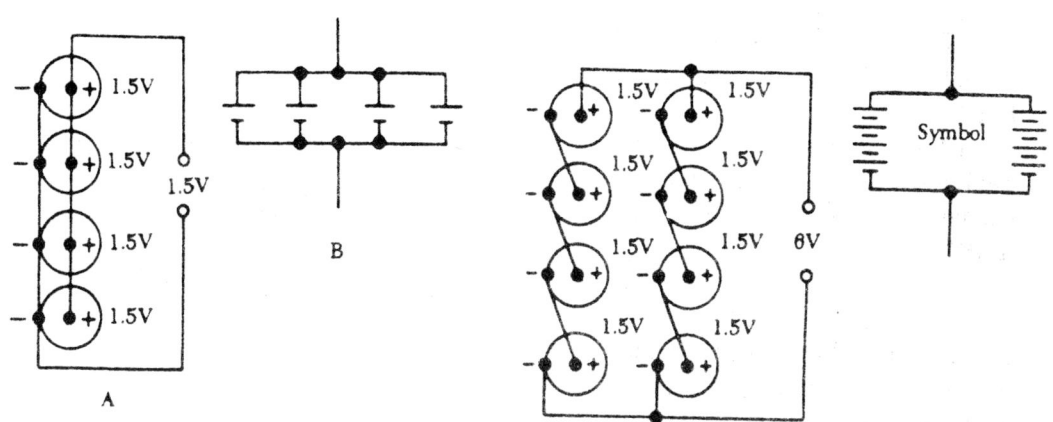

Fig.1-21　Cells connected in parallel.　　　　Fig.1-22　Cells in series-parallel arrangement.

Fig. 1-21은 cell을 병렬로 연결한 schematic diagram이다. cell을 연결하는 또 다른 방법이 series-parallel이다.

Fig. 1-22에서 두 group의 cell을 직렬로 연결되었고, 두 group은 병렬로 연결되어 있다. 이런 연결 방식을 통해 큰 voltage와 큰 current out put을 얻을 수 있다.

2) 전도체 (Conductor)

　circuit에 필요한 또 다른 것으로 conductor나 여러개의 electrical component를 연결시키는 것이 필요하다. 이것은 항상 schematic diagram에서 line 으로 표시된다.

　Fig. 1-23에서 두개의 다른 symbol이 wire (conductor)를 나타낸다.
　Fig. 1-23은 모두 서로 연결 되지 않은 것을 나타내며 두가지

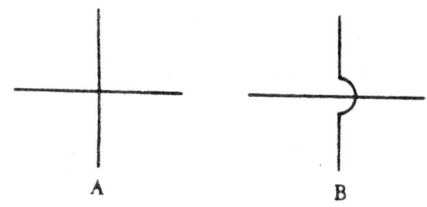

Fig. 1-23　Unconnected crossed-over wires.

11

모두 이용되지만 그림 B가 더 많이 쓰인다.

마찬가지로 연결된 wire를 나타내는데 2개의 symbol이 쓰였다.

두가지 모두 사용한다. 만약 unconnected wire로 1-23의 A 그림을 선택하면 connected wire 로는 반드시 1-24의 A를 사용해야 한다.

모든 circuit의 circuit component에서 발견할 수 있는 것이 fuse이다.

이것은 safety나 protective device로 conductor나 circuit component를 과전류로 부터 보호한다.

Fig. 1-25는 fuse의 schematic symbol이다. basic circuit schematics에서 발견할 수 있는 또 다른 symbol이 switch이다.

Fig. 1-26의 A는 open switch symbol이고 그림 B는 closed switch symbol이다.

Fig. 1-27은 "ground"의 symbol이다. 이것은 circuit voltage를 측정할 때의 reference point이다. 이 점은 항상 "0" potential로 생각한다.

Fig. 1-28은 ammeter와 voltmeter가 circuit에 연결된 모습이다.

ammeter는 전류를 측정하며 power source, circuit resistance 와 직렬로 연결한다. voltmeter 는 circuit component사이의 voltage를 측정하고 항상 circuit component와 병렬로 연결하고 절대로 직렬로 연결해서는 안된다.

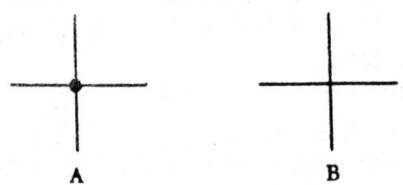

Fig. 1-24 Connected wires.

Fig. 1-25 Schematic sybol for a fuse

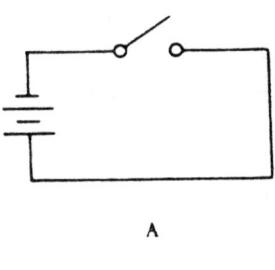

A

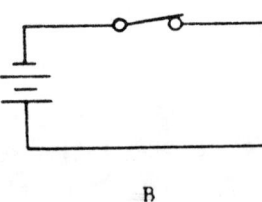

B

Fig. 1-26 Open and closed switch symbols.

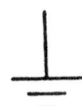

Fig. 1-27 Ground or common reference point symbol.

3) 저항기 (Resistor)

완전한 circuit에 필요한 마지막 basic component는 저항이다.

실제 circuit에서 resistance는 motor나 lamp와 같이 electrical device를 형성하고 있어서 electrical power를 사용해서 useful function을 만들어낸다. 반면에 circuit의 resistant는 circuit에 붙어 있는 resistor를 형성해서 current flow를 제한한다. 여러가지 형태의 다양한 resistor를 사용할 수 있다. 일부는 fixed ohmic valve를 갖고 있고 다른 일부는 variable valve를 갖고 있다. 이것은 special resistance wire, graphite (carbon), metal film등으로 만들어진다.

권선저항기 (wire-wound resistor)는 large current를 조절한다. 반면 carbon-resistor는 상당히 적은 current를 조절한다.

wire-wound resistor는 도기 (porcelain base)에 resistance wire를 감아서 만들고 wire에 coating을 해서 보호하고 heat conduction을 막는다.

wire-wound resistor는 fix tap을 사용해서 resistance valve를 변하게 할수 있다. 이 type은 slider를 사용해서 저항을 변하게 할수 있다.

Fig. 1-31은 정밀 권선저항기 (precision wire-wound resistor)이고 망간선 (manganin wire)으로 만들어졌다. 이것은 저항치가 아주 정확해야 하는 곳에 사용한다.

Fig. 1-32는 carbon resistor로 압축흑연 막대와 접착제, wire lead (pigtail lead) 등으로 만들어 진다.

가변저항기 (variable resistor)를

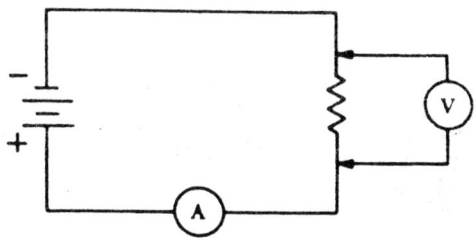

Fig. 1-28　Ammeter and voltmeter symbols.

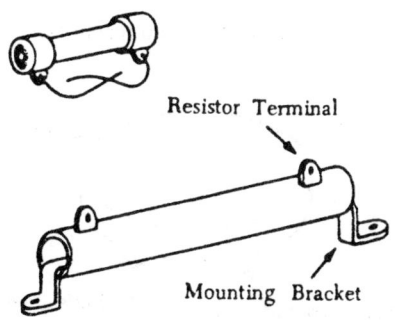

Fig. 1-29　Fixed wire-wound resistors.

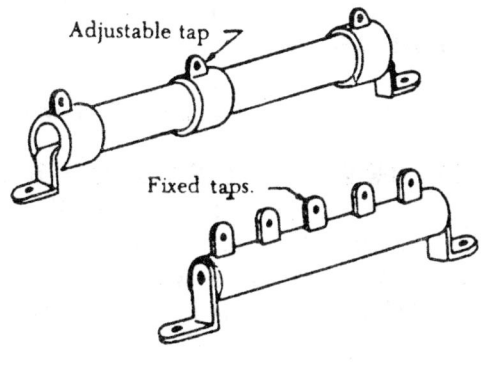

Fig. 1-30　Wire-wound resistors with fixed and adjustable taps.

13

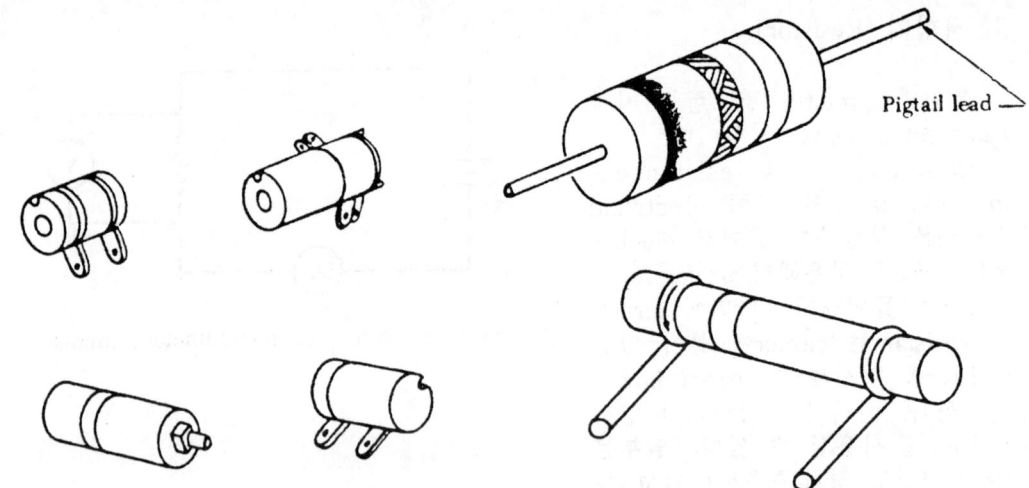

Fig. 1-31   Precision wire-wound resistors.

Fig. 1-32   Carbon resistors.

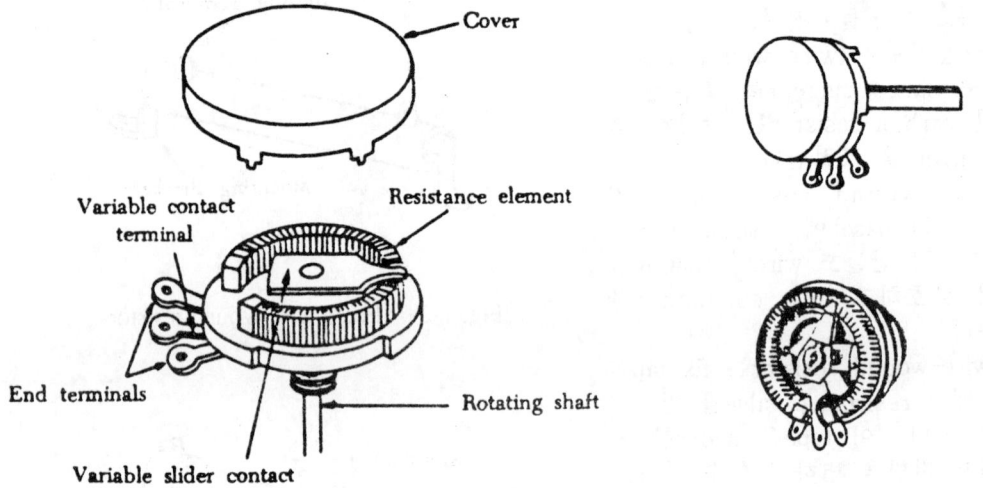

Fig. 1-33   Wire-wound variable resistor.

사용해서 작동중에 저항을 변하게 할수 있다.

권선 가변저항기는 large current를 조절할 수 있고 탄소 가변저항기(carbon variable resistor)는 small current를 조절한다. 권선 가변저항기는 porcelain이나 bakelite 원형에 resistance wire를 감아서 만든다. 접촉자(contact arm)는 rotating shaft에 의해 circular form의 어느 위치든지 조절이 가능하고 resistance setting을 선택하는데 사용한다.

Fig. 1-34는 carbon variable resistor로써 small current를 조절하는데 사용한다. 이것은 fiber disk에 탄소 화합물로 만들어 졌다. 회전 접촉자(movable arm)의 contact 이 접촉자 축이 회전함에 따라 저항을 다르게 한다.

14

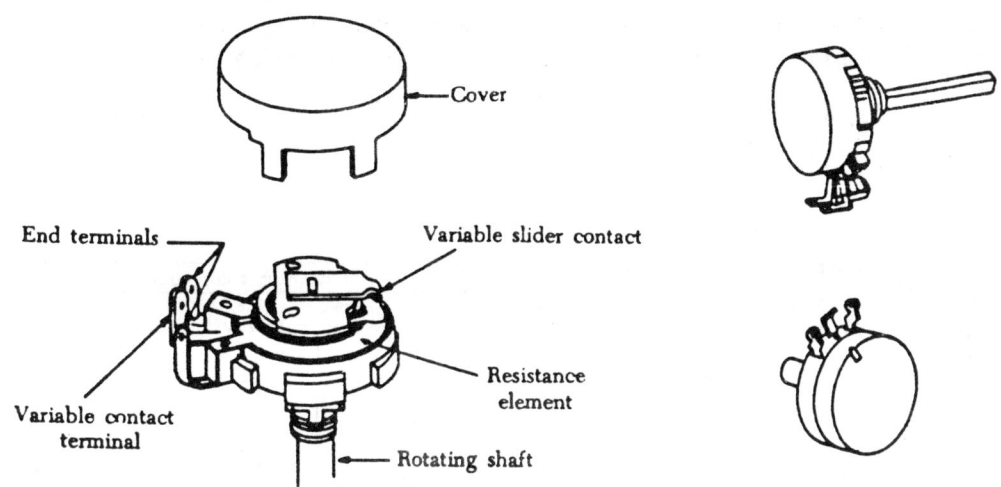

Fig.1-34   Carbon variable resistor.

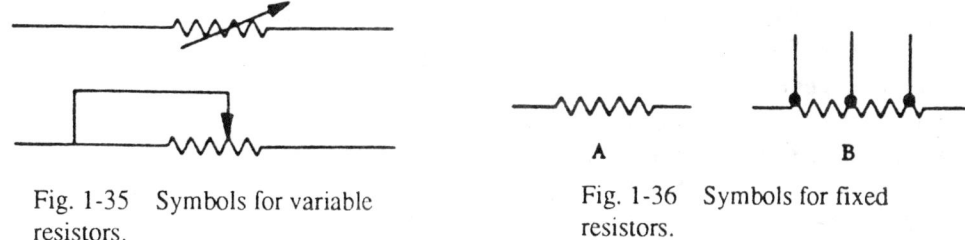

Fig. 1-35   Symbols for variable
resistors.

Fig. 1-36   Symbols for fixed
resistors.

Fig. 1-35는 schematic이나 circuit diagram에 사용되는 두개의 variable resistor의 symbol이다.

Fig. 1-36은 fixed resistor의 schematic symbol이다.

4) 저항색깔 약호 (Resister color code)

어떤 resistor의 저항도 ohmmeter를 사용해서 측정할 수 있다.

대부분의 권선저항기는 자체의 저항이 resistor body에 print되어 있다. 많은 carbon resistor에도 표시되어 있지만 붙어 있는 위치에 따라서 읽기가 곤란한 경우가 많고 가끔 열에 의해 색깔이 변한다. 그래서 carbon resistor의 저항치를 식별하기 위해 color code marking이 사용된다. car-bon resistor에는 오직 하나의 color code만 있지만, 일반적으로 resistor의 color code를 pirnt하는데는 두가지 system이나 method 가 쓰인다. 하나가 몸체끝점 표시법 ((body-end-dot system)이고 다른 하나가 끝-중앙 줄무늬 표시법 (end-to-center band system)이다. 각각의 color code system에서 3개의 color가 저항치를 나타내고, 네번째의 color는 resistor의 공차를 나타낸다.

정확한 순서데로 색깔을 읽고, 이것을 숫자로 바꾸어 정확한 resistor의 저항을 알

15

수 있다. resistor의 정확한 표준 저항치를 만들어 내는 것은 상당히 힘든 일이다. 다행히 대부분의 circuit에서 요구되는 것이 절대적으로 제한된 수치가 아니다. 대부분의 경우 resistor에 표시된 저항치보다 120%의 저항치를 사용한다.

marked value와 resistor의 실제 value와의 백분율이 resistor의 공차(tolerance)이다. resistor에 표시된 5% tolerance는 color code가 나타내는 수치보다 5% 높거나 낮은 것보다 크지 않다.

Fig. 1-37은 resistor color code로, color, number, tolerance group등으로 되어 있다. 각각의 color는 숫자로 표시되고 또한 tolerance value도 나타낸다. end-to-center band marking system에 사용되는 colore code에서 resistor는 한쪽 끝에서 color band로 표시된다.

resistor의 body나 base의 색깔은 color code와 아무런 상관이 없다.

혼돈을 피하기 위해 body의 색깔은 band에 사용되는 color와 중복되는 색깔은 절대 사용하지 않는다.

end-to-center band marking system에 사용되는 resistor는 3-4개의 band로 표시된다. 첫번째 color band

Resistor color code		
Color	Number	Tolerance
Black	0	......
Brown	1	1%
Red	2	2%
Orange	3	3%
Yellow	4	4%
Green	5	5%
Blue	6	6%
Violet	7	7%
Gray	8	8%
White	9	9%
Gold	....	5%
Silver	....	10%
No color	....	20%

Fig. 1-37 Resistor color code.

(저항의 한쪽 끝)는 저항치의 첫번째 수를 나타낸다. 이 band는 절대로 gold나 silver color가 없다.

두번째 color band는 오옴 값의 두번째 자리를 나타낸다. 이것도 역시 gold나 silver color는 없다. 세번째 color band는 이 색깔이 지시하는 숫자 만큼을 "0"을 붙인다. 그래서 앞의 두자리 숫자 다음에 "0"을 붙이는데, 다음과 같은 예외가 있다.

1) 만약 3번째 band가 gold이면 앞의 두자리 숫자에 100%를 곱한다.
2) 만약 3번째 band가 silver color이면 앞의 두자리 숫자에 1%를 곱한다.
3) 만약 4번째 color band가 있으면, tolerance의 백분률로 쓰인다.
4) 만약 4번째 band가 없으면 tolerance는 20%로 한다.

Fig. 1-38을 보면 3개의 band color로 표시되었다. 이것은 끝쪽에서 부터 안쪽으로 읽어 들어간다.

네번째 color band가 없으므로 tolerance는 20%로 한다.

250,000 × 2 = 50,000

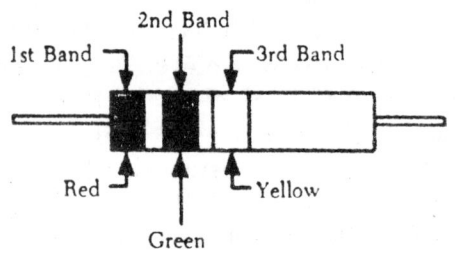

Fig. 1-38 End-to-center band marking.

color	numerical value	significance
1st band-red	2	1st digit
2nd band-green	5	2nd digit
3rd band-yellow	4	No. of zeros to add

20%의 tolerance가 더해지던지
빼지던지 하므로

최대 저항값
   = 250,000 + 50,000
   = 300,000 ohms
최소 저항값
   = 250,000 - 50,000
   = 200,000 ohms

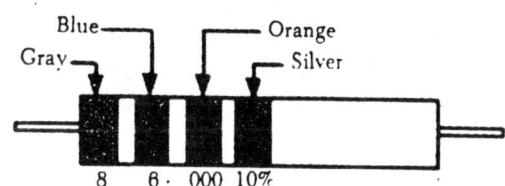

Fig. 1-39   Resistor color code example.

Fig. 1-39는 4번째 color band가 있
다. 이 resistor의 저항은 86,000 ±
10% ohms, 최대 저항값(maximum
resistance)은 94,600 ohms, 최소 저항
값(minimum resistance)은 77,400
ohms이다.

이 resistor의 저항은 960 ± 5%
ohm이다.

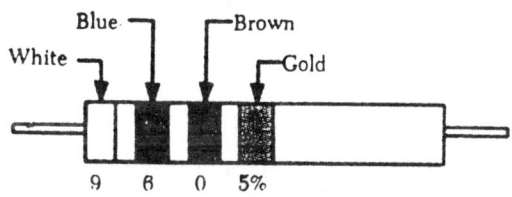

Fig. 1-40   Resistor color code example.

maximum resistance는 1,008 ohms
이고,

minimum resistance는 912 ohms이
다.

Fig. 1-41 resistor는 2%의 tole-
rance 일때이다.

이 resistor의 저항치는 2,500 ±
2% ohms이다.

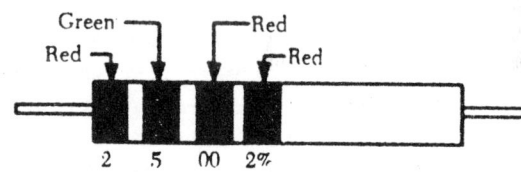

Fig. 1-41   Resistor with 2 percent tolerance.

maximum resistance는 2,550 ohms
이고,

manimum resistance는 2,450 ohms
이다.

Fig. 1-42는 3번째 color band가
black인 경우이다. color code value
black은 "0"이다. 세번째 band는 숫자
만큼의 0이 앞의 두자리에 더해지는
것인데, 이 경우는 더할 것이 없다.

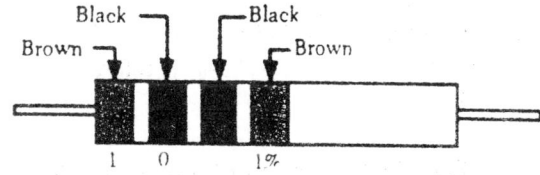

Fig. 1-42   Resistor with black third color band.

그래서 저항치는 10 ± 1% ohms 이다.

maximum resistance는 10.1 ohms 이고,

minimum resistance는 9.9 ohms이 다.

세번째 color band에 적용되는 rule 중에 두가지 예외가 있다.

첫번째의 예외가 Fig. 1-44에 설명 되어 있다.

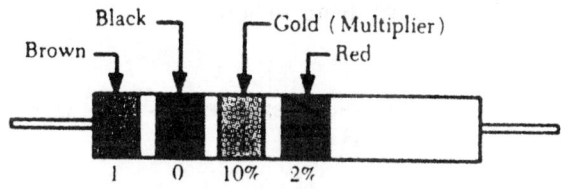

Fig.1-43   Resistor with a gold third band.

Fig. 1-43에서 세번째 band는 gold color이다.

이것은 앞의 두자리 수에 10%를 곱해야 한다.

10 × 0.10 ± 2% = 1 ± 0.02 ohms이 된다.

Fig. 1-44와 같이 세번째 band가 silver이면 앞의 두자리에 1%를 곱해야 한다. 결과는 0.45 ± 10%이다.

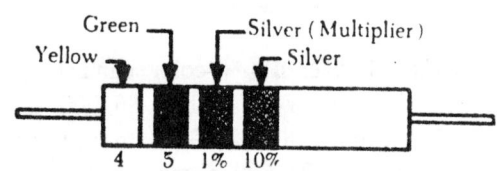

Fig.1-44   Resistor with a silver third band.

5) 몸체끝점 표시법 (Body-end-dot system)

body-end-dot system의 표시는 거의 사용하지 않는다.

body color ---------- 오옴 값의 첫째자리
end color ---------- 오옴 값의 두번째 자리
dot color ---------- 더 해야할 0의 갯수

만약 한쪽 끝에만 색깔이 칠해져 있으면 2번째 숫자의 resistor를 갖고 20%의 tolerance를 갖는다. 다른 두개 의 tolerance는 gold(5%)와 silver (10%)이다.

resistor의 반대쪽 끝에 색깔은 tolerance가 20%가 아닐때의 tolerance 를 나타낸다.

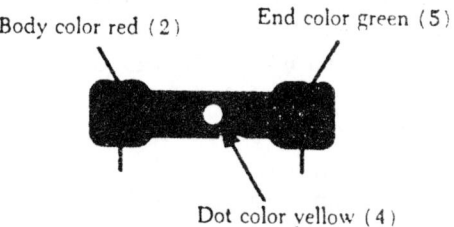

Fig. 1-45   Resistor coded with body-end-dot system.

Fig. 1-45는 body-end-dot system의 resistor code를 나타낸다.

body --------- 1st digit   ---------- 2
end --------- 2nd digit   ---------- 5

dot --------- No. of zeros ---------- 0000 (4)

저항치는 250,000 ± 20% ohms, 20%의 tolerance를 사용하는 것은 두번째 dot
가 없기 때문이다.

1-7. 오옴의 법칙 (Ohm's Law)

electricity를 이해하는데 가장 중요한 법칙이 ohm의 법칙이다.
이 법칙은 electrical circuit의 voltage, current와 resistance와의 관계를 이해할 수
있게 한다. 이 법칙은 모든 direct-current circuit에 적용된다. ohm은, 실험에서
electrical circuit에서 current flow는 circuit에 공급된 voltage의 크기와 직접 비례한다
는 것을 발견했다. 다른 말로 바꾸어 말하면, voltage가 증가하면 current도 증가하
고, voltage가 감소하면 current도 감소한다.
위에서 말한 것이 적용되는 경우는 circuit의 저항이 일정하게 있을때이다. 왜냐하
면 저항이 변하면 전류도 변하기 때문이다. ohm의 법칙은 다음과 같은 공식으로 표
시한다.

$$I = \frac{E}{R}$$

여기서 I는 전류로, ampere로 나타내고
       E는 전위차(potential difference)로, volt로 측정하고
       R은 resistance로, ohm으로 나타낸다.
만약 이 circuit에서 어느 것 두개를 알면 나머지 하나를 찾을 수 있다.

Fig. 1-46은 24 volt에 3 ohm의 저항을 갖고 있다.
만약 ammeter를 circuit에 연결하
면 circuit에서 current flowing의 강
도가 직접 나타난다. ammeter가 없
다고 가정하고, 직접 전류를 찾아보
면,

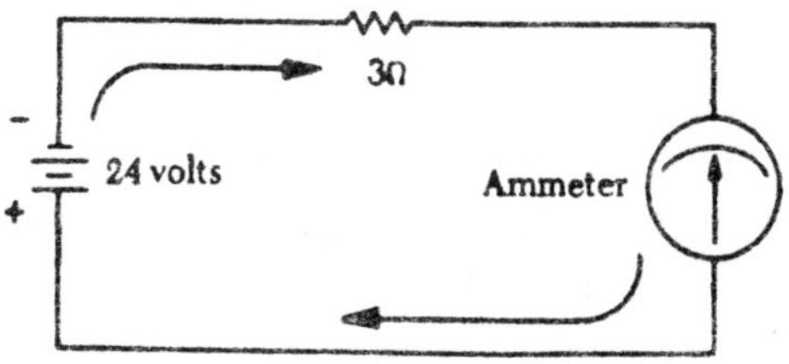

$$I = \frac{E}{R}$$

$$I = \frac{24}{3} = 8 \text{ amperes}$$

Fig. 1-46 Electrical circuit demonstrating
Ohm's law.

Fig. 1-47은 voltage와 current를 알고 있을때이다. circuit에서 resistance를 찾기

19

위해서 ohm의 법칙을 다음과 같이
변형시킨다.

$$I = \frac{E}{R} \text{ 에서}$$

$$R = \frac{E}{I}$$

$$R = \frac{24 \text{ volts}}{8 \text{ amperes}}$$

$$= 3 \text{ ohms}$$

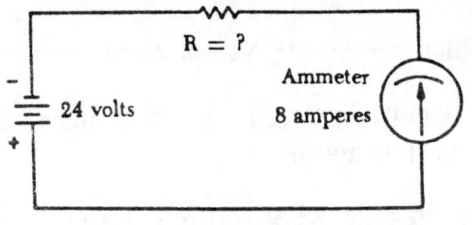

Fig. 1-47   A circuit with unknown resistance.

Fig. 1-48과 같이 circuit에 전류
와 저항을 알고 있을때 voltage를 알
기 위해 ohm의 법칙을 변형시켜서

$$E = I \times R$$
$$= 8 \times 3$$
$$= 24 \text{ volts}$$

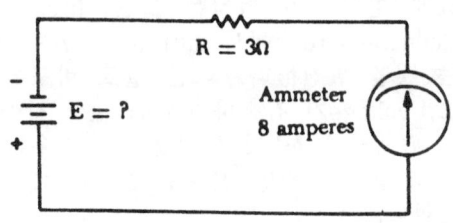

Fig. 1-48   Circuit with unknown voltage.

circuit에 120 volts가 공급되면 20
ohms의 저항이 있을때 current flow
는 120/20 = 6 amperes가 된다.
만약 저항이 20 ohms에 고정되어
있으면 아래와 같은 voltage-current
관계의 graph가 그려진다.

Fig. 1-49 표에서 X 축에는 0~
120 volts까지의 voltage를 나타내고,
Y 축에는 0~6.0까지의 전류를 나
타낸다. 우측에서와 같이 직선이 그
려지는데, 이것은 voltage와 current
line이 만나는 것으로

$$I = \frac{E}{20} \text{ 로 나타낸다.}$$

여기서 20은 일정하고 저항을 나

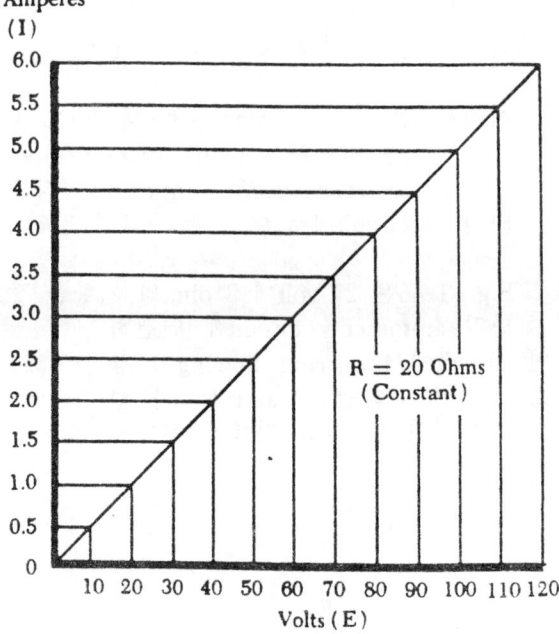

Fig. 1-49   Voltage vs. current in a constant-
resistance circuit.

타낸다. 이 graph는 이 법칙에서 중요한 특징을 나타내는데, 만약 저항이 변하지 않
고 남아 있을때는, 전류의 변화는 공급된 voltage에 비례한다.

Fig. 1-50 표는 ohm의 법칙을 요약한 것이다. 기본적인 ohm의 법칙을 변형시키면 위와 같은 공식을 얻어서 사용할 수 있다.

Fig. 1-51의 삼각형은 E, I와 R을 두 부분으로 나눈다.

E는 line의 위에 있고, 밑에는 I × R이 있다.

두가지를 알고 있을때 나머지 모르는 circuit quantity를 구하기 위해서 Fig. 1-51과 같이 모르는 것을 손으로 가린다.

예를 들어 I를 알기 위해서 (Fig. 1-51 (a)에서) I를 손으로 가린다.

가려지지 않은 E는 R에 의해서 나뉜다.

| Current = $\dfrac{\text{Electromotive force}}{\text{Resistance}}$ |
| $I = \dfrac{E}{R}$ Amperes = $\dfrac{\text{Volts}}{\text{Ohms}}$ |
| Resistance = $\dfrac{\text{Electromotive force}}{\text{Current}}$ |
| $R = \dfrac{E}{I}$ Ohms = $\dfrac{\text{Volts}}{\text{Amperes}}$ |
| Electromotive force = current × resistance |
| $E = IR$ Volts = amperes × ohms |

Fig. 1-50 Ohm's law.

$$I = \frac{E}{R}$$

R을 찾기 위해서 (b) R을 손으로 가린다.

$$R = \frac{E}{I}$$

E가 I에 나누어진다.

E를 찾기 위해 E를 손으로 덮는다.
I는 R과 곱해져서 E = I × R이 된다.

1) 전력 (Power)

volt, ampere, ohm과 더불어 electical circuit계산에 자주 쓰이는 것이 power이다.
D. C electrical circuit에서 power를 측정하는 단위로 watt가 있다.

power는 일률(rate of doing work)로 정의할수 있고, D. C circuit에서 voltage와 current의 생산과 같다.

current (I)가 e. m. f (E)와 곱해지면 watt (P)로써 power를 측정한다.

이것은 circuit에 공급된 electrical power는 circuit내의 공급된 전압과 흐르는 전류에 직접 관계가 있다.

이것을 공식으로 표시하면,

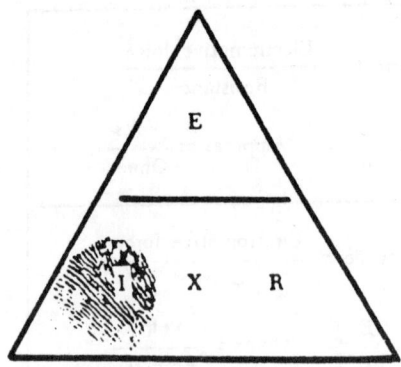

To find I (amperes) place thumb over I and
divide E by R as indicated.

(a)

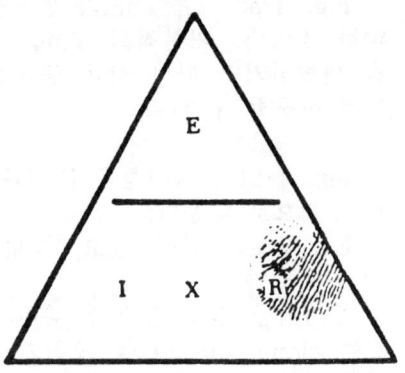

To find R (ohms) place thumb over R and
divide as indicated.

(.b)

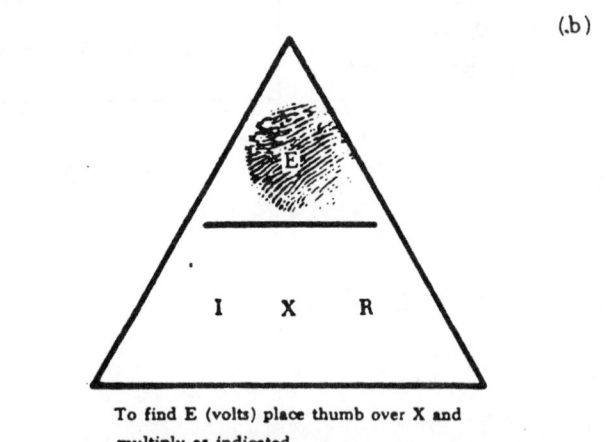

To find E (volts) place thumb over X and
multiply as indicated.

(c)

E = volts   I = amperes   R = ohms

Fig. 1-51   Ohm's law chart.

$$P = I \times E$$

이 공식은 둘을 알고 나머지 하나를 모를때 변형시키면 나머지를 쉽게 찾는다. 이 것을

$$I = \frac{P}{E} \quad 와 \quad E = \frac{P}{I} \quad 로 변형시킬수 있다.$$

위 공식을 ohm의 법칙과 같이 연결시켜 생각하면,
ohm의 법칙에

$$I = \frac{E}{R} \text{ 이다.} \qquad \frac{E}{R} \text{ 을 power 공식에서 I 대신 사용하면}$$

$$R = I \times E$$

$$= \frac{E}{R} \times E$$

$$= \frac{E^2}{R} \text{ 이 된다.}$$

위의 공식은 circuit에 공급된 power는 voltage의 제곱에 비례하고, circuit resistance에 반비례 하는 것을 알수 있다.

1 horsepower는 33,000 pound의 무게를 1분간에 1 foot 움직이는데 필요한 힘이다. 전력은 일률이므로 일(work)을 시간으로 나누면 같아진다.

$$power = \frac{33,000 \text{ ft-lb}}{60 \text{ sec (1 min)}}$$

$$= 550 \text{ ft-lb/sec}$$

electrical power를 이와 비슷한 방법으로 나타낼 수 있다.

예를들어 electric motor rate가 1 horsepower로 되어 있으면 746 watts의 전기에너지(electrical energy)가 필요하다. watt는 아주 작은 단위여서 kilowatt(1,000 watts) 단위를 많이 쓴다. electrical energy소비량을 측정할때, 킬로와트시(kilowatt hour)가 사용된다.

예를들어 100 watt bulb가 electrical energy를 20시간 동안 소모했다면 2,000 watt hour나 2 kilowatt hour의 전기기구를 통과해서 전류가 통과할때 열의 형태로 잃게 되는 electrical power를 전력 손실이라고 말한다. 이 열은 흔히 주변 air로 유용한 목적으로 쓰이지 않는다. 다만 heating을 위해서 사용할때는 예외이다.

conductor는 약간의 저항을 갖고 있어서 circuit은 이 손실을 감소 시킬수 있게 설계한다. 앞에서 말한 공식

$P = I \times E$에서 ohm의 법칙에서 E를 power 공식에 대신 사용해서 저항에 의한 전력 손실을 나타낼 수 있다.

$$P = I \times E, \quad E = I \times R \text{ 이므로}$$

$$= I \times I \times R$$

$$= I^2R \text{이 된다.}$$

이 공식에서 circuit의 power(w)는 circuit current(A)의 제곱에 직접 비례하고 circuit resistance에 직접 비례한다.

circuit에 공급된 power는

$$P = I^2R \text{에서} \qquad I^2 = \frac{P}{R} \text{ 로 변형시킨다.}$$

Fig. 1-52 도표는 지금까지 말한 공식을 요약한 것이다.

1-8. 직렬 직류 회로 (Series D.C Circuit)

직렬회로가 electrical circuit의 가장 기본이다.

Fig. 1-53은 가장 간단한 직렬회로(series circuit)이다. battery의 negative(-)에서 positive(+) terminal로 전류가 흐를수 있게 완전한 통로를 제공함으로 circuit이 된다. 이것은 직렬회로인데, 전자의 움직임 방향을 화살표방향으로 보여 주는 것처럼 current가 흐를 수 있는 길이 오직 하나밖에 없기 때문이다. current가 battery, resistor를 차례로 지나서 하나로 흐를 수 밖에 없기 때문에 series circuit이다.

Fig. 1-54는 어떤 circuit에나 필요한 basic component들로서 power source(battery), load나 current-limiting resistance(resistor), conductor(wire) 등이다. 실제 circuit에서 이외에 최소 두개의 item이 더 필요하다. 즉 control device(switch)와 safety device(fuse) 이다.
Fig. 1-54에서 처럼 모두 5가지의 component들이 D.C series circuit에 있다.
D.C나 direct-current circuit에서 battery의 negative terminal에서 s/w를 지나 load resistance를 지나서 fuse를 통과해서 battery의 positive terminal로 흐르는 전류는 오직 한 방향이다.

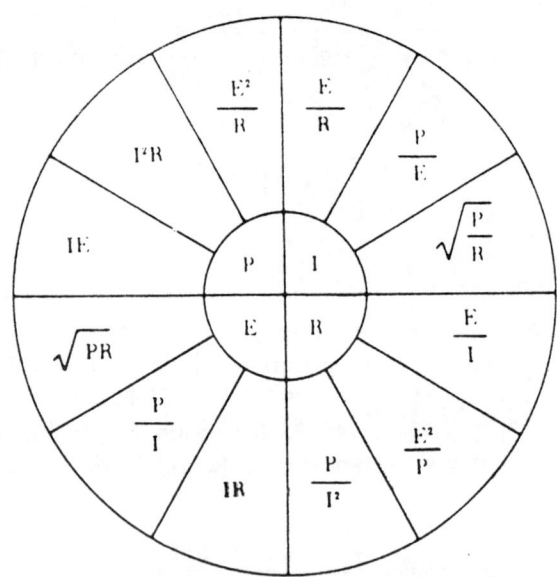

Fig. 1-52   Summary of basic equations using the volt, ampere, ohm, and watt.

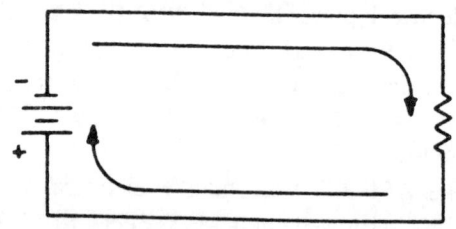

Fig. 1-53   A series circuit.

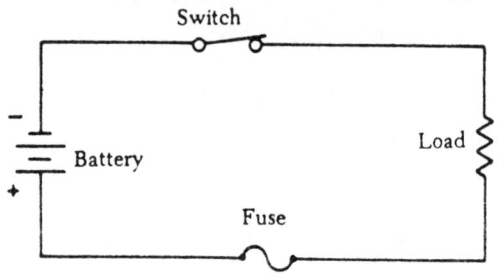

Fig. 1-54   A d.c series circuit.

Fig. 1-55에서 3개의 ammeter가 circuit에 연결되어 있다.
s/w를 달아서 완전한 circuit을 만들고, 3개의 ammeter는 모두 같은 양의 전류를

지시한다. 이것은 직렬회로에서 가장 중요한 특성이다.

　　series circuit에 얼마나 많은 component가 포함되어 있는가는 별 문제로 circuit component의 수를 늘이면 circuit에 흐르는 전류의 수치가 얼마이든지간에 circuit내의 어느 지점에서든 같은 수치이다.

　　Fig. 1-55에서 resistor R1을 지나는 전류를 I1이라고 하고, R2를 지나는 전류를 I2라고 하면, circuit의 total current I$_T$는,

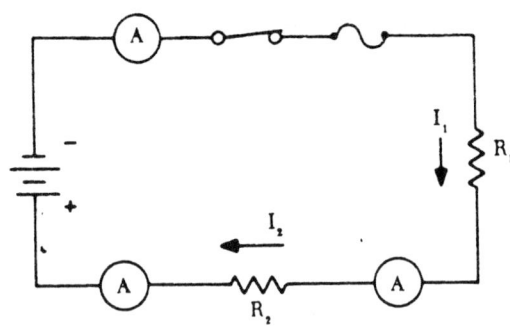

Fig. 1-55. Current flow in a series circuit.

$$I_T = I_1 = I_2$$

만약 몇개의 resistor를 더 달면

$$I_T = I_1 = I_2 = I_3 = I_4$$
$$= I_5 가 된다.$$

　　직렬회로로 두개의 저항을 갖고 있다. 이 회로에 흐르는 전류의 양을 결정하기 위해 얼마만큼의 저항이 있는지를 알아야 한다.

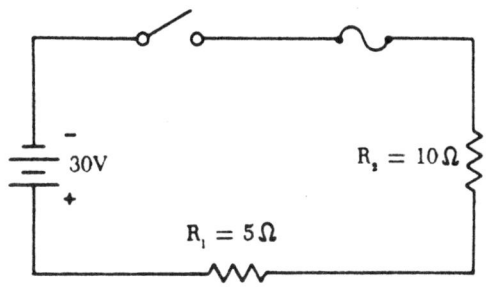

Fig. 1-56　A series circuit with two resistors.

　　series circuit의 두번째 특성으로 series circuit의 total resistance는 회로내의 각각의 저항의 합과 같다.

$$R_T = R_1 + R_2$$

FIG. 1-56에서

$$R_T = R_1(5) + R_2(10)$$
$$= 5 + 10$$
$$= 15 \text{ ohms}$$

회로의 전체 저항은 15 ohms이다.
　　여기서 꼭 기억할 것은, 만약 10, 20, 100개의 resistor가 연결되어 있어도 total resistance는 각 저항의 합과 같다.
　　사실 battery, fuse나 s/w등에도 작은 저항이 있지만 이것은 너무 작아서 무시한다. ohm의 법칙에서 전류를 찾는 공식은
　　I = E/R이다.
battery voltage가 30 volts이고, 회로의 전체 저항이 150 ohms이면
　　I = 30/15 = 2 ampers

전류는 2 amperes이고, 이 수치는 회로의 어디서나 똑같다.

voltage는 일정하게 남아 있고, 전체 저항이 30 ohm이면 ohm의 법칙에서

$$I = E/R = 30/30 = 1 \text{ ampere}$$

위에서 알수 있듯이 저항이 두배로 늘어나면 전류는 이전보다 1/2으로 줄어든다. 반대로 저항이 두배로 줄어들면 voltage는 그냥 있고, 전류는 이전에 비해 두배로 늘어난다.

$$I = \frac{E}{R} = I = \frac{30}{7.5} = 4 \text{ amperes}$$

만약 voltage는 그냥 있고, 저항이 늘어나면 전류는 감소한다.

역으로 저항이 줄어들면, 전류는 커진다. 그런데 만약 저항이 불변으로 있고, voltage가 두배로 늘어나면, 전류 흐름도 본래의 두배로 늘어난다.

FIG. 1-57과 같이 voltage가 60 volts 로 늘어나고 저항은 원래대로 15 ohms 으로 남아 있으면

$$I = \frac{E}{R} = \frac{60}{15} = 4 \text{ amperes}$$

만약 voltage가 반으로 줄어들고 저 항은 변하지 않고 있을때 전류는 본래 의 반으로 줄어든다.

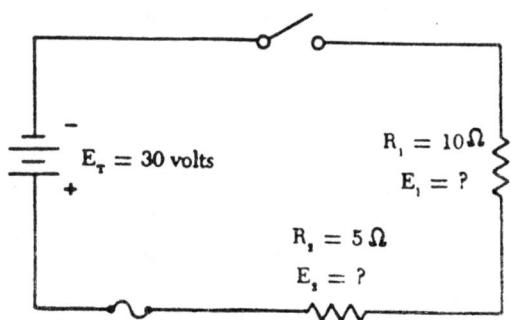

Fig. 1-57 Voltage drops in a circuit.

$$I = \frac{E}{R} = \frac{15}{15} = 1 \text{ amperes}$$

만약 저항이 불변이고 voltage가 늘어나면, 전류도 늘어난다.

만약 voltage가 감소하면 전류도 감소한다.

series circuit을 말할때 전압과 전압강하를 분명히 구별해야 한다. 전압강하는 저 항을 통과할때 전자의 힘에 의해 전압을 잃는 것으로 말할 수 있다.

Fig. 1-57에서 공급된 voltage(E_T)는 30 volts이다.

회로에 두개의 저항이 있고, 두개의 전압강하가 있다.

이 두개의 전압강하는 저항을 통해서 전자의 힘에 의해 잃은 전압이다. 저항을 통 과할때 주어진 전자의 수를 누를수 있는 전압의 크기는 저항의 크기에 비례한다.

R_1의 전압강하(voltage drop)는 R_2보다 두배이다. 왜냐하면 R_1은 R_2보다 두배 크기 때문이다. R_1에서 voltage drop을 E_1이라 하고, R_2에서는 E_2라고 한다. 전류 I는 circuit 어디서나 똑같다.

$$E = IR \qquad\qquad E_2 = I_TR_2$$
$$E_1 = I_TR_1 \qquad\qquad\quad = 2\text{amps} \times 5$$
$$\quad = 2\text{amps} \times 10 \qquad\qquad = 10V$$
$$\quad = 20V$$

만약 두 resistor의 각각의 voltage drop을 합하면 (10V + 20V) 회로에 공급된 voltage 30 volts와 같다.

그러므로 series circuit에서 다음을 확인할 수 있다.

$$E_T = E_1 + E_2$$

어떤 D.C series circuit에서 voltage, resistance, current중에서 어느 하나를 모를 때 ohm의 법칙을 사용해서 구할 수 있다.

Fig. 1-58은 series circuit으로 3개의 저항치를 알고 있고, 50 volts를 갖고 있다. 이 수치를 이용해서 나머지를 모두 구할 수 있다.

$$R_1 = 30, \quad R_2 = 60,$$
$$R_3 = 10$$
$$R_T ?$$
$$I_T ?$$
$$E_{R1} ?$$
$$E_{R2} ?$$
$$E_{R3} ?$$

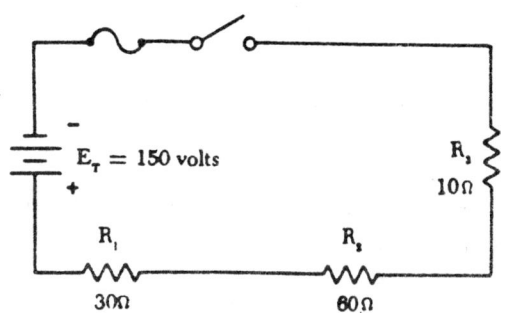

Fig. 1-58 Applying Ohm's law.

전체 저항은 ? $R_T = R_1 + R_2 + R_3$
$$= 30 + 60 + 10$$
$$= 100 \quad \text{ohms}$$

전체 전류는 ? $I_T = E_T/R_T$
$$= 150 \text{ V}/100 \text{ ohms}$$
$$= 1.5 \text{ amperes}$$

voltage drops $\quad E = IR$
$$E_{R1} = I_T \times R_1$$
$$\quad = 1.5 \text{ amps} \times 30$$
$$\quad = 45V$$
$$E_{R2} = I_T \times R_2$$
$$\quad = 1.5 \text{ amps} \times 60$$
$$\quad = 90V$$
$$E_{R3} = I_T \times R_3$$
$$\quad = 1.5 \text{ amps} \times 10$$
$$\quad = 15 \text{ V}$$

위에서 알 수 있는 것은

$$E_T = E_{R_1} + E_{R_2} + E_{R_3}$$
$$= 150 \text{ volts}$$
$$150V = 45V + 90V = 15V$$

voltage drop의 합은 공급된 voltage의 합과 같다.

1) Kirchhoff의 법칙

kirchhoff의 법칙을 이용해서 다음과 같은 사항을 잘 찾아낼 수 있다.
- ⓐ 회로 각 부분의 저항과 기전력(electromotive force)을 알고 있을때 각 부분의 current를 알수 있고,
- ⓑ 회로 각 부분의 저항과 전류를 알고 있을때 기전력을 알수 있다.

이 법칙은 아래와 같이 말할 수 있다.

전류 법칙(Current law)
회로에서 여러부분으로 나누어지는 접합점에서의 전류의 대수합은 "0"이다. 이 말은 circuit의 한 지점에서 흘러 나온 전류의 크기는 이 지점으로 흘러 들어간 전류의 크기와 같다.

전압 법칙(Voltage law)
어떤 폐회로주위에 공급된 voltage와 voltage drop의 대수합은 "0"이다. 이 말은 어떤 폐회로에서의 voltage drop은 여기에 공급된 voltage와 같다.

Kirchhoff의 법칙을 적용할때 다음의 절차를 따라서 일을 쉽게 한다.
- ⓐ 전류의 방향이 명확하지 않을때는 이 방향을 가정한다.
  만약 가정한 것이 틀리면 답에서 수는 맞지만 앞에 negative sign(-)이 있다.
- ⓑ circuit내의 모든 resistor나 battery에 극성을 표시 한다. 전류 흐름 방향을 가정해도 battery의 극성에는 영향을 미치지 않는다. 그러나 resistor의 voltage drop의 극성에는 영향을 미친다. 그러므로 voltage drop을 표시하고, resistor로 전류가 흘러 들어오는 쪽은 negative, resistor를 떠나는 쪽은 positive이다.

electrical circuit에서 resistor를 통과해 전류가 흐를때 voltage drop이 발생한다. voltage의 크기는 resistor의 크기와 전류의 크기에 좌우된다. voltage drop의 극성은 전류의 방향에 의해 결정된다.

Fig. 1-59에서와 같이 공급된 기

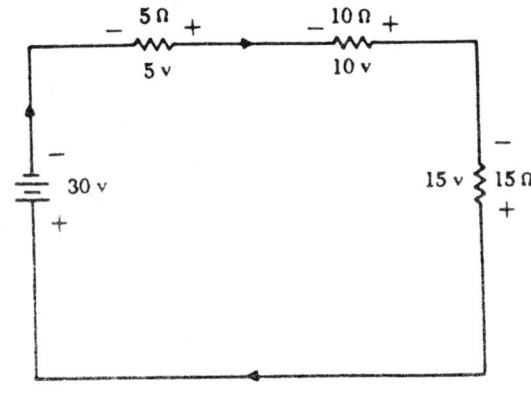

Fig. 1-59 Polarity of voltage drops.

28

전력의 극성과 voltage drop을 관찰해 보면 가해진 e. m. f는 resistance에 의해 전자를 반대 방향으로 흐르게 한다.

각 저항에서의 voltage drop은 가해진 e. m. f에 대해 극성이 반대이다.

각 resistor에서 전류가 들어간 쪽은 negative (-)로 표시된다.

Fig. 1-60은 circuit의 일부로 kirchhoff의 전류법칙을 설명하고 있다. resistor R1을 통과하는 전류 흐름은 4 amperes이다.

resistor R3를 지나는 전류 흐름은 1 ampere의 크기이고 R1을 통과한 전류가 흘러 들어가는 접합점과 같은 접합점으로 흘러 들어 간다. kirchhoff의 전류 법칙을 이용해서 R2를 지나는 전류의 크기가 얼마나 되는지 결정할 수 있다. 또한 이때 접합점으로 흘러 들어가는지, 흘러 나오는지도 결정할 수있다.

이것을 다음과 같은 방정식으로 표시한다.

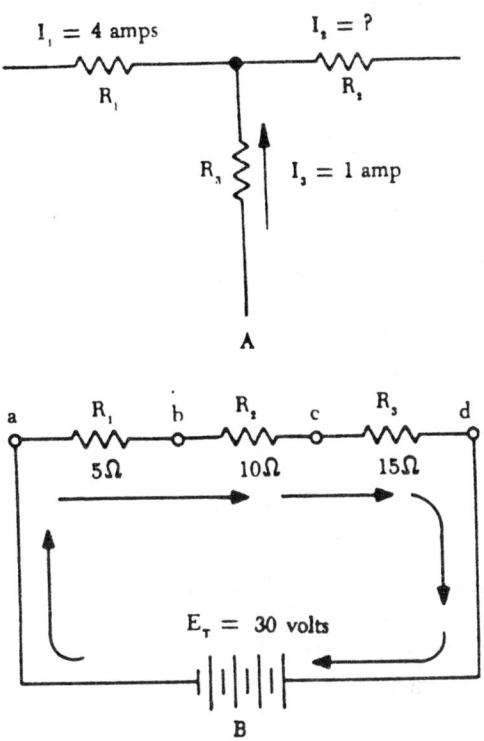

Fig. 1-60 Circuit demonstrating Kirchhoff's laws, (A) current law and (B) voltage law.

$$I_1 + I_2 + I_3 = 0$$

주어진 숫자를 넣어보면,

$$-4 + I_2 + (-1) = 0$$
$$I_2 = 1 + 4$$
$$= 5$$
$$-4 + (-1) + 5 = 0$$

Fig. 1-60 B에서 series D. C circuit이고 kirchhoff의 voltage 법칙을 보여주고 있다. 전체 저항은 R1, R2와 R3의 합이므로 30 ohms이다.

공급되는 voltage가 30 volts, circuit에 흐르는 전류는 1 ampere이다. 그러므로 R1, R2와 R3의 voltage drop은 5 volts, 10 volts와 15 volts이다.

voltage drop의 합은 공급된 voltage 30 volts와 같다.

이 circuit은 또한 voltage의 극성을 사용해서 풀수 있다.

voltage의 대수합은 "0"이다.

(+) sign이 먼저 나오면 voltage는 positive이고,

(-) sign이 먼저 나오면 voltage는 negative이다.

Fig. 1-60 B에서 battery에서 먼저 시작해서 전류의 흐르는 방향으로 계속가면 아

래의 답을 얻는다.

total voltage (E_T) = $+ 30 - 5 - 10 - 15$

= 0

1-9. 병렬 직류 회로 (Parallel D.C Circuits)

circuit에 두개나 그 이상의 저항과 부하가 같은 전원에 연결되어 있으면 병렬회로이다.

병렬회로와 직렬회로가 다른 점은, 전류의 흐름 통로가 하나 이상이라는 점이다. 직렬회로에서 저항이 늘어나면 전류의 흐름을 반대하는 것도 그만큼 늘어난다.

다음은 병렬회로에 필요한 것들이다.
ⓐ 전원 (power source)
ⓑ 전도체 (conductor)
ⓒ 각 전류 흐름 경로의 resistance나 load
ⓓ 2개 이상의 전류 흐름 경로

Fig. 1-61은 병렬회로로서 3개의 전류 흐름 경로가 있다.

point A, B, C와 D는 같은 conductor에 연결되어있고, 같은 전위 (electrical potential)를 갖고 있다. 비슷한 방법으로 point E, F, G와 H는 같은 전위를 갖고 있다. point A와 E사이에 나타난 voltage와 같은 크기의 voltage가 B와 F, C와 G, D와 H사이에 나타난다.

resistor가 voltage source에 병렬로 연결되면 resistor는 같은 크기의 voltage를 갖고 있다.

병렬회로의 voltage는 다음과 같이 표시할 수 있다

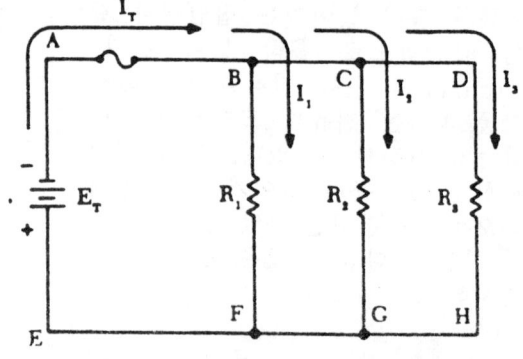

Fig. 1-61   A parallel circuit.

$$E_T = E_1 = E_2 = E_3$$

여기서 E_T는 공급된 voltage이고, E_1은 R_1의 voltage, E_2는 R_2의 voltage, E_3는 R_3의 voltage이다.

parallel circuit이 전류는 각 분기 (branch)의 저항에 따라 다르게 나타난다.

branch가 작은 수치의 저항을 갖고 있으면 높은 저항을 갖고 있는 저항에 비해 더 큰 전류가 흐른다. kirchhoff의 전류법칙에서 분기점으로 흘러 들어간 전류는 이 분기점에서 흘러 나오는 전류와 같다고 말했다.

여기서 circuit의 전류 흐름은 아래와 같이 표시할 수 있다.

$$I_T = I_1 + I_2 + I_3$$

여기서 I_T는 total current이고, I_1, I_2와 I_3는 R_1, R_2와 R_3를 통과한 전류이다. kirchhoff와 ohm의 법칙을 적용해서 circuit의 전체 current flow를 찾을 수 있다.

Fig. 1-62에서 R1을 지나는 전류
는,

$$I_1 = E/R_1 = 6/15$$
$$= 0.4\ A$$

R2를 지나는 전류는,
$$I_2 = E/R_2 = 6/25$$
$$= 0.24\ A$$

R3를 지나는 전류는,
$$I_3 = E/R_3 = 6/12$$
$$= 0.5\ A$$

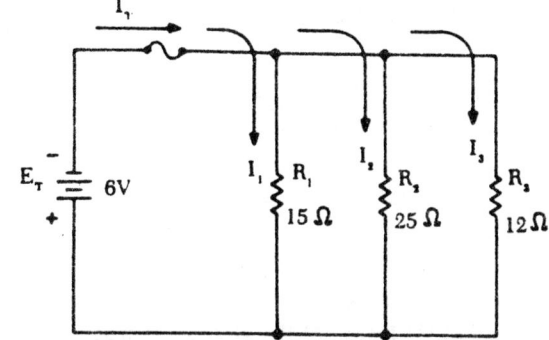

Fig. 1-62   Current flow in a parallel   circuit.

total current I_T는
$$I_T = I_1 + I_2 + I_3$$
$$= 0.4 + 0.24 + 0.5$$
$$= 1.14\ amps$$

병렬회로에서
$$I_T = I_1 + I_2 + I_3$$이다.

ohm의 법칙에서
$$I_T = E_T/R_T, \quad I_1 = E_1/R_1, \quad I_2 = E_2/R_2, \quad I_3 = E_3/R_3$$

이것을 아래와 같이 바꾸면
$$E_T/R_T = E_1/R_1 + E_2/R_2 + E_3/R_3$$

병렬회로에서 $E_T = E_1 = E_2 = E_3$이므로
$$E/R_T = E/R_1 + E/R_2 + E/R_3$$

위에서 모두 E로 나누면
$$1/R_T = 1/R_1 + 1/R_2 + 1/R_3$$

이 방정식은 병렬회로의 전체 저항을 찾는 공식이다.

$$R_T = \frac{1}{1/R_1 + 1/R_2 + 1/R_3}$$

위 공식에서 보면 R_T는 항상 회로에서 가장 작은 저항보다도 작다.
10 ohms, 20 ohms과 40 ohms의 저항이 병렬로 연결되어 있으면 전체 저항은 10
보다 작다. 만약 병렬회로에 두개의 저항체가 있으면 다음과 같은 공식을 이용한다.
$$1//R_T = 1/R_1 + 1/R_2$$

31

이것을 단순화하면

$$R_T = \frac{R_1 \times R_2}{R_1 + R_2}$$

이 단순화한 공식을 병렬회로에서 두개의 저항이 있을때 사용하면 편리하다. 병렬회로에서 여러개의 저항이 연결되어 있고, 각각의 저항치가 모두 같을때, 하나의 resistor의 저항치를 parallel circuit에 연결된 resistor의수로 나눈다.

$$R_T = R/N$$

여기서 R_T는 전체 저항이고 R은 하나의 저항기의 저항이며 N은 저항기의 수이다.

1-10. 직렬-병렬 직류 회로
(Series-prallel D.C Circuits)

전기장치 (electrical equipment) 의 대부분의 회로는 보통 직렬-병렬회로로서 직렬과 병렬회로의 복합형태이다. 직렬-병렬회로에서는 병렬 저항기와 직렬의 다른 저항기가 연결되어 있다.

Fig. 1-63은 직렬-병렬회로의 보기이다.

직렬-병렬회로에 필요한 것은 아래와 같다.
ⓐ power source (battery)
ⓑ conductor (wire)
ⓒ load (resistance)
ⓓ 하나 이상의 전류 흐름 경로
ⓔ control (s/w)
ⓕ safety device (fuse)

직렬-병렬회로는 상당히 복잡한 것처럼 보이지만 직렬-병렬회로에서와 같은 rule이 적용되고, 되도록이면 단순화 해서 문제를 푼다. 직렬-병렬회로를 다루는 가장 쉬운 방법은 필요한 부분씩 쪼개서 단순화 시키고 동등한 회로로 다시 그린다.

Fig. 1-64는 단순한 직렬-병렬회로로서 단순화해서 다시 그릴수 있

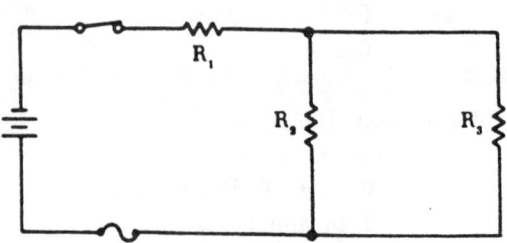

Fig. 1-63   A series-parallel circuit.

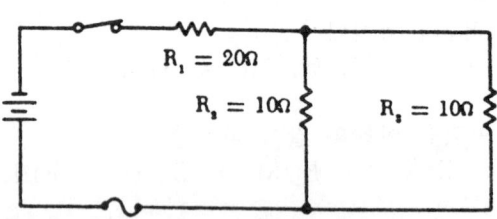

Fig. 1-64   A series-parallel circuit.

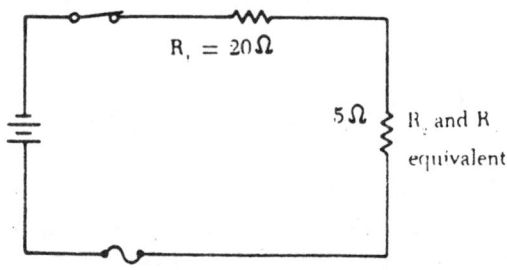

Fig. 1-65   A redrawn series-parallel circuit.

다. 위의 회로에서 같은 전압이 R2, R3에 공급되고, 둘은 병렬 연결이다. 두 저항기의 저항치가 똑같아서 하나의 저항기 저항치를 저항기수로 나눌 수 있다. 이것은 항상 병렬 저항기이고, 같은 저항 값일때만 가능하다.

만약 이 rule을 적용하면 이 회로는 아래와 같이 다시 그릴수 있다.

중간의 계산 과정은 생략했지만 original circuit의 3개의 저항기의 전체 저항치와 같은 25 ohms의 하나의 저항기로 단순화 시킬 수 있다.

Fig. 1-67은 더 복잡한 직렬-병렬 회로이다. 이 회로를 단순화하는 첫 번째 단계는 같은 group의 병렬 저항기를 줄여서 하나의 하나의 저항기로 만든다. 첫번째 group은 R2, R3가 병렬이다.

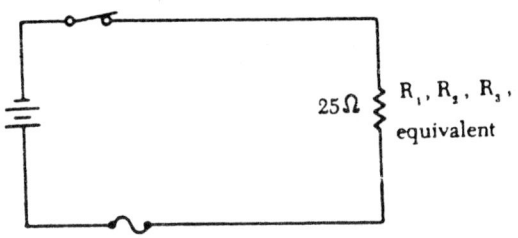

Fig. 1-66 An equivalent series-parallel circuit.

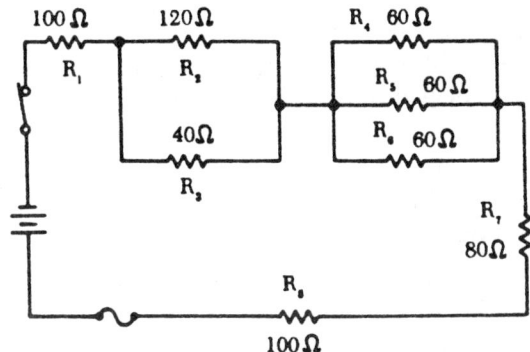

Fig. 1-67 A more complex series-parallel circuit.

이 둘은 서로 다른 저항치를 갖고 있으므로 두개의 병렬저항의 공식을 이용해서,

$$R_a = \frac{R_2 \times R_3}{R_2 + R_3} = \frac{120 \times 40}{120 + 40} = \frac{4800}{160} = 30 \ ohms$$

R2, R3의 병렬 관계는 30 ohms의 저항기로 대신한다.

그 다음 단계로 R4, R5와 R6의 전체 저항을 계산하는데, 저항치가 모두 60으로 똑같고, 병렬연결이므로,

공식 Rb = R/N

여기서 Rb는 R4, R5, R6의 전체 저항이고, R은 하나의 저항기의 저항치이고, N은 병렬로 연결된 저항기의 수이다.

Rb = R/N = 60/3
   = 20 ohms

그러므로 R4, R5와 R6는 20 ohms 짜리 resistor로 다시 그릴 수 있다.

본래의 직렬-병렬회로는 같은 수치의 직렬회로로 바뀌어졌다. 위의 circuit을 다시 330 ohms 저항기로 다시 그릴 수 있다. 여기서 직렬회

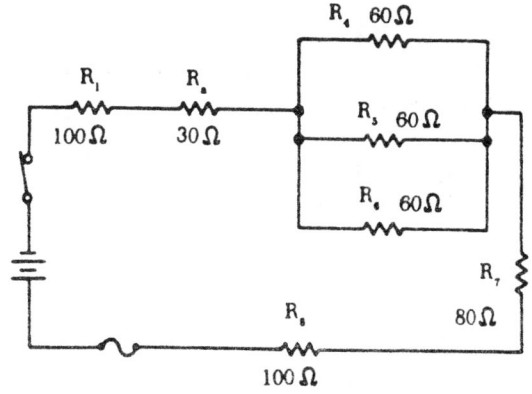

Fig. 1-68 Series-parallel circuit with one equivalent resistance.

33

로의 전체 저항을 구하는 공식을 사용한다.

$$R_T = R_1 + R_a + R_b$$
$$+ R_7 + R_8$$
$$= 100 + 30 + 20$$
$$+ 80 + 100$$
$$= 330 \text{ ohms}$$

병렬회로와 달라서 분기전류 (branch current) I_1과 I_2는 공급된 전압을 사용해서 설정할 수가 없다. R_1은 병렬의 R_2, R_3와 직렬이므로, 공급된 전압의 일부가 R_1에서 drop 된다. branch current를 알기 위해 전체 저항과 전체 전류를 먼저 찾아야 한다.

R_2와 R_3가 같은 저항치를 갖고 있으므므로,

$$R_{2.3} = R/N = 14/2$$
$$= 7 \text{ ohms}$$

총 저항은

$$R_T = R_1 + R_{2.3}$$
$$= 21 + 7$$
$$= 28 \text{ ohms}$$

ohms의 법칙을 이용해서 전체 전류는,

$$I_T = E_T/R_T = 28/28$$
$$= 1 \text{ ampere}$$

전체 전류 1 ampere가 R_1을 통과한 후 point A에 나뉜다.

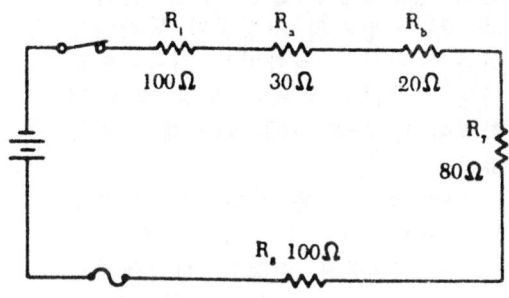

Fig. 1-69   Series-parallel equivalent circuit.

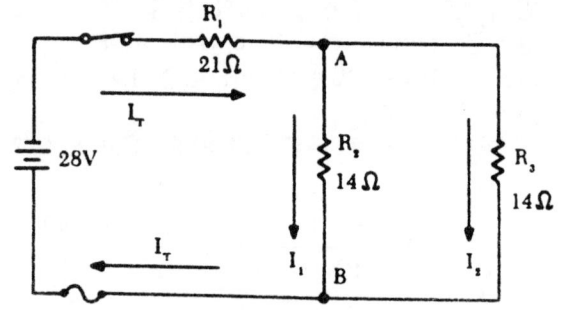

Fig. 1-70   Current flow in a series-parallel circuit.

하나는 R_2를 지나는 전류로, 다른 하나는 R_3를 지나는 전류 흐름으로 나뉜다.

R_2와 R_3가 같은 크기여서 분명히 전체 전류의 반이, 즉 0.5 ohms가 양쪽 분기에 흐른다. 회로의 전압 강하는 ohm의 법칙에 의해 결정된다.

$$E = IR$$
$$E_{R_1} = I_T R_1$$
$$= 1 \times 21$$
$$= 21 \text{ volts}$$

$$E = IR$$
$$E_{R_2} = I_1 R_2$$
$$= 0.5 \times 14$$
$$= 7 \text{ volts}$$

$$E = IR$$
$$E_{R_3} = I_2 \times R_3$$
$$= 0.5 \times 14$$
$$= 7 \text{ volts}$$

병렬저항의 전압강하는 항상 같다.

꼭 기억하면 이로운 것이 voltage가 일정할때 직렬-병렬회로에서 어느 저항기의 저항이 커지면 전체 전류는 감소한다.

1-11. 가변저항기와 전위차계 (Rheostat and Potentiometer)

Rheostat와 potentiometer는 가끔 분압기 (voltage divider)와 연결해서 사용한다. rheostat은 가변저항기로 회로에 흐르는 전류의 크기를 조절한다.

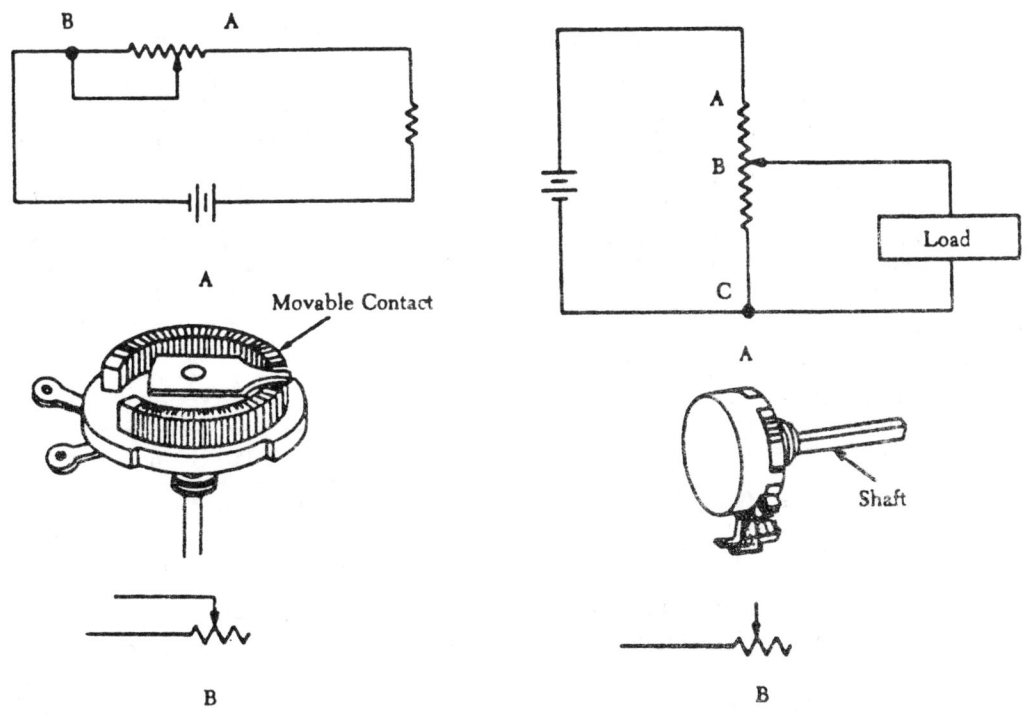

Fig. 1-71   Rheostat.   Fig. 1-72   Potentiometer.

Fig. 1-71은 rheostat이 직렬회로에서 저항과 직렬로 연결되어 있다. slider arm이 point A에서 B로 움직이면 rheostat저항의 크기는 늘어난다. rheostat 저항과 고정 저항은 직렬이어서, 회로의 전체 저항은 증가하고, 전체 전류는 감소한다. 반면에 slider arm이 point A쪽으로 움직이면 전체 저항은 감소하고, 회로내의 전류는 증가한다. potentiometer는 가변저항기로 3개의 terminal이 있다. 두개의 끝과 slider arm이

회로에 연결되어 있다. potentiometer는 회로내 전압의 크기를 다르게 조절할때 사용하고, 전기 및 전기장비에 가장 많이 사용한다.

가장 좋은 예가 라디오 수신기의 음량 조절기과 TV 수상기의 화면 밝기 조정이다.

Fig. 1-72는 potentiometer로 fixed voltage source로 부터 variable voltage를 얻어서 electrical load에 공급한다. load에 공급되는 전압은 point B와 C사이의 전압이다. slider arm이 point A쪽으로 움직이면, 전체 전압이 electrical device(load)에 공급되는 전압은 "0"이다. potentiometer가 load에 공급되는 전압을 "0"에서 full voltage까지 만들수 있다. battery의 negative terminal(-)을 떠나는 전류는 나누어져서 일부는 potentiometer의 윗부분(point B에서 A)으로 흐르고 battery의 positive terminal(+)로 돌아간다.

1 ampere	= 1,000,000 microamperes.
1 ampere	= 1,000 milliamperes.
1 farad	= 1,000,000,000,000
	= micromicrofarads.
1 farad	= 1,000,000 microfarads.
1 farad	= 1,000 millifarads.
1 henry	= 1,000,000 microhenrys.
1 henry	= 1,000 millihenrys.
1 kilovolt	= 1,000 volts.
1 kilowatt	= 1,000 wattts.
1 megohm	= 1,000,000 ohms.
1 microampere	= .000001 ampere.
1 microfarad	= .000001 farad.
1 microhm	= .000001 ohm.
1 microvolt	= .000001 volt.
1 microwatt	= .000001 watt.
1 micromicrofarad	= .000000000001 farad.
1 milliampere	= .001 ampere.
1 millihenry	= .001 henry.
1 millimho	= .001 mho.
1 milliohm	= .001 ohm.
1 millivolt	= .001 volt.
1 milliwatt	= .001 watt.
1 volt	= 1,000,000 microvolts.
1 volt	= 1,000 millivolts.
1 watt	= 1,000 milliwatts.
1 watt	= .001 kilowatt.

Number	Prefix	Symbol
1,000,000,000,000	tera	t
1,000,000,000	giga	g
1,000,000	mega	m
1,000	kilo	k
100	hecto	h
10	deka	dk
0.1	deci	d
0.01	centi	c
0.001	milli	m
0.000,0001	micro	u
0.000,000,001	nano	n
0.000,000,000,001	pice	p

FigG. 1-73 Conversion table.

Fig. 1-74 Prefixes and symbols for multiples of basic quantities.

Fig. 1-73은 변화표(conversion table)이다.

Fig. 1-74는 자주 사용되는 기본 단위의 접두어와 기호이다.

1-12. 항공기용 Lead-acid Battery

1) Lead-acid BATT의 구조

A. Grid

grid는 lead와 antimony 합금의 cast로 lead-acid battery 활성판의 뼈대구조를 형성한다. lead의 antimony는 더 좋은 casting을 가능하게 해서 더 많은 활성물질을 사용하게 한다.

grid의 open space에는 active ingredient로 채워진다.

electrical energy가 발생하면, 전류가 battery 바깥쪽으로 전달되는데, grid의 outer frame에 용접되어 있는 cell post를 통해서이다.

B. 음극판 (Negative plate)

negative plate로 사용되는 grid는 자체의 opening에 dull gray, porous lead의 spongy등으로 채워져 있다. 이 lead는 expander라고 부르는 material를 갖고 있어서 서로 섞어서 수축을 마고, 밧데치 최대용량을 위해 필요한 surface area를 만든다.

C. 양극판 (Positive plate)

positive plate의 grid는 과산화납(lead peroxide)의 compound로 채워져 있다. 이것은 chocolate broun crystalline물질로 높은 다공성(porous)을 갖고 있다.

D. 격리판 (Separator)

negative와 positive plate는 cell element로 조립되어 있다.

각 쌍의 plate 사이에는 separator가 있고, 이것은 microporous rubber material로 만들어졌다. 이것은 또한 다음의 positive plate에 vertical rib을 갖고 있다. 이 ribbing은 상당한 양의 acid를 positive plate와 접촉하게 해서 cell의 효율을 높인다. loose fiberglass mat을 positive plate 다음에 놓아서 과산화납(lead peroxide)의 손실을 줄인다.

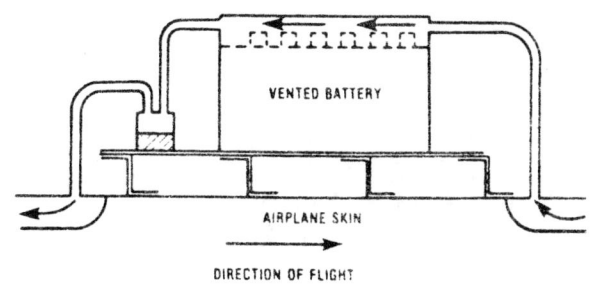

Fig. 1-75 Battery boxes are vented to the outside of the airplane by air forced through scoops. The exit vent incorporates a neutralizing solution in a sump jar.

E. Cell element

cell element에는 항상 negative plate가 positive plate보다 하나 더 많아서 negative 는 더 많은 active positive plate을 보호하고, 양쪽이 똑같이 노출되서 발생하는 warpage(뒤틀림)를 막는다.

connector strap에 양쪽의 plate에 용접되었다. plate의 수는 cell voltage에 아무런 영향이 없고, 면적이 battery의 ampere-hour 용량에 관계가 있다.

F. Container

high impact molded case 로 cell element를 넣어서 완전한 battery를 만든다. 이것이 각 cell의 compartment를 갖고 있다. compartment의 바닥에는 4개의 element rest와 뼈대를 이루고 있어서 두개의 negative plate를 지지하고, 두개는 positive plate를 지지한다.

이것이 cell의 internal shorting의 가능성을 최소로 유지해 준다.

plate의 아래에 공간이 있어서 active material(스폰지 리드와 과산화납)이 빠져나가면, internal short없이 쌓이게된다. 두가지 type의 container가 A/C battery에 사용된다. vented와 unvented type이다. vented battery는 separate box없이 설치하고, vent가 항공기 바깥쪽의 air scoop와 rubber hose로 연결되어 있다. 공기가 들어와서 battery의 fume(자극성의 가스)을 sump jar로 운반해서 중화시킨다.

G. Cell cover and vent

cell cover는 molded bushing으로 각각의 cell을 덮고,

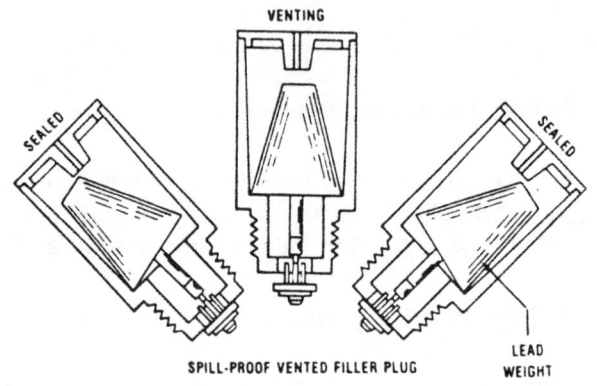

Fig. 1-76   A lead weight actuated valve allows the fillerplug to vent when upright, but seals when tipped.

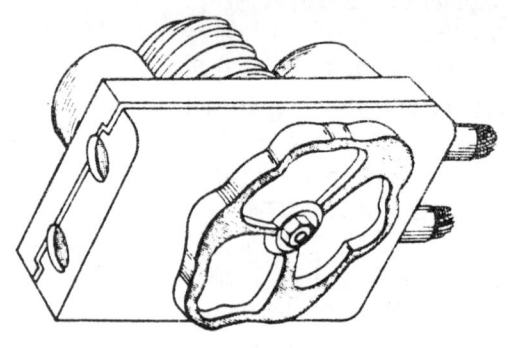

Fig. 1-77   Battery quick disconnect terminal sockets in the connector slip over posts on the battery and are held in place by pressure exerted by the hand screw.

far-like sealing compound로 sealing을 제공한다.

최근의 것으로, one piece cover로 positive와 negative terminal의 튀어 나온 것을 덮는다. 각 cell마다 opening이 있어서 venting과 servicing을 할수 있다. fillercap은 lead weight activated valve가 있어서 battery가 바로서면 열리고, battery가 기울어지면 닫힌다.

H. Battery terminal

A/C battery의 terminal은 top이나 side에 위치해 있다.

terminal은 나사산이 있고, battery cable은 wing nut로 안전하게 조인다. polarity (POS, NEG)가 raised letter mold되어 있다.

side mounted terminal은 quick-disconnect connector에 맞게 되어 있고 hond screw에 의해 조여진다.

cell element는 황산과 water의 mixture로 완전히 덮여 있다. 이 전해액 (electrolyte)이 화학반응을 일으켜서 positive와 negative plate의 변화를 일으키게 하고, 전해액 자체도 변한다.

cell의 charge상태는 전해액의 비중(spectific gravity)에 의해 나타낸다. 정상적인 전해액은 약 35%의 황산(H2SO4)를 갖고 있다. 이것이 대략 1.265의 비중(80°F에서)을 만든다.

I. Chemistry

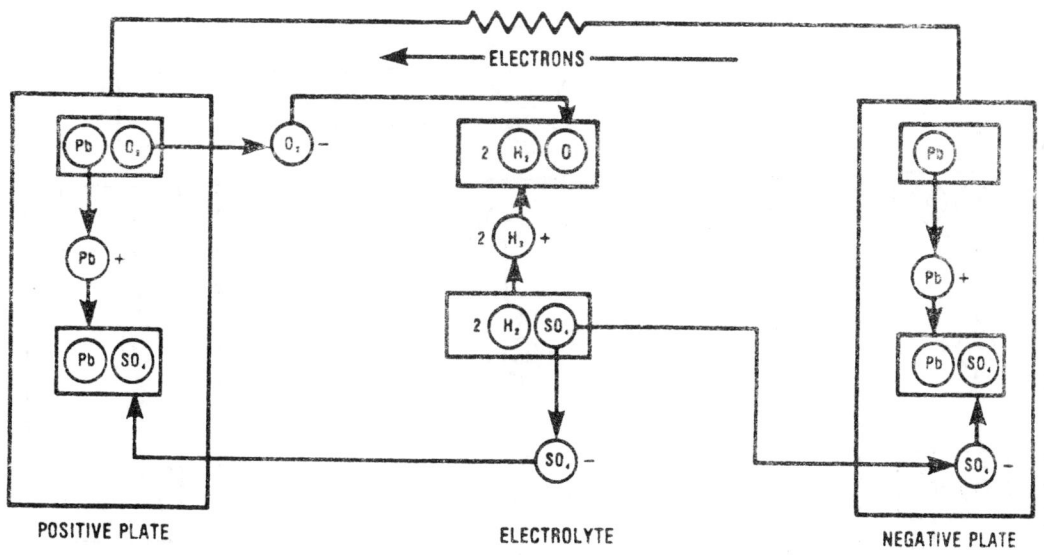

Fig. 1-78 Chemical changes taking place during discharge.

39

negative plate의 grid의 lead와 positive plate의 lead peroxide는 battery terminal이 연결되면 변화한다. battery가 만들어질때 4개의 chemical이 포함된다.

oxide(O₂), hydrogen(H₂), lead(P₆)와 sulfate radical(SO₄) 등이다. radical은 chemical element의 group으로 마치 single atom처럼 작용한다. 이 sulfate radical이 negative charge를 운반하고 negative ion으로 간주한다.

a. 방전 (discharging)

두 battery terminal사이에 conductor가 놓이면 lead plate에서 lead peroxide plate로 conductor를 통해서 전자가 흐른다. lead가 자체의 전자의 일부를 잃으면서 chemical change가 발생한다.

전해액의 sulfate radical(So₄)이 lead sulfate(PbSo₄)의 일부와 합쳐진다.

황산이 sulfate radical을 잃으면 남아있는 hydrogen이 lead peroxide에서 oxygen을 차지한다. 전해액은 물(H₂O)이 되고, lead peroxide는 lead (Pb)가 된다. acid의 sulfate radical은 positive plate의 lead와 합쳐져서 lead sulfate를 형성한다.

battery discharge로 전해액에서 물이 형성되는 것은 황산의 집중을 낮추는 결과를 만든다.

b. 충전 (charging)

양쪽 plate의 active element가 lead sulfate(PbSo₄)가 되면 전해액은 회석되어 electrocal energy로 바뀐 chemical energy가 더이상 없게 된다. battery는 discharge되었다고 말할 수 있다.

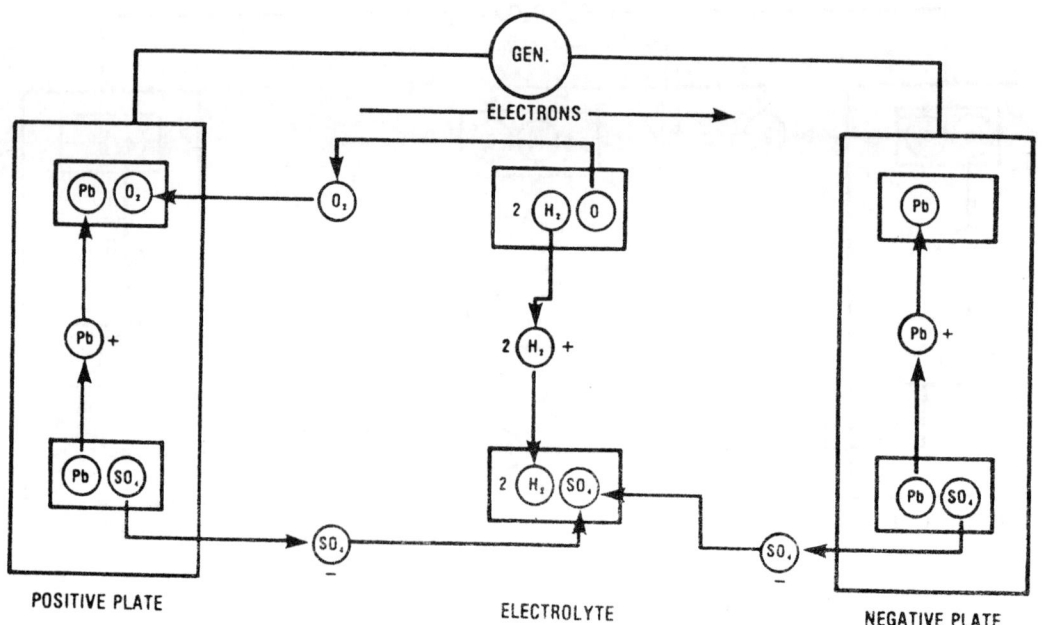

Fig. 1-79 Chemical changes taking place during charge.

battery는 전류 흐름 방향을 바꾸어서 charge시킨다.

generator나 다른 D.C source가 battery의 positive terminal의 positive plate에 연결
된다. 전자가 negative terminal을 통해 battery로 들어 간다. 이 전자 이동이 positive
와 negative plate에서 sulfate radical이 전해액으로 환원되어 water가 다시 황산이 된
다. water에서 oxygen이 빠져나와 positive plate의 lead와 결합해서 lead peroxide를
형성한다. battery가 charge 상태로 돌아 간다.

charging source의 voltage는 battery voltage와 voltage drop의 합과 같아야 한다.
여기서 전압강하(voltage drop)는 battery의 내부저항과 charging current에 의해 생긴
것이다. 이 voltage가 battery로 전류가 흘러 들어가게 한다. charge가 끝나면
generator는 계속 battery에 voltage를 공급하고 있는 상태에서 electrolysis(전기 분해)
가 발생한다. 물이 두 component element로 부서져서 hydrogen과 oxygen으로 된다.
hydrogen은 negative plate에서 free gas 역할을 하고 oxygen은 positive plate에서 free
gas 역할을 한다.

plate에 형성된 gas는 plate를 insulate시키는 경향이 있어서 battery의 내부저항을
증가시킨다. 이것이 만약 voltage가 battery에 일정한 상태로 머물러 있을때, 충전전
류를 감소시킨다.

만약 battery를 방전상태에서 일정 시간동안 놓아 두거나 전해액 level이 일정기간
동안 낮으면, lead sulfate는 굳어져서 lead와 lead peroxide로 다시 바뀌는 것이 어렵
게 된다. 이 상태의 battery는 sulfated 되었다고 한다. 이 굳은 sulfate는 constant
current charge로 2시간 간격으로 비중이 상승하기 시작할때까지 계속해서 굳은 상태
의 sulfate를 없앤다. 그다음, 10%의 normal rate로 charge를 60시간 동안 계속한다.
이렇게 해서도 charge가 안될 경우에는 battery를 폐기한다.

c. 충전상태 ()Condition of charge

전해액의 밀도가 변하는
것은, charge 상태가 변하면
서, acid와 water의 상대적인
양이 바뀌기 때문이다. 그래
서 가능한 것이 얼마만큼의
acid가 전해액에 있는가를 알
면 batt-ery의 charge 상태를
알수 있다. 비중계(hydro-
meter)가 이 상태를 결정한
다.

Fig. 1-80과 같이 전해액
이 이 tube를 잡아 당겨서
liquid에서 떠있을때의 level이
밀도를 나타낸다. 이때 전해
액의 level이 가리키는 것이
비중이다.

비중은 전해액의 밀도와

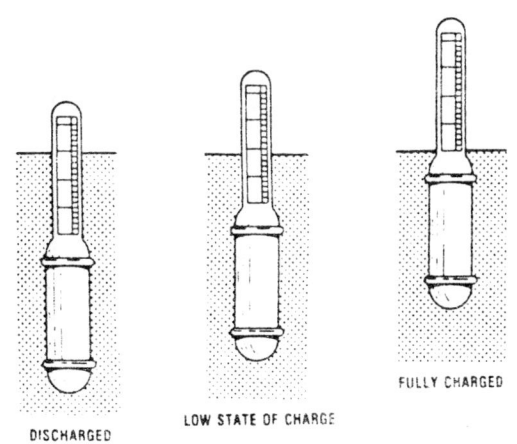

FULLY CHARGED

LOW STATE OF CHARGE

DISCHARGED

Fig. 1-80 A hydrometer measures the specific gravity
of the electrolyte. This relates to the condition of charge
of the battery.

41

증류수 밀도와의 ratio이다.

lead-acid A/C battery에 쓰이는 전해액은 concentrated sulfuric acid(H_2SO_4), 1.835의 비중을 갖고 있고, 80°F에서 순수한 물과 회석되어 1.265-1.275의 비중을 나타낸다.

전해액(electrolyte)의 비중이 1.150까지 떨어지면 chemical strength가 부족해서 더 이상 charge하기 힘들어서 버리는 수밖에 없다.

battery를 charging하면 sulfate radical이 plate를 떠나서 water와 결합되어 sulfuric acid를 다시 형성한다. battery가 full charge되면 비중은 대략 1.275이다.

온도가 liquid의 density에 영향을 미치므로 전해액 비중에 온도 수정을 해야 한다.

TEMPERATURE CORRECTION FOR SPECIFIC GRAVITY

Electrolyte °C	Temperature °F	Correction Points Add or Subtract
60	140	+ 24
55	130	+ 20
49	120	+ 16
43	110	+ 12
38	100	+ 8
33	90	+ 4
27	80	0
23	70	- 4
15	60	- 8
10	50	- 12
5	40	- 16
- 2	30	- 20
- 7	20	- 24
- 13	10	- 28
- 18	- 0	- 32
- 23	- 10	- 36
- 28	- 20	- 40
- 35	- 30	- 44

Table 1

electrolyte가 차가울때는 표준시보다 밀도가 높다. 그래서 이때를 charge 상태로 잘못 판단할 수가 있다. 반대로, 전해액 온도가 표준보다 높아서 liquid의 밀도가 떨어지면 실제 charge상태보다 낮게 지시한다. 이런 이유로 비중을 읽을때는 전해액의 온도를 알아야 한다.

위에서 보는 것과 같이 10°F씩 변할때마다 0.004씩 변한다.

예를들어 100°F에서 전해액 비중이 1.240일때 정확한 비중은 1.248이 된다.

2) 밧데리의 성능
(Battery ratings)

A. voltage

lead-acid A/C battery의 voltage는 cell의 수에 의해 결정된다.

예를들어 battery가 여섯개의 cell을 갖고 있고, 전해액의 비중이 1.265일때, open circuit voltage는 각 cell이 2.10 volt이거나 전체적으로 12.

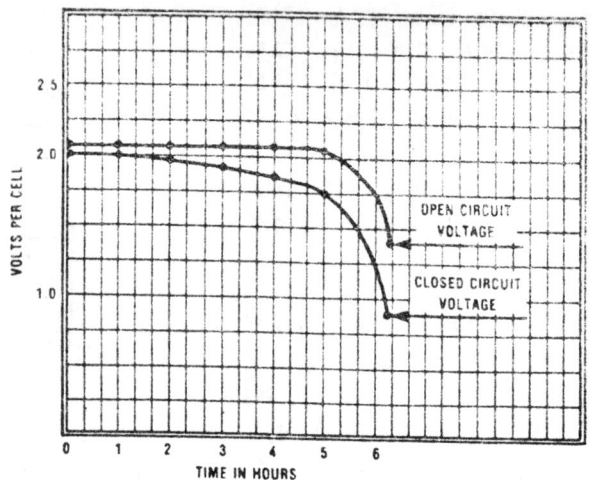

Fig. 1-81 Discharge characteristics of a typical lead-acid battery at the five-hour rate.

6 volts가 된다.

용량은 plate의 활성물질의 양, plate 면적, acid의 volume등에 의해서 좌우된다. battery가 discharge되면, 양쪽 plate에 lead sulfate를 형성한다. sulfate는 높은 저항이 있어서 전류 흐름을 막고, battery의 내부저항을 높게 한다.

저항이 높아지면 높은 voltage drop이 생기고 실제로 voltage drop이 각 cell마다 1.75 volts일때 방전 되었다고 간주한다.

B. 용량 (capacity)

capacity는 ampere/hour로 표시한다.

one ampere-hour는 1시간에 1 ampere의 전류가 흐르는 것을 나타내거나, 전류와 시간의 조합이 정격용량과 같다.

battery에서 방출하는 전류의 비율(rate)은 방전률로 표시된다. A/C battery는 5시간 방전률을 적용하며 이것은 일정전류를 5시간동안 방전시켜 cerll당 전압이 1.75 volt에 도달하게 되는 때의 용량을 A-H로 표시한 것이다. 만약 battery가 이보다 더 큰 rate로 떨어지면, voltage는 정지할때까지 계속 떨어지고 잠시 머물러 있다가 다시 상승하기 시작한다. 이것은 왜냐하면 battery의 빠른 discharge때문에 plate에 fresh acid가 접촉을 못해서 차츰 sulfate로 되기 때문이다.

fresh acid가 diluted acid를 대신해서 plate에 접촉하면 battery voltage는 다시 상승한다. engine cranking할때 battery의 용량을 나타내기 위해 두개의 다른 rating을 쓴다. 20분 과 5분 방전률이다.

Table. 2의 rating chart에서 보는 것처럼 20분과 5분 방전률의 시간과 current rating이 5-hour discharge rate보다 훨씬 짧다. 이것은 높은 방전률로 plate의 바깥쪽은 방전되지만 안쪽은 계속 charge상태이기 때문이다. battery가 고 방전률(high discharge rate)로 설계된 것은 저 방전률(lower rate)로 설계된 것보다 더 많은 수의 thin plate를 갖고 있다.

Battery Voltage	Plates Per Cell	Five Hour Rate (amp. hrs.)	Twenty Minute Rate		Five Minute Rate*	
			(amps)	(amp. hr.)	(amps)	(amp. hr.)
12	11	35	66	22	180	15
24	9	17	31	10.3	80	6.7

*The battery is considered to be discharged at the five minute rate when the closed circuit voltage drops to 1.2 volts per cell.

AMPERE RATINGS OF A TYPICAL AIRCRAFT BATTERY SHOWING THE DECREASE IN AMPERE-HOURS AS THE CURRENT FLOW IS INCREASED

Table. 2

plate의 면적을 늘이면 battery의 낮은 내부 저항을 주어서 과다한 closed circuit voltage drop없이 높은 discharge rate를 갖게 된다.

3) Dry charged battery

manufacturer에서 실려온 wet charged condition을 계속 유지해야 한다. 특히 주의해서 discharge 시키거나 전해액의 level을 낮추어서는 안된다. battery의 storage와

shipping을 쉽게 하기 위해 dry charged state로 거래가 된다. battery가 생산될때, plate는 fully charge된 상태이다. 그 다음 완전히 건조시킨후 battery를 조립한다. air 나 battery는 sealing을 해서 사용되기 전까지 이 상태로 보관한다.

dry charged battery를 사용하기 위해서는 각 cell에서 seal을 제거하고, 전해액을 넣어야 한다. 이 전해액은 황산과 물로서 1.265의 비중을 갖고 있다.

정해진 level까지 부어 넣으면 battery는 곧바로 사용이 가능하다. 그러나 이때는 정격용량보다 다소 낮은 상태이다.

가장 좋은 것은 boost charge나 freshening charge를 하면 가장 적합하다. battery 를 한시간쯤 놓아두고, 각 cell의 전해액 level을 검사한다. 필요하면 더 넣어서 전해 액의 level를 맞춘다.

battery를 manufacturer가 정한 비율로 charge하고 한시간 간격으로 검사해서 3번 연속 비중이 변하지 않을 때까지 둔다.

완전히 충전된 battery의 전해액(electrolyte)의 비중(specific grvity)은 1.260-1.285 사이가 된다. 만약 이 범위에 들지 않으면 다시 조절해야 한다. 만약 너무 높으면 electrolyte의 일부를 퍼내고, 물을 집어 넣는다. 만약 너무 낮으면 높은 비중의 전해 액을 집어 넣는다. 전해액이 완전히 섞일때까지 최소한 한 시간을 기다린 다음 비중 을 측정한다.

4) 밧데리 측정 및 충전 (Battery testing and charging)

A/C battery를 충전할때 두가지 방법이 쓰인다.

정전압(constant voltage) 충전은 A/C의 generator system과 함께 사용하는 방법이 다. 이 방법은, constant voltage는 open circuit voltage보다 다소 높다. 이것은 상당 히 짧은 시간에 battery를 restore 시킨다. 정전류(constant current) 충전 방법은 보통 shop에서 많이 쓰고, constant voltage method보다 상당한 시간이 필요하다.

이 방법은 전류가 낮고, 조절된 비율로 battery로 흘러 들어간다.

charge의 조건이 변할때 constant current를 유지하기 위해, charger의 voltage를 높여야 한다. 위의 두가지로 충전하기 전에 battery cell을 먼저 검사해야 한다.

A. Cell test

전해액의 비중은 battery charge상태를 측정하는 가장 좋은 방법이다. 그러나 cell voltage를 측정해서 각 cell의 상태를 알아볼 수 있다.

    a.   각 cell의 전해액의 level을 점검하고, 필요한 만큼 조절한다.

    b.   3초간 약 150 ampere의 load를 공급한다. 만약 battery가 airplane에 달려 있으면 엔진을 3초간 crank한다.

    c.   1분동안 약 10 ampere의 load를 공급한다. battery가 airplane에 있으면 taxi-light를 켠다.

    d.   10 ampere load상태에서 각 cell의 voltage를 측정한다. 이때의 reading을 다음과 같이 생각할 수 있다.

        ⓐ   모든 cell이 1.95 volts이고, 서로 0.05 volt의 오차안에 들어 있으면 battery는 양호하고, full charge상태이다.

        ⓑ   몇개의 cell이 1.95 volt보다 낮지만, 0.05 volt의 오차내에 들어간다.

battery 상태는 양호하지만 충전이 필요하다.

ⓒ 1.95 volt보다 높은 cell이 있고, 0.05 volt이상의 오차가 있을때 cell에 결함이 있다.

ⓓ 모든 cell 1.95 volt이하이고 battery를 test하기에 너무 낮다. charging한 다음 test한다.

ⓔ 비중계(hydrometer)로 전해액을 측정한다.

B. 정전류 충전 (Constant current charging)

충전 전류를 battery로 보내기 위해 충전 전압이 battery voltage보다 높아야 한다. 방전된 밧데리의 voltage가 낮을때 charging을 위한 voltage는 그렇게 높지 않아도 된다.

battery manufacturer는 constant current charge에 이용하는 전류의 크기를 정해놓고 있다. 이것은 각 cell의 plate의 수에 의해 결정된다. 일반적으로 constant current charging은 만약 maximum이 주어지지 않으면 battery ampere/hour rating의 7%를 적용하면 안전하다.

예를들어 35 ampere/hour

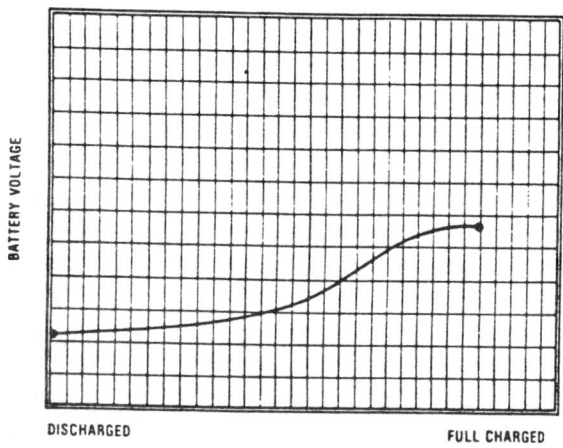

Fig. 1-82　Battery voltage rise on charge.

battery는 charge rate를 5/2 ampere보다 크게 해서는 안된다.

charge가 계속되면 battery voltage가 증가되어서 charger의 voltage도 증가시켜서 정해진 rate의 constant current를 유지시킨다.

battery의 온도는 계속 관찰해서 cell의 온도가 125°F이상 넘지 않도록 한다. 만약 온도가 상승해서 125°F에 접근하면 charging rate를 줄인다. 전해액이 과열되면 팽창되므로 plate에서 bubble이 형성되어 전해액이 cell밖으로 넘침을 막기 위해서이다. battery가 charging되면 cell의 cap을 느슨하게 한다. 이것이 gas와 전해액의 팽창을 허용한다. 충전이 계속되면서 cell에서 chemical change가 발생해서 전해액을 dense acid solution으로 바꾸게 하고, 이것이 plate에서 sulfate redical(SO_4)을 제거한다.

물은 전기 분해에 의해서 plate에서 free oxygen과 hydrogen을 방출한다. battery 가 완전하게 충전된때는, 1시간 간격으로 연속해서 3번 비중을 측정했을때, 아무런 변화가 없으면 완전하게 충전된 것이다.

C. 정전압 충전 (Constant voltage charging)

A/C의 generator system은 battery에 constant voltage charge를 제공한다. 이 system에서 generator는 vol-tage output이 battery voltage보다 약간 높게 조절한다.

이것이 battery voltage와 내부 저항을 극복할 수 있게 한다.

Table. 3 은 temperature와 voltage의 관계를 보여주고 있다.

A/C에 사용하는 charging circuit은 current와 voltage limit을 갖고 있다.

Fig. 1-83은 constant voltage system으로 battery를 charge하는 방법을 설명하고 있다. 엔진 시동후에 battery는 starter작동으로 인해 부분적으로 방전상태이다. 이때를 Fig. 1-83에서 point A로 나타낸다. generator가 current limiter의 limit에 의해 정해지는 비율로 battery를 충전한다. 혹은 alternator의 maximum output에 의해 충전을 하는데 이때는 point B이다.

battery voltage가 voltage regulator에 의해 제한된 수치에 도달하기 전까지 maximum current가 흐른다. 이때가 point C이다.

charging current는 battery가 완전히 충전될때까지 떨어진다.

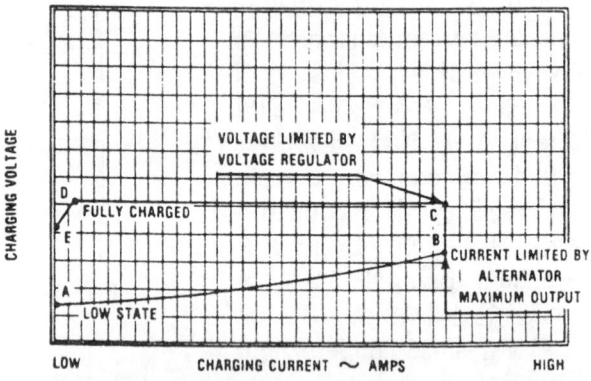

Ambient Temperature	12 Volt Battery	24 Volt Battery
65°F	14.1 to 14.9	28.2 to 29.8
80°F	13.9 to 14.7	27.8 to 29.4
105°F	13.7 to 14.5	27.4 to 29.0
125°F	13.5 to 14.3	27.0 to 28.6
145°F	13.4 to 14.2	26.8 to 28.4

VOLTAGE REGULATOR SETTING VARIATIONS WITH AMBIENT TEMPERATURE

Table. 3

Fig. 1-83 Current vs. condition of charge for c constant voltage charge.

point D는 항공기에 있는 battery가 완전히 충전된 상태를 나타내고 이때 generator output은 voltage regulator에 의해 제한을 받는다.

engine이 정지되면 battery voltage는 normal open circuit voltage까지 떨어진다. 이때가 point E이다.

constant voltage battery charger는 shop에서 사용하고 battery에 boost charge를 사용할 수 있다.

fast charge는 방전된 battery를 완전 충전된 상태로 만들수는 없지만 battery로 항공기를 시동할 만큼의 충분한 충전이 되므로 나머지 충전은 항공기의 electrical system으로 완전하게 충전한다. battery가 충전되면 언제든지 수소와 산소 gas가 발산한다. hydrogen과 oxgen은 상당히 폭발적인 혼합기를 특별히 조심해서 충전장소는 적절하게 통풍을 하고, 이 지역에서는 spark에 주의해야 한다. battery가 charger와 연결되고 분리될때는 항상 s/w를 off시킨 상태라야 한다. cold 전해액은 높은 저항이 있어서 battery의 내부저항을 증가시킨다.

80°F에서 반쯤 충전된 battery는 14.4 volts source에서 25 ampere를 받아 들인다. 0°F에서는 약 2 ampere를 받아 들인다.

대부분의 A/C voltage regulator는 온도 효과를 보상해서 추운 날씨에는 output voltage를 늘려 주고, 더운 날씨에는 줄여 준다.

5) 밧데리 장착 및 취급 방법

battery box는 manufacturer가 정한 위치에 있어야 하고, 적절한 vent가 있어야 한다. vent sump 용기는 soda와 물의 중탄산염화된 용액패드가 들어 있어야 한다.

이 solution은 battery fume을 중화시켜서 airframe의 corrosion을 막는다. battery는 vibrate나 chafing되지 않도록 안전하게 있어야 한다. rubber나 wood spacer가 battery shim으로 box에 사용된다.

battery가 설치되는 바닥등의 corrosion이 가장 큰 문제점이다.

box의 어떤 corrosion이라도 완전히 제거하고, acid resistant paint로 처리한다. 이 paint는 주로 rubber나 asphaltic(tar) base이다.

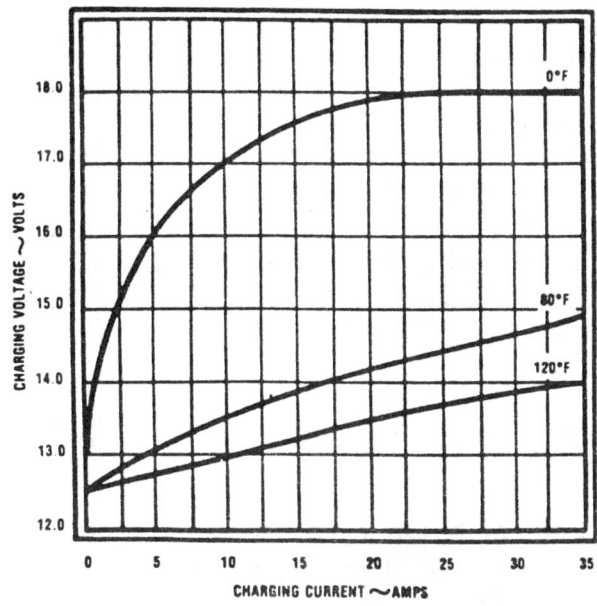

Fig. 1-84   Charge rate for a given voltage varies with the battery temperature.

Specific Gravity	Freezing Point	
	°C	°F
1.300	−70	−90
1.275	−62	−80
1.250	−52	−62
1.225	−37	−35
1.200	−26	−16
1.175	−20	−4
1.150	−15	+5
1.125	−10	+13
1.100	−8	+19

FREEZING POINT OF LEAD-ACID BATTERY ELECTROLYTE WITH VARIOUS SPECIFIC GRAVITIES

Table. 4

battery cable이나 terminal은 corrosion없이 깨끗이 해야 하고, terminal은 vaseline이나 light grease로 얇게 칠한다.

battery는 정기적으로 검사해서 충분한 물이 있는지 확인해야 한다.

전해액은 plate를 덮어야 하고, built-in electrolyte level indicator의 level까지 올라와 있어야 한다.

계속해서 충전하면 일부의 물을 잃게 된다. liquid level이 낮으면 오직 물만 더한다. normal battery servicing 중에는 절대로 전해액을 더해서는 안된다.

battery를 취급할때는 electrical spark에 주의해서 wrench등으로 battery와 structure 사이에 shrot되지 않도록 특별히 주의한다.

이것을 방지하기 위해 항상 ground cable을 먼저 제거하고, 다시 연결할때는 나중에 연결한다.

lead-acid battery는 양호한 상태로 charge 되어 있으면 절대로 얼지 않는다.

1-13. 항공기용 니켈 카드뮴 밧데리 (A/C Nickel-cadmium BATT)

nickel-cadmium battery가 최근 몇년 사이에 많이 쓰이는 것은 , high charge rate와 lead-acid battery와 같은 voltage drop없이 균등한 high rate로 discharge하기 때문이다. 이 battery는 대략 -65°F 에서 165°F까지의 온도 범위에서 사용한다.

1) BATT의 구조

A. Plaque

nickel-cadmium battery의 base는 plate material이나 plaque이다.

powered nickel이 fine mesh nickel screen에 녹여져서 극도의 다공성물질을 형성한다. 이 plaque는 plate를 형성한다.

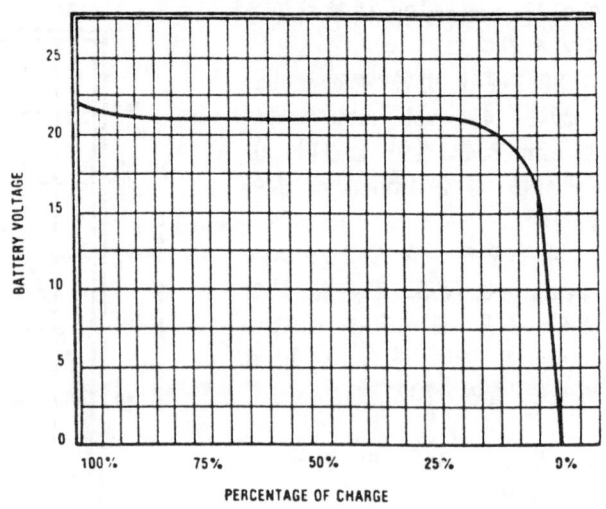

Fig. 1-85 Discharge voltage related to percentage of charge for a typical nickel-cadmium battery.

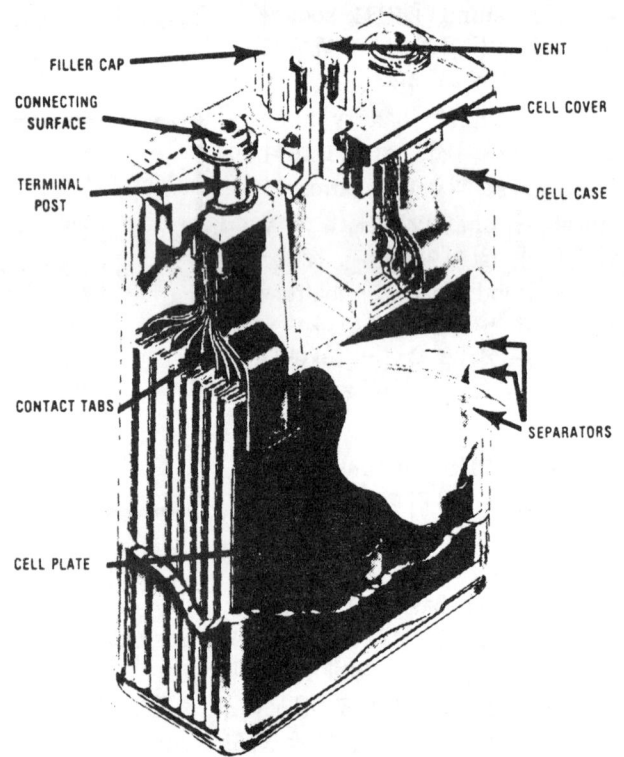

Fig. 1-86 Typical nickel-cadmium cell.

B. 양극판 (Positive plate)

plaque는 nickel hydroxide를 포함하고 있어서 기공(pore)에 electrochemically deposit되어 있어서 positive plate를 형성한다.

C. 음극판 (Negative polate)

cadimium hydroxide는 plaque의 pore에 electrochemically deposit되어 있어서 negative plate를 형성한다.

D. Core assembly

nickel tab이 각 plate의 한쪽 구석에 용접되어 있어, 이 plate를 core assembly로 조립된다. terminal은 positive와 negative plate양쪽의 tab에 용접되어 있다.

E. Separator

positive plate가 negative plate와 맞물려 있어서 층을 형성한다.
이 plate사이에는 multi-layer separator가 있고, 이것은 연속되는 strip이 plate보다 넓고 완전한 insulator를 형성한다.
전체의 stackup은 plastic binder로 묶어서 compact assembly를 만든다.

F. Cover and vent assembly

cover와 vent asssembly는 plate stackup에 붙여져서 cell의 토대를 제공한다. filler cap은 전해액 servicing을 위해 remove할 수 있고, 제자리에 있을때는 charging할때 발생하는 gas를 내보낸다.

G. Case

polystyrene이나 nylon(polyamid) case로 만들어진다.

H. Battery

lead-acid battery와 달라서 nickel-cadmium battery의 cell은 각각의 unit으로, 각각 을 service할 수 있다. 각각의 cell은 plastic case에 12나 24 volt battery로 조립된다.
이 battery는 epoxy coated steel case에 보관된다. 12 volt battery는 9개나 10개의 cell을 사용하고 24 volt battery는 19개나 20개의 cell을 사용한다.

I. Terminal connector

cannon이나 elcon connector가 큰 battery에 쓰인다. 이 두가지는 모두 slip-on connector로, hand screw에 의한 pressure로 견고하게 밀착된다. 작은 battery에는

wing nut connector가 쓰인다.

J. 전해액 (Electrolyte)

30%의 수산화가리(KOH)의 용액과 깨끗한 물이 nickel-cadmium battery의 전해액으로 사용된다. 이 전해액은 오직 도체로만 사용되고, chemical change와는 전혀 관계가 없다.

lead-acid battery와 달라서 cell의 charging상태에서 비중은 변하지 않는다.

80°F에서 1.24~1.30의 비중을 갖는다. 수산화가리는 강한 alkali나 base로, skin, eyes, clothing등에 강한 산과 같은 damage를 준다.

만약 이 전해액이 쏟아지면, 붕산과 water solution이나 식초(vinegar)로 중화시켜야 한다.

2) Ni-cad chemistry

A. 충전 (Charging)

voltage가 battery에 공급될때, source의 positive terminal은 nickel 산화물 (positive)쪽의 plate로 가고, negative는 cadmium 산화물(negative)쪽의 plate에 연결되어 negative plate쪽에서 oxygen이 나오고, metallic cadmium을 남기게 된다. positive plate의 nickel 산화물은 이 oxygen을 붙잡아서 더 심하게 oxidize된다.

charge는 negative plate에서 모든 oxygen이 제거될때까지 계속되고, 오직 cadmium만 남게 된다. cell의 gassing이 charge가 끝날 무렵에 나타나는데, 이때는 전해액속의 water가 전기 분해되기 때문이다. 수소개스(hydrogen gas)가 negative plate에서 방출되고 positive에서는 oxygen이 방출된다. 이 gassing은 전해액의 물의 일부를 잃게 한다.

battery가 완전히 충전되면, 전해액은 plate로부터 나와서 cell에 가장 높은 level을 유지한다.

B. 방전 (Discharging)

battery에 load가 연결되면 negative plate에서 전자가 떠나서 positive로 들어간다. positive plate에서 oxygen이 나오고 negative에 의해 회복이 된다. discharge 동안에 plate에 의한 전해액이 흡수되어 cell의 level이 떨어진다.

C. Condition of charge

nickel-cadimum battery의 특성중의 하나가 constant voltage가 거의 완전한 방전 수준까지 도달하는 것이고, 또 다른 것은 전해액이 chemical change와 전혀 관계가 없는 것이다.

이런 두가지 이유때문에 battery charge조건으로 결정하기가 쉽지 않다. 오직 유일한 방법은 현재 상태를 정확히 측정해서 필요한 만큼의 ampere/hour의 charge를 하는 방법이다.

3) Thermal problem

가장 바람직한 특성은 discharge할때 high rate로 할수 있고, charge할때는 균등하게 높은 rate로 nickel-cadimum battery에 공급하는 것이다. ni-cad battery는 아주 적은 내부저항을 갖고 있어서 voltage와 이 저항은 온도에 따라 역으로 비례한다.

이 뜻은 cell온도가 증가하면 voltage가 감소하고 내부저항을 감소시킨다. 온도 상승은 thermal problem을 일으키고, 이것은 주로 vent가 안되는 곳에서 높은 주변 온도에서 separator material이 깨진 상태등에서 너무 갑자기 discharge할때 생기는 열이 주요 원인이다.

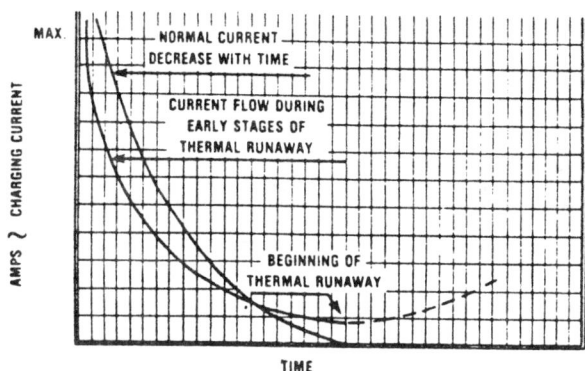

Fig. 1-87 Current flow related to time resulting in thermal runaway of discharged battery charged with a constant voltage source.

만약 cellophane이 관통되어 oxygen이 positive plate에서 negative쪽으로 이동할 수 있다. 이때 cadmium과 함께 열을 발생시켜서 내부저항을 감소시켜서 위험스런 지점까지 이르게 한다.

항공기에 설치되어 있는 battery는 generator와 같은 constant voltage charging source를 받는다. 이 generator는 high current를 생산할 수 있는 능력이 있다. turbine starter는 많은 electrical energy를 필요로 한다. battery는 이것을 큰 무리없이 제공한다. 만약 start하기가 힘들었다면, high current가 battery에서 장시간에 걸쳐 소모되었을 것이고, battery의 center cell은 열을 받았음에 틀림없다.

이 cell은 다른 cell보다 열을 더 받아서 낮은 voltage를 갖고 있고, 낮은 내부 저항을 갖고 있다.

engine이 시동하고, generator가 정상적으로 출력을 내기 시작하면 high current가 battery로 다시 들어간다. 정상적으로 이 전류는 battery가 charge되면서 갑자기 떨어지고 일부의 cell은 균형이 안맞는데, 이것은 온도 때문이고, current가 계속 상승해서 더 많은 열을 발생한다. 이 온도 상승이 전류상승을 부채질하고 charging current source에서 만드는 모든 source를 battery로 받아 들인다.

이 상태가 thermal runaway로 알려져 있고, 너무 많은 열이 발생해서 battery가 거의 폭발한다.

4) Battery servicing

A. 기상 점검

lead-acid battery와 달라서 항상 battery상태를 주의깊게 관찰해야 한다. batter

container의 ventilation system은 깨끗하고 잘 작동해야 한다. sump jar의 pad는 붕산액으로 젖어 있어야 한다. 최소한 매 50시간 마다 전해액이 넘쳐흐른 흔적이 있는지 검사해야 한다. 만약 white powder가 battery의 위쪽에 있으면 전해액이 넘친 증거이다.

이 powder는 potassium carbonate로 electrolyte가 carbon dioxide와 결합되면 생기는 것이다. 모든 cell connector를 점검해서 느슨하게 풀린 것이 없는지 확인한다. 전해액의 level도 점검해야 한다.

B. Shop inspection

nickel-cadmium battery는 요구되는 serivce time이 있다.
이것은 flight time이나 engine-start cycle에 토대를 둔다.
일반적인 service절차는 다음과 같다.

ⓐ battery를 씻는다.
vent cap을 점검해서 cell로 물이 들어가지 않게 한다. 수도물로 battery의 top을 씻어낸다. nylon이나 다른 금속성분이 아닌 억센 brush를 사용해서 모든 퇴적물을 제거한다. air로 battery를 건조시킨다.

ⓑ leakage current를 점검한다. cell terminal과 battery case사이의 conduction이 battery를 스스로 discharge시킨다. case와 cell사이의 voltage를 점검하는 대신 이 두 지점에 current flow가 있는지 점검한다. ammeter의 highest current scale(대략 500 milliamperes)을 사용해서 positive 도선을 positive terminal에, negative 도선은 battery case에 연결한 다음 전류를 점검해 본다. range를 계속 줄여서 전류가 흐르는지 알아 본다. 만약 leakage가 100 milliampere를 넘으면 battery는 분해해서 다시 세척한다.

ⓒ battery를 charge한다. constant current charger나 special battery charger/analyzer를 사용해서 battery를 충전한다. manufacturer가 추천한 voltage에 이를때까지 five hour rate로 충전한다.
19 cell battery의 경우, 이것은 30 volts 혹은 cell당 1.58 volts per cell이다. 만약

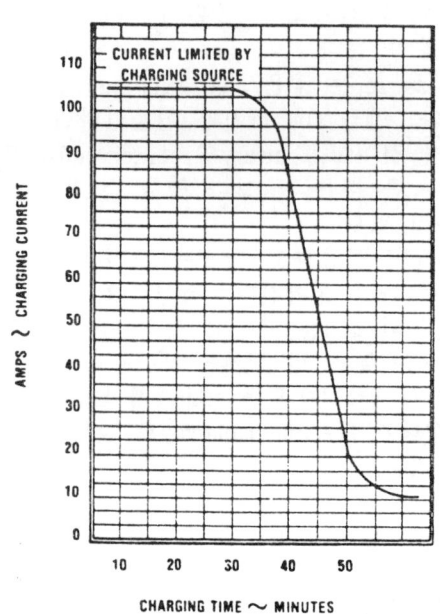

Fig. 1-88 Charging current on a constant voltage charge.

52

constant voltage charger가 사용되면, manufacturer가 추천한 수치로 조절해야 한다. 이것은 대략 cell당 1.5 volts per cell이다. constant voltage charger로 충전할 경우 full charge된 상태는 charging current가 갑자기 떨어지고, 안정되면 완전히 충전이 된 상태이다.

ⓓ 전해액을 조절한다. battery가 완전히 충전되면 battery의 전해액은 cell에서 가장 높은 level을 갖는다. 전해액을 측정한다. 이때의 높이는 manufacturer가 정한 높이여야 한다.

대략 plate에서 부터 1/4 떨어져 있다. 만약 charge후에 곧바로 측정하지 않으면 level은 다소 떨어져서 정상보다 낮게 나타난다.

필요하면 전해액의 level을 조절한다. 이때는 반드시 증류수(distilled water)만 사용한다. 수산화칼륨(potassium hydroxide)을 더해서는 안된다.

왜냐하면 battery가 완전히 충전되면, 전기분해(electrolysis)에 의해 water만 잃기 때문이다.

ⓔ battery discharge

nickel-cadmium battery의 충전상태를 정확히 결정하는 방법은 오직 battery를 discharge시켜서 이때에 ampere/hour capacity를 측정한다. battery에 load bank를 연결하고 discharge시킨다.

평균 cell당 voltage가 1.0 volt에 이를때까지 한 시간 혹은 두시간 rate로 방전시킨다. 이때 시간을 기록한다. 만약 이 방전시간이 manufacturer가 정한 방식에 의해 걸리는 시간의 70%보다 작으면, 이 상태는 battery의 용량이 감소된 것이고, 더 충전하던가 혹은 equalization이 필요하다.

ⓕ deep cycling

만약 하나 혹은 그 이상의 cell이 다른 cell과 균형을 잃으면 battery의 일부의 capacity를 잃게 된다.

이 상태를 치료하기 위해서 battery를 완전히 방전한다.

그리고 정해진 시간만큼 방전된 상태로 그냥 놔둔다.

그 다음 constant current charge방식으로 ampere/hour capacity의 140%까지 충전한다. 이것을 deep cycling의 euqalization이라고 부른다.

전보다 낮은 rate로 계속해서 battery를 방전한다. 각 cell이 대충 0.2 volts로 떨어질때까지 계속 방전한다. 이 voltage에 도달하면, cell은 완전히 방전되었다고 간주한다.

각 cell은, shorting strap을 사용해서 각각 short circuit을 만든다. cell이 short되는 동안 load가 연결되어 cell post에서 sparking을 막는다. 이때는 마지막 몇개의 cell에 1 ohm, 2 watt resistor로 short시켜서, short 시킬때 발생하는 arcing을 방지한다.

이 short상태로 3~8시간 정도 방치해 두면 모든 cell은 완전히 방전된 상태에 이르게 된다.

ⓖ recharging

battery를 constant current charge에 연결시키고, five hour rate로 7시간 동안 충전한다. 이때 battery는 rated ampere/hour capacity 의 140%로 충전된다.

충전중 마지막 5분 동안에 각 cell의 voltage를 측정한다. 70°F~80°F 사이의 온도에서 1.55~1.80 volts 사이에 들지 못하는 cell은 뭔가 결함이 있으므로 바꾸어야 한다.

ⓑ final check

battery가 사용되기 전에 마지막 점검으로 intercell connection hard ware의 torque를 점검한다. 그리고 전해액의 level, cell과 case사이의 current leakage등을 점검한다.

언제든지 battery가 A/C에 정착할때는 battery 상태에 관해 완전한 기록을 해야 한다. 이 기록 사항에는 다음과 같은 것이 포함된다.

case의 상태, 각 cell의 상태, intercell connector의 tightness와 상태, 전해액의 level, 각 cell에 추가로 넣은 물의 양, 충전을 끝내기 전에 점검한 각 cell의 voltage 등을 기록한다.

1-14. 회로보호 및 조절장치 (Circuit Protective and Control Device)

1) 보호장치 (Protective devic)

A/C가 제작될때 가장 큰 주의 사항은 각 electrical circuit이 다른 것으로 부터 완전하게 절연되었는지 확인하는 것이다.

A/C가 운용되면서 original circuity를 바꾸는 많은 일들이 생긴다.

이 과정에서 만약 제때에 발견하지 못하고 올바로 바로 잡지 않으면 중대한 문제가 생긴다. circuit에서 가장 중요한 문제가 direct short이다. 이 'direct short'라는 말은 circuit의 어느 point에서 full system voltage가 공급될때 ground나 circuit의 return side와 직접 contact으로 인한 short를 말한다.

이 상태가 다른 wire보다 저항이 작은 path를 만든다. ohm의 법칙에 따르면 만약 circuit의 저항이 작으면 전류가 커진다. direct short가 발생하면 wire에 상당한 과전류가 흐르게 된다.

motor를 예로 들어서 battery에서 motor로 가는 두 lead가 서로 닿으면 전류가 short를 지나서 흘러가게 되어 motor는 정지하게 되고, battery는 빠르게 discharge (대부분 폭발한다) 되어 화재의 위험성이 있다.

battery cable은 비교적 large wire여서 많은 current를 운반할 수 있다. A/C electrical circuit에 사용하는 대부분의 wire는 상당히 작아서 전류를 운반하는 능력에 제한이 있다. 주어진 circuit에서 wire size는 정상작동 상태에서 운반하는 전류의 양에 의해 결정된다.

direct short와 같이 정상보다 큰 전류의 흐름은 빠른 속도로 열을 만든다. short에 의해 과전류가 흐르는 것을 그냥 놔두면 wire에 열이 계속 증가해서 wire의 일부가 melt되거나 open circuit을 만들어서 wire와 관계된 것만 damage를 입힌다.

wire의 열이 insulation을 시커멓게 눋게 만들거나 태워서 함께 있는 다른 wire bundle에 까지 short를 만든다. 만약 fuel이나 oil leak이 hot wire근처에서 발생하면 화재 발생 가능성이 높다.

excessive current에 의해서 생기는 damage나 failure로부터 A/C electrical system 을 보호하기 위해 몇가지 protective device가 system에 설치된다.

54

fuse, circuit breaker와 thermal protector등이 이런 목적으로 쓰인다. circuit protective device의 목적은 circuit의 unit과 wire를 보호한다. 일부는 wiring만 보호하도록 설계되어 wire가 안전하게 운반하는 것보다 큰 전류가 흐를때 전류 흐름을 차단하기 위해 circuit을 차단 시킨다. 다른 device는 circuit의 unit을 보호하도록 설계되어 unit이 과다하게 열을 받을때 전류 흐름을 차단한다.

2) Fuse

fuse는 metal조각으로 정확히 결정된 용량보다 큰 전류가 이것을 통과할때 녹게 (melt)되어 있다. 회로에 설치되어 회로의 모든 전류는 이것을 통과하게 되어 있다.

대부분의 fuse는 metal strip이 tin과 bismuth의 합금으로 만들어 졌다. copper로 만들어진 fuse는 current limiter라고 부르고, 이것은 A/C 회로를 부분적으로 나누는데 사용한다.

fuse의 정격용량을 초과하는 전류가 있을때 fuse가 녹아서 회로를 차단 시킨다. 그러나 전류제한기(current limiter)는 짧은 시간동안 상당한 과부하에 견딘다. 휴즈가 회로를 보호하기 위한 것이어서 휴즈가 사용되는 회로의 용량과 맞아야 한다.

fuse를 바꿀때는 정확한 type과 용량을 맞추기 위해 제작사의 지시를 따르는게 좋다. 휴즈는 A/C의 두가지 type fuse holder에 사용된다. "plug-in holder"에 small type과 low capacity fuse를 사용한다. "clip" type holder는 heavy high capacity fuse 나 currrent limiter에 사용한다.

3) Circuit breaker

회로차단기(circuit breaker)는 회로를 차단 하도록 설계되어 졌고, 정해진 수치보다 높은 전류가 흐를때 전류 흐름을 stop하도록 설계되어 졌다.

circuit breaker가 fuse와 다른 점은 "trip"되어 회로를 차단 시키고, reset시킬수 있다는 점이다. 그러나 fuse는 녹아 끊어지므로 교환해야 한다.

A/C system에 몇가지의 circuit breaker가 사용된다. 그중 하나가 magnetic type이다. circuit에 과전류가 흐를때, 이 과전류가 강한 전자석을 만들어 small armature를 움직여 breaker를 trip시킨다. 또 다른 type이 termal 과부하(overload) s/w나 breaker 이다. 이것은 bimetallic strip으로 되어 있어서 과전류에 의해 과열되면 s/w lever를 잡고 있던 것이 반대쪽을 굽혀져서 s/w가 trip open된다. 대부분의 circuit breaker는 손으로 reset시킨다. circuit breaker가 reset되면, 만약 overload상태가 계속 존재하면, 회로차단기(circuit breaker)는 다시 trip되어 circuit damage를 막는다.

4) 열 보호 장치 (Thermal protector)

thermal protector나 switch는 motor를 보호하는데 사용한다.

이것은 motor의 온도가 과다하게 높을때는 언제든지 circuit을 자동적으로 open하게 설계되어 졌다. open과 close의 두 position이 있다. thermal switch를 사용하는 것은 motor를 과열로 부터 보호하는 것이다. 만약 motor에 결함이 있으면, 이것이 과열상태가 되므로 thermal s/w가 간헐적으로 circuit을 차단 한다.

thermal s/w는 bimetallic disk나 strip이 있어서 이것이 열을 받아 굽혀지면 회로를 차단한다. 이것은 두 금속(metal)이 같은 열을 받을때 하나의 metal이 다른 것보다 많이 굽혀지기 때문에 발생한다.

　strip이나 disk가 냉각되면 metal은 수축되어 strip이 본래의 위치로 돌아와서 회로를 닫는다.

5) 제어장치 (Control device)

　A/C의 electrical circuit의 unit는 모두가 계속해서 작용하거나 자동적으로 작동하는 것이 아니다. 대부분의 이것들은 일정시간이나 일정한 조건에서 정해진 기능만을 수행한다. 그러므로 이런 것들을 조절할수 있는 수단이 필요하다. s/w나 relay혹은 둘다 이런 목적으로 회로에 사용된다.

1-15. Switch

　switch는 대부분 A/C 전기회로에서 전류 흐름을 조절한다.

　swtich는 회로내에서 전류 흐름을 시작하거나 정지하거나 혹은 전류흐름의 방향을 바꾸는데 사용한다. 각 회로의 s/w는 회로의 정상전류를 운반할 수 있어야 하고, 회로의 전압(voltage)에 충분한 절연이 되어 있어야 한다. toggle s/w의 작동이 knife s/w의 작동과 거의 비슷하다.

 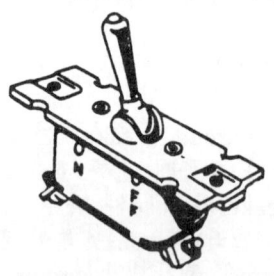

Fig. 1-89　Single-pole single-throw knife and toggle switches.

 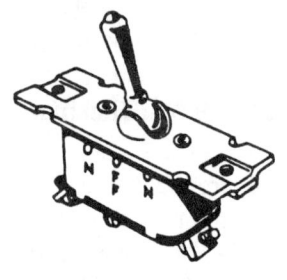

Fig. 1-90　Single-pole double-throw knife and toggle switches.

이 toggle s/w는 다른 어느 s/w보다도 A/C circuit에 많이 사용한다.

toggle s/w도 다른 s/w와 마찬가지로 정해진 수의 pole과 throw를 갖고 있다. s/w의 pole은 movable blade나 contactor이다. pole의 수는 circuit의 수와 같거나 current flow의 path와 같다. s/w의 throw는 회로의 수나 current path의 수와 같다.

Fig. 1-89에서 하나의 회로가 하나의 s/w를 통해서 완료되는데, s/w는 single-pole-single-throw(SPST) switch이다.

Fig. 1-90은 single-pole double-throw(SPDT) s/w이다.

s/w는 두개의 contactor나 pole이 있고, 각각의 pole은 하나의 회로를 완성해서 double-pole single throw(DPST) s/w이다.

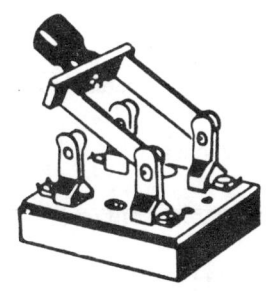 

Fig. 1-91   Double-pole single-throw knife and toggle switches.

Fig. 1-91은 double-pole single-throw knife와 toggle switch를 설명하고 있다.

double pole s/w는 두개의 회로를 완성할 수 있고, 하나의 회로는 각 pole를 통해 한번에 이루어져서 double-pole double-throw(DPDT) s/w가 된다.

Fig. 1-92   Double-pole double-throw knife and toggle switches.

Fig. 1-92는 DPDT s/w이다.

Fig. 1-93은 가장 많이 사용되는 s/w의 schematic을 나타내고 있다.

1) Push-button s/w

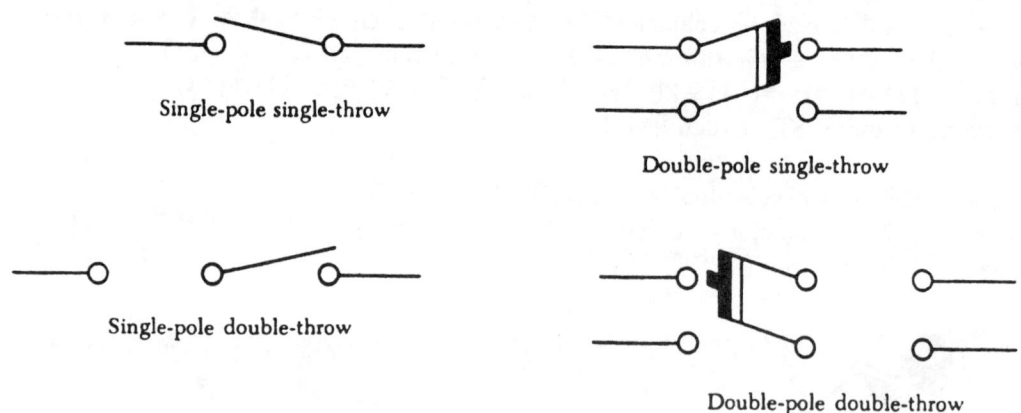

Single-pole single-throw

Double-pole single-throw

Single-pole double-throw

Double-pole double-throw

Fig. 1-93　Schematic representation for typical switches.

push-button s/w는 하나의 stationary contact과 하나의 mavable contact을 갖고 있다. movable contact이 push button에 달려 있다.

push button은 절연자체이든지, contact로 부터 절연되어 있다. 이 s/w는 spring힘을 받고 순간적인 접촉을 하도록 설계되었다.

2) Microswitch

마이크로 스위치(microswitch)는 tripping device의 아주 작은 움직임(1/16 inch나 이보다 작다) 으로 circuit을 열고 닫고 한다. 마이크로 스위치는 보통 push button switche이다. 이것은 주로 limit switch로 landing gear, actua-tor motor등의 automatic con-trol을 가능하게 한다.

Fig. 1-94는 마이크로 스위치의 단면이다. operating plunger가 눌려서 movable contact을 밀어 contact을 open시키므로 circuit이 open된다.

3) 회전 선택 스위치
(Rotary-selector switch)

rotary-selector switch에는 몇개의 switch가 연결되어 있다.

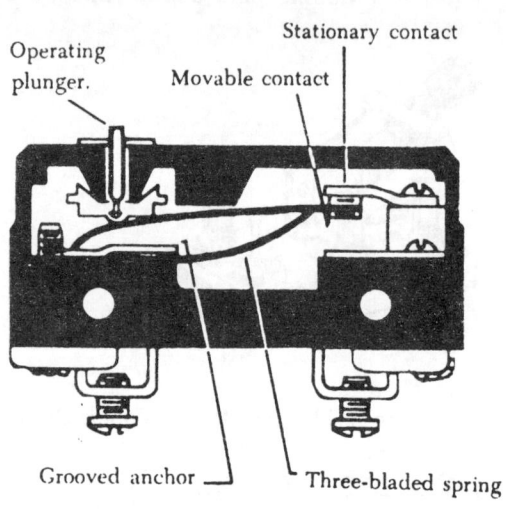

Operating plunger.

Stationary contact

Movable contact

Grooved anchor

Three-bladed spring

Fig. 1-94　Cross section of a microswitch.

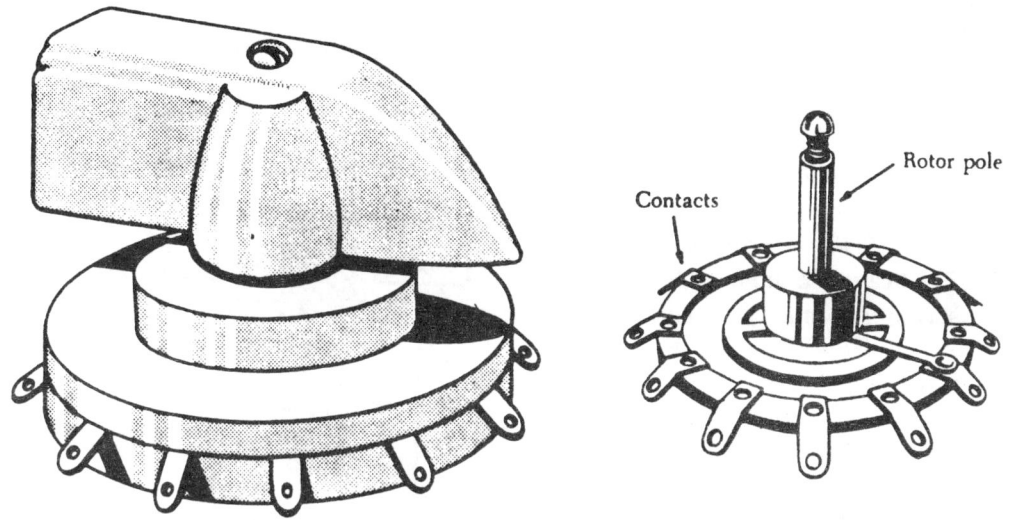

Fig. 1-95   Rotary-selector switch.

switch knob가 선택되면 한 circuit은 open되고, 다른 하나는 닫히게 된다. ignition s/w와 voltmeter selector s/w가 이들 type의 s/w이다.

4) Relay

relay나 relay s/w는 heavy current를 운반하는 회로의 원격조정에 쓰인다. relay는 unit과 power source가까운 곳 사이에 위치해서 많은 전류를 운반하는 cable의 길이를 가능한 한 줄인다.

relay s/w는 coil, solenoid, iron core, fixed나 movable contact등으로 구성되어 있다. coil terminal의 한가닥 작은 wire가 power source에 연결되어 있고, cockpit에 있는 control s/w에 연결되어 있다.

다른 coil terminal은 housing에 ground되어 있다. control s/w가 닫히면 coil주변에 electromagnetic field가 형성된다.

relay s/w의 한가지 type에는 iron core가 coil의 내부에 위치해 있다.

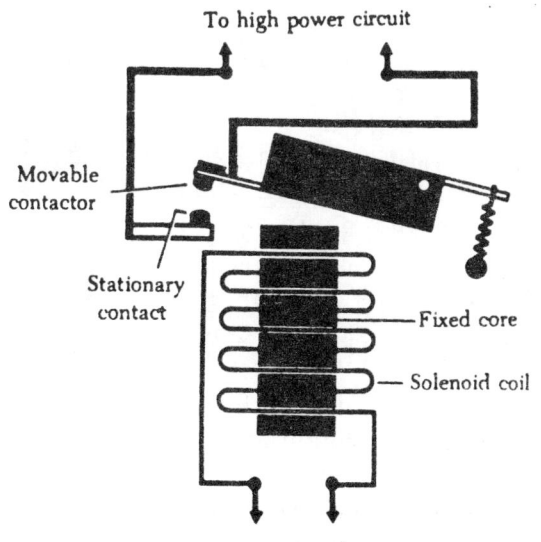

Fig. 1-96   Fixed-core relay.

control s/w가 닫히면 core가 자화되어 soft iron amature를 잡아 당겨서 main contact을 닫는다.

Fig. 1-96에서와 같이 contact은 spring의 힘에 의해 open position으로 가있다. control s/w가 off되면, magnetic field가 붕괴되어 spring이 contact을 open한다. 다른 type의 relay s/w는 core가 움직인다.

spring이 movable part와 fixed part를 떨어뜨려 놓는다.

coil이 자화되면 magnetic field가 core의 movable part를 coil쪽으로 잡아 당긴다. core가 안쪽으로 움직여서 이것이 movable contact를 아래로 움직여서 stationary contact과 접촉시킨다. 이것이 main circuit을 완성한다. control s/w가 off되면, magnetic field가 붕괴되어 spring이 movable core를 원래의 위치로 돌려 보내서 main contact을 open한다. starter-relay s/w는 간헐적으로 작용하게 설계되어서 만약 계속 사용하면 과열된다.

battery-relay s/w는 계속해서 작동할 수 있는데, 이유는 coil이 상당히 높은 저항을 갖고 있어서 과열을 막는다. large current를 운반하는 회로에서 circuit이 빨리 open될수록 relay의 arc가 줄어서 switch의 접촉면이 덜 타게 된다. large motor circuit에 사용하는 relay는 강한 spring이 있어서 circuit을 빨리 open한다.

A/C의 A.C circuit에 사용하는 relay는 D.C current에 의해 자화된다.

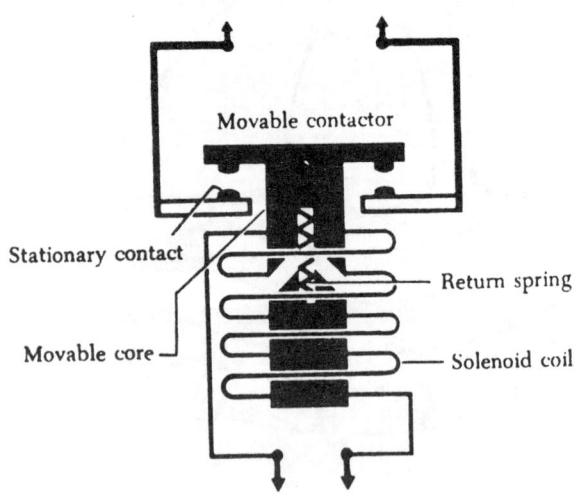

Fig. 1-97   Movable-core relay.

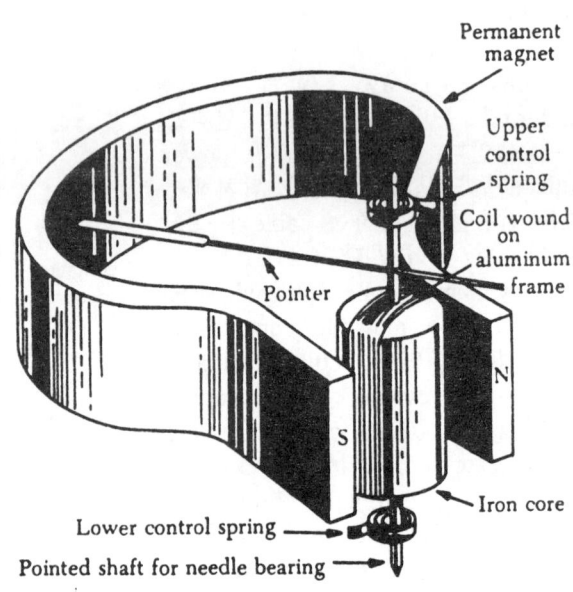

Fig. 1-98   Moving-coil element with pointer and springs.

1-16. 측정계기 (Measuring Instrument)

1) Ammeter

D´Arsonval ammeter는 electrical circuit의 direct current를 측정할 수 있게 설계되었고, 다음과 같은 part로 구성되어 있다.

permanent magnet, moving, element mounting, bearing과 terminal dial, screw등을 포함하는 것으로 구성되어 있다. permanent magnet은 magnetic field가 있어서 moving element에 의해서 생기는 magnetic field에 의해 움직인다. moving element는 전류에 의해 energize될때 자유롭게 움직여서 이때 움직이는 것을 측정한다.

pointer는 calibrated scale위를 움직이고 moving element에 붙어 있다.

Fig. 1-98은 moving coil mechanism이다. controlling element는 spring이고 main function은 counter나 resoring force를 만든다. 이 힘의 세기는 moving element의 회전과 함께 증가해서 pointer를 scale의 어느 지점에서 머물게 한다. 두개의 spring을 사용하고 각각 반대 방향으로 감겨 있어서 온도 변화에 따른 수축과 팽창을 보상한다.

spring은 nonmagnetic material 로 만들어져서 moving coil로 전류가 흘러 들어가고 나오고 한다. moving element는 hard pivot point의 shaft가 있어서 moving coil이나 다른 movable element를 지지해 준다. pivot point는 잘 연마된 보석이나 hard glass bearing으로 되어 있어서 거의 마찰없이 회전한다. 다른 mounting type으로 pivot point가 거꾸로 되어 있고, bearing이 moving-coil assembly의 안쪽에 있다.

Fig. 1-99는 moving element 의 mounting방법을 보여주고 있다.

bearing은 사파이어, 인조보석, hard glass와 같은 잘 연마된 보석으로 되어 있다.

case는 instrument가 들어있고, 이를 보호할 수 있게 되어

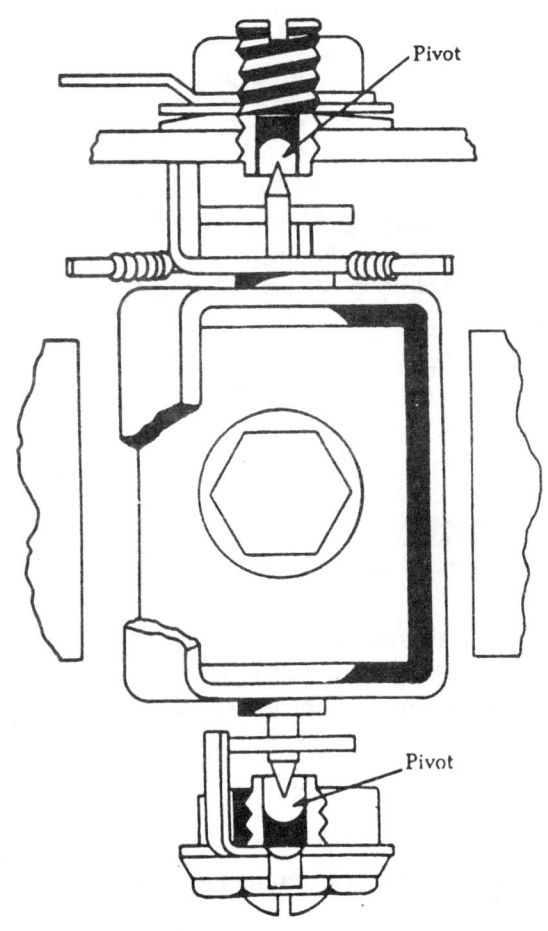

Fig. 1-99   Method of mounting moving elements.

있다. pointer가 calibrated scale을 움직이는 것을 볼수 있게 되어 있다. terminal은
아주 작은 전기적 저항을 갖는 material로 만들어졌다.

A. Meter movement의 작동

moving element의 coil부분이
permanet magnet의 magnetic field안
에 있다. 어떻게 meter가 작용하는
가를 이해하기 위해 moving element
coil이 아래 그림과 같이 magnetic
field속에 있다고 가정한다.

coil은 pivot이 있어서 magnet에
의해 생긴 magnetic field속에서 앞뒤
로 움직일 수 있다. coil이 ciruit에
연결되어 coil을 통해 전류가 흐르
면, 화살표에 의해 방향이 지시되고,
coil안에 magnetic field가 생긴다. 이
field는 magnet의 인접한 pole에 따라
같은 극성을 갖는다. 두 field의 상호
작용이 coil을 회전시켜서 두개의
magnetic field가 정렬(align)하게 된
다. 회전력(torque)은 coil과 magnet
의 같은 극의 상호 작용에 비례하고
coil에 흐르는 전류의 크기에 비례한
다. 결과적으로 pointer가 coil에 붙
어 있어서 회로에 흐르는 전류의 양
을 나타낸다.

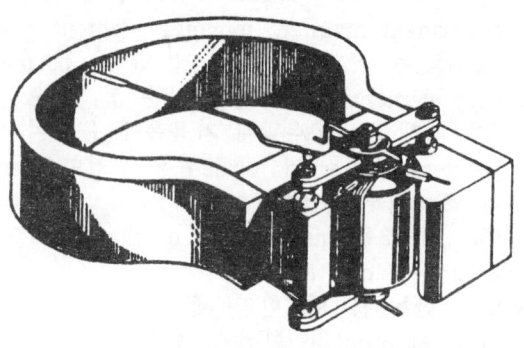

Fig. 1-100   D'Arsonval meter movement.

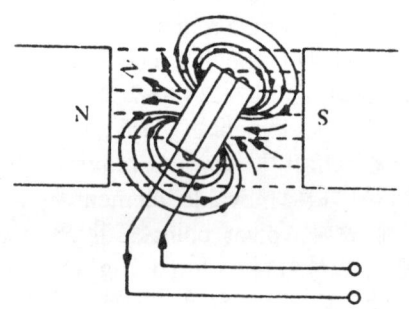

B. 전기적 감쇠
(Electrical damping)

Fig. 1-101   Effect of a coil in a magnetic field.

electrical damping방법은 alumi-
num frame에 moving coil을 감는다.

coil이 permanent magnet의 field에서 움직이면 aluminum frame에 와전류(eddy
current)가 형성된다. 와전류에 의해 만들어진 magnetic field는 coil motion과 반대이
다. pointer는 천천히 움직여서 정확한 position으로 가게 되고 거의 진동없이 머물러
있게 된다.

C. 기계적 감쇠 (Mechanical damping)

air damping이 mechanical damping의 가장 흔한 방법이다.
air chamber속의 moving element shaft에 vane이 붙어 있다. shaft의 움직임이 느

려지는데, 이것은 vane에 걸리는 공기의 저항때문이다.

D. 계기 감도

meter movement의 sensitivity는 full-scale deflection에 필요한 전류의 양으로 표시한다. sensitivity는 full-scale current가 흐를때 meter에 나타나는 millivolts의 수로 표시한다. 이 전압강하는 full-scale current와 meter-movement의 저항을 곱해서 얻는다.

meter움직임은 저항이 50 ohms이고, full-scale reading에 milliampere가 필요할때, 50milivo 0-1 milliammeter라고 말한다.

E. 전류계 측정범위의 확대

0-1 milliammeter movement는 1 mA보다 큰 전류를 측정할때 사용한다.

이때 resistor가 병렬로 movement에 연결된다. parallel resistor는 shunt라고 부르는데, 이유는 movement 주변에 전류의 일부가 bypass해서 ammeter의 range를 높이기 때문이다.

meter movement에 shunt가 연결된 schematic drawing이다.

F. Shunt 값의 결정

shunt 저항의 크기는 병렬회로의 rule을 적용해서 계산한다. 만약 50 millivolt 0-1 milliammeter가 10 mA의 전류를 측정하기 위해 사용하면 다음과 같은 절차를 따른다.

Fig. 1-104와 같이 schemetic를 먼저 그린다. meter의 감도를 알

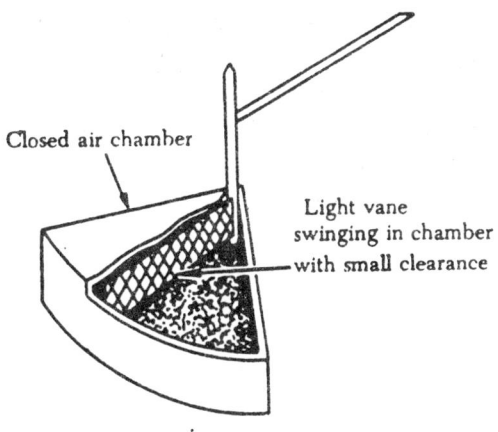

Fig. 1-102   Air damping.

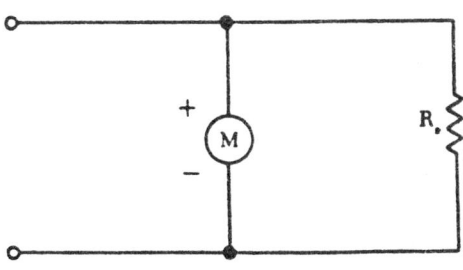

Fig. 1-103   Meter movement with shunt.

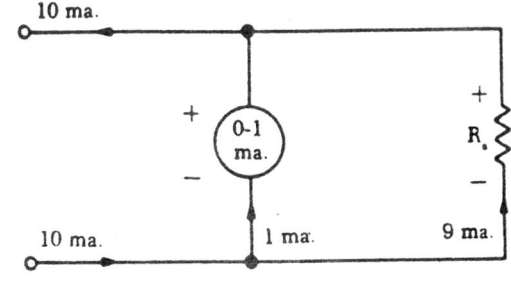

Fig. 1-104   Circuit schematic for shunt resistor.

63

고 있으므로 meter저항을 계산할 수 있으므로 아래와 같은 circuit을 다시 그린다. 그리고 각 branch의 전류를 계산할 수 있다. 왜냐하면 meter에 최대 1 mA의 전류가 흐를 수 있기 때문이다.

Rs의 voltage drop은 Rm의 것과 똑같다.

$$E = IR$$
$$= 0.001 \times 50$$
$$= 0.050 \text{ volt}$$

Rs는 ohm의 법칙을 이용해서 찾는다.

$$Rs = Ers/Irs$$
$$= 0.050/0.009$$
$$= 5.55 \text{ ohms}$$

shunt 저항의 크기는 5.55 ohms으로 아주 작지만, 이 수치는 아주 중요하다. shunt로 사용하는 resistor는 아주 작은 허용범위를 갖고 있어서 보통 1%이다.

G. 만능 전류계 션트 (Universal ammeter shunt)

Fig. 1-105는 universal shunt의 schematic drawing이다.

0-5 mA movement에 20 ohms

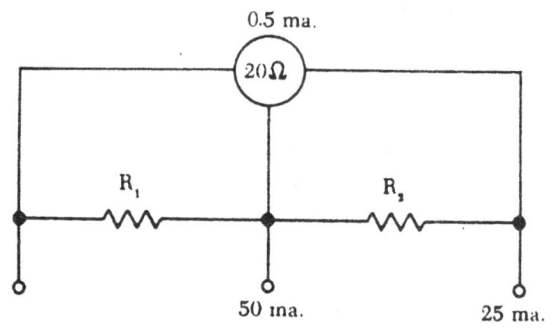

Fig. 1-105 Universal ammeter shunt.

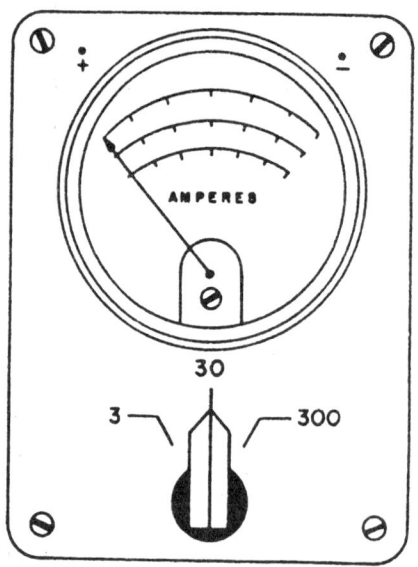

Fig. 1-106 A multirange ammeter.

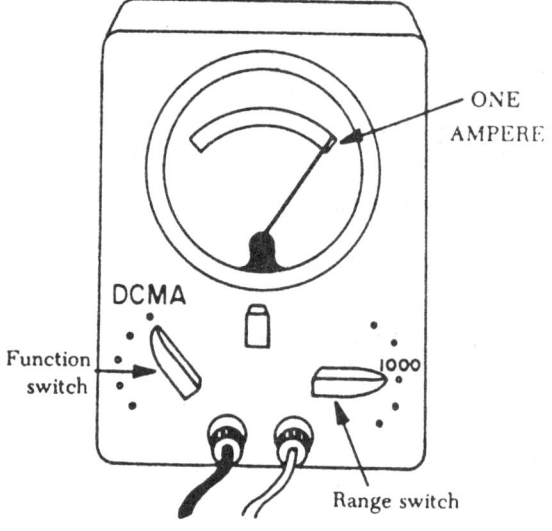

Fig. 1-107 A multimeter set to measure one ampere.

의 저항이 shunt되어 0-25 mA range와 0-50 mA range를 만든다. Ammeter가 몇개의 internal shunt를 갖고 있는데, 이것은 multirange ammeter라고 부른다. 각 range의 scale은 meter face에 표시되어 있다.

2) Multimeter

ammeter는 다목적 계기로 쓰여서 multimeter나 volt-ohm-milliammeter등으로 쓰인다. 이 계기는 각 manufacturer에 의해 design이 다르지만 ammeter, voltmeter, ohmmeter등이 한 unit으로 작동한다.

Fig. 1-107은 일반적인 multimeter이다. 이 multimeter는 두개의 selector s/w가 있어서 하나는 function s/w이고 다른 하나는 range s/w이다.

Fig. 1-107에서 function s/w는 D.C mA에 위치해 있고, range s/w는 1000에 선택되어 있다. 만약 알지 못하는 전류를 측정할때는 range s/w를 가장 큰 수치에 놓는다. 흔히 red lead는 positive(+)이고 black lead는 negative(-)이다.

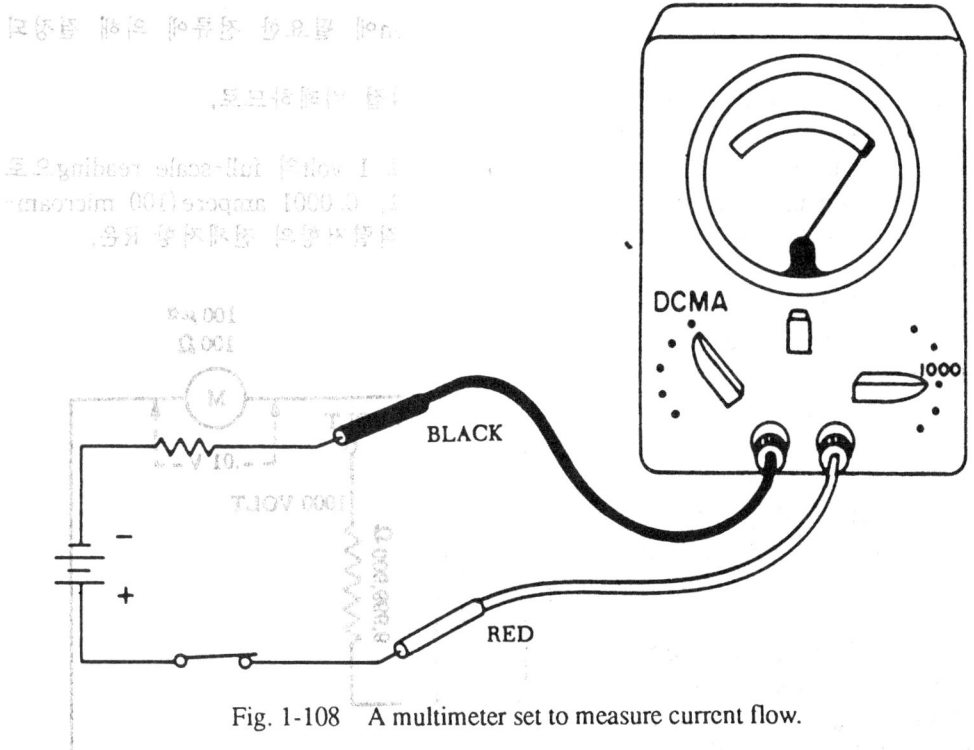

Fig. 1-108 A multimeter set to measure current flow.

3) 전압계 (Voltmeter)

D´Arsonval meter movement가 ammeter나 voltmeter에 쓰인다.
ammeter는 meter coil과 직렬로 저항을 연결해서 voltmeter로 바꾼다.

말을 바꾸면, voltmeter는 current-measuring instrument로, 정해진 수치의 저항을 통해 전류가 흐를때 voltage를 지시하도록 설계되었다. meter coil과 직렬로 resistor를 연결해서 여러가지 voltage range를 만들수 있다. low-range instrument에서 이 저항은 D'Arsonval movement와 함께 case내부에 달려 있다. 그리고 이것은 resistance wire로 되어 있는데, 이 wire는 spool이나 card frame에 감겨져 있고 낮은 온도계수를 갖고 있다. high voltage range에서 직렬 저항은 외부에 연결된다. 이렇게 연결된 저항은 multiplier라고 부른다.

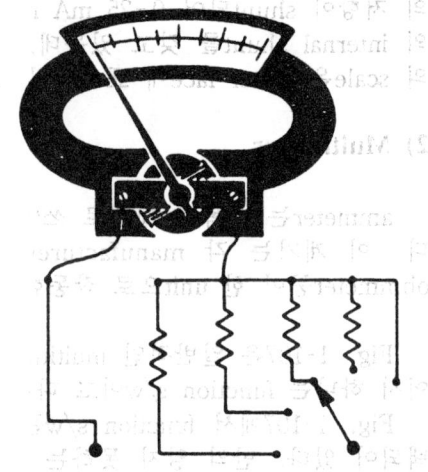

Fig. 1-109 Simplifed diagram of a voltmeter.

A. Voltmeter 측정범위의 확대

필요한 직렬 저항치는 meter의 full-scale deflection에 필요한 전류에 의해 결정되고, 측정되는 voltage range에 의해 결정된다.

meter circuit을 통하는 전류는 공급된 voltage에 직접 비례하므로,

meter scale는 volt로 직접 calibrate된다.

예를들어 basic meter(micro ammeter) voltmeter로 1 volt의 full-scale reading으로 만들어지면, basic meter의 coil 저항은 100 ohms이고, 0.0001 ampere(100 microampere)가 full-scale deflection을 만든다. meter coil과 직렬저항의 전체저항 R은,

$$R = E/I$$
$$= 1/0.0001$$
$$= 10,000 \text{ ohms}$$

직렬저항은,

$$R_s = 10,000 - 100$$
$$= 9.900 \text{ ohms}$$

multirange voltmeter는 one meter movement를 쓰고, 필요한 저항은 meter와 직렬로 연결한다.

Fig. 1-110은 multirange voltmeter circuit으로 3개의 range를 갖고 있다. 1-volt range로 부터 시작하는 3개의 range의 전체 회로 저항은,

$$R = E/I = 1/100$$
$$= 0.01 \text{ megaohm}$$
$$100/100$$

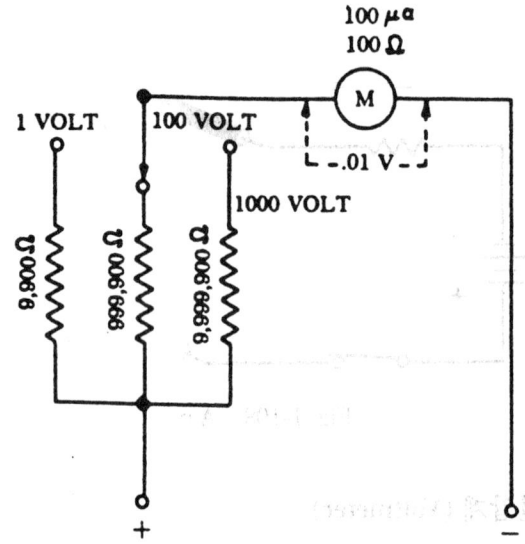

Fig. 1-110 Multirange voltmeter schematic.

= 1 megaohm 1000/100

= 10 megaohms

multirange voltmeter는 multirange ammeter와 같이 자주 쓰인다.

이것은 생김새가 ammeter와 비슷하다.

voltage-measuring instrument가 circuit에 병렬로 연결되어 있다.

만약 측정하고자 하는 voltage를 알수 없을때 가장 좋은 방법은 ammeter를 사용해서 voltmeter의 가장 큰 range에서 부터 시작해서 적당한 reading이 나타날때까지 계속해서 낮춘다. 계기를 회로에 연결할때 voltage의 positive terminal은 source의 positive terminal에 연결하고, source의 negative terminal은 negative terminal에 연결한다.

위 사항은 source voltage를 측정할때이다.

Fig. 1-112는 multimeter로 resistor의 voltage drop을 측정할 때이다.

function s/w는 D.C volts position에 있고, range s/w는 50-volt position에 있다.

voltmeter의 기능은 회로의 두 point간의 전위차를 나타낸다. voltmeter가 회로에 연결되면, circuit을 shunt하게 된다.

만약 voltmeter가 low resistance를 갖고 있으면, 다소의 전류를 나타낸다. 회로에 영향을 미치는 저항은 낮아져서 voltage reading은 계속 낮아진다. high-

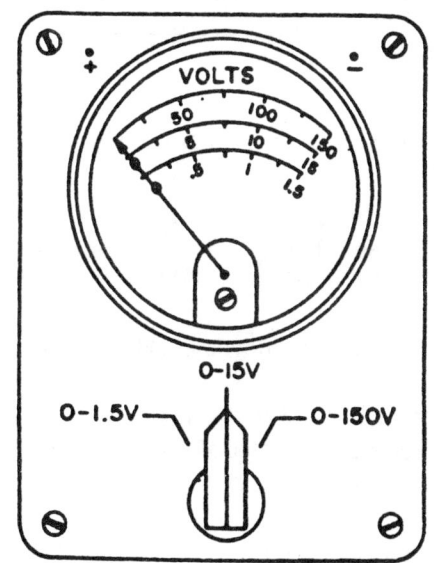

Fig. 1-111   Typical multirange voltmeter.

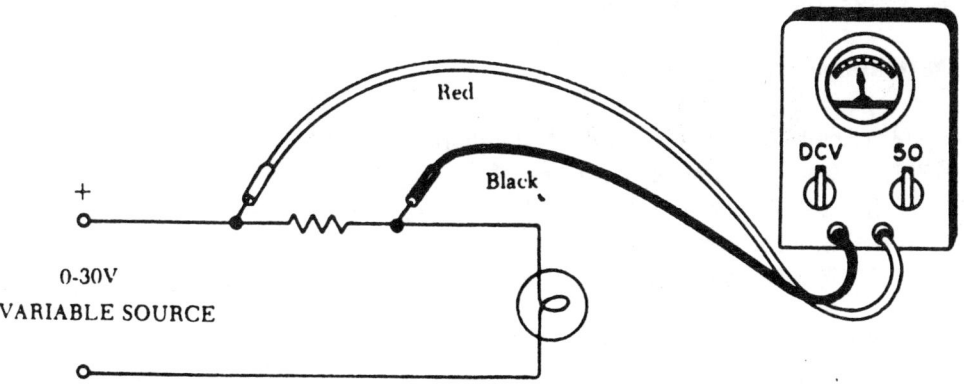

Fig. 1-112   A multimeter connected to measure a circuit voltage drop.

resistance circuit에서 voltage를 측정할때 high-resistance voltmeter를 사용해서 meter 의 shunting action을 막는다. low-resistance circuit에서 이 효과는 거의 없는데, 이 것은 shunting effect가 거의 없기 때문이다.

B. Voltmeter 감도

voltmeter의 감도는 ohms per volt(ohms/volts)로 주어지고, meter의 저항(Rm)과 직렬저항(Rs)를 더한 것을 full-scale reading시의 volts로 나눈것과 같다.

$$감도(sensitivity) = \frac{Rm + Rs}{E}$$

이것은 다음과 같이 나타낼수 있다.

$$감도(sensitivity) = \frac{ohms}{volts} = \frac{1}{volts/ohms} = \frac{1}{amperes}$$

100-microampere movement의 sensitivity는 0.0001 ampere나 10,000 ohms per volt이다.

voltmenter의 감도는 permanent magnet의 세기를 크게해서 증가시킬수 있고, moving element를 가벼운 재질을 사용해서 증가시키거나 사파이어 보석 bearing으로 moving coil을 지지해서 감도를 크게 할수 있다.

C. Voltmeter 의 정확도

meter의 정확성은 percent로 표시한다.
예를들어, meter의 정확성이 1%라면, 정확한 수치의 1%내에서 지시한다. 이 말은 정확한 수치가 100 units이면, meter지시는 99-101 unit사이가 된다는 뜻이다.

4) 저항계 (Ohmmeter)

circuit이나 circuit element의 저항이나 continuity(unbroken series)를 측정하는데 두가지 계기가 쓰인다. ohmmeter와 megger 혹은 megohmmeter이다.
electrical circuit과 device의 저항을 측정하고 continuity를 측정하는데 사용한다. megger는 절연저항(insulation resistance)을 측정하는데 사용한다. winding과 electric 기계장치 사이의 저항과 cable, insulator, bushing등의 insulation resistance등을 측정한다.
이 범위는 1,000 megaohms까지 뻗쳐있다. ohmmeter는 series와 shunt type이 있다.

A. 직렬형 저항계 (Series-type ohmmeter)

Fig. 1-113은 ohmmeter를 단순화한 schematic이다. E는 emf의 source이고, R_1은 meter를 "0"으로 만드는 가변저항기(variable resistor)이다.

R_2는 fixed resistor로 meter movement의 전류를 제한한다.

A와 B는 저항을 측정하는 곳의 test terminal이다. 만약 A와 B가 함께 연결되면(short-circuited) meter, battery, resistor R_1과 R_2가 simple series circuit을 형성한다.

R_1으로 조절해서 회로의 전체 저항이 4500 ohms이고, meter를 지나는 전류는 1 mA이고, needle은 full scale을 지시한다. A와 B 사이에 저항이 없을때 needle "0"을 나타낸다.

만약 4500 ohms의 저항이 terminal A와 B사이에 놓이면 전체 저항은 9,000 ohms이고 전류는 0.5 mA이다. 이것이 needle이 half scale을 지시 하도록 한다. 이 half-scale reading은 4.5 ohms이고, meter의 내부 저항과 같다. 만약 terminal A와 B사이에 9,000 ohms이 놓이면 needle은 1/3을 가리킨다.

terminal A와 B사이에 13.5k와 1.5k가 놓이면 needle은 1/4과 3/4을 가리킨다.

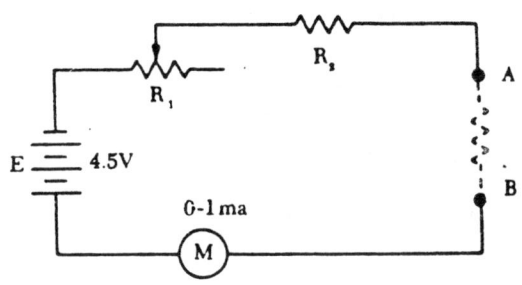

Fig. 1-113 Ohmmeter circuit.

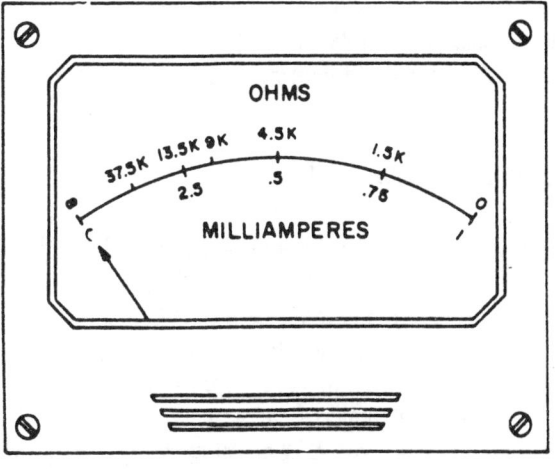

Fig. 1-114 A typical ohmmeter scale.

만약 terminal A와 B사이에 아무것도 없을때(open circuit) 전류 흐름이 없고, needle이 움직이지 않는다. scale의 좌측은 무한대(infinity)로 정해져 있고, 이때는 이 무한대를 가리킨다.

B. 션트형 저항계 (Shunt-type ohmmeter)

shunt type ohmmeter는 작은 수치의 저항을 측정하는데 사용한다.

E(voltage)가 limiting resistor R에 공급되고, meter movement는 직렬로 연결되어 있다. resistance와 battery수치가 선택되어져서 terminal A와 B사이가 open일때 meter movement는 full scale를 지시한다. terminal이 short-circuit이 되면, meter는 "0"를

지시하고, short circuit이 meter주변의 모든 전류를 통과시킨다. 미지수의 저항 Rx를 terminal A와 B사이에 meter movement와 병렬로 연결시킨다. 작은 저항이 측정되고, meter movement에 작은 전류가 흐른다. limiting resistor R의 수치는 meter movement의 저항에 비해 큰 편이다.

이것이 battery에서 전류가 많이 흐르지 못하도록 막는다.

Rx의 수치가 meter를 지나는 일정 전류의 흐름을 결정하고, 얼마만큼이 Rx를 지나는 가를 결정한다.

shunt-type ohmmeter에서 전류는 battery에서 meter movement와 limiting resistor를 통해 흐른다. 그러므

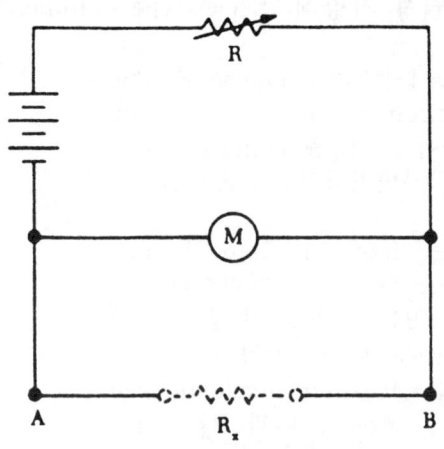

Fig. 1-115   Shunt-type ohmmeter circuit.

로 ohmmeter를 low-ohm scale에 사용할때 s/w는 항상 low-ohm position에 있어야 한다.

C. Ohmmeter의 사용

ohmmeter는 ammeter나 voltmeter처럼 정확한 측정 장비가 아니다.

저항치는 5-10%보다 더 정확히 읽기 어렵다. 저항을 측정하기도 하지만 circuit의 continuity를 점검하는데 상당히 편리하다.

가끔 electronic circuit이나 wiring circuit을 trouble shooting할때 전류 흐름 경로의 모든 part를 visual inspection할수 없다.

circuit이 완전한지, 전류가 인접회로에 잘못 흐르고 있는지 등을 확인하는 것은 상당히 힘들다. 이 상태의 회로를 점검하는 가장 좋은 방법은 회로 전류를 통과시키고 점검하는 방법이다. ohmmeter가 이런 상태에서 회로를 점검하는 가장 이상적인 계기이다. power를 공급하고 전류가 흐르는지 측정해본다.

D. 메거 절연 시험기 (Megger (megohmmeter))

megger나 megohmmeter는 high-range ohmmeter로 hand-operated generator이다. 이것은 insulation resistance와 다른 high resistance를 측정하는데 사용한다. 이것은 또한 electrical power system의 ground, continuity, short-circuit testing등에 쓰인다.

ohmmeter보다 megger의 장점은

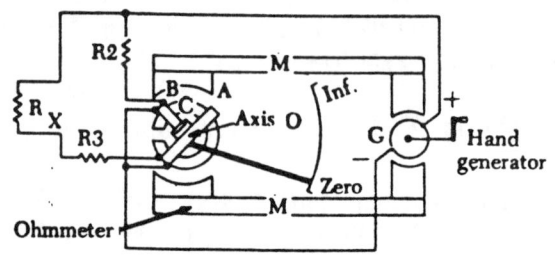

Fig. 1-116   Simplified megger circuit.

70

high potential이나 break down voltage등의 저항을 측정할 수 있는 capacity이다. 이 type의 testing은 insulation이나 D.C material이 potential electrical stress에 의해 short 나 leak되지 않는다.

megger는 두개의 primary element로 되어 있고, 두개 모두 permanent magnet에서 각각의 magentic field를 만든다. hand-driven D.C. generator에서, G는 측정에 필요한 전류를 공급한다. instrument부분은 측정된 수치를 나타낸다. instrument부분은 opposed-coil type이다.

coil A와 B는 움직이는 부분에 고정되어 있고, magnetic field안에서 unit으로 회전한다.

coil B는 pointer를 반시계방향으로 움직이고 coil A는 시계방향으로 움직이게 한다. coil A는 R3와 직렬 연결이고 모르는 저항 Rx를 측정한다. coil A, R3, Rx가 직렬로 D.C generator의 +와 -brushe에 연결된다. coil B는 R_2와 직렬로 연결되고, 이것이 generator에 연결된다. megger의 instrument portion의 movable member에는 restraining spring이 없다. generator가 작동하지 않을때, pointer는 자유롭게 움직이고, scale의 어느 곳에서 있게 된다.

만약 terminal이 open-circuit이 되면, coil A에 전류 흐름이 없어서 coil B에 흐르는 전류가 moving element의 움직임을 조절한다.

coil B는 core의 gap과 반대쪽에 자리잡고 pointer는 scale의 무한대를 지시한다. terminal사이에 저항이 연결되면 coil A에 전류가 흘러서 pointer를 시계방향으로 움직인다. 동시에 coil B는 pointer를 반시계방향으로 움직인다. 그러므로 moving element는 두 coil로 구성되고 pointer는 두 힘이 균형을 잡는 곳에 머물게 된다.

이 position은 external resistance의 수치에 좌우되고 coil A의 전류의 크기를 조절한다.

voltage의 변화가 coil A와 B에 똑같은 비율로 영향을 미쳐서 moving element의 위치는 voltage에 좌우되지 않는다.

만약 terminal이 short-circuit이면 pointer는 "0"에 있게 되는데, 이것은 A의 전류가 상당히 크기 때문이다. instrument는 이 상태에서 손상되지 않는데 R3에 의해 전류가 제한되기 때문이다.

두가지 type의 hand-driven megger가 있다. variable type과 constant-pressure type이다. variable-pressure megger의 속도는 hand crank의 속도에 달려 있다. constant-pressure megger는 centrifugal governor나 slip clutch를 이용한다. governor는 megger가 slip speed보다 빠른 속도로 작동할때만 효과적이다.

1-17. 회로분석 및 고장탐구 (Circuit Analysis and Trouble Shooting)

trouble shooting을 circuit의 malfunction이나 trouble의 위치를 찾아내는 것이다. 아래의 정의들은 trouble shooting에 많이 쓰이는 용어들이다.

   ⓐ short circuit
      낮은 저항의 path를 만든다. power source나 circuit의 옆에서 자주 나타난다. 이것은 high current flow를 만들어서 circuit conductor나 component를 태우거나 damage를 입힌다.

   ⓑ open circuit

circuit이 완전하지 않거나 연속되지 않는다.
© continuity
circuit이 함께 연결되어 있거나 연속되어져서 broken이나 open되지
않은 상태를 말한다.
ⓓ discontinuity
continuity의 반대이다. circuit이 broken되었거나 연속되지 않는다.

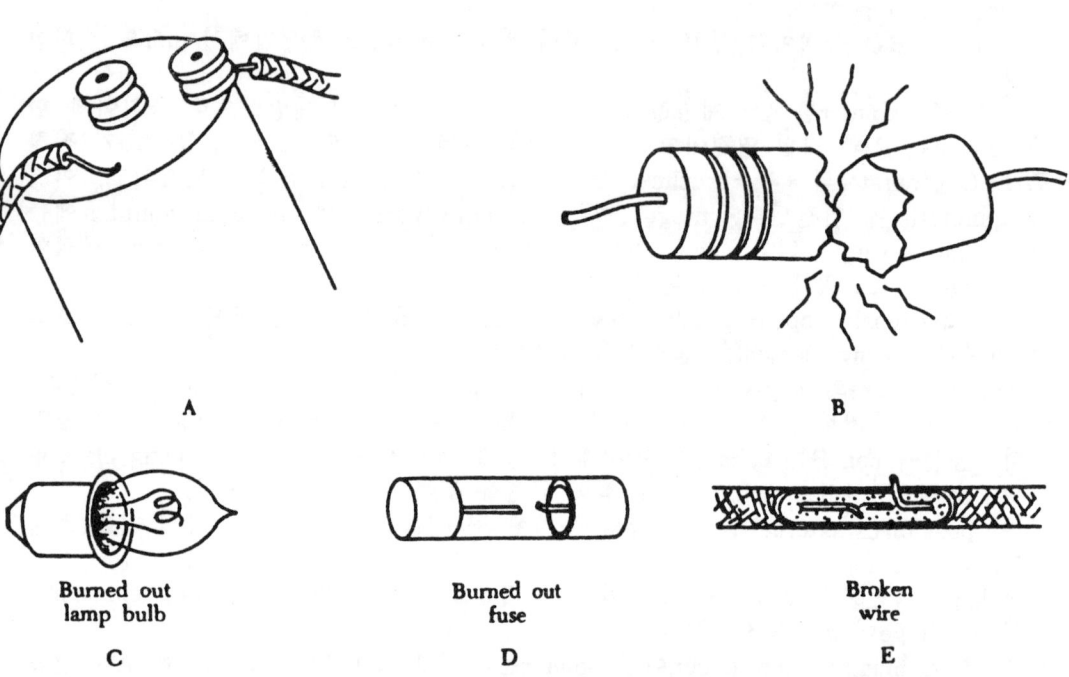

A   B

Burned out   **Burned out**   **Broken**
lamp bulb   **fuse**   **wire**

C   D   E

Fig. 1-117 Common causes of open circuits.

Fig. 1-117은 open circuit을 만드는 가장 한 source들이다.

loose connection이나 전혀 연결되지 않는 것은 자주 open circuit을 만든다. Fig. 1-117 A는 conductor의 끝이 battery terminal에서 분리되었다. 이런 type의 malfunction은 open circuit을 만들고 전류 흐름을 stop시킨다. open circuit을 만드는 또다른 malfunction으로 Fig. 1-117 B와 같이 저항기가 타버린 경우이다. 저항기가 overheat 되면 자체의 저항치가 변해서 전류가 많이 흐르면 쉽게 타 버려서 open circuit을 만든다. C, D와 E도 비슷한 경우로 open circuit을 만든다. open circuit은 때로는 육안검사 (visual inspection)로 쉽게 찾아낼 수

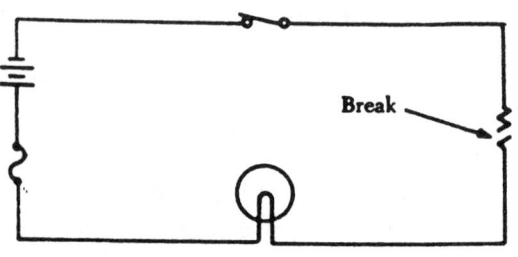

Break

Fig. 1-118 An open circuit.

72

있지만 그렇지 못한 경우는 meter를 사용한다.

Fig. 1-118과 같이 lamp를 통해서 전류가 흐르게 되어 있다. 그러나 open resistor때문에 lamp는 켜지지 않는다. 이 open위치를 찾아내기 위해 voltmeter나 ohmmeter를 사용할 수 있다. 만약 voltmeter를 lamp에 연결시키면

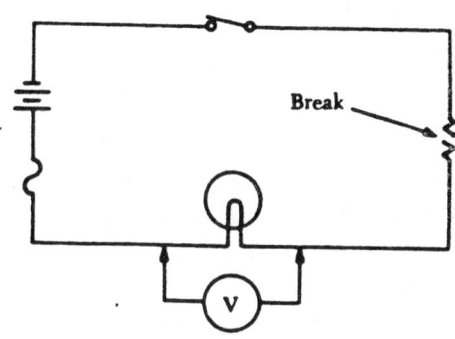

Fig. 1-119   Voltmeter across a lamp in an open circuit.

Fig. 1-119와 같이 voltmeter는 "0"를 가리킨다.

open resistor때문에 회로에 전류가 흐르지 않기 때문이다. 또한 lamp에 voltage drop도 없다. 여기서 기억해 두면 편리한 trouble shooting rule의 하나는 voltmeter가 open circuit의 양호한(결함이 없는 정상적인 open회로) component에 연결되면 voltmeter는 "0"를 지시한다.

Fig. 1-120과 같이 voltmeter를 open resistor에 연결하면 voltmeter는 타버린 resistor와 shunting (paralleling)이 되어 회로가 닫혀서 전류가 흐른다. battery의 negative terminal에서 전류가 흘러서 s/w를 통과하고, voltmeter와 lamp를 통과해서 battery의 positive terminal로 돌아간다. 그렇지만 voltmeter의 저항이 상당히 높아서 작은 전류만이 회로에 흐른다. 전류가 너무 작아서 light를 켜지 못하지만 voltmeter는 battery voltage를 읽는다. 기억해두면 유익한 trouble shooting방법 중의 하나는 voltmeter가 직렬 회로의 open component에 연결되면 이때는 battery의 전압이나 혹은 공급된 전합을 읽는다.

이런 종류의 open circuit malfunction은 ohmmeter를 사용해서 추적할 수 있다. ohmmeter가 사용되면 circuit에 power를 분리하거나 혹

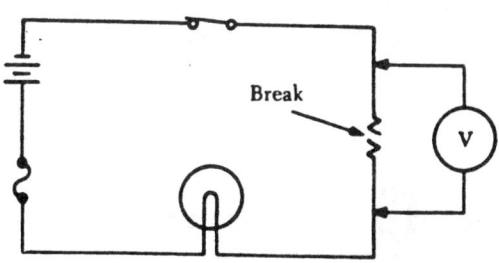

Fig. 1-120   Voltmeter across a resistor in an open circuit.

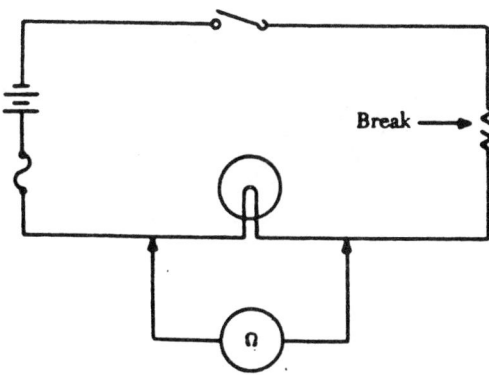

Fig. 1-121   Using an ohmmeter to check a circuit component.

73

은 따로 떼어낸 상태에서 circuit component를 시험해야 한다.

Fig. 1-121은 circuit s/w를 open 해서 power source를 분리한다.
ohmmeter를 "0"에 setting 시킨후에 lamp와 병렬로 연결시킨다. 이 회로에서 약간의 저항을 읽을수 있다. 이것은 또다른 중요한 trouble shooting방법을 말하는 것으로 ohm-meter가 적절하게 circuit component에 연결되면 얼마만큼의 저항을 읽을수 있어서 component는 continuity를 갖고 있고, open되지 않았음을 나타낸다.

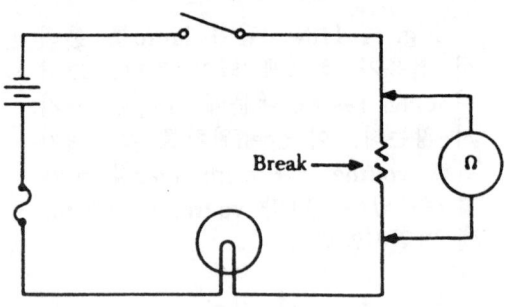

Fig. 1-122 Using an ohmmeter to locate an open in a circuit component.

Fig. 1-122와 같이 open resistor에 ohmmeter가 연결되면 무한대 resistor를 나타내거나 discontinuity를 나타낸다.
직렬회로가 open되면 전류 흐름이 stop한다. 직렬회로의 "short"는 정상 전류 흐름보다 훨씬 큰 전류 흐름을 만들어 낸다.

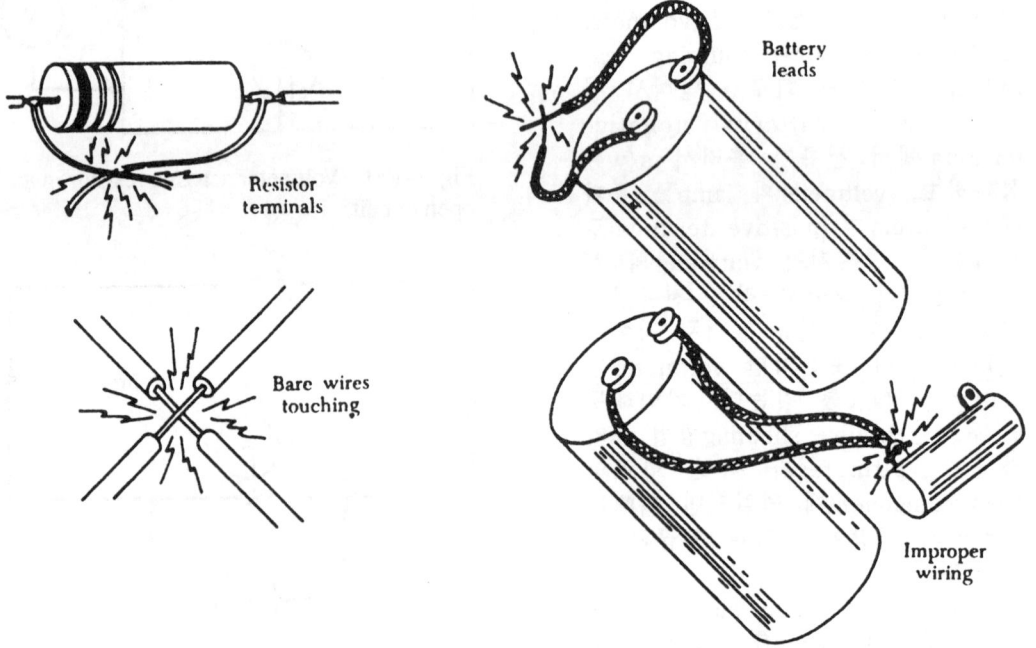

Fig. 1-123 Common causes of short circuits.

Fig. 1-123은 short의 예를 보여주고 있다. short는 circuit의 두개의 conductor가 연결이 아주 작은 저항을 통해서 이루어 진다고 말할 수 있다.

Fig. 1-124는 lamp를 켜도록 설계되어졌다. resistor가 회로에 연결되어 전류 흐름을 제한 하도록 되어 있다. 만약 resistor가 short되면, 전류 흐름이 커져서 lamp가 더 밝아진다. 만약 공급되는 전류가 너무 크면 lamp는 타버리지만 이 경우는 fuse가 먼저 open되어 녹아서 lamp를 보호한다.

보통 short circuit은 fuse를 녹이든지 circuit component를 태우든지 해서 open circuit을 만든다.

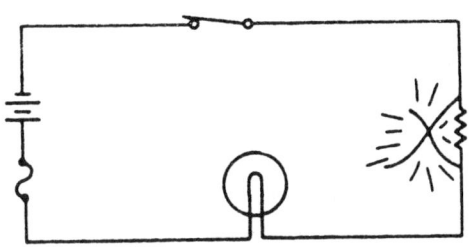

Fig. 1-124· A shorted resistor.

Fig. 1-125와 같이 일부 회로는 또 다른 저항이 있어서 resistor하나가 short되어 fuse를 녹이거나 component를 태울 정도의 전류 흐름을 막는다. 하나의 resistor가 short되어도, 전류가 계속 흐르고, 다른 저항체에 의해 power가 분산되어 fuse rating을 초과하지 않는다.

circuit이 작용할때 short resistor를 찾기 위해서 voltmeter를 사용한다. voltmeter가 unshorted resistor에 연결되면 공급된 voltage의 일부가 scale에 나타난다. voltmeter가 shorted resistor에 연결되면 voltmeter는 "0"를 지시한다.

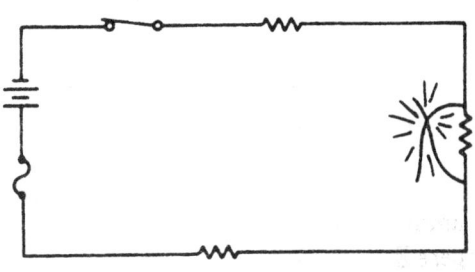

Fig. 1-125 A short that does not open the circuit.

Fig. 1-126은 shorted resistor로 ohmmeter가 연결되어 있다. s/w를 open해서 circuit component를 분리 시킨다. ohmmeter를 각 resistor에 연결한다. ohmmeter가 shorted resistor에 연결되면 "0"를 가르킨다.

병렬회로의 trouble shooting은 직렬회로는 것과 조금 다르다.

직렬회로와 달라서, 병렬회로는 하나 이상의 전류 path를 갖고 있다. voltmeter는 사용할 수 없는데, 만약

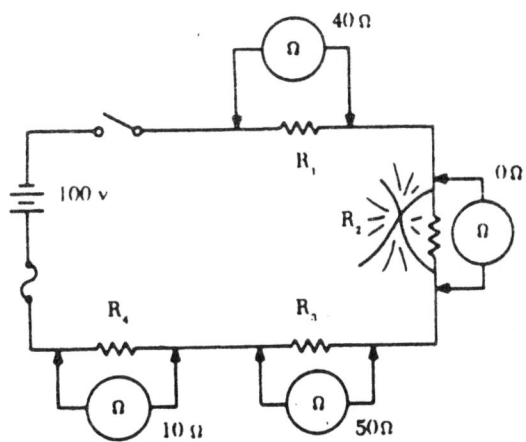

Fig. 1-126 Using an ohmmeter to locate a shorted resistor.

open resistor에 연결되면 이때는 parallel branch의 voltage drop을 가르킨다.

ammeter나 ohmmeter를 응용해서 사용하면 병렬회로의 open branch를 찾을 수 있다.

Fig. 1-127과 같이 open resistor를 눈으로 확인할 수 없을 때 circuit은 정상적으로 작용하는 것처럼 보이는데, 이것은 다른 두개의 branch로 전류가 계속해서 흐르기 때문이다.

circuit에 정상적으로 적절히 작용하지 않는 것을 결정하기 위해 total current, total resistance, 회로의 branch current등을 계산해야 한다.

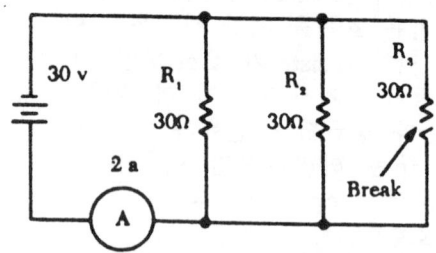

Fig. 1-127 Finding an open branch in a parallel circuit.

R_T = N/R = 30/3 = 10 ohms (total resistance)

branch에 공급된 voltage는 똑같아서 각각의 branch resistance를 알면,

I_1 = E_1/R_1 I_2 = E_2/R_2
    = 30/30   = 30/30
    = 1 ampere   = 1 ampere
I_3 = E_3/R_3 I_T = E_T/R_T
    = 30/30   = 30/10
    = 1 ampere   = 3 ampere (total current)

ammeter를 회로에 연결하고 전체 전류를 읽으면 계산한 3 ampere대신에 2 ampere를 나타낸다. 1 ampere의 전류가 각 branch에 흘러야 한다. 그러므로 한 branch가 open된 것이 틀림없다. 만약 ammeter를 branch에 차례로 연결하면 open branch는 "0"를 지시한다.

Fig. 1-128과 같이 ohmmeter가 open resistor에 연결되면 continuity의 잘못된 지시를 나타낸다. circuit s/w가 open되었을 때에도, open resistor는 R_1과 R_2와 병렬관계여서 ohmmeter는 open resistor가 15 ohms을 갖고 있는 것으로 지시한다.

왜냐하면 R_1과 R_2의 합성 저항이 15 ohms이기 때문이다.

그래서 FIG. 1-129와 같이 circuit을 open해서 R_3의 저항을 점검한다.

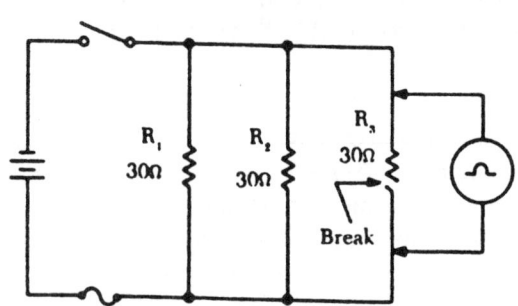

Fig. 1-128 A misleading ohmmeter indication.

이때는 resistor가 shunt되지 않아서 ohmmeter지시는 무한대를 가리킨다. 반면에 만약 battery와 point A사이에서 혹은 battery와 point B사이에서 open이 생기면

circuit에는 전류가 흐르지 않는다. 직렬회로와 달라서 parallel circuit의 하나의 short된 component는 fuse가 open되어 전류 흐름을 차단한다.

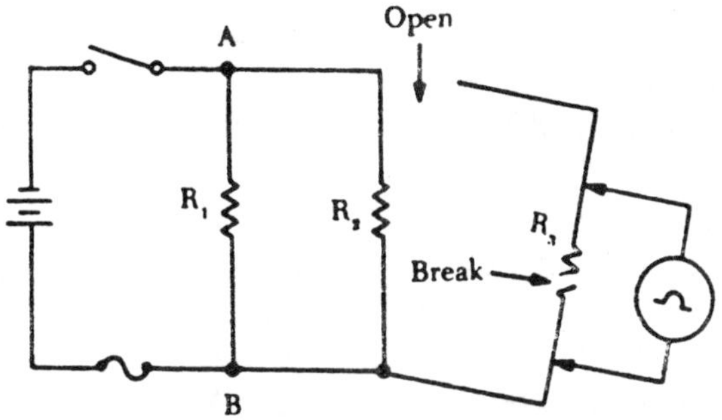

Fig. 1-130에서 만약 resistor R_3가 short되면 거의 "6"저항이 전류에 걸려서 회로의 모든 전류가 short resistor가 있는 branch를 통해서 흐른다. 이것은 실제로 battery terminal사이에 wire를 연결하는 것과 같아서 전류가 상당히 높아져서 fuse가 open된다. parallel D.C. circuit의 short component를 trouble shooting할 때는 ohmmeter를 사용한다. 그러나 병렬 회로의 open resistor를 점검할 경우는 shorted resistor를 ommeter로 찾을 수 있을때는 shorted resistor의 한쪽 끝이 분리되었을 때이다.

직렬-병렬저항 회로의 malfunction을 찾는 trouble shooting은 직렬이나 병렬회로의 방법과 비슷하다.

Fig. 1-131과 같이 open이 회로의 직렬부분에서 나타났다. 직렬-병렬회로의 직렬부분에서 open이 생길 경우 전체 회로의 전류 흐름이 중단된다. 이 경우에 회로는 작동하지 않고, lamp L_1도 켜지지 않는다. 만약 직렬-병렬회로의 병렬 부분에서 open이 생기면

Fig. 1-132와 같이 회로의 일부는 계속 작동한다. 이 경우에 lamp는 계속 켜지지만, 밝기는 감소한다. 왜냐하면 회로의 전체 저항이 늘어나서 전체 전류가 감소했기 때문이다.

Fig. 1-132와 같이 lamp쪽의 branch가 break되면 회로는 저항이 커진 상태로 계

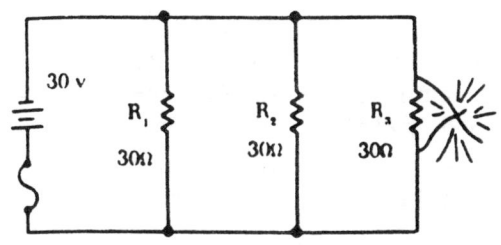

Fig. 1-129 Opening a branch circuit to obtain an accurate ohmmeter reading.

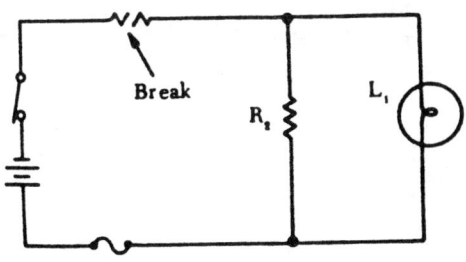

Fig. 1-130 A shorted component causes the fuse to open.

Fig. 1-131 An open in the series portion of an series-parallel circuit.

속 작동하고, 전류는 감소하고, lamp는 켜지지 않는다.

직렬-병렬회로를 trouble shooting할때 어떻게 voltmeter와 ohmmeter를 사용할 것인가를 Fig. 1-134를 통해서 알아본다.

point A와 D사이에 voltmeter를 연결해서 battery와 s/w의 open을 점검한다. point A와 B사이에 voltmeter를 연결해서 R₁의 전압강하를 점검한다. 이 전압강하는 공급된 전압의 일부이다.

만약 R₁이 open되면 B와 D사이는 "0"이 된다. battery의 positive terminal과 point E사이의 conductor와 fuse, point A와 E사이에 voltmeter를 연결해서 continuity를 점검할 수 있다.

만약 conductor나 fuse가 open되면, voltmeter는 "0"을 나타낸다.

만약 lamp가 반짝이면 lamp쪽의 branch는 open이 없고, voltmeter가 R₂쪽의 branch에 연결되어 open여부를 점검하는데, 이때 circuit에서 lamp L₁을 임시로 제거한다. 직렬-병렬회로의 직렬 부분의 trouble shooting은 별 어려움이 없지만 회로의 병렬 부분은 잘못된 reading을 얻는 수가 많다. 이 회로는 ohmmeter를 사용해서 trouble shooting을 할수 있다.

s/w를 open하고 회로의 직렬 부분을 point A와 B사이에

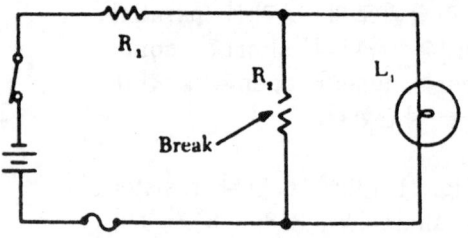

Fig. 1-132 An open in the parallel portion of a series-parallel circuit.

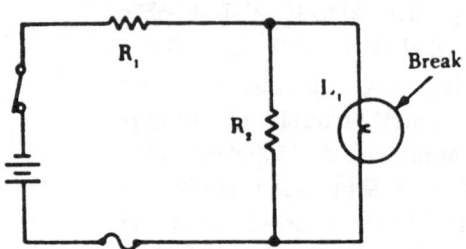

Fig. 1-133 An open lamp in a series-parallel circuit.

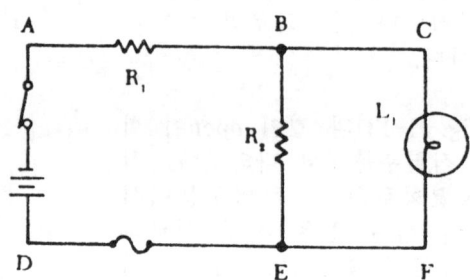

Fig. 1-134 Using the voltmeter to trouble. shoot a series-parallel circuit.

ohmmeter lead를 넣어서 회로의 open여부를 점검한다. 만약 R₁이나 conductor가 open이면 ohmmeter는 무한대를 가르키고, 그렇지 않으면 resistor의 저항치가 ohmmeter에 나타난다. point D와 E사이의 fuse와 conductor의 continuity를 점검하기 위해 회로의 병렬 부분이지만 상당히 주의해서 ohmmeter를 읽지 않으면 잘못된 수치를 읽기가 쉽다. point B와 E사이를 점검하기 위해 이 지점의 하나의 branch가 분리 되야 한다.

직렬-병렬회로의 series part의 short는 전체 저항의 감소를 만들어서 전체 전류는 커진다.

Fig. 1-135에서 전체 저항은 100 ohms이고, 전체 전류는 2 ampere이다.

만약 R_2이 short되면, 전체 저항은 50 ohms이 되고, 전체 전류는 두배가 되어 4 ampere가 된다. Fig. 1-135 회로에서 3-amp fuse는 녹아버리고, 5-amp fuse는 계속 기능을 한다. 만약 R_2나 R_3가 short되면 전체 저항은 50 ohms이 된다. 이 경우에 직렬-병렬회로에서 short가 생기면 전체 저항은 감소해서 전체 전류는 커진다.

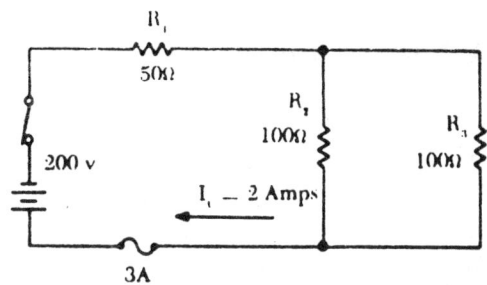

Fig. 1-135 Finding a short in a series-parallel circuit.

short는 fuse가 녹거나 circuit component가 타거나 할때의 open circuit에 의해서 short가 생긴다.

1-18. 교류와 전압 (Anternating Current and Voltage)

alternating current가 몇가지 이유로 commercial power system의 direct current를 대신하게 되었다. A. C voltage는 transformer에 의해 크게 하거나 작게 하는 것이 가능해서 direct current보다 훨씬 경제적이고 더 먼거리를 쉽게 전달할 수 있게 되었다.

더 많은 unit이 A/C electrical system에 사용되어 A. C를 사용하면 몇가지 장점을 얻을 수 있다.

예를들어 moter의 경우 D. C. motor보다 작고 간단해서 공간과 무게를 절약한다. 대부분의 A. C motor는 brush가 필요없어서 고고도에서 commutation trouble이 없다. A. C system에서는 고고도에서 circuit breaker가 만족스럽게 작동한다. direct current 의 경우 arcing이 빈번해서 C/B를 자주 갈아야 한다.

A/C의 24 volts D. C. system은 400 cycle A. C current를 만드는데 특수장치가 필

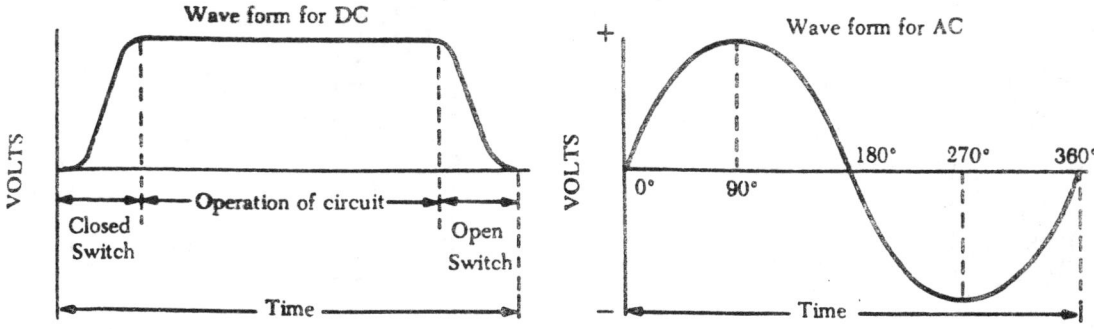

Fig. 1-136 D.C. and a.c. voltage curves.

79

요하다.

1) A.C 와 D.C의 비교

원리, 특성, A. C의 효과 등이 D. C와 비슷하다.

D. C는 한방향으로 일정한 porarity로 흐른다.

Fig. 1-136에서와 같이 D. C의 크기가 변하는 것은 회로가 열리고 닫힐때 뿐이다. A. C는 일정한 간격으로 방행이 바뀌어서 정해진 비율로 0에서 최대의 크기까지 상승하고 다시 0으로 돌아온다.

그리고 반대 방향으로 maximum negative value를 갖고 0으로 다시 돌아온다. A. C 는 꾸준히 방향과 세기가 바뀌어서 D. C circuit에서 발생하지 않는 두가지 효과가 A. C circuit에서 발생한다.

이것이 inductive reactance와 capacitive reactance이다. 이것은 나중에 설명하기로 한다.

2) 발전기 원리

electric current가 conductor를 통해 흐르면 conductor주변에 magnetic field가 생겨서 magnetic field가 conductor에 전류 흐름을 만들어 낸다.

1831년, Michael Faraday가 이것을 입증했다. 이 발견이 generator작동의 기초가 된다. magnetic field에 의해 어떻게 electric current가 만들어 지는지 보이기 위해

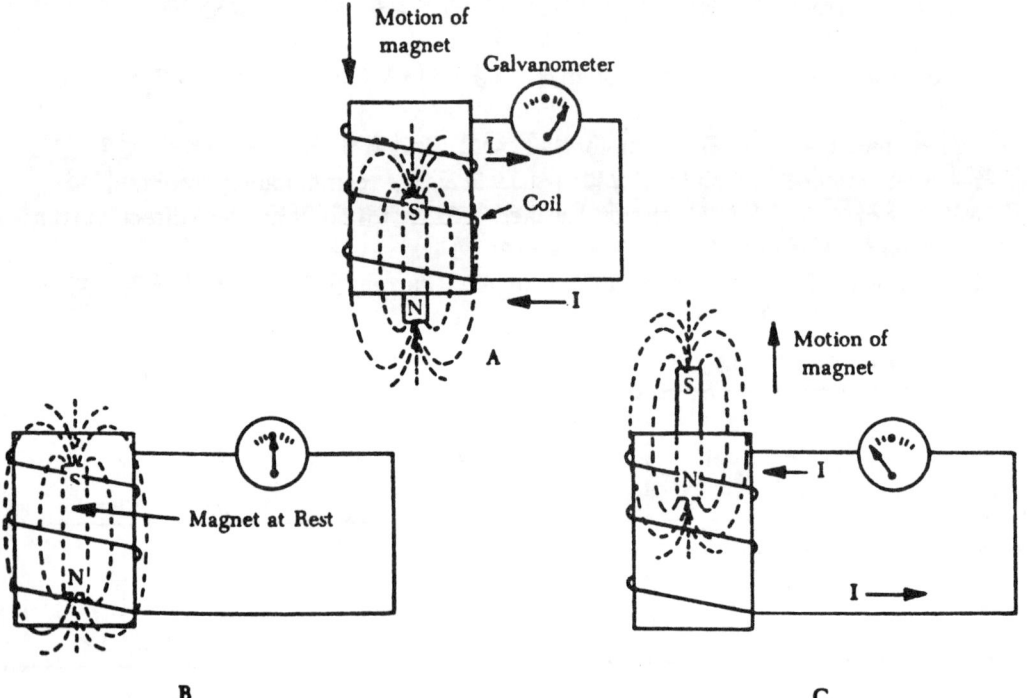

Fig. 1-137 Inducing a current flow.

Fig. 1-137과 같은 예를 들어 본다.

cylindrical form에 conductor를 몇번 감는다. conductor의 끝은 서로 연결해서 완전한 circuit을 만드는데, 이때 galvanometer를 연결한다. 만약 bar magnet을 cylinder 안에 집어 넣으면, galvanometer가 0에서 부터 한쪽으로 지시한다.

magnet이 cylinder안에 움직이지 않고 그대로 있으면 galvanometer는 0을 지시하고 전류가 흐르지 않음을 나타낸다.

Fig. 1-137 C에서 magnet을 cylinder에서 잡아빼면 galvanometer는 전류흐름 방향이 반대임을 지시한다. magnet을 움직이지 않고 정지해 있을때는 같은 결과를 나타내고, cylinder에 magnet을 움직이면 전류 흐름을 지시해서 magnetic field와 wire coil 사이에 상대 운동이 있을때만 전류가 흐름을 알수 있다.

Fig. 1-138과 같이 conductor가 magnetic field속을 움직이면 conductor에 electromotive force (E. M. F)가 유도된다. 유도된 e.m.f의 방향 (polarity)은 magnetic line의 힘에 의해 결정되고, conductor가 magnetic field를 지나는 방향에 의해 결정된다. generator의 left-hand rule (coil의 왼손 법칙과 혼돈하지 말것)을 사용해서 유도된 e.m.f의 방향을 결정한다.

왼손의 첫번째 손가락은 magnetic line of force의 방향(north to south)을 가르키고 엄지 손가락은 magne-

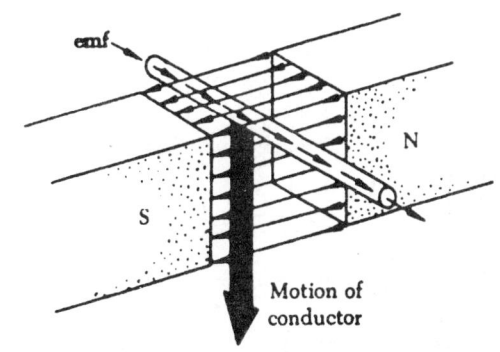

Fig. 1-138　Inducing an e.m.f. in a conductor.

tic field를 지나는 conductor의 움직이는 방향을 가르키고, 두번째 손가락은 유도된 e.m.f의 방향을 가르킨다. 3가지 요소중에 어느 두 가지를 알면 이 법칙에 의해 나머지 한가지도 알수 있다.

Fig. 1-140과 같이 loop conductor가 magnetic field안에서 회전하면 loop의 양쪽에

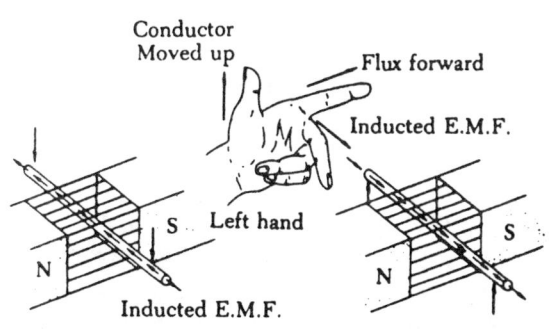

Fig. 1-139　An application of the generator left-hand rule.

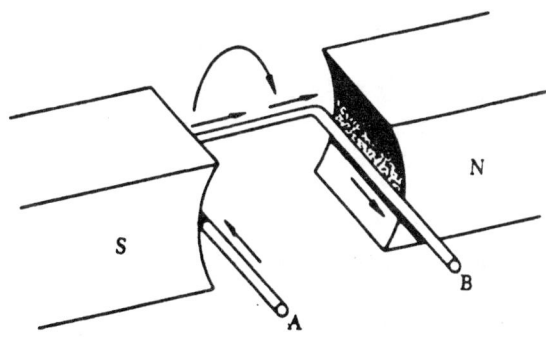

Fig. 1-140　Voltage induced in a loop.

서 voltage가 유도된다. 이 양쪽이 magnetic field를 반대 방향으로 자르고, 전류는 계속 흐르지만 loop의 양쪽면에 대해 반대방향으로 움직인다. 만약 loop의 side A와 B가 반바퀴 회전하면 conductor의 side도 서로 바뀌게 되어 양쪽 wire에 유도된 e.m.f의 방향이 거꾸로 된다. 유도된 e.m.f의 크기는 다음의 3가지 요소에 좌우된다.

ⓐ magnetic field를 지나는 wire의 수
ⓑ magnetic field의 세기
ⓒ 회전속도

3) 교류 발전기 (A.C generator)

alternating current를 만들어 내는 generator를 A.C generator나 altenator라고 부른다.

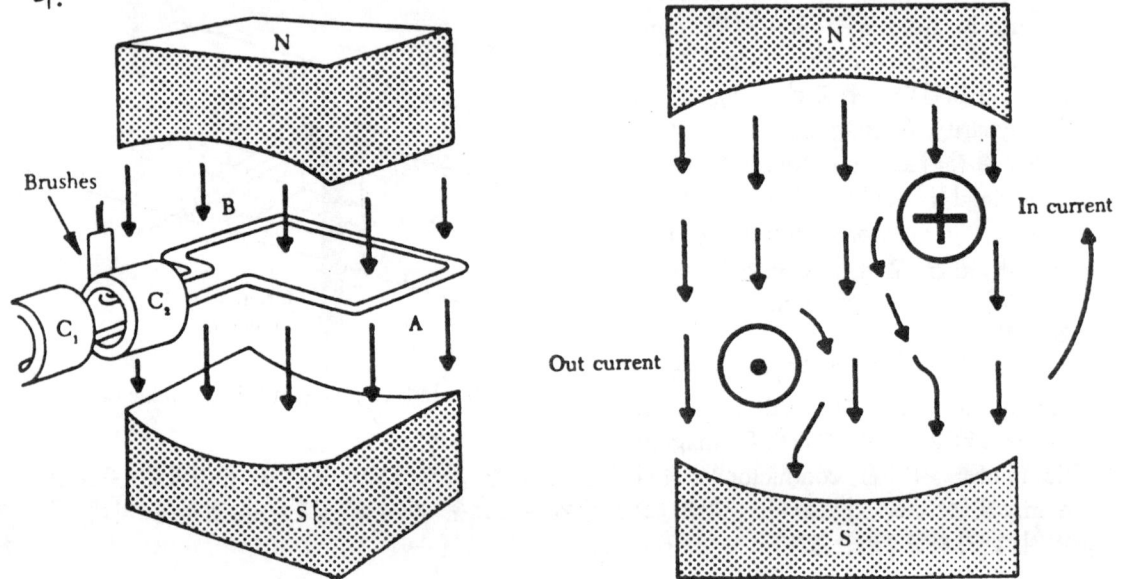

Fig. 1-141   Simple generator.

Fig. 1-141은 simple generator로 rotating loop가 있고, 각각 A와 B가 표시되어 있고 magnetic pole N과 S사이에 놓인다.

loop의 끝은 두개의 metal slip ring(collector ring) C_1과 C_2에 연결되어 있다. 전류는 brush에 의해 collector ring에 모아진다.

만약 loop를 분리된 wire A와 B라고 생각하고 generator의 왼손 법칙을 적용해서 살펴보자.

wire A가 field의 위쪽으로 움직이면 voltage가 유도되어 전류가 안쪽으로 흐른다. wire B가 field의 아래쪽으로 움직이면서 voltage가 유도되고, 이것이 전류를 바깥쪽으로 흐르게 한다. wire B가 field의 위쪽으로 움직이면서 voltage가 유도되고 이것이 전류를 바깥쪽으로 흐르게 한다. wire가 loop를 이루면 loop의 양쪽에서 유도된 voltage가 합쳐진다. 그러므로 conductor A, B가 magnetic field에서 회전하는 것은 loop의 action과 비슷하다.

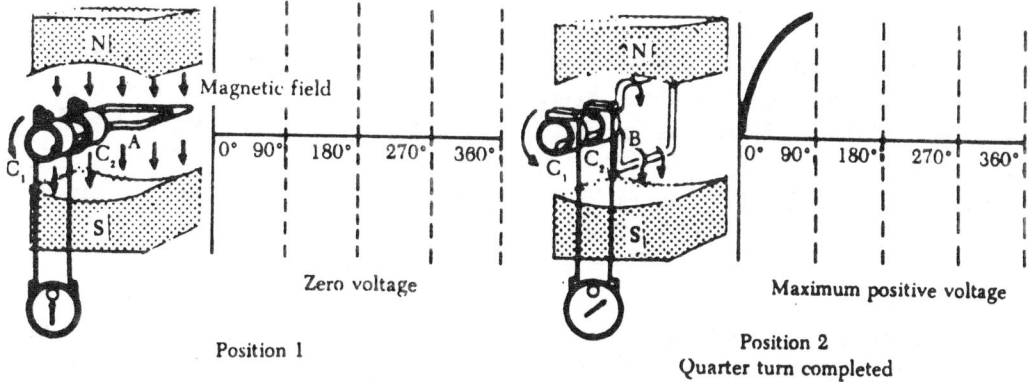

Magnetic field

0° 90° 180° 270° 360°

Zero voltage

Position 1

Rotating conductors moving parallel to magnetic field, cutting minimum lines of force.

0° 90° 180° 270° 360°

Maximum positive voltage

Position 2
Quarter turn completed

Conductors cutting directly across the magnetic field as conductor A passes across the North magnetic pole and B passes across the S pole.

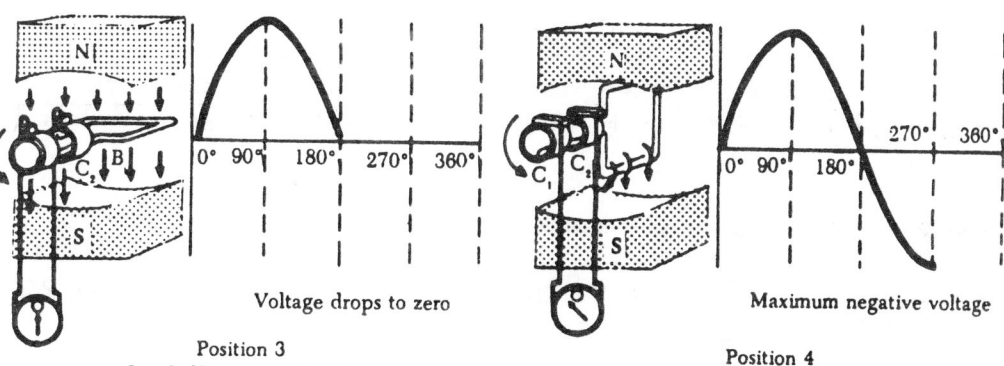

0° 90° 180° 270° 360°

Voltage drops to zero

Position 3
One-half turn completed

Conductors again moving parallel to magnetic field, cutting minimum lines of force.

0° 90° 180° 270° 360°

Maximum negative voltage

Position 4
Three quarter turn completed

Conductors again moving directly across magnetic field 'A" passes across South magnetic pole and "B" across N magnetic pole.

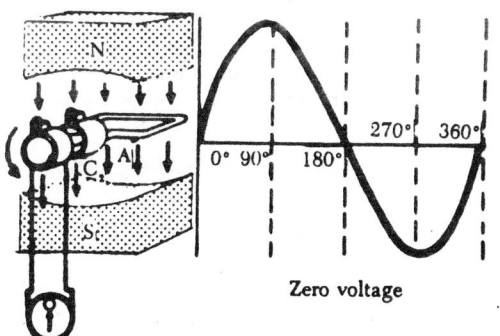

0° 90° 180° 270° 360°

Zero voltage

Conductor A has made one complete cycle and is in same position as in position A. The generator has generated one complete cycle of alternating voltage or current.

Position 5
Full turn completed

F ig. 1-142   Generation of a sine wave.

Fig. 1-142는 magnetic field속에서 simple loop conductor가 회전해서 alternating current를 발생시키는 것을 설명하고 있다. 이것이 반시계방향으로 회전하면 유도되는 voltage의 크기가 변한다. position 1에서 conductor A는 line of force와 평행하게 움직인다. 이것은 line of force를 자르지 못하므로 유도되는 voltage는 "0"이다.

position 2에서 conductor가 flux에 수직으로 움직여서 최대 숫자의 line of force를 자르게 되어 maximum voltage가 유도된다.

conductor가 position 2이상을 움직이면서 자르는 line of force가 줄어서 유도되는 voltage도 감소한다. position 3에서, conductor는 1/2회전해서 line of force와 다시 평행하게 움직여서 conductor에 voltage가 유도되지 않는다. A conductor가 position 3를 통과하면서 유도되는 voltage의 방향이 바뀐다. 왜냐하면, A conductor가 아래로 향해 움직이고 반대 방향에서 flux를 자르기 때문이다.

A conductor가 south pole을 지나 움직이면서 유도되는 voltage는 negative direction으로 점차 증가해서 position 4에서 conductor는 다시 flux에 수직으로 움직이고 maximum negative voltage를 만들어 낸다.

position 4와 5에서 유도된 voltage는 점차 감소되어 마침내 0이 되어 conductor와 wave는 다른 cycle을 시작할 준비가 된다. position 5에서 보는 curve를 sine wave라고 부른다. 이 sine wave는 polarity와 voltage의 수치의 크기를 나타낸다. X축은 각도나 시간으로 나뉘고, Y축은 loop가 회전할때 특정지점에서의 voltage크기를 나타낸다.

4) 사이클과 주파수(cycle and frequency)

voltage나 current가 연속적으로 변하면서 통과해서 처음 시작한 점으로 돌아오고 다시 같은 변화를 반복하는데,. 이 연속되는 것을 cycle이라고 부른다.

Fig. 1-143은 voltage cycle로, voltage가 "0"에서 maximum positive value까지 증가하고 다시 "0"으로 감소한다. 다시 maximum negative value로 커지고 다시 "0"으로 감소한다. 이 지점에서 다시 같은 변화를 계속하게 된다. 완전한 cycle에 두개의 변화가 있다. 즉 positive alternation과 negative이다. 각각은 1/2 cycle이다. 정해진 시간에 생기는 몇번의 각 cycle을 frequency라고 부른다. electric current나 voltage의 frequency는 1초 동안에 발생한 cycle이 수를 나타낸다. generator 에서 voltage와 current는 magnet의 north와 south pole사이의 coil 이나 conductor를 정해진 횟수의

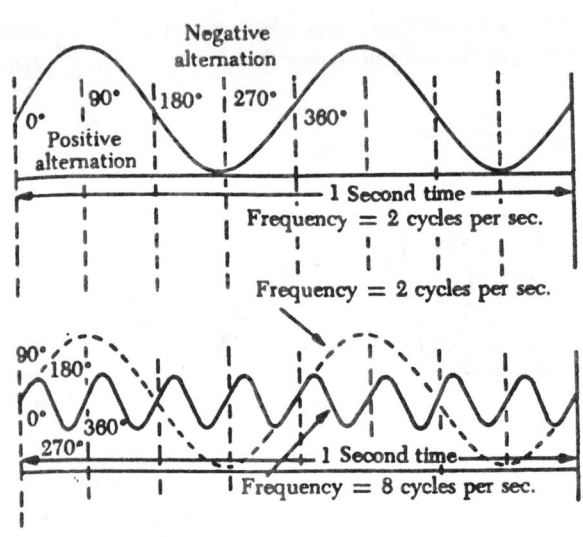

Fig. 1-143   Frequency in cycles per second.

cycle를 갖게 된다.

coil이나 conductor가 각 회전할때의 cycle의 수는 pole의 숫자와 같다. frequency 는 1회전할때 cycle의 수에 RPM수를 곱한 것과 같다.

공식으로 표시하면 다음과 같다.

F = 극수/2 × rpm/60

예) 2-pole generator의 conductor가 3600 RPM으로 회전할때 revolution per second은?

r.p.s = 3600/60 = 60 revolution per second

그러므로 frequency는 60 c.p.s이다.

예) 4-pole generator이고 armature속도가 1800 RPM이다.

F = P/2 ×RPM/60
  = 4/2 × 1800/60
  = 2 × 30
  = 60 c.p.s

frequency와 cycle의 특성뿐만 아니고, alternating voltage와 current는 "phase"관계 를 갖고 있다. system이 2개 혹은 그 이상의 alternator로 공급될때 한 alternator의 voltage와 current사이에 일정한 phase관계가 있어야 하고 각 voltage와 각 current 사이에도 phase 관계가 있어야 한다. 또한 두개의 분 리된 회로에서 각각의 phase 특성으 로 비교할 수 있다. 두개 혹은 그 이 상의 sine wave가 0°~180° 사이를 동시에 통과하고, 동시에 peak에 도 착하면 in-phase상태에 있다고 말한 다.

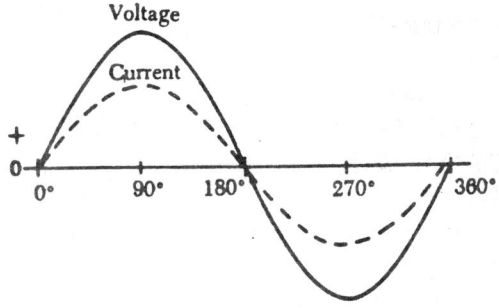

Fig. 1-144   In-phase condition of current and voltage.

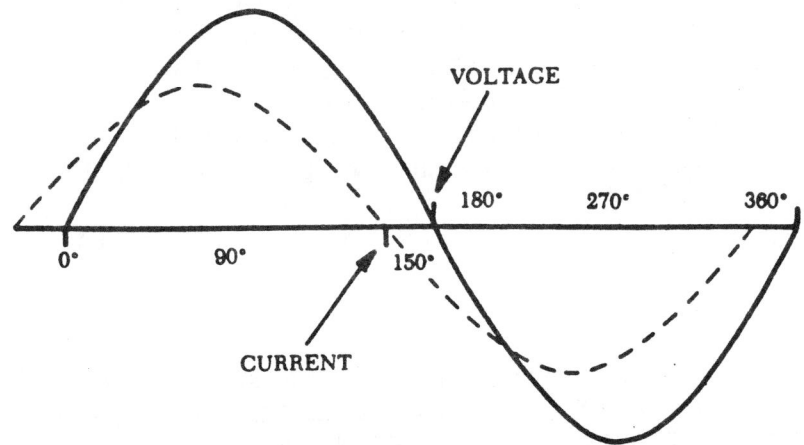

Fig. 1-145   Out-of-phase condition of current and voltage.

Fig. 1-144는 in-phase상태롤 나타낸다. in-phase 상태에서 peak value는 꼭같지 않아도 된다. sine wave가 0°~180° 사이를 지날때 서로 다른 시간에 통과하고 서로 다른 시간에 peak에 도착하면

Fig. 1-145와 같이 out-of-phase상태라고 한다. Fig. 1-145에서 current와 voltage 는 30° out of phase이다.

5) 교류의 값

alternating current의 3가 지를 고려해야 한다.

즉 instantaneous, maxi-mum과 effective이다. vol-tage나 current의 instanta-neous value는 어느 순간에 유도된 voltage나 current의 흐름을 말한다. sine wave 는 이 수치의 연속이다.

voltage의 instantaneous value는 0°에서 0이고, 90° 에서 최대이다.

180°에서 다시 0이고, 270°에서 최대, 360°에서 0 이다.

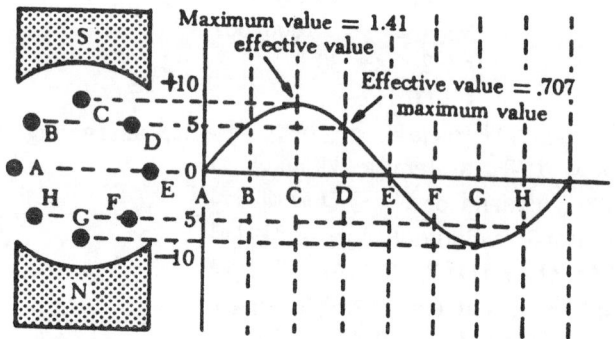

Fig. 1-146 Effective and maximum values of voltage.

sine wave의 곡선은 voltage의 instantaneous value의 연속으로 생각한다. largest single positive value는 voltage의 sine wave가 90°일때 생긴다. largest single negative value는 270°에서 생긴다.

이들은 maximum value라고 부른다. maximum value는 1.41 × effective value와 같다.

alternating current의 effective value는 똑같은 hearing effect를 만드는 direct current의 value와 같다. effective value는 maximum value보다 작고, 0.707 × maximum value와 같다. 집에 공급되는 alternating current 110-volt는

maximum vaoltage의 0.707 에 해당하는 수치이다.

maximum valtage는 대략 155 volts (10 × 1.41 = 155)이다.

alternating current를 취급할때 currrent나 voltage의 숫자는 effective value의 숫자 는 effective value로 간주한다.

alternating current voltmeter와 ammeter는 effective value를 측정한다.

1-19. Inductance

alternating current가 wire coil을 지나 흐를때 전류 흐름이 상승했다. 떨어지고 처 음은 한쪽 방향으로, 그 다음은 다른 방향으로, 그리고 coil에 magnetic field가 팽창 하고 붕괴된다. coil에 유도되는 voltage는 공급된 voltage의 방향과 반대여서, 이것이 alternating current의 변화에 대항하게 된다.

이때 유도된 voltage를 counter-electromotive force(c. e. m. f) 라고 하고 공급된 voltage에 대항 한다. coil을 지나는 전류의 변화 에 반대하는 coil의 특성을 inductance라고 부른다. coil의 inductance는 henry로 측정된다. 어떤 coil에서든 inductance는 몇가지 요소에 좌우된다. 주로 coil의 감 은수, coil의 단면적, coil이나 core의 재질등이다. magnetic material의 core는 coil의 inductance를 무척 크게 증가시킨다.

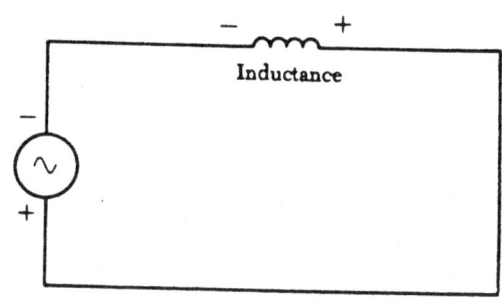

Fig. 1-147 A.C. circuit containing inductance.

straight wire도 inductance를 갖고 있지만 coil의 inductance와 비교해서 아주 작다.

A.C motor, relay, taransformer등은 curcuit의 inductance를 크게 한다. 실제로 모 든 A/C circuit은 inductive element를 갖고 있다. 공식에서 inductance의 symbol은 대문자 "L"로 표시한다.

inductance는 henry(h) 단위로 측 정한다.

inductor(coil)가 만약 전류가 inductor를 통과할때 1 ampere per second의 비율로 변할때 1 volt의 e. m. f가 inductor에서 유도되면 1 henry의 inductance를 갖고 있다고 말한다. 그러나 henry는 대단히 큰 inductance의 unit이어서 iron core를 갖고 있는 large inductor에 사용한 다. small air-core inductor에 사용하 는 unit은 millihenry(mh) 이다. 더 작은 air-core inductor의 inductance unit은 microhenry(mh) 이다.

Fig. 1-148은 여러가지 type의 inductor이다. inductor는 회로에 연 결할때 resistor와 같은 방법으로 연 결한다. 직렬로 연결하면 전체 inductance는 inductor의 inductance의 합과 같다.

$$L_t = L_1 + L_2 + L_3 + \text{-------}$$

두개 이상의 inductor가 병렬로 연 결되면 전체 inductance는 병렬 저항

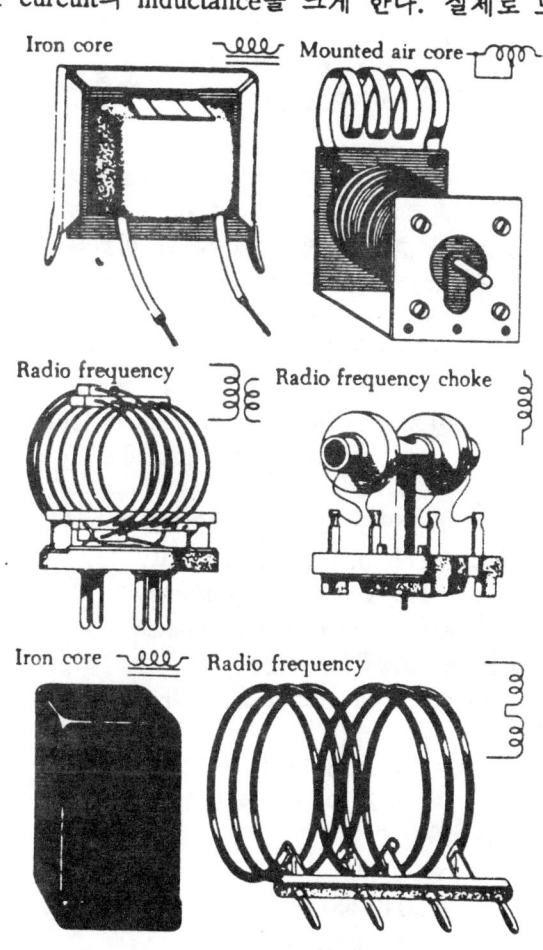

Fig. 1-148 Various types of inductors.

87

과 같이 가장 작은 inductor의 inductance보다 작게 된다.

$$L_t = \frac{1}{1/L_1 + 1/L_2 + 1/L_3}$$

직렬-병렬로 연결되었을때 inductor의 전체 inductance는 parallel inductance를 계산하고 거기에 series inductance를 더한다.

1) 유도 리액턴스 (Inductive reactance)

회로에서 전류의 흐름에 반대하는 inductance를 inductive reactance라고 한다. inductive reactance의 symbol은 X_L이고, 측정은 ohm으로 한다. 어떤 회로에서 단지 resistance만 있을때 voltage와 current의 표시는 ohm의 법칙을 이용해서 I = E/R로 한다.

A. C회로에 inductance가 있을때 voltage와 current사이의 관계는

$$current = \frac{voltage}{Reactance} \qquad 혹은 \quad I = \frac{E}{X_L}$$

여기서 X_L은 회로의 inductive reactance로 ohm으로 나타낸다.

만약 회로의 모든 다른 수치가 고정되어 있고, coil의 inductance가 커지면, self-induction의 효과가 커지고 전류의 변화에 반대하는 수치도 커진다.

frequency가 커지면서 inductive reactance도 커지는데, 이것은 current change rate가 더 커지면 coil에 의해 변화에 반대하는 것이 더 커지기 때문이다. 그러므로 inductive reactance는 inductance와 frequency에 비례한다.

$$X_L = 2 \times 3.14 \times f \times L$$

여기서 X_L = inductive reactance (ohm)

f = frequency (c. p. s)

Fig. 1-149는 A. C circuit으로 inductance가 0.146 henry이고, voltage가 110 volt이고, frequency가 60 cps이다. inductive reactance와 current flow를 구하면?

inductive rea. ctance를 구하기 위해

$$X_L = 2 \times 3.14 \times f \times L$$
$$= 6.28 \times 60 \times 0.146$$

current는

$$I = E/X_L$$
$$= 110/55$$
$$= 2 \text{ amperes}$$

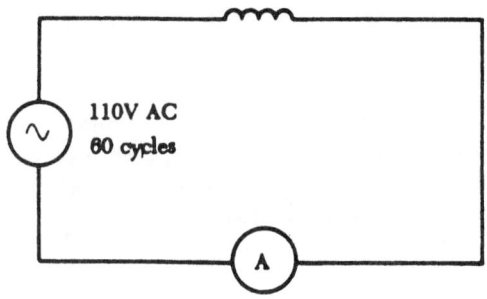

Fig. 1-149 A.C. circuit containing inductance.

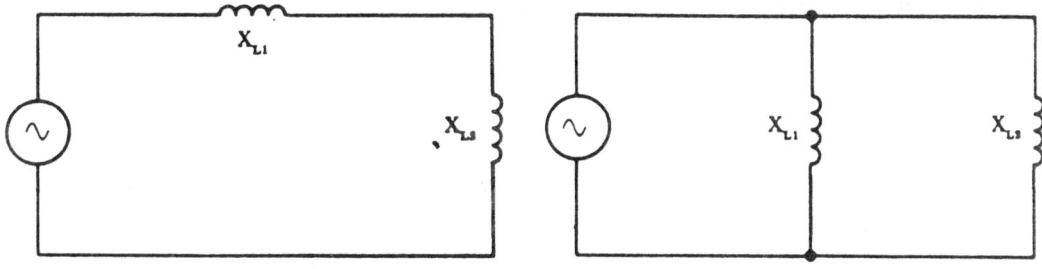

| Fig. 1-150 Inductances in series. | Fig. 1-151 Inductances in paralle. |

Fig. 1-150은 A. C series circuit으로 inductive reactance가 D. C circuit에서 직렬 저항을 더하는 것처럼 계산한다.

회로의 전체 저항은 각각의 reactance의 합과 같다.

Fig. 1-151에서와 같이 병렬로 연결된 inductor의 전체 reactance는 병렬회로에서 전체 저항을 구하는 것처럼 구한다.

$$(X_L)_T = \cfrac{1}{\cfrac{1}{(X_L)_1} + \cfrac{1}{(X_L)_2} + \cfrac{1}{(X_L)_3}}$$

1-20. Capacitance

A. C회로에서 resistance와 induc-tance이외의 또다른 중요한 특성이 capacitance이다. 회로에서 in-ductance는 coil에 의해 나타나지만 capacitance는 capacitor에 의해 나타난다. 어느 두 conductor가 절연체라 부르는 nonconductor에 의해 분리되서 capacitor가 된다.

electrical circuit에서 capacitor는 electricity의 reservoir나 storehouse

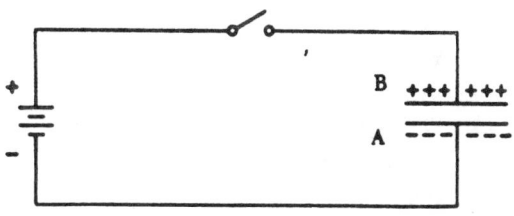

Fig. 1-152 Capacitor in a d.c. circuit.

처럼 역할을 한다. capacitor가 direct current의 source에 연결되면 회로에서 storage battery와 같아서 s/w가 닫히면 plate B가 positive charge가 되고 plate는 negative charge가 된다. 전자가 B에서 A로 옮기는 시간에 external circuit에 전류가 흐른다.

회로에 전류 흐름이 maximum일때는 s/w가 닫혔을 때이고, 그 후 계속 줄어서 결국은 "0"이 된다.

A와 B사이의 voltage가 battery의 voltage와 같아지면서 전류는 곧 "0"이 된다. 만약 s/w가 open되어 있으면 plate는 계속 charge된 상태로 있다. 그러나 capacitor는 short circuit이 되면 곧바로 discharge한다. capacitor가 저장할 수 있는 전기의 양은

절연체의 재질의 종류를 포함한 몇가지 요소에 달려 있다. 이것은 plate면적과 직접 비례하고, plate사이의 거리에 반비례한다.

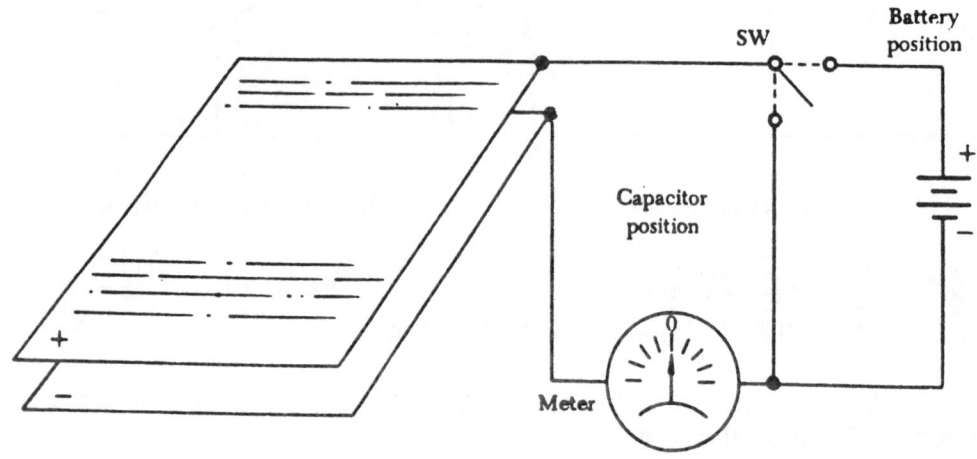

Fig. 1-153   A basic capacitor(condenser) circuit.

Fig. 1-153에서 두 flat metal plate가 서로 근접해 있다.

흔히 plate는 전기적으로 neutral이어서 각 plate에 elecrical charge는 없다. s/w가 battery position으로 닫히면 meter에 상당한 current surge가 한쪽 방향으로 생긴다. 그러나 곧바로 다시 "0"으로 된다. 만약 battery가 회로에서 분리되어 s/w가 capacitor position으로 닫히면 meter는 다시 순간적인 current surge를 나타내는데, 이때는 방향이 반대이다. Fig. 1-153에서 알수 있는 것은 voltage source에 연결되면 두 plate는 energy를 저장하고, short circuit이 되면 energy를 방출된다. 두 plate가 simple electrical capacitor나 condenser가 되어 electricity를 저장하는 특성을 갖게 된다.

energy는 실제로 plate사이의 electric이나 절연체 field에 저장된다. capacitor가 charge되거나 discharge될때 회로에는 전류가 있고, capacitor plate사이의 gap에 의해서 회로가 broken된 경우도 회로에 전류가 있다. 그러나 charge되거나 discharge되는 시간에만 전류가 있고, 사실 이 시간은 엄청나게 짧다. capacitor를 통하는 direct current의

Material	K (Dielectric constant)
Air	1.0
Resin	2.5
Asbestos paper	2.7
Hard rubber	2.8
Dry paper	3.5
Isolantite	3.5
Common glass	4.2
Quartz	4.5
Mica	4.5-7.5
Porcelain	5.5
Flint glass	7.0
Crown glass	7.9

Fig. 1-154   Dielectric constants.

계속적인 움직임이 없다. 양호한 capacitor는 direct current를 막고, alternating current의 효과를 통과시킨다.

capacitor의 electricity charge는 공급된 voltage와 capacitor(cond-ensor)의 capacitance에 비례한다. capacitance는 plate의 전체 면적, 절연체의 두께, dielectric의 compo-sition등에 비례한다.

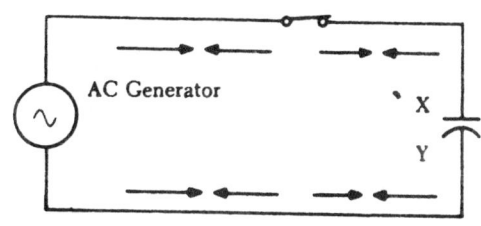

Fig. 1-155 Capacitor in an a.c. circuit.

만약 bakelite(mica-filled)의 얇은 판을 capacitor의 plate사이에 넣으면 capacitance는 약 5배 증가한다. 공급된 voltage에 의해 만들어진 electric charge는 insulator (dielectric)에 의해 bound를 유지해서 dielectric field를 만든다. 일단 field가 만들어지면, 어떠한 voltage change에도 반대하는 경향을 갖게 되어 original position에 영향을 미친다.

electrode나 plate로 부르는 두개의 conductor가 nonconductor에 의해 분리되어 simple capacitor를 만든다. plate는 copper, tin, aluminum으로 만든다. 흔히 이것을 foil로 만든다.

dielectric은 oxide film에 의해 air, glass, mica, electrilyte등으로 만든다. 사용하는 type에 따라 공급할 수 있는 voltage 크기가 저장할 수 있는 energy의 양을 좌우한다.

절연체 물질(dielectric material)은 다른 원자 구조를 갖고 있어서 정전기의 field에 다른 양의 원자를 갖고 있다.

모든 dielectric material은 vacuum으로 비교되고, 서로의 capacity ratio에 따른 주어진 수치에 의해 비교한다. material에 주어진 숫자는 vacuum상태에서 같은 면적과 같은 두께에 기초를 둔다. 이 ratio를 표시하는 숫자를 dielectric constant라고 부르고 "K"로 표시한다.

만약 alternating current의 source가 battery로 바뀌면 capacitor의 기능이 상당히 달라진다. alternating current가 circuit에 공급되면 plate의 charge는 계속 변한다.

이 말은 electricity가 Y에서 시계방향으로 X로 흐르고 다시 X에서 반시계방향으로 Y로 흘러서 다시 Y에서 X로, 계속 반복한다.

capacitor의 plate사이의 insulator로 전류가 흐르지 않지만 X와 Y사이로 계속 흐른다. capacitance를 측정하는 단위가 farad이고, "f"로 표시한다. farad는 실제 사용에서 너무 크고 일반적으로 microfarad (μ f)를 사용한다.

1) Capacitor의 종류

capacitor는 두 group으로 나눈다. fixed와 variable이다.

fixed capacitor는 대략 constant capacitance를 갖고 있고 사용하는 dielectric의 type으로 더 자세히 나누면 paper, oil, mica와 electrolyte capacitor등으로 나눈다. cremic capacitor도 일부회로에서 이용한다. 회로의 electrolytic capacitor를 연결할때 극성 (polarity)을 확실히 구분해야 한다.

paper capacitor는 한쪽 terminal에 "group"표시가 되어 있고, 이것은 outside foil에

91

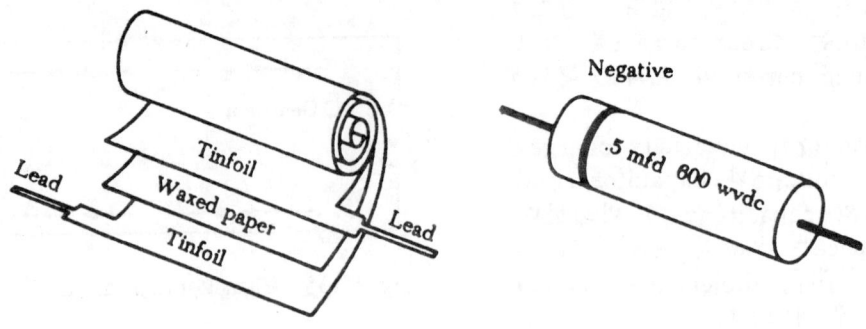

Fig. 1-156 Paper capacitors.

연결해야 한다. paper, ol, mica와 ceramic capacitor를 연결할때는 극성에 관계없이
연결한다.

2) 종이 캐패시터 (Paper capacitor)

   paper capacitor의 plate는 metal foil의 strip으로 waxed paper에 의해 분리되어 있
다.

   paper capacitor의 capacitance
range는 200 $\mu\mu$ f. (micro micro
f) ~μ f. (micro f)까지 이다. foil과
paper의 strip은 함께 말아서 cyli-
ndrical cartridge를 형성해서 wax로
sealing해서 습기로 부터 보호하고,
corrosion이나 leakage등을 막는다.
두 metal lead가 plate에 납땜되어 있
고, cylinder의 양쪽 끝에서 하나씩
나와 있다. assembly는 cardboard
cover나 hard cover로 되어 있고,
plastic covering으로 molding되어 있
다. bathtub-type capacitor는 paper
capacitor cartridge가 metal container
에 밀봉되어 있다.

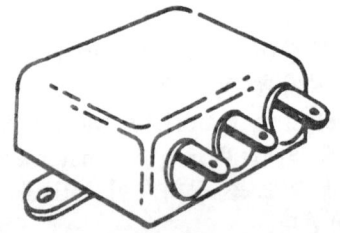

Fig. 1-157 Bathtub-case paper capacitor.

   container는 가끔 common termi-
nal로 쓰이지만 terminal이 아닐때는
cover는 electrical interference를 막
는 shield역할을 한다.

3) 오일 캐패시터 (Oil capacitor)

   radio나 radar transmitter등에

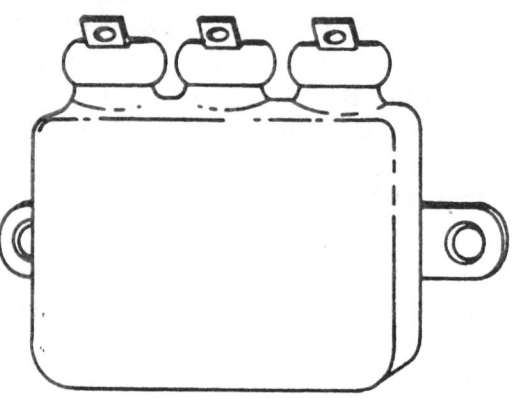

Fig.1-158 Oil capacitor.

92

voltage가 상당히 높아서 paper dielectrics을 arcing이나 breakdown 시키는 곳에 사용한다.

절연체 물질(dielectric material)로 oil이나 oil이 묻어 있는 paper를 사용한다.

이 type의 capacitor는 다른 종이 capacitor보다 상당히 비싼 편이다.

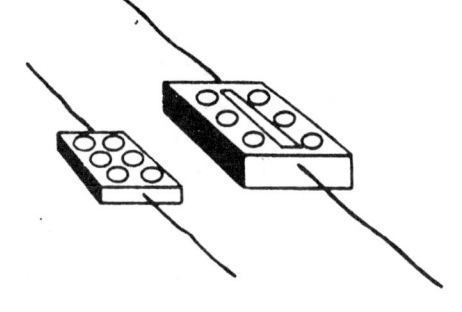

Fig. 1-159   Mica capacitors.

4) Mica capacitor

고정 mica capacitor는 metal foil plate로 만들어서 mica sheet에 의해 분리되어 있다. 여기서 mica sheet이 절연체를 형성한다. 전체 assembly는 molded plastic에 의해 덮여지고 습기로부터 보호된다. mica는 훌륭한 dielectric이어서 plate사이의 arcing없이 paper보다 훨씬 높은 voltage에 견딘다. mica capacitor range는 대략 50 $\mu \mu$ f. (micro micro f)에서 0.02 μ f. (micro f)까지 이다.

5) 전해 캐패시터 (Electrolytic capacitor)

이것은 크기는 작지만 large capacitance를 제공한다. 1-1500 micro farads까지 이다. 다른 type 과 달라서 electrolytic capacitor는 극성이 있어서 direct voltage나 pulsating direct voltage를 사용해야 하고, 특별한 형식의 electro-lytic capacitor를 만들어 motor에 사용한다.

elecrolytic capacitor는 electro-nic circuit에 가장 널리 사용하고, 두개의 metal plate로 되어 있고, electrolyte에 의해 분리되어 있다.

negative terminal과 연결되는 electrolyte는 paste나 liquid 형태로 negative electrode로 이루어져 있다. capacitor의 positive electrode 의 dielectic은 극히 얇은 oxide deposite film으로 되어 있다.

positive electrode는 aluminum sheet으로 겹으로 접어서 최대면 적을 얻는다. capacitor를 만드는 과정에서 전류를 통과시킨다.

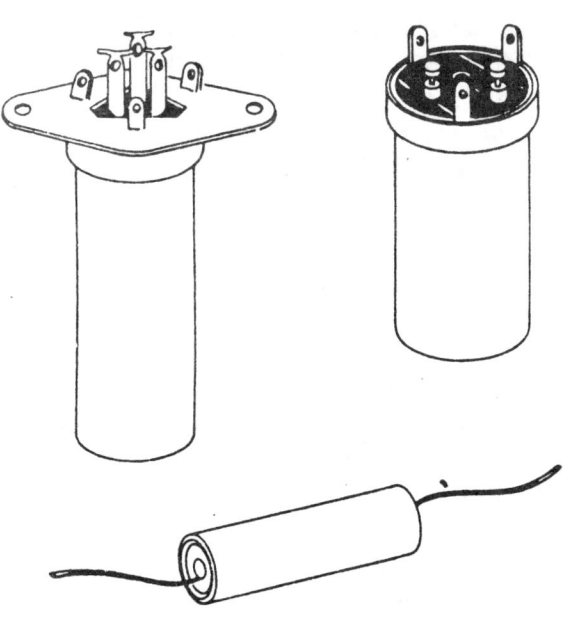

Fig. 1-160   Electrolytic capacitors.

전류를 통과시키면 aluminum plate에 얇은 oxide coating의 deposite이 남게 된다. negative와 positive electrode의 간격이 가까와서 비교적 높은 capacitance수치를 주지만, 높은 voltage breakdown 가능성과 전극간의 전자 누출 가능성이 크다.

두가지 종류의 electrolytic capacitor가 사용된다.

wet-electrolytic과 dry-electrolytic capacitor이다. 전자는 electrolyte가 liquid여서 container가 leakproof여야 한다.

이 type은 항상 vertical position으로 달려 있다. dry-electrolytic의 electrolyte는 paste로 gauze나 paper등의 흡수성의 물질로 만들어진 separator에 담겨 있다. separator는 electrolyte를 제자리에 붙잡아 놓고, 또한 plate의 short-circuiting을 막는다.

dry-electrolytic capacitor는 cylindrical과 rectangular-block형태로 만들어져서 cardboard나 metal cover에 담겨 있다.

6) 직렬 및 병렬 연결 캐패시터

capacitor가 병렬 혹은 직렬로 연결되어 병렬의 경우는 각각의 경우는 가장 작은 capacitor보다도 작다.

Fig. 1-161은 병렬과 직렬회로이다. capacitance를 측정하는데 두가지 단위가 쓰이는데 farad와 coulomb이다.

1 coulomb은 6.28 billion의 electron이 충전된 상태이다.

$$C \text{ (farad)} = \frac{Q \text{ (coulomb)}}{E \text{ (volt)}}$$

Fig. 1-161에서 voltage E는 모든 capacitor에서와 같다.

total charge Q_t는 Q_1, Q_2와 Q_3의 각각의 합과 같다.

capacitor의 기본 공식을 사용하면

$C = Q/E$

total charge Q_t

$= C_t \times E$

여기서 C_t는 total capacitance이다.

병렬 capacitance의 total charge는 각 capacitor charge의 합과

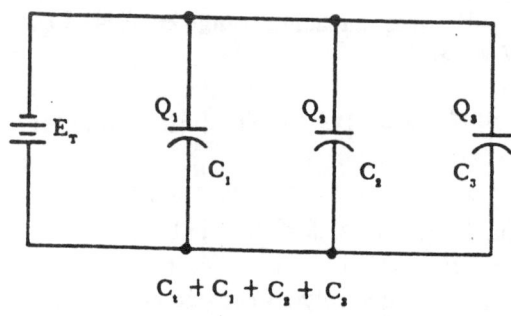

$C_t + C_1 + C_2 + C_3$

A Parallel

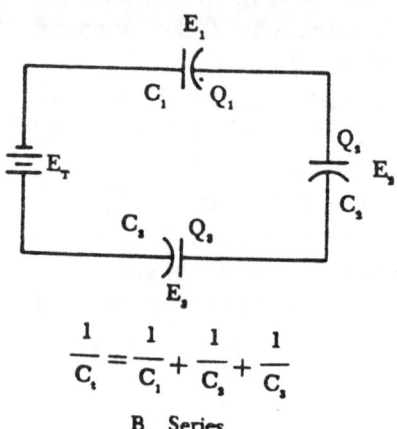

$$\frac{1}{C_t} = \frac{1}{C_1} + \frac{1}{C_2} + \frac{1}{C_3}$$

B Series

Fig. 1-161 Capacitors in parallel and in series.

94

같다.

$$Q_t = Q_1 + Q_2 + Q_3$$

위의 두 공식에서 다음을 얻을 수 있다.

$$C_tE = C_1E + C_2E + C_3E$$

위 식을 E로 나누면

$$C_t = C_1 + C_2 + C_3$$

이 공식은 병렬 capacitor의 전체 capacitance를 결정하는데 사용한다.

직렬 연결에서 전류는 회로의 모든 part에서 똑같다.

각 capacitor는 charge중에 voltage를 만들고, 모든 capacitor의 voltage의 합은 공급된 voltage E와 같다.

capacitor공식에서 공급된 voltage E는 total charge를 total capacitance를 나누는 것과 같다.

$$E = Q_t/C_t$$

total charge Q_t는 각 capacitor의 charge와 똑같은데, 이것은 같은 시간에 같은 양의 전류가 흐르기 때문이고, charge는 전류에 시간을 곱한 것과 같다.

($Q_t = I \times T$)

그러므로 $Q_t = Q_1 = Q_2 = Q_3$

capacitor가 직렬인 회로에서

$$E_t = E_1 + E_2 + E_3$$

여기서 E_1, E_2, E_3는 3개의 capacitor의 voltage이다.

$$Q_t/C_t = Q_t/C_1 + Q_t/C_2 + Q_t/C_3$$

Q_t로 모두 나누면

$$1/C_t = 1/C_1 + 1/C_2 + 1/C_3$$

몇개의 직렬 capacitor의 total capacitance의 역수는 각 capacitor의 capacitance의 역수의 합과 같다.

병렬 capacitor는 직렬 저항과 비슷하게 계산할 수 있다.

직렬 capacitor는 병렬 저항의 계산과 비슷하다.

두 capacitor가 직렬로 연결되어 있으면 C_1, C_2의 전체 capacitance는

$$C_t = C_1 \times C_2/C_1 + C_2$$

7) 캐패시터의 정격전압

회로에서 capacitor의 사용이나 다른 것으로 대체할 때는 몇가지를 고려해야 한다.

ⓐ 원하는 capacitance의 수치

ⓑ capacitor에 걸리는 voltage의 수

만약 plate에 걸리는 voltage가 너무 크면 부도체(dielectric)는

Dielectric	K	Dielectric Strength (volts per .001 inch)
Air	1.0	80
Paper		
(1) Paraffined	2.2	1,200
(2) Beeswaxed	3.1	1,800
Glass	4.2	200
Castor oil	4.7	380
Bakelite	6.0	500
Mica	6.0	2,000
Fiber	6.5	50

Fig. 1-162 Strength of some dielectric materials.

95

breakdown되고 plate사이에서 arcing이 발생한다. 그리고 capacitor는 short-circuit이 되어서 이 capacitor를 통해 흐르는 전류가 다른 part에 damage를 준다. capacitor의 working voltage는 maximum voltage로 arc-over의 위험없이 꾸준히 공급된다. working voltage는 다음에 따라 좌우된다.

ⓐ dielectric에 사용하는 재료의 type에 따라
ⓑ dielectric의 두께

capacitance를 결정하는 요소인데, dielectric의 두께가 커지면 capacitance는 감소하기 때문이다. high-voltage capacitor는 두꺼운 dielectric에 넓은 plate면적을 갖고 있어서 thin dielectric의 low voltage capacitor와 같은 capacitance를 갖고 있어야 한다.

Fig. 1-162는 dielectric material의 강도를 나타낸 것이다.

voltage rating은 frequency에 좌우되는데, 손실과 합성 heating 효과가 frequency가 커지면서 증가하기 때문이다.

capacitor는 500 volts D.C는 안전하게 charge시킬수 있지만 A.C나 pulsating D.C 는 500 volt까지 charge 시킬 수 없다.

500 volt (r.m.s)의 alternating voltage는 707 volts의 peak voltage를 갖고 있고, capacitor의 work voltage로 최소 750 volts는 되어야 한다. capacitor를 선택할때 working voltage는 공급되는 최고 voltage보다 최소 50%는 더 커야 한다.

8) 용량성 리액턴스 (capacitance reactance)

capacitance는 inductance와 같이 전류의 흐름에 저항한다. 이 저항하는 것을 capacitive reactance라고 부른다. 그리고 ohm으로 측정한다.

capacitive reactance의 symbol은 Xc이다.

방정식은

$$current = \frac{voltage}{capacitive\ reactance}$$

$$I = E/Xc$$

이것은 inductive circuit에서 전류 공식과 비슷하고 ohm의 법칙과 비슷하다. frequency가 커지면 reactance는 감소된다.

capacitive reactance는

$$X = \frac{1}{2 \times 3.14 \times f \times c}$$

여기서 f = frequency (c.p.s)
       c = capacity (farad)

예) 직렬회로에 110 volts 60 c.p.s가 공급되고, condencer의 capacitance가 80 μf. (micro f)일때 capacitive reactance와 전류를 찾으면?
capacitive reactance는?

$$Xc = \frac{1}{2 \times 3.14 \times f \times c}$$

여기서 capacitance 80 μ f. (micro f)는 farad로 바꾸어야 하는데 1 million micro farad는 1 farad와 같으므로 80을 1,000,000으로 나눈다.

이것은 0.000080 farad와 같다.

이것을 공식에 집어 넣으면

$$Xc = \frac{1}{6.28 \times 60 \times 0.000080}$$

$$= 33.2 \text{ ohms reactance}$$

전류를 구하면

$$I = E/Xc = 110/33.2 = 3.31 \text{ amperes}$$

9) 직렬과 병렬에서의 capacitive reactance

capacitor가 직렬로 연결되면 전체 reactance는 각 capacitor의 합과 같다.

$$Xct = (Xc)_1 + (Xc)_2$$

capacitor가 병렬로 연결되었을때 total reactance는 병렬회로의 전체 저항을 구하는 것과 같다.

$$(Xc)t = \frac{1}{\dfrac{1}{(Xc)_1} + \dfrac{1}{(Xc)_2} + \dfrac{1}{(Xc)_3}}$$

10) Reactive 회로에서의 전압과 전류의 위상

전류와 전압이 "0"을 통과해서 동시에 maximum value에 도착할때 전류와 voltage

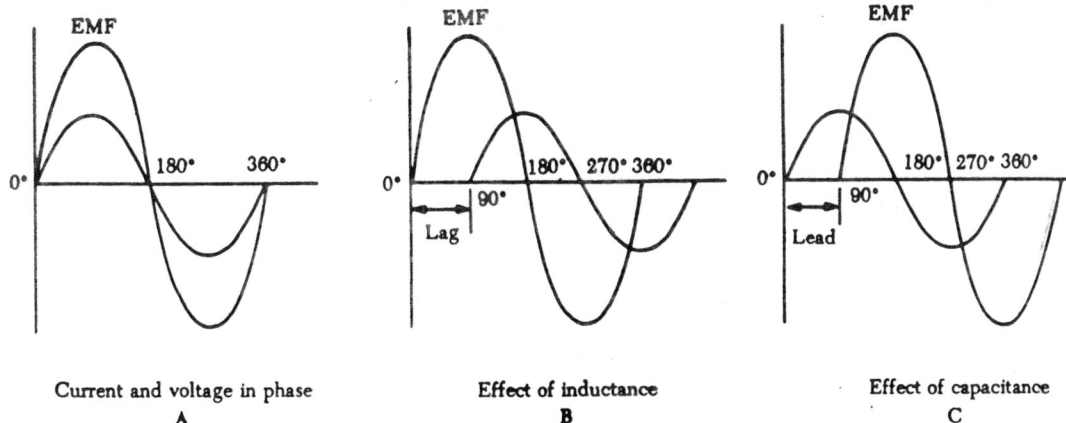

Current and voltage in phase
A

Effect of inductance
B

Effect of capacitance
C

Fig. 1-163   Phase of current and voltage.

는 in-phase라고 말한다.

만약 전류와 전압이 "0"을 지나서 각각 다른 시간에 maximum value에 도착하면 전류와 전압은 out-of-phase라고 말한다.

오직 inductance만 갖고 있는 회로에서 전류가 전압보다 나중에 maximum value에 도착하면 90°만큼 voltage보다 뒤쳐지고 1/4 cycle뒤지게 된다. capacitance만 있는 회로에서 전류가 전압보다 먼저 maximum value에 도착하면 전류는 90°만큼 전압보다 앞서고 1/4 cycle앞서게 된다. 전류가 전압보다 앞서거나 뒤지는 크기는 회로의 resistance, inductance와 capacitance등에 좌우된다.

1-21. Ohm의 법칙과 A.C 회로

resistance, inductive reactance와 capacitive reactance의 복합적인 효과가 A.C 회로에서 전류흐름에 저항한다. 이 total opposition을 impedance라고 부르고 "Z"로 표시한다. impedance를 측정하는 단위는 ohm이다.

1) 직렬 A.C 회로

만약 A.C회로가 resistance만으로 구성되어 있다면 impedance는 resistance와 같게 된다. A.C circuit의 ohm의 법칙에서

I = E/Z

이것은 D.C circuit과 똑같다.

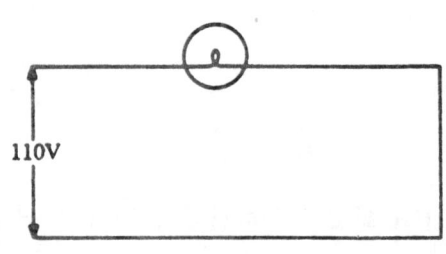

Fig. 1-164   Applying D.C. and A.C. to a circuit.

Fig. 1-164는 직렬회로로 11 ohms의 lamp가 연결되어 있다. 만약 110 volts D.C가 공급되면 얼마만큼의 전류가 흐르고, 만약 110 volts A.C가 공급되면 얼마만큼의 전류가 흐르는지 알아본다.

I = E/R	I = E/Z (여기서 Z = R)
= 110/11	= 110/11
= 10 amperes D.C	= 10 ampere A.C

A.C회로에서 resistance와 inductance, capacitance등을 포함하고 있을때 impedance Z는 resistance R과 같지 않다.

회로의 impedance는 전류 흐름에 대한 total opposition 이다.

A.C회로에서, 이 opposition은 resistance와 reactance 그리고 inductive나 capacitive 혹은 이들 두가지 모두 구성되어 있다.

resistance와 reactance는 바로 직접 더할 수 없고, 서로 직각으로 작용한다고

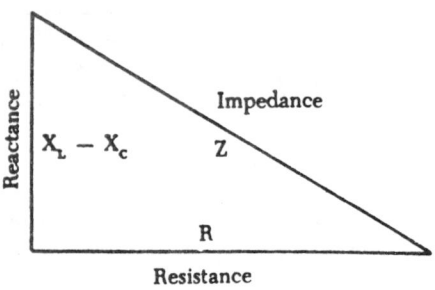

Fig. 1-165   Impedance triangle.

98

생각한다.

Fig. 1-165는 resistance, reactance와 impedance등의 관계를 설명한 것이다. A.C
회로에 흐르는 전류의 impedance나 total opposition을 찾기 위해 직각 삼각형 공식을
사용한다. 이 원리는 피타고라스의 정리라고 부르고, 어느 직각 삼각형이든 적용할
수 있다.

이 법칙은, 빗변의 제곱은 다른 두변의 제곱의 합과 같다.

그래서 어느 두변의 길이를 알면 나머지 하나를 찾아낼 수 있다.

만약 A.C회로가 resistance와 inductance를 갖고 있으면

$$Z^2 = R^2 + (X_L - X_C)^2$$ 으로 표시할 수 있다.

$$Z = \sqrt{R^2 + (X_L - X_C)^2}$$

위 공식은 resistance와 inductive reactance를 알고 있을때 impedance를 결정할 수
있다.

capacitive reactance와 resistance를 갖고 있는 회로에서 impedance를 구할때, X_L대
신에 X_C로 대신할 수 있다.

resistance와 inductive와 capacitive reactance를 모두 갖고 있는 회로에서 reactance
는 합칠수 있는데 회로에서 이것의 효과는 정확히 반대이므로 서로 빼면된다.

$$X = X_L - X_C \text{ 혹은 } X = X_C - X_L$$

(항상 큰 것에서 작은 것을 뺀다.)

직렬회로로 resistance와 inductance가 연결되어 있고, 110 volts, 60 c.p.s가 연결
되어 있다. resistive element로 6 ohm의 1
amp가 있고, inductive element로 0.021
henry의 coil이 있다.

Fig. 1-166에서 impedance는 얼마나 되
고 1 amp와 coil을 통하는 전류는 얼마인가?
coil의 inductive reactance를 계산하면?

$$X_L = 2 \times 3.14 \times f \times L$$
$$= 6.28 \times 60 \times 0.021$$
$$= 8 \text{ ohms의 inductive reactance}$$

total impedance를 계산하면

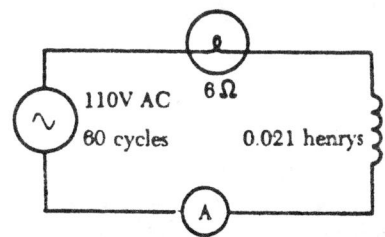

Fig. 1-166 A circuit containing
resistance and inductance.

$$Z = \sqrt{R^2 + (X_L - X_C)}$$

$$= \sqrt{6^2 + 8^2}$$

$$= \sqrt{36 + 64}$$

$$= \sqrt{100}$$

$$= 10 \text{ ohms impedance}$$

이때 전류는

   I = E/Z = 110/10

       = 11 amperes의 전류

resistance (ER)의 voltage drop은

   E_R = I × R

       = 11 × 6

       = 66 volts

inductance (Ex_L)의 voltage drop은

   Ex_L = I × X

       = 11 × 8

       = 88 volts

위에서 두 voltage의 합의 공급된 voltage보다 크다. 위에서 알수 있는 것은 두 voltage는 out-of-phase로 maximum voltage를 나타낸다.

만약 회로의 voltage를 voltmeter로 측정하면 이것은 대략 110 volts가 되고, 이것은 공급되는 voltage이다.

이것은 아래와 같이 증명할 수 있다.

$$E = \sqrt{(E_R)^2 + (Ex_L)^2}$$

$$= \sqrt{66^2 + 88^2}$$

$$\sqrt{4356 + 7744}$$

$$\sqrt{12100}$$

$$= 110 \text{ volts}$$

Fig. 1-167은 직렬회로로 200 microfarad의 capacitor가 10-ohm 1 amp와 직렬로 연결되어 있다. impedance와 전류를 구하고, 1 amp의 전압강하를 구하면?

우선, microfarad의 capacitance 를 farad로 바꾼다. 왜냐하면 1 million microfarad가 1 farad와 같기 때문이다.

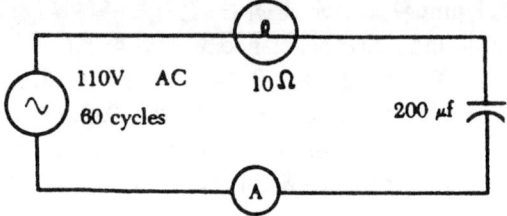

Fig. 1-167 A circuit containing resistance and capacitance.

   200 microfarad = 200/1,000,000

              = 0.000200 farad

$$X_C = \frac{1}{2 \times 3.14 \times f \times c}$$

$$= \frac{1}{6.28 \times 60 \times 0.000200 \text{ farad}}$$

$$= \frac{1}{0.07536}$$

$$= \text{13 ohm의 capacitive reactance}$$

impedance를 구하면

$$Z = \sqrt{R^2 + Xc^2}$$

$$= \sqrt{10^2 + 13^2}$$

$$= \sqrt{100 + 169}$$

$$= \sqrt{269}$$

$$= \text{16.4 ohms, capacitive reactance}$$

전류를 구하면

$$I = E/Z$$

$$= 110/16.4$$

$$= 6.7 \text{ amperes}$$

1 amp의 voltage drop은

$$E_R = 6.7 \times 10$$

$$= 67 \text{ volts}$$

capacitor (Exc)의 voltage drop은

$$E_{Xc} = I \times Xc$$

$$= 6.7 \times 13$$

$$= 86.1 \text{ volts}$$

이 두 voltage의 합은 공급된 voltage의 합과 같지 않다. 왜냐하면 전류가 voltage 를 앞서기 때문이다.

공급된 voltage를 찾으면

$$E_T = \sqrt{(E_R)^2 + (E_{Xc})^2}$$

$$= \sqrt{67^2 + 86.1^2}$$

$$= \sqrt{4489 + 7413}$$

$$= \sqrt{11902}$$

$$= 110 \text{ volts}$$

회로의 resistance, inductance와 capacitance의 합을 구하면

$$Z = \sqrt{R^2 + (X_L - Xc)^2}$$

예)

Fig. 1-168 직렬회로의 impe-
dance는 얼마인가?

capacitor는 7 ohms의 reac-
tance를 갖고 있고, indictor는 10
ohms의 reactance, resistor는 4
ohms의 resistance를 갖고 있다.

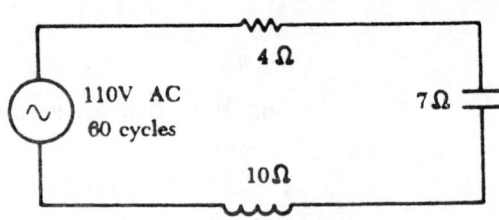

Fig. 1-168   A circuit containing resistance,
inductance, and capacitance.

$$Z = \sqrt{R^2 + (X_L - X_C)^2}$$

$$= \sqrt{4^2 + (10 - 7)^2}$$

$$= \sqrt{4^2 + 3^2}$$

$$= \sqrt{125}$$

$$= 5 \text{ ohms}$$

capacitor의 reactance가 10 ohms이고, inductor의 reactance가 7 ohms이라고 가정
해서 X_C가 X_L보다 클때

$$Z = \sqrt{R^2 + (X_L - X_C)^2}$$

$$= \sqrt{4^2 + (7 - 10)^2}$$

$$= \sqrt{4^2 + (-3)^2}$$

$$= \sqrt{16 + 9}$$

$$= \sqrt{25}$$

$$= 5 \text{ ohms}$$

2) 병렬 A.C 회로

병렬 A.C 회로를 해결하는 방
식은 직렬 A.C 회로의 그것과 기
본적으로 같다. out-of-phase
voltage와 current가 직각 삼각형
법칙에 의해 추가 되고, branche
를 통하는 전류가 추가되는데, 이
것은 여러가지 branche의 voltage
drop이 공급된 voltage와 같기 때
문이다.

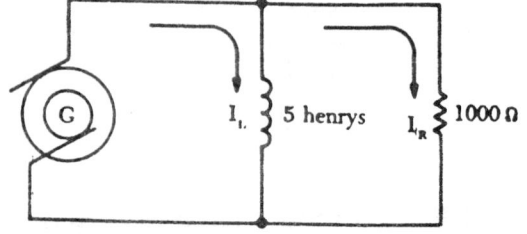

Fig. 1-169   A.C. parallel circuit containing indu-
ctance and resistance.

102

Fig. 1-169는 병렬 A. C 회로로서 inductance와 resistance를 갖고 있다. inductance I_L를 통하는 전류는 0.0584 ampere이고 resistance를 지나는 전류는 0.11 ampere이다.

회로의 total current를 구하면

$$I_T = \sqrt{I_L^2 + I_R^2}$$

$$= \sqrt{(0.0584)^2 + (0.11)^2}$$

$$= \sqrt{0.0155}$$

$$= 0.1245 \text{ ampere}$$

inductance reactance가 voltage가 current를 앞서게 해서 total current는 inductive current의 component를 포함해서 공급된 voltage에 뒤지게 된다.

Fig. 1-170은 110 volts generator가 load에 연결되어 있다.

2-microfarads의 capacitance와 10,000 ohms의 resistance가 병렬로 연결되어 있다. impedance와 전체 전류를 구하면?

회로의 capacitive reactance를 구하면

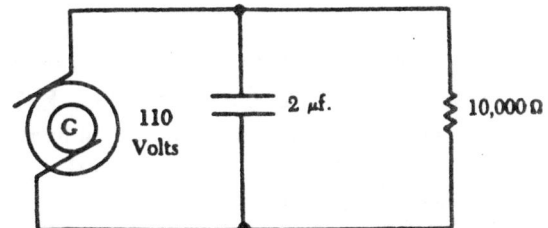

Fig. 1-170 A parallel a.c. circuit containing capacitance and resistance.

$$X_c = \frac{1}{2 \times 3.14 \times f \times c}$$

2 microfarad를 farad로 바꾸어 공식에 대입한다.

$$X_c = 1/2 \times 3.14 \times 60 \times 0.000002$$

$$= 1/0.00075360$$

$$= 1327 \text{ ohms의 capacitive reactance}$$

impedance를 찾기위해 series A. C 회로의 공식을 병렬 회로에 맞게 고친다.

$$E = \frac{RX_c}{\sqrt{R^2 + X_c^2}}$$

$$= \frac{10,000 \times 1327}{\sqrt{(10,000)^2 + (1327)^2}}$$

$$= 0.1315 \text{ ohm}$$

capacitance를 지나는 전류는

$$I_c = E/X_c$$

$$= 110/1327$$

$$= 0.0829 \text{ ampere}$$

resistance를 지나는 전류는

$$I_R = E/R$$
$$= 110/10,000$$
$$= 0.011 \text{ ampere}$$

회로의 전체 전류는

$$I_T = \sqrt{I_R{}^2 + I_C{}^2}$$

$$= \sqrt{(0.011)^2 + (0.0829)^2}$$

$$= 0.0836 \text{ ampere}$$

3) 공명 (Resonance)

앞에서 inductive reactance(X$_L$ = 2 × 3.14 × f × L)와 capacitive reactance(X$_C$ = 1/2 × 3.14 × f × C)를 살펴보았다.

frequency가 감소하면 inductive reactance의 ohm도 감소한다. 그러나 capacitive reactance에서는 반대로 나타난다. 일부 특정한 frequency에서 이것을 resonant frequency라고 부르고 capacitor와 inductor에 미치는 reactive효과가 똑같다. 이 효과는 서로 반대로 미치기 때문에 서로 상쇄되어 회로의 전류에 저항하는 것은 오직 resistance만 남게 된다. 만약 resistance의 수치가 작거나 conductor의 resistance만으로 구성되었을 경우 전류의 크기는 아주 높아진다.

회로에서 capacitor와 inductor가 직렬로 연결되고 frequency가 resonant frequency일때 회로는 "in resonance"라고 말한다.

resonant frequency는 F$_n$으로 표시한다. 만약 resonance frequency에서 inductive reactance와 capacitive reactance가 같으면 X$_L$ = X$_C$거나

$$2 \times 3.14 \, f_L = \frac{1}{2 \times 3.14 \times f_C}$$

양쪽을 2f$_L$로 나누면

$$F_n{}^2 = \frac{1}{(2 \times 3.14)^2 \, L_C}$$

양쪽에 root를 벗기면

$$F_n = \frac{1}{2\pi \sqrt{L_C}}$$

여기서 F$_n$은 resonant frequency로 C.P.S로 나타내고, C는 capacitance로 farad, L은 inductance로 Henry이다.
회로의 inductive reactance를 찾기 위해

$$X_L = 2 \times 3.14 \times F_L$$

series A. C회로의 impedance공식을 병렬회로에 맞게 고쳐서

$$Z = \frac{R_{X_L}}{\sqrt{R^2 = X_L^2}}$$

inductance와 capacitive reactor의 parallel network을 찾기 위해

$$X = \frac{X_L \times X_C}{\sqrt{X_L + X_C}}$$

resistance capacitive와 inductance의 parallel network를 찾기위해

$$Z = \frac{R \times X_L \times X_C}{\sqrt{X_L^2 + X_L^2 + (R_{X_L} - R_{X_C})^2}}$$

resonant frequency X_L이 X_C를 상쇄해서 전류가 커지는데, 이것은 저항의 크기에 좌우된다. 이런 경우에 inductor capacitor의 voltage drop이 가끔은 공급된 voltage보다도 클때가 있다.

Fig. 1-171은 parallel resonant circuit으로 reactance는 같고 coil과 capacitor에 같은 전류가 흐른다 inductance reactance가 coil을 지나는 전류를 90°만큼 전압보다 뒤지게 만들고, capacitive reactance는 capacitor를 지나는 전류를 90°만큼 voltage보다 앞서게 만들어 이 두 전류는 180°의 out-of-phase를 갖는다. 실제로 회로에는 항상 어느정도의 resistance가 있고, 병렬회로에는

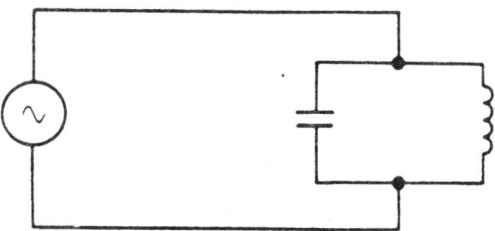

Fig. 1-171 A parallel resonant circuit.

가끔 tank circuit이라고 부르는데, 이것이 아주 높은 impedance의 역할을 하기 때문이다.

또한 amtiresonant circuit은 series-resonant circuit의 효과에 저항하는 것으로 impedance가 아주 낮다.

4) 교류회로의 전력 (Power in A.C circuit)

D. C회로에서 power는 P = EI로 얻어진다. 만약 1 ampere 의 전류가 흐르고, 200 volts의 pressure가 있을

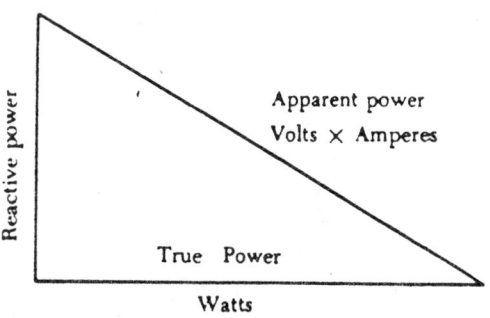

Fig. 1-172 Power relations in A.C circuit.

때 power는 200 watts이다.

volts와 ampere의 생산은 회로에서 true power이다.

A. C회로에서 voltmeter은 effective voltage롤 나타내고 ammeter는 effective current 롤 지시한다. 이 두가지 reading을 apparent power라고 부른다. apparent power와 true power가 같다.

회로에서 capacitance나 inductance가 있을때 전류와 전압은 정확히 in phase가 아 니고 true power는 apparent power보다 작다. true power는 wattmeter reading으로 얻 는다. true power와 apparent power와의 비율을 power factor라고 부르고 percent로 표시한다.

$$\text{Power Factor (PF)} = \frac{100 \times \text{Watts (True power)}}{\text{Volts} \times \text{Amperes (Apparent power)}}$$

예) 220 volts A. C motor가 50 ampere롤 line에서 받는다. 그러나 line의 wattmeter는 motor에서 9350 watts롤 받고 있는 것으로 나타난다. apparent power와 power factor롤 구하면?

apparent power = volts × amperes
                = 220 × 50
                = 11,000 watts (volt-ampere)

$$\text{PF} = \frac{\text{watts (true power)} \times 100}{\text{V. A (apparent power)}}$$

$$= \frac{9350 \times 100}{11,000}$$

= 85 혹은 85%

1-22. 변압기 (Transformer)

transformer는 주어진 voltage의 electrical energy롤 다른 voltage level로 변화시킨다. 이것은 두개의 coil로 이루 어 졌는데 서로 전기적으로 연결되지는 않았다. 그러나 한 coil주변의 magnetic field롤 다른 coil이 자르도록 배열되어 있다. alternating voltage가 한 coil에 공급되면 coil주변에 magnetic field가 생겨서 상호유도에 의해 다른 coil에 alternating voltage가 생긴다.

transformer는 pulsating D. C롤 사용 할 수 있지만 pure D. C voltage는 사용

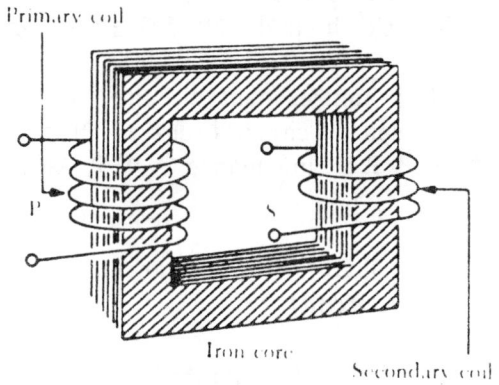

Fig. 1-173 An iron-core transformer.

할 수 없다.

transformer는 3개의 basic part로 구성되어 있다.

iron core low reluctance의 circuit을 제공해서 magnetic lines of force를 만들고 primary winding은 공급되는 voltage source에서 electrical energy를 받고 secondary winding은 primary coil의 induction에 의해 electrical energy를 받는다. closed-core transformer의 primary와 secondary wound는 두 coil사이의 maximum inductive effect를 얻는다.

두 종류의 transformer가 있는데, voltage transformer는 voltage를 크게하거나 작게하고 current transformer는 instrument circuit에 사용한다. voltage transformer의 primary coil은 공급되는 voltage와 Fig. 1-174와 같이 병렬로 연결되어 있다.

current transformer의 primary winding은 primary circuit과 직렬로 연결되어 있다. 두 type중에서 voltage transformer가 더 흔히 쓰인다. 많은 종류의 voltage transformer가 있는데, 대부분 전압승압(step-up)이나 전압강하(step-down) type을 결정하는 요소는 감은 비율에 의해 좌우된다. 이 감은 비율은 primary winding의 감은 수와 secondary winding의 감은 수를 말한다. 예를들어

Fig. 1-175 A는 step-down transformer로, 5:1의 비율이다. 이 말은 primary의 감은 횟수가 secondary의 감은 횟수보다 5배 크다.

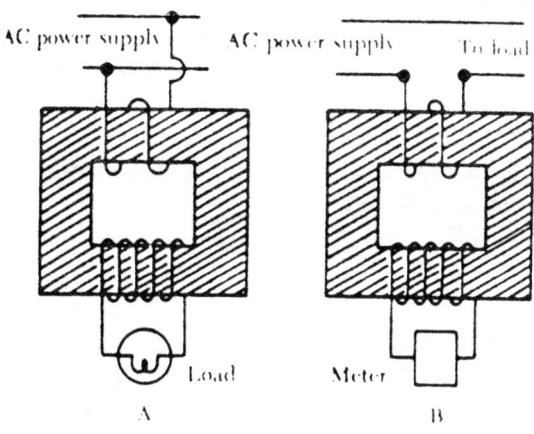

Fig. 1-174 Voltage and current transformers.

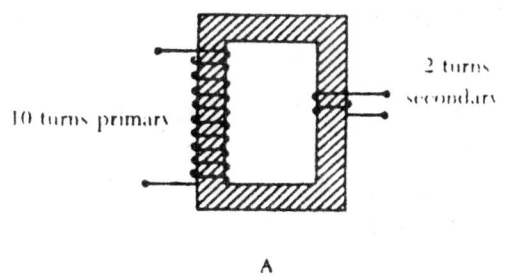

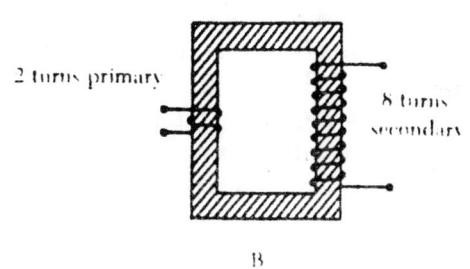

Fig. 1-175 A step-down and a step-up transformer.

Fig. 1-175 B는 step-up transformer로, 1:4의 비율이다.

만약 transformer가 100%의 효율을 갖고 있으면 transformer input voltage와 output voltage의 비율은 감는 비율과 같다.

Fig. 1-175 A에서 transformer의 primary에 10 volts가 공급되면 secondary에 2 volts가 유도된다.

Fig. 1-175 B에서 만약 10 volts가 transformer의 primary에 공급되면 secondary terminal의 output voltage는 40 volts가 된다.

어떤 transformer도 100%의 효율을 갖게 만들수는 없다. 이것은 primary에 생기는 모든 magnetic 자력선(lines of force)이 secondary coil에 모두 잘리는 것이 아니기 때문이다. 일부의 magnetic flux, 이것을 leakage flux라고 부르고 magnetic circuit에서 새어 나가기 때문이다.

primary의 flux가 얼마나 잘 seconary로 연결되는지를 측정하는 것을 "coefficient of coupling"이라고 부른다.

예를들어 transformer의 primary가 10,000 lines of force를 만들어 내면 secondary 에서 9,000개만을 잘라서 0.9의 coefficient for coupling을 나타내고, 다른 말로는 transformer가 90%효율이 있다고 말한다. transformer의 primary terminal에 A.C voltage가 연결되면 alternating current가 흘러서 primary coil에 self-induce voltage가 생기는데 거의 공급되는 voltage와 같다.

이 두 voltage사이의 차이가 primary에서 core를 magnetize시키기에 충분한 전류를 갖게 한다. 이것을 exciting이나 magnetizing current라고 부른다. 이 exciting current 에 의해 생긴 magnetic field는 secondary coil을 잘라서 상호 유도에 의해 voltage를 유도한다.

만약 secondary coil에 load가 연결되면 load current가 seconary coil을 지나서 magnetic field를 만들어내고, 일차전류에 의해 만들어진 magnetic field를 neutralize시키려 한다.

이것이 primary coil의 self-induced(opposition) voltage를 감소시켜서 더 많은 일차 전류(primary current)를 흐르게 한다. primary current는 이차 부하전류(secondary load current)가 증가하면서 커지고 secondary load current가 감소하면 줄어든다. secondary load가 없어지면 primary current는 다시 감소되어 transformer의 iron core 를 magnetize시키기에 충분한 작은 exciting current만 남게 된다. 만약 transformer가 voltage를 step up시키면 같은 비율로 전류는 step down된다. 이것은 power공식을 생 각하면 확실하다. power output의 electrical energy는 input power에서 transforming과 정에서 energy손실을 뺀것과 같다.

만약 10 volts와 4 amperes(40 watts의 power)가 사용되어 primary에 자장 (magnetic field)을 만들면, 40 watts의 power가 secondary에 만들어진다. 만약 transformer가 4:1의 승압비(step-up ratio)를 갖고 있으면 secondary의 voltage는 40 volts가 되고 current는 1 ampere가 된다.

같은 비율과 input voltage를 알고 있으면 output voltage는 아래와 같이 알수 있다.

$$\frac{E_2}{E_1} = \frac{N_2}{N_1}$$

여기서 E는 primary의 voltage이고 E_2는 secondary의 output voltage이다. N_1과 N_2 는 primary와 secondary의 감은 수이다.

output voltage를 찾기위해 공식을 변형하면

$$E_2 = \frac{E_1 N_2}{N_1}$$

가장 많이 사용하는 voltage transformer는 다음과 같다.

a. power transformer는 voltage와 current를 step up이나 step down 시키는데 사용한다.

Fig. 1-176은 small power transformer로 radio receiver에 사용한다.

large transformer는 high-power line의 voltage step down용으로 사용해서 가정용의 110-120 volt level로 낮춘다.

Fig. 1-177은 iron-core transformer의 schematic symbol로서 secondary는 3개의 분리된 winding으로 만들어졌다.

각 winding은 다른 회로에 정해진 voltage로 연결되어 무게와 공간, 비용 등을 절감한다. 각 secondary는 "center tap"이라 부르는 midpoint connection이 있어서 whole winding의 1/2 voltage를 제공한다.

b. audio transformer는 power transformer를 닮았다. 이것은 하나의 secondary만 있어서 audio frequency(20~20,000 c.p.s)의 전 범위에서 작동하도록 되어 있다.

c. RF transformer는 radio rang frequency기능이 있는 equipment에 작용하도록 설계되었다. RF transformer의 symbol은 RF choke coil과 같다.

Fig. 1-178과 같이 air core가 있다.

d. autotransformer는 power

Fig. 1-176 Power supply transformer.

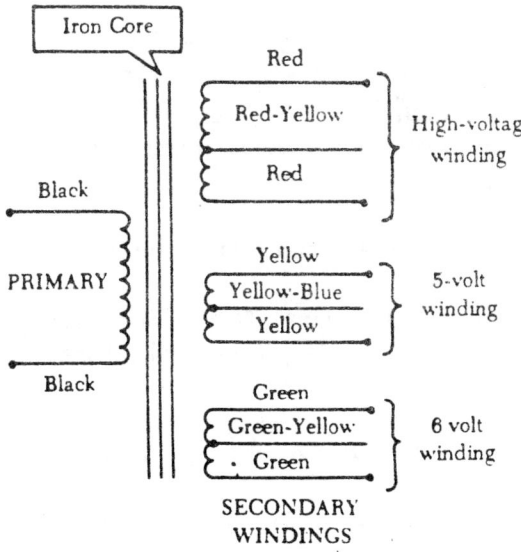

Fig. 1-177 Schematic symbol for an iron-core power transformer.

circuit에 사용한다. autotransformer에는 두개의 다른 symbol을 사용한다.

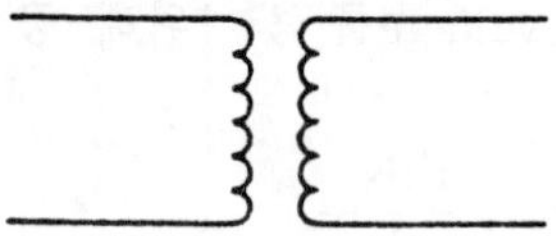

Fig. 1-179는 power circuit과 audio circuit에 사용하는 autotransformer이다. autotransformer는 winding의 일부는 primary로 쓰고 전부 혹은 일부는 secondary로 쓴다.

Fig. 1-178   An air-core transformer.

1) 변류기 (Current transformer)

current transformer는 A. C power supply system에 사용해서 generator line current를 감지하고 power supply system에 current를 공급하는데, line current에 비례한다. 왜냐하면 회로(circuit protection 과 control device)를 위해서이다. current transformer는 ring type transformer로 primary로 current-carrying power lead를 사용한다.

primary의 current가 magnetic induction에 의해 secondary에 전류를 유도한다. 모든 current transformer의 측면에 H1과 H2의 표시가 되어 있다. transformer는 H1쪽이

Primary		Secondary
1-2	used with	1-3
1-2	,, ,,	2-3
1-3	,, ,,	1-2
1-3	,, ,,	2-3
2-3	,, ,,	1-3
2-3	,, ,,	1-2

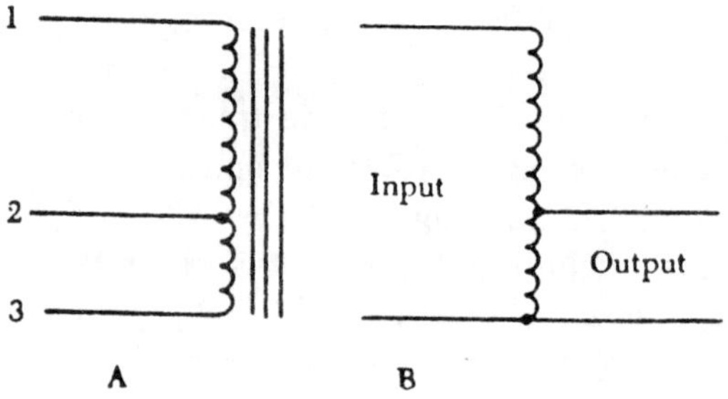

Fig. 1-179   Autotransformers.

회로의 generator에 연결되어야 한다. transformer의 secondary는 system이 작동할 때 절대로 open상태로 두어서는 안된다. 이것이 위험스러운 high voltage나 transformer 를 overheat한다. 그러므로 transformer가 사용되지 않을 때는 항상 jumper에 연결시 킨다.

2) 변압기 손실 (Transformer loss)

불완전한 coupling에 의해 power loss가 생기는 것 이외에 copper나 iron loss도 생긴다. copper loss는 conductor의 저항에 의해 생기고 iron loss는 hysteresis loss와 eddy current loss로 구분된다.

hysteresis loss는 transformer core를 magnetize에 electrical energy가 필요하고 처음에는 한쪽 방향으로 나중에는 다른 방향으로, 이것은 공급되는 alternating voltage 에 따라 다르다.

eddy current loss는 다른 자장에 비해 transformer core에 유도되는 electric current(eddy current)에 의해서 생긴다.

eddy current loss를 줄이기 위해 core는 lamination으로 만들고 insulation으로 coating되어 있어서 유도된 전류의 순환을 막는다.

3) A.C 회로내의 변압기

transformer가 A.C 회로에 여러가지 방법으로 연결되는 것을 설명하기 전에 single-phase와 three phase circuit의 차이점을 확실히 이해해야 한다. single-phase circuit에서 voltage는 하나의 alternator coil에 의해 발생된다. 이 single-phase voltage는 single phase alternator에서 오거나 three phase alternator의 한 phase에서 온다.

three-phase circuit에서 3개의 coil이 있고, alternator내부에 똑같은 간격으로 설치되어 있고, 3개의 voltage는 같은 수치이다. 그러나 maximum value에는 각각 다른 시간에 도착한다. 각 phase는 400 cycle 을 갖고 있고, 1 cycle은 1/400 second가 걸린다.

magnetic pole이 한 coil을 통과하고, maximum voltage를 만들어 내고 1/3 cycle(1/1200초) 후에 이같은 pole이 또다른 coil을 통과해서 maximum voltage를 만들어 내고, 다음 1/3 cycle후에 또다른 coil을 통과해서 mximum voltage를 발생시킨다. 이것이 3개의 coil에 항상 1/3 cycle (1/1200초) 마다 maximum voltage 를 발생시킨다.

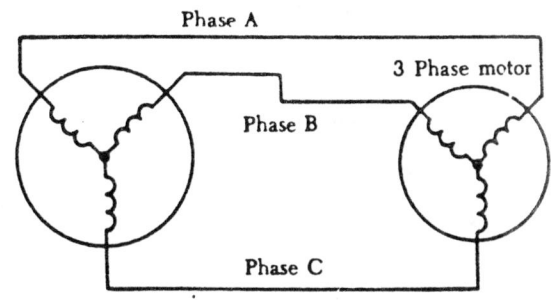

Fig. 1-180   Three-phase generator using a three conductors.

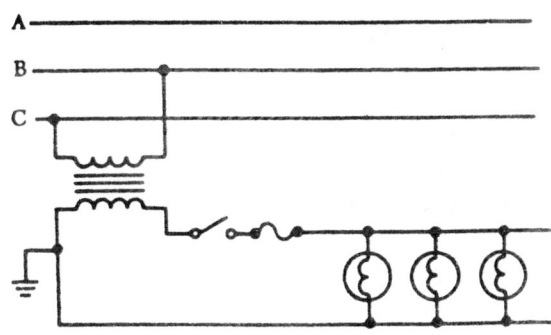

Fig. 1-181   Step-down transformer using two-wire system.

초기의 2-phase generator는 load를 6개의 wire에 연결시켜서 6개의 current lead가 전류를 운반했다.

그러나 지금은 3개의 wire만 필요하다. 하나의 alternator coil에서 return되는 current는 three-phase circuit의 다른 두 wire를 통해서 이루어진다. 3-phase motor와 다른 3-phase load는 이것이 coil이나 load element와 연결되어 있어 power를 공급하는데, 3개의 transmission lines이 필요하다. 3-phase circuit의 voltage 승압이나 강하 transformer는 전기적으로 연결되어 있어서 power가 primary로 공급되고 secondary에서 standard three-wire system을 통해서 받는다.

그러나 single-phase light와 motor는 3-phase circuit의 한 phase에 연결되어 있다.

single-phase load가 three-phase circuit에 연결되면 load는 똑같이 three phase에 분배되는데, 이것은 three generator coil의 load를 균형있게 하기 위해서이다. transformer의 또다른 사용은 secondary의 single phase transformer에 몇개의 tap이 있다. 이 type의 transformer는

Fig. 1-182와 같이 voltage를 낮추어서 몇개의 working voltage를 공급한다. center tapped transformer, motor에 필요한 220 volts를 공급하고 4개의 light에 필요한 110 volts를 공급한다.

motor는 transformer의 전체 output에 연결되어 있고, light는 transformer한쪽 끝의 center tap에 연결되어 있다. 이 연결에서 오직 2 secondary output만 사용된다. 이 type의 transformer연결은 A/C에 광범위하게 사용되는데, 이유는 여러가지 voltage를 한 transformer에서 따올수 있기 때문이다. 필요한 voltage를 transformer의 secondary winding에서 끄집어 낼수 있는데, 이것을 secondary winding의 여러 곳에 tab을 달아서 가능하게 한다.

다양한 크기의 voltage가 어느 두 tab이나 혹은 하나의 tab에 연결해서 얻을 수 있다. three-phase circuit의 transformer는 wye(Y)와 delta connection으로 연결할 수 있다. 3-phase transformer에 Y connection이 사용되면 4번째 혹은 neutral wire가 필요하다.

neutral wire는 single-phase equipment를 transformer에 연결한다. 3-phase line의 어느 하나와 neutral wire 사이의 voltage(115 V)는 light와 single-phase motor와 같은 device power로 사용한다. wye와 delta의 combination에서 모두 4개의 wire가 208 V power를 갖고 있어서 three-phase motor나 rectifier등과 같은 three phase equipment를 작동한다. 오직 three-phase equipment가 사용되면 ground wire는 생략된다.

Fig. 1-184는 ground wire가 없는 three-wire system이다.

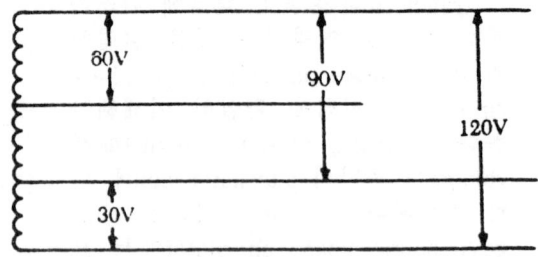

Fig. 1-182   Tapped transformer secondary.

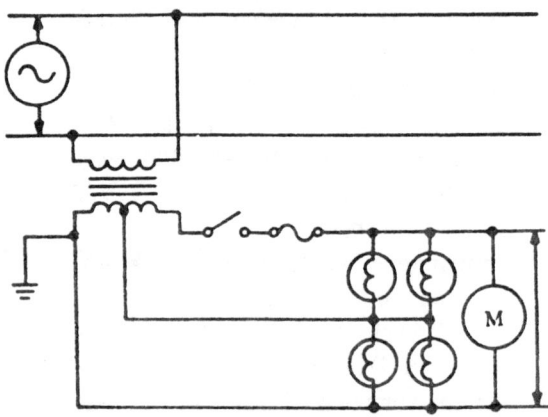

Fig. 1-183   Step-down transormer using a three-wire system.

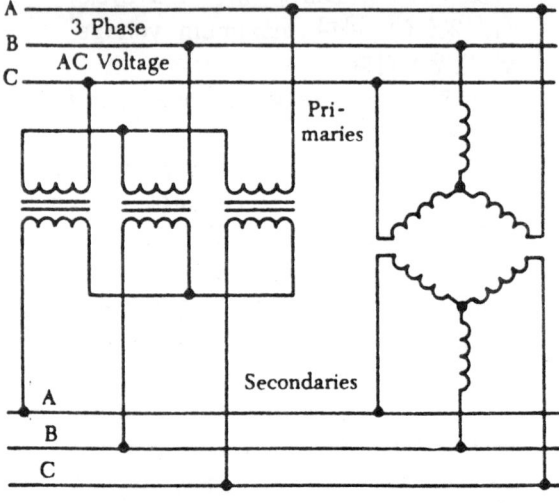

Fig. 1-184   Wye-to-wye connection.

Fig. 1-185는 primary와 secondary가 있는 delta connection이다.

이 type의 connection에서 transformer는 line voltage와 같은 voltage output을 갖고 있다.

두 phase 사이의 voltage는 240 volts이다. 이 type의 connection에서 A, B와 C는 240 volts를 갖고 있고, three-phase equipment의 작동을 위한 three-phase power를 제공한다.

1-23. 자기 증폭기 (Magnetic Amplifier)

megnetic amplifier는 coltrol device로 A/C의 electrical과 electronic system에 사용한다. magnetic

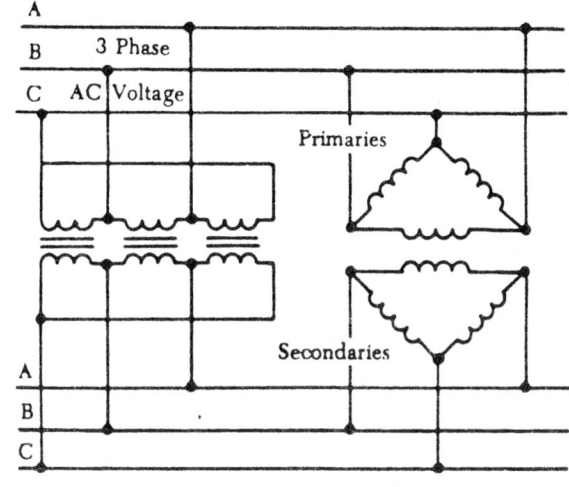

Fig. 1-185 Delta-to-delta connection.

amplifier의 작동원리는 simple trans-former의 작동과 비슷하다. 만약 A. C voltage가 iron core transformer의 primary에 공급되면, iron core는 magnetize되고, 공급된 voltage의 frequency와 같은 frequency에서 demagnetize된다. 이것이 transformer secondary에 voltage를 유도한다.

secondary terminal의 output voltage는 primary의 감은 수와 secondary의 감은 수에 좌우된다. transformer의 iron core는 포화점이 있어서 더 큰 magnetic force로도 magnetization의 강도를 변화시킬 수 없다. 그러므로 input이 크게 증가해도 transformer output에 변화가 없다.

Fig. 1-186은 magnetic amplifier circuit으로 simple magnetic amplifier기능을 설명하는 참고하기로 한다. coil A에 1 ampere의 전류가 있다고 가정하고, 이때 wire는 10번 감겨 있다.

만약 coil B도 10번 감겨 있으면 output은 1 ampere가 된다. coil C에 direct current를 공급하면 magnetic amplifier coil의 core는 더 많이 magnetize 된다. coil C가 적당한 횟수로 감겨 있다고 가정하고, 30 milliampere를 공급하면 core는 magnetize되어 coil A에 1 ampere가 공급될 때 1 ampere가 나오던 coil B에서 이번에는 0. 24 ampere가 나온다. coil C의 input을 0∼30

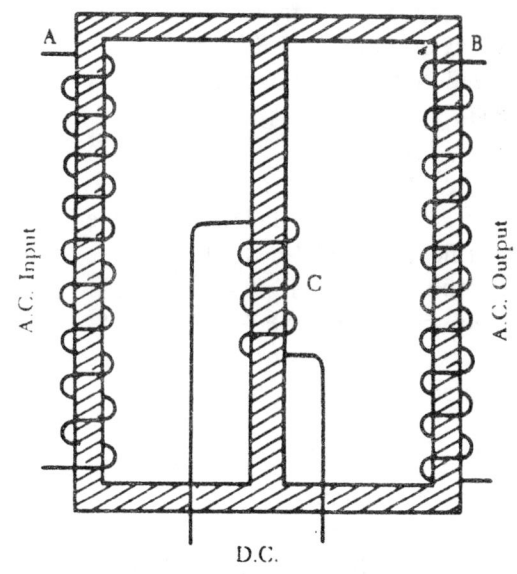

Fig.1-186 Magnetic amplifier circuit.

113

milliampere까지 계속해서 변하게 하고 coil
A에는 1 ampere의 input을 유지시키면 coil
B의 output을 조절 가능하게 되어 이 경우
는 0.24 ampere와 1 ampere사이의 어느
지점이든지 가능하게 된다. "amplifier"라
는 말은 이 경우에, 약간의 milliampere를
사용해서 output을 1 ampere나 그 이상을
얻을 수 있도록 조절이 가능하므로 붙인
말이다.

Fig. 1-187은 위와같은 절차로
조절이 가능하다. iron ring의 mag-
netization 크기를 조절해서 load로
흐르는 전류의 크기를 조절할 수 있
다. 왜냐하면 magnetization의 크기
가 A.C input winding의 impedance
를 조절하기 때문이다. 이 type의
magnetic amplifier를 simple satu-
rable reactor circuit이라고 부른다.
이런 circuit에 reactifier를 더해서 A.
C input의 1/2 cycle을 제거하고,
load로 direct current가 흐르게 한
다. load circuit으로 흘러 들어가는
D.C는 D.C control winding(가끔
bias로 부른다)에 의해서 된다.
이 type의 magnetic amplifier는
self-saturating되었다고 부른다.
full A.C input power를 사용하기
위해,

Fig. 1-188과 같이 circuit을 이용
한다. 이 circuit은 full-wave bridge
rectifier를 사용한다. load는 full A.
C input의 사용에 의해서 조절된
direct current를 받는다. 이 type의
circuit은 self-saturating, full-wave
magnetic amplifier로 알려져 있다.

Fig. 1-189에서 D.C control
widing이 sensing circuit과 같이
variable source에 의해 공급받는다.
이런 source를 조절하기 위해 자체
변화를 이용해서 A.C output을 조절

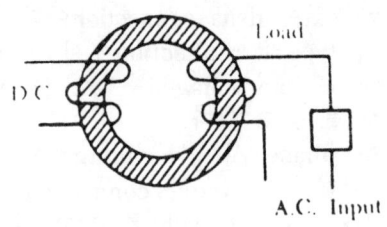

Fig. 1-187 Saturable reactor circuit.

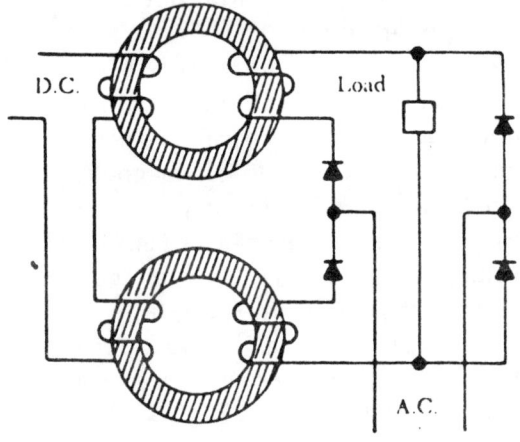

Fig. 1-188 Self-saturating, full-wave magnetic
amplifier.

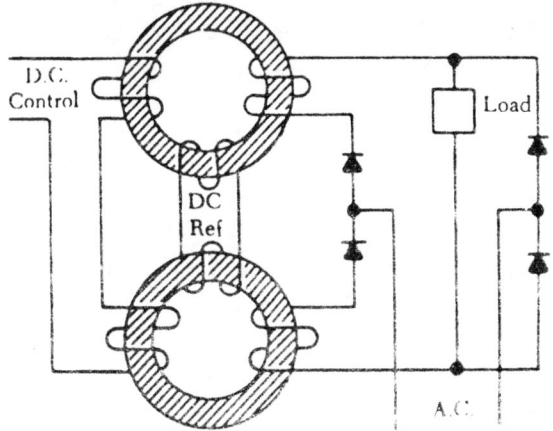

Fig. 1-189 Basic preamplifier circuit.

114

하고, 이것은 constant value를 갖고 있는 다른 D.C winding이 필요하다. 이 winding 은 reference winding이라고 하고 magnetic core를 한 방향으로 magnetize시킨다.

D.C control winding은 reference winding에 반대로 작용해서 core의 magnetization 을 크게 하거나 작게해서 load로 흐르는 전류의 크기를 변하게 한다.

1-24. 진공관 (Vacuum Tube)

A/C electrical과 electronic system에 진공관(vacuum tube)의 사용은 transistor의 사용으로 상당히 줄어 들었다. 반면, 일부 system은 아직도 진공관을 사용하고 있다. 본래 진공관은 radio work 을 위해 개발되었다. 이것은 radio transmitter에 사용되어 amplifier로 voltage와 current를 조절하고, oscillator 로 audio와 radio frequency signal을 발생시키고, rectifier로 alternating current 를 direct current로 바뀠다. 라디오용 진공관(radio type)은 automatic pilot과 turbosupercharger regulator등의 A/C electrical device와 비슷한 목적으로 쓰인다.

metal piece가 가열되면 metal의 electron의 속도가 증가한다.

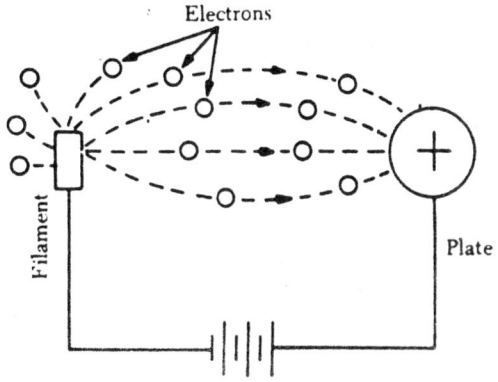

Fig. 1-190　Principle of vacuum tube operation.

만약 metal이 충분히 높은 온도로 가열되면 electron이 가속되어 어느 지점에 도달하면 일부의 전자는 metal의 표면을 떠난다.

진공관에서 전자는 metal piece에 의해 공급되는데, 이것을 cathode라고 부르고 electric current에 의해 가열된다.

limit안에서 음극(cathod)이 더 많이 가열되면 더 많은 수의 전자가 발산된다. 발산되는 전자의 수를 늘리기 위해 cathode를 special chemical compounds로 coating한다. 만약 발산되는 전자가 external field에 의해 떨어져 나가지 않고 머물러 있어서 cathode주변에 negatively charged cloud를 형성하는데 이것을 spa.ce charge라고 부른다. emitter근처의 negative electron이 쌓여서 emitter로 부터 오는 다른 것을 멀리한다. emitter가 만약 insulate되면, positive가 되는데, 왜냐하면 전자를 잃기 때문이다. 이것이 negative electron cloud와 positive cathode사이에 electrostatic field를 만든다. cathode에서 충분한 전자가 spa.ce charge의 확산에 의해 잃은 전자를 공급해주면 균형을 갖게 된다.

1) 진공관 (Vacuum tube)의 종류

여러가지 type의 vacuum tube가 있다.
ⓐ diode
ⓑ triode

115

ⓒ tetrode

ⓓ pentode

diode가 가장 많이 A.C current를 D.C current로 바꾸는데 사용한다.

일부의 진공관에서 음극(cathod)은 D.C에 의해 가열되고, 또한 음극(cathode)은 electron emitter와 current carrying member이다. 반면에 다른 cathode는 A.C에 의해 가열된다. A.C를 위해 설계된 tube는 special heating element가 있어서 electron emitter(cathod)를 간접적으로 가열한다. cathode와 plate사이에 D.C potential이 공급되면(이때 voltage의 positive는 plate에 연결되고) cathode에 의해서 발산되는 전자가 plate에 달라 붙는다. 이 두 element가 가장 간단한 형태의 진공관을 만드는데, 이것을 diode라고 한다. diode에서 cathode보다 더 positive로 되면, 전자는 plate에 끌리게 되고, plate가 cathode보다 덜 positive일때 밀어낸다. tube를 통해 전류가 흐르때는 plate가 positive로 회로가 연결될때이다.

plate가 negative이면 전류는 흐르지 않는다. diode rectifier가 A/C electrical system에 쓰여서 특히 high voltage D.C가 light load에 필요할때이다. 이것은 half-wave나 full wave rectifier로 병렬로 혹은 bridge 회로로 사용된다.

Fig. 1-191은 half-wave rectifier 로 두개의 tube element(plate와 cathode)를 갖고 있다. full-wave rectifier는 3개의 element(두개의 plate와 하나의 cathode)를 갖고 있다.

half-wave circuit에서 전류 흐름은, 공급된 voltage의 positive half cycle동안에만 흐른다. (plate: positive, cathode: negative for eletron flow) 전류는 cathode에서 plate로 흐르고, load를 통해 cathode로 다시 돌아온다. 공급된 voltage의 negative cycle에서는 tube를 통해 cathode로 다시 돌아온다. 공급된 voltage의 negative cycle에서는 tube를 통하는 전류는 없다. 결과적으로 rectified output voltage는 D.C이지만 pulses나 half cycle의 전류로 구성되어 있다.

진공관이 full-wave rectifier처럼 연결되어 load의 전류는 둘다 half cycle의 alternating voltage이다.

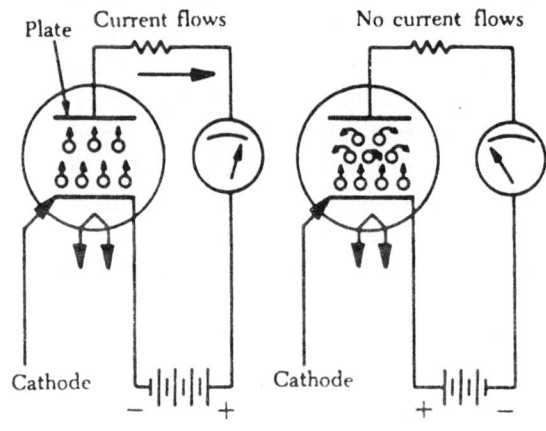

Fig. 1-191 Diode tube operation.

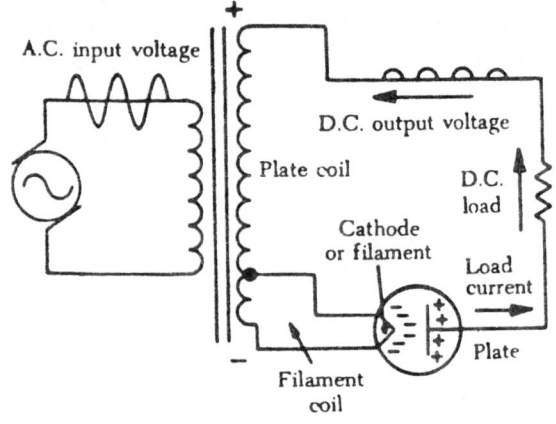

Fig. 1-192 Half-wave vacuum tube rectifier circuit.

116

full-wave rectifier에서 전류는 top plate에서 D.C load를 지나면서 한번 바뀌고, 두번째 바뀌는 것은 lower plate를 지나면서 이고, 같은 방향으로 load를 지난다.

진공관 정류기는 dry-disk나 반도체 다이오드(semiconductor diode)로 거의 바뀌었다.

triode는 three-element tube이다. plate와 cathode이외에 grid로 부르는 3번째 element 있고,

Fig. 1-193과 같이 이 grid는 cathode와 plate사이에 있다. grid는 fine-wire mesh나 screen이다. 이것은 cathode와 plate사이의 흐름을 조절하는 일을 한다. grid가 cathode보다 더 positive로 되면 언제든지 plate에 끌리는 전자의 수가 늘어나고, 결과적으로 plate에 전류 흐름이 증가한다. 만약 grid가 cathode에 비해 negative이면 plate로 움직이는 전자가 줄어서 plate의 전류가 감소한다. 보통은 grid는 cathode와 비교해서 negative이다. grid를 negative로 만드는 한가지 방법은 small battery를 직렬로 grid circuit에 연결한다. grid에 공급되는 negative voltage를 bias라고 부른다. triode의 가장 중요하게 사용하는 것은 amplifier tube로 사용하는 것이다. resistance나 inpedance가 직렬로 plate circuit에 연결되면 voltage drop이 생겨서 grid voltage를 다르게 할 수 있다. grid voltage의 작은 변화는 plate impedance의 큰 voltage drop을 일으키게 한다.

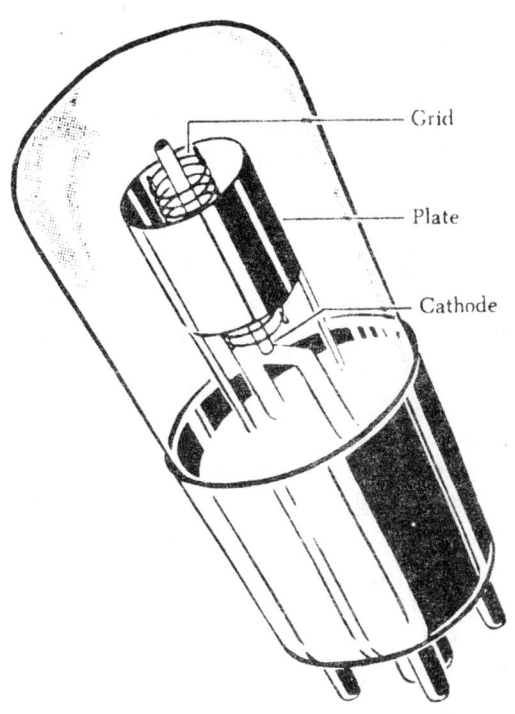

Fig. 1-193   Triode tube.

tetrode tube는 4-element tube로 screen grid가 추가된다.

이 grid는 control grid와 plate사이에 위치해 있다.

screen grid는 plate voltage보다 낮은 positive voltage로 작동된다. 이것이 tube operation의 원하지 않는 효과를 감소시킨다.

tetrode의 undesirable 특성이 secondary emission이다. 이 secondary emission은 suppressor grid를 사용해서 극복한다. 이 third grid(suppressor grid)는 screen grid와 plate사이에 위치한다.

이 grid는 secondary eletron을 plate쪽

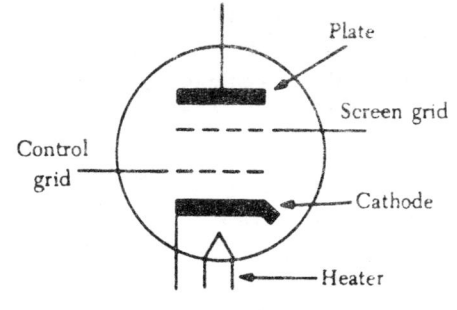

Fig. 1-194   Tetrode tube schematic.

117

으로 밀어낸다. 이것은 높은 amplification factor를 갖고 있고, weak signal을 증폭하는데 사용한다.

Fig. 1-195는 pentode의 schematic이다. 진공관의 또다른 type이 gas tube이다. gas-fulled tube는 primarily diode로 대부분 rectifier에 사용한다. 이 type의 tube의 gas는 정상 대기압에서 1/10,000의 공기 밀도를 갖고 있어야 한다.

전자가 gas molecule을 부딪히면, 충돌에 의해서 에너지가 전해져서 molecule(혹은 atom)이 전자를 잃거나 혹은 얻게 되어 연속적으로 이온화 현상이 발생한다. 어떤 gas나 vapor가 아무 ion을 갖고 있지 않을때 완전한 insulator이다. 만약 두 electrode가 완전한 gas상태에 놓여지면 두 electrode사이에

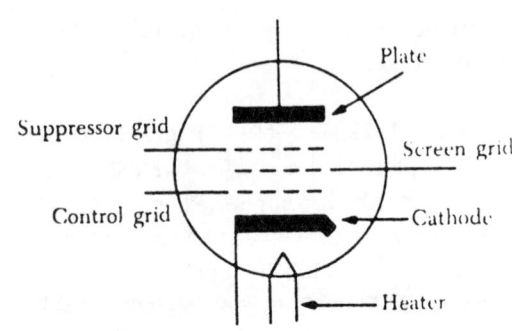

Fig. 1-195 Pentode schematic.

전류 흐름이 없다. 그러나 gas는 항상 residual ionization을 갖고 있는데 이것은 cosmic rays, radio a.ctive mateial등이 있기 때문이다. 만약 이런 gas안의 두 element사이에 potential이 공급되면 이온이 두 element사이를 옮겨 다녀서 전류 흐름이 효과를 얻게 된다. 이것을 dark current라고 부르는데, 왜냐하면 볼수 없는 빛이기 때문이다. 만약 electrode의 voltage가 증가하면 전류는 커지기 시작한다. 일정한 지점에서(threshold로 알려져 있다) 공급되는 voltage의 증가가 없이도 갑자기 전류가 상승한다.

만약 external circuit에 충분한 저항이 있어서, 급상승하는 전류를 막으면 voltage는 즉시 낮은 수치로 떨어지고 곳 없어진다.

이 갑작스런 변화가 생기는 것은 전자충돌(electron collion)에 의해 gas가 이온화되기 때문이다.

ionized gas에 의해 방출된 전자가 함께 뭉쳐져서 다른 전자를 밀어낸다. 이 과정을 통해 점점 축적되어 진다. 붕괴되는 전압(break down voltage)은 gas type, electrode의 재질과 크기, 공간 등에 의해 결정된다.

일단 이온현상이 발생하면 전류는 50 milliampere까지 상승하거나 그 이상 상승한다. 만약 voltage가 커지면 전류도 커져서 cathode에 부딪히는 ion에 의해 가열된다.

tube가 충분히 가열되면 thermi-

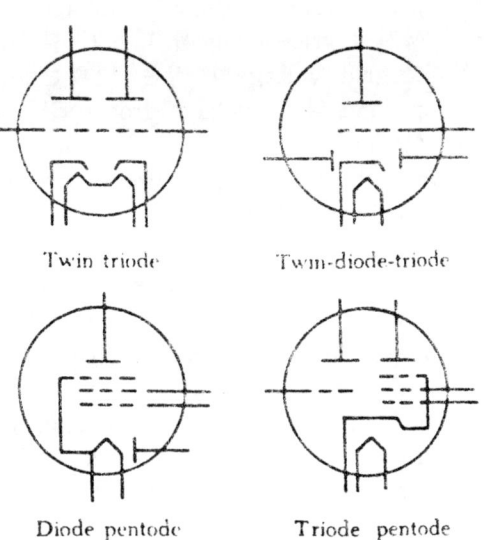

Twin triode Twin-diode-triode

Diode pentode Triode pentode

Fig. 1-196 Multiunit tubes.

onic emission이 발생한다. 이 emission은 tube에서 voltage loss를 감소시키고, 더 많은 전류를 흐르게 해서 emission rate를 크게 하고, 이온화를 활발하게 한다. 이러한 반복현상이 tube의 갑작스런 voltage drop을 일으키게 하고, 전류가 엄청나게 상승하게 한다. tube가 이런식으로 작동하도록 만들지 않으면 많은 전류흐름에 의해 damage를 받게 된다. 이것이 arc 형성의 기본이고, 그러므로 이렇게 높은 전류에서 작동하는 tube를 arc tube라고 부른다. 전류가 50 milliampere까지는 unit은 작아서 glow tube라고 부르는데, 이유는 colored light이 발산되기 때문이다. 이런 type의 예가 neon light이다. grid control의 원리가 어느 gas tube에 적용할 수 있지만 특별히 cold cathode, hot cathode등에 적용한다. hot cathode type의 three-element gas tube는 일반적으로 thyratron으로 부른다. phototube는 특별한 type의 진공관이다. 이것은 기본적으로 simple diode와 같다. 이것은 evacuated glass bulb가 있고, cathode는 light가 cathode에 부딪히면 전자를 발산하게 되어 있고, plate는 voltage가 공급되면 전자를 잡아 당긴다.

tube의 감도(sensitivity)는 frequency나 light의 color등에 좌우된다.

예를들어, 일부 tube가 red light에 민감하면 다른 tube는 blue light에 민감하다. 대부분의 phototube에서 cathode는 half cylinder를 닮았다. 이것은 rare metal, cesium의 몇겹으로 덮여있다.

다른 type의 진공관은 몇개의 tube의 특성을 갖도록 되어 있다.

1-25. Transistor

transistor는 electronic device로 진공관의 대부분의 기능을 수행한다. 이것은 아주 작고, 가볍고, heater가 필요없다.

transistor는 semiconductor device로 두 type의 material로 구성되고 있고, 이 두가지는 각각 electrical특성을 갖고 있다. 반도체(semiconductor)는 양호한 도체(conductor)와 절연체(insulator) 사이의 저항 특성을 갖고 있다. 양쪽 material 사이를 junction이라고 부른다. selenium과 germanium diode (rectifier)가 대표적인 예이고, junction diode라고 부른다. 대부분의 transistor는 germanium으로 만들어지는데, 여기에 일정량의 불순물(impurity)을 더해서 일정한 특성을 갖게 한다. transistor로 triode tube를 대신해서 사용하는 type이 junction transistor이다. 이것은 emitter, base와 collector가 있어서 triode tube의 cathode, grid와 plate와 상대적으로 비슷하다. junction transistor에는 두가지

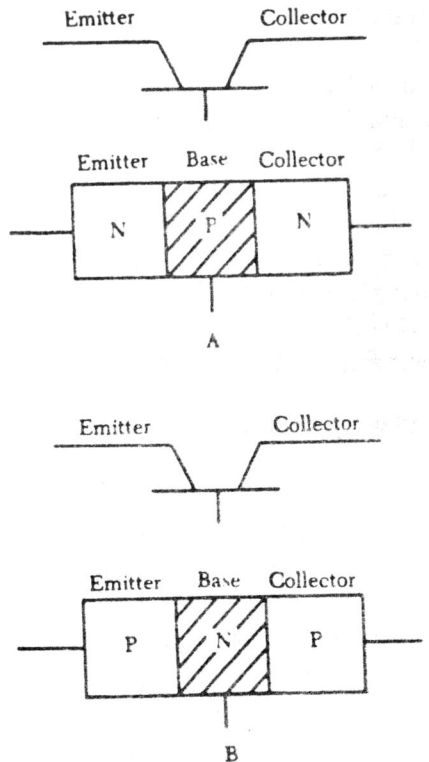

Fig. 1-197 NPN and PNP transistors.

type, 즉 NPN과 PNP type이있다.

1) Transistor 작동원리

electron은 negatively charged particle이다. 어떤 material이든지 electron은 서로 약간의 거리를 두고 떨어져 있다. 전자가 있으면 항상 negative charge이다. 반도체 물질 (semiconductor material)의 atom은 정해진 숫자의 electron을 갖고 있고, 이것은 물질의 종류에 따라 다르다. 만약 하나의 전자가 remove되면 electron이 제거된 곳의 hole은 posi-tive로 된다. hole는 positive charge로 생각한다. 만약 주변의 atom에서 전

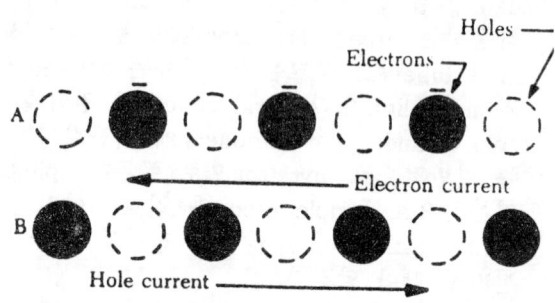

Fig. 1-198 Electrons and holes in transistors.

자가 hole로 움직이면 hole은 전자의 옮겨온 곳으로 다시 이동하는 셈이다. hole은 실제로 없어지지 않았다.

전자의 움직임은 전류이다. 같은 맥락으로 hole의 움직임도 전류이다. electron current가 한쪽 방향으로 움직이고 hole current는 반대 방향으로 움직인다. charge의 움직임이 current이다.

transistor에서 electron과 hole이 전류의 운반역할을 한다. transistor에서 N-material과 P-material이 쓰인다. N-material은 전자가 많은 상태여서 전자가 carrier역할을 한다.

P-material은 전자가 부족하고, 그래서 hole이 carrier역할을 한다.

NPN transistor는 PNP transistor와 서로 바꿀수 없다. 그러나 모든 power 공급이 바뀌면 서로 바꿀수 있다. transistor circuit에 온도가 상당히 중요해서 transistor cooling이 충분해야 한다.

그리고 주의 사항은 open circuit에 power공급을 해서는 절대 안된다.

2) 다이오드 (Diode)

Fig. 1-199는 germanium diode로, 두개의 다른 type의 반도체 물질로 구성되어 있다. Fig. 1-199와 같이 battery가 연결되면 positive hole과 electron이 battery에 의해 junction쪽으로 서로 밀어서 hole과 electron사이의 interaction을 일으킨다.

이 결과로 전자가 junction을 통해 hole로 가고, battery positive terminal로 가게 된다. hole은 battery의 negative terminal쪽으로 움직인다. 이것을 forward direction이

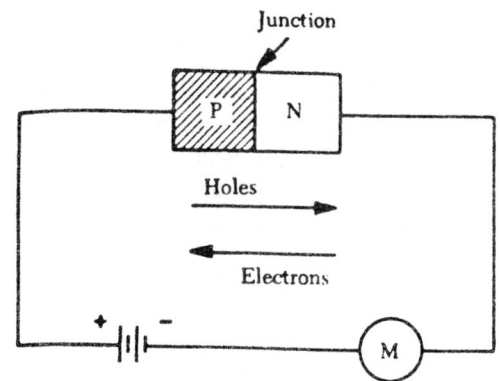

Fig. 1-199 Electron and hole flow in a diode with forward bias.

120

라고 부르고 "high" current라 한다.

battery가 연결되면 hole과 electron이 junction으로부터 끌어 당겨서 junction에서 hole과 electron사이에 intera. ction이 거의 없다.

이 결과로 거의 전류가 흐르지 않고, reverse current라고 부른다.

transistor diode의 electrode에 공급된 potential을 bias라고 부른다. 이것은 forward나 reverse bias이고, 즉 high-current나 low-current direction이다.

N-germanium이 arsenic과 같은 불순물과 함께 제작되어 전자 초과 상태로 된다. arsenic은 전자를 포기하고 carrier로 사용한다.

P-germanium은 indium과 같은 불순물이 첨가되어 hole이 있고, positive carrier이다.

3) 제너 다이오드 (Zener diode)

Zener diode (가끔 breakdown diode라고 부른다) 는 voltage regulation에 쓰인다. 이것은 circuit potential이 원하는 voltage와 같거나 많으면 break down되도록 설계되었다. 원하는 voltage보다 낮을 때는 zener는 circuit을 막아서 다른 diode와 같다.

Zener diode가 A. C회로에 사용되면 한쪽 방향으로는 자유롭게 흐르고 이때 두개의 diode가 반대 방향으로 연결되어야 한다.

Zener는 개스로 채워진 진공관을 사용할 수 없는 곳에 많이 사용하는데, 크기가 자고 low voltage circuit에 사용할 수 있기 때문이다. 개스로 채워진 진공관을 75 volts이상의 회로에 사용하지만 zener diode는 voltage를 조절해서 5 volts까지 낮출수 있다.

4.) PNP형 트랜지스터 (PNP transistor)

Fig. 1-201은 battery power가 연결된 transistor circuit이다. emitter circuit은 battery Ec에 의해서 forward나 high-current-flow direction으로 bias된다. collector circuit은 battery Ec에 의해 reverse나 low-current-flow direction으로 bias된다.

만약 emitter circuit에서 s/w가 닫히

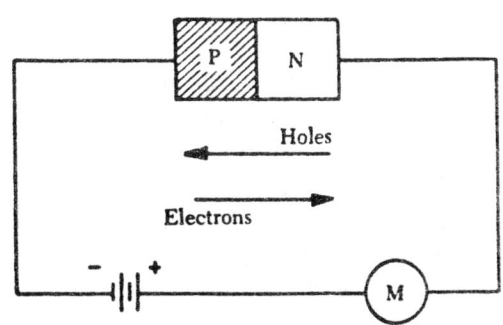

Fig. 1-200   Electron and hole flow in a diode with reverse bias.

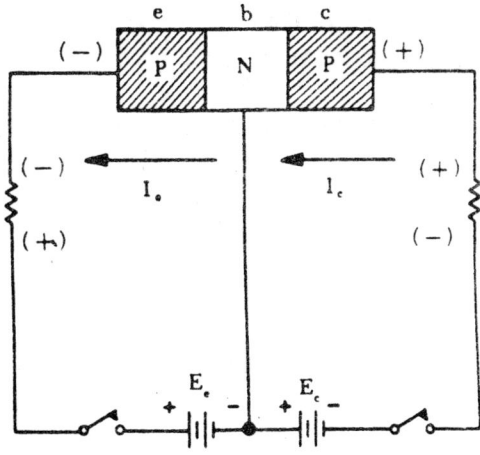

Fig. 1-201   Transistor electron flow.

121

면 high empitter current가 흐르는데, 이것은 forward 방향으로 bias되기 때문이다. 만약 collector s/w가 닫히면 low current가 흐르는데, 이것은 reverse direction으로 bias되기 때문이다. 동시에 hole current가 같은 circuit에서 반대 방향으로 흐른다.

battery의 positive terminal에서 hole current가 흐르고, negative terminal에서는 electron current가 발생한다. 양쪽 s/w를 모두 닫고 작동하면 PNP transistor와 같고, 한가지 다른점은, 이때 emitter전자를 방출하는 것은 hole이 base로 가는 것과 다르다.

또한 collector는 positive상태로, electron을 모으게 된다. 여기서 emitter s/w가 닫힌 상태로 collector current가

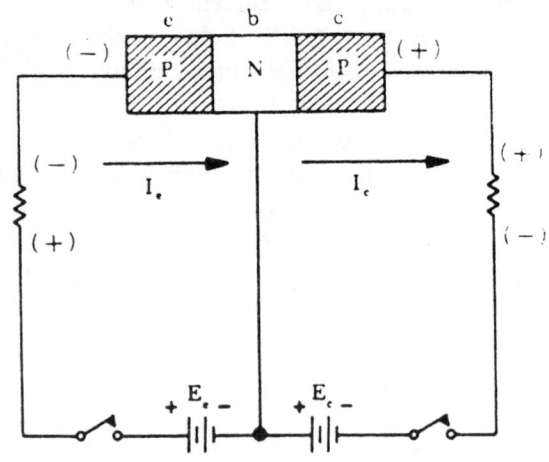

Fig. 1-202 Transistor hole current flow.

크게 상승한다. emitter s/w가 open되어 있으면 collector 전류는 작은데, 이것은 reverse flow로 bias되기 때문이다. 우선 알수 있는 것은 transistor는 amplify할수 없는데, 이것은 emitter circuit에 흐르기 때문이다. 여기서 기억할 것은 emitter가 forward direction으로 bias되면 작은 voltage가 큰 전류를 흐르게 해서, 이것은 낮은 저항과 같게 역할을 한다. collector circuit이 reverse direction으로 bias되면 large voltage가 small current를 만들어서 이것은 high resistance와 같다. 양쪽 s/w가 모두 닫히면 transistor action이 발생한다.

emitter가 forward direction으로 bias되고, positive hole이 junction을 통해서 "N" 지역이 base로 방출된다(positive battery terminal이 junction을 통해서 hole을 밀어낸다).

collector는 negative로 bias되어 있는 상태로, base에서 collector로 junction을 통해서 이 hole을 끌어 당긴다. collector에 의해 hole이 모아져서 더 큰 reverse current를 만든다. reverse collector current의 큰 증가는 혼히 말하는 transistor action에 의해서 이루어진다. 여기서 hole은 emitter에서 collector로 가게 된다. hole이 base를 통해 흐르는 대신에 emitter로 돌아가고 collector를 통해서 흐르게 된다. collector전류와 base전류의 합은 emitter전류와 같게 된다.

일반적인 transistor에서 collection current는 emitter current의 80-99%이고 나머지는 base를 통해서 흐른다.

5) NPN 형 트랜지스터 (NPN transistor)

Fig. 1-203은 NPN transistor로 회로에 연결되어 있다. PNP transistor의 극성과는 반대로 연결되어 있다. 그러나 transistor material type이 reverse되어 emitter는 아직도 forward방향으로 bias되어 있다. 그리고 collector는 reverse direction으로 bias되어 있다. 이 회로에서 small singal이 input terminal에 공급되어 emitter와 collector current양쪽 모두에 작은 변화가 생기게 한다. 그렇지만 1 collector 높은 저항이 있어

서 small current change로 large voltage change를 만든다. 그러므로 amplified signal이 output terminal에 나타난다. 앞에서 설명한 회로를 ground base amplifier라고 부르는데, base가 input과 output(empitter와 collector) 회로 사용되기 때문이다.

Fig. 1-204는 다른 type의 회로 연결이다. 이것은 grounded emitter amplifier라고 부르고 conventional triode amplifier와 비슷하다. emitter는 cathode와 같고 base는 grid와 같고 collector는 plate와 같다. collector는 reverse current flow로 bias되어 있다. 만약 input signal이 positive에 전달되면, 이것이 bias를 도와서 base와 metter전류를 증가시킨다. 이것이 collector전류를 크게 하고, 위쪽의 output terminal을 더욱 negative로 만든다. 다음의 1/2 cycle에서 singnal은 bias에 저항해서 emitter와 collector전류를 감소시킨다. 그러므로 output은 positive로 기울어진다. 이것은 input과 180° out-of-phase이고, 재래식 triode tube amplifier과 같다. base 전류는 전체 emitter전류의 아주 작은 부분이고, collector전류를 조금만 변화시켜도 된다. 그러므로 이것이 다시 singnal을 증폭한다. 이 회로는 output/input을 가장 높게 얻는 transistor amplifier이다.

PNP transistor는 만약 battery 극성만 바꾸면 사용할 수 있다.

6) 트랜지스터의 용도

transistor는 진공관이 사용되는 곳이면 어디든지 사용할 수 있다. transistor의 불리한 점은 output power가 낮고, frequency range의 제한이 있다. 그렇지만 진공관의 1/1000의 크기여서 아주 작은 equipment에 사용이 편리하다.

무게는 진공관의 1/100 정도여서 장비를 가볍게 할수 있다.

수명은 진공관보다 3배 가량 길고 power는 진공관의 1/100 정도면 된다.

transistor는 열이나 power supply의 reverse polarity에 의해 영구 손상을 입게 되므로

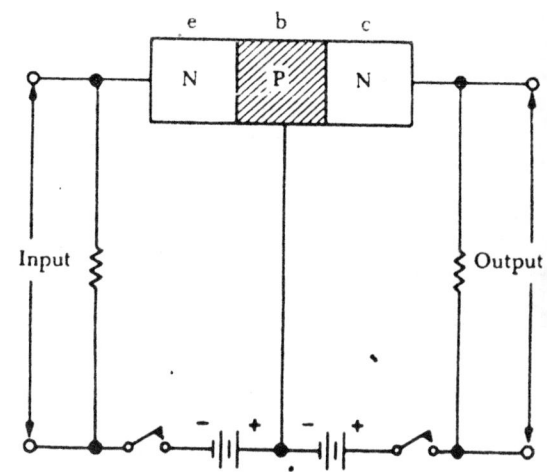

Fig. 1-203   NPN transistor circuit.

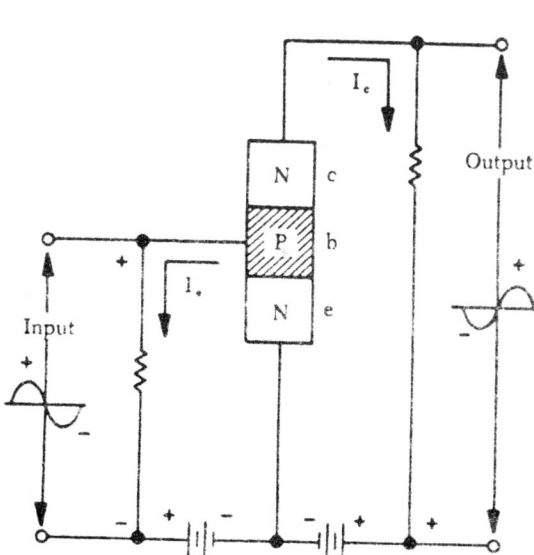

Fig. 1-204   A grounded-emitter amplifier circuit.

회로를 연결할때는 상당히 주의해야
한다.

Fig. 1-205는 두가지 형태의 tra-
nsistor schematic이다. emitter line
에 화살표가 있는데, 이 화살표가
바깥쪽을 가르키면 NPN이고, 만약
화살표가 안쪽을 가르키면 PNP
transistor이다. 이것을 정확히 판단
하는 방법은 만약 PNP이면 가운데
N은 negative base를 가르키고, 바
꾸어 말하면, base는 훨씬 자유롭게
negative charge가 된다.

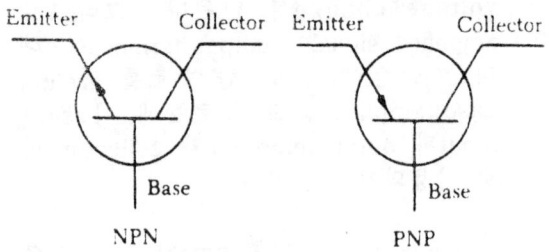

Fig. 1-205 Transistor schematic symbols.

transistor가 NPN일때 "P"는
positive base를 가르키고 transistor
는 훨신 자유롭게 positive base
charge를 한다. 여러가지 형식의
transistor가 있고, NPN이나 PNP를
식별하는 방법이 여러가지가 있다.

junction transistor를 식별하는 방
법은 Fig. 1-206과 같다.

이 경우에 3개의 wire가 transis-
tor에 연결되어 있고, base lead,
collector lead, emitter lead등이고
center lead는 항상 base이다.

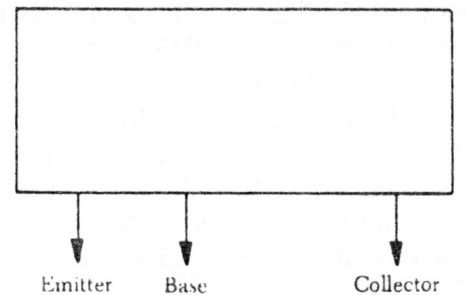

Fig. 1-206 Junction transistor connections.

base에 가장 가까운 것이 emitter lead이고, 가장 멀리 있는 것이 collector lead이
다.

1-26. 정류기 (Rectifier)

A/C의 많은 device가 high ampere, low-voltage D. C를 필요로 한다.

이 power는 대부분 D. C engine-driven generator, motor-engenator set, solid-
state rectifier등에 의해서 공급된다.

motor generator set은 air-cooled A. C motor로 되어 있고, A. C power system에
필요한 것을 직접따서 쓴다. 진공관이나 solid-state rectifier는 저 전류량(low
amperage)에서 high voltage D. C를 얻는 간단하고 효과적인 방법이다.

dry-disk와 solid-state rectifier도 low voltage에서 high ampere를 얻는다. rectifier
는 current flow의 방향을 제한하거나 조절해서 A. C를 D. C로 바꾼다. rectifier의 가
장 기초적인 type이 dry-disk, solid-state, vacuum tube recitifier이다.

1) Motor-generator

motor-generator는 A. C motor와 D. C generator가 한 unit으로 결합된 형태이다.

이 형태를 가끔 converter라고 부른다.

convert는 single-phase나 three-phase voltage로 작동한다.

convert는 대형 A/C에 사용되고, 3-phase, 208 volt A. C system으로 작동되고 30 volts, 200 amperes를 만들어 내서 A. C system이 대략 28 amperes 정도의 전류를 사용한다. motor generator는 A/C의 D. C power source로 몇가지 장점이 있다. motor-generator는 순간적인 A. C power의 interruption에도 D. C power를 완전히 차단하지 않는다.

왜냐하면 armature의 관성(inertia)이 power interruptia중에 계속 회전하게 유지하기 때문이다. 급격한 온도 변화는 motor generator에 약간의 영향을 미친다. 안전한 온도에서 작동할때 과열로 인한 failure는 거의 없는 편이다. 게다가 motor-generator는 dry-disk나 vacuum tube rectifier에 요구되는 온도보다도 낮은 온도에서 작동한다. motor-generator의 가장 큰 문제점은 rotary device의 공통점 이기도 하지만, 상당한 정비를 계속해야 하고, A/C의 cabin에 있을 경우 소음이 크다. 이런 이유와 무게, 공간, 비용등을 고려해서 motor generator는 solid-state power source로 대체되고 있다.

2) Dry-disk

dry-disk rectifier는 electric current가 두개의 서로 다른 도체물질의 junction을 통과해서 흐를때 한쪽 방향은 다른쪽에 비해 훨씬 빠르게 통과하는 원리이다. 이것이 가능한 것은 한쪽 방향은 저항은 작고, 다른쪽은 상당히 높다. 사용하는 재료에 따라 좌우되지만 low resistance쪽으로는 몇 ampere의 전류가 흘러도 high resistance쪽은 몇 milliampere만 흐르기 때문이다. 3가지 type의 dry-disk rectifier가 A/C에 쓰인다. copper-oxide rectifier, selenium rectifier, magnesium copper-sulfide rectifier이다.

Fig. 1-207은 copper-oxide rectifier로 copper disk로 구성되어 있고, 이것은 copper oxide층으로 되어 있다. 이것은 또한 copper surface에 chemical copper-oxide 가 고르게 뿌려져 있다. metal plate는 거의 lead plate로 disk의 양쪽에 눌러 붙인 것이다. 전류는 copper에서 copper oxide로 흐른다. selenium rectifier는 iron disk, 이것은 washer와 비슷하고 한쪽면에는 selenium으로 덮여 있다.

이것의 작동은 copper-oxide

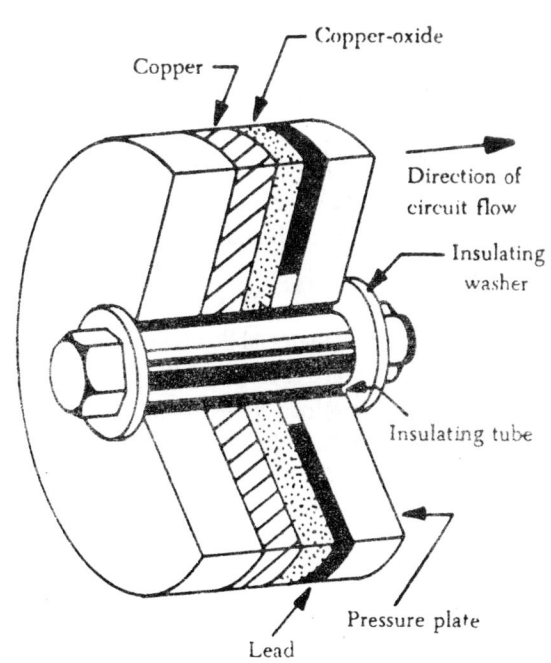

Fig. 1-207 Copper-oxide dry-disk rectifier.

rectifier의 작동과 비슷하다. 전류는 selenium에서 iron으로 흐른다. magnesium copper-sulfide rectifier는 washer-shaped magnesium disk로 만들어졌고, copper sulfide의 층으로 덮여 있다. 전류는 magnesium에서 copper sulfide로 흐른다.

3) 반도체 정류기 (Solid-state rectifier)

solid-state diode는 반도체 물질로 만들어진다. 이것은 N-type과 P-type material로 하나의 crystal로 결합된다. point나 junction은 두개의 material이 접촉하는 곳을 P-N junction이라고 부른다. 이 type의 반도체는 rating이나 size에 관계없이 junction diode 라고 부른다. 최초의 반도체로 사용된 것을 point-contact diode라고 부른다. 이것은 한가지의 반도체 물질을 사용하고, 여기에 "cat whisker"라고 부르는 tungsten이나 phosphor-bronze wire를 눌러 붙이거나 녹여서 붙였다.

point-contact diode는 junction diode로 대체되었는데, 이유는 전류 전달 능력이 제한되기 때문이다. 가장 흔한 반도체 물질은 게르마늄(germanium)과 실리콘(silicon) 이다.

Fig. 1-208은 junction diode이다.

Fig. 1-209에서 battery의 positive terminal이 P-type semiconductor material에 연결되어 있고, negative terminal 이 N-type에 연결되어 있다. 이 형태는 forward bias를 만든다. P-type material 의 hole은 positive terminal에서 밀려서 junction쪽으로 간다. N-type mateial의 전자는 negative terminal에서 밀려서 junction쪽으로 움직인다. 이것이 junction에 있는 space charge를 감소시키고, 전자 흐름은 external 회로를 통해 계속된다.

P-type material의 전류는 hole의 형태이고, N-type material은 전자의 형태이다. 만약 forward bias가 증가되면, 전류 흐름도 증가한다. 만약 forward bias가 과다하게 증가하면, 이것이 과다한 전류를 유발시킨다. 과다한 전류는 터미널의 동요를 일으켜서 crystal structure를 부수게 된다. 꼭 기억할 것은 모든 반도체 장치는 열에 민감해서 너무 과한 열을 받으면 파괴된다.

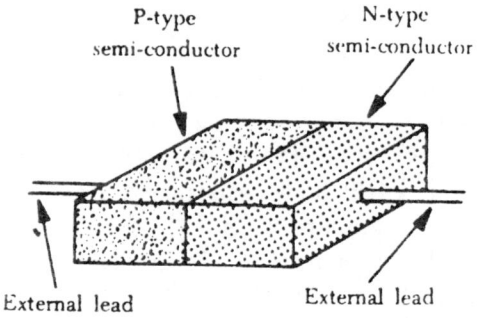

Fig. 1-208   Junction diode.

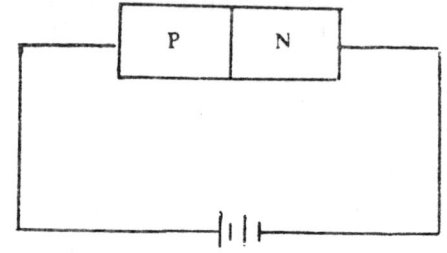

Fig. 1-209   Forward bias on a junction diode.

Fig. 1-209에서 battery 연결이 바뀌면, junction diode는 역바이어스(reverse-bias) 가 된다. hole은 negative terminal쪽으로 끌리게 되어 junction으로 부터 멀어진다.

전자는 positive terminal쪽으로 끌려서, junction으로 부터 멀어지게 된다. 이것이

depletion region을 넓게 만들어 space charge를 증가시키고, 전류를 최소 상태로 감소시킨다. 너무 큰 reverse bias가 공급되면 crystal structure를 파괴시킨다.

Fig. 1-210은 semiconductor diode의 symbol이다. 이 system은 copper-oxide와 selenium dry-disk rectifier와 같은 다른 type의 diode에도 똑같이 사용한다. 순 방향(forward-bias)이나 high-current에서 방향은 항상 화살표와 반대이다.

Fig. 1-211은 junction diode의 curve이다. forward bias가 조금만 증가해도, 전류 흐름은 상당히 증가한다. 이런 이류로 solid-state device는 current-operated device라고 말한다. forward bias가 공급되면, diode는 저 저항 특성을 나타낸다. 반면에 reverse bias가 공급되면 high-resistance상태가 있게 된다. diode의 가장 중요한 특성은 전류를 한쪽 방향으로만 흐르게 한다. 이런 이유로 solid-state device를 rectifier회로에 사용한다.

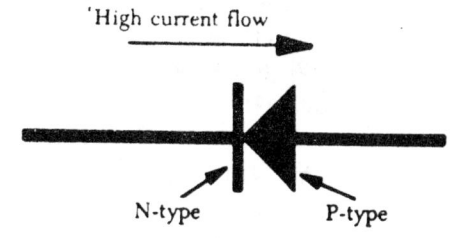

Fig. 1-210   Semiconductor diode symbol.

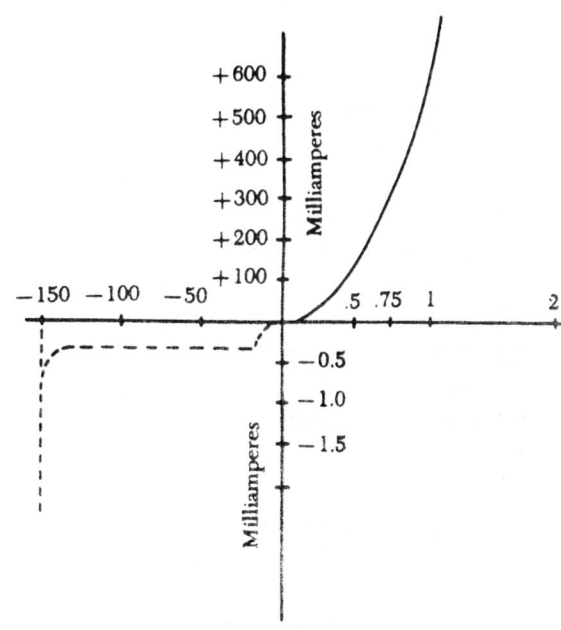

Fig. 1-211   Typical junction diode characteristic curve.

4) 정류 (Rectification)

rectification은 A. C가 D. C로 바뀌는 과정이다. junction diode와 같은 semiconductor rectifier는 A. C voltage source에 연결하고, 이것은 번갈아서 forward와 reverse bias상태를 계속한다.

diode가 A. C power source와 직렬로 연결되어 있다. transformer는 circuit에 A. C input을 제공하고, diode는 A. C의 rectification를 제공한다. load resistor는 두가지 목적으로 작용한다.

ⓐ 회로에 흐르는 두가지 목적으로 작용한다.

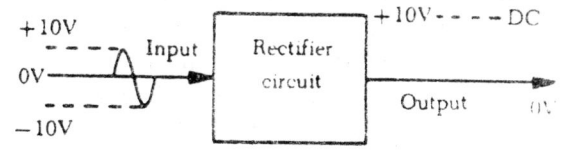

Fig. 1-212   Rectification process.

ⓑ 이것을 통하는 전류로 인해 output singnal을 만든다.

transformer의 top은 positive이고, bottom은 negative이다. 이 극성으로 diode는 forward bias가 되어, diode 의 저항은 아주 낮다. 회로를 지나 는 전류는 화살표 방향이다. load resistor의 output(voltage drop)는 A. C input의 positive방향으로 가면 transformer secondary의 top은 negative가 되고, diode는 reverse bias가 된다. reverse bias가 diode에 공급되면 diode의 저항은 아주 커져 서 diode와 load resistor를 통과하는 전류는 "0"이 된다.

load resistor의 output은 "0"이다. 만약 diode의 위치가 거꾸로 바뀌면 output은 negative pulse가 된다. 1/2 wave rectifier에서 load resistor에 full cycle의 input power가 공급되면 1/2 cycle의 power가 만들어진다.

output power를 증가시키기 위해 full-wave rectifier를 사용할 수 있 다.

Fig. 1-215는 full-wave rectifier이 고, 사실은 두개의 1/2 wave rectifier가 하나의 회로로 조합된 것 이다. 이 회로에서 load resistor는 전류의 흐름을 제한하고, output voltage를 만들고, 두개의 diode는 rectification을 제공하고 transformer 는 회로에 A.C input을 제공한다. full-wave rectifier회로에 사용하는 transformer는 center tap되어서 load resistor를 통하는 전류의 path를 완 성시킨다. diode D1은 forward-bias 이고, 전류는 load resistor를 통해 ground로 부터 흐르고, diode D1을 지나 transformer의 top에 이른다.

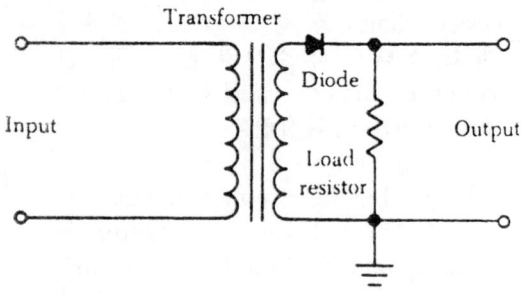

Fig. 1-213　Half-wave rectifier circuit.

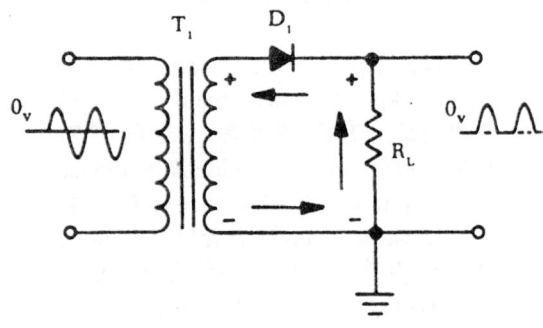

Fig. 1-214　Output of a half-wave rectifier.

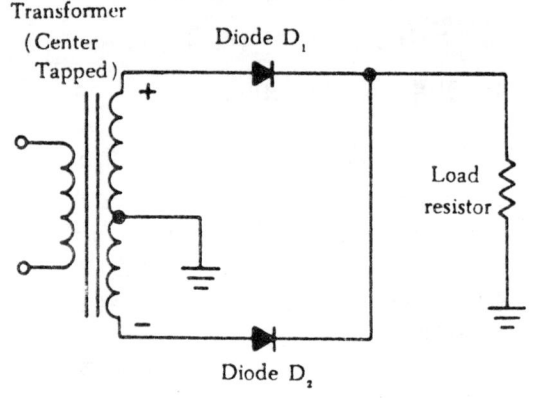

Fig. 1-215　Full-wave rectifier.

A.C input이 방향을 바꾸면, transformer secondary는 다른 극성을 갖는다. diode D2는 forward bias이고, 전류는 반대방향으로 흘러서, ground에서 load resistor을 지 나고 diode D2를 지나 transformer bottom으로 간다. 한 diode는 forward-bias이고,

다른 것은 reverse-bias이면 (어느 것이든 순서는 관계없다) 전류는 load resistor를 통해 같은 방향으로 흘러서 output은 같은 극성의 계속되는 pulse가 된다. 두개의 diode를 reversing하면, output극성이 바뀐다. reverse bias가 공급되면 rectifier에 voltage가 있고, 이것을 흔히 "reverse peak voltage"라고 한다. 이 말은 전류가 흐르지 않거나 reverse bias가 공급될때의 1/2 cycle중에, rectifier에 걸리는 순간적인 voltage의 peak value이다. 만약 너무 큰 inverse voltage가 공급되면, rectifier는 파괴된다. "inverse peak voltage rating"이라는 용어 대신에 "breakdown voltage"라는 용어를 많이 사용한다. 두 말의 의미는 똑같다. breakdown voltage는 maximum voltage로 reverse-bias가 아닐때는 rectifier가 견딜수 있는 것이고, inverse peak voltage는 rectifier에 공급된 실제의 voltage를 말한다. inverse peak voltage가 breakdown voltage보다 작으면 rectifier destruction문제는 생기지 않는다.

5) 다이오드 브리지 정류회로 (Diode bridge rectifer circuit)

full-wave diode rectifier를 편리하게 변형시킨 것이 bridge rectifier이다. bridge rectifier가 full-wave rectifier와 다른 점은 bridge rectifier는 center-tapped transformer가 필요하지 않지만 두개의 diode가 더 필요하다.

Fig. 1-216은 bridge rectifier의 schematic이다. secondary의 T₁은 bridge rectifier의 power supply 역할을 하고, point A는 bridge에서 가장 positive한 point이고, B는 negative 이다.

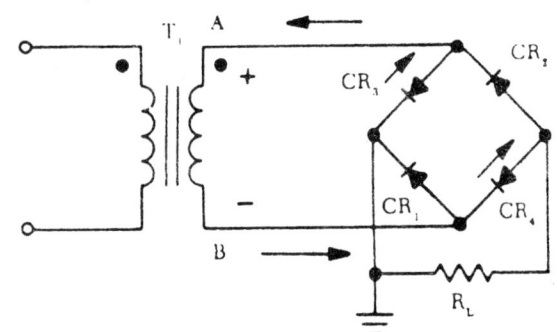

Fig. 1-216   Diode bridge rectifier.

전류는 forward-biased diode를 통해 B에서 A로 흐른다.

Fig. 1-217은 electron flow path를 찾는데 도움을 주기 위해 다시 그린 bridge circuit이다. forward-bias diode CR3와 CR4는 쉽게 알수 있다. voltage는 voltage loop에서 drop한다. positive 1/2 cycle input CR3와 CR4는 forward-bias이고, CR1과 CR2는 reverse-bias이다. diode breakdown voltage가 초과되지 않는 동안 전류는 point B up에서 그리고 CR4 down에서 RL 좌측으로 흐른다. 전류가 RL을 통과한 후 CR3을 통해 point A로 흐른다. 전류가 RL을 통과

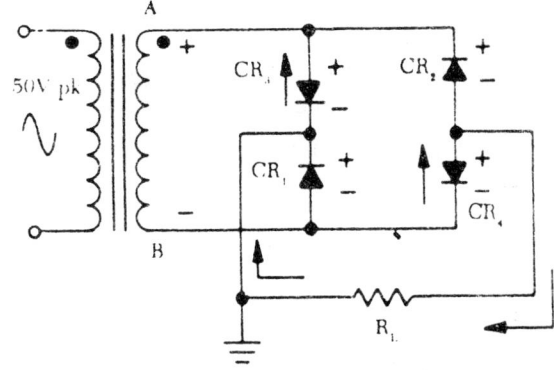

Fig. 1-217   Redrawn bridge rectifier circuit.

129

할때는 우측에서 좌측으로 흐르고 polarity로 보면, negative 1/2 cycle output이 positive 1/2 input이 된다. 꼭 기억할 것은 negative 1/2 cycle의 전류를 추적할때, diode를 지나는 전자 흐름은 화살표와 반대방향이고, negative에서 less negative 혹은 positive point로 흐른다. 그러므로 CR3와 CR1사이의 common point에서 나오는, 그리고 들어가는 전자 흐름을 추적할때는 혼돈이 없다.

비록 CR1과 CR4가 forward-bias가 forward-bias처럼 보이지만 사실은 아니다. CR1의 collector는 emitter보다 더 negative하고, reverse-bias이다. negative 1/2 cycle인 CR1과 CR2는 forward-bias이고, output signal negative 1/2 cycle은 negative이다. 두개의 1/2 cycle의 input singnal 이 결국은 negative output pulse로 됨으로, bridge rectifier는 full-wave diode rectifier처럼 기능을 수행한다.

6) Filtering

rectification과정의 일부는 A.C voltage를 pulse의 D.C voltage로 바꾸는 것이 포함되어 있는데, 이것은 진공관, dry-disk와 semiconductor diode등에서 설명한 것과 같다. rectification과정을 끝마치기 위해 voltage의 pulse를 smooth D.C로 바꾸는 과정을 filtering이라고 부른다. reactance는 storing energy에 의해 voltage(current)의 변화에 저항하고, 이 energy를 회로로 방출하는데, 이때 filter를 사용한다. capacitor의 설명에서, capacitance는 electrostatic field에 energy를 저장해서 terminal의 voltage변화에 저항하는 것을 알았다.

voltage가 상승하려고 하면, capacitor는 이 voltage를 stored energy로 전환시킨다. voltage가 떨어지려고 하면, capacitor는 이 stored energy를 voltage로 돌려 보낸다.

Fig. 1-218은 capacitor를 사용해서 rectifier output을 filtering하는 것이다. capacitor C1이 load R1과 병렬로 연결되어 있다. capacitor C1은 A.C ripple frequency에 아주 작은 inpedance를 제공하고, D.C conponent에 아주 높은 inpedance를 제공한다. ripple voltage는 low-impedance path를 통해서 ground로 bypass된다. 그리고 D.C voltage는 변하지 않는 상태로 load에 공급된다. rectifier output의 capacitor의 효과는

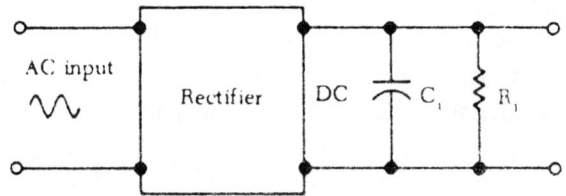

Fig. 1-218 A capacitor used as a filter.

Fig. 1-219에서 wave shape으로 볼수 있다. 점선은 rectifier output 이고, 실선은 capacitor의 효과이다. 이것은 full-wave rectifier output이다. capacitor C1은 rectifier voltage output이 커지려고 할때

Voltage across C₁
with large load circuit

Voltage across C₁
with small load circuit

Fig. 1-219 Half-wave and full-wave rectifier outputs using capacitor filter.

charge되고, volta output이 감소하려고 할때 discharge한다.

이 방법으로 load R₁의 voltage는 상당히 일정하게 유지된다.

inductance가 filter처럼 사용되는데, 전류가 커지려고 할때 electromagnetic field에 energy를 저장해서, 이것을 통하는 전류에 저항한다. inductor를 통하는 전류가 감소하려고 하면 inductor는 energy를 공급해서 전류 흐름을 유지한다.

Fig. 1-220은 rectifier의 output filtering에 inductor를 사용한 것이다. inductor L₁이 load R₁과 직렬이다. inductance L₁은 A. C ripple voltage에 높은 inpedance를 제공하고, D. C component에 낮은 inpedance를 제공한다. 그러므로 A. C ripple은 inductor에서 큰 voltage drop이 생기고, load R₁에는 작은 voltage drop이 생기고, load에는 상당한 voltage drop이 생긴다. output wave shape에서 full-wave rectifier의 output의 inductor의 효과는 Fig. 1-221과 같다.

ripple이 output voltage에서 감소되었다. capacitor와 inductor가 여러가지 방법으로 조합되어 capacitor나 inductor를 따로따로 사용할 때보다 더 만족스런 fil-

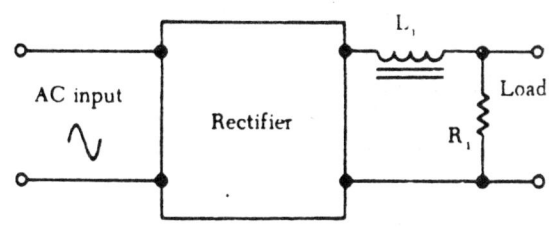

Fig. 1-220 An inductor used as a filter.

Fig. 1-221 Output of an inductor filter rectifier.

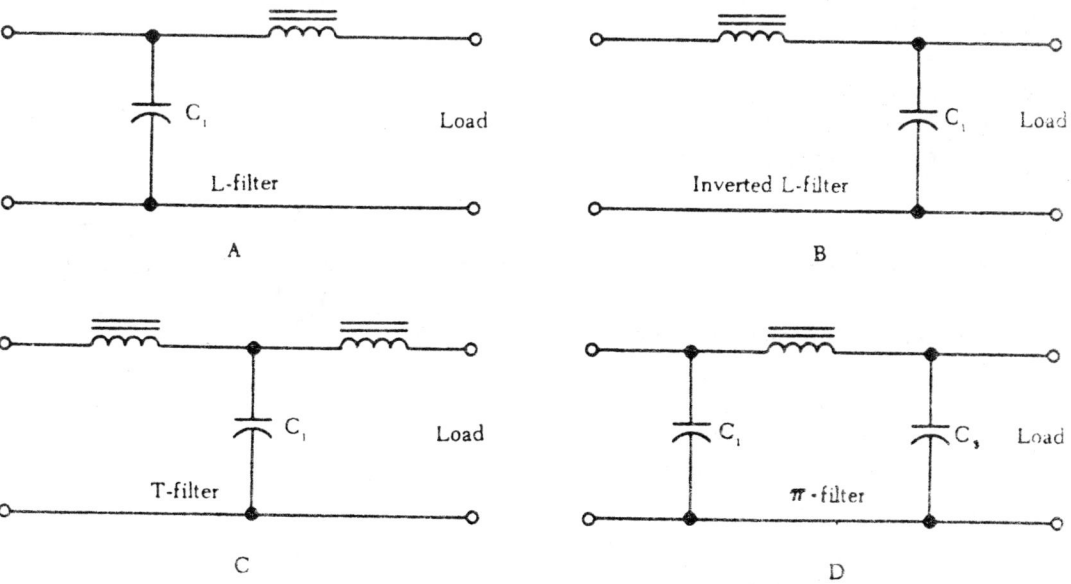

Fig. 1-222 LC filters.

tering을 얻는다. 이런 형태를 "LC filter"라고 부른다.

Fig. 1-222는 몇가지의 조합 방법을 보여주고 있다. 그림에서 보는 것과 같이 inductance는 직렬이고, capacitance는 load와 병렬로 연결되어있다. inductance는 아주 높은 inpedance를 주어야 하고, capacitor는 아주 낮은 impedance를 ripple frequency에 주어야 한다.

ripple frequency는 비교적 낮기 때문에 iron-core coil의 inductance 상당히 크다. 상당히 높은 impe-

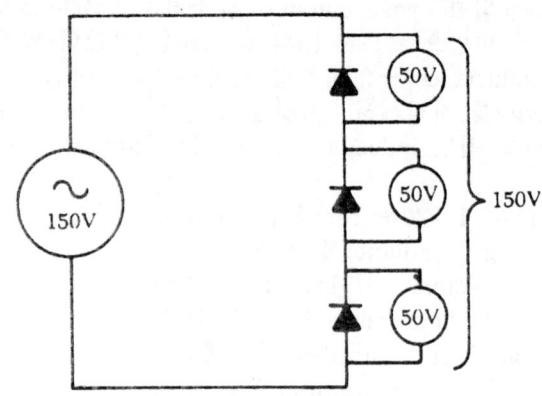

Fig. 1-223   Stacking diodes in a circuit.

dance가 ripple frequency에 제공되기 때문에 이 coil을 choke라고 부른다. capacitor는 상당히 커서 ripple frequency에 거의 저항하지 않는다. capacitor의 voltage가 D.C이기 때문에 electrolytic capacitor는 빈번하게 filter capacitor을 사용한다. electrolytic capacitor에는 항상 올바른 극성으로 연결해야 한다.

LC filter는 cpacitor와 inductor의 위치에 다라서 분류한다. capacitor-input filter는 capacitor가 rectifier의 output terminal에 직접 연결되어 있다. 이 rectifier는 resistor와

비슷해서 직렬로 더한다. 각 resistor는 전체 voltage보다 적은 공급된 voltage의 일부가 drop된다.

같은 원리가 rectifier에 적용된다. 직렬로 더하면 voltage rating을 크게 한다. 만약 예를들어, rectifier가 공급되는 voltage가 50 volts를 넘어서 파괴되었을때, 이때 회로에는 100 volts가 계속 공급되었을때, diode를 더한다.

7) 반도체 다이오드의 식별

여러가지의 semiconductor diode가 있고, emitter와 collector를 구별하는 방법도 여러가지가 있다. 다음 3가지가 가장 흔히 쓰는 방법이다.

한가지 방법으로, 조그만 점이 emitter lead가까이에 찍혀 있다. (Fig. 1-224 A) 둘째 방법은, rectifier symbol을 diode case에 찍어 놓는 방법이다. (Fig. 1-224 B) 마지

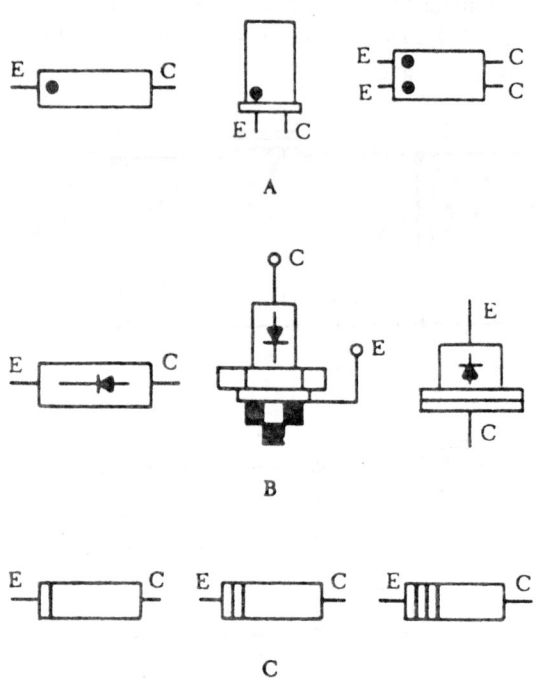

Fig. 1-224   Diode identification.

132

막으로, color code method이다.

혼히 color code는 resistor의 color code와 같은 방법으로 표시한다. 가장 혼한 diode가 1N538이다. 1N은 오직 하나의 PN junction이 있거나 혹은 device가 하나의 diode임을 나타낸다. 나머지 숫자는 제작된 일렬번호이다. 1N537은 538보다 먼저 만들어졌다.

1-27. A.C 측정계기 (A.C Measuring Instrument)

ammeter와 같은 D.C meter를 A.C 회로에 연결하면 "0"을 나타낸다.

왜냐하면 moving ammeter coil이 전류를 운반해서 측정하는데, 이것은 permanet magnet field속에 있다. permanent magnet의 fileld가 일정하게 남아 있고, 항상 같은 방향이어서 moving coil은 전류의 극성을 따른다. coil이 전류가 흐를때 1/2 A.C cycle중에 한 방향으로 움직이려고 시도하고, 나머지 1/2 cycle중에는 반대 방향으로 움직이려고 한다. 전류가 반대 방향으로 너무 빨리 움직여서 coil이 따르지 못해서 coil이 중간위치에 머물러 있다. 전류가 같고, 각각의 1/2 A.C cycle중에 방향이 반대여서 direct current meter는 "0"을 나타낸다. permanet magnet의 meter는 alternating voltage와 current를 측정하는데 사용할 수 없다. 그렇지만 permanet magnet D'Arsonval meter는 meter가 A.C를 D.C로 바꾸어 통과시키면 alternating current와 voltage를 측정할 수 있다.

1) 정류형 교류계 (Rectifier A.C meter)

copper-oxide rectifier가 일반적으로 D'Arsonval D.C meter와 함께 alternating current와 voltage를 측정한다. copper-oxide rectifier는 전류를 오직 한 방향으로만 흐르게 한다.

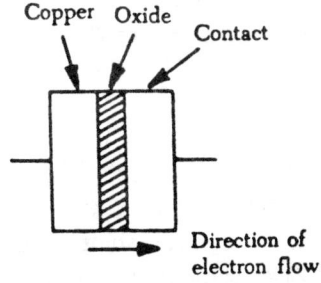

Fig. 1-225 Copper-oxide rectifier.

Fig. 1-225와 같이 copper-oxide rectifier는 copper-oxide disk로 구성되어 있다. 전류는 copper oxide에서 copper로 흐르는

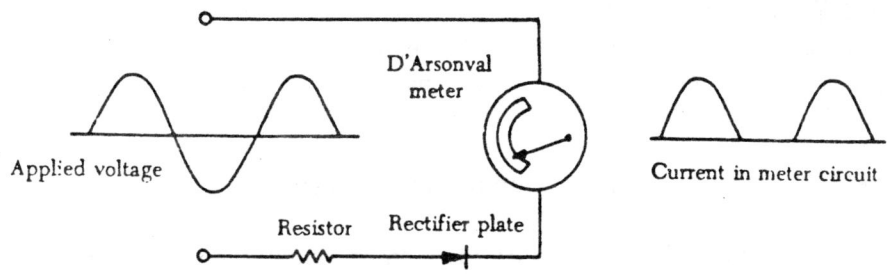

Fig. 1-226 A half-wave rectifier circuit.

것보다 copper에서 copper oxide로 더 먼저 흐른다. A.C가 공급되면 한 방향으로 전류가 흐르고, pushing D.C output을 만든다.

Fig. 1-226과 같이, 이 전류는 meter movement를 지나면서 측정할 수 있다.

일부의 A.C meter는 copper-oxide rectifier대신에 selenium이나 진공관 rectifier를 사용한다.

2) 전류력계형 계기의 작동
(Electrodynamometer meter movement)

이 계기는 alternating이나 direct voltage와 current를 측정한다.

이것은 permanent magnet moving coil meter와 같은 원리로 작동한다. 다른 점은 permanent magent이 air-core electromagnet으로 대체되었다. electrodynamometer의 field는 moving coil을 통과하는 같은 전류에 의해 만들어진다.

electrodynamometer, meter에서 두개의 stationary field coil이 movable coil과 함께 직렬로 연결되었다. movable coil이 central shaft에 붙어 있어서 두개의 stationary field coil내부에서 회전한다. spriral spring은 meter의 restraining force를 제공하고, movable coil에 전류를 제공한다. field coil A와 B, 그리고 movable coil C를 통해 전류가 흐를때,

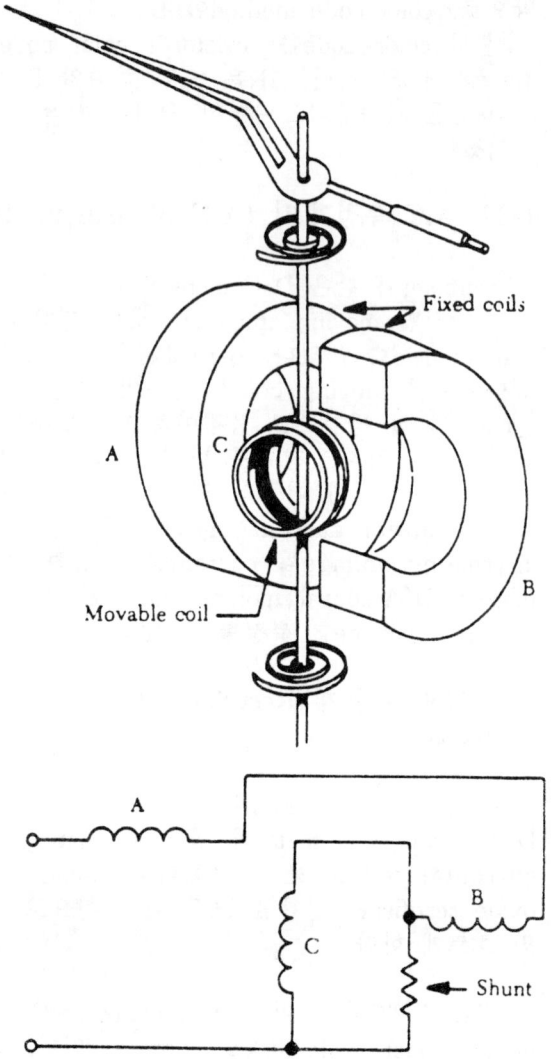

Fig. 1-227 Simplified diagram of an electrodynamometer movement.

coil C가 spring과 반대 방향으로 회전해서 field coil에 나란하게 위치하게 된다. 더 많은 전류가 coil을 통해서 흐르면 더 많이 moving coil이 spring의 저항을 극복해서 pointer가 더 많이 움직인다.

3) 전류력계형 전류계 (Electrodynamometer ammeter)

electrodynamometer에서 low resistance coil은 small voltage drop을 만든다. inductive shunt가 field coil과 직렬로 연결되었다. 이 shunt는 D.C ammeter에 사용

한 resistor shunt와 비슷해서 coil을 지나는 전류의 일부만 측정한다.

D.C ammeter에서 회로의 대부분의 전류는 shunt를 통해 흐르지만 scale는 total current를 가르킨다. A.C ammeter는 D.C ammeter와 같이, 회로에 직렬로 연결해서 전류를 측정한다.

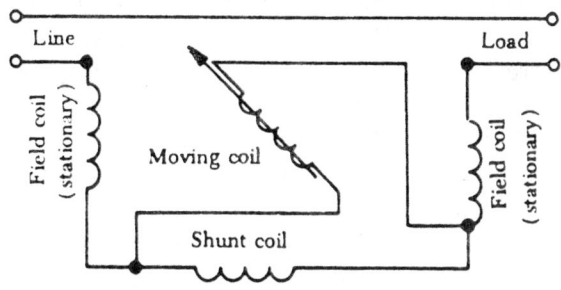

Fig. 1-228   Electrodynamometer ammeter circuit.

4) 전류력계형 전압계 (Electrodynamometer voltmeter)

이 voltmeter는 field coil이 small wire로 많이 감겨져 있다.

meter를 작동시키기 위해 양쪽 coil에 대략 0.01 ampere의 전류가 흘러야 한다. noninductive material의 resistor가 coil과 직렬로 연결되어 있다. voltmeter는 voltage를 측정하는 unit과 병렬로 연결시킨다. 이 meter는 effective value를 지시한다.

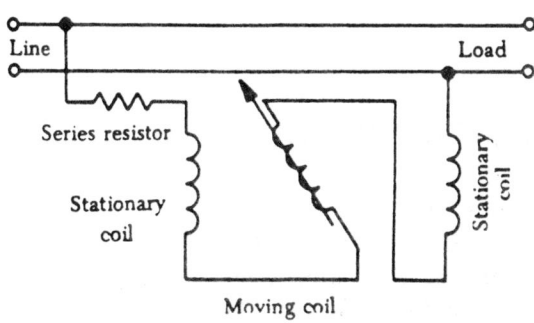

Fig. 1-229   Electrodynamometer voltmeter circuit.

5) 가동철편형계 (Moving Iron-Vane Meter)

A.C와 D.C를 모두 측정한다. D'Arsonval meter와 달라서 permanent magnet가 있고, 이것의 작동은 유도된 magnetism에 좌우된다. 이것은 두개의 concentric iron vane사이의 repulsion원리를 이용한 것으로, 하나는 fixed이고, 나머지는 movable이다. 이것은 solenoid 안쪽에 들어 있다.

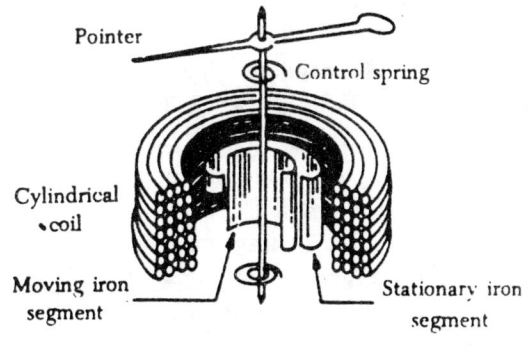

Fig. 1-230   Moving iron-vane meter.

pointer가 movable vane에 붙어 있다. coil을 통해 전류가 흐르면, 두 iron vane은 magnetize된다. movable vane은 사각형이고, fixed vane은 taper형이다. 이런 형태가 상대적으로 일정한 scale을 사용할 수 있게 한다. coil에 전류가 흐르지 않을때는, movable vane은 tapered fixed vane의 넓은 쪽에 위치해 있고, scale reading은 "0"이다. vane magnetism의 크기는 field의 세기에 좌우되고, 이것은 coil에 흐르는 전류의

크기에 비례한다. repulsion의 힘은 fixed vane의 smaller end보다 larger end에 있을 때 더 크다. 그러므로 movable vane은 smaller end쪽으로 움직이고, 이것은 coil current의 크기에 비례한다. repulsion의 힘이 spring의 restraining힘에 의해 균형이 이루어지면 움직임은 정지한다. 왜냐하면 repulsion은 항상 같은 방향(fixed vane의 smaller end)이기 때문에, coil을 지나는 전류의 방향에 관계없이 moving iron-vane instrument는 D.C나 A.C회로 모두 작동한다.

   moving iron-vane meter가 ammeter를 사용하도록 설계되면, coil은 iron wire로 상 대적으로 적은 수를 감아서 rated current를 운반한다. moving iron-vane meter가 voltmeter로 설계되었으면, solenoid는 small wire로 많은 수가 감겨진다. portable voltmeter는 self-contained series resistance로 만들어서 750 volts까지 측정할 수 있 다. moving iron-vane instrument는 direct current를 측정하도록 사용되지만 vane의 residual magnetism으로 인해 error가 생긴다.

   이 error는 meter connection을 거꾸로 바꾸거나 reading을 averaging해서 최소화 한다. A.C회로에 사용할때는 0.5%의 정확도가 있다. moving-vane meter는 high-resistance low-power회로에는 거의 사용하지 않는다.

6) 경사코일 철편형계 (Inclined-Coil Iron-Vane Meter)

   moving iron-vane mechanism의 원리가 inclined-coil type의 meter에 적용되어 A. C와 D.C 모두 측정할 수 있다.

   inclined-coil, iron-vane meter는 coil이 있고, 이것이 shaft에 붙어 있다. 그리고, coil의 내부에는 두개의 soft-iron vane이 있다.

   coil에 전류가 흐르지 않을때, control spring이 pointer를 "0"에 붙잡고 있다. iron vane은 coil의 plane과 평행하게 위치해 있다. coil에 전류가 흐를때, vane은 magnetic line과 line up되려고 한다.

   vane이 spring action에 대해 움직이면, pointer가 움직이게 된 다. iron vane은 magnetic line과 coil을 통하는 전류의 방향과 관계 없이 line up되려고 한다. 그러므 로 inclinedcoil, iron-vane meter 는 A.C와 D.C를 측정할 수 있 다. aluminum disk와 drag mag-net이 electromagnet damping을 제공한다. moving iron-vane me-ter와 같이 inclined-coil type도 full-scale deflection에도 상당히 많은 전류가 필요하다. 이것은 high-resistance low-power회로에 는 거의 사용하지 않는다. amm-eter로 사용할때는 moving iron-vane instrument, inclined-coil instrument는 상당한 large wire를

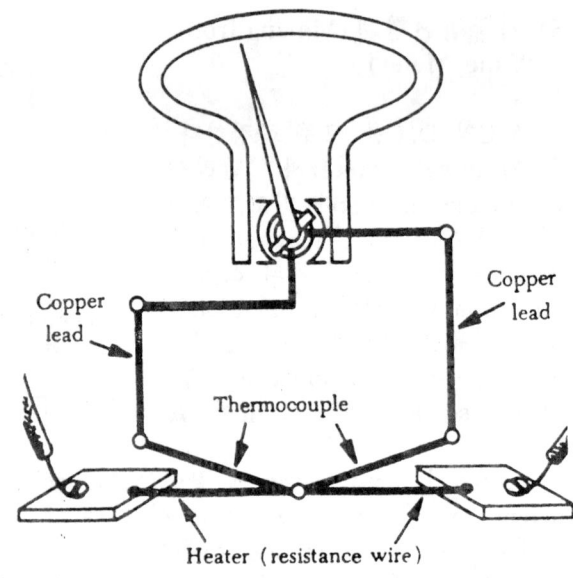

Fig. 1-231   Simplified diagram of a thermocouple meter.

136

적은 수로 감고 voltmeter로 사용할때는 small wire를 많은 수로 감는다.

7) 열전형계 (Thermocouple Meter)

만약 두개의 다른 metal 끝을 용접으로 붙이고, 이 junction을 열을 가하면, 양쪽 끝에 D.C voltage가 발생한다. wire의 재질과 가열되는 junction과 open end사이의 온도 차이등에 좌우된다. 이런 type의 instrument로 heater element로 전류가 흐르면 junction을 전기적으로 가열한다. 전류가 A.C나 D.C에 관계없고 heating효과는 전류의 방향과 무관하다. maximum current는 heater의 current rating에 의해 좌우된다. heater와 resistor를 직렬로 연결해서 voltage를 측정할 수 있다.

D´Arsonval meter는 resistance wire heater를 사용한다. resistance wire를 통해서 전류가 흐르면 열이 발생해서 contact point로 전달되서 e.m.f를 만들고, 이것이 meter를 통해 전류가 흐르도록 한다. coil이 회전하고 calibrated scale위를 pointer가 움직인다. thermo-couple meter는 광범위하게 A.C측정에 사용한다.

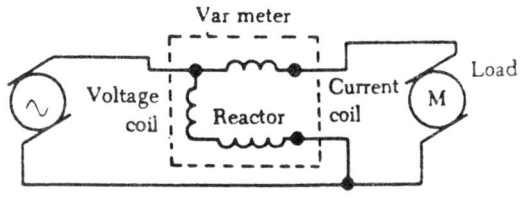

Fig. 1-232   A varmeter connected in an a.c. circuit.

8) 무효 전력계 (Varmeter)

A.C회로에서 volts와 ampere를 곱하면 apparent power가 된다.

reactive power는 var의 단위로 (volt-ampere reactive)나 kilovars (kilovolt-amperes reactive, KVAR)로 측정한다.

wattmeter로 reactive power를 측정한다.

Fig. 1-231은 varmeter가 A.C회로에 연결되었다.

9) 전력계 (Wattmeter)

electric power는 wattmeter로 측정한다. electric power는 current와 voltage와 관련되기 때문에 watt-meter는 두 element, 즉 하나는 current이고 하나는 voltage이다.

이런 이유로 wattmeter는 항상 electrodynamometer type이다. mo-

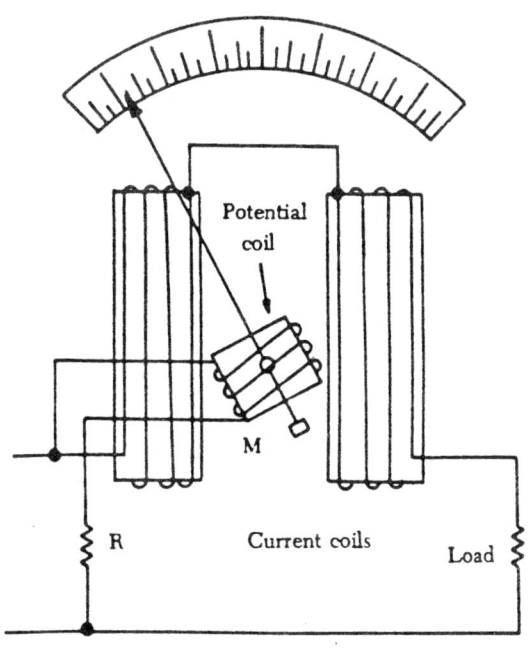

Fig. 1-233   Simplified electrodynamometer wattmeter circuit.

vable coil이 직렬 저항과 함께 voltage element를 형성하고, statio-nary coil은 current element를 구성한다. potential coil주변의 field의 세기는 이것을 지나는 전류의 크기에 좌우된다.

current는 coil과 직렬관계의 high resistance에 공급된 load voltage에 좌우된다. current coil주변의 field의 세기는 load를 통해 흐르는 전류의 크기에 따라 다르다. 그래서 meter deflection은 potential coil을 지나는 voltage와 current coil을 지나는 current의 관계에 비례한다. 만약 line의 전류가 거꾸로 바뀌면 두개의 coil과 potential coil의 방향은 바뀌게 되고, pointer는 계속해서 up-scale을 가르키고 있다. 그러므로 이 type의 wattmeter는 A. C와 D. C power를 측정한다.

10) 주파수계 (Frequency meter)

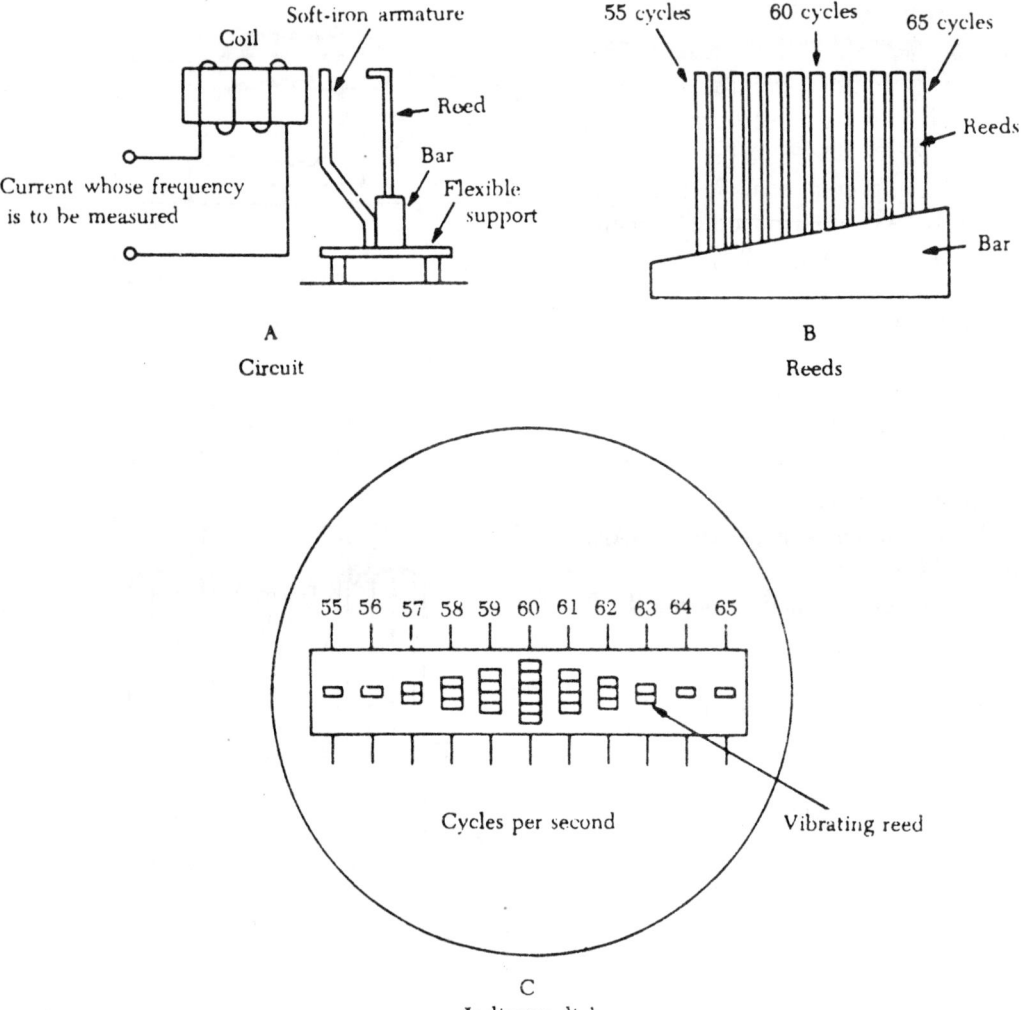

A
Circuit

B
Reeds

C
Indicator dial

Fig. 1-234   Simplified diagram of a vibrating-reed frequency meter.

138

교류 전기 장비들은 주어진 범위내에서 작동되도록 설계되었다. transformer나 A. C machinery는 특정한 주파수에서 작동되도록 설계되었다. 만약 공급되는 주파수가 rated value에서 10%이상 떨어지면 equipment는 과다한 전류를 뽑아써서 위험스러운 overheating을 갖게 된다. 그러므로 electric power system의 주파수는 조절해야 한다. frequency meter는 frequency를 나타내도록 되어 있어, 만약 주파수가 정해진 limit을 초과해도 정확히 나타낸다. frequency meter는 voltage의 변화에 영향을 받지 않는다. 왜냐하면 A. C system은 오직 하나의 특정한 주파수에 작동하도록 설계되어 frequency meter는 normal frequency의 양쪽에 얼마정도의 여유를 두고 있다. 몇가지 type의 frequency meter가 있다.

vibrating-reed type, fixed coil과 moving coil type, fixed coil과 moving-disk type, resonant-circuit type등이 있다. 이 중에서 vibrating-reed frequency meter가 A/C system에 가장 흔히 사용된다.

A. 진동편 주파수계 (Virating-reed frequency meter)

vibrating-reed type의 frequency meter는 A. C source의 frequency를 지시하는 가장 간단한 device이다. vibrating-reed frequency meter의 한가지로 단순화한 diagram이다.

전류의 주파수는 coil을 통해서 측정하고, 각 cycle중에 soft-iron amature의 maximum attraction에 2배까지 영향을 미친다.

armature는 bar에 붙어 있고, 이것은 flexible support에 붙어 있다. reed는 알맞은 크기로 natural vibration frequency가 110, 112, 114에서 130 c. p. s가 bar에 붙어 있다. reed가 주파수 110 c. p. s를 갖고 있으면 "55"cycle로 표시되어 있고, 주파수 130은 "65" c. p. s 등으로 표시되어 있다. 일부의 instrument에서 reed는 같은 길이 이고, top에 각각 다른 무게를 갖고 있어서 각기 다른 natural rate을 갖고 있다. coil이 주파 55-65 c. p. s를 갖고 있는 전류에 의해 energize되고, 이때 모든 reed가 조금씩 vibrate하지만 reed는 natural frequency를 갖고 있어서 energize된 전류가 가장 큰 크기로 vibrate한다.

만약 energizing current가 주파수 60 c. p. s이면 reed "60" c. p. s가 가장 크게 진동한다.

제2장 항공기의 발전기와 전동기 (A/C Generator & Motor)

2-1. 직류 발전기 (D.C Generator)

A/C의 전기장비의 작동을 위한 에너지는 generator에서 공급되는 electrical energy에 의존한다. generator는 전자기 유도(electromagnetic induction)에 의해 기계적 energy를 전기적 energy로 전환시킨다. generator로, alternating-current energy를 만들어 내도록 설계된 것을 A.C generator나 alternator라고 부르고 direct-current energy를 만들어 내도록 설계된 것을 D.C generator라고 부른다.

두 가지 모두 coil에 A.C voltage를 유도해서 작동하는데 coil을 통과하는 자속을 끊는 방향이나 크기가 다르게 한다.

A/C에 direct-current electrical systme이 되어 있으면 D.C generator가 전기적 energy의 regular source이다. 하나 혹은 그 이상의 D.C generator가 engine에 의해 구동되고 electrical system의 모든 unit의 작동에 필요한 electrical energy를 공급할 뿐만 아니라 battery charging energy도 공급한다.

1) 작동원리
(Theory of operation)

자력선이 이것을 통과하는 도체에 의해서 잘리면 도체에 voltage가 유도된다. 유도된 voltage의 세기는 도체의 속도와 자장(magnetic field)의 세기 등에 좌우된다. 만약 도체의 끝이 완전한 회로에 연결되면 도체에 전류가 유도된다.

도체(conductor)와 자장이 elementary generator를 구성한다.

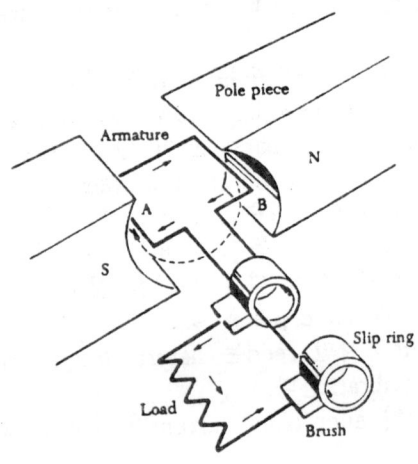

Fig. 2-1 Inducing maximum voltage in an elementary generator.

Fig. 2-1은 단순한 generator이다. 도선의 루우프(wire loop)가 자장속에서 회전한다. (Fig. 2-1에서 A와 B)

wire loop의 면이 자력선과 평행하면 loop에 voltage가 유도되어 화살표 방향으로 전류가 흐르게 된다. 이 위치에서 voltage유도가 최대치로 되는데 왜냐하면 도선이 자력선을 90°로 자르기 때문이고, 이때 가장 많은 자력선을 자르기 때문이다.

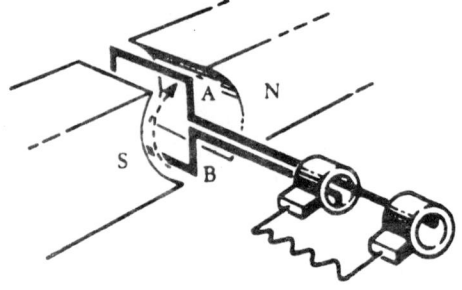

Fig. 2-2 Inducing minimum voltage in an elementary generator.

Fig. 2-2와 같이 loop가 수직 위치에 오면 유도되는 voltage가 감소

하는데 이것은 loop의 양쪽(A와 B) 이 자력선과 평행이고 자력선을 끊는 비율이 감소했기 때문이다.

loop가 수직이면 자력선을 자르지 못하고 자력선과 순간적으로 평행하게 움직인다. 그래서 유도 voltage가 없다. loop의 회전이 계속되면서 자력선을 자르는 수가 증가하면서 90° 를 더 회전한 위치에 오면

Fig. 2-2와 같이 되고 유도voltage 는 다시 최대가 된다.

자르는 방향은 Fig. 2-1, 2-2와 반대여서 유도 voltage의 방향은 바뀌게 된다. loop가 계속해서 회전하면서 자르는 숫자는 다시 감소해서 유도 voltage는 다시 "0"이 된다.

Fig. 2-4를 보면 wire A와 B가 다시 자력선과 평행하다. 만약 voltage가 360°회전할때 계속 유도되면 Fig. 2-5와 같은 곡선을 얻는다.

이 voltage는 alternating voltage라 고 부르는데 positive에서 negative value로 처음 한 방향에서 다음은 다른 방향으로 바뀌기 때문이다. loop 에 발생된 voltage를 외부회로에서 current flow를 만들도록 사용한다. 이때 wire loop와 외부회로를 직렬로 연결해야 한다. wire loop가 두개의 metal ring에 연결되는데 이것을 slip ring이라 부르며 carbon brush가 slip ring을 타고(ride) 있고 brush는 외부회로에 연결되어 있다.

Fig. 2-6과 같이 basic A. C geneator의 slip ring을 두개의 half-cyclinder (commutator)로 바꾸어서 basic D. C generator를 만든다. 두개

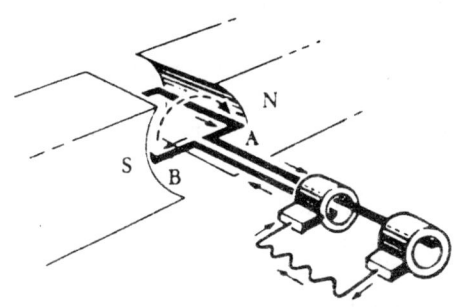

Fig. 2-3   Inducing maximum voltage in the opposite direction.

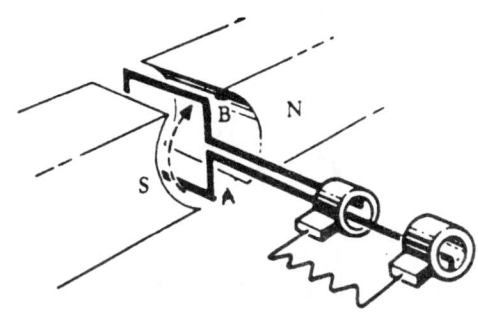

Fig. 2-4   Inducing a minimum voltage in the opposite direction.

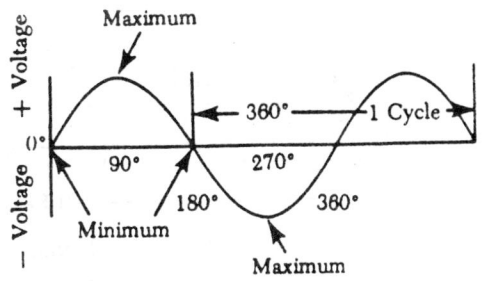

Fig. 2-5   Output of an elementary generator.

의 stationary brushe가 commutator의 반대쪽에 있고 각 brush는 각 정류자 (commutator segment)를 접촉한다. D. C generator(coil과 commutator)의 rotating part를 armature라고 부른다. magnetic field속에서 loop가 회전해서 'e. m. f를 발생시키는 것은 A. C와 D. C generator 모두 같고 다만 commutator의 action이 D. C voltage를 만들어 낸다.

Fig. 2-7은 D.C voltage발생을 자장내의 loop회전 위치에 맞게 설명하고 있다. loop가 posi-tion A에서 시계 방향으로 회전하고 coil에 의해 잘리는 자력선이 없으므로 e. m. f발생이 없다.

black brush는 commutator의 black segment롤 접촉하는 것을 나타낸다. position B에서 자속은 maximum rate로 잘려서 유도 e. m. f는 최대이다. 이때 black brush는 black segment롤 접촉하고 white brush는 흰 정류자편 (white segment)을 접촉한다.

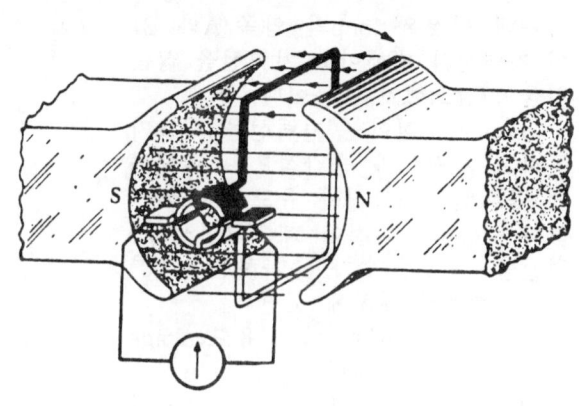

Fig. 2-6   Basic d.c. generator.

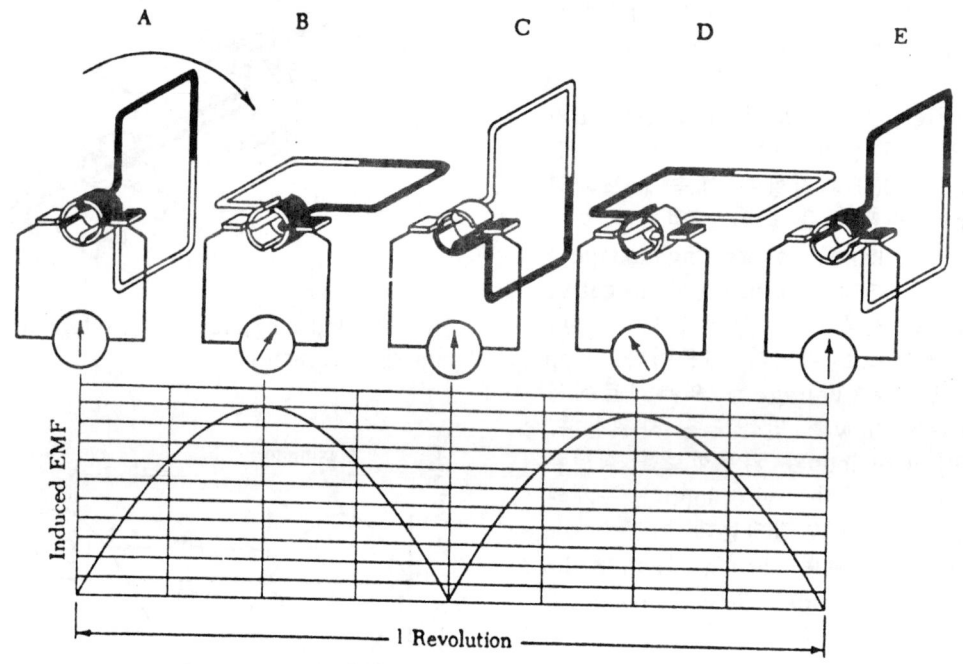

Fig. 2-7   Operation of a basic d.c. generator.

meter는 우측으로 기울어서 output voltage의 polarity롤 지시한다.

position C에서 loop는 완전하게 180° 회전했다. 다시 flux line을 못잘라서 output voltage는 "0"이다. point C에서 중요한 상태롤 볼수 있는데, sement와 brush의 작용이다. 180° 각도에서 black brush는 commutator 및 white commutator 양쪽에 접촉하며 마찬가지로 white brush도 정류자 다른 반대쪽의 두정류자편에 동시에 접촉하게 된다.

loop가 180° point롤 약간 지나 회전하면 black brush는 오직 white segment만 접촉한다. 이러한 정류자 요소 계페 특성때문에 black brush는 항상 아래쪽으로 움직이

142

는 코일 부분만을 접촉하고, white brush는 coil쪽의 올라오는 방향으로 접촉한다. 전류는 A.C generator에서 loop의 방향에 따라 전류가 거꾸로 바뀌는 것과 똑같지만 commutator 작용이 외부회로 (external circuit)나 meter에 항상 같은 방향으로 흐르게 한다. Fig. 2-7은 1 cycle의 그래프이다. position A, B와 C에서 e.m.f의 발생은 basic A.C generator와 똑같다. 그러나 position D에서 commutator action이 external circuit으로의 전류를 거꾸로 흐르게 한다. 그리고 두번째 1/2 cycle은 처음 1/2 cycle처럼 같은 파형을 갖고 있다.

정류(commutation)의 과정을 때로는 rectification이라고 부르는데, 왜냐하면 rectification은 A.C voltage를 D.C voltage로 바꾸기 때문이다. position A, C와 E에서 각 brush가 정류자의 두개의 정류자편에 접촉하는 순간에는 직접 쇼트회로(short circuit)가 만들어진다. 만약 이때 loop가 기전력(e.m.f)을 발생시키면 high current가 회로에 흘러서 arc를 일으키거나 commutator에 손상을 준다. 이런 이유로 발전되는 기전력(e.m.f)이 0일때 쇼트가 되도록 브러시를 정확한 위치에 장치하여야 한다. 이 지점을 중립면(neutral plane)이라고 한다. basic D.C generator에 의해 voltage가 발생되는데 loop가 1 회전할때 0에서 최대까지 두번 나타난다. 이렇게 D.C voltage가 변하는 것을 "ripple"이라고 한다. 그리고 이것은 더 많은 loop나 coil을 사용해서 줄일수 있다.

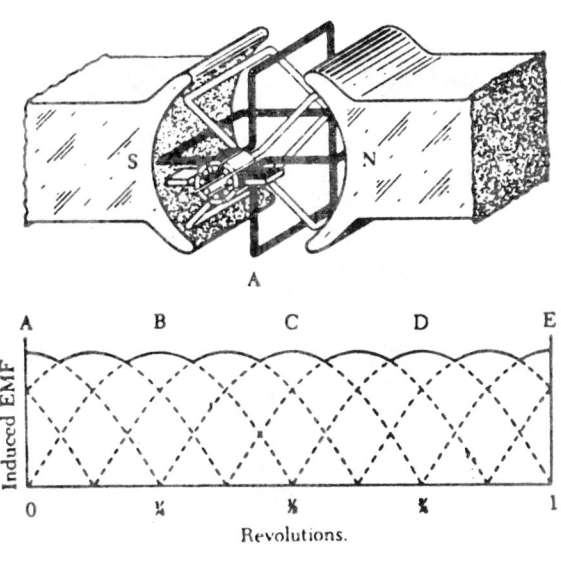

Fig. 2-8   Increasing the number of coils reduces the ripple in the voltage.

Fig. 2-8에서 보는것 처럼 loop의 수가 늘었다. maximum voltage와 minimum voltage value의 변화가 감소했다.

generator의 output voltage가 거의 D.C value에 접근하고 있다.

Fig. 2-8 A에서 commutator segment수가 늘어나서 loop의 수도 늘었다. 즉 두 segment에 1 loop, 4 segment에 2 loop, 8 segment에 4 loop이다. single turn loop에 유도되는 voltage는 작다. loop수는 증가시켜도 발생되는 voltage의 maximum value는 증가 시킬 수 없다. 그러나 각 loop의 감은 수를 늘리면 이 수치를 크게할 수 있다. D.C generator의 output voltage는 loop의 감은수, 한쌍의 pole에 걸리는 total flux, amarture의 회전속도등에 좌우된다.

2) 직류발전기의 구조특성 (Construction feature of D.C generator)

A/C에 사용하는 generator는 설계가 조금씩 다르다. 왜냐하면 서로 다른 제조회사

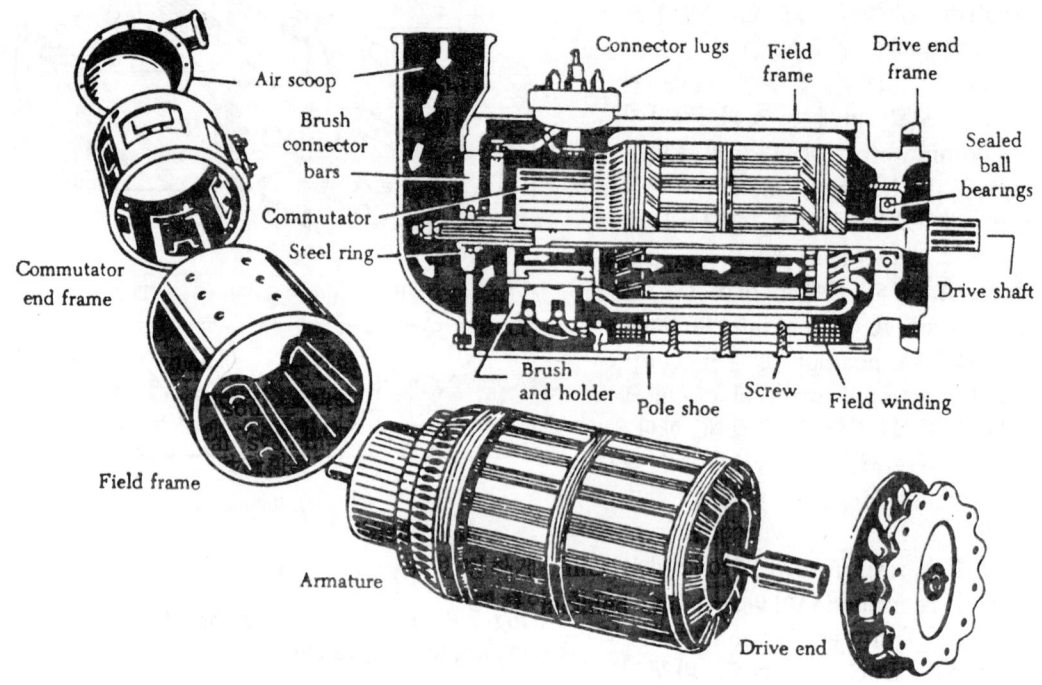

Fig. 2-9   Typical 24-volt aircraft generator.

에 의해서 만들어지기 때문이다. 그러나 일반적으로 비슷하게 제작되고 작동이 비슷하다.

D.C generator의 주요 구성부는 field frame (yoke), 회전하는 전기자 (rotating armature), 브러시 부분 (brush assembly) 이다.

Fig. 2-9는 일반적인 A/C generator 부품을 도시하였다.

3) 계자틀 (Field frame)

field frame은 요오크(yoke)라고도 부른다. 이것은 발전기틀 지탱한다.
frame은 두가지 기능이 있는데, 이것은 극사이의 자기회로를 형성하는 것과 발전기 나머지 부분의 기계적인 지지대로 쓰이는 것이다.

Fig. 2-10은 two-pole generator의 단면이다. small generator에서 frame은 one piece의 iron으로 만들지만 대형발전기는 두 부분을 만들어서 bolt로 조인다. frame은 높은 magnetic 특성을 갖고 있고 pole piece와 함께 magnetic circuit의 주요부를 형성한다. field pole은 bolt로 frame 안쪽에 조여지고 core를 형성해서 field coil winding 이 감겨진다.
pole은 보통 laminate되어 있어 와전류 손실을 감소시키고 electromagnet의 iron core처럼 같은 목적으로 사용된다.

144

즉 field coil에 의해 만들어진 자력선을 집중시킨다. 전체 frame은 field pole을 포함해서 high-quality magnetic iron이나 sheet steel로 만들어진다. 실제 D.C generator는 영구자석 대신에 electromagnet을 사용한다. 필요한 세기의 자장을 만들기 위해서 영구자석은 상당히 커야 하기 때문에 generator덩치를 크게 하는 원인이 된다. field coil은 insulated wire로 pole의 iron core위에 맞게 감는다.

여자전류(exciting current)는 magnetic field를 만드는데 사용하고, 이것은 field coil을 지나서 흐른다. 이 exciting current는 external source나 D.C generator에서 만들어진 D.C를 받는다. field coil wing과 pole piece사이에는 전기적 연결이 전혀없다.

Fig. 2-10에서 pole piece가 frame에서 튀어나왔다(salient pole라고 부른다). 왜냐하면 air가 자장에 많은 저항을 주기 때문에, 이 설계는 pole과 rotating armature사이의 air gap의 길이를 줄여서 generator의 효율을 높인다.

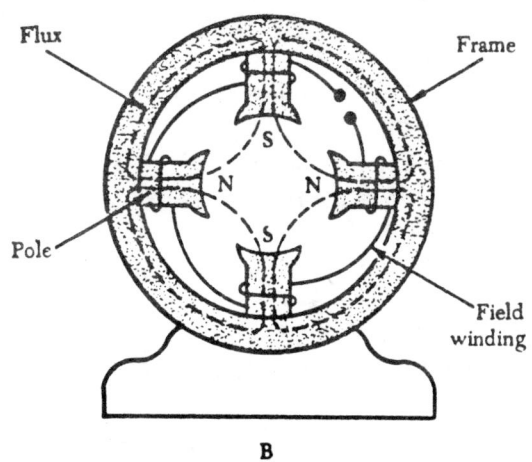

Fig. 2-10   A two-pole and a four-pole frame assembly.

4) 전기자 (Armature)

전기자 조립체(armature assembly)는 iron core에 armature coil이 감겨 있고, 정류자 그 외의 mechanical part등으로 구성되어 있으며 shaft에 붙어 있고 field coil속을 회전해서 자장을 만들어 낸다. armature의 core는 magnetic field에서 iron conductor역할을 한다. 이런 이유로 laminate되어 와전류의 순환을 막는다. 두 종류의 armature가 있다. ring과 drum type이다.

Fig. 2-12는 ring-type armature로 iron core, eight section winging, eight-segment commutator등으로 구성되어 있다. 이 종류의 armature는 거의 사용하지 않고 대부분 generator는 drum-type armature를 사용한다.

Fig. 2-13은 drum-type armature로 coil이 core의 slot에 위치해 있다. 그러나 coil

과 core사이에 아무런 전기적 연결이
없다. slot을 사용하면 armature의
mechanical safety를 증가시키다.

　보통 wooden이나 fiber wedge에
의해 coil이 slot에 자리잡고 있게 한
다. 각 coil의 연결은 coil end라고 부
르고 각 segment에서 commutator로
연결된다.

5) 정류자 (Commutator)

　일반적인 정류자의 단면이다. co-
mmutator는 armature의 끝에 위치해
있고, 경인동(hard-drawn copper)의
wedge-shaped segment로 되어 있고,
얇은 mica sheet로 각각 insulate되어
있다. segment는 V-ring이나 clam-
ping flange와 bolt등에 의해 제자리에
고정되어 있다.

　mica-ring은 flange에서 segment를
insulate한다.

　각 segment의 튀어 나온 부분을
riser라고 부르고 armature coil의 lead
가 riser에 납땜되어 있다. segment에
riser가 없으면 segment끝의 short slit
에 lead를 납땜한다. brush는 com-
mutator표면을 타고 armature coil과
external circuit사이의 전기적 접촉을

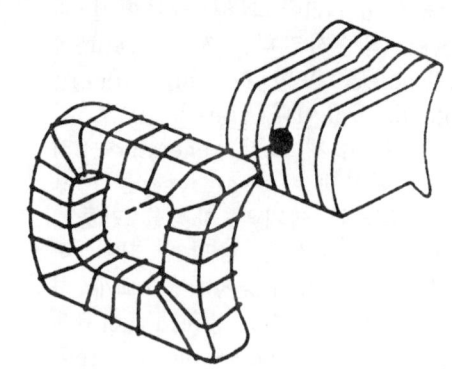

Fig. 2-11　A field coil removed from a field pole.

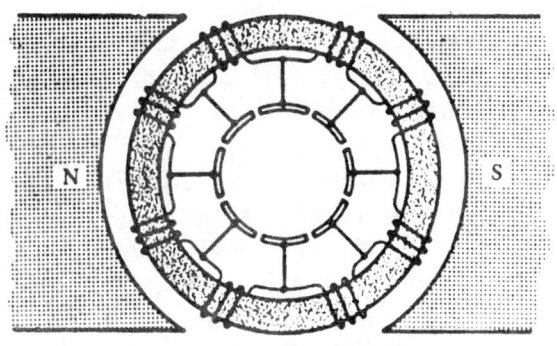

Fig. 2-12　An eight-section, ring-type armature.

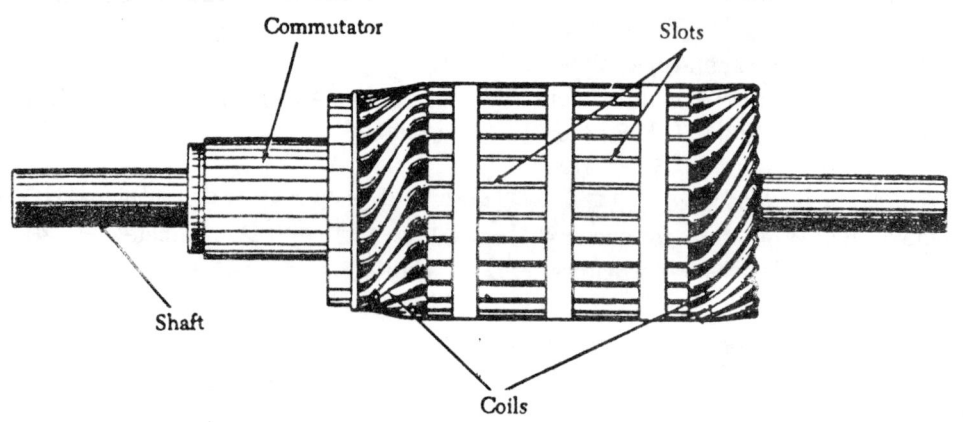

Fig. 2-13　A drum-type armature.

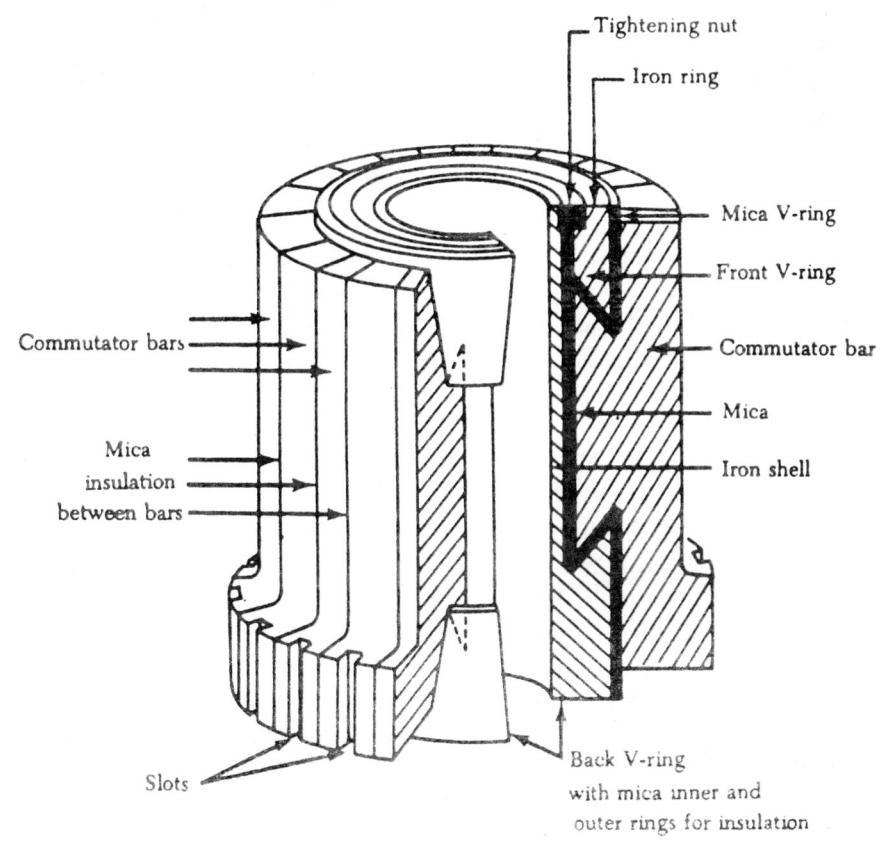

Fig. 2-14 Commutator with portion removed to show construction.

형성한다. flexibie, braided-copper conductor는 흔히 pigtail이라고 부르고 각 brush에서 external circuit으로 연결되어 있다.

brush는 high-grade carbon으로 만들고 brush holder에 의해 제자리에 머물러 있고 frame으로부터 절연되어 있다.

그리고 brush는 holder를 따라 slide up이나 slide down해서 commutator표면의 불규칙한 것을 받아 들인다. brush는 adjustable이어서, commutator에 brush pressure는 brush의 위치에 따라서 다르다.

이 material은 또한 commutator와 brush사이의 마찰이 낮아야 한다. 이런 이유로 high-grad carbon을 쓴다. brush는 되도록 면적이 커서 넓은 접촉 면적을 제공해야 한다. commutator표면은 가능한한 마찰을 감소시킬수 있게 미끈하게 한다. commutator에는 oil이나 grease는 절대 사용해서는 안된다.

2-2. 직류발전기의 종류 (Types of D.C Generator)

3가지 type의 D.C generator가 있다.
ⓐ series wound(직권형)

ⓑ　shunt wound (분권형)
ⓒ　series-shunt-compound
　　wound (복권형)
　형태의　차이점은　계자권선 (field
winding)과　외부회로의　관계이다.

1) 직권형 직류발전기
　　(Series-wound D.C generator)

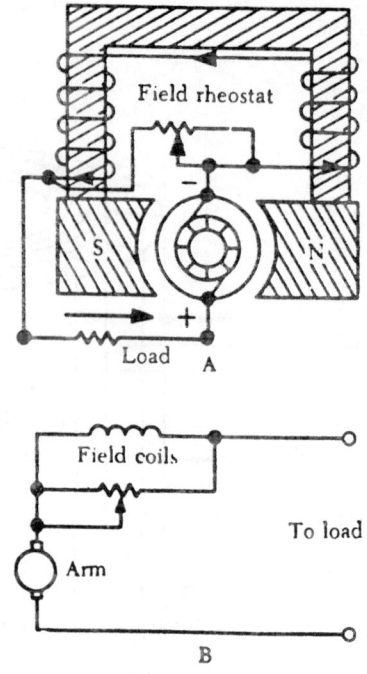

　series-generator의　계자권선은　외
부회로와　직렬로　연결되어　있다.　이
external circuit을　부하 (load) 라고　부
른다.

　field coil은　large wire감긴　횟수가
매우　작고　magnetic field의　세기는
coil의　감은　수보다는　전류에　좌우된
다.　series generator는　load가　변할때
는　voltage regulation이　아주　불량하
다.　이것은　더　많은　전류가　field coil
을　통해　external circuit으로　가면　더
큰　유도 e.m.f와　더　큰　출력전압　때
문이다.　그러므로　load가　증가되면
voltage가　증가한다.　series-wound
generator의　출력전압은　field winding

Fig. 2-15　Diagram and schematic of a series-wound generator.

과　병렬인　가변저항기 (rheostat)에　의해　조절된다.
　series-wound generator가　조절의　어려움　때문에　절대로　A/C generator로　사용하
지　않는다.　A/C의　generator는　field winding이　shunt나　compound로　연결된다.

2) 분권형 직류발전기 (Shunt-wound D.C generator)

　generator에　계자권선 (field winding)과　외부회로 (external circuit)에　병렬로　연결된
것을　shunt generator라고　부른다.
　shunt generator의　field coil은　small wire로　많이　감겨　있고, magnetic의　세기는
coil을　지나는　전류의　세기보다　coil의　감은　수에　의해서　얻어진다.　만약　constant
voltage를　원하면　shunt-wound generator는　fluctuating load에　적합하지　않다.　load가
증가하면　terminal voltage가　증가하는데,　이것은　armature와　load가　직렬로　연결되었
기　때문이고,　모든　전류는　armature winding을　통해　external circuit으로　흐르기　때문
이다.　armature winding의　resistance때문에　voltage drop이　생긴다.　load가　증가하면
armature전류는　커지고　armature에서　IR drop (voltage drop)은　커진다.
　terminal로　공급되는　voltage는　유도 voltage와　voltage drop의　차이이다.　그러므로
terminal voltage는　감소한다.　voltage의　감소는　field 세기를　감소시키는데,　왜냐하면
field coil의　current감소는　terminal voltage감소와　비례하기　때문이다.　약해진　field는
voltage를　더　감소시킨다.　load가　감소하면,　output voltage는　따라서　증가하고,

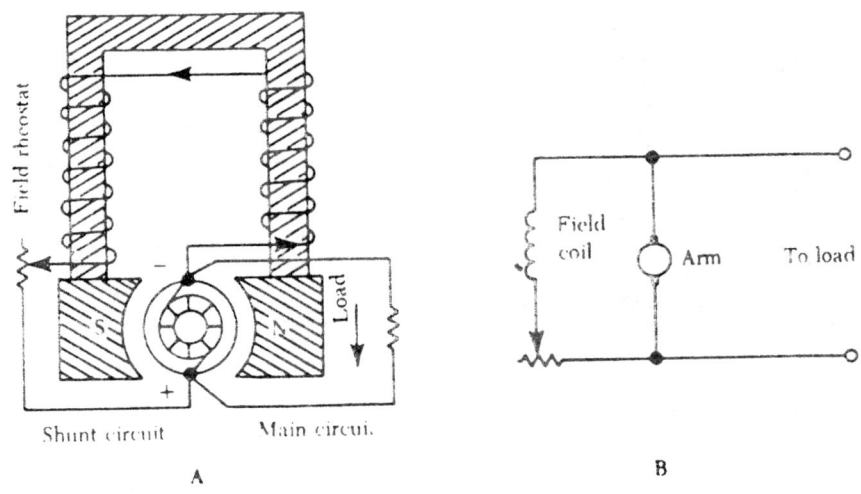

Fig. 2-16   Shunt-wound generator.

winding에 많은 전류가 흐른다. 이 action이 쌓여서 output voltage는 계속해서 상승해서 field saturation까지 이르게 되고, 여기 이르면 더 이상의 output voltage상승은 없다.

　　shunt generator의 terminal voltage는 field winding과 직렬로 연결된 rheostat을 통해서 조절한다. 저항이 증가하면서 field current는 감소하고 연속적으로 generated voltage도 감소한다. field rheostat의 정해진 setting때문에 armature brush에서 terminal voltage는 대략 generated voltage에서 armature의 load current에 의해서 IR drop을 뺀것과 같아진다. 그리고 generator의 terminal에서 load가 연결되면 voltage는 떨어진다.

　　voltage-sensitive device를 이용해서 field rheostat을 자동적으로 조절해서 load 변화를 보상한다. 이 device가 사용되면 terminal voltage는 일정한 상태로 남아 있다.

3) 복권형 직류발전기 (Compound-wound DC generator)

　　compound-wound generator는 series winding과 shunt winding의 각각의 좋은 특성을 이용한 것이다. series field coil은 두꺼운 구리선으로 상당히 적은 수로 감았고, circuit나 rectangular의 단면을 갖고 있고, armature circuit과는 직렬로 연결되어 있다. 이 coil들은 shunt field coil이 고정된 곳에 함께 붙어 있고, 그러므로 기자력이 generator의 main field flux에 영향을 미친다.

　　Fig. 2-17은 compound-wound generator의 diagram과 schematic이다.
　　만약 series field의 ampere-turn이 shunt field의 그것과 같은 방향이면 합쳐진 기자력은 series와 shunt field component의 합과 같다.
　　compound generator에 load를 더하는 것은 generator terminal에 parallel path를 늘려서 shunt generator에 load를 더하는 것과 같은 방법이다. load를 더해서 total load resistance를 감소시키는 것은 armature circuit과 series-field circuit current를 증가시

149

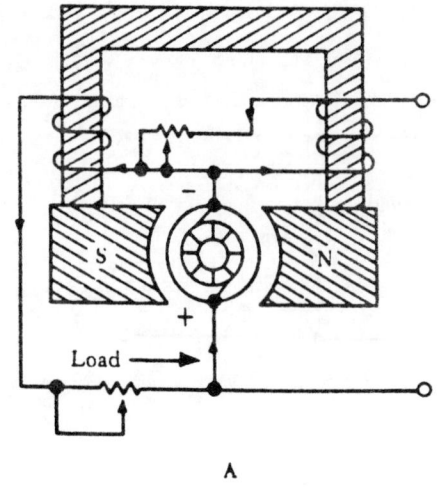

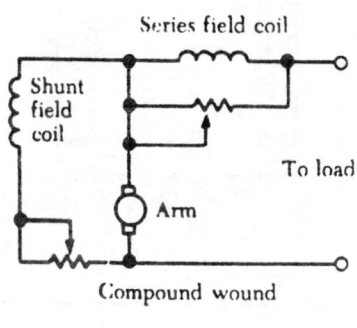

A   B

Fig. 2-17   Compound-wound generator.

킨다.

series field를 더하는 효과는 load가 증가와 함께 field flux가 증가되는 것과 같다. field flux가 커지는 폭은 shunt field current에 의해 결정되는 것처럼 field의 saturation에 의해 결정된다.

generator의 terminal voltage는 load에 따라 커지기도 작아지기도 하는데, 직렬 field coil의 영향에 따라 좌우된다.

이 영향은 복권의 정도로 볼수 있다. 평복권 발전기는 무부하와 최대부하에서 같은 voltage를 갖고, 부족 복권발전기는 최대부하 전압이 무부하 전압 수치보다 크다.

load가 커지면서 terminal voltage가 변하는 것은 compounding의 degree에 좌우된다.

만약 series field가 shunt field에 더해지면, generator는 화동복권(cumulative-compouded라고 말한다. (Fig. 2-17 B)

만약 series field가 shunt field에 마주하고 있으면 차동 발전기(differential gene-rator)나 차동복권(diffe-

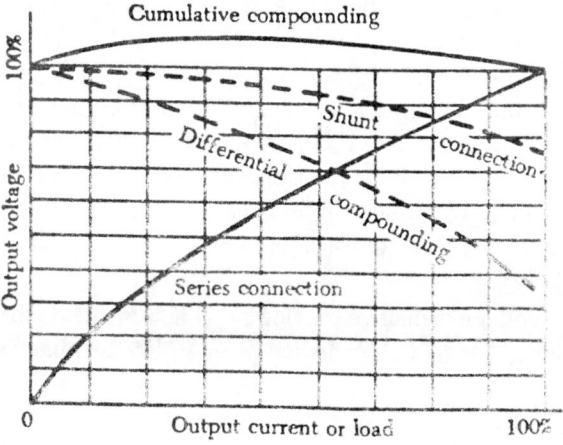

Fig. 2-18   Generator characteristics.

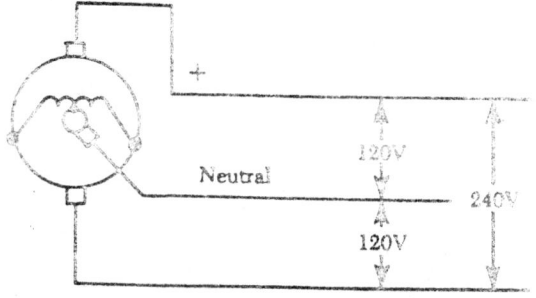

Fig. 2-19   Three-wire generator.

rentially compouned) 되었다고 말한다. compound generator는 보통 과복권(over compounded)으로 설계한다. 이 특징은 series field에 가변분권(variable shunt)을 연결해서 compounding의 degree를 변하게 한다. 이런 shunt는 가끔 diverter라고 부른다. compound generator는 전압 조절이 가장 중요한 곳에 사용한다.

differential generator는 series generator처럼 같은 특성을 갖고 있다. 무부하에서 정격전압을 발생시키지만 load current가 커지면 voltage drop이 생긴다. constant-current generator는 electric arc welder의 power source로는 이상적이다. 실제로 전기 아아크 용접에 많이 쓰인다. 만약 복권 발전기의 shunt field가 armature와 series field에 연결되면, 이를 long-shunt connection이라고 하고, 만약 shunt field가 armature에만 연결되면 이것을 short-shunt connection이라고 한다. 이 연결은 근본적으로 같은 generator특성을 만들어낸다.

Fig. 2-18은 여러가지 type의 generator 특성을 보여주고 있다.

4) 3선 발전기 (Three-wire generator)

일부 D. C generator를 three-wire generator로 부르고 중립도선(neutral wire)에서 240 volts나 120 volts를 공급할 수 있게 설계되었다.

commutator의 반대쪽에 reactance coil을 연결하고 neutral은 reactance coil의 중간지점에 연결한다. reactance coil이 저손실 전압 분할기(low-loss voltage divider)처럼 역할을 한다. 만약 resistor가 사용되면 두 load가 완전하게 일치되지 않으면 IR loss

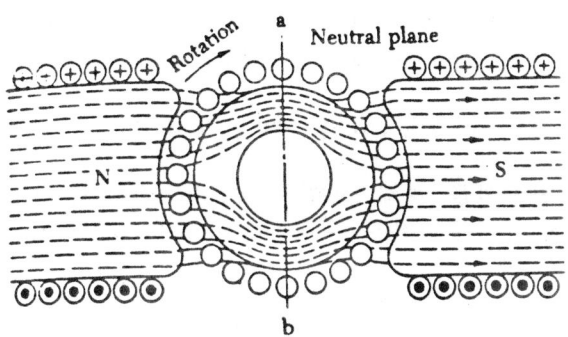

A Field excited, armature unexcited

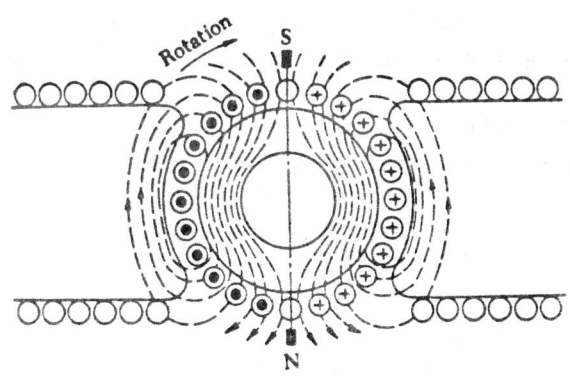

B Armature excited, field unexcited

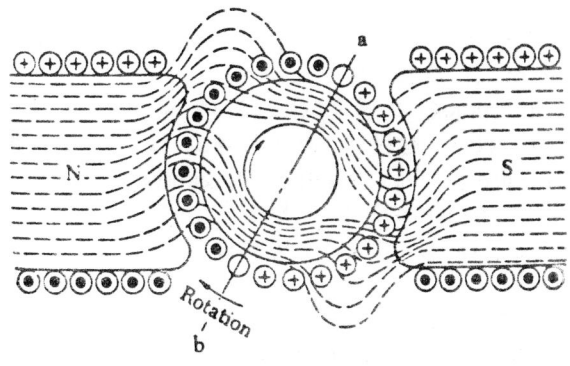

C Both field and armature excited

Fig. 2-20 Armature reaction.

는 금지된다. coil은 일부 generator에서 armature의 부분처럼 만들어지고 중간점이 단일 slip ring에 연결되고, 이것이 brush를 통해서 netural contact이 된다.

다른 genertor에서 commutator로 두개가 연결되는데, 이것은 두 slip ring에 연결되고, reactor는 generator의 밖에 위치해 있다.

중립쪽 부하의 불균형은 generator 정격 전류 출력의 25%를 넘어서는 안된다. 3-wire generator는 120 volts 전등회로와 240 volts 전동기를 동시에 작동할 수 있다.

5) 전기자 반응 (Armature reaction)

전기자를 통해 전류가 흐르면 권선에 전자장이 형성된다. 이 새로운 field는 straight line path로 부터 generator의 pole사이의 자속을 일그러 뜨리고 굴곡 시키려고 한다. load와 함께 armature전류가 증가함으로 load가 증가하면 distortion도 커지게 된다. magnetic field의 distortion은 armature reaction이라고 부른다.

generator의 armature winding은 armature가 회전할때 brush가 인접한 후 segment를 접촉하는 특정한 위치가 있어서 armature winding이 이 segment로 short된다. magnetic field가 distort되지 않을때는 shorted winding에 voltage가 유도되지 않은 상태이고, 그러므로 winding shorting으로 인해 손상되는 것은 없다. 그러나 field가 distort되면 이 shorted winding에 voltae가 유도되어 brush와 commutator segment사이에서 sparking이 발생한다. 계속해서 commutator는 움푹 패이게 되어 brush의 마모가 빨라지고, generator의 output이 감소한다. 이 상태를 바로 잡기 위해 brush를 조절하는데, brush와 distorted magnetic field와 수직이 되어 short되는 coil은 brush를 회전 방향의 전방쪽으로 옮긴다. 이 과정을 brush를 netural plane으로 shifting한다고 말한다. neutral plane은 두개의 opposite coil의 plane이 generator의 magnetic field와 수직이 되는 위치이다.

interpole을 사용해서 field distortion의 효과에 대응하도록 하는데, 왜냐하면 brush를 shifting하는 것으로 완전하게 치료할 수 없기 때문이다. interpole은 pole인데, generator의 main pole사이에 위치한다. 예를들어 four pole geneator는 4개의 interpole이 있다.

Fig. 2-21은 4-pole generator로 interpile을 갖고 있다.

interpole은 회전 방향으로 다음의 main pole과 같은 polarity를 띠고 있다. interpole에 만들어진 magnetic flux는 armature전류의 방향을 전기자 권선을 통과하는 방향으로 변하게 한다.

이것이 전기자 권선에 대한 electromagnetic field를 없앤다.

interpole의 magnetic세기는 generator의 load에 따라 다르다. load에 따라 field distortion이 다르기 때

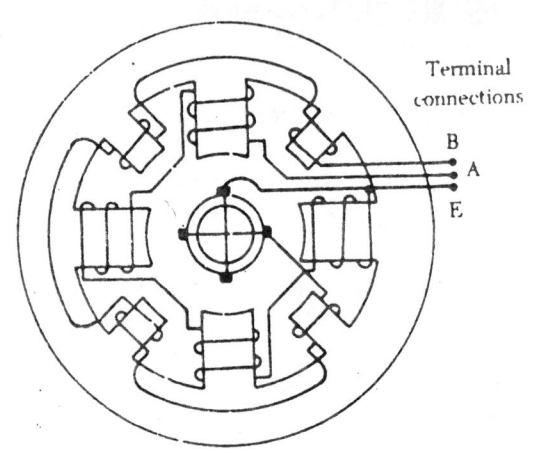

Terminal connections

B
A
E

Fig. 2-21　Generator with interpoles.

문에 interpole의 magnetic field가 ramture winding주변 형성된 field의 효과에 대응해서 field distortion을 최소화 한다. 이것은 interpole이 generator의 모든 load에 neutral plane을 같은 위치에 있도록해서 interpole에 의해 field distortion을 감소시켜서 brush의 수명과 output, efficiency등을 좋게 한다.

6) 발전기 정격 (Generator rating)

발전기는 출력전력으로 규격이 정해져 있다. generator가 정해진 voltage에서 작동하게 설계되어 있어 rating은 정해진 ampere수로 generator가 안전하게 rated voltage를 공급한다. generator rating과 performance data는 generator의 name plate에 stamp되어 있다.

generator를 교환할때는 이 rating을 고려해야 한다.

generator의 회전은 시계방향이나 반시계방향으로 나타내고, 이때 방향은 driven end에서 보았을때 이다.

보통 회전방향은 data plate에 stamp되어 있다.

만약 plate에 stamp가 없으면 brush housing의 cover plate에 화살표로 표시되어 있다. 이것은 상당히 중요한데, generator의 방향이 바뀌면 voltage가 거꾸로 된다. A/C engine속도는 idle rpm에서 takeoff rpm까지 변한다. 그러나 비행중 대부분은 crusing speed이다.

generator drive는 gear가 engine crankshaft속도의 9/8-3/2 배로 회전하도록 연결되어 있다. 대부분의 A/C generator가 normal voltage를 생산하기 시작하는 속도를 "coming-in" 속도라고 하고 보통 1500 rpm정도이다.

7) 발전기 단자 (Generator terminal)

대부분의 24 volts generator에서 전기연결은 Fig. 2-22와 같이 B, A와 E등으로 표시되어 있다.

generator의 positive armature lead는 B terminal에 연결되어 있다. negative armature lead는 terminal에 연결되어 있다.

shunt field winding의 positive end 는 terminal A에 연결되어 있고 반대쪽 end는 neative terminal brush에 연결되어 있다.

terminal A는 shunt field winding 을 통해 negative generator brush로 부터 전류를 받는다. 이 전류는 voltage regulator를 지나서 positive brush를 통해 armature로 돌아간다. load current는 negative brush를 통해 armature를 떠나서 E terminal로 나와서 positive brush를 통해 armat-

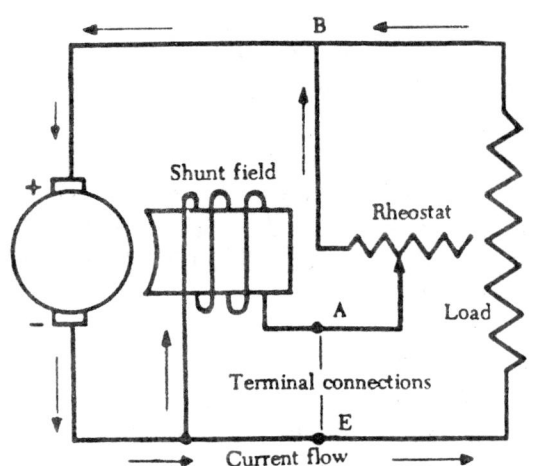

Fig. 2-22 Regulation of generator voltage by field rheostat.

153

ure로 돌아가기 전에 load를 통한다.

2-3. 발전기의 전압조절 (Regulation of Generator Voltage)

A/C 전기장비의 효율적인 작동은 generator로부터의 constant voltage supply에 좌우된다. generator의 voltage output을 결정하는 요소중에서 field current의 세기 (strength)를 편리하게 조절할 수 있다.

Fig. 2-22 diagram에서 field circuit에 rheostat이 있다.

만약 rheostat의 field circuit의 저항을 증가시키게 조절되면 field winding을 통과하는 전류가 줄어들고 magnetic field의 세기가 감소되어 armature회전이 감소한다. 계속해서 generator의 voltage output이 감소한다. 만약 field circuit의 저항이 rheostat과 함께 감소되면 field winding에 더 많은 전류가 흘러서 magnetic field는 강해지고 generator는 더 큰 voltage를 만들어 낸다.

Fig. 2-23에서 generator가 정상 속도로 작동하고 있을때 switch K가 open되면 field rheostat이 조절되어 terminal voltage는 정상의 60%가 된다. solenoid S가 약하고, contact B가 spring에 의해 닫혀 있다.

K가 닫히면 field rheostat에 short circuit이 주어진다. 이 action 이 field current를 증가시키고 terminal voltage를 상승시킨다.

terminal voltage가 특정한 critical value이상으로 상승하면

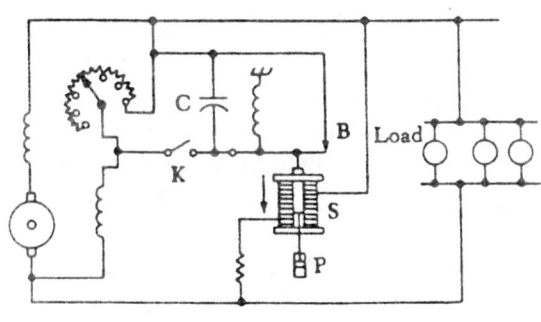

Fig. 2-23 Vibrating-type voltage regulator.

solenoil가 spring tension을 밑으로 잡아당겨서 contact B를 open시켜서 이것이 field circuit에 field rheostat을 연결시켜서 field current와 terminal voltage를 감소시킨다. terminal voltage가 critical voltage이하고 떨어지면, solenoid armature contact B가 spring에 의해 다시 닫힌다. field rheostat은 short되고, terminal voltage는 다시 상승하기 시작한다. cycle이 빠르게 반복되어서 연속 동작으로 나타난다. 이것이 voltage를 load 변화에 관계없이 일정한 수치로 유지한다. dashpot P는 damper처럼 작용해서 smoother operation을 제공해서 hunting을 막는다. conta. ct B의 capacitor C는 sparking을 제거한다.

load가 더해지면 field rheostat이 더 오랫동안 short되게 해서 solenoid armature가 더욱 천천히 vibrate한다.

만약 load가 감소되면 terminal voltage는 상승하고 armature는 더 빠르게 vibrate하고 regulator는 어떠한 load변화에도 terminal voltage를 꾸준하게 유지한다.

high field current의 generator에는 vibrating type regulator는 사용할 수 없는데, 이것은 contact이 pit되거나 burn되기 때문이다.

heavy-duty generator system은 carbon-pile voltage regulator와 같은 type의

regulator가 필요하다.

1) 카본-파일 전압조절기 (Carbon-pile voltage regulator)

카본-파일 전압 조절기는 파일이나 스택(stack)의 carbon disk수의 저항에 따라 달라진다. carbon stack의 저항은 압력과 반비례한다. stack의 상당한 압력으로 압축되면 stack의 저항은 줄어든다. 압력이 감소되면 carbon stack의 저항은 증가하는데, disk사이의 더 많은 airspace가 있기 때문이고, 공기는 높은 저항을 갖고 있다. carbon pile의 pressure 두가지 opposing force의 영향을 받는다. 이것은 spring과 전자석이다. spring이 carbon pile을 압축하고, 전자석이 잡아 당겨서 pressure를 감소시킨다.

Fig. 2-24에서 전자석(electro-magnet)의 coil이 diagram에 표시되어 있다.

이 coil은 generator terminal B와 rheostat(adjustable knob)를 통해서 resistor(carbon disk)를 지나 ground로 간다.

generator voltage가 변하면 electromagnet의 당기는 힘도 변한다. 만약 generator voltage 상승이 정해진 것보다 더 커지면 electro-magnet의 당기는 힘이 커져서 car-bon pile에 가해진 pressure를 감소시켜서 저항을 증가시킨다. 이 저항이 field와 직렬이어서 field winding을 통하는 전류가 감소해서 따라서 field strength가 감소하고, generator voltage가 drop한다. 반면, generator output이 정해진 수치 이하로 떨어지면 electromagnet의 당기는 힘이 감소해서 carbon pile에 저항이 적어진다. 그래서 field strength가 증가하고 generator output은 증가한다. small rheostat은 electromagnet coil을 통과하는 전류를 조절하는 수단이 된다.

Fig. 2-25는 24-volt voltage regulator로 내부 회로가 연결되어 있다.

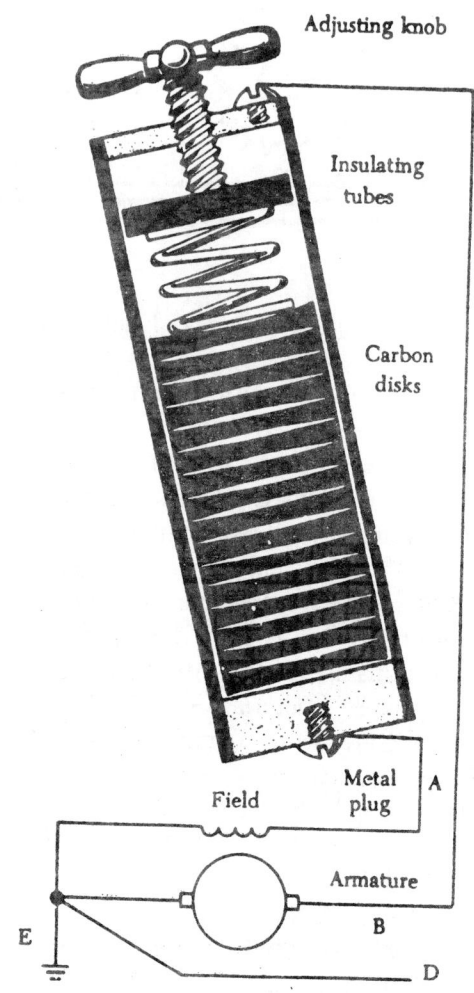

Fig. 2-24 Illustrating the controlling effect of a carbon-pile voltage regulator.

155

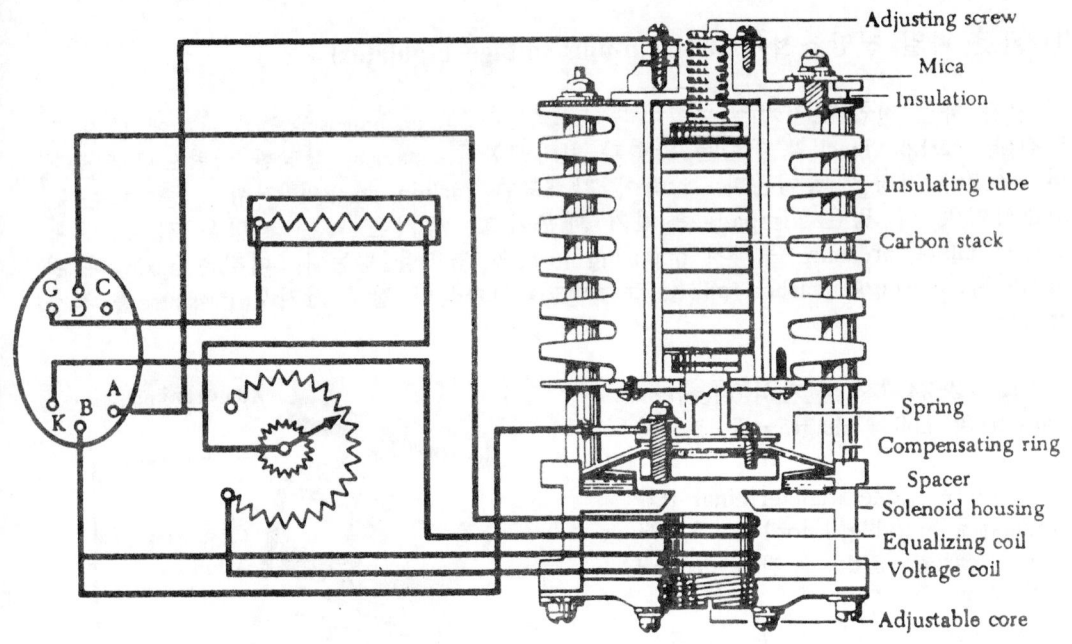

Fig. 2-25   A 24-volt voltage regulator showing internal circuits.

2) 3단 조절기 (Three-unit regulator)

경 항공기는 generator system에 3단 조절기를 사용한다.

이 type의 regulator는 current limiter와 reverse current output과 voltage regulator 가 있다. voltage regulator unit의 action은 vibration-type regulator와 비슷하다. 3 unit의 두번째로, current regulator는 generator의 output current를 제한한다.

3번째의 unit은 reverse-current output으로 generator에서 battery를 분리시킨다. 만약 battery가 분리되지 않으면 generator voltage가 battery voltage보다 낮을때 generator armature를 통해 discharge된다. 이것이 generator를 motor처럼 작동시킨 다. 이 action은 "motoring"이라고 부르고, 방지하지 않으면 짧은 시간에 battery를 discharge시킨다. 3-unit regulator의 작동을 설명하기로 한다.

voltage regulator unit의 vibrating contact C1의 action은 point R1과 L2사이에 간헐 적인 (intermittent) short circuit을 만든다.

generator가 작동하지 않을때 spring S1이 C1을 닫힌 상태로 잡고 있다. C2로 S2 에 의해 닫혀 있다.

shunt field가 직접 armature와 연결된다.

generator가 start하면 generator속도가 붙으면서 terminal voltage는 상승하고, armature는 닫힌 contact C2와 C1을 통해 전류를 받아서 field를 공급한다. terminal voltage가 상승하면서 L1을 통과하는 전류가 상승하고, iron core는 더욱 강하게 magnetize된다. 일정한 정해진 속도와 voltage에서 movable arm의 magnetic attraction

156

이 spring S1의 tension을 극복하기
에 충분하면 contact point C1은 분
리된다. field current가 R1과 L2를
통해서 흐른다. 저항이 field circuit
에 더해지기 때문에 field는 순간적
으로 약해지고 상승하는 terminal
voltage가 제한된다. L2 winding이
L1 winding과 반대이기 때문에 S1에
대한 L1의 magnetic pull이 부분적으
로 neutralize되고, spring S1이
contact C1을 닫는다. 그러므로 R1
과 L2는 다시 short되고, field
current는 다시 증가하고, output
voltage는 증가한다. 그리고 C1이
open되는데, 이것은 L1의 action때문
이다. cycle은 상당히 빠르고 1초당
빈번한 횟수로 일어난다.

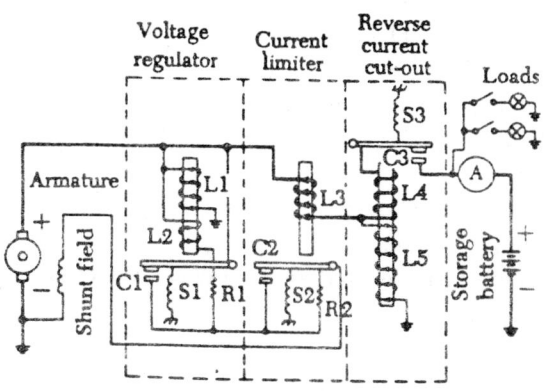

Fig. 2-26 Three-unit regulator for variable-speed generators.

genarator의 terminal voltage는 약간 변하지만 average value이하나 이상은 spring S1의 tension에 의해서 결정되고, 이것은 조절가능하다. vibrator type current limiter 의 목적은 generator의 output current를 자동적으로 maximum rated value에 제한해서 generator를 보호한다. Fig. 2-26은 C2가 open이고 R2가 generator field와 직렬일때 line에 흐르는 전류를 결정한다. 그러나 대조적으로 voltage regulator는 line voltage에 의해 작동되는 반면, current limiter는 line current에 의해 작동된다. spring S2는 main line을 통해 전류 흐를때까지 contact C2를 닫고, L3가 certain value를 초과하는 것을 spring S2의 ternsion에 의해 결정되어 C2를 open시킨다. 전류가 증가하는 것은 load증가에 따른다. 이 action이 generator의 field circuit에 R2를 연결(insert)시켜서 field current를 감소시키고, generated voltage를 감소시킨다. generated voltage가 감 소되면, generator current는 감소한다. L3의 core는 부분적으로 damagnetize되고 spring이 contact point를 닫는다. 이것이 generator voltage와 current를 cycle을 다시 시작하기에 충분한 수치까지 상승시킨다. load current의 특정한 최소치가 current limiter를 vibrate 시키는데 필요하다.

reverse-current output relay의 목적은 generator voltage가 battery voltage보다 낮을때 generator에서 battery를 자동적으로 분리시킨다. 만약 이 device가 generator circuit에 사용되지 않으면 battery는 작동시키지만 generator는 engine에 연결되어 있어 이 "motoring"이 이와같은 heavy load를 회전시키지는 못한다. 이 상태에서 generator winding은 excessive current에 의해 심하게 손상된다.

L4와 L5 두개의 winding이 soft-iron core에 있다. current winding L4는 heavy wire로 적은 수로 감겨져 있고, line과 직렬이고, 전체 line current를 운반한다. voltage winding L5는 fine wire를 많은 횟수로 감은 것이고 generator terminal과 shunt되어 있다.

generator가 작동하지 않을때 contact C3는 spring S3에 의해 open되어 있다.

generator voltage가 build up되면서 L5가 iron core를 magnetize시킨다. current (generated voltage)가 iron core에 충분한 magnetism을 만들면 contact C3가 닫힌다.

battery는 chargine current를 받는다. coil spring이 S3에조절되어 있어 generator의 voltage가 battery의 normal voltage를 초과할때까지 voltage winding은 contact point를 닫지 않는다. charging current가 L4를 통과해서 L5의 current를 도와서 contact이 닫힌 상태로 있게 한다. C1과 C2와 다르게 conta. ct C3는 vibrate하지 않는다. generator가 slow down되거나 어떤 이유가 있어서 generator voltage가 battery voltage 이하고 떨어지면 L4를 통해 전류가 바뀌어(reverse) L4의 ampere-turn이 L5의 ampere-turn에 반대하게 된다. 이것이 순간적으로 battery로 부터 discharge시켜서 core의 magnetism을 감소시켜서 C3를 open시킨다. 이것이 battery에서 generator로 discharge과 motoring을 막는다.

C3는 terminal voltage가 정해진 수치만큼 battery voltage보다 클때까지 다시 닫히지 않는다.

2-4. 차동형 릴레이 스위치 (Differential Relay Switch)

A/C electrical system은 일부의 역전류 릴레이 스위치(reverse-current relay s/w)를 사용하고, 이것은 reverse-current relay cutout뿐만아니라 generator의 electrical system을 분리시키는 원격 조정 스위치(remote-control s/w)의 역할도 한다.

한가지 type의 역전류 릴레이 스위치가 generator의 voltage level에 작동하는데 대형 A/C에 가장 많이 쓰는 type은 differential relay s/w이고, 이것은 battery bus와 generator 사이의 voltage difference에 의해 조절된다. differential type relay s/w는 generator voltage output이 bus voltage를 0.35~0.65 volts초과할때 generator와 electrical system의 main bus bar를 연결한다. 이는 공칭 역전류(nominal reverse current)가 버스(bus)에서 발전기로 흐를 때 발전기를 단속한다. multiengine A/C의 모든 generator의 differential relay는 electrical load가 light일때는 닫히지 않는다.

예를 들어 A/C가 50 ampere의 load를 갖고 있으면 오로지 2-3개의 relay만 닫힌다. 만약 heavy load가 공급되면, equalizing circuit를 낮추고 동시에 남아 있는

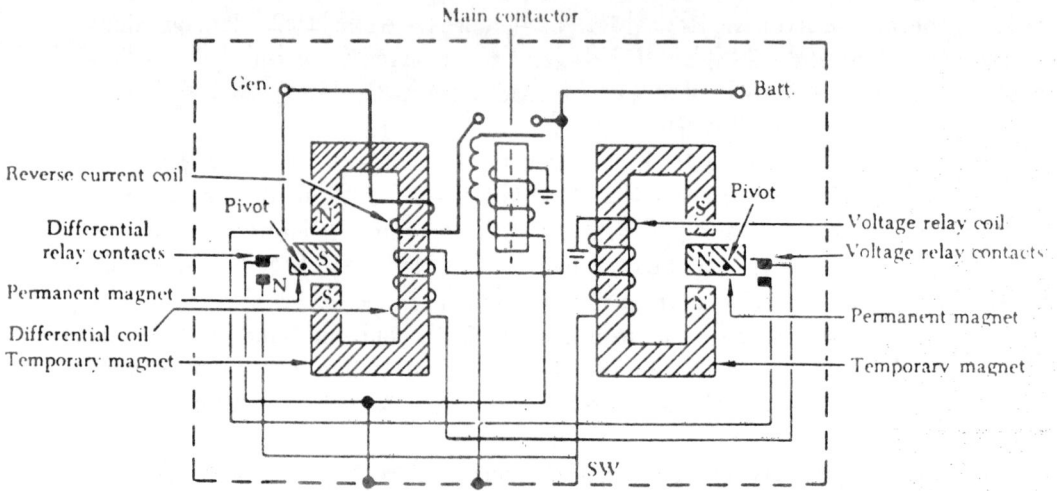

Fig. 2-27   Differential generator control relay.

generator의 voltage를 크게해서 relay가 닫히도록 한다. 만약 generator가 적절하게 평행(parallel)되었으면 generator control s/w가 turnoff될때까지 혹은 엔진 속도가 generator output voltage를 minimum need로 유지하는 것 이하로 떨어질때 까지 모든 relay는 계속 닫혀 있다.

Fig. 2-27은 differential generator control relay이다.
이것은 두개의 relay와 coil-operated contactor로 되어 있다.
하나는 voltage relay이고 다른 하나는 differential relay이다. 두 relay는 모두 permanent relay를 갖고 있고, relay coil과 함께 감긴 temporary magnet의 pole piece 사이에 pivot 역할을 한다.
one polarity의 voltage는 termporary magnet에 대해 flux가 형성되어 이것이 permanent magnet을 relay contact을 닫기에 필요한 방향으로 움직이게 한다. 즉 opposite potarity의 voltage가 field를 만들어 이 relay contact를 open시킨다. differential relay는 같은 core에 두개의 coil wound를 갖고 있다.
coil operated contactor는 main contactor라고 부르고, movable contact으로 되어 있어서 movable iron core와 coil에 의해 작동한다.
control panel의 generator s/w를 닫아서 generator output을 voltage relay coil에 연결시킨다. generator voltager가 22 volts에 이르면, coil을 통하는 전류는 voltage relay의 contact를 닫는다. 이 action 이 differential coil을 통해 generator에서 battery 로 circuit을 완성한다. generator voltage가 bus voltage를 0. 35 volts초과하면, different coil을 통해 전류가 흐르고, differential relay contact이 닫혀서 이것이 main contact coil circuit을 완성한다. main contactor의 contact이 닫혀서 generator를 bus에 연결한다.
generator voltage가 bus voltage(or battery) 이하로 떨어지면, reverse current가 differential relay의 termporary magnet에 magnetic field를 약화시킨다. 이 약해진 field가 differential relay contact을 spring이 open하게 해서, main contactor relay의 coil로의 circuit을 깨뜨려서 contact를 열고, generator를 bus에서 분리시킨다.
generator battery circuit도 cookpit control s/w를 open시켜서 break시키고, 이것이 voltage relay의 contact을 open하고 differential relay coil을 denergize시킨다.

1) 과전압 및 필드 제어 릴레이 (Overvoltage and field control relay)

generator control circuit에 이용되는 다른 두 item이 overvoltage control과 field control relay이다. 이름이 말하는 것처럼, overvoltage control은 excessive voltage가 존재할때 system을 보호한다. overvoltage relay는 generator output이 32 volts일때 닫혀서 field control relay의 trip coil이 circuit을 완성한다. field control relay trip circuit의 닫힘이 shunt field circuit을 open해서 이것이 resistor를 통해서 generator voltage가 drop하게 하고, generator s/w circuit을 완성해서 equalizer circuit (maltiengine A/C)은 open된다. lidicator light circuit이 완성되어 overvoltage상태에 있음을 지시한다. cockpit s/w의 "reset" position은 field control relay의 reset coil circuit을 완성해서 relay를 normal position으로 돌려 보낸다.

2-5. 발전기의 병렬접속 (Paralleling Generator)

두개 이상의 generator가 동시에 작동해서 load에 power를 공급하면, 이것은 병렬로 작동해야 한다. 즉 ampere-load의 part에 비례해서 공급되어야 한다. multigenerator operation을 계속하기 위해 각 generator는 load를 똑같이 나누어야 하는데, 이것은 한 generator의 voltage output이 아주 조금 증가해도 generator가 load에 필요한 power의 상당히 큰 부분을 공급해야 하는 결과를 가져오기 때문이다.

generator에 의해 load에 공급되는 power은 가끔 ampere-load로 나타낸다. power는 실제로 watt로 측정되지만 "ampere load"를 쓸수 있는 것은 generator의 voltage output이 일정하다고 생각하기 때문이고, 그러므로 power는 generator의 ampere output에 직접 비례한다.

1) (-) 도선의 병렬접속 (Negative lead paralleling)

generator에 load를 똑같이 분배하기 위해 병렬로 작동시키는데, voltage regulator의 voltage coil처럼 같은 core에 special coil이 감겨져 있다.

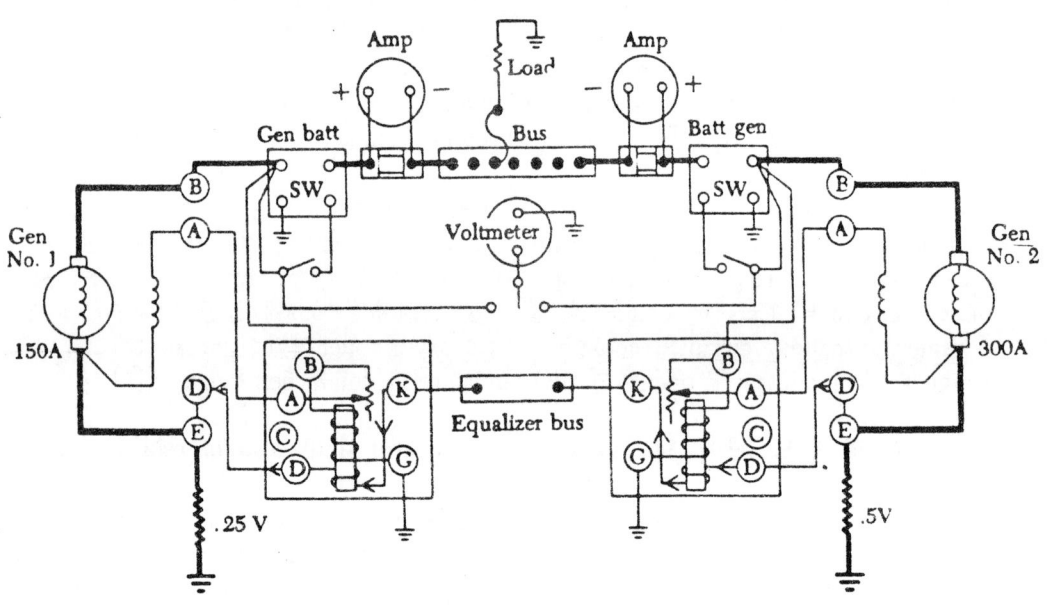

Fig. 2-28   Generator equalizer circuits.

Fig. 2-28은 동등화 계통(equalizing system)의 부분이다. calobratee resistor가 generator negative terminal E에서 ground까지의 lead에 연결되어 있다. 이 lead의 저항치는 generator가 full current output에서 작동할때 resistor에 0.5 volts의 drop이 생기는 것과 같은 수치이다.

이 resistor는 special resistor로, ground lead는 필요한 저항을 갖기 위해 상당히

길어야 한다. generator의 series winding이어야 한다. equalizing system은 각각의 calibrated resistor의 voltage drop에 좌우된다. 만약 모든 generator가 같은 전류를 공급하면, 모든 ground lead의 voltage drop은 같다. 만약 generator에 의한 전류 공급이 똑같지 않으면 generator의 ground lead에 더 많은 voltage drop이 있어서 더 많은 current를 공급한다.

No. 1 generator가 150 amperes를 공급하고, No. 2 generator가 300 amperes를 공급하면, voltage drop은 0.25 volts이고, No. 2는 0.5 volt이다. 이것은 No. 1 generator의 point E가 No. 2 generator의 point E보다 낮은 voltage이고, No. 2 generator의 E에서 No. 1 generator의 E까지의 equalizing circuit에 전류가 흐르게 된다.

equalizing coil은 No. 2 voltage regulator의 voltage coil을 돕고, No. 1 regulator의 voltage coil에 반대한다.

이런식으로 No. 2 generator의 voltage는 낮아지고 No. 1은 증가한다.

2) (+) 도선의 병렬접속 (Positive lead paralleling)

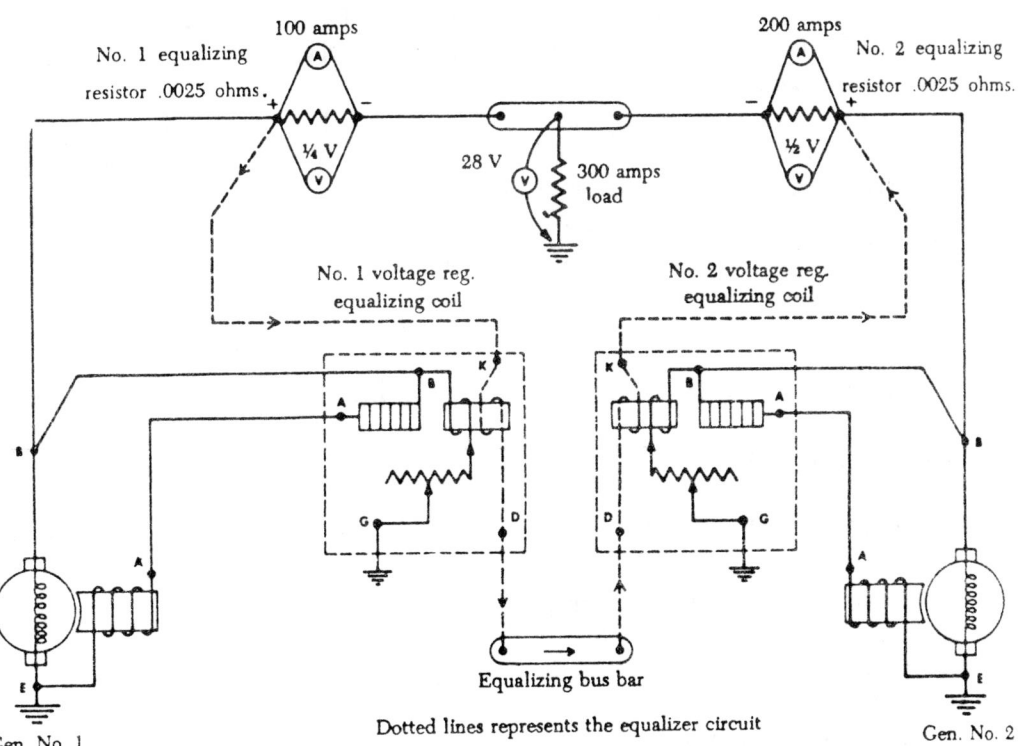

Fig. 2-29 Generator and equalizer circuits.

Fig. 2-29에서 두 generator가 총 부하 300 amperes를 담당한다.

만약 generator가 이 load를 똑같이 나누면, ammeter는 각각 150 amperes를 나타낸다. generator가 "parallel"이면 regulator의 K와 D terminal사이의 equalizing coil에 전류가 흐르지 않는다. 그렇지만 No. 1 generator의 ammeter가 100 amperes지시하

고, No. 2 generator의 표 방향으로 전류가 equalizing circuit을 통과한다.

No. 2 equalizing resistor를 통해 200 amperes의 전류가 흐르고, No. 2 resistor에 0.5 volts의 voltage drop이 있다. No1. 1 equalizing resistor를 통해 100 amperes가 흐르고, 1/4 volt drop이 resistor에 생겨서 두 resistor사이에 1/4 volt의 voltage차이가 있게 된다.

전류는 high pressure(potential) 에서 low pressure로 흐르고, negative에서 positive로 흐르므로, 이것은 화살표에 의해 방향을 표시한다. load가 같을때, 두 resistor사이에 voltage차이가 없다.

전류는 equalizing circuit을 통해서 흐르고, voltage regulator coil을 통하면서 electromagnet효과를 보게 된다. 전류는 지시된 방향으로 흐르고, No. 1 voltage regulator의 voltage coil과 equalizing coil에 서로 마주하는 magnetic field가 형성된다. 이것이 spring이 carbon disk를 압축하도록 해서 저항이 감소하고, No. 1 generator의 field circuit에 더 많은 전류가 흐르게 한다.

결과적으로 generator의 voltage output이 증가하지만 동시에 equalizing coil과 No. 2 voltage regulator의 voltage coil에 전류가 흘러서 magnetic field를 형성해서 이것이 electromagnet의 세기를 크게 한다. 이것이 carbon pile의 spring pressure를 감소시켜서 저항을 크게하고 No. 2 generator의 field circuit에 적은 양의 전류가 흐르게 한다. 결과적으로, 이 generator의 voltage output은 감소한다.

No. 1 generator의 voltage output이 증가하면, No. 1 equalizing resistor의 전압이 커지고, No. 2 generator의 voltage drop이 감소한다. 두 generator의 voltage output이 같으면 equalizing resistor의 voltage drop도 같다.

equalizing circuit에 전류가 흐르지 않으므로, load는 균형을 갖고, ammeter는 대략 같은 수치를 지시한다. generator가 parallel되었다. equalizing circuit의 목적은 voltage regulator를 도와서 자동적으로 high generator의 voltage를 낮추고, low generator의 voltage를 크게 해서 전체 load를 두 generator가 똑같이 나누도록 한다.

2-6. 직류 발전기 점검 (D.C Generator Maintenance)

1) 검사 (Inspection)

일반적으로 A/C에 붙어 있는 generator의 inspection은 다음 사항들을 포함한다.

ⓐ security of generator mounting
ⓑ electrical connection의 상태
ⓒ generator에 oil이나 dirt
    만약 oil이 보이면 engine oil seal을 점검한다.
ⓓ generator brush상태
ⓔ generator operation
ⓕ voltage regulator operation

위의 항목 중에서 ⓓ, ⓔ, ⓕ를 자세히 살펴본다.

2) 발전기 브러시의 상태 (Condition of generator brush)

brush의 sparking은 commutator bar와 접촉하는 brush의 효과적인 면적을 감소시킨다. slip ring이나 commutator에 접촉이 불량할 경우 brush seating절차를 다음과 같이 한다.

brush를 약간 들어서 No. 000 의 strip이나 fine sandpaper를 brush밑에 끼워 넣어 불규칙한 면을 갈아낸다.

generator를 짧은 시간 동안 작동시킨후 brush를 검사한다. 어떤 경우에도 emery cloth나 이와 비슷한 것을 사용해서는 안된다. 왜냐하면 conductive material이 있어서 brushe와 commutator bar사이에 arcing을 일으킨다.

너무 과도한 브러쉬의 압력은 브러쉬를 빨리 마모시킨다. pressure가 너무 적으면 brush가 "bounding"해서 burned나 pilted surface를 만든다. carbon/graphite, light matalized brush는 3/2-5/2 psi의 pressure를 commutator에 주어야 한다.

brush spring tension은 32~ 360 units사이에 있어야 한다. spring scale을 사용하면 spring arm과 brush top사이의 contact에 scale을 갖다대고 brush는 guide에 설치되어 있어야 한다. brush 표면에 조금 들리려고 할때 잡아당긴다. 이 순간에 scale을 읽는다.

flexible low-resistance pigtail이 heavy-current-carrying brush에 사용되고, 연결부분과 안전한가를 살펴본다.

pigtail이 brush가 움직이는데

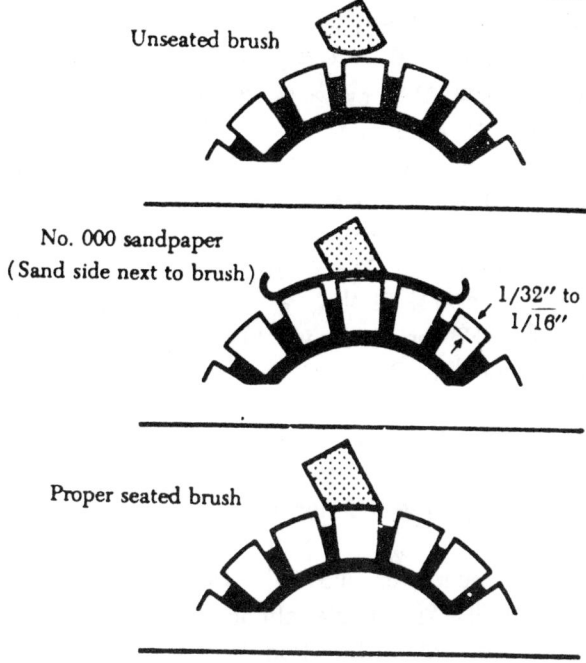

Fig. 2-30 Seating brushes with sandpaper.

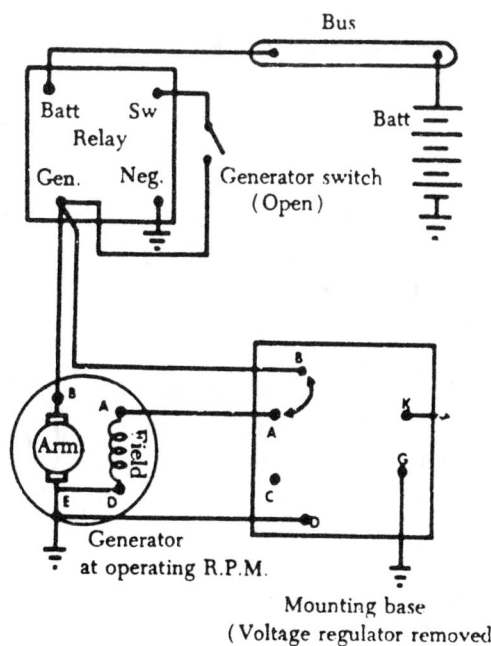

Fig. 2-31 Checking generator by shorting terminals A and B.

163

어떤 장애를 주어서도 안된다.

pigtail의 목적은 전류를 전달하는 것이다. brush sanding으로 인한 carbon dust는 generator의 모든 part에서 철저하게 닦아내야 한다. 이런 carbon dust는 화재나 상당히 심각한 damage를 준다. 너무 오랫동안 사용하면 commutator bar사이의 mica insulation이 bar의 표면으로 튀어 나온다. 이 상태를 "high mica"라고 말하고, brush와 commutator의 접촉을 방해한다. 이 상태가 있으면 언제든지 mica insulation을 주의깊게 undercut해서 mica의 너비와 깊이를 똑같이 하는데, 대략 0.020 inch이다. 만약 brush가 너무 짧으면 spring force가 줄어들게 된다. 각 manufacturer는 brush마모의 허용 한계를 표시해 준다. 일부의 special generator brush는 교환해서는 안된다.

왜냐하면 brush face에 약간의 grooving이 있다. 이 groove는 정상이고 일부 A/C generator의 A.C와 D.C generator brush로 쓰인다.

이 brush는 두 core가 있고 이 core는 brush main body의 재질보다 팽창율이 크고 단단한 재질이다. 흔히 main body face가 commutator에 접촉한다.

3) 발전기 작동 (Generator operation)

만약 generator output이 안나오면 체계적인 trouble shooting 절차를 따라서 malfunction의 위치를 찾아낸다. 만약 generator가 voltage를 만들지 못하면 voltage regulator를 remove하고 대략 1800 rpm으로 엔진을 작동한다.

Fig. 2-31과 같이 terminal A와 B를 short시킨다. 만약 이때 excessive voltage가 나오지 않으면 generator field가 residual magnetism을 잃은 경우이다. residual magnetism을 restore하기 위해 generator를 flash시킨다. 이 절차는 regulator를 remove하고 voltage regulator base의 terminal A를 junction box의 battery나 bus bar에 연결시킨다.

engine을 drusing RPM으로 돌려서 voltage가 없으면 lead의 continuity short이나 ground를 검사한다. 만약 generator가 brush나 commutator를 검사할 수 있는 위치에 있으면 manufacturer의 지시에 따라 점검한다. 필요

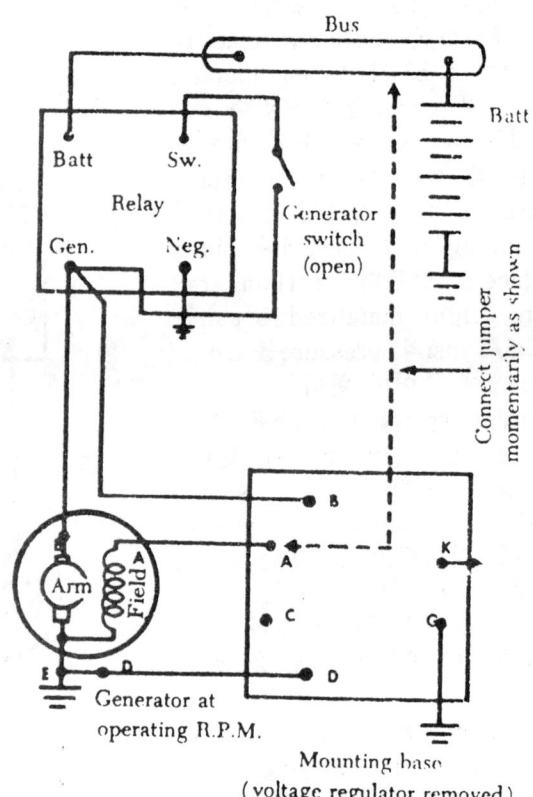

Fig. 2-32   A method of flashing generator field.

하면 brushes를 교환하고 commutator를 깨끗이 한다.

generator위치가 점검하기에 적당하지 않으면 A/C에서 remove해서 검사한다.

4) 전압 조절기의 작동 (Voltage regulator operation)

voltage regulator를 검사하기 위해 remove하고, 모든 terminal과 contact surface를 깨끗이 한다. base나 housing등에 crack이 있는지 점검한다. 모든 connection을 점검한다. voltage regulator를 조절하기 위해 정밀한 portable voltmeter가 있어야 한다. 자세한 절차는 manufacturer의 지시에 따른다.

아래 절차는 다발 28볼트 직류 전기계통의 carbon-pile voltage regulator를 조절하는 guideline이다.

ⓐ start and warm up engine
ⓑ 모든 generator s/w는 "off" 시킨다.
ⓒ 정밀한 voltmeter에 voltage regulator의 B terminal과 ground를 연결한다.
ⓓ engine속도를 크게해서 generator를 정상 cruising RPM에서 점검한다. 다시 idling speed로 유지한다.
ⓔ voltmeter가 28 volts를 정확히 지시할때까지 조절한다.

Fig. 2-33은 carbon-pile voltage regulator이고 adjustable knob가 있다.

ⓕ 모든 voltage regulator를 다 조절할때까지 계속 반복한다.
ⓖ engine속도를 cruising RPM으로 한다.
ⓗ 모든 generator s/w를 닫는다.
ⓘ generator의 full load rating의 절반가량을 공급한다.
ⓙ ammeter나 load meter를 관찰한다. 가장 높은 수치의 generator와 가장 낮은 것과의 차이가 manufa. cturer의 정한 수치보다 커서는 안된다.

ⓚ 만약 generator가 load를 똑같이 나누지 못하면 높은 generator는 낮추고, 낮은 generator는 높이는데, 이것은 해당되는 voltage regulator를 조절하는 것이다. generator가 load를 똑같이 나누면 "parallel"이 된다.

ⓛ 모든 조절이 끝난후 마지막 점검으로 voltmeter를 positive bus와 ground에 연결해서 bus voltage를 점검한다.

voltmeter는 28 volts을 읽어야 한다. (± 0.25 volt)

만약 bus voltage가 범위내에

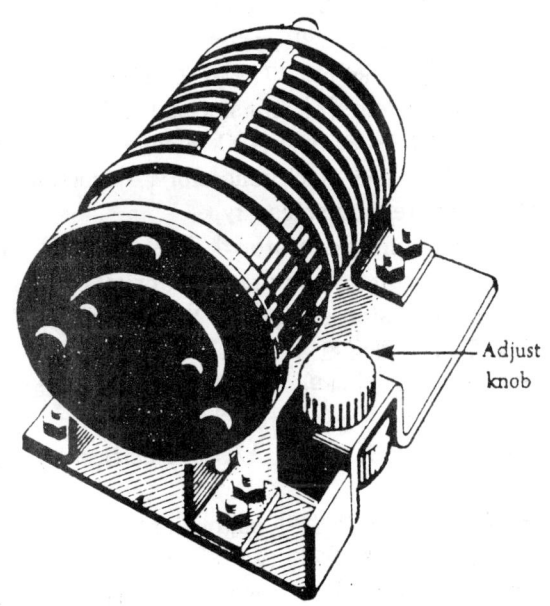

Fig. 2-33 Adjustment knob on carbon-pile voltage regulator.

165

있지 않으면 모든 voltage regulator rheostat을 다시 조절하고 다시 점검한다.

generator relay s/w를 검사할때 relay의 electrical connection과 깨끗하고 안전한가를 점검한다. 접점(contact)이 burned나 pilted상태를 점검한다. 손으로 눌러서 두 contact을 접촉시켜서는 절대 안된다.

이것이 relay에 damage나 사람에게 피해를 줄수 있다. differential type relay는 절대로 조절해서는 안된다. 왜냐하면 generator voltage가 system voltage를 정해진 수치 이상 초과할때 닫히게 되어 있다.

2-7. 교류 발전기 (Alternator)

electrical generator는 electromagentic induction에 의해 mechanical energy가 electrical energy로 바뀐다.

A generator가 alternating current를 만들면 A.C generator라고 부르는데, "alternating"과 "generator"두 말을 합쳐서 "alternator"라고 부른다. alternator와 DC generator의 가장 큰 차이점은 external circuit의 연결방법이다. alternator는 external circuit을 slip ring에 의해 연결하지만 DC generator는 commutator에 의해 연결된다.

1) 교류 발전기의 종류 (Types of alternator)

alternator는 여러가지 type을 적절히 구별하기 위해 여러가지 방법으로 분류한다. 한가지 분류 방법이 excitation system사용의 type에 의한 분류이다. A/C에 사용하는 alternator에서 excitation은 다음 아래 사항의 어느 하나에 의해 영향을 받는다.
　ⓐ　direct-connected, direct-current generator
　　　이 system은 D.C generator로 구성되었으며 같은 shaft에 A.C generator도 고정되어 있다. 이 system의 변동은 alternator는 excitation을 위해 battery에서 D.C를 사용하고 그 이후는 alternator가 self-excite된다.
　ⓑ　A.C system에서 transformation에 의해 rectification이 된다.
　　　이 방법은 초기의 A.C voltage build up을 위해 residual magnetism에 의지하지만 그후는 A.C generator에서 rectified voltage와 함께 field가 공급된다.
　ⓒ　integrated brushless type
direct-current generator의 같은 shaft에 alternating-current geneator가 있다. excitation circuit은 comutator와 brushes보다는 siliconrectifier를 통해 완료된다. rectifier는 generator shaft에 붙어있고, output은 alternating-current generator의 main rotating field에 공급된다.

분류하는 또 하나의 방법은 output voltage의 상(phase)의 수에 의한 것이다. alternating current generator는 single-phase, two-phase, three-phase 혹은 six-phase 와 이보다 큰 것도 있다. A/C의 electrical system에서 three phase alternator가 단연 많다.

분류의 또 다른 방법이 stator와 rotor의 type에 의한 방법이다.

이렇게 볼때 두가지 type의 alternator가 있는데, revolving-armature type과 revolving-field type이다. revolving-armature alternator는 D.C generator와 제작이 비슷하고 stationary magnetic field를 통해 armatire가 회전한다. revolving-armature alternator는 low power의 alternator에서만 볼 수 있는데, 거의 사용하지 않는다.

D. C generator에서 armature winding에서 발생되는 e. m. f는 commutator를 통해 unidirectional voltage (D. C)로 바뀌진다.

revolving-armature type의 alternator에서 발생된 A. C voltage는 slip ring과 brushed를 거쳐서 바뀌지 않은 상태로 load에 공급된다.

revolving-field type의 alternator로 stationary armature winding(stator)과 rotating-field winding(rotor)를 갖고 있다.

stationary armature winding갖고 있는 장점은 armature는 load circuit의 sliding contact없이도 직접 load에 연결한다.

rotating armature는 slip ring ar brush가 필요하고 armature에서 external circuit으로 load current를 전달한다. slip ring은 상당히 짧은 service life를 갖고 있고 arcover가 계속되는 위험 요

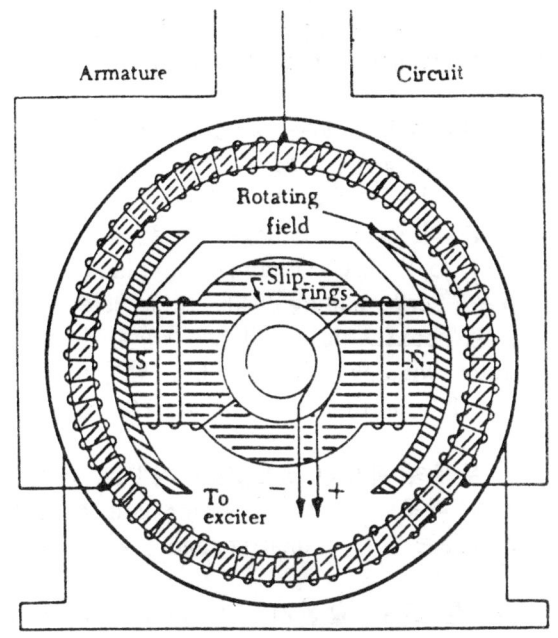

Fig. 2-34   Alternator with stationary armature and rotating field.

소가 있으므로 high-voltage alternator는 stationary-armature이고 rotating-field type이다. rotating field로 voltage와 current의 공급은 상당히 작고, slip ring과 brushed가 이 회로에 적절한다.

armature circuit으로 직접 연결은 큰 단면적의 conductor의 사용을 가능케하고, high voltage를 위해 적절하게 insulate한다.

rotating-field alternator가 대부분의 A/C system에 사용됨으로 이 type은 single-phase, two-phase, 그리고 three-phase alternator로 자세히 설명한다.

2) 단상 교류 발전기 (Single-phase alternator)

generator의 armature에서 e. m. f가 유도됨으로 같은 종류의 winding이 D. C generator처럼 alternator에 사용할 수 있다. 이 type의 alternator는 single-phase alternator이고 single-phase circuit에 의해 공급되는 power가 pulsating이고 이 type의 circuit이 여러가지면에서 타당하지 못하다.

single-phase alternator는 stator가 있는데, 몇개의 winding이 직렬이고 single circuit을 형성해서 output voltage를 만들어낸다.

4-pole을 갖고 있는 single-phase alternator의 schematic diagram이다. stator는 4개의 polar group을 갖고 있고 stator frame에 똑같은 간격으로 떨어져 있다. rotor는 6 pole을 갖고 있고 인접한 pole은 반대 극성이다. rotor가 회전하면서 A. C voltage가 stator winding에 유도된다. 하나의 rotor pole이 stator winding에 비교해서 다른 rotor pole처럼 같은 위치에 있어서 모든 stator polar group은 언제든지 같은 수의 magnetic lines of force를 자른다.

결과적으로 모든 winding에서 유도된 voltage는 어느 순간이든 같은 크기, 같은 수치를 갖고 있다.

4개의 stator winding이 서로 연결되어 있어 A.C voltage는 in-phase 혹은 "series adding"이다. rotor pole 1 이 south pole이라고 가정하면

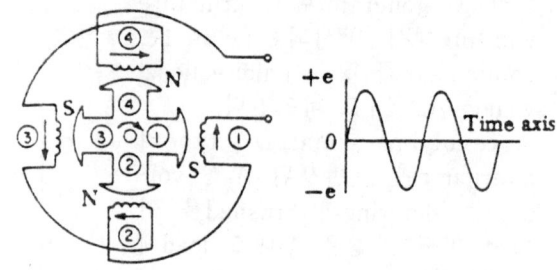

Fig. 2-35   Single-phase alternator.

stator winding 1의 화살표에 방향이 지시하는 방향으로 voltage가 유도된다. rotor pole 2가 north pole이고, stator의 방향과 반대 (coil과 비교해서)로 voltage가 유도된다.

두개의 유도된 voltage가 직렬로 더해지는 것은 두 coil이 diagram과 같이 연결되었기 때문이다. 4개의 stator coil group이 직렬로 연결되어 winding에서 유도되는 voltage는 더해서 total voltage가 되고 어느 한 winding의 voltage를 4로 곱하면 된다.

3) 2상 교류 발전기 (Two-phase alternator)

two-phase alternator는 두개 이상의 single phase winding이 stator 주변에 대칭적으로 떨어져 있다. two-phase winding이 떨어져 있고 유도되는 A.C voltage는 서로 90° out of phase이다.

한 winding이 maximum flux에 잘리면 다른 것은 flux를 전혀 자르지 못한다. 이 상태가 두 phase간에 90° 관계를 만든다.

4) 3상 교류 발전기 (Three-phase alternator)

three-phase나 poly phase circuit은 대부분 A/C alternator에 쓰인다. three-phase alternator는 3개의 single-phase winding이 똑같은 간격으로 떨어져 있어 각 winding 이 유도하는 voltage는 120° out of phase이다.

Fig. 2-36은 단순화한 schematic diagram 이다. 3개의 voltage는 120°씩 떨어져 있고 single-phase alternator에의 발생되는 voltage와 120° out of phase진 것이 비슷하다.

3-phase는 각각 독립적이다. 3-phase alternator가 6개의 lead 를 갖기 보다는 하나씩의 lead가 각 phase에서 나와서 common junction을 형성한다. stator는 wye혹은 star-connected라고 부른다.

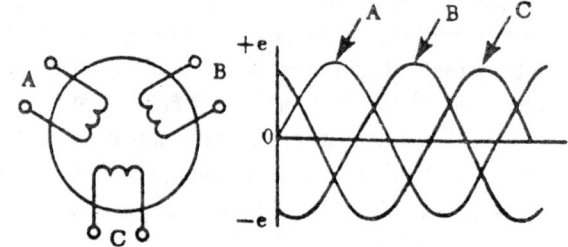

Fig. 2-36   Simplified schematic of three-phase alternator with output waveforms.

168

common lead는 alternator밖으
로 나오는 것도 있고 나오지 않
는 것도 있다. 만약 밖으로 나오
면 이것을 neutral lead라고 부른
다.

Fig. 2-37은 wye-connected
star이고 common lead밖으로 나
오지 않았다. 각 load는 두 phase
에 직렬로 연결되었다.

Rab는 phase A와 B에 직렬로
연결되었고, Rac는 phase A와 C
에 직렬로 그리고 Rbc는 phase B
와 C에 직렬로 연결되었다. 그러

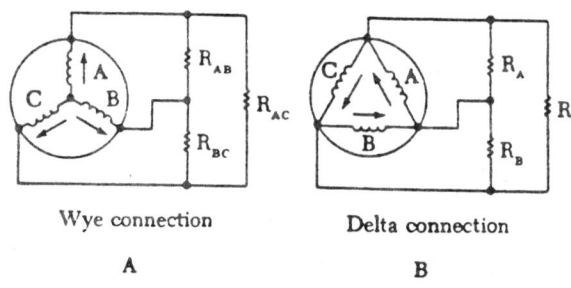

Wye connection   Delta connection

A   B

Fig. 2-37   Wye-and delta-connected alternators.

므로 각 load의 voltage는 single phase voltage보다 크다.

total voltage 혹은 line voltage는 어느 두 phase의 것으로 각 phase voltage의
vector합이다. line wire와 phase에 오직 하나의 current path가 연결되어 있어 line
current는 phase current와 같다.

3-phase stator는 phase가 end-to-end로 FIG. 2-37가 같이 연결되어 있다 이 배
열을 delta connection이라고 부른다. delta connection에서 voltage는 phase voltage와
같다. 그리고 line current는 phase current의 vector합과 같다. 그리고 line curent는
1. 73 곱하기 phase current와 같다. 이때는 load가 균형이 잡힌 상태이다. equal load
를 위해 delta connection은 line voltage와 phase voltage가 같을때 증가된 line current
를 공급하고, wye connection은 line current와 phase current가 같을때 증가된 line
voltage를 공급한다.

Fig. 2-38   Exploded view of alternator-rectifier.

5) 교류발전기 정류 장치
(Alternator-rectifier unit)

Fig. 2-38은 무게가 12,500 pounds보다 작은 A/C의 electrical system에 사용하는 alternator이다. 이 type의 power source는 D.C generator라고 부르는데, 왜냐하면 이것이 D.C system에 사용되기 때문이다.

이것의 output은 D.C voltage 이지만, 이것은 alternator-rectifier unit이다. 이 type의 alternator-rectifier는 self-excited unit 이지만 permanent magnet을 갖고 있지 않다.

starting을 위한 excitation은 battery에서 얻어지고, 이후는 unit이 self-exciting한다. alternator의 cooling air는 air inlet cover에 blast air tube를 통해서 이루어진다.

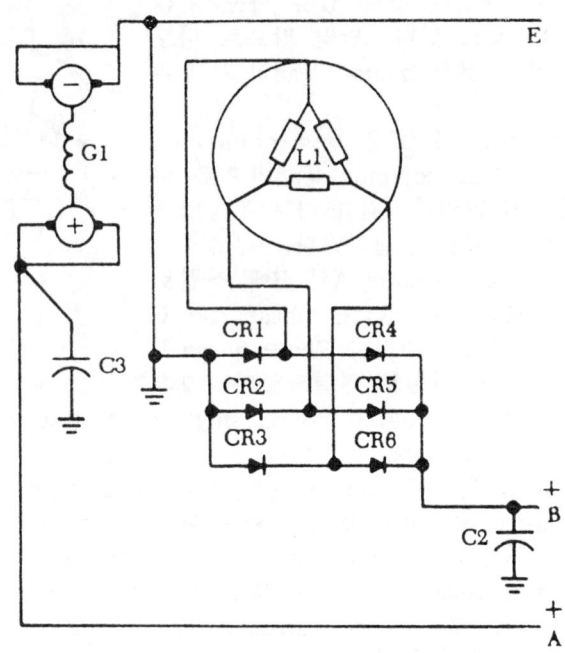

Fig. 2-39 Wiring diagram of alternator-rectifier unit.

alternator는 직접 A/C엔진에 flexible driving coupling에 의해 연결되어 있다. D.C output voltage는 carbon-pile voltage regulator에 의해 regulate된다. unit의 alternator부분의 output은 three-phase alternating current이고, delta-connected system으로 three-phase, full-wave bridge rectifier와 같이 작동한다.

이 unit은 2100-9000 rpm의 speed range에서 작동하고, D.C output voltage는 26-29 volts, 125 amperes이다.

2-8. 브러쉬가 없는 교류 발전기 (Brushless Alternator)

brushless type은 더욱 효율적인데, 이것은 brush가 없으므로 마모도 없고, 고고도 에서의 아아크 발생도 없다. 이 generator는 pilot exciter, exciter, main generator system으로 구성되었다. integral exciter에 rotating armature를 사용해서 brush의 필 요성을 없앴고, main A.C field를 위해 A.C output rectify된다. 이것은 물론 rotating type이다.

Fig. 2-40은 brushless alternator의 설명이다. pilot exciter는 8 pole, 8000 r.p.m, 533 c.p.s의 A.C generator이다. pilot exciter field는 main generator rotor shaft에 붙 어 있고, main generator field와 직렬로 연결되어 있다. pilot exciter armature는 main generator stator에 달려 있다. pilot exciter의 A.C

output은 voltage regulator 에 공급된다. 여기서 rectified되고 조절되어 여자기 필

170

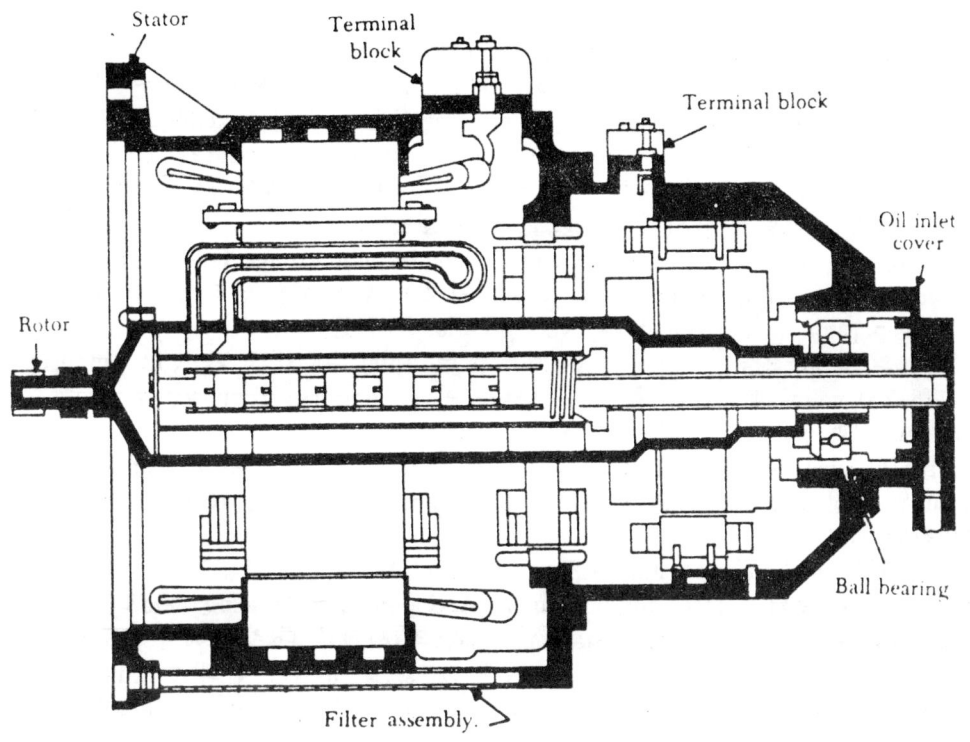

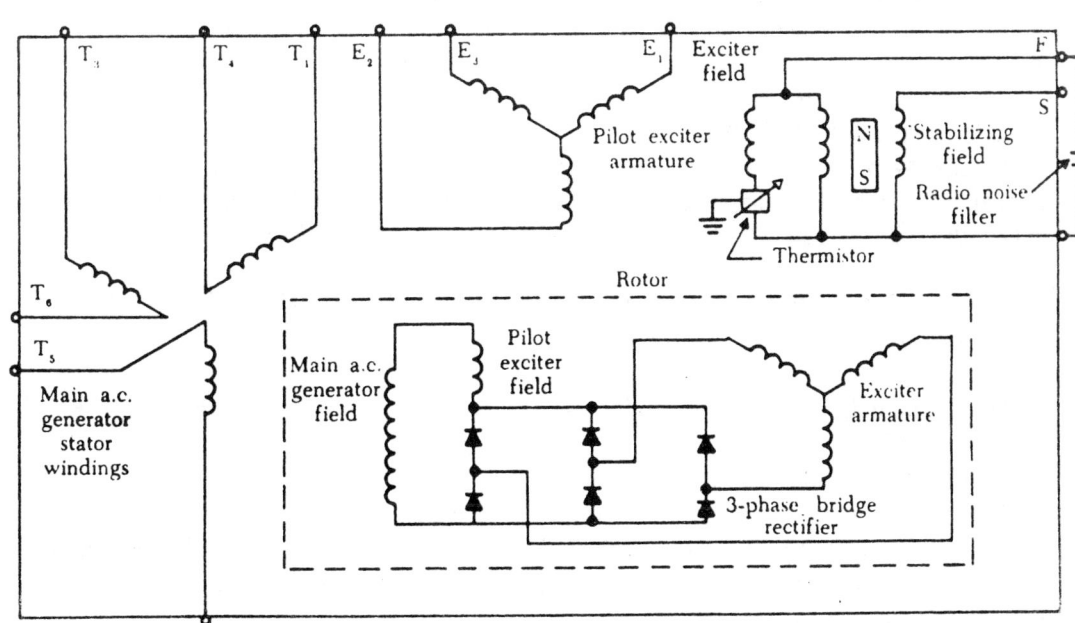

Fig. 2-40   A typical brushless alternator.

드 권선으로 보내져서 generator를 위한 excitation을 한다.

exciter는 작은 A.C generator로, 이것의 field가 main generator stator에 달려있고, 이것의 3-phase armature는 generator rotor shat에 붙어 있다. exciter field 에 포함된 permanent magnet은 exciter pole사이의 main generator stator에 붙어 있다. exciter field저항은 thermistor에 의해 온도변화를 보상한다. 이것이 regulator output terminal에서 일정한 저항을 유지해서 regulation을 돕는다.

exciter output은 rectify되고, main generator field와 pilot exciter field에 공급된다. exciter stator는 stabilizing field를 갖고 있고, 이것이 안전성을 증가시키고 voltage regulator가 generator output voltage의 overcorrection을 막는다.

Fig. 2-40의 generator는 6-pole, 8000 r.p.m unit으로 31.5 kilovolt amperes (KVA), 115/200 volts, 400 c.p.s를 갖고 있다. 이 generator는 3-phase, 4-wire이고 grounded neutrol과 wye연결로 되어 있다.

integral A.C exciter는 brush의 필요성을 없애 버렸다. rotating exciter armature의 A.C output은 직접 3-phase, full-wave로 rotor shaft 내부 위치한 rectifier bridge로 입력되어 진다.

위의 rectifier는 high-termperature silicon rectifier이다.

rectifier bridge로부터의 D.C output은 main A.C generator rotating field로 입력된다. voltage regulation은 A.C exciter stationary field의 세기를 다르게 해서 완료한다.

A.C generator의 polarity reversal은 brush가 없으므로 문제가 안되고 radio noise 도 역시 최소화 된다. 그 이외의 radio noise는 alternator에 있는 noise filter에 의해 더 감소시킨다. generator의 rotating pole structure는 steel punching으로 laminate되었고, 6-pole을 갖고 있고, hub section에 연결된다.

이것이 최적의 magnetic과 mechanical특성을 제공한다.

일부 laternator는 steel tube를 지나는 circuiting oil에 의해 냉각된다. cooling에 사용되는 oil은 constant-speed drive assembly에서 공급된다.

C.S.D와 generator사이의 oil flow는 generator와 drive assembly가 연결되는 flange 에 있는 port에 의해 가능해진다.

voltage는 exciter stator의 permanent magnet interpole에 의해서 build up된다. permanent magnet은 voltage build up을 확실히 해주고 field flashing의 필요성을 없앤다. alternator의 rotor는 alternator의 residual magnetism의 손실없이 remove한다.

2-9. 직·교류 조합형 전기장치 (Combined A.C and D.C electrical system)

12,500 pounds 이상의 많은 A/C가 D.C와 A.C electrical system을 사용한다. 가끔 D.C system이 basic electrical system이고, parallel D.C generator로 구성되어 있고, output은 각각 300 amperes 씩이다.

이런 A/C의 A.C system은 fixed frequency와 variable frequency system을 모두 갖고 있다. fixed frequency system은 3개나 4개의 inverter와 control component, protective component, indicating component등이 single-phase, A.C power를 frequency sensitive A.C에 제공된다.

variable frequency system은 두개 혹은 그 이상의 engine-driven alternator, 여기에 다 control, protective, indicating component등이 three-phase, A.C power를

propeller, engine duct, windshield등에 resistive heating을 제공한다.

이런 직류와 교류가 결합된 전시시스템은 auxiliary source의 D.C power가 있어서 main system을 back up 해준다. 이 generator는 가끔 분리된 gasoline나 turbine powered unit에 의해 구동된다.

1) 교류발전기의 정격 값 (Alternator rating)

alternator에 의해 공급되는 maximum current는 maximum heating loss(I^2R power loss)에 의해 좌우된다. alternator의 armature current는 load에 따라 변한다. 이 action은 D.C generator의 action과 비슷하다. A.C generator에서 lagging power factor load는 alternator의 field를 damagnetize 시키려하고 terminal voltage는 D.C field current를 크게 유지한다. 이런 이유로 alternating current generator는 KVA, power factor, phase, voltage 그리고 frequency등에 따라 등급이 정해진다.

한 generator를 예를들어 40 KVA, 208 volts, 400 cps, three-phase, 75% power factor등으로 표시한다.

KVA는 apparent power를 나타낸다. 이것은 KVA output이거나 generator가 정상작동할때 current와 voltage사이의 관계이다.

전력계수는 apparent power(volt-ampere)와 true나 effective power(watt)사이의 ratio이다.

phase는 독립적인 voltage를 만들어내는 수치이다.

3상 generator는 3개의 voltage를 120°의 위상 차이로 발생시킨다.

2) 교류발전기의 주파수 (Alternator frequency)

alternator voltage의 frequency는 rotor회전 속도에 좌우되고, pole수에 좌우된다. 속도가 빨라지면 frequency가 높아지고, 속도가 낮아지면 frequency도 낮아진다. rotor의 pole가 많아지면 정해진 속도에서 frequency가 증가한다. 주어진 frequency에서 쌍극의 수가 증가하면, 회전속도는 감소한다.

2-pole alternator는 4-pole alternator보다 2배 빠른 속도로 회전하는데, generated voltage의 같은 주파수를 위해서 이다.

alternator의 frequency는 pole의 수와 속도와 관계가 있어서 다음과 같이 표시한다.

$F = P/2 \times N/60 = PN/120$

P : pole의 수

N : speed in RPM

예) 2-pole, 3600 RPM일때 alternator의 frequency는?

$$F = \frac{2 \times 3600}{120}$$

$$= 60 \text{ cps}$$

예) 4-pole, 1800 RPM의 alternator는 6-pole, 500 RPM alternator와 같은 주파수를 갖고 있다.

$$F = \frac{6 \times 560}{120} = 25 \text{ cps}$$

2-10. 교류발전기의 전압조절 (Voltage Regulation of Alternator)

A. C system의 voltage regulation의 문제는 D. C system과 거의 같다.

regulator system의 function은 voltage를 조절하고, 전 system의 circuiting current 의 균형을 유지하고, system에 load가 공급될 때 voltage가 갑자기 변하지 않도록 한 다.

한가지 중요한 차이점이 D. C generator의 regulator system과 병렬형태의 alternator 사이에 있다. D. C generator가 받는 load는 bus voltage에 비교한 generator voltage에 의해 좌우된다.

반면 alternator사이의 load의 분할은 speed governor의 조절에 좌우된다. 이 speed governor는 frequency와 droop circuit에 의해 조절된다. Λ. C generator가 병렬로 작 동되면 frequency와 voltage모두 같아야 한다. 여기서 synchonizing force는 D. C generator 사이의 voltage를 같게 하는데 필요하다. 또 cynchronizing fore는 A. C generator 사이의 voltage와 speed(frequency)를 같게 하는데 필요하다.

A. C generator의 synchronizing force가 D. C generator보다 훨씬 크다.

A. C generator가 충분한 크기이고, 똑같지 않은 주파수와 terminal voltage에서 작 동할때 common bus를 통해 서로 갑자기 연결하면 상당히 damage를 입는다. 이것을 피하기 위해 generator는 서로 연결하기 전에 가능한 근접하게 synchronize시킨다. alternator의 output voltage는 D. C exciter의 voltage output를 조절해서 가장 잘 조절 한다.

이 D. C exciter는 alternator rotor field에 전류를 공급한다.

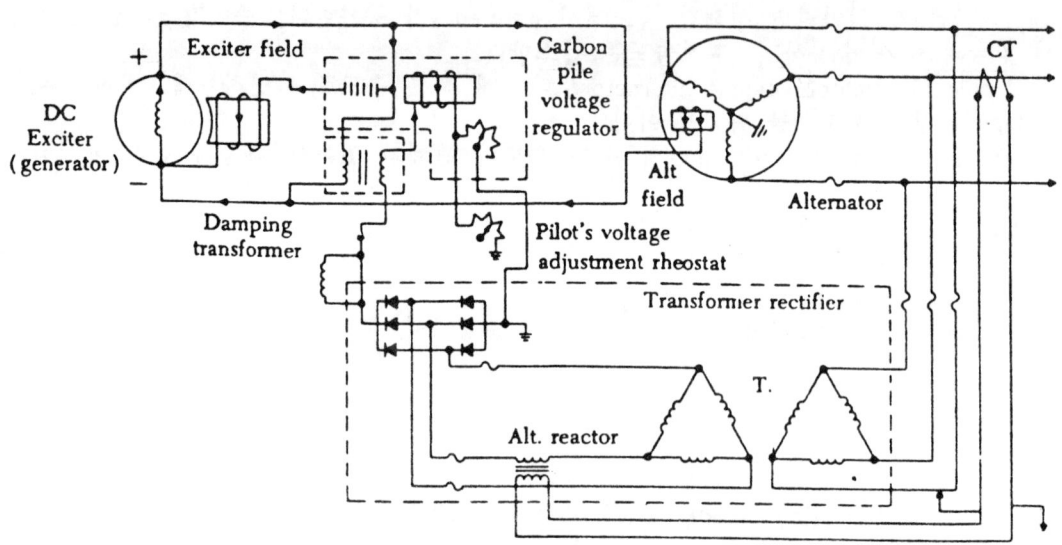

Fig. 2-41 Carbon-pile voltage regulator for an alternator.

Fig. 9-41은 28 volts system이 carbon-pile regulator가 exciter의 field circuit에 연결되었다. carbon-pile regulator는 exciter field current를 조절하고, 이것이 alternator field에 공급되는 exciter output voltage를 조절한다. D.C system과 A.C system과의 차이점은 voltage coil이 voltage를 D.C generator에서 받지 않고 alternator line에서 받는 것이다.

3-phase, step-down transformer가 alternator voltage에 연결되어 three-phase, full-wave rectifier에 power를 공급한다.

rectifier의 28 volts D.C output은 carbon-pile regulator의 voltage coil에 공급된다. alternator voltage의 변화는 transformer rectifier unit을 통해 regulator의 voltage coil로 전달되고, carbon disk의 pressure를 변하게 한다. 이것이 exciter field current, exciter output voltage를 조절한다. exciter voltage anti-hunting이나 damping transformer는 D.C system의 그것과 비슷하고, regulator는 circuiting current가 다를 때만 영향을 받는다.

1) 트랜지스터 전압 조절기 (Alternator Transistorized Regulators)

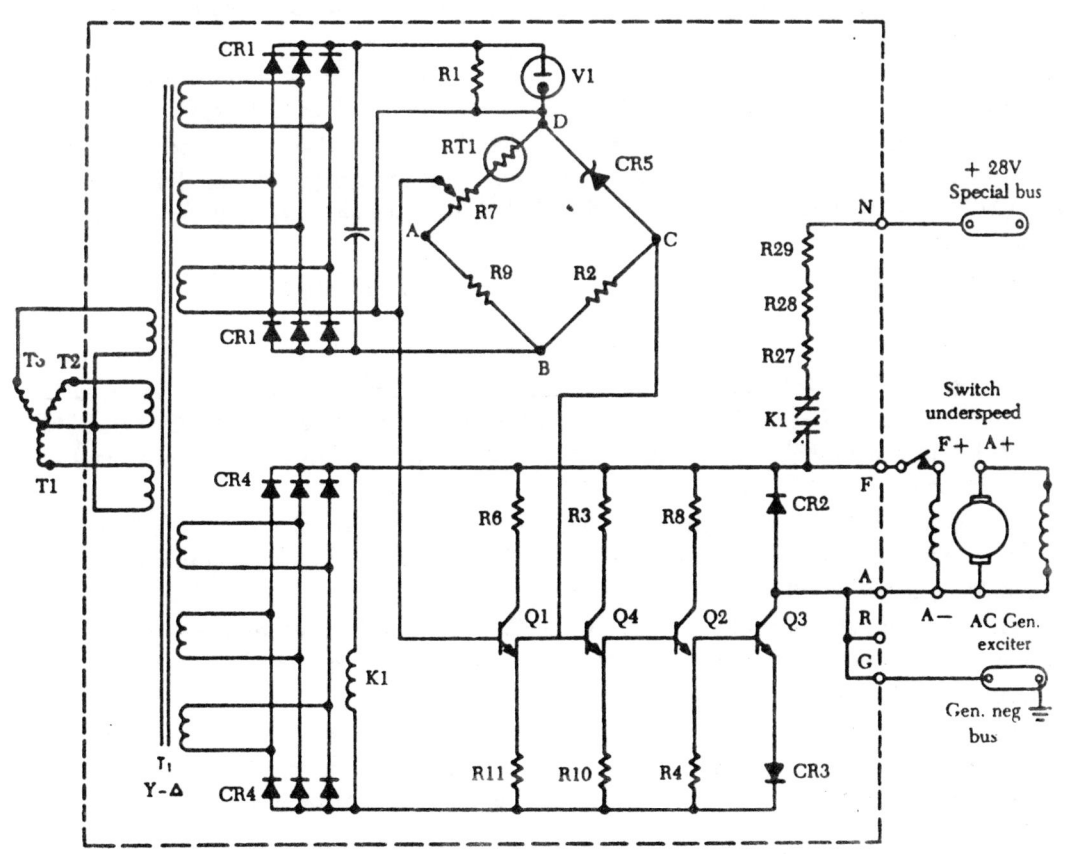

Fig. 2-42 Transistorized voltage regulator.

많은 A/C alternator system은 transistorized voltage regulator를 사용해서 alternator output을 조절한다.

transistorized voltage regulator는 transistor, diode, resistor, capacitor, thermistor 등으로 구성 되었다.

작동에서 diode와 transistor를 통해 전류 흘러서 generator field로 간다. 적당한 voltage level이 되면 regulating component가 transistor field strength 조절이 중단된다. regulator operating range는 항상 조절할 수 있다. thermistor는 회로에 온도 보상을 제공한다.

Fig . 2-42는 transistorized voltage regulator이다. generator의 A. C output은 voltage regulator로 공급되고, 여기서 reference voltage와 비교되고, 차이는 regulator 의 control amplifier section으로 공급된다.

만약 output이 너무 낮으면, A. C exciter generator의 field세기는 regulator의 circuity에 의해 커지게 된다.

만약 output이 너무 높으면 field strength를 감소시킨다.

bridge circuit을 위한 power supply가 CR1이고, 이것은 transformer T1으로 부터 3-phase output의 full-wave rectification을 제공한다. CR1의 D. C output voltage는 average phase voltage에 비례한다.

point B, R2, point C, zener diode(CR5), point D를 통한 power supply의 negative end로 부터의 power는 V1과 R1의 parallel hookup으로 간다. bridge의 takeoff point C는 resistor R2와 zener diode사이에 위치해 있다. reference bridge의 다른 한쪽 leg는 resistor R9, R7과 temperature-compensating resistor RT1이 point B, A와 D를 통해 V1과 R1에 직렬로 연결되어 있다. bridge의 이 leg의 output은 R7 의 wiper arm이다.

generator voltage가 변하기 시작해서 만약 voltage가 낮아지면 R1과 V1의 voltage 는 변하지 않는다.

전체 전압 변화가 bridge 회로에 나타난다. zener diode의 voltage가 변하지 않기 때문에 전체 전압 변화는 bridge leg, resistor R2에서 일어난다. bridge의 다른 leg는 resistor의 voltage변화는 각각의 저항치에 비례한다. 그러므로 R2의 전압변화는 R9에 서 R7의 wiper arm까지의 전압 변화보다 더 크다. 만약 generator output voltage가 떨어지면 point C는 R7의 wiper arm에 비해 negative로 된다.

만약 generator voltage output이 커지면 두 point 사이의 voltage 극성(polarity)은 바뀐다. bridge output은 point C와 A사이에서 택해서, 이것이 transistor Q1의 emitter와 base사이에 연결된다.

generator output voltage가 낮아서 bridge로 부터의 voltage는 emitter는 negative, base는 positive이다. 이것은 transistor에 forward bias signal이고, emitter에서 collector로의 전류는 증가한다.

전류가 증가하면 emitter resistor R11의 voltage는 증가한다.

이것이 transistor Q4의 base에 positive signal로 공급되어 emitter resistor R10의 voltage drop을 크게한다. 이것이 Q2를 주게 되고 , 이것이 emitter에서 collect로의 전류를 증가시키고 emitter resistor R4의 voltage drop을 크게한다.

Q3 base의 positive signal은 emitter에서 collector로의 전류를 증가시킨다. exciter generator의 field조절은 collector circuit에 있다. exciter generator의 output을 크게하

면 A.C generator의 field세기를 증가시키고, 이것이 generator output을 증가시킨다.

frequency가 아주 낮을때 generator의 exciting을 방지하기 위해 F+ terminal근처에 under speed s/w가 있다. generator가 excite하도록 한다. line에 포함되어 있는 resistor R27, R28와 R29는 K1 relay의 normally closed conta. ct과 직렬로 연결되어 있다.

relay K1이 transistor amplifier를 위해 power supply(CR4)에 연결되어 있다. generator가 start되면 28 volts D.C bus에서 electrical energy가 excitergenerator field 로 가서 초기의 excitation을 위한 "flash the field"를 한다.

exciter generator의 field가 energize되어 A.C generator는 시동을 시작하고 속도가 계속 커지면서 relay K이 energize되어 "field flash" circuit을 open한다.

2) 자기증폭 전압 조절기 (Magnetic amplifier regulator)

moving part가 없기 때문에 이 type의 voltage regulator는 static voltage regulator 라고 한다. 어떤 static regulator는 electrol tube나 transistor를 amplifier로 사용해서

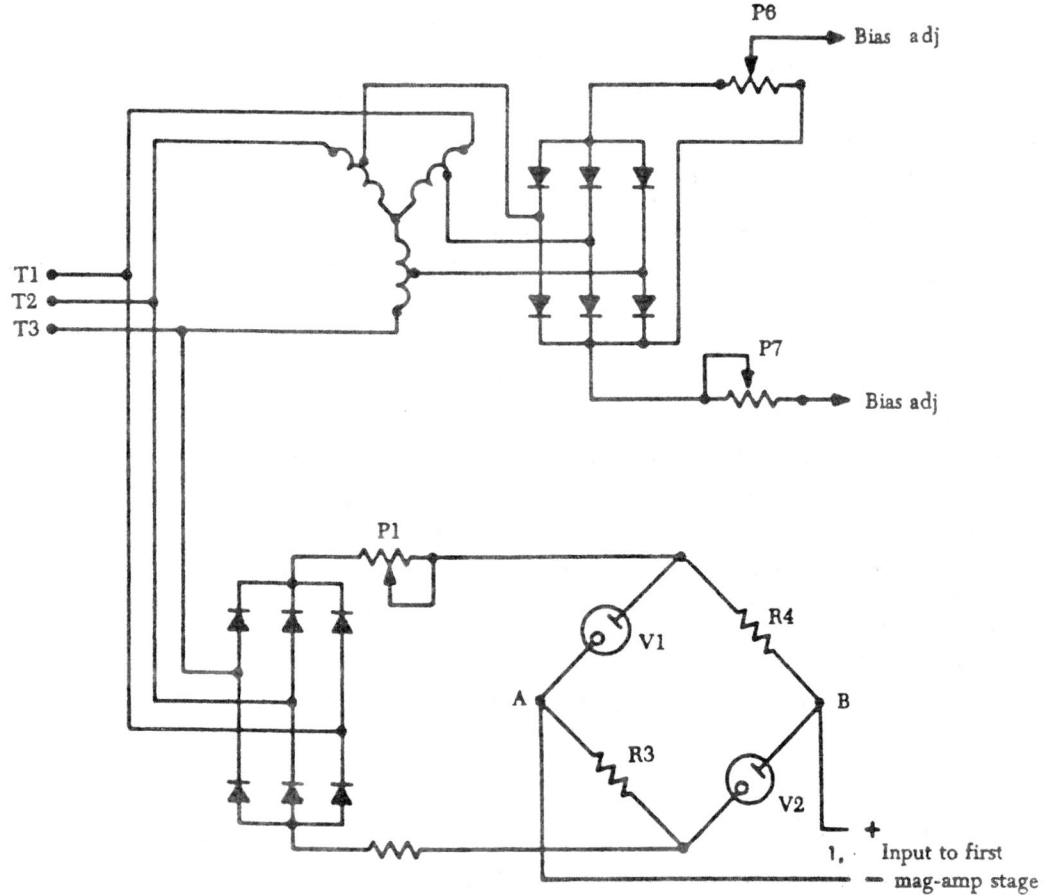

Fig. 2-43   Voltage reference circuits of a typical magnetic amplifier voltage regulator.

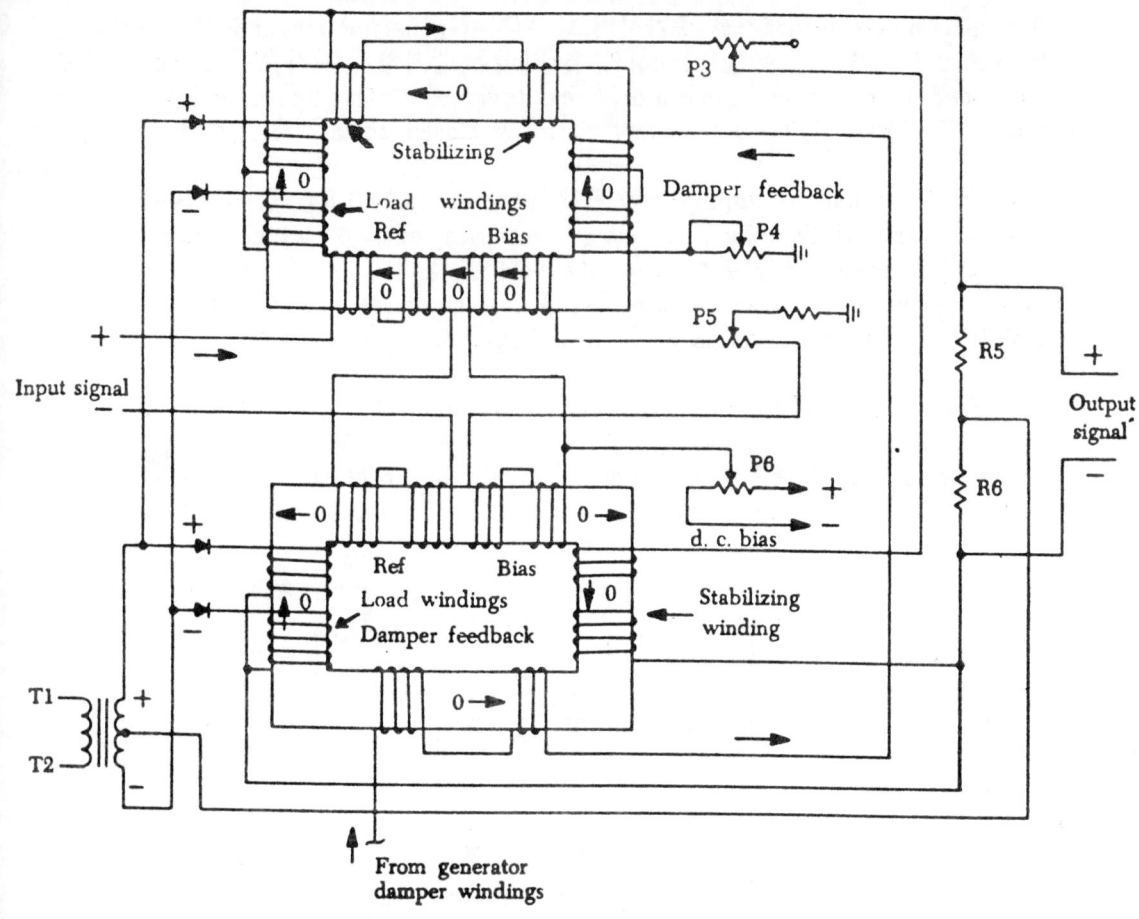

Fig. 2-44   First stage of a magnetic amplifier voltage regulator.

필요한 high energy를 얻지만 가장 많이 쓰는 static regulator는 magnetic amplifier를 이용한다. magnetic amplifier voltage regulator는 같은 rating의 carbon-pile regulator 보다 크고 무겁다. moving part가 없기 때문에 이 type의 regulator는 shock이나 vibration mount가 필요없다. 이 regulator는 voltage reference circuit, two-stage magnetic amplifier등으로 구성되어 있다. reference circuit은 3-phase rectifier, potentiometer(P1), 두개의 fixed resistor와 두 glow tube로 만들어진 bridge circuit등 으로 구성되어 진다.

potentiometer P1은 rated bus voltage에 조절되어 있고, bridge circuit의 point A와 B사이의 potential difference는 "0"이다.

어떤 input voltage에도, glow tube에 voltage drop이 생겨서 point A와 B사이에 potential이 존재하게 한다.

예를들어, 만약 generator voltage가 낮으면, bridge의 arm을 통하는 전류는 감소 된다. R4의 voltage는 V1의 fixed voltage보다 작고, 계속해서 point B는 point A에 비 해 높은 potential을 갖는다.

이것이 first mag-amp(magnetic amplifier) stage에 error signal로 input된다. 높은

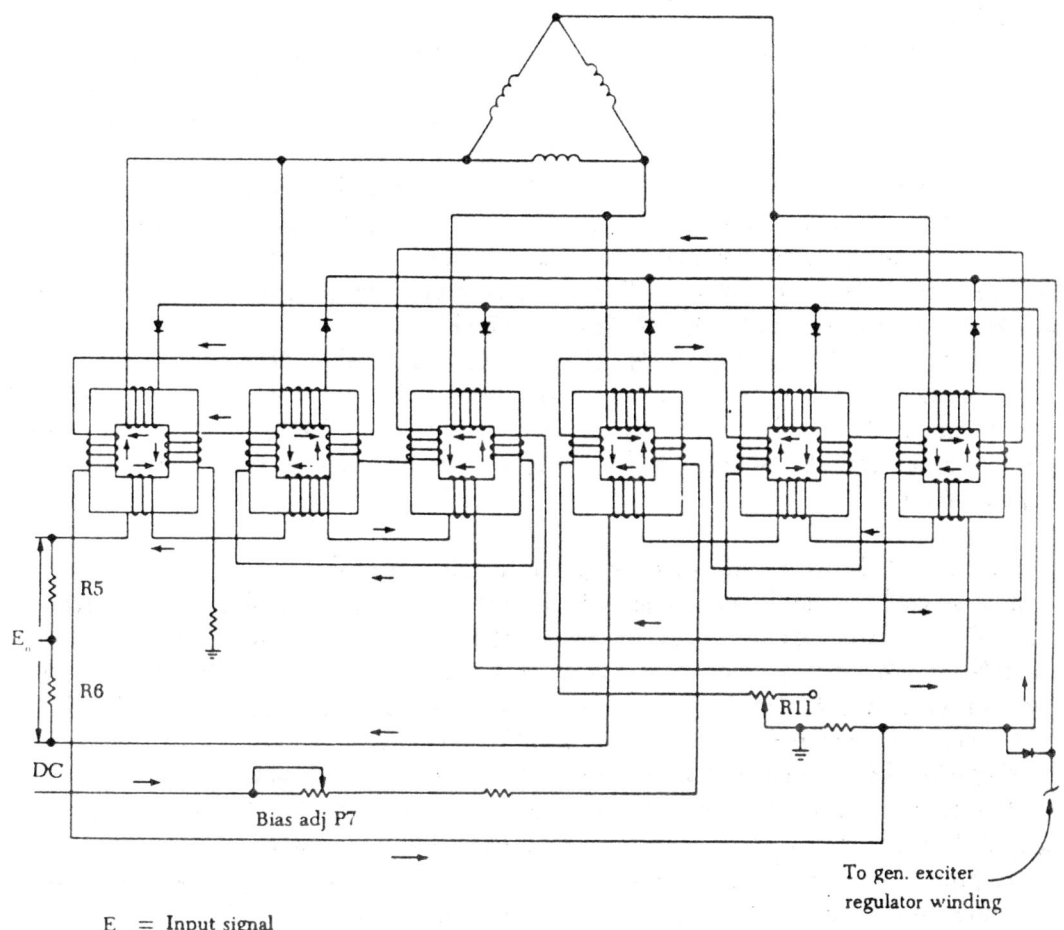

E_o = Input signal

Fig. 2-45   Second magn-amp stage of voltage regulator.

input voltage때문에 error signal극성이 바뀐다.

system의 두번째 unit이 magnetic amplifier이다.

mag-amp voltage regulator의 first stage를 위한 circuitry가 Fig. 2-44이다.

이 unit은 두개의 reactor, supply voltage transformer와 rectifier, 그리고 다음과 같은 winding(reference, D.C bias, damper circuit, load circuit과 feedback circuit)등 으로 구성되어 있다.

D.C bias winding은 reactor의 operating level을 고정시키는데, 이것은 potentiomater P5와 P6에 의해 조절한다.

potentiometer P6는 bias voltage의 크기를 조절하고, P5는 각 reactor의 bias current를 조절해서 두 core와 rectifier의 약간의 차이를 극복한다. 만약 bias voltage 가 적절히 조절되고, 만약 zero error signal input이 있으면 R5와 R6의 voltage가 똑 같이 만들어지고, output은 "0"이 된다. damper circuit은 circuit으로 연결되고, 이것 의 power source는 generator의 damper winding은 generator excitation current의 변 화에 의한 transformer action을 통해 energize되고, 그러므로 excitation의 change rate

179

에 비례한다.

이런 전류는 first magnetic amplifier stage에서 feedback signal로 사용되는데, 왜냐하면 이것은 극성이 항상 error signal input과 반대이기 때문이다. damper feedback current의 크기는 potentiometer P4로 조절된다. 이것의 기능은 regulator의 recovery time을 설정하고 안정된 작동을 하게 한다.

potentiometer는 normal load상태에서 안정된 operation 중에 빠른 voltage recovery 를 하게 한다. feedback winding은 voltage를 받는데, 이것은 output voltage에 비례하고, 이것이 steady load condition중에 terminal T1과 T2에서 받는다. 이 winding과 load resistor R5와 R6를 통하는 전류는 rea.ctor core의 magnetization의 정도에 의해 조절되고, control winding의 전류에 의해 안정된다.

input signal이 "0"이 아닐때 R5와 R6를 지나는 전류는 같지 않다.

이 resistor의 서로 다른 전류는 potintial difference를 제공해서 이것이 이 stage의 output signal이고, 극성은 error signal input의 극성에 좌우된다. regulator의 모든 unit은 output stage만 빼고는 거의 설명했다. output stage는 regulator의 second stage로 부른다.

Fig. 2-45는 3-phase, full wave, magnetic amplifier등이다.

first stage의 output이 second stage의 control winding으로 입력된다. 이 stage의 output은 generator exciter-regulator field voltage이다. 이 voltage의 크기는 input signal의 크기와 극성에 의해서 설정되고, bias current P7에 의해 조절되고, 또한 feedback current에 의해서도 조절되는데, 이 feedback current는 output에 비례한다.

이 type이 regulator는 다른 type보다 상당한 장점이 있다.

왜냐하면 이것은 voltage 변화가 아주 적은 상태에서 기능을 다한다.

이 type regulator의 작동 특성때문에 output voltage의 변동은 1%내이다. P1의 조절은 오직 bench에서 하는데, regulator가 calibrate될때만 가능하다. potentiometer P1 은 regulator의 front face의 중심에 위치해 있고, voltmeter jack과 인접하다. potentiometer는 regulator가 A/C에 설치될때 bus voltage를 원하는 수치로 조절한다. voltage regulator는 3개의 main part로 구분한다. voltage error detect or, preamplifier, power amplifier이다. 이 3unit은 closed-loop circuit에서 generator exciter regulator winding과 함께 작용해서 generator output terminal에서 거의 일정한 voltage를 유지시킨다.

error detector의 기능은 발생된 전압을 sample해서 고정된 표준치와 비교해서 error를 preamplifier에 보낸다.

detector는 3-phase rectifier, voltage adjustment를 위한 variable resistor, 두개의 voltage reference tube와 두개의 resistor로 구성된 bridge등으로 구성된다. 작동에서 만약 generator voltage range가 rated value보다 높거나 낮으면, 전류는 한쪽 혹은 다른 방향으로 흐르는데, bridge circuit에서 만들어진 극성에 좌우된다.

preamplifier는 voltage error detector로 부터 error signal을 받는다. magnetic amplifier를 이용해서 signal을 충분한 level로 옮겨서 power amplifier를 구동시켜서 excitation에 필요한 full output을 만든다. power amplifier는 signal을 exciter regulator winding에 보내고, 이것의 크기는 preamplifier로 부터의 signal에 좌우된다. 이것이 exciter regulator winding의 voltage를 높이거나 낮추어서 generator의 output voltage 를 변화시킨다.

2-11. 교류발전기 정속 회전 장치 (Alternator Constant-Speed Drive)

Alternator는 항상 D. C generater처럼 직접 항공기 엔진에 연결된 것이 아니다.

alternator에 의한 여러가지 전기장치의 작동에 교류가 공급되기 때문에 특정한 voltage, 정해진 frequency, 그리고 alternator의 속도는 일정해야 한다.

그렇치만 항공기 엔진의 속도는 계속 변한다.

그러므로 일부 alternator는 engine과 alternator사이에 있는 constant-speed drive를 통해서 엔진에 의해 구동된다.

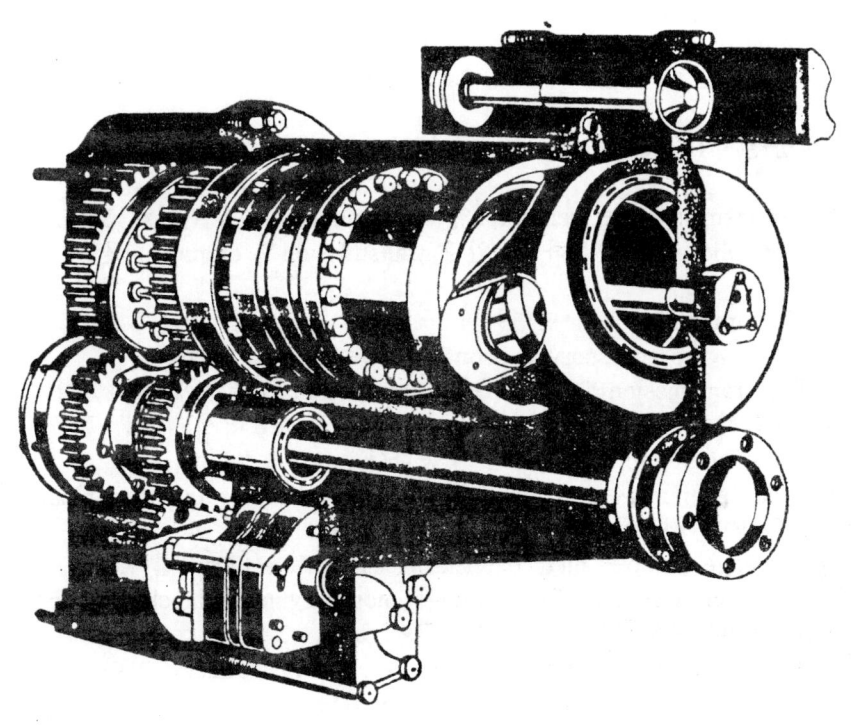

Fig. 2-46   Constant-speed drive.

Fig. 2-46은 일반적인 hydraulic-type drive이다.

constant-speed drive는 hydraulic transmission이 있고 전기나 기계적인 방법으로 작동한다.

constant-speed drive assembly는 6000rpm의 output을 공급해서 2800~9000rpm사이의 input를 제공한다.

만약 input가(engine 속도에 의해 결정된다) 6000rpm보다 낮으면, drive는 속도를 늘려서 원하는 output를 얻는다.

speed를 stop up시키는 것을 overdrive라고 한다.

overdrive에서, automobile engine은 49mph에서의 rpm drive처럼 60mph에서도 대략 같은 rpm이다. A/C에서도, 이원리와 똑같다.

constant-speed drive는 alternator가 takeoff이나 cruising rpm에서 같은 frequency를 만드는 것처럼 engine-idle rpm에서도 마찬가지다.

input speed가 6000rpm에서 set 되어있고, output speed도 같다.

이 상태가 straight drive로 알려져 있고, automobile의 high gear와 같다.

그러나 input speed가 6000rpm 보다 커지면 6000rpm의 output을 만들도록 감속시켜야 한다.

이것을 under-drive라고 하고 이와같은 large input는 high engine rpm으로 인한 것이고, 감속되서 alternator에 맞는 속도로 조절된다.

결과적으로, 이런 조절은 constant-speed drive에 의해서 이루어지고, generator의 frequency output은 load가 없을때 420cps full load에서 400cps가 된다.

이것은 간단히 말해 C. S. D의 기능으로 이루어진다.

1) 유압 전동장치 (Hydraulic Transmission)

전동장치 (transmission)는 generator와 A/C engine사이에 위치해 있다.
이것은 hydraulic oil을 사용하고, 일부 transmission은 engine oil을 사용한다.

Fig. 2-47은 transmission의 단면이다.
입력축 D는 engine accessory section의 회전축에 의해 구동된다.
출력축 F는 transmission의 반대쪽으로 generator의 회전축에 물려있다.
입력축은 회전하는 cylinder block gear에 물려있어서 이를 통해 구동되고, makeup pump와 scavenger pump E를 구동한다.

makeup(charge) pump는 oil(300 PSI)을 pump와 motor cylinder block, governor system에 공급하고, case를 여압한다.

여기서 scavenge pump는 oil을 external reservoir로 return시킨다.

rotating cylinder assembly B는 pump와 motor cylinder block으로 구성되어 있고 이것은 port plate의 바깥쪽에 bolt로 연결되어 있다.

두개의 다른 major part가 motor wobber A와 pump wobber C이다.
governor system이 Fig. 2-47의 좌측상단에 있다.
cylinder assembly는 두개의 primary unit로 되어있다.

block assembly인 pump는 14개의 cylinder를 갖고있고, 각 cylinder는 piston과 pushrod를 갖고 있다.

makeup pump에서 나온 charge pressure는 pushrod에 대해 반대방향으로 힘을 주기 위해서 각각의 piston에 전달된다.

이것이 pump wobble plate을 밀게 된다.

만약 plate가 Fig. 2-48(A)와 같이 그대로 있으면, 각각의 14 cylinder는 똑같은 pressure를 받고 모든 piston은 상대편 cylinder에 대해 같은 위치에 있게된다.

그러나 plate가 경사지면 위쪽은 바깥쪽으로 움직이고, 아래쪽은 안쪽으로 움직여서 Fig. 2-48(B)과 같게 된다.

이 결과로, upper cylinder 내부로 더많은 oil이 들어가지만 boltom piston의

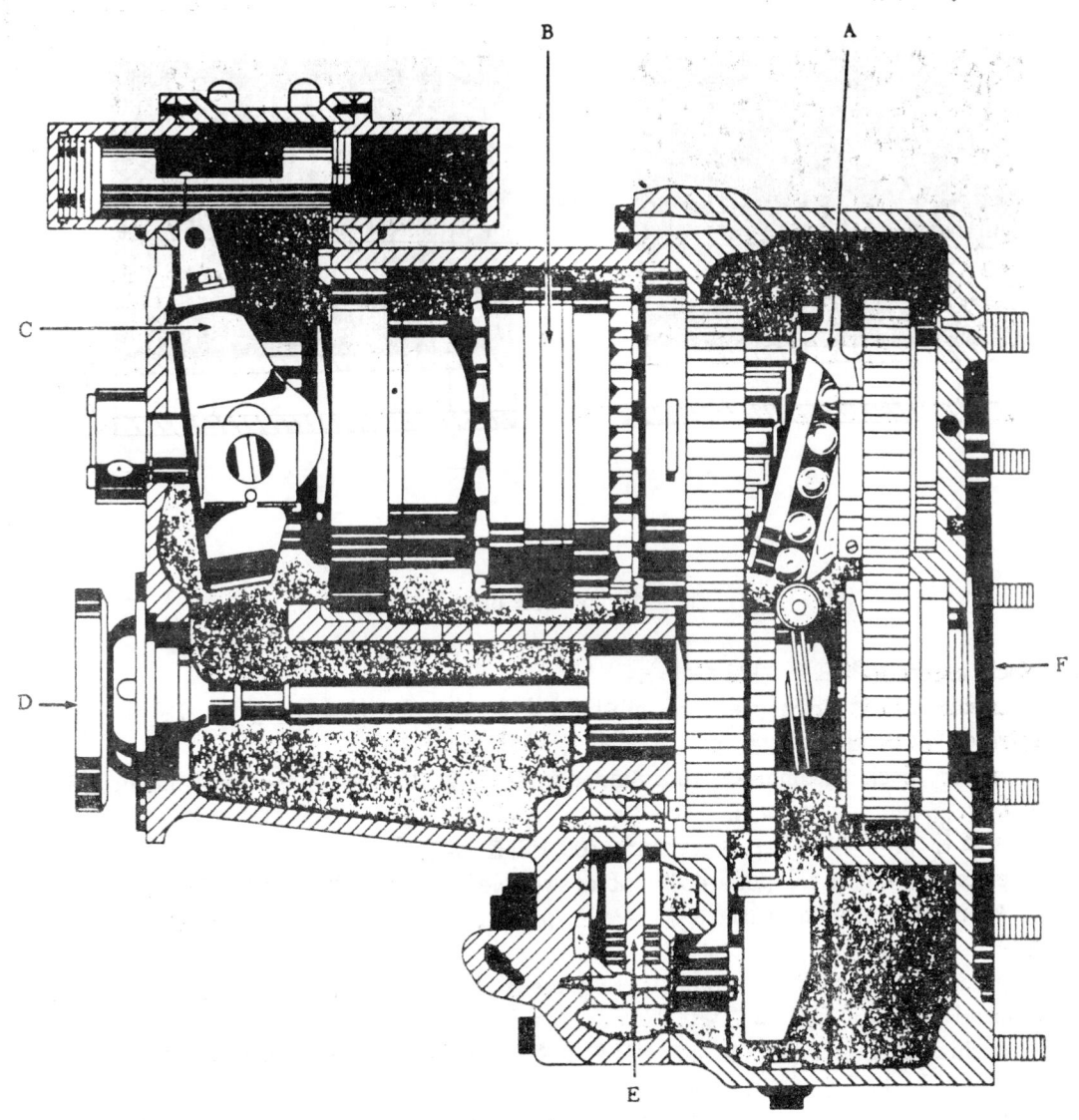

Fig. 2-47 Cutaway view of a hydraulic transmission.

cylinder는 oil을 밖으로 밀어낸다.

　　만약 pump block은 회전하는데 plate가 정지해 있으면, top piston은 안쪽으로 들어간다.

　　이런 작용은 oil을 cylinder안에 가두어 pressure가 크게 증가해서 motor cylinder

183

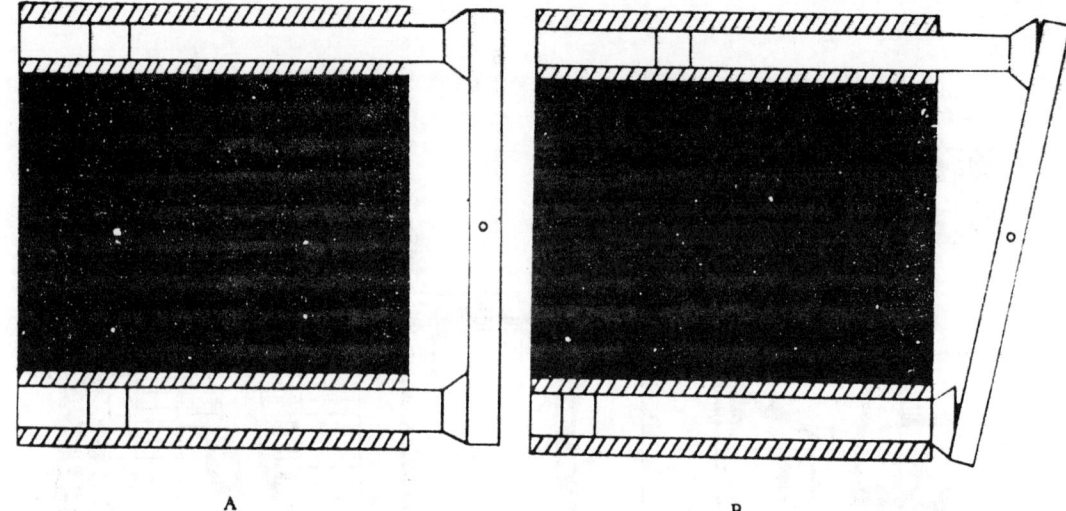

A   B

Fig. 2-48 Wobble plate position.

block assembly쪽으로 가도록한다.

 motor unit의 high-pressure oil이 어떻게 작용하는가를 설명 하기전에 rotating cylinder block assembly의 part를 먼저 알아야 한다.

 motor block assembly는 16 cylinder를 갖고 있고, 각각은 piston과 pushrod로 되어있다.

 이것은 계속해서 charge pressure 300 PSI를 받는다.

 piston의 위치는 각 pushrod가 motor wobble plate에 닿는 지점에 좌우된다.

 이 rod는, sloping surface에 맞서는 pressure에 의해 wobble plate를 회전시키게 한다.

 pump cylinder로부터 motor valve plate를 통해 oil이 공급되면 motor의 piston과 pushrod는 바깥쪽으로 밀린다.

 pushrod는 motor wobble plate에 힘을주고 이것이 자유롭게 회전하도록 하지만 정해진 각도는 바꿀수 없다.

 pushrod가 sideway로 움직일수 없으므로, motor wobble, plate의 sloping face에 가해진 pressure는 이것을 회전시킨다.

 실제 transmission에서, wobble plate가 있다.

 pump wobble plate의 경사는 control cylinder assembly에 의해 결정된다.

 예를들어, set된 각도는, motor cylinder가 motor assembly보다 motor wobble plate를 더 빠르게 회전시킨다.

 이때는 transmission이 overdrive에 있을때이다.

위의 결과는, pump와 motor cylinder의 큰 pressure에 의해 만들어 진다.

transmission이 under drive상태에 있을때, 각도는 pumping action을 감소하도록 한다.

pushrod와 motor wobble plate사이의 연속되는 slippage는 transmission의 output속도를 감소시킨다.

pump wobble plate가 일정각도에 있지 않을때 pumpling action은 최소이고, transmission은 hydraulic lock 상태에 있다.

이 상태에서, input과 output 속도는 거의 같고, transmission은 straight drive에 있다고 간주한다.

cylinder block내의 oil 속도가 높아지는 것을 막기위해 make up pressure pump가 oil을 이 block의 중심과 pressure relief valve를 통과하게 한다.

이 valve로부터 transmission의 bottom으로 oil이 흘러 들어간다.

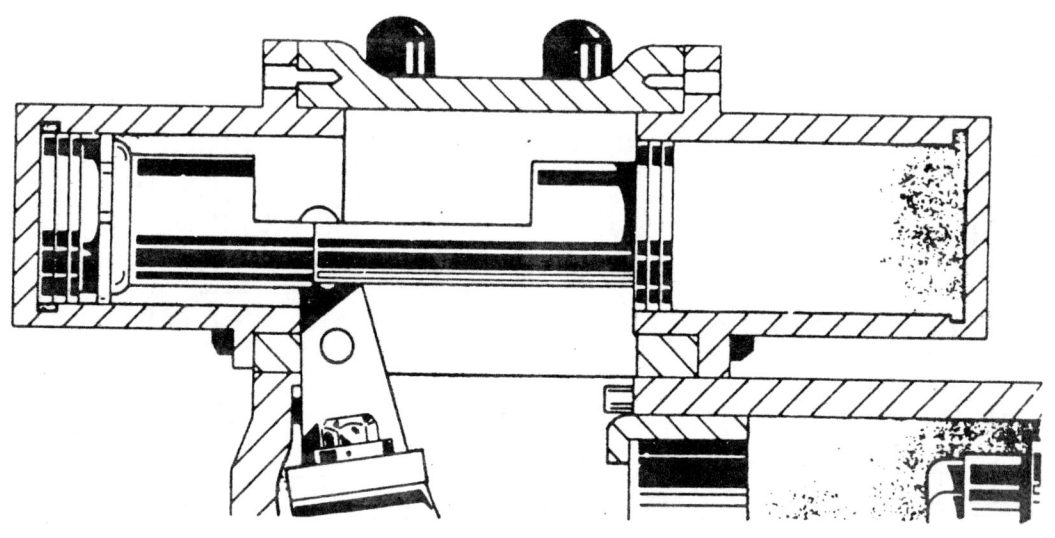

Fig. 2-49   Control cylinder.

scavenge pump는 transmission의 oil을 cooler로 순환시켜서 resorvoir로 return 시킨다.

cycle이 시작될때, oil이 reservoir에서 filter를 통해서 oil이 공급되고, makeup pressure pump에 의해 cylinder block으로 들여 보낸다.

clutch는 output gear와 clutch assembly에 위치해 있고, oneway overrunning이고, sprag-type device이다.

이것의 목적은 alternactor가 motorize될때 ratchet하도록 되어있고, 그렇치 않으면, alternator가 engine을 회전시킨다. 게다가, clutch는 transmission이 alternator를 구동할때 positive connection이 되도록 한다.

drive의 또다른 unit로 governor system이 있다.

governor system은 hydraulic cylinder로 구성되어 있고, 전기적으로 조절된다.

이것이 하는일은 Fig. 2-49와 같이 control cylinder assembly로 흐르는 oil pressure를 조절한다.

system중심의 hydraulic cylinder는 slot이 있어서 pump wobble plate의 arm이 piston에 연결된다.

oil pressure가 piston으로 움직이면서 pump wobble plate는, overspeed, under speed나 straight drive상태에 놓이게 된다.

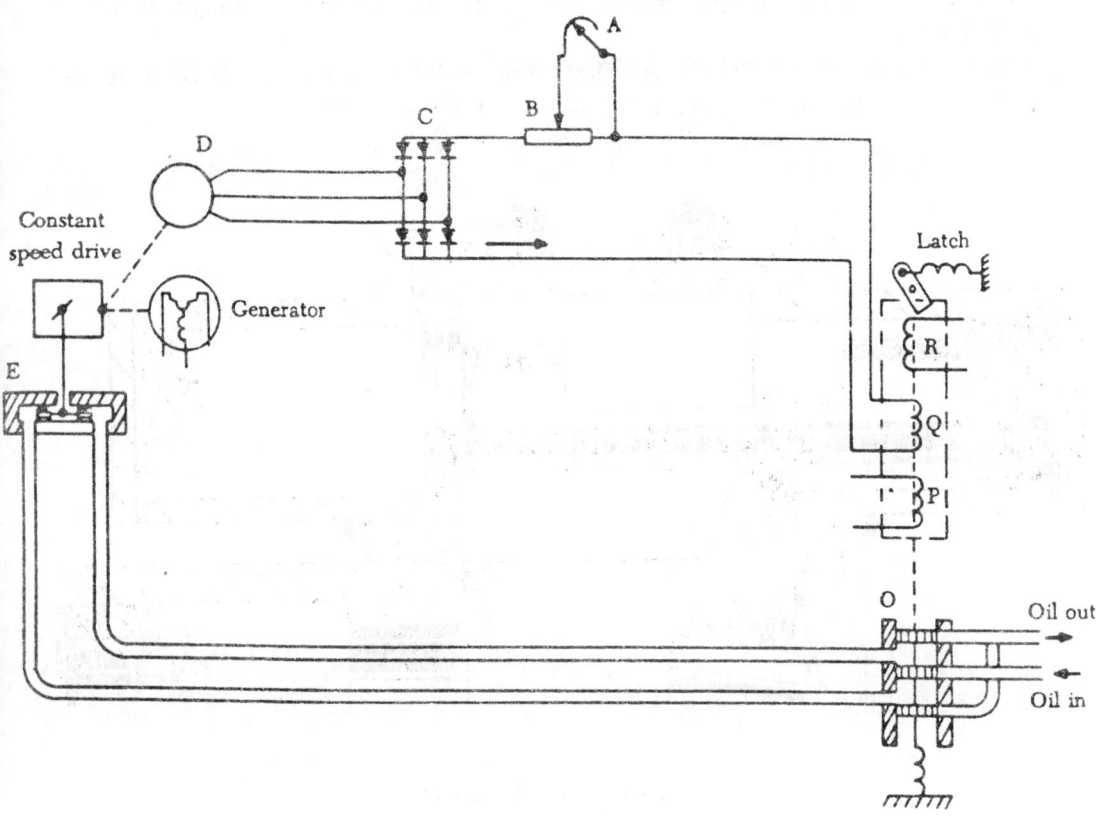

Fig. 2-50   Electrical hydraulic control circuit.

Fig. 2-50은 electrical circuitol transmission의 속도를 통제한다.

Fig. 2-50에서 valve와 solenoid assembly(O)와 control cylinder E, tachometer generator(D), rectifier(C), adjustable resistor(B), rheostat(A), control coil(Q)등이 있다.

이것은 transmission의 drive gear에 의해 구동됨으로, tachometer generator, 3-phase unit는 output drive의 속도에 비례하는 voltage를 갖는다.

이것의 voltage는 rectifier에 의해 A. C에서 D. C로 바뀐다.

rectification후에, 전류는 resistor, rhcoslat, valve와 solenoid를 통하게 된다.

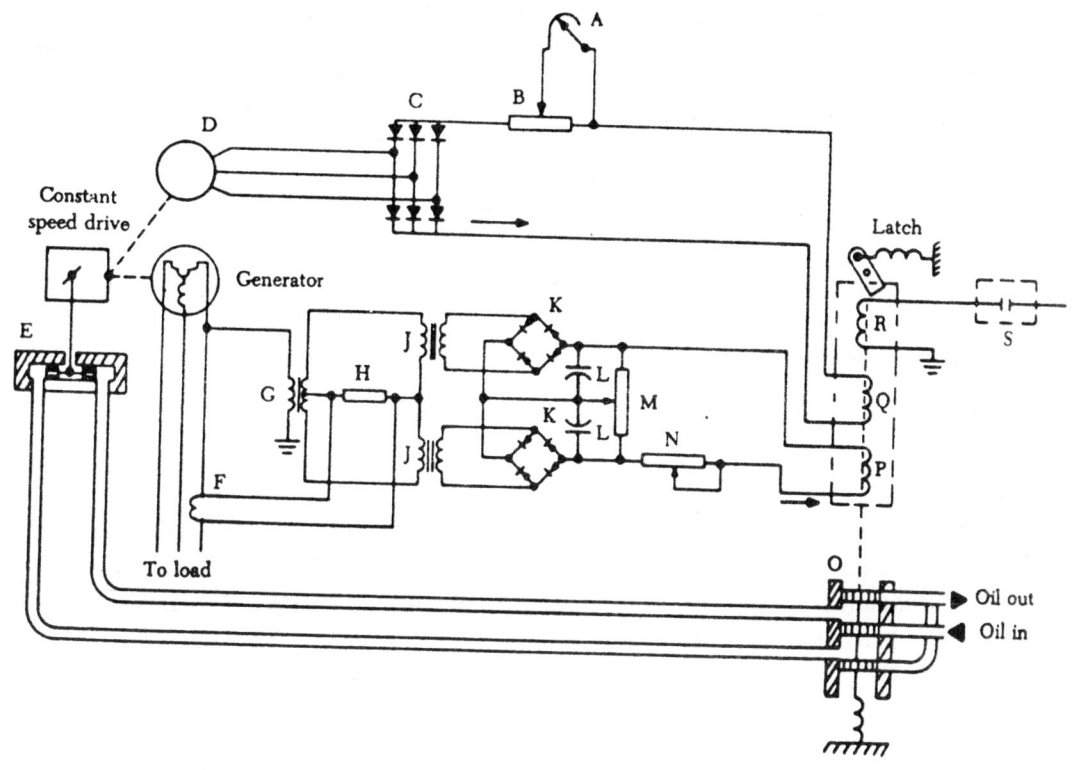

Fig. 2-51 Speed control circuit.

이 unit은 Fig. 2-51과 같이 직렬로 연결되어 있다.

정상 작동 상태에서, tach generator의 output은 충분한 전류가 valve와 solenoid coil을 통하게 해서 valve의 spring force를 균형있게 만드는 충분한 크기의 magnetic field를 형성하게 한다.

load감소로 인해 alternator속도가 커지면, tach generator output도 커진다.

output이 크기 때문에, solenoid의 coil이 충분히 spring force를 극복한다.

이것이 valve를 움직이고, 결과로, oil pressure들어가서 control cylinder쪽의 속도를 감속시킨다.

계속해서, pressure가 piston을 움직여서 pump wobble plate의 각도가 줄어든다.

piston 다른쪽의 oil은 valve를 통해 되돌아 와서 system으로 return한다.

pump wobble plate의 각도가 작기 때문에, transmission의 pumping action이 작아진다.

결과는 output속도를 감소시킨다.

cycle를 완성하기 위해 절차가 거꾸로 된다.

output 속도가 감소된 상태에서, tacho generator output이 감소하고, 계속해서, solenoid로의 전류로 줄어든다.

그러므로, solenoid의 magnetic field는 약해지고, spring이 magnetic field의 세기를 이기게 되어 valve를 원래위치로 환원시킨다.

만약 heavy load가 A.C generator에 주어지면 속도가 감소한다.

generator는 직접 engine에 의해 구동되지 않으므로, hydraiulic drive가 slippage를 허용한다.

이 감소가 tacho generator의 output을 감소시키고, 결과로, solenoid coil의 magnetic field를 약하게 한다.

solenoid의 spring은 valve를 움직이고, oil pressure가 control cylinder가 커지는 쪽으로 들어가서 transmission의 output속도가 커진다.

overspeed circuit과 load division circuit을 설명해야 한다.

generator의 overspeed는 centrifugal S/W, over speed solenoid coil R, 등에 의해서 방지된다.

이 coil은 solenoid와 valve assembly 내부에 위치해 있다.

centrifugal S/W는 transmission에 있고, tacho generator처럼 같은 gear배열을 통해서 구동된다.

A/C의 D.C system의 power를 solenoid와 coil assembly의 overspeed coil을 작동시킨다.

만약 transmission의 output speed가 7,000~7,500 rpm에 이르면, cautrifugal S/W 가 D.C circuit을 닫고, overspeed solenoid를 energize 시킨다.

이 compounent는 valve를 움직여 latch를 engage 시키는데, 이 latch는 valve를 underdrive position에 붙잡아 둔다.

latch을 풀기위해, underdrive reletse solenoid를 energize시킨다.

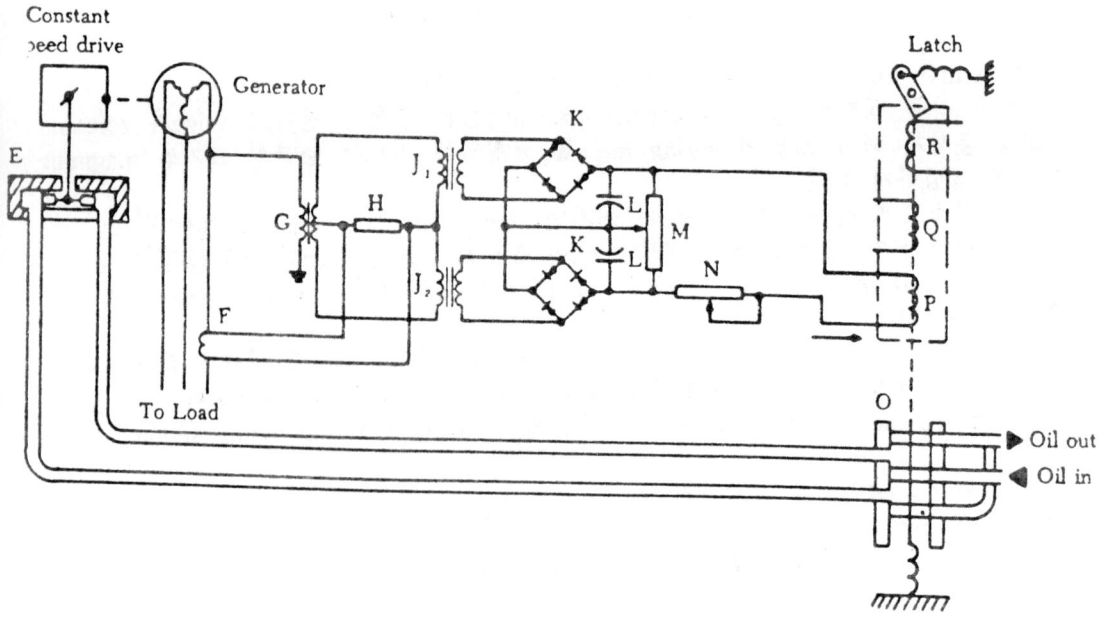

Fig. 2-52   Droop circuit.

load dividsion circuit의 기능은 각 alternator에 똑같은 load을 주는 것으로, 각 alternator가 똑같이 나누어야 한다.

그렇지 않으면, 한 alternator는 voerload상태이고 다른 alternator는 small load상태가 된다.

alternator의 onephase가 transformer G의 primary에 power를 공급하고, 이것의 secondary는 다른 transformer J1과 J2의 primaries에 power를 공급한다.

rectifier K가 transformer secondary의 output을 A.C에서 D.C로 바꾼다.

두개의 capaceitor L의 기능은 D.C pulsation을 smooth out(고르게) 시킨다.

current transformer F의 output은 one phase line의 전류의 크기에 좌우된다.

이런식으로, 이것이 generator의 실제 load를 측정한다.

current transformer의 output voltage는 resistor H에 공급된다.

이 voltage는 transformer F의 output에 의해 transformer J의 upper winding에 공급된 voltage와 vector로 더해진다.

이 voltage가 transformer J의 upper winding vector로 더해지는 동시에 J의 lower winding에 공급된 voltage는 vector로 감소(subtrace) 시킨다.

이 더하고 빼지는 voltrage는 generator이 실제 load에 좌우된다.

실제 load의 크기는 phtase angle과 resistor H에 공급되는 voltage를 결정한다.

실제 load가 커지면, H의 voltage가 커지고, transformer J의 두 primaries에 공급된 voltage 사이의 차이가 커지게 된다.

transformer J의 secondaries에 의해 resistor M에 공급된 unequal voltage는 control coil P에 전류가 흐르게 한다.

control coil은 자체의 voltage를 valve와 solenoid assembly의 control coil에 공급한다.

voltage가 커진 결과로 valve를 움직여 generator의 속도를 낮춘다.

만약 load가 증가되면 왜 속도를 줄여야 하는가 ?

실례로, system이 하나의 generator를 사용하면 속도가 줄어들지 않지만, 2개 혹은 그 이상의 generator를 사용함으로 감속시켜서 load를 같게 하는 것이 필요하다.

load division circuit을 두개나 그이상의 generator로 power를 공급한 경우에 사용한다.

이런 system에서, control coil은 병렬로 연결된다.

만약 voltage source중 어느 하나가 다른 것보다 커지면 전체 load division circuit을 통하는 전류의 방향을 결정한다.

Fig. 2-53에서 보듯이, No. 1 control coil을 지나서 흐를때, 여기에 가장 큰 load가 있어서 valve와 solenoid의 control coil을 더해서 generator의 속도를 낮춘다.

control coil에 남아있는 전류는 valve와 solenoid의 control coil과 반대여서, 다른 generator의 속도를 크게 하기 위해서 load를 고르게 분배해야 한다.

일부 drive에서, 전기로 작동되는 governor대신에, flyweight type governor가 사용되고, 이것은 drive의 output shaft에 의해 구동되는 recess-type revolving valve, flyweight, 두개의 coil spring과 nonrotating vlave stem등으로 구성되어 있다.

governor flyweight에 centrifugal force가 작용해서 바깥쪽으로 움직이게 해서 coil spring과 반대쪽으로 valve stem을 들어 올린다.

valve stem위치는 두개의 oil-out line으로 oil을 보내도록 조절한다.

만약 output속도가 6000rpm을 초과하려고 하면, flyweight이 valve stem을 들어서 더많은 oil을 control piston쪽으로 보내, pistonal pump wobble plate각도를 감소시키는 쪽으로 움직이게 한다.

만약 속도가 6000rpm 이하로 떨어지면, oil이 control piston으로 공급되어 이 wobble plate각도를 증가시키는 쪽으로 움직인다.

overspeed protection이 governor에 설치되있다.

drive의 시작은 underdrive position이다.

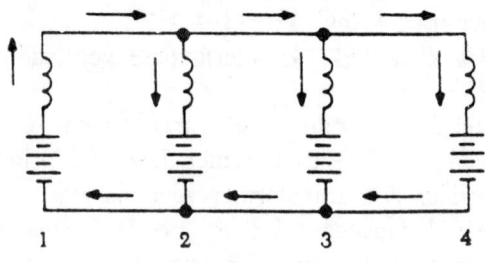

Fig. 2-53 Relative direction of current in d roop coil circuit with unequal loads.

governor coil spring은 fully extended되어 valve stem이 dowar과 travel의 한계에 정지되 있다.

이 상태에서 pressure는 control piston의 측면에 공급되서 최소의 wobble plate각도를 주게된다.

control piston 측면의 최대 각도가 hollow stem을 open한다.

input속도가 증가하면서, flyweight는 바깥쪽으로 움직이기 시작해서 spring bias를 극복한다.

이 action이 stem을 들어 올려서 control piston의 maximum side에 oil을 보내고, 반면 minimum side는 hollow stem쪽으로 열린다.

약 6000rpm에서, stem은 양쪽으로 흐르는 것을 막고, flyweight force와 spring bias가 균형을 이룬다.

governor의 mechanical failure underdrive condition을 만든다.

flyweight의 force는 항상 valve stem을 속도가 감소되는 쪽으로 움직이려해서 만약, coil spring이 부서지면, stem은 extrame position으로 움직여 output speed 가 감소된다.

만약, governor로 input이 들어가지 않으면 spring은 stem을 short position으로 움직여 minimum output speed를 얻는다.

constant-speed drive의 output 속도는 governor의 adjustment serew에 의해 조절된다.

이 조절이 coil spring의 압출을 크게 하거나 작게해서 flyweight action에 맞서게 된다.

이 조절 screw는 indented collar에 있고 각 "click"은 generator frequency를 조금씩 변하게 한다.

2-12. 동기 교류발전기 (Synchronizing Alternator)

두개나 그이상의 alternator가 병렬로 작동되어, 각 alternator는 같은 load를 나누게 된다.

synchronizing이나 paralleling alternator는 paralleling D.C generator와 비슷하지만

몇가지 다른점이 있다.

두개나 그이상의 alternator를 같은 bus에 synchronize (parallel) 시키기 위해, 서로 같은 phase sequence를 가져야 하고, 같은 voltage, frequency를 갖고 있어야 한다.

아래의 절차는 하나 혹은 그 이상의 alternator가 이미 작동하고 있는 상태에서 bus system에 alternator를 synchronizing 시키는 guide이다.

ⓐ phase sequence check

A. C three-phase power circuit의 표준 phase sequence는 A, B, C이다.

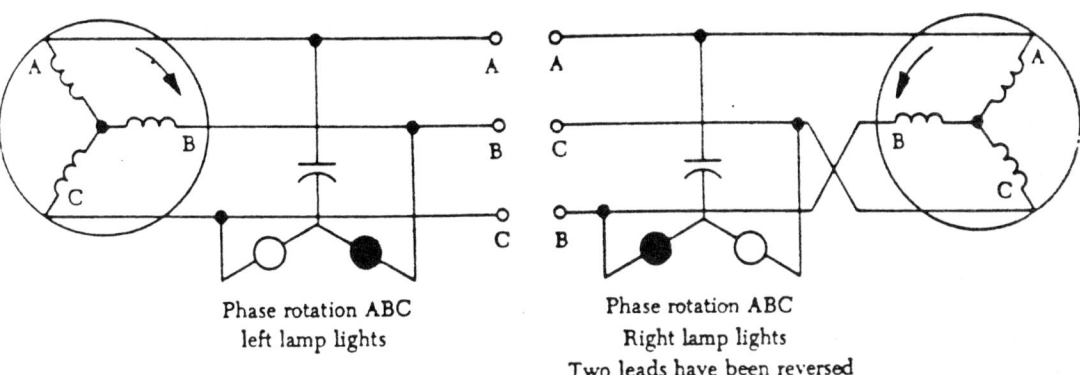

Phase rotation ABC
left lamp lights

Phase rotation ABC
Right lamp lights
Two leads have been reversed

Fig. 2-54 Phase sequence indicator.

Fig. 2-54와 같이 두개의 작은 indicator lamp를 연결해서 phase sequence를 점검한다.

만약 하나의 lamp만 켜지면 sequence는 A, B, C이다.

만약 두개 모두 켜지면 phase sequence는 A, C, B이다.

만약 light가 잘못된 phase sequence를 나타내면, alternator에서 나오는 두 lead를 바꾼다.

두 alternator를 잘못된 phase sequence로 parallel이나 sychronize 시키면 이것은 두 lead를 short시키는 circuit와 같고, 위험스런 circulating current를 형성하고, alternator system에 magnetic disturbances를 일으켜서 이것이 conductor를 overheat시키고, coil winding을 느슨하게 한다.

ⓑ voltage check

alternator의 voltage를 bus에 연결할때 bus voltage와 같아야 한다.

이것은 s/w panel에 있는 rheostat으로 조절한다.

이 가변저항기는 voltage regulator coil의 전류를 조절해서 alternator magnetic field를 크거나 작게해서, alternator voltage를 조절한다.

ⓒ frequency check

allternator의 frequency는 속도에 직접 비례한다.

이말은 alternator를 bus에 연결할때 이미 연결된 alternator의 속도와 같게 연결시켜야 한다.

frequency mater를 관찰하면서 s/w panel의 rheostat을 조절해서 alternator에 나오는 frequency를 정확한 수치로 맞춘다.

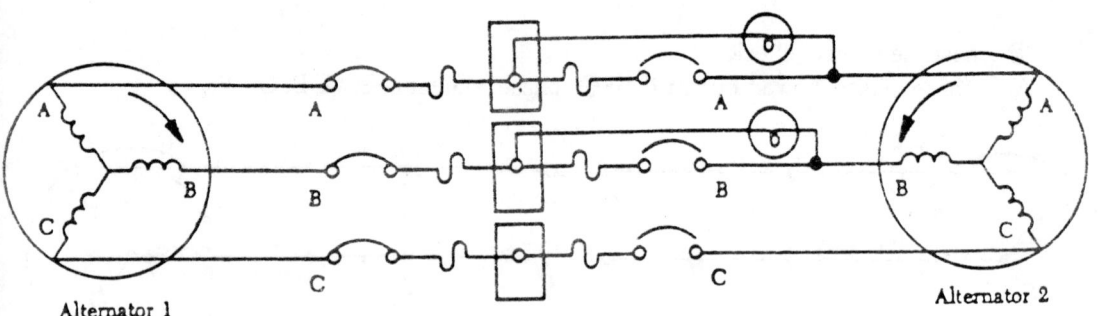

Fig. 2-55 Synchronizing lamp circuit.

Fig. 2-55는 synchronizing lamp이다.

위 lamp를 잘 관찰하면서 speed control 가변저항기를 정밀하게 조절해서 주파수를 정확한 synchronization에 맞춘다.

synchronizing lamp는 두 주파수가 같은 수치에 접근하면 깜박(blink)거린다.

거의 같은 수치에 이르렀을때는 lamp는 느리게 깜박거린다. 깜박거리는 것이 1초당 한번이나 그 이하로 떨어지면 circuit breaker를 닫고, No. 2 alternator를 bus에 연결한다.

이때 lamp는 dark상태이다.

이상태는 bus의 phase A 와 alternator에서 나오는 phase A사이에 voltage가 없다는 뜻이며, lamp가 켜져 있으면 bus의 phase A와 alternator의 phase A사이에 voltage 차이가 있다는 뜻이다.

synchronizing lamp가 켜져 있을때 회로차단기(circuit breaker)를 닫으면 두 lead를 short 시키는 것과 같아서 alternator내의 voltage와 magnetic에 교란이 온다.

1) 교류발전기 보호회로 (Alternator Protective Circuit)

중대한 electrical fault가 발생하면 system에서 diternator를 분리시킨다.

circuit에 문제가 있어서, alternator를 remove할때, circuit breaker를 open해야 한다.

그렇치 않으면 alternator가 타버릴 수가 있다.

circuit breaker에 relay를 위해서 여러가지의 protective relay가 있다.

이 relay의 대부분은 D.C energies되는데, A.C equipment는 무겁고 효율이 낮기 때문이다.

Fig. 2-56은 alternator control과 protective circuit이다.

192

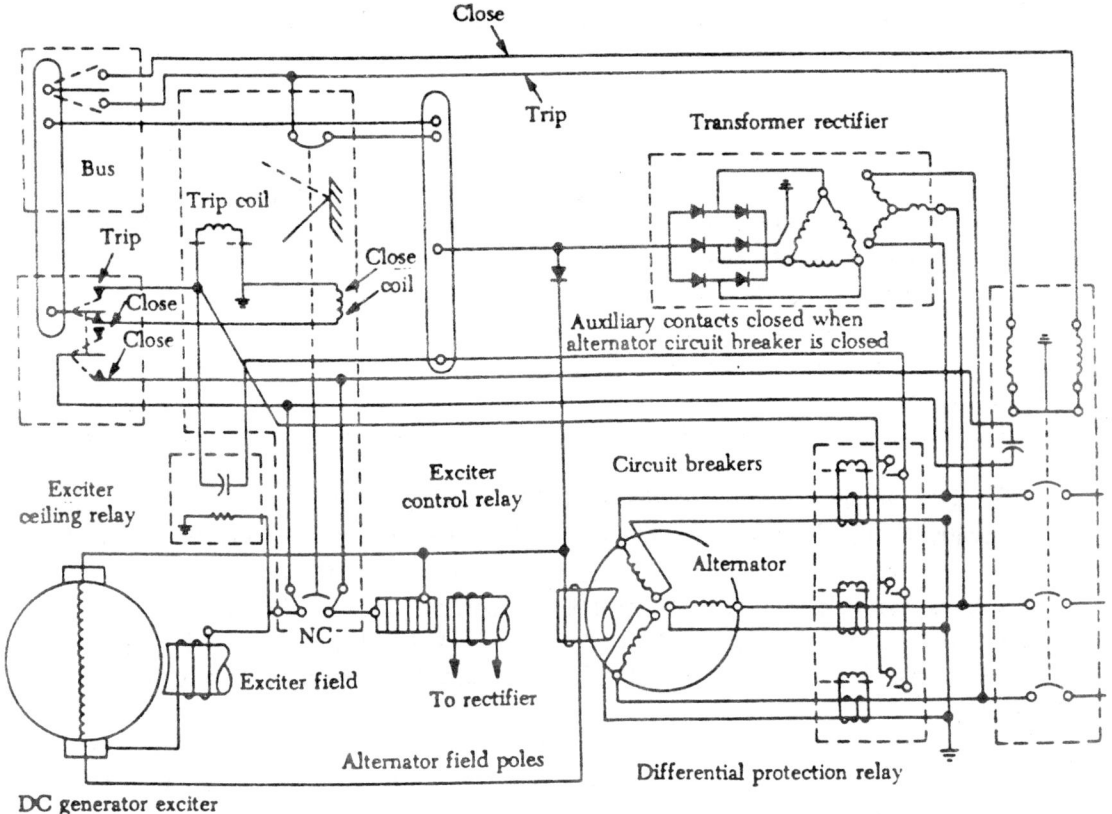

Fig. 2-56 Alternator control and protective circuit.

여기에는 하나의 alternator, circuit breaker, exciter ceiling relay, 그리고 differential current protection relay가 있다.

이 type의 A/C alternator control system에는 두개의 circuit breaker가 있다.

ⓐ exciter control relay, 이것은 exciter field circuit를 열고 닫고 한다.

ⓑ main line circuit breaker, 이것은 alternator를 bus에서 연결시키거나 분리시키거나 하고, 또한 exciter field current를 열고 닫고 한다.

main line circuit breaker는 "close" coil이라 부르는 D.C electromagnet에 의해 latch되어진다.

이 coil circuit breaker를 닫는다.

이것은 trip coil로 달려진 second electro magnet에 의해 release된다.

closing과 tripping circuit은 순간적인 접촉을 해야한다.

일단 닫히면, trip coil에 의해서 latch가 풀릴때까지 mechanical latch가 contactor를 잡고 있다.

이 contact는 수천 ampere의 breaking current가 견디는 special alloy로 만들어 졌다.

이 main line triple-pole circuit breaker는 auxilitry contact이 있어서 main line

193

circuit breaker가 닫히면, exciter field circuit을 닫고, circuit breaker가 open되면 exciter field circuit을 open한다.

이것이 바람직한 이유는 circuit breaker가 open 되면 alternator가 load current를 공급하기 때문에 이런 경우는, exciter field excitation은 감소되든지, remove 해야 한다.

또한, exciter field circuit는 main circuit breaker가 open 할때까지 달려 있어서, exciter control relay가 먼저 open 된다.

exciter control relay가 exciter field circuit을 열거나 닫거나 한다.

open되면, D circuit이이 contact되어 main line trip coil에 D.C power가 공급되어 main line circuit breaker가 open 된다.

exciter control relay는 두개의 solenoid, latching, tripping으로 구성되어 있다.

작동할때는 순간적으로 S/W를 닫아야 한다.

위그림에서 exciter ceiling relay를 protective circuit에서 볼수 있고, 이것은 thermal operated relay이다.

이것은 alternator작동에 위험할 정도까지 exciter field current가 증가하면 작동한다.

만약 언제든지 alternator에 과부하가 걸리면, (line full short circuit이나 alternator가 inoperative가 된 경우) exciter voltage가 커져서 heavy alternator load에 공급되고, DC bus와 trip coil사이의 contact이 thermal ceiling relay에 의해 닫힌다.

이것이 exciter field를 open하고, 동시에 alternator를 line에서 분리한다.

differential current protection relay는 이름이 나타내는 것과 똑같이 작용한다.

이것은 phase나 ground 사이의 internial short으로부터 alternator를 보호하도록 설계되었다.

만약 alternator의 어느 one phase에 short가 생기면 line를 통하는 전류에 차이가 있어서 relay가 작동해서 exciter trip coil쪽의 circuit를 닫아서 main line circuit breaker의 trip coil을 닫는다.

Fig. 2-57은 component내의 relay 위치를 나타내고 있다.

alternator가 각 phase로부터의 두 lead는 relay의 도우넛 같은 hole을 지나고, current transformer의 primary처럼 역할을 한다.

각 hole을 통과하는 두 lead의 전류방향이 바뀌면 magnetic field가 없어져서 current-transformer secondary에 relay을 energize하는 전류가 없다.

differential current relay의 fulure는 exciter protection

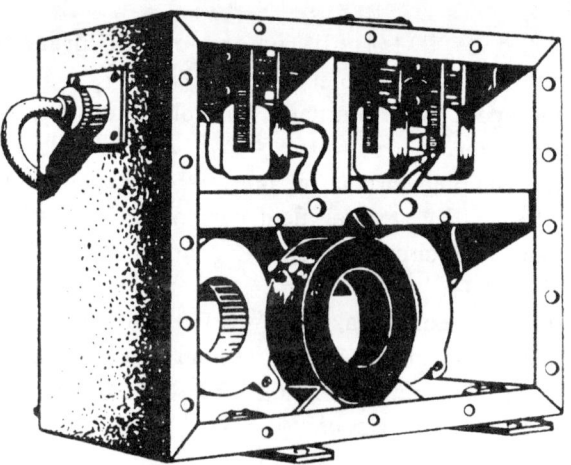

Fig. 2-57 Differential current protection relay.

relay에 의해 buckup된다.

exciter protection relay의 time-delay action이 fault를 없애기 위한 D.C voltage를 공급하기 위해 짧은 순간 overexciration을 허용한다.

2-13. 인버터 (Inverter)

inverter는 일부 A/C system에서 D.C power의 일부를 A.C로 바꾸는데 사용한다.

이 A.C는 주로, instrument, radio, radar, lighting등에 쓰인다.

이 inverter는 주파수가 400cps에서 전류를 공급하도록 만들어졌지만 각각 다른 voltage를 쓸수 있다.

예를들어 26volt A.C와 115volts를 동시에 사용할수 있다.

두가지 기본적인 inverter가 있다.

rotary와 static이다.

두가지 모두 single-phase나 multiphase가 가능하다.

multiphase inverter는 같은 power rating에서 single-phase보다 가볍지만 multiphase power를 분배하는데 복잡하고, load를 균형있게 분배하는데 다소 복잡하다.

1) 회전식 인버터 (Rotary Inverter)

inverter는 한 housing에 A.C generator와 D.C motor가 들어있다.

generator field나 armature 그리고 motor field, aramature가 housing안에서 회전하는 동일축에 붙어있다.

rotary inverter의 한가지 type으로 permanent magnet inverter가 있다.

2) 영구자석형 회전식 인버터 (Permanent Magnet Rotary Inverter)

permanent magnet inverter는 D.C motor와 permanent magnet A.C generator assembly로 구성되어 있다.

common housing안에 각각의 stator가 있다.

motor amature는 rotor에 붙어있고, commurator와 brush assembly를 통해 D.C supply에 연결된다.

motor field winding은 housing에 붙어있고, 직접 D.C supply에 연결된다.

permanent magnet rotor는 각 shaft의 반대쪽 끝에서 motor armature에 붙어있다.

stator winding은 housing에 붙어 있어서 brush 없이도 inverter에서 D.C를 공급받는다.

Fig. 2-59는 rotary inverter의 internal wiring diagram이다.

generator rotor는 6 pole을 갖고 있고, magnetize되어 rotor의 원둘레에 north와 south을 번갈아 만든다.

motor field와 armature가 excite되면 rotor가 돌기 시작한다.

rotor가 돌면서 permanent magnet는 A.C stator coil속에서 회전하고, permanent magnet에 의해서 만들어진 magnetic flux가 A.C stator coil의 conductor에 의해서 잘

195

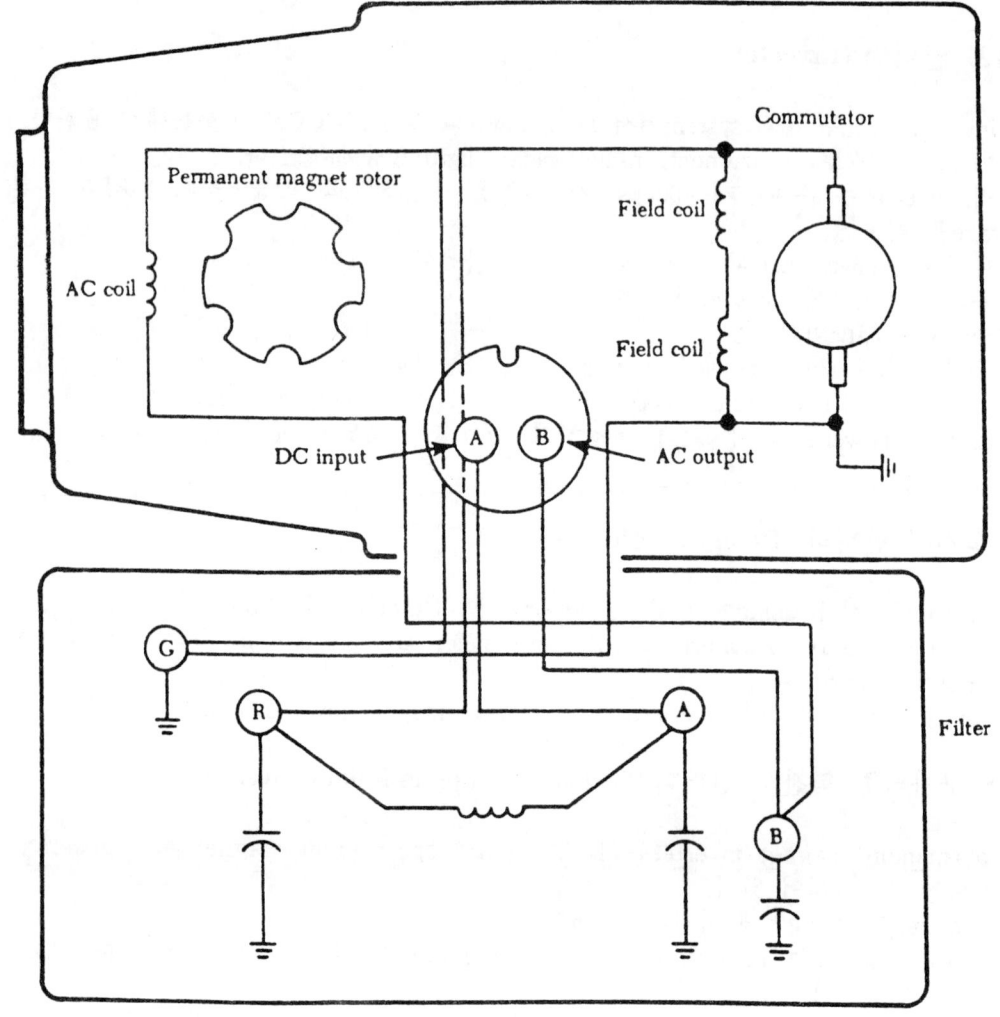

Fig. 2-59 Internal wiring diagram of single-phase permanent magnet roary inverter.

린다.

A. C voltage가 winding에서 생산되고 이것의 극성은 winding을 지나는 각 pole에 의해서 변한다.

이 type의 inverter는 housing에 더많은 A. C stator coil을 넣어서 multiphase로 만들어 phase를 shift 시킬수 있다.

rotary inverter의 이름이 나타내는 것처럼, A. C generator section에 회전 armature 가 있다.

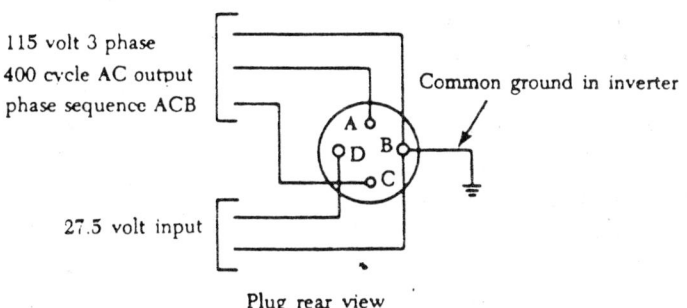

115 volt 3 phase
400 cycle AC output
phase sequence ACB

Common ground in inverter

27.5 volt input

Plug rear view

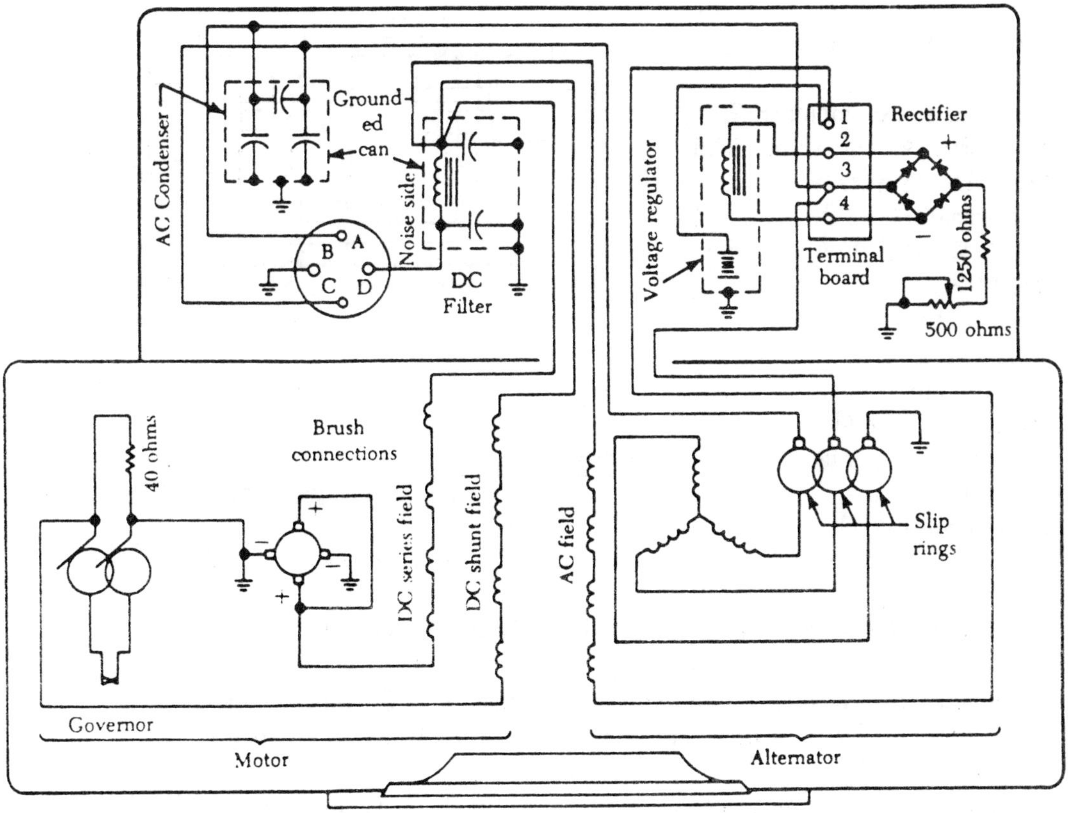

Fig. 2-60   Internal wiring diagram of three-phase, revolving-armature inverter.

Fig. 2-60은 회전식 전기자 3상 인버터(revolving-armatural three-phase inverter) 의 구성도이다.

197

이 inverter의 D.C motor는
4극 복권 전동기이다.

4개의 field coil은 가는 선
(fine wire)으로 많은 횟수가
감겨져 있고, 위에는 굵은 선
(heavy wire)이 몇번 감겨져
있다.

fine wire는 shunt field로
filter를 통해 D.C source에 연
결되고, centrifugal governor
를 통해 ground 된다.

heavy wire는 직렬 field로,
motor armature와 직렬로 연
결되어 있다.

centrifugal governor는 sh-
unting에 의해 속도를 조절한
다.

이 resistor는 motor가 일정
한 속도에 이르면 shunt field
와 직렬로 연결된다.

alternator는 3상, 4극, 별
모양으로 배선된 A.C gene-
rator이다.

D.C input이 generator
fireld coil에 공급되고 carbon-
pile voltage regulator를 통해
ground로 연결된다.

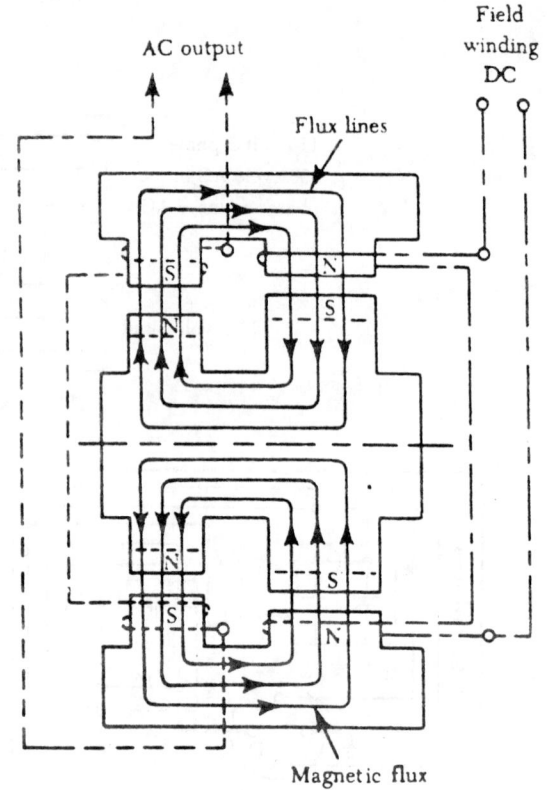

Fig. 2-61 Diagram of basic inductor-type inverter.

output은 slip ring을 통해 전기자(armature)를 떠나서 3-phase power를 제공한다.

inverter는 만약, single armature winding과 one slip ring을 갖고 있으면 single-
phase inverter이다.

이 type unit의 frequency는 motor의 속도와 generator pole수에 의해 결정된다.

3) 유도형 회전식 인버터 (Inductor-Type Rotary Inverter)

inductor-type inverter는 soft iron lamination으로 만든 rotor를 사용한다.

이 rotor는 표면에 groove cut이 있어서 pole을 제공하고 이 pole은 stator pole의
수와 같은 수이다.

field coil은 한 set의 stationary pole에 감겨있고, A.C armature coil은 다른 set의
stationary pole에 감겨 있다.

D.C가 field coil에 공급되면, magneric field가 만들어진다.

rotor는 field coil 속에서 회전하고, rotor의 pole이 stationary pole과 정렬되어
rotor pole을 통해 field pole에서 A.C armature와 housing back을 통해 field pole까지
의 flux path에 낮은 자기(磁氣) 저항이 생긴다.

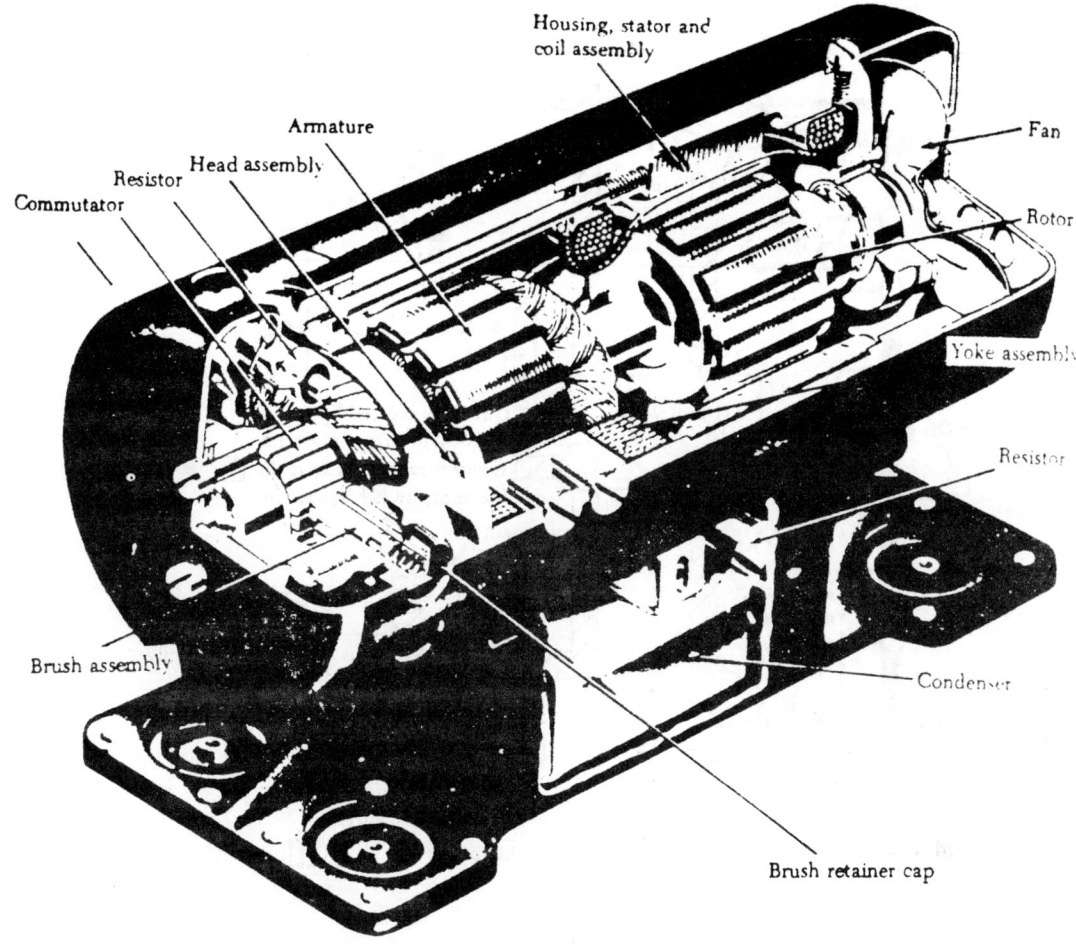

Fig. 2-62　Cutaway view of inductor-type rotary inverter.

이런상태에서, 상당 크기의 magnetic flux가 A. C coil에 연결된다.

stationary pole사이의 rotor pole는 주로 air로 되어있고, 작은 크기의 magnetic flux가 AC coil과 연결된다.

이것이 stator의 flux density를 크거나 작게해서 A. C 'coil에 교류전류를 유도한다.

이 type inverter의 frequency는 pole의 수와 motor의 속도에 의해 결정된다.

voltage는 D. C stator field current에 의해 조절된다.

Fig. 2-62는 inductor-type rotary invertor의 단면이다.

Fig. 2-63은 A/C A. C power distribution system으로 main과 stand-by rotary inverter system에서 사용한다.

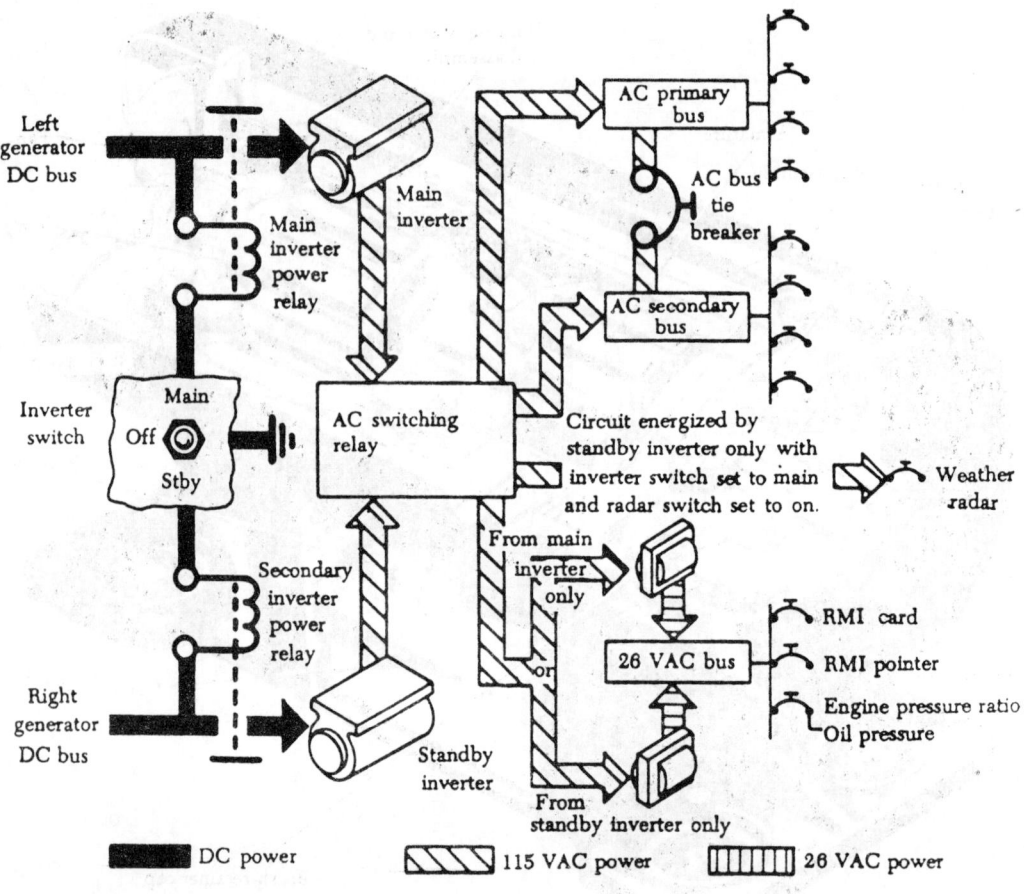

Fig. 2-63   A typical aircraft a.c. power distribution system using main and standby rotary inverters.

4) 고정식 인버터 (Static Inverter)

static inverter는 rotary inverter나 motor generator set 대신에 많이 쓰인다.

이것은 주로 군용 및 민간용의 주파수에 따라 조절되는 교류전력 공급장치, 긴급 전력 공급장치 및 광대역 주파수를 가진 전력으로 부터 일정한 주파수 power로의 전환등에 주로 사용한다..

최근에는 소형 A/C에도 static inverter를 많이 사용한다.

static inverter는 solid-state inverter라고도 한다.

가장 많이 사용하는 static inverter는 싸인파형(sine wave) output를 만들어 낸다.

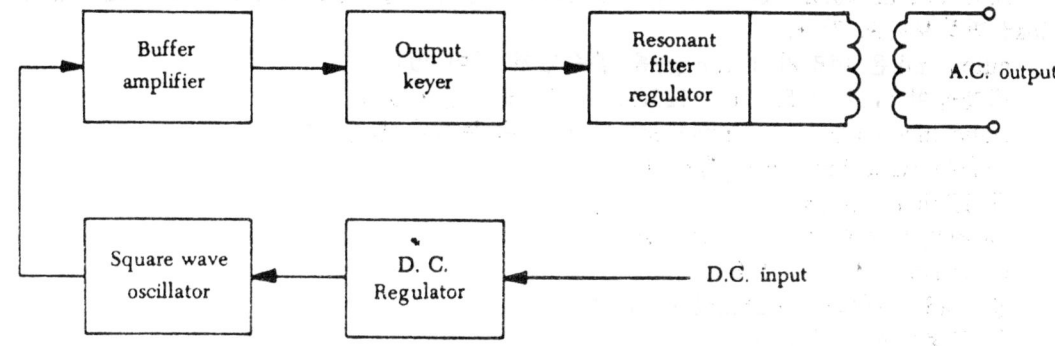

Fig. 2-64 Regulated sine wave static inverter.

Fig. 2-64는 regulated sign wave static inverter의 block diagram이다. 이 inverter는 low D. C voltage를 높은 A. C voltage로 바꾼다.

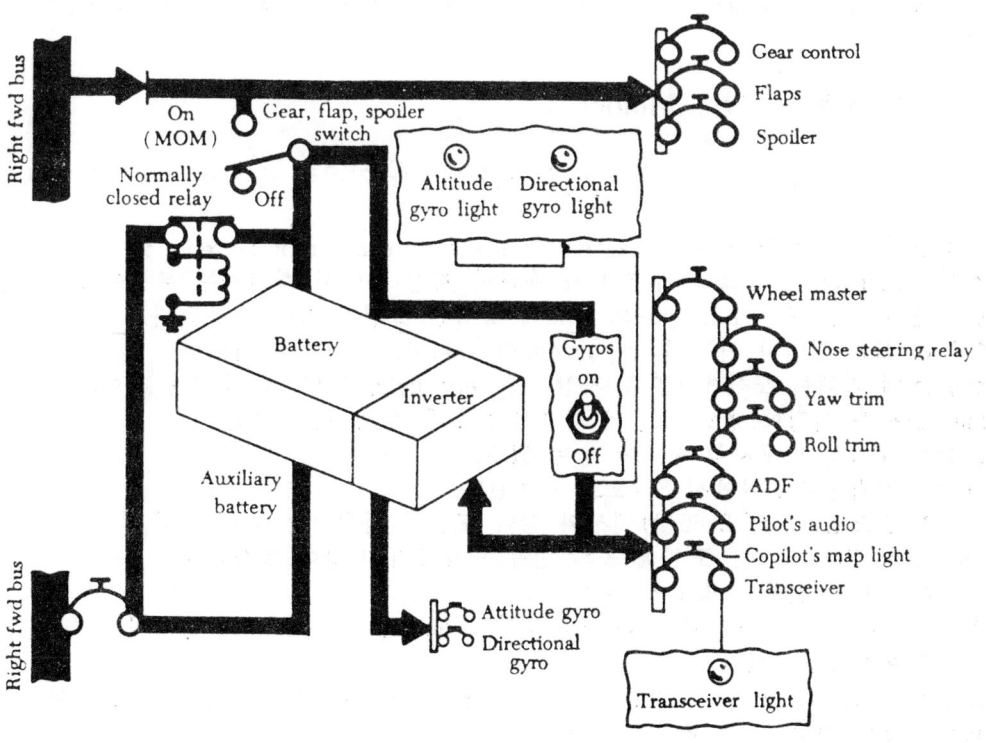

Fig. 2-65 Auxiliary battery system using static inverter.

A. C output voltage는 아주작은 voltage tolerance를 갖고 있고, 1%의 full input load 변화보다도 작다.

output tab은 여러가지 voltage를 쓸수있게 되어 있다.

예를들어 tab은 105, 115, 125volt A. C output등이있다.

static inverter는 rotary inverter보다 크기나 무게가 훨씬작다.

다음은 static inverter의 특징이다.

ⓐ High efficiency

ⓑ 정비가 간단하고, 수명이 길다.

ⓒ warmup 시간이 필요없다.

ⓓ load 상태에서 starting할수 있다.

ⓔ 조용하게 작동한다.

ⓕ load 변화에 빠르게 대처한다.

static inverter는 altitude gyro와 directional gyro와 같이 frequency-sensitive instrument에 사용한다.

이것은 또한, autosyn과 magnesyn indicator와 transmitter, rate gyro, radar, 등에 도 사용한다.

Fig. 2-65는 jet A/C auxiliary battery system이다.

battery가 inverter의 input이고, output inverter circuit은 여러가지 subsystem에 연결되어 있다.

2-14. 직류 전동기 (D. C Motor)

직류 전동기(D. C motor)는 직류와 전기 에너지를 기계적 에너지로 바꾸는 기계이다.

이것은 두개의 부분 즉, field assembly와 armature assembly로 되어 있다.

전기자(armature)는 그 속에 전류가 흘러서 자장 속에서 회전하는 부분이다.

전류가 흐르는 도선이 magnet의 field에 놓이면 도선에 힘이 작용한다.

이것은 끄는 힘이나 미는 힘 (repulsion)이 아니고, 어느것도 아니다.

magnet에 의해서 도선에 90°로 자장(magnetic field)에 90°로 생기는 힘이다.

Fig. 2-66은 자장에 놓인 도선에 작용하는 힘을 보여주고 있다.

도선은 두개의 영구자석 사이에 놓여 있다.

자장의 자력선은 N극에서 S극으로 형성된다.

전류가 없으면, Fig. 2-66(A)에서와 같이 도선에 가해지는 힘은 없다.

Fig. 2-66(B)와 같이, 도선을 통해 전류가 흐르면 자장이 형성된다.

field의 방향은 전류의 방향에 좌우된다.

한쪽방향의 전류는 도선에 대해 시계방향의 field를 만들고, 다른방향의 전류는 반시계 방향의 field를 만든다.

current-carrying wire가 자장을 만들기 때문에, 도선에 대한 field와 magnet사이의 magnetic field 사이에 반작용이 발생한다.

전류흐름에 의해 wire에 대해 반시계방향의 자장이 만들어지고, 이 field와 magnet 사이의 field가 도선의 밑에서 더해진다.

왜냐하면 같은 방향이기 때문이다.

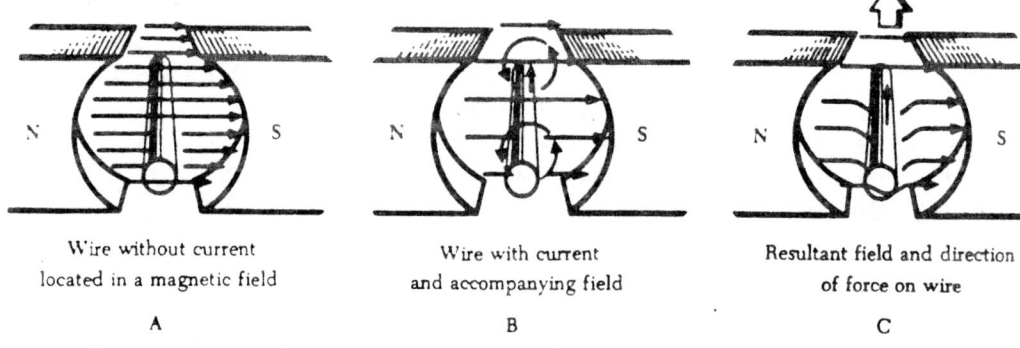

Wire without current located in a magnetic field	Wire with current and accompanying field	Resultant field and direction of force on wire
A	B	C

Fig. 2-66   Force on a current-carrying wire.

도선의 위에서, 빼지거나 혹은 neutralize되는데 이것은, 두 field의 자력선방향이 서로 반대이기 때문이다. 그래서 밑에서 field가 강하고, 위에서는 약하다.

Fig. 2-66(C)처럼 도선 위로 밀어 올려진다.

도선은 항상 field가 강한 쪽에서 밀려난다.

만약 도선을 통하는 전류가 방향이 바뀌면, 두 field는 위에서 더해지고, 밑에서는 빼진다.

도선은 항상 강한 field에서 밀려나서 밑으로 내려간다.

1) **평행한 도체사이의 힘** (Force Botween Parallel Conductor)

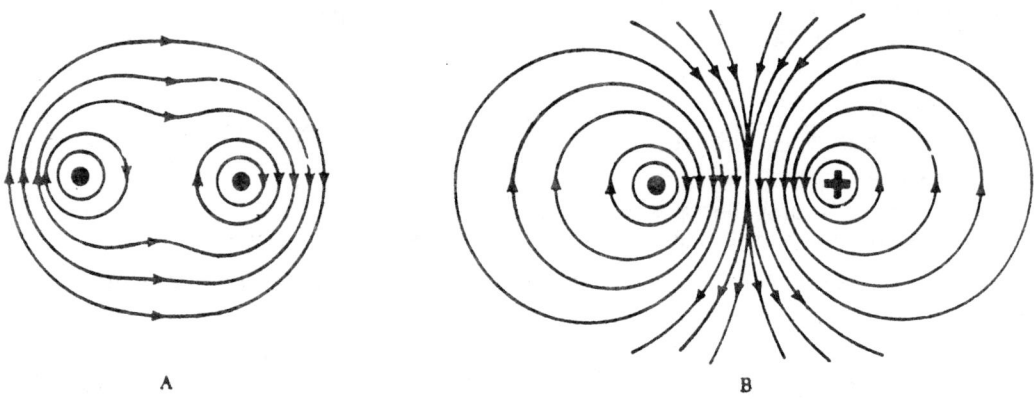

A   B

Fig. 2-67   Fields surrounding parallel conductors.

Fig. 2-67은 두개의 도체(conductor)이다.

Fig. 2-67(A)에서, 도체는 모두 전자가 앞쪽으로 흐른다.

그리고 도체 주위의 자장은 시계방향이다.

도선 사이에, field가 상쇄되는데, 이것은 두 field의 방향이 서로 반대이기 때문이다.

도선은 약한 field쪽으로 밀린다. 이 힘은 끌어당기는 힘의 한가지이다.

Fig. 2-67(B)에서 두 도선의 전자흐름이 반대방향이다.

자장은 하나는 시계방향이고, 다른 하나는 반시계 방향이다.

도체가 운반하는 전류가 같은 방향이면 서로 잡아 당기고, 전류의 방향이 서로 반대이면 서로 밀어낸다.

2) 토오크 발생 (Developing Torque)

만약 coil에 전류가 흐르고 이것을 자장에 넣으면 힘이 생겨서 coil을 회전시킨다.

Fig. 2-68에서 A쪽에는 전류가 안쪽으로 흐르고, B쪽에는 바깥쪽으로 흐른다.

B에 대한 자장은 시계방향이고, A에 대한것은 반시계 방향이다.

앞에서 설명한 것처럼 힘이 생겨서 B쪽은 아래로 밀어 내린다.

동시에 자장과 A의 field는 밑에서 더해지고, 위에서 빼진다.

그러므로 A가 위로 올라온다.

coil은 magnet의 N극과 S극 사이의 magnetic line과 수직으로 될때까지 계속 회전시킨다.

Fig. 2-68에서 white coil과 black coil이 직각이다.

회전 시키려고 하는 힘을 torque라고 부른다.

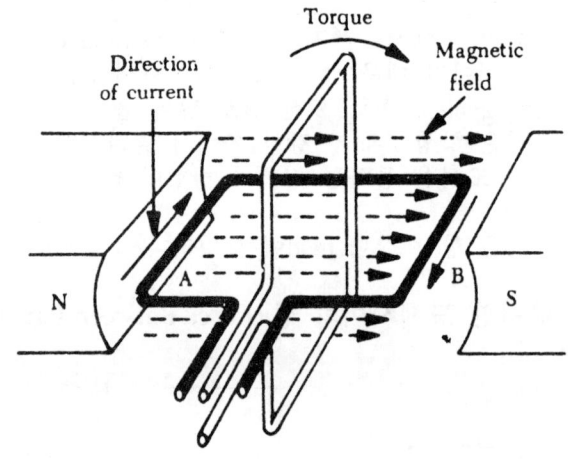

Fig. 2-68   Developing a torque.

A/C의 engine이 propeller에 torque를 준다.

torque는 전자가 흐르는 coil에 대한 자장의 반작용에 의해 발생한다.

motor의 오른손 법칙을 이용해서 자장에서 움직이는 current-carrying wire의 방향을 결정할 수 있다.

Fig. 2-69에서 오른손의 집게손가락(index finger)이 자력선의 방향을 가리키고, 가운데 손가락이 전류방향을, 그리고 엄지손가락이 current-carrying wire의 움직이는 방향을 가리킨다.

coil에서 만들어지는 torque의 크기는 몇가지 요인에 좌우된다.

즉, 자력선의 세기, coil의 감은 횟수, field내의 coil의 위치등이다.

magnet는 special steel로 만들어서 강한 field를 만든다.

coil이 감긴 크기에 따라 torque가 좌우됨으로 coil의 감은 수가 많으면, torque가 그만큼 커진다.

Fig. 2-70은 coil의 torque가 회전각도에 따라 변하는 모습이다.

coil의 감긴면이 평행하면, torque는 "0"이다.

90°에서 coil의 감긴면이 자력선을 자르면 torque는 100%이다.

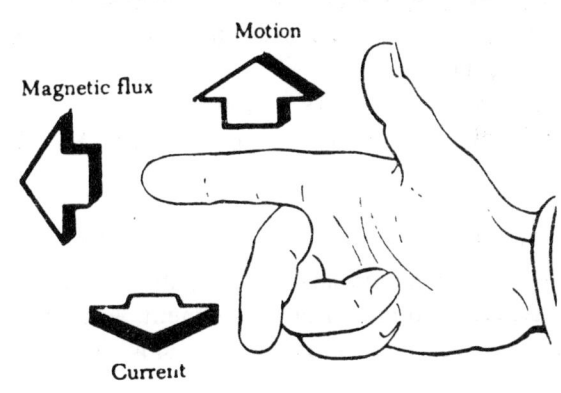

Fig. 2-69   Right-hand motor rule.

3) 직류전동기 기초
(Basic DC Motor)

전류가 흐르는 coil이 자장에 놓이면 회전하게 된다.

Fig. 2-71은 자장에 coil이 있어서 coil이 회전한다.

만약 battery로부터의 connecting wire가 coil terminal에 영구히 고정되면 전류가 흘러서, 자장에 정열 될때까지 회전하고 여기서 stop되는데, 이유는 tor-que가 "0"이기 때문이다.

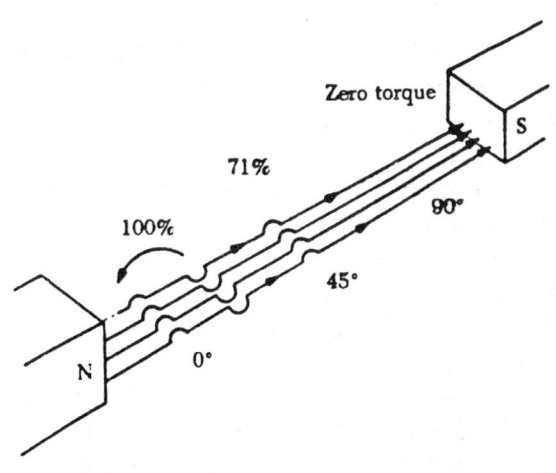

Fig. 2-70   Torque on a coil at various angles of rotation.

motor는 계속해서 회전해야 한다.
그래서 coil이 자력선(lines of force)과 평행하게 되면 바로이때 전류의 방향을 바꾸는 device가 필요하다.

이것이 torque를 다시 만들어서 coil이 회전한다.

만약 current reversing device가 coil이 stop하려는 순간에 전류가 바꿔도록 해주면 coil은 계속해서 회전한다.

이렇게 하는 한가지 방법이 coil이 회전하면서 각 contact는 terminal은 벗어나서 opposite polarity의 terminal을 연결한다.

Fig. 2-72에서 coil terminal sequent는 A와 B이다.

coil이 회전하면서, segment는 고정 terminal이나 brush를 접촉한다.

205

north바로 옆에있는 coil의 전류방향은 앞쪽으로 흐르고, 이쪽에 작용하는 힘이 coil을 아래쪽으로 누른다.

motor의 일부에서 한 wire에서 다른 wire로의 전류를 바꾸는것을 정류자 (commutator) 라고 부른다.

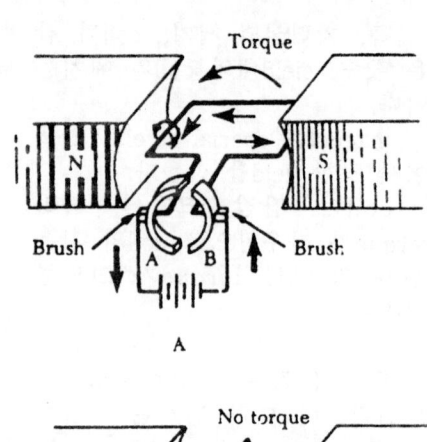

Fig. 2-71(A)에서 coil 위치에서 전류는 battery의 negative terminal에서 negative (-) brush로 흐르고, commutator의 segment A를 지나 positive (+) brush에서 battery의 positive terminal로 간다.

motor의 오른손 법칙을 이용하면 coil은 반시계 방향으로 회전한다.

이 coil의 위치에서 torque는 최대인데, coil에 의해서 가장 많은 자력선이 잘리기 때문이다.

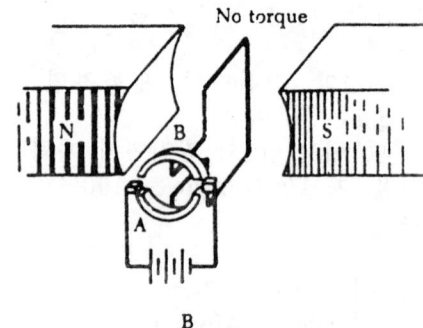

Fig. 2-71(B)와 같이 coil이 90° 회전하면 commutator의 segment A와 B는 battery circuit와 더이상 접촉하지 못해서 coil에 전류가 흐르지 않는다.

이 위치에서, torque는 최소인데, 최소의 flux가 잘리기 때문이다.

coil이 이 순간을 지나서 segment가 다시 brush를 접촉할 때까지, 전류는 다시 coil에 들어오는데, 이때, segment A를 통해서 들어와서 segment B로 나간다.

그러나 segment A와 B의 위치가 바꼈지만 전류의 효과는 전과 같아서 torque는 같은 방향으로 작용하고, coil은 계속해서 반시계 방향으로 회전한다.

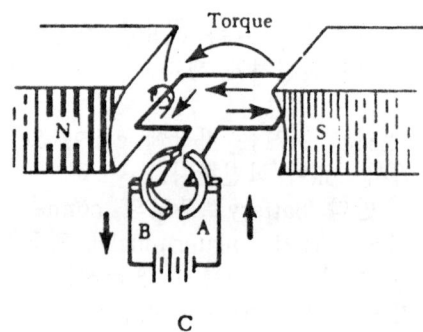

Fig. 2-71(C)에서, toqrue는 다시 최대가 된다. 계속 회전해서 coil은 다시 torque가 최소로 되는데 이것이 그림 B에서이다.

이 위치에서, brush는 더이상 전류를 전달하지 않고, 이 위치를 지나면서 coil에 전류가 segment B를 통해 들어가서 A를 통해 나간다.

더 회전해서 coil이 starting point에 도달하여 1회전을 완료한다.

positive에서 negative brush로 coil terminal을 바꾸면 coil의 회전이 두배로 된다.

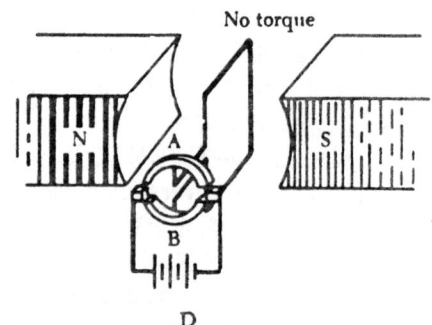

Fig. 2-71   Bais d.c. motor operation.

206

4) 직류전동기 구조 (D.C Motor Construction)

motor의 major part는 armature assembly, field assembly, brush assembly 그리고 end frame이다.

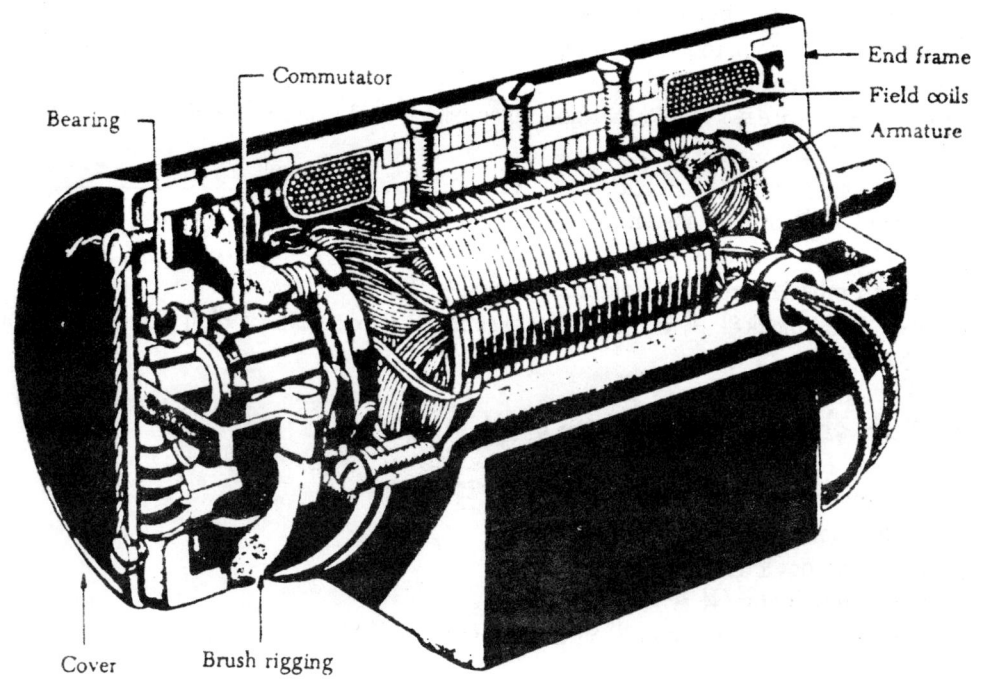

Fig. 2-72 Cutaway view of practical d.c. motor.

A. 전기자 부분 (armature assembly)

armature assembly는 연철판으로 구성된 철심, 코일, 정류자로 구성되어 있고 모두가 회전축에 붙어 있다.

lamination은 soft-iron의 층으로 되어 있고, 서로 절연되어 있고, armature core로 부터도 절연되어 있다.

solid iron은 사용되지 않는데, solid-iron core가 자장에서 회전하면 열과 불필요한 energy가 발생하기 때문이다.

전기자 권선 (armature winding) 은 절연된 구리선이고 slot에 들어있으며 fiber paper (fishpaper) 로 절연되어 winding을 보호한다.

winding의 끝에서 commutator segment와 연결된다.

쐐기 (wedge) 나 steel band가 winding을 제자리에 붙잡아 두어 armature가 빠른 속도로 회전할때 slot 밖으로 벗어나지 못하게 한다.

commutator는 서로 절연된 많은 수의 copper segment와 운모조각 (mica piece) 에 의한 armature shaft로 구성되어 있다.

절연된 wedge ring이 segment를 제자리에 잡아 둔다.

B. 피일드 부분(field assembly)

field assembly는 field frame, pole piece와 field coil로 구성되어 있다.
field frame은 motor housing의 내부벽에 위치해 있다.
이것은 연철판(laminated soft steel)으로 되어있는 극이 튀어나와(pole piece)가 있어서 여기에 field coil이 감긴다.
coil은 절연된 wire로 감겨있고, pole piece에 꼭맞고, pole과 함께 field pole을 구성한다.

C. 브러시 부분(brush assembly)

brush assembly는 brush와 holder로 구성되어 있다.
brush는 작은 block의 흑연(graphitic carbon)이고, 이것은 상당히 긴 수명(service life)을 갖고 있다.

2-15. 직류 전동기의 종류 (Types of DC Motor)

D. C motor에는 다음과 같은 3 가지가 있다.
ⓐ series motor(직권형 전동기)
ⓑ shunt motor(분권형 전동기)
ⓒ compound motor(복권형 전동기)
이것은 field와 armature coil의 연결에 의해서 구분된다.

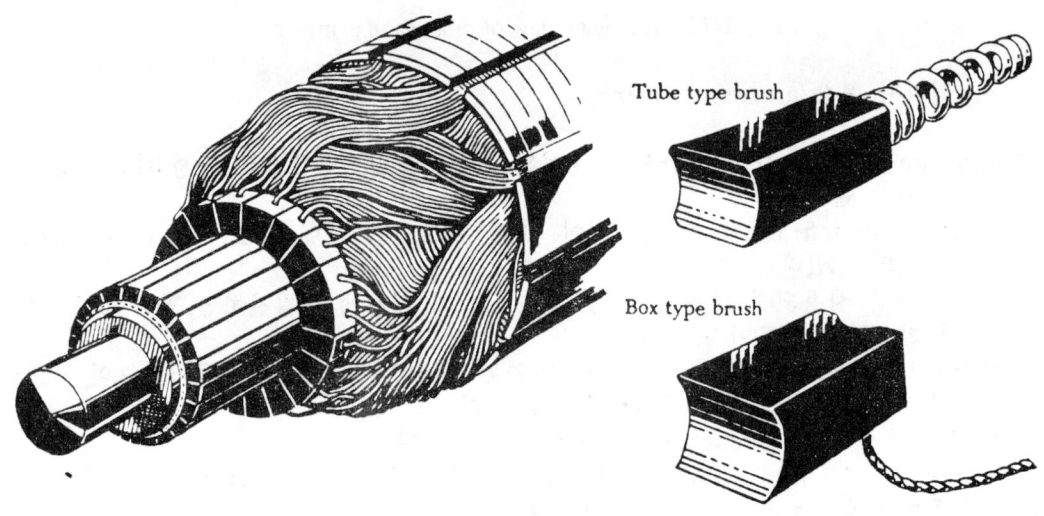

Fig. 2-73 Commutator and brushes.

1) 직권형 직류 전동기 (Series D.C Motor)

series motor에서 field winding은 굵은 도선(heavy wire)으로 적은 수가 감겨있고, armature winding과 직렬로 연결된다.

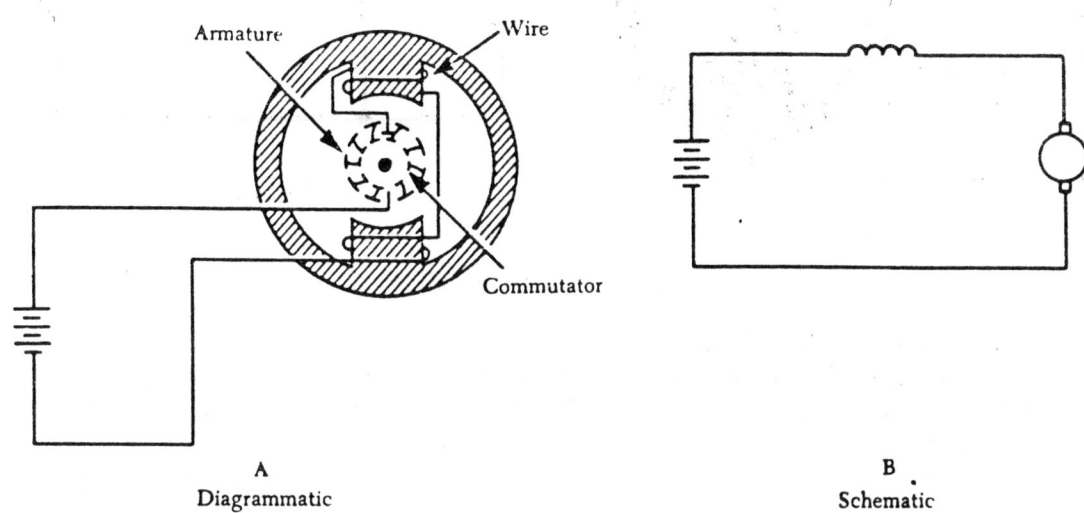

A
Diagrammatic

B
Schematic

Fig. 2-74   Series motor.

Fig. 2-74는 직렬 motor의 diagram과 schematic이다. 같은 전류가 field winding을 통해 흐르고 또한 armature winding으로 흐른다.

전류가 증가되면, field와 armature의 magnetism의 세기도 커진다.

winding에 저항이 낮아서 직렬 motor는 시동할때 많은 전류를 이용할수 있다.

이 시동전류는 field와 armature winding을 통과해서, 높은 starting torque를 만든다.

이것이 직렬 motor의 큰장점이다.

직렬 motor의 속도는 부하(load)에 좌우된다.

load가 변하면 속도도 변한다.

직렬 motor는 부하가 적을때 빠른 속도로 회전하고, 과부하(heavy load)에서 낮은 속도이다.

만약 부하가 없으면 무척 빠른 속도로 회전해서 armature가 떨어져 나간다.

만약 과부하에서 높은 starting torque가 필요하면 직렬 motor를 사용한다.

직렬 motor는 engine의 stator, landing gear, cowl flap, wing flap등에 사용한다.

2) 분권형 직류 전동기 (Shunt D.C Motor)

shunt motor의 field winding은 armature winding과 병렬로 연결된다.

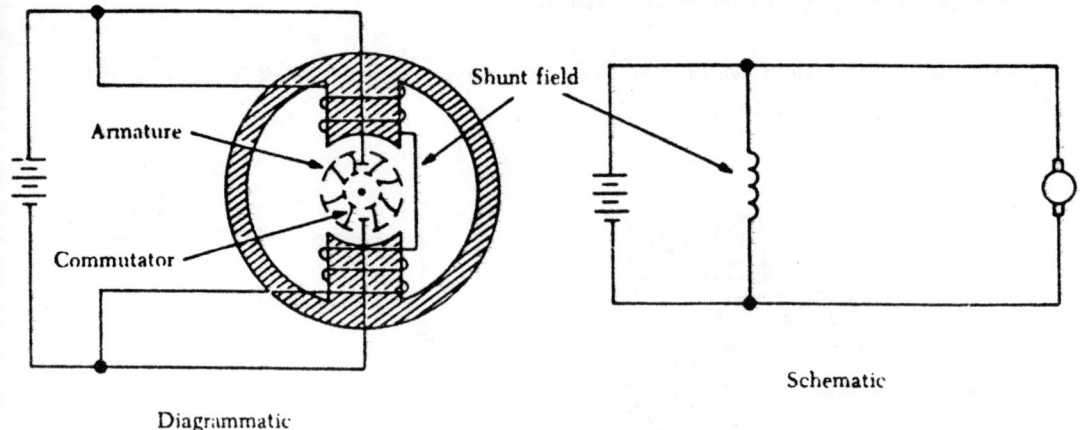

Diagrammatic

Schematic

Fig. 2-75　Shunt motor.

field winding의 저항이 높다.

field winding이 직접 power supply와 연결되어 field를 지나는 전류가 일정하다.

field의 전류는 motor 속도에 따라 변하지 않고, shunt motor의 torque는 armature를 통하는 전류에 따라 변한다.

starting할때 발생하는 torque는 직렬 motor의 같은 크기에서 발생되는 것보다 작다.

분권형 전동기의 속도는 부하에 따라 거의 변하지 않는다.

load가 있을때 보다 약간 높아진다.

이 motor는 높은 starting torque가 필요하지 않고, 일정한 회전속도(constant speed)가 요구 되는 곳에 적합하다.

3) 복권형 직류 전동기 (Compound D.C Motor)

compound motor는 series와 shunt motor의 복합이다.

field에 두개의 winding이 있는데, 하나는 shunt winding이고, 다른 하나는 series winding이다.

Fig. 2-76은 compound motor의 schematic이다.

shunt winding은 가는 도선(fine wire)으로 많은수가 감겨져 있고, armature winding과 병렬로 연결된다.

series winding은 large wire로 적은수가 감겨있고 armature winding과 직렬로 연결된다.

starting torque는 shuht motor보다 높지만, series motor보다는

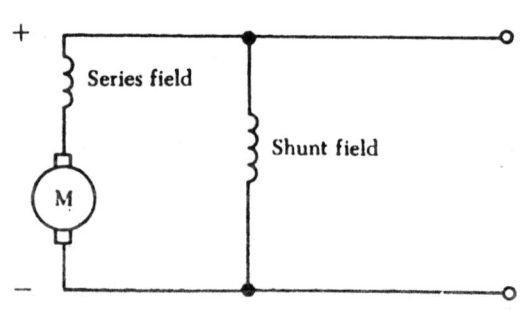

Fig. 2-76　Compound motor.

210

작다.

load가 있을때의 속도의 변화는 직권모터(series-wound motor)보다는 작고, 분권 모터(shunt motor)보다는 크다.

compound motor는 series와 shunt motor의 복합된 특성이 요구되는 곳이면 어디든 사용한다.

compound generator와 같이, compound motor는 series와 shunt field winding을 갖고 있다.

series winding은 shunt wind를 돕는 중복복권과 shunt winding에 반대하는 차동복권이 있다.

중복복권 모터(cummulative-compound motor)의 starting과 load특성은 series와 shunt motor의 중간 쯤이다.

series field때문에, cummulative-compound motor는 shunt motor보다 높은 starting torque를 갖는다.

cummulative-compound motor는 load가 갑자기 바뀌는 driving machine에 사용한다.

이것은 또한 높은 starting torque가 필요하지만 series motor를 쉽게 사용할수 없을때 사용한다.

차동복권(differential compound) motor는 load가 커지면, 전류가 증가하고 total flux는 감소한다.

이 두가지가 서로 상쇄되어 실제적인 일정한 속도를 얻는다.

그렇지만, load가 증가하면, field 세기가 감소하는 성질 때문에 speed 특성이 불안정 해진다.

이 type의 motor는 A/C에는 거의 사용하지 않는다.

Fig. 2-77은 load가 변할때 속도의 변화를 나타낸 graph이다.

4) 역 기전력 (Counter E. M. F.)

small 28volt D. C motor의 armature 저항은 극히 작아서 약 0.1ohm이다.

armature가 28volt source에 연결되면, armature를 통하는 전류는

$$I = \frac{E}{R} = \frac{28}{0.1} = 280$$
amperes

이렇게 높은 수치의 전류는 거의 필요치 않다.

motor의 정상 작동중에 약 4 ampere 정도가 필요하다.

motor의 armature가 자장에서 회전할때 이것의 winding

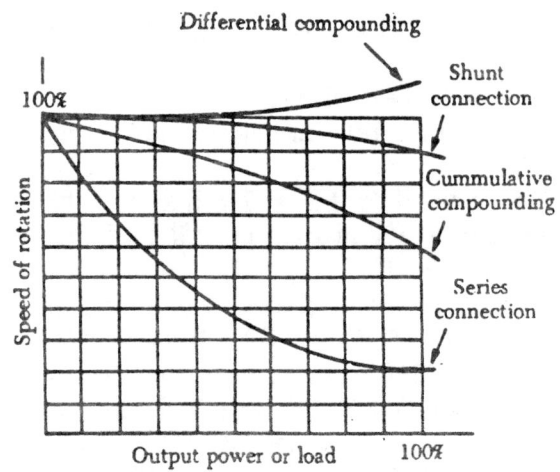

Fig. 2-77　Load characteristics of d.c. motors.

211

에서 voltage가 유도된다.

이 voltage를 back혹은 counter e. m. f(electromotive force)라고 하고, external source에서 motor에 공급된 voltage의 방향과 반대이다.

역 기전력(counter e. m. f)은 armature를 회전시키는 전류와 반대이다.

armature를 통해 전류가 흐를때, counter e. m. f가 증가하면 전류는 감소한다.

armature 회전이 빨라지면 더 큰 counter e. m. f가 생긴다.

이런 이유로, motor는 battery에 연결되어 starting시에 상당히 높은 전류를 쓰지만 armature 속도가 커지면, armature를 통과하는 전류는 감소한다.

rated speed에서, counter e. m. f는 battery voltage보다 몇 volt 낮다. 그때 만약, motor의 load가 증가하면, motor의 속도는 줄어들고, 훨씬 작은 counter e. m. f가 발생된다. 그리고 external source에서 빼쓰는 전류는 커진다.

shunt motor에서 counter e. m. f는 armature의 전류에만 영향을 받는데, field가 power source와 병렬로 연결되어 있기 때문이다.

motor의 속도가 느려지면서, counter e. m. f가 감소하고, armature를 통해 더 많은 전류가 흐르지만, field의 magnetism은 변하지 않는다.

series motor의 속도가 느려지면, counter e. m. f는 감소하고 field를 통해 더많은 전류가 흘러서 armature의 magnetic field가 강해진다.

이런 특성 때문에 shunt motor보다 series motor를 사용하기가 힘들다.

5) 전동기의 작동조건 (Types of Duty)

electric motor는 다양한 조건에서 작동된다.

일부 motor는 단속작동(intermittent operation)에서 사용된다.

intermittent duty에 사용할수 있게 만들어진 motor는 오직 짧은 시간동안 작동하고, 다음 작동을 위해 냉각시켜야 한다.

만약 이런 motor를 오래동안 full load로 작동하면, motor는 overheat된다.

continuous duty에 사용하는 motor는 rated power에서 오래동안 작동한다.

6) 전동기의 역회전 (Reversing Motor Direction)

armature나 field winding의 전류방향를 거꾸로 해서 motor의 회전방향을 바꾼다.

이것은 armature나 magnetic field의 magnetism의 방향을 바꾸어 armature회전을 바꾼다.

만약 motor에 연결된 외부전원을 서로 바꾸면 회전방향이 바뀌지 않는데, 이것은 field와 armature의 magnetism 방향을 동시에 바꾸었기 때문에 torque는 이전과 같은 방향으로 작용한다.

회전방향을 바꾸는 한가지 방법은 같은 pole에 피일드 코일을 서로 반대방향으로 감은 두개의 코일로 구성하는 것이다. 이것을 분할 피일드(split field) 전동기라 한다. Fig. 2-78이 serice motor에 split field winding이 있는 경우이다.

single-pole, double-throw S/W가 direct current를 두개의 winding에 공급한다.

S/W가 lower position에 놓이면, lower field winding으로 전류가 흐르고, lower field winding과 lower pole piece에 N극을 만들고, upper pole piece에 S을 만든다.

S/W가 upper position에 놓이면 upper field winding을 통과하는 전류에 의해 field

212

의 magnetism이 바뀌어 ar-
mature 회전이 반대로 된다.

일부 split field motor는 두
개의 분리된 field winding이
pole을 하나씩 걸러서 감겨져
있다.

4-pole reversible motor의
aramture는 한 set의 opposite
pole piece의 winding을 통해
전류가 흐를때 한 방향으로 회
전하고, 다른 set의 winding을
통해 전류가 흐를때 반대방향
으로 회전하다.

방향을 바꾸는 또다른 방법
은 double-pole, double-throw
S/W로 armature나 field의 전
류의 방향을 바꾸는 것인데 이
것을 switch method라 부른
다.

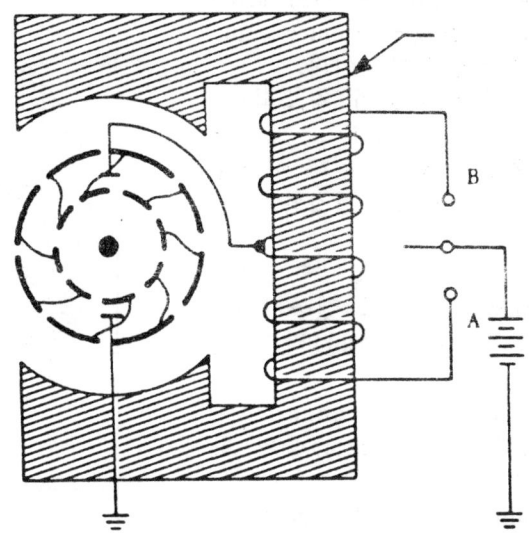

Fig. 2-78   Split field series motor.

Fig. 2-79는 switch meth-
od로 전류방향이 field를 통해
서 바뀌는 것이지 armature를
통해서가 아니다.

S/W가 "up" position에 놓
이면, field winding을 통하는
전류는 motor의 우측에서 no-
rth pole을 만들고 좌측에는
south pole을 만든다.

S/W를 "down" position에
놓으면, 이극성 (polarity) 으로
바뀌어 armature는 반대방향으
로 회전한다.

7) 전동기 회전속도
(Motor Speed)

motor 회전속도는 field
winding의 전류를 다르게 해서
조절한다.

field winding을 통해서 흐
르는 전류가 증가하면, field
세기는 커지지만, motor 속도

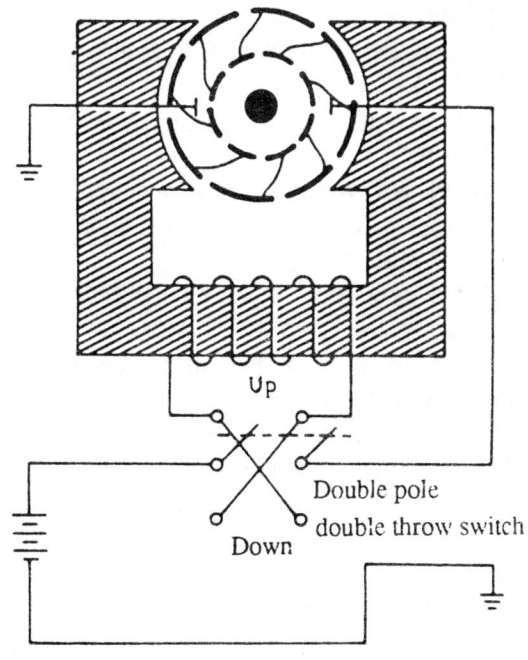

Fig. 2-79   Switch method of reversing motor direction.

는 줄어드는데, 이것은, armature winding에 counter e. m. f가 발생하기 때문이다.

field current가 감소되면, field 세기도 감소되고, motor 는 속도가 증가하는데 이것은 counter e. m. f가 감소하기 때문이다.

속도를 조절할 수 있는 motor를 가변속도 전동기(variable speed motor)라고 한다.

이것은 분권식(shunt)이나 직권식(series motor) 중의 하나이다.

shunt motor에서 field winding과 직렬로 연결된 가변 저항기(rheostat)에 의해서 조절된다.

속도는 가변 저항기를 통과해서 field winding으로 흐르는 전류의 크기에 따라 좌우된다.

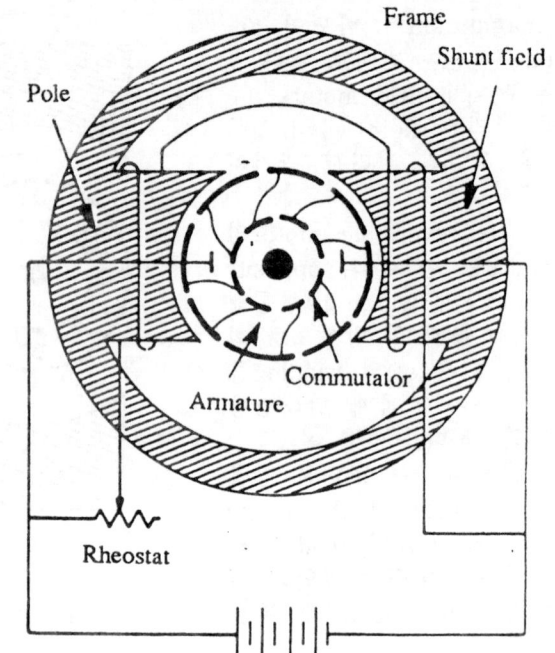

Fig. 2-80   Shunt motor with variable speed control.

motor속도를 크게 하기위해 가변 저항기의 저항을 증가시키면 이것이 field 전류를 감소시킨다.

field current 감소는 magnetic field의 세기를 감소시키고, 결과적으로 ounter e. m. f가 감소한다.

이것이 순간적으로, armature current와 torque를 증가시킨다.

motor는 counter e. m. f가 증가할 때까지 속도가 계속 증가하고, armature 전류는 이전의 수치로 감소한다.

이것이 발생하면, motor는 이전보다 높은 고정된 속도에서 작동한다.

motor 속도를 감소시키기 위해서는 가변 저항기의 저항을 감소시킨다.

이때는 더 많은 전류가 field winding을 통해서 흐르고, field의 세기를 크게해서, e. m. f를 순간적으로 감소 시킨다.

결과적으로 torque가 감소하고, motor는 역기전력이 이전의 수치로 떨어질 때까지 속도가 감소해서 motor는 낮은 고정된 속도에서 작동한다.

Fig. 2-81은 series motor로 rheostat speed control이 motor field와 직렬로 혹은 병렬로, 혹은 armature와는 병렬로 연결된다.

rheostat이 maximum 저항에 설정되면, motor는 armature와 병렬로 되서 전류가 감소하면서 속도는 증가한다.

rheostat 저항이 직렬로 maximum에 연결되면, motor 속도는, motor에 voltage가 감소로 인해 줄어든다.

정상속도 이상의 작동에서 rheostat는 series field와 병렬로 연결한다.

series field 전류의 일부가 bypass되어 motor 속도는 증가한다.

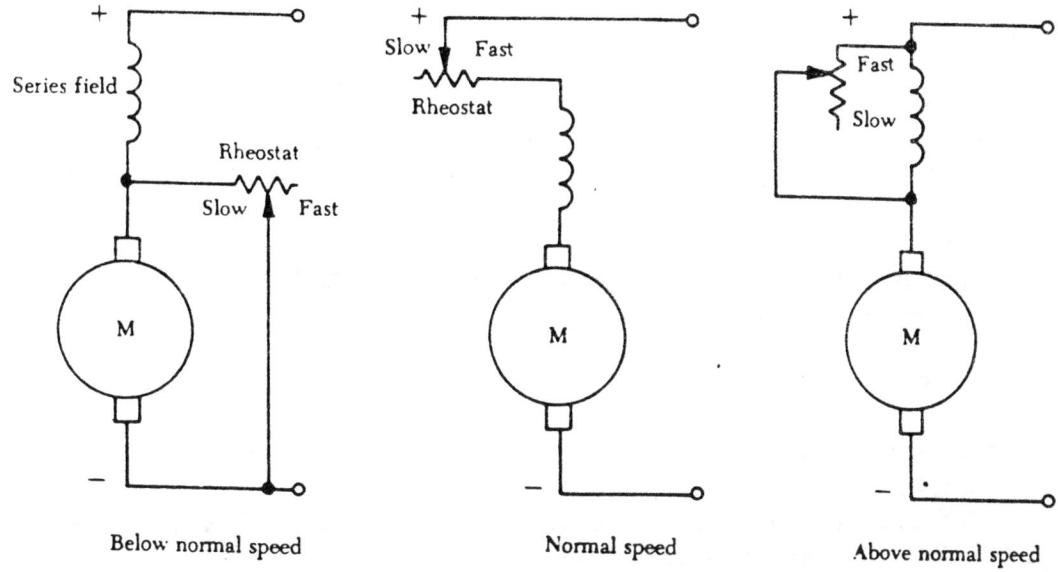

Fig. 2-81   Controlling the speed of a series d.c. motor.

8) 직류 전동기의 에너지 손실 (Energy Losses in DC Motor)

electricals energy가 mechanical energy(motor의 경우)로, 혹은 mechanical energy 가 electrical energy(generator의 경우)로 바뀔때 손실(loss)이 따른다.

machine이 효율을 유지하려면, 이런 손실을 최소화 해야 한다.

일부는 electrical 손실이고, 일부는 mechanical 손실이다.

electrical loss는 copper loss와 iron loss로 분류하고 mechanical loss는 machine의 여러 part의 마찰을 극복하기 위해서 발생한 손실이다.

copper loss는 armature와 field의 copper winding을 electron이 통과할때 발생한다.

이 손실은 전류의 제곱에 비례한다.

이것을 가끔 I^2R loss라고 부르는데, field나 armature winding의 저항에 열(heat)의 형태로 power 가 분산되기 때문이다.

iron loss는 hystresis와 eddy current loss로 구분한다.

hysteresis loss는 alternating magnetic field에서 armature가 회전할때 생기는 것이다.

한쪽 방향으로 magnetize가 먼저되고, 나중에 반대 방향으로 된다.

armature를 만드는 iron이나 steel의 잉여의 magnetism이 이런 손실을 유발 시킨다.

field magnet은 항상 한쪽으로만(D.C field) magnetize됨으로 hystresis 손실은 없다.

와전류 손실(eddy current loss)은 armature의 iron core가 conductor로 magnetic field에서 회전하기 때문이다.

215

이것이 core의 일부에 e. m. f를 형성해서 core로 전류가 흐르게 한다.

이 전류가 core를 가열시키고, 만약 이 열이 상당히 커지면 winding에 damage를 준다.

와전류(eddy current)에 의한 power 소모는 출력의 손실이다.

eddy current를 최소로 줄이기 위해 laminated core를 사용한다.

laminated core는 얇은 iron sheet로 만들고 서로 절연되어 있다.

lamination사이의 절연이 eddy current를 줄이는데, 이것은 이 전류가 흐르려고 하는 방향과 교차하기 때문이다.

그렇지만 이것이 magnetic circuit에는 효과가 없다.

lamination이 얇으면 얇을수록, 더욱 효과가 커져서 그만큼 eddy current 손실(loss)를 줄인다.

2-16. 교류 전동기 (AC Motor)

여러가지의 많은 장점 때문에 여러가지 type의 A/C motor가 alternating current에서 작동한다.

일반적으로, A. C motor는 D. C motor보다 덜 비싸고, brush와 commutator를 사용하지 않아서 brush의 sparking을 피할 수 있다.

A. C motor의 회전속도는 pole의 수와 electrical power의 frequency에 좌우된다.

$$\text{R. P. M} = \frac{120 \times \text{주파수}}{\text{극수}(\text{numbers of poles})}$$

A. C electrical system은 400cycle에서 작동하기 때문에, 이 주파수에서 작동하는 electric motor는 같은 pole수를 가진 60cycle commercial motor보다 속도가 n배 빠르다. 이렇게 빠른 회전속도 때문에, 400cycle A. C motor는 reduction gear를 통해 small high-speed motor에 적당하다.

wing flap, retractable landing gear, engine starting등과 같이 많은 힘이 걸리는 곳에 적합하다.

400 cycle induction type motor는 6000 RPM~24,000 RPM 사이의 속도에서 작동한다.

alternation current motor는 출력마력수, 작동전압, 최대 부하전류, 위상수, 회전속도, 주파수등으로 표시한다.

2-17. 교류 전동기의 종류 (Types of A.C Motor)

두가지 type의 A. C motor가 항공기 system에 사용되는데, 유도 전동기(induction motor)와 동기(synchronous), 이 두가지 모두 단상(single-phase), 이상(two-phase), 혹은 삼상(three-pahse)이다.

3-phase induction motor는 큰 power가 요구되는 곳에 사용한다.

이것은 starter, flap, landing gear, hydraulic pump등에 사용한다.

single-phase induction motor는 surface lock, intercooler shutter, oil shut off valve등과 같이 power가 작게 필요한 곳에 사용한다.

3-phase synchronous motor는 일정한 속도로 회전이 필요한 flux gate compasse나

propeller synchronizer system등에 사용한다.

single-phase synchonous motor는 일반적인 power로 electric clock과 다른 작은 정밀 장비에 사용한다.

1) 3상 유도 전동기 (3-Phase Induction Motor)

3-phase A. C induction motor는 농형 전동기 (squirrel-cage motor) 라고도 부른다.

single-phase와 three-phase motor로 rotating magnetic field의 원리에 의해 작동한다.

rotating magnetic field는 iron frame의 내부에 돌출된 pole에 감긴 coil의 group을 통해 2-phase 3-phase 전류가 흐를때 생겨난다.

각 group의 pole에 감긴 coil는 하나씩 걸러서 서로 반대 방향으로 감겨서 반대 극성을 만들어 내고, 각 group은 분리된 phase의 votage에 연결된다.

작동 원리는 torque를 만들어내는 magnetic field, rotating, revolving등에 의한다.

induction motor를 이해하는 지름길은 회전자계 (rotating magnetic field) 를 완전하게 이해하는 것이다.

2) 회전자계 (Rotating Magnetic Field)

Fig. 2-82에서 field structure pole은 winding을 갖고 있고, 3개의 A. C voltage A. B. 와 C에 의해 energize된다.

이 voltage는 같은 크기를 갖고 있지만 서로 다른 상 (phase) 이다.

Fig. 2-82(B) 에서 time이 "0" 순간의 합성 magnetic field는 pole에서 A까지의 사이에서 3개의 voltage 모두는 최대의 크기 (intensity) 를 갖고

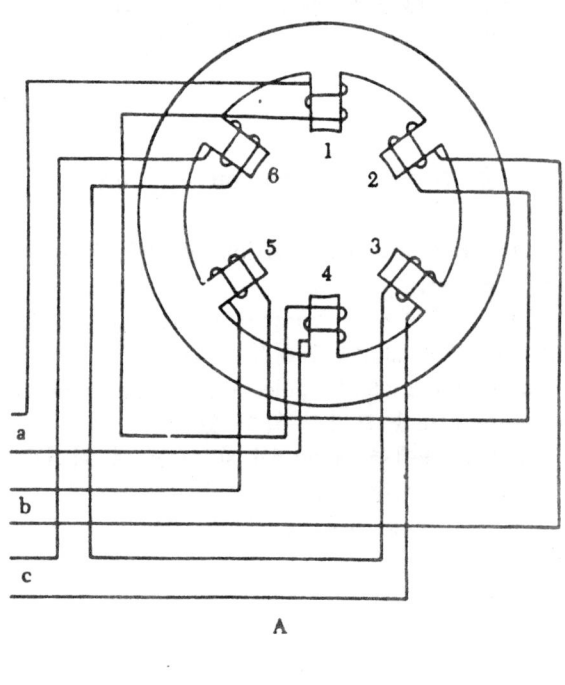

A

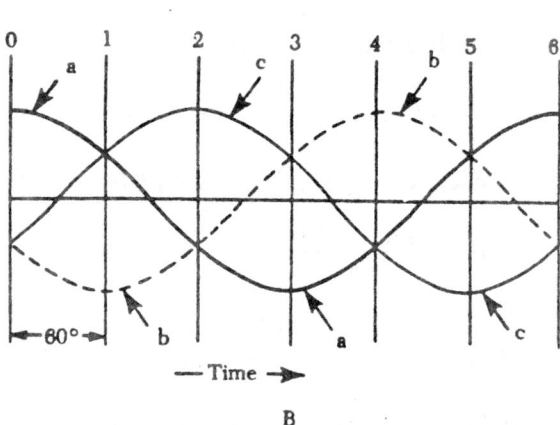

B

Fig. 2-82 Rotating magnetic field developed by application of three-phase voltages.

217

있다.

이 상태에서 pole은 north pole로 간주하고 pole 4는 south pole로 간주한다.

pole 1에서 보면, pole 2에서 5까지에서 합성 magnetic field가 가장 크다.

이경우에 pole 2가 north pole로 간주되고, pole 5가 south pole로 간주한다.

pole 0와 pole 1사이에서 magnetic field는 시계방향으로 회전한다.

pole 2에서 보면 pole 3에서 pole 6까지에서 합성 magnetic field의 크기가 최대이고, 시계방향으로 회전한다.

pole 3에서 보면 pole 4는 north로 pole 1은 south pole로 간주한다.

이것보다 나중의 시간에서 보면, 합성 magnetic field는 다른 위치로 회전하게 되고, field의 1회전이 한 cycle을 만든다.

만약 exciting voltage가 60cps의 주파수를 갖고 있으면 magnetic field는 1초에 60번 회전하던가 혹은 3600rpm이 된다.

이속도를 rorating field의 synchronous 속도라고 한다.

3) 유동 전동기의 구조 (Construction of Induction Mator)

induction motor의 startionary 부분을 stator라고 부르고, rotating member를 rotor라고 부른다.

Fig. 2-82에서는 stator에서, salient pole대신에 winding을 사용했고, 이 winding은 stator 주변의 slot에 위치해 있다.

induction motor의 pole 수를 visual inspection으로 판단하기는 아주 힘들고, motor의 nameplate를 보고서 알수 있다.

nameplate에는 pole의 수와 motor의 회전속도가 표시되어 있다.

여기에 표시된 속도는 synchronous속도보다 약간 낮다.

phase당 pole 수를 결정하기 위해 120에 주파수를 곱한것을 rated 속도로 나누면 된다.

$$P = \frac{120 \times F}{N}$$

여기서 P는 phase당 pole의 수이고,
F는 주파수(cps)
N은 rated speed(rpm)이다.

예) 60cycle, 3-phase motor가 1750rpm = 1 rated speed를 갖고 있을때

$$P = \frac{120 \times 60}{1750} = \frac{7200}{1750} = 4.1$$

그러므로, motor는 phase당 4개의 pole을 갖고 있다.

만약 phase당 pole의 수가 nameplate 적혀 있으면

$$synchronous\ speed = \frac{120 \times F}{Number\ of\ pole}$$ 가 된다.

위 보기에서 synchronous speed는 7,200 이다.

induction motor의 rotor는 iron core로 되어 있고, 원둘레에 가로방향의 slot가 있어서 여기에 heavy copper나 aluminum bar가 들어 있다.

이 bar는 양쪽끝이 high conductivity의 heavy ring에 용접되어 있다.

composite structure는 가끔 squirrel cage라고 부르고, 이런 rotor를 갖고 있는 motor를 농형 유도 전동기(squirrel-cage induction motor)라고 한다.

4) 유도 전동기 슬립 (Induction Motor Slip)

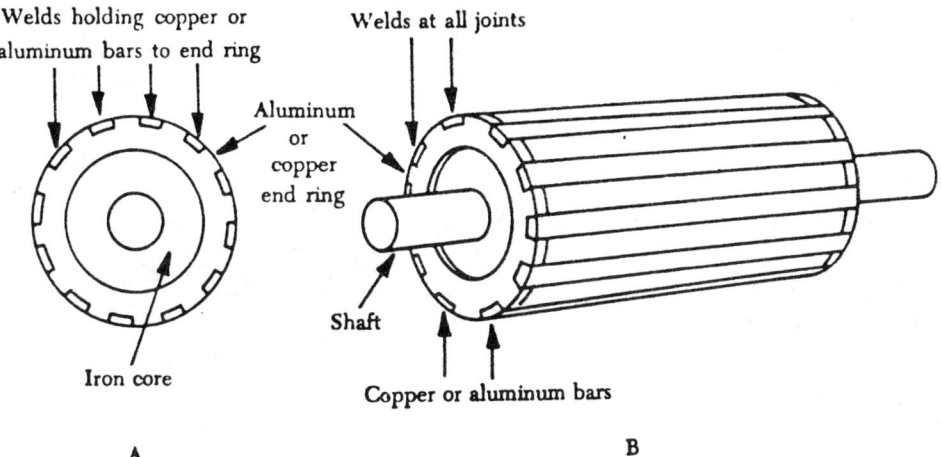

Fig. 2-83 Squirrel-cage rotor for an a.c. induction motor.

induction motor rotor가 stator winding에 의해 만들어진 회전자계(reloving magnetic field)를 갖고 있을때 voltage는 longitudinal bar에서 유도된다.

이 전류는 회전자계와 결합되어 magnetic field를 만들어 유도된 voltage가 최소로 되는 지점에 rotor가 있게 된다.

결과적으로, rotor가 stator field의 synchronous 속도 근처에서 회전해서 속도의 차이는, rotor에 적당한 크기의 전류를 유도해서 rotor의 mechanical과 electrical loss를 극복하기에 충분하다.

만약 rotor가 rotating field와 같은 속도로 회전하면, rotor conductor는 magnetic flux를 자르지 못하므로, 기전력이 유도되지 않고, 전류흐름이 없으므로, torque가 없다. 그래서 rotor는 천천히 회전한다.

이런 이유때문에 rotor와 rotating field 사이에는 속도 차이가 있어야 한다.

이 속도 차이를 slip이라 부르고, synchronous 속도의 %로 표시한다.

예를들어, rotor가 1750 rpm으로 회전하고, synchronous 속도가 1800 rpm이면 속도 차이는 50 rpm이다.

slip은 50/1800이고, 2.78%와 같다.

5) 단상 유도 전동기 (Single-Phase Induction Motor)

single-phase motor는 하나의 고정자 권선(stator winding)이 있다.

이 winding이 pulsate field
를 만들어 낸다.

rotor가 stationary가 되면,
stator field가 팽창하고 붕괴되
어 rotor에 전류를 유도한다.

rotor field에서 만들어지는
전류는 stator의 극성과 반대이
다.

field가 반대로 작용하면
rotor의 위와 아래쪽 part의 회
전력은 180°가 된다.

이힘이 rotor의 중심을 통
해 작용해서 양쪽에서의 회전
력은 똑같다.

결과적으로, rotor가 정지
되 있다.

만약 rotor가 돌기 시작하
면, 처음 시작한 방향으로 계
속 회전하는데 이것은 회전력
에 rotor의 momentum이 더해
지기 때문이다.

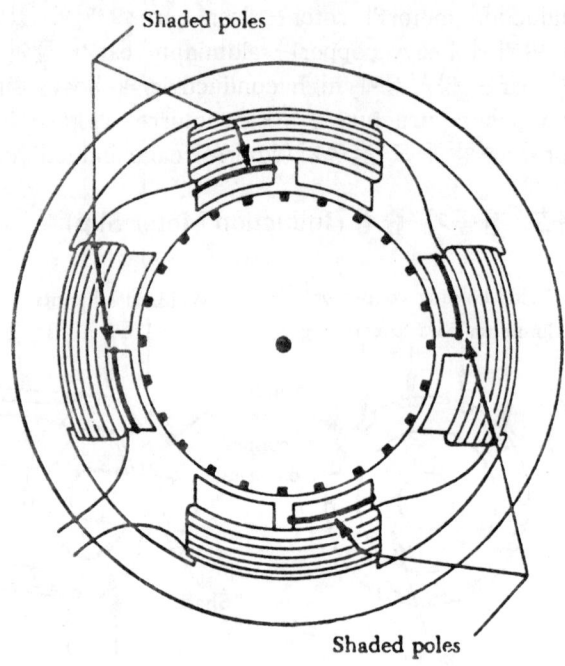

Fig. 2-84   Shaded-pole induction motor.

6) 이동자계형 유도 전동기 (Shaded-Pole Induction Motor)

이동자계형 전동기는 돌출된 극을 갖고 있고, 각 pole은 굵은 구리로 된 ring으로
둘러 쌓여 있다.

이 ring 때문에 pole face의 ring 부분을 통과하면서 magnetic field가 생기고 이것
이 다른 pole faced를 지나는 것보다 뒤지게 (lag) 된다.

net effect가 field의 회전에 의해 생기고, 이것이 rotor을 돌게 한다.

rotor가 가속되면서 torque는 rated speed에 도달할 때까지 증가한다.

이 motor는 low starting torque를
갖고 있고, 초기 torque가 작게 요구되
는, small fan motor에 사용한다.

Fig. 2-85는 pole과 rotor의 diagr-
am이다.

shaded-pole motor의 pole는 D. C
motor의 pole을 닮았다. low-resista-
nce, short-circuited coil이다. copper
band가 small pole의 끝쪽에 위치해 있
다.

이 motor의 rotor는 squirrel-cage
type이다. stator winding에 전류가 증

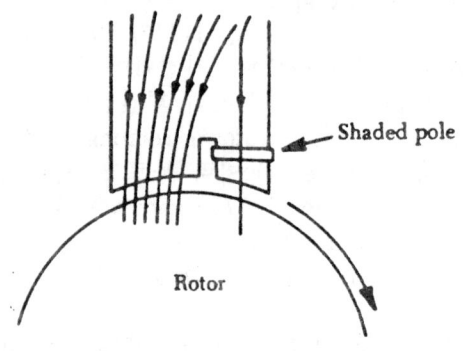

Fig. 2-85   Diagram of a shaded-pole motor.

220

가하면, flux가 커진다. 이 flux의 일부가 low resistance shading coil을 자른다. 이것이 shading coil에 전류를 유도하고, 전류가 다시 flux를 형성해서 flux가 유도한 전류와 맞서게 된다. 그러므로, flux의 대부분은 pole의 unshaded 부분을 지난다.

winding의 전류와 main flux가 최대에 이르면, rate of change는 "0"이 되어 shading coil에 유도되는 emf는 "0"이 된다. 잠시후에, shading coil 전류가 유도된 emf가 뒤지게 만들어(Hg) "0"에 이르고, 맞서는 flux가 없어진다. 그러므로, main field flux는 field pole의 shaded 부분을 통과해서 흐른다.

main field flux가 감소되어 shading coil에 전류를 유도한다.

lenz의 법칙에 의해 이 전류는 flux를 형성하고 이 flux pole의 shaded 부분에서 main field flux의 감소에 맞서게 된다. 이 효과가 pole face의 shaded 부분에서 자력선에 집중된다. 사실, shading coil이 뒤쳐져서 flux의 일부가 pole의 shaded부분을 통과한다.

shaded tip에서 flux phase의 뒤처짐(Hg)이 pole의 face에 sweeping 효과를 만드는 flux를 shaded tip의 좌측에서 우측으로 만든다.

이것을 아주 약한 rotating magnetic field와 같아서 small motor를 start하기에 충분한 torque를 만들어 낸다.

shaded-pole motor의 starting forque는 아주 약하고, power factor도 낮다. 그래서, small face을 돌리기에 충분한 크기로 만든다.

7) 콘덴서 기동 전동기 (Capacitor-start motor)

대용량 콘덴서가 개발되어 capacitor-start motor로 알려진 split-phase motor를 만들수 있게 되었다.

refrigerator, oilburner등에 이 type motor를 사용한다.

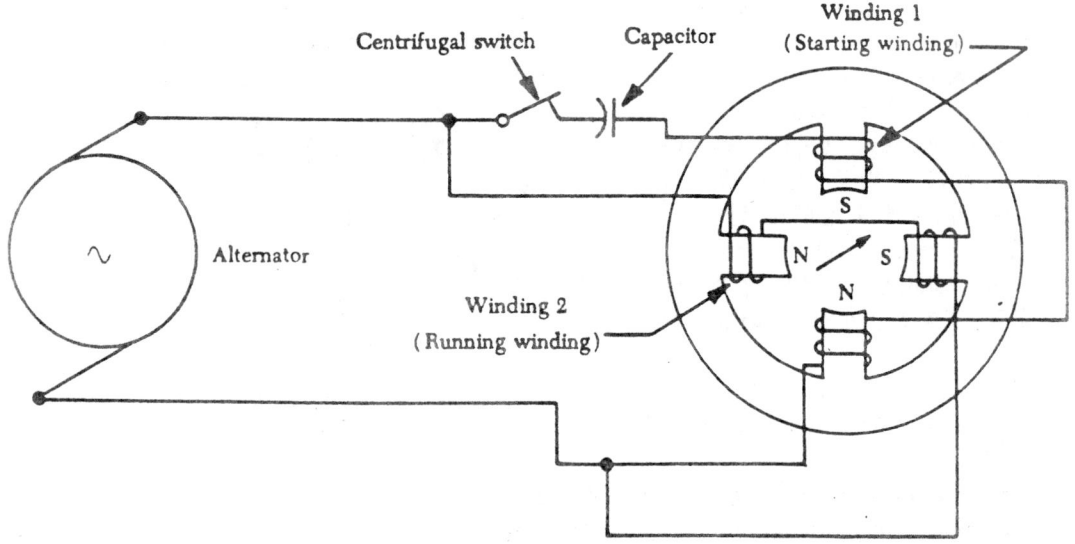

Fig. 2-86   Single-phase motor with capacitor starting winding.

starting winding과 running winding이 같은 크기이고, 같은 저항을 갖고 있다. 두 winding의 전류의 phase shift는 starting winding에 capacitor를 직렬로 연결시켜서 만든다. capacitor-start motor는 rated speed에서 torque와 starting torque가 거의 비슷해서 초기 load가 많이 걸리는 곳에 사용한다. rotor speed가 rated speed의 25%가 되면 centrifugal s/w가 starting winding을 분리한다.

8) 동기 전동기 (Synchronous Motor)

synchronous motor는 A. C motor의 기본형이다.

유도 전동기와 같이, synchronous motor도 rotating magnetic field를 이용한다. inductor motor와 다른것은, torque는 rotor에 유도되는 전류에 좌우되지 않는다는 점이다.

multiphase의 A. C가 stator winding에 공급되고, rotating magnetic field가 만들어진다. direct current가 rotor winding에 공급되어 또다른 magnetic field가 만들어진다.

synchronous motor는 두개의 field가 만들어지고, rotor가 drag 되도록 작용하고, 회전 방향은 같아서 stator winding에 의해 rotating magnetic field가 만들어진다.

Fig. 2-87에서 pole A와 B가 시계방향으로 회전해서 rotating magnetic field를 만들고, 이것이 soft-iron rotor에 pole을 만들어서 양쪽 pole사이에 서로 잡아 당기는 힘이 생긴다.

계속해서, pole A와 B가 회전하면, rotor가 같은 속도로 drag 된다.

그렇지만, 만약 load가 rotor shaft에 주어지면, rotor 축은 순간적으로 rotating field의 축보다 늦어지지만 곧바로 같은 속도에서 field와 함께 회전하게 된다.

만약 load가 너무 커지면, rotor는 rotating field와 함께 회전하지 못하고, over load상태가 된다.

동기 전동기는 유도 전동기와 비슷한 stator field winding을 갖고 있다.

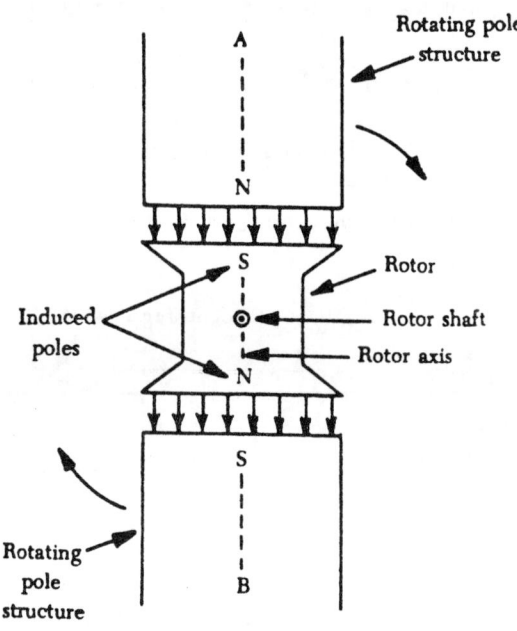

Fig. 2-87 Illustrating the operation of a synchronous motor.

stator winding이 rotating magnetic field를 만들어낸다.

rotor는 permanent magnet 이나 electromagnet을 사용한다.

alternator가 alternator 혹은 synchronous motor로 작동된다.

synchronous motor는 starting torque가 작아서, 다른 방법에 의해 synchronous speed에 도달한다.

가장 혼한 방법은 load가 없는 상태로 full speed에 이르게 해서 magnetic field를 energize시킨다.

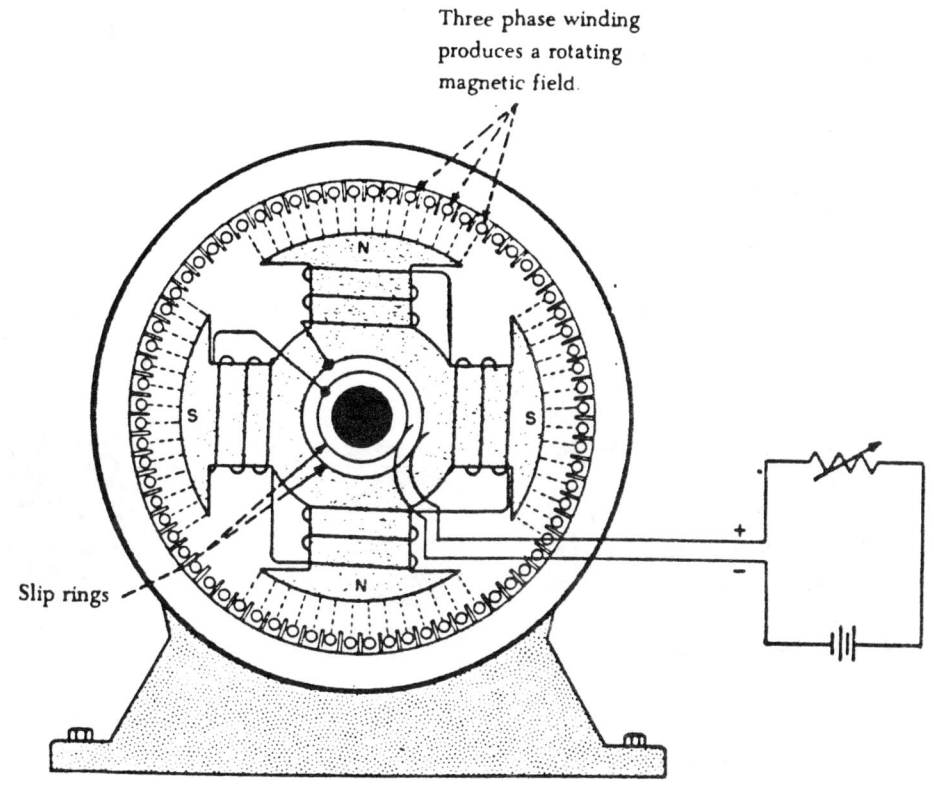

Three phase winding produces a rotating magnetic field.

Slip rings

Fig. 2-88 Synchronous motor.

Fig. 2-88에서 보면, rotor에 유도된 pole의 크기가 아주 작아서 실제 load에 알맞는 torque를 만들지 못한다. motor의 이전 작동한계를 피하기 위해서, winding이 rotor에 위치해 있고, D.C로 energize시킨다.

rheostat이 D.C source와 직렬로 연결되어 rotor pole의 세기를 조절할 수 있게 한다.

synchronous motor는 self-starting motor가 아니고, starting device가 따로 있다.

즉, 다른 type의 motor가 starter로 쓰여서 synchronous speed의 90%까지 끌어올리고, 그 후에 분리된다.

제3장 항공기 전기 장치 (Aircraft Electrical Systems)

3-1. 전기 일반

설명을 돕기위해서 wire를 single, solid conductor나 절연물질로 덮여있는 stranded conductor로 구분한다.

A/C electrical에서 쓰는 cable 이란 말은 다음과 같이 나타낼 수 있다.

ⓐ 두개 혹은 그 이상의 각기 절연된 도체(conductor)가 같은 jacket(multi-conductor cable)에 있다.

ⓑ 두개 혹은 그 이상의 각기 절연된 도체가 서로 꼬여 있다. (twisted pair)

ⓒ 하나 혹은 그 이상의 절연된 도체가 metallic braided shield로 덮여 있다. (shielded cable)

ⓓ 하나의 절연된 center 도체가 metallic bradided outer conductor로 덮여 있다. (radio frequency cable)

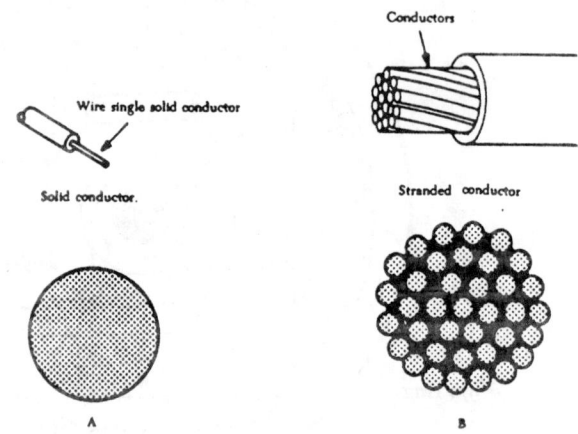

Fig. 3-1　Two types of aircraft wire.

1) 도선 규격 (Wire Size)

도선(wire)은 AWG(American Wire Gage)의 표준에 따른 크기로 제작된다.

Fig. 3-2에서 보면, gage number가 커지면, 도선의 직경은 작아진다.
가장 큰 크기의 wire는 number 0000이고 가장 작은 크기는 number 40이다.

Fig. 3-3은 wire gage이다.
이 type의 gage는 number 0에서 36번까지의 wire 크기를 측정할 수 있다.

2) 도선 크기 선택 요소 (Factor Affecting the Selection of Wire Size)

electric power를 전달하거나 분배하는 wire의 크기를 선택할때는 몇가지 요소를 고려해야 한다.

그 중 한가지가 line의 power 손실(I^2R loss)이다. 이 손실이 결국은, 전기적인 에

224

Gage number	Diameter (mils)	Cross section		Ohms per 1,000 ft.	
		Circular mils	Square inches	25° C. (=77° F.)	65° C. (=149° F.)
0000	460.0	212,000.0	0.166	0.0500	0.0577
000	410.0	168,000.0	.132	.0630	.0727
00	365.0	133,000.0	.105	.0795	.0917
0	325.0	106,000.0	.0829	.100	.116
1	289.0	83,700.0	.0657	.126	.146
2	258.0	66,400.0	.0521	.159	.184
3	229.0	52,600.0	.0413	.201	.232
4	204.0	41,700.0	.0328	.253	.292
5	182.0	33,100.0	.0260	.319	.369
6	162.0	26,300.0	.0206	.403	.465
7	144.0	20,800.0	.0164	.508	.586
8	128.0	16,500.0	.0130	.641	.739
9	114.0	13,100.0	.0103	.808	.932
10	102.0	10,400.0	.00815	1.02	1.18
11	91.0	8,230.0	.00647	1.28	1.48
12	81.0	6,530.0	.00513	1.62	1.87
13	72.0	5,180.0	.00407	2.04	2.36
14	64.0	4,110.0	.00323	2.58	2.97
15	57.0	3,260.0	.00256	3.25	3.75
16	51.0	2,580.0	.00203	4.09	4.73
17	45.0	2,050.0	.00161	5.16	5.96
18	40.0	1,620.0	.00128	6.51	7.51
19	36.0	1,290.0	.00101	8.21	9.48
20	32.0	1.020.0	.000802	10.4	11.9
21	28.5	810.0	.000636	13.1	15.1
22	25.3	642.0	.000505	16.5	19.0
23	22.6	509.0	.000400	20.8	24.0
24	20.1	404.0	.000317	26.2	30.2
25	17.9	320.0	.000252	33.0	38.1
26	15.9	254.0	.000200	41.6	48.0
27	14.2	202.0	.000158	52.5	60.6
28	12.6	160.0	.000126	66.2	76.4
29	11.3	127.0	.0000995	83.4	96.3
30	10.0	101.0	.0000789	105.0	121.0
31	8.9	79.7	.0000626	133.0	153.0
32	8.0	63.2	.0000496	167.0	193.0
33	7.1	50.1	.0000394	211.0	243.0
34	6.3	39.8	.0000312	266.0	307.0
35	5.6	31.5	.0000248	335.0	387.0
36	5.0	25.0	.0000196	423.0	488.0
37	4.5	19.8	.0000156	533.0	616.0
38	4.0	15.7	.0000123	673.0	776.0
39	3.5	12.5	.0000098	848.0	979.0
40	3.1	9.9	.0000078	1,070.0	1,230.0

Fig. 3-2 American wire gage for standard annealed solid copper wire.

너지가 열로 변하는 것이다.

large conductor를 사용하면 저항
이 감소되어 power 손실을 줄인다.
그렇지만 큰 도체는 작은 것에 비해
비싸고 무겁다.

두번째 요소가 line의 허용 가능
한 voltage drop(IR drop)이다.

만약, input에서 line까지의 con-
stant voltage를 유지할때 line의 load
가 변하면 line의 전류가 변해서 연
속적으로 line의 IR drop이 생긴다.

line의 IR drop는 load의 voltage
조절을 저하시킨다.

이것을 방지하기 위한 것이 전류
나 저항을 줄이는 것이다.

load current를 줄이면, 전달하는
도중에 없어지는 power도 줄어서
line의 저항도 줄게되어 conductor가
필요로 하는 size로 할 수 있다.

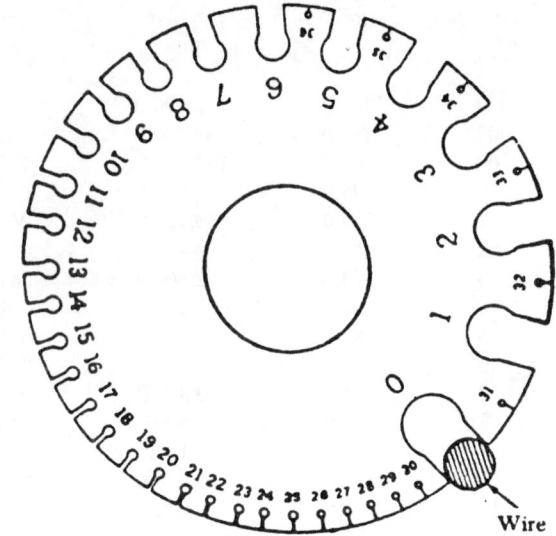

Fig. 3-3   A wire gage.

그러므로 voltage 변화가 허용범
위 내에 있고 conductor의 무게가 초과하지 않는 범위에서 선택하게 된다.

세번째 요소는 도체의 전류가 흐를수 있는 용량이다.

전류는 conductor를 통해 이동할때 열이 발생한다.

만약 conductor가 절연되어 있으면 절연되지 않은 것보다 열을 분산시키기 힘들
다. 그래서 열로부터 insulation(절연)을 보호하기 위해 conductor를 통하는 전류를
일정 수치이하로 유지한다.

절연된 도체의 최대 허용온도는 도체(conductor)를 절연한 절연물질에 따라 다르
다.

Fig. 3-4는 30℃에서 single
copper conductor의 current-
carrying capacity, ampere를 나타
낸 것이다.

3) 도체 재질선택에 영향을
   미치는 요소
   **(Factor Affecting Selection
   of Conductor Material)**

Characteristic	Copper	Aluminum
Tensile strength (lb./in.2)	55,000	25,000
Tensile strength for same conductivity (lb.)	55,000	40,000
Weight for same conductivity (lb.)	100	48
Cross section for same conductivity (C.M.)	100	160
Specific resistance (Ω/mil ft.)	10.6	17

Fig. 3-4   Characteristics of copper and aluminum.

은(silver)이 가장 좋은 도체이지만 값이 너무 비싸서 특수한 경우에만 사용한다.

가장 많이 사용하는 두가지의 conductor가 copper와 aluminum이다.

copper는 높은 전도율(conductivity)을 갖고 있으며 연성(ductile)이 뛰어나고, 상
당히 큰 인장강도(tensile strength)를 갖고 있고, 쉽게 납땜할 수 있다.

226

단, aluminum보다 비싸고 무겁다.

aluminum은 copper conductivity의 60%를 갖고 있어서, 광범위하게 사용되고 가볍기 때문에 long span을 만들수 있고, large diameter여서 방전 (corona)을 줄일 수 있다. 일부의 bus bar는 aluminum으로 만든다.

4) 도선과 케이블 전압 강하 (Voltage Drop in A/C Wire and Cable)

A/C generation source나 battery에서 bus까지의 main power cable의 voltage drop은 battery나 generator가 rated 전류를 5 minutes rate로 discharge할때 regulated voltage의 20%를 초과해서는 안된다.

Fig. 3-5는 bus와 equipment 사이의 load circuit에서 maximum voltage drop을 나타낸 것이다.

A/C structure를 통하는 current return path의 저항은 없는 것으로 본다.

그렇지만, 이것은 structure나 special electric current path가 적절한 bonding이 되어 있다고 가정한 상태에서 필요한 electric current를 운반할때 voltage drop을 무시하는 것이다.

generator의 ground point나 battery에서 어떤 electrical device의 ground terminal까지의 저항은 0.005 ohm일때 만족할 만한 것으로 간주한다.

Nominal system voltage	Allowable voltage drop	
	Continuous operation	Intermittent operation
14	0.5	1
28	1	2
115	4	8
200	7	14

Fig. 3-5 Recommended maximum voltage drop in load circuits.

회로의 저항을 결정하는 또다른 방법이 회로의 voltage drop을 점검하는 것이다.

만약 voltage drop이 manual이 정한 수치내에 있으면 만족할만 하다.

5) 도선 사용을 위한 도표 (Instruction for Use of Electric Wire Chart)

Fig. 3-7은 copper conductor에 사용한다.

curve 1, 2와 3은 정해진 조건에서 정해진 conductor의 maximum ampere rating을 나타내고 있다.

맞는 크기의 conductor를 고르기 위해 두가지의 요구조건이 맞아야 한다.

첫째는 size가 맞아서 정해진 거리에서 필요한 전류를 운반할때 과다한 voltage drop을 막아야 한다.

둘째로 size가 맞아서 필요한 전류를 운반할때 cable의 overheating을 막아야 한다.

이 chart를 이용해서 알맞은 크기의 conductor를 선택할때 다음 사항을 알아야 한다.
ⓐ conductor length (feet)
ⓑ 운반되는 전류의 ampere
ⓒ 허용되는 voltage drop

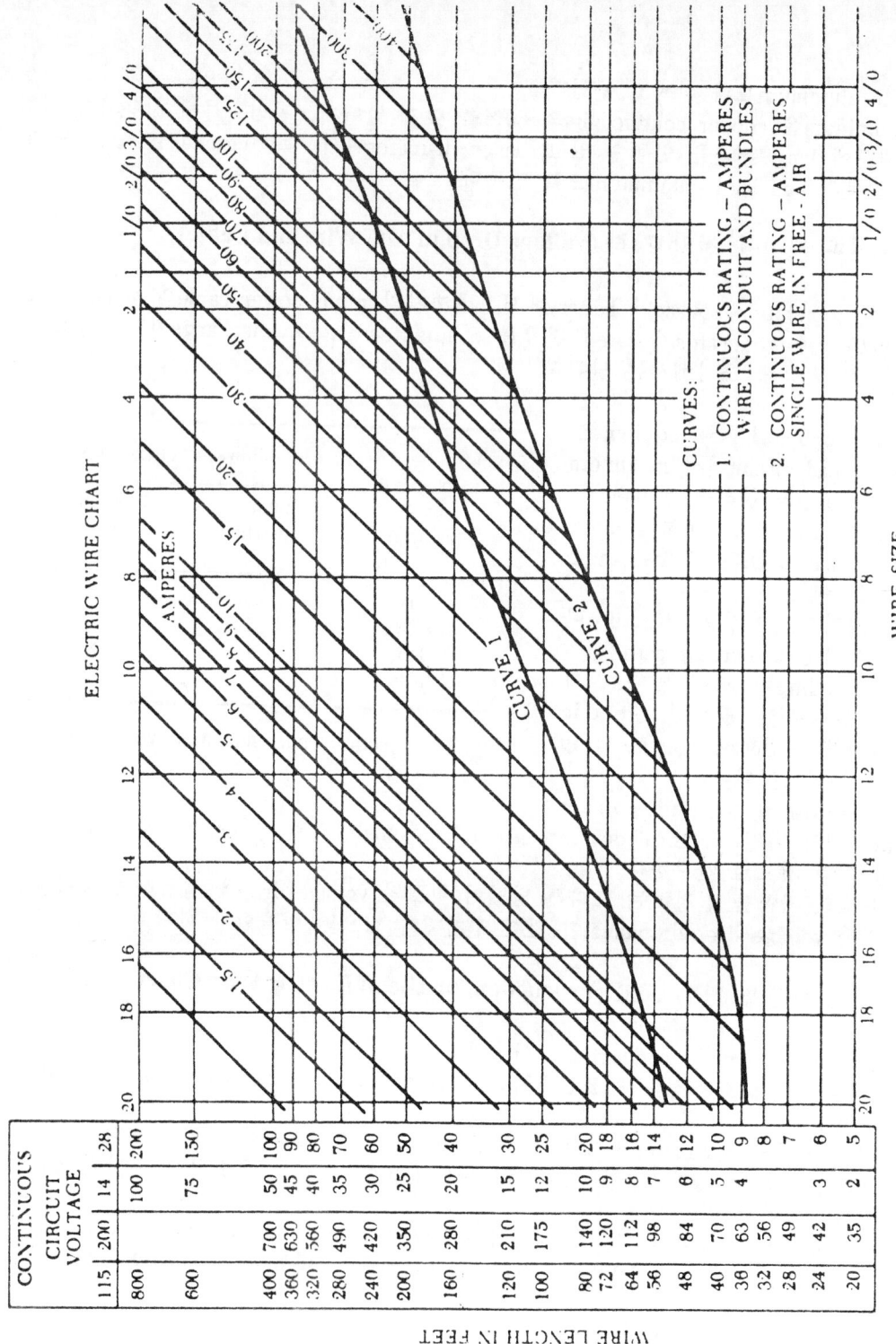

Fig. 3-6 Conductor chart, continuous flow, (Applicable to copper conductors.)

228

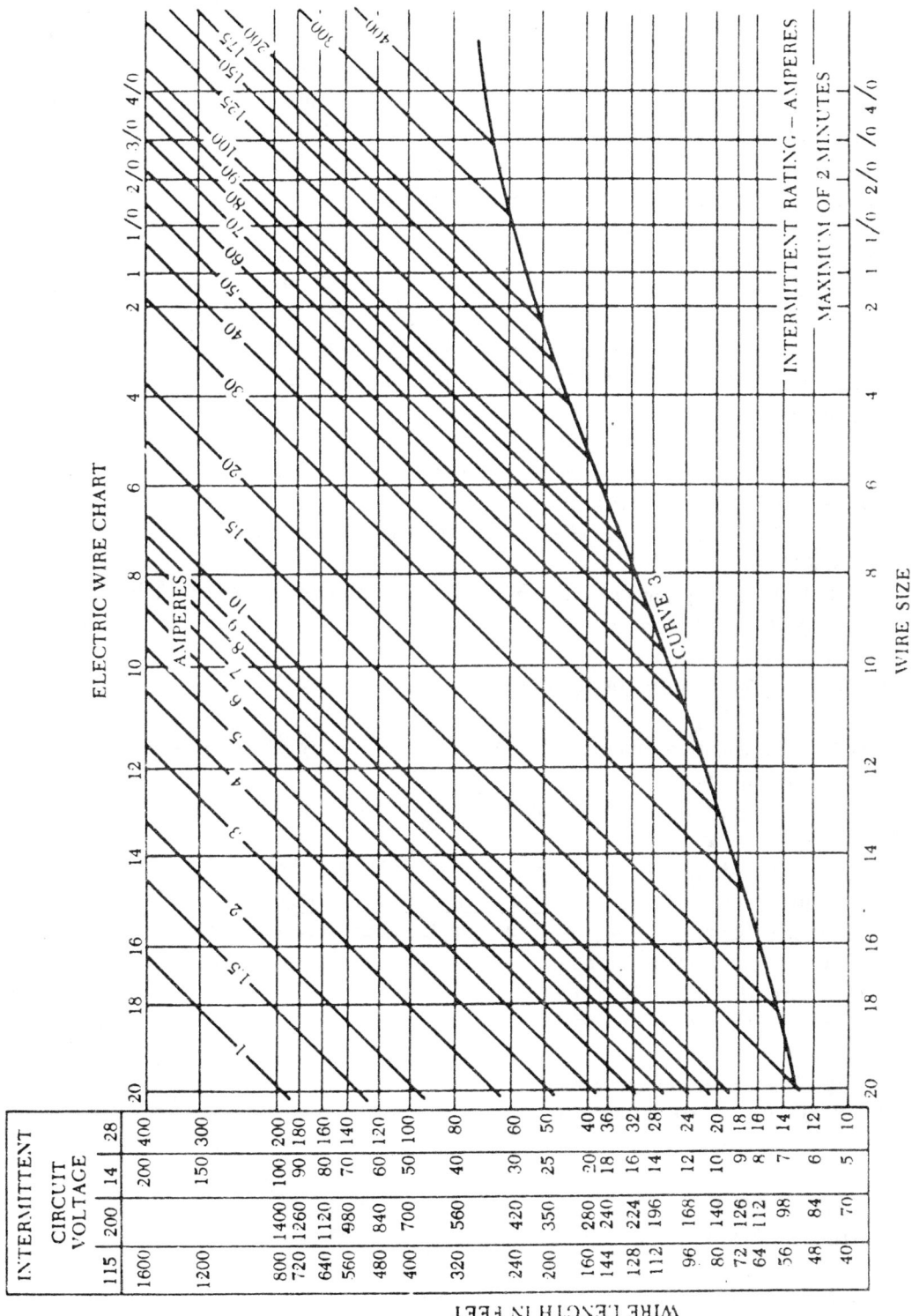

Fig. 3-7   Conductor chart, intermittent flow.

ⓓ 운반되는 전류가 intermittent인지 continuous인지 알아야 하고,

만약 continuous이면 이것이 free air, condct, 혹은 bundle의 single conductor인지 알아야 한다.

예) A/C bus에서 28 volt system의 equipment까지 50ft가 필요하다. 이 길이로, continuous operation에서 1-volt drop이 허용된다.

Fig. 3-6을 참고해서 알맞는 크기의 wire를 찾으면, 이때 equipment가 요구하는 전류는 20 ampere여서 사선으로 표시된 line에서 20 ampere line을 찾는다.

이 선을 따라서 밑으로 내려 와서 50과 만나는 점을 찾는다. 이 지점에서 밑으로 수직선을 내리면 conductor가 No. 8과 No. 10사이에 있게 되는데 1 volt보다 큰 voltage drop을 막기 위해, larger size No. 8을 선택해야 한다.

overheating에 견디는 충분한 크기의 conductor를 결정하기 위해 conductor가 single wire이고 free air에서 continuous current를 운반한다고 가정한다. 20 ampere가 표시된 사선을 따라 밑으로 계속 내려와서 "curve 2"라고 적힌 line과 만나는 곳을 찾는다. 여기서 곧 바로 밑으로 수직선을 내리면 No. 16과 No. 18사이에 놓이게 된다. larger size No. 16을 선택해야 한다.

이것이 20 ampere 전류를 운반하는 가장 작은 크기의 conductor로 overheating 없이도 전류를 운반한다.

만약 위의 조건이 power가 intermitter (MAX 2 minute)에 맞아야 한다면 Fig. 3-7의 chart를 같은 방법으로 찾는다.

6) 도체의 절연 (Conductor Insulation)

절연물질 (insulation material)의 두개의 근본적인 특성이 insulation resistance와 dielectric strength이다.

insulation resistance는 insulation maferial의 표면이나 혹은 이것을 통과하면서 누출되는 전류를 막는 것이다.

insulation resistance는 insulation을 다치지 않고 megger로 측정한다.

dielectric strength는 insulator가 potential difference에 견디는 능력으로, electrostatic stress에 의해 insulation이 fail되는 voltage로 표시한다. maximum dieletric strength valve는 insulation이 break down 할때까지 sample에 voltage를 증가시켜서 측정한다.

가장 많이 이용하는 insulation 재료는 vinyl, cotton, nylon, teflon과 rockbestos이다.

7) 도선과 케이블의 식별
(Identifying Wire and Cable)

A/C electrical system wiring 과 cable는 문자와 숫자가 표시되 어 있다.

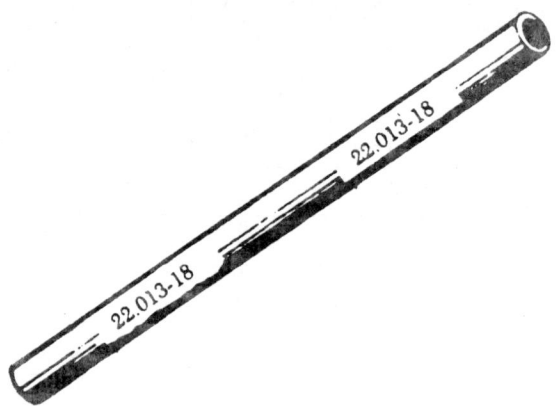

Fig. 3-8 Wire identification code.

230

이 표시방법에 공통적인 표준은 없고 manufacture마다 다르다.

Fig. 3-8에서 22는 wire가 사용된 system, 여기서는 VHF system을 가리킨다.

다음 숫자 0.013은 wire number이고 다음 숫자 18은 wire size를 나타낸다.

wire의 표시는, 최소한 15 inch 간격으로 해야되고, 각 junction이나 terminal point의 3 inch 이내에 표시해야 한다.

Fig. 3-9는 terminal block의 wire 표시이다.

Fig. 3-10에서 보면 한가지는 sleeve tie에 표시했고, 다른 하나는 pressure-senlitive tape를 사용했다.

8) Wire Group and Bundle

wire bundle은 75 wire보다 작거나 1/2~2 inch의 didmeter 보다 작아야 한다.

junction box, terminal block, paucl등에서 몇개의 wire group은 서로 구별할 수 있는 group으로 되어 있어야 한다.

9) Twisting Wire

engineering drawing이 표시되어 있거나 실제작업 중에 필요한 경우, 평행한 wire는 꼬아야 한다.

  ⓐ magnetic compass나 flux valve 근처의 wiring

  ⓑ 3-phase distribution wiring

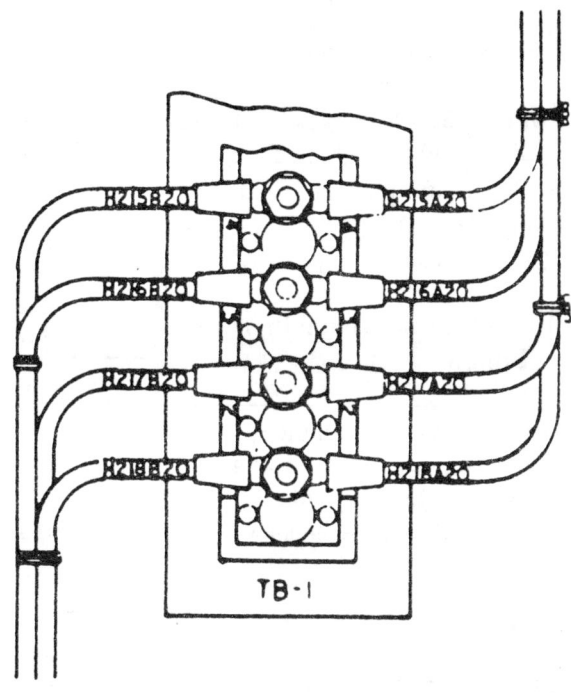

Fig. 3-9 Wire identification at a terminal block.

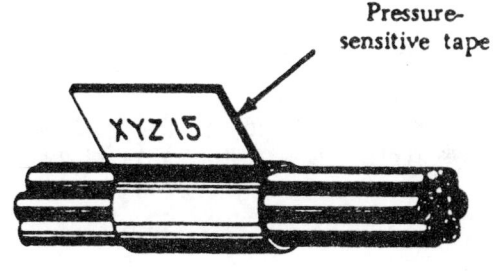

Pressure-sensitive tape

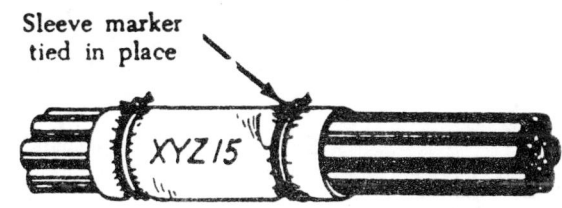

Sleeve marker tied in place

Fig. 3-10 Alternate methods of identifying wire bundles.

231

ⓒ engineering drawing에 표
시된 wire (radio wiring)
wire를 꼬을때는(twist) 아래표
와 같이 알맞은 간격으로 꼬고,
wire의 insulation을 점검해서
twisting후에 damdge가 있는지 확
인한다.

10) Spliced Connection in Wire Bundle

wire group이나 bundle의 spli-
ced connection은 쉽게 점검할 수
있는 위치에 놓여야 한다.

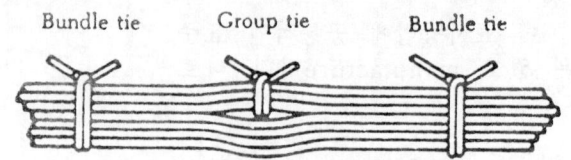

Fig. 3-11 Group and bundle ties.

	Wire Size									
	#22	#20	#18	#16	#14	#12	#10	#8	#6	#4
2 Wires	10	10	9	8	$7\frac{1}{2}$	7	$6\frac{1}{2}$	6	5	4
3 Wires	10	10	$8\frac{1}{2}$	7	$6\frac{1}{2}$	6	$5\frac{1}{2}$	5	4	3

Fig. 3-12 Recommended number of twists per foot.

모든 noninsulated splice는 plastic등으로 덮어야 하고 양쪽에서 꼭 잡아맨다.

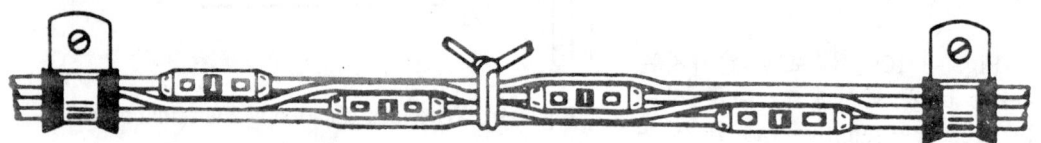

Fig. 3-13 Staggered splices in a wire bundle.

11) Slack in Wiring Bundle

single wire나 wire bundle은 과다한 slack을 갖도록 설치되어서는 안된다.
support 사이의 slack은 Fig. 3-14와 같이 손으로 눌러서 최대 1/2 inch를 넘어서

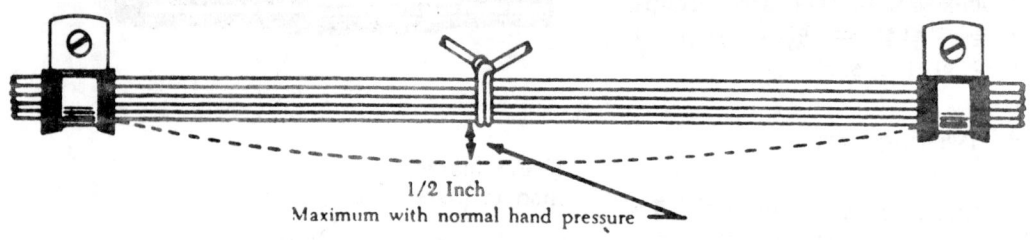

1/2 Inch
Maximum with normal hand pressure

Fig. 3-14 Slack in wire bundle between supports.

는 안된다.
그렇지만, 이것은 wire bundle이 가늘고, clamp가 멀리 떨어진 경우는 이보다 더
늘어질 수 있다.
slack은 wire bundle이 다른 표면과 마찰 되도록 크게 늘어지면 절대 안된다.
충분한 양의 slack은 다음을 위해 필요하다.

ⓐ 정비를 쉽게 할수 있게 한다.
ⓑ terminal을 교환 할 수 있다.
ⓒ wire, wire junction과 support에 mechanical strain을 막는다.
ⓓ shock와 vibration-mounted equipment의 자유로운 움직임을 허용한다.
ⓔ 정비 작업중에 equipment를 움직일 수 있다.

12) Protection Against Chafing

wire와 wire group은 chafing나 abrasion으로 부터 보호되어야 한다.

절연물(insulation)의 손상은 short circuit, malfunction등을 일으킨다.

Fig. 3-15와 같이 wire bundle이 bulkhead의 hole을 통과할 때 cable clamp를 사용한다.
만약, wire가 hole의 모퉁이로 1/4 inch보다 가까워지면, 적당한 grommet를 사용한다.

13) 굴곡반경 (Bend Radii)

wire group이나 bundle의 be-ud는 wire group이나 bundle의 바깥직경보다 10배 이상보다 작아서는 안된다.
그렇지만, terminal strip에서, wire나 wire bundle의 외경의 3배의 최소 radii가 허용된다. 그러나 이것에 예외가 있어서 coavial cable은 절대로 외경의 10배보다 작게 굽혀서는 안된다.

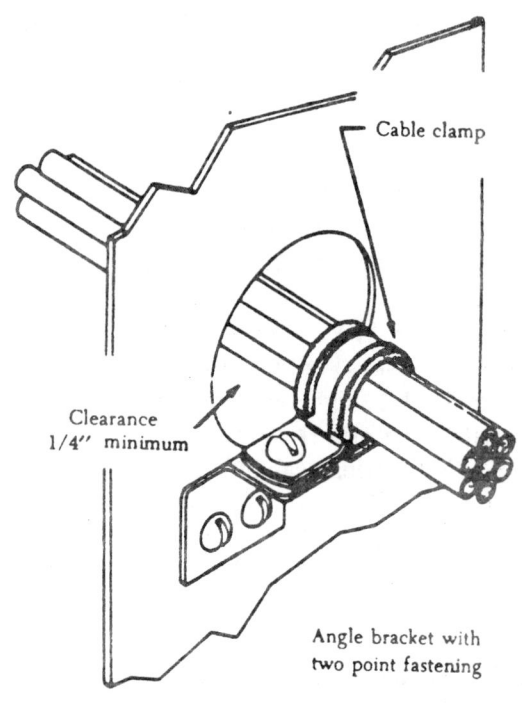

Cable clamp

Clearance
1/4″ minimum

Angle bracket with
two point fastening

Fig. 3-15 Cable clamp at bulkhead hole.

14) Routing and Installation

모든 wiring은 적절하게 지지해서 vibration등을 막는다.
모든 wire나 wire group은 아래사항으로 부터 보호 받을 수 있게 설치되어야 한다.
ⓐ chafing이나 abration
ⓑ high temperature
ⓒ handhold
ⓓ A/C 내에서 사람이 움직일때 손상되지 않아야 한다.

233

ⓔ cargo에 의한 damdge
ⓕ battery acid fume, spray, spilltge등으로 부터 damdge
ⓖ solvent와 fluid로 부터 damdge

가끔 nylon이나 rubber gro-
mmet을 사용할때가 있는데, 이
경우는, general-purpose cement
롤 grommet에 사용한다.

15) 열보호 (Protection Against High Temperature)

insulation이 파괴되는 것을 막
기위해 resistor, exhaust stack,
heating duct등과 같은 고온도 장
비로 부터 떨어져 있어야 한다.

얼마의 거리를 유지해야 하는
지는 engineering drawing에 표시
되어 있다.

굳이 이 지역을 지나야 하는
wire는 asbestos, fiber glass,
teflon등과 같은 high-temperature
material로 절연시켜야 한다.

대부분의 coaxial cable이 pol-
yethyleue과 같은 soft plastic
insulation을 갖고 있고 이것은 열
에 의한 변형이나 약해지기 쉽
다.

16) Protection Against Solvent and Fluid

만약 wire가 fluids에 젖을 가
능성이 있으면 plastic tubing으로
wire를 보호해야 한다.

만약 wire가 tubing end사이에
가장 낮은 부분이 있을 경우
Fig. 3-18과 같이 1/8 inch drain
hole을 만든다.

wire는 절대로 battery밑으로
지나게 해서는 안된다.

A/C battery 주변을 지나는
wire는 자주 검사해서 battery
fume에 의해 wire의 색깔이 변하

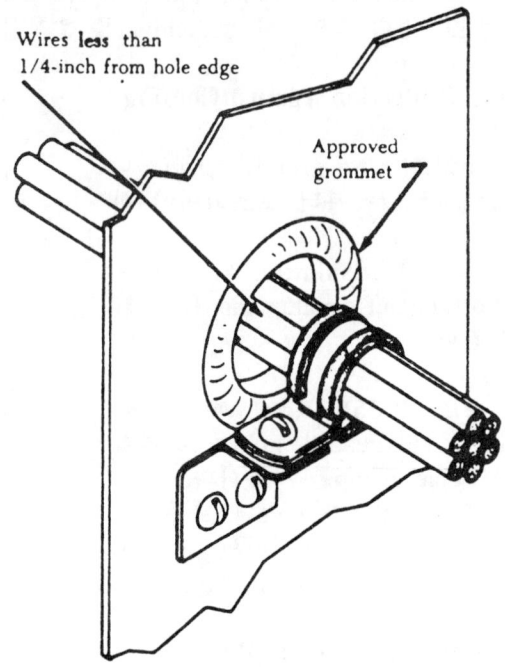

Fig. 3-16 Cable clamp and gromment at bulkhead hole.

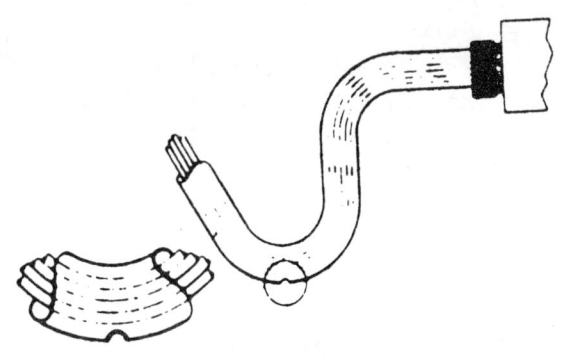

Drainage hole 1/8-inch diameter at
lowest point in tubing. Make the
hole after installation is complete
and lowest point is firmly established

Fig. 3-17 Drain hole in low point of tubing.

234

지 않았는지 검사한다.

17) Routing Precaution

wiring이 compustible fluider oxygen line과 평행하게 지나야 할때는 가능한 한 안 정되게 고정시킨다.

wire는 plumbing line보다 위에 있어야 한다. clamp가 일정한 간격으로 있어서 어느 하나가 풀려도 line과 접촉하지 않아야 한다.

inch씩 분리할 수 없을때는 같은 structure에 clamp로 고정시킨다. 만약 분리되는 거리가 2 inch보다는 작고 1/2 inch보다 클때는 polyethylene sleeve를 wire bundle에 사용한 다.

어떤 wire도 plumbing line과 1/2 inch보다 가까이 지나서는 안 된다.

wire나 wire bundle이 flammanle fluid나 oxygen을 운반하는 plumbing line에 의해 지지되서는 안된다.

wiring은 control cable로 부터 최소 3 inch의 간격은 유지해야 한다.

18) 케이블 클램프 설치

cable clamp는 Fig. 3-19와 같이 적절한 각도로 설치되어야 한 다.

cable clamp를 사용할때 wire 가 clamp사이에 끼어서는 절대로 안된다.

clamp는 또한 rubber cushion 을 사용해서 wire bundle을 fubular structure에 고정시킨다.

19) Lacing and typing Wire Bundle

wire group과 bundle은 lace하 거나 cord로 묶어서 설치, 정비, 검사등을 쉽게한다.

lacing이나 tying에 쓰는 것은

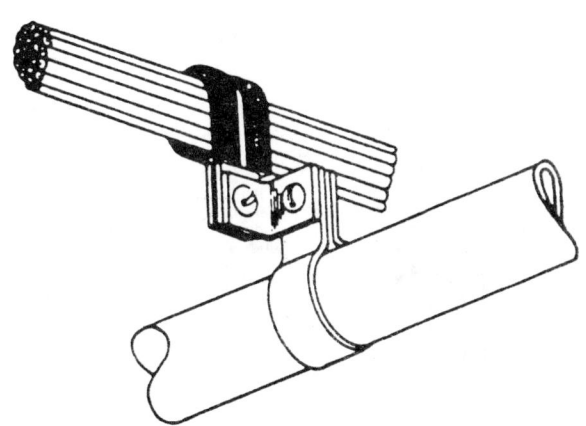

Fig.3-18   Separation of wires from plumbing lines.

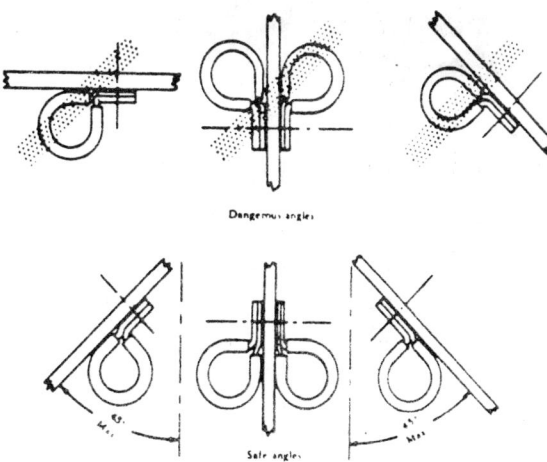

Fig. 3-19   Proper mounting angles for cable clamps.

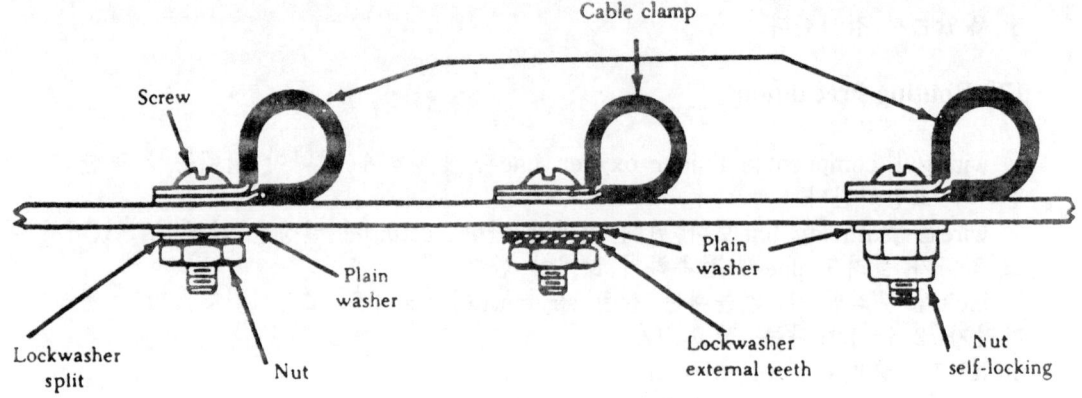

Fig. 3-20   Typical mounting hardware for cable clamps.

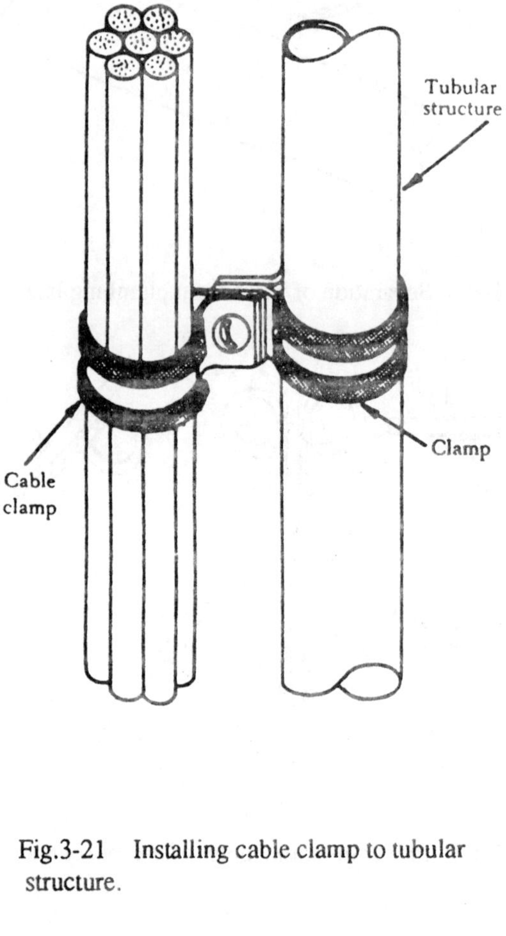

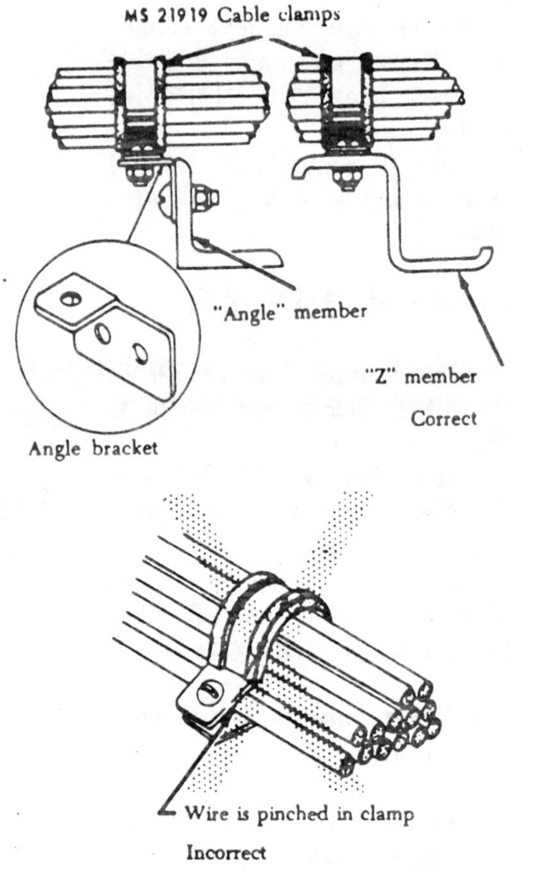

Cable clamp

Screw

Plain
washer

Lockwasher
split

Nut

Plain
washer

Lockwasher
external teeth

Nut
self-locking

MS 21919 Cable clamps

Tubular
structure

"Angle" member

Angle bracket

"Z" member

Correct

Clamp

Cable
clamp

Wire is pinched in clamp

Incorrect

Fig.3-21   Installing cable clamp to tubular
structure.

Fig.3-22   Mounting cable clamp to structure.

236

주로 cotton이나 nylon cord를 사용한다.

nylon cord는 습기와 fungus-resistant이고 cotton cord는 사용하기전에 wax를 칠해야 한다.

A. Single-cord Lacing

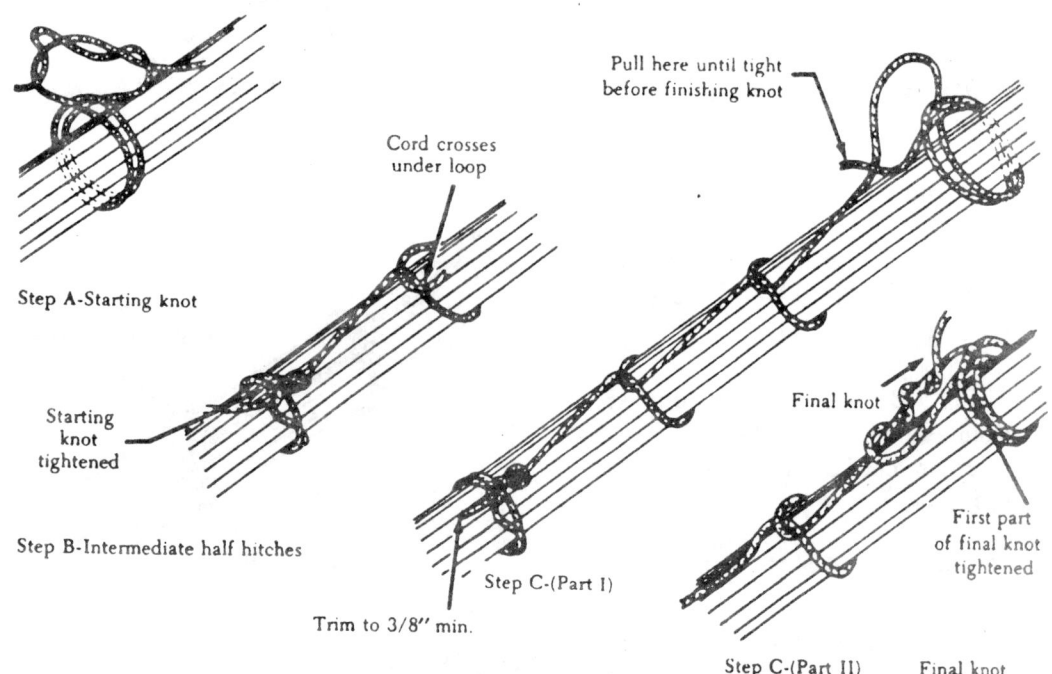

Fig. 3-23   Single-cord lacing.

Fig. 3-23은 wire bundle을 single cord로 lacing하는 것이다.

이 lacing은 clove hitch에 extra loop로 시작해서 정해진 간격을 유지하고, 중간은 half hitch로 계속 재나간다. 끝맺음은 처음과 같은 방법으로 한다.

마지막으로 knot를 만들고 난 다음 lacing cord는 3/8 inch로 자른다.

B. Double-cord Lacing

Fig. 3-24는 double-cord lacing이다.

lacing의 시작은 bowline-on-a-bight knot으로 한다. 정해진 간격을 유지하고, 중간중간은 holt hitch로 한다. 끝맺음은 half hitch로 하는데 한가닥의 cord는 시계방향으로, 다른 한가닥은 반시계방향으로 half hitch를 하고, 끝에서 square knot을 만든다. 가락의 끝은 3/8 inch를 남겨주고 자른다.

C. Lacing Brauch-off

Fig. 3-25는 main wire bundle 에서 가지를 따내는 방법이다.

branch-off lacing은 branch-off point를 지난후 main bundle의 knot에서 부터 시작한다.

계속해서 half-hitch를 사용한 다. 끝은 정상적인 terminal knot 를 만든다.

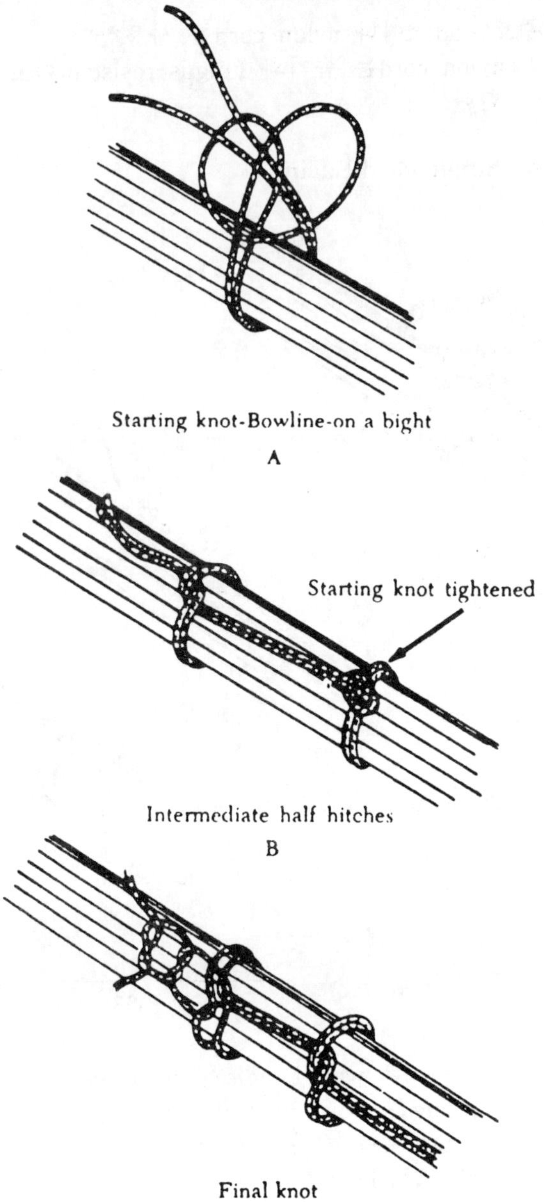

D. Tying

모든 wire group이나 bundle은 12 inch 이상씩 떨어져서 tie를 해 야 한다.

Fig. 3-28은 wire group이나 bundle을 tying하는 절차이다.

color cord는 temporary tie에 사용한다.

20) 도선 및 케이블 절단

설치나 정비 repair를 쉽게 하 기 위해 wire나 cable은 connector 나 terminal block 혹 bus 등에서 자른다.

다시 조립하기 위해 알맞은 크 기로 wire나 cable을 잘라야 한다.

A. stripping wire and cable

wire가 connector에 연결되기 전에 insulation을 벗겨야 한다.

copper wire는 size나 insulation 에 따라서 몇가지의 벗기는 방법 이 있다.

aluminum wire는 주의깊게 벗겨야 하는데 조그마한 상처가 있어도 쉽게 끊어지기 때문이다.

Fig. 3-27은 hand stripper로 wire를 벗기는 (stripping) 순이다.

Starting knot-Bowline-on a bight

A

Starting knot tightened

Intermediate half hitches

B

Final knot

C

Fig. 3-24   Double-cord lacing.

238

B. Solderless terminal and splices

electrical cable을 splicing할때는 최소의 거리를 유지하고, 심한 진동이 있는 곳을 피한다.

self-insulated splic connector가 가장 많이 쓰인다.

만약 splice가 plastic sleeve로 덮여 있으면 noninsulated splice connector를 사용할 수 있다.

electric wire는 solderless terminal lug을 사용해서 연결과 분리를 쉽게 한다.

solderless terminal lug와 splice는 copper와 aluminum으로 만들어 졌다.

terminal lug는 3가지 type을 사용할 수 있다. flag straight과 right-angle lug이다. terminal lug는 hand 혹은 power crimplug tool 에 의해 "crimped"된다.

C. copper wire terminal

copper wire는 solderless, prein-sulated straight copper terminal lug

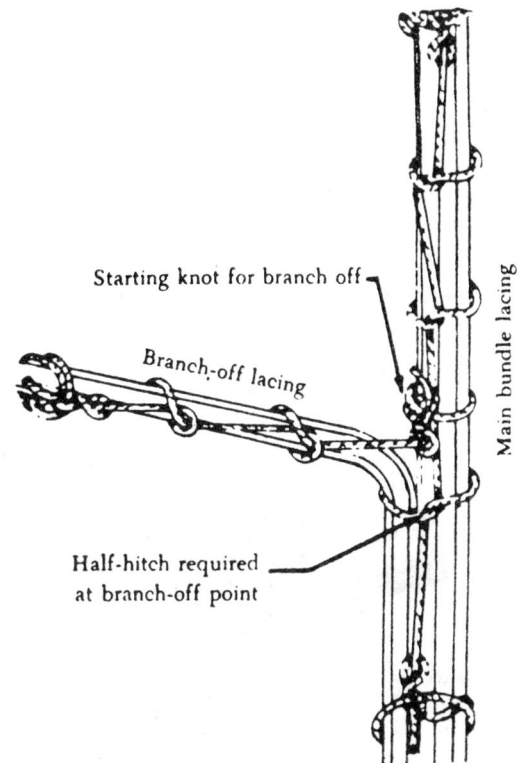

Fig. 3-25   Lacing a branch-off.

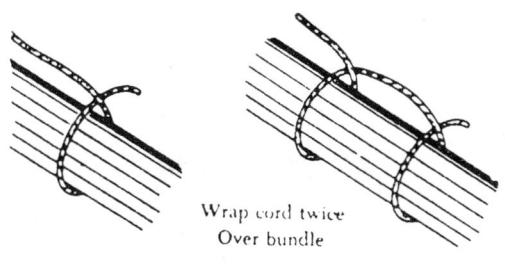
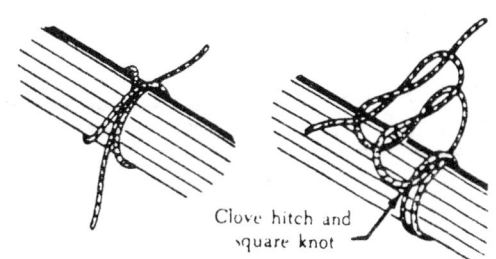

Fig. 3-26   Tying a wire group or bundle.

로 끝맺음을 한다. preinsulated terminal lug는 insulation grip(metal rein forcing sleeve)이 있어서 extra gripping strength를 만들수 있다. insulation은 색깔이 있어서 wire size를 식별할 수 있다.

D. crimping tool

hand, portable power, stationary power tool등을 terminal lug의 crimping에 사용할 수 있다.

Fig. 3-28은 terminal lug를 hand too에 넣은 것이다.

일부의 uninsulated terminal lug는 조립 후에 "sleeve"라고 부르는 투명한 flexible tubing

Select correct
hole to match
wire gauge

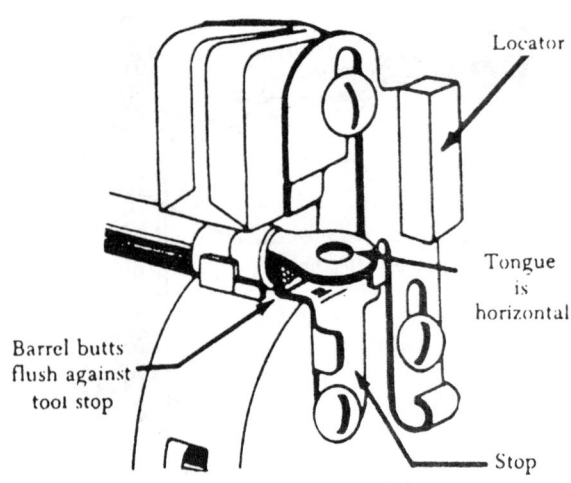

Locator

Tongue
is
horizontal

Barrel butts
flush against
tool stop

Stop

Fig. 3-28   Inserting terminal lug into hand tool.

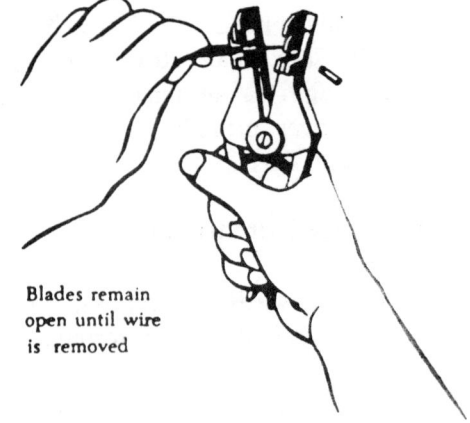

Blades remain
open until wire
is removed

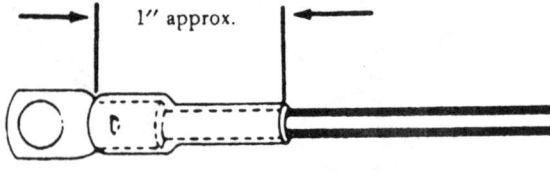

1″ approx.

Tight or shrunk sleeve

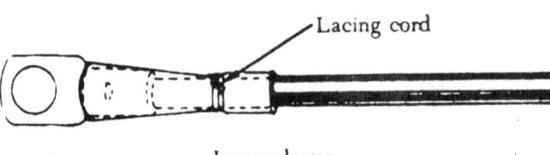

Lacing cord

Loose sleeve

Fig. 3-29   Insulating sleeve.

Fig. 3-27   Stripping wire with hand stripper.

으로 insulate한다.

이 sleeve는 connection에 electrical과 mechanical protechin을 한다.

E. aluminum wire terminal

A/C system에 aluminum wire사용이 증가하는데, 이것은 copper보다 가볍기 때문이다. aluminum을 굽히면 "work hardening"을 일으킨다.

이것이 copper wire보다 빠르게 strand를 failure시키거나 breakage를 만든다. aluminum은 air에 노출되면 즉시 high-resistart oxide film을 만든다. 이런 분리한 점을 극복하기 위해, 설치할때 정확하고, 알맞는 절차를 따라야 한다.

aluminum wire에는 aluminum terminal lug만을 사용한다.

3가지 type의 lug가 있는데, straight, right-angle, flag type등이다.

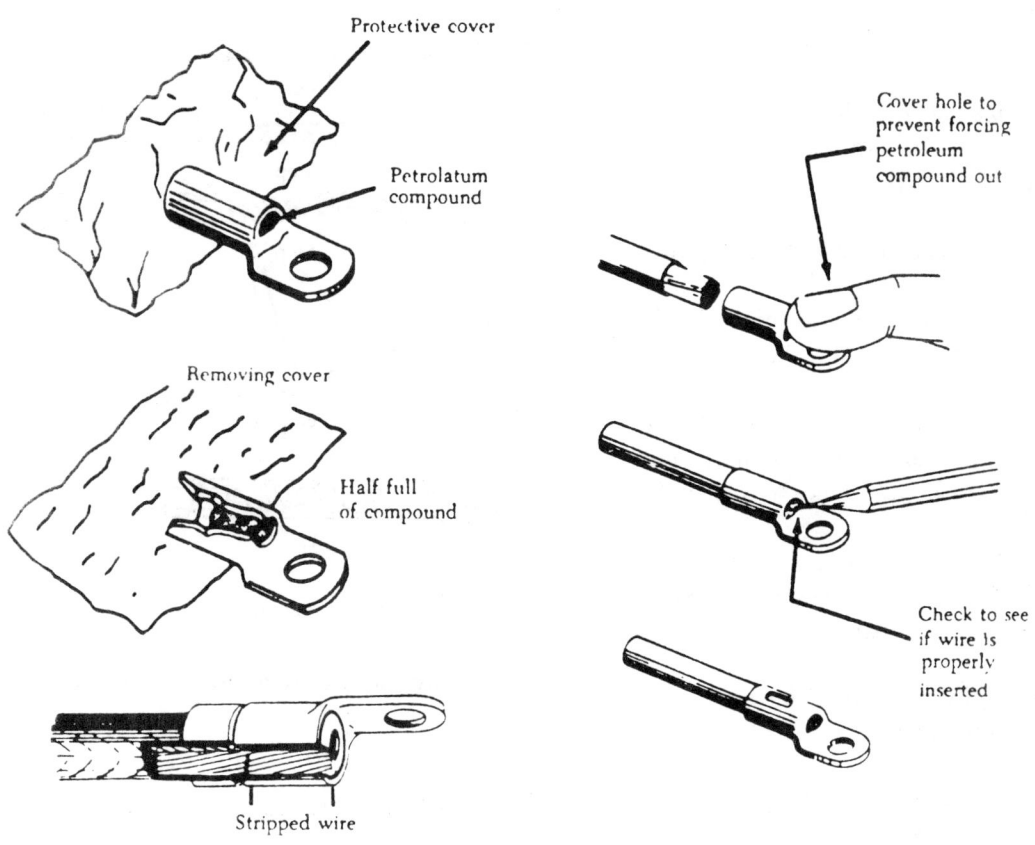

Fig. 3-30 Inserting aluminum wire into aluminum terminal lugs.

Fig. 3-30과 같이 모든 aluminum terminal에는 inspection hole이 있어서 wire의 깊

이를 점검할 수 있다.

aluminum terminal lug의 barrel은 petrolatum-ziac dust compound로 채워져 있다.

이 compound는 aluminum의 oxide film을 제거한다.

F. Splicing copper wire using preinsulated splice

preinsulated permanent copper splice는 wire size 22~10번까지에 사용한다. 각 splic size는 하나 이상의 wire zine에 사용할 수 있다.

splice는 color-code가 있다.

일부 splice는 white plastic으로 insulate되어 있다.

oltype의 splice에 crimplug tool을 사용한다.

21) Emergency Splicing Repair

broker wire는 terminal lug을 이용해서 crimped splice로 repair 한다.

이 repair는 copper wire에 사용한다. damaged aluminum wire 는 일시적으로 splice해서는 안된 다.

이것은 tamporary emergency 로 만 사용하고 가능한 한 빨리 permanent repair를 해야 한다.

A. Splicing with solder and potting compound

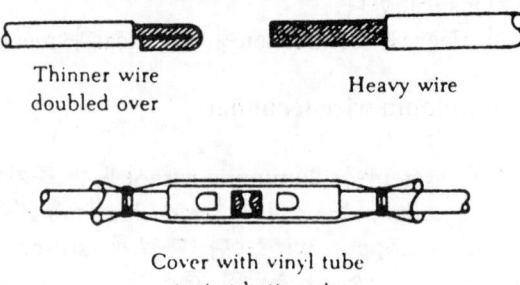

Thinner wire doubled over   Heavy wire

Cover with vinyl tube tied at both ends

Fig. 3-31   Reducing wire size with a permanent splice.

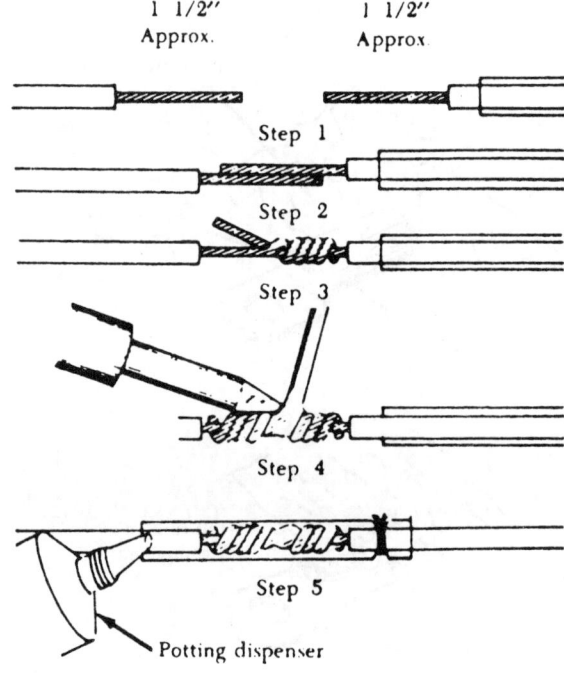

1 1/2″ Approx.   1 1/2″ Approx.

Step 1

Step 2

Step 3

Step 4

Step 5

Potting dispenser

Fig. 3-32   Repairing broken wire by soldering and potting.

permanent splice나 terminal lug를 사용할 수 없을때의 broken wire의 수리는 아래 그림과 같은 방법으로 한다.

22) Connecting terminal lugs to terminal block

terminal lug는 terminal block에 설치되어야 한다.

teminal block은 stud가 있어서 plain washer, external tooth lockwasher와 nut로 조여진다.

copper terminal lug는 plain washer와 elastic shop nut 혹은 plain washer, split steel lockwasher와 plain nut로 조인다.

aluminum terminal lug는 plated brass plain whasher와 또 하나의 plated brass plain washer, split steel lock washer에 plain nut나 elastic stop nut를 사용한다.

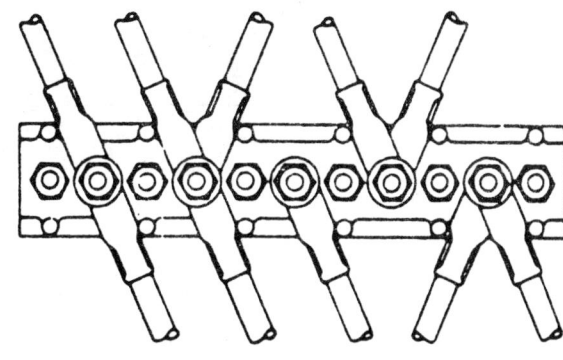

Fig. 3-33   Connecting terminals to terminal block.

두개의 alumimum terminal lug나 두개의 copper terminal lug사이에 어느 washer도 넣어서도 안된다.

copper terminal lug를 aluminum terminal lug에 연결할때는 plated brass plain washer를 사용한다. 즉 다음과 같은 순서이다.

aluminum terminal lug, plated brass plain washer, copper terminal lug, plain wasther, split steel lock washer, 그리고 plain nut나 self-locking, 혹은 all-metal nut 를 사용한다.

23) Bonding and Grounding

bonding은 두개 혹은 그 이상의 conducting object의 electrical connecting이다.

grounding은 conducting object를 primary structure에 current return path를 위한 electrical connecting이다.

primary structure는 main frame, fuselage, A/C의 wing structure등을 흔히 ground 라고 한다. bonding과 grounding은 A/C electrical system을
ⓐ A/C와 사람을 lightning discharge의 위험으로 부터 보호한다.
ⓑ current return path를 제공한다.
ⓒ radio-frequency potential이 쌓이는 것을 막는다.
ⓓ shock의 위험으로 부터 사람을 보호한다.
ⓔ radio transmission과 reception의 정정성을 제공한다.
ⓕ static charge의 축적을 막는다.

A. general bonding and grounding procedure

bonding이나 grounding connection을 만들때의 일반적인 절차나 주의사항이다.
ⓐ bond나 ground part를 위한 적당한 위치를 primary A/C structure 에서 찾는다.
ⓑ bonding이나 grounding connection을 만든다. A/C structure를 약하게 해서는 안된다.
ⓒ bond part는 개별적으로 한다.

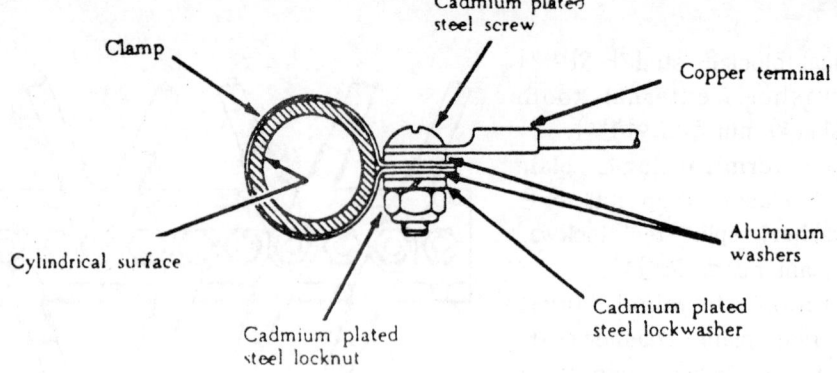

A. Copper jumper connection to tubular structure.

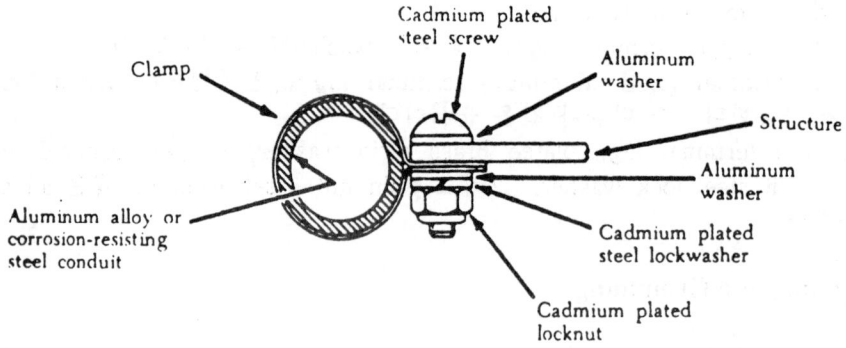

B. Bonding conduit to structure.

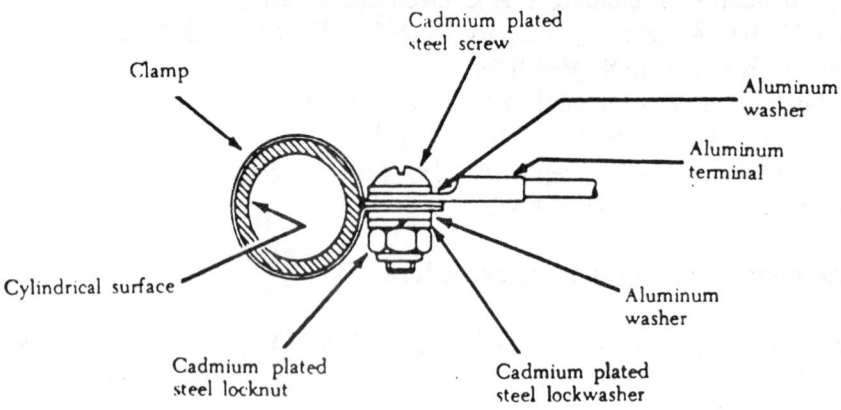

C. Aluminum jumper connection to tubular structure.

Fig. 3-34   Hardware combinations used in making bonding connections.

ⓓ bonding이나 grounding connection을 깨끗한 표면에 설치한다.
ⓔ bonding이나 grounding connection이 vibration, expansion, contraction 등에
   의해 깨지거나 풀리지 않게 설치한다.
   bonding jumper는 가능한 짧게 설치한다. jumper는 surface control등의 움직임에
방해를 주어서는 안되는 곳이어야 한다.

AN3100
wall receptacle

AN3101
cable receptacle

AN3102
box receptacle

AN3107
MCK disconnect
plug

AN3106
straight plug

AN3106
.straight plug

AN3108
angle plug

AN3106
angle plug

Fig 3-35   AN connectors.

245

electrolytric action이 빠른 속도로 bonding connection을 부식시키므로, 적절한 주의 사항을 따라야 한다.

대부분, aluminum alloy jumper를 사용하도록 권하고, stainless steel, cadimum-plated steel, copper, brass 혹은 bronze등에는 copper jumper를 사용한다.

dissimilar metal사이의 conlact을 피할 수 없으므로, jumper나 hard ware의 선택은 부식이 최소로 되는 것을 선택한다.

Fig. 3-34는 bonding connection을 만들때 적절한 hardware를 섞어서 사용하는 것이다.

B. Testing ground and bond

bond와 ground connection의 저장은 connection이 끝난후에 점검한다. 각 connection의 저항은 0.003 ohm을 넘어서는 안된다.

24) Connector

connector(plug와 receptacle)는 필요에 따라 빈번히 분리할때 편리하다.

A. Connector의 종류

connector는 AN number로 구별한다.

Fig. 3-35는 많이 사용하는 connector등이다. 다음은 A/C에 자주 사용하는 AN connector로 5가지로 분류한다.

A, B, C와 D는 aluminum으로 만들고, K는 steel로 만들었다.
ⓐ class A - solid, one piece backshell, general-purpose connector
ⓑ class B - connector backshell이 두 part로 나누어 졌다.
ⓒ class C - pressurized connector이다. bulkhead wall의 pressurized equipment 에 사용한다.
ⓓ class D - moisture와 vibration-resistant connector로 sealing grommect이 있다.
ⓔ class K - fireproof connector로 사용된다.

B. Connector identification

code letter나 number가 coupling ring이나 shell에 표시되어 있어서 connector를 식별할 수 있다.

subminiature와 rectangular shell connector, short body shell

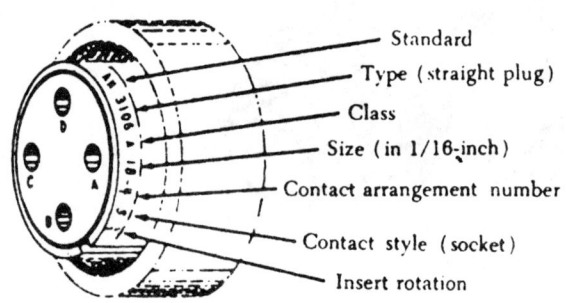

Fig. 3-36   AN connector marking.

이나 split shell로 만들어진 connector등은 특별한 목적으로 만들어진 것들이다.

24) Conduit

conduit은 wire나 cable등의 mechanical protection을 위해 사용한다. 이것은 metallic과 non metallic material로 rigid와 flexible 형태로 만든다.

conduit size를 선택할때는, 정비를 쉽게하고, 팽창등을 고려해서 conductor bundle의 maximum diameter보다 25% 더큰 inner diameter를 선택한다.

rigid metallic conduit의 diameter는 outside diameter이다. 그러므로, inside diameter를 얻기위해서는, tube wall thickness의 두배를 빼면 된다. conduit은 claump 에 의해 지지된다.

flexible aluminum conduit으로 bare flexible과 rubber-çovered conduit이 많이 쓰인다.

flexible brass conduit은 flexible aluminum conduit대신에 많이 쓰이는데, radio interference를 최소화 한다.

3-2. 전기 장비 장착 (Electrical Equipment Installation)

1) 전기 부하 제한 (Electrical load limit)

추가적인 electical equipment가 설치되면 A/C의 electrical power 소모가 더 커지고, total electrical load는 rated limit에 있어야 한다.

어떤 A/C electrical load를 증가시키기 전에 관계되는 wire, cable, 그리고 circuit protection device(fuse 혹은 circuit breaker)등을 점검해서 새 electrical load가 wire, cable, protection device등의 rated limit을 넘지 않아야 한다.

manufacturer에 의해 표시된 generator나 alternator output rating을 새로운 equipment를 설치해서 영향받는 alternator나 generator의 electrical load와 비교해야 한다.

비교했을때, 전체 연결된 electrical load가 generator나 alternator의 output load limit을 넘을때는 over-load가 발생하지 않도록 load를 줄여야 한다.

A. 회로 보호장치 (Circuit protection device)

conductor는 circuit breaker나 fuse에 의해 보호되는데 가능한 electrical power source bus에 가까이 있어야 한다.

circuit breaker나 fuse는 condu-

Wire AN gage copper	Circuit breaker amperage	Fuse amp.
22	5	5
20	7.5	5
18	10	10
16	15	10
14	20	15
12	30	20
10	40	30
8	50	50
6	80	70
4	100	70
2	125	100
1		150
0		150

Fig. 3-37 Wire and circuit protectors chart.

ctor가 타기전에 circuit을 open해야 한다.

Fig. 3-38은 coppr conductor를 보호하기 위해 circuit breaker나 fuse를 선택하는 것이다.

다른 re-settable circuit breaker는 overload나 circuit fault가 있을때 circuit을 open 해야 한다.

이런 circuit breaker를 "trip-free"라고 한다. automatic re-set circuit breaker는 자동적으로 re-set한다.

B. Switch

A/C swich의 nominal current rating이 s/w housing에 stamp 되어 있다. 이 rating 은 continuous current rating을 나타낸다. s/w는 아래의 circuit에서 nominal currrent rating에서 derate해야만 한다.

ⓐ high rush -in circuit
incandescent lamp를 갖고 있는 circuit은 초기 전류가 continuous current의 15 배 이상이 걸린다.
s/w가 닫히면 contact이 타거나 welding되어 버린다.

ⓑ inductive circuit
solenoid coil이나 relay에 저장된 magnetic energy가 방출되어 control s/w가 open되면 arc를 만든다.

ⓒ motor
direct-current motor는 starting중에 rated current보다 몇배 이상을 뽑아 쓰고 armature와 field coil에 저장된 magnetic energy가 control s/w가 open되면 방출된다.

Fig. 3-38 chart는 continuous load current를 알고 있을때는 적당한 nominal s/w를 선택할 수 있다.

C. Relay

relay는 무게를 줄일수 있는 곳이나 electrical control을 단순화할 수 있는 곳에 switching device로 사용한다.

relay는 전기적으로 작동하는 s/w 이다.

Nominal system voltage	Type of load	Derating factor
24 v. d.c.	Lamp	8
24 v. d.c.	Inductive (Relay-Solenoid)	4
24 v. d.c.	Resistive(Heater)	2
24 v. d.c.	Motor	3
12 v. d.c.	Lamp	5
12 v. d.c.	Inductive (Relay-Solenoid)	2
12 v. d.c.	Resistive(Heater)	1
12 v. d.c.	Motor	2

Fig. 3-38 Switch derating factors.

2) 항공기 등화장치 (A/C Lighting System)

A/C lighting system은 exterior와 interior에 빛을 제공한다. exterior light는 약간 의 landing, icing 상태의 검사등에 사용한다. interior light는 instrument, cockpit, cabin등에 빛을 제공한다.

A. 외부등 (exterior light)

position, anti-collistion, landing, taxi light등이 A/C exterior light이다. position light와 anti-collision light등을 야간에 작동한다.

B. 위치등 (Position light)

A/C를 야간에 작동할때는 법에 정한 규정에 맞게 position light를 갖고 있어야 한다.
red, green, white등의 색깔을 갖고 있다.
이것을 "navigation" light라고도 한다.
green light unit은 우측 wing tip이 있다. red unit은 left wing tip에 있고, white unit은 vertical stablizer에 있다. wing tip lamp 는 pilot compartment이에 double pole, single-throw s/w로 되어 있다. "dim" s/w는 lamp와 res-istor가 직렬로 연결되어 있다. resistor가 전류를 감소 시켜서 빛의 밝기가 감소된다.
"bright"는 resistor가 circuit에서 short되어 lamp가 가장 밝게 된다.
position light가 steady나 frashing으로 작동할수 있게 coc-kpit에 s/w가 준비 되어 있다. flashing 작동중에는, flasher mechanism이 position light cir-cuit에 연결된다. 이것은 motor로 구동되는 camshaft에 두개의 cam

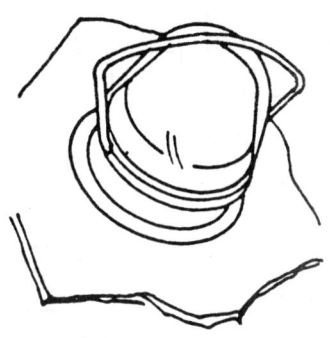

A. Tail position light unit.

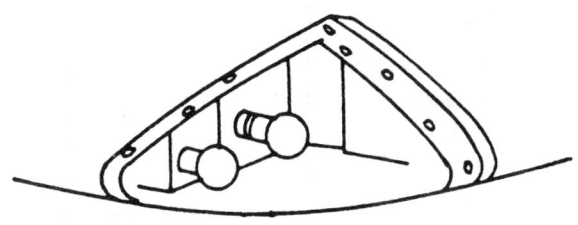

B. Wingtip position light unit.

Fig. 3-39 Position lights.

이 있고, switching mechanism은 두개의 breaker arm과 두개의 contact screw를 갖고
있다. 하나의 breaker arm은 하나의 contact screw를 통해서 wingtip light circuit에
D.C current를 공급한다. 다른 breaker arm은 tail light circuit에 공급한다.

　　motor가 회전하면, reduction gear를 통해서 camshaft를 회전시켜서 cam이
breaker를 작동시킨다. 이 breaker가 wing과 fail ight circuit을 번갈아서 open, close
시킨다.

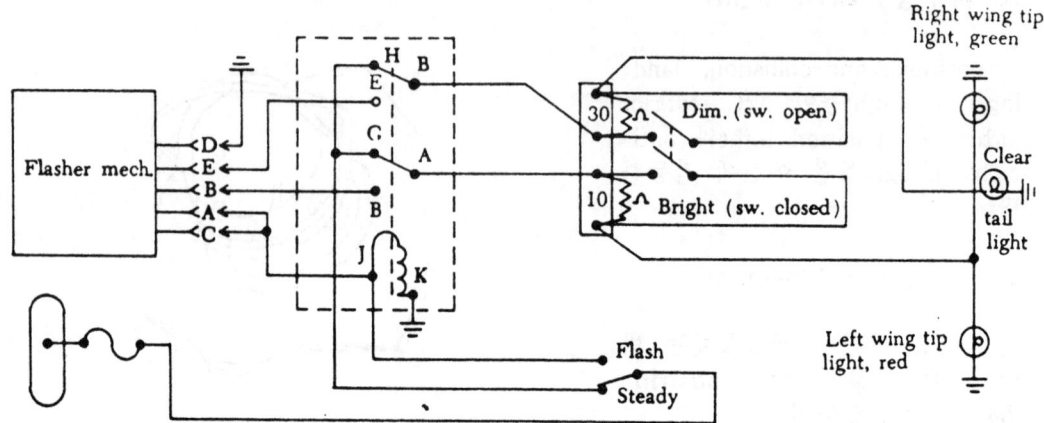

Fig. 3-40　Position light circuitry.

Fig. 3-40은 단순화한 navigation light circuit이다.

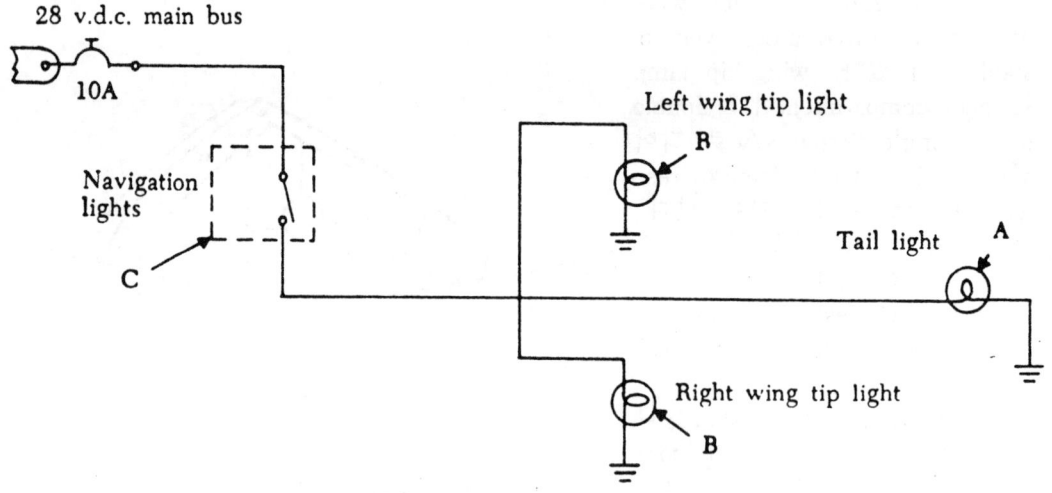

Fig. 3-41　Single-circuit position light circuitry without flasher.

Fig. 3-41은 다른 type의 position light 회로이다. single on-off foggle s/w에 의해

오로지 steady illumination을 제공한다.

flasher나 dimming rheostat이 없다. 모든 circuit은 fuse나 circuit breaker에 의해 보호를 받고, 많은 회로가 flashing과 dimming equipment를 갖고 있다.

C. 충돌 방지등 (Anti-collision light)

이것은 rotating beam light로 fuselage 맨위쪽이나 tail 쪽에 있다.

anti-collision light는 가끔 vertical stabilizer의 top에 설치한다. 이때는 spar나 former근처에 위치해서 견고하게 설치되어야 한다.

anti-collision light는 하나나 두개의 rotating light로 electric motor에 의해 작동된다. light는 고정되어 있고, rotating mirror가 red glass housing 안쪽에 있다. 이 rotating mirror는 40~100 cycle per minute의 flash rate로 회전한다.

D. 착륙등 (Landing light)

landing light는 야간 착륙중에 활주로를 비춘다. 이 light는 parabolic reflector를 갖고 있다. landing light는 양쪽 wing의 leading edge의 중간쯤에 위치해 있고, 각 light는 relay에 의해 조절된다.

lamp lens에 icing으로 인해 lamp의 밝기가 떨어져서 일부에서는 re-tractable landing lamp를 사용한다.

lamp가 사용되지 않을때는 motor에 의해 wing 안쪽으로 들어온다.

retractable landing light motor로 split-field winding를 갖고 있다. 두개의 field winding terminal은 contact C 와 D를 통해 motor con-tor s/w의 두개의 outer terminal에 연결된다.

center terminal은 두개의 motor brush중에서 하나에 연결된다.

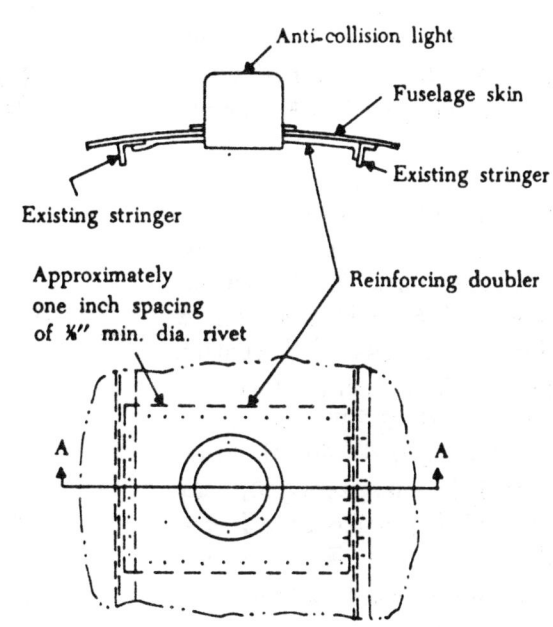

Fig. 3-42 Typical anti-collision light installation in an unpressurized skin panel.

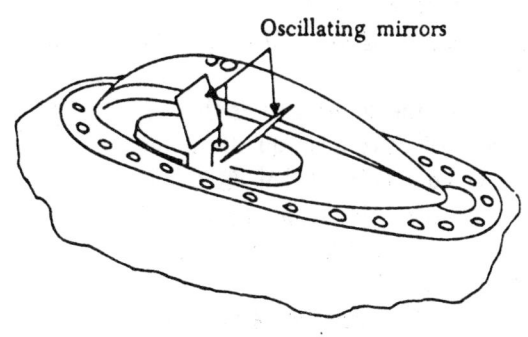

Fig. 3-43 Anti-collision light.

251

brusher가 motor를 연결하고, electric circuit의 magnetic brake solenoid에 연결된다.

contact C는 landing lamp mechanism의 gear quadrant에 의해 open되어 있다.

contact D는 spring의 tension 으로 닫혀 있다.

이것이 landing lamp가 retract되어 있고, control s/w가 "off" position에 있을때 landing lamp circuit이다. 회로에 전류가 흐르지 않으므로, motor나 lamp 가 energize되지 않는다.

control s/w가 upper나 "extend position에 놓이면 battery 전류가 s/w의 닫힌 contact을 통해서 contact D의 닫힌 contact, field widing의 center terminal, motor자체로 흐른다. motor circuit으로 전류가 흘러서 brake solenoid를 energize시키고, motor shaft에서 brake shoe를 잡아 당겨서 motor가 돌기 시작해서 lamp mechanism을 낮춘다.

lamp mechanism이 약 10° 움 직인 후에, contact A를 접촉해 서 copper bar B를 따른다.

한편으로는, relay F가 energize되어, contact을 닫는다.

이것이 copper bar B, contact A, lamp를 통해 전류가 흐르게 한다.

lamp mechanism이 완전히 밑 으로 내려오면 gear quadrant top 이 D contact을 밀어서 떨어뜨려 서 motor circuit을 open하고 brake solenoid를 de-energize시 켜서 brake를 푼다.

brake가 spring을 통해 motor shaft를 밀어서 motor를 정지시키 고, owering operation을 끝마친 다.

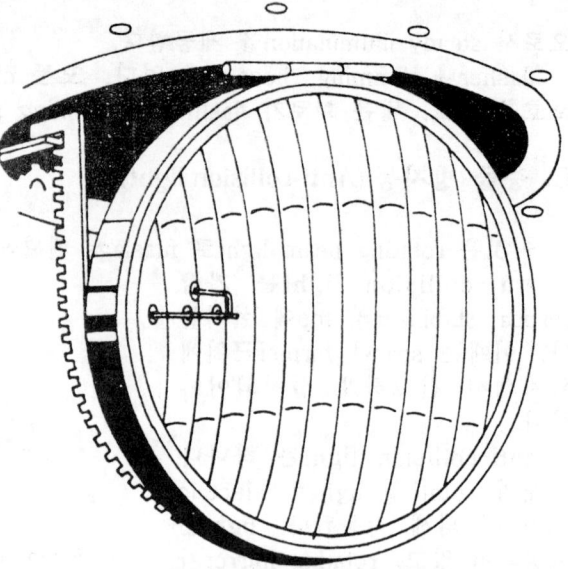

Fig. 3-44 Retractable landing light.

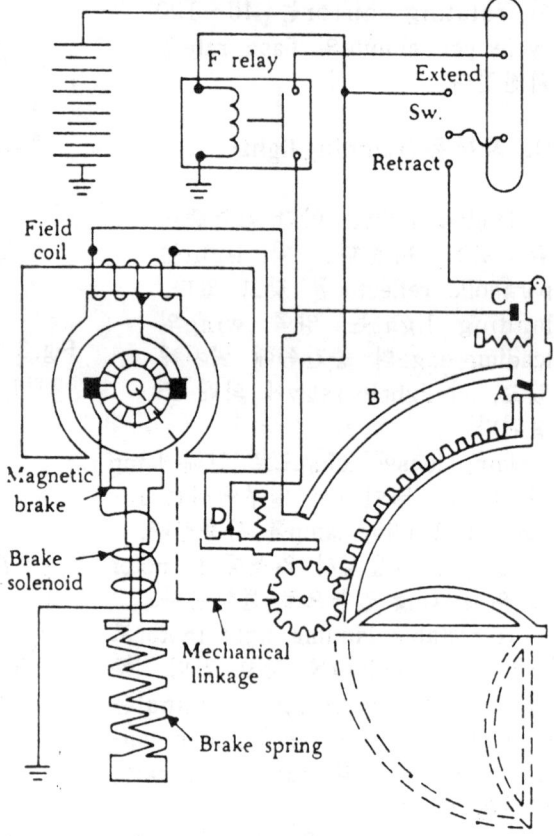

Fig. 3-45 Landing light mechanism and circuit.

landing lamp를 retract 하기위해, control s/w를 "retract" position에 놓는다. contact C를 통해 motor와 brake circuit이 완성된다. 이 action 이 circuit을 완성하고, brake가 풀리고, motor가 돌아서, landing light mechanism이 retact된다.

Fig. 3-46은 fixed landing light과 taxi light이다.

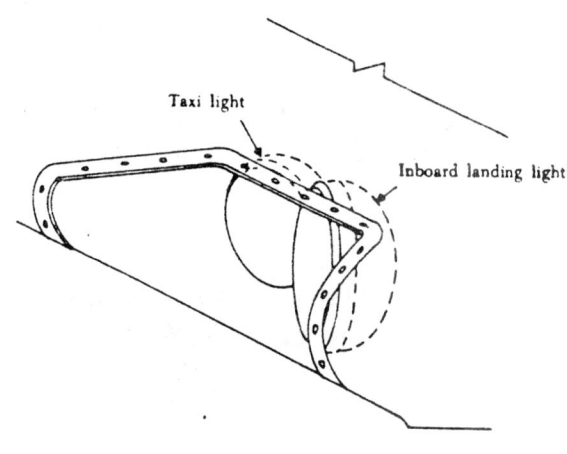

Fig. 3-46 Fixcd landing light and taxi light.

E. 유도등 (Taxi light)

taxi light는 지상에서 taxing 이나 towing 중에 빛을 제공한다.

taxi light는 150~250 watt를 갖고 있다.

연습문제 (I)

1. 전기를 공부하는데 있어서 가장 기본적으로 알아두어야 할 법칙은?
   답) 오옴의 법칙 (Ohm′s law)

   $$I = \frac{E}{R}$$

2. 오옴 법칙의 I, E, R은 각자 무엇을 뜻하는가?
   답) I = current (전류)
       E = voltage (전압)
       R = resistance (저항)

3. 전기의 힘은 어디로부터 생겨나는가?
   답) generator (발전기), battery (건전지), photoelectric (빛), thermal (열)

4. 전기의 회로는 무엇을 포함하고 있는가?
   답) 우선 전기의 source 즉, power가 있어야 하고 또 전류를 전달하는
   conductor (전기선) 그리고 이 전류를 사용하는 load (모터나 전구 같은것)
   이 있어야 한다.

5. A. C 회로에서 축전 (capacitance)을 나타내는 요소는?
   답) capacitor

6. Capacitor의 역할은 무엇인가?
   답) 전기를 축적해 놓는다.

7. 전기에서 inductance란 무엇을 말하는가?
   답) A. C 회로에서 coil에 유도된 전압을 말한다. 이 전압은 A. C 회로 자체내
   의 전압과 반대한다.

8. Impedence란 무엇을 말하는가?
   답) impedence란 A. C 회로에서 resistance, inductance 그리고 capacitance를
   모두 합한 것을 뜻한다.

9. D. C 회로에서 power를 재는 기준 단위는?
   답) watt (왓트)

10. kilowatt (킬로왓트)는 몇 왓트인가?
    답) 1,000 watt

11. D. C 회로에서 저항이 변하지 않은 상태에서 전압이 높아졌다면 전류는 어떤
    영향이 있겠는가?

답) 전류가 높아진다.

12. D.C 전기회로의 세가지 타입은?
    답) series circuit (직렬)
        parallel circuit (병렬)
        series-parallel (직렬병렬)

13. 24 volt의 lead-acid battery에는 몇개의 cell이 포함되어 있는가?
    답) 하나의 cell이 2 volt를 갖고 있기 때문에 합계 12개의 cell이 포함되어
        있다.

14. 완전히 충전된 lead-acid battery의 electrolyte 비중을 측정할때 어느 정도가
    정상인가?
    답) 1.275～1.300

15. Lead-acid battery의 specific gravity (비중)을 알아보기 위해 쓰이는 기구는?
    답) Hydrometer

16. Nickel cadmium 건전지의 충전량을 알아보기 위해서는 hydrometer를 쓸수가
    없다. 이유는?
    답) nickel cadmium 건전지의 electrolyte의 비중은 충전량과 별로 비례하지
        않기 때문이다.

17. Hydrometer를 사용할 경우 온도는 어느 정도가 적합한가?
    답) 70°～90°F 사이에서 하는 것이 좋다.

18. Electromagnetic induction이란 무엇인가?
    답) 자석의 힘으로 전압을 만들어 내는 것을 말한다.

19. 밧데리 compartment의 부식을 막기 위한 방법은?
    답) corrosion resistant (부식방지) 페인트로 칠해져 있다. 주로 bituminous
        페인트를 쓴다.

20. Circuit breaker의 역할은 무엇인가?
    답) 전기선에 감당치 못할 만큼의 전류가 들어왔을때 차단시켜 주어 타는
        것을 방지해 준다.

21. Electrical wire (전기선)에 아무런 표시가 되어 있지 않을 경우 size을 알아내는
    방법은?
    답) wire gage를 쓴다.

22. 비행기의 position light (위치등)은 어디에 위치하며 각기 무슨색으로 되어
    있는가?

답) 오른쪽 날개끝에 초록색등, 왼쪽 날개끝에 빨간색등, 그리고 뒷쪽에서
　　볼때 보이도록 하얀등이 설치된다.

23. 비행기의 전기선 size를 선택할 때 염려해 두어야 할 점은?
　　답) power loss(power 손실), voltage drop(전압 강하),
　　　　current-carrying ability(얼마만큼의 전류를 전달할 수 있는가)

24. Circuit breaker나 fuse는 어느 순간 작동되도록 디자인되어 있나?
　　답) 전기선이 타지 않게 그전에 작동된다.

25. 전기 회로에서 가장 많이 일어나는 세가지 결함은 무엇인가?
　　답) 선의 연결이 제대로 안되었다는지 끊어진것(open circuit), 연결되지
　　　　않아야 할것들이 연결된 것(short circuit), power가 너무 약한 것(low
　　　　power)

26. Cable bundle(선을 여러개를 하나로 묶은것)을 받쳐주기 위한 conduit의 크기는
　　어떻게 정하는가?
　　답) conduit의 안지름이 cable bundle의 바깥지름보다 25% 크게.

27. 전기 스윗치를 선택할때 사용될 전류보다 더 높은 전류를 사용하는 스윗치를
　　쓰는 이유는?
　　답) 선이 연결되는 순간 갑작스럽게 들어오는 전류로 부터 스윗치가 타는 것을
　　　　방지하기 위하여

28. D.C 모터는 어느때 보통의 몇배나 되는 전류를 흡수하는가?
　　답) start할때

29. A.C 모터가 너무 빨리 회전한다면 이유는?
　　답) 전압이 너무 세거나 모터의 field winding이 합선 됐을때

30. A.C 모터의 속도가 너무 느리다면 이유는?
　　답) 전압이 너무 낮거나 안의 연결이 제대로 되지 않았거나 bearing이 잘
　　　　lubricate(윤활) 되지 않았을때

31. 비행기의 전기 시스템에 하나의 모터를 추가한다면 하기전에 검토해야 할 것은?
　　답) 전기선, circuit protection 시스템들이 이 추가된 모터를 감당할 수 있는지
　　　　검토한다.

32. 비행기에 A.C가 D.C보다 나은 점은 무엇인가?
　　답) A.C 시스템에서는 volt가 transformer(변압기)를 사용해서 쉽게 높이고
　　　　낮일수가 있다. 높은 전압과 낮은 전류를 사용하므로써 전기선의 size를
　　　　줄이고 동시에 무게도 절감한다.

256

33. A.C 시스템에서 배터리를 충전하기 위한 D.C는 어떻게 만드는가?
   답) rectifier를 사용

34. Generator에 새 brush를 사용할때 주의할 점은?
   답) brush의 면이 최대한 commutator와 많이 닿도록 한다.

35. Generator의 급(rate)과 기능은 어디에 쓰여 있는가?
   답) name plate에 찍혀 있다.

36. D.C generator의 3 unit regulator는 무엇을 포함하고 있는가?
   답) voltage regulator(전압 조절기), current limiter(전류 제한기), reverse current cutout(역전류 차단기).

37. 비행기 alternator의 voltage는 어떻게 조절되는가?
   답) 회전속도와 pole의 갯수

38. Alternator의 frequency는 엔진의 속도와 상관없이 어떻게 변하지 않는가?
   답) CSD(Constant Speed Drive)를 엔진과 alternator 사이에 설치함으로써

39. D.C motor의 세가지 타입은?
   답) series motor, shunt motor, compound motor

40. D.C motor는 어느 부분으로 나뉘어져 있는가?
   답) armature, field, brushes, frame

41. Turbine 엔진에 많이 쓰이는 starter-generator란 무엇인가?
   답) 한 시스템안에서 starter와 generator 구실을 다하는 것이다.

42. Generator의 brush에서 arcing(스파크가 일어나는 것)이 심할때 무엇을 의심해야 하는가?
   답) commutator가 더럽거나 원모양에서 벗어났을때, 또는 brush 스프링이 약해졌을때

연습문제(Ⅱ)

1. A.C 회로내의 capacitor의 voltage는 회로자체내의 전압의 몇배정도가 적합한가?
   (1) 가해지는 voltage의 0.707배
   (2) 최대 가해지는 voltage보다 적어도 50%가 커야 한다.
   (3) 가해지는 voltage보다 조금 크거나 같아야 한다.
   (4) 가해지는 voltage보다 80%가 커야 한다.   (2)

2. A.C 회로내의 저항영향(resistive force)을 모두 합친 것을 나타내는 말은?
   (1) resistance
   (2) capacitance
   (3) total resistance
   (4) impedence   (4)

3. 한 회로내에 10 ohms의 resistance, 20 ohms의 inductive reactance, 그리고
   30 ohms의 capacitive reactance가 포함됐을때 이 회로는 어떤 저항 영향이
   우세한가?
   (1) inductive
   (2) in resonance(공명하다)
   (3) resistve
   (4) capacitive   (4)

4. Coil에 의하여 A.C 회로내의 전압을 반대하는 힘은?
   (1) conductivity
   (2) impedence
   (3) reluctance
   (4) inductive reactance   (4)

5. 다음 중 무엇이 증가함으로서 동시에 회로내의 inductive reactance를 증가
   시키는가?
   (1) inductance와 frequency
   (2) capacitance와 voltage
   (3) resistance와 voltage
   (4) resistance와 capacitive reactance   (1)

6. 만약 capacitive reactance와 inductive reactance와 같다면 이 회로는?
   (1) 정상적인 voltage phase angle에 있다.
   (2) 정상적인 current phase angle에 있다.
   (3) phase에서 벗어났다.
   (4) resonant(공명하다).   (4)

7. A.C 회로내의 effective voltage는?

(1) maximum instantaneous voltage(순간적인 최대 전압)과 같다.
(2) maximum instantaneous voltage와 같다.
(3) maximum instantaneous voltage보다 크거나 작을 수 있다.
(4) maximum instantaneous voltage보다 적다.   (4)

8. Capacitor가 축전할 수 있는 전기의 양은 무엇과 정비례하는가?
(1) plate사이의 거리와 정비례하고 plate의 면적과 반비례한다.
(2) plate의 면적과 정비례하고 plate사이의 거리와는 상관없다.
(3) plate의 면적과 정비례하고 plate사이의 거리와 반비례한다.
(4) plate사이의 거리와 정비례하고 plate의 면적과는 상관이 없다.   (3)

9. 5대1의 승합비 (step-up ratio)를 가진 transformer의 primary voltage가 24 volt
이고 secondary amperage가 0. 20 ampere라면 primary amperage를 계산해
보라.
(1)   1 ampere
(2)   4. 8 amperes
(3)   0. 40 ampere
(4) 위의 정보만으로는 구할 수 없다.   (1)

10. 특별히 표시되어 있지 않은 이상 A. C 회로내에 주어진 voltage와 current의
value는 무엇을 가리키는가?
(1) 평균 value
(2) instantaneous(순간적인) value
(3) effective values
(4) maximum values   (3)

11. 다음중 작동시켰을 경우 제일 전기힘을 많이 요구하는 것은?
(note: 1 horsepower(마력) = 746 watts)
(1) 8 ampere를 요구하는 12 volt motor
(2) 네개의 30 watt lamp가 12 volt의 회로에 병렬로 연결되어 있는 것
(3) 각기 3 ampere를 요구하는 두개의 light이 24 volt회로에 병렬로 연결되어
있는것
(4) 75% efficient, 0. 1 horsepower, 24 volt motor   (3)

12. 다음 아래 system들이 소비하는 전력을 충당키 위해 24 volt generator에서 만들
어야 할 power를 계산하라.

UNIT	RATING
One motor (75% efficient)	1/5 horsepower
Three position lights	각기 30 watts
One heater	5 amp
One anticollision light	3 amp

(Note: 1 horsepower = 746 watts)

(1)   18. 75 watts
(2)   402 watts
(3)   385 watts
(4)   450 watts   (2)

13. 12 volt의 motor가 1,000 watt의 input에 1 horsepower output을 갖고 있다. 이
     efficiency를 지탱한다면 24 volt motor에 1 horsepower output을 내기 위해서
     몇 watt의 input이 필요한가?
     (Note: 1 horsepower = 746 watts)
     (1) 1,000 watts
     (2) 2,000 watts
     (3)   500 watts
     (4) 위의 정보만으로는 구할 수 없다.   (1)

14. 한 회로내에 5개의 lamp가 병렬로 연결되어 있고 이 중의 3개는 각기 6 ohms의
     resistance를 갖고 있고 또 2개는 각기 5 ohms를 갖고 있다. 28 volt generator
     로 이 회로를 충당하려면 몇 ampere를 생산해야 하는가?
     (1) 1. 11 ampere
     (2)   1 ampere
     (3) 0. 9 ampere
     (4) 25. 23 amperes   (4)

15. Carbon resistor의 wattage rating은 무엇으로 알 수 있나?
     (1) 금색 band
     (2) 은색 band
     (3) resistor의 크기
     (4) 빨강 band   (3)

16. 서로 절연된 두개의 conductor (전기선)의 전위차 (potential difference)는 무엇
     으로 측정하는가?
     (1) ohms
     (2) volts
     (3) amperes
     (4) columbs   (2)

17. 24 volt, 48 watt의 회로에 4개의 똑같은 값을 가진 resistor가 병렬로 연결
     되어 있다면 각 resistor의 전압강하 (voltage drop)는?
     (1)   12 volt
     (2)   6 volt
     (3)   3 volt
     (4)   24 volt   (4)

18. Reactive나 inductive A. C 회로의 power를 계산할때, true power는?

(1) apparent power보다 크다.

(2) reactive circuit의 apparent power보다 크고 inductive circuit의 apparent power보다 작다.

(3) reactive circuit의 apparent power보다 작고 inductive circuit의 apparent power보다 크다.

(4) apparent power보다 작다.   (4)

19. 다음 회로는 얼마의 power를 지니고 있는가?
     (그림 1)
     (1)   575 watts
     (2)   1322. 5 watts
     (3)   2875 watts
     (4)   2645 watts   (4)

20. 다음 공식을 사용하여 A. C 회로의 impedence 를 구하라.

$$Z = \sqrt{R^2 + (X_L - X_C)^2}$$

Z   = impedence
R   = resistance (8 ohms)
X_L = inductive reactance (10 ohms)
X_C = capacitive reactance (4 ohms)

     (1)   22 ohms
     (2)   5. 29 ohms
     (3)   10 ohms
     (4)   100 ohms   (3)

그림 1

21. 다음 그림에서와 같이 resistor R_5이 R_4과 R_3일 만나는 곳에서 차단됐을 경우 ohmmeter는 몇을 가리키겠는가? (그림 2)
     (1)   9 ohms
     (2)   2. 76 ohms
     (3)   3 ohms
     (4)   12 ohms   (3)

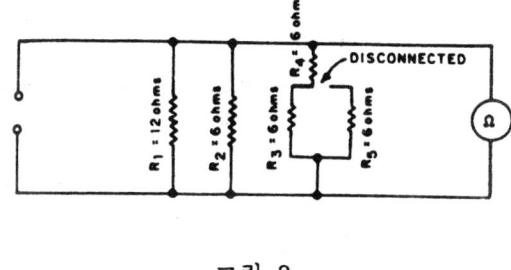

그림 2

22. 다음 그림에서 resistor R_3이
     D 터미널에서 차단됐을 경우 ohmmeter는 몇을 가리키겠는가? (그림 3)
     (1) infinite resistance (무한)
     (2)   0 ohm

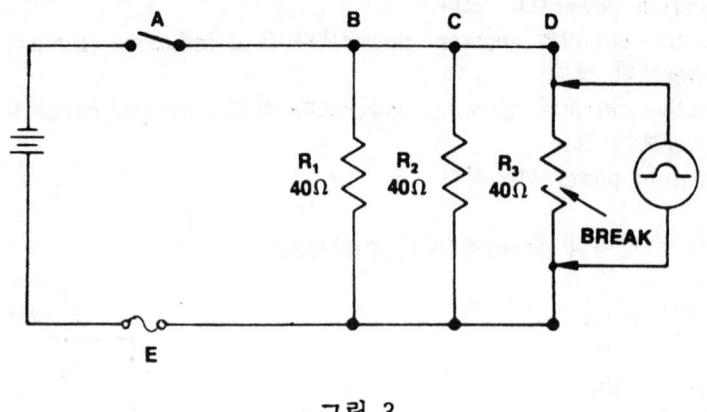

그림 3

(3)   10 ohms
(4)   20 ohms   (1)

23. 다음 그림에서 ohmmeter는 얼마를 가리키겠는가? (그림 4)
   (1)   20 ohms
   (2)   infinite resistance(무한)
   (3)   0 ohm
   (4)   10 ohms   (4)

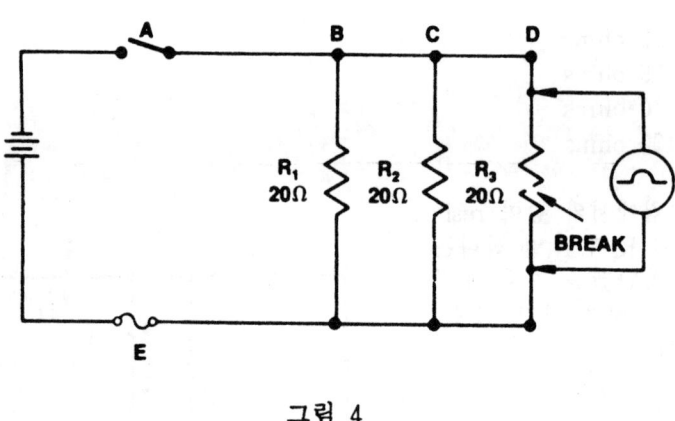

그림 4

24. 다음 그림에서 몇개의 voltmeter와 ammeter가 옳게 연결되었는가? (그림 5)
   (1)   3
   (2)   1
   (3)   2
   (4)   4   (3)

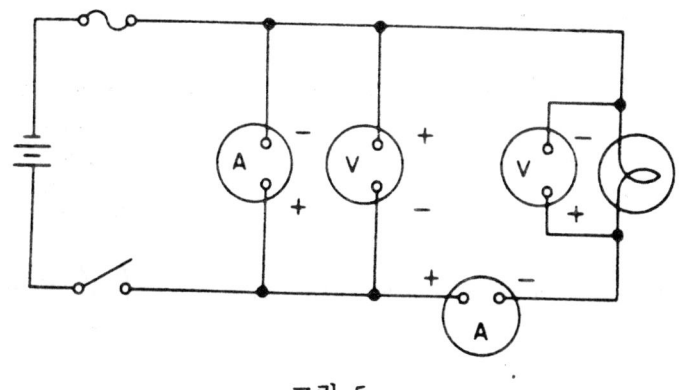

그림 5

25. Voltmeter를 회로에 옳게 연결하는 법은?
    (1) unit과 직렬로
    (2) source voltage와 load사이에
    (3) unit과 병렬로
    (4) 한쪽을 fuse와 연결한다.   (3)

26. 다음 중 0.001 ampere를 나타내는 말은?
    (1) microampere
    (2) magaampere
    (3) kiloampere
    (4) milliampere   (4)

27. Ohmmeter가 R × 10에 맞추어진 상태에서 눈금이 50을 가리킨다면 실제
    value는?
    (1) 5,000 ohms
    (2)   500 ohms
    (3)   50 ohms
    (4)   0.5 ohms   (2)

28. 0.05 ampere가 흐르는 회로에 14 ohms의 resistor를 연결한다면 이 resistor에서
    얼마만큼의 power가 dissipate(소산)되는가?
    (1) 최소 0.70 milliwatt
    (2) 최소 35 milliwatt
    (3) 0.035 watt보다 적음
    (4) 0.70 milliwatt보다 적음   (2)

29. 한개의 stud에 최대 몇개의 전기선이 연결될 수 있는가?
    (1) 4
    (2) 3

(3) 2

(4) 제한이 없다.   (1)

30. 다음의 직렬-병렬회로에서 A 와 B 사이의 voltage를 잰다면? (그림 6)

(1) 1.5 volts

(2) 3.0 volts

(3) 4.5 volts

(4) 6.0 volts   (2)

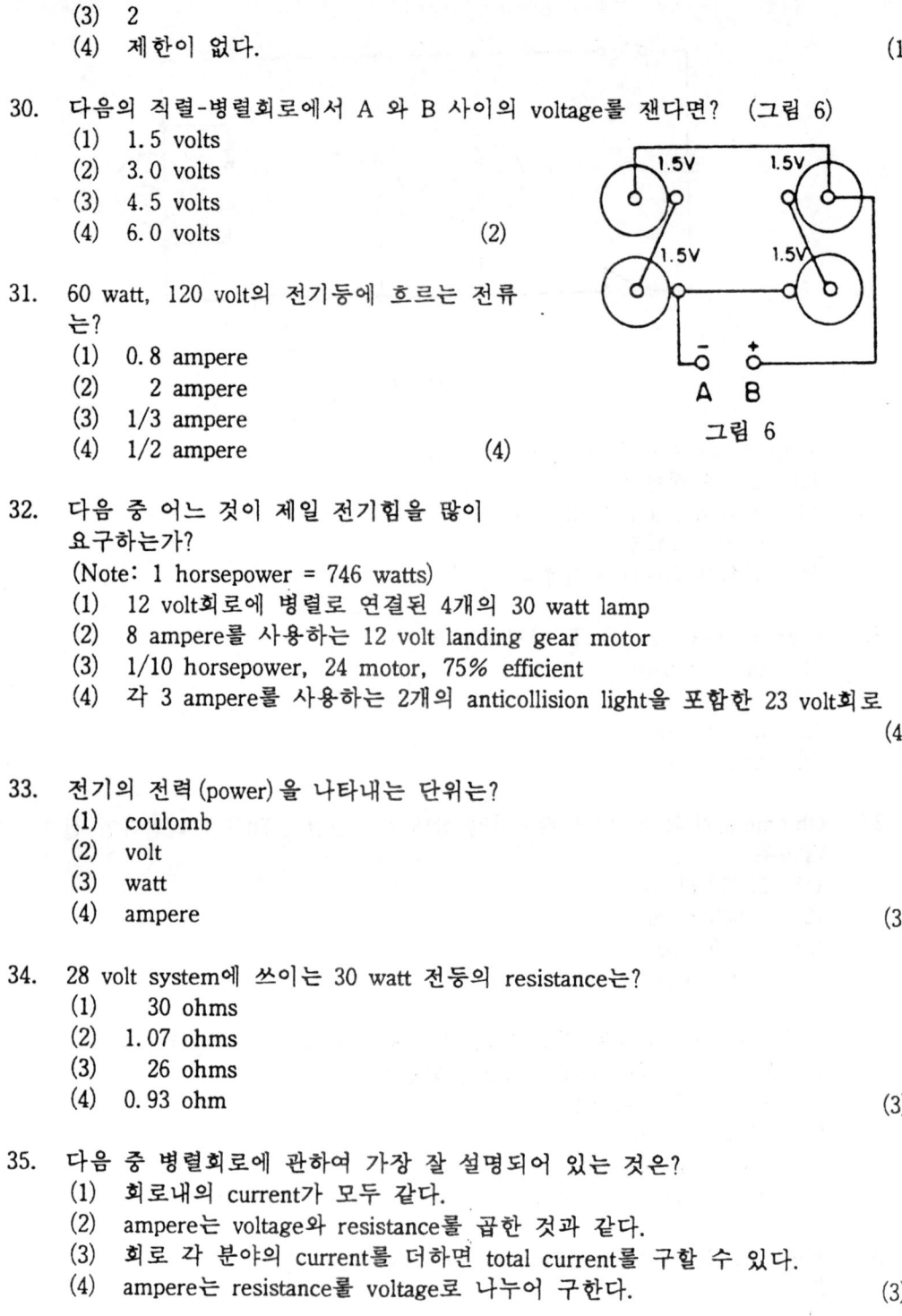

그림 6

31. 60 watt, 120 volt의 전기등에 흐르는 전류
는?

(1) 0.8 ampere

(2) 2 ampere

(3) 1/3 ampere

(4) 1/2 ampere   (4)

32. 다음 중 어느 것이 제일 전기힘을 많이
요구하는가?

(Note: 1 horsepower = 746 watts)

(1) 12 volt회로에 병렬로 연결된 4개의 30 watt lamp

(2) 8 ampere를 사용하는 12 volt landing gear motor

(3) 1/10 horsepower, 24 motor, 75% efficient

(4) 각 3 ampere를 사용하는 2개의 anticollision light을 포함한 23 volt회로

                                                                        (4)

33. 전기의 전력 (power)을 나타내는 단위는?

(1) coulomb

(2) volt

(3) watt

(4) ampere   (3)

34. 28 volt system에 쓰이는 30 watt 전등의 resistance는?

(1) 30 ohms

(2) 1.07 ohms

(3) 26 ohms

(4) 0.93 ohm   (3)

35. 다음 중 병렬회로에 관하여 가장 잘 설명되어 있는 것은?

(1) 회로내의 current가 모두 같다.

(2) ampere는 voltage와 resistance를 곱한 것과 같다.

(3) 회로 각 분야의 current를 더하면 total current를 구할 수 있다.

(4) ampere는 resistance를 voltage로 나누어 구한다.   (3)

36. 전기회로에서 diode는 무슨 역할을 하는가?
   (1)   current eliminator
   (2)   circuit cutout switch
   (3)   rectifier
   (4)   power transducer relay   (3)

37. 전기 energy가 하나의 conductor에서 다른 conductor로 서로 연결이 안된 상태
   에서 이동되어 지는 것을 무엇이라 하는가?
   (1)   induction
   (2)   airgap transfer
   (3)   심한 spark가 일어나기 때문에 활용하지 않는 것이 좋다.
   (4)   가능하지 않다.   (1)

38. 만약 3 ohms, 5 ohms, 22 ohms의 resistor들이 28 volt회로에 직렬로 연결되었
   다면 ohms의 resistor에는 얼마만큼의 current가 흐른가?
   (1)   9. 3 amperes
   (2)   1. 05 amperes
   (3)   1. 03 amperes
   (4)   0. 93 amperes   (4)

30. 30 volt 회로에 10 ohms resistor와 20 ohms resistor가 직렬로 연결되어 있다면
   10 ohms resistor 사이의 전압강하는?
   (1)   15 volts
   (2)   10 volts
   (3)   20 volts
   (4)   30 volts   (2)

40. 다음 그림에서 C와 D 사이의 total current를 구하라. (그림 7)
   (1)   6. 0 amperes
   (2)   2. 4 amperes
   (3)   3. 0 amperes
   (4)   0. 6 amperes   (3)

41. 다음 그림에서 8 ohms resistor사이의 voltage를 구하라. (그림 7)
   (1)   2. 4 volts
   (2)   12 volts
   (3)   20. 4 volts
   (4)   24 volts   (4)

42. 다음 회로의 합성저항(total resistance)을 구하라. (그림 8)
   (1)   16 ohms
   (2)   10. 4 ohms
   (3)   2. 6 ohms

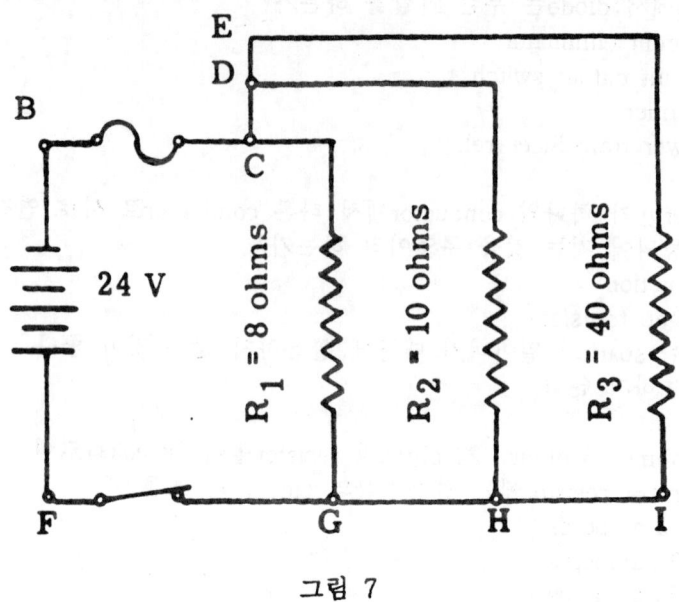

그림 7

$$R_t = R_c + R_1$$

$$R_a = \cfrac{1}{1/R_4 + 1/R_5}$$

$$R_b = R_a + R_2$$

$$R_c = \cfrac{1}{1/R_b + 1/R_3}$$

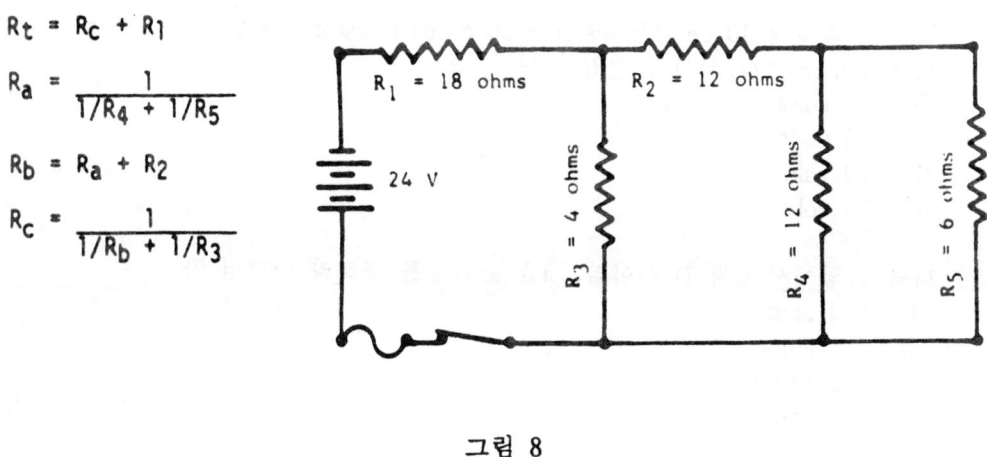

그림 8

(4) 21.2 ohms   (4)

43. 다음 중 electrical resistance에 관하여 옳게 설명한 것은?
  (1) 두개의 전구가 직렬로 연결되었을때 resistance의 합은 병렬로 연결되었을
       때의 resistance의 합과 같다.
  (2) 세개의 전구가 병렬로 연결된 회로에서 하나의 전구를 빼낸다면 회로의
       전체 resistance는 증가한다.
  (3) resistance가 높은 전구는 resistance가 낮은 전구보다 더 많은 power를
       소모한다.

(4) 12 volt circuit의 5 ohm resistor는 24 volt circuit의 10 ohm resistor보다
     적은 current를 사용한다.   (2)

44. 1대4의 비례를 지닌 voltage 승압 transformer의 current는 어떻게 변화
     하는가?
     (1) current는 1:4로 step down한다.
     (2) current 역시 1:4로 step up한다.
     (3) current는 변하지 않는다.
     (4) voltage변화의 반만 변한다.   (1)

45. 다음 회로의 total current를 구하
     라. (그림 9)
     (1) 0. 2 ampere
     (2) 1. 4 ampere
     (3) 0. 4 ampere
     (4) 0. 8 ampere   (2)

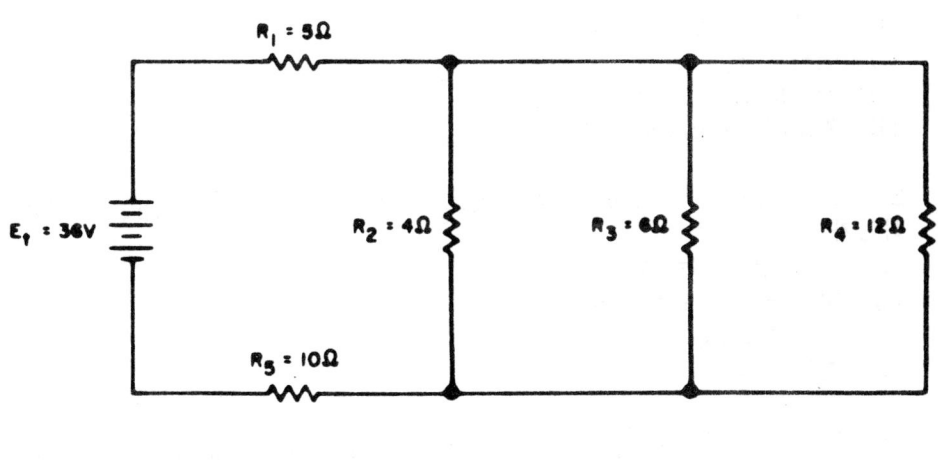

46. 다음 회로의 total resistance를 구   그림 9
     하라. (그림 10)
     (1) 24 ohms
     (2) 35 ohms
     (3) 37 ohms
     (4) 17 ohms   (4)

그림 10

47. 다음 중 전기선의 resistance를 줄이는 원인은?

(1) 선의 길이를 줄이거나 cross-sectional area(면적)을 줄인다.
(2) 길이를 늘리거나 면적을 늘린다.
(3) 길이를 줄이거나 면적을 늘린다.
(4) 길이를 늘리거나 면적을 줄인다.   (3)

48. 다음 중 자석힘(magnetic lines of force)이 가장 잘 통하는 것은?
(1) copper
(2) iron
(3) aluminum
(4) titanium   (2)

49. 48 volt의 회로에 병렬로 연결된 세개의 같은 value를 갖고 있는 resistor들이
192 watt를 소모한다면 각 resistor의 value를 구하라.
(1) 36 ohms
(2) 4 ohms
(3) 8 ohms
(4) 12 ohms   (1)

50. 다음 중 병렬 회로(parallel circuit)를 가장 잘 설명한 것은?
(1) total resistance는 제일 작은 resistor보다 작다.
(2) 회로에서 하나의 resistance를 제거할때 total resistance는 줄어든다.
(3) total resistance는 total voltage와 같다.
(4) total amperage는 resistance와 상관없이 변화가 없다.   (1)

51. 일정한 resistance를 갖고 있는 전기선의 전압강하는 다음 중 무엇과 상관
있는가?
(1) 회로의 voltage
(2) 선의 두께
(3) resistance와 만 상관 있다.
(4) 회로의 amperage   (4)

52. Electric motor가 고장으로 열을 심하게 받았다면 thermal switch는 어떻게 작동
하는가?
(1) 선이 끊어지는 것을 방지한다.
(2) 회로를 차단시켜 준다.
(3) 회로를 close시킨다.
(4) 회로가 식은 후 차단시켜 준다.   (2)

53. 다음 그림 중 만약 landing gear가 접힌 상태에서 red indicator light이 들어오지
않는다면 어느 선이 차단됐다고 볼수 있는가? (그림 11)
(1) No. 19
(2) No. 7
(3) No. 16

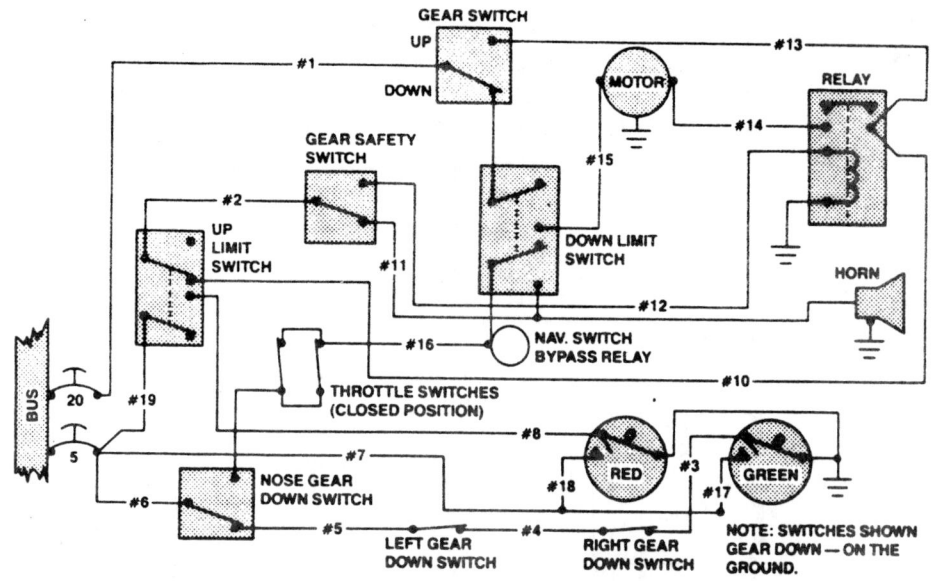

GEAR SWITCH

UP

DOWN

#1

#13

MOTOR

#15

RELAY

#14

GEAR SAFETY
SWITCH

#2

UP
LIMIT
SWITCH

#11

DOWN LIMIT
SWITCH

#12

HORN

BUS

20

#19

5

#6

THROTTLE SWITCHES
(CLOSED POSITION)

#16

NAV. SWITCH
BYPASS RELAY

#10

#8

#7

NOSE GEAR
DOWN SWITCH

#5

LEFT GEAR
DOWN SWITCH

#18

RED

#3

GREEN

#17

#4

RIGHT GEAR
DOWN SWITCH

NOTE: SWITCHES SHOWN
GEAR DOWN — ON THE
GROUND.

그림 11

(4) No. 17   (1)

54. 다음 회로에서 No. 7선의 역할은 무엇인가? (그림 11)
  (1) landing gear가 접혔을때 DOWN indicator light 회로롤 차단시켜 준다.
  (2) PUSH-TO-TEST 회로롤 완성시켜준다.
  (3) landing gear가 접혔을때 UP indicator light 회로롤 차단시켜 준다.
  (4) landing gear가 접혔을때 UP indicator light 회로롤 완성시켜 준다.   (2)

55. Landing gear가 내려온 상태에서 green indicator light이 들어 오지 않는다면
  어느 선이 끊어졌다고 볼 수 있는가? (그림 11)
  (1) No. 7
  (2) No. 6
  (3) No. 16
  (4) No. 17   (2)

56. 다음 회로에서 왼쪽 연료 탱크(left-hand tank)롤 선택했을때 PCO relay가 제대
  로 작동하지 않는다면 어떤 상태가 일어나는가? (그림 12)
  (1) fuel pressure crossfeed valve가 열리지 않는다.
  (2) fuel tank crossfeed valve가 열린다.
  (3) fuel tank crossfeed valve open light이 들어온다.
  (4) fuel pressure crossfeed valve open light이 들어오지 않는다.   (4)

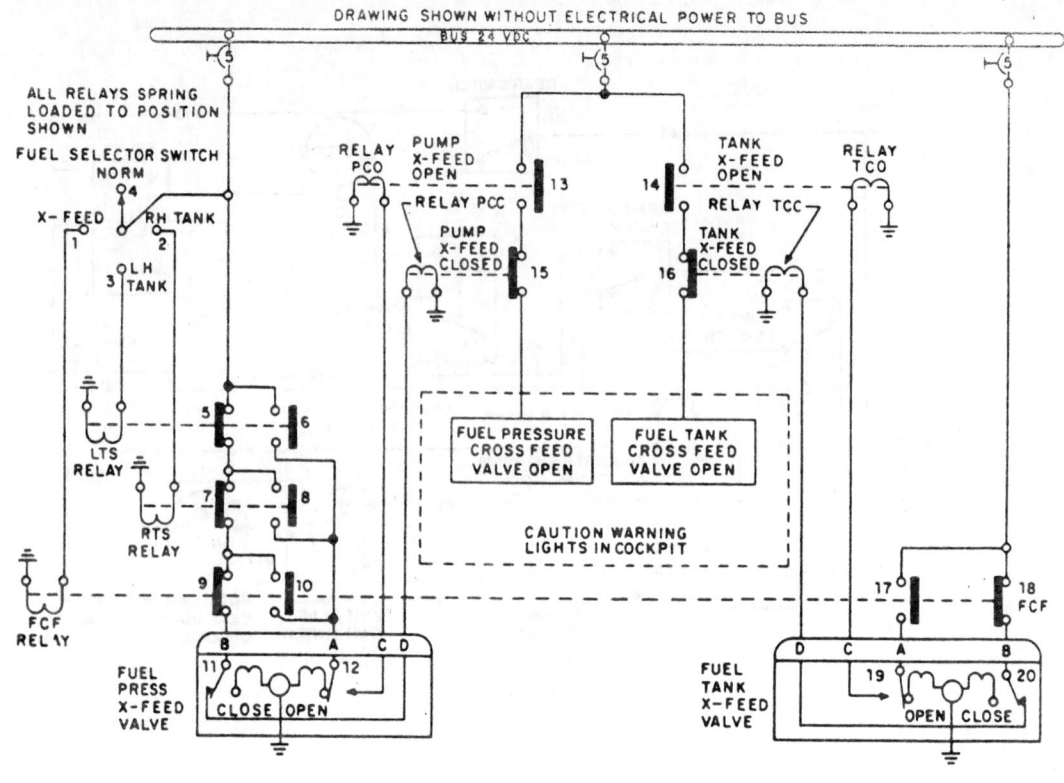

그림 12

57. Bus에 24 volt D.C가 흐르고 fuel selector switch가 어느 위치에 있을때 TCO
relay가 작동되는가? (그림 12)
(1) RH TANK
(2) X-FEED POSITION
(3) LH TANK
(4) NORM   (2)

58. Bus에 power가 흐르고 fuel selector switch를 RH tank로 선택했을 때 system
내의 몇개의 relay가 작동하는가? (그림 12)
(1) 3
(2) 1
(3) 2
(4) 4   (1)

59. Bus에 power가 들어왔을때 몇개의 relay가 작동되는가? (그림 12)
(1) PCO와 TCC
(2) PCC와 TCC
(3) TCC와 TCO
(4) PCO와 PCC   (2)

60. Bus에 power가 들어온 상태에서 fuel selector switch를 LH tank로 선택한다면 회로내의 어느 switch가 위치를 변경할 것인가? (그림 12)
    (1) 5, 11, 12, 13, 15, 9, 10
    (2) 5, 6, 3, 7, 11, 13
    (3) 5, 6, 11, 15, 12, 13, 16
    (4) 5, 7, 11, 15   (3)

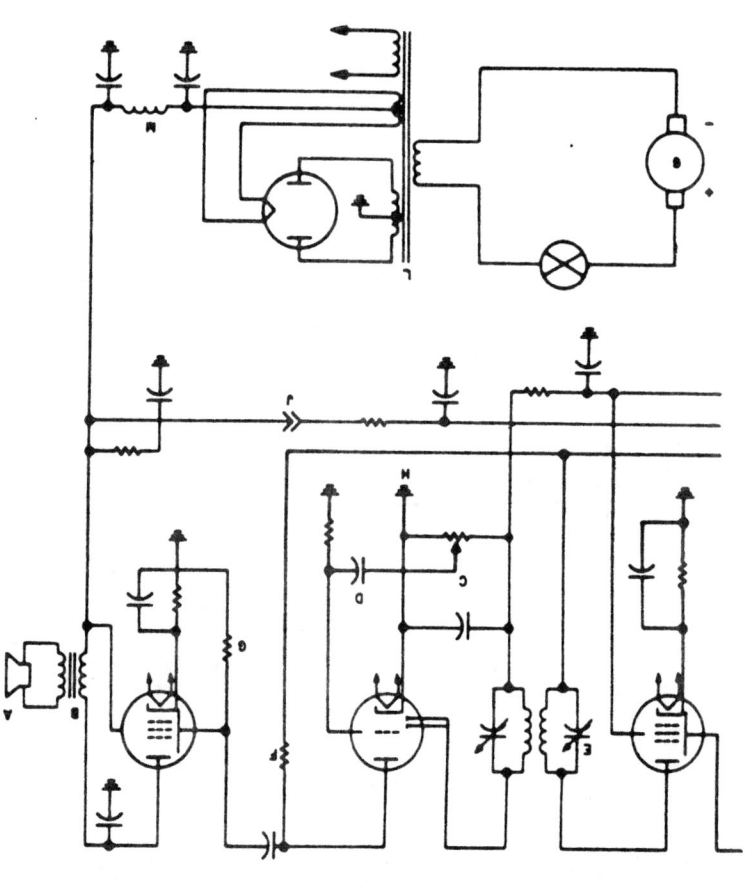

그림 13

61. 다음 회로에서 potentiometer를 나타내는 기호는? (그림 13)
    (1) D
    (2) E
    (3) C
    (4) M   (3)

62. 다음 회로에서 E는 무엇을 나타내는가? (그림 13)
    (1) fixed capacitor
    (2) fixed resistor
    (3) variable resistor
    (4) variable capacitor   (4)

63. 다음 회로에서 landing gear가 올라가 있고 throttle을 줄였을때 warning horn이
    울리지 않는다면 어느 선이 차단됐다고 볼 수 있는가? (그림 14)
    (1) No. 4
    (2) No. 2
    (3) No. 9
    (4) No. 10   (1)

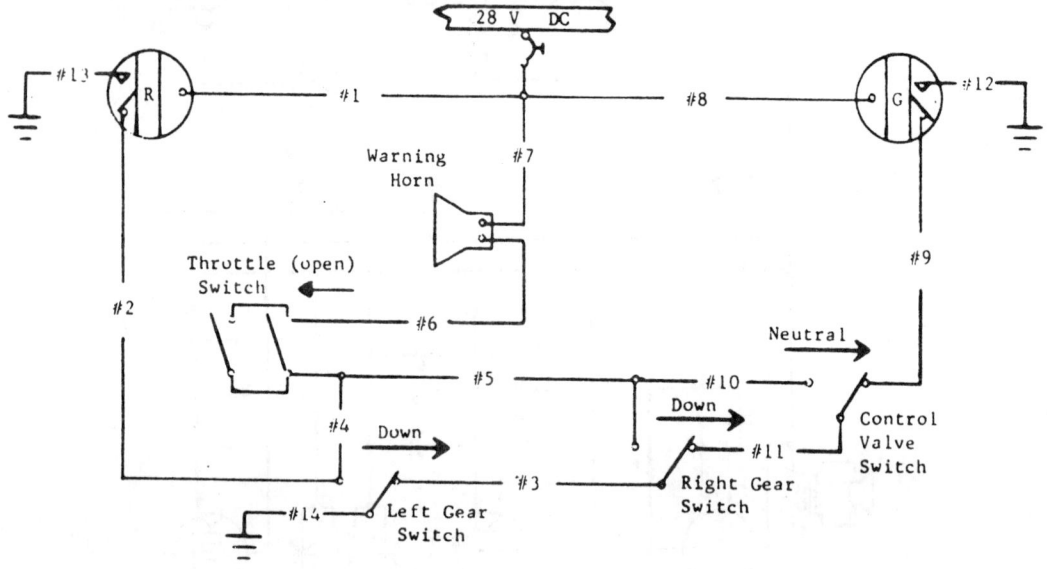

그림 14

64. Landing gear가 DOWN 상태에는 control valve switch가 neutral에 있어야 한다.
    그 이유는? (그림 14)
    (1) test circuit이 작동되도록
    (2) red light의 ground를 제공하기 위하여
    (3) throttle이 close 됐을때 warning horn이 울리는 것을 막기 위하여
    (4) green light의 ground를 없애기 위하여   (3)

65. 다음 회로에서 어떤 상태에서 throttle이 close 됐을때 warning horn의 ground가
    제공되는가? (그림 15)
    (1) right gear UP, left gear DOWN
    (2) landing gear가 작동이 안될 경우

272

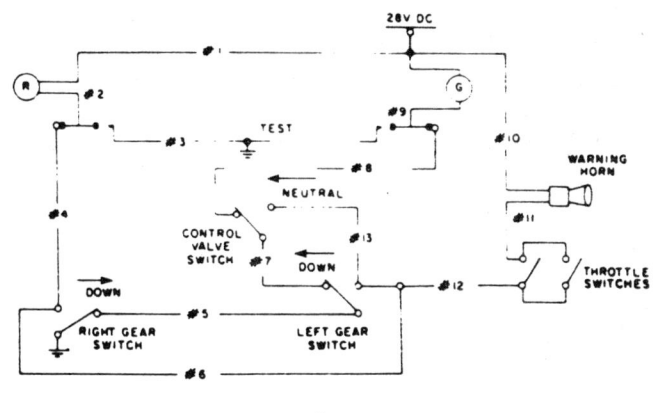

그림 15

(3) gear가 모두 UP이고 control valve가 neutral이 아닐때
(4) left gear UP, right gear DOWN   (4)

66. Right gear만 down된 상태에서 throttle을 줄였다. Warning horn이 울리지 않는
    다면 어느 선이 차단됐다고 볼 수 있는가? (그림 15)
    (1) No. 5
    (2) No. 13
    (3) No. 8
    (4) No. 6   (1)

67. Landing gear가 모두 UP 상태에서 throttle를 줄였다. Warnign horn이 울리지
    않는다면 어느 선이 차단 됐다고 볼수 있는가? (그림 15)
    (1) No. 5
    (2) No. 7
    (3) No. 13
    (4) No. 6   (4)

68. Schematic diagram은 비행기 내의 각 component롤 _____.
    (1) 비행기의 station number에 관계하여 나타내어 준다.
    (2) title block에 나타내어 준다.
    (3) 다른 component와 관계하여 나타내어 준다.
    (4) 다른 component의 detail drawing과 관계하여 나타내어 준다.   (3)

69. 전기회로의 zero voltage point는 어느 곳을 가리키는가?
    (1) ground
    (2) cruuent limiter
    (3) fuse
    (4) switch   (1)

70. 회로에 voltmeter를 다음과 같이 연결했을
    경우 (그림 16)
    (1) 전류가 흘러 lamp에 붙어 들어온다.
    (2) voltmeter가 low resistance를 제공하므로
        전류가 평상시보다 커진다.
    (3) 전류를 차단시켜 voltmeter에 아무런
        voltage도 나타나지 않는다.
    (4) battery의 voltage가 voltmeter에 나타
        난다   (4)

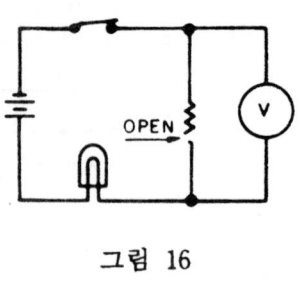

그림 16

71. 다음 중 어느 기호가 variable resistor를 나타
    내는가? (그림 17)
    (1) C
    (2) A
    (3) B
    (4) D   (1)

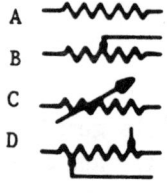

그림 17

72. 12개의 cell이 직렬로 이루어진 lead-acid battery가
    2 ohms의 resistance에 10 ampere를 제공한다면 이
    battery 의 internal resistance를 계산하라.
    (하나의 cell은 2.1 voltage를 포함한다)
    (1) 0.52 ohms
    (2) 2.52 ohms
    (3) 5.0 ohms
    (4) 20 ohms   (2)

73. Lead-acid battery를 검사 중 battery compartment 부위에 acid가 약간 쏟아져
    있는 것을 발견하였다. 어떻게 처리하는 것이 좋은가?
    (1) sodium bicarbonate를 사용하여 neutralize시킨다음 물로 닦아 낸다.
    (2) sodium barcarbonate 가루만 뿌려주면 된다.
    (3) 물로만 씻어내면 된다.
    (4) 천 조각에 oil을 묻혀 닦아낸다.   (1)

74. 다음 중 hydrometer를 읽는 법에 관하여 옳게 설명한 것은?
    (1) electrolyte의 온도가 80° F 일 경우 termperature correction의 필요없이
        곧바로 hydrometer의 눈금을 읽으면 된다.
    (2) electrolyte의 온도가 20° F 이상일 경우 hyrometer의 눈금에서 specific
        gravity correction만큼 빼야 한다.
    (3) electrolyte의 온도가 0° F 미만일 경우 hydrometer의 눈금에서 specific
        gravity correction만큼 더해야 한다.
    (4) hydrometer의 읽을 경우 electrolyte의 온도와는 전혀 상관이 없다.   (1)

75. 완전히 충전된 lead-acid battery는 아주 추운 날씨에도 잘 얼지 않는다. 그

이유는?
(1) acid가 plate내에 들어가 있기 때문
(2) acid가 solution 상태이기 때문
(3) battery내의 internal resistance가 증가함으로서 열을 발생시키기 때문
(4) solution 위에 gas가 항상 존재하기 때문 (2)

76. Nickel-cadmium battery를 빠르게 충전시키는 방법은?
(1) constant current, constant voltage
(2) varying current, varying voltage
(3) constant current, varying voltage
(4) constant voltage, varying current (4)

77. Nickel-cadmium battery에 사용하는 electrolyte는?
(1) potassium hydroxide solution
(2) hydrochloric acid solution
(3) sulfuric acid solution
(4) potassium peroxide solution (1)

78. 대부분의 비행기 battery는 무엇에 따라 등급이 매겨지는가?
(1) open circuit voltage, closed circuit voltage
(2) voltage, 시간당의 ampere
(3) maximum voltage
(4) cell voltage (2)

79. 비행기내의 ammeter는 battery가 충전되고 있는 것을 가리키나 실제로는 충전이 되지 않는 상태라면 이유는?
(1) battery relay가 short(합선) 됐다.
(2) battery의 내부가 short 됐다.
(3) generator의 field circuit이 short 됐다.
(4) battery master relay의 circuit breaker가 short 됐다. (2)

80. Nickel-cadmium battery에 potassium carbonate formation이 심하게 일어난다면 이것은 무슨 뜻인가?
(1) battery가 overcharging 되었다.
(2) battery의 공기유통이 잘된다는 뜻이다.
(3) battery의 electrolyte의 상태가 안좋다.
(4) battery내의 internal resistance가 높다. (1)

81. Nickel-cadmium battery와 lead-acid battery를 동시에 같은 장소에서 servicing 하거나 charging한다면 어떤 결과를 초래하는가?
(1) battery의 생명을 단축시킨다.
(2) nickel-cadmium battery에 만 손상이 간다.
(3) 폭발할 가능성이 있다.

(4) 두 battery가 모두 오염될 가능성이 있다. (4)

82. Nickel-cadmium battery의 eletrolyte는 어떤 상태에 가장 낮은가?
(1) 충전되는 상태
(2) 충전이 된 상태
(3) 방전된 상태
(4) battery가 사용되고 있는 상태 (3)

83. 오랫동안 사용되지 않고 보관되었던 Nickel-cadmium battery의 electolyte는 level이 낮다. 그 이유는?
(1) 공기 유통구멍으로 증발해 버리기 때문
(2) battery가 충전이 된 상태이기 때문
(3) electrolyte를 제때 갈아 주지 않았기 때문
(4) electrolyte가 plate내로 흡수되기 때문 (4)

84. 28 volt system, 15 ampere, 1-volt drop, 길이 40 feet의 single cable, continuous rating, free air. 이 사항을 보고 다음 도표를 참고하여 cable size를 구하라. (그림 18)
(1) No. 10
(2) No. 11
(3) No. 18
(4) No. 6 (1)

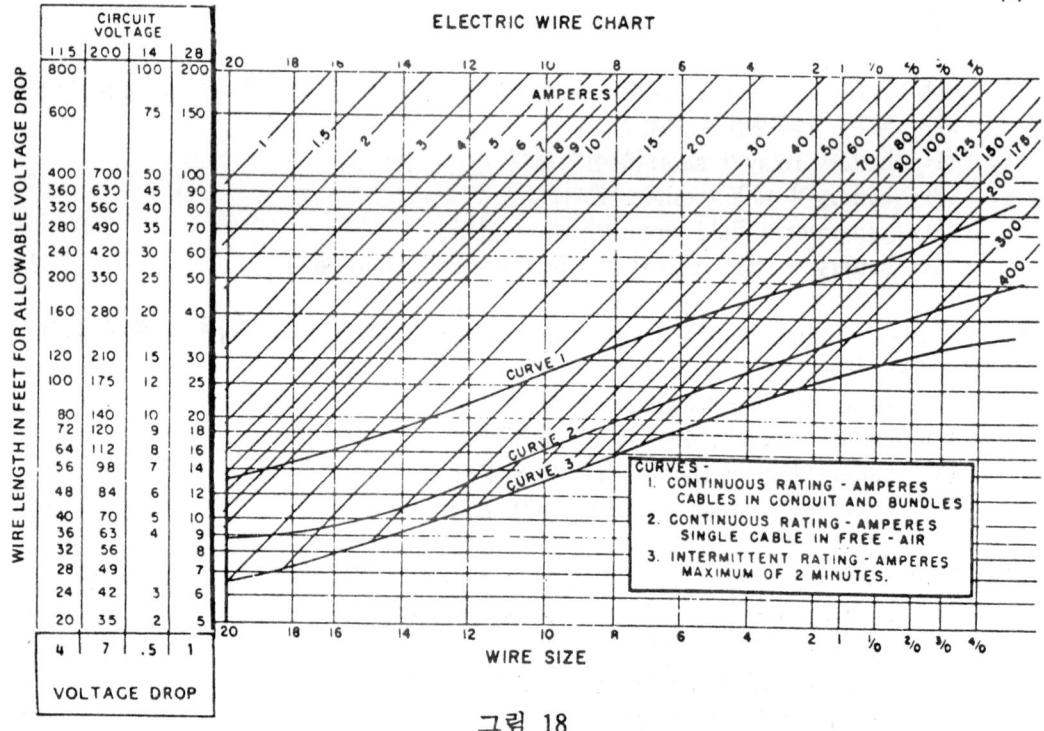

그림 18

85. 28 volt system, 25 ampere, intermittent rating, 1 volt drop. 이 사항을 참고하여 No. 16 cable을 사용할때 cable의 최대 길이를 구하라. (그림 18)
    (1) 8 feet
    (2) 10 feet
    (3) 12 feet
    (4) 14 feet   (1)

86. 28 volt system, 20 ampere, 길이 10 feet, continuous rating, single cable in a bundle. 다음 사항에 맞는 minimum wire size를 구하라. (그림 18)
    (1) No. 12
    (2) No. 14
    (3) No. 16
    (4) No. 18   (1)

87. 28 volt system, 20 ampere, continuous rating, free air, 1 volt drop. 이 사항을 참고하여 No. 12 cable을 사용할때 cable의 최대 길이를 구하라. (그림 18)
    (1) 10. 5 feet
    (2) 22. 5 feet
    (3) 26. 5 feet
    (4) 12. 5 feet   (3)

88. 어떤 electric motor는 field winding이 서로 반대편으로 감겨진 두개의 set를 갖고 있다. 그 이유는?
    (1) motor의 속도를 잘 조절하기 위하여
    (2) motor의 힘을 잘 조절하기 위하여
    (3) motor의 힘에 영향을 주지 않고 속도를 변경시킬 수 있도록
    (4) motor의 방향을 바꿀수 있도록   (4)

89. Growler test의 목적은 무엇인가?
    (1) commutator가 원형에서 벗어 났는가를 검사
    (2) field lead가 끊어 졌는가 검사
    (3) armature가 합선 되었는가를 검사
    (4) F+ 와 A- 가 합선 되었는가를 검사   (3)

90. Voltage regulator가 field회로의 positive쪽에 연결된 shunt generator의 positive armature선과 field lead가 합선(short) 됐다면?
    (1) generator의 voltage가 0으로 떨어진다.
    (2) generator는 residual voltage 이상을 만들지 못한다.
    (3) reverse current cutout relay가 열리며 그 고장이 수정될 때까지 계속 열려 있는다.
    (4) generator의 voltage가 커진다.   (4)

91. Series-wound D. C motor(직렬 D. C 모터)의 가장 큰 장점은?

(1) 높은 starting torque(회전 우력)
(2) 일정한 속도에 쓰기 알맞다.
(3) 낮은 starting torque
(4) load가 없을때 속도가 빨라진다.   (1)

92. Vibrator 타입 voltage regulator를 쓰는 generator에서 실제 voltage regulator의 point가 열려 있는 시간은?
(1) generator의 load에 달려 있다.
(2) current limiter point의 안칫수(clearance)에 의하여 조절된다.
(3) reverse current cutout relay point의 안칫수에 의하여 조절된다.
(4) load가 generator의 output보다 커짐에 따라 시간도 늘어난다.   (1)

93. Generator의 brush에 arcing(스파크가 이는 것)이 생기는 것은 무슨 이유인가?
(1) brush를 seating할때 No. 000 sandpaper를 사용했기 때문
(2) spring의 힘이 너무 세기 때문
(3) carbon 먼지가 많이 끼어서
(4) spring의 힘이 너무 약해서   (4)

94. 만약 A.C generator들이 병렬로 연결되어 작동한다면?
(1) ampere와 frequency가 같아야 한다.
(2) wattage와 voltage가 같아야 한다.
(3) frequency와 voltage가 같아야 한다.
(4) ampere와 voltage가 같아야 한다.   (3)

95. Series-wound D.C motor의 starting current는 field와 armature를 지나며 ____.
(1) 낮은 starting torque(회전 우력)을 만들어 낸다.
(2) load가 없을때 속도가 높아진다.
(3) 높은 starting torque를 만들어 낸다.
(4) 일정한 속도를 유지하며 회전한다.   (3)

96. 다음 중 어는 motor가 armature brake를 갖고 있는가?
(1) starting motor
(2) landing light을 접는 motor
(3) inverter를 돌리는 motor
(4) 충돌 방지용 beacon등을 회전하는 motor   (1)

97. Armature reaction의 영향을 줄이기 위해 무엇을 사용하는가?
(1) interpoles
(2) ALNICO
(30 shaded poles
(4) 음극으로 직렬로 연결된 field를 사용하는 drum-wound armature   (1)

98. Generator의 속도와 load가 달라짐에도 불구하고 일정한 voltage를 유지할 수

278

있는 것은 다음 중 무엇을 조절함으로서 가능한 것인가?
(1) magnetic field의 힘을 조절
(2) armature가 포함하는 conductor의 숫자
(3) armature가 돌아가는 속도
(4) commutator를 누르는 brush의 힘   (1)

99. Pole이나 shoes는 D. C generator의 어느 part에 속하는가?
(1) commutator assembly
(2) armature assembly
(3) field assemly
(4) brush assembly   (3)

100. Revolving field 타입의 6 pole alternator의 rotor가 한바퀴 회전할때마다 몇개의
A. C voltage cycle이 만들어지는가?
(1) 4
(2) 5
(3) 3
(4) 6   (3)

101. 만약 generator의 output이 battery 전압보다 떨어진 후 reverse current cutout
relay가 열리지 않았다면, 전류는?
(1) generator armature로 정상방향으로 흐른 뒤 shunt field를 반대 방향으로
흐른다.
(2) shunt field로 반대방향으로 흐른다.
(3) shunt field로 정상방향으로 흐른다.
(4) generator armature로 반대방향으로 흐른 뒤 shunt field를 정상방향으로
흐른다.   (4)

102. 전기 motor의 armature 회전을 정지시키기 위하여 magnetic brake는 어떻게
작동되는가?
(1) 원심력으로 인하여 brake가 작동되며 전기힘이 꺼지면서 magnetic force
가 brake를 다시 engage 시켜준다.
(2) 자석에 의하여 brake가 작동되며 스프링으로 의하여 풀어진다.
(3) 스프링에 의하여 brake가 작동되며 자석에 의하여 풀어진다.
(4) magnetic brake는 더 이상 사용되지 않고 있다.   (3)

103. Generator 내부의 brush가 holder안에서 움직이므로써 일어나는 스파크를 방지
하는 것은?
(1) brush pigtail
(2) brush spring의 힘
(3) commutator의 mica를 깍아 낸다.
(4) brush에 기름을 쳐 미끄럽게 한다.   (1)

104. Series-wound D.C motor는 보통 _____.
    (1) 높은 RPM 때 더 많은 전류를 요구한다.
    (2) RPM에 관계없이 똑같은 양의 전류를 요구한다.
    (3) 낮은 RPM 때 더 많은 전류를 요구한다.
    (4) 위의 것 중 아무것도 해당되는 것이 없다.   (3)

105. Armature reaction의 영향은 무엇과 비례하는가?
    (1) field의 힘
    (2) generator의 voltage output
    (3) generator의 속도
    (4) generator의 load   (4)

106. Aluminum 전기선은 벗길때 상당히 조심스럽게 벗겨내야 하는 이유는?
    (1) 손상이 가면 resistance가 높아지기 때문
    (2) 손상이 가면 resistance가 낮아지기 때문
    (3) 손상이 가면 합선이 일어날 수 있기 때문
    (4) 손상이 가면 전기줄의 strand가 쉽게 부러지기 때문   (4)

107. D.C motor의 commutator의 목적은?
    (1) 전류를 변류시켜준다.
    (2) 모든 conductor에 똑같은 방향으로 전류를 전달시켜주기 위하여 field coil의 전류를 정확한 시기에 reverse(역류) 시켜준다.
    (3) mechanical energy를 전달하여 준다.
    (4) coil이 line과 평행되는 시기에 전류를 역류시켜준다.   (4)

108. Battery 충전 시스템에 쓰이는 ammeter는 무엇을 나타내어 주는가?
    (1) 남아 있는 amperage의 양
    (2) 지금 쓰이고 있는 total amperage
    (3) battery를 충전시키는데 사용되는 current의 rate
    (4) battery의 voltage   (3)

109. 다음 중 generator의 interpole의 목적이 아닌 것은?
    (1) field distortion을 중화 시킨다.
    (2) field의 힘을 약하게 한다.
    (3) armature reaction을 방지한다.
    (4) brush의 arcing을 줄여준다.   (2)

110. Generator나 motor의 armature에 선이 open되어 있는지 검사하는 방법은?
    (1) armature을 growler에 올려놓고 110V test light을 각 부분에 연결시켜 보아 불이 안들어 오는 곳을 찾아낸다.
    (2) commutator의 각 부분을 ohmmeter로 찍어 본다.
    (3) 12/24V test light으로 armature core과 shaft사이를 연결시켜 본다.
    (4) 110V test light으로 armature core과 shaft사이를 연결시켜 본다.   (3)

111. 비행기 switch의 전류등급은 어디에 표시되어 있는가?
    (1) switch housing
    (2) face plate
    (3) switch 내부
    (4) 플라스틱 housing   (1)

112. 일반 비행기의 navigation을 위한 위치등(position lights)은 어디에 장치되어 있는가?
    (1) 뒷쪽의 오른쪽과 왼쪽, 그리고 앞
    (2) 앞쪽의 오른쪽과 왼쪽, 그리고 뒤
    (3) 위쪽의 오른쪽과 왼쪽, 그리고 아래쪽의 오른쪽과 왼쪽
    (4) 위, 아래, 오른쪽, 왼쪽   (2)

113. D.C generator의 commutator의 mica를 undercutting 할때 깊이가 어느 정도가 적당한가?
    (1) mica 넓이의 반 정도
    (2) mica 넓이의 두배 정도
    (3) mica 넓이와 같게
    (4) undercutting은 하지 않는 것이 좋다.   (3)

114. Voltage regulator는 generator의 output을 어떻게 조절하는가?
    (1) overload가 생길때 저항을 만들어 냄으로써
    (2) overload가 생길때 field coil을 short 시켜줌으로써
    (3) generator field coil의 전류를 조절해 줌으로써
    (4) generator를 motor화 시켜줌으로써   (3)

115. 다음 중 비행기의 D.C generator로 적합하지 않은 것은?
    (1) 외부로 ground된 타입
    (2) 내부로 ground된 타입
    (3) series-wound(직권 타입)
    (4) compound-wound   (3)

116. Radio frequency의 alternating current를 측정하는 ammeter의 타입은?
    (1) half wave bridge type
    (2) full wave bridge type
    (3) thermocouple type
    (4) emitter base typ   (3)

117. 가장 정확하게 frequency를 측정하는 instrument는?
    (1) clock회로를 지닌 integrated chip
    (2) 전자석을 사용하는 electrodynamometers
    (3) 영구자석을 사용하는 electromagnet
    (4) repulsion type   (1)

118. Starter-generator는 지상사용시 무엇으로 식혀주는가?
    (1) 주위의 찬 공기
    (2) 내부의 fan과 바깥 공기
    (3) engine의 bleed air
    (4) 외부의 fan   (2)

119. Rectifier의 역할은?
    (1) D.C를 A.C로 바꿔 준다.
    (2) voltage를 올려 준다.
    (3) A.C를 D.C로 바꿔 준다.
    (4) voltage를 줄여 준다.   (3)

120. 아주 높은 resistance를 재기 위해 쓰이는 instrument는?
    (1) megohmmeter
    (2) shunt type ohmmeter
    (3) thermocouple
    (4) multimeter   (1)

121. Diode의 short나 open을 검사할때 주의해야 할점은?
    (1) diode가 회로에 연결되어 있는 상태여야 한다.
    (2) milliamp ammeter를 사용한다.
    (3) 회로에서 떼어낸 후 검사해야 한다.
    (4) + 에서 - 로만 검사해야 한다.   (3)

122. 고전압 capacitor를 다룰 때 항상 주의해야 할 이유는?
    (1) 공기유통이 안 좋은 곳에서 capacitor는 해로운 gas를 배출한다.
    (2) ohmmeter를 잘못 연결시키면 plate의 극이 바뀌어 질 수 있다.
    (3) capacitor가 일단 discharge되면 그 축전 능력을 상실할 수 있다.
    (4) power가 꺼진 후에도 capacitor내에 아직 전기가 축전되어 있는
        상태일 수 있기 때문에   (4)

123. 다음 중 ohmmeter를 사용하여 상태를 알아 볼 수 있는 capacitor 타입은?
    (1) 축전양이 아주 낮은 capacitor
    (2) sodium으로 채워진 capacitor
    (3) electrolytic capacitor
    (4) dielectric capacitor   (3)

124. Transformer의 winding이 short가 된 것을 알아보는 방법은?
    (1) input voltage를 ohmmeter로 측정해 본다.
    (2) output voltage가 높아진다.
    (3) transformer가 작동을 안한다.
    (4) transformer가 작동시 뜨거워 진다.   (4)

125. 다음 중 D.C motor의 주요 부분을 모아놓은 것은?
　　　　　A.　armature assembly
　　　　　B.　field assembly
　　　　　C.　brush assembly
　　　　　D.　commutator
　　　　　E.　pole
　　　　　F.　rheostat
　　　　　G.　frame
　　　(1)　A, B, C, G
　　　(2)　B, C, D, E
　　　(3)　A, D, F, G
　　　(4)　C, E, F, G　　　　　　　　　　　　　　　　　　　　　　(1)

126.　(1)　D.C motor의 종류는 series, shunt, 그리고 compound의 세가지로 흔히
　　　　　　나누어진다.
　　　(2)　Series motor는 보통 두꺼운 선으로 소수의 횟수로 감겨진 field winding
　　　　　　이 armature winding과 직렬로 연결되어 있다.
　　　위의 것중,
　　　(1)　No. 1만 옳다.
　　　(2)　No. 2만 옳다.
　　　(3)　No. 1과 No. 2 모두 옳다.
　　　(4)　No. 1과 No. 2 모두 틀리다.　　　　　　　　　　　　　　　(3)

127.　비행기 시스템에 쓰이는 A.C motor는 보통 어떤 두 종류가 있는가?
　　　(1)　induction, synchronous
　　　(2)　shaded pole, universal
　　　(3)　A.C series, capacitor start
　　　(4)　rheostat series, condenser start　　　　　　　　　　　　(1)

128.　다음 중 비행기에 쓰이는 전기선을 선택할때 염려해 두어야 할 사항을 옳게
　　　모아 놓은 것은?
　　　　　　A.　기계적인 힘
　　　　　　B.　허락되는 power loss
　　　　　　C.　설치의 편리함
　　　　　　D.　비행기 structure로 돌아가는 전류의 저항
　　　　　　E.　허락되는 voltage drop
　　　　　　F.　얼마만큼의 전류를 흐르게 하는가
　　　　　　G.　load의 type (계속적인가, 순간적인가)
　　　(1)　B, E, F, G
　　　(2)　A, B, D, E
　　　(3)　C, D, F, G
　　　(4)　A, C, D, F　　　　　　　　　　　　　　　　　　　　　　(1)

129. 다음 중 비행기 structure에 bonding connection으로 쓰일 hardware를 선택할때 염려해 두어야 할 사항을 옳게 모아놓은 것은?
   A. 기계적인 힘
   B. 허락되는 power loss
   C. 설치의 편리함
   D. 허락되는 voltage drop
   E. 얼마만큼의 전류를 흐르게 하는가
   F. load의 type
   (1) A, C, E
   (2) B, D, F
   (3) D, E, F
   (4) A, B, C   (1)

130. 만약 전기선 여러개를 하나의 묶음으로 만들려고 할때 전기선 중에 splice 된 전기선이 있다면 어떻게 처리하는 것이 좋은가?
   (1) splice된 부분끼리 맞닿지 않게 뛰엄뛰엄 간격을 둔다.
   (2) splice된 곳을 한곳으로 모은다.
   (3) 모아서 conduit에 끼운다.
   (4) 전기선은 splice하지 못하게 되어 있다.   (1)

131. 전기선의 묶음을 비행기 구조상 휘어야 할때 구부림의 최소 반지름(minimum bend radii)는?
   (1) 묶음의 바깥지름보다 10배
   (2)   〃   5배
   (3)   〃   15배
   (4)   〃   20배   (1)

132. Alternator의 voltage output은 어떻게 조절할 수 있는가?
   (1) alternator의 속도를 조절함으로써
   (2) D.C exciter의 voltage output을 조절함으로써
   (3) rotor winding의 저항을 조절함으로써
   (4) exciter의 frequency를 조절함으로써   (2)

133. 길이가 상당히 긴 전기 cable을 conduit에 설치하기전에 cable에 손상이 가지 않게 미리 어떻게 준비해 주는 것이 좋은가?
   (1) cable에 graphite 가루를 뿌려준다.
   (2) cable에 soapstone 가루를 뿌려준다.
   (3) conduit내에 graphite가루를 뿌려준다.
   (4) cable에 oil을 발라준다.   (2)

134. Grounding이란 전기물체를 비행기 구조와 전기적으로 연결시켜주는 것을 말한다. Grounding은 왜 필요한 것인가?
   (1) 전류가 돌아가는 길을 막기 위하여

(2) static charge를 증가시키기 위하여
(3) 전류를 절약하기 위하여
(4) radio frequency로 인한 잡음을 방지하기 위하여 (4)

135. 서로 떨어진 stainless steel 비행기 compoent를 연결시키기 적합한 것은?
(1) 인쇄된 회로
(2) stainless steel jumper
(3) copper jumper
(4) aluminum jumper (3)

136. 비행기의 fuse capacity는 무엇으로 급이 매겨져 있는가?
(1) volts
(2) ohms
(3) amperes
(4) mirofarads (3)

137. 전등의 밝기를 조절하기 위해 회로에 rheostat을 설치할 때 rheostat은?
(1) 전등과 병렬로 연결한다.
(2) generator에 연결한다.
(3) 전등과 직렬로 연결한다.
(4) 전등 switch와 직렬 병렬로 연결한다. (3)

138. Switch를 실수로 건드리는 것을 방지하기 위해 쓰이는 것은?
(1) switch 위를 guard로 덮는다.
(2) spring을 사용하는 toggle switch를 사용한다.
(3) circuit breaker를 switch로 사용한다.
(4) 적은 amperage의 fuse를 사용한다. (1)

139. 비행기의 모든 navigation light들이 하나의 switch로 작동된다면, light들은?
(1) 서로 직렬로 연결되어 있고 switch와 병렬로 연결되어 있다.
(2) 서로 직렬로 연결되어 있고 switch와 직렬로 연결되어 있다.
(3) 서로 병렬로 연결되어 있고 switch와 병렬로 연결되어 있다.
(4) 서로 병렬로 연결되어 있고 switch와 직렬로 연결되어 있다. (4)

140. Conduit은 전기선이나 cable을 어떤 식으로 보호하는가?
(1) 전자석 영향을 방지한다.
(2) 열로부터 보호한다.
(3) 기계적으로
(4) 구조적으로 (3)

141. 만약 voltmeter의 (+)를 power source의 (−)에다 연결하고 voltmeter의 (−)를 power source의 (+)에 연결했다면 voltmeter의 바늘은?
(1) 실제보다 높은 voltage를 나타낸다.

(2) 실제 voltage를 나타낸다.
(3) 실제보다 낮은 voltage를 나타낸다.
(3) 반대쪽으로 움직인다. (4)

142. 전기 switch는 무엇으로 등급이 매겨지는가?
(1) switch가 열린 상태의 voltage rating
(2) switch가 열린 상태의 current rating
(3) switch가 닫힌 상태의 voltage rating
(4) switch가 닫힌 상태의 current rating (4)

143. 화재발생지역 내에 설치된 전기박스는 무엇으로 만들어져 있는가?
(1) 방화용 aluminum
(2) asbestos
(3) cadmium-plated 강철
(4) stainless steel (4)

144. Radio의 잡음을 최대한 줄이기 위하여 쓰이는 conduit은?
(1) flexible brass
(2) flexible aluminum
(3) rigid steel
(4) rigid aluminum (1)

145. 전기 cable의 size를 선택할때 가장 염려해 두어야 할 사항은?
(1) current-carrying capacity(전류를 전달하는 능력)와 허락되는
voltage drop
(2) load의 voltage와 amperage
(3) cable의 위치와 주위의 온도
(4) cable의 길이와 system voltage (1)

146. 비행기의 navigation light 회로에 ON과 OFF를 조절하는 single switch가 있다
면 이 switch는 어떤 type인가?
(1) double-pole, single-throw (DPST), two-position switch
(2) single-pole, double-throw (SPDT), two-position switch
(3) double-pole, double-throw (DPDT), two-position switch
(4) single-pole, single-throw (SPST), two-position switch (4)

147. 회로가 가열되지 않게 보호하기 위해 쓰이는 것은?
(1) thermocouple
(2) shunts
(3) fuses
(4) solenoids (3)

148. Cable을 routing(길을 만드는 것)할때 coaxial cable과 일반 전기선들과 다른

점은?
(1) coaxial cable은 stringer나 rib과 평행되도록 routing 되어 있다.
(2) coaxial cable은 stringer나 rib과 직각으로 routing 되어 있다.
(3) coaxial cable은 clamp를 사용하면 안된다.
(4) coaxial cable은 되도록이면 직행으로 routing 하는 것이 좋다. (4)

149. No. 10 copper 전기선을 대신하여 사용할 수 있는 aluminum 전기선의 최소 size는?
(1) No. 4
(2) No. 6
(3) No. 8
(4) No. 10 (2)

150. 다음 중 전기선을 연결시키는 법에 대해 옳게 설명한 것은?
(1) cable을 terminal과 연결시켰을때 그 연결된 부분의 장력이 cable 자체의 장력보다 최소 2배 이상이어야 한다.
(2) 진동이 심한 곳에 cable을 splice할때는 solder splice가 적합하다.
(3) cable의 terminal과 연결시킬때 그 연결된 부분의 장력이 최소 cable 자체의 장력만큼 되어야 한다.
(4) 모든 전기선은 tubing으로 덮어줘야 한다. (3)

151. 전기선이 연결된 부분은 무슨 검사가 필요한가?
(1) resistance test
(2) amperage test
(3) reactance test
(4) voltage test (1)

152. ON 위치로 바꾸기 위하여 손으로 누르고 있어야 하는 switch는 어떤 종류의 switch인가?
(1) single-pole, single-throw (SPST), two-position normally open (NO)
(2) single-pole, single-throw (SPST), single-position
(3) single-pole, single-throw (SPST), two-position
(4) single-pole, double-throw (SPST), two-position normally open (NO)
(1)

153. 다음 중 circuit breaker의 목적을 잘 설명한 것은?
(1) 회로를 보호하기 위하여
(2) 전류를 절약하기 위하여
(3) 열을 방지하기 위하여
(4) voltage를 조절하기 위하여 (1)

154. Circuit breaker는 어느 곳에 위치하는 것이 가장 적합한가?
(1) 전기 power source와 되도록이면 가까운 곳에

      (2)   unit과 되도록이면 가까운 곳에
      (3)   unit쪽의 switch옆에
      (4)   상관없다.   (1)

155.   Voltmeter는 어떻게 연결하는 것이 좋은가?
      (1)   power source와 직렬로
      (2)   load와 병렬로
      (3)   load와 직렬로
      (4)   power source와 직렬 병렬로   (2)

156.   No. 12 copper 전기선을 대신하여 사용할 수 있는 aluminum 전기선의 size는?
      (1)   No.   4
      (2)   No.   8
      (3)   No.   6
      (4)   No.   10   (3)

157.   만약 수분기가 있는 곳에 전기 connector를 사용한다면?
      (1)   connector를 기름으로 살짝 덮어준다.
      (2)   특수 수분방지용을 사용한다.
      (3)   wax 종이로 connector를 싼다.
      (4)   connector를 zinc chromate로 뿌려준다.   (2)

158.   비행기에 쓰이는 fuse holder로 가장 널리 쓰이는 두 종류는?
      (1)   clip-on, screw-in type
      (2)   plug-in, clip type
      (3)   plug-in, screw-in type
      (4)   mechanical reset, screw-in type   (2)

159.   만약 전기선이 다른 움직이는 part와 맞닿는 위치에 있을때 어떻게 처리하는
      것이 좋은가?
      (1)   부드러운 wire solder로 싼다.
      (2)   friction tape로 싼다.
      (3)   conduit을 사용한다.
      (4)   lionoil이나 varnish로 덮어준다.   (3)

160.   비행기의 component를 전기적으로 bonding 시켜주는 이유는?
      (1)   비행기 자체내에 흐르는 electrical charge가 spark를 일지 않고 자연스럽
          게 흐르도록
      (2)   비행기 자체내에 electrical charge가 생기지 않도록
      (3)   비행기 자체내의 electrostatic charge가 주위의 전기 charge와 항상 같게
          유지하기 위하여
      (4)   비행기 자체내의 electrical charge를 착륙이전에 모두 발산시켜 없애기
          위하여   (1)

161. 12.5 ampere를 전달하는 50 feet의 No. 18 copper wire, 지속적인 작동 (continuous operation), 이 wire의 허락되는 voltage drop을 다음 공식 (formula)을 사용하여 계산하라.

       Formula = VD = RLA

       VD = voltage drop

       R = 1 foot에 해당하는 resistance = 0.00644

       L = 선의 길이

       A = ampere

  (1)   0.5 volt

  (2)   7 volt

  (3)   1 volt

  (4)   4 volt   (4)

162. Circuit breaker를 fuse와 비교할때 장점은?

  (1)   절대 바꿔줄 필요가 없다.

  (2)   반응이 더 빠르다.

  (3)   switch의 사용이 불필요해진다.

  (4)   다시 reset 할수 있고 또다시 사용할 수 있다.   (4)

163. Current limiter의 장점은 무엇인가?

  (1)   반응이 무척 빠르다.

  (2)   쉽게 reset 할수 있다.

  (3)   쉽게 바꿀 수 있다.

  (4)   잠깐 동안의 overload를 받아 들일 수 있다.   (4)

164. Bulkhead, former, rib등을 통과하는 전기선은 어떤 방법으로 긁히는 것을 방지하는가?

  (1)   tape으로 감아준다.

  (2)   고무 grommet을 사용한다.

  (3)   varnish를 발라준다.

  (4)   plastic으로 덮어준다.   (2)

165. 비행기 전기 시스템 내에서 자동 reset circuit breaker는?

  (1)   회로 보호용으로 쓰이지 않는다.

  (2)   잠깐의 overload가 생기는 곳에 많이 쓰인다.

  (3)   사람들의 손이 가지 않는 곳에 설치하는 것이 좋다.

  (4)   모든 회로에 쓰인다.   (1)

166. 다음 중 fuse를 선택할 때 주의할 점은?

  (1)   fuse의 전류 등급이 회로의 전류보다 높아야 한다.

  (2)   fuse의 voltage 등급이 회로의 최대 전압보다 낮아야 한다.

  (3)   fuse는 tin과 bismuth로 만들어져야 한다.

  (4)   fuse의 capacity가 회로와 맞아야 한다.   (4)

167. 비행기 instrument lighting system내에 circuit breaker가 설치됐다면 무엇을 보호하기 위해서인가?
    (1) 전구에 너무 큰 전류가 흐르는 것을 방지
    (2) 전기선에 너무 큰 전류가 흐르는 것을 방지
    (3) 전기선에 너무 큰 voltage가 흐르는 것을 방지
    (4) 전구에 너무 큰 voltage가 흐르는 것을 방지   (2)

168. 비행기에 A.C 전기 system을 사용하는 가장 큰 이유는?
    (1) A.C motor는 D.C보다 쉽게 역동시킬 수 있다.
    (2) voltage를 쉽게 바꿔줌으로써 power output이 power input보다 약 1.707 배 크게 만들수 있다.
    (3) D.C보다 훨씬 쉽게 voltage를 줄이고 늘릴 수 있다.
    (4) A.C는 사용하지 않는다.   (3)

169. 비행기의 위치등은 최소 3개가 필요하다. 각자의 위치와 색깔을 옳게 말한 것은?
    (1) 앞 - 하얀등, 뒤 - 빨간등, 중간 - 초록등
    (2) 왼쪽 - 빨간등, 오른쪽 - 초록등, 뒤 - 하얀등
    (3) 앞 - 초록등, 뒤 - 빨간등, 중간 - 하얀등
    (4) 왼쪽 - 초록등, 오른쪽 - 빨간등, 뒤 - 하얀등   (2)

170. A.C 전기 시스템을 사용하면서 battery는 D.C로 충전시키는 비행기에 D.C generator가 사용되지 않는다면 battery는 어떤 방법으로 충전되는가?
    (1) inverter 사용
    (2) 가능하지 않다.
    (3) A.C generator로 곧 바로 충전시킨다.
    (4) rectifier 사용   (4)

171. A.C transformer에서, secondary의 winding이 primary보다 두배라면 secondary 의 voltage는?
    (1) primary보다 크며 ampere는 더 작다.
    (2) primary보다 크며 ampere도 더 크다.
    (3) primary보다 적으며 ampere는 더 크다.
    (4) primary보다 적으며 ampere도 더 적다.   (1)

172. A.C 전기 system내에서 voltage를 변경시키는 주역할을 하는 기구는?
    (1) inverter
    (2) rectifier
    (3) voltage regulator
    (4) transformer   (4)

173. Inductor 타입의 inverter voltage output은 무엇으로 조절하는가?
    (1) motor의 속도와 pole의 숫자

(2) voltage regulator

(3) D.C stator field의 전류

(4) A.C armature coil   (3)

174. Generator field coil을 ohmmeter로 검사할때?

(1) coil을 housing으로 부터 분해시켜야 한다.

(2) 높은 resistance를 나타내야 정상이다.

(3) coil에 먼저 열을 가해야 한다.

(4) 직렬 field coil일 경우 아주 낮은 resistance를 나타내야 정상이다.   (4)

175. Electromagnet의 강도는 무엇에 의해 정해지는가?

(1) coil에 감겨져 있는 wire의 횟수와 voltage

(2) wire의 size와 coil에 흐르는 전류

(3) coil에 감겨져 있는 wire의 횟수와 coil에 흐르는 전류

(4) wire의 size와 voltage   (3)

176. Voltage regulator는 무엇을 조절함으로써 voltage를 조절하는가?

(1) generator output 회로의 resistance

(2) generator의 residual magnetism (남아있는 자력)

(3) generator output 회로의 전류

(4) generator field 회로의 resistance   (4)

177. 여러개의 D.C generator가 병렬로 연결되어 하나의 load를 위한 power를 제공
할때 equalizer 회로를 사용하여 각 generator들이 똑같은 양의 힘을 제공하도
록 한다. 이 equalizer는 어떻게 작동하는가?

(1) 새로운 load를 low generator쪽으로 보내어 모든 generator가 결국
똑같은 양의 load를 나눌 수 있게 한다.

(2) low generator의 output을 늘리어 high generator와 같게 한다.

(3) high generator의 output을 줄이어 low generator와 같게 한다.

(4) low generator의 output을 늘리는 동시 high generator의 output을
줄여 결국 똑같게 만든다.   (4)

178. 다음 중 어느 것이 intermittent duty cycle (잠시동안 사용되는 회로)인가?

(1) anticollision light (충돌 방지용등)

(2) landing light

(3) 계기판등

(4) navigation light   (2)

179. Compound D.C generator의 voltage output을 조절하는 가장 일반적인 방법은?

(1) shunt field coil에 흐르는 전류를 조절

(2) 자석의 힘을 조절

(3) series field 회로의 resistance를 조절

(4) field flux에 의하여 영향을 받는 회전하는 conductor의 숫자를 조절   (1)

180. Landing gear extension cycle(landing gear가 내려오는 절차)이 끝난후 초록불
이 켜졌으나 꺼져야 할 빨간불도 계속 켜져있다면 무엇이 잘못되었다고 볼수
있는가? (그림 19)
    (1) down limit switch에 short가 났다.
    (2) gear safety switch에 short가 났다.
    (3) up limit switch에 short가 났다.
    (4) nose gear down switch에 short가 났다.   (3)

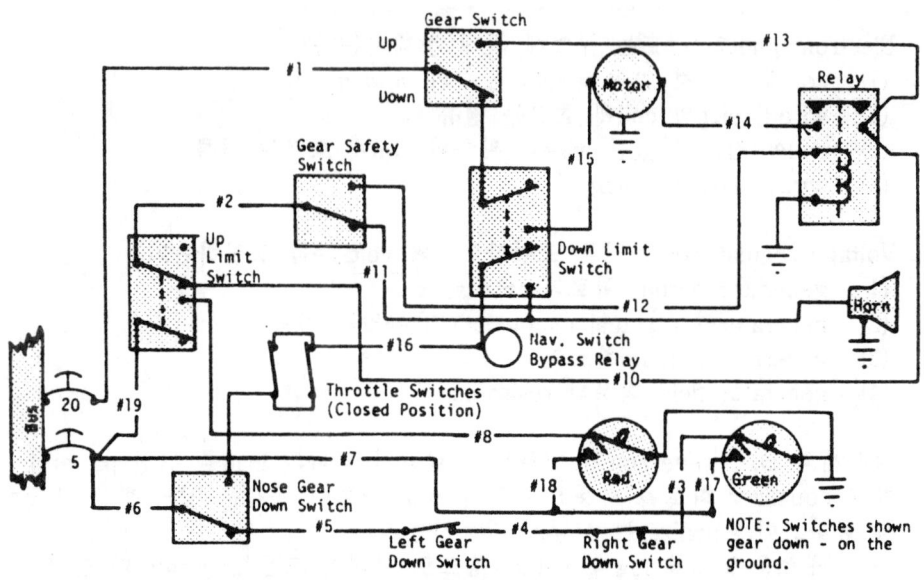

그림 19

181. 만약 24 volt D.C system내의 한 generator가 낮은 voltage를 나타낸다면 제일
먼저 의심할 곳은?
    (1) generator의 극이 바뀌었다.
    (2) voltage regulator
    (3) short가 난 곳을 찾는다.
    (4) reverse current cutout relay의 고장   (2)

182. D.C motor의 회전방향을 바꾸려면?
    (1) power source의 선을 바꾸어 연결한다.
    (2) field나 armature의 연결을 반대로 연결한다.
    (3) brush assembly를 90° 회전 시킨다.
    (4) starting winding을 제거한다.   (2)

183. A.C generator를 사용하는 비행기에서는 battery를 충전시키기 위해 무엇을

사용하는가?
   (1)   stepdown transformer, rectifier
   (2)   condensers, choke coils
   (3)   inverter
   (4)   dynamometer   (1)

184. Anticollision등의 작동을 검사할때 주의해야 할 점은?
   (1)   position light이 들어온 상태에는 anticollision light도 반드시 들어와야
         한다.
   (2)   fuse가 light에 부착되어야 한다.
   (3)   두개의 회로가 따로 연결되어 하나가 잘못되더라도 다른 한개가 작동
         될수 있어야 한다.
   (4)   position light의 작동과 전혀 상관없이 작동할 수 있어야 한다.   (4)

185. D.C generator에서 A.C를 만들기 위해선 무엇이 필요한가?
   (1)   transformer
   (2)   두개 이상의 generator
   (3)   inverter
   (40   battery와 generator사이의 variable resistor   (3)

186. Relay란?
   (1)   자석의 힘으로 작동되는 switch
   (2)   voltage를 늘리는 기구
   (3)   전기의 힘을 열로 변화시키는 기구
   (4)   전기를 통과시키는 낮은 저항을 지닌 conductor   (1)

187. 전기시스템에서 rectifier의 역할은?
   (1)   A.C 전류의 frequency를 변화시킨다.
   (2)   A.C 전류의 voltage를 변화시킨다.
   (3)   A.C 전류의 voltage와 ampere를 변화시킨다.
   (4)   A.C 전류를 D.C로 변화시킨다.   (4)

188. Input voltage를 3배로 증가시키는 transformer의 primary coil winding과
      secondary coil winding의 비례는?
   (1)   primary winding은 secondary의 3분의 1만큼 감겨져 있다.
   (2)   primary winding은 secondary의 2분의 1만큼 감겨져 있다.
   (3)   primary winding은 secondary의 2배만큼 감겨져 있다.
   (4)   primary winding은 secondary의 3배만큼 감겨져 있다.   (1)

189. A.C 회로에서 phase lead나 lag이 없다면?
   (1)   real power는 0이다.
   (2)   reactive power는 최대이다.
   (3)   real power가 apparent power보다 높다.

(4)   real power와 apparent power가 같다.   (4)

190. Generator는 무엇을 따라 등급이 매겨지는가?
      (1)   watt와 voltage
      (2)   farads
      (3)   ampere와 voltage
      (4)   impedance   (3)

191. Shunt-wound D. C generator는 내부적으로 어떻게 연결되어 있는가?
      (1)   field의 하나가 가로질러 연결되어 있다.
      (2)   두개의 field가 armature에 shunt식으로 연결되어 있다.
      (3)   field와 armature가 capacitor와 shunt식으로 연결되어 있다.
      (4)   field와 armature가 variable resistor와 shunt식으로 연결되어 있다.   (2)

192. Alternator의 frequency는 무엇에 따라 변하는가?
      (1)   voltage
      (2)   RPM
      (3)   current
      (4)   wattage   (2)

193. Generator의 등급은 어디에 표시되어 있는가?
      (1)   방화벽
      (2)   generator 자체
      (3)   엔진
      (4)   colwing   (2)

194. Residual voltage는 무엇에 의한 결과인가?
      (1)   field winding에 있는 magnetism
      (2)   field coil에 흐르는 전류
      (3)   field shoes에 있는 magnetism
      (4)   armature에 있는 magnetism   (3)

195. 다음 중 그림에서 battery가 잘못 연결된 것은?   (그림 20)
      (1)   A
      (2)   B
      (3)   C
      (4)   D   (4)

196. 전기회로를 trouble shooting(잘못된 곳을 찾는 것)할때 ohmmeter를 사용하여
      한 component의 양끝을 찍어보았더니 resistance가 조금있는 것으로 나타났다.
      그렇다면 이 component는?
      (1)   open(회로가 차단) 되었다.
      (2)   short 되었다.

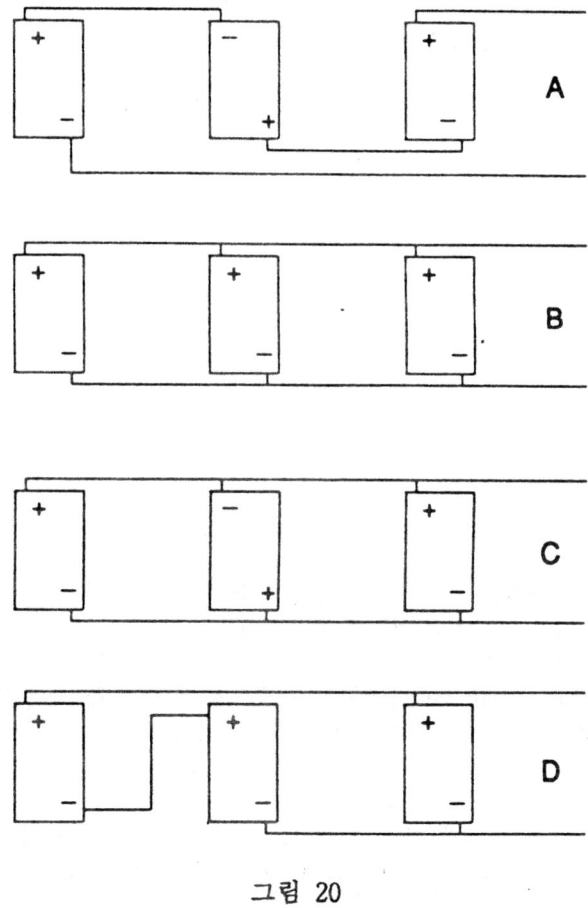

그림 20

(3) ohmmeter로만은 알수 없다.

(4) continuity이며 open 되지 않았다.   (4)

197. 똑같은 plate 면적을 갖고 똑같은 type의 dielectric을 지닌 두개의 capacitor중
      하나는 dielectric의 두께가 0. 001 inch이고 다른 한개는 0. 0005 inch이다. 이들
      중 어느 것이 더 많은 축전양을 지녔는가?

      (1)   0. 001 inch

      (2) 0. 0005 inch

      (3) 같다.

      (4) 두께와 축전양은 비례하지 않는다.   (2)

198. 왜 transformer는 한개의 쇠로 만들어진 core를 사용하지 않고 여러 장의 sheet
      metal로 만들어진 core를 사용하는가?

      (1) 여러장의 sheet metal이 하나의 solid core보다 값이 저렴하기 때문

(2) 여러장의 sheet metal로 된 core는 저항이 낮기 때문에 더 많은 전류를 다룰 수 있다.

(3) 여러장의 sheet metal로 된 core는 저항이 높기 때문에

(4) 무게가 가볍기 때문에   (3)

199. 다음 fuse들이 모두 같은 전류 등급을 가졌다고 할때 어느 fuse의 크기가 제일 크겠는가?

(1) glass tubular

(2) slow blow

(3) screw-in A. C type

(4) cartridge type   (2)

200. Composition resistor들은 resistance와 tolerance외에 무엇으로 급이 매겨지는 가?

(1) frequency

(2) current

(3) voltage

(4) power   (4)

201. 다음 중 vibrator-type current limiter에 대하여 틀리게 설명한 것은?

(1) point는 generator field회로 내에 있다.

(2) 전류를 제한하기 위하여 resistor가 load와 직렬로 연결되어 있다.

(3) generator output voltage를 줄여줌으로써 전류를 제한한다.

(4) current limiter coil은 load와 직렬로 연결되어 있다.   (2)

202. Carbon pile generator란 무엇을 말하는가?

(1) voltage가 늘어남에 따라 carbon pile을 압축시켜 저항을 늘린다.

(2) carbon pile을 load와 직렬로 연결시키므로써 voltage가 높으면 높을수록 열을 발산시켜 저항을 늘린다.

(3) 전류는 carbon을 한 방향으로 통과하기 때문에 generator output을 D, C 로 만든다.

(4) voltage가 높아지면 스프링에 의해 압축되어 있는 carbon pile을 전자석의 힘으로 늘려서 저항을 높여 field current를 줄인다.   (4)

203. Parallelling generator란 무엇을 말하는가?

(1) generator를 엔진뒤에 꼭맞게 끼우는것

(2) generator들의 frequency가 모두 동일하게 만드는 것

(3) generator의 voltage가 battery의 voltage와 동일하게 만드는 것

(4) generator들의 voltage를 조절해 줌으로써 모두 똑같은 양의 load를 나누게 하는 것   (4)

204. 다음 중 vibrator-type voltage regulator의 reverse current cutout relay에 대하 여 틀리게 설명한 것은?

(1) reverse current cutout relay의 point는 generator field 회로에 있다.
(2) 작은 coil이 load와 병렬로 연결되어 voltage가 높아지면 point를 닫는다.
(3) 큰 coil은 load와 직렬로 연결되어 point를 닫힌 상태로 누르는 역할을 한다.
(4) generator의 voltage가 battery voltage보다 떨어지면 큰 coil에 있는 전류가 반대로 흘러 spring의 힘이 point를 open시킨다.   (1)

205. 다음 중 generator의 interpole에 대하여 옳게 설명한 것은?
(1) interpole은 alternator에서만 찾아볼 수 있다.
(2) interpole은 compound generator의 shunt field의 일부분이다.
(3) interpole은 compound generator의 brush에 arcing이 생기는 것을 방지하기 위해 쓰인다.
(4) interpole은 generator가 낮은 RPM으로 회전할때 좀더 높은 voltage를 제공하기 위해 쓰인다.   (3)

206. 다음 중 비행기 alternator의 rectifier 회로를 옳게 나타낸 것은?

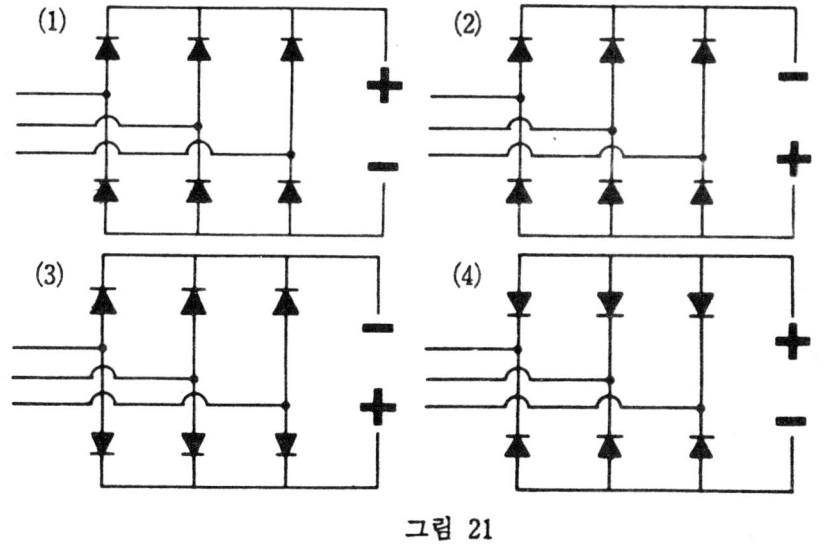

그림 21   (1)

207. Reverse current cutout relay에는 왜 두개의 coil이 쓰이는가?
(1) 하나가 고장일 경우를 대비하여
(2) current coil은 point를 닫는 역할, voltage coil은 point를 여는 역할을 한다.
(3) 두개의 coil은 alternator에만 쓰인다.
(4) voltage coil은 point를 닫고 current coil은 point를 연다.   (4)

208. 다음 중 generator의 field를 flash 시키는 법을 옳게 설명한 것은? (그림 22)
(1) 순간적으로 generator과 field를 연결한다.
(2) 순간적으로 generator과 battery를 연결한다.

(3) 순간적으로 battery와 field를 연결한다.
(4) 순간적으로 battery와 ground를 연결한다.   (2)

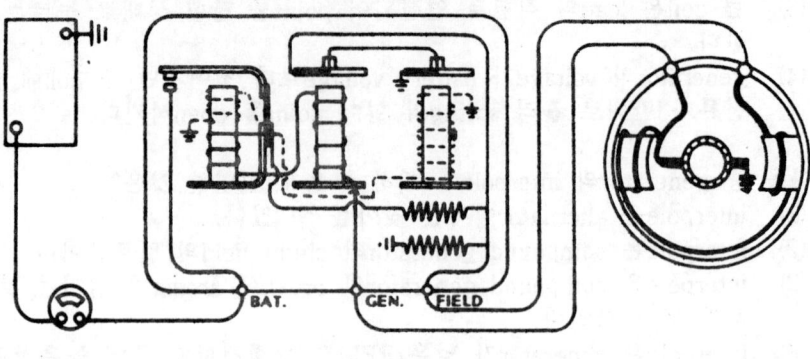

그림 22

제2편　계 기 (Instrument)

제1장. 압력 측정 계기 (Pressure Mesuring Instruments)

1-1. 압력측정원리 (Principles of Pressure Mesurement)

우리주변의 공기는 fluid(gaseous fluid)로 압력차이에 의해 A/C를 떠받친다. 그렇기 때문에 대기중에 존재하는 pressure에 대해서 잘 알아둘 필요가 있다. 게다가 air, hydraulic, oil과 기타 많은 pressure gage를 사용해서 A/C의 많은 작동계통(operating system)의 정보(information)를 관찰할수 있다.

압력 (pressure)은 힘 (force)으로서 이것이 가해지는 지점이 있기 마련이다.

이점 혹은, reference로부터 우리가 알고 있는 pressure type을 결정할수 있다.

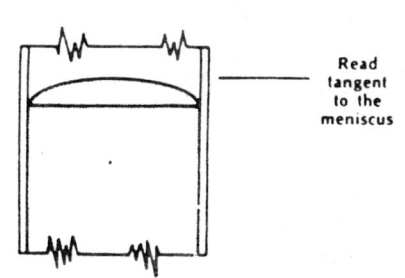

Read tangent to the meniscus

절대압력 (absolute pressure)은 진공(vacuum)이나 zero pressure를 기준으로 한 것이고, 계기압력(gage pressure)은 존재하는 대기압(atmospheric pressure)을 기준으로 한것이며, 차압(differential pressure)은 두 압력(pressure) 사이의 차이를 기준으로 한것이다.

1) 절대압력
(Absolute Pressure)

절대압력 (Absolute pressure)은 zero pressure나 vacuum으로부터 측정한 것이고 inches of mercury(inHg)로 측정한다.

Fig. 1-1과 같이 tube를 수은(mercury)으로 가득 채우고 한쪽 끝은 막혀 있을때 다른 한쪽끝을 수은(mercury)이 담겨진 그릇에 넣으면 수은이 점점 낮아진다.

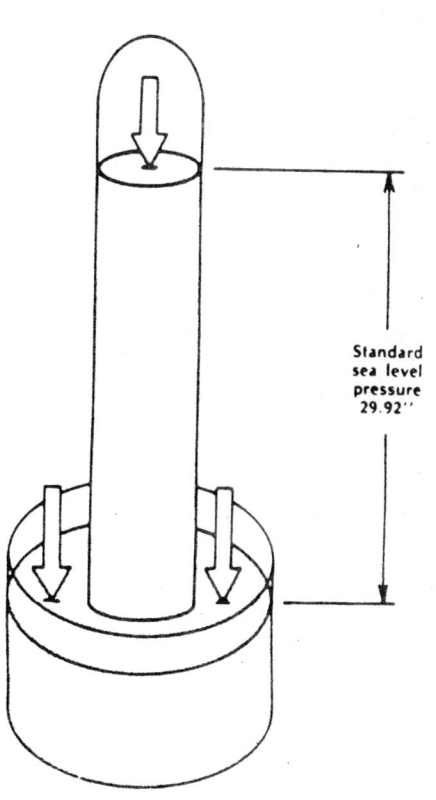

Standard sea level pressure 29.92''

Fig. 1-1   Absolute pressure is measured in inches of mercury.

299

위쪽은 진공이다.

그릇의 수은 표면에 대기 압이 눌려져서 tube속의 수은 이 차있게 된다.

sea lever의 표준 대기상태 (standard stomospheric conditions)에서 수은의 높이는 29.92 inches(760㎜)이다.

이 수은 기압계(mercury barometer)를 A/C안에 갖고 다니는 것은 말할것도 없이 불편하기가 그지 없다.

그래서 아네로이드 기압계 (aneroid barometer)가 비행중 의 절대압력을 측정한다.

Fig. 1-2는 기초적인 aneroid barometer이다.

한쌍의 동심원으로 굴곡이

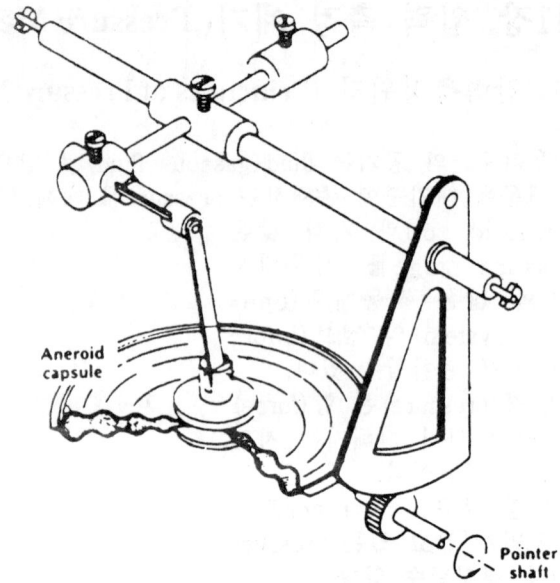

Fig. 1-2   Aneroid barometer mechanism.

있는 metal disc가 납땜으로 연결되어 캡슐(capsule)을 형성해서 안쪽의 모든 air는 밖 으로 빼낸다.

캡슐(capsule) 바깥쪽의 공기압력은 서로 안쪽으로 밀려고 하고, 이힘은 주름진 금속(corrugated) metal의 스프링작용(spring action)에 맞서게 된다.

증폭레버(amplifying lever)를 이용해서 캡슐의 팽창과 수축이 pointer에 전달된다.

Fig. 1-3는 간단한 아네로 이드를 좀더 다르게 바꾼것으 로 stacked diaphram과 bellow 를 갖고 있다.

절대압력 게이지의 특별한 형태가 고도계(altimeter)이다.

manifold pressure는 왕복 엔진(reciprocating engine)의 intake manifold에 존재하는 절대압력(absolute pressure)을 Fig. 1-3과 비슷한 differential bellow를 이용해서 측정한다.

2) 게이지 압력 (Gage Pressure)

Engine oil pressure와 hydraulic pressure는 절대압력

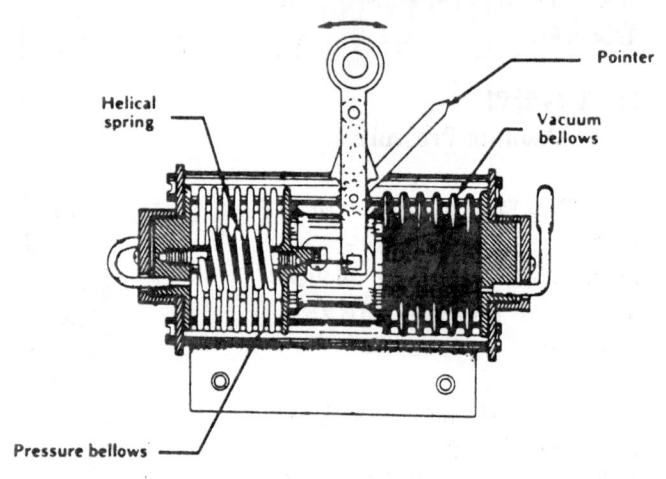

Fig. 1-3   The differential pressure bellows of a manifold pressure gage measures the difference between intake manifold pressure and a partial vacuum.

(absolute pressure)이 아니고, pump에 의해서 상승된 pressure의 크기를 나타낸다.

gage pressure는 알고있는 면적에 pressure를 가해서 영향을 미친힘을 측정하는 것이다.

그러나 실제로는 버든관(bourdon tube)에 의해 pressure를 측정한다.

brass나 bronze tube가 타원형의 단면으로 거의 반원의 curve로 되어 있고, 한쪽 끝은 봉해져 있으며, sector gear를 움직이는 link에 연결된다.

측정되는 fluid가 tube 한쪽 끝의 열려진 곳으로 들어가는데 이쪽이 instrument case에 연결된다.

이때 tube의 pressure가 curve를 곧게 펴려고 한다. 이 움직임이 sector에 전달되고, plnion gear에 연결되어 pointer를 움직이게 한다.

lower pressure는 aneroid에 사용한것과 비슷한 capsule에 의해 측정된다.

pressure가 capsule 안쪽으로 들어가고 이것이 바깥쪽의 대기압과 맞서게 된다.

3) 차압 (Differential Pressure)

가끔, pressure 자체보다는 두 pressure간의 차이를 알아야 될때가 있다.

예를들어, pressure carburetor에서 가장 중요한 pressure가 inlet fuel pressure와 inlet air pressure 사이의 차이이다.

속도계(airspeed)는 ram(혹은 pitot pressure)과 still air(혹은 static pressure)사이의 차이를 측정한다.

Fig. 1-4처럼, differential pressure는 두개의 bellows에 의해측정되는데, 하나의 bellows에 의해 한 pressure가 측정되고, 다른 bellows에 의해 reference pressure가 측정된다.

bellow의 움직임이 증폭레버(amplifying lever)를 통해 pointer로 전달된다.

airspeed는 capsule로 들어오는 ram pressure와 airtight instrument내의 static pressure 와의 차이를 측정한다.

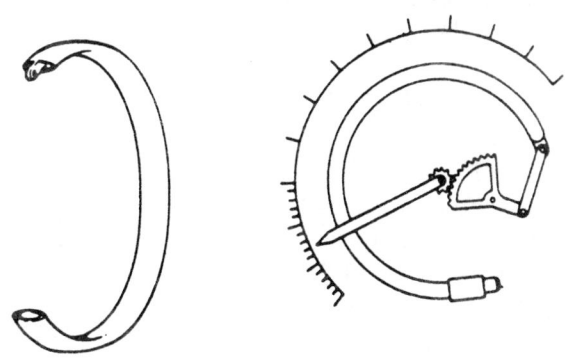

Fig. 1-4 Pressure inside the bourdon tube tends to straighten it. The straightening action moves the pointer.

1-2. 특수압력측정(Special Pressure Measurement)

1) 다기관 압력 (Manifold Pressure)

왕복엔진에서 만들어지는 power는 연소된 연료와 비례한다.

이것은 바꾸어 말하면, 공기와 섞인 연료에 의해 결정할수 있다.

여기서, 연료와 섞인 공기
의 양을 측정하기는 곤란하지
만, 가장 쓸만한 것이 절대
압력으로, intake valve로 들어
가기 바로전의 것을 측정한
것이다. 절대압력 게이지의
한 bellow를 carburetor의
butterfly valve와 cylinder의
intake valve 사이의 intake
manifold에 연결한다.

다른 하나의 bellow는 공기
를 모두 빼고 봉해져 있다.

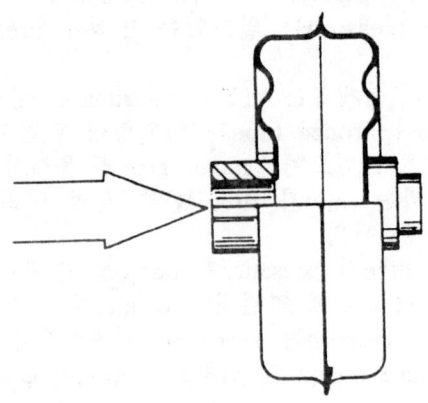

이 계기의 dial은 10 inches
of mercury에서 40, 70 혹은
110까지 표시되 있다.

Fig. 1-5 Low pressures may be measured by a capsule
similar to an aperoid, except it is not evacuated.

engine이 작동하지 않을때
는 intake manifold에 존재하
는 대기압을 감지해서 대략
29~30 inchs of mecury(in-
Hg)를 지시한다.

engine이 start 한후 idling
에 있으면 piston이 butterfly
valve가 보내는 air보다 더 많
이 빨아들여서 manifold pre-
ssure는 대기압 보다 낮은
12~15정도이다.

과급기가 없는 엔진은 최
고의 manifold pressure는 대
기압보다 약간 낮다.

과급기가 있는 엔진은 대
기압보다 높은 manifold pre-
ssure를 얻는데, 이것은 air가
cylinder로 들어가기 전에 me-
chanical compressor에 의해
압축되기 때문이다.

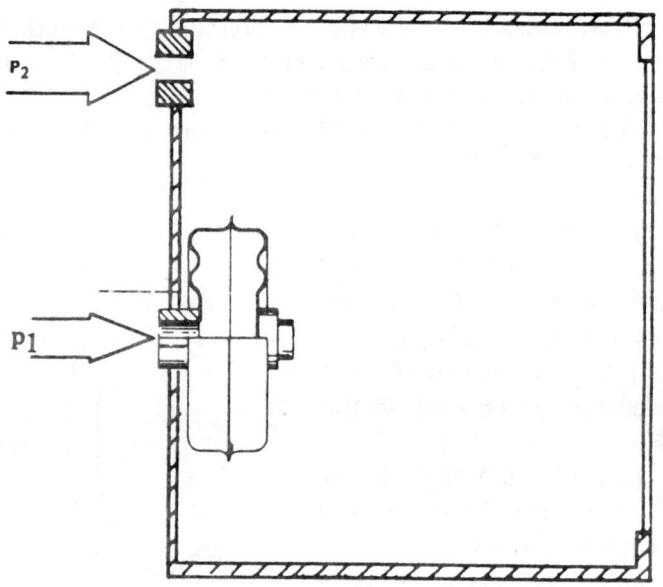

Fig. 1-6 A differential pressure gage measures the
difference between P_1 inside the capsule, and P_2 acting
on its outside.

습기가 manifold pressure gage line에 쌓이면 잘못된 지시를 하게 된다.

그래서 이 습기를 drain 할수 있어야 한다.

이목적으로, manifold pressure line과 instrument 근처 사이에 정상적으로 달려 있
는 purge valve를 설치한다.

purge valve button을 누르면, 대기압이 들어가서 line에 있는 water가 엔진으로 들
어간다.

2) EPR (Engine Pressure Ratio)

Manifold pressure는 engine rpm과 함께 왕복엔진이 만들어내는 power를 나타낸다.

axial-flow turbine engine에서, thrust의 지시는 engine rpm과 engine pressure ratio(EPR)로 나타낸다.

EPR은 Pt2(compressor inlet total pressure)와 Pt7(turbine discharge pressure) 사이의 차압이다.

엔진과 jet A/C의 instrument panel 사이가 상당히 먼 거리여서 이 계기는 보통 remote-indicating을 사용한다.

두 pressure가 transmitter에 입력되고, 여기서 ratio가 정해지며, 이것이 electrical signal로 바뀌어 instrument panel의 indicator에 나타난다. .

3) 압력 스위치 (Pressure Switch)

Pressure switch는 결정적으로 낮거나 높은 pressure에 도달하면 warning device를 작동시키는데 사용한다.

instrument panel의 light가 가장 많이 쓰는 warning device 이지만 audible signal도 사용한다.

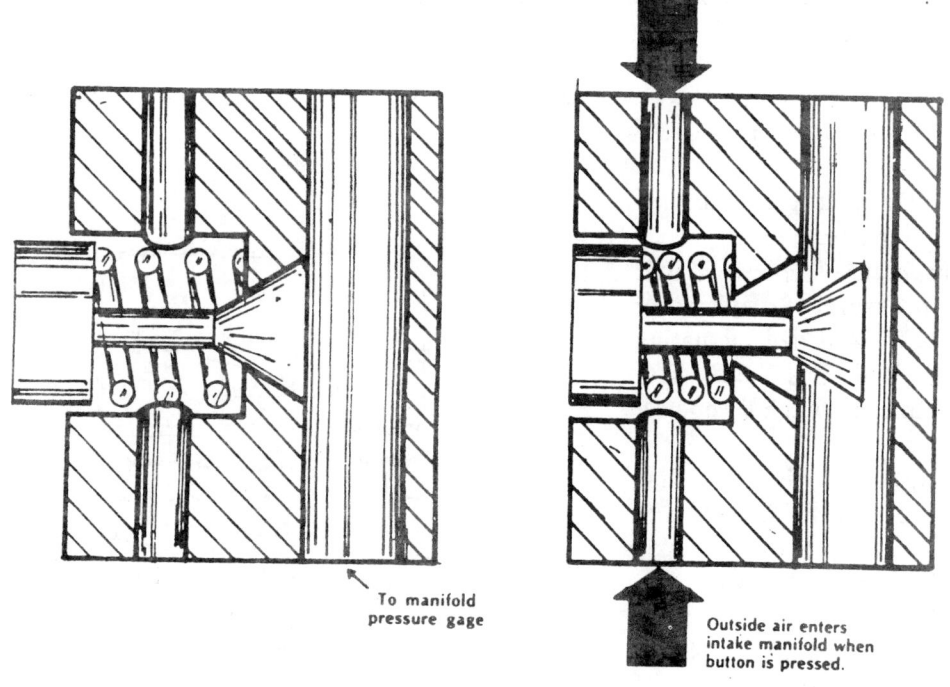

To manifold
pressure gage

Outside air enters
intake manifold when
button is pressed.

Fig. 1-7   Manifold pressure purge valve.

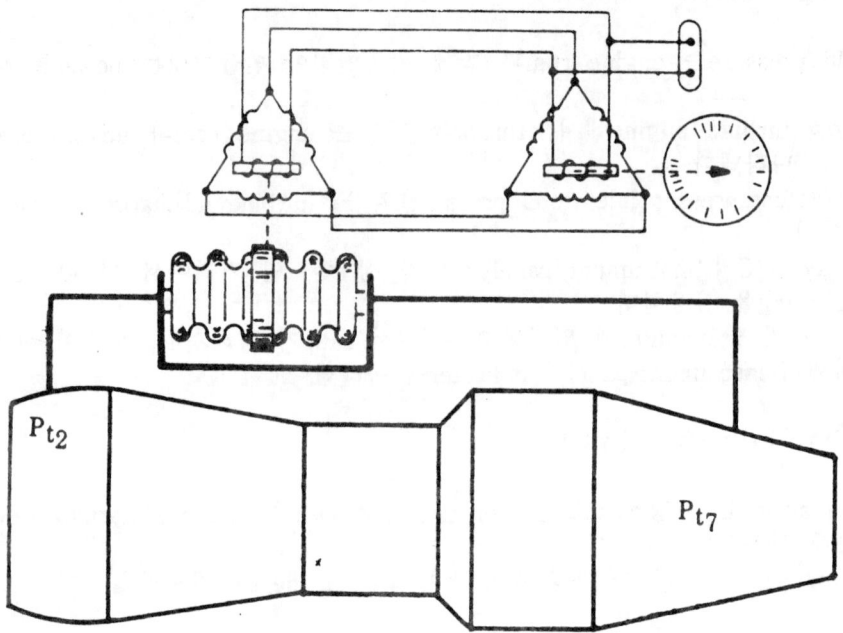

Fig. 1-8 Differential bellows measures the pressure ratio between the compressor inlet and the turbine discharge. This information is carried into the cockpit by an Autosyn remote indicating system.

Fig. 1-9는 fuel pressure warning switch이다. fuel pressure port가 fuel control unit의 fuel pressure inlet에 연결된다.

그리고 vent port는 air in-let에 연결된다.

diaphram 아래쪽에 공급된 fuel pressure가 diaphram을 위쪽으로 움직여서 actuating arm을 통해 정상적으로 닫혀 있는 micro-switch를 open한 다.

diaphram 뒤쪽의 disc spring은 S/W를 닫는 방향으로 힘을 주어서 S/W를 open 하려는 헬리컬 스프링과 맞서 게 된다.

헬리컬 스프링의 압축력은 조절할수 있어서 S/W가 원하 는 압력에서 닫히게 할수 있 다.

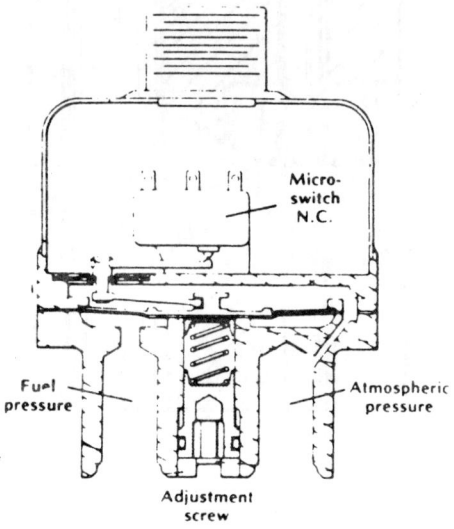

Fig. 1-9 Differential pressure between fuel and atmos-pheric air holds the microswitch open. When the pressure drops, the switch closes and the warning light comes on.

4) 고도계 (Altimeters)

A. 발달과정

가장 많이 사용하면서도 가장 모르고 있는것이 고도계이며 가장 오래된 비행계기 중의 하나이다.

표준형 고도계는 evacuated bellows 혹은 capsule, 이것이 수축과 팽창으로 rocking shaft를 움직이고, sector, pinion gear, pointer등으로 되어있다.

dial은 feel로 calibrate 되어있고, baromatic pressure의 변화는 altitude reading을 변하게 한다.

dial은 회전시킬수 있어서 A/C가 지상에 있을때는 "0"를 지시할수 있어야 한다.

이 단순한 형태의 adjustment가 local flying을 쉽게 했지만, cross-country flying에 는 쓸모가 없었다. 왜냐하면, 목적지의 barometric pressure가 출발지와 같지 않기 때 문이다.

비행중 통신이 가능해지면서 adjustable barometric scale의 고도계가 개발되었고, 착륙 지점의 기압 조건으로 조절할수 있게 되었다.

그래서 계기는 바퀴가 활주로에 닿으면 "0"를 가리키든지, 혹은 요즘과 같이 착륙 지점의 해면상 고도를 가리킨다.

pressure가 떨어지는 비율(lapse rate)은 고도가 증가하면서 pressure가 감소하는 데, 즉 이것은 각 1000feet 마다 pressure 변화를 나타내는데, 고도가 낮을수록 변화 가 크다.

bellow가 주름잡힌 형태(corrugation)로 설계해서 이것의 팽창이 pressure의 변화 에 의해서가 아니고, 고도의 변화에 의해 일정하게 팽창하도록 한다.

이런 종류의 bellow를 사용해서 multiple pointer와 uniform scale을 사용할수 있게 되었다.

하나의 pointer는 완전한 한바퀴 회전에 1000 feet, 다른 하나는 10,000 feet, short

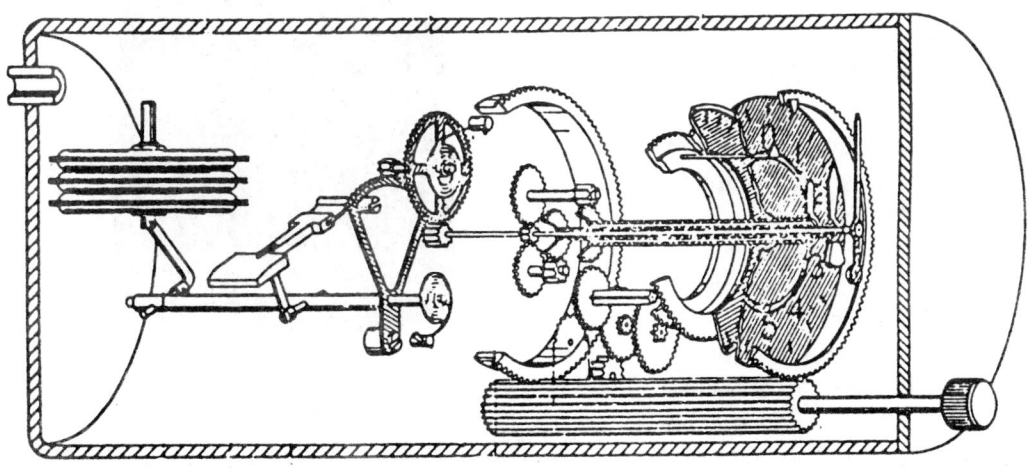

Fig. 1-10   Three-Pointer sensitive altimeter.

305

pointer나 marker는 100,000 feet를 지시할수 있게 한다.

요즘 A/C에 사용하는 고도계의 범위는 20,000, 35,000, 50,000, 80,000등이 있다.

Fig. 1-10은 초기에 사용했던 3-pointer sensitive altimeter이다.

B. 고도측정 형태 (Types of altitude measurement)

고도계는 편리한 기준점 이상의 높이를 측정하고, 대부분의 비행중에는 해면고도에 존재하는 pressure를 기준으로 presssure를 측정한다.

이것을 지시고도라고 부르고, 고도계 셋팅이 기압눈금에 있을때는 indicator가 지시하는 것을 바로 읽는다.

고도계 셋팅은 기압을 수정하는 것에 의해 결정되고, 이 기압은 지상 station에서의 해면압을 기준으로 한것이다.

만약 수정한 고도계 셋팅이 ground의 기압눈금이면, A/C가 parking 된곳의 고도를 나타낸다.

만약 고도계 셋팅이 29.92 inches of mercury나 1013 millibars이면, altimeter는 압력고도를 지시해서 표준해면압력을 기준한 고도를 지시한다.

A/C와 engine의 성능이 공기밀도에 영향을 받는다.

density는 온도와 압력에 결정됨으로, 밀도고도로 고려해야 한다.

이것은 직접 측정하는 것이 아니고, pressure altitude를 chart나 computer를 이용해서 nonstandard temperature로 수정한 것이다.

밀도고도는 standard air에서의 고도로 존재하는 공기밀도에 영향을 받는다.

절대고도(absolute altitude)는 계기에 상당히 중요하다. 그러나 이것은 penumatic altimeter로는 측정할수 없다.

A

B

Modern altimeters replace the small pointer with an easy-to-read marker, and a barber pole-striped sector shows while flying below about 16,000 feet.

Fig. 1-11   3-Pointer altimer.

306

C. 고도계의 종류

a. 드럼형 고도계 (Drum-type altimeters)

Fig. 1-11(A)은 3-pointer altimeter로 가장작은 pointer가 밑에서 가려져서 잘못 읽기 쉽고, 높은 상승률의 여압항공기에서는 근접한 고도(approximate altitude)를 알기가 어렵다. 그래서 나중의 model은 가장 작은 pointer를 marker로 바꾸었다. 그리고, digital로 표시되는 계기가 점차 많아지고 있다.

sensitive pneumatic 고도계는 여러개의 bellow를 이용해서 pointer를 움직인다.

만약 예를들어, bellow가 full 35,000 feet의 1 inch에서 1/4만 움직이면 긴 pointer의 tip은 300 inch 이상을 움직인다. 이런 증폭 때문에 더 복잡하고, 정밀한 transmission과 아주작은 gear를 필요로 한다.

고도계 내부의 마찰이 있어서 정확한 reading을 위해서 instrument의 vabration이 필요하다.

왕복엔진은 engine에서 충분한 진동이 있어서 별문제가 없지만, jet A/C는 instrument panel에 vabrator가 있어서 altimeter reading을 정확히 유지한다.

Fig. 1-12는 semi-digital altimeter이다.

Fig. 1-13 semi-degital altimeter의 schematic이다. 두 개의 캡슐이 두 set의 rocking 의 temperature-compensated link를 통해 pointer shaft를 움 직인다.

이 shaft의 bevel gear가 3 개의 drum을 움직인다.

ground-pressure setting knob가 cam을 움직여서 바늘 을 움직이게 하고, 적당한 pressure reference를 제공한 다.

barometric scale adjustment가 길게 확장되어 객실여 압 장치의 분압기(potentiomenter)를 움직인다.

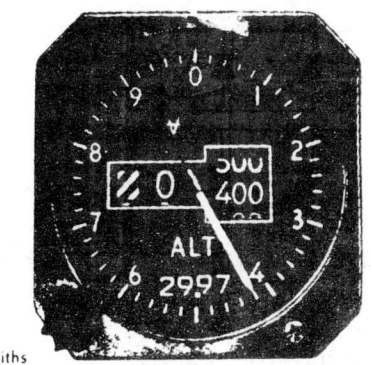

Smiths

Digital counters and drums provide accurate, easy to read altitude information.

Fig. 1-12   Semi-Digital altimeter.

torque가 3개의 drum을 작동하는데 필요하고, pointer가 vibrator를 필수적으로 사용할수 있게 만든다.

rotary solenoid가 failure flag를 돌려서 vibrator에 power가 없을때 warning을 준다.

b. Servo altimeter

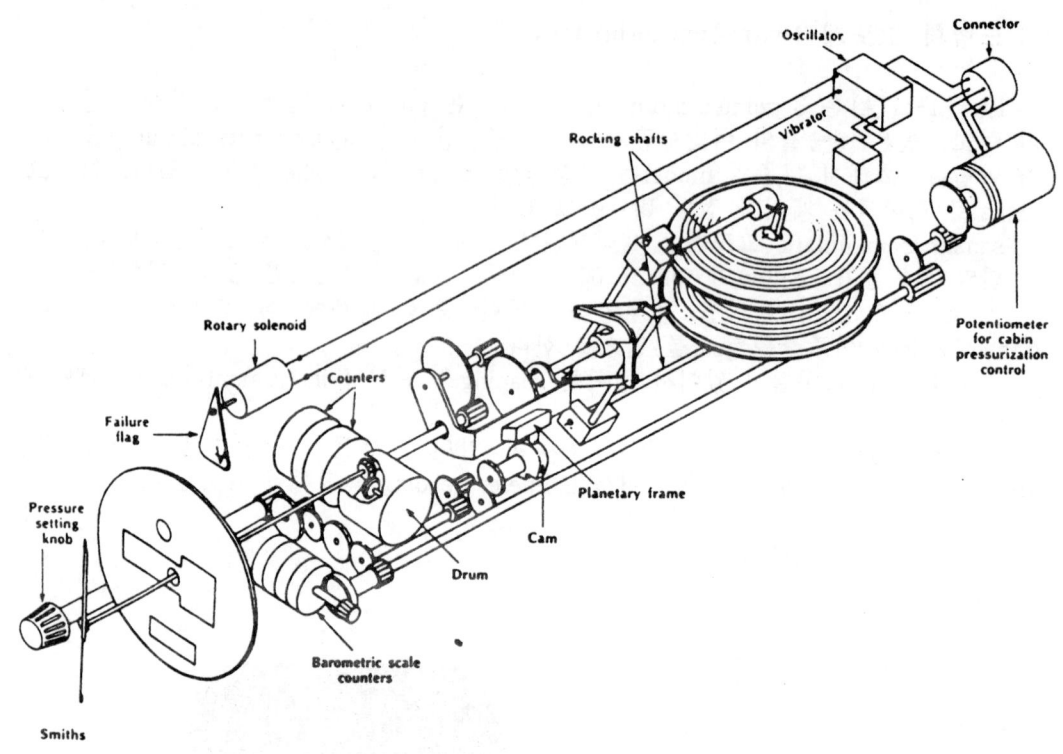

Fig. 1-13 Internal mechanism of a drum-type non-servo altimeter.

일부 altimeter는 복잡한 drum-type display를 작동한다.

Fig. 1-14는 50,000-feet servo altimeter이다. pointer가 1회전하면 1000 feet를 나타내고, 마지막 3자리에 표시된다.

A/C가 10,000 feet 이하일때는 위의 숫자로 표시가 가능하다.

Fig. 1-15는 servo-type altimeter의 schematic이다.

evacuated bellow나 capsule이 극히 낮은 관성의 rotary pick-off를 작동하는데 필요하다. pick-off로부터의 signal이 amplifier에 의해 쌓여서 servo motor를 작동시킨다.

이 servo motor는 drum 1 pointer synchros를 회전시킨다. 이것들은 다시 repeater indicator를 작동시키고, tramsponder에 입력된다. static system의 error로 position error가 있다.

c. Encoding altimeter

radar beacon transponder는 ground radar에 code로 응답해서 controller가 필요로 하는 정보를 준다.

이 transponder는 4096개의 code를 쓸수있고, 최근의 altimeter는 altitude를 나타내 줄 뿐만 아니라 transponder의 code로 ground station에 응답하고, 100 feet 단위로 A/C의 고도를 radar scope에 나타내 준다.

nonservo type의 encoding altimeter는 극히 낮은 torque 의 pick-off를 갖고 있고, 현재 사용중인 것의 대다수는 optical encoder를 사용한다.

이 system에서 bellow가 glass disc를 작동한다.

Smiths

Servo altimeters use the low torque from the bellows to provide a signal for the servo motor.

Fig. 1-14   Servo altimeter.

light source는 disc를 통해서 photoelectric cell에 빛나고 이것이 disc의 움직임을 transponder를 위한 coded signal로 바꾼다.

이 type의 pick-off는 상당히 정확한 반면 아주작은 torque를 필요로 한다.

D. Altimeter test

a. scale error

barometric scale는 29.92 inches of mercury에 set하고, test altitude에 맞는 pressure를 나타내야 한다.

b. hysteresis

altitude가 증가할때의 reading과 altitude가 감소할때의 reading 사이에서 계기가 허용한계 내에서 지시하는 것을 결정하는 시험이다.

hysteresis는, diaphram이 pressure change에 따라가지 못해서 metal의 deflection에 의해서 생기는 것이다.

c. 잔류효과 (after-effect)

이 error는 hysteresis test 를 끝낸후에 altimeter가 original reading으로 돌아가지 않는 것으로 알수있다.

d. 마찰 (friction)

모든 non-servo altimeter는 충분한 friction이 있어서 일정한 형태의 vibration이 정확한 reading을 위해서 필요하다.

이 test는 얼마만큼의 friction을 계기가 갖고 있는지 를 결정한다.

TABLE I-FRICTION

Altitude (feet)	Tolerance (feet)
1,000	± 70
2,000	70
3,000	70
5,000	70
10,000	80
15,000	90
20,000	100
25,000	120
30,000	140
35,000	160
40,000	180
50,000	250

reading은 case가 진동
하기 전과, 후에것을
택한다.
e. 케이스 누설 (case leak)
이 test는 18,000 feet
pressure에서 하고, 1분
에 100 feet 이상 leak
되어서는 안된다.
f. barometric scale error

TEST	Tolerance (feet)
Case leak Test --	± 100
Hysteresis Test :	
First Test Point (50 percent of maximum altiture) -------	75
Second Test Point (40 Percent of maximum altitude) ---	75
After Effect Test --	30

이 test는 barometric scale이 pointer에 적절한 효과를 갖고 있는지를 결정한다.

5) 속도계 (Airspeed Indicator)

Airspeed는 air의 ram pressure와 still 혹은 static air pressure 사이의 차이에 의해
측정된다.

위와같이 측정하기 위해서 airtight case가 vent가 되어 static source를 받고, 보통
은 A/C의 fuselage의 옆에 작은 구멍으로 되어있다.

mechanism은 diaphrame이 pilot나 ram air pickup tube에 연결되어 있다.

differential pressure가 커지면서, diaphram이 팽창하고, rocking shaft가 회전하며,

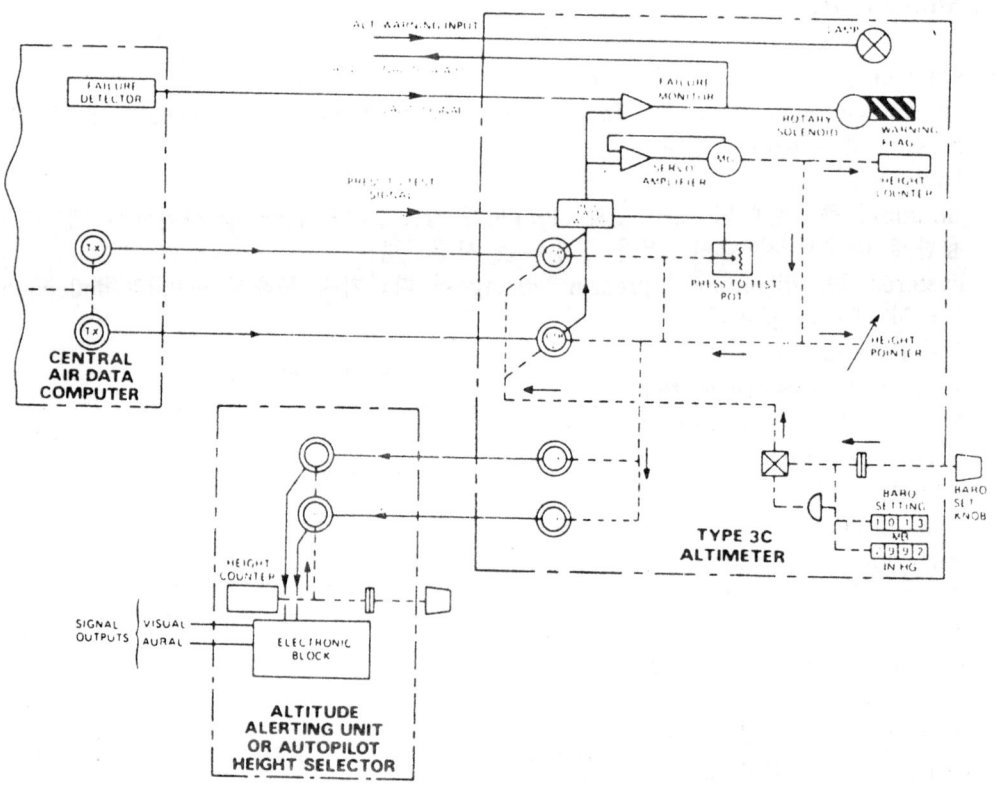

Fig. 1-15   Servo altimeter mechanism.

310

sector와 pinion을 통해, pointer를 움직인다. 계기판의 계기에서 읽는것이 지시대기속도(indicated airspeed)이다. indicated airspeed를 밀도고도(density altitude)를 수정할때와 같은 방법으로 하면 진대기속도(ture airspeed)가 된다.

true airspeed는 대략 각 1000 feet에다 2%씩 높게 지시한다.

이것은 A/C의 고도가 상승하면 밀도가 떨어지고, differential pressure가 감소해서 indicated airspeed를 작게 지시한다.

A. 진대기 속도계 (True airspeed indicator)

Cockpit에서 airspeed indicator, altimeter, outside air temperature gage를 읽을수 있고, 이 세가지 indication이 flight computer에 입력되어 true airspeed(TAS)를 따라 잡

TABLE III

Altitude (feet)	Equivalent Pressure (inches of mercury)	Tolerance (feet)
- 1,000	31.018	20
0	29.921	20
500	29.385	20
1,000	28.856	20
1,500	28.335	25
2,000	27.821	30
3,000	26.817	30
4,000	25.842	35
6,000	23.978	40
8,000	22.225	60
10,000	20.577	80
12,000	19.029	90
14,000	17.577	100
16,000	16.216	110
18,000	14.942	120
20,000	13.750	130
22,000	12.636	140
25,000	11.104	155
30,000	8.885	180
35,000	7.041	205
40,000	5.538	230
45,000	4.355	255
50,000	3.425	280

는다. 위의 절차는 너무 까다로와서 true airspeed indicator가 panel에 있다.

Fig. 1-17은 true airspeed indicator로 ALCOR aviation에 의해 제작된 것이다.

altimeter mechanism의 움직임은 outside airflow에 노출되어 있는 bimetallic spring의 action에 의해 영향을 받는다.

A/C가 상승하면 dial이 회전해서 높은 수치를 지시한다.

만약 air가 표준보다 따뜻하면, temperature sensor가 altimeter를 도와서 표준온도

TABLE IV -PRESSURE-ALTITUDE-DIFFERENCE

PRESSURE (Inches of Hg)	ALTITUDE DIFFERENCE (feet)
28.10	− 1727
28.50	− 1340
29.00	− 863
29.50	− 392
29.92	0
30.50	+ 531
30.90	+ 893
30.99	+ 974

상태에서 보다 높게 지시하게
한다.

B. 마하계기 (Machmeter)

마하수(Mach number)는
같은 air condition에서 A/C의
airspeed와 음속과의 비율을
나타낸다. machnumber를 측
정하기 위해 airspeed indica-
tor는 output이 altimeter me-
chanism에 의해 변경된다.
　　이것은 A/C 고도가 증가하
면서 팽창하고, airspeed dia-
phram의 정해진 팽창을 위해
pointer의 움직임은 감소한다.

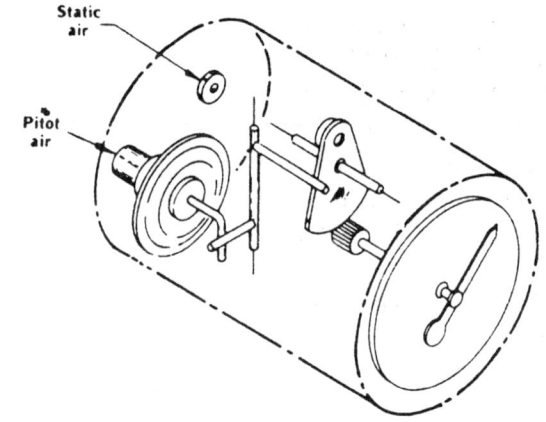

The airspeed indicator is a differential pressure gage.

Fig. 1-16　　Air speed indicator.

이 type의 mechanism은 instrument의 dial은 직선으로 만들어야 한다.

6) 승강계 (Vertical Speed Indicator (Rate of Climb))

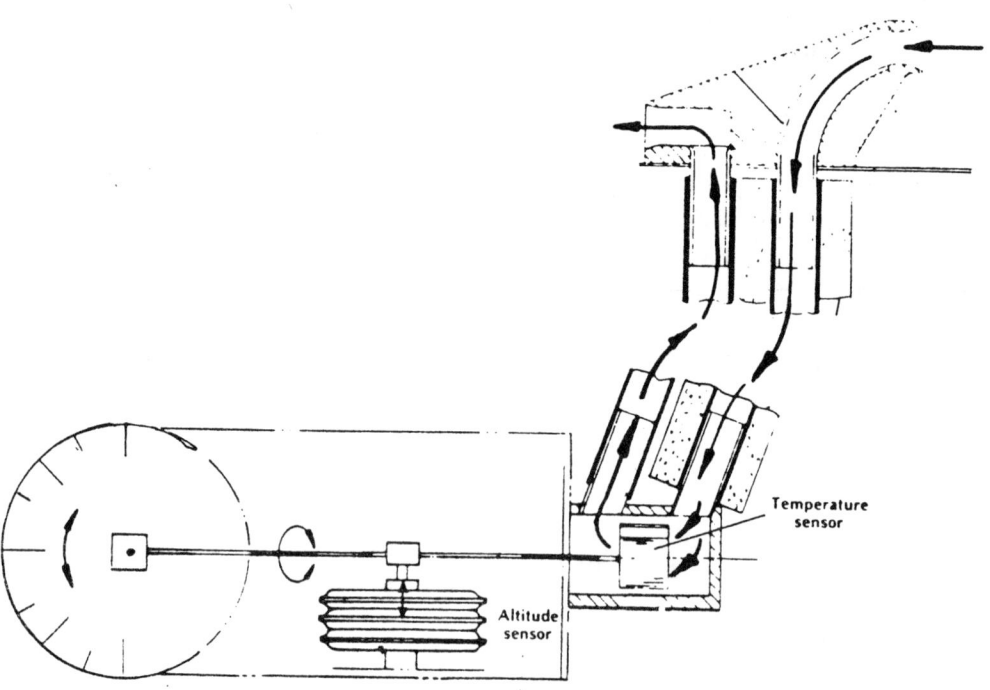

This true airspeed indicator modifies the airspeed indication by moving
the dial in response to altitude and temperature (density) changes.

Fig. 1-17　　True air speed indicator.

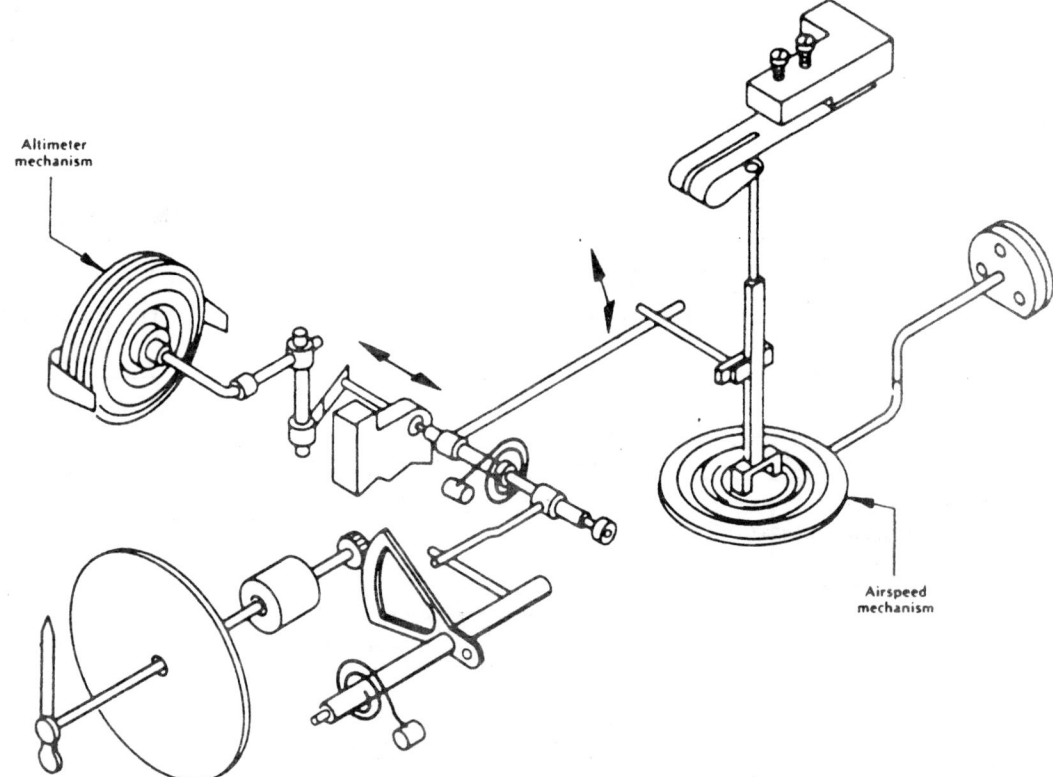

Altimeter
mechanism

Airspeed
mechanism

Machmeter – an airspeed indicator mechanism whose output
is modified by an altimeter.

Fig. 1-18   Machmeter

Vartical speed indicator는 lag-type instrument로, pressure change의 비율로 측정하고, 측정되기 전에 pressure가 먼저 변해야 한다.

vacuum-insulated container로 cockpit temperature가 reading에 영향을 미치지 못하게 막는다.

static port로 air가 들어와서 measuring과 over pressure diaphram으로 직접가고, 아주작게 calibrate된 diffuser를 통해 case로 들어간다.

A/C가 상승하거나 강하하면 diaphram 안쪽의 pressure가 즉시 변하는 반면, case 내부는 천천히 변한다.

이것이 차압(differential pressure)을 만들어 바늘을 움직이게 한다.

7) Instantaneous Vertical Speed Indicator(IVSI)

IVSI는 case에 vertical speed indicator mechanism을 이용하고, 여기에 accelerometer-operated pump 혹은 dashpot, diaphram등과 함께 작용한다.

A/C의 nose가 내려가면, accelerometer piston의 관성(inertia)이 이것을 앞으로 움직이고, 즉시 diaphram 안쪽의 pressure가 증가되어 diffuser에서의 pressure를낮게 한다. 이것이 즉시 강하를 지시한다.

313

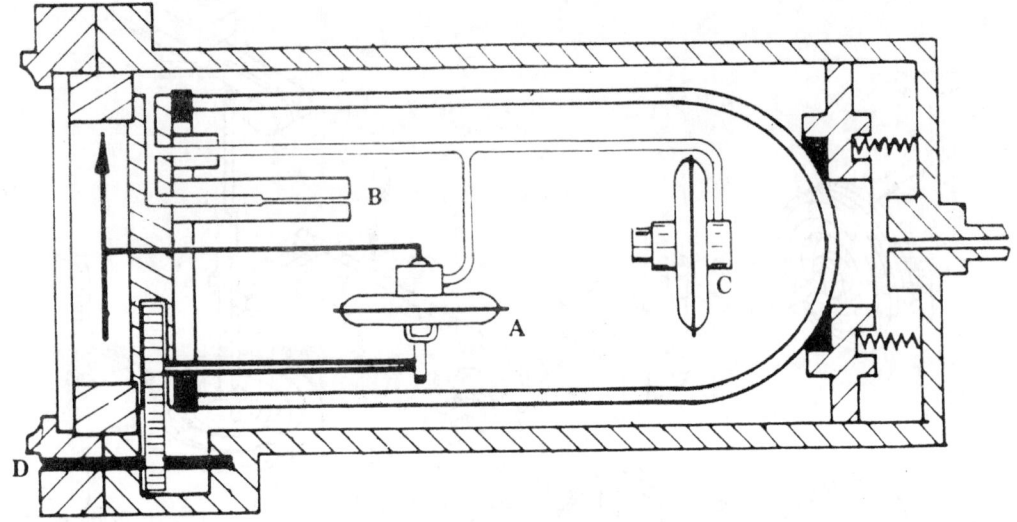

A - Measuring diaphragm
B - Calibrated leak
C - Overpressure diaphragm
D - Zero adjustment screw

Fig. 1-19   Vertical Speed or rate of climb indicator.

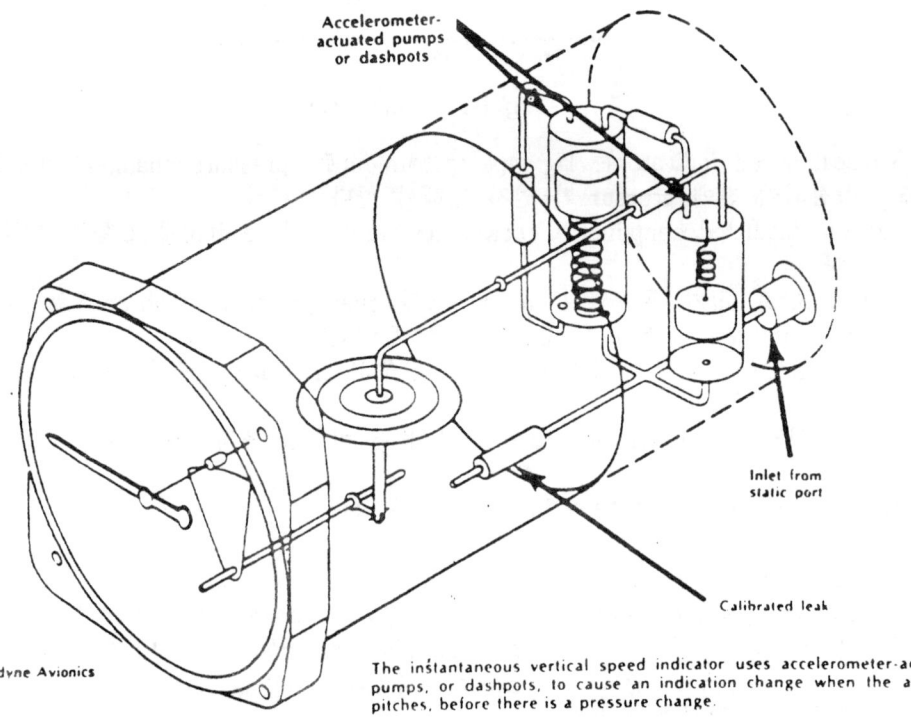

Accelerometer-
actuated pumps
or dashpots

Inlet from
static port

Calibrated leak

Teledyne Avionics

The instantaneous vertical speed indicator uses accelerometer-actuated
pumps, or dashpots, to cause an indication change when the airplane
pitches, before there is a pressure change.

Fig. 1-20   Instaneous vertical speed indicator.

314

제2장. 온도 측정 계기 (Temperature measuring Instruments)

2-1. 온도 측정의 종류 (Types of Temperature Measurement)

1) Non-Electrical

A. 액체팽창 (Expansion of a liquid)

유리관으로 직경이 작고 한쪽끝은 둥근 모양을 하고있고 안에는 수은(mercury)이나 alcohol로 채워져 있고, medicine, photography, 기타 온도 측정에 사용하는 thermometer로 알려진 것이다.

A/C에서는 이 type은 거의 쓰지 않는데 이유는 읽기 힘들고 쉽게 깨지기 때문이다.

Helical bimetallic spring

Fig. 2-1   The outside air thermometer registers temperature changes by the expansion of a solid - metal.

B. 고체팽창 (Expansion of solid)

Fig. 2-1은 outside air temperature gage로 A/C의 windshield롤 뚫고 바깥쪽으로 나와있는 것이 바로 이 type이다.

이 gage의 measuring element로는 metal strip이있고, 이것은 두개의 서로다른 metal을 용접으로 붙인 것이다.

이 strip은 꼬여서 pointer의 끝에 붙어있고 다른 한쪽끝은 case에 붙어있다.

온도가 변하면서 metal이 다른 크기로 팽창하고, strip이 꼬여서 pointer를 움직인다.

C. 기체팽창 (Expansion of gas)

Light A/C의 oil temperature gage의 대부분은 pressure gage이다.

bulb, capillary tube, bourdon tube가 모두 함께 봉해져서 methyl chloride(room temperature에서는 gas이고, pressure를 받으면 liquit 상태

The pressure-type temperature indicator uses a bourdon tube to measure the vapor pressure of the liquid in the bulb and capillary.

Fig. 2-2   The pressure-type temperature indicator.

가 된다)로 채워져 있다.

vapor pressure(vapor를 liquid상태로 유지하는데 필요한 pressure)가 상당히 높고, 온도에 비례한다.

bulb는 온도가 측정되는 곳에 위치해 있고 온도가 변하면 methyl chloride vapor pressure도 변한다.

이것을 bourdon tube pressure gage를 통해 읽을수 있는데 pressure가 아닌 온도의 단위로 calibrate 되어 있다.

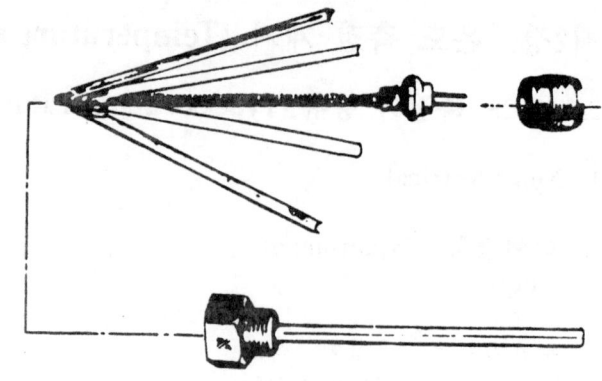

Fig. 2-3 Stem-sensitive nickel wire resitance-type temperature bulb.

2) Electrical

A. 저항변화 (Resistance change)

Metal의 전기적 특성과 물리적인 크기가 온도변화에 따라 달라진다.

이 특성이, outside air, carburetor air, oil, cylinder head등의 온도를 측정할때 사용한다. 가느다란 nikel wire가 mica core에 감겨있고, 이것이 측정하는 곳에 놓여 있다. 일부 bulb는 stem-sensitive이고 (Fig. 2-4(A)) 일부는 tip-sensitive(Fig. 2-4 (B))이고, 일부는 A/C skin과 같은 위치에 붙어서 outside air temperature를 측정한 다. 이 bulb를 두가지로 calibration 하는데, 하나는 0℃에서 50,000 ohms의 저항을 갖고 있고, 다른 하나는 0℃에서 90.38 ohm의 저항을 갖고있다.

Fig. 2-5는 temperature-resistance curve 이다.

Fig. 2-6에서 보는바와 같이 resistance-type temperature 측정은 wheatstone bridge-type indicator나 variometer등과 함께한다.

bridge leg의 저항을 다르게 해서 indicator를 통하는 전류를 조절하는 원리로 작동한 다. 만약 R1/R3의 ratio가 R2/X와 같으면 bridge는 균형이 잡힌 상태이고, point B에서의 voltage가 point C에서의

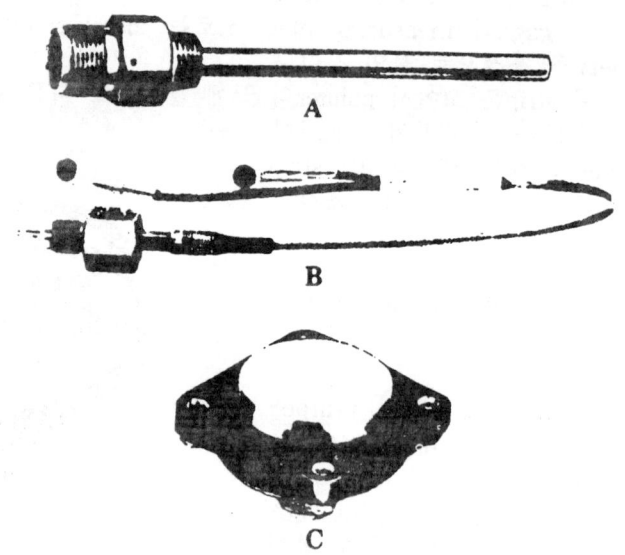

A

B

C

Fig. 2-4A Stem-sensitive temperature bulb.
Fig. 2-4B Tip-sensitive temperature bulb.
Fig. 2-4C Flush-mounted surface-type temperature bulb.

316

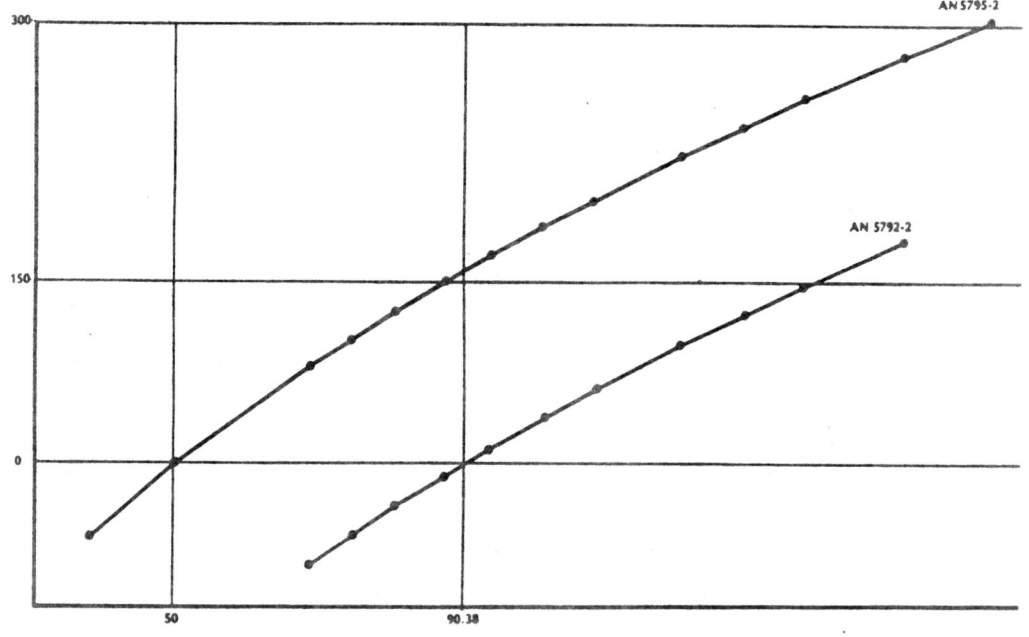

300 ╴

AN 5795-2

AN 5792-2

150 ╴

0 ╴

50   90.38

Bulb resistance, given in ohms

There are two standard calibrations of resistance bulbs, one with 50 ohms
at zero degrees C., and the other, 90.38 ohms at Zero degrees C.

Fig. 2-5   Temperature resistance curve.

voltage와 같다.

    indicator를 통해 전류가 흐르지 않는다. bulb의 온도가 증가하면, bulb의 저항이
증가하고, voltage drop이 생
긴다.

    이것이 point C에서, point
B보다 높은 voltage를 만들고,
indicator를 통해서 전류가 흐
르게 된다.

    만약 bulb의 저항이 brige
balance에 필요한 것보다 작으
면 point C에서 indicator를 지
나는 전류방향이 반대로 흐른
다.

    두가지 type의 ratiometer
indicator가 있는데 bulb를 통

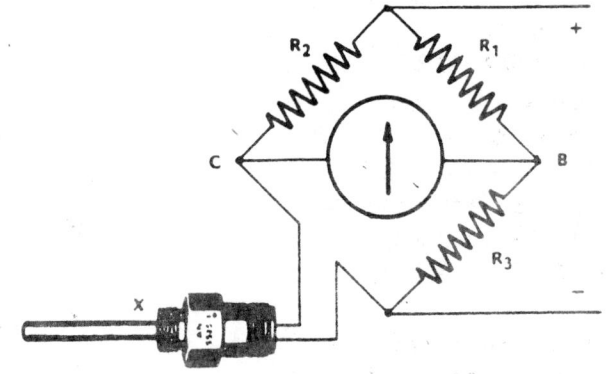

Fig. 2-6   Wheatstone bridge-type resistance thermometer.

317

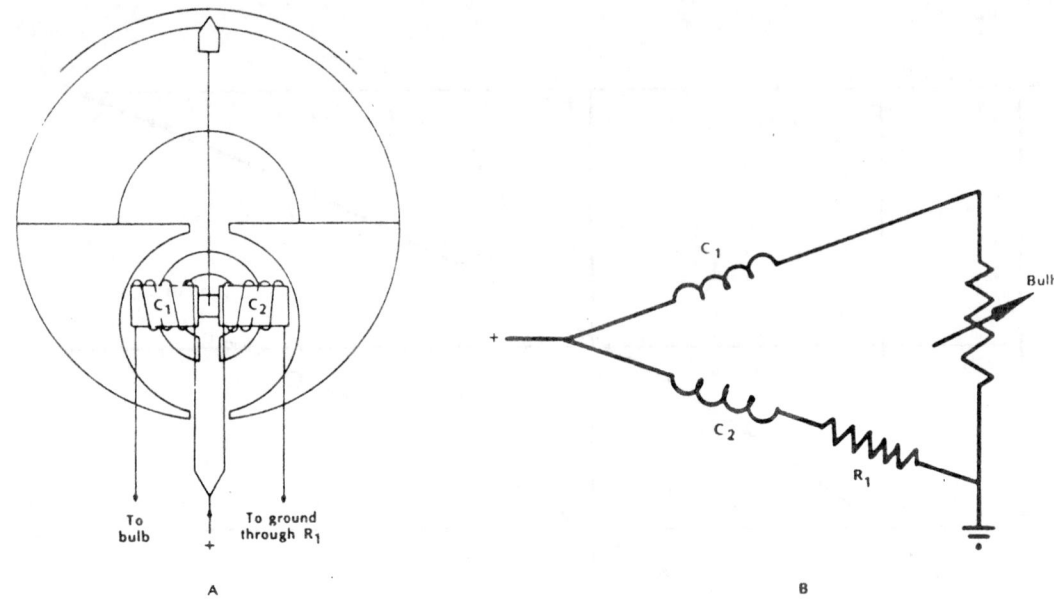

Fig. 2-7   Moving coil ratiometer.

하는 전류의 ratio와 resistor를 통하는 전류의 ratio를 측정한다. 전류의 ratio를 측정해서, indicator는, wheatstone bridge 보다 line voltage에서의 변화에 더적게 영향을 받는다. ratiometer의 한가지로 두 개의 coil이 permanent magnet의 non-uniform air gap에서 움직인다.

bulb저항이 낮으면 C_1을 통해 ground로 가는 전류가 pointer를 scale의 낮은 쪽으로 움직인다. bulb의 저항이 높으면, C_2를 통해 ground로 가는 전류가 pointer를 scale의 high 쪽으로 움직인다.

Fig. 2-8은 다른 type의 ratiometer indicator로 작은 permanent magnet이 있다.

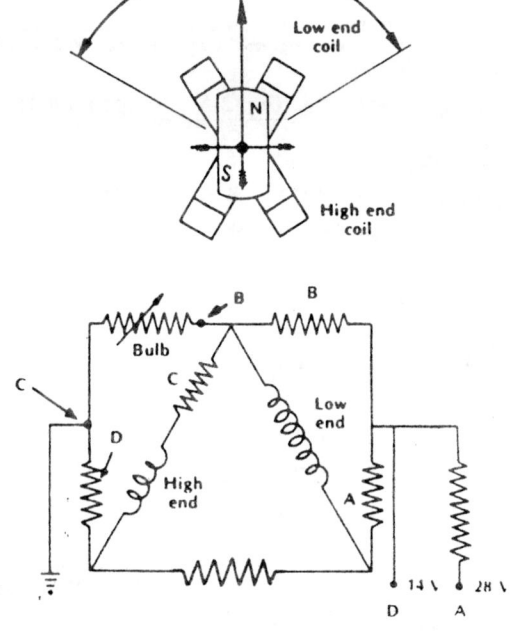

Fig. 2-8   Moving magnet ratiometer.

318

bulb 저항이 낮으면, 전류가 resistor A low end coil, bult를 통해 ground로 한다. low coil의 magnetic field가 permancent magnet을 잡아당겨서 pointer가 scale의 낮은 쪽으로 지시한다.

온도나 bulb 저항이 커지면서, 전류가 resistor B, C, high end coil, 그리고 resistor D를 통해서 ground로 흐른다. pointer는 scale의 높은쪽을 지시한다.

대부분의 ratio meter temperature indicator는 14 volts나 28 volts A/C에 사용한다. 만약 28 volts system에 연결되면, power가 pin A를 통해 indicator로 들어가서 voltage가 resistor에 의해 14 volts로 떨어진다.

만약 14 volts A/C에 설치되면, power는 pin D를 통해 들어오고, dropping resistor를 bypass한다.

B. 전압발생 (Voltage generation)

만약 wire를 특정한 dissimilar metal로 용접해서 loop로 만들면, 두 junction에서 두 end 사이의 온도차이에 비례해서 voltage가 생긴다. 이 voltage는 millivolts 이고, metal에 따라 다르다. constantan은 copper와 nickel의 합금으로, iron이나 copper 와 함께 thermocouple을 형성해서 왕복엔진의 cylinder head temperature를 측정한다.

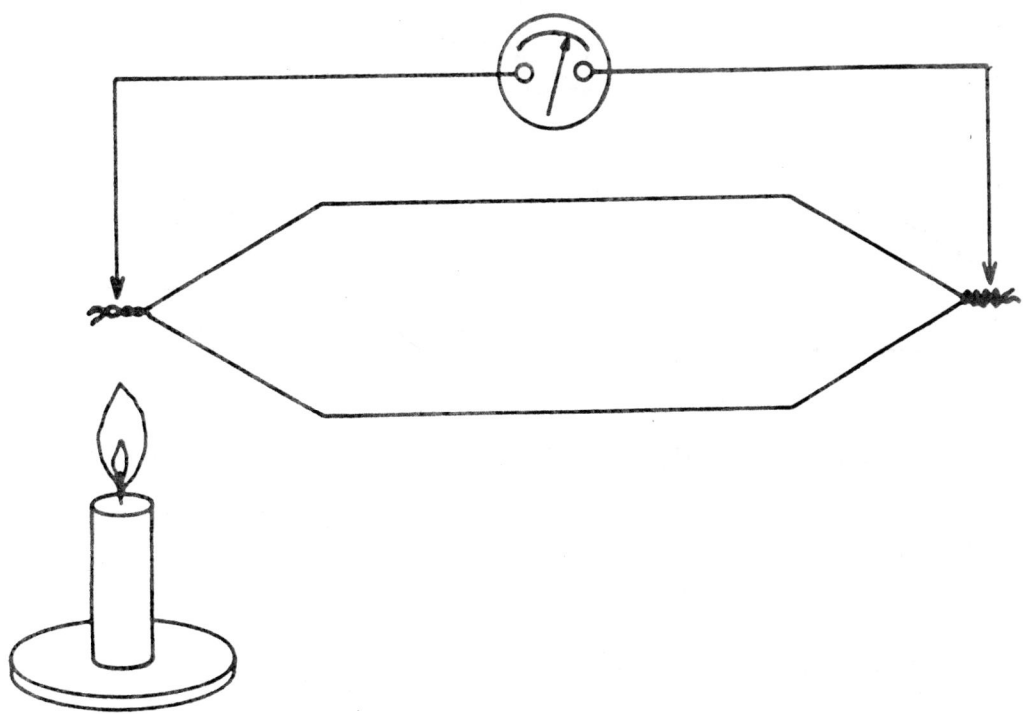

Fig. 2-9 The voltage generated in a thermocouple system is propertional to the temperature difference between the two ends.

copper와 constantan이 이 목적으로 사용되어 왔으나, 온도범위가 제한되어, iron 과 constantan을 사용해서 더높은 범위의 온도를 측정한다.

turbine engine에는 chromel과 Alumel을 사용해서 exhaust gas temperature(EGT) 나 tail pipe temperature등을 결정한다.

왕복엔진에서, 이것을 이용해서 EGT를 측정하고, exhaust-driven turbocharger의 turbine inlet temperature를 측정한다.

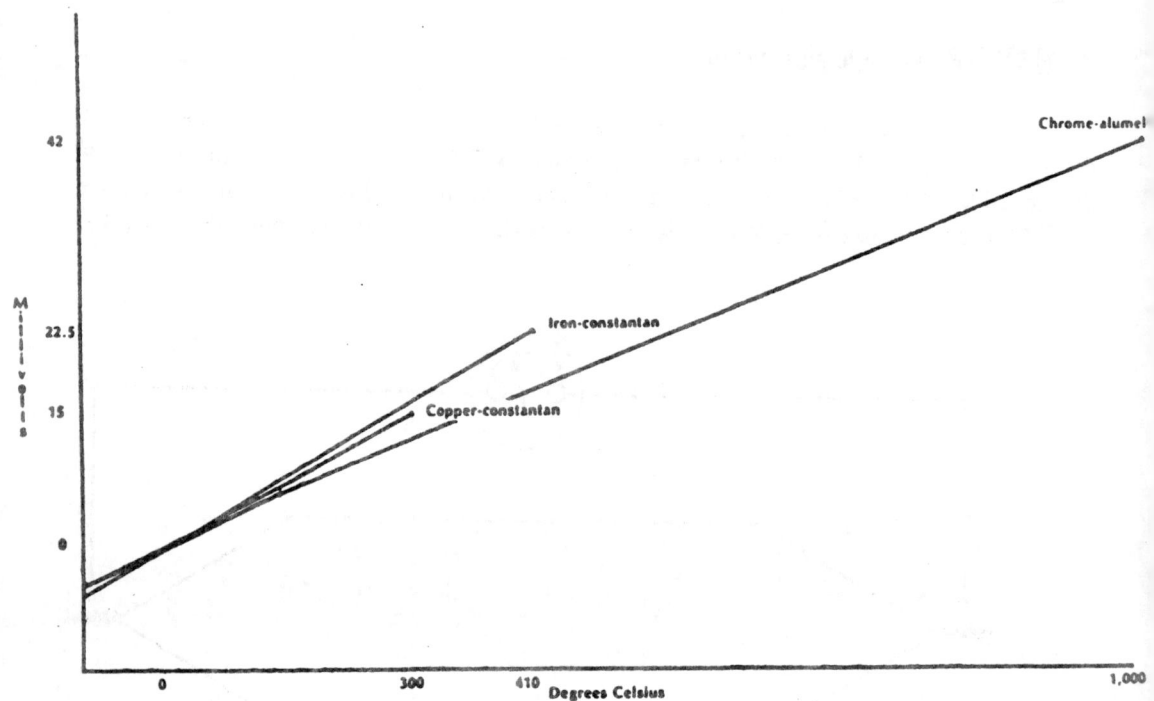

Fig. 2-10   Millivoltage output vs. Temperature for three thermocouples.

Fig. 2-10은 가장 많이 사용하는 3가지의 thermocouple의 millivolt output이다.

engine에서 thermocouple의 junction을 measuring junction이라고 부르고, instrument쪽은 cold 혹은 reference junction이라고 부른다. voltage는 양쪽 junction에 서 발생되고, 양쪽끝에서 온도가 같을때는 voltage가 상쇄된다. 만약 한쪽이 더 뜨거 우면, voltage가 있어서 wire에 전류가 흐른다. A/C의 온도측정의 대부분이 이 전류 를 측정한다. voltage는 두 junction 사이의 온도차이에 비례하고, 저항은 항상 일정 해야 한다.

A/C thermocouple에는 두가지의 표준저항이 있는데, single-engine A/C에는 2 ohms을, multi-engine에는 8 ohms을 사용한다. 그래서 thermocouple의 lead를 마음

320

대로 잘라서는 안되고, 만약
자롤때는 정확한 저항을 유지
해야 한다.

　　constantan wire를 negative
lead에 넣어서 저항을 조절한
다. terminal은 silver-soler로
한다. 또다른 문제점이 ther-
mocouple instrument의 sen-
sitivity이다. Meter 자체의 온
도변화가 moving coil의 저항
을 변하게 해서 hairspring을
변하게 한다. 이런 변화롤 방
지하기 위해, 저항의 negative

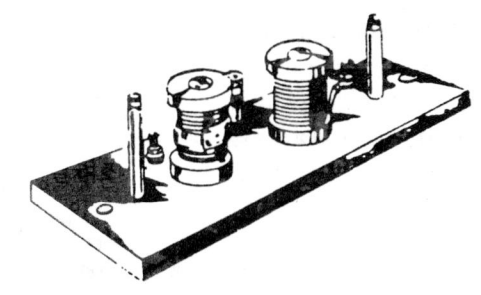

Fig. 2-11　Thermocouple lead resistor.

temperature coefficient material로 compensating resistor롤 만들어 meter movement와
직렬로 연결한다. 계기의 온도와 내부저항이 증가하면 compensator의 저항은 감소해
서 전체 저항은 일정하다.

　　thermocouple instrument의 마지막 calibration은 case뒤쪽의 resistancs wire의
small coil로 한다. 만약 instrument가 너무 민감하면(too sensitive)회로에 더많은
wire롤 더하고 이와 반대이면 wire롤 분리시킨다.

　　Fig. 2-12에서 calibrating resistor롤 볼수 있다.
　　thermocouple instrument는 low-resistance thermocouple과 shunt되었기 때문에

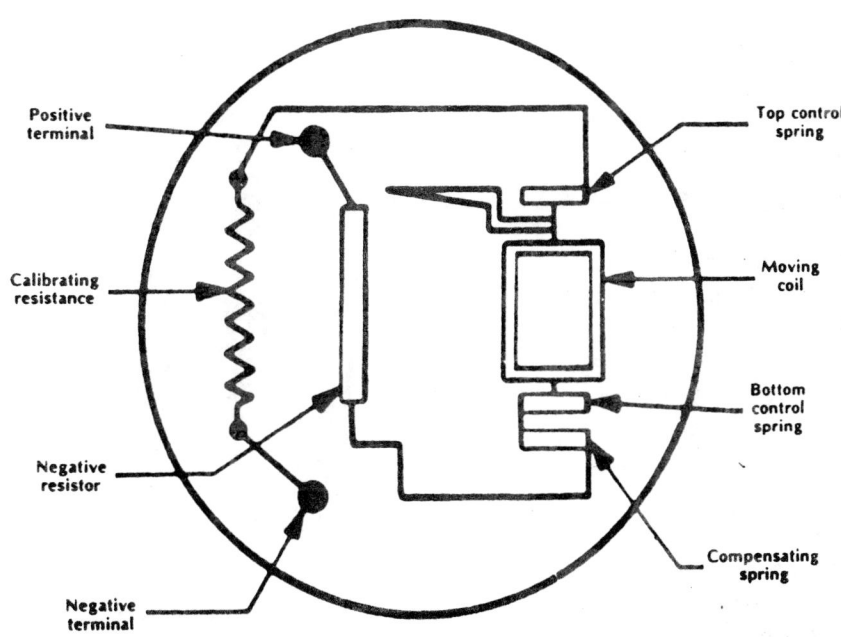

Fig. 2-12　Internal circuit for thermocouple-type temperature indicator.

moving coil은 paper bobbin으로 감겨 있다. aluminum bobbin을 갖고 있는 meter는 electrodynamical damping이 된다. 바늘이 앞뒤로 swing하면서, aluminum frame은 meter magnet의 magnetic field를 통해 움직인다. 이것이 voltage를 만들어 frame에 전류가 흐른다. 이 전류로 부터의 magnetic field가 swinging movement에 맞서게 된다. thermocouple meter가 low-resistance lead에 연결되면 meter coil을 통하는 전류의 완전한 path가 구성되어 frame으로 부터 field가 없어도 lead가 electrodynamic damping 한다. 그렇지만, lead가 meter로부터 분리되면, damping은 없고, pointer가 앞뒤로 swing해서 균형을 잃는다.

instrument panel에서 thermocouple instrument를 remove 하기전에 lead를 분해하고, meter terminal을 safety wire로 감는다. 이것이 coil을 통해 circuit을 완성해서 충분한 electrodynamic damping을 제공한다.

positive terminal이 negative보다 커서 lead가 바뀌는 것을 막는다.

이 계기는 두 junction사이의 온도차이를 측정하는데, cockpit temperature를 일정하게 유지하기는 사실상 어렵고, 이것을 보상할수 있는 장치가 필요하다.

전류가 들어가고, moving coil을 떠나서 calibrated hairspring을 통과한다.

이 spring의 anchor point를

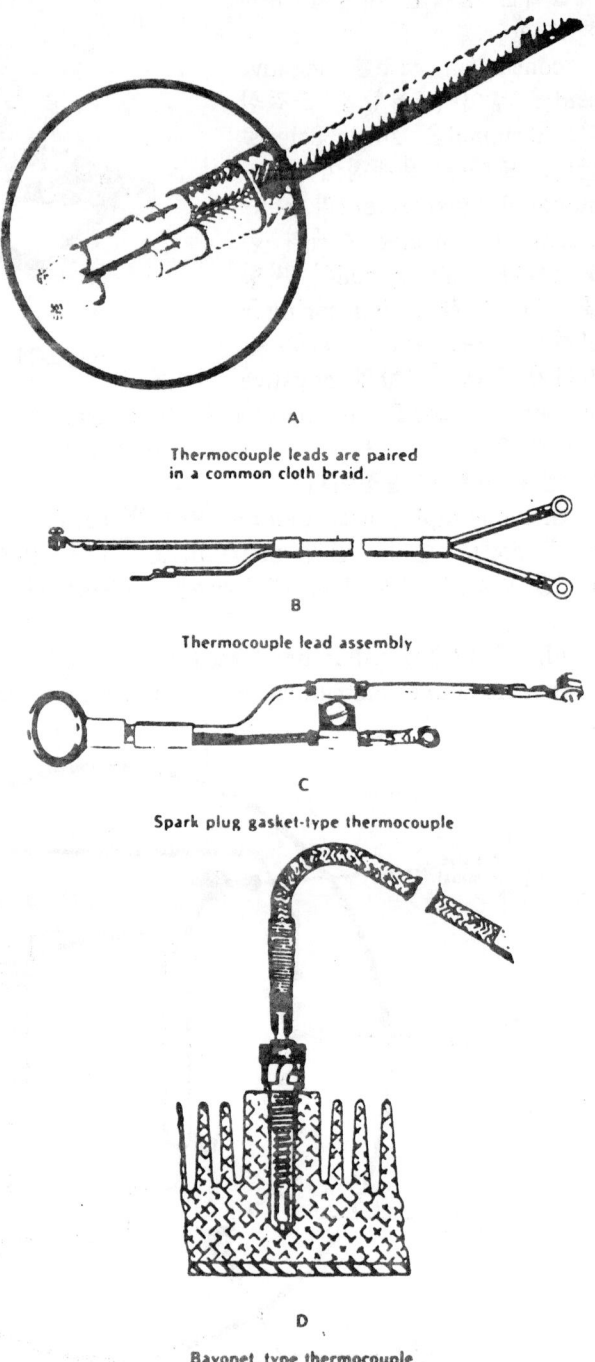

A

Thermocouple leads are paired in a common cloth braid.

B

Thermocouple lead assembly

C

Spark plug gasket-type thermocouple

D

Bayonet type thermocouple

Fig. 2-13 thermocouple.

322

움직여서 pointer의 resting point를 결정한다.

zero adjustment arm 대신에 lowertairspring이 있고, 이것이 bime fallic이나 compensating spring에 붙어 있다. 이 bimetallic spring은 thermometer처럼 작용해서 instrument case내의 온도를 측정한다. 만약 cockpit temperature가 증가하면, 양쪽끝 사이의 voltage 차이가 서로 같아져서 전류가 감소되지만, bimetallic strip은 pointer를 보상할 만큼만 움직여서 이 온도변화에 따른 error가 없다.

engine이 cold 상태이면, 두 junction은 같은 온도여서 thermocouple에 의한 voltage 발생이 없고 indicator는 ambient 주위온도(temperature)를 나타낸다.

a. Thermocouple lead

Thermocouple lead는 한쌍으로 만들어지고, 각각은. 절연되어 있으며 common braid로 쌓여있다.

insulator는 색깔이 있고, wire는 생긴모양이나 magnetic 특성으로 구별할수 있다.

copper-constantan lead는 yellow와 red insulation으로 식별한다. copper는 red color이고, cinstantant은 silver color여서 큰 혼돈이 없다. iron-constantain의 insulation은 yellow와 black, yellow로 표시된다. iron은 constantan보다 어둡고, 거칠고, magnetic 성질이 있다.

reciprocating engine에서, cylinder head temperature는 regular gasket 대신에 thermocouple에 붙은 special gasket을 사용한다. (Fig. 2-13, C)

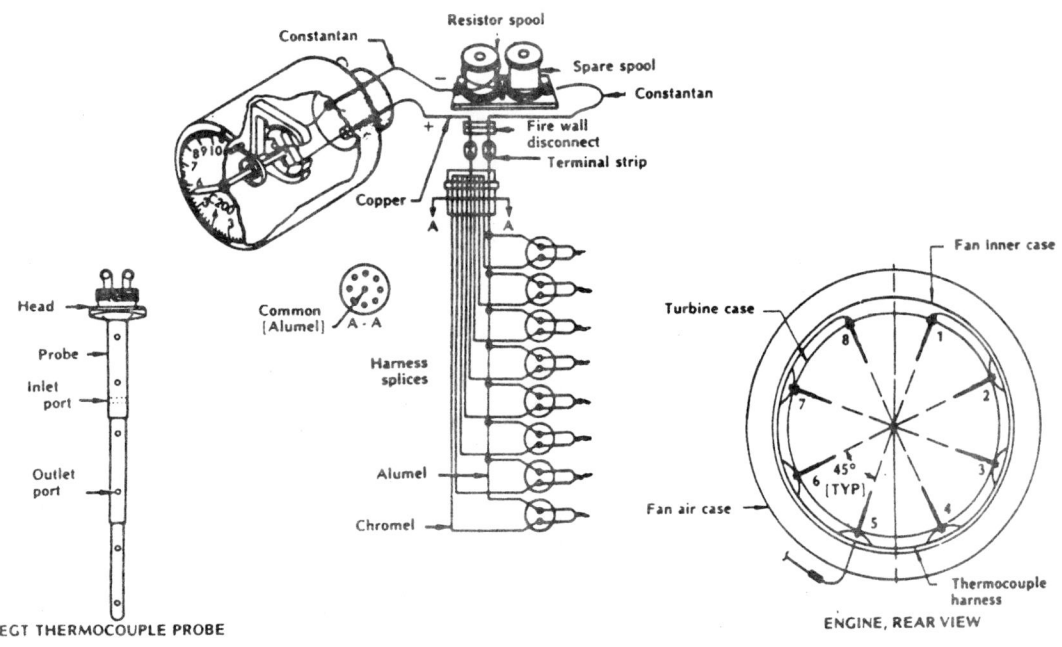

Fig. 2-14   Turbine engine exhaust gas temperature measuring system.

323

혹은 bayonet-type probe를 cylinder head wall에 밀어 넣는다. (Fig. 2-13, D) instrument end의 #10 lug은 positive lead에 #8은 negative에 연결한다.

turbine engine temperature는 왕복엔진과 같은 방법이지만, 하나 이상의 measuring point를 갖고 있어서 이것은 병렬로 연결되어 exhaust gas의 평균을 나타낸다. turbine engine thermocouple의 lead는 chromel과 alumel wire로 만들어졌다.

alumel은 negative lead이다. chromel read는 white이고, alumel은 green 색깔의 insulation을 갖고 있다.

제3장. Mechanical Movement Measurement

3-1. 가속도 계기 (Accelerometer)

A/C structure는 일정한 load에 견딜수 있게 설계되고 제작되어서, instrument panel 의 acceleromenter가 A/C에 걸리는 load를 나타낸다.

A/C의 load factor가 3.8이면, maximum gross weight의 3.8배를 structural failure없이 견딜수있다.

Fig. 3-1과같이 accelero-meter는 spring loaded control core에 의해서 움직이는 shaft 가 있다. control cord에 의해 구동되는 pulley에 3개의 po-inter가 붙어 있다.

A/C가 pitch up이나 down 되면, 관성 (intertia)이 무게로 작동해서 이것이 shaft를 위쪽 으로 혹은 아래쪽으로 타고 다녀서 이 움직임을 main pu-lley에 전달하고, point를 움직

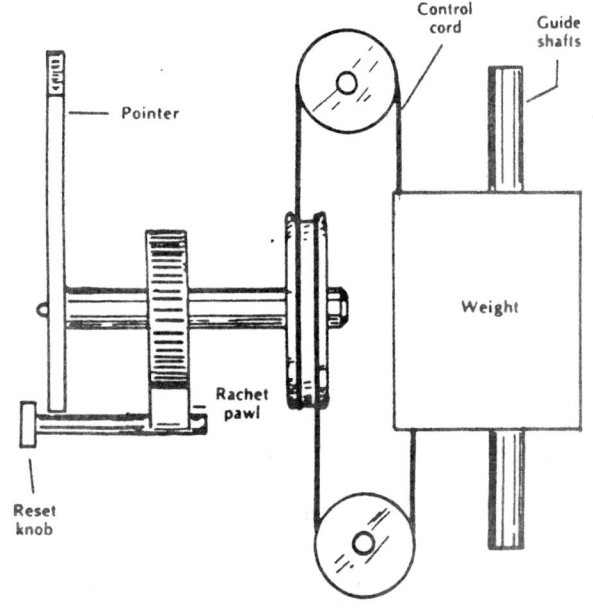

Fig. 3-1: An accelerometer indicates the load placed on an airplane structure and is calibrated in G-units.

인다. 두개의 보조 pointer가 pulley에 붙어 있다. 하나는 오직 negative direction으 로, 다른 하나는 positive direction으로 움직여서 maximum positive load factor에서 머물게 된다.

accelerometer는 G-unit으로 calibrate 되어 있어, A/C가 움직이지 않았을때는 1G positive을 가리킨다. panel에 accelerometer를 달기전에 평면에 놓고 지시 눈금을 관 찰해서 +1을 지시하면 정상이다. 계기를 뒤짚으면 -1을 지시한다.

계기를 손으로 위아래로 움직이면 pointer는 positive와 negative를 지시하고, auxiliary pointer는 maximum 위치에 머물러 있다.

3-2. 원격 지시장치 (Remote Position Indicating System)

1) Direct Current (D.C)

가장 단순한 형태의 remote position indicating은 A/C의 fuel quantity measurement이다.

D.C가 indicator로 공급되고, 여기서 두 coil로 나뉘어, 하나는 instrument case의 resistor를 통해 ground로 가고, 다른 하나는 sender나 transmitter를 통해 ground로 간다.

325

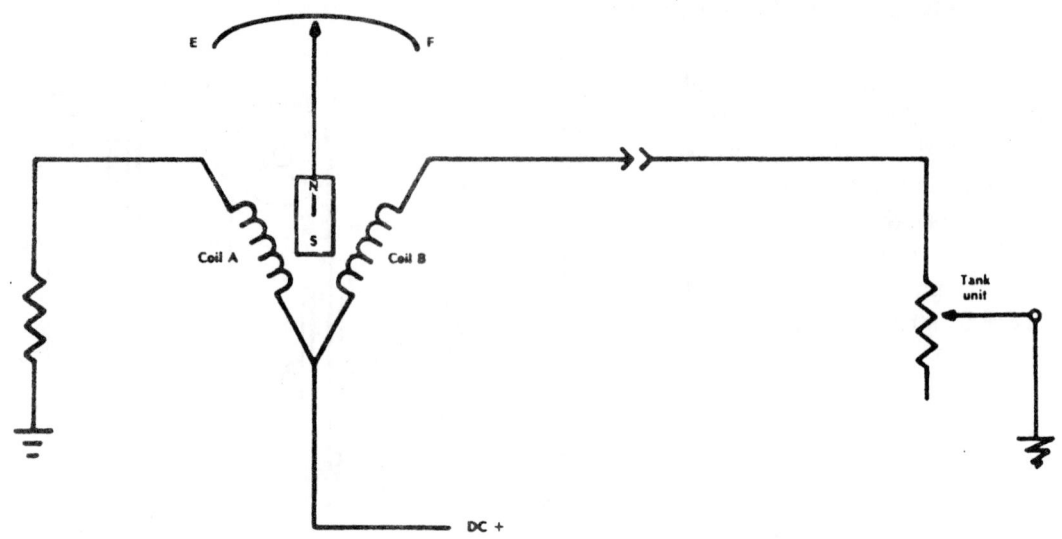

Fig. 3-2   Simple dc remote indicating system.

가변 저항기(variable resistor)는 fuel tank의 float에 의해 움직인다.

resistor arm이 한쪽으로 끝가지 가면, 회로의 모든 저항과 대부분의 전류는 fixed resistor와 coil A를 통해 흐른다. coil A의 magnetic field는 permanent magnet를 잡아당기고, pointer는 scale의 좌측으로 간다. resistor arm이 반대쪽에 치우치면(full fuel tank) 대부분의 전류는 coil B를 통해 ground로 흐르고, pointer는 dial의 우측으로 움직인다.

Fig. 3-3은 expanded range D.C 원격 지시장치(remote-indicating system)로 ring shape의 3개의 winding, soft iron core등을 갖고 있다. 이 winding은 circular resistor에서 전류를 받는다. circular resistor의 두개의 wiper는 coil 1과 2는 똑같은 전류가 흐르게 되고, coil 3의 양쪽끝은 같은 voltage여서 전류흐름이 없다. magnetic field가 indi-

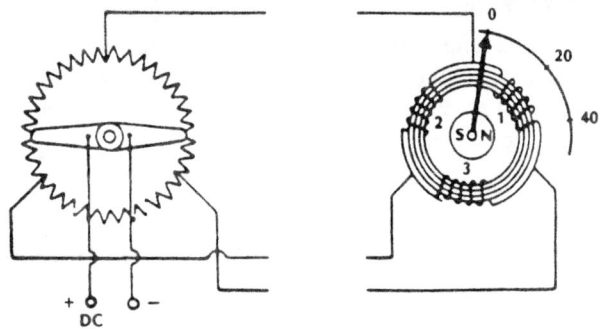

Fig. 3-3   Expanded range Dc remote indicating systems.

cator의 core에 형성되고, pointer가 붙어있는 permanent magnet을 정해진 곳에 머물게 한다. mechanism이 움직이면, 두 wiper는 위치가 변하고, 3개의 coil의 voltage와 여기를 통과하는 전류가 변해서 magnetic field를 바꾸어서 pointer를 움직인다.

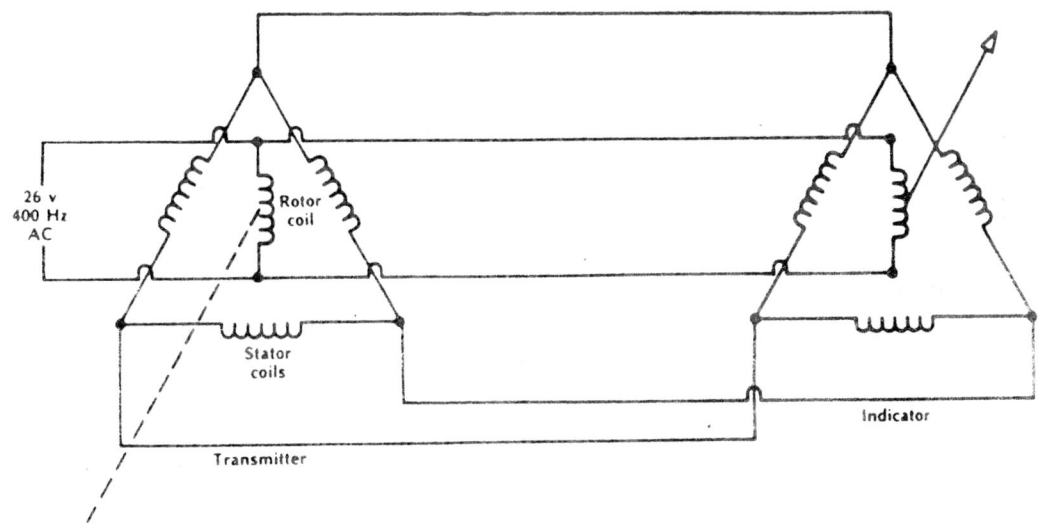

Fig. 3-4 Autosyn remote indicating system.

2) Alternating Current (A.C)

두가지 type의 A.C 원격 지시장치 (remote-indicating system)가 쓰이는데, 하나는 rotor에 electromagnet을 다른 하나는 permanent magnet을 사용한다.

A. Autosyn system

Autosyn system은 rotor로 electromagnet을 사용한다. rotor는 26 volts, 400 Hz의 A.C에 의해 excite된다. indicator의 rotor와 transmitter는 병렬로 연결된다.

rotor주변은 3-phase이고, delta-wound stator이고 역시 병렬로 연결된다. rotor의 400 Hz A.C가 stator winding에 voltage를 유도하는데 이것은 transmitter의 rotor가 측정되는 곳과 기계적으로 연결되었기 때문이다. 이것이 움직이면서 stator winding의 phase 관계가 바뀐다.

두 stator가 병렬이어서 이것의 phase 관계가 같고, indicator의 magnetic field가 rotor를 움직이게 하는데, transmitter의 rotor와 stator가 같은 관계에 있을 때까지 움직인다. 가벼운 pointer가 indicator rotor에 붙어 있어 transmitter의 움직임을 따른다.

B. Magnesyn system

Rotor를 permanent magnet으로 사용한다.

이계기의 기본 구성은 soft-iron에 toroidal-wound coil이 있고, ring-shaped core가 있다. 이런 coil이 하나는 transmitter에 있고, 다른 하나는 indicator에 있다. 이 coil들은 1/3 바퀴씩 감겨져 있고, 두개는 병렬로 연결되고, 26 volts 400 Hz A.C를 받는다. transmitter coil 중간에 있는 것이 permanent magnet이다. pointer는 indicator의 magnet에 붙어 있다.

전기학에서 설명한 바와 마찬가지로, conductor와 magnetic field 사이에 상대운동이 있을때 conductor에 voltage가 발생한다. autosyn에서와 같이 A.C voltage와 함께

327

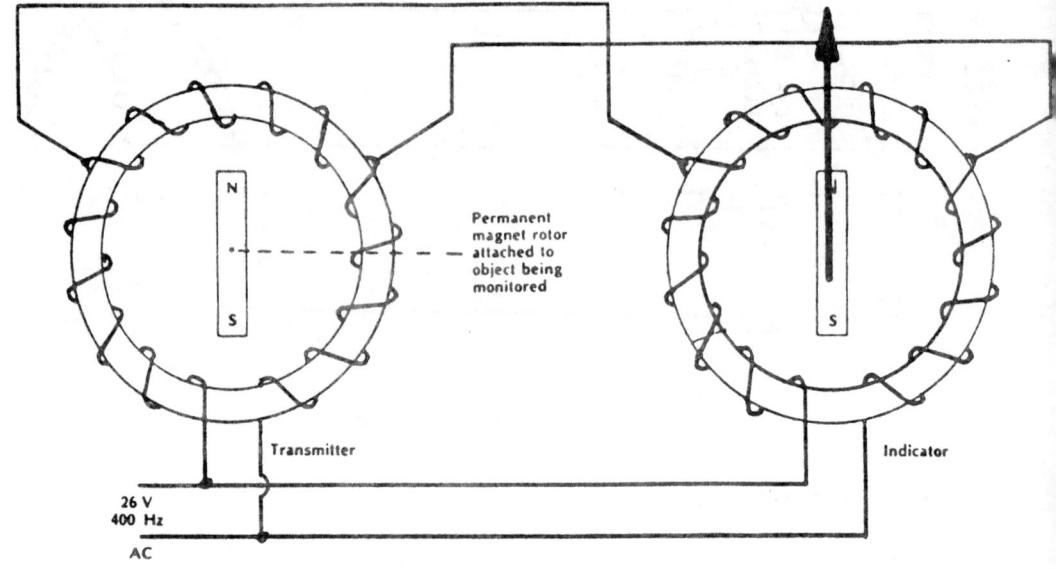

Fig. 3-5   Magnesyn remote indicating system.

형성되는 magnetic field는 별문제가 없지만, 물리적인 움직임없이 permanent magnet 에 voltage가 발생되면 문제가 된다.

이것은 permanent rotor로 부터 lines of flux를 번갈아서 받아들이고, 물리치고 하는 과정에서 coil의 core에 의해 생기는 것이다.

stator의 A.C가 ring-shaped core에 magnetic field가 포화하기에 충분한 크기이면, 포화(saturated) core의 자성(permeability)은 아주 낮다. 그래서 이것이 permanent magnet으로부터 lines of flux를 받아들이지 못한다.

약 1/800 second후에 core는 demagnetize되고, rotor로 부터의 flux를 받아들인다.

이것을 받아 들여서, coil의 lines of flux는 잘려서 winding의 3개 section에서 voltage가 발생한다. 3개의 section 사이의 voltage 관계는 rotor의 사이에 의존하는데, 왜냐하면, 두 coil이 병렬이고, indicator의 magnetic field가 transmitter의 것과 같기 때문이다.

indicator의 rotor와 pointer는 stator와 transmitter의 rotor가 line up 되는 것과 똑같이 stator와 line up된다.

3-3. 회전 속도계기 (Tachometers)

1) Mechanical Tachometer

Magnetic drag tachometer는 모두 mechanical tachometer로 대체 되었다. 이것의

원리나 제작은 자동차의 spe-edmeter와 비슷하다. flexible steel cable이 엔진속도의 절반으로 돌고, tachometer의 안쪽으로 미끄러져서 permanent magnet을 회전시킨다.

aluminum이나 copper drag cup이 magnet밖어서 magnet이 회전 할때의 lines of flux 를 자른다. cup에는 shaft가 있어서 여기에 pointer가 달려 있으며 calibrated hairspring에 의해 정지되어 있다. magnet이 돌면 lines of flux에 의해 drag cup에 voltage가 발생하고, 전류가 흐르게 되어 cup에 magnetic field를 형성한다. 이 field의 세기는 magnet의 회전속도에 비례해서 drag cup이 engine속도에 비례하는 힘으로 hairspring에 대항해서 회전한다. pointer가 움직여 engine speed를 지시한다.

calibration은 hairspring의 anchor를 움직여서 한다.

magnetic drag tachometer 는 가끔 hourmeter가 있다.

cable, 가끔 chain이라 부르고, 이런 계기에서 문제를 일으키는 중요한 요소이다. 이것은 double-wound spring steel wire로 만들어졌고, 어느 쪽으로 회전 시켜도 두가닥 중의 하나는 단단히 조여져서 풀리는 것을 방지한다. 이 cable은 steel case에 들어 있고, graphite grease로 윤활된다. grease가 너무 많거나 적어도 cable의 회전에 방해가 되고, cable이 굴곡이 있거나 느슨해지면 계기의 지시가 진동한다.

cable은 engine과 계기에 꼭맞는 길이로 양쪽끝은 swage 되어 있다.

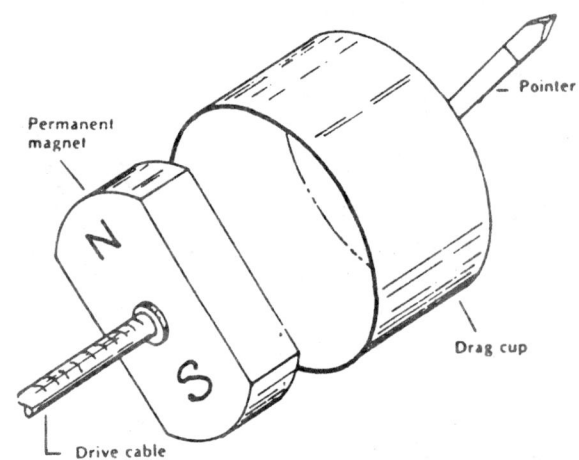

Fig. 3-6 Magnetic drag tachometer.

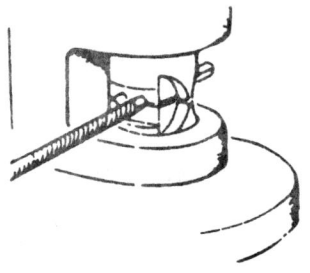

Tachometer cables may have a drive adapter swaged on their ends.

If no swaging tool is available, a plastic drive adapter may be bonded on the cable with a thermoplastic resin.

Fig. 3-7 Tachometer cable.

329

2) Electric Tachometer

A. 3상 교류 AC tachometer

가장 흔한 electric tacho-
meter는 engine에 의해 구동
되는 3상 교류 발전기(3-pha-
se A. C generator)를 이용한
다. 왕복엔진용으로는 4-pole
permanent magnet rotor가 있
고, turbine 엔진에는 2-pole
rotor가 있다. genelator의
voltage output은 속도에 따라
다르다.

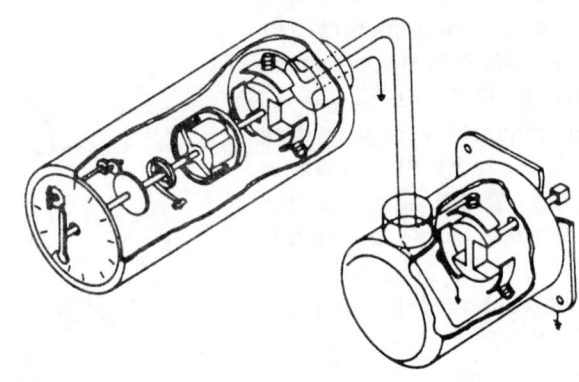

Fig. 3-8   Turbine engine ac tachometer.

계기의 내부에는 synch-
ronous motor가 있어서 gene-
rator와 같은 속도로 회전한다. 이 motor는 또다른 permanent magnet을 구동시키고,
이것이 magnetic drag mechanism을 작동한다. tachometer generator magnet의 세기
는 그렇게 중요하지 않고 정해진 범위에만 있으면 된다. 이것이 너무 세거나 약하면
indicator가 진동(oscillafe) 한다.

이 type의 대부분의 tachometer는 multi-engine airplane에 사용하면 한 case내에
두 mechanism이 들어있다.

B. Electronic tachometer

일부의 twin-engine A/C는 electronic tachometer를 사용한다.

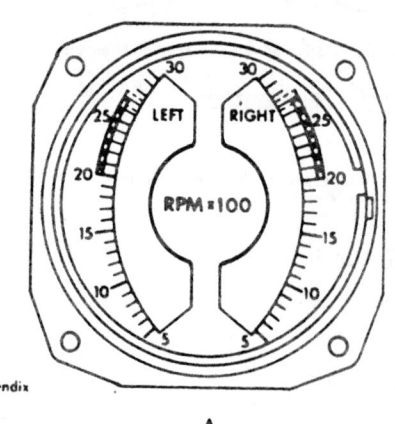

Bendix

A

The dual electronic tachometer measures the tachometer breaker point rate
of opening and closing, to provide an indication of engine RPM.

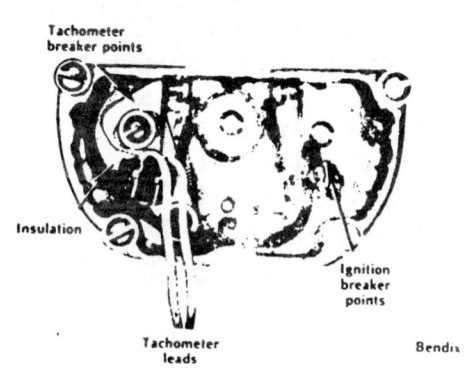

B

A set of breaker points, insulated from the ignition points, provides the
signal for electronic tachometer.

Fig. 3-9   Electronic tachometer.

330

이 계기는 signal을 각 엔진의 magneto의 breaker point에서 얻는다. 이 special point는 magneto honsing과 절연되어 있고, ignition system과는 아무런 기능을 하지 않는다. tachometer에 measuring circuit에 point가 열리고 닫히는 비율을 감지해서 이것을 singal로 바꾸어 meter에 rpm으로 나타낸다.

제4장. Gyroscopic Instrument

4-1. 자이로의 논리 (Gyro Theory)

　　Gyro scope는 small sheel로 자체의 무게가 rim에 집중되고, 빠른 속도로 회전한다. 이것은 두가지 특성이 있어서 A/C flight instrument의 심장으로 쓰인다.

Fig. 4-1　When a freely suspended gyro is spinning, it will remain rigid in space.

Fig. 4-2　Rotating a gyro's mount has no effect on the gyro.

1) 강직성 (Rigidity in Space)

　　만약 heavy-rimmed gyro wheel이 universal joint에 의해 지지되고, 빠른 속도로 회전할때 mount가 회전하는 것과는 관계없이 공간에 같은 위치에 머물러 있는다.

　　gyroscopic inertia(관성)이 이런 효과를 낳게하고, 이것을 altitude gyros, directional gyro, 그리고 gyro horizon에 이용한다.

　　사실 이 freely-suspended gyros 움직임은 중력의 법칙 (law of gravity) 보다는 관성의 법칙 (dynamic law of inertia) 에 따라서 이루어지고, 이것이 지구가 자전하는 것처럼 24 시간동안 계속해서 회전하게 한다. 이런 효과로 사실은 gyro scope라고 이름을 붙인다. 이뜻은, 지구의 회전 (자전)을 본다는 뜻으로 Leon Focault에 의해 처음으로 1851 년, gyroscope가 만들어졌다.

　　Fig. 4-3에서와 같이 gyro-

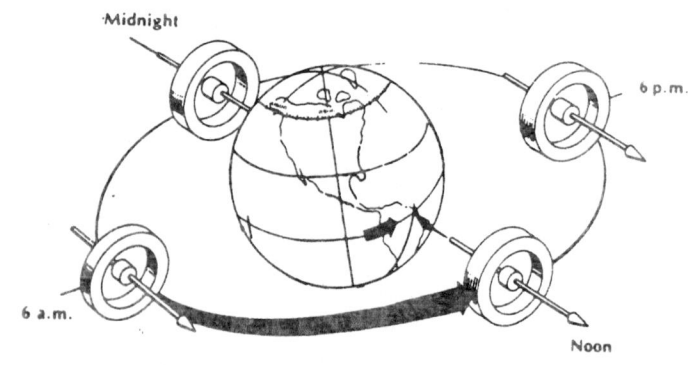

Fig. 4-3　A freely suspended gyro will appear to rotate completely in twenty-four hours.

332

scope가 공간에 있고, midnight에 gyro의 화살표는 지구의 중심을 향한다. 아침 6시에, 동쪽과 평행하게 되고, 정오에는 지구 바깥쪽을 향한다. 오후 6시에는, 다시 평행이지만 이때는 서쪽을 향한다. 이것으로 보아서 gyro의 회전은 분명한 precession이나 drift로 보이지만 실제의 precession 특성과 혼돈해서는 안된다.

2) 세차운동 (Precession)

Precession은 가해진 힘이 작용한 지점에서 90°뒤에 반응하는 것으로 gyro의 이 특성을 정의할수 있다.

Fig. 4-4에서 gyro는 spin axis와 수평으로 회전한다.

만약 힘이 wheel의 top에 가해지면, 기대한 것처럼 위에서 뒤로 넘어가는 것이 아니고 즉, vertical axis에 대해 움직이는 것이 아니고, movement P에 의해 나타난다.

이것이 경사지게 (tilt) 하려면 옆 (측면)에 힘을 가해야한다.

precession은 rategyro를 사용할수 있게 해서 turn indicator, slip indicator, 그리고 turn coordinator등에 사용한다.

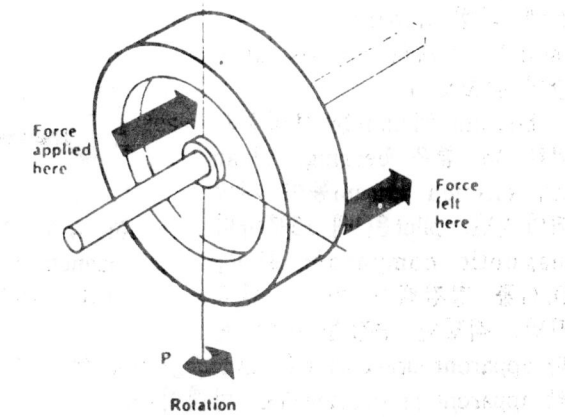

Fig. 4-4   A force applied to a gyro wheel is felt 90° from the point of application, in the direction of rotation.

4-2. Altitude Gyro Instruments

1) 방향 자이로 (Directional Gyro)

Magnetic compasse는 pilot에게 A/C의 heading을 나타내 주지만, compasse는 문제가 있어서 gyro scope의 "dead beat" 특성이 directional indication에 이용된다.

Fig. 4-5는 older type의 horizontal card instrument이다. gyro가 double gimbal universal joint에 달려있고, 전체 mechanism이 airfigut case에 들어있고, 이 case는 vacuum pump나 outside venturi에 의해 공기를 빼낸다. air는 nozzle을 통해서 housing으로 들어와서 rotor를 회전한다.

dial이나 card는 360° 표시가 되어 있는 metal band이다. pilot는 이 card를 vertical reference나 rubber line을 통해서 보고, 일반적인 magnetic compass처럼 directional gyro를 이용한다.

caging knob를 밀어 넣으면 두개의 gimbal이 lock되고, knob를 돌려서 card를 원하는 heading에 맞춘다. 작동중에는, gyro의 속도가 12,000 rpm이 되고, 이상태로 계속 남아 있다.

pilot는 magnetic compass 롤 읽고 D, G롤 맞추고, magnetic compass가 갖는 고유한 error인 oscillation이나 lead, lag없이 즉시 heading을 알수 있다. 공간에서의 rigidity는 atlitude gyro에 의해 사용되는 특성으로, bearing friction에 의한 precession과 지구의 자전에 의한 apparent prescession등 두개의 precession도 함께 갖고있다.

bearing friction을 보상하기 위해 더 좋은 bearing, clean air, election system등이 개발 되었지만, pilot은 매 15분마다 magnetic compass롤 보고, D, G롤 점검해야 한다. 필요

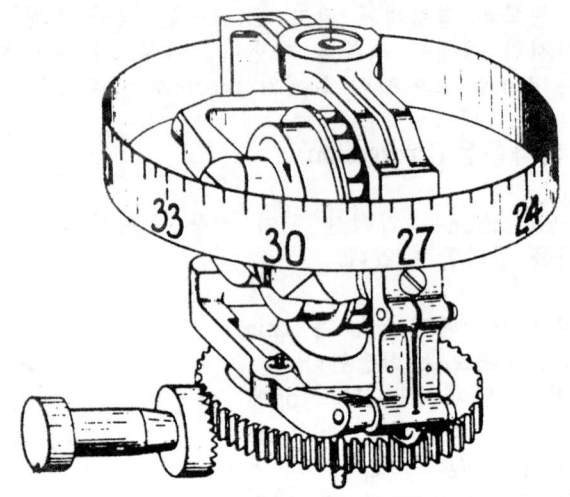

Fig. 4-5   The directional gyro is set to agree with the magnetic compass and gives the pilot directional information without the errors inherent in the compass.

하면, 적당한 수정을 해야 한 다. apparent precession은 inner gimbal frame의 무게로 actual precession을 보상하지 만 apparent precession과는 반대이다.

이 수정은 오직 하나의 gyroscopic location에서 정확하지만, 실제로는 경도롤 50° 이상 바꾸는 것이 아니면 apparent precession의 recalibration은 필요치 않다.

older instrument는 pitch와 roll에서 대략 55~60°의 tumble limit을 갖고 있다. 이 뜻은 만약 이 limit을 넘으면, gyro는 limit에 도달해서 presessive force가 inner gimbal을 stop에 부딪혀서 system의 균형을 잃는다. outer gimbal의 precessive force 가 card롤 격렬하게 회전시킨 다.

새 directional gyro는 작 고, 3 1/8 instrument hole에 맞고, 일부 gyro의 tumble li- mit은 80~85°까지 늘어 났 다.

이 새로운 작은 gyro는 작 동에 아주 작은 힘만 필요하 다.

Fig. 4-6은 신형의 vertical card이다.

rotating vertical dial은 gimbal의 몇개의 bevel gear에 의해 구동되고, 방향은 lubber

Fig. 4-6   The new vertical card directional gyro instruments use the image of an airplane as the lubber line.

334

line을 기준으로 읽고, 조그만 비행기의 nose가 glass에 그려져 있다.

각 45°와 90°마다 조그만 삼각형이 있어서 쉽게 주어진 각도만큼 turn 할수 있다.

좌측아래 구석에 knob는 caging knob로, 누르고 돌리면, dial을 회전시켜서 원하는 heading을 맞춘다. knob을 풀면, 자동적으로 instrument를 uncage한다.

만약 계기를 cage 상태로 놓고 A/C가 taxi하면 bearing이 상하게 된다.

2) 수평 자이로 (Gyro Horizon)

Fig. 4-7에서 gyro가 horizontal bar를 움직이게 하고 계기 전방의 small swing이 A/C를 나타낸다.

bar가 움직이는 것처럼 보이는데 이것은 지구의 수평선에 대해 움직이는 것이 아니다.

dial의 top에는 bank 각도 10, 20, 30, 60 혹은 90° 등이 표시되 있지만, 이것은 거꾸로 이다. 왜냐하면, 좌측으로 back 할때 우측으로 움직이기 때문이다.

Fig. 4-7 B는, bar가 two-color dial로 바뀌었고, 위쪽 반은 하늘을 표시하게 색이 칠해져 있고, 나머지 아래쪽 반은 어둡게 되있고, ground 를 나타낸다. converging line 은 back 각도를 나타낸다. dial의 수평선은 pitch각도를

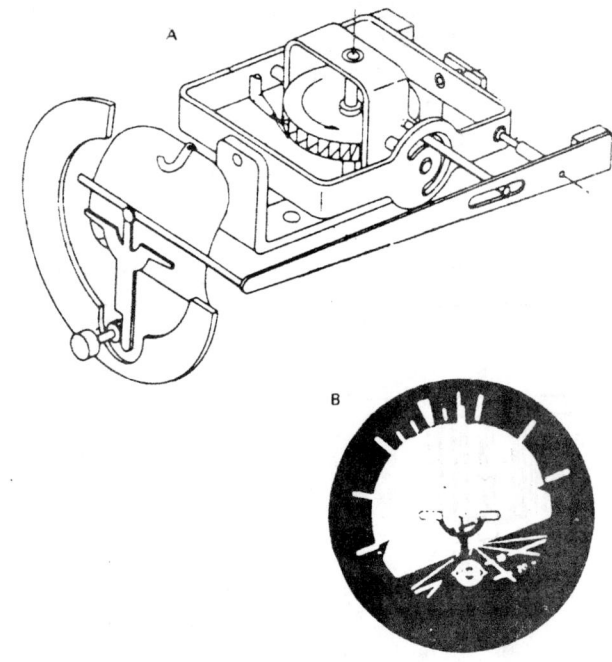

Fig. 4- 7

나타낸다. gyro horizon의 gyro의 spin axis는 vertical이고, roll과 pitch axe에 대한 회전을 감지할수 있고, erection mechanism이 지구의 중력에 의한 작동으로 인해 instrument level을 붙잡고 있다.

Fig. 4-8에서 보면, pneumatic instrument는 pendulum valve set을 이용한다.

rotor가 경사지면, pendulum이 흔들려서 housing 한쪽의 valve를 열고, 반대쪽의 valve를 닫는다. exhaust air가 housing의 battom에 reactive force를 집어넣고 90° rotor가 tilt되고, housing은 밀어서게 된다.

electrically-driven gyro horizon은 gyro housing의 top에 ball track으로 구성된 erection system을 사용한다. single steel ball은 disc에 reaction없이 housing 주변을 roll하고, ball은 낮은 point로 roll해서 disc가 위쪽으로 올라오려는 것에 반대한다. 이 opposition이 gyro에 의해 감지된다.

gyro는 지구의 중력과 함께 똑바로 서있는데 이것은 erection mechanism때문이고,

pendulum valve나 ball에 acceleration force가 tilt의 잘못된 지시로 나타나서, A/C가 turn중에 roll을 하면 pitch의 지시가 있고, 방향은 turn의 방향에 좌우된다.

대부분의 계기는 이것을 gyro housing을 약간 경사지게 해서 보상한다.

4-3. Rate Gyro Instrument

1) Turn and Slip Indicator

이것은 rate instrument로 precession의 원리로 작용한다. gyro wheel이 single gimbal 에서 회전한다. gimbal pivot는 A/C의 longitudinal axis와 나란하고, rotor 혹은 A/C의 lateral axis와 평행하다. A/C가 roll이나 pitch 할때는 system에 아무런 힘이 가해지지 않지만, vertical axis, yawing에 대한 어떤 회전에서는 gyro에 의해 감지된다. 이 힘은, precession의 원리에 따라 전방이나 뒤쪽이 아니고, 90°지점의 위쪽이나 아래쪽이다. 이것이 gimbal이 calibrated spring의 위에 있게 한다.

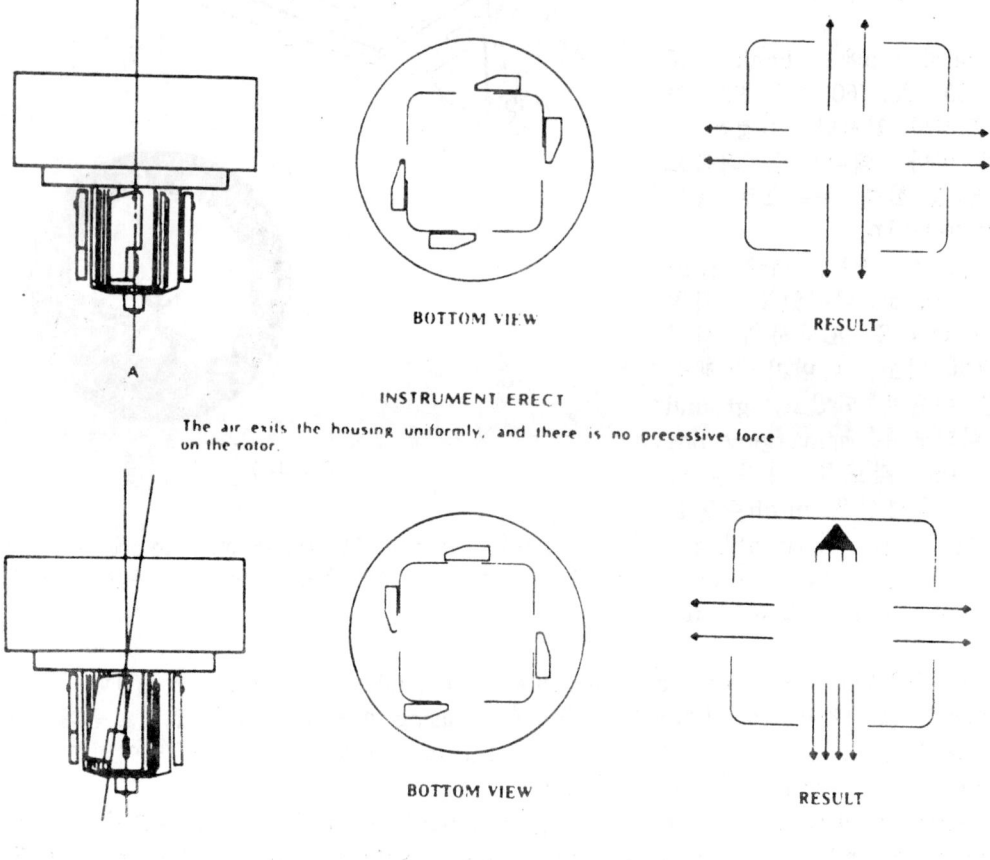

BOTTOM VIEW   RESULT

A

INSTRUMENT ERECT

The air exits the housing uniformly, and there is no precessive force on the rotor.

BOTTOM VIEW   RESULT

INSTRUMENT TILTED

Fig. 4-8 When the instrument tilts, air exhausts non-uniformly and a precessive force, 90 to the direction of tilt, causes the rotor to erect.

336

이렇게 spring 위에 있는 상태는 수직축에 대한 회전율에 비례한다.

rotor의 회전방향은 항상 지구와 함께 서있으려고 해서 A/C가 적절한 bank로 turn 을 하면 gimbal과 pointer 사이에 reversing mechanism이 사용된다.

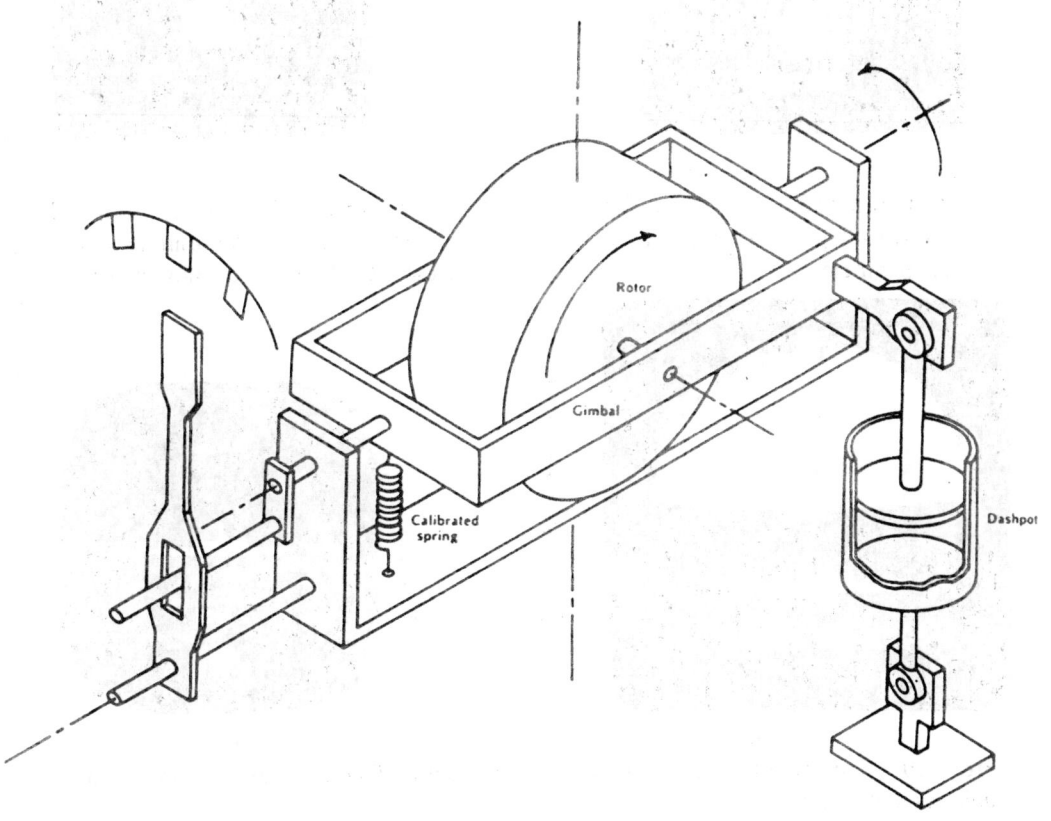

Fig. 4-9 The turn and slip indicator uses the force of precession on the gyro to oppose a calibrated spring. Pointer movements is opposite the direction the rotor lays over, so the rotor will remain upright when the airplane banks in the turn.

Fig. 4-9는 이 계기의 operating principle을 나타낸다.

측정은 rate of yaw이고, dial은 calibration number를 갖고 있지 않다. 계기는, standard rate of turn으로 calibrate 되어 있다. 대부분의 계기비행에서 standard rate of turn은 3° per second으로 간주한다.

그러나 더 빠른 A/C는 1 1/2° per second으로 turn한다.

Fig. 4-10 (A)은 계기의 dial의 한 needle의 너비는 3 degree per second turn을 나

A

One needle-width of pointer deflection represents 3° per second turn, or 360° in two minutes.

B

A standard rate [3°/second] turn will cause the needle of a four-minute turn indicator to align with the dog houses.

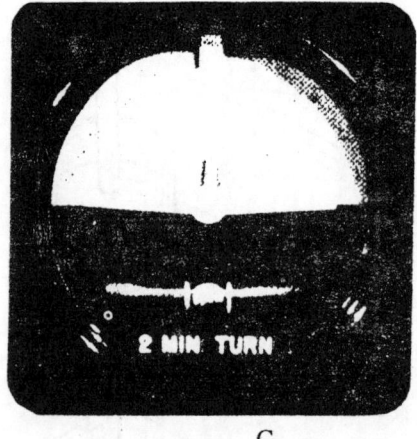

C

D

Fig. 4-10 Turn coordinators sense rotation about both roll and yaw axes, to provide an indication of a turn.

타내고, A/C는 수분내에 360° turn을 끝낸다.

Fig. 4-10 B는, 4-minute turn indicator로 한 needle의 너비는 1/2 standard rate turn이나 1 1/2° per second을 나타낸다. needle이 "dog house"와 일치되면 standard rate of turn (3° per seond) 이 된것이다. altitude 계기가 많이 이용되면서 rate 계기는 차츰 물러나고 있다. directional gyro와 gyro horizon은 electrical system으로 작용하고, turn과 slip indicator는 penumatic에의해 작용한다.

2) Turn Coordinator

Turn과 slip indicator는 vertical이나 yaw축에 대해 회전을 감지해서 계기가 지시하기 이전에 turn이 선행되야 한다.

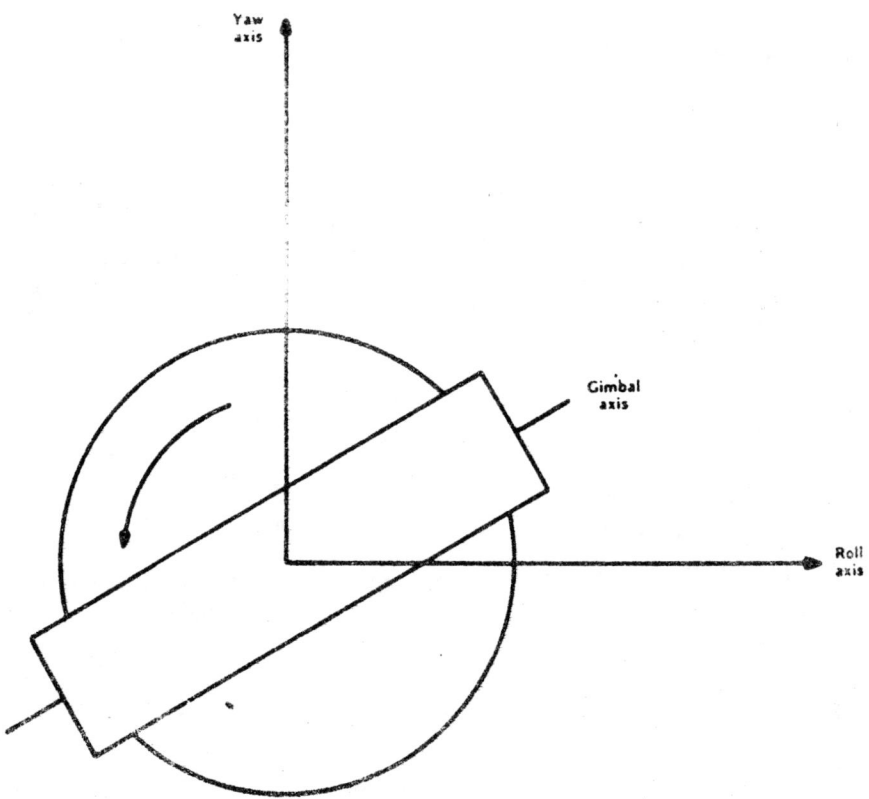

Fig. 4-11   The canted rotor in a turn coordinator senses rotation about both the roll and yaw axes, to give the indication of a turn.

Fig. 4-11은 roll과 yaw force가 gyro에 의해 감지 된다.

wing이 내려가고 turn을 시작하자 마자, turn coordinator는 회전을 감지하고 즉시 turn을 나타내 준다. 이 계기는 curved glass tube가 있고, 부분적으로 clear liquid로 채워져 있고, glass ball은 봉해졌다. ball은 gravity와 centrifugal force에 반응하고, liquid는 이런 움직임을 감소시킨다. 만약 rate of yaw가 선회 각에 너무 크면, centrifugal force가 더커서 ball은 turn의 바깥쪽으로 간다.

만약 반대로, bank angle이 rate of yaw에 너무크면 ball은 turn의 안쪽으로 떨어진 다.

제5장. 방향 지시 계기 (Direction Indicating Instruments)

5-1. Inherent Error

1) 편차 (Variation)

지구의 magnetic pole이 geographic pole과 일치하지 않아서 수정이 필요하다.

Fig. 5-1 lsogonic line이다. 위에서 보면 agonic line을 제외한 모든 라인은 magnetic과 geographic pole이 일치하지 않아서 알맞은 수정을 해야 한다. agonic line의 동쪽에서 magnetic coure를 향할때는 variation error을 빼준다. line의 west에서는 magnetic course가 variation error만큼 true course가 크다.

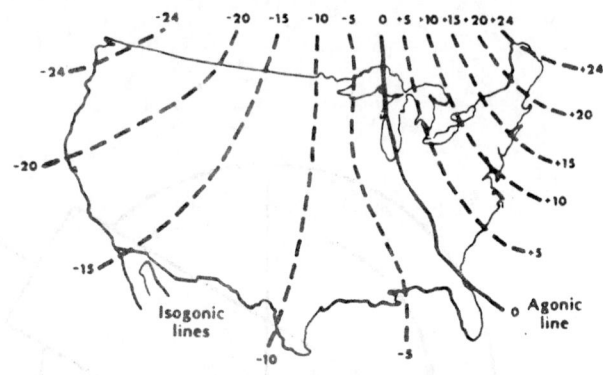

Fig. 5-1 Lines of equal variation wander across the United States in an irregular pattern.

2) 자차 (Deviation)

Ferrous metal part와 wire가 electrical current를 운반해서 compass의 magnet을 잡ㅜㄷ어서 deviation이라 부르는 error를 만든다. 이 error를 최소화 하기위해, compass를 swing 한거나 보상한다. 큰 air port에는 compass rose가 있고 이것은 magnetic field로 부터 안전하게 분리된 지역이다.

Fig. 5-2와 같이 rose는 각도가 매겨져 있고, magnetic north를 기준으로 한다. A/C를 magnetic north쪽으로 향하게 하고, engine은 geneator나 alternator를 작동시키고, 모든 radio equipment를 "on" 시킨다. N-S adjustment screw를 조절해서 error를 없앤다.

즉, compass가 north를 가리키도록 한다.

Fig. 5-3과 같이 이 screw는 compass만의 조그만 permanent magnet을 회전시켜서

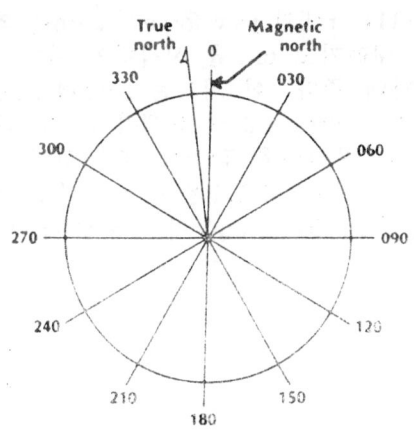

Fig. 5-2 Compress roses are laid out with reference to magnetic north.

340

magnetic field가 들어오는 어
떤것과도 대응하도록 한다.
A/C를 magnetic east로 돌려
놓는다. E-W screw로 모든
error를 없앤다. compass가
east를 지시하도록 한다. 다시
A/C를 magnetic south로 돌리
고, error의 절반을 수정한다.

이것은 north와 south 사이
의 error를 나누는 것이다.
A/C를 west로 향하게 하고,
error의 절반을 수정한다. 가
끔 compass는 최대 허용 de-
viation limit내에 맞출수 없을
때가 있다.

이때는 compass 주변의
steel structure나 control의 일
부를 demagnetize한다.

Fig. 5-5는 demagnetizing
tool이다. laminated steel st-
rap에 coil이 감겨 있고, 60
hz의 AC가 흐른다. permane-
nt magnet을 갖고 있는 cyli-
nder head temperature gage
나 tachometer등은 com-pass
에서 멀리 떨어져야 한다.

3) 가속 및 선회오차 (Acceleration and Turning Error)

Magnet은 지구의 magnetic
field와 수직으로 일치되고,
horizontal component와도 일
치한다. pole의 근처에서 ver-
tical component는 magnet이
float을 경사지게 한다. 이것을
보상하기 위해 float은 적도 근
처에서 약간 무게가 나가게한다.

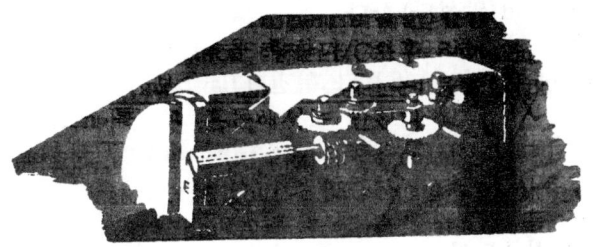

Fig. 5-3   There are two compensating magnets in a compass, one adjusted by the N-S screw to remove north-south deviation, and the other moved by the E-W screw to minimize the effect of deviation on east or west headings.

FOR(MAGNETIC)	N	30	60	E	120	150
STEER(COMPASS)						
FOR(MAGNETIC)	S	210	240	W	300	330
STEER(COMPASS)						

COMPASS CORRECTION CARD

Fig. 5-4   Atter the compass is swung, a card should be filled in, signed, and mounted in plain view of the pilot, near the compass.

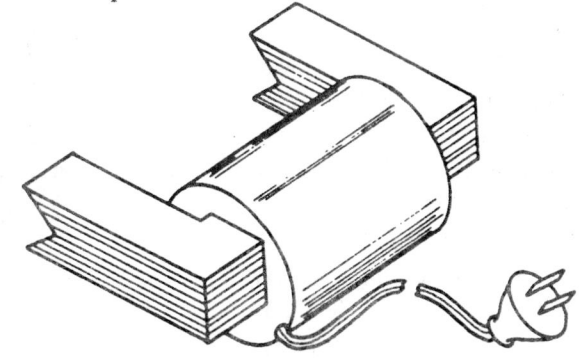

Fig. 5-5   Turn the demagnetizer on, then pass it up and down along any magnetized structure. Remove the demagnetizer and THEN turn it off.

A/C가 back하면 A/C의 vertical 축에따라 무게가 더해지지만, magnet attraction
은 계속 지구의 중심쪽을 향한다.
A/C가 south쪽으로 back하면, turn하는 방법으로 card를 잡아당겨서 compass가

A/C를 lead(앞선다) 한다.

만약 north 쪽으로 back하면 card에 작용하는 힘이 turn과 반대방향으로 회전하게
해서 compass는 A/C보다 뒤진다(lag)

5-2. 원격 지시 콤파스(Remote Indicating Compass)

Deviation error는 외부의 magnetic field에 의한것이다. 계기판에는 항상 magnetic
field가 집중되어 compass를 설치하기에 좋지 못한 곳이다.

이런 문제를 없애기위해, remotely-mounted compass transmitter가 floating
magnet을 갖고있고, 이것을 vertical fin에 설치하거나 fuselage 뒤쪽에 있게한다.

Fig. 5-6은 transmitter로
float과 magnet을 갖고 있는
spherical plastic bowl로 만들
어졌다. damping fin은 float
oscillating을 막고, diaphram
이 fluid의 팽창을 허용한다.
float의 내부는, magnet이 지
구의 field와 일치되있다. float
의 아래는, fluid chamber의
바깥으로, torroidal-wound
coil이 있다. A/C가 turn 하면
서, coil은 floating magnet와
상대적으로 움직이고, signal
이 indicator로 전해진다.

remote-indicating compass
가 설치되면, 상당히 주의해
서 steel mounting bracket이
나 screw를 사용하면 안되고,
transmitter는 적절히 shock-
mount되게한다.

transmitter case의 화살표
는 A/C의 longitudinal axis와
일치하게 하고, 전방을 향하
게 한다. 이 compass의 com-
pensating이나 swinging은 앞
에서 말한 것과 같은 방법이
다.

compensator를 돌릴때는
non magnetic screw driver를
사용한다. magnesyn remote

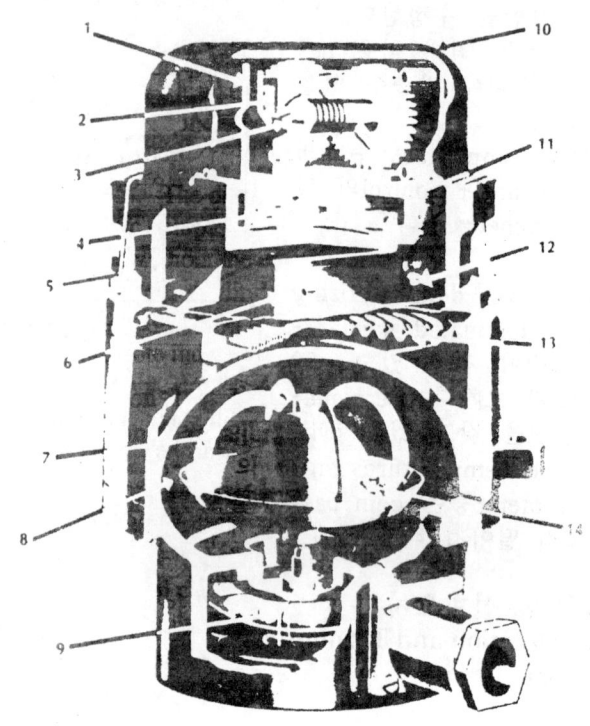

1 · Heeling compensator	8 · Bowl
2 · Compensating magnet	9 · Transmitter coil
3 · Compensator screws	10 · Compensator housing
4 · Compensating magnets	11 · Box compensator
5 · Clamp	12 · Compensator screws
6 · Universal compensator	13 · Diaphragm
7 · Damping fins	14 · Float

Fig. 5-6

compass로 dial이 360°로 나누어져 있다. lubber line은 두개의 평행한 line이고, 이것
을 좌측 아래의 knob로 돌릴수 있다. on heading일때, pointer와 lubber line이 모두

평행하게 된다.

5-3. Slaved Gyro Compass

Floating magnet type compass는 고유의 문제점들을 갖고 있다. 그래서 점차 earth induction capass가 개발되고, 개선되어 많은 발전을 거듭해 왔다.

Fig. 5-8, 5-9는 flux valve 의 basic frame이나 spider이다.

flux valve의 중심에 coil이 감겨져 있고, 400hz AC에 작동하고, 이 field는 정기적으로

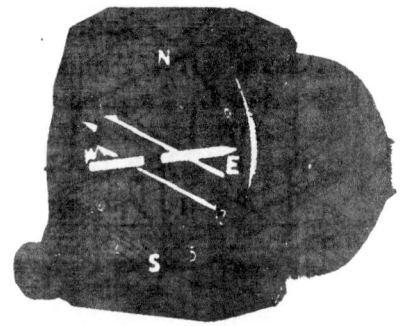

Fig. 5-7   Magnesyn remote compass

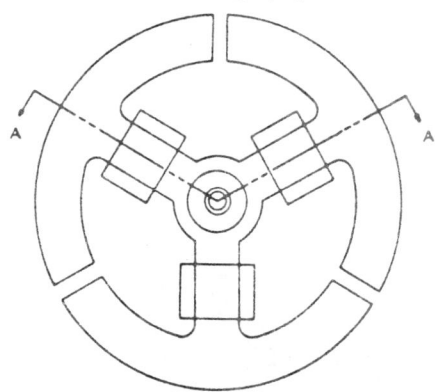

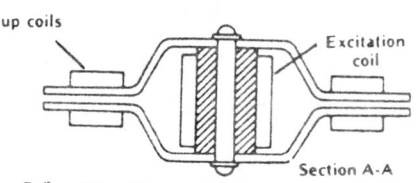

Fig. 5-8   The flux valve uses a highly permeable frame, or spider, to pick up flux lines from the earth's magnetic field where they cut across the pickup coils.

Fig. 5-9   The flux valve mounted in a portion of the aircraft structure as far from magnetic interference as possible.

frame의 arm에 포화된다.

Fig. 5-10(A)에서 A/C는 north를 향하고 있고, earth의 field로 부터의 lines of flux는 frame에 의해 방해받는다.

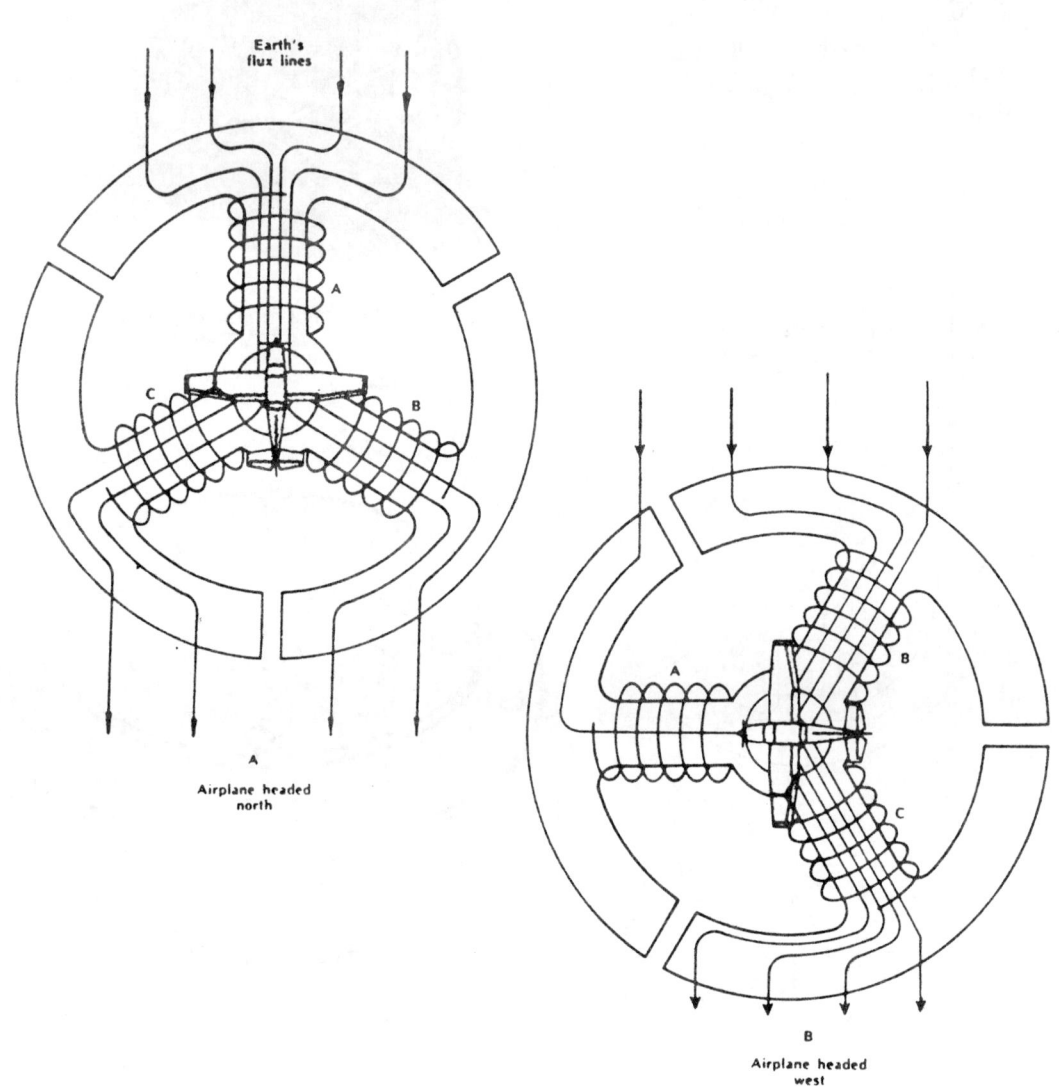

Fig. 5-10   The distribution of flux lines through the pickup coils changes as the airplane's heading changes.

모두 leg A를 지나서, 일부는 leg B를 통해 나가고, 일부는 leg C를 통해 나간다. A/C가 heading을 west로 하면, frame의 3개의 leg의 flux lines은 바뀐다.

frame의 각 leg에는 pickup coil이 감겨져 있고, Excitation cycle의 관성에는 frame 이 포화(saturate)되지 않아서, 지구로 부터의 lines of flux가 coil에서 잘리어 voltage 를 유도한다.

이 cycle중에 frame이 포화되면, lines of flux는 reject된다.

지구의 flux를 번갈아서 받아들이고, 거절하는 것이 3개의 winding에 voltage를 발 생시키는 것을 각 heading에 따라 다르다.

Fig. 5-11은 slaved gyro compass의 basic circuit으로 지구의 magnetic field로 부 터의 signal은 flux valve의 3-phase stator에 voltage를 발생시킨다.

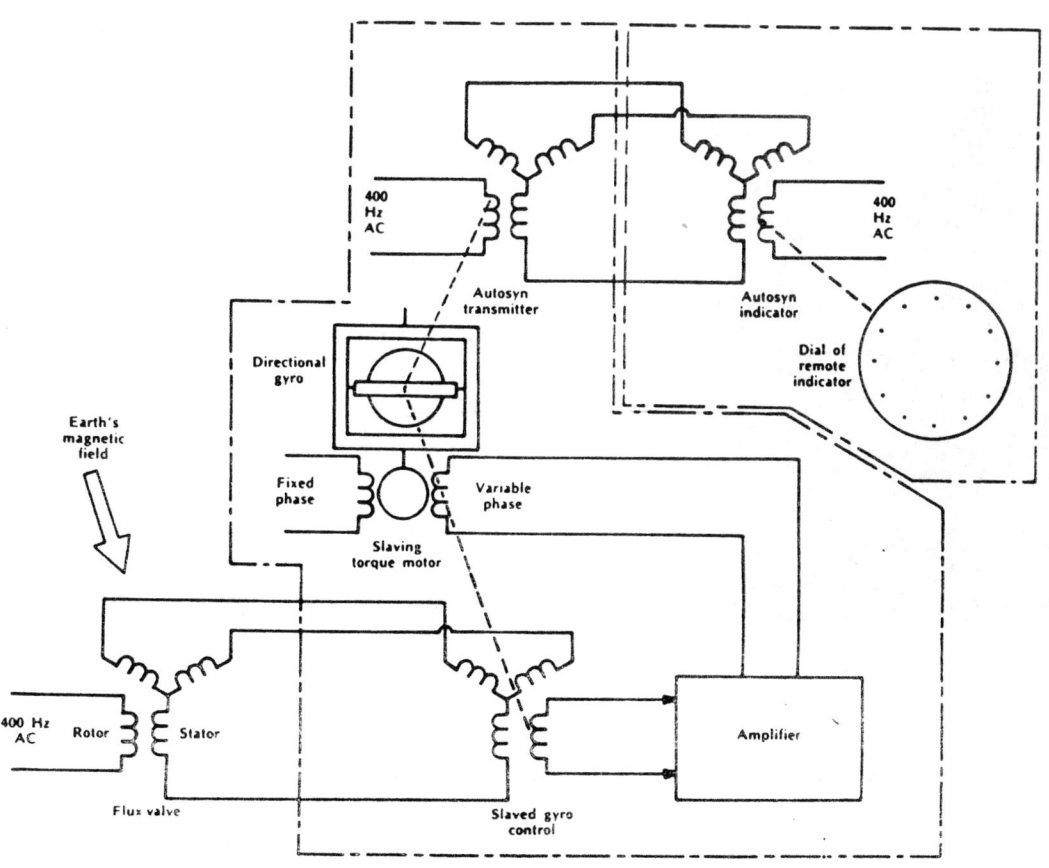

Fig. 5-11

345

이 voltage가 slaved gyro control의 stator에 전락되서 rotor의 voltage가 amplifly되고 2-phase slaving torque motor의 variable phase에 보내진다.

이것이 directional gyro에 precessive force를 만들어 gyro가 돌게 한다.

이것이 회전하면서 gyro control의 rotor를 움직여 지구의 field가 flux valve의 stator에 있을때와 같이 gyro control stator에 똑같은 관계가 되어 slaving torque motor가 gyro gimbal에 작용하는 힘을 정지해서 gyro의 precessing를 정지시킨다.

또한 gyro를 indicator의 rotor에 붙인다. 이것이 autosyn system이고, indicator의 dial이 회전해서 A/C의 nose와 지구의 magnetic field사이의 관계를 cockpit에 나타낸다.

navigation에 가장 유용한 계기가 RMI 또는 radio magnetric indicator이다.

이것은 slaved gyro를 사용한다.

두개의 pointer는 radio station의 bearing을 나타내는데, 하나는, omni(VOR) station 까지의 magnetic bearing이, 다른하나는, station(nondirectional beacon: NDB) 까지의 bearing으로, automatic directional finder(ADF)에 의해 pickup된다.

A

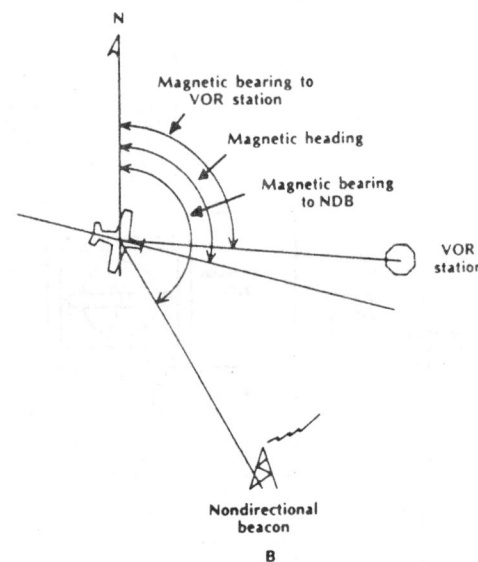

B

Fig. 5-12   The radio magnetic indicator, RMI, indicates the bearing between the nose of the airplane and magnetic north as well as the bearing to radio facilities.

제6장. 연료량 지시장치 (Fuel Quantity Indicating System)

6-1. 직독식 (Direct Reading)

가장 단순하고 fuel quantity gaging system이 floating cork이다.

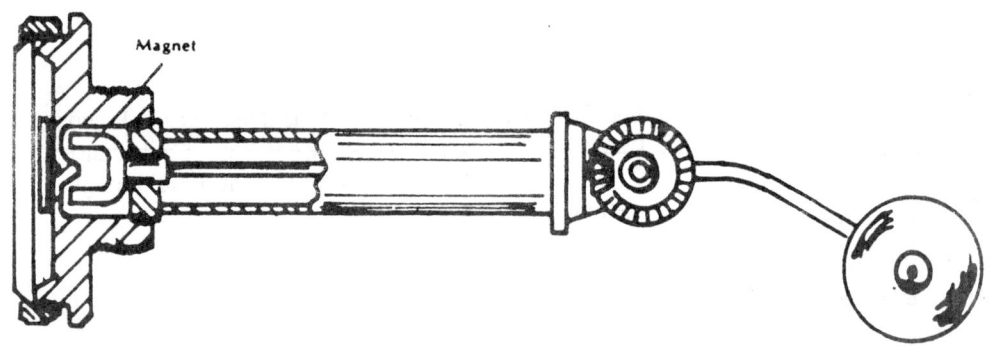

Fig. 6-1 A horseshoe-shaped magnet is moved by a float riding on the top of the fuel. This magnet moves a magnetic pointer on the outside of the gage case.

Fig. 6-1과 같이 direct-reading fuel quatity indicator로 **magnetic coupling**에 의해 pointer를 움직인다.

6-2. Direct Current Electrical Gage

일부의 더욱 정밀한 transmitter를 사용해서 empty와 full setting을 조절하고, tank 의 fuel이 일정수준 이하로 떨어지면 low-level warning light나 boost pump를 작동시 킨다.

6-3. Capacitance Quantity System

Capacitance bridge system 이 개발되어 fuel의 무게와 양 을 측정하는데 장점이 있어서 복잡하지 않게 모든 tank의 연 료를 측정할수 있고, indicator 의 servomotor를 제외하고는 moving part가 없고, 높은 신 뢰성이 있고, internal test가 가능하다.

capacitance bridge는 bal-anced circuit으로 section으로 되어있다.

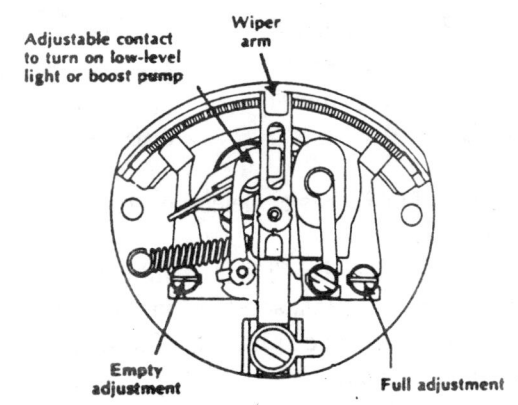

Fig. 6-2 A variable resistor in a fully adjustable tank unit

즉, inductor A-B, capa-
citor C₁과 indicator, 그리고,
inductor B-C, capacitor C₂와
indicator이다.

두 inductor의 수치와 ca-
pacitor가 같으면 bridge는 균
형잡힌 상태여서 두 회로의
phase는 180° 떨어지고, indi-
cator에는 전류가 흐르지 않는
다.

capacitor의 capacity는
1) capacitor plate의 면적
2) plate사이의 거리
3) plate사이의 dielectric
   material 등에 의해 좌우된
   다.

fuel quantity측정에 사용하
는 capacitor는 두개 혹은 그
이상의 concentric cylinder로
만들어진다.

plate의 면적과 간격은 고
정되어 있고, 오직 바꿀수 있
는것은 dielectric constant이
다. tank가 비어있을때는 공기
가 separating medium이어서,
A/C fuel은 대략 두개의
constant(fuel과 air)를 갖고 있
는 셈이다. 만약 tank가 full이
면, probe은 tank가 empty일
때보다 훨씬 큰 capacitance를
갖고 있다. compensator는 in-
dicator의 reference probe과
전기적으로 병렬이다.

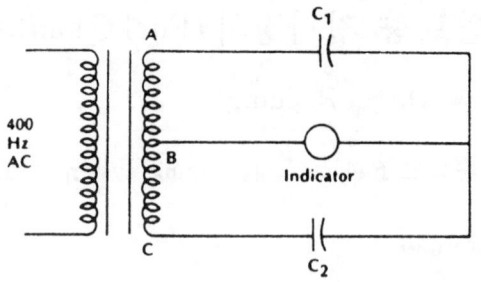

Fig. 6-3   When the product of the inductance A-B and
Capacitance C₁ equals Inductance B-C and Capacitance
C₂, the bridge is balanced and no current flows through
the indicator.

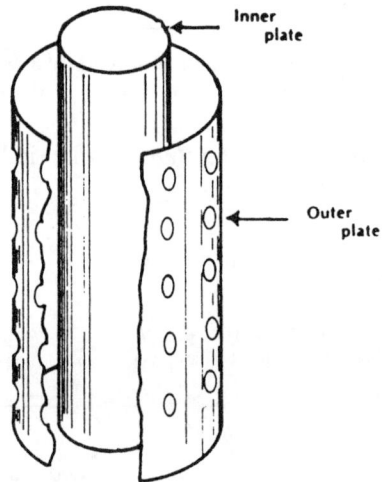

Fig. 6-4   The tank unit is made of concentric metal
tubes separated by a very accurately controlled
distance.

Fig. 6-6에서 fuel의 basic dielectric constant가 변하면 bridge의 양쪽 side의 효과
로 인해 없어진다.

Fig. 6-6은 더 발전된 형태로, indicator는 amplifier로 바뀌었고, amplifier의
output은 indicator의 two-phase servo motor로 입력된다.

이 motor의 reference phase는 fixed phase-shift capacitor를 통해 power
transformer의 input winding에서 얻는다. reference capacitor는 tank의 compensator에
의해 보상되고, amplifier는 tank probe의 dielectric constant에 비례해서 signal을 입력
한다.

348

Fig. 6-7에서, 회로를 완성하기 위해서, 몇가지를 추가시킨다. tank probe의 capacity가 바뀌면 fuel level의 변화에 의해 amplifier는 unbalanced bridge의 signal을 받는다. servo motor의 variable phase winding은 motor를 회전시켜서 pointer를 지시하게 한다.

motor는 indicator pointer 뿐만아니라 indicator의 rebalancing potentiometer의 wiper를 움직인다.

적당한 연료가 A/C에 실리면, rebalancing potentiometer는 tank unit의 dielectric constant의 변화를 보상하기에 충분한만큼 움직여서 bridge는

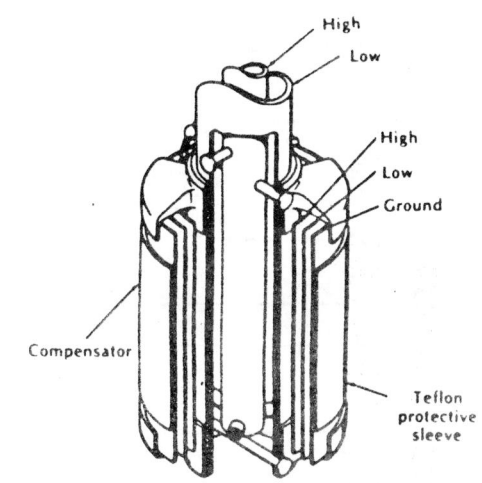

Fig. 6-5 The compensator is built onto the bottom of the tank unit where it will be submerged in the fuel at all times.

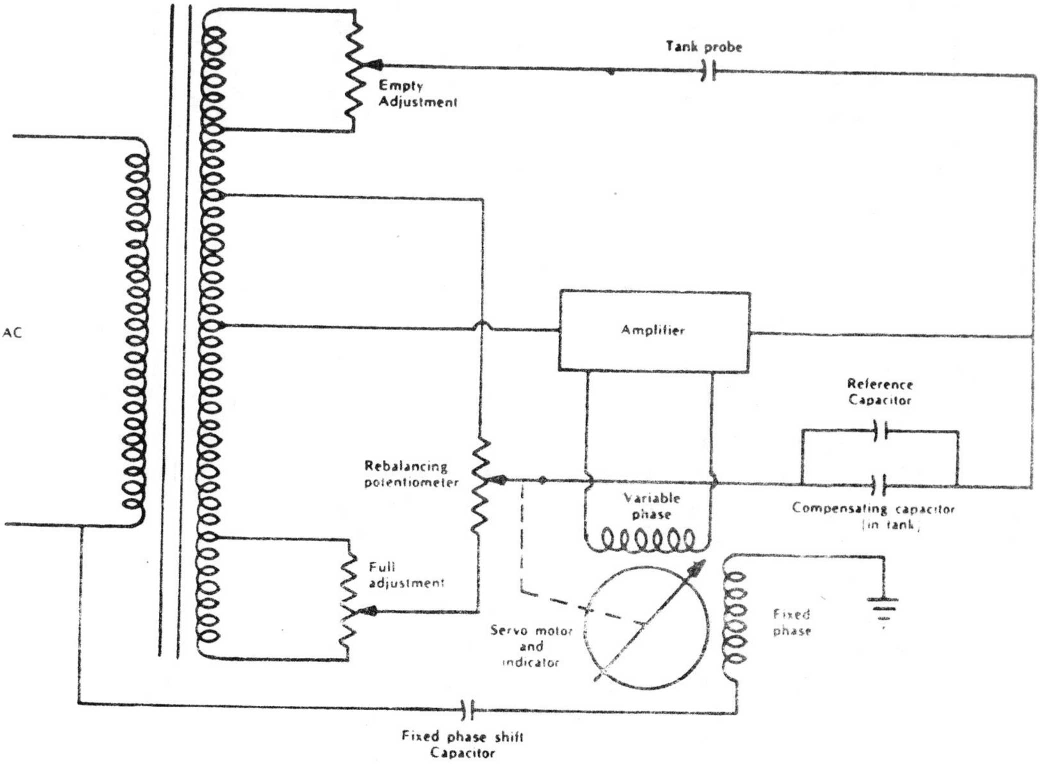

Fig. 6-6 Capacitance fuel quantity indicating system

349

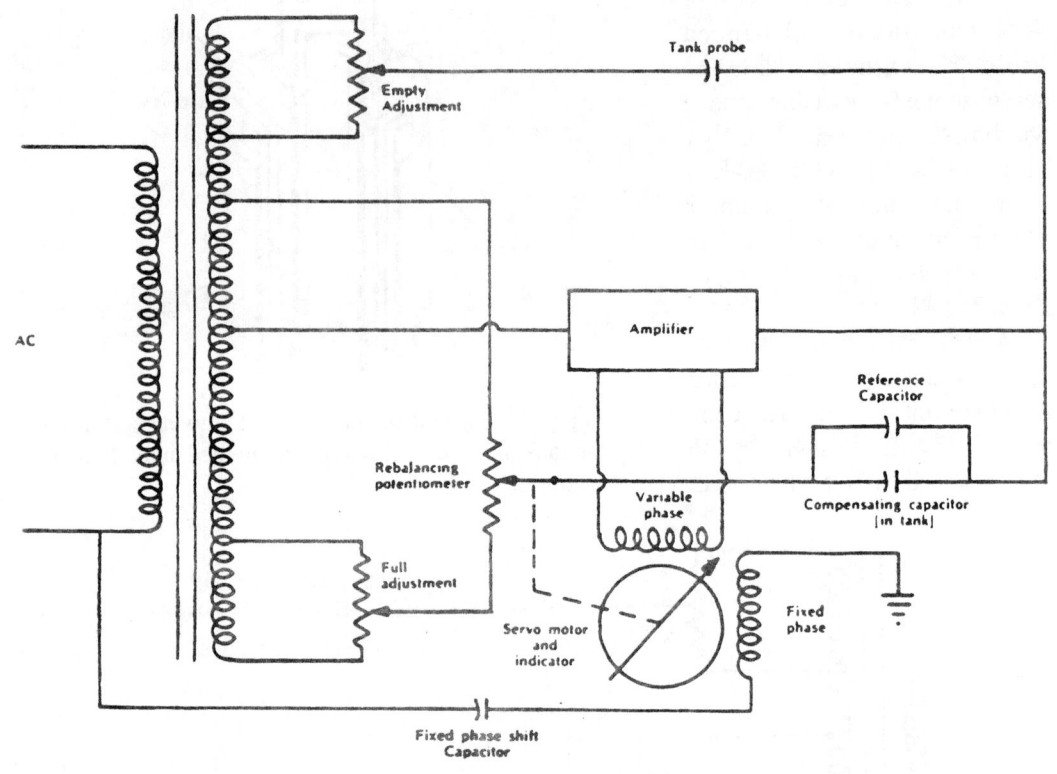

Fig. 6-7　Complete capacitance fuel gaging system

rebalance된다. calibration은 상당히 간단하다. tank를 비우고, empty adjust
potentiometer를 계기가 empty로 지시할때까지 움직인다. tank에 다시 연료를 full로
채우고, full adjust potentiometer를 움직여서 계기가 full을 지시할때까지 움직인다.
test circuit은 indicator의 test button을 누르면 bridge inductor의 winding의 일부가
shrot되어 indicator는 empty tank쪽으로 움직인다. 이 button을 놓자 마자 indicator는
button을 누르기전의 수치로 되돌아간다.

　　test set는 capacitance bridge와 여러가지 수치의 대체 capacitor로 나누어졌다.

　　probe을 분리하고, test capacitor를 교환해서 문제가 되는 probe을 바꾼다.

　　capacitance bridge는 high frequency alternating current에 의해 구동되고, probe의
capacitance도 중요할 뿐만아니라 measuring circuit의 wiring의 capacitive effect로 중
요한 고려사항이다. 이 이유로, measuring circuit은 coaxial cable로 되어있다.

제7장. 연료 흐름 지시장치 (Fuel Flow Indication System)

7-1. 연료 분사장치 유량계기 (Fuel Injection System Flowmeters)

많은 small engine fuel injection system은 flowmeter라는 계기가 있고, 이것은 injector nozzle의 -pressure gage와 같다.

이것은 gallon이나 pounds of flow per hour로 calibrate 되어있고, fixed orifice의 pressure drop이 이것을 통해 흐르는 량과 직접 비례한다. 이런 type의 flowmeter는 한가지 문제점이 있다. 만약 nozzle plug의 실제흐름이 감소되면 nozzle의 pressure는 증가하는데, 이것이 increased flow를 지시한다.

fuel injection system의 trouble shooting에 이점을 고려해야한다.

7-2. 부피측정 (Volume Flow Measurement)

Engine의 pressure carburetor는 discharge nozzle의 pressure drop의해 fuel flow를 측정하지 않고, 대신 pump와 carburetor 사이의 fuel line에 movable vane이 있다.

Fig. 7-2(A)에서 vane과 flow chamber를 볼수있다.
연료가 flowmeter로 들어가고, metering chamber를 흘러서 밖으로 discharge된다.
metering vane의 calibrated restraining spring에 의해 fuel flow를 붙잡는다.
vane의 움직이면 선형(linear)으로 되기위해, vane의 끝과 flow meter의 wall과 convolution을 형성해서 즉, 이것은 engine으로 더많은 연료가 흐르면 더 커진다.
autosyn transmitter의 rotor가 vane에 붙어있고, 이것의 움직임은 instrument panel 의 autosyn indicator에 의해 측정된다.

7-3. 질량측정 (Mass Flow Measurement)

Energy가 방출되는것은 시간당 연소된 연료의 pound로 나타낼수 있고, 그래서 flow-meter는 volume이 아닌 mass 로 측정한다.

엔진으로 공급되는 연료를 motor driven power supply로 조절된 주파수에서 three-phase AC output을 만들어 낸다. 이 AC가 impeller를 구동 하는데 이 impeller는 엔진으 로 들어가는 연료에 swirling motion을 주어 swirling fuel이 turbine을 통과하면서 turbine 을 회전시키려고 한다.

turbine을 제한되어 있고,

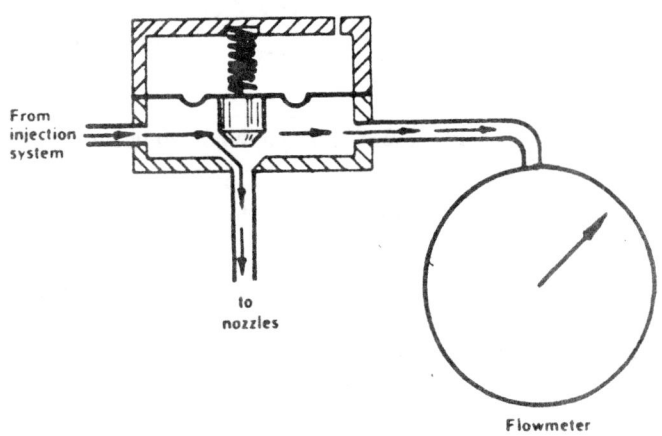

Fig. 7-1

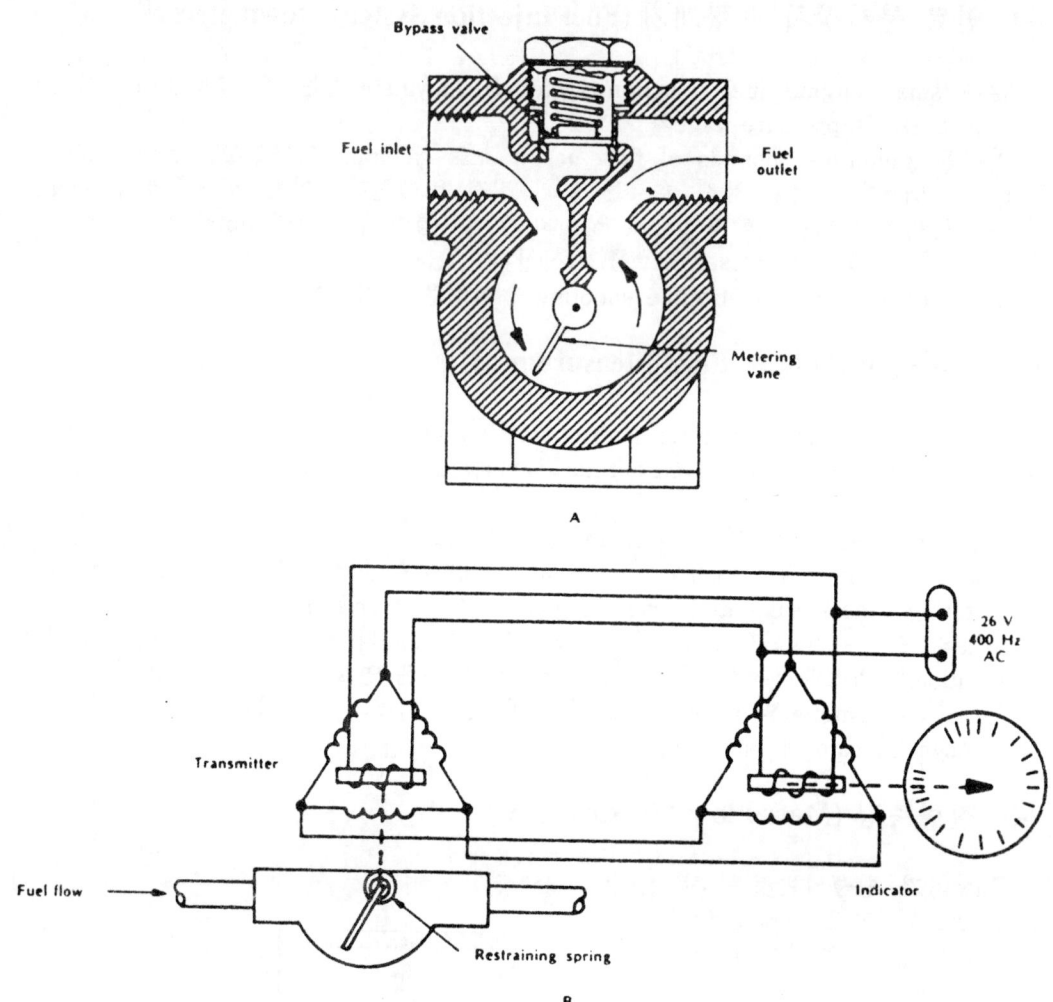

Fig. 7-2   Autosyn remote indicating type volume plowmeter.

그렇지만, 일부 calibrated hairspring에 의해 회전될수 없지만 연료의 속도와 점도에 의해 얼마만큼은 움직인다. 연료의 viscosity와 mass는 온도에 따라 바뀌어 turbine의 회전수는 fuel의 mass flow에 의해 결정된다. turbine shaft가 A.C 원격 지시장치 (remote-indicating system)의 영구자석에 붙어있고, turbine의 움직임은 계기판의 flowmeter indicator에 나타난다. metering vane이 움직이지 않으면 bypass valve가 열려서 측정되지 않은 연료를 바로 engine으로 보낸다.

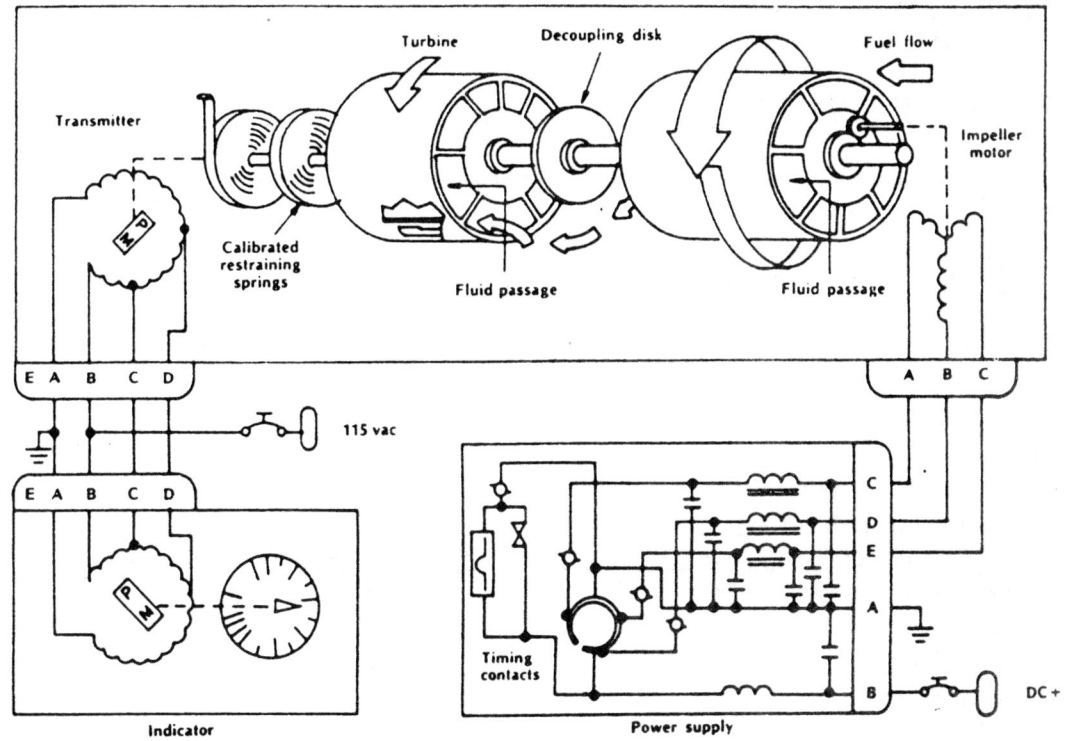

Fig. 7-3   Mass type flowmeter.

353

제8장. 실속경고 및 영각 지시장치 (Stall Warning and Angle of Attack System)

8-1. 실속 경고장치 (Stall Warning System)

대부분의 A/C는 이 system이 있어서 A/C가 stall 상태에 접근하면 이것을 나타내준다. 두가지 type으로 3개의 계기가 가장 많이 쓰인다.

1) 전기적인 실속 경고장치 (Electric Stall Warning System)

Small vane이 wing의 leading edge에 돌출되어 있다. 이것이 lift transducer나 stall warning vane이다. 이 vane의 위치는 상당히 중요해서 이것은 stagnation point에 있어 한다. 이 stagnation point는 air flow가 분리되는 지점으로, 일부는 wing의 위쪽으로 흐르고, 일부는 wing의 아래쪽으로 흐른다.

A/C의 Nose가 들리면, wing에 부딪히는 wind의 각도가 커져서 stagnation point는 아래로 움직인다. stall speed 보다 5 knots높은 속도에서 vane이 lift되어 micro-switch 를 닫는다. 이것이 계기판에 red light를 켜지게 하거나 buzzer를 작동시켜서 pilot에게 stall에 접근하고 있음을 알린다.

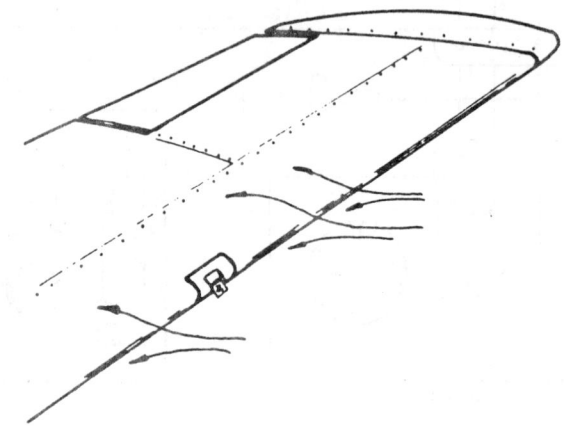

Fig. 8-1   The stall warning vane is located at the stagnation point on the leading edge of the airplane wing.

2) 비전기적인 실속 경고 장치 (Non-Electric Stall Warning System)

다른 stall warning 장치는 electrical system과 무관해서 vabrating reed를 통하는 airflow에 의해 작동한다.

정상 비행중에는 stall warning reed로의 air hole은 po-

Fig. 8-2   Vibrating reed type stall warning indicator

sitive pressure 지역 이어서 reed가 vibrate하지 않는다. 그러나 받음각이 증가하면, stagnation point 위쪽의 low pressure 지역이 reed의 입구 쪽으로 움직여 이것이 진동하기 시작한다.

받음각이 바뀌면서 vibration의 tone이 바뀌어 pilot는 이소리를 듣고 stall이 접근하는 상태를 알수 있다.

8-2. 영각 지시계
(Angle of Attack Indicator)

Simple angle of attack indicator는 electric stall warning vane과 비슷한 pick-up을 사용한다.

micro-switch가 light나 buzzer를 작동시키는 대신, vane는 resistor를 움직여 indicator를 움직여서 받음각이 높은지, 낮은지를 나타낸다.

stall warning 장치가 계속 발전되어 이것은 정상상태보다 빠르고 늦은것을 나타내는 것이 아니고 실제의 받음각과 pilot가 best angle이나 best 상승비(rate of climb)나 most efficient cruise를 정확히 set up 시킬수있다. 이 system의 indicator는 "O"에서 "1"까지 표시되어 있고, 1은 full stall 에서 만들어 지는 받음각이다.

이 계기로 pilot가 원하는 비행상태에 맞는 받음각을 조절할 수 있다. 이 system의 pick-up은 simple vane보다 다소 복잡하다.

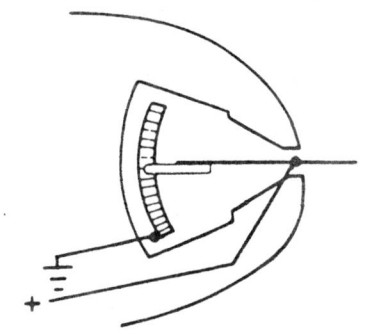

Fig. 8-3 Stall warning lift transducer

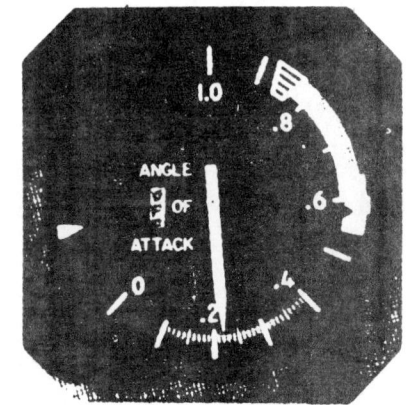

A

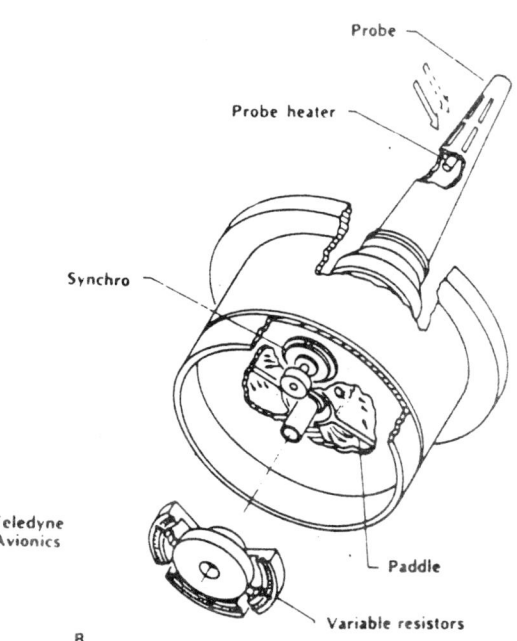

B

Fig. 8-4

355

Fig. 8-4(B)는 probe으로, airstream 밖으로 튀어나와 있고, 두개의 slot이 있어서 pick-up housing의 두개의 chamber에 공기를 집어 넣는다.

이 chamber는 moving paddle에 의해 분리되어 shaft를 통해 variable resistor를 작동시킨다.

제9장. 자동비행 조종장치 (Automatic Pilot)

9-1. Automatic Pilot 기능

Automatic pilot의 기능을 분류하면 다음의 4가지로 나눌수 있다.

1) 오차감지 (Error Sensing)

일부 system은 automatic pilot이 필요한데, 이것은 모든것이 좋지 않거나, control 이 program된데로 되지 않을때 등이다.

modern automatic pilot은 이런 목적으로 gyro를 사용하고 두가지로 error signal을 발생하게 한다.

A. Attitude gyro

초기의 automatic pilot와 일부의 modern system은 directional gyro와 aritificial horizon을 사용해서 stable reference를 제공해서 error signal을 발생시킨다.

gyro로 부터의 이 signal을 가져올때는, pneumatic valve, variable resistor, variable inductor나 capacitor혹은 electrical switch등의 형태로 servo의 control relay로 사용한다. directional control에서 directional gyro의 "bug"은 pilot이 원하는 heading 으로 set시키고, autopilot을 "heading" mode로 작동시킨다.

A/C는 이 heading으로 turn하고, 가장 짧은 거리로 진행해서, 일단 설정된 것과 error가 생기면 언제든지 error signal을 발생해서 D.G의 setting과 같은 방향으로 향 하게 한다. roll과 pitch는 gyro horizon에 의해 감지되고, 이 mode가 engage되면, A/C의 nose drop 하거나 rise 혹은 level flight로부터 wing drop이 생기면, error signal을 발생한다.

B. Rate gyros

Attitude gyro가 원하는 자세(altitude)에서 벗어난 만큼에 비례하는 error를 감지하 는 반면, rate gyro는 원하는 상태에서 벗어난 속도를 감지한다.

rate-sensitive autopilot은 turn coordinator에서와 비슷하게 gyro를 사용한다.

즉 pneumatic이나 electrical pick-off를 작동한다. 이것이 aileron control system의 servo를 작동시킨다. rate gyro는 roll과 yaw의 error를 감지하고, 또다른 system으로 pitch error를 감지해야만 한다.

C. Pitch error sensing

Attitude gyro가 pitch deviation을 쉽게 감지하지만, 이것없이도, dynamic과 intertial force에 의해 level flight로 부터의 deviation을 결정할 수 있다.

A/C의 nose의 pitch(drop or rise)가 첫번째로 inertial force로 감지되어 accelerometer에 pick-up된다.

이 초기의 변화후에 airspeed와 vertical speed의 변화는 bellow에 의해 감지되고,

이 signal이 모두 함께 모아져서 elevator control system의 servo를 움직이게 한다.

D. Altitude deviation sensing

Straight와 level flight로부터 deviation을 감지할수 있고, 어떤 주어진 pressure level로부터 deviation을 감지할수 있다.
altitude control의 두가지 방법이다.

a. Altitude hold
Pilot가 automatic flight의 altitude hold mode를 선택하면, 원자는 상태의 pressure level에서 air sample을 갖고 있게 된다.
A/C가 이 level로부터 deviate하면 error signal이 발생하고, elevator servo가 작동한다.

b. Altitude select
Pilot이 원하는 고도를 선택한다.
A/C가 이고도가 아니면, error signal을 발생해서 elecator servo가 A/C를 선택한 고도에 맞춘다.
이 고도에 도달하면, error signal은 사라진다.

2) 수정 (Correction)

Sensor로 부터의 signal은 너무 약해서 어떤 형태로 증폭이 필요하다.
pneummatic pick-off가 amplifier로 이용되거나, small pressure change를 상대적으로 큰 면적의 servo piston이나 diaphram에 직접보낸다.
automatic pilot에 hydraulic servo를 사용해서 air signal을 sensitive hydraulic selector valve에 사용한다. electrical signal은 쉽게 증폭할수 있고, transistor amplifier의 output에서 servo를작동할수 있다.
amtomatic flight control system에 두 level의 복잡한 것이 있다.
A/C의 단순한 control이 roll과 yaw이고 반면 pitch control은 상당히 복잡하다.
A/C는 첫번째로 wing이 drop되지 않으면 일정한 heading에 자연적으로 deviate하지 않는다. 이렇기 때문에 directional gyro로 부터의 signal과 gyro horizon의 roll sensor의 signal은 aileron sensor로 입력되고, 그래서 wing drop이나 원하는 hea-ding에서 deviate할때면 언제든지 aileron servo는 wing을 원상태로 만들거나 처음의 heading으로 다시 되돌려 보낸다.
automatic pilot은 rate gyro를 사용해서 sensor로 roll과 yaw를 감지하고, 이것의 out-

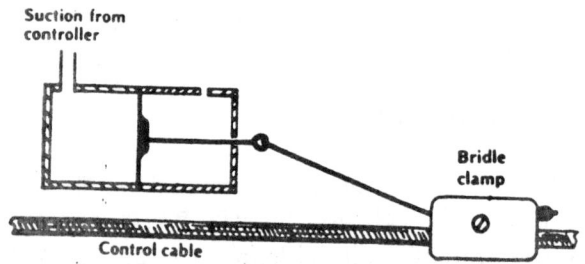

Fig. 9-1 Simple pneumatic servos clamp onto the control cable to move it in one direction.

358

put이 aileron servo를 조절한다.

Fig. 9-1은 간단한 pneumatic servo이다. diaphram은 gyro pick-off(controller)로 부터 suction이나 positive air pressure에 의해 움직이고, control cable이 붙어 있어서 명령대로 움직인다.

경항공기의 electric servo는 reversable DC motor가 reduction gear를 통해 cap-stan을 움직인다. 혹은 single-direction DC motor가 반대방향으로 두 gear를 움직이고, autopilot에 의해 작동되는 clutch가 control cable을 움직인다. capstan 주변에 control cable이 감겨져 있고, clutch의 output shaft에 의해 움직인다.

만약, error signal이 up elevator로 하면 servo amplifier가 electro magnetic clutch 에 전류를 보내 elevator up방향으로 capstan을 움직인다.

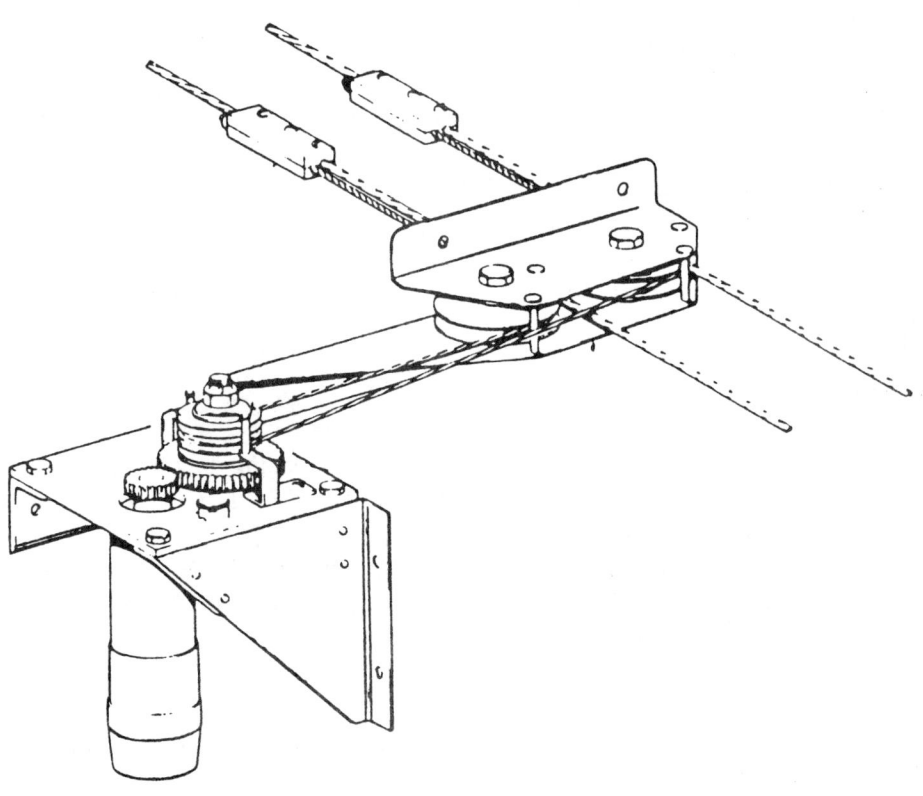

Fig. 9-2 A reversable DC motor drives a capstan which pufls a bridle attached to the main control cable with clamps.

359

3) Follow-up

Control을 적절한 방향으로 움직여서 error를 수정하지 못할때 system은 충분히 움직여서 원하는 곳에 도달할수 있는 것이 있어야 한다.

A. Displacement follow-up

이 type의 follow-up system은 일단 충분한 displacement에 이르면 control surface 의 움직임을 중단한다.

예를들어, 좌측 wing이 drop 되었다고 가정하면, gyro가 error를 감지해서 aileron servo에 signal을 보내 left aileron을 down 시킨다.

aileron이 wing drop에 비례한 만큼 움직이면, follow-up system이 signal을 발생시키기지만 error signal과 반대극성이어서 error signal을 없앤다.

B. Rate follow-up

Displacement follow-up system은 원하는 상태에서 deviate된 양을 고려해서 control surface의 움직임을 결정한다.

rate system은 얼마나 빠르게 A/C가 deviate되는가에 기초를 두어서 deviation이 빠르면, 그만큼 더빨리 반응하도록 한다.

상당히 빨리 drop되었다고 가정하면, rate gyro는 원하는 level condition에서 빠르게 servo motor에 보내서 좌측 aileron을 낮춘다.

좌측 aileron은 deviation rate에 비례해서 밑으로 내려가서 wing dropping이 정지하고, 다시 원상태로 돌아오기 시작한다.

recovery는 original roll 보다 느리고, original에 반대 signal을 발생한다.

aileron은 neutral position쪽으로 움직이고, 이윽고, wing은 level을 되찾고 stream line이 된다.

4) Command

Autopilot이 heading mode에 있으면, pilot D. G의 heading bug를 바꾸면, artificial error signal이 system에 들어가고, A/C는 turn을 시작해서 D. G에 set한 heading 각도가 될때까지 계속 turn 한다.

automatic pilot을 VOR mode에 놓으면 omni station으로 부터 signal을 받아서 autopilot은 error signal을 감지하고, A/C는 turn해서 heading이 원하는 readial로 intercept되고, maximum intercept angle을 계산한다.

A/C가 radial에 가까워지면, error signal이 감소되고, A/C가 radial에 이르면 error signal은 사라진다.

A/C은 계속해서 radial을 따르게 되고, 언제든지 "off"되면 error signal이 발생되서 A/C를 다시 원위치로 돌려 놓는다.

LOC mode에서는 autopilot는 A/C가 localizer center line에서 벗어나면 error signal을 감지해서 A/C를 다시 원상태로 회복시킨다.

제10장. 공기식 계기장치 (Instrument Pneumatic System)

10-1. 벤트리 장치 (Venturi System)

Fig. 10-1과 같이 venturi를 갖고 있는 pneumatic gyro에 vacuum pump power가 없다.

venturi tube가 120 MPH에서 만들어지는 vacuum의 크기로 정해져 있다.

즉, 2 inch venturi가 2 inches의 mercury suction을 만들어 slip indicator가 1회전 한다. 4 inch tube는 altitude gyro에 사용한다. larger tube를 "super" venturi라 부르고

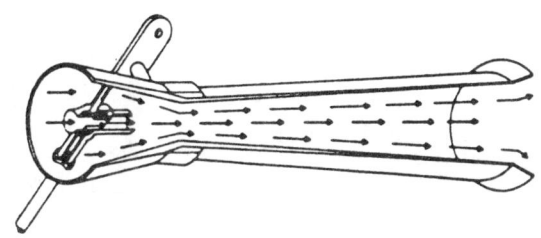

Fig. 10-1 A venturi uses outside airflow to provide the low pressure to drive pneumatic gyroscopic instruments.

8 inch나 가끔 9 inch venturi까지 있다.

이 tube는 throaf에 auxiliary venturi가 있어서 같은 airspeed에서 더많은 suction을 만든다.

venturi를 설치할때는, 이것이 장착되는 skin은 doubler로 보강해야 한다.

만약 regular 4 inch venturi가 사용되면, gyro horizon과 directional gyro 모두에 충분한 airflow를 공급해야 한다.

suction relief valve가 계기와 venturi 사이에 설치되어 있다.

설치된 후에는 점검을 하고, system calibration을 위해 정비비행을 해야 한다.

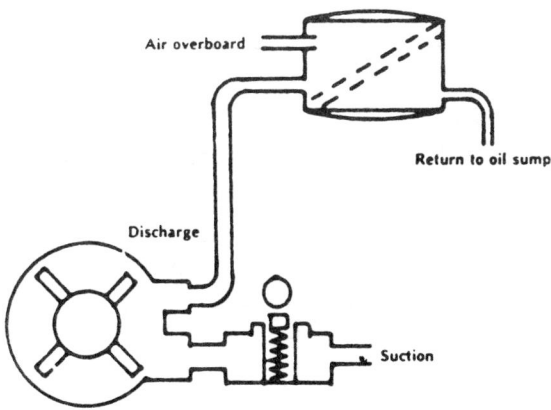

Wet vacuum pumps require an oil separator in their output side to remove the oil from the discharge air.

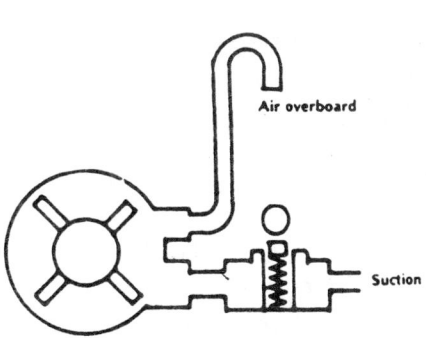

Dry vacuum pumps do not require an oil separator.

Fig. 10-2

순항비행 상태에서 attitude gyro에 필요한 pressure로 조절한다.

이것이 4.75~5.25 inches of mercury 정도이다.

turn과 slip indicator는 작동에 필요한 suction이 2 inches 정도이고, needle valve restrictor가 이 계기와 attitude gyro 사이에 설치된다.

이것을 낮은 pressure로 조절할때는 임시로 test suction gage를 turn과 slip indicator에 설치한다.

10-2. 진공 펌프장치 (Vacuum Pump System)

IFR (Instrument Flight Rule) 상태에서, gyro instrument가 가장 필요하고, venturi가 밖에 설치되어 있어 ice 때문에 말썽이 많이 생긴다.

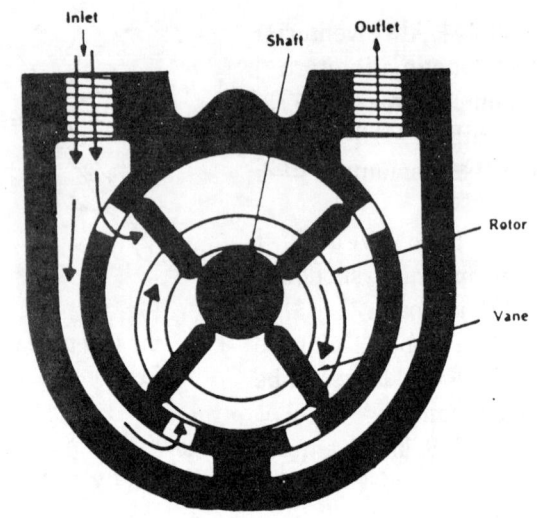

Fig. 10-3 If the direction of rotation of the vane pump is reversed, the inlet and outlet ports will be reversed.

이런 이유로, engine-mounted vacuum pump로 venturi를 대신한다. pump system 은 두가지 type이 있다.

1) Vacuum Pump

대부분의 초기의 vacuum pump는 vane type이었다.

lubrication과 sealing을 위해 이 pump는 측정된량의 low pressure engine oil을 공급한다. 이 oil은 pump를 통하여 one-way passage가 있고 air와 함께 밖으로 overboard 된다.

이 oil이 A/C에 달라붙는 것을 막기위해 pump discharge line에 oil separator를 설치한다.

그래서 Fig. 10-4에서와 같이 oil은 engine crank case로 간다.

modern vacuum pump는

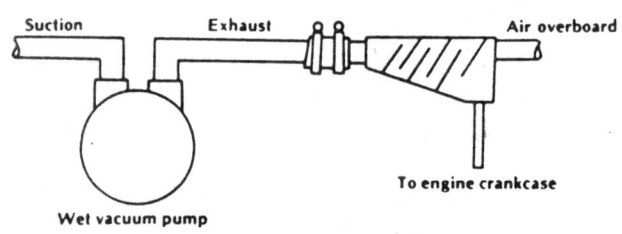

Fig. 10-4 Wet vacuum pumps return the oil from the exhaust air into the engine crankcase.

362

"dry" type으로 즉, Teflon과 carbon등으로 만들어진 wearing part가 있다.

Fig. 10-5 "dry" type pump로 oil separator가 필요없고, external bracket에 설치되어 있고, belt-driven이다.

twin-engine system은 single-engine A/C와 비슷해 두 개의 pump는 두개의 check valve를 지나 common manifold로 공급한다.

pump failure나 engine shutdown시에 check valve가 작동되지 않는 system이 잘 작동하는 system을 간섭하지 못하게 막는다.

Fig. 10-5   Typical dry vacuum pump

suction gage가 twin engine에 설치되어 있어서 system의 어느 하나가 failure되면 이것을 나타내는 것을 갖고 있다.

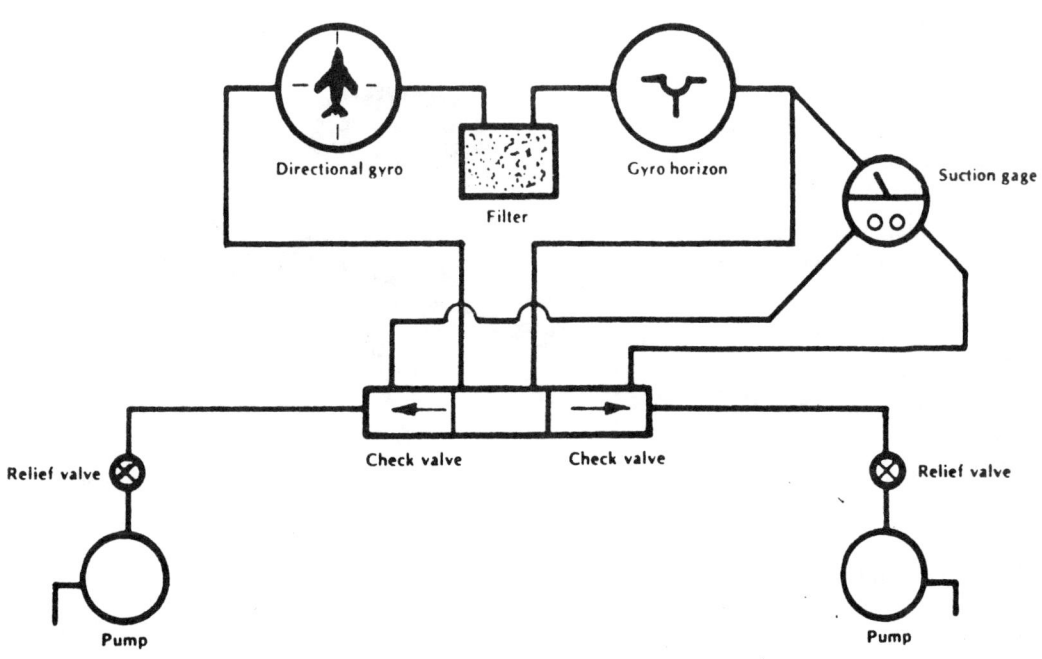

Fig. 10-6   Typical twin-engine vacuum system

363

Fig. 10-7은 indicator이다.

두 engine이 정상으로 작동하면, 두개의 red button은 안쪽으로 들어가 있고, pump 하나가 failure되면 그 pump의 button이 튀어 나온다. (pop out)

2) Suction Relief Valve

Instrument case 내의 적당한 pressure를 유지하기 위해 suction relief valve가 pump와 instrument 사이에 설치되어 있다.

이 valve는 spring-loaded disk가 있어서 원하는 pressure에 도달하면 이것의 seat이 튀어 나와서 air가 들어가게 하여 요구하는 수치의 pressure를 유지한다.

이 valve는 knob로 스프링 장력을 조절한다.

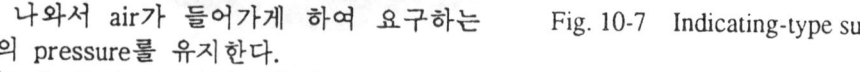

Fig. 10-7 Indicating-type suction gage

older relief valve는 port에 screen wire가 있어서 이곳으로 공기가 들어가지만 modern valve는 valve 주위에 foam sock이나 garter가 있어서 system에 들어가는 dirt 나 dust를 막는다. 이 dirt가 pump 마모를 가속시킨다.

3) Filter

Pneumatic gyro에서 문제가 생겼을때 가장 의심이 나는곳이 filter이다.

suction-operated instrument가 vacuum cleaner 역할을 해서 dust, dirt cockpit의 smoke등을 instrument case로 빨아들여서 gyro의 bearing으로 간다.

이것이 friction과 excessive precession을 일으킨다.

instrument가 조기에 고장 나는 것을 막기위해 적당하고 깨끗한 filter를 air inlet line에 설치한다.

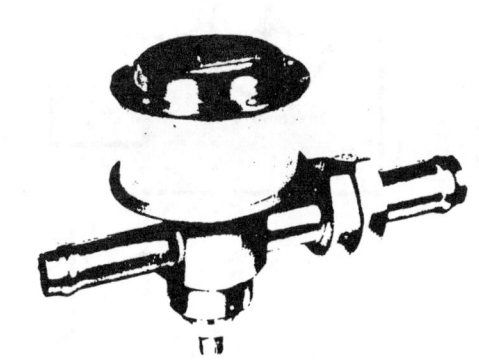

Fig. 10-8 This suction relief valve uses a foam sock to remove dust or dirt from the air entering the system.

Fig. 10-9는 filter들이다.

dirty filter는 계기로의 airflow를 제한하지만, suction reading은 계속 높은데, 이것 은 relief valve가 더많은 air가 system으로 들어오게 하기 때문이다.

결과로, 낮은 rotor speed는 excessive precession과 tumbling을 일으킨다.

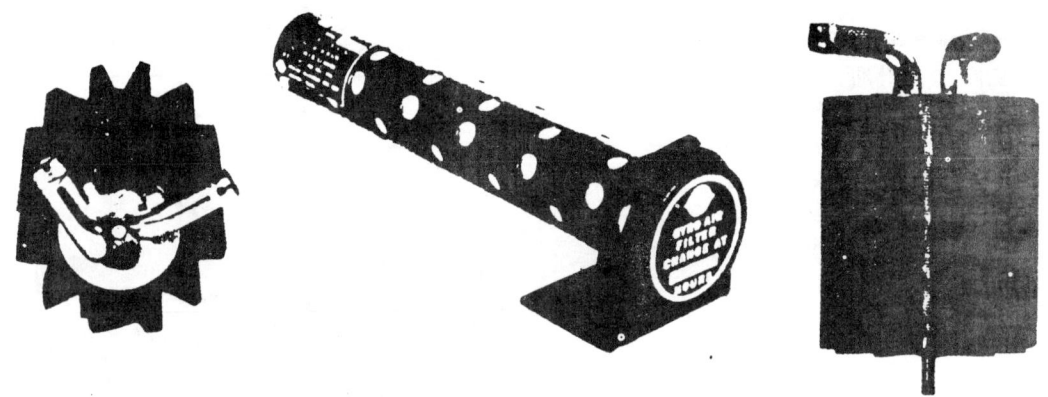

Fig. 10-9   Instrument filters

4) Instrument Servicing

A/C instrument의 overhaul은 인가된 repair station의 일이다.

gyro instrument에 문제가 있으면 우선 filter를 먼저 점검해보고, 만약 filter가 깨끗하면, system의 모든 line을 open해서 vacuum pump와 연결해서 instrument manufacturer가 정한 suction으로 작동한다.

계기는 erect 되어야 하며 허용된 시간안의 속도까지 가야하고, 어떤 vibration없이 erect상태로 남아야 한다.

shock mount가 튼튼해서 계기가 어느것과도 부딪혀서는 안된다.

A/C가 level 상태이면 계기도 level이 되어야한다.

제11장. 동·정압 장치 (Pitot-Static System)

이 계통은 압력을 속도계, 고도계, 승강계 등에 공급한다. static system은 altimeter, airspeed indicator, 그리고 climb indicator에 연결된다.

이 static은 Fig. 11-1과 같이 A/C의 옆에 port나 hole이 있고 혹은 Fig. 11-2와 같이 pitot-static head의 내부에 hole이 있다.

이것을 통해 undisturbed air를 제공해서 관계된 계기의 reference로 사용된다.

pitot head와 static port는 ice등에 의한 blockage에 영향을 쉽게 받아서 electric heater로 이것을 방지한다.

이 heater는 airflow를 cooling 하지않고 없어지는 열보다 더많은 열을 발생시켜서 점검할때는 잠깐동안만 "on"해서 점검한다.

Fig. 11-1　Static ports on the sides of airplanes should be kept free of dirt, ice, or polish.

Fig. 11-3은 single pitot-static system이다.

pitot tube가 직접 airspeed indicator에 연결되고, 3개의 계기의 static port는 서로 연결되어 있고, common static sump에 연결되어 static port로 간다.

두개의 static port가 서로 연결되고, A/C의 양쪽에 하나씩 있어서 slipping이나 skidding 상태에서 A/C의 양쪽의 pressure가 균형을 유지해서 true static reading을 가능하게 해준다.

static system에 alternate source valve가 있어서 바깥의 static port에 얼음이 얼 경우에, 이 valve를 여는데, reading은 그렇게 정확하지 않는다.

11-1. Static System Check

대개의 경우 24 calendar month마다 static system을 점

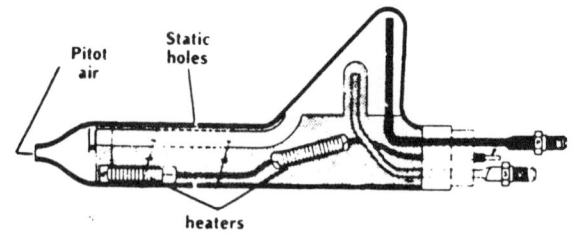

Fig. 11-2　Heated pitot-static heads pick up pressure for the airspedd indicator, rate of climb indicator, and altimeter.

366

검하게 되어 있어서 entrapped moisture, restriction, leakage등은 점검한다.

1) Entrappen Moisture

계기판의 뒤쪽에서 3개의 계기로 부터 static system을 분리하고, low-pressure air 로 line을 쓸어낸다.
이때는 꼭 instrument panel end에서 static pick-up port 쪽으로 불어내야 한다.
A/C의 바깥쪽에서 안쪽으로 불어서는 절대 안된다.
moisture를 모두 불어낸다음, line을 다시 연결하고, leak 여부를 점검한다.

2) Leakage

Leakage를 점검할때, static port는 눈에 쉽게띄는 색깔있는 tape로 막는다.
suction system을 static port에 연결하고, valve를 천천히 open한다. pressure가 갑자기 떨어지지 않게 조심하면서 altimeter가 1000 feet를 나타낼 때까지 pressure를 계속 낮춘다.
1000 feet가 되면 valve를 잠근다.
이 pressure를 1분간 유지하면서 reading에 감소하는지 관찰한다. 1분간에 100 feet이상 떨어져서는 안된다. 천천히 pressure를 낮추어 rate of climb indicator가 limit을 넘지않게 한다. .

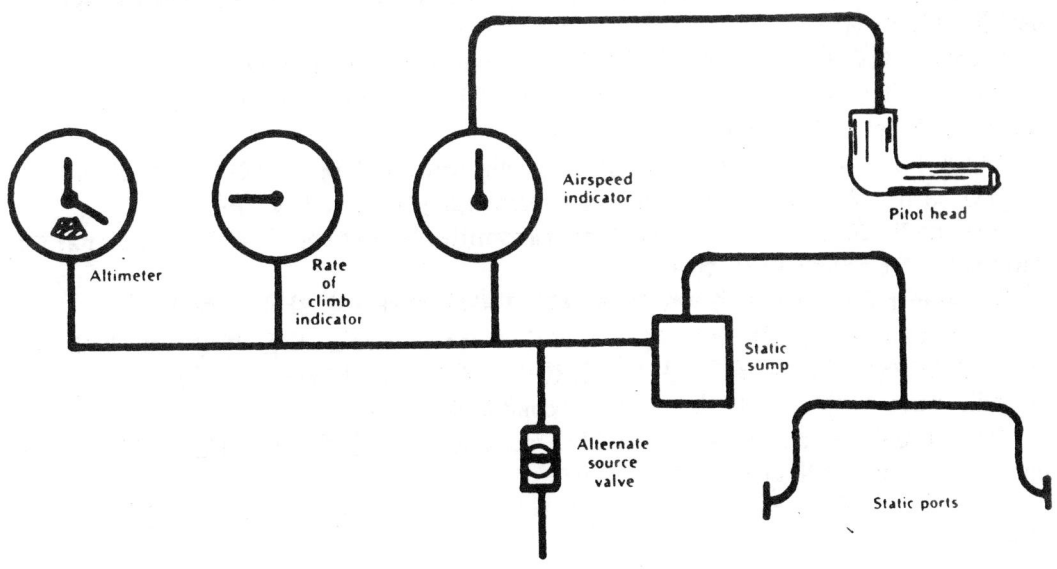

Fig. 11-3   Single-Engine pitot-static system.

제12장. 롱신 및 항법장치 (Communication and Navigation System)

12-1. Basic Radio Principle

Radio communication의 원리 는 simple transformer를 사용해 서 설명할수 있다.

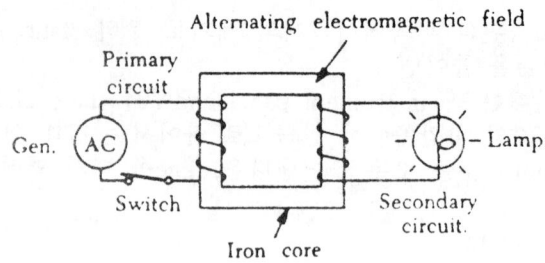

Fig. 12-1과 같이 primary circuit의 S/W를 닫으면 secon- dary circuit의 lamp가 켜진다. S/W를 open하면 light가 꺼진다. primary와 secondary circuit 사이 에 직접 연결되어 있지 않다.

Fig. 12-1   A simple transformer circuit.

light를 밝히는 energy가 transformer core의 alternating electromagnetic field에 의해 전달된다.

이것이 단순한 형태의 wireless control로 한 circuit(secondary)이 다른 circuit (primary)에 의해 조절되는 모습이다.

radio communication의 기본개념은 공간(space)을 통해 electromagnetic(radio) energy를 주고 받는 것이다.

alternating current가 conductor를 통해 흐르면 conductor 주위에 electromagnetic field를 만들어 낸다.

energy는 번갈아서 이 field에 저장되고, conductor로 return된다.

current alteration의 주파수가 커지면, field에 저장되는 energy가 점차 작아져서 conductor로 return되는 energy로 작아진다.

return되는 대신에 energy가 enectromagnetic wave의 형태로 공간에 흩어진다.

이런 방법으로 방출하는 conductor를 transmitting antenna라고 부른다.

antenna가 효과적으로 발산하려면 transmitter는 정해진 주파수의 alternating current와 함께 공급되어야 한다.

발산되는 radio wave의 주파수는 공급된 전류의 주파수와 같아야 한다.

transmitting antenna를 통해 전류가 흐르면 radio wave는 모든 방향으로 흩어지는 데, 이것은 마치 호수에 돌을 던지면 물결이 바깥쪽으로 퍼져나가는 것과 같다.

radio wave 대략 186,000 miles per second로 움직인다.

만약 발산된 electromagnetic field가 conductor를 통해 지나가면 field의 일부 energy가 conductor의 electron을 움직인다.

이 전자의 흐름이 전류를 만들고, 이전류는 electromagnetic field의 변화에 따라 다르다.

radiating antenna의 전류의 변화는 conductor(receiving antenna)에서 비슷하게 전 류가 변한다.

1) Frequency Band

Electromagnetic spectrum의 radio frequency는 대략 30KHZ(kilo hertz)~30,000

MHZ (mega hertz) 까지이다. 이
것을 여러개의 frequency band로
나눈다. 각 band 혹은 frequency
range는 transmission에 다른 영
향을 미친다.

실제로, radio equipment에는
몇개의 정해진 band 만을 사용
한다. 예를들어 civil VHF는
108.0 MHZ와 135.95 MHZ 사이
의 주파수를 사용한다.

Frequency Range		Band
Low frequency(L/F)	-------	30 to 300 kHz
Medium frequency(M/F)	-------	300 to 3,000 kHz
High frequency(H/F)	-------	3,000 kHz to 30 MHz
Very high frequency(VHF)	------	30 to 300 MHz
Ultra high frequency(UHF)	------	300 to 3,000 MHz
Superhigh frequency(SUF)	-----	3,000 to 30,000 MHz

Table I

12-2. 기본적인 구성품 (Basic Equipment Component)

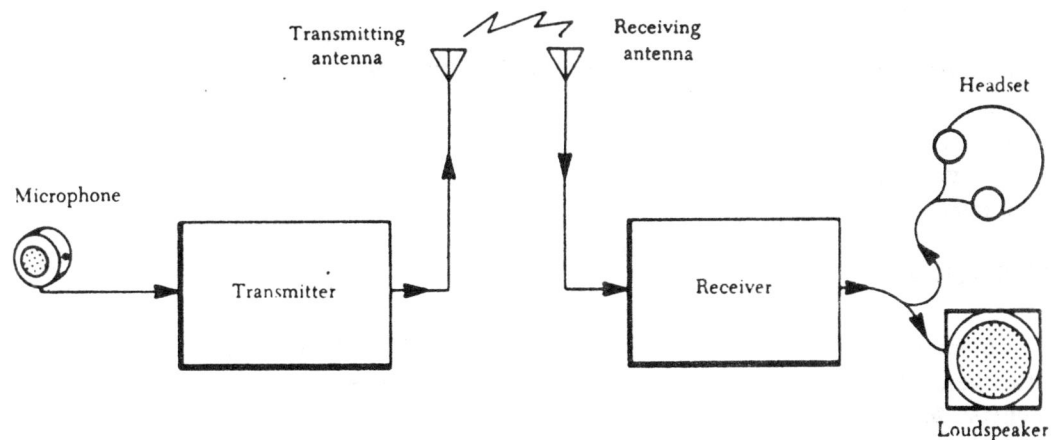

Fig. 12-2   Basic communication equipment.

Fig. 12-2는 communication의 basic component로 micro phone, transmitter,
transmilting antenna, receiving antenna, receiver와 headset이나 loudspeaker이다.

1) Transmitter

Transmitter는 generator로 생각할수 있는데, 이것은 electrical power를 radio wave
로 바꾼다.

transmitter는 3가지 기능을 해야한다.
ⓐ RF (radio frequency) signal을 발생해야 한다.
ⓑ RF signal을 증폭 (amplify) 해야한다.
ⓒ signal에 필요한 정보를 넣을수 있어야 한다.

369

transmitter는 oscillator circuit이 있어서 RF signal을 발생시키고, amplifier circuit이 있어서 oscillator의 output을 크게 한다.

voice(audio) intelligence는 RF signal에 modulator라고 부르는 special circuit에 의해 더해진다.

modulator는 audio signal을 이용해서 RF signal의 amplitude(진폭)나 frequency를 다르게 한다.

만약 amplitude가 변하면, 이과정을 amplitude modulation이나 AM이라고 부른다.

만약 frequency가 변하면, 이과정을 frequency modulation 혹은 FM 이라고 부른다.

transmitter에 의해 발생되는 power의 크기는 antenna의 electromagnetic field radiating에 영향을 준다.

그래서 transmitter의 power output이 크면, 더 먼거리에서 signal을 받을 수 있다.

signal engine과 light twin-engine A/C에 사용되는 VHF transmitter는 1~30 watt까지 power output이 변하고, 이것을 model radio에 따라 좌우된다.

보통 3~5 watt rating의 radio가 가장 많이 사용된다.

대형 A/C의 VHF transmitter power output은 20~30 watts이다.

aviation communication transmitter는 필요한 frequency tolerance를 맞추기 위해 crystal control된다.

대부분의 transmitter는 하나의 주파수 이상을 선택할수 있다.

channel의 frequency 선택은 crystal에 의해 결정된다.

transmitter는 1~680 channel을 갖고 있다.

2) Receiver

Communication receiver는 radio frequency signal을 선택해서 signal이 갖고 있는 intelligence를 communication의 audible signal이나 navigation의 audible이나 visual signal로 바꾼다.

많은 frequency의 radio wave가 공기중에 있다.

receiver는 원하는 frequencry를 선택해서 small AC signal voltage로 증폭한다.

receiver는 demodulator circuit 있어서 intelligence를 떼어낸다.

만약 demodulator circuit amplitude 변화에 민감해서 detector로 부르는 AM set을 사용한다. demoaulator circuit는 frequency 변화에 민감해서 FM reception에 사용하고, 이것은 discriminator로 알려져 있다. receiver의 amplifying circuit는 audio signal을 power level까지 크게 해서 headset나 loudspeaker에서 적절히 작용한다.

3) Antenna

Antenna는 electrical circuit의 special type으로 electromagnetic energy를 발산하거나 받을수 있게 설계되었다.

앞에서 언급한 것과같이 transmitting antenna는 conductor로, radio frequency current가 이것을 통해서 지날때 electromagnetic wave를 발산한다.

antenna의 모양이나 design은 transmitte되는 주파수와 목적에 따라 다르다.

일반적으로 communication transmitting station은 signal을 모든 방향으로 보낸다.

그렇지만 special antenna는 일정한 방향이나 일정한 beam pattern으로 보내지게 설계된다.

receiving antenna는 air에 있는 electromagnetic wave를 intercept해야 한다.

receiving antenna의 모양이나 크기는 목적에 따라 다르다.

airbone communication은 같은 antenna로 signal을 보내고, 받고 한다.

4) Microphone

Microphone은 energy converter로 acoustical(sound) energy를 electrical energy로 바꾼다.

microphone에 말을하면, audio pressure wave가 발생되어 miocrophone의 diaphram을 때려서 공급되는 즉각적인 pressure에 따라 반응한다.

diaphram은 가해지는 pressure에 비례해서 전류흐름을 만든다.

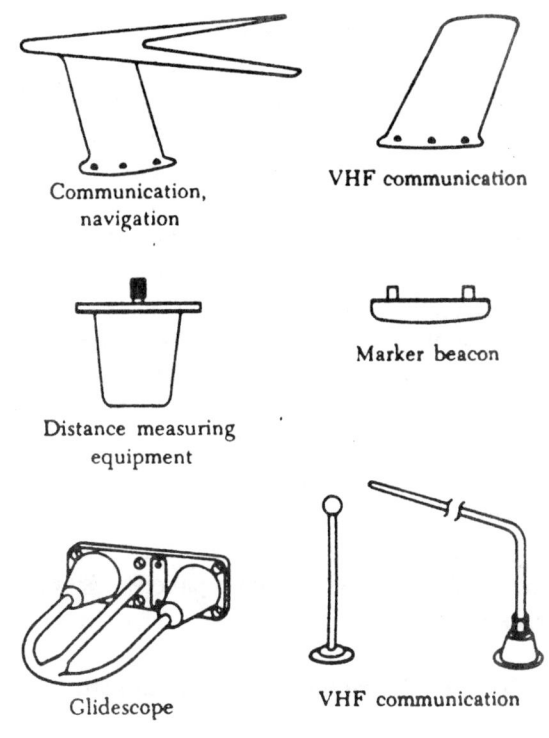

Communication, navigation

VHF communication

Distance measuring equipment

Marker beacon

Glidescope

VHF communication

Fig. 12-3   Antennas.

12-3. 전력 공급 (Power Supply)

Power supply는 communication equipment 작동에 필요한 정확한 voltage와 current를 공급한다.

dynamotor와 inverter와 같은 electromechanical device는 electronic power를 사용한다.

dynamotor는 motor와 generator의 두가지 기능을 하고, A/C electrical system의 상당히 낮은 voltage를 높은 수치로 끌어 올린다.

multi-vibrator는 또다른 type의 voltage supply로 상대적으로 낮은 devoltage에서 높은 AC 나 DC voltage를 얻는다.

많은 A/C에서 primary source의 electric power는 dire나 current이다.

inverter는 필요한 alternating current를 공급하는데 사용한다.

A/C inverter는 AC generator를 구동시키는 DC motor로 구성되어 있다.

static이나 solid-state inverter는 electromechanical inverter를 대신한다.

static inverter는 moving part가 없고, 대신에 semiconductor device를 사용하고, circuit은 정기적으로 transformer의 primary를 통해 DC current를 보내서 secondary에서 AC output을 얻는다.

371

12-4. Communication System

가장많이 사용하는 communication system이 VHF system이다.

VHF equipment 뿐만아니라 대형 A/C는 communication system도 갖추고 있다.

대부분의 항공용 VHF 와 HF communication system은 transceiver를 사용한다.

transceiver는 transmitter와 receiver가 common circuit을 나누어 사용하는데, 즉 power supply, antenna, tuning등을 같이 사용한다.

transmitter와 receiver 모두 같은 주파수를 사용하고, transmitter로부터 output이 있을때는 microphone button이 결정한다.

transmission이 없을때는, receiver는 incoming signal에 예민하다.

무게와 공간이 A/C에 상당히 중요함으로 transceiver가 많이 이용된다.

대형 A/C는 transceiver나 communication system이 transmitter나 receiver를 분리 해서 사용한다.

radio equipment의 작동은 대형 A/C나 소형 A/C 모두 똑같다.

일부 radio는 frequency selection, volume, "on-off" S/W등이 radio maic chassis 에 함께 붙어있다.

그리고 일부 control은 cockpit panel에 붙어있고 radio equipment는 A/C의 다른 part의 rack에 있다.

1) VHF(Very High Frequency) Communication

VHF communication set은 108.0 MHZ~135.95 MHZ의 주파수에서 작동한다.

VHF receiver는 communication frequency나 혹은 communication과 navigation frequency 둘레에서 작동하게 제작 된다.

일반적으로, VHF radio wave는 대략 straight line을 따른다.

VHF radio는 transmitter, recei-ver, power supply, operating, con-trol이 single unit으로 만들어 졌다.

Fig. 12-4는 panel-mounted VHF transceiver의 system diagram이다.

일부의 communication system은 instrument panel에 붙어 있고, 나머 지는 radio나 bagage compartment에 있다.

VHF system의 operation check을 위해서 electric power가 필요하다.

radio control S/W를 "on" 시킨 후, warmup 되도록 충분한 시간을 준다.

frequency selector를 사용해서

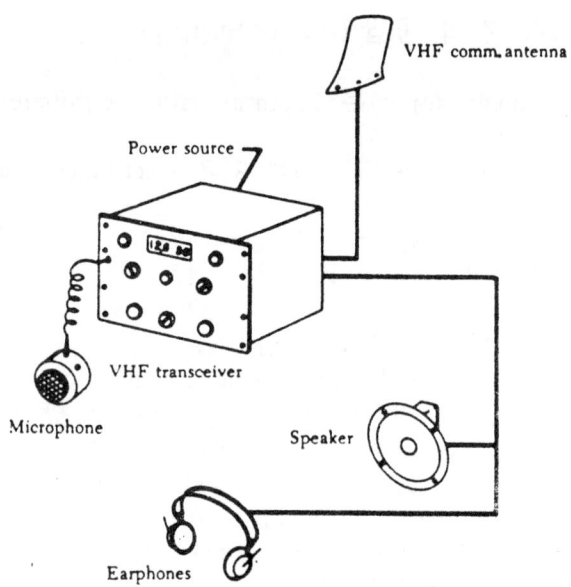

Fig. 12-4　VHF system diagram.

ground station의 frequency를 선택하고, volume을 조절한다.

2) HF(High Frequency) Communication

이 system은 long-range communication에 사용한다.

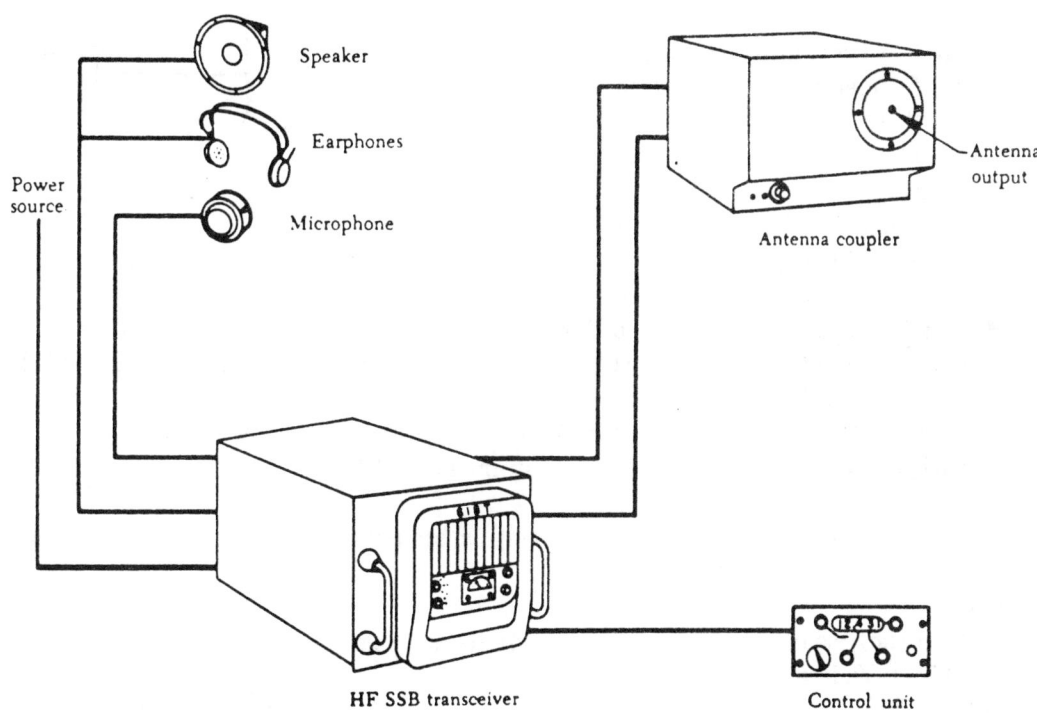

Fig. 12-5   HF system diagram.

HF system은 VHF system과 똑같이 작동하지만, 주파수 범위는 3 MHZ~30 MHZ 이고, longer transmission range 때문에 먼거리 통신이 가능하다.

HF transmitter는 VHF transmitter보다 더높은 power output을 갖고 있다.

HF communication system에 사용하는 antenna는 A/C의 모양이나 크기에 따라 다르다. 순항속도가 300 mph이하인 A/C는 long wire antenna를 사용한다.

Higher speed A/C는 antenna를 vertical stabilizer에 설치한다.

antenna type에 관계없이, tuner가 transceiver에서 antenna까지의 impedance를 같게 해준다.

12-5. Airborne Navigation Equipment

이 system은 VHF omnirange(VOR), instrument landing system, distance-

measuring equipment, automatic
direction finder, doppler
system, inertial navigation
system등을 포함한다.

1) VHF Omnirange System (VOR)

VHF VOR(omnidirectional
range)은 electronic navigation
system이다.

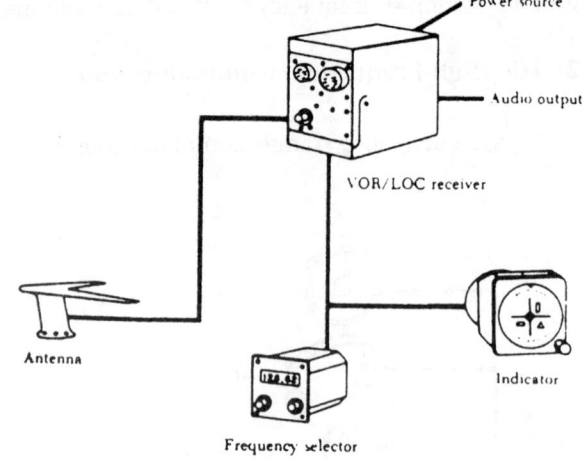

Fig. 12-6   VOR system diagram.

omnidirectional이나 all-direc-
tional range station은 pilot에게
service range의 어느 point 까지
의 course를 가리킨다.

이것은 360 radial이나 course
를 만들어 station과 어느 radio path를 연결시킨다.

radial은 여기서 line으로 생각할수 있고, transmitter antenna를 중심으로 퍼져 나
가는 것으로 생각하면 된다.

작동은 VHF radio spectrum(108.0 MHZ~117.95 MHZ)를 사용한다.

navigational information이 cockpit instrument에 표시된다.

Fig. 12-6은 airborne VOR receiving system으로 receiver, visual indicator,
antenna, power supply등으로 구
성된다.

frequency selector는 receiver
를 선택된 VOR ground station에
머물게 한다.

VOR receiver는 course
navigation에다가, ILS(Instru-
ment landing System)작동중
localizer receiver로 기능을 한
다.

일부 VOR receiver는 single
case안에 glide slope receiver도
갖고 있다.

VOR receiver가 받는 정보
(intelligence)는 CDI(Course
Deviation Indicator)에 나타난다.

Fig. 12-7은 CDI로 이것은
몇가지 기능을 한다.

VOR 작동중에 vertical needle

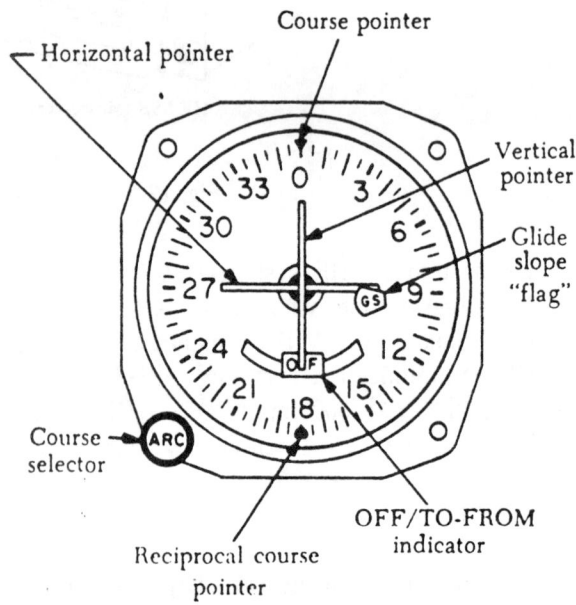

Fig. 12-7   Course deviation indicator.

이 course indicator로 필요하다.

vertical needle는 course에서 A/C가 deviate 되면 이것을 나타내고, A/C가 원하는 course를 나타낸다. "TO-FROM" indicator는 omniradial을 따라서 station을 향하거나, station을 지난 경우를 나타낸다.

course deviation indicator는 "VOR-LOC" flag alarm을 갖고 있다.

localizer signal이 receiver에 선택되면, indicator는 A/C에 대한 localizer beam의 위치를 나타내주고, A/C가 turn 해야하는 방향으로 localizer를 intercept한다.

VOR 작동중에 VOR radial은 OBS(OmniBearing Selector)를 회전해서 선택한다.

OBS는 CDI에 위치해 있고, 그렇치만 일부에서는, 이것은 navigation receiver의 일부이다.

OBS는 0~360°까지 표시되어 있다.

각도는 VOR course로 ground station과의 reference를 제공한다.

operation check를 할때는 VOT(Very High Frequency Omnirange Test)나 teminal VOR 시설을 이용한다.

2) 계기 착륙장치 (Instrument Landing System)

전체 system은 runway localizer, glide slope signal marker beacon 등으로 되어있다.

localizer equipment는 airport runway 중심과 일치하는 radio course를 만들어 낸다.

on-course signal은 두 signal을 똑같이 받아서 이루어 지는데 하나는 90 Hz modulation을 갖고 있고 다른하나는 150 Hz modulation을 갖고 있다.

runway center line의 한쪽은 radio receiver가 만드는 output은 150 HZ이고, 이지역을 blue sector라고 부른다.

중심선의 다른한쪽은 90 Hz로 yellow sector라고 부른다.

localizer의 frequency는 108.0 HMz~112.0 MHz이고 소수점 이하는 홀수만 사용한다.

VOR receiver도 이 주파수를 사용하는데 소수점 이하는 짝수만 쓴다.

VOR receiver는 ILS 작동중에는 localizer receiver로서 기능을 한다.

glide slope은 radio beam으로 pilot에게 vertical guidance를 제공해서 runway로 강하하는 각도를 돕는다.

Glideslope signal은 runway의 touchdown point에 인접한 두개의 antenna에서 발산한다.

각 glide slope은 VHF frequency 329.3 MHZ~335.0 MHZ를 사용한다.

glide slope과 VOR/Lcalizer receiver는 receiver가 분리되어 있거나 single case에 같이 있다.

glide slope receiver는 두개가 한쌍으로 되어 있고, frequency selector는 두 receiver를 조절한다.

Fig. 12-8은 ILS의 component diagram이다.

localizer와 glide slope receiver로 부터의 information은 CDI에 나타낸다.

즉, vertical needle은 localizer information을, horizontal needle은 glide slop information을 나타낸다.

두 needle 모두가 center에 있으면, A/C는 on course에 있고, 적당한 rate로 강화 중이다.

CDI는 각 system에 red warning flag가 있어서 receiver가 fail되거나 transmitter signal이 손실되면 볼수 있게 나타난다.

ILS 작동에 두개의 antenna가 필요하다. 하나는 localizer receiver를 위한 것이고, 이것은 또한 VOR navigation에도 사용하고 또다른 하나는 glide slope을 위한 것이다. 일부의 small A/C는 하나의 multi-element antenna가 glide slope나 VOR/LOC 작동에 모두 쓰인다.

VOR/localizer antenna는 A/C fuselage의 top이나 vertical stabilizer의 설치되있다.

glide slope antenna는 A/C의 nose에 설치된다.

A/C에 radome이 있으면 glide slope antenna는 radome에 설치된다.

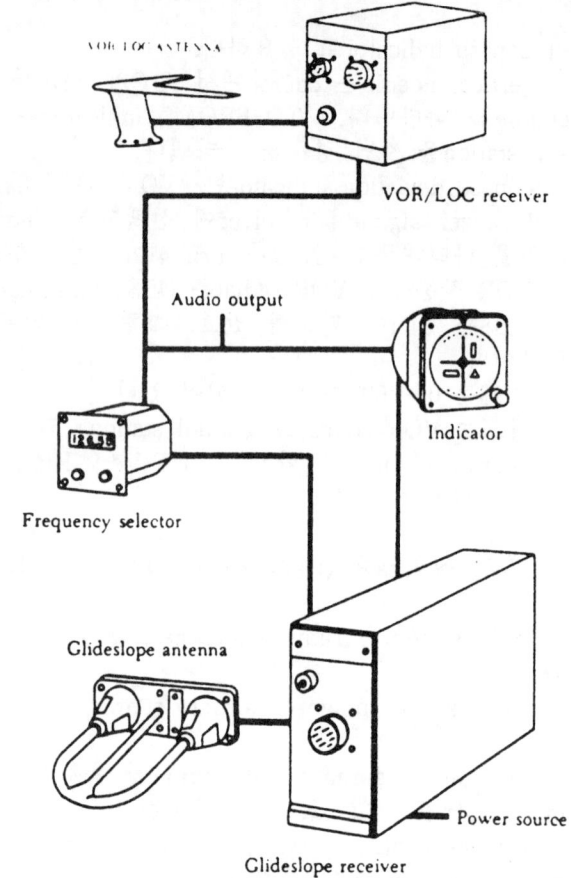

Fig. 12-8 Component diagram of an ILS.

3) Marker Beacon

Marker beacon은 instrument landing system과 연결해서 사용한다.

marker의 signal은 runway에 접근할때 A/C의 위치를 지시해 준다.

두개의 marker가 한쌍으로 사용된다.

각 marker의 위치는 aural tone와 signal lamp로 식별한다.

marker beacon transmitter는 고정된 75 MHz frequency에서 작용한다.

marker receiver는 antenna signal을 받아서 이것을 power로 바꾸어 signal lamp를 밝히고 headset에 audible tone을 만든다.

outer marker는 approach path의 시작을 표시해준다.

이 signal은 400 Hz이고, long dash의 tone을 만든다.

또한 signal light에 purple lamp를 켜지게 한다.

middle marker는 runway 끝으로 부터 3500ft 정도이고, 1300 Hz로 modulate되고, higher-pitched tone으로 dot과 dash가 번갈아서 나타난다.

A/C가 middle marker를 지나치면 amber lamp가 반짝거린다.

376

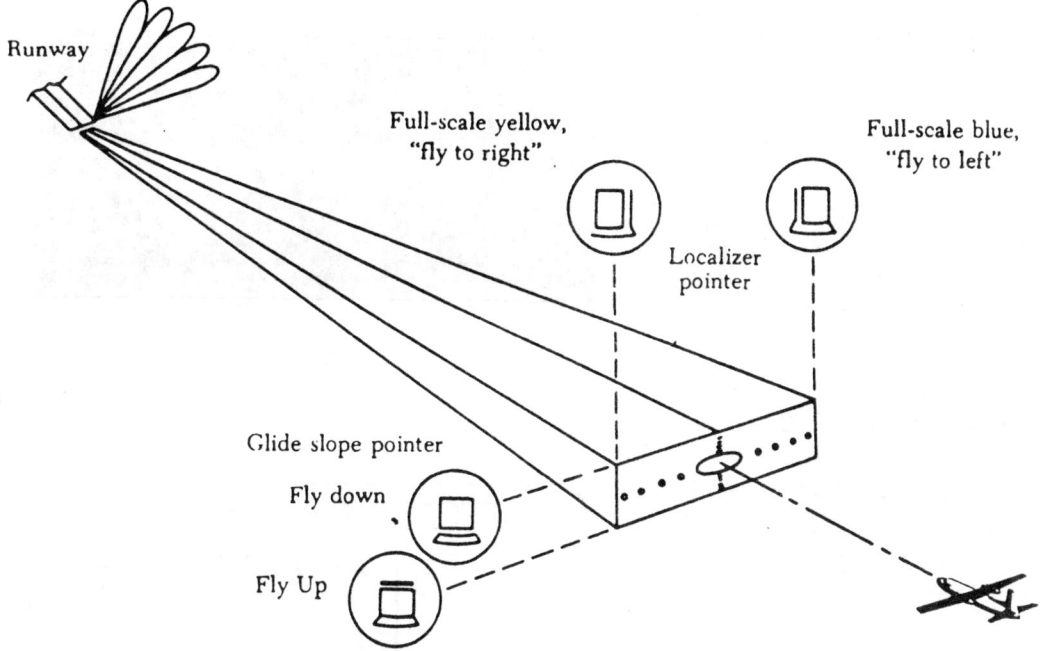

Fig. 12-9   Glide slope information.

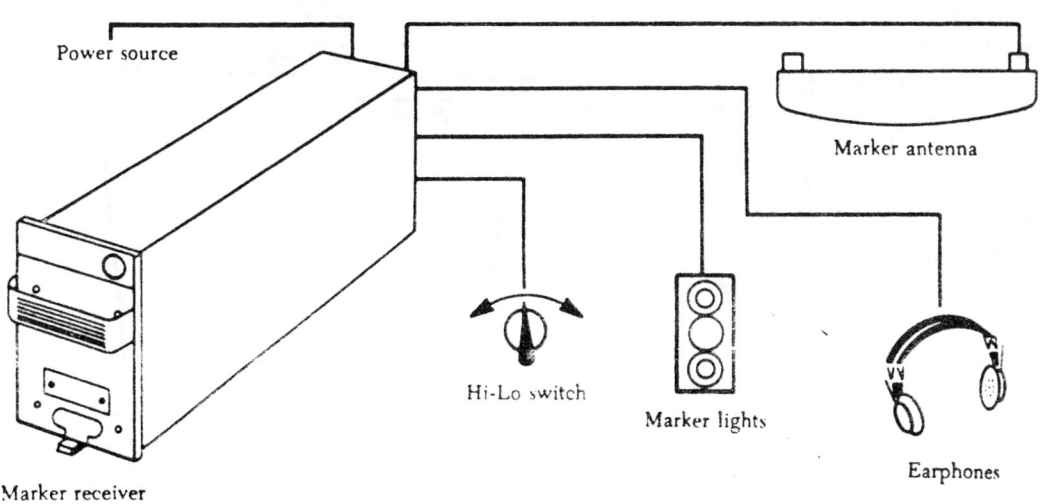

Fig. 12-10   Marker receiver system diagram.

12-6. 거리 측정장치 (Distance-Measuring Equipment)

DME (Distance-Measuring Equipment)의 목적은 ground station으로 부터 A/C까지의 거리를 visual landication으로 나타낸다.

DME reading은 ground에서 point에서 point까지의 거리를 측정한 것이 아니고, A/C에서 ground station까지의 경사진 거리를 나타낸다.

DME는 VHF range의 radio frequency에서 작동한다.

transmitting frequency는 두개의 group으로, 962 MHz~1,024 MHz와 1,151 MHz~1,212 MHz이고, receiving frequency는 1,025 MHz~1,149 MHz이다.

Fig. 12-11은 DME control panel이다.

DME transceiver가 있는 A/C는 선택된 DME ground station에 맞춰져있다.

대부분 DME ground station은 VOR 시설과 함께있다. 이것을 VORTAC이라고 부른다.

transceiver는 한쌍의 spaced pulse를 ground station으로 보낸다. pulse의 간격은 signal을 실제의 DME 요구사항인지를 식별한다. 이 pulse를 받은후에 ground station은 분리된 주파수로 pulse transmission을 A/C에 보낸다.

transceiver에 signal을 받은직후 signal의 왕복시간을 결정한다. 이 시간의 간격으로 A/C와 ground와의 거리를 측정한다.

이 거리는 Fig. 12-12와 같이 cockpit 계기에 nautical miles로 나타난다.

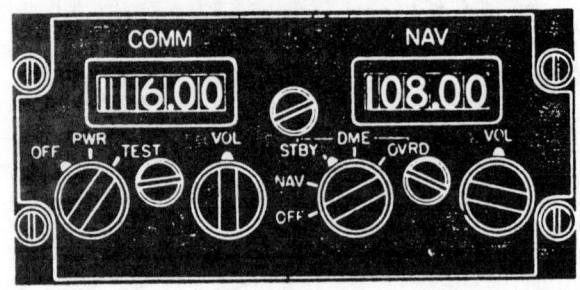

Fig. 12-11   Typical navigation DME control.

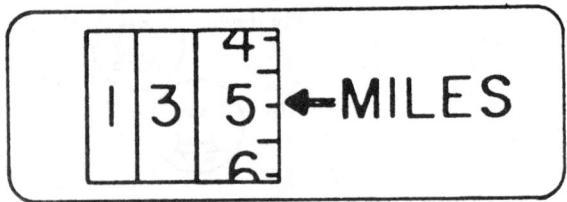

Fig. 12-12   DME digital indicator.

Fig. 12-13   Typical DME antenna.

378

Fig. 12-13은 DME antenna이다. 대부분의 DME antenna는 cover가 있고, 이 antenna는 짧고, stub type으로 A/C의 낮은 표면에 붙어있다.

DME 작동이 방해되지 않게 하기위해 antenna의 위치는 A/C가 back 할때 wing에 의해 가리지 않는 위치에 설치한다.

12-7. 자동방향 탐지기 (Automatic Direction Finder)

ADF(Automatic Direction Finders)는 directional antenna가 radio receiver와 함께 있어서 signal을 받는쪽의 방향을 결정한다.

대부분의 ADF receiver는 manual operation과 automatic directing finding을 갖추고 있다. A/C가 radio station의 reception range에 있으면, ADF equipment는 거의 정확한 위치를 잡는다. ADF는 190 KHz~1750 KHz의 주파수를 이용한다. cockpit의 계기에 staion쪽의 방향을 지시한다. ADF equipment로 receiver loop antenna, sense혹은 nondirectional antenna, indicator와 control unit으로 되어있다.

ADF system으로, loop antenna가 360°로 회전해서 trans-

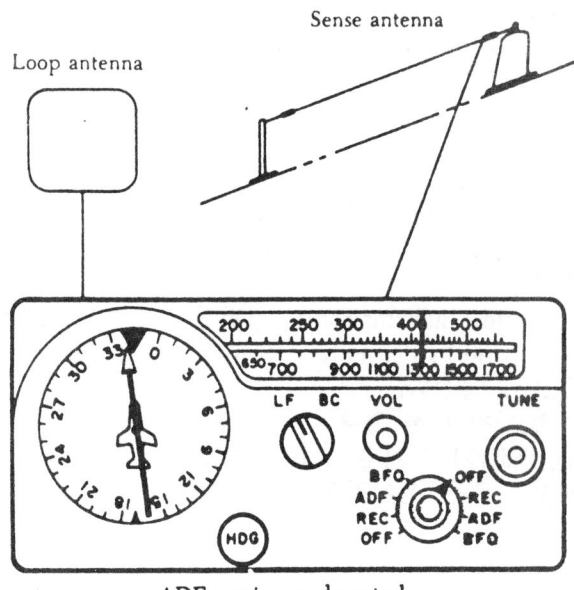

Fig. 12-14   Typical ADF installation.

mitted signal과 평행일때 maximum signal strength를 받는다. loop가 회전해서 약해지다가, loop가 transmitted signal 방향과 수직일때 최소가 된다.

loop의 이 위치는 null position이라고 부른다. loop의 null position을 방향을 찾는데 사용한다. loop가 null position으로 회전하면, radio station은 loop의 plane에 수직선으로 받게 된다.

그렇지만, A/C로 부터 radio station의 방향은 180° 떨어진 두지점이 된다. loop antenna는 두 방향 중 어느 것인지 구별할 수 없기 때문에 sense antenna가 필요하다. loop와 sense antenna가 모두 ADF receiver에 연결된다.

sense antenna의 signal strength는 loop antenna로 부터의 signal에 겹쳐지는데 이때는 오직 loop의 one null position에서이다.

one null position은 항상 transmitting 시설쪽을 난타낸다.

12-8. Radar Beacon Transponder

이 system은 ground base surveillance radar와 연결되어 controller의 radar scope에

A/C의 indentification을 나타내준
다.

airbone equipment나 trans-
ponder는 ground radar의 질문을
받고, 자동적으로 code를 답해준
다.

civil transponder는 두개의
mode를 쓰는데 "mode A"와
"mode AC"이다.

flight identification code는 A-
digit number로 flight planning
절차중에 입력시킨다.

일부 A/C transponder는 alti-
tude encoding feature가 있다.

A/C의 Altitude가 transponder
를 통해 ground station으로 전달
된다.

alitude information을 전달할
때는 mode selector S/W를
"AC"에 놓는다.

몇가지 다른 형태의 A/C tra-
nsponder가 있지만 같은 기능을
하고, 모두 전기적으로 작용한
다.

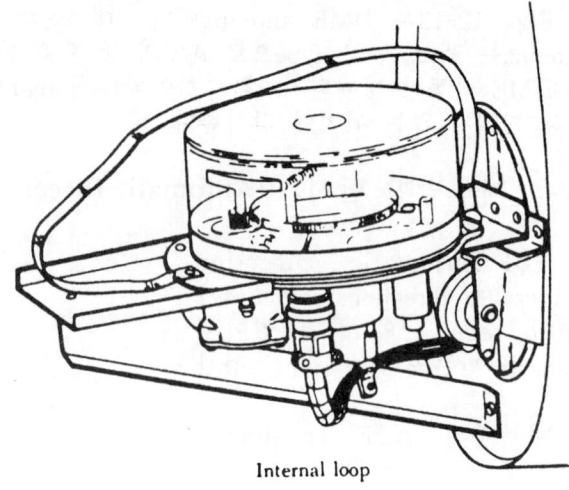

Internal loop

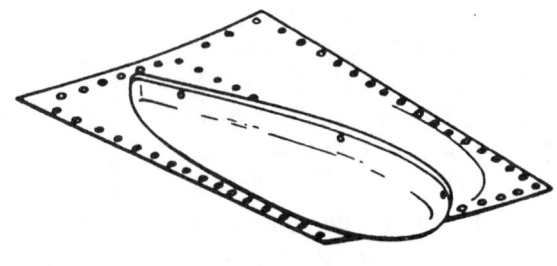

Enclosed loop

Fig. 12-15 Typical ADF antennas.

Fig. 12-16은 transponder이
다.

short stub나 covered stub antenna가 transponder 작동에 필요하고, A/C fuselage
의 lower surface에 붙어있다.

12-9. 도플러 항법장치 (Doppler navigation System)

Doppler navigational radar는 자동적으로, 연속적으로 ground speed와 drift angle
을 나타낸다. 그러나 이 system은 ground station의 도움을 받지 않는다.

doppler radar는 radar처럼 방향을 감지하지 않는다.

대신에, 이것은 speed conscious이고, drift-conscious이다.

이것은 연속적인 carrier wave transmission energy를 이용해서 doppler effect로 알
려진 원리에 의해 A/C의 forward와 lateral velocity를 결정한다.

doppler효과 signal의 주파수 변화는 접근하는 소리와 떠나는 소리로 설명할 수 있
다.

sound emitter는 moving ambulance의 siren이고, receiver는 서있는 사람의 귀이
다.

Fig. 12-17에서와 같이 소리가 접근할때와 멀어져 갈때의 간격이 틀리다.

접근할때는 high pitch이고, 멀어질때는 넓은 간격이다.

doppler radar도 frequency change phenomenon을 이용한다.

doppler radar는 one frequency의 narrow beam energy를 발산한다.

이 wave energy가 지구의 표면을 치고, 반사된다.

지구로부터 돌아오는 wave는 처음 지구에 부딪친 것과는 다른 간격을 갖고 있다.

지구로부터 돌아오는 energy가 receiver에 의해 intercept되어 밖으로 나가는 transmitter energy와 비교된다.

doppler effect에 의한 차이가 ground speed와 wind drift angle information으로 사용된다.

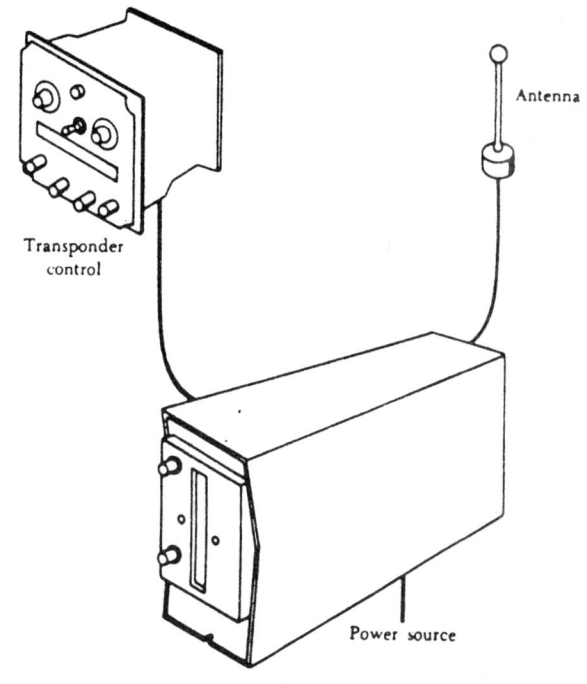

Fig. 12-16   Typical transponder system.

12-10. 관성 항법장치 (Inertial Navigation System)

Inertial navigation system은 long-range navigation을 돕는다. 그리고 이것은 지상의 navigation 시설로 부터 signal imput가 필요없다.

이 system의 attitude, velocity, heading information은 A/C의 Acceleration의 측정에서 온다.

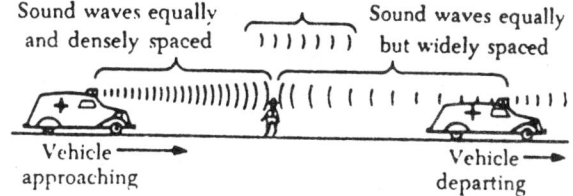

Fig. 12-17   Doppler effect with sound waves.

두개의 accelerometer가 필요하다. 하나는 north를 기준으로 하고, 다른하나는 east를 기준으로 한다.

accelerometer는 stable platform 이라고 부르는 gyro-stabilized unit에 설치되있다.

inertial navigation system은 다음의 component를 포함한다.

ⓐ stable platform

accelerometer를 지구와 수평상태를 유지해서 azimuth orientation을 제공한다.

ⓑ accelerometer가 platform에 있다.

ⓒ integrator가 accelerometer의 output을 받는다. (volocity와 distance)
ⓓ computer는 integrator로 부터 signal을 받는다.

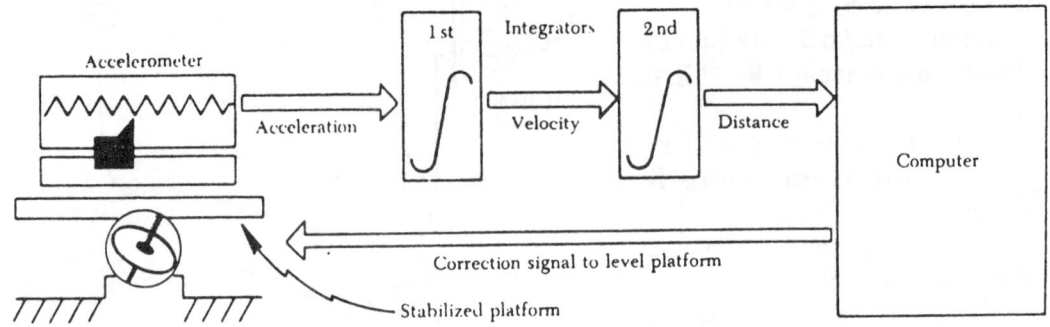

Fig. 12-18   A basic inertial navigation system.

Fig. 12-18에서 보면, accelerometer는 gyro-stabilized platform에 의해 지구의 표면과 horizontal position을 유지한다.

A/C가 가속되면서 acceleromenter로 부터의 signal은 integrator로 보내진다.

integrator나 distance의 output가 computer로 보내져 두가지 작동을 한다.

하나는, position을 결정하고, 다른하나는 signal을 platform에 보내서 accelerometer와 지구표면과 horizontal 상태를 유지하게 한다.

high-speed gyro와 accelerometer의 output이 A/C의 flight control에 연결된다.

12-11. Airbone Weather Radar System

Radar (radio detection and ranging)는 darkness, fog, storm, clearweather등에서 특정한 물체를 볼수 있다.

radar scope에 이 object를 나타낼 뿐만아니라 이것의 range와 상대적인 위치를 나타내준다.

radar는 electronic system으로, radio energy의 pulse transmission을 이용해서 target으로 부터 반사되는 signal을 받는다.

받는 signal이 "echo"로 알려져 있고, transmitted pulse와 received echo 사이의 시간을 계산해서 nautical mile의 단위로 radarscope에 나타내준다.

radar system은 transceiver와 synchronizer, antenna (A/C의 nose에 설치되있다.) control unit (cockpit), indicator 혹은 scope등으로 구성되어 있다.

wave guide가 receiver/transmitter와 antenna를 연결시킨다.

weather radar system 작동에서, transmitter는 short pulse의 radio-frequency energy를 waveguide를 통해 A/C의 nose에 있는 dish antenna에 입력시킨다.

transmitted energy의 일부가 beam path에 있는 object (물체)에 반사되어 antenna에 의해 다시 잡는다.

electronic switching이 autenna에서 transmitter에 연결되어 pulse transmission중에

receiver를 분리한다.

pulse transmission을 마친후에, antenna는 transmitter에서 receiver로 바뀐다.

switching cycle은 각 transmitted pulse에 매번 일어난다.

radar wave가 target에 도착하고, A/C antenna로 반사하는 시간은 A/C로 부터 target 까지의 거리에 비례한다.

receiver는 radar singal의 transmission과 reflected energy 의 reception 사이의 시간 간격을 받아서 이것을 target distance, range로 나타낸다.

12-12. Radio Altimeter

Radio Altimeter는 A/C와 ground 사이의 거리를 측정하는 데 사용한다.

이것은 radio frequency energy를 ground에 보내고, A/C에서 반사되는 energy를 받는다.

modern altimeter는 pulse type이고, altitude는 transmitted pulse가 ground에 부딪히고, return 되는데 걸리는 시간을 측정해서 고도를 결정한다.

계기는 A/C의 true altitude를 나타내고, 이것은, water, mountain, building 혹은 지구표면의 어떤 물체로부터의 높이이다.

altimeter는 pilot에게 approach중에 A/C의 고도를 제공한다.

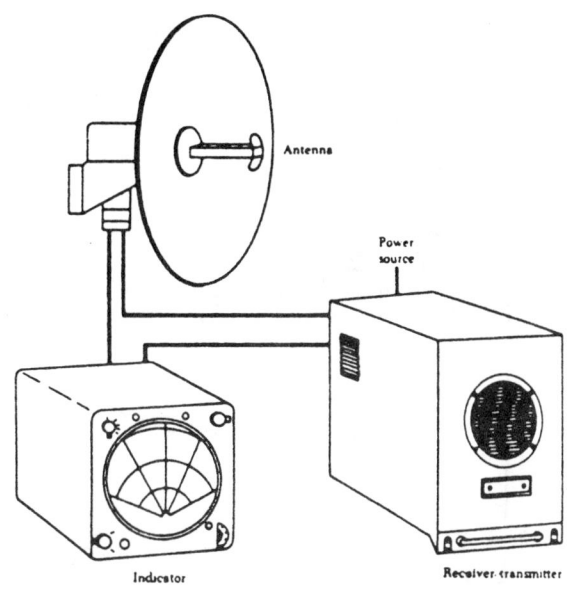

Fig. 12-19   Weather radar system diagram.

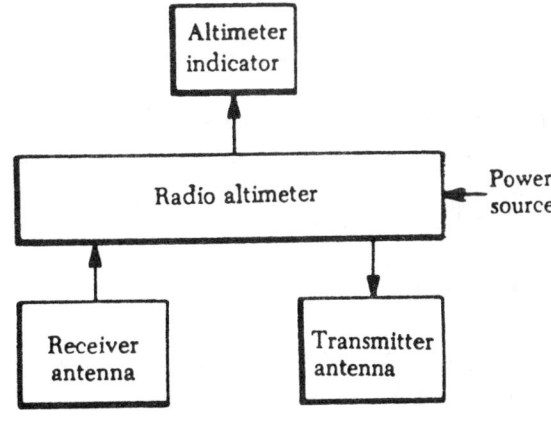

Fig. 12-20   Typical radio altimeter system diagram.

이 지시를 보고, decision point를 결정한다.

radio altimeter system은 transceiver equipment rack에 있다.

indicator, 두개의 antenna(A/C의 밑바닥에 있다)등으로 구성되어 있다.

12-13. Emergency Locator Transmitter(ELT)

이 system은 self-powered radio transmitter로 121.5 MHz(civilian)과 243 MHz

383

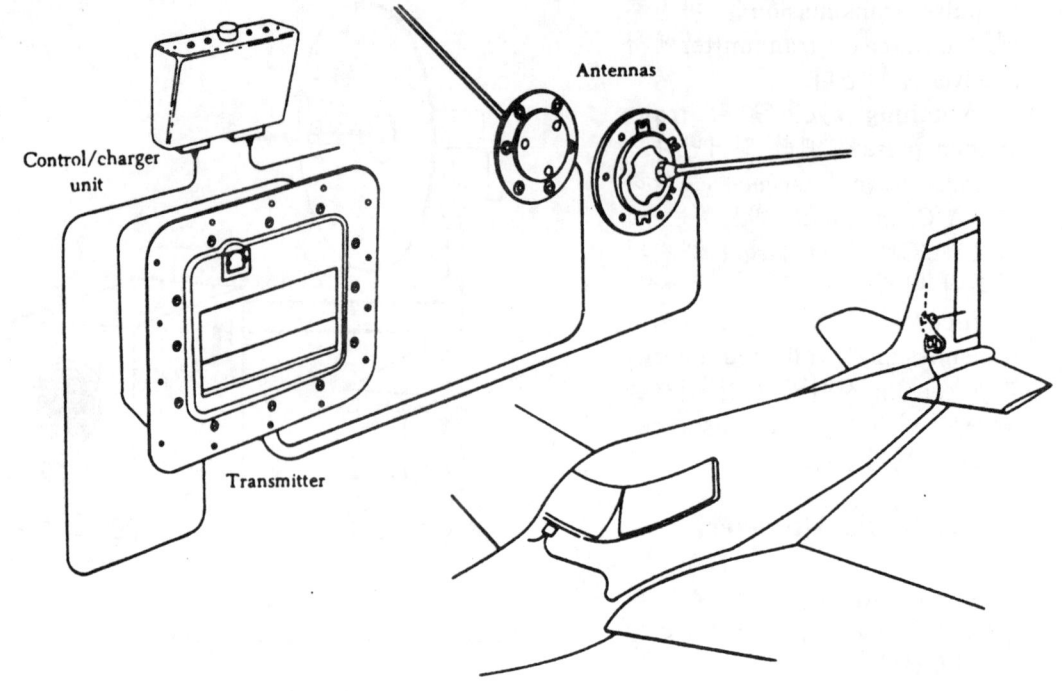

Fig. 12-21 Emergeney locator transmitter(ELT).

(Military)의 internation distress band를 사용한다.
작동은 충격을 받으면 자동적으로 시작된다.
transmitter는 또한 cockpit의 remote S/W에 의해 작동한다.
만약 transmitter의 "G" force S/W가 작동하면 case의 S/W를 "off" 해야한다.

1) Transmitter

Transmitter는 A/C 어디든지 있을수 있지만, 가장 이상적인 장소는 가장 뒤쪽의 vertical fin이다.
이것은 battery의 교환상태를 볼수있는 곳이어야 하고, unit을 arming이나 disarming할수 있어야 한다.
remote control arm/disarm S/W가 cockpit에 있어야 한다.

2) Battery

Battery는 ELT의 power supply이다. 일단 작동하면 최소 48시간 동안 signal transmission을 위한 power를 공급한다.
battery는 50%의 battery useful life에서 바꾸던지 재충전 해야한다.
battery 교환날짜는 tramsmitter의 바깥쪽에 표시해야 한다.

384

battery는 nickel-cadmium, lithium, magnesium dioxide, dry-cell battery이다.

3) Testing

ELT의 testing은 근처의 tower나 flight service station등과 함께 해야한다.
test는 매시간의 처음 5분 이내에 해야한다.
ELT 근처에서 어떤 작업이든 하면, VHF communication receiver를 121.5 MHZ에 맞추어 ELT audio sweep을 들어 본다.

연습문제 (I)

1. Pitot-static 시스템과 연관된 세개의 계기판은?
   답) Airspeed indicator (속도계).
      Altimeter (고도계), vertical speed indicator (승강계)

2. Static 압력라인이 압력장치가 된 기체내와 차단됐을 경우 계기판에 어떤 영향을 주는가?
   답) 속도계와 고도계가 정상보다 낮게 나타난다.

3. Pitot-static 시스템과 연관된 부품을 바꿨을때 무슨 check가 필요한가?
   답) Leak test

4. Gyroscopic 계기판은 어떤 power로 작동되는가?
   답) Vacuum, electricity, air pressure

5. 비행기가 turn을 할때 전기 gyro rotor가 기우는것을 무엇이라 하는가?
   답) Gyroscopic precession

6. 비행기 계기판에 range (범위) 를 marking 하는것은 무엇을 기준으로 하는가?
   답) Aircraft specification 또는 type certificate data sheet

7. 계기판의 range marking은 어디에 칠하는가?
   답) 계기판 cover glass의 둘레

8. 계기판에 range marking 외에 또 한가지 marking 해야 할것은?
   답) Index mark. cover glass가 비뚤게 돌아간 것을 알수가 있게

9. Synchro type remote indicating system이란 무엇인가?
   답) 부분의 움직임, 예를들어 landing gear의 위치, flap의 위치를 전기시스템을 사용하여 계기판으로 읽을수 있도록 하는 시스템이다. 주로 제일 많이 쓰이는 종류는 autosyn, selsyn 그리고 magnesyn 등이 있다.

10. 연료탱크안의 연료양을 전자시스템으로 알수 있는 방법은?
    답) Capacitor type fuel quantity system.

11. "Swinging a compass"란 무엇인가?
    답) Compass의 북남 또 동서를 조절하여 줌으로써 비행기 자체내에서 발산되는 자석의 힘으로 영향받는 것을 최대한 줄인다.

12. Magnetic compass는 액체로 채워져 있으며 거품이 있거나 색깔이 변하면 안된다. 액체를 쓰는 목적은 무엇인가?
    답) Compass가 이리저리 흔들리는 것을 줄이기 위하여

13. 왕복엔진의 크랭크샤프트의 회전속도를 나타내는 계기판은?
    답) Tachometer

14. Turbine 엔진의 EGT(Exhaust Gas Temperature)를 계기판에 전달하도록 쓰이는
    것은?
    답) Thermocouple 시스템

15. 엔진이 꺼져있는 상태에서 manifold pressure gage는 무엇을 나타내는가?
    답) 현재의 대기압력

16. Communication 시스템의 기본요소는 어떤 것들이 있는가?
    답) Microphone(마이크), transmitter(전파기), transmitting antenna(전파 보내는
        안테나), receiving antenna(전파 받는 안테나), receiver(수신기), headset
        (헤드폰) 아니면 스피커.

17. 현재 가장 널리 쓰이는 communication system은?
    답) VHF(Very High Frequency) 시스템

18. 장거리 교신용으로 많이 쓰이는 system은?
    답) HF(High Frequency) 시스템

19. Transceiver란 무엇인가?
    답) Transmitter와 receiver가 하나로 되있는 것.
        power, antenna, tuning 모두 하나로 나눠쓴다.

20. VOR 시스템의 기본요소는?
    답) Receiver, 계기판, 안테나, 그리고 power

21. Autopilot 시스템의 기본요소는?
    답) Gyro, servo, amplifier

22. Autopilot 시스템에서 감각기관(sensing element)으로는 어떤 것들이 있는가?
    답) Directional gyro, turn-bank gyro, attitude gyro, altitude control

23. Autopilot 시스템의 output element는 무엇인가?
    답) Servo가 control surface를 작동시킨다.

24. 라디오를 mounting(고정)시킬때 bonding jumper를 쓰는 이유는?
    답) Ground시켜 줌으로써 static electricity(정전기)로 인한 라디오 잡음을
        막기 위하여

25. 소규모 비행기의 VOR 안테나의 위치는 어디가 적합한가?
    답) 비행기 앞쪽의 위, 또는 vertical stabilizer의 위

26. DME 안테나의 위치로 적합한 곳은?
    답) 비행기 밑쪽, turn할때 가려지지 않는 곳

27. ILS란 무엇을 뜻하는가?
   답) Instrument landing system(계기 착륙장치)

28. Marker beacon이란 무엇인가?
   답) ILS 시스템의 일부분으로써 활주로와 비행기의 위치를 나타내주는 것

연습문제(Ⅱ)

1. Instrument panel을 설치할때 몇개의 shock mount를 쓸것인지는 무엇으로 결정하는가?
   (1) Panel의 size
   (2) Panel의 타입
   (3) Panel 전체의 무게
   (4) Panel안에 설치될 계기의 갯수   (3)

2. Vacuum으로 작동되는 instrument의 glass가 느슨하게 되있다면 어떻게 하는가?
   (1) Case와 glass 사이에 하얗게 일자를 그어 표시한다.
   (2) Glass를 간다.
   (3) Glass 를 case안에 새로 seal한다.
   (4) 다른 instrument를 설치한다.   (4)

3. 다음중 어느것들이 비행기의 pitot-static system과 연결되어 있는가?
           A. Vertical 속도계
           B. Turn coordinator
           C. Cabin altimeter (pressurized aircraft)
           D. Altimeter
           E. Turn-and-slip indicator
           F. Cabin rate-of-change indicator
           G. 비행속도계(air speed indicator)
           H. 방향 gyro

   (1) A, D, G
   (2) E, G, H
   (3) B, C, F
   (4) C, F, G   (1)

4. 다음중 몇개의 계기에 range marking(범위 표시)이 되어있는가?
           A. 비행속도계
           B. 고도계 (altimeter)
           C. 방향 gyro
           D. Cylinder head 온도계

   (1) 1
   (2) 2
   (3) 3
   (4) 4   (2)

5. 다음중 속도계내의 가장 적합한 climb speed를 나타내는 것은?
   (1) 하얀 arc(호)
   (2) 빨강 radial(반지름) line

389

(3) 파랑 radial line
(4) 초록 arc   (3)

6. 비행기의 온도계내의 초록 arc는 무엇을 나타내는가?
   (1) Instrument가 제대로 측정되지 않았다
   (2) 적합한 온도 범위
   (3) 낮고 위험한 온도 범위
   (4) 높고 위험한 온도 범위   (2)

7. 계기의 유리가 원위치에서 미끌어졌는지 알아보기 위해 표시하는 것은?
   (1) 노란 arc
   (2) 하얀 index mark
   (3) 초록 radial line
   (4) 빨강 radial line   (2)

8. 비행기 계기의 눈금은 무엇을 기준으로 매겨져 있는가?
   (1) 계기를 만든 회사
   (2) 엔진을 만든 회사
   (3) 비행기를 만든 회사
   (4) 비행 manual   (4)

9. 비행기의 계기판(instrument panel)은 shock-mount로 고정되었다. 그 이유는?
   (1) High-frequency, low-amplitude shock를 흡수하기 위하여
   (2) Low-frequency, high-amplitude shock를 흡수하기 위하여
   (3) 심한 진동 속에서도 계기의 작동을 정상으로 유지하기 위하여
   (4) High-frequency, high-camplitude shock을 흡수하기 위하여   (2)

10. 비행기의 계기를 계기판에 고정시키는 방법은 무엇에 의해 결정되는가?
    (1) 계기를 만든회사
    (2) 계기 case의 design
    (3) 비행기 fuselage의 design
    (4) 계기판의 design   (2)

11. Flange가 없는 계기 case는 어떤 방법으로 계기판에 고정시키는가?
    (1) 계기판을 통과시키는 machine screw를 4개 사용한다.
    (2) 계기판의 뒷쪽에 expanding-type clamp를 설치하고 앞쪽에서 screw를 사용
        하여 고정한다.
    (3) 계기판의 뒷쪽에 metal shelf를 사용한다.
    (4) 계기판에 press fit로 단단히 끼운다.   (2)

12. 대부분의 전기 instrument들이 iron이나 steel case에 고정되있는 이유는?
    (1) 수리할때 손상이 가지 않게 하기 위하여
    (2) 설치할때나 떼어낼때 편리하도록
    (3) 바깥 자석의 힘으로부터 방해받는 것을 방지
    (4) 계기가 가열되는 것을 방지   (3)

13. 비행기에 계기를 설치할때 제대로 marking 됐는지 책임을 지는 사람은?
    (1) Inspector
    (2) 비행기 소유자
    (3) 계기 설치자
    (4) 계기를 제조한 회사   (3)

14. Engine instrument에 필요한 marking에 대한 정보는 어디서 찾아볼수 있는가?
    (1) Engine manufacturer′s specification
    (2) Type certificate data sheet
    (3) Instrument manufacturer′s specification
    (4) Engine과 instrument manufacturer′s specification   (1)

15. Engine instrument의 빨간 radial line은 무엇을 가리키는가?
    (1) 정상 작동 범위
    (2) 주위 범위
    (3) 특별한 상태에서만 허락되는 작동범위
    (4) maximum이나 minimum 안전 작동범위   (4)

16. 비행기의 계기판은 비행기 structure와 전기적으로 연결되어 있다. 그 이유는?
    (1) Static 전기가 축전되도록
    (2) Restrain strap 역할을 한다.
    (3) 전류가 돌아가는 길을 제공한다.
    (4) 계기판의 설치를 편리하게 해준다.   (3)

17. 다음중 몇개가 gyroscope에 의해 작동되는가?
                    A. Attitude indicator
                    B. Heading indicator
                    C. Turn-slip indicator의 turn needle
                    D. Angle-of-attack indicator

    (1) 4
    (2) 3
    (3) 2
    (4) 1   (3)

18. 방향 gyro의 lubber line은?
    (1) 비행기의 nose 쪽을 나타낸다.
    (2) 계기의 유리를 case와 align시킨다.
    (3) 비행기의 날개를 나타낸다.
    (4) 북쪽을 나타낸다.   (1)

19. Hydraulic pressure gauge 내의 주요 부분은?
    (1) Bourdon tube
    (2) Airtight bellows
    (3) Airtight diaphragm
    (4) Arm, lever, gear가 부착된 bellow   (1)

20. Magnetic compass의 bowl에 표시된 reference marker는 무엇이라 불리우나?
    (1) Reeder line
    (2) Lubber line
    (3) Card line
    (4) Pole line (2)

21. Pressurize된 비행기가 정상비행중 갑자기 계기 static pressure line이 차단된다면
    (1) 고도계와 속도계가 낮게 가리킨다.
    (2) 고도계와 속도계가 모두 높게 가리킨다.
    (3) 고도계는 높게 속도계는 낮게 가리킨다.
    (4) 고도계는 낮게 속도계는 높게 가리킨다. (1)

22. 다음중 옳게 설명한 것은?
    (1) Rate-of-climb indicator는 pitot pressure롤 사용한다.
    (2) Pitot line의 새는곳을 검사할때 suction을 이용한다.
    (3) Static line의 새는곳을 검사할때 pressure롤 이용한다.
    (4) 속도계는 pitot과 static pressure 모두 사용한다. (4)

23. Magnetic direction indicator의 최대 deviation(일탈)은 몇도까지 허락되는가?
    (1) 4°
    (2) 6°
    (3) 8°
    (4) 10° (4)

24. Magnetic compass의 bowl이 액체로 채워져 있는 이유는?
    (1) Float의 precession(전진)을 방지하기 위하여
    (2) Deviation error롤 줄이기 위하여
    (3) 온도와 압력의 변화에 대응하기 위하여
    (4) Float의 진동을 줄이기 위하여 (4)

25. Pressurize되지 않은 비행기의 static pressure system을 시험할때 altimeter의
    최대 고도 감소(maximum altitude loss)는?
    (1) 2분내 150 feet
    (2) 1분내 50 feet
    (3) 2분내 70 feet
    (4) 1분내 100 feet (4)

26. 다음중 비행기 instrument vacuum system에 대하여 옳게 설명한 것은?
    (1) Carbon vane을 사용하는 dry-type vacuum pump는 먼지로 인한
        손상이 쉽기 때문에 여과기롤 통한 공기만 받아들여야 한다.
    (2) Vacuum system은 positive pressure system보다 높은 고도에서 더
        실용적이다.
    (3) Attitude indicator의 air-inlet line에는 restrictor valve가 설치되어 있다.
    (4) 각 instrument마다 한개씩의 filter가 사용된다. (2)

27. 비행기의 고도기가 지상에서 29.92 inHg로 setting 되어 있다면 고도계는 무엇을 나타내겠는가?
    (1) Pressure altitude
    (2) Density altitude
    (3) Field elevation
    (4) True altitude   (1)

28. 다음중 보통 비행기 mechanic으로써 고칠수 있는 계기 부분은?
                    A. 빨간 line이 없는것
                    B. Case에서 새는것
                    C. 부서진 유리
                    D. 고정나사가 느슨해진것
                    E. Case의 페인트가 벗겨진 것
                    F. B nut의 line이 새는것
                    G. 바늘이 0으로 돌아오지 않는것
                    H. 계기안에 습기가 낀것

    (1) A, F, D
    (2) C, D, E, F
    (3) A, C, E
    (4) A, D, E, F   (4)

29. 다음중 instrument 자체를 갈아야 하는 case는?
                    A. 빨간 line이 없는것
                    B. Case에서 새는것
                    C. 부서진 유리
                    D. 고정나사가 느슨해진것
                    E. Case의 페인트가 벗겨진것
                    F. B nut의 line이 새는것
                    G. 바늘이 0으로 돌아오지 않는것
                    H. 계기안에 습기가 낀것

    (1) A, D, E, F
    (2) B, C, G, H
    (3) A, D, F, G
    (4) A, C, E, H   (2)

30. 다음중 교정하지 않아도 상관없는 것은?
                    A. 빨간 line이 없는것
                    B. Case에서 새는것
                    C. 부서진 유리
                    D. 고정나사가 느슨해진것
                    E. Case의 페인트가 벗겨진것
                    F. B nut의 line이 새는것
                    G. 바늘이 0으로 돌아오지 않는것
                    H. 계기안에 습기가 낀것

(1) A
(2) D
(3) E
(4) 모두 교정해야 하는 것들이다.   (3)

31. 다음중 barometric altimeter(기압 고도계)의 barometric scale이 몇에
    맞추어져 있을때 pressure altitude를 나타내는가?
    (1) 29.92 inHg
    (2) 14.7 millibars
    (3) 14.7 inHg
    (4) field elevation   (1)

32. Bourdon tube는 무엇으로 나타내는데 쓰이는가?
                        A. Pressure(압력)
                        B. Temperature(온도)
                        C. Position(위치)
                        D. Quantity(양)

    (1) A, B
    (2) C, D
    (3) A
    (4) B, D   (1)

33. Turn-and-bank instrument는?
    (1) 비행기가 climb 할때 longitudinal attitude(경선자세)를 나타내준다.
    (2) Attitude gyro가 고장일 경우 비행기의 bank 상태를 알수 있다.
    (3) 비행기가 내려가는 상태를 경선자세로 나타낸다.
    (4) 미리 정해놓은 자세에서 벗어나는 각도를 나타낸다.   (2)

34. 일반적인 deicing pressure gauge case는?
    (1) Seal된 unit이다.
    (2) Bourdon tube와 diaphragm을 지니고 있다.
    (3) 자석과 기어를 사용한다.
    (4) 주위 pressure와 유통하게 되어있다.   (4)

35. Thermocouple lead는?
    (1) 특별한 설치에만 쓰인다.
    (2) 길이를 마음대로 바꿔 쓸수있다.
    (3) Lead의 위치가 바뀌어도 상관없다.
    (4) Solderless connector를 사용하여 수리할수 있다.   (1)

36. Synchro transmitter는 synchro receiver와 어떻게 연결이 되어 있는가?
    (1) 기계적인 linkage(연결)
    (2) 자석의 힘이 잘 통하는 core로 연결
    (3) 전기선으로
    (4) 무선으로   (3)

37. 비행기의 angle-of-attack을 나타내주는 system은 어느곳에서 pressure를
pick-up 하는가?
(1) 공기의 흐름이 true angle-of-attack과 평행하지 않은곳
(2) 공기의 흐름이 true angle-of-attack과 평행한곳
(3) 공기의 흐름이 angle-of-incidence와 평행한곳
(4) 공기의 흐름이 longitudinal axis와 평행한곳   (1)

38. Turbine engine의 배기가스온도(exhaust gas temperature)는 무엇을
사용하여 측정되는가?
(1) Iron/constantan thermocouple
(2) 전기적 저항 thermometers
(3) Chromel/alumel thermocouple
(4) Ratiometer thermometers   (3)

39. Fuel flow transmitter는 연료의 흐름을 어떤 방법으로 나타내는가?
(1) 기계적으로
(2) 전기적으로
(3) 시안으로
(4) 유압으로   (2)

40. 왕복엔진의 manifold pressure gauge는 엔진이 작동하지 않을때 무엇을
가리키는가?
(1) O pressure
(2) Manifold pressure에서 대기 pressure를 뺀 만큼의 pressure
(3) 바늘이 최대 끝을 가리킨다.
(4) 현재의 대기압력   (4)

41. Vacuum system에 너무 심한 vacuum이 일어난다면 원인은?
(1) Vacuum pump의 과속회전
(2) 제대로 조절되지 않은 vacuum relief valve
(3) Venturi-tube에 얼음이 존재
(4) Vacuum relief valve의 spring이 약함   (2)

42. Autopilot system의 주요 목적은?
(1) 장시간의 비행중 조종사로 하여금 계속적으로 조종하지 않아도
될수있게 한다.
(2) 제2의 조종사 역활
(3) 조종사보다 더 정확한 비행을 하기 위하여
(4) 장거리의 바다위를 나를때 항로를 제공한다.   (1)

43. 다음중 autopilot가 켜져있는 상태에서 수동조종을 가능케 하는 것은?
(1) Servo-amplifier
(2) Attitude indicator
(3) airectional gyro indicator
(4) Flight controller   (4)

44. Autopilot system 내에서 aileron으로 들어오는 input signal을 취소시키는 signal은?
    (1) Displacement signal
    (2) Course signal
    (3) Rate signal
    (4) Followup signal   (4)

45. Attitude indicator는 autopilot system의 어느 부분에 속하는가?
    (1) 명령 (command)
    (2) 감각 (sensing)
    (3) Computer
    (4) Input   (2)

46. Autopilot system의 sensing device의 기본 작동원리는?
    (1) Applied force로 부터 gyro의 회전쪽으로 90° 떨어진 곳에서 일어나는 반응
    (2) Gyro와 gyro 주위의 것이 관계되는 motion
    (3) Gyro gimbal ring과 비행기 사이의 motion의 속도
    (4) Applied force와 gyro의 interaction   (2)

47. Autopilot system의 displacement followup의 목적은?
    (1) 비행이탈의 signal을 만든다.
    (2) Rate-of-change와 rate-of-recovery signal의 비례를 전파시킨다.
    (3) Negative feedback signal을 전파시킨다.
    (4) 비행기가 정상 course에 있을때 controller에 signal을 보낸다.   (2)

48. Autopilot system에서 control surface로 직접적인 힘을 전달해 주는 부분은?
    (1) Servo
    (2) Controller
    (3) Gyro
    (4) Computer   (1)

49. Autopilot system의 servomotor는 어떤 작용을 하는가?
    (1) 비행기를 축을 중심으로 바로 잡아준다.
    (2) 기계적인 힘을 전기적인 힘으로 바꿔준다.
    (3) 명령받은 대로 control surface를 움직여 준다.
    (4) Control surface를 항상 원위치로 복구시켜준다.   (3)

50. autopilot의 어느 channel이 pitch attitude를 탐지하는가?
    (1) Elevator channel
    (2) Aileron channel
    (3) Rudder channel
    (4) Roll channel   (1)

51. Autopilot의 elevator channel은 비행기의 어느축을 중심으로 조절하는가?
    (1) Roll 축
    (2) Longitudinal 축
    (3) Lateral 축

(4) Yaw 축   (3)

52. 다음중 electromechanical autopilot system의 감각기관은?
    (1) Servo
    (2) Turn-bank
    (3) Gyro
    (4) Controller   (3)

53. Autopilot system은 비행기의 몇개의 축을 중심으로 조절해 주는가?
    (1) 1
    (2) 2
    (3) 3
    (4) 4   (3)

54. 비행기의 autopilot system을 지상에서 testing 할때 main power switch를
    켠후 얼마후에 autopilot을 키는가?
    (1) 가능한 빨리
    (2) Gyro가 정상속도로 돌고 amprefier가 정상온도가 이른후에
    (3) 아무때나
    (4) 5분후에   (2)

55. 진동으로부터 radio를 보호하는 방법은?
    (1) Shock mounts
    (2) Aluminum-alloy jumpers
    (3) 자동 lock clamp
    (4) Doubler plate   (1)

56. 2-way radio가 설치된 비행기는 무엇을 지녀야 하는가?
    (1) Radio station license
    (2) TSO authorization
    (3) Radio telephone 사용허가증
    (4) Certificate of minimum performance standards   (1)

57. Coaxial cable을 설치할때 몇 feet마다 cable을 잡아줘야 하는가?
    (1) 1
    (2) 편리한대로
    (3) 2
    (4) 3   (3)

58. Emergency locator transmitter (ELT) 의 battery는?
    (1) Transmitter에 찍혀져 있는 날짜 이내에 바뀌져야 한다.
    (2) Dry-cell type이어야 한다.
    (3) 매년 갈아줘야 한다.
    (4) 영구적이다.   (1)

59. Emergency locator transmitter의 battery는 최소 몇시간 이상 사용이
    가능하여야 하는가?
    (1) 12 시간
    (2) 24 시간
    (3) 36 시간
    (4) 48 시간   (4)

60. Emergency locator transmitter (ELT)의 위치로는 어디가 적합한가?
    (1) lateral 축과 longitundinal 축이 만나는 지점에
    (2) 조종사의 손이 닿는 곳에
    (3) 가능한 비행기의 제일 뒤쪽에
    (4) 가능한 제일 뒤쪽이지만 vertical fin 보다는 앞쪽에   (4)

61. Emergency locator transmitter (ELT)는 비행기의 어느쪽에서 applied
    force가 들어올때 작동되는가?
    (1) 비행기의 longitudinal 축과 평행한 선
    (2) 비행기의 vertical 축과 평행한 선
    (3) 비행기의 아무축과 평행한 선
    (4) 비행기의 lateral 축과 평행한 선   (1)

62. ELT의 battery를 갈아야 하는 날짜는 어디에 표시되어 있는가?
    (1) Battery 위에
    (2) 비행기의 log book에
    (3) Transmitter에
    (4) Battery의 성능을 시험해보고 결정한다.   (3)

63. ELT의 power 근원은?
    (1) ELT battery
    (2) 비행기의 stater와 연결된 battery
    (3) Generator
    (4) Transformer   (1)

64. 다음중 어느 경우에 ELT의 battery를 갈아야 하는가?
    (1) Transmitter가 총합 30분이상 사용되었을때
    (2) Transmitter가 총합 45분이상 사용되었거나 30분동안 연속으로 사용되었을때
    (3) 제작회사가 제시한 사용기간의 50%를 지났을때
    (4) 주위 온도가 110°F 이상을 6시간 이상 넘겼을때   (3)

65. 비행기의 static electricity를 없애는 이유는?
    (1) Radio의 방해잡음을 줄이기 위해
    (2) 비행기 power system내의 파동을 일으키지 않기 위해
    (3) 탑승객들이 정전기를 누리지 않도록
    (4) 비행기 계기들에게 방해가 안되도록   (1)

66. 비행기의 antenna를 설치할때?
    (1) 비행기의 방향축 위치의 primary structure에 설치한다.
    (2) 비행기의 세축이 만나는 primary structure 지점에 설치한다.

(3) 비행기의 양쪽 skin에 doubler를 사용한다.
(4) Load가 비행기 structure에 transmitt   (4)

67. Automatic direction finding antenna를 설치한 후에는?
   (1) Antenna를 ground 시켜야 한다.
   (2) Loop을 재조절한다.
   (3) Loop과 receiver 사이의 남는 선을 제거한다.
   (4) Transceive가 보충되어야 한다.   (2)

68. Antenna가 설치될때 doubler가 쓰이는 이유는?
   (1) Antenna의 진동을 방지
   (2) 비행기가 떠는것을 방지
   (3) Antenna의 성능을 최대 발휘하기 위해
   (4) 비행기 skin의 structural 힘을 복구하기 위해서   (4)

69. 경비행기의 radio와 broadcast band는 하나의 antenna로 사용할수 있다.
   그 이유는?
   (1) 두 range가 서로 가깝기 때문에
   (2) Antenna가 omnidirectional이기 때문
   (3) Antenna의 길이가 전자적으로 조절되기 때문
   (4) Quadrantal error(상한의 실수)가 최소이기 때문   (1)

70. Antenna와 fuselage skin 사이에 gasket이나 sealant를 사용하는 이유는?
   (1) 수분이 들어가는 것을 방지
   (2) Stud를 좀더 꽉 조이기위해
   (3) Pressurize된 비행기를 위하여
   (4) Antenna와 fuselage skin과의 마찰을 방지한다.   (1)

71. 경비행기의 VOR antenna의 위치로 적합한 곳은?
   (1) Fuselage의 아래쪽으로 비행기의 맨 앞쪽
   (2) Fuselage 위의 아무곳이나
   (3) Cabin의 위쪽으로 V자의 꼭지가 앞을 바라보게
   (4) Vertical stabilizer의 위쪽   (3)

72. Localizer의 역할은?
   (1) 방황하는 비행기의 위치를 알아낸다.
   (2) 활주로와 적당한 접근 각도로 비행기를 맞춰준다.
   (3) 활주로의 끝과 비행기 사이의 거리를 가르켜 준다.
   (4) 활주로의 중심과 비행기를 일자로 맞춰준다.   (4)

73. Antenna의 정면 면적(frontal area)이 0.125 sq. ft이고 비행기의
   속도가 225 MPH일때 antenna의 drag load를 계산하라. (그림 1)

   D = drag load
   A = frontal area
   V = 속도

$$D = .000327AV^2$$

그림 1

399

        (1) 2. 069 pounds
        (2) 2. 073 pounds
        (3) 2. 080 pounds
        (4) 2. 059 pounds   (1)

74. Antenna의 정면 면적 (frontal area) 이 0. 137 sq. ft이고 비행기의
     속도가 275 MPH일때 antenna의 drag load를 계산하라. (그림 1)
        (1) 3. 387 pounds
        (2) 3. 932 pounds
        (3) 3. 741 pounds
        (4) 3. 592 pounds   (1)

75. Antenna는 특별한 전기회로의 일종으로서 방사 (radiate) 기능이 있고 또?
        (1) Electromagnetic 힘을 수신한다.
        (2) Audible signal을 수신한다.
        (3) Visual signal을 수신한다.
        (4) Subharmonic frequencies를 수신한다.   (1)

76. DME antenna는 비행기의 어느 위치에 설치하는 것이 좋은가?
        (1) 비행기가 bank 할때도 날개에 가리지 않는곳
        (2) 지상에서 손이 닿는곳
        (3) DME 작동의 방해가 가능한 곳
        (4) DME가 한 station으로 집착되는 것을 방지하는 곳   (1)

77. Coaxial cable을 휠때에는 그 휘는 반지름이 적어도?
        (1) Cable 지름의 5배
        (2) Cable 지름의 10배
        (3) Cable 지름의 15배
        (4) Cable 지름의 20배   (2)

78. DME antenna를 설치할때 무엇과 일적선으로 설치해야 하는가?
        (1) Decalage의 각도
        (2) 상관없다.
        (3) Angle-of-incidence
        (4) 비행기의 중앙선   (4)

79. 다음 그림중 어느것이 일반적인 DME antenna인가?   (그림 2)
        (1) A
        (2) B
        (3) C
        (4) D   (1)

80. 다음중 어느것이 일반적인 glideslope antenna인가?   (그림 2)
        (1) A
        (2) B
        (3) C
        (4) D   (2)

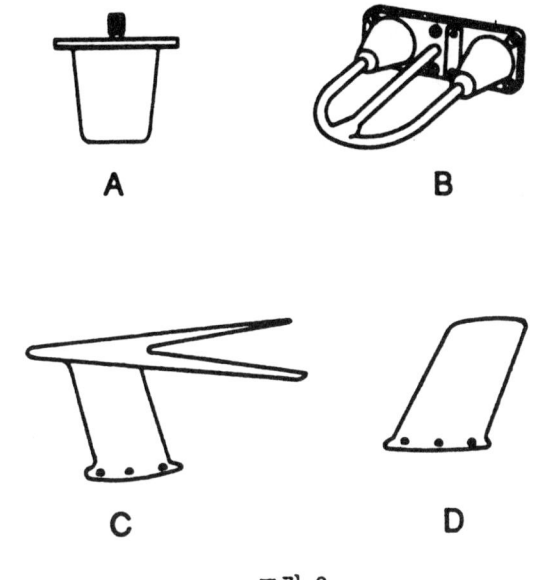

A   B

C   D

그림 2

81. 비행기에서 지상 control과 교신하기 위해서 무엇을 이용하는가?
    (1) VOR receiver
    (2) ADF
    (3) VHF transceiver
    (4) HF transmitter   (3)

82. 비행기의 의자밑에 radio 기구가 설치되어 있다면 의자와 기구사이의 거리는?
    (1) 의자가 사용되지 않은 상태에 3 inch
    (2) 의자가 사용되는 상태에 3 inch
    (3) 닿지만 않으면 상관없다.
    (4) 의자가 최고 밑으로 내려간 상태에서 1 inch   (4)

83. Glideslope system의 목적은?
    (1) 관제탑에게 자동적으로 비행기의 고도롤 말해준다.
    (2) 활주로 끝과 비행기 사이의 거리롤 가르켜 준다.
    (3) 활주로의 중심과 비행기롤 일직선으로 만든다.
    (4) 활주로로 접근하는 비행기의 내려가는 각도롤 알맞게 해준다.   (4)

제3편 공 유 압

제1장. A/C 유압장치 (A/C Hydraulic System)

유압계통은 landing gear, wing flap, speed와 wheel brake, 그리고 flight control surface등에 사용한다.

유압계통은 무게가 가볍고, 설치가 쉬우며, 검사가 간단하고 최소의 정비가 요구된다. 유압 작동은 일부 유체마찰(Fluid friction)을 무시한다면 거의 100%의 효율을 낸다.

1-1. 유압유의 특성

유압계통 액체는 unit 작동에 필요한 힘을 전달하거나 분배한다. 액체가 이 일을 할수 있는 것은 비압축성(incompressible)이기 때문이다.

Pascal의 법칙은 갇혀있는 액체의 일부에 힘을 가하면 나머지 part에도 똑같은 힘이 전달된다고 말한다. 만약 몇개의 통로가 계통에 있을때, 액체에 의해 모든 통로에 압력을 분배할 수 있다.

hydraulic device 제작사는 장비에 가장 적합한 type의 액체를 사용하도록 정해준다.

이 액체는 working codition, service, temperature, pressure, corrosion등 모든점을 고려해서 장비에 가장 적합한 액체를 선택한 것이다. 만족스러운 액체는 몇가지 특성을 갖고 있어야 한다.

1) 점도 (viscosity)

유압유에서 가장 중요한 특성이 점도이다.

viscosity는 흐름에 대한 내부 저항이다. gasoline과 같은 liquid는 쉽게 흐르지만(low viscosity) tar는 천천히 흐른다(high viscosity). 온도가 감소하면 점도는 커진다.

유압계통에 만족스러운 액체는 pump, valve, piston등에서 양호한 seal을 주어야 한다.

그러나 너무 두꺼우면(thick) 저항이 커져서, power loss나 작동온도가 높아진다.

이 요소가 load에 더해져서 part가 과도하게 마모된다.

fluid가 너무 얇으면 moving part가 너무 빠르게 마모되거나 part가 heavy load를 갖는다.

액체의 점도는 viscosimeter나 viscometer로 측정한다.

Fig. 1-1은 가장 많이 사용하

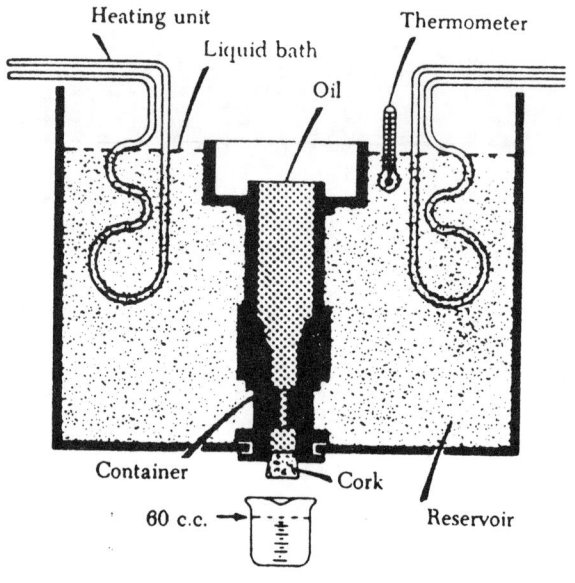

Fig. 1-1 Saybolt viscosimeter.

는 saybolt universal viscosimeter이다.

이 계기는 정해진 양의 (60cc) 액체가 정해진 온도에서 표준길이와 직경의 작은 orifice를 통과해 흐르는 시간을 측정한다.

2) 화학적 안정성 (Chemical Stability)

화학적 안정성은 또다른 특성으로 유압유를 선택할때 중요한 요소이다. 이것은 액체가 산화에 견디고 오랫동안 변하지 않는 능력을 나타낸다.

모든 액체는 심한 작동 상태에서 좋지못한 화학적 변화를 한다. 너무 높은 온도는 액체 수명에 큰 영향을 미친다.

reservoir내 액체의 온도가 유압계통의 작동상태를 실제로 나타내지는 못한다. localized hot spot이 bearing, gear teeth, small orifice를 지나도록 압력을 받는 부분 등에서 발생한다.

이 point를 liquid가 계속해서 지나면 높은 local temperature 를 만들어서 액체를 탄화시키거나 슬러지 (sludge) 를 만들지만, reservoir의 liquid는 과도하게 높은 온도를 나타내지 못한다.

high viscosity의 liquid는 점도가 낮은 liquid보다 더 큰 저항을 갖고 있다.

대부분의 유압유는 낮은 viscosity를 갖고 있다.

liquid는 air, water, salt, 다른 불순물등에 노출되면 특성을 잃고, 특히 연속적인 움직임이나 열을 받으면 더욱 빠르게 변한다.

zinc, lead, brass, copper등은 특성 액체와 화학반응을 일으킨다. 이 과정에서 sludge, gums, carbon, 기타 침전물을 만들어 opening을 막아서 valve나 piston등이 움직이지 못하거나 leak하게 되어 moving part에 원활한 윤활을 할수 없다.

sludge나 deposit이 형성되면, 물리적 및 화학적 특성이 바뀐다. 액체는 색깔이 짙어지고 점도가 높아지며 acid가 형성된다.

3) 발화점 (Flash Point)

발화점은 액체가 vapor를 발산해서 불을 붙이면 즉시 점화하는 상태를 말한다.

유압유에는 high flash point가 요구되는데, 왜냐하면, combustion에서는 양호한 저항을 유지하고, 정상온도에서는 증발 (evaporation) 이 적기 때문이다.

4) 연소점 (Fire point)

연소점은 물질이 vapor를 발산해서 spark나 flame에 노출되면 점화되어 계속 타는 상태를 말한다. 발화점과 마찬가지로 높은 연소점이 필요하다.

1-2. 유압유의 종류 (Types of Hydraulic Fluid)

계통작동을 확실히 해 주고 유압계통의 비금속 구성품 손상을 주지 않는 작동유를 사용해야 한다. 계통에 작동유를 보급할때, A/C 제작사의 maintenance manual에 정해진 type과 저장기나 unit의 plate에 표시된 type을 사용해야 한다.

다음 type의 유압유를 민간항공에 많이 사용한다.

1) 식물성 유 (Vegetable Base hydraulic fluid)

이 type(MIL-H-7644)은 caster oil과 alcohol의 혼합이다. 이것은 alcohol 냄새가 나고 색깔은 blue며 대개 구형항공기에 사용한다. 이 type의 작동유에는 천연 고무시일(natural rubber seal)을 사용한다.

이 seal이 petroleum base나 phosphate ester base에 노출되면 seal은 swell, break down 되어 계통을 막는다.

2) 광물성 유 (Mineral base hydraulic fluid)

이 type(MIL-H-5606)은 석유에서 뽑아내며 오일 냄새와 비슷하고 색깔은 붉은색이다.

인조 합성 고무시일(synthetic rubber seal)을 사용한다. 식물성유나 phosphate ester base fluid와 섞으면 안된다. 가연성(flammable) fluid이다.

3) Phosphate Ester Base Fluid

현재 A/C에 사용중인 skydrol은 500B로, 밝은 자주색(light purple)이고 낮은 온도에서 작동하는 특성을 갖고 있으며 낮은 부식성(corrosive)을 갖고 있다. skydrol LD 는 밝은 자주색(clear purple)으로 무게가 가벼워서 대형 A/C, 점보 제트 여객기 등에 사용한다.

A. 작동유의 혼합

구성 성분이 다르기 때문에 식물성, 광물성, phosphate ester fluid등은 서로 섞을 수 없다. seal도 다른 fluid에 바꾸어 사용할 수 없다. 만약 A/C system에 다른 type 의 fluid를 보급했으면, 즉시 drain하고, system을 flush하고, 제작사의 지시에 따라 seal을 바꾸든지 계속 사용한다.

B. A/C 재질과 융합성 (Compatibility with A/C material)

A/C hydraulic system은 만약 정확히 사용하면 skydrol fluid는 거의 문제점이 없다.

skydrol은 aluminum, silver, zinc, magnesium, cadminum, iron, stainless steel, bronze, chromium등 fluid가 오염되지 않게 유지만 하면 위의 A/C metal에 아무런 영향을 주지 않는다.

skydrol의 phosphate ester base때문에 thermo plastic resin, nitrocellulose, lacquer, oil base paint, linoleum과 asphalt등은 skydrol fluid의 chemical action때문에 약해진다. 그렇지만 이런 화학작용은 상당히 오랜 시간동안 노출되어 있어야 한다. 약간 쏟은 경우에 즉시 비누와 물로 닦아내면 아무런 영향이 없다.

skydrol은 monsanto company의 등록 상표이다. skydrol은 natural fiber와 nylon과 polyester를 포함한 synthetic과 같이 사용할 수 있으며 현재 많이 사용중이다.

petroleum oil hydraulic system에 사용하는 neoprene이나 Bund-N은 skydrol과 함께 사용할 수 없다.

skydrol에는 butyl rubber나 ethylene-propylene elastomer를 사용한다.

C. 취급요령

skydrol fluid는 올바르게 사용하면 전혀 건강상 해가 없다.

skydrol fluid는 liquid 형태로 입으로 들어가거나 피부에 접촉되어도 큰 독성은 없다. 눈에 들어가면 고통은 있지만 permanent damage는 없다.

skydrol이 눈에 들어가면, 우선 깨끗한 물로 충분히 flushing하고, Anesthetic eye solution을 넣는다. 만약 고통이 계속있으면, 의사에게 보이도록 해야 한다.

mist나 fog형태의 skydrol은 코나 호흡기에 상당히 귀찮고, 일반적으로 기침이나 재채기를 한다.

D. 유압유의 오염

hydraulic을 오염시키는 두가지는 다음과 같다.
ⓐ Abrasive
   core sand particle, weld spatter, maching chip, rust
ⓑ nonabrasive
   oil oxidation, 마모된 soft particle, seal조각 등

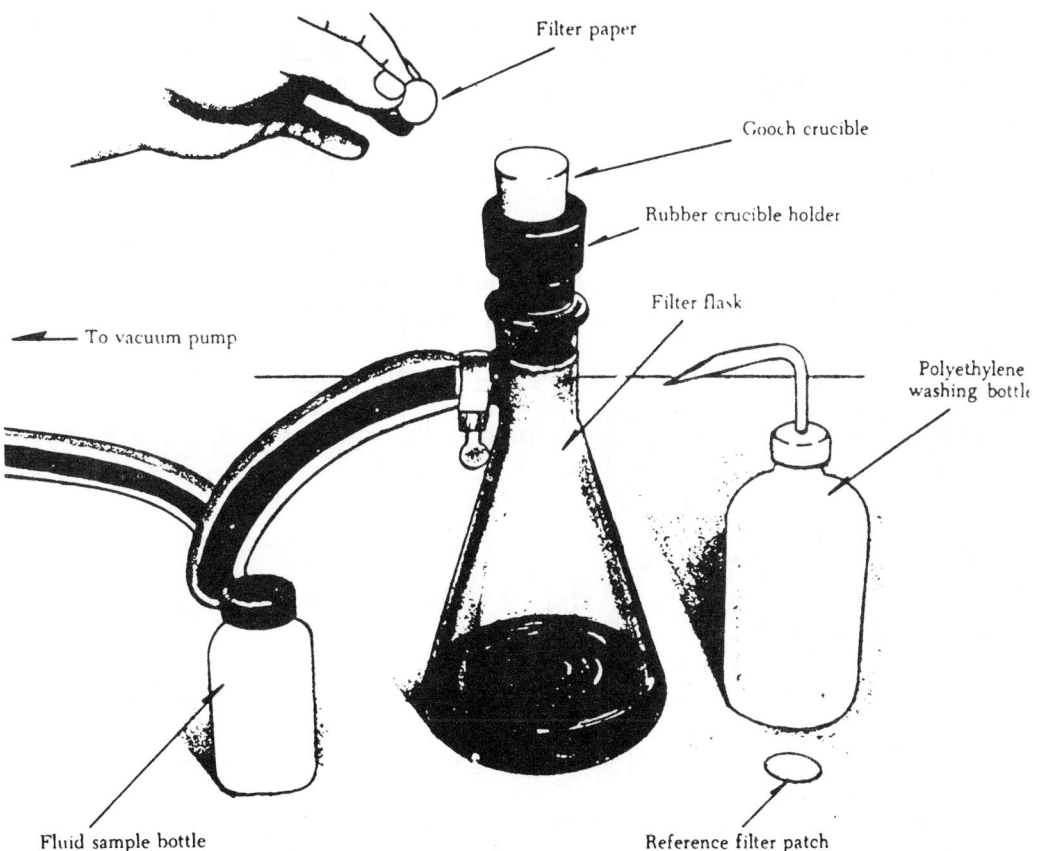

Fig. 1-2 Contamination test kit.

E. 오염점검

유압계통이 오염되었다고 의심이 가거나 system이 정해진 온도 이상에서 작동되었을 경우 system을 점검해야 한다. filter를 제거해서 검사하며 hydraulic liquid가 오염되었는지 눈으로 보고 판단한다.

large particle이 유압계통에 있으면 이것은 하나 혹은 그 이상 system의 component가 과도하게 마모되고 있는 것이다. 어떤 component의 결함을 알기 위해 reservoir와 system의 여러 부분에서 sample을 한다.

이때 sample은 manual의 지시에 따라야 한다. 일부 system은 bleed valve가 있어서 liquid sample이 쉬운 반면, 그렇지 않으면 line을 분리하고 sample을 채취한다. 여러가지 test 절차를 걸쳐서 hydraulic liquid의 오염 정도를 결정한다. filter patch test는 fluid의 상태를 시험하는 합리적인 방법이다. 이 test는 special filter paper를 통해 hydraulic system liquid의 sample을 filteration한다. 이 filter paper의 색깔(어두운 정도)로 오염의 정도를 결정한다.

이 type의 contamination test kit를 사용할때, liquid sample은 filter paper를 통해서 흐르게 해야되고, test filter paper는 test kit의 test patch와 비교한다.

liquid의 decomposition 검사를 위해, sample bottle에 new hydraulic liquid를 넣고 검사하는 liquid bottle과 비교한다.

주변의 색깔을 눈으로 비교한다. 분해된 liquid가 더 어두운 색이다. 동시에 contamination 검사를 하는데, 이것은 chemical test가 필요하다. 이 test는 viscosity check, moisture check, flash point check등이다. 이 check를 위해서 sample은 실험실로 보낸다.

F. Filter

filter는 screening이나 straining device로 사용되어 hydraulic fluid를 깨끗이 하고, 외부의 불순물이나 system에 남아 있는 기타의 오염물질을 막는다. 만약 이런 것들이 제거되지 않으면 A/C의 전체 유압계통이 고장나거나 하나의 계통이 고장나게 된다.

hydraulic fluid는 금속의 작은 입자들을 갖고 있는데 이런것들은 selector valve, pump, 다른 system component등의 정상마모로 인한 것이다.

이런 metal 작은입자들이 filter에 의해 제거되지 않으면 part나 unit등에 해가 된다. hydraulic system component의 허용한계가 있지만 이것은 극히 제한적이서 전체 system의 효율이나 신뢰성은 적절한 filtering에 달려 있다.

filter는 reservoir에 위치해 있거나 pressure line, return line, 등 hydraulic system에 안전이 요구되는 곳에 설치한다.

filter에는 많은 model과 style이 있다. A/C에서의 위치와 설계시 요구사항에 의해 모양과 크기가 정해진다.

현용 A/C의 대부분의 filter는 in-line type이다.

inline filter assembly는 3개의 basic unit으로 되어 있는데 head assembly, bowl, 그리고 element이다. head assembly는 A/C structure에 붙어 있고 line이 연결된다.

head에는 bypass valve가 있어서, 만약 filter가 막히면 hydraulic fluid를 직접 inlet에서 outlet port로 가게한다.

bowl은 housing으로 element를 filter head에 붙잡아 두고 있고, element를 제거할 때는 housing도 열어야 한다. element는 micronic, porous metal, magnetic type등이 있다.

micronic element는 treated paper로 만들어지고, 1회 사용 후는 버린다.
porous metal과 magnetic filter element는 여러가지 방법으로 세척한다.

a. Micronic type filter

Fig. 1-3은 micronic type fil-
ter이다.
이 filter는 element가 special
treated paper로 만들어졌다.
micronic element는 10 micron
(0.000394 inch)보다 큰 solid는
걸리도록 설계되어 졌다.
filter element가 막히면, filter
head의 spring loaded relief valve
에 의해 bypass되는데 differential
pressure가 50 PSI 생겨야 한다.
hydraulic fluid가 filter body의
inlet port를 지나 filter로 들어가
고, element의 안쪽으로 흘러 들
어간다. fulid가 element를 지나
서 hollow core로 들어가면서 외
부 이물질은 element의 outside에
남긴다.

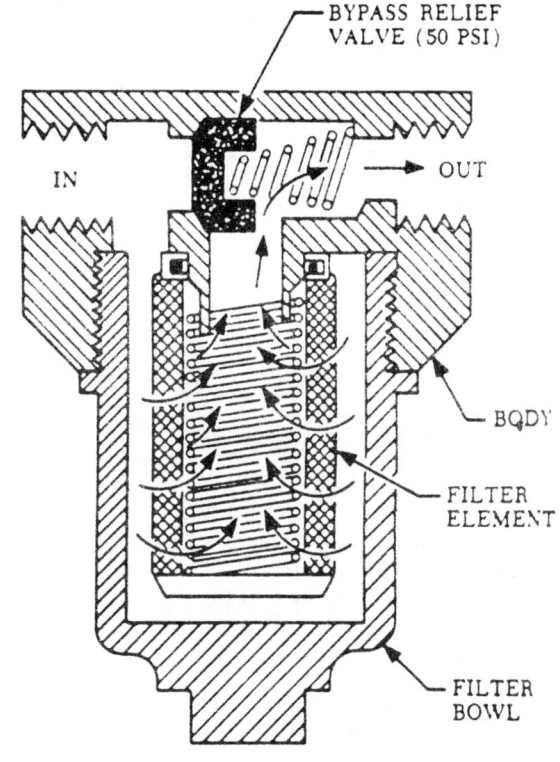

Fig. 1-3 Hydraulic filter micronic type.

1-3. 기본 유압계통 (Basic Hydraulic System)

기능이나 설계에 관계없이 모
든 hydraulic system은 최소의 기
본 구성품을 갖고 있다.

1) 수동 펌프 (Hand pump system)

Fig. 1-5는 기본 유압계통이다. 첫번째의 basic component로 reservoir가 있는데,
system 작동을 위해 hydraulic fluid를 저장한다. 필요시는 다시 공급하고 열팽창의
공간이 마련되어 있고, 어떤 system이든 air bleeding을 할수 있게 되어있다. pump는
fluid의 흐름을 만든다.
Fig. 1-5의 pump는 손으로 작동되는 type이지만 대부분 A/C system에 사용하는
것은 engine-driven이나 electric motor driven pump이다. selector valve는 fluid의 흐
름을 선택한다. 이 valve는 solenoid나 수동으로 작동되고, actuating cylinder fluid
pressure를 직선이나 왕복의 mechanical motion에 의해 필요한 일로 전환시킨다.
한편 motor는 fluid pressure를 rotary mechanical motion에 의해 필요한 일로 바꾼
다.
hydraulic fluid의 흐름은 reservoir에서 pump를 통해 selector valve로 간다.
Fig. 1-5의 selector valve와 같이, hydraulic fluid가 selector valve를 통해서 actu-
ating cylinder의 우측끝으로 간다.

fluid pressure가 다시 piston을 좌측으로 밀고, 동시에 piston의 좌측에 있던 fluid는 밖으로 밀려난다. selector valve를 통해 위로 올라가고, return line을 통해 reservoir로 간다. selector가 반대방향으로 움직이면, pump의 fluid는 actuating cylinder의 좌측으로 흐르고 이 과정을 바꾼다. piston의 움직임은 selector valve를 neutral에 놓으면 정지한다. 이 위치에서 4개의 port 모두 닫히고, pressure는 working line에 갖혀 있다.

2) 동력펌프 (Power Driven pump system)

기본계통으로 추가적으로 power-driven pump와 filter, pressure regulator, accumulator, pressure gage, relief valve, 그리고 두개의 check valve등이다.

filter는 hydraulic fluid에서 불순물을 걸러서 system으로 보낸다. 압력 조절기 (pressure regulator)는 system에 원하는 압력이 도달되면 power-driven pump를 unload나 relieve한다.

이것을 unloading valve라고도 한다. actuating unit이 작동해서 pump와 selector valve사이에 pressure가 원하는 수준까지 되면, pressure regulator의 valve는 자동적으로 open되고, fluid는 reservoir로 bypass된다.

많은 유압계통이 압력 조절기를 사용하지 않지만, 그러나 다른 수단의 unloading으로 pump해서 system내의 원하는 압력을 유지한다.

축압기 (accumulator)는 두가지 목적으로 사용되는데,

ⓐ system에 균등한 압력을 유지해서 cushion이나 shock absorber의 역할을

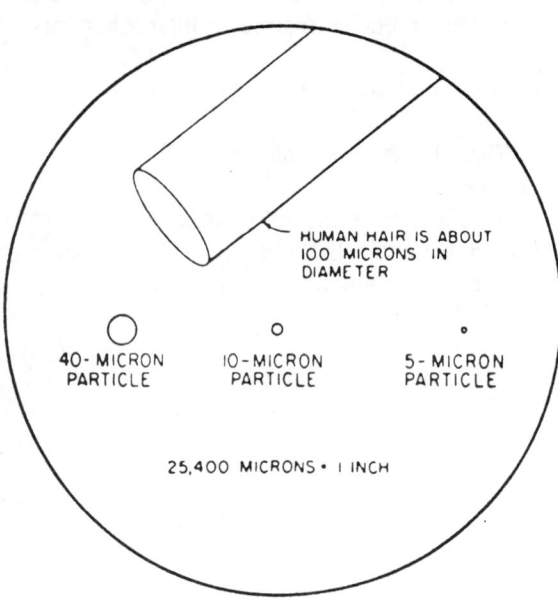

Fig. 1-4 Enlargement of small particles.

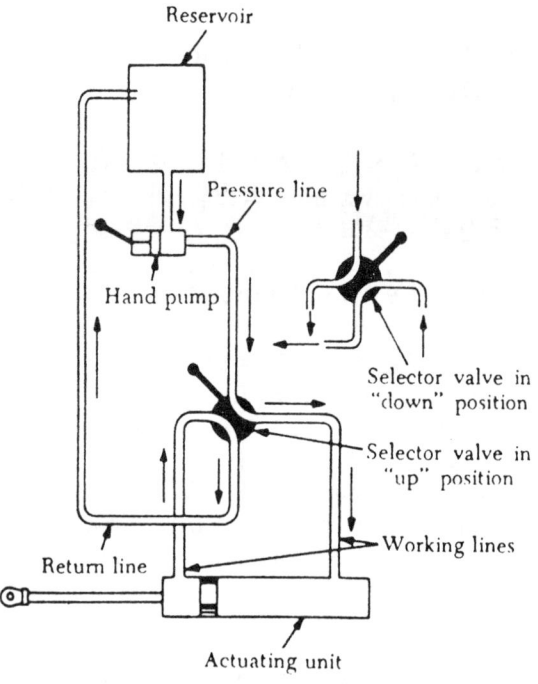

Fig. 1-5 Basic hydraulic system with hand pump.

408

한다.

ⓑ pressure 상태의 fluid를
저장해서 비상작동시에 사
용한다.

축압기는 compressed air ch-
amber가 있고 이것은 flexible
diaphram이나 movable piston에
의해 fluid로 부터 분리되어 있다.

pressure gage는 system의
hydraulic pressure의 크기를 나타
낸다.

relief valve는 safety valve로서
valve를 통해서 bypass fluid를
reservoir로 돌려 보낸다. check
valve는 한쪽방향으로 fluid가 흐르
게 한다.

3) 저장기 (Reservoir)

두가지 type의 저장기가 있다.

ⓐ in-line type은 자체 hou-
sing이 있고 system의 다
른 component에 tubing이
나 hose로 연결된다.

ⓑ integral type은 자체의
housing은 없고, 다른 큰
component의 일부에 자리
잡고 있다.

Fig. 1-7은 in-line reservoir로
normal fluid level 윗 부분은 fluid
expansion공간이다. Fig. 1-7과 같
이 filler neck이 reservoir의 top보
다 아래에 있어서 service중에
over filling을 막는다. 대부분의
저장기는 dipstick이나 glass sight
gage가 있어서 fluid level을 쉽게
확인할 수 있다. reservoir는 대기
중으로 vent되는 것도 있다.

이 type은 대기압이나 중력이
fluid를 저장기에서 pump intake으
로 흐르게 한다.

많은 A/C에서 대기압은 가장
중요한 힘으로 fluid가 pump in-
take까지 흘러가게 한다.

reservoir를 pressurizing하는 방

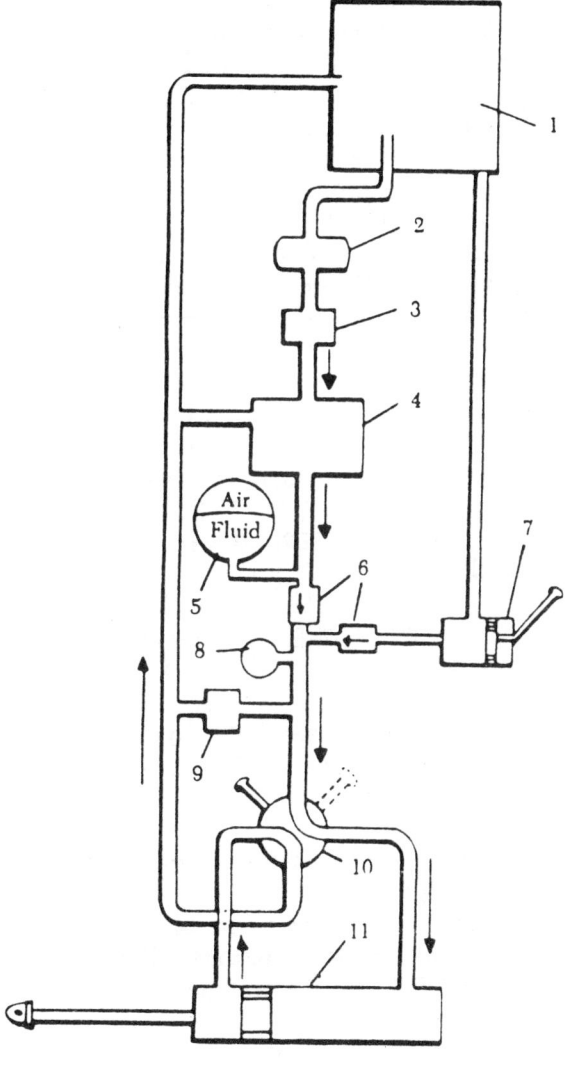

1. Reservoir
2. Power pump
3. Filter
4. Pressure regulator
5. Accumulator
6. Check valves
7. Hand pump
8. Pressure gage
9. Relief valve
10. Selector valve
11. Actuating unit

Fig. 1-6 Basic hydraulic system with power
pump and other hydraulic components.

법이 몇가지 있다.

일부 system은 A/C 기내 여합장치(cabin pressurization system)에서 직접 air pressure를 사용하거나 turbine powered A/C의 경우는 engine compressor에서 bleed하여 사용한다.

또다른 방법이 aspirator나 벤츄리 type이다. 일부는 hydraulic pump가 reservoir의 outlet supply line에 있어서 pressure상태의 fluid를 main hydraulic pump로 공급한다. air와 함께 pressurizing하는 것은 fluid level 위의 reservoir에 air를 강제로 넣는다. 대부분의 경우 air pressure의 source는 A/C engine의 bleed이다. engine으로 부터 직접오는 air는 100 PSI 정도의 압력을 갖고 있다.

이 압력은 5~15 PSI 사이로 감압되는데, 이것은 유압계통에 따라 다르다.

Fig. 1-8은 reservoir가 hydraulic fluid로 pressurize되는데 air로 pressurize되는 것과 다르다.

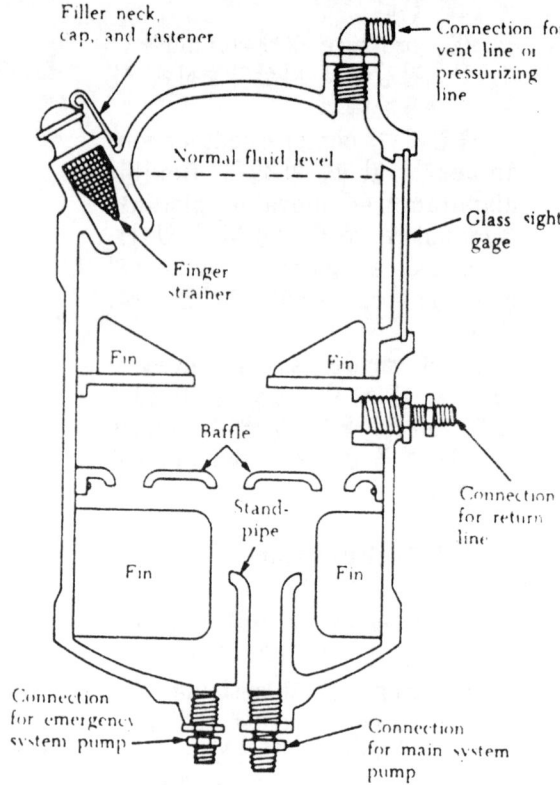

Fig. 1-7 Reservoir, "in-line".

flexible, coated-fabric bag을 "bellow fram"이나 diaphram이라고 부르고 reservoir head에 붙인다.

bag 안쪽에는 metal barrel이 fluid container를 형성한다. diaphram의 아래쪽에는 큰 piston이다. large piston에 붙어 있는 것이 indicator rod이다. indicator rod의 다른 한쪽끝은 small piston을 형성하도록 기계가공되어 hydraulic pump의 fluid pressure에 노출된다.

이 pressure는 small piston을 위쪽으로 밀어 올리고 larger piston이 위로 움직이게 해서 이것이 대략 30~32 PSI의 reservoir pressure를 만든다.

만약 내부 pressure가 46 PSI를 넘으면 reservoir relief valve는 open되어 valve retainer의 drilled head를 통해 fluid가 빠져 나간다. 이 type의 reservoir는 hydraulic fluid를 완전히 가득 채워야 하고, air는 bleed해야 한다.

A. Reservoir 구성품

baffle이나 fin이 reservoir에 있어서 vortexing이나 serging등의 갑작스런 움직임으로 부터 fluid를 reservoir 안에 유지 시킨다.

이런 상태는 fluid가 거품을 형성하고 air가 fluid와 함께 pump로 들어간다.

많은 reservoir는 filler neck에 strainer가 있어서 servicing 중에 외부 물질이 들어

410

가는 것을 막는다.

이 strainer는 fine mesh screening으로 만들어지고 이것의 모양때문에 finger strainer라고 부른다.

일부 reservoir는 filter element 가 있다. vent filter element는 reservoir의 위쪽에 위치해 있고, fluid level 위에 있다.

fluid filter element는 reservoir 의 아래바닥에 있다. fluid는 reservoir로 return되면 filter element의 밖에서 안으로 들어가서 바깥쪽에 찌꺼기를 남긴다.

filter element가 있는 reservoir 는 bypass valve가 있고 spring에 의해 달혀 있다. bypass valve는 filter element가 막히면 fluid를 공급한다.

막힌 filter는 부분적으로 진공 이 되어 spring-loaded bypass valve가 열린다. reservoir의 filter element에 사용하는 filter는 micronic type이다.

일부 A/C는 emergency hyd-

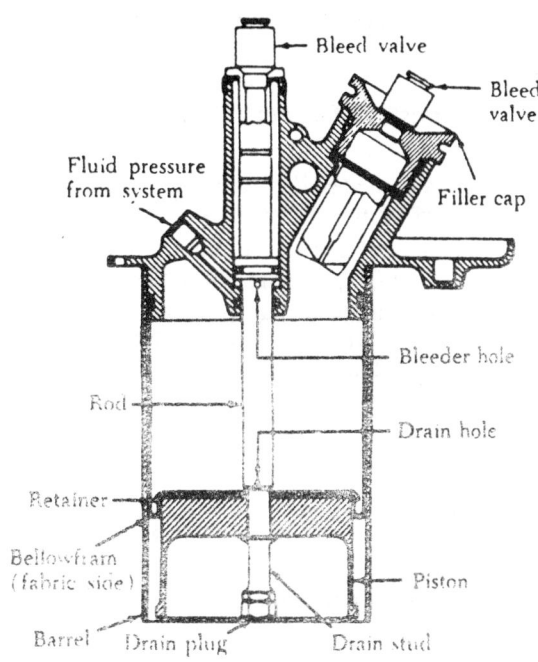

Fig. 1-8   Hydraulic reservoir pressurized with hydraulic fluid.

raulic system이 있어서 만일 main system이 고장나면 이것을 대신한다.

main system은 stand pipe를 통해서 fluid를 공급하기 때문에 emergency 작동을 위한 fluid가 남아 있다.

4) Double Action Hand Pump

이 system은 older A/C와 일부의 새 system의 backup unit으로 사용된다. double-action hand pump는 매 stroke마다 fluid flow를 만든다.

double-action hand pump는 housing이 있고, 이것은 cylinder bore이고 두개의 port, piston, 두개의 spring-loaded check valve, 그리고 작동 handle등이 있다.

5) Power-Driven Pump

A/C의 power-driven hydraulic

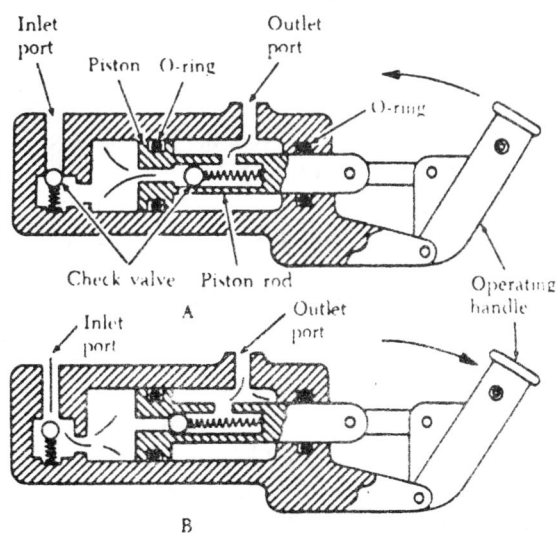

Fig. 1-9   Double-action hand pump.

411

pump는 variable-delivery, compensation, controlled type이다.

일부는 constant delivery pump를 사용한다.

6) Constant-Delivery Pump

constant-delivery pump는 pump r.p.m에 관계없이 pump의 매회전마다 outlet port 를 통해서 fluid가 흐른다.

constant-delivery pump는 가끔 constant-volume이나 fixed-delivery pump라고 부른다. 이것은 pressure 요구에 관계없이 매회전마다 고정된 양의 fluid를 공급한다. constant-delivery pump는 pump 회전시에 고정된 양을 공급해서 분당 공급되는 fluid 의 양은 pump RPM에 좌우된다. hydraulic system에 사용하는 constant-delivery pump는 일정한 수치의 pressure를 유지하기 위해 pressure regulator를 필요로 한다.

7) Variable-Delivery Pump

variable-delivery pump는 system이 요구하는 pressure에 맞게 fluid output을 만든다. pump output은 pump내의 pump compensator에 의해 자동적으로 변한다.

8) Pumping Mechanism

여러가지 type의 pumping mechanism이 hydraulic pump에 사용되는데 gear, gerotor, vane 그리고 piston type이다.

piston-type mechanism은 power-driven pump에 사용하는데, 이유는 high pressure 를 공급할 수 있고 내구성이 크기 때문이다.

3000 PSI의 hydraulic system에는 거의 piston-type pump가 사용된다.

A. gear type pump

gear type power pump는 두 개의 맞 물리는 gear가 housing 안에서 회전한다.

driving gear는 A/C engine이 나 다른 power unit에 의해 구 동된다.

driven gear는 driving gear에 의해 회전된다.

이빨사이의 간격과 이빨과 housing 사이의 간격은 아주 작 다.

pump의 inlet port는 reser-voir에 연결되고 outlet port은 pressure line에 연결된다.

driving gear가 반시계방향으 로 회전하면 driven gear는 시계 방향으로 회전한다.

gear 이빨이 inlet port를 통

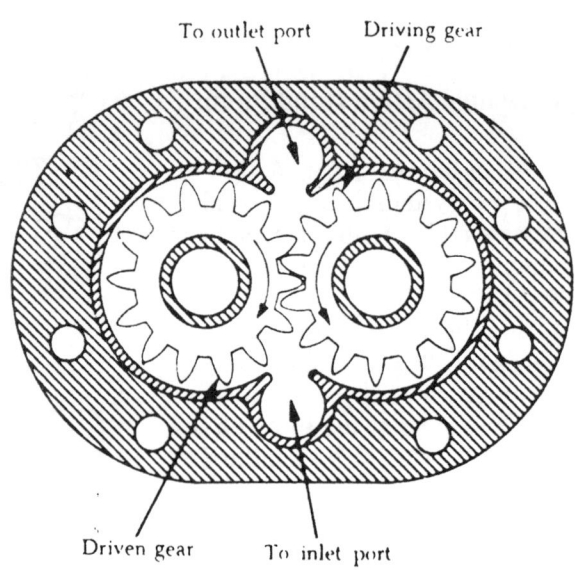

Fig. 1-10 Gear-type power pump.

과하면 fluid가 gear 이빨과 housing 사이에 갇혀서 housing을 따라 운반되어 outlet port으로 간다.

B. gerotor type pump

gerotor type power pump로 housing에는 eccentirc-shaped station dry liner, 다섯개의 넓은이(teech)를 갖고 있는 internal gear rotor, 4개의 좁은이(teeth)를 갖고 있는 spur driving gear, 두개의 opening을 갖고 있는 cover등이다. 하나의 opening은 inlet port로 연결되고, 나머지 하나는 outlet port로 간다.

pump 작동중에 gear는 시계방향으로 회전한다. pump 좌측의 pocket이 가장 낮은 곳에서 가장 높은 곳으로 움직이면 pocket이 커져서 이 pocket 내부에 부분적인 진공이 생긴다.

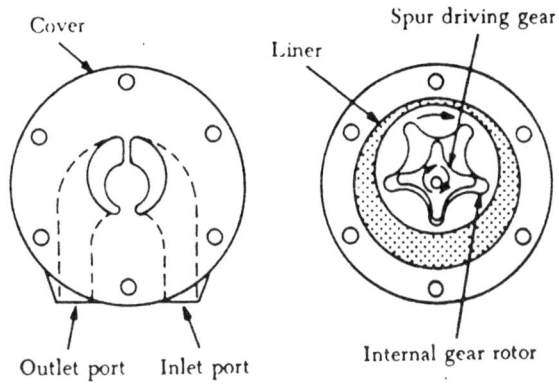

Fig. 1-11   Gerotor-type power pump.

pocket이 inlet port에서 open되면 fluid가 안으로 들어간다. 이 pocket이 pump의 우측으로 회전해서 가장 높은 곳에서 가장 낮은 곳으로 움직이면 pocket이 작아진다.

이것이 pocket으로 부터 outlet port를 통해 fluid가 나오게 한다.

C. vane type pump

vane-type power pump로 housing에 4개의 vane(blade), hollow steel rottor, coupling등이 있다.

rotor는 sleeve안에서 중심을 벗어나 있다. vane는 rotor의 slot에 들어있고, 4개의 section으로 구분된다. rotor가 turn 하면서 각 section은 차례로 point를 지나고, 이때는 volume이 최소이다.

다른 point는 volume이 최대가 된다.

반바퀴 회전하는 동안에 volume은 점차 증가되어 최소에서 최대로 된다. 그리고 점차 감소되어 최소가 된다. volume이 증가하는 쪽은 sleeve의 slot을 통해서 pump inlet port에 연결된다. section의 volume이 증가하면서 부분적인 진공이 생

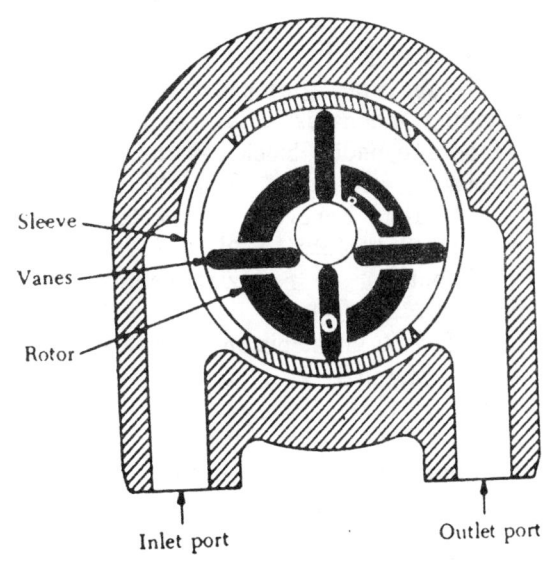

Fig. 1-12   Vane-type power pump.

기기 때문에 pump의 inlet port를 통해서 fluid가 들어온다.

rotor가 나머지 반바퀴를 회전 할때 section의 volume은 감소되고, fluid가 sleeve의 slot을 통해 outlet port를 통해 pump밖으로 나온다.

D. piston type pump

piston-type power-driven pump 는 A/C engine과 transmission의 accessory drive case에 pump를 장착한다.

pump drive shaft가 mechanism 을 회전시킨다.

driving unit의 torque가 drive coupling을 통해 pump drive shaft 에 전달된다.

driving coupling은 짧은 shaft로 양쪽끝에 spline을 갖고 있다.

pump drive coupling은 safety device로 설계되었다. drive coupling의 shear section은 spline 사이에 위치해 있고, spline 보다 직경이 작다.

만약 pump가 jam되면 이 section이 부러져서 pump와 driving unit을 보호한다.

piston-type pump의 basic pumping mechanism으로, multiple-bore cylinder block, 각 bore 의 piston, valve등으로 구성된다.

cylinder bore가 평행하고, pump 축에 대칭으로 되어 있다.

이 pump를 가끔 "axial-piston pump"라고도 한다.

모든 A/C axial-piston pump는 홀수의 piston을 갖고 있다. (5, 7, 9, 11 ...)

E. angular type piston pump

Fig. 1-16은 angular type pump이다.

pump의 angular housing이

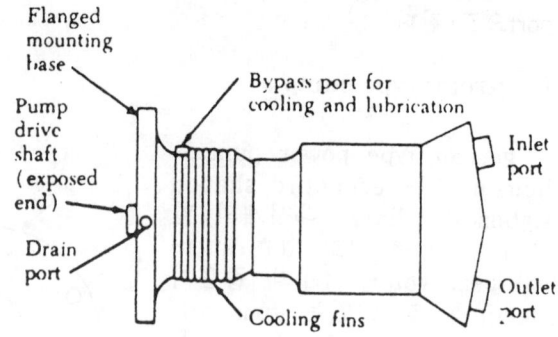

Fig. 1-13   Typical piston-type hydraulic pump.

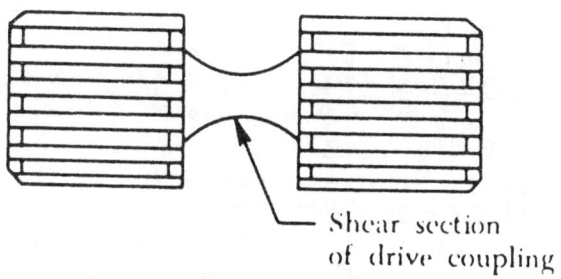

Fig. 1-14   Pump drive coupling.

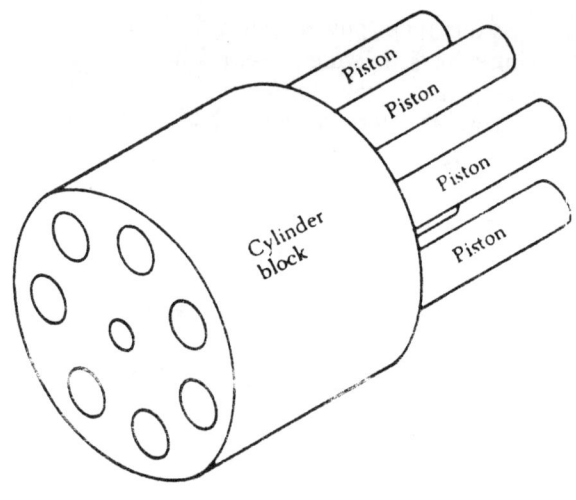

Fig. 1-15   Axial-piston pump mechanism.

414

cylinder block과 drive shaft plate 사이에 각도를 만들고 여기에 piston이 위치해 있다. pump의 이런 angular형태가 pump shaft가 돌아가는 것처럼 piston stroke가 이루

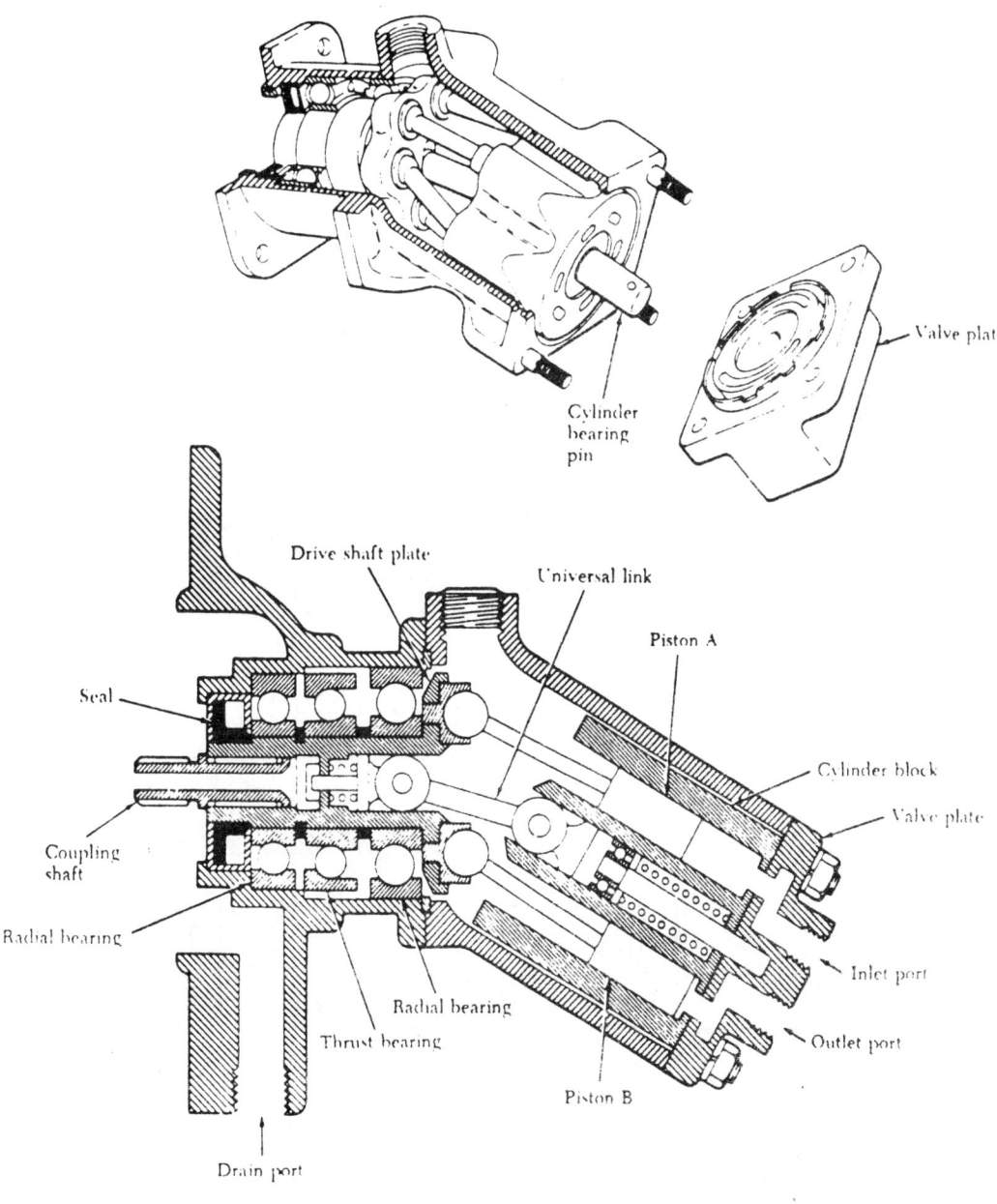

Fig. 1-16 Typical angular-type pump.

어진다. pump가 작동할때 pump 내의 모든 part는 rotating group이 되어 함께 회전한다. drive shaft와 cylinder block사이의 각도때문에 cylinder block의 top과 drive shaft plate의 upper face사이에 존재하는 rotating group의 회전 point가 최소거리가 된다.

180° 회전 한 지점에서 cylinder block의 top과 drive shaft plate의 upper face사이의 거리가 maximum이다. 정해진 만큼의 작동에서, 3개의 piston은 cylinder block의 top face에서 멀어지고, 이때 piston에 의해 bore에 partial vacuum (부분적인 진공상태)이 생긴다.

이때 fluid가 이 진공상태인 bore로 들어온다. fluid가 들어올때와 내보낼때에 piston의 움직임이 overlapping이 되어 pump로 fluid가 방출할때 non-pulsating을 만들어 준다.

F. cam type pump

cam-type pump는 cam이 piston의 stroke를 만든다.
cam type pump는 두가지 형태가 있다.

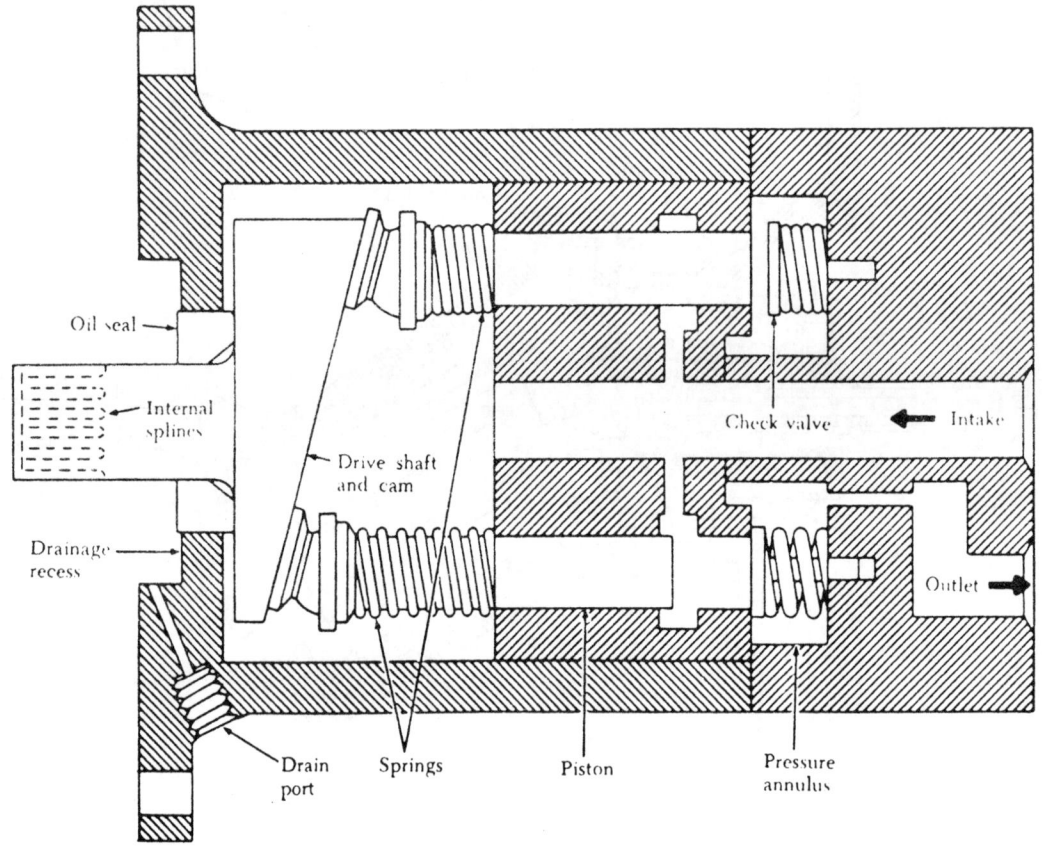

Fig. 1-17　Typical cam-type pump.

하나는 cam이 회전하고 cylinder block은 고정되어 있고(stationary) 다른 하나는, cam이 고정되고 cylinder block이 회전한다.

cam이 회전하면서 cam의 높은 곳과 낮은 곳이 번갈아 지나가면서 piston을 접촉한다. cam의 ramp가 커지면서 piston을 지나면 이것이 piston을 더 bore쪽으로 밀어서 fluid가 bore밖으로 밀려 나간다. cam의 ramp가 작아지면서 piston을 지나면 piston의 return spring이 piston을 bore의 바깥쪽으로 잡아 올린다.

이것이 fluid가 bore쪽으로 들어가게 한다. fluid가 들어오고 fluid가 밀려 나갈때 piston 움직임에 overlapping되어 cam-type pump의 fluid 방출은 pulsation없이 이루어진다.

bore는 check valve가 있어서 piston의 움직임에 의해 bore의 fluid가 밀려나갈때는 open된다.

piston의 inlet stroke에서는 닫힌다. 이것때문에 inlet fluid가 central inlet passage를 통해서만 bore로 들어온다.

1-4. 압력 조절 (Pressure Regulation)

hydraulic pressure는 원하는 일을 하도록 조절된다.

pressure regulating system은 3개의 element device를 사용하는데, pressure relief valve, pressure regulator 그리고 pressure gage이다.

1) Pressure relief valve

pressure relief valve는 liquid의 pressure를 제한한다. 이것은 초과 압력 상태에서 component의 고장이나 hydraulic line의 파열을 막는다. pressure relief valve는 사실, system safety valve이다. pressure relief valve는 adjustable spring-loaded valve를 갖고 있다. 이것들은 valve를 조절해서 미리 정해진 maximum pressure를 넘을때 pressure line에서 reservoir return line으로 discharge하도록 되어 있다.

여러가지의 pressure relief valve가 사용되고 있지만, 일반적으로 spring-loaded valve를 갖고 있고 이것은 hydraulic pressure와 spring tension에 의해 작동하도록 되어 있다.

pressure relief valve는 spring의 tension을 줄이거나 늘리거나해서 필요한 pressure에서 valve가 open되게 한다.

두가지 형태의 pressure relief valve가 있는데, 2-port와 4-port가 있다.

pressure relief valve는 제작형태나 system에 사용하는 것에 의해 분류할 수 있다.

그렇지만 목적과 pressure relief valve의 작동은 거의 같다.

pressure relief valve 제작에서 기본적인 차이는 valve의 type이다.

ⓐ ball type
ball-type valving device를 갖고 있는 pressure relief valve는 ball이 contoured seat에 있다. ball의 바닥에 pressure가 작용해서 seat에서 떨어지게 해서 fluid가 bypass한다.

ⓑ sleeve type
sleeve-type valving device를 갖고 있는 pressure relief valve는 ball이 고정되어 있고(stationary) sleeve type seat가 fluid pressure에 의해 위로 움직인다.
이것이 ball과 sliding sleeve-type seat사이에 fluid가 bypass하게 한다.

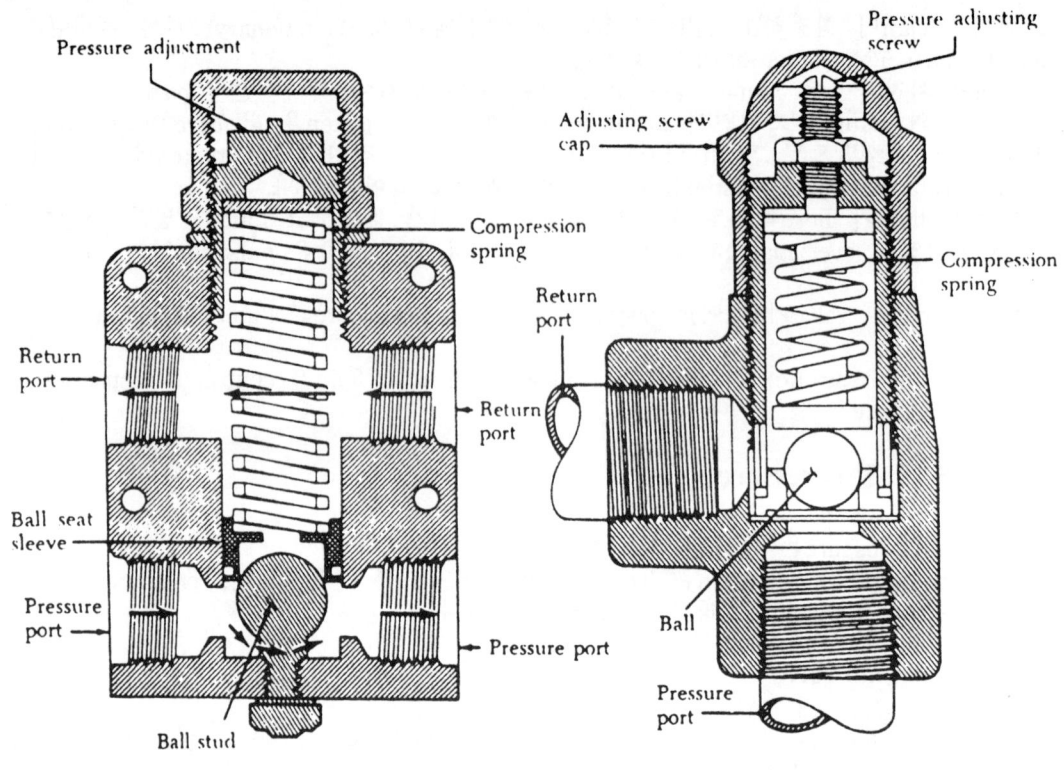

Four-port pressure relief valve   Two-port pressure relief valve

Fig. 1-18   Pressure relief valves.

ⓒ poppet type
이 type을 갖고 있는 pressure relief valve는 cone-shaped poppet을 갖고 있고 이것은 기본적으로 cone과 seat이 딱맞는 각도를 갖고 있어서 leakage를 막는다. pressure가 정해진 크기만큼 커지면 poppet이 자리에서 들려서 fluid가 opening을 통해서 return port로 간다.

pressure relief valve는 large hydraulic system에서 pressure regulator로 사용할 수 없는데, 특히 pressure의 primary source로 engine-driven pump에 의존할때, pump는 계속해서 load상태에 있고, pressure relief valve가 seat에서 떨어져 있게 하는 energy가 팽창해서 열로 변한다.
이 열이(heat) fluid로 전해지고, packing ring이 빠르게 상하게 된다. pressure relief valve는 그렇지만, small, low-pressure system이나 pump가 전기로 작동할때 등은 pressure regulator로 사용된다.
pressure relief valve는 다음과 같이 사용된다.

ⓐ system relief valve
pressure relief valve를 가장 흔하게 이용하는 것이 pump compensator나 다른 pressure regulating device의 가능한 고장에 대한 safety device이다. 모든 hydraulic system은 hydraulic pump에 safety device로 pressure relief valve가

418

있다.

ⓑ thermal relief valve
pressure relief valve는 fluid의 thermal expansion에 의한 excessive pressure를 relieve한다.

2) 압력 조절기 (Pressure regulator)

pressure regulator라는 말은 hydraulic system에 사용하는 device에 적용되는 것으로 constant-delivery type pump에 의해 pressurize되는 hydraulic pump에 알맞다. pressure regulator의 목적은 pump의 output을 조절해서 미리 정해진 범위의 system operating pressure를 유지한다.

다른 목적은 pressure가 정해진 범위내에 있을때 저항없이 pump가 회전할 수 있게 한다.

pressure regulator는 pump output에 위치해서 regulator를 통해서 system pressure circuit으로 간다. constant-delivery type pump와 pressure regulator의 혼합으로 compensator-controlled, variable-delivery type pump의 특징을 갖고 있다.

3) Pressure gage

이 gage의 목적은 hydraulic system의 pressure를 측정한다.

gage는 bourdon tube와 mechanical arrangement를 이용해서 tube expansion을 gage face의 indicator에 전달한다.

case 바닥의 vent는 bourdon tube주변에 대기압을 유지시켜 준다. 이것은 또한 습기를 drain한다.

4) 축압기 (Accumulator)

accumulator는 synthetic rubber diaphram에 의해 두개의 chamber로 나누어진다.

upper chamber는 system pressure의 fluid로 채워져 있고, lower chamber는 air로 채워져 있다.

accumulator의 기능은 다음과 같다.

ⓐ unit의 작동과 pump가 정해진 level의 pressure를 유지하기 위한 작동등에 의해서 hydraulic system에 생기는 pressure surge를 완화시킨다.
ⓑ 한꺼번에 몇개의 unit이 작동할때 "accumulated" 혹은 stored power에서 extra power를 공급해서 power pump를 돕는다.
ⓒ pump가 작동하지 않을때 hydraulic unit의 제한된 작동을 위한 power를 저장한다.
ⓓ 작은 내부나 외부의 leak를 보상하기 위해 pressure상태의 fluid를 보급해 준다.

A. diaphram accumulator

diaphram type accumulator는 두개의 hollow half-ball metal section이 중심선을 기준으로 함께 붙여졌다. 어느 한쪽에는 system에 붙이기 위한 fitting이 있고, 다른 한

쪽에는 compressed air를 채울수 있는 air valve가 있다.

가운데는 synthetic rubber diaphram 이 있어서 tank를 두부분으로 나눈다.

accumulator의 fluid쪽의 outlet은 screen으로 덮여 있다. 이것이 diaphram이 system pressure port쪽으로 밀려 올라가는 것을 막고, damage를 막는다. 이런 현상은 unit에 air를 채울때 생길수 있고, fluid pressure에 균형을 잃었을때 생긴다.

일부 unit에서는 diaphram의 중심에 metal disc가 붙어 있어서 screen의 장소로 이용된다.

B. bladder-type accumulator

이 type의 accumulator는 diaphram type처럼 같은 원리로 작동하고 같은 목적으로 사용되지만, 형태가 다소 다르다.

이 unit은 한조각의 metal sphere(둥근형태)로 맨위에는 fluid pressure inlet 이 있다. 바닦에 있는 구멍(opening)은 bladder를 넣기 위한 것이다.

accumulator의 바닦의 확인해야 할 사항은 bladder를 붙잡고 있고, sealing 역할을 한다. high-pressure air valve에 retaining plug가 달려 있다.

bladder의 맨위에 둥근 metal disc가 붙어 있어 pressure port를 통해서 bladder밖으로 나오는 air pressure를 막는다.

fluid pressure가 상승하면서 bladder 를 밑으로 내리밀고 위쪽 chamber를 fluid pressure로 채운다.

C. Piston-type accumulator

이 type도 같은 목적으로 사용되고 diaphram이나 bladder accumulator처럼 작용한다.

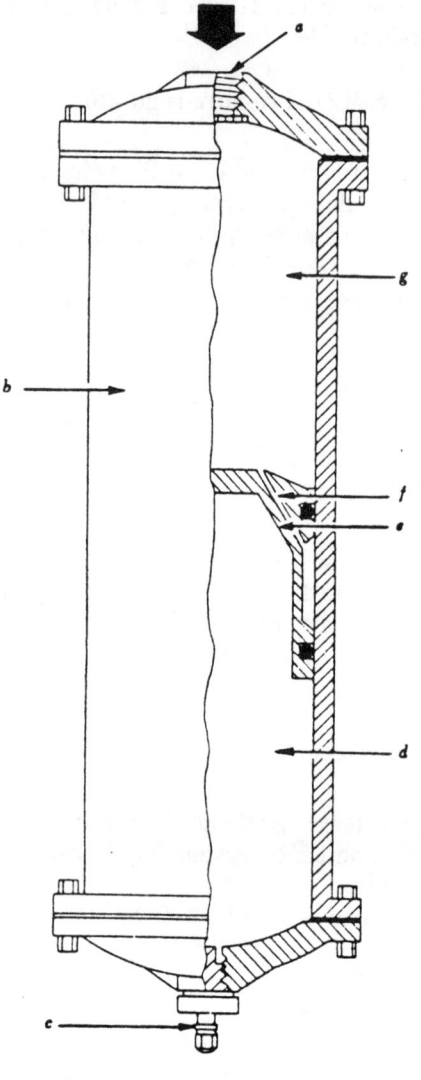

a. Fluid port	d. Air chamber
b. Cylinder	e. Piston assembly
c. High-pressure air vent	f. Drilled passage
	g. Fluid chamber

Fig. 1-19   Piston type accumulator

Fig. 1-19에서와 같이 하나의 cylinder(B)와 piston assembly(E)로 되어 있다. system fluid pressure가 top port로 (A)들어가고, piston을 밑으로 누른다. (D chamber쪽으로)

high-pressure air valve(C)가
cylinder의 바닥에 있다. 두개의
rubber seal이 있어서 두 cha-
mber(D와 G)사이의 leakage를
막는다. passage(F)는 piston의
fluid side에서 seal사이의 공간으
로 뚫린 passage이다. 이것이
cylinder wall과 piston사이의 윤
할을 한다.

accumulator 작업을 할때 꼭
기억할 것이 있다. accumulator
를 분리하기전에 모든 preload
air(혹은 nitrogen) pressure는 모
두 빼내야 한다. 그렇지 않으면
사고가 발행한다.

5) Check Valve

가장 간단하고 흔히 사용하는
check valve는 한쪽방향으로는
자유롭게 흐르고, 반대방향으로
는 흐를 수 없거나 흐름을 제한
한다.

check valve는 두가지의 설계
가 있고 두개의 다른 목적으로
사용한다.

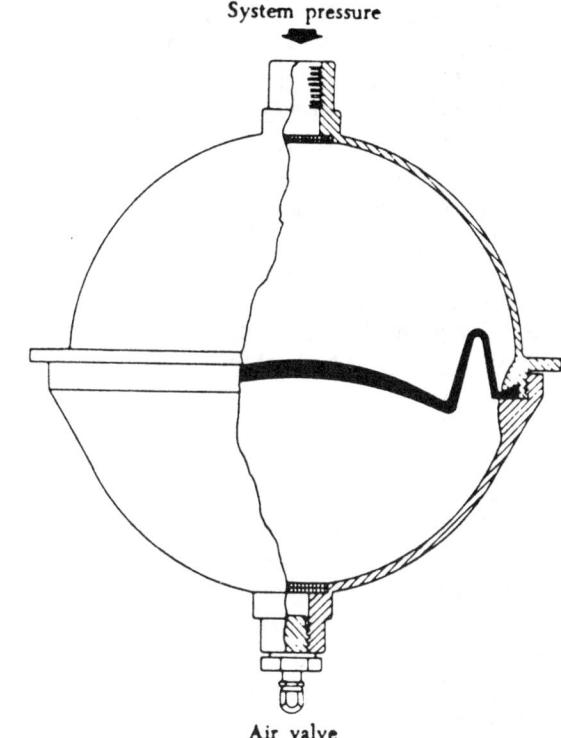

Fig. 1-20   Diaphragm-type accumulator.

하나는 check valve 하나의 완전한 구성품으로 되어 있어서 다른 component 사이
에 연결되고 tubing이나 hose처럼 사용된다.

이런 type의 check valve는 in-line check valve라고 부른다.

두가지 type의 in-line check valve가 있다.

simple-type in-line check valve와 orifice-type in-line valve이다.

다른 type의 check valve는 완전한 component가 아니다. 예를들어 housing이 없
다. 이 type의 check valve는 integral check valve라고 부른다. 이 valve는 주요 구성
품의 일부분으로 component의 housing을 공동으로 사용한다.

A. in-line check valve

이 simple-type in-line check valve는 한쪽방향으로 fluid가 충분히 흘러야 되는 곳
에 사용한다. (Fig. 1-22)

fluid가 check valve의 inlet port으로 들어가고, spring의 힘을 이기고 통과한다.

어느 순간에 fluid 흐름이 중단하면 spring이 본래의 위치로 돌아온다.

이것이 valve seat을 막아서 valve를 거꾸로 흐르는 fluid를 막는다.

B. orifice-type check valve

orifice-type in-line check valve(Fig. 1-22)는 한쪽방향으로는 fluid가 자유롭게 흘

러서 mechanism의 정상작동 속
도롤 낼수 있게 한다. 그렇지만
반대방향은 fluid의 흐름을 제한
해서 작동속도롤 제한한다.

orifice-type in-line check
valve의 작동은 simple-type in-line check valve와 같지만, 닫혀
있을때 제한적인 흐름이 가능하
다. 이것은 valve seat에 두번째
작은구멍 (opening) 이 있어서 인
데 이것은 항상 열려 있다. 그래
서 이 valve는 역류가 가능하다.

second opening은 valve seat
보다 훨씬 작다.

일반적으로, 이 정해진 크기
의 구멍이 valve롤 통해서 거꾸로
흐르는 fluid의 흐름비율을 정확
히 조절한다. 이 type의 valve롤
"damping valve"라고도 부른다.

in-line check valve롤 지나는
fluid의 흐름방향은 housing 표면
에 화살표로 표시되어 있다.
(Fig. 1-22 C. D)

simple-type in-line check
valve는 하나의 화살표만 있어서
한쪽으로만 흐른다.

orifice-type in-line check
valve는 두개의 화살표가 있다.

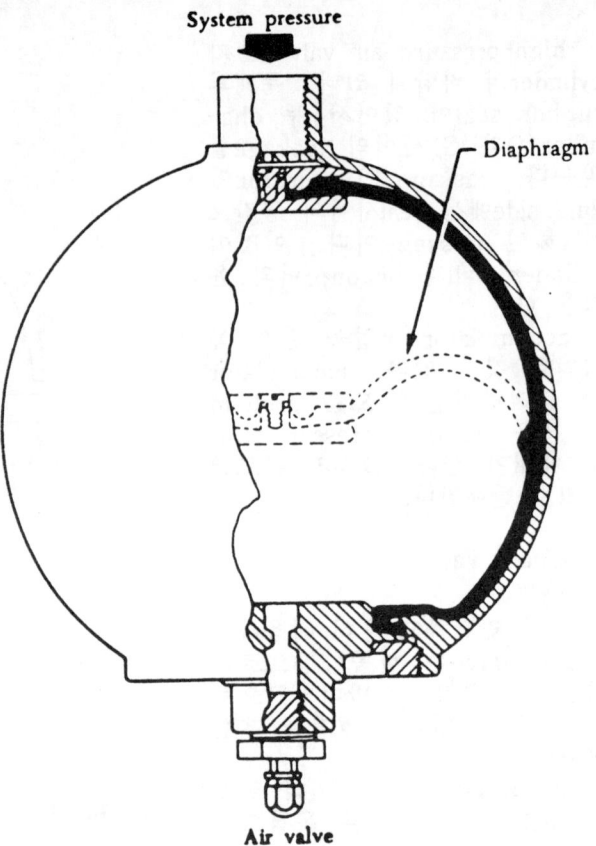

Fig. 1-21 Bladder-type accumulator.

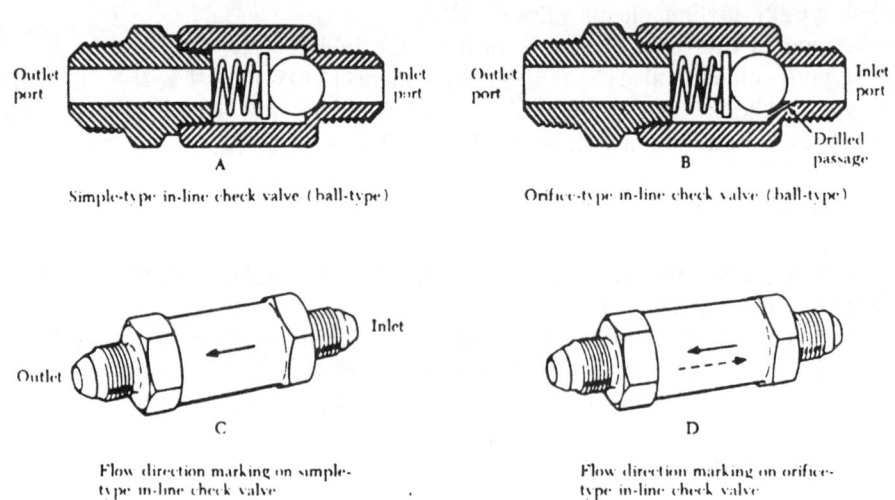

Fig. 1-22 Typical in-line check valves.

422

두개의 화살표 중에서 굵고 선명한 것은 정상흐름 방향이고, 나머지는 제한된 역류방향이다.

C. line-disconnect or quick disconnect valve

이 valve는 hydraulic line에 설치되어 unit을 remove할때 fluid의 손실을 막는다.

이 valve는 pressure와 suction line의 바로 앞에 설치되거나 power pump의 바로 뒤쪽에 설치되거나 한다.

이 valve unit은 두개의 inter-conneting section으로 구성되고 nut로 조여져 있다.

각 valve section은 piston과 poppet assembly를 갖고 있다. 이것은 unit이 분리되면 spring의 힘에 의해 닫히게 된다.

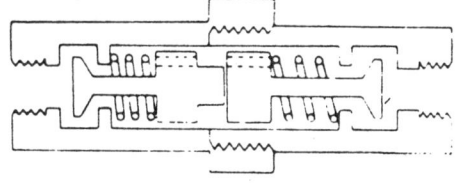

a. Spring   d. Piston
b. Spring   e. Piston
c. Poppet   f. Poppet

Fig. 1-23 Line disconnect valve.

Flig. 1-23 맨위에서, line-disconnected position에 있다. 보는 것처럼 두개의 spring(A 와 B)이 두개의 poppet(C와 D)를 closed position에 밀어 놓는다.

이것이 분리된 line의 fluid 손실을 막는다. Fig. 1-23의 아래쪽에는 line-connected position에 있을 때이다.

valve가 연결되면 coupling nut가 두 section을 결합시킨다. piston의 튀어 나온 부분이 반대쪽 piston을 spring 반대쪽으로 밀어 붙인다.

이것이 poppet valve를 seat에서 떨어지게 해서 valve section에 fluid가 흐른다.

1-5. Actuating cylinder

actuating cylinder는 fluid pressure 형태의 energy를 mechanical force, action, work등으로 바꾸어 준다.

일반적인 actuating cylinder는 cylinder housing, piston, piston rod, 그리고 seal 등으로 구성된다.

cylinder housing은 piston이 움직이는 bore가 있고, 하나 혹은 그 이상의 port가 있어서 bore 쪽으로 fluid가 들어가고

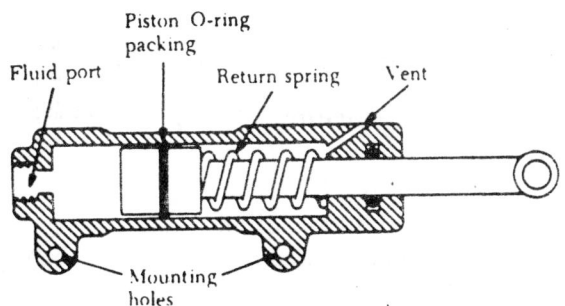

Fig. 1-24 Single-action actuating cylinder.

423

나가고 한다.

piston과 rod가 assembly를 형성한다. piston은 cylinder bore안에서 전후로 움직이고 piston rod는 cylinder housing의 한쪽끝의 구멍(opening)을 통해서 cylinder housing을 왕복운동 한다.

seal은 piston air cylinder bore사이의 leakage를 막고, piston rod와 cylinder 끝사이의 leakage를 막는다.

actuating cylinder는 두가지 type이 있다.
ⓐ single action
ⓑ double action

single-action(single port) actuating cylinder는 한쪽 방향으로만 powered movement를 만들수 있다.

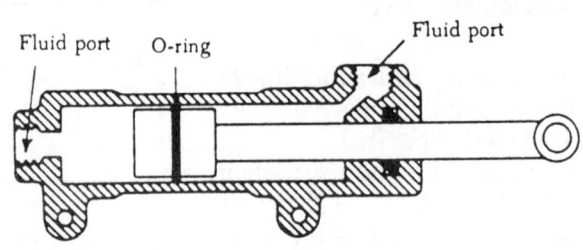

Fig. 1-25 Double-action actuating cylinder.

A. single-action actuating cylinder

Fig. 1-24는 single-action actuating cylinder로 pressurized fluid가 좌측 port로 들어가고 piston을 우측으로 움직이게 한다.

piston이 움직이면서 vent hole을 통해서 spring chamber의 air가 밀려난다.

fluid의 pressure가 spring의 힘보다 작아지면 spring이 piston을 좌측으로 움직이게 한다. piston이 좌측으로 움직이면서 fluid가 port를 통해서 나온다.

동시에 piston이 spring chamber로 air를 빨아들인다.

three-way control valve가 single-action actuating cylinder의 작동에 사용된다.

B. double-action actuating cylinder

Fig. 1-25는 double-action (two-port) actuating cylinder이다.

double-action actuating cylinder의 작동은 four-way selector valve에 의해 조절된다.

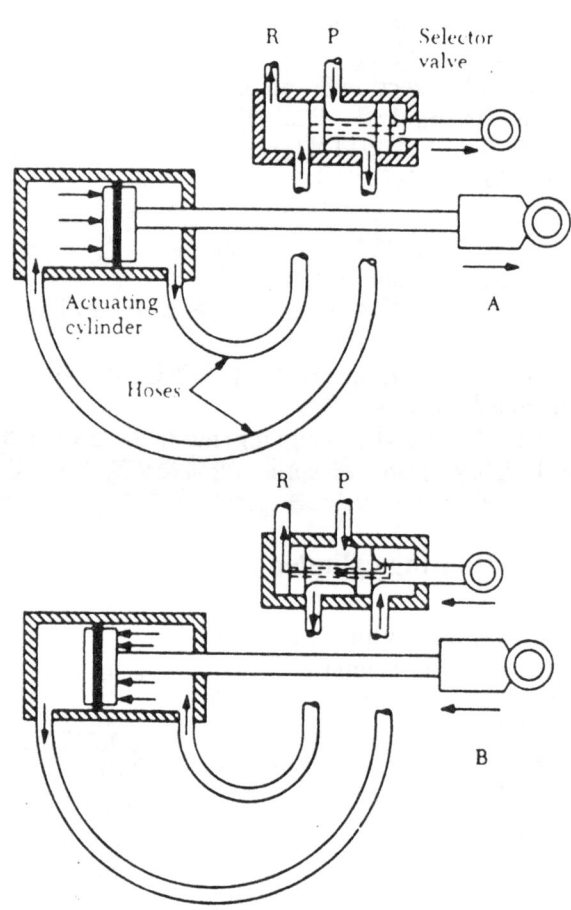

Fig. 1-26 Control of actuating cylinder movement.

Fig. 1-26은 actuating cylinder가 selector vavle와 연결된 그림이다.

selector valve와 actuating cylinder의 작동은 다음과 같다. selector valve를 "on" position에 놓으면(Fig. 1-26 A) actuating cylinder의 좌측 chamber에 fluid pressure가 들어간다. 이것이 piston을 우측으로 움직이게 한다. piston이 우측으로 움직이면서 우측 chmber의 return fluid가 밀려나오고, selector valve를 통해서 reservoir로 간다.

selector valve가 다른 "on" position에 놓이면(Fig. 1-26 B), fluid pressure가 우측 chamber로 들어가서 piston을 좌측으로 움직인다.

piston이 좌측으로 움직이면서 좌측 chamber의 return fluid를 밀어서 selector valve를 통해 reservoir로 간다.

actuating cylinder를 "off" position에 놓으면 actuating cylinder piston의 양쪽의 chamber에 fluid가 갇혀 있다.

Fig. 1-27은 다른 type의 actuating cylinder이다.

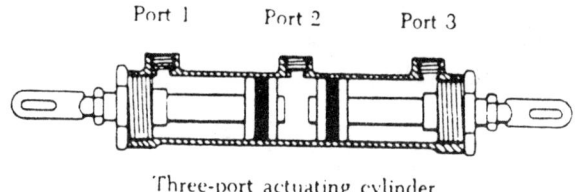

Port 1   Port 2   Port 3

Three-port actuating cylinder

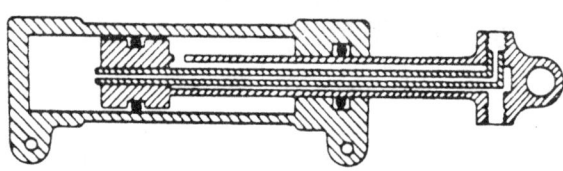

Actuating cylinder having ports in piston rod

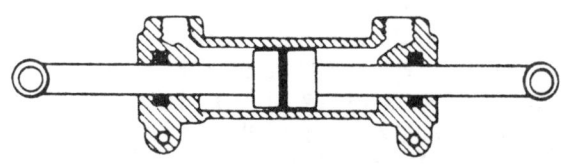

Double-action actuating cylinder having two exposed piston rod ends

Fig. 1-27   Types of actuating cylinders.

1-6. 선택밸브 (Selector Valve)

선택밸브는 actuating unit의 움직이는 방향을 조종하는데 사용한다. 선택밸브는 동시에 actuating unit으로 들어가는 것과 나오는 path를 제공한다. 또한 actuator를 통해서 흐르는 fluid의 방향을 바꾸든지 거꾸로 흐르게 해 준다. 선택밸브의 한쪽 port는 fluid pressure의 input을 위한 system pressure line에 연결된다. 두번째 port는 system return line에 연결해서 fluid가 reservoir로 return되게 한다. 선택밸브는 여러 개의 port를 갖고 있다. port의 숫자는 system의 필요에 의해서 결정된다. 선택밸브는 주로 4개의 port를 갖고 있다. four-way라는 말이 선택밸브의 4 port 대신에 자주 쓰인다. 선택밸브의 port는 각각 표시가 되어 있다. 가장 흔히 볼수 있는 표시는

pressure(혹은 PRESS, P)
return(혹은 RET, R)
cylinder 1(혹은 CYL 1)
cylinder 2(CYL 2)등으로 되어 있다.

425

1) 포웨이 크로스센터 선택 밸브 (four-way closed-center selector valve)

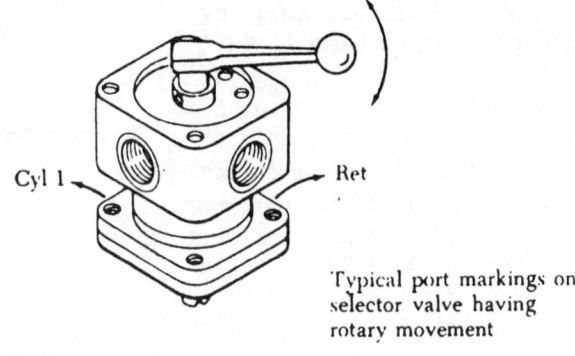

Cyl 1   Ret

Typical port markings on selector valve having rotary movement

four-way, closed-center 선택밸브는 A/C 유압계통에 가장 많이 쓰이는 선택밸브이다.

Fig. 1-29 A는 four-way, closed-center 선택밸브로 "off" position에 있는 경우이다.

모든 valve port는 막혀(block) 있어서 fluid가 흘러들어 갈수도 흘러 나올수도 없다. Fig. 1-29 B에서 선택밸브는 ON position에 있다. PRESS port와 CYL 1 port가 valve 내에서 interconnect된 다. 결과적으로 pump로 부터의 fluid가 선택밸브 PRESS port로 가고 선택밸브 CYL 1 port으로 나와서 motor의 port A로 들어간 다. 이 fluid의 흐름이 motor를 시계방향으로 회전시킨다. 동시에 return fluid가 motor 의 B로 밀려 나와서 선택밸브 CYL 2 port로 들어간다.

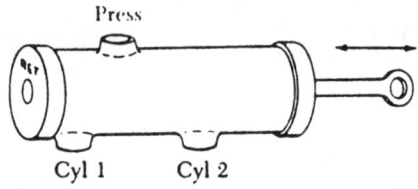

Press

Cyl 1   Cyl 2

Typical port markings on selector valve having slide movement

Fig. 1-28   Typical port markings on selector valves.

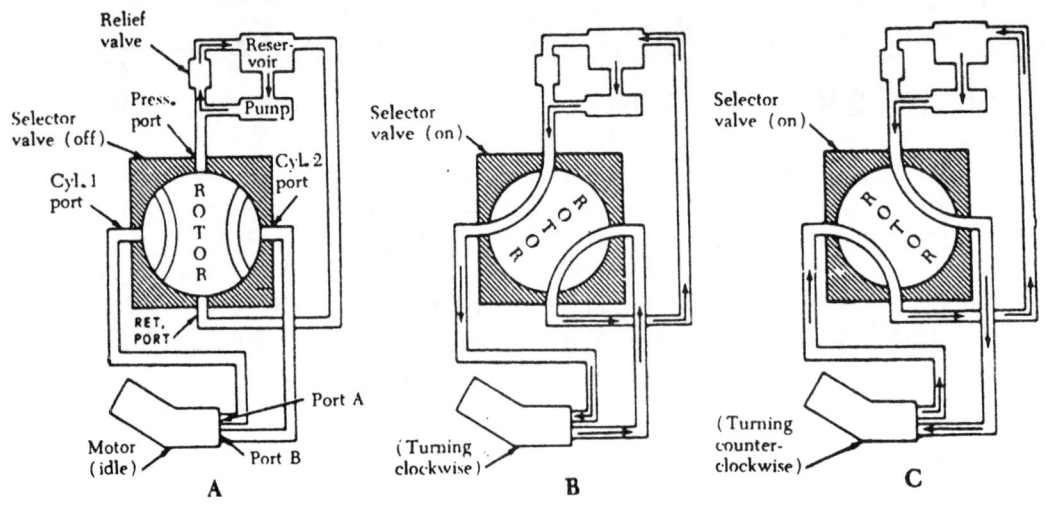

A   B   C

Fig. 1-29   Typical rotor-type closed-center selector valve operation.

fluid는 valve rotor의 passage를 통해서 RET port를 통해서 valve를 떠난다.

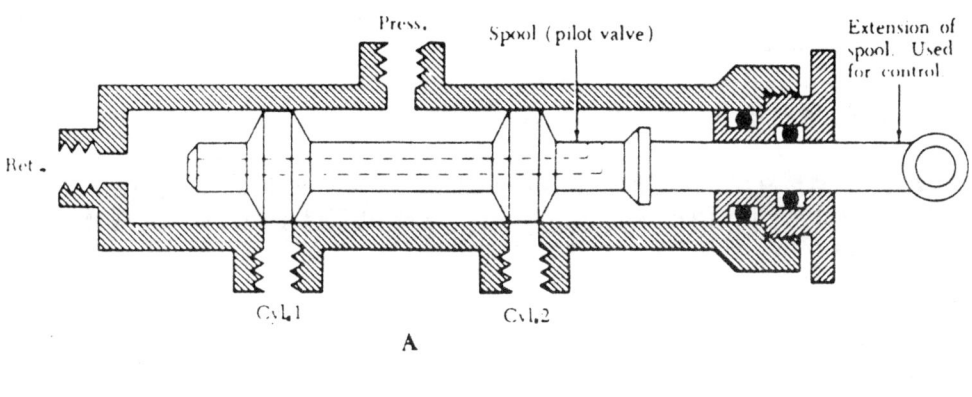

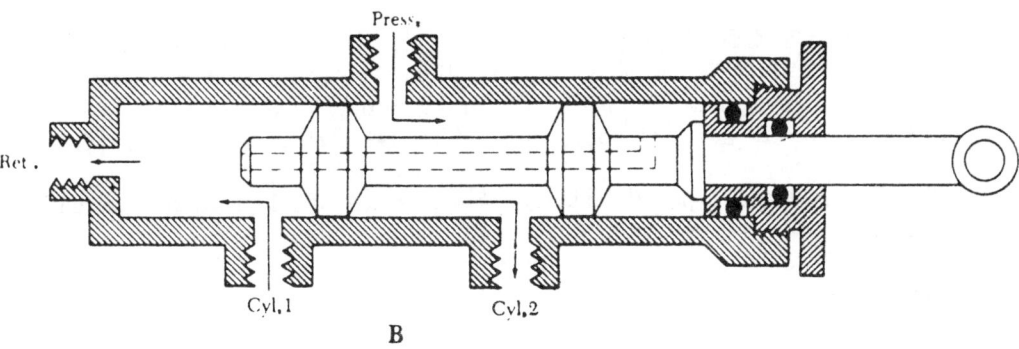

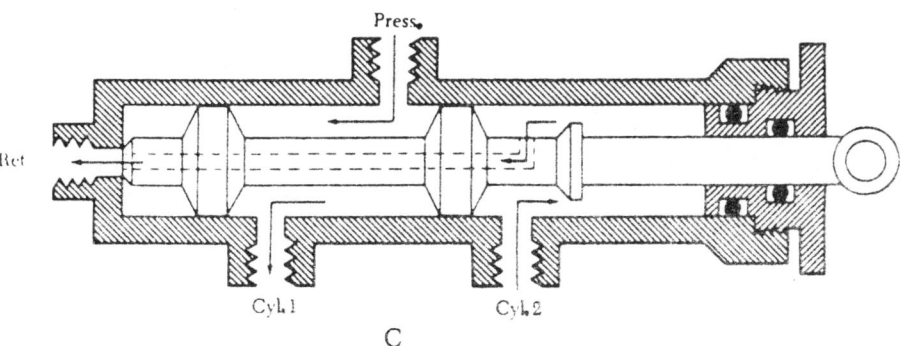

Fig. 1-30   Typical spool-type closed-center selector valve.

Fig. 1-29 C는 선택밸브가 다른 ON position에 있을 때이다.

PRESS port와 CYL 2 port가 interconnect된다.

이것이 fluid pressure가 motor의 port B로 공급되어 motor가 반시계방향으로 회전한다.

return fluid가 motor의 port A를 떠나서 선택밸브 CYL1 port로 들어가고, 선택밸브 RET port를 통해서 떠난다.

2) 스풀형 선택밸브 (spool-type selector valve)

스풀형 선택밸브의 밸브장치는 spool-shaped이다. 스풀은 선택밸브 housing의 one-piece, leak-tight, free-sliding fit이다. 스풀의 drilled passage가 선택밸브의 두개의 chamber를 서로 연결한다. 선택밸브 스풀은 가끔 "pilot valve"라고 부른다. 스풀이 선택밸브 OFF position으로 움직이면 두 cylinder port는 스풀의 land (flange)에 의해 막힌다. (Fig. 1-30 A)

이것이 간접적으로 PRESS와 RET port를 막아서 fluid가 밸브를 통해서 흘러 나올 수도 없고 들어갈 수도 없게 만든다.

스풀이 우측으로 움직이면 spool land가 CYL 1과 CYL 2에서 떨어진다. (Fig. 1-30 B)

PRESS port와 CYL 2 port가 서로 연결된다. 이것이 fluid pressure가 actuating unit을 통해 흐르게 한다. RET port와 CYL 1 port가 서로 연결된다. 이것이 actuating cylinder로 부터 system reservoir까지 fluid return route를 만든다.

스풀이 좌측으로 움직여서 spool land가 CYL 1과 CYL 2 port에서 떨어진다. (Fig. 1-30 C)

PRESS port와 CYL1 port가 서로 연결된다. 이것이 fluid pressure가 actuating unit으로 흐르게 한다.

RET port와 CYL 2 port가 서로 연결되어 actuating unit에서 reservoir로의 return path를 만든다.

제2장 항공기 공압장치 (A/C Pheumatic System)

일부 A/C는 공압장치가 있다.
이 system은 유압계통과 아주 비슷하게 운영된다.
공압장치는 아래와 같이 사용된다.
1) brake
2) opening and closing doors
3) driving hydraulic pump, alternator, starter, water injection pump
4) operating emergency device

2-1. Pressure System

공압장치에 사용되는 unit의 type은 system의 air pressure에 좌우된다.

1) High pressure system

high-pressure system에서 공기는 항상 금속병에 1000~3000 PSI의 pressure로 저장된다. 공기병은 두개의 valve를 갖고 있는데 하나는 charging valve이다.

ground-operated compressor는 이 밸브에 연결되어 bottle에 공기를 더한다.

다른 밸브는 control valve이다. 이것은 shutoff valve처럼 역할을 해서 system이 작동할때까지 bottle에 공기를 가두어 놓고 있다.

system은 비행중에 보급할 수 없기때문에 작동은 bottle의 공기에 의해 제한된다.

이런이유로 system을 계속해서 작동할 수 없다. 그래서 대부분 landing gear나 brake와 같은 system의 비상작동(emergency operation)에 사용하기 위해 보관한다.

일부 A/C는 air compressor가 있어서 unit 작동에 압력을 사용했을 경우 다시 보급(충전)한다.

Fig. 2-1은 two-stage com-

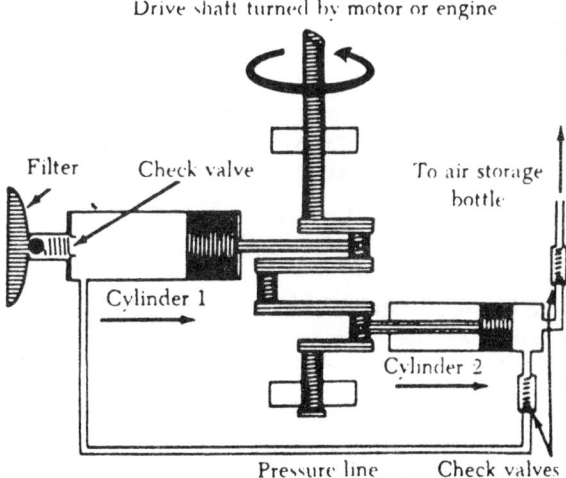

Fig. 2-1　Schematic of two-stage air compressor.

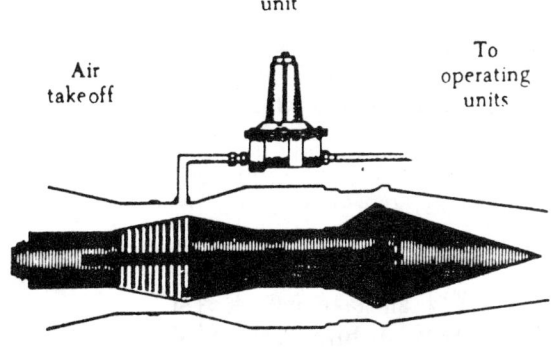

Fig. 2-2　Jet engine compressor with pneumatic system takeoff.

429

pressor의 schematic이다. 들어오는 공기의 압력을 cylinder No. 1에서 높이고 다시 No. 2 cylinder에서 더 높인다. Fig. 2-1의 compressor는 3개의 check valve를 갖고 있다.

유압 수동펌프의 check valve에서와 같이 이 unit는 한쪽 방향으로만 fluid가 흐르게 한다. electric motor나 A/C engine에 의해서 shaft를 회전시킨다.

shaft가 회전하면서 이것이 piston을 왕복운동시킨다. No. 1 piston이 우측으로 움직이면, No. 1 cylinder의 chamber는 커져서 바깥의 공기가 filter를 통하고 check valve를 통해 cylinder로 들어온다.

drive shaft가 계속해서 돌면서 piston 움직임의 방향이 바뀐다. No. 1 piston이 안쪽으로 깊숙히 움직이면 pressure line을 통해 No. 2 cylinder로 air를 강제로 보낸다.

한편 No. 2 piston은 바깥쪽으로 움직이면서 들어오는 air를 받는다.

그러나 No. 2 cylinder가 No. 1 cylinder보다 작기때문에 No. 2 cylinder에서 공기가 상당히 압축되어야 한다. cylinder 크기가 다르기 때문에 No. 1 piston은 첫번째 압축된 공기를 준다. 두번째 압축은 No. 2 cylinder가 안쪽으로 깊숙히 들어가서 high pressure air를 pressure line을 통해 air storage bottle에 밀어 넣는다.

2) Medium pressure system

medium-pressure pneumatic system (100~150 PSI) 은 air bottle이 없다. 대신 공기를 jet engine compressor section에서 빼낸다.

이 경우에 air takeoff를 통해서 air가 나와서 tubing으로 해서 pressure-controlling unit을 거쳐서 operating unit으로 간다.

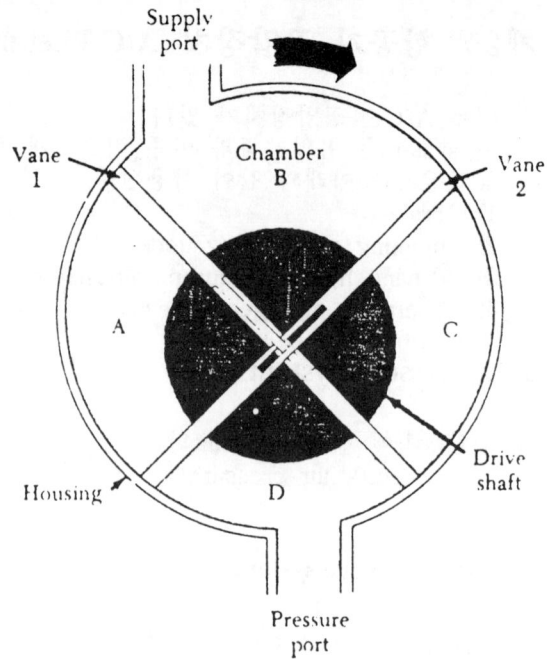

Fig. 2-3   Schematic of vane-type air pump.

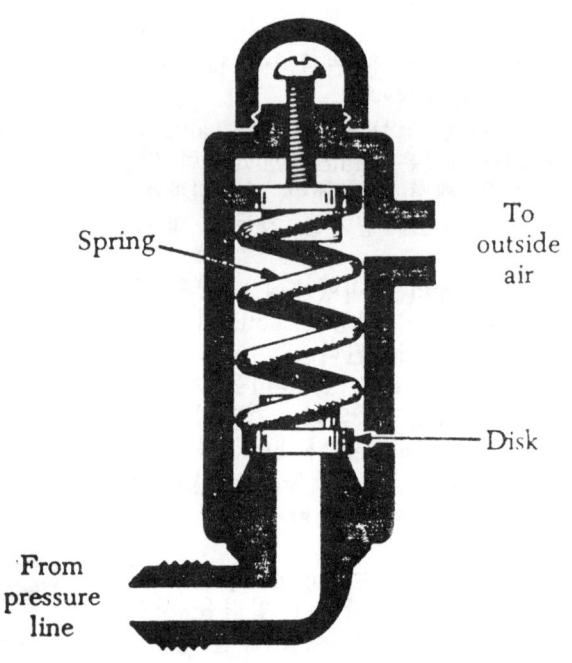

Fig. 2-4   Pneumatic system relief valve.

430

jet engine compressor로 pneumatic system takeoff를 갖고 있다.

3) Low pressure system

왕복엔진에서 low-pressure air는 vane-type pump에서 얻는다. 이 pump는 electric motor나 A/C engine에 의해 구동된다.

Fig. 2-3은 vane-type pump 의 schematic이다.

두개의 port를 갖고 있는 ho-using, drive shaft, 두개의 vane 등으로 구성된다. drive shaft와 vane은 slot가 있어서 drive shaft 를 통해 앞뒤로 slot를따라서 움 직인다. 이 shaft는 housing에 편심으로 붙어 있어서 vane이 4 개의 다른 크기의 chamber를 형 성한다. (A, B, C와 D)

Fig. 2-3에서 B는 가장 큰 chamber로 supply port와 연결된 다.

즉, 바깥 공기가 pump의 ch-amber B로 들어온다. pump가 작동하기 시작하면 drive shaft가 회전하고 vane의 위치가 바뀌고 chamber의 크기가 바뀐다. No. 1 vane이 우측으로 움직이며 supply port에서 chamber B가 멀어진다. chamber B는 공기로 가득채워져 있고 shaft가 계속 회전하면서 chamber B는 아래 쪽으로 움직이고 점차 작아져서 공기를 압축한다.

pump의 바닥 근처에 cham-ber B는 pressure port에 연결되 어 압축된 공기를 pressure line 에 보낸다. 다시 chamber B가 위쪽으로 움직이고 면적이 점점 커진다.

supply port에서 다른 공기를 받는다.

4개의 chamber가 있고 같은 작동 cycle을 갖고 있다. 이 pump는 계속해서 1~10 PSI의 압축된 공기를 공급한다.

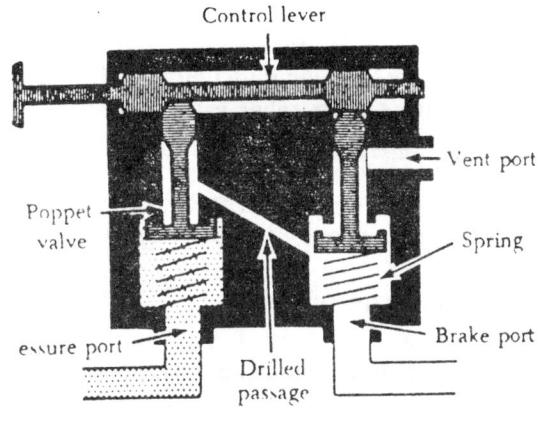

A. Control valve "off"

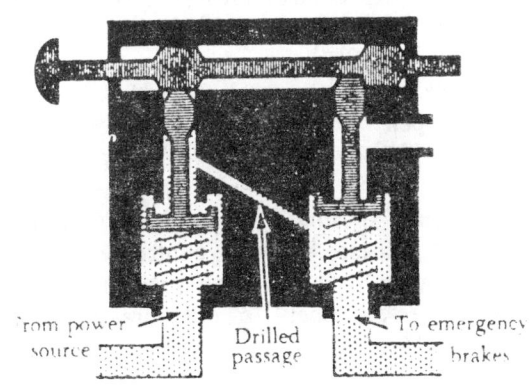

B. Control valve "on"

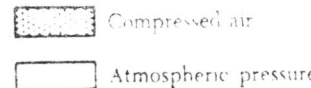

Compressed air

Atmospheric pressure

Fig. 2-5 Flow diagram of a pneumatic control valve.

2-2. 공압장치 구성품 (Pneumatic System Component)

공압장치는 reservoir, hand pump, accumulator, regulator, power pump등을 사용하지 않는다.

1) 릴리이프 밸브 (relief valve)

릴리이프 밸브가 공기장치에 사용되어 system의 손상을 막는다.
이것은 pressure-limiting unit처럼 역할을 해서 초과하는 압력을 막는다.
pneumatic system relief valve의 단면이다 (Fig. 2-4). normal pressure에서 spring 이 valve를 닫힌 상태로 잡고 있고, pressure line에 공기가 남아 있다. 만약 압력이 너무 높으면 disk가 spring tension을 이기고 relief valve를 open한다.
이것이 초과하는 공기흐름을 valve를 통해서 대기중으로 나가게 한다.
valve는 pressure가 정상으로 떨어질때까지 open되어 있다.

2) 조정밸브 (control valve)

control valve는 pneumatic system에서 가장 필요한 부분이다.

Fig. 2-5는 valve가 emergency 공기브레이크에 사용되는 것을 보여주고 있다.
control valve는 three-port housing, 두개의 poppet valve, control lever등으로 구성 되어 있다.

Fig. 2-5 A는 control-valve가 OFF position에 있을 때이다.
spring이 좌측 poppet을 닫힌 상태로 밀고 있어서 pressure port의 압축된 공기가 brake로 흐를수 없다.
Fig. 2-5 B에서 control valve는 ON position에 있다. lever의 lobe 하나는 좌측 poppet를 open 시켜놓고 우측 poppet은 닫혀 있게 한다.
압축된 공기가 열려있는 좌측 poppet으로 흐르고 이것이 drilled passage를 통해 우측 poppet 밑의 chamber로 간다. 우측 poppet이 닫혀 있어서 brake port로부터의 high-pressure air flow가 brake line에서 brake로 간다.
brake를 release 하기위해 control valve를 OFF position으로 return시킨다.
좌측 poppet이 닫히고 high-pressure air가 brake로 가는 것이 중단된다.
동시에 우측 poppet이 열려서 brake line의 압축된 공기가 vent port를 통해서 대기 중으로 나간다.

3) 체크 밸브 (check valve)

체크 밸브는 유압과 공압계통 에 모두에 쓰인다.

Fig. 2-6은 flap type pne-umatic 체크 밸브이다. 공기가 체크밸브의 좌측 port로 들어가 고 spring을 눌러서 check valve 가 open되어 공기가 우측 port로

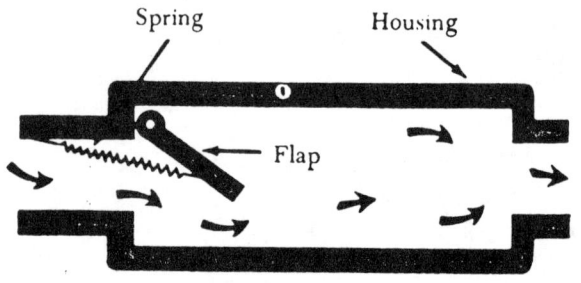

Fig. 2-6 Pneumatic system check valve.

432

들어간다. 그러나 만약 공기가 우측으로로부터 들어오면 air pressure가 valve를 닫아서 좌측 port로 흐르는 공기를 막는다.

공압 체크밸브는 한 방향 흐름 조정밸브 (one-direction flow control valve) 이다.

4) 제어기 (restrictor)

제어기는 control valve의 한 종류로 공압계통에 사용한다.

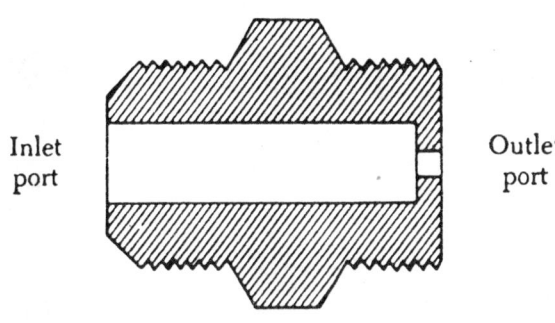

Fig. 2-7   Orifice restrictor.

Fig. 2-7은 orifice type restrictor로 큰 inlet port와 작은 outlet port가 있다. 작은 outlet port는 airflow의 비율을 감소시키고 actuating unit의 작동속도를 감소시킨다.

5) 가변 제어기 (variable restrictor)

또다른 형태의 speed-regulating unit으로 variable restrictor를 갖고 있다.

이것은 adjustable needle valve를 갖고 있다. 돌리는 방향에 따라서 needle valve가 움직여서 opening의 크기가 변한다.

inlet port로 들어가는 공기는 반드시 이 opening을 통해서 outlet port로 간다.

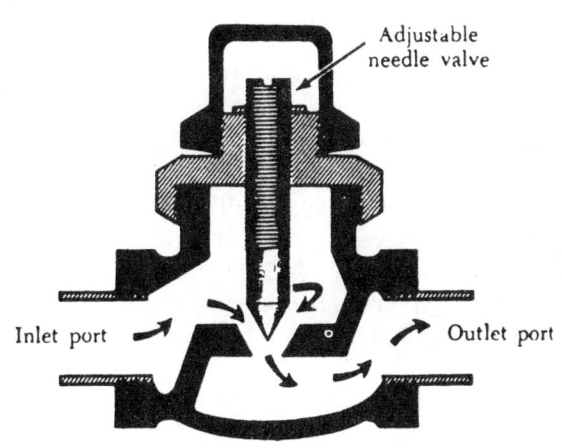

Fig. 2-8   Variable pneumatic restrictor.

6) filter

공압계통은 여러가지 형태의 filter를 사용해서 깨끗한 공기를 받아 들인다.

Fig. 2-9는 micronic filter로 두개의 port를 갖고 있는 housing, replaceable cartridge, relief valve등으로 구성된다.

공기가 inlet으로 들어가고 cartridge주변을 순환해서 cartridge의 안쪽으로 들어가서 outlet port으로 나온다.

만약 cartridge가 막히면 pressure가 relief valve를 open해서 여과되지 않은 air가 outlet port로 들어간다.

Fig. 2-10은 screen-type filter로 micronic filter와 비슷하고 permanent wire screen을 갖고 있다.

만약 main hydraulic braking system이 고장나면 power brake 는 emergency pressurizing system으로 A/C를 정지시킨다.

대부분의 경우에 emergency system은 compressed air system 이다.

Fig. 2-11은 compressed air 를 사용하는 system이다.

7) air bottle

air bottle은 충분한 압축된 공기를 저장해서 brake system등에 사용한다.

high pressure air line이 bottle의 air valve에 연결되어 emergency brake의 작동을 조종한다.

만약 normal brake system이 고장나면 air valve의 control handle을 ON position에 놓는다.

valve가 high-pressure air를 brake assembly쪽의 line에 연결된다.

그러나 brake assembly에 air 가 들어가기전에, shuttle valve 를 먼저 거쳐야 한다.

8) brake shuttle valve

Fig. 2-11에서 원 안에 shuttle valve를 보여주고 있다.
이 valve는 four-port housing 으로 둘러쌓인 shuttle로 되어 있다.

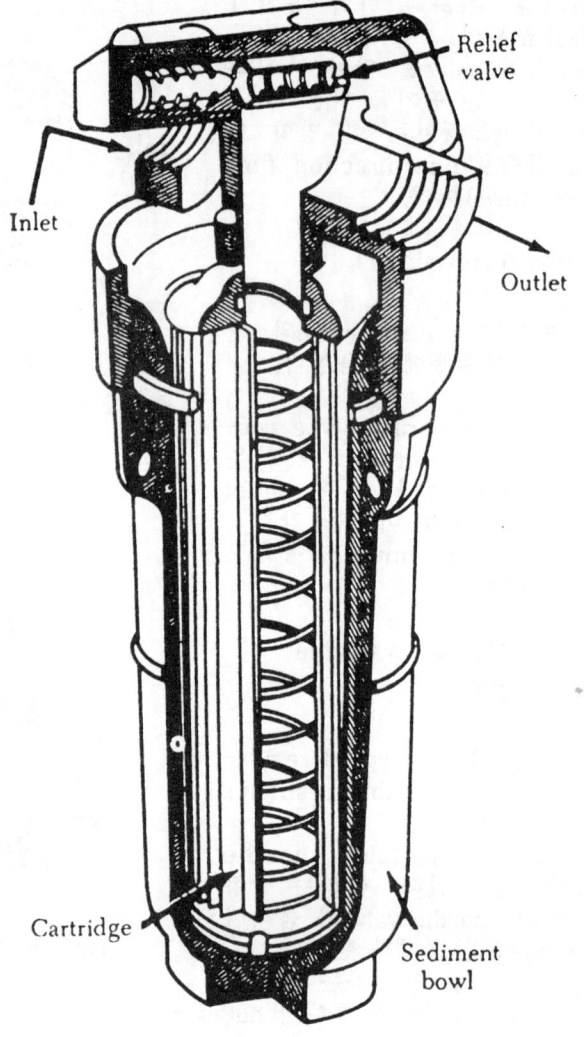

Fig. 2-9 Micronic filter.

shuttle은 일종의 floating piston으로 housing 내에서 위쪽이나 아래로 움직일 수 있다. 정상적으로 shuttle은 밑에 있어서 이것이 낮은쪽의 air port를 막아서 upper port로 부터의 hydraulic fluid가 양쪽의 port로 가서 이것이 brake assembly로 간다.

그러나 emergency pneumatic brake가 선택되면 high-pressure air가 shuttle을 들어 올려서 hydraulic line을 막고 air pressure가 shuttle valve의 양쪽 port에 공급된다.

이것이 high-pressure air를 brake cylinder로 보내진다. emergency brake가 release되면 air valve는 닫혀서 air bottle의 pressure를 차단한다.

동시에 air valve가 pneumatic brake line을 vent시킨다. 그래서 brake line의 air pressure가 떨어지고 shuttle valve가 housing의 낮은 쪽으로 움직이고 다시 brake cylinder를 hydraulic line에 연결 시킨다.

brake cylinder에 남아있는 air pressure는 shuttle valve의 upper port에서 흘러 나와서 hydraulic return line으로 간다.

2-3. pneumatic power system

turbine-engine pneumatic power system은 압축된 공기를 normal과 emergency actuating system에 공급한다.

압축된 공기는 actuating sys-tem의 storage cylinder에 저장되어 필요한 system에 사용한다.

이 cylinder와 power system manifold는 압축된 공기나 nitro-gen으로 채워져 있다.

비행중에 air compressor가 leak, thermal contraction, 그리고 actuating cylinder 작동등에 의한 air pressure와 volume을 보충한다.

air compressor는 engine

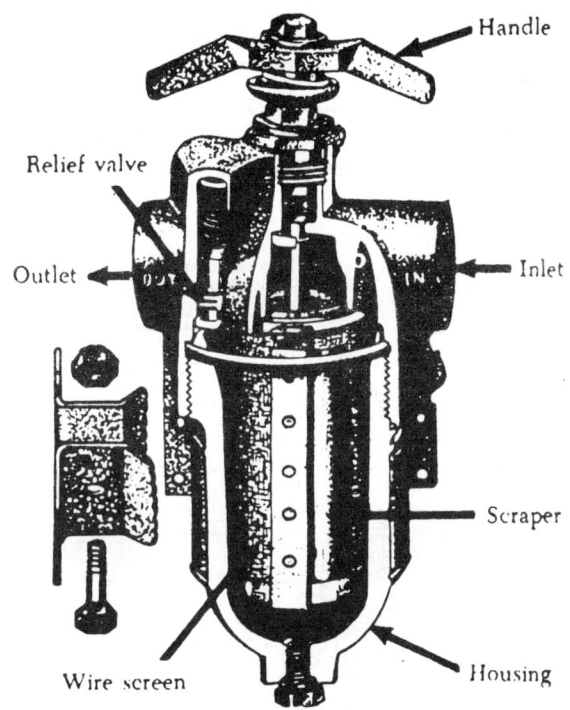

Fig. 2-10   Screen-type filter.

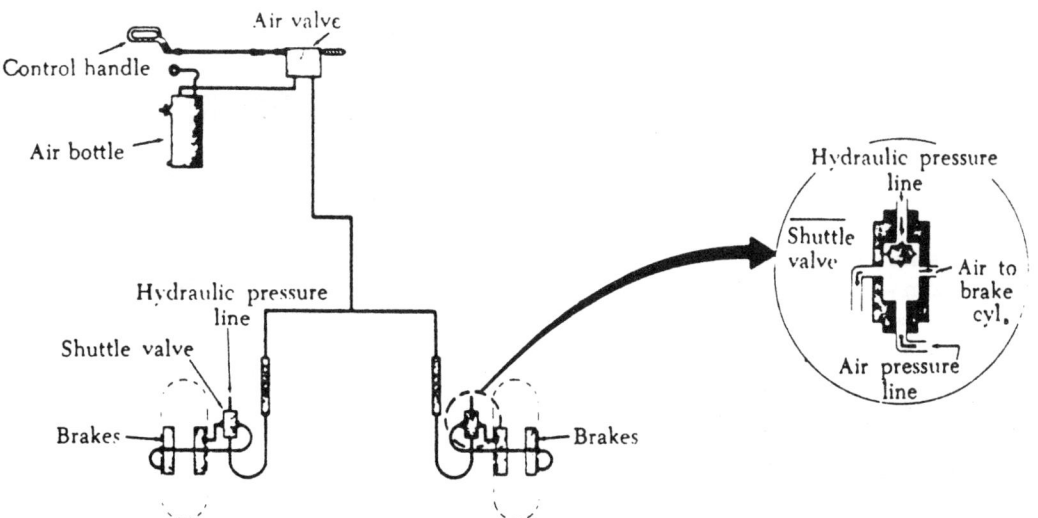

Fig. 2-11   Simplified emergency brake system.

bleed air system에서 supercharged air를 공급한다.

air compressor는 electric motor나 hydraulic motor에 의해 작동된다.

여기서 설명하는 system은 hydraulic으로 작동되는 system이다.

Fig. 2-12은 pneumatic power system이다.

compressor inlet air는 high-temperature, 10 micronic filter를 통해서 걸러지고 air pressure는 absolute pressure regulator에 의해 조절되어 compressor에 안정된 air

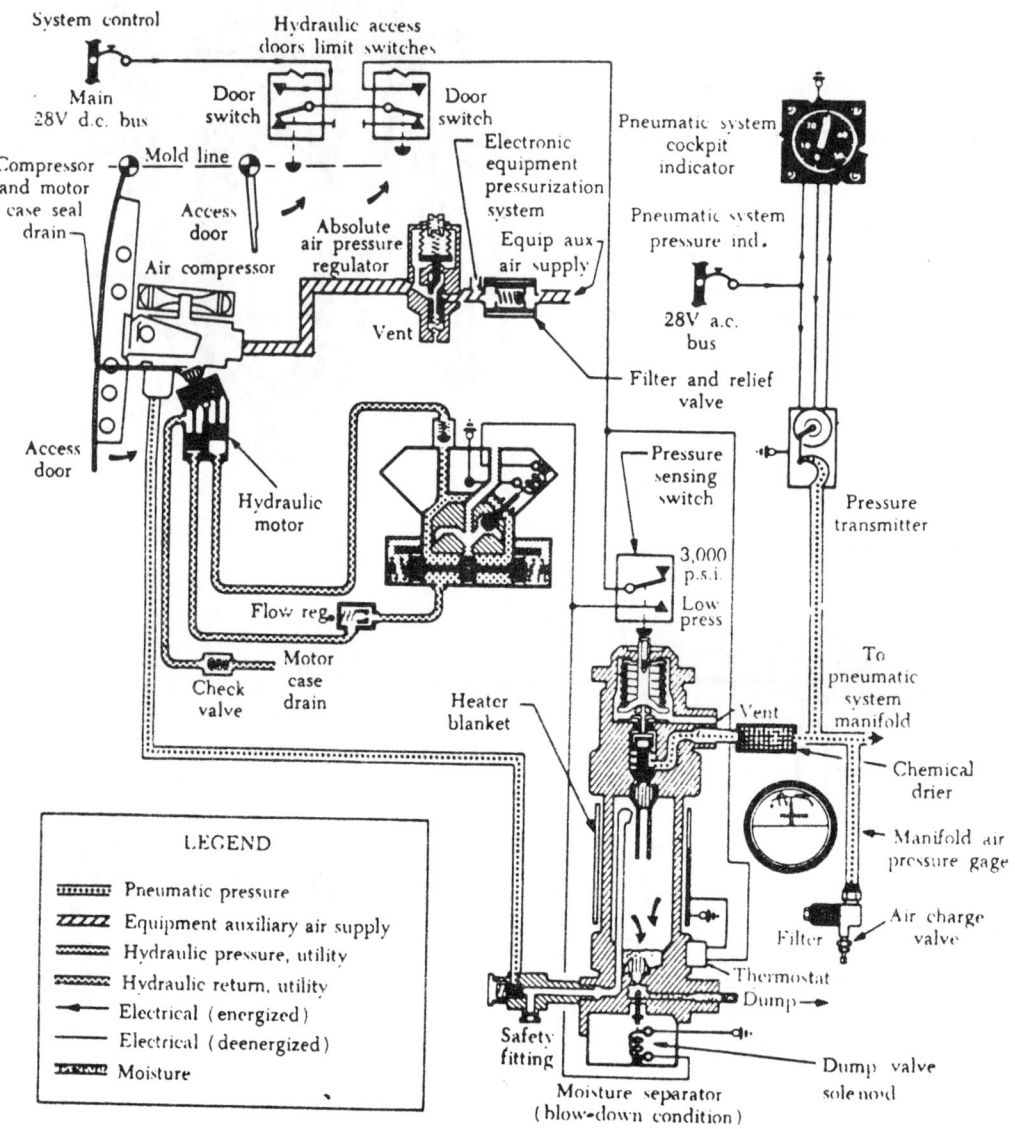

Fig. 2-12   Pneumatic power system.

436

source를 공급한다.

A/C utility hydraulic system은 hydraulic-motor-driven air compressor를 작동시키는 power를 공급한다. air compressor hydraulic actuating system은 solenoid-operated selector valve, flow regulator, hydraulic motor, motor bypass line check valve등으로 구성된다. energize되면 selector valve가 system이 pressurize되어 hydraulic motor를 작동한다. de-energize되면 valve가 utility system pressure를 막아서 motor를 정지시킨다.

flow regulator는 hydraulic system 흐름과 pressure가 변하는 것을 보상해서 hydraulic motor로 흐르는 fluid flow를 측정하고 compressor의 과도한 속도변화나 overspeeding을 막는다.

motor bypass line의 check valve는 motor로 들어오는 system return line pressure를 막는다.

air compressor는 pneumatic system의 pressurizing air source이다.

compressor는 manifold pressure-sensing s/w에 의해 activate되거나 deactivate된다.

이 s/w는 moisture separator assembly의 일부이다.

moisture separator assembly는 pneumatic system의 pressure-sensing regulator와 relief valve이다.

manifold(system) pressure s/w는 air compressor의 작동을 통제한다. manifold pressure가 2750 PSI 이하로 떨어지면 pressure-sensing s/w가 닫혀서 separator의 moisture dump valve와 hydraulic selector valve를 energizing 시키고 이것이 air compressor를 작동시킨다.

manifold pressure가 3150 PSI까지 build-up 되면 pressure-sensing s/w가 open되어 hydraulic selector valve를 de-energizing 시켜서 air compressor작동을 중단시키고 dump valve를 통해 separator 내에 쌓인 moisture를 밖으로 버린다. safety filting은 moisture separator의 inlet port에 설치되어 hot carbon particle이나 air compressor로 부터 나온 flame에 의한 internal explosion으로 부터 separator를 보호한다.

chemical drier는 moisture separator로 부터 나오는 공기가 포함하고 있는 moisture를 더욱 감소시킨다.

pressure transmitter는 cockpit에 있는 indicator에 pneumatic pressure signal을 보낸다. indicating system은 "autosyn" type이고 hydraulic indicting system과 똑같은 기능을 한다.

air charge valve는 전체 pneumatic system의 유일한 external ground servicing point이다. air pressure gage가 air-charge valve 근처에 있어서 pneumatic system을 servicing할때 사용한다.

이 gage는 manifold pressure를 나타낸다.

air filter(comicrons element)가 ground air-change line에 있어서 불순물이 system 으로 들어오는 것을 막는다. high-pressure air가 air compressor의 네번째 stage에서 나와서 bleed valve(oil pump의 pressure에 의해 조절된다)를 거쳐서 high-pressure air outlet으로 간다. oil pressure가 bleed valve의 piston에 가해져서 valve piston이 "closed" position에 머물러 있게 한다.

oil pressure가 떨어지면 bleed valve 내의 spring이 bleed valve piston을 re-position 시킨다. 이것이 compressor의 pressure를 줄이고 line의 습기를 퍼낸다.

moistrure separator는 pneumatic power system의 pressure-sensing regulator와 relief valve로 air compressor discharge line으로 부터의 moisture를 95%까지 제거한다.

자동적으로 작동되는 condensation dump valve는 separator의 oil/moisture

chamber롤 compressor가 shutdown될때마다 blast air (3000 PSI)로 purging한다.

A. component

pressure s/w control system pressurization은 체크 밸브와 릴리이프 밸브사이의 system pressure를 감지해서 이루어진다.

system pressure가 2750 PSI이하로 떨어지면 air compressor solenoid-operated selector valve가 energize되고 system pressure가 3100 PSI에 이르면 selector valve는 de-energize된다.

condensation dump valve solenoid는 pressure s/w에 의해 energize되거나 de-energize된다.

energize되면 air compressor의 air가 dumping되는 것을 막고 de-energize되면 separator의 regervoir를 완전히 purge한다.

check valve는 dumping cycle중에 pressure less를 방지하고 separator를 통해서 air compressor로 역류를 막는다.

relief valve는 system이 over-pressurization (thermal expansion)되는 것을 막는다.

relief valve는 system pressure가 3750 PSI에 이르면 open되고 3250 PSI에서 닫힌다.

thermoslat은 40°F 에서 닫히고 60°F에서 열린다.

연습문제(I)

1. 현재 A/C 유압장치에 쓰이는 hydraulic fluid의 세가지 종류는?
   답) vegetable base, mineral base, phosphate ester base

2. Mineral base fluid는 무슨 색을 띠고 있는가?
   답) 빨강

3. 비행기 hydraulic 시스템에 어느 종류의 fluid를 쓸것인가를 결정하는 방법은?
   답) maintenance manual 또는 fluid reservoir 위에 쓰여 있다.

4. 비행기 hydraulic 시스템에 맞지 않는 fluid를 사용했다면 어떤 결과를 초래할 수 있는가?
   답) seal이 부서져 시스템 전체를 막히게 할수가 있다.

5. Hydraulic line을 잠시 disconnect(단절)시켰을때 해야 할 일은?
   답) 공기와 통하지 않도록 즉시 뚜껑을 씌어준다.

6. Filter(여과기)에 물질들이 끼어 fluid가 통과하지 못할 경우 어떻게 되는가?
   답) bypass를 통해 filter를 건너띈다.

7. Hydraulic reservoir에 압력을 가해주는 이유는?
   답) 높은 고도에서 fluid이 pump로 잘 흐를수 있게 하기 위하여

8. Hydraulic reservoir를 pressurize하는 방법은 어떤 것들이 있는가?
   답) 기체내의 pressurization system으로부터 공기를 끌어오는 것이 있고 또 엔진의 압축기(compressor)의 공기를 이용하는 방법이 있다.

9. Hydraulic accumulator는 어떤 종류가 있는가?
   답) diaphragm, bladder, piston

10. Hydraulic 시스템내의 pressure relief valve의 목적은 무엇인가?
    답) 시스템내의 압력을 제한해 준다. 그래서 시스템의 안전 valve라 불리기도 한다.

11. Closed hydraulic 시스템내의 unloading valve의 역할은 무엇인가?
    답) 시스템이 유압이 필요치 않을때 펌프에서 reservoir로 fluid가 다시 되돌아 가도록 하는 밸브이며 압력조절기(pressure regulator) 역할을 하기도 한다.

12. Wing flap overload valve의 역할은 무엇인가?
    답) 빠른 속도의 비행상태에서 flap을 내려 flap을 구조적으로 손상시키는 것을 방지하는 밸브이다.

13. 기압장치(pneumatic systme)는 주로 비행기의 어느 곳에 쓰이는가?
    답) 브레이크, 문의 열리고 닫힘, 시동, 펌프작동, 그리고 비상사태의 기구들

14. Pneumatic system이 작동될때 사용된 공기는 어디로 가는가?
    답) 비행기 밖으로 내보낸다.

15. Pneumatic system을 종종 purge(씻어내는 것)해야 하는 이유는?
    답) 수분이나 오염된 것을 제거하기 위하여

16. Pneumatic 시스템에 쓰이는 relief valve의 역할은 무엇인가?
    답) 시스템내의 압력이 미리 선정해 놓은 압력을 넘어서는 것을 방지한다.

17. Landing gear를 접고 펼때 그 힘은 어디로 부터 오는가?
    답) 전기 또는 유압의 힘

18. Landing gear retraction check는 언제 하는 것이 좋은가?
    답) 1년에 한번씩 또는 landing gear의 part를 바꿨을때, 만약에 착륙할때
       땅과 심하게 부딪혔다면 그때도 이 테스트를 할 필요가 있다.

19. Oleo 타입의 landing gear shock strut은 무엇으로 채워지나?
    답) 고압의 공기 또는 질소

20. 타이어에 어느 정도의 공기가 필요한지 알아보는 방법은?
    답) 타이어에 얼마만큼의 공기를 넣는지는 타이어의 크기, 바깥온도, 그리고
       비행기의 무게에 의해 결정된다. 이 정보는 operator's manual이나 aircraft
       maintenance manual에서 찾을 수 있다.

21. Hydraulic shimmy damper의 역할은 무엇인가?
    답) 비행기의 앞바퀴가 착륙, 이륙 또는 taxing할때 진동되지 않도록 한다.

22. Landing gear의 shock strut을 검사할때 어디를 중점적으로 검사하는가?
    답) fluid가 새는 곳이 있는지 보고 또 shock의 extension이 알맞는가 본다.
       또 피스톤이 노출된 부분은 매일 닦아주어야 한다.

23. 비행기의 브레이크 시스템의 세 종류는?
    답) independent, power boost, power control

24. Power brake 시스템에 쓰이는 shuttle valve의 역할은 무엇인가?
    답) 정상브레이크 라인에 이상이 생겨 비상 브레이크 라인으로 바꿔주는 역할
       을 한다.

25. Landing gear의 바퀴가 중심위치가 아닌 상태에서 접히는 것을 방지하는
    장치는?

답) centering device (바퀴가 안으로 접히는 동시에 바퀴를 똑바로 해준다.)

26. 비행기의 바퀴에 fusible plug가 쓰이는 이유는?
   답) 고도에서 바퀴가 팽창해 터지는 것을 방지하기 위해 타이어에서 압력을
       제거해 준다.

27. 비행기 anti-skid 시스템의 목적은 무엇인가?
   답) 활주로의 상태에 관계없이 비행기가 미끌어지지 않고 정지시키도록 도와
       준다.

연습문제(Ⅱ)

1. Hydraulic system의 수리중 hydraulic fluid가 비행기의 tire에 약간 쏟아졌다면 tire를 어떻게 처리하는 것이 좋은가?
   (1) petroleum solvent로 씻은후 압축공기로 말린다.
   (2) 천으로 닦은 다음 압축공기로 말린다.
   (3) 천으로 닦은 다음 비눗물로 씻는다.
   (4) alcohol로 씻는다.   (3)

2. Brake master cylinder의 piston return spring이 부러진다면?
   (1) brake의 작동이 거칠어진다.
   (2) brake 페달이 너무 깊게 들어간다.
   (3) brake가 끈다. (drag)
   (4) brake의 linkage가 따라서 부러진다.   (3)

3. Sponge brake(brake의 작동이 너무 푹신한 것)는 주로 무엇의 결과인가?
   (1) system내에 공기가 들어갔다.
   (2) brake의 fluid가 샌다.
   (3) brake의 내부고장
   (4) brake의 외부고장   (1)

4. Bleeding brake란 무슨 작업을 뜻하는가?
   (1) system내의 공기만을 제거하는 일
   (2) system내의 공기를 제거하기 위해 fluid를 빼내는 일
   (3) brake line을 새것으로 가는일
   (4) brake pedal을 재조절하는 일   (2)

5. Oleo shock strut가 착륙직후 다시 원상태로 너무 빨리 돌아오는 것을 막기 위해 어떤 장치가 쓰이는가?
   (1) packing과 seal이 strut가 들어갈때보다 나올때 더 많은 마찰을 일으키도록 design되어 있다.
   (2) fluid가 반대로 흐를때 더작은 orifice를 통과하기 때문에 시간이 더 걸린다.
   (3) shcok strut가 나오면서 metering pin이 orifice의 size를 줄인다.
   (4) 압축공기가 strut의 나오는 힘을 반대한다.   (2)

6. 대부분의 tire회사는 새 tire를 사용할때 공기를 채운다음 다시 공기를 완전히 빼고 다시 공기를 채워 사용하기를 권유한다. 그 이유는?
   (1) tire내의 tube가 자리를 똑바로 잡게 하기 위하여
   (2) tube와 tire사이의 공기를 완전히 제거하기 위하여
   (3) wheel rim이 제대로 조립되어져 있나 확인하기 위하여
   (4) tire에 새는 곳이 있나 검사하기 위하여   (1)

7. Oilo shock strut에 metering pin이 쓰이는 이유는?
   (1) strut을 UP 위치로 lock 시킨다.
   (2) strut을 DOWN 위치로 lock 시킨다.
   (3) strut이 압축될때 oil의 흐름을 늦춰준다.
   (4) 알맞은 공기양을 strut내로 제공한다.   (3)

8. 비행기의 landing gear retraction system을 수리한 뒤에는?
   (1) 처음 두번정도는 너무 장거리 비행을 피한다.
   (2) 조종사외에 승객을 태우지 않는다.
   (3) 첫번 비행중 적어도 retraction과 extension을 네번정도 작동시켜준다.
   (4) 비행전에 jack으로 올려놓고 작동을 검사해 본다.   (4)

9. Single-disk brake는 두개의 brake lining이 양쪽에서 disk를 눌러줌으로써 brake 작동을 한다. 어떤방법으로 두개의 lining이 똑같은 압력으로 disk를 눌러주는가?
   (1) 두개의 lining을 서로 연결시켜 줌으로써
   (2) brake의 clearance를 똑같이 맞춰 줌으로써
   (3) disk가 side로 움직일수 있도록 허락해 줌으로써
   (4) lining이 더 많은 압력을 쓰는쪽을 더 두꺼운 lining을 씀으로써   (3)

10. Spongy brake가 system내의 공기로 인한 것이 아니었다면 다음 번으로 의심할 곳은?
    (1) brake lining이 닳았다.
    (2) master cylinder가 내부적으로 샌다.
    (3) flexible hose가 낡았다.
    (4) brake가 잘 조절되어 있지 않다.   (3)

11. Brake는 기계적인 것과 유압적인 것이 있다. 다음중 기계적인 brake가 아닌 것은?
    (1) single-disk spot type
    (2) dual-servo type
    (3) single-servo type
    (4) expander-tube type   (4)

12. 바퀴의 rim과 tire가 맞닿는 한곳에 표시를 하는 이유는?
    (1) rim과 tire가 미끄러졌나 알아보기 위함
    (2) balance 표시
    (3) tire가 고압타입
    (4) tire가 고속 타입   (1)

13. Tire에 공기를 너무 많이 넣으면 무엇을 손상시킬 염려가 있는가?
    (1) brake linging
    (2) wheel hub
    (3) brake drum

(4) wheel flange   (4)

14. Brake system내의 debooster valve의 역할은?
    (1) brake의 작동을 부드럽게 해준다.
    (2) brake의 static pressure를 유지한다.
    (3) 압력을 줄이며 brake를 재빨리 release시킨다.
    (4) 압력을 늘리며 brake를 재빨리 release시킨다.   (3)

15. 비행기의 tire를 보관하기 적당한 곳은?
    (1) 건조하고 더운 곳
    (2) 습기가 있고 서늘한 곳
    (3) 건조하고 서늘한 곳
    (4) 습기가 있고 더운 곳   (3)

16. Air valve core의 stem에 H라고 표시되어 있는 것은 무슨 뜻인가?
    (1) hydraulic type
    (2) hard core type
    (3) high pressure type
    (4) heavy duty type   (3)

17. 비행기의 shock strut에 쓰이는 hydraulic fluid는 무엇에 의해 선택되는가?
    (1) 바깥온도
    (2) shock strut의 공기 pressure
    (3) shock strut에 쓰이는 seal의 종류
    (4) landing gear에 쓰이는 fluid의 type   (3)

18. Landing gear의 oleo strut cylinder에 torque link가 부착된 이유는?
    (1) compresson stroke를 제한하기 위하여
    (2) shock을 흡수하여 bounce를 줄이기 위하여
    (3) strut을 제자리에 고정시키기 위하여
    (4) 바퀴의 alignment를 유지하기 위하여   (4)

19. 많은 양의 brake fluid를 사용하는 brake system은 주로?
    (1) brake pressure relief valve를 사용하지 않는다.
    (2) 여러개의 master cylinder가 필요하다.
    (3) accumulator를 사용하지 않는다.
    (4) power brake control system을 사용한다.   (4)

20. 만약 master cylinder의 compensator port가 막힌다면?
    (1) 정상적으로 작동한다.
    (2) reservoir로 돌아가는 fluid는 지장이 없다.
    (3) reservoir가 넘치게 된다.
    (4) brake의 release가 저속으로 변한다.   (4)

21. Landing gear의 oleo shock strut에 쓰이는 sleeve, spacer, bumper ring의 목적은?
    (1) torque arm의 extension을 제한한다.
    (2) wheel alignment을 고정한다.
    (3) extension stroke를 제한한다.
    (4) rebound 영향을 줄인다. (3)

22. 다음 중 hydraulic retraction landing gear system의 landing gear door를 정확한 시간에 작동되게하는 기구는?
    (1) main gear safety switches
    (2) sequence valve
    (3) nose gear safety switches
    (4) main gear downlocks (2)

23. Power brake에 사용되는 power는 어디로 부터 오는가?
    (1) main hydraulic system
    (2) power brake reservoir
    (3) master cylinder
    (4) rudder pedals (1)

24. 다음 중 유압으로 작동되는 multiple-disk brake에 대하여 옳게 설명한 것은?
    (1) minimum이나 maximum disk clearance 검사가 필요없다.
    (2) 비상 pressure system이 필요없다.
    (3) brake가 뜨거울 경우 parking brake를 사용하지 않는다.
    (4) parking brake를 사용할 수 없다. (3)

25. 다음 중 정상적인 brake control valve를 비상 brake system으로 바꿔주는 valve는?
    (1) bypass valve
    (2) orifice check valve
    (3) brake pressure relief valve
    (4) shuttle valve (4)

26. Air/oil shock strut의 packing nut을 조일때 주의할 점은?
    (1) packing을 새것으로 갈아야 한다.
    (2) 비행기를 jack 위로 올린다.
    (3) strut으로부터 fluid를 빼낸다.
    (4) torque가 800 foot pound를 초과하면 안된다. (2)

27. Brake system의 relief valve의 역할은?
    (1) pressure가 낮아지는 것을 방지
    (2) brake가 작동하는 pressure를 줄여준다.
    (3) tire가 미끌어지는 것을 방지

(4) 열 팽창을 고정   (4)

28. Brake master cylinder의 compensating port의 목적은?
    (1) master cylinder의 piston을 원 위치로 복구한다.
    (2) fluid가 reservoir로 흐르는 것을 방지
    (3) pressure가 증가하는 것을 방지
    (4) reservoir의 fluid가 master cylinder로 흐를수 있도록 한다.   (4)

29. Shock strut이 착륙시에만 끝까지 들어간 후 다시 정상으로 작동한다면?
    (1) fluid양이 적다.
    (2) 공기양이 적다.
    (3) metering pin orifice가 막혔다.
    (4) metering pin이 반대로 끼워졌다.   (1)

30. Brake system내의 debooster valve의 목적은?
    (1) brake pressure를 줄이고 static pressure를 유지한다.
    (2) static pressure를 유지하며 brake가 빨리 작동하도록 돕는다.
    (3) 불필요한 fluid를 되돌려 보낸다.
    (4) brake를 밟는 pressure를 줄이고 fluid 흐름의 부피를 늘린다.   (4)

31. 다음 중 constant-delivery pump(일정양을 계속적으로 유량하는 펌프)를 사용
    하는 hydraulic system내에서 유압이 필요하지 않을때에도 fluid를 순환시켜주는
    역할을 하는 것은?
    (1) pressure relief valve
    (2) shuttle valve
    (3) pressure regulator
    (4) debooster valve   (3)

32. Hydraulic accumulator는 무엇을 제공하는가?
    (1) air pressure
    (2) system이 큰 유압을 필요로 할때 추가적인 유압을 제공한다.
    (3) pump연구로 fluid를 되돌려보낸다.
    (4) 추가적인 fluid   (2)

33. Power pack system이란 어떤 종류의 hydraulic system을 말하는가?
    (1) 일반 system보다 유압이 세다.
    (2) engine에 의하여 돌아가는 pump를 사용한다.
    (3) 모든 hydraulic power components가 하나의 unit에 위치한다.
    (4) pressurized reservoir를 사용한다.   (3)

34. Hydraulic pump의 작동중 압력계기판이 심하게 요동한다면 이것은 무슨 증세
    인가?
    (1) 계기판내의 bourdon tube가 고장

(2) accumulator내의 air pressure가 낮다.
(3) fluid의 양이 부족하다.
(4) system relief valve가 막혔다.   (3)

35. Cellulose 종이를 사용하는 filter는?
 (1) sediment trap
 (2) finger strainer
 (3) cuno filter
 (4) micromic filter   (4)

36. Orifice check valve의 목적은?
 (1) pressure를 제거한다.
 (2) 한 방향으로의 흐름을 제지한다.
 (3) 한 방향으로의 pressure를 제지한다.
 (4) pressure를 증가시킨다.   (2)

37. Hydraulic unit이 외부적이나 내부적으로 새는 것을 방지하기 위하여 가장 많이
    쓰이는 seal은?
 (1) cup seal
 (2) o-ring seal
 (3) rubber seal
 (4) chevron seal   (2)

38. 다음 중 한쪽으로만 흐름을 허락하는 기구는?
 (1) check valve
 (2) selector valve
 (3) metering piston
 (4) master cylinder   (1)

39. 다음 중 fluid를 actuating cylinder의 한쪽에 보내는 동시에 다른 한쪽으로는
    fluid를 reservoir로 보내는 valve는?
 (1) sequence
 (2) shuttle
 (3) check
 (4) selector   (4)

40. Open-center selector valve의 특징은?
 (1) valve에 세개의 port가 있다.
 (2) valve가 OFF 위치에 있을때 fluid가 통한다.
 (3) valve가 ON 위치에 있을때 fluid가 통한다.
 (4) fluid가 한 방향으로만 흐른다.   (2)

41. Spool-type이나 balanced-type pressure regulator를 hydraulic system내에서 떼어

낼때 먼저 해야 할 일은?
(1) unloading valve가 열릴때까지 pressure regulator control spring의 장력을 낮춘다.
(2) accumulator의 air pressure를 완전 제거한다.
(3) landing gear selector valve를 system의 압력이 제거될때까지 DOWN NEUTRAL 위치로 계속 작동시킨다.
(4) flap selector valve를 system의 압력이 제거될때까지 작동시킨다.　　(4)

42. A/C의 hydraulic system내의 공기를 제거하는 일은 별로 큰 문제가 아니다. 그 이유는?
(1) system이 작동되지 않는 기간동안 자동적으로 공기가 제거된다.
(2) system이 작동되면서 자동적으로 공기가 제거된다.
(3) 높은 유압의 힘으로 공기가 증발된다.
(4) 각 hydraulic actuator마다 bleeder valve를 지니고 있다.　　(2)

43. 다음 중 hydraulic system내에서 fluid의 방향을 조절해 주는 valve는?
(1) check valve
(2) orifice check valve
(3) relief valve
(4) selector valve　　(4)

44. 다음 중 hydraulic unit에 fluid를 투입시키는 동시에 배수시키는 selector valve의 종류는?
(1) 3 port, 3 way valve
(2) 4 port, closed-center valve
(3) 3 port, 4 way valve
(4) 2 port, open-center valve　　(2)

45. 다음 중 1500 psi가 넘는 hydraulic system에 0-ring 외에 또 backup ring을 사용하는 이유는?
(1) 움직이는 모든 part의 외부, 내부적으로 새는 것을 방지
(2) 서로 움직이는 두개의 part 사이를 seal하기 위하여
(3) 고정된 part와 움직이는 part 사이의 seal이 고압으로 인하여 파괴되는 것을 방지
(4) fluid가 소모되는 것을 방지　　(3)

46. Hydraulic system내의 pressure regulator의 목적은?
(1) system의 pressure를 유지시켜주며 pump가 불필요하게 사용되는 것을 방지
(2) actuating cylinder로 fluid를 전달한다.
(3) actuating cylinder로 흐르는 fluid의 양을 조절한다.
(4) 고압으로 인하여 system내의 구조가 파괴되는 것을 방지한다.　　(1)

47. 다음 중 움직이는 part사이를 sealing하는 것은?
    (1) washer
    (2) compound
    (3) packing
    (4) gasket   (3)

48. Hydraulic system내의 금속 tube를 새것으로 끼울때?
    (1) 무게를 절감하기 위해 직선으로 된 tube를 사용한다.
    (2) 진동의 영향을 줄이기 위해 직선으로 된 tube를 사용한다.
    (3) fluid 흐름의 저항을 줄이기 위해 직선으로 된 tube를 사용한다.
    (4) 열팽창이나 냉축소를 고려하여 약간 휘어진 tube를 사용한다.   (4)

49. Piston-type hydraulic motor를 electric motor와 비교할때 장점은?
    (1) 소음이 적다.
    (2) 움직이는 part가 더 적다.
    (3) 화재를 일으킬 염려가 없다.
    (4) 작동하는 온도범위가 넓다.   (3)

50. Accumulator를 제거할때 먼저해야 할 일은?
    (1) system pressure를 제거한다.
    (2) preload를 discharge 시킨다.
    (3) reservoir를 배수시킨다.
    (4) accumulator line의 fluid를 제거한다.   (2)

51. Natural rubber packing을 사용하는 hydraulic system은 어떤 종류의 fluid를
    사용해야 하는가?
    (1) vegetable base
    (2) mineral base
    (3) synthetic base
    (4) phosphate ester base   (1)

52. 다음 중 fluid가 흐를때 생기는 내부적인 저항을 나타내는 말은?
    (1) volatility
    (2) flash point
    (3) viscosity
    (4) acidity   (3)

53. 다음 중 petroleum base hydraulic fluid에 대하여 옳게 설명한 것은?
    (1) 온도가 일정하지 않다.
    (2) 정상적인 상태에서 불이 붙는다.
    (3) natural rubber seal과 같이 사용할 수 있다.
    (4) 불이 절대 붙지 않는다.   (2)

54. Petroleum base hydraulic fluid는 무슨 색깔인가?
    (1) 보라
    (2) 파랑
    (3) 투명
    (4) 빨강   (4)

55. 다음 중 petroleum base hydraulic fluid의 성능을 높이기 위해 쓰이는 것은?
    (1) filter
    (2) 낮은 온도
    (3) 높은 온도
    (4) additives   (4)

56. 다음 중 synthetic base hydraulic fluid에 대하여 옳게 말한 것은?
    (1) 적은 수분을 보류한다.
    (2) 높은 viscosity
    (3) 높은 flash point (불이 붙는 온도)
    (4) 낮은 flash point   (3)

57. 만약 hydraulic system에 틀린 type의 fluid를 넣었다면?
    (1) 배수시키고 flush한다.
    (2) 배수시키고 flush 한 다음 seal을 바꿔준다.
    (3) seal을 바꿔준다.
    (4) 배수시키고 옳은 type의 fluid를 넣는다.   (2)

58. 현재 일반 민간 항공기에 쓰이는 세가지 type의 fluid는?
    (1) mineral base, mineral과 vegetable이 섞인 base, vegetable base
    (2) mineral base, vegetable base, phosphate ester base
    (3) mineral base, phosphate ester base, mineral과 phosphate ester가
         섞인 base
    (4) mineral base, phosphate ester base, alcohol base   (2)

59. 좋은 hydraulic fluid는?
    (1) high viscosity, low flash point
    (2) high flash point, low fire point
    (3) low flash point, low fire point
    (4) low viscosity, high flash point, high fire point   (4)

60. Skydrol hydraulic fluid (MIL-H-8446)는?
    (1) 파랑색, vegetable base, natural rubber seal 사용
    (2) 파랑색, phosphate ester base, butyl rubber seal 사용
    (3) 보라색, phosphate ester base, 방화 (fire-resistant), butyl rubber
         seal사용
    (4) 초록색, phosphate ester base 사용, 방화, butyl rubber seal 사용   (3)

61. Skydrol hydraulic fluid를 사용하는 system을 flush 시킬때 사용되는 것은?
    (1) trichlorethylene
    (2) alcohol
    (3) naphtha
    (4) kerosene   (1)

62. 비행기에 어떤 type의 fluid를 사용하는지를 알아보는 곳은?
    (1) system line의 color code
    (2) 비행기 part manual
    (3) 비행기 type certificate data sheet
    (4) 비행기 service manual   (4)

63. Phosphate ester base hydraulic fluid는 무엇으로 부터 오염되기 쉬운가?
    (1) teflon seal
    (2) 공중의 수분
    (3) ethylene-propylen elastomers
    (4) carbon-dioxide   (2)

64. 다음 중 비상상태 때 자동적으로 비상시스템으로 옮겨주는 valve는?
    (1) time-lag valve
    (2) bypass valve
    (3) shuttle valve
    (4) crossflow valve   (3)

65. Hydraulic actuator의 역할은?
    (1) hydraulic fluid를 전달
    (2) 유압을 기계적인 힘으로 전달
    (3) pressure를 조절
    (4) fluid를 reservoir로 돌려보낸다.   (2)

66. 다음 중 flap overload valve의 목적을 잘 설명한 것은?
    (1) 고속도 비행중 flap이 내려가는 것을 방지함으로써 구조적으로 손상이
        가는 것을 방지한다.
    (2) flap selector valve가 내부적으로 셀때 flap의 각도가 변하지 않게 한다.
    (3) 양쪽 날개의 flap이 동시에 움직이도록 하는 역할
    (4) flap으로 가는 유압을 촉진시킨다.   (1)

67. Hydraulic pressure를 기계적인 힘으로 바꾸는 역할을 하는 것은?
    (1) actuator
    (2) accumulator
    (3) hydraulic pump
    (4) master cylinder   (1)

68. 만약 hydraulic system내의 여러개의 압력조절 valve를 재조절해 줘야 한다면
어떤 순서로 하는가?
(1) hydraulic pump로부터 가장 먼 것부터
(2) 제일 높은 유압을 사용하는 것부터
(3) 순서는 상관이 없다.
(4) 제일 낮은 유압을 사용하는 것 부터 (2)

69. Hydraulic line을 떼어낼때 오염되지 않게 어떻게 하는가?
(1) line을 cap이나 plug로 막는다.
(2) 천조각을 뭉쳐 막는다.
(3) tape으로 막는다.
(4) 공기와는 오염될 염려없다. (1)

70. 만약 비행기의 constant-pressure hydraulic system cycle이 정상보다 더 자주
반복되나 실제적인 fluid가 새는 곳이 없다면?
(1) relief valve가 너무 high로 setting 되었다.
(2) fluid가 수분에 오염 되었다.
(3) accumulator의 air preload가 낮다.
(4) reservoir의 유통 line이 막혔다. (3)

71. Engine에 의해 돌아가는 hydraulic pump에 주로 쓰이는 unloading valve의
역할은?
(1) fluid가 증발하는 것을 방지
(2) 압력의 파동을 진정시킨다.
(3) pump pressure를 제거한다.
(4) system pressure를 제거한다. (3)

72. 다음 중 가장 높은 pressure setting을 가진 valve는?
(1) pressure regulator valve
(2) main relief valve
(3) thermal relief valve
(4) pump unloading valve (3)

73. Hydraulic system에 꼭 필요한 요소는?
(1) actuator, pressure reservoir, accumulator, selector valve
(2) pump, reservoir, selector valve, actuator
(3) pump, reservoir, relief valve, shuttle valve
(4) hydraulic motor, selector actuator, pressure gauge (2)

74. 가장 최근에 쓰이는 hydraulic pump의 design은?
(1) 일정한 속도로만 돌아가게 되어 있다.
(2) closed-center hydraulic system에서 쓰일수 없다.
(3) pump내에서 압력을 조절하게 되어있다.

(4)   multi-engine(하나 이상의 engine)외에는 쓰이지 않는다.   (3)

75. 재수리한 hydraulic hand pump를 설치했을때 handle이 pumping 방향으로 움직이지 않는다면 무엇이 잘못 설치된 것인가?
    (1)   hand pump inport check valve
    (2)   piston cup seal
    (3)   piston rod displacement valve
    (4)   hand pump outport check valve   (4)

76. Pressure는 보통 무슨 단위로 표현되는가?
    (1)   pounds per square inch
    (2)   pounds per inch
    (3)   pounds per cubin inch
    (4)   pounds   (1)

77. 길이는 다르나 똑같은 면적을 가진 두께의 actuating cylinder는?
    (1)   똑같은 속도로 움직이나 힘은 다르다.
    (2)   힘은 같으나 속도가 다르다.
    (3)   힘과 속도가 같다.
    (4)   힘과 속도가 다르다.   (3)

78. Hand pump를 사용하여 hydraulic system내의 pressure가 100 psi를 이르렀다. Hand pump piston의 지름이 1 inch, pump에서 actuating cylinder까지 연결하는 line의 길이가 0.5 inch, 그리고 actuating cylinder의 지름이 2 inch라면 hand pump와 actuator사이의 pressure는?
    (1)   50 psi
    (2)   100 psi
    (3)   150 psi
    (4)   200 psi   (2)

79. Spool-type hydraulic system pressure regulator는?
    (1)   pilot에 의하여 pressure가 조절된다.
    (2)   자동적으로 작동하며 pilot의 관심이 집중될 필요는 없다.
    (3)   system과는 따로 개인적으로 작동한다.
    (4)   현재 쓰이지 않는다.   (2)

80. Flap operating mechanism을 수리한 후 재설치 했을때?
    (1)   작동이 너무 slow하면 뭔가 걸렸다는 뜻
    (2)   작동시간이 반복함에 따라 증가하면 system내의 들어간 공기가 빠져나오고 있다는 뜻
    (3)   작동시간이 반복함에 따라 줄어들면 system내의 들어간 공기가 빠져나오고 있다는 뜻
    (4)   모든 hydraulic line을 비눗물을 사용하여 새는 곳이 있나 확인한다.   (3)

81. Hydraulic system의 작동을 시험하기 위해 wing flap을 내렸더니 작동하지 않아서 비상 hand pump를 사용하여 flap을 작동시킬 수 있었다. Main system에서는 왜 작동하지 않았을까?
    (1) flap selector valve가 내부적으로 샌다.
    (2) pressure accumulator의 공기양이 부족한다.
    (3) reservoir의 fluid level이 낮다.
    (4) main system relief valve의 setting이 너무 낮다.   (3)

82. 다음 중 hydraulic system내의 작동을 순서있게 배열하는 valve는?
    (1) time-lag valve
    (2) sequence valve
    (3) follower valve
    (4) crossflow valve   (2)

83. Hydraulic pressure regulator의 목적은?
    (1) 열팽창으로 인하여 system내의 압력이 미리 정해놓은 pressure를 넘어서는 것을 방지
    (2) 비상사태 때 pump의 output를 모든 unit으로 보내준다.
    (3) 높은 압력을 요구하는 unit 쪽으로 압력을 촉진시킨다.
    (4) 아무 actuator도 작동하지 않을때 pump의 load를 제거하여 준다.   (4)

84. 비행기 hydraulic system에서 한쪽으로는 fluid가 자유롭게 흐르고 반대쪽으로는 흐름에 저항이 있는 valve는?
    (1) shuttle valve
    (2) check valve
    (3) orifice restrictor
    (4) orifice check valve   (4)

85. Power control valve를 사용하는 main system pressure relief valve를 조절할땐?
    (1) 자동 power control valve kick-out pressure가 setting된 후에
    (2) power control valve가 CLOSED 위치에 있는 상태에
    (3) actuator가 작동시에
    (4) power control valve가 OPEN 위치에 있는 상태에   (2)

86. Hydraulic accumulator에 1,000 psi의 air preload가 채워져 있고 system의 pressure가 3,000 psi를 이르렀다면 accumulator의 공기쪽의 압력은?
    (1) 1,000 psi
    (2) 2,000 psi
    (3) 3,000 psi
    (4) 4,000 psi   (1)

87. Accumulator 내의 공기가 hydraulic system으로 침투되는 것을 방지하는 방법은?

(1) oil과 공기의 혼합물을 원심력을 사용하여 oil과 공기를 분리시킨다.
(2) accumulator의 oil쪽을 hydraulic system쪽으로 설치함으로써
(3) flexible separator를 사용하여 air chamber와 oil chamber가 나뉘어져 있다.
(4) float valve를 사용   (3)

88. Hydraulic accumulator가 설치되고 공기가 채워진후 main system hydraulic pressure gauge는 무엇이 이루어질때까지 정상 system pressure를 가리키지 않는가?
(1) 최소 한개의 selector valve를 통해 accumulator의 fluid쪽으로 fluid가 보내질때까지
(2) accumulator와 pressure manifold사이의 check valve가 열릴때까지
(3) 공기압력과 유압이 같아질때까지
(4) accumulator의 fluid쪽이 채워질때까지   (4)

89. Pressure regulator를 사용하는 main hydraulic system의 relief valve를 맞추기 전에 해야할 일은?
(1) unloading valve의 action을 제지한다.
(2) 낮은 압력의 relief valve들을 먼저 맞춘다.
(3) system내의 모든 check valve들을 open시킨다.
(4) system의 fluid를 모두 빼내고 flush 한 다음 새 fluid로 채운다.   (1)

90. Vegetable base hydraulic fluid와 함께 쓰이는 seal은?
(1) synthetic rubber
(2) butyl rubber
(3) neoprene rubber
(4) natural rubber   (4)

91. Hydraulic system내에 정상적인 fluid의 흐름을 허락하고 흐름의 양이 갑자기 정상을 넘어섰을때 닫히는 기구는?
(1) shuttle valve
(2) hydraulic fuse
(3) flow regulator
(4) metering check valve   (2)

92. Hydraulic pump shaft seal이 닳았을때 나타나는 징조는?
(1) pump drain line에서 fluid가 흐른다.
(2) hydraulic fluid이 engine oil과 섞여 있다.
(3) engine oil이 hydraulic fluid와 섞여 있다.
(4) pump mounting pad 주위에 fluid가 묻어 있다.   (1)

93. Engine에 의하여 돌아가는 hydraulic pump가 cowl flap을 작동 중 정상 system 유압을 유지하지 못한다면 가능한 이유는?

(1) cowl flap이 기계적으로 제지받고 있다.
(2) cowl flap actuating cylinder line이 심하게 휘어졌다.
(3) selector valve의 입구에 부분적인 저항이 생겼다.
(4) pump outlet에 저항이 생겼다. (4)

94. Pressurized hydraulic reservoir의 filler cap을 열기전에 해야 할 일은?
(1) hydraulic system pressure를 제거
(2) 몇개의 actuator를 작동
(3) air pressure를 제거
(4) 전기를 모두 차단 (3)

95. Hydraulic system pressure regulator에서 fluid가 reservoir로 돌아갈때 constant-displacement hydraulic pump의 output는?
(1) output pressure는 같지만 부피는 줄어든다.
(2) output pressure와 부피는 줄어든다.
(3) output pressure는 줄고 부피는 같다.
(4) output pressure와 부피 모두 같다. (3)

96. Hydraulic system의 accumulator의 제일 중요한 목적은?
(1) 비상사태에 hand pump로 fluid를 보낸다.
(2) engine-driven pump로 일정한 양의 fluid로 보내준다.
(3) system이 유압을 필요치 않을때 pump의 load를 제거한다.
(4) pump가 최대 load를 요구할때 pump를 도와 pressure를 제공해준다. (4)

97. Hydraulic quick-disconnect fitting을 주로 찾아볼 수 있는 곳은?
(1) wheel wells
(2) hydraulic reservoir
(3) hydraulic pump
(4) firewall (3)

98. Phosphate ester base hydraulic fluid와 함께 쓰이기 적당한 seal은?
(1) natural rubber
(2) synthetic rubber
(3) butyl rubber
(4) neoprene rubber (3)

99. Constant-displacement hydraulic pump란?
(1) system이 요구하는 만큼 제공하는 pump
(2) 조절되지 않는 압력을 생산하는 pump
(3) 계속적인 positive pressure를 제공하는 pump
(4) 일정한 흐름양을 제공하는 pump (4)

100. Hydraulic motor는 fluid 압력을 무엇으로 변경시키는가?

(1) linear motion
(2) rotary motion
(3) angular motion
(4) vertical motion (2)

101. Fluid를 actuating cylinder의 다른쪽으로 bypass시키는 crossflow valve는 주로 비행기의 어느 부분에서 찾아볼 수 있는가?
(1) engine cowl flap system
(2) landing gear system
(3) flap overload system
(4) brake system (2)

102. Hydraulic pump가 작동시에는 system pressure가 정상이지만 pump가 작동 안할 경우에는 system pressure가 떨어진다면 이유는?
(1) selector valve가 샌다.
(2) accumulator의 fluid 양이 부족
(3) pressure line에 저항이 생겼다.
(4) accumulator air valve가 샌다. (4)

103. 일정한 압력을 사용하는 hydraulic system이 pressurize된 상태에 nonpressurized reservoir에 fluid를 넣는다면?
(1) fluid가 바깥으로 뿜어진다.
(2) engine pump가 fluid를 잃는다.
(3) system pressure가 떨어진후 fluid level이 올라간다.
(4) fluid를 넣는 동시에 공기가 system 내로 들어간다. (3)

104. Turbine-engine compressor bleed air를 사용하여 reservoir를 pressurize하는 hydraulic system에서 engine과 reservoir사이에서 pressure를 줄여주는 역할을 하는 기구는?
(1) bellowfram bypass valve
(2) relief valve
(3) air bleed relief valve
(4) air pressure regulator (4)

105. 다음 중 reservoir를 pressurize 시키는 이유는?
(1) 탱크가 파괴되는 것을 방지
(2) hydraulic pump의 cavitation(진공부) 방지
(3) hydraulic fluid가 거품이는 것을 방지
(4) accumulator가 불필요하게 사용되는 것 방지 (2)

106. 움직이는 거리는 같으나 면적이 다른 두개의 hydraulic actuating cylinder는?
(1) 내부의 압력은 같으나 다른 양의 힘을 생산한다.
(2) 내부의 압력과 힘이 다르다.

(3) 내부의 압력과 힘이 같다.
(4) 내부의 압력은 다르나 같은 양의 힘을 생산한다. (1)

107. Hydraulic reservoir는 비상사태에 대비하여 standpipe가x 준비되어 있다. 이 standpipe의 outlet은 어디로 연결되어 있는가?
(1) 비상 pump나 정상 pump, 둘중에 하나로 선택할 수 있다.
(2) normal system의 fluid가 다 없어졌을때 비상 pump와 연결된다.
(3) 비상 pump
(4) 정상 pump (4)

108. Hydraulic accumulator내의 공기양을 알아보는 방법은?
(1) system내의 유압을 모두 제거한 후 accumulator air gauge를 읽는다.
(2) system의 유압과 같다.
(3) system의 유압을 올린후 accumulator air gauge를 읽는다.
(4) auxiliary pressure gauge를 직접 읽는다. (4)

109. Phosphate ester base hydraulic fluid가 비행기 tire에 묻었을 경우?
(1) 비눗물로 씻는다.
(2) petroleum solvent로 씻는다.
(3) acetobe으로 씻는다.
(4) alcohol로 씻는다. (1)

110. Hydraulic system의 thermal relief valve는?
(1) system relief valve보다 낮은 압력에서 열린다.
(2) system relief valve보다 높은 압력에서 열린다.
(3) system pressure regulator보다 낮은 압력에서 열린다.
(4) system relief valve와 동시에 열린다. (2)

111. Accumulator의 공기 valve core에서 fluid가 샌다면?
(1) 공기의 pressure가 너무 높았다는 뜻
(2) system pressure가 너무 높았다는 뜻
(3) check valve가 누유된다는 뜻
(4) diaphragm이 찢어졌다는 뜻 (4)

112. Hydraulic tube의 휘어진 바깥쪽에 손상이 갔을때 어느 정도까지 허락되는가?
(1) tube 지름의 5 %
(2) tube 지름의 10 %
(3) tube 지름의 20 %
(4) tube 지름의 25 % (3)

113. Engine에 의해 돌아가는 pump가 작동시에는 hydraulic system pressure가 정상 이었다가 engine이 꺼진후 system pressure가 떨어진다면?
(1) system relief valve의 setting이 너무 높게 되었다.

(2) accumulator 내의 air pressure가 부족하다.
(3) pressure regulator의 setting이 너무 높게 되었다.
(4) system내에 공기가 들어갔다.   (2)

114. Hydraulic system내의 réstrictor의 목적은?
   (1) 유압으로 작동되는 기계들의 속도를 조절
   (2) 한 방향으로만 fluid의 흐름을 자유롭게 통과시킨다.
   (3) 유압으로 작동되는 기계들의 범위를 제한한다.
   (4) 선택된 component들의 작동 pressure를 줄인다.   (1)

115. Hydraulic component의 작동이 정상보다 너무 늦다면?
   (1) fluid가 너무 차갑다.
   (2) fluid가 굳었다.
   (3) hydraulic pump가 약하다.
   (4) actuator가 내부적으로 샌다.   (4)

116. Accumulator를 사용하는 hydraulic system내에서 커다란 망치소리 같은 것이
      들린다면?
   (1) fluid에 공기가 들어갔다.
   (2) accumulator의 preload가 너무 높다.
   (3) relief valve의 setting이 너무 높다.
   (4) accumulator의 preload가 부족하다.   (4)

제4편   보조장치

제1장. 기내 기압 조정장치(Cabin Atmosphere Control System)

1-1. 산소의 필요성

산소(Oxygen)는 생존에 반드시 필요한 것이다.

산소가 없으면, 인간이나 동물은 곧 사망하게 된다. 그러나 이 극한적인 상태에 놓이기 전에 산소의 감소는 신체의 세포에 중요한 변화를 일으켜서 신체의 기능, 사고과정, 의식상태 등이 달라진다.

산소의 부족이나 결핍으로 인해 신체나 정신 상태가 흐려지는 것을 hypoxia라고 부른다.

hypoxia를 일으키는 이유는 몇가지가 있지만 A/C 작동과 관계되는 것은 허파내 산소의 partial pressure가 감소되기 때문이다.

허파가 흡수하는 산소의 비율은 oxygen pressure에 좌우된다.

어느 고도에서든지 산소는 전체 공기의 1/5 정도를 차지하고 있다.

해면상에서 이 pressure value(3 PSI)는 피속에 포화되기에 충분하다.

그렇지만 이내 고도가 상승해서 oxygen pressure가 감소되면 대기압 강하보다 air breathe의 산소 %가 감소되어 허파를 떠나는 피속의 산소가 감소되어 hypoxia가 뒤따른다.

해면상 7,000 ft까지는 대기중의 산소가 충분해서 혈액속에 산소가 충분히 포화되어 아무런 장애가 없다. 고도가 높아지면서 기압이 감소하고, 호흡하는 공기의 산소가 감소되어 피속의 산소가 감소한다.

10,000 ft에서 혈액속의 산소양은 90%이다.

이 상태에서 오래 있으면, 두통이나 피로가 온다. 산소 포화상태가 15,000ft에서 81%로 떨어지면, 졸리고, 두통, 입술과 손톱의 파래짐, 시력과 판단력 감소, 맥박 증가와 호흡곤란 등을 일으킨다. 22,000 ft에서는 피속의 산소 포화상태가 68%가 된다. 25,000 ft에서 5분간 산소공급이 없으면 산소 포화상태가 55～50%로 감소한다.

1-2. 대기의 구성

Gas가 섞인것을 air라고 부르지만 기술적인 용어로 atm-

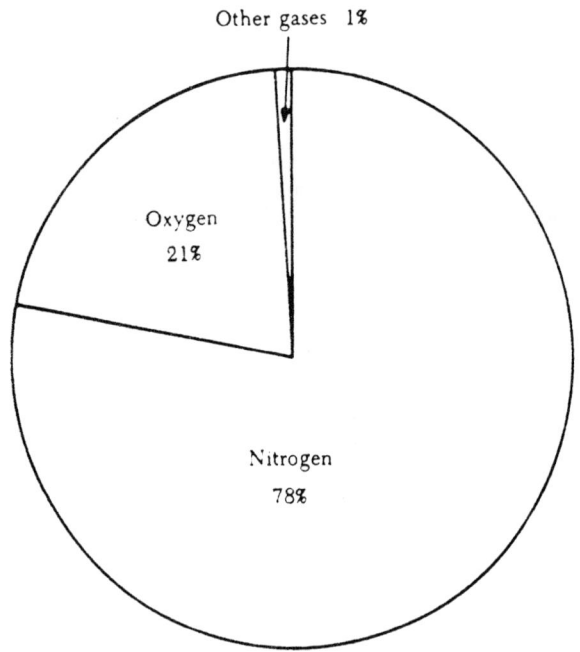

Fig. 1-1   The gases of the atmosphere.

osphere는 질소와 산소가 혼합되어 있고, 이산화탄소, water vapor, ozone 등의 gas 도 포함하고 있다.

고도가 높아지면서 전체 gas는 빠르게 감소한다.

그러나 water vapor와 oznoe은 50 mile까지 변하지 않는다.

질소가 대기기체의 전체혼합 중에서 78%를 차지하며 산소는 21%를 차지하고 있 다. 이산화탄소는 인간이나 다른 동물의 breathing을 조절한다.

1) 대기압력

지구 표면에서부터 우주까지 뻗쳐있는 air의 무게를 대기압력이라고 부른다. 이 크기가 해면상에서 1 square inch일때 air의 무게는 대략 14.7 lbs이다.

그래서 해면상에서 대기압은 14.7 PSI라고 말할수 있다.

수은(mercury)을 이방법으로 측정하면 해면상에서 1013.2 millibar또는 29.92 in, Hg로 나타낸다. 고도가 증가하면서 대기압은 감소한다.

Fig. 1-2에서 보는 바와같 이 50,000 ft에서 대기압은 해 면상 압력의 1/10로 감소한 다.

2) 온도와 고도

가장 낮은 층을 대류권이 라고 부른다. 이 안에서는 고 도가 증가하면서 공기온도가 감소한다. 대류권의 top을 권 계면(tropopause)이라고 부른 다.

대기층은 대략 60,000 ft (적도지방)~30,000ft(극지방) 까지이다.

이 지역에서는 고도가 증 가해도 온도가 떨어지지 않고 일정하다.

대류권 위의 대기층을 성 충권이라고 부른다.

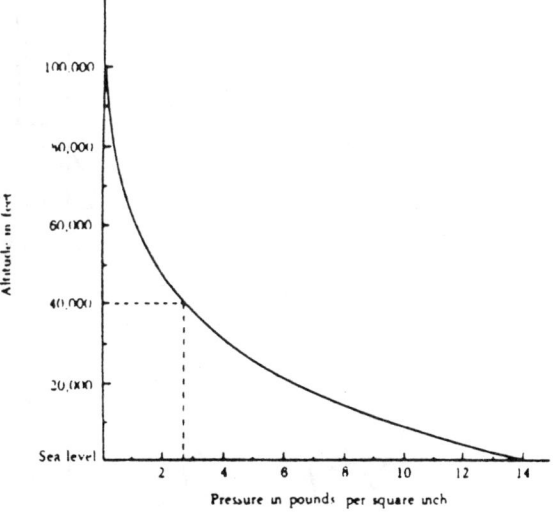

Fig. 1-2 How the atmospheric pressure decreases with altitude. For example, at sea level the pressure is 14.7 p.s.i; while at 40,000 ft., as the dotted lines show, the pressure is only 2.72 p.s.i.

성충권의 낮은곳을 등온층(isothermal region)이라고 부르고, 온도변화가 없다.

등온층(isothermal region)은 82,000~115,000 ft에 이른다.

이 고도 이상에서는 100 ft당 약 1.5℃씩 온도가 올라가며 164,000~197,000 ft에 서 온도는 최대가 된다.

197,000 ft 고도에서 온도는 다시 떨어지기 시작해서 230,000~262,000 ft 고도에 서 -10°F~-100°F에 이른다.

이 고도 이상에서는 다시 고도가 상승하기 시작한다.

461

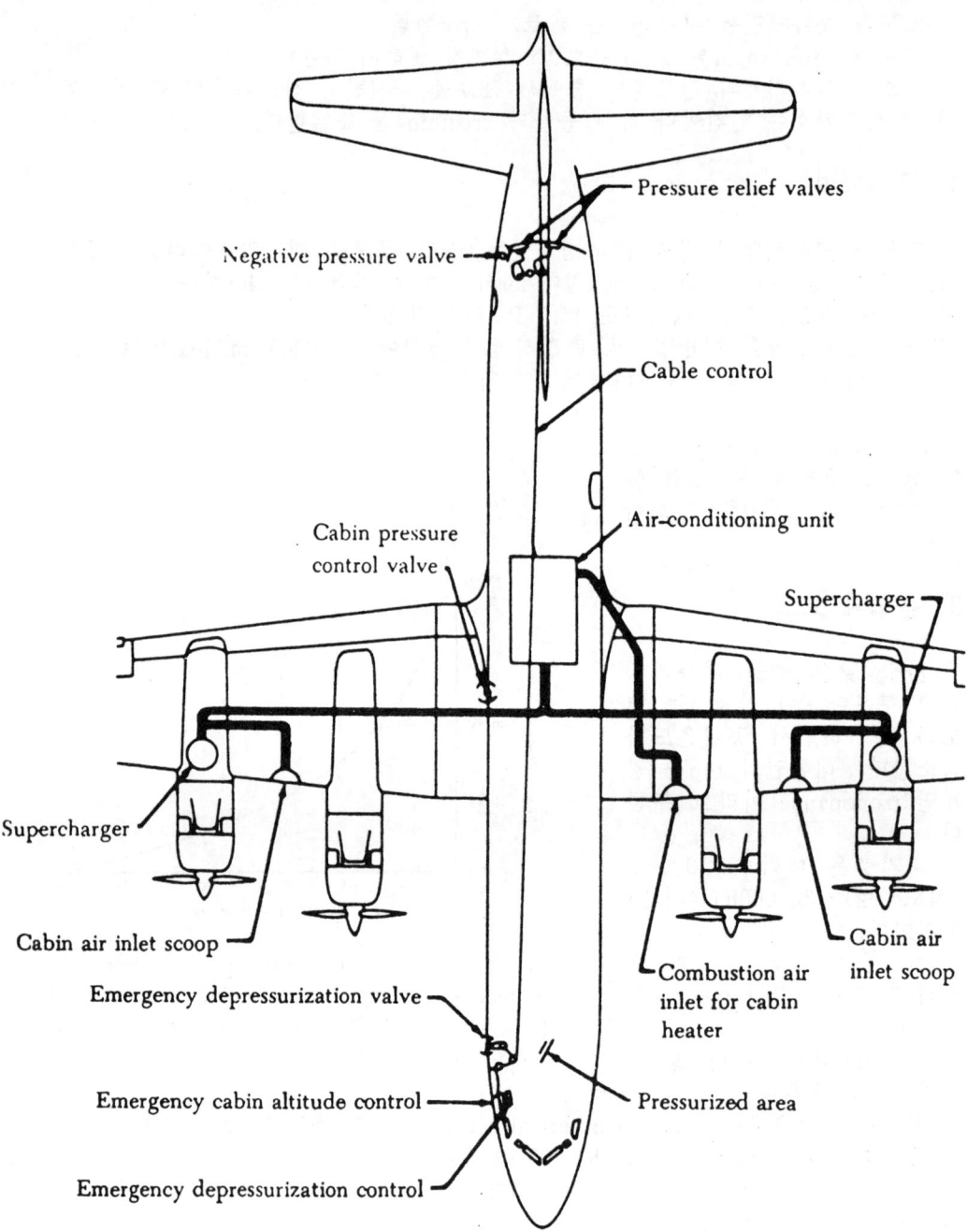

Fig. 1-3   Basic pressurization system.

고고도에서는 산소의 low partial pressure, low ambient air pressure, temperature 이므로 승객과 승무원을 위해 적당한 환경을 만들어야 한다.

가장 어려운 문제가 호흡용의 oxygen partial pressure를 유지하는 것으로서, 이것은 산소, 객실여압, 여압복(pressure suit) 등을 이용해서 해결한다.

항공기 객실의 여압은 hypoxia를 방지하는 한가지 방법이다.

여압되는 객실안에서는 객실고도(cabin altitude)를 8,000 ft로 유지하면 산소장비가 필요없다.

1-3. 여압 (Pressurization)

항공기가 고고도를 비행할때 낮은 고도의 같은 속도에서 보다 적은 연료를 태운다. 바꾸어 말하면 항공기는 고고도에서 더높은 효율을 갖는다.

객실여압장치(cabin pressurization system)는 A/C의 순항고도에서 대략 8,000 ft의 객실압력고도를 유지할수 있어야 한다.

여압장치는 승객이나 승무원에게 불편함이나 해를 주는 급격한 객실고도의 급격한 변화를 막도록 설계되어야 한다.

또한 여압장치는 객실안에서 밖으로 빠르게 공기를 교환할수 있어야 한다.

여압장치에서 객실, 조종실, 화물실 등은 기밀부분으로 밖의 대기압보다 높은 압력에 견딜수 있어야 한다.

압축된 공기가 기밀된 기체안으로 과급기(superchanger)에 의해 공급된다.

이 객실 과급기(cabin supercharger)는 상당히 일정한 용량의 공기를 설계된 최대고도까지 공급한다.

Air의 방출은 outflow valve에 의해 기체를 통하여 이루어진다.

supercharger는 일정한 공기를 여압구역에 공급하고, outflow valve는 공기 유출을 조절한다.

이 두가지가 여압장치의 주요 조종요소이다.

outflow valve를 통해 흐르는 공기흐름은 valve의 열리는 각도에 의해 결정된다.

이 valve는 자동장치(automatic system)에 의해 조절되는데 조종사에 의해 조절된다. 자동조종장치의 고장에 대비해서 수동조종장치가 있다.

Fig. 1-3은 기초적인 여압장치의 구성도이다.

여압의 정도와 A/C의 운용고도는 몇가지의 임계 설계요소(crifical design factor)에 의해 제한되며, 기체는 특별히 최대 객실차압(maximum cabin differential pressure)에 견딜수 있도록 설계된다.

객실차압(cabin differential pressure)은 내부와 외부의 공기압력 사이의 비율이고, 기체표면의 내부응력(internal stress)의 측정과 같다.

만약 차압이 너무 커지면 기체구조에 손상이 발생한다. 또한, 여압은 과급기(supercharger)의 용량에 의해 제한된다.

고도가 증가하면서, supercharger로 들어가는 공기압은 감소되어 super charger는 더많은 일을 해서 알맞는 수치를 얻는다.

고고도에서 supercharger는 설계속도, power absorbed, 다른 운용요소 등의 제한에 영향을 받게되므로 A/C는 limit 이상의 고도에서 비행할수 없게 된다.

1) 여압의 문제점 (Pressurization Problems)

여압되는 항공기는 몇가지 복잡한 기술적인 문제점을 갖고 있다.

아마도 설계, 제작과정, 구조재료의 선택은 가장 어려운 문제가 여압항공기의 안과 밖에 걸리는 차압에 견디는 것이다.

만약, 제작되는 A/C의 무게가 중요하지 않다면 문제는 간단하다.

일반적으로, 여압 항공기는 최대 운용고도에서 적어도 8,000 ft의 객실 압력고도를 제공하도록 제작되어야 한다.

만약 A/C가 고도 25,000 ft이상에서 비행할수 있게 제작되면, 15,000 ft의 객실압력고도를 유지할수 있어야 한다.

8,000 ft에서 대기압이 대략 10.92 PSI이고, 40,000 ft에서 2.72 PSI이다.

만약 40,000 ft에서 비행하면서 8,000 ft의 객실고도를 유지하려면 구조가 견디어야 하는 차압은 8.20 PSI이다 (10.92 - 2.72 = 8.20 PSI)

만약 이 A/C의 여압구역이 10,000 square inch이면, 구조는 82,000 lbs나 41 ton의 bursting force를 받는다.

기체는 이 busting force에 견디고 여기에 1.33의 safety factor를 더해야한다.

그래서 기체의 여압부분은 109,060 lbs(82,000 × 1.33)나 54.5 ton의 극한강도 (ultimate)를 갖는 기체로 제작되어야 한다.

1-4. 냉난방 및 여압장치 (Air Conditioning and Pressurization Systems)

객실 냉난방과 여압장치는 조종석과 객실에 난방과 냉방을 위해 조절된 공기를 공급한다. 이 공기는 또한 여압을 제공한다.

일부 A/C는 객실 냉난방과 장비품, 장비품 장착실로 조절된 공기를 보내서 과열이나 손상을 방지한다.

일부의 현대 항공기는 air turbine refrigerating unit을 사용해서 냉각공기를 공급한다. 이것을 air cycle system이라고 부른다.

다른 model의 A/C는 compressed gas cooling system을 이용한다.

refrigerating unit은 freon type이고 가정에서 쓰는 냉장고와 비슷하다.

이 system의 원리를 증기 싸이클 장치(vapor cycle system) 이라고 부른다.

1-5. 기본적인 요구조건 (Basic Requirement)

객실여압과 냉난방 장치(air conditioning system)의 원만한 기능을 위해 5가지 기본적인 요구조건이 있다.

ⓐ 기압(pressurization)과 환기(ventilation)를 위한 장치가 있어야 한다.

압축공기 공급원(compressed air source), 객실여압 공급원(cabin pressurization source)은 엔진구동 압축기(engine-driven compressor)나 독립적인 cabin supercharger, 혹은 engine으로부터 직접 오는 air bleed 등이다.

ⓑ 객실에서 유출공기를 조절해서 객실압력을 조절하는 수단이 있어야 한다.

이것은 객실압력 조절기(cabin pressure regulator)나 outflow valve에 의해 이루어진다.

ⓒ 객실여압 구역이 받는 최대차압을 제한하는 방법이 있어야 한다. pressure relief

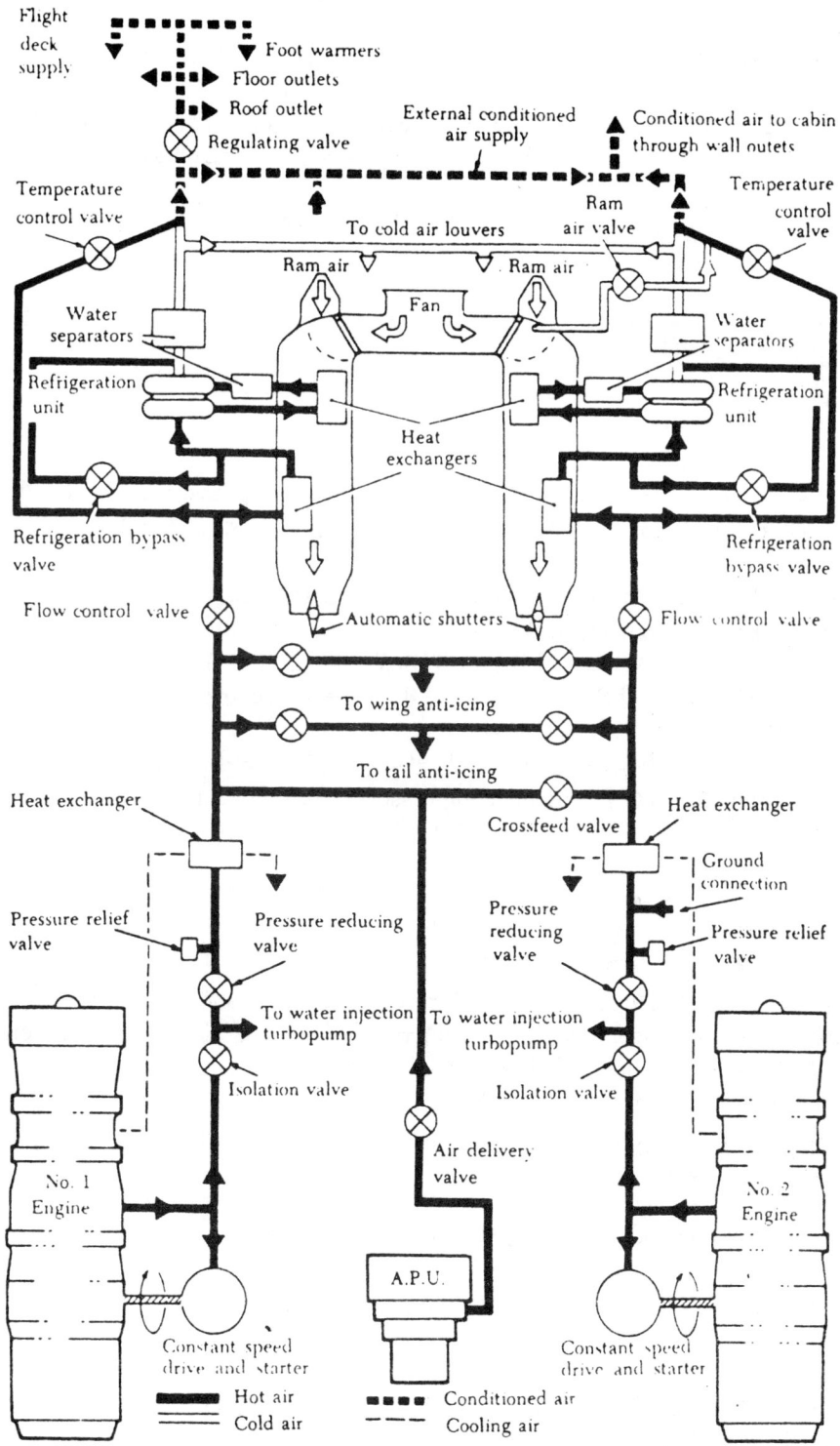

Fig. 1-4   Typical pressurization and air conditioning system.

valve, negative(vacuum) relief valve, dump valve등이 이 기능을 한다.
ⓓ A/C의 여압부분에 공급되는 공기의 온도를 조절하는 수단이 있어야 한다.
냉동장치(refrigeration system), 열 교환기(heat exchanger), control valve, 전기적 heating element, 객실온도 조정장치(cabin temperature control system) 등이 이 기능을 한다.
ⓔ 여압부분은 기밀이 되어있어 공기 누출을 최소화 해야한다.
최대차압(maximum pressure differential)에 안전하게 견디는 능력이 있다.

Fig. 1-4는 여압(pressurization)과 냉난방 장치(air conditioning system)의 구성도 이다.

1-6. 객실 여압 공급원

왕복엔진 내부 과급기가 가장 간단하게 객실여압(cabin pressurization)을 제공한 다. 이것은 다기관(manifold)을 통해 과급기(supercharger)에서 piston으로 공기를 공 급한다.
객실여압을 위한 공기는 turbocharger에서 duct로 공급된다.
이 방법은 몇가지 불리한 점이 있다.
객실공기가 윤활유, 배기가스, 연료등의 연기로부터 오염이 된다.
또한 고고도에서 객실여압은 불가능해지는데, 이유는 supercharger의 방출압력이 거의 외부의 압력으로 감소하기 때문이다.
또한 객실 여압으로 이용되는 공기손실로 인하여 엔진성능이 감소한다.
gas turbine engine의 객실은 engine compressor의 bleeding air로 여압한다.
engine compressor에서 air bleed는 오염이 거의없어서 객실여압에 안전하게 사용 한다.
turbine engine compressor에서 bleed air를 사용하면 몇가지 불리한 점이 있다.
ⓐ 연료나 윤활유가 누유할 경우 공기의 오염 가능성이 있다.
ⓑ 공기공급이 엔진성능에 영향을 미친다.
위와같이 몇가지 문제점이 있어서 독립적인 cabin compressor를 사용한다.
이 compressor는 accessory drive gearing을 통해서 구동되거나 turbine engine compressor로부터의 bleed air에 의해 power를 얻는다.
대개 두 group으로 compressor를 구분할수 있다.
1) positive-displacement compressor
2) centrifugal compressor

1) Positive-Displacement Cabin Compressor (Supercharger)

여기에 속하는 것으로 reciprocating compressor, vanetype compressor, root blower 등이다.

Fig. 1-5는 roots-type blower로 intake에 미리 정해진 용량의 공기가 계속 압축되 어 cabin duct로 공급된다.
rotor가 두개의 평행한 shaft의 airflight casing에 붙어있다.

lobe는 서로 닿지않고, casing에도 닿지 않는다.

두개의 rotor는 같은 속도로 회전한다.

공기가 lobe 사이의 공간으로 들어가고 압축되어 cabin air duct로 공급된다.

Fig. 1-6은 cabin super-charger의 단면으로 super-charger housing의 바깥에는 fin이 있어서 냉각면적을 늘린다.

주변에 공기를 통하여 냉각효과를 크게 한다.

air cooling은 또한 내부부품의 온도를 낮게 한다.

cooling air가 공기통로를 통해서 rotor cavity로 들어가고, supercharger cover의 inlet side에서 밖으로 밀려나간다.

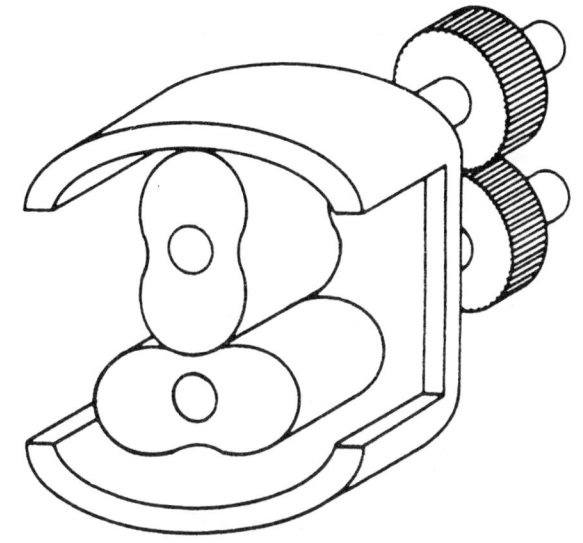

Fig. 1-5   Schematic Roots-type cabin compressor.

air에 oil이 없이 공급하기 위해서 supercharger bearing은 분리된 chamber에 있다.

rotor shaft는 oil-resistant rubber로 만든 seal과 장착되어 compressor casing으로 들어오는 윤활유를 막는다.

labyrinth seal을 사용해서 외부로 작은양의 공기누출을 허용한다.

positive displacement comprssor는 작동중에 날카로운 소음(shrill noise)을 만드는데 rotor에 의한 공기파동(air pulsation) 때문이며, 이 noise level을 줄이기 위해 소음장치를 사용한다.

2) Centrifugal Cabin Compressor

Centrifugal compressor의 작동원리는 impeller를 통과하는 air의 운동에너지(kinetic energy)를 증가시키는 것이다.

compressor impeller rotation으로 흡입되는 공기가 가속될뿐만 아니라 원심력에 의해 압축된다. air의 운동에너지는 diffuser의 압력으로 전환된다.

두가지 type의 diffuser가 있다.
ⓐ vaneless type으로 impeller를 떠나서 곧바로 diffuser로 들어간다.
ⓑ guide vane type이다.

Fig. 1-7은 centrifugal cabin compressor의 구성도 이다.

Fig. 1-8은 cabin super-charger로서 air pump이다

467

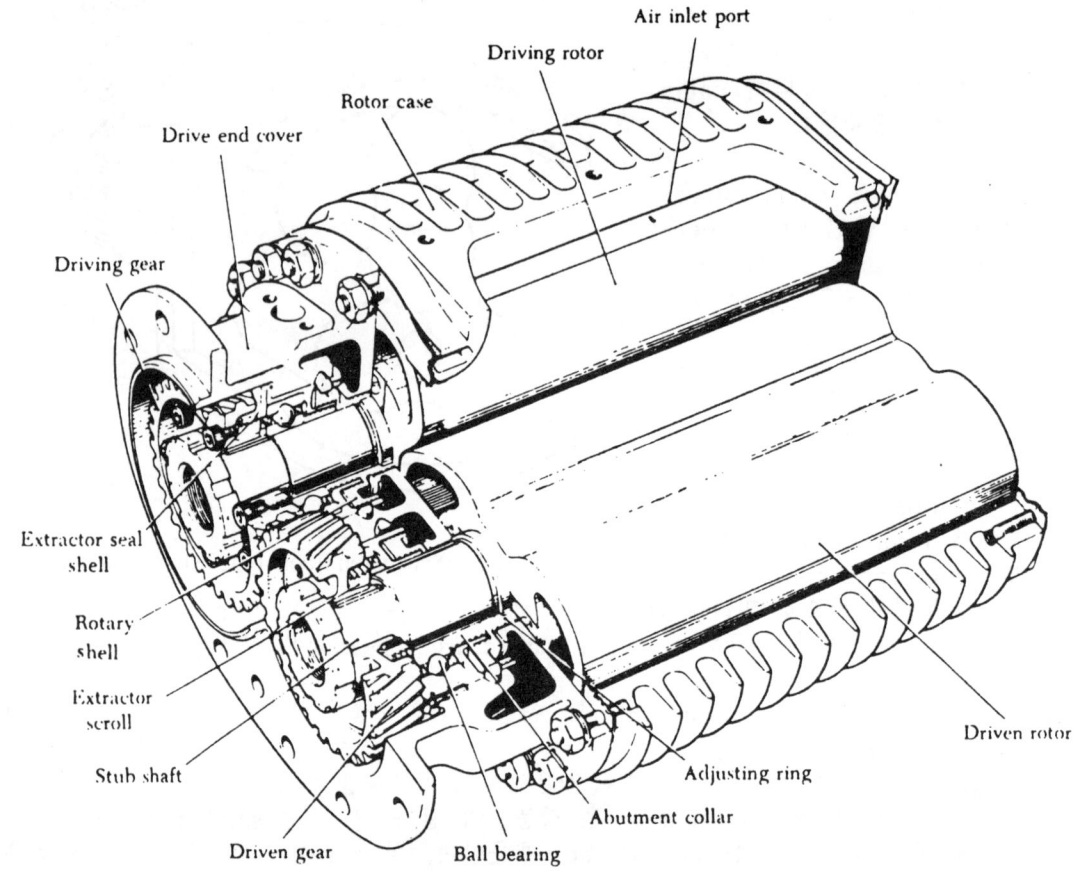

Fig. 1-6 Cutaway view of a Roots-type cabin supercharger.

이것은 centrifugal impeller와 함께 작용하는데 왕복엔진의 흡입장치의 과급기 (supercharger)와 비슷하다.

바깥의 air가 scoope나 duct를 통해 supercharger로 들어간다.

이 air는 고속력 impeller에 의해 압축되고, 기체로 공급된다.

supercharger는 보통 gearing을 통해 engine에 의해 구동되지만 turbojet 항공기는 pneumatic driven supercharger(turbo compressor)를 이용한다.

엔진에 의해 구동되는 cabin supercharger는 engine nacelle에 붙어있다.

supercharger는 직접 engine accessory drive에 spline으로 연결되거나 drive shaft에 의해 accessory에 연결된다. 기계적인 분리 기계장치가 drive system에 사용되어 이상 기능과 고장인 경우 조종사에 의해 작동되어 supercharger를 분리한다.

일단 분리되면, 비행중에 다시 접속시키는 것은 거의 불가능하다.

왕복엔진에 사용하는 엔진 구동 supercharger는 variable-ratio drive mechanism이 필요하다.

이 supercharger의 gear ratio는 자동적으로 engine r. p. m이나 외부 대기압력을 보상해서 조절한다.

cruising 상태에서 gear ratio는 engine speed보다 8~10배 빠르다.

drive ratio는 고공에서 낮은 엔진 rpm으로 작동할때 가장 크다.

turbojet 항공기에 사용하는 turbocompressor는 engine nacelle이나 fuselage에 위치해 있다.

4개의 turbo compressor가 있는 항공기도 있다.

turbocompressor는 air pressure에 의해 회전하는 turbine과 impeller로 구성된다. turbocompressor에서 사용하는 압축된 공기는 항공기의 pneumatic system에서 온다.

turbocompressor의 speed는 turbine으로 공급되는 압축된 공기를 조절해서 한다.

이런 type의 cabin supercharger는 자체의 윤활장치 (lubricaton system)가 있다.

윤활유는 engine에 사용하는 oil과 같은 type이거나 hydraulic fluid와 비슷한 special oil이다.

supercharger bearing과 gear는 압력과 분무에 의해 윤활된다.

오일압력은 supercharger의 control system 작동에 사용한다.

윤활장치 (lubrication sys-

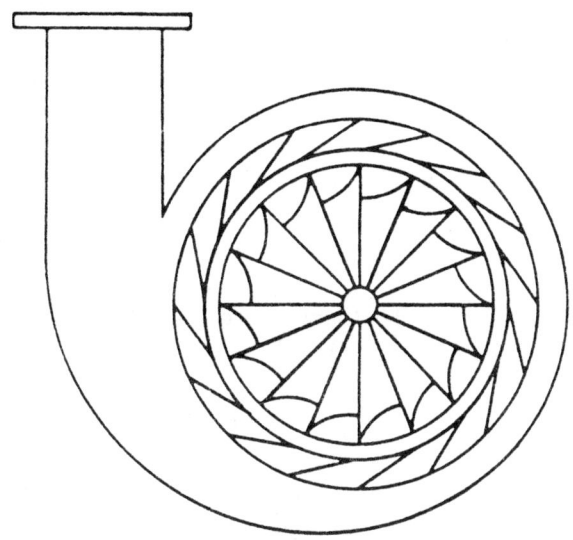

Fig. 1-7 Centrifugal cabin compressor.

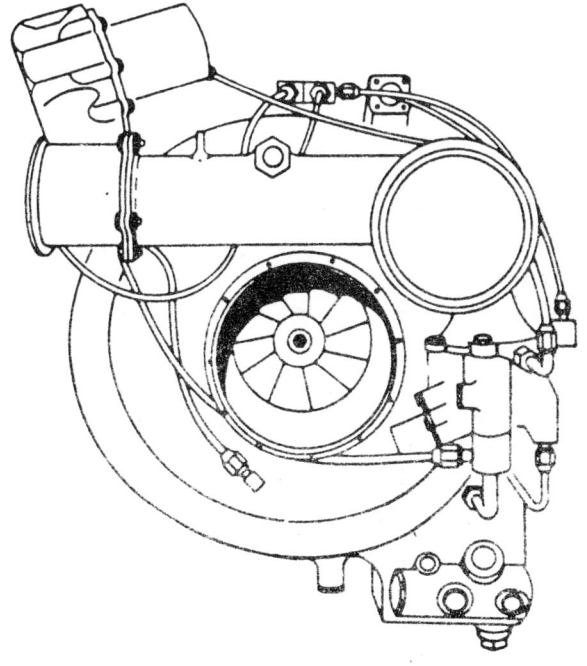

Fig. 1-8 Pictorial view of a centrifugal cabin supercharger.

469

tem)는 pump, relief valve, sump, cooling system등으로 구성된다.

high impeller speed는 모든 supercharger의 중요한 limitation이다.

impeller의 tip speed가 음속에 접근하면 impeller는 급속히 air pump처럼 효율을 잃는다.

outlet air duct의 back pressure도 상당히 중요하다.

back pressure가 초과하면 impeller는 stall이나 surge에 들어간다.

3) 과급기 조종 (Supercharger Control)

과급기 조종장치(Supercharger control system)의 기능은 supercharger로부터 상당히 일정한 양의 공기유출을 갖고있다.

왕복엔진은 supercharger의 drive ratio를 다르게 해서 일정한 output을 얻는다.

supercharger impeller와 engine 사이의 drive ratio는 엔진 회전수이나 대기압력의 변화를 보상해서 달라진다.

이것은 자동기계 장치가 있어서 supercharger의 공기유출을 variable-speed drive gearbox를 통해서 sampling해서 공기유출이 정해진 수치와 달라지면 impeller speed 를 조절한다.

supercharger를 돌리기 위해서 engine에서 뽑아내는 f. hp(friction horse power)의 크기는 drive ratio에 좌우된다.

impeller를 회전시키는데 필요한 energy가 최소일때의 low-ratio operation에서 손실이 최소가 된다.

high ratio에서 75 f. hp이고 low ratio에서 25 f. hp이다.

고공에서 엔진이 cabin supercharger를 3이나 4 inHg의 추가적인 다기관 압력(manifold pressure)을 만들어 낼때 손실이 나타난다.

supercharger impeller의 속도는 조종장치에 의해 조절되어 일정량의 공기유출을 갖는다.

만약 고도가 변해서 유출이 변하면 조종 기계장치가 drive ratio를 수정한다.

impeller 속도가 설계된 최대치보다 높아지면 중요한 문제가 생긴다.

이런 현상을 보호하기 위해 overspeed governor가 있다.

이 unit은 prepeller flyweight governor와 비슷하다.

overspeed governor는 valve를 작동시켜서 조종 기계장치를 low-ratio position으로 한다.

이것은 과속 상태가 발생하면 impeller rpm을 자동적으로 감소시킨다.

일부는 전기적으로 작동되는 valve가 있어서 조종 기계장치를 low-speed position 으로 움직인다.

이 valve는 조종석에서 수동적으로 작동되거나 landing gear strut S/W에 의해 자동적으로 작동한다.

이것은 여압이 안되거나 비상사태가 발생하면 supercharger drive ratio를 감소시킨다.

1-7. 과급기의 계기 (Supercharger Instrument)

Supercharger에 기본적으로 작동하는 계기가 airflow gage이다.

이 gage는 유입과 supercharger의 유출 사이의 공기 차압을 측정한다.

어떤 경우는 계기에 두개의 needle이 있어서 유입과 유출압력을 동시에 지시한다.

또한 airflow gage는 supercharger의 작동을 지시하는데, 높은지시와 낮은지시, 파동지시는 여러가지 형태의 기능이상을 나타낸다.

오일압력과 온도도 지시한다.

engine-driven cabin compressor는 turboprop 항공기에 사용한다.

이 compressor는 variable-speed drive가 없는데, turboprop engine은 상당히 일정한 speed에서 작동되기 때문이다.

이 type compressor의 output은 공기흐름 감지기계 장치(airflow sensing mechanism)를 통해서 inlet airflow를 자동적으로 다르게 해서 조절한다.

그리고 inlet valve가 일정한 compressor airflow output을 유지한다.

surge와 dump valve가 compressor outlet에서 사용된다.

일부 system에서는 이것이 유일한 compressor control로 사용된다.

surge와 dump valve는 system 요구가 클때 output pressure를 부분적으로 감소시켜서 compressor의 surging을 방지한다.

valve는 또한 engine-driven compressor output이 필요치 않을때 output pressure를 완전히 dump한다.

이 valve는 조종석에서 작동하고, 여러가지의 자동조종장치(automatic control system)에 의해 작동한다.

surge와 dump valve가 open되면, engine-driven cabin compressor output의 적당한 duct를 통해서 dump된다.

engine driven compressor에 연결되는 계기는 variable-speed supercharger에 사용하는 것과 비슷하다.

inlet과 discharge pressure gage는 compressor pressure를 측정한다.

compressor high oil temperature와 low oil pressure는 warning light에 의해 지시된다.

turbojet 항공기에 사용되는 turbocompressor는 일부 왕복엔진의 exhaust-driven turbocharger의 작동과 비슷하다.

A/C의 pneumatic system으로부터 power는 unit의 turbine을 구동시킨다.

turbocompressor는 직접 engine drive shaft에 의존하지 않기 때문에 이것을 engine nacelle이나 fuselage에 놓을수 있다.

multiple turbocompressor unit은 대형 turbojet 항공기의 많은 공기흐름을 담당한다. turbocompressor unit의 output은 turbine쪽의 pneumatic supply를 다르게 해서 조절한다.

압축공기(pneumatic air) 공급은 turbojet engine의 압축부(compressor section)에서 얻는다.

이 공급은 대략 45 PSI~75 PSI의 pneumatic system air pressure의 일정한 pressure로 조절되어 방빙(anti-icing)과 다른 system에 사용한다.

turbocompressor output은 공기흐름 조종밸브(airflow control valve)와 servo-operated inlet vane에 의해 자동적으로 조절된다.

inlet vane는 turbocompressor turbine으로의 pneumatic system 공기를 공급한다.

vane의 열림과 닫힘은 공기흐름 조종밸브에서 감지되는 공기압력신호에 따라 이루어지고, turbocompressor speed는 증가되거나 감소되어 상당히 일정한 output 공기용량을 유지한다.

turbocompressor speed는 고도가 높아지면 속도도 빨라진다.

turbocompressor control의 원리는 valve를 "on/off" 하는 것이다.

이 valve는 pneumatic air duct에 위치해 있다.

"off" position에서 turbine 쪽으로의 pneumatic supply를 완전히 닫는다.

turbocompressor 작동이 필요없을때 여러개의 special circuit이 이 shutoff valve를 작동시킨다.

대부분의 turbocompressor unit은 overspeed control이 있다.

overspeed control unit은 단순한 flyweight governor로 일정한 한계 r.p.m에 이르면 turbocompressor를 완전히 닫는다.

pneumatic duct shutoff valve는 overspeed control에 의해 닫힌다.

turbocompressor system은 엔진구동 compressor에서와 마찬가지로 surge와 dump valve를 사용한다.

flight deck 계기는 engine-driven system의 계기와 똑같으나 turbocompressor speed를 측정한다.

A/C의 turbocompressor speed는 해면상에서 20,000 rpm이고, 40,000 ft에서 50,000 rpm 까지이다.

overspeed control은 약 55,000 rpm에 설정되어 있다.

1-8. 여압밸브 (Pressurization Valve)

여압장치(Pressurization system)의 기본적인 조절은 outflow valve이다.

이 valve는 기체의 여압 부분에 놓여 있다.

이 valve의 목적은 wing fillet이나 fuselage skin의 적당한 opening을 통해 객실공기를 외부로 방출시킨다.

소형 항공기는 하나의 outflow valve를 사용하고, 대형 항공기는 3개까지 사용한다.

outflow valve의 type으로 단순한 butterfly가 있는데 이것은 전기모터(electric motor)에 의해 열리고 닫힌다.

motor는 pressurization controller에서증폭된 전기적 신호를 받아서 pressurized flight에 필요한 valve position으로 만든다.

Fig. 1-9는 pneumatic out-

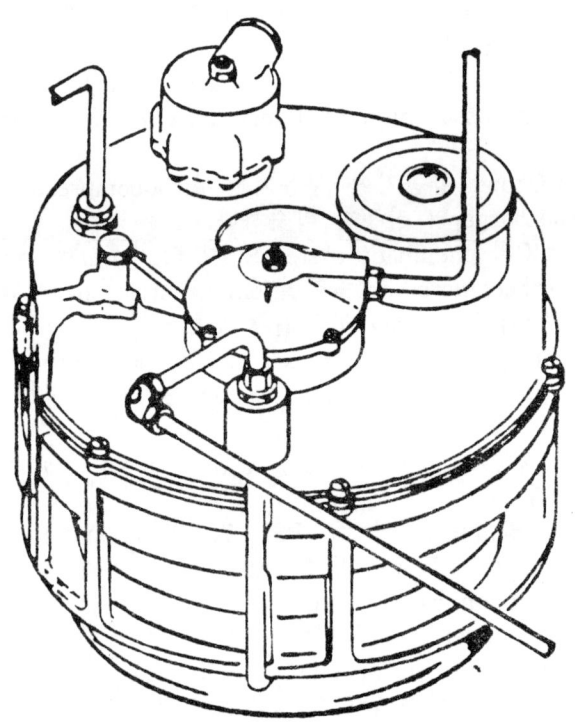

Fig. 1-9 Typical pneumatic outflow valve.

472

flow valve이다.

이 valve는 pressurization controller에서 신호를 받는데 이것은 조절된 형태의 air pressure이다.

valve를 작동하는 air pressure는 cabin안의 high pressure에서 얻고, turbine-power A/C의 pneumatic system pressure의 도움을 받는다.

많은 항공기에서, outflow valve는 지상에서는 landing gear에 의해 작동되는 S/W에 의해 완전히 열리도록 되어있다.

비행중에는 고도가 높아지면서 valve를 조금씩 닫아서 객실공기의 outflow를 상당히 제한한다.

객실의 상승 및 강하비율은 outflow valve의 열리고 닫히는 비율에 의해 결정된다.

순항 비행중에 객실고도는 outflow valve가 열리는 각도에 직접 관계된다.

controllable outflow valve이외에도, automatic cabin pressure relief valve가 모든 여압 항공기에 사용된다.

이 valve는 사실은 outflow valve와 함께 만들어지거나 혹은 전적으로 분리된 unit으로 만들어진다.

pressure relief valve는 객실 차압이 미리 정해 놓은 수치에 이르면 자동적으로 열리도록 되어 있다.

모든 여압 항공기는 negative pressure relief valve가 필요하다.

흔한 형태의 negative pressure relief valve는 객실의 뒷벽(rear wall)에 단순한 hinged flap으로 되어있다.

이 valve는 외부 공기 압력이 객실 압력보다 클때 열린다.

여압 상태의 비행중에, 객실 압력이 flap을 닫힌 상태로 붙잡고 있다.

negative pressure relief valve는 항공기 고도보다 높은 객실 고도를 갑작스럽게 얻는 것을 막는다.

객실로 부터 유출되는 공기는 수동으로 작동하는 valve에 의해서도 된다.

이 valve는 safety relief valve, manual depressurization valve 등으로 부른다.

manual valve는 다른 모든 control이 fail된 경우에 여압을 조절한다.

이것은 fire나 energency등에 의도적으로 빠른 감압을 하기위한 것이다.

1-9. 여압조정 (Pressurization Control)

Fig. 1-10은 여압조정기(pressurization controller)로 여압장치(pressurization system)의 조정을 위한 source이다.

조정기는 원하는 형태의 여압상태를 얻도록 조절할수 있다.

조정기는 고도계와 비슷하게 보이고, 몇개의 조절 knob가 더 있다.

dial은 객실고도(cabin altitude) 증가를 표시해서 10,000 ft까지 표시한다.

하나의 pointer가 있어서 객실고도 맞춤노브(cabin altitude set knob)에 의해 원하는 객실고도를 조절한다.

일부는 또다른 pointer나 rotating scale이 있어서 항공기 압력고도를 지시한다.

분리된 knob는 조정기를 고도계에 지시된 값으로 조절한다. (또는 해면상 기압의 압력)

기압고도 맞춤이 선택되면 분리된 dial segment에 나타난다.

3번째 knob는 객실의 rate of altitude를 조절한다.

조정기 노브(controller knob)가 맞추어 지면, 조절은 controller 내부의 electric이나 pneumatic signaling device로 이루어 진다.

setting은 현재 객실압력에 aneroid나 속이빈 bellows에 의해서 비교가 된다. 만약 객실고도가 knob에 의해서 맞추어진 것에 따르지 않으면, bellows가 적당한 신호를 outflow valve로 가게 되며 맞추어진 값에 도달하면, outflow valve로 보내지는 신호는 멈추게 된다.

다른 요소가 변하지 않는한, outflow valve는 맞추어진 값에 머물러 있어서 원하는 객실압력을 유지한다.

조정기(controller)는 항공기의 고도변화, supercharger의 손실등을 감지해서 필요하면 다시

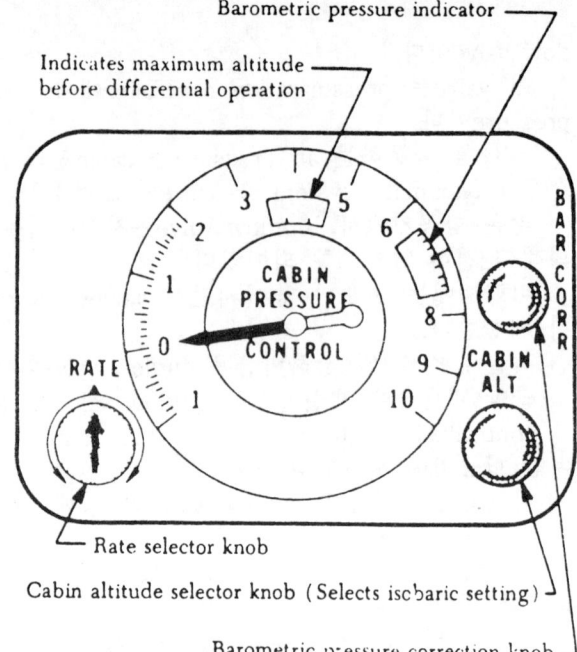

Fig. 1-10 Pressurization controller.

조절한다. rate control은 조정기(controller)가 얼마나 빠르게 신호를 outflow valve에 보내는지를 결정한다.

일부 조절기(controller)에서 비율신호(rate signal)는 부분적으로 자동적이다.

기압맞춤(barometric setting)은 조절기의 정확성을 높이고, 착륙중에 객실이 부분적으로 여압되는 것을 막는다.

조절기에서 나오는 신호는 아주 약하다.

이것은 정밀한 계기에서 높은전기 voltage나 pneumatic force를 견딜수 없기 때문이다.

이 약한 신호는 증폭되어 outflow valve를 작동한다.

몇개의 계기가 여압조절기(pressurization controller)에 연결되어 있다.

객실 차압 게이지(cabin differential pressure gage)는 내부와 외부압력 사이의 차이를 지시한다. 이 gage는 계속 관찰해서 객실이 최대허용차압 (maximum allowable differential pressure)에 접근하지 못하게 해야한다.

객실고도계는 system의 성능을 점검할수 있게한다. 일부는 이두 계기가 하나로 묶여있다. 3번째 계기는 객실상승이나 강하 비율을 지시한다. (Fig. 1-11)

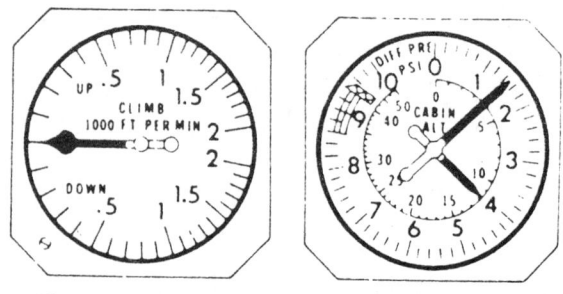

Fig. 1-11 Instruments for pressurization control.

474

1-10. 객실압력 조정장치 (Cabin Pressure Control System)

객실압력 조정장치는 cabin pressure regulation, pressure relief, vacuum relief, 등압과 차압범위(isobaric과 differential range)에서 원하는 객실고도의 선택등 여러가지를 조절할수 있다. 게다가, 객실고도의 dumping이 압력조정장치의 기능이다.

cabin pressure regulator outflow valve, safety valve 등은 앞에서 언급한 기능을 한다.

1) 객실압력 조절기 (Cabin Pressure Regulator)

객실압력 조절기는 등압범위(isobaric range)에 선택된 값으로 객실압력을 조절하고, 차압범위(differential range)에 미리 정해진 차이의 값으로 객실압력을 제한한다.

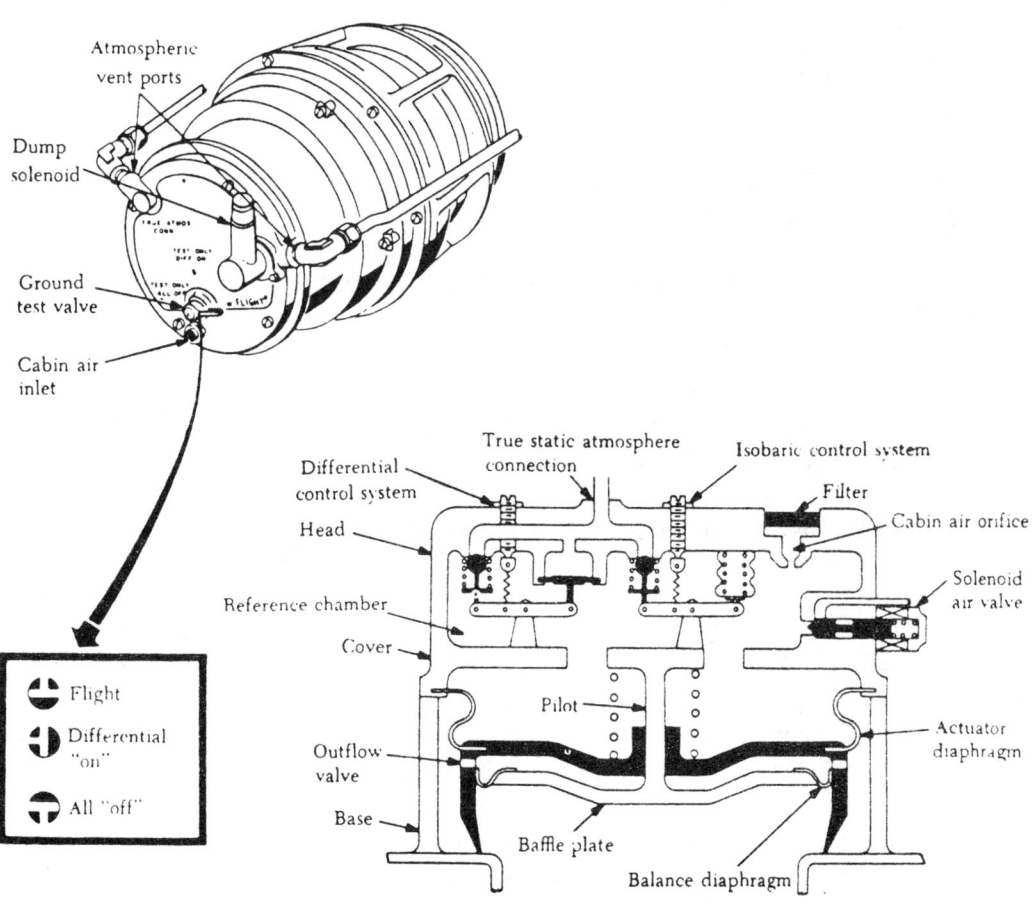

Fig. 1-12   Cabin air pressure regulator.

475

등압범위는 여러 level을 비행할때 객실을 일정한 압력고도(constant-pressure altitude)로 유지시킨다.

이것은 항공기에 내부와 외부의 차이가 기체구조의 가장 높은 차압과 똑같을 때까지 계속된다.

차압조정(differential control)은 최대차압을 막는다.

이 차압은 객실의 구조강도에 의해 결정된다.

객실압력 조절기는 outflow valve의 위치를 조절해서 객실압력을 조절하도록 설계되었다.

조절기는 항공기 내의 압력을 완전자동 혹은 수동조절을 할수있게 한다.

정상작동은 자동이며, 객실압력 조절기는 outflow valve와 함께 제작되든지, outflow valve와 떨어져 설치되어 있고, 외부의 연결관에 의해 연결되어 있다.

Fig. 1-12는 조절기로서 outflow valve와 함께 있는 경우이다.

이 조절기는 differential pressure type으로 정상적으로 닫혀있고, 압축공기 (pneumatic)에 의해 조절되고 작동한다.

이런 형식의 조절기는 두개의 주요한 부위로 즉,

ⓐ head와 reference chamber section

ⓑ outflow valve와 diaphram section으로 구성된다.

outflow valve와 diaphram section은 base, spring-loaded outflow valve, actuator diaphram, balance diaphram, baffle plate등을 갖고있다.

baffle plate는 pilot의 끝에 붙어있다.

outflow valve는 cover와 barrle plate 사이의 pilot을 타고있고 spring 힘에의해 base 쪽으로 닫혀있다.

balance diaphram은 baffle plate에서 outflow valve 바깥쪽으로 뻗어 있어서 고정 baffle과 outflow valve의 inner face 사이에서 pneumatic chamber를 만든다.

객실공기가 outflow valve의 측면이 hole을 통해 이 chamber로 들어와 inner face에 대한 force를 만들어 spring tension에 대항해서 valve를 open한다.

actuator diaphram이 outflow valve에서 cover assembly 바깥쪽으로 뻗쳐있어, cover와 outflow valve의 outer face 사이에 pneumatic chamber를 만든다.

head와 reference chamber section으로 cover의 hole을 통해서 air가 들어가서 이 chamber를 채워서 outflow valve의 outer face에 대항하는 힘으로 되어 valve를 닫고 있는 spring tension을 돕는다.

outflow valve의 위치가, 객실공기가 대기중으로 나가는것을 조절해서 객실압력조정을 한다.

reference chamber section과 head의 component의 action이 reference chamger air pressure가 valve의 outer face에 대항하는 힘을 다르게 해서 outflow valve의 움직임을 조절한다.

head와 reference chamber section은 isobaric control system을 포함하고 있고, differential control system, filter, ground test valve, true static atmosphere connection, solenoid air valve등을 포함하고 있다.

head의 내부를 reference chamber라고 부른다.

isobaric control system은 속이빈 bollows rocker arm, follower spring isobaric metering valve등과 같이 작동한다.

rocker arm의 한쪽끝은, 속이빈 bellows에 의해 head에 연결되어 있다.

arm의 다른 한쪽끝은 metering valve에 위치해서 head의 통로에 대항해서 정상적으로 closed position으로 되어있다.

metering valve seat와 valve의 retainer 사이의 follower spring은 valve가 valve seat에서 멀어지게 한다.

reference chamber air pressure가 rocker arm pivot의 bellow를 누르기에 충분하면, 이것이 metering valve를 seat에서 움직인다.

metering valve가 open되면, reference chamber air가 true static atmosphere connection을 통해 대기중으로 흘러나간다.

differential control system은 diaphram, rocker arm metering valve, follower spring등과 함께 구성된다.

rocker arm의 한쪽끝은 diaphram에 의해 head에 연결되어 있다.

diaphram은 reference chamber와 head의 small chamber 사이에서 pressure-sensitive face를 형성한다.

이 small chamber는 true static atmosphere connection으로의 통로를 통해 대기중으로 열린다.

대기압력이 diaphram의 한쪽에 작용하고, reference chamber pressure가 다른쪽에 작용한다.

rocker ram의 다른 한쪽끝은 metering valve에 위치해서 head의 통로에 대해 정상적으로 달려있다.

metering valve seat과 valve의 retainer 사이의 follower spring이 valve를 seat에서 멀어지게 한다.

reference chamber pressure가 대기압보다 훨씬 크면 diaphram을 움직여서 metering valve가 seat에서 움직인다.

metering valve가 open되면 reference chamber air가 true static atmosphere connection을 통해 대기중으로 나간다.

reference chamber air pressure를 조절해서 isobaric과 differential control system이 outflow valve의 action을 조절해서 unpressurized, isobaric과 differential 등의 3 mode의 작동을 하게한다.

Fig. 1-13은 unpressurized operation이고, reference cha-

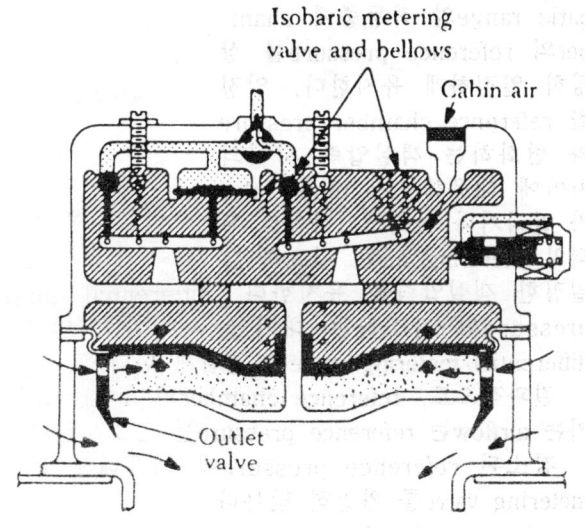

Cabin air pressure
Control pressure
Atmospheric pressure

Fig. 1-13   Cabin air pressure regulator in the unpressurized mode.

mber pressure가 isobaric bellows를 압축하기에 충분해서 metering valve를 열게한다.

객실공기가 객실공기 orfice를 통해 reference chamber로 들어오고, isobaric metering valve를 통해 대기중으로 나간다.

객실공기 orifice가 metering valve에 의해 형성된 orifice보다 작기 때문에 reference chamber pressure는 객실압력보다 약간 낮은상태를 유지한다.

객실압력이 커지면서, outflow valve inner와 outer face 사이의 차압이 증가한다. 이것이 outflow valve를 seat에서 떨어지게 만들어 객실공기가 대기중으로 나간다.

Fig. 1-14와 같이 isobaric range가 reference chamber pressure에 접근하면서 isobaric bellow가 팽창해서 metering valve가 seat 쪽으로 움직인다.

결과적으로, reference chamber의 metering valve를 통하는 air flow가 감소되어, reference pressure가 더이상 감소하지 못하게 막는다.

reference chamber pressure 의 약간의 변화에 반응해서 isobaric control system은 isobaric range의 작동중에 chamber의 reference pressure를 상당히 일정하게 유지한다. 일정한 reference chamber pressure 와 변화하는 객실압력 사이의 차이에 대응해서 outflow valve 가 열리거나 닫혀서, 객실로 부터의 metering air는 필요하면,

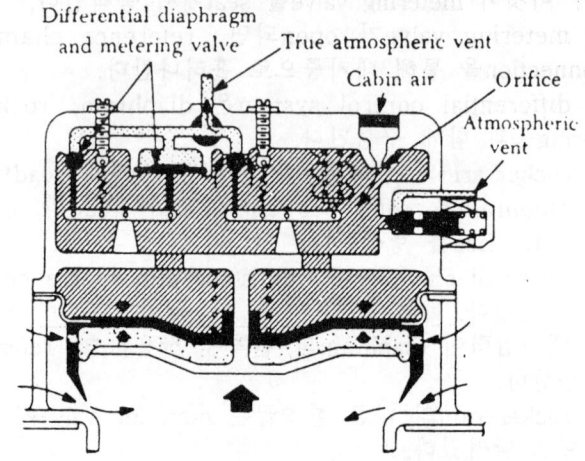

Fig. 1-14 Cabin air pressure regulator in the isobaric range.

일정한 객실압력을 유지한다. differential range에 접근하면서, constant reference pressure와 감소하는 대기압 사이의 차압은 diaphram을 움직이기에 충분해서 differential metering valve를 열리게 한다.

결과적으로, reference chamber의 differential metering valve를 통해서 대기중으로 가는 airflow는 reference pressure를 감소시킨다.

감소된 reference pressure에 대응해서 isobaric bellows가 팽창하고, isobaric metering valve를 완전히 닫는다.

reference chamber pressure는 differential diaphram에 대항하는 대기압에 의해서 differential metering valve를 통해서 조절된다.

대기압력이 감소하면서, metering valve가 open되어 reference pressure가 더많이 감소된다.

객실과 reference pressure 사이의 차압에 반응해서 outflow valve가 열리거나 닫히게 되어 객실로부터의 공기를 조절해서 정해진 차압치를 유지한다.

위에서 설명한 automatic control특징 이외에 regulator가 ground test valve와

478

solenoid air valve와 작동하는데, 둘 모두는 head와 reference chamber section에 위치해 있다.

solenoid air valve는 전기적으로 작동하는 것으로 spring 힘에 의해 reference chamber에서 대기중으로 열리는 head를 통하는 통로에 대하여 닫혀있다.

cockpit pressure S/W가 "ram" 위치에 있으면, regulator solenoid가 open되어 regulator가 객실온도를 대기중으로 dump 시킨다.

ground test valve는 3-position으로, regulator와 cabin pressurization system의 performance check를 할수 있다.

"test only-all off" position에서 regulator는 완전히 작동하지 않는다.

"test only-differential on" position에서 isobaric control system이 작동하지 않아서 differential control system을 점검할수 있다.

"flight" position에서 valve는 regulator가 정상적으로 기능하게 한다.

ground test valve는 항상 "flight" position에 safety wire로 묶여있어야 한다.

2) 객실공기압력 안전벨브 (Cabin Air Pressure Safety Valve)

Fig. 1-15는 cabin air pressure safety valve로, pressure relief, vacuum relief, dump valve의 복합이다.

pressure relief valve는 객실압력이 외부압력 이상의 미리 정해진 차압을 초과하지 못하게 막는다.

vacuum relief는 외부압력이 객실압력을 초과할때 외부의 공기가 들어오게 해서 외부압력이 객실압력을 초과하지 못하게 막는다.

dump valve S/W를 "ram"에 놓으면 soleniod valve가 open되어, 객실공기가 대기중으로 dump된다. 일부의 manual system에 cable과 bellcrank을 사용해서 dump valve를 작동할수 있게 한다. safety valve는 outflow valve section과 control chamber로 구성되어 있다.

outflow valve section과 control chamber는 flexible pressure-flight diaphram에 의해 분리되어 있다.

diaphram은 outflow valve의 cabin pressure쪽에 노출되어 있고 반대쪽의 chamber pressure를 조절한다. diaphram의 움직임이 outflow valve를 열거나 닫거나 한다.

outflow valve의 filtered opening은 객실공기가 reference chamber로 들어오게 한다. outflow valve pilot는 이 opening으로 뻗쳐있어서 chamber로 들어가는 air를 제한한다.

reference chamber 안쪽의 공기압력은 outflow valve의 inner face에 대항하는 힘으로 작용해서 valve를 닫힌상태로 잡고있는 spring tension을 돕는다.

객실공기 압력은 outflow valve의 outer face에 대항해서 spring tension에 작용해서 valve가 open된다. normal condition에서 reference chamber내의 combined force가 outflow valve를 "closed" position에 있게한다. outflow valve가 닫힌 상태에서 열린 상태로 움직이면, 객실공기가 대기중으로 나간다. head는 pressure relief control chamber로 부르는 inner chamber가 있다.

control chamber 안에는, 두개의 pressure relief diaphram, calibration spring, calibration screw, spring-loaded metering valve등이 있다.

두개의 diaphram이 control chamber 안에서 3개의 pneumatic compartment를 형성

solenoid air valve의 작동하였다, 을 오무로 head가 reference chamber section에 위치한 있다.

solenoid air valve는 대기중으로 작동하는 것으로 spring 위에있게 reference chamber에서 대기중으로로 압이는 head을 용도을 통하여 들어간다.

cockpit pressure S/W가 "off", 위치되었으로, regulator solenoid가 open되어 regulator가 위치용것으로 것으로들것 위되어 있다.

ground test valve을 3-위치 regulator의 cabin pressurization system의 performance check을 할 수 있다.

"test only"의 position에서는

"test only-differential" position에서는 control system의 차등압력 기능
differential control system을

"flight" position에서 valve은

ground test valve은

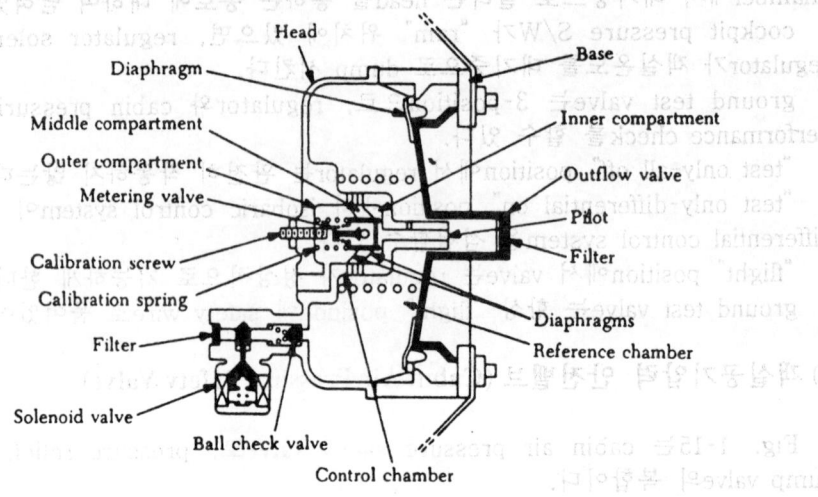

Head
Base
Diaphragm
Inner compartment
Middle compartment
Outer compartment
Outflow valve
Metering valve
Pilot
Calibration screw
Filter
Calibration spring
Filter
Diaphragms
Reference chamber
Solenoid valve
Ball check valve
Control chamber

Fig. 1-15에 cabin air pressure
dump valve의 붙어있다.
pressure relief valve는 설정한

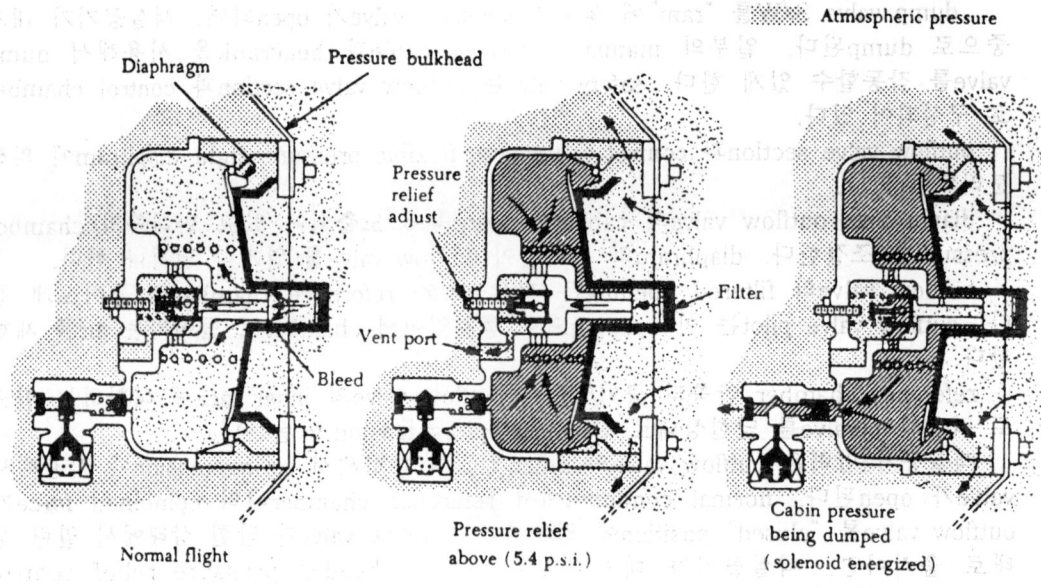

Cabin pressure
Decreasing control
chamber pressure
Atmospheric pressure

Diaphragm
Pressure bulkhead
Pressure
relief
adjust
Filter
Vent port
Bleed

Normal flight
Pressure relief
above (5.4 p.s.i.)
Cabin pressure
being dumped
(solenoid energized)

Fig. 1-15   Cabin air pressure safety valve.

한다. inner compartment는 outflow valve pilot의 통로를 통해 객실압력으로 열리게 된다.

reference chamber의 middle compartment에서 outer compartment로의 공기흐름은 metering valve의 위치에 따라 조절되고, 이 metering valve는 spring 힘에 의해 정상적으로 닫혀있다.

outer compartment는 calibration spring과 screw가 있고, head의 passage를 통해 대기중으로 열리게된다.

대기압력은 diaphram에 대항해서 metering valve를 닫고있는 calibration spring을 돕는다.

객실압력은 inner compartment를 통해 diaphram에 작용하고, metering valve를 열려고 한다.

normal condition에서 대기압력과 calibration spring의 복합된 힘이 metering valve를 calibration screw에서 떨어지게해서 닫힌상태로 있게한다.

pressure relief는 객실압력이 정해진 수치만큼 대기압력을 초과할때 일어난다.

이 지점에서, 객실압력이 대기압력과 control chamber의 spring tension과의 복합된 힘을 극복해서 metering valve가 calibration screw 쪽으로 움직여서 metering valve를 open한다.

valve가 열려있으면, reference chamber air가 outer compartment를 통해서 대기중으로 나간다.

reference chamber air pressure가 감소되면서, outflow valve에 대항하는 객실압력의 힘이 spring tension을 극복해서 valve를 열고, 객실공기가 대기중으로 나간다.

객실공기가 대기중으로 나가는 흐름비율은 calibration point를 초과하는객실과 대기압력의 차압 크기에 의해 결정된다.

객실압력이 감소되면서, valve를 열고있는 힘이 비례해서 감소하고, 힘이 균형을 찾으면서, valve는 normal close position으로 돌아온다.

위에서 설명한 automatic operation 이외에 valve는 electrical dump position이 있다. 이것은 head의 통로가 reference chamber air를 직접 대기중으로 내보낸다.

통로를 통하는 공기흐름은 ball-check valve와 air solenoid valve에 의해 조절된다. solenoid valve는 spring 힘으로 닫혀있다. solenoid valve는 조종석 pressure S/W를 "ram"에 놓으면 열리게 되어 reference chamber로부터 공기흐름이 있어서 reference pressure를 감소시켜서, outflow valve를 열고 객실공기를 배출시킨다.

1-11. 공기분배 (Air Distribution)

Cabin air distribution system은,
ⓐ air duct
ⓑ filter
ⓒ heat exchanger
ⓓ silencer
ⓔ nonreturn(check) valve
ⓕ humidifier
ⓖ mass flow control sensor
ⓗ mass flow meter

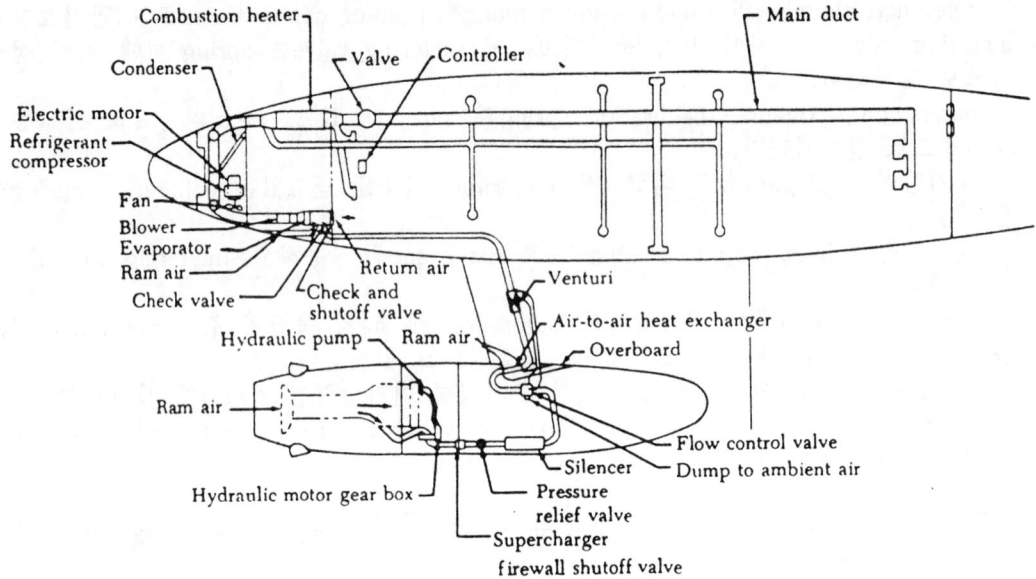

Fig. 1-16   Typical air distribution system.

Fig. 1-16은 소형 터보프롭 항공기의 공기분배 장치이다.

air가 left engine oil cooler airscoop에 있는 screen-covered opening을 통해 cabin supercharger로 들어간다.

만약 air inlet screen에 ice가 형성되면 screen옆의 spring loaded door가 open되어 air가 screen을 bypass한다.

cabin supercharger에서 air가 firewall shutoff valve를 통과해서 pressure relief valve로 가고 silencer에서 supercharger 소음과 진동이 줄어든후 flow control valve를 지난다.

1) Air Duct

원통형이나 사각형 단면의 duct가 air distribution system에 가장 많이 쓰인다.

cabin air supply duct는 aluminum alloy, stainless steel, plastic 등으로 만든다.

200℃ 이상의 main duct는 stainless steel로 만든다.

air temperature가 100℃ 를

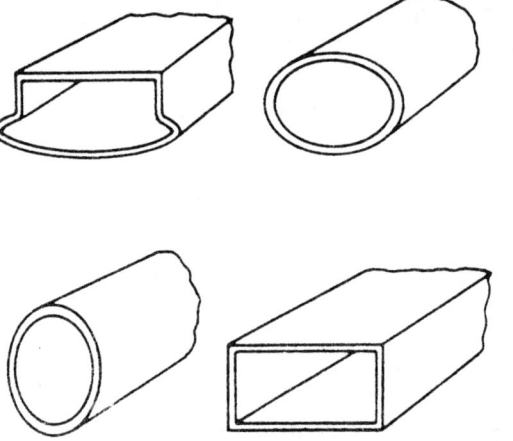

Fig. 1-17   Cross sections of air distribution ducts.

482

넘지않는 곳의 duct는 주로 soft aluminum으로 만든다.

냉난방 공기를 공급하는데는 plastic duct를 사용한다.

뜨거워진 공기가 duct를 통하게 됨으로 열에 의한 팽창이나 냉각시의 수축등을 견디어내야 한다.

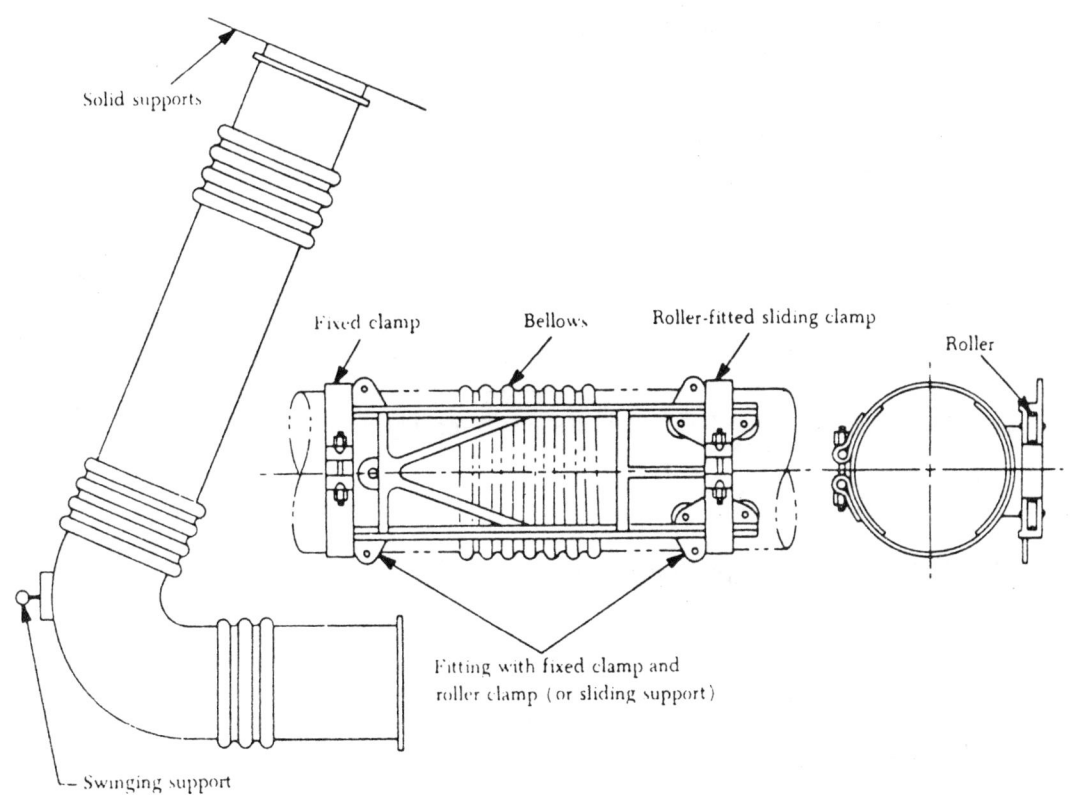

Fig. 1-18   Expansion bellows and duct supports.

Fig. 1-18과 같이 expansion bellows가 duct system의 여러군데 사용되어 수축과 팽창을 담당한다.

Fig. 1-19와 같이 각도가 있는 duct는 external swinging support가 있어서 duct를 airframe structure에 고정시킨다.

2) Filter

Supercharger나 compressor에서 객실로 air를 공급할때 여과되지 않는 공기는 상당한 양의 불순물(먼지나 오일등의 연기)이 포함되어 있으므로 filter를 사용해서 air

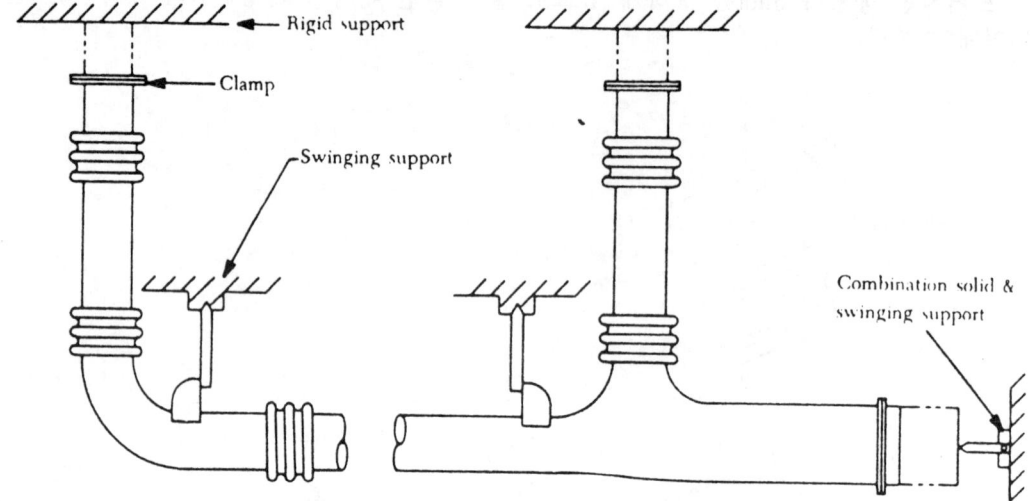

Fig. 1-19   Typical supports for angled ducts.

를 깨끗하게 한다.

1-12. 냉난방 장치 (Air Conditioning System)

냉난방 장치의 기능은 항공기 기체내의 편안한 공기온도를 유지한다.
대부분의 system은 70°~80°F의 공기온도를 만들어 낸다.
이 system에는 습도를 조절하는 것이 있어서 window에 fogging을 막고, wallpanel
과 floor등에 안락한 수준의 온도를 유지시킨다.

냉난방 장치는 다음과 같은 기능을 하도록 설계되었다.
ⓐ 환기용 공기공급
ⓑ 난방용 공기공급
ⓒ 냉방용 공기공급

1) 환기용 공기 (Ventilation Air)

환기용 공기는 ram air를 통해서 얻는다. 이 air는 난방과 냉방을 할때 사용하는
같은 duct system을 통해서 들어온다. 일부 A/C는 recirculating fan이나 blower가 있
어서 공기의 순환을 돕는다.
대부분의 A/C가 ground servicing equipment로부터 난방, 냉방, 혹은 환기용 공기
를 받는다.

2) 난방장치 (Heating Systems)

484

Cabin supercharger로 공기를 압축해서 냉난방용 공기를 얻는다. 공기를 압축하면 필요한 난방 이상의 온도를 얻는다.

압축해서 얻은것보다 더 높은 난방을 필요로 할때는 다음과 같은 system을 작동한다

ⓐ gasoline combustion heater

ⓑ electric heater

ⓒ re-cycling of compressed air

ⓓ exhaust gas air-to-air heat exchanger

A. 연소히터 (Combustion heater)

연소히터는 turbojet engine의 burner section과 비슷하게 작용

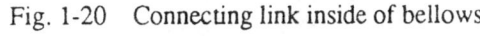

Fig. 1-20   Connecting link inside of bellows.

한다. gasoline이 burner area에 분사되고, ram air scoop이나 전기모터(motor)에 의해 연소용 공기가 공급된다.

special spark의 continuous sparking에 의해 ignition이 공급된다.

heater의 temperature output은 cycling process에 의해 조절된다.

이것은 필요한 heating에 따라 combustion이 on과 off를 짧은 시간동안 반복한다.

cabin air와 혼합되는 air는 분리된 공기통로로 burner section 주변을 둘러서 들어간다. 이 ventilating air는 burner의 metal wall을 통해서 전도(convection)에 의해 burner로부터 열을 얻는다.

burner combustion gas는 객실의 일산화탄소 오염을 막기 위해 밖으로 보낸다.

여러가지의 automatic combustion heater control이 위험한 상태가 되면 heater의 작동을 막는다.

예를들어 연소용 공기가 충분하지 못하면 연료를 차단한다.

다른 combustion chamber의 너무 급격한 heating을 막고, 출구의 최대온도를 초과하지 못하도록 막는다.

electric heater는 air duct heater나 electric radiant panel을 갖고 있다. duct heater 는 air supply duct에 직렬의 high-resistant wire coil이 있다. electric power가 coil에 공급되면 열을 내기 시작한다. duct heater는 fan을 사용해서 coil에 충분한 공기를 공급한다. fan에 의한 공기가 없으면 overheating에 의해 coil이 손상된다.

B. Compressed air heating

Turbojet A/C는 cabin compressor의 hot compressed air output을 heating system 에 사용한다.

C. 배기가스 히터 (Exhaust gas heater)

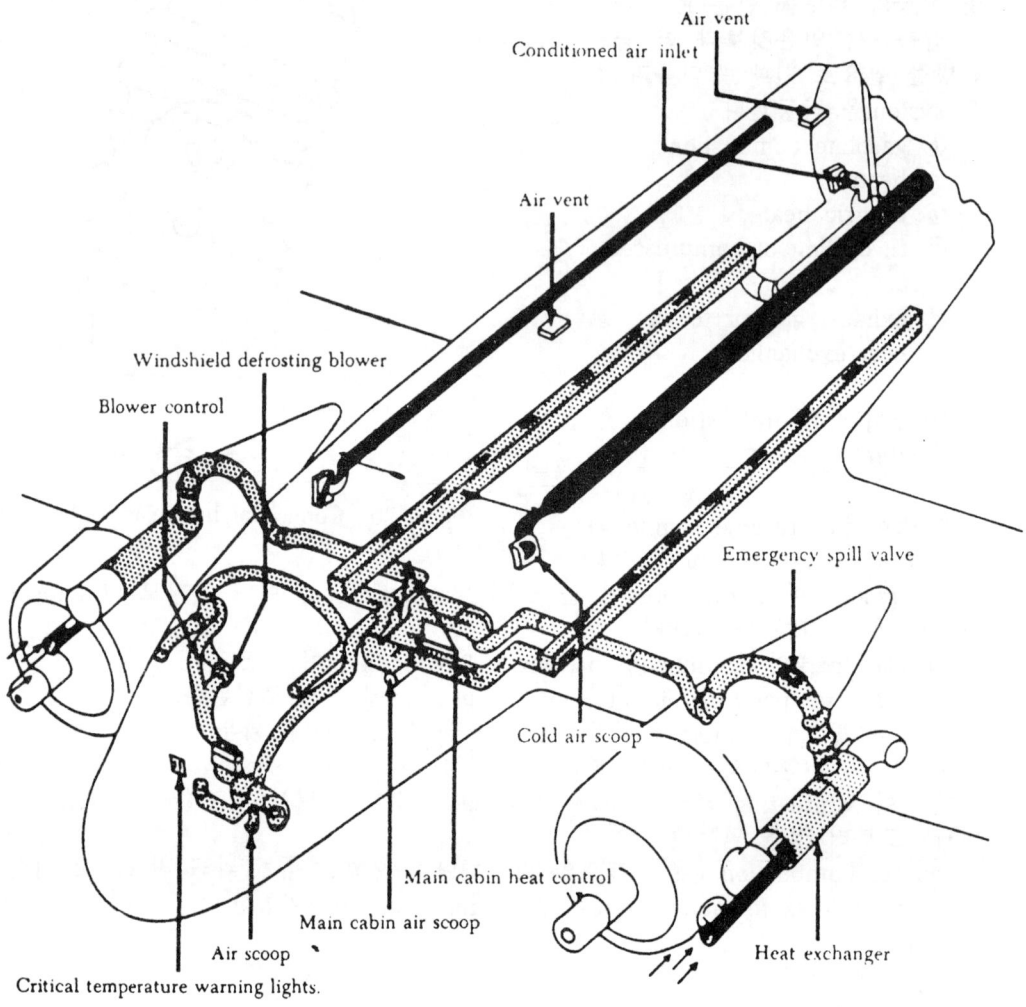

Fig. 1-21   Engine exhaust heater system.

Fig. 1-21과 같이 heat source로 engine exhaust gas를 이동한다.

이 장치는 엔진 배기가스가 긴 tailpipe를 통해 나갈때 더 효과적이다.

hot air muff나 jacket은 tailpipe 주위에 설치되있다.

hot air muff를 통하는 지나는 air는 tailpipe material의 전도에 의해 열을 얻는다.
이 뜨거워진 공기는 공기대 공기 열교환기(air-to-air exchanger)로 가서 객실로 들어가는 공기에 열을 전달한다.

공기대 공기 열교환기(air-to-air heat exchanger)를 사용하면, cabin으로 들어가는 일산화탄소의 위험성이 감소된다.

난방장치는 type에 관계없이 제상(defrosting), 제빙(deicing), 방빙(anti-icing)등의 목적으로 제공한다.

난방장치는 heating unit과 필요한 ducting과 control로 구성된다.

1-13. 연소히터 (Combustion Heaters)

모든 연소히터는 다음 4가지가 작동에 꼭 필요하다.
ⓐ fuel
ⓑ ignition
ⓒ combustion air
ⓓ ventilating air

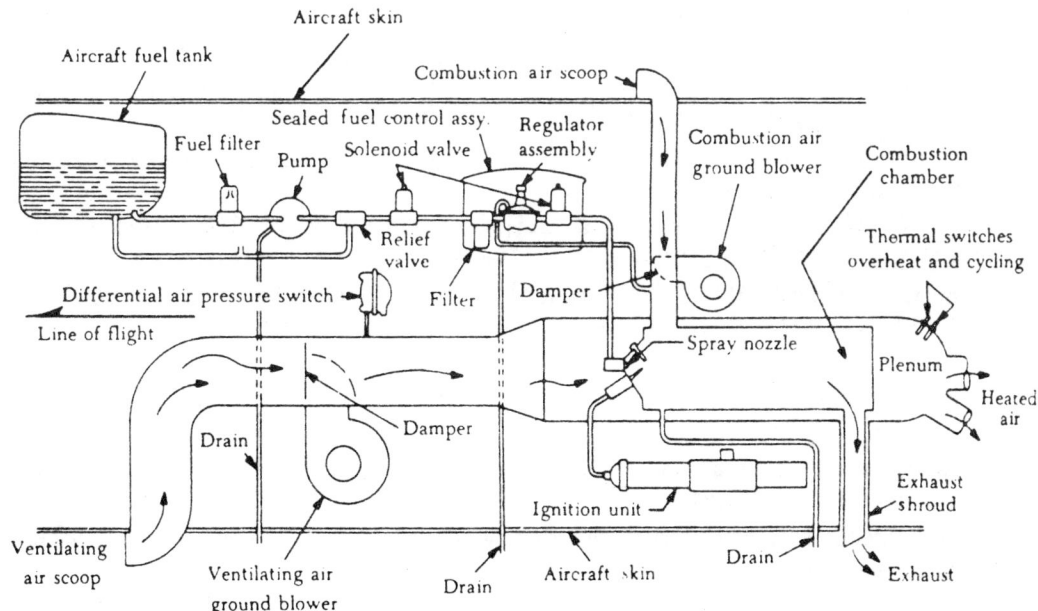

Fig. 1-22 Heter installation schematic.

1) 히터 연료장치 (Heater Fuel System)

Heater에 사용하는 연료는 엔진에 공급하는 같은 연료탱크에서 온다.

탱크에서 heater로 연료흐름은 중력이나 연료펌프(fuel pump)에 의해서 이루어진다. heater fuel은 먼저 filter를 지나서 불순물을 걸러낸다.

만약 불순물이 제거되지 않으면 heater system unit을 막아서 heater 작동을 막는다. 연료가 filter를 지난후 fuel solenoid valve를 통해 metering nozzle로 간다.

이 fuel solenoid valve와 metering nozzle는 combustion chamber로의 fuel outlet에

일정한 용량을 유지해준다.

이 일정한 용량이 고정된 연소용 공기와 섞여서 상당히 일정한 full/air ratio를 heater에 제공한다.

이것은 결국 일정한 heater 출력을 유지해준다.

객실온도를 올리거나 낮추기 위해, 더 많은 열이 필요하면 heater가 더 오래 작동한다.

대부분의 heater system은 amplifier가 temperature-sensing device에 연결되어 자동적으로 조절되거나 cycling S/W가 fuel solenoid valve의 회로를 열거나 닫거나 해서 조절한다.

heater cycle의 "on, off"과 객실에 있는 온도조절 가감저항기(temperature control rheostat)에 설정된 온도를 유지한

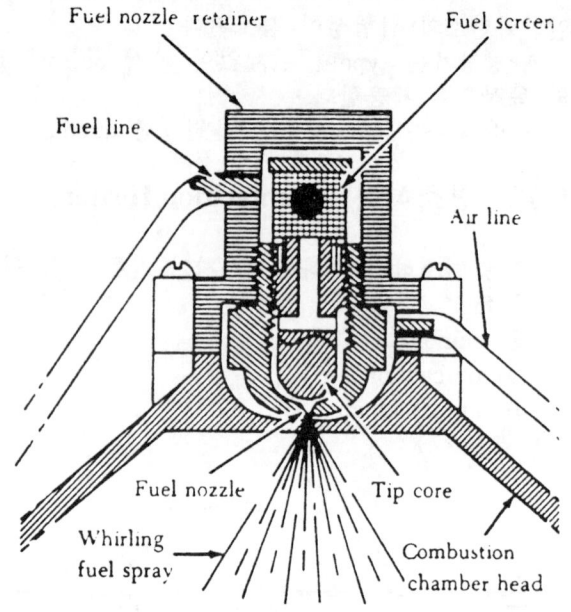

Fig. 1-23 Typical heater spray nozzle assembly.

다. 대부분의 heater system은 과열 스위치(overheat S/W)가 있어서 온도가 350°F에 이르면 heater 연료공급을 자동적으로 차단 시킨다.

heater fuel system의 필수적인 unit이 combustion chamber에 연료를 공급하는 것이다. 이것은 분무노즐(spray nozzle)이나 vapor wick type이다.

Fig. 1-23은 spray nozzle로 fine, steady spray를 combustion air stream에 제공해서 spark plug에의해 점화된다.

vapor wick은 circular flanged casting에 석면으로 만들어졌거나 vertical standpipe에 stainless steel로 만들어졌다.

preheater는 fuel line 주변에 electrical wire coil로 감겨져 있어서, vapor wick을 갖고 있는 heater에서 볼수 있다.

이것은 연료를 데워서 빠른 기화(vaporization)를 가능하게 해서 밖의 온도가 영하일때 ignition을 돕는다.

이것은 2분간 사용하도록 제한되는데 이보다 오래 사용하면 wire coil에 손상을 준다.

2) 점화장치 (Ignition System)

Heater에 사용하는 spark plug igniter의 high voltage는 28V DC A/C supply이나 115V AC A/C source로 작동하는 ignition transformer에 의한 high-potential ignition unit에서 얻는다.

28V DC ignition unit은 vibrator와 승압 coil로 되어 있어서 high frequency에서 high-voltage spark를 만들어낸다.

shielded lead는 승압 coil과 spark plug를 연결한다.

spark는 center spark plug electrode와 ground electrode 사이에서 발생한다.

변압기(transformer)는 115V, 400Hz main inverter AC system에서 power를 받는다.

이것이 변압기를 거쳐 승압되어 spark plug에서 spark gap을 jump 하기에 충분한 high voltage를 만든다.

spark plug fire에 DC나 AC source 어느것이 쓰이든 heater 작동중에는 ignition이 계속된다.

이 연속적인 작동이 spark plug electrode의 오염을 막는다.

Fig. 1-25, A는 A/C combustion heater에 사용하는 spark plug로 dual-electrode spark plug로 알려져있다.

Fig. 1-25, B는 shielded electrode plug로 ground electrode가 center electrode의 주변에서 shield를 형성한다.

Fig. 1-25, C는 glow coil igniter이다.

glow coil은 24나 28V DC power에서 작동한다.

direct current가 coil 을 red hot으로 만들어 fuel/air mixture를 점화시켜서 heater가 glow coil이 "turn off" 된 후에도 flame을 유지하기에 충분한 온도에 도달할 때까지 작동한다.

thermal cutout S/W가 온도에 도달하면 glow coil circuit을 분리한다.

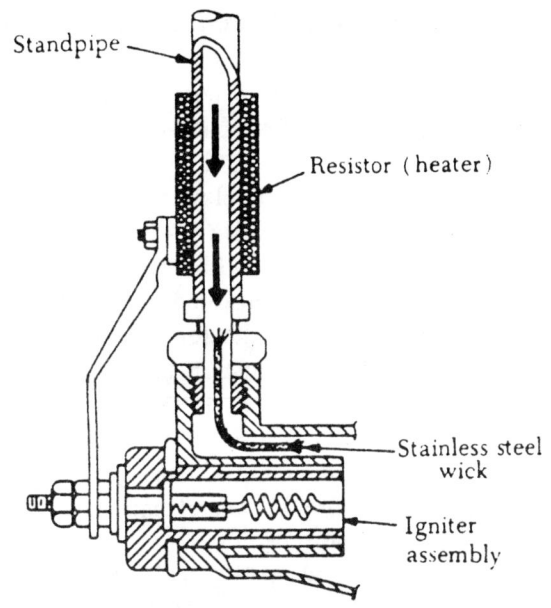

Fig. 1-24 Stainless steel vapor wick.

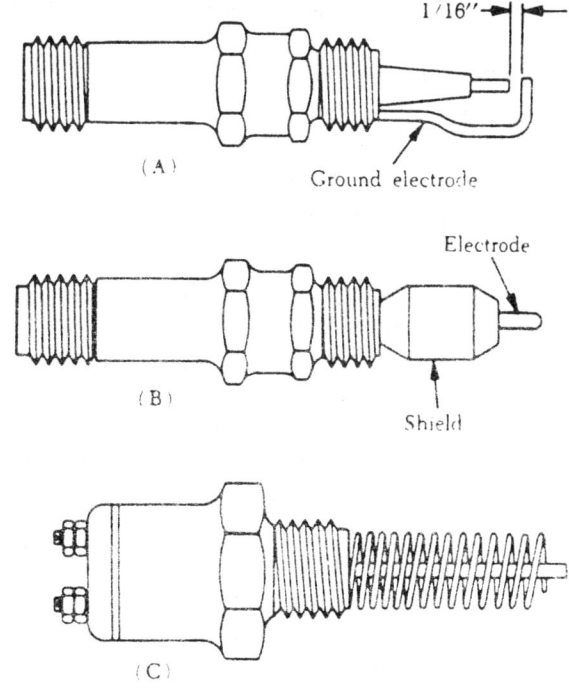

Fig. 1-25 Heater ignition plugs.

3) 연소 공기장치 (Combustion Air System)

Cabin heater를 위한 combustion air는 main air intake를 통해서 받거나 분리된 outside scoop를 통해서 받는다.

여압되거나 여압이 안되는 항공기 모두 비행중에는 ram pressure에 의해 air를 받고, 지상에서는 ground blower에 의해서 받는다.

heater로 들어오는 air가 너무 많으면 air pressure가 증가함으로 combustion air relief valve나 차압조정기 (differential pressure regulator)가 이를 막는다.

air relief valve가 line leading에 있어서, ram-air intake duct로부터 이것은 spring 힘으로 초과되는 air는 heater exhaust gas stream으로 방출한다.

차압조정기는 combustion air intake line에 있어서 combustion chamber의 air의 양을 조절한다. relief valve는 불필요한 air를 bypass 시키는 반면, 압력조정기 (pressure regulator) 는 오로지 필요한 양만큼만 intake로 들여 보낸다.

이 조정기는 diaphram과 spring type control mechanism을 사용한다.

diaphram의 한쪽은 heater intake air line으로 통해있고, 다른쪽은 heater exhaust gas line으로 통해있다.

이 point 사이의 압력강하의 변화는 필요한만큼 더 보내든지 혹은 줄여서 조정기에 의해 알맞게 조절된다. 그래서 일정한 combustion air pressure가 heater에 제공된다. 일정한 연료흐름과 섞이게 되어 이 일정한 air pressure는 combustion chamber를 지나는 combustion gas의 조절된 흐름을 가능하게 해준다.

만약 heater 근처에서 fire가 아니면 fire valve가 combustion air를 자동적으로 차단해서 fire가 heating system으로 퍼지지 못하게 한다.

Fig. 1-26은 damper-type combustion air fire valve로 heater의 combustion air inlet에 위치해 있다.

이것은 두개의 반원형의 spring-loaded segment가 납땜되어 하나로 되어있어 combustion air duct를 지나는 최대 공기흐름을 가능하게 한다.

segment는 납땜이 400°F에서 녹게되면 seal을 풀게되어 있다.

4) 환기용 공기 (Ventilating Air)

Ventilating air는 다음 3가지 중 어느 하나에서 온다.
- ⓐ ground에서 air circulation 과 heater operation을 위한 blower에서
- ⓑ ram-air inlet
- ⓒ pressurized aircraft의

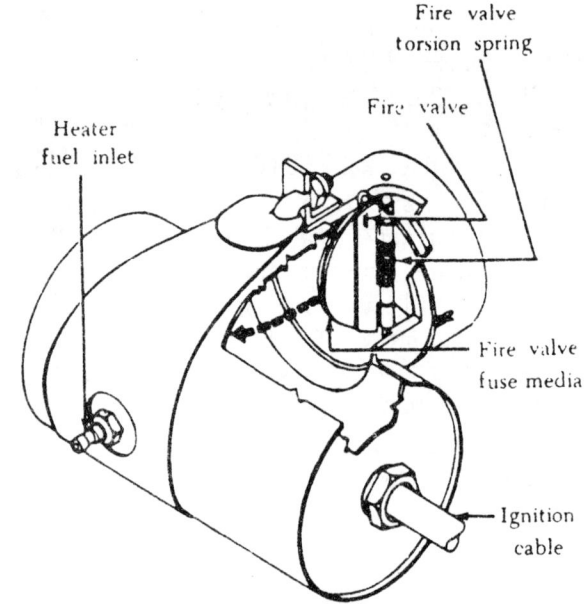

Fig. 1-26 Cabin heater combustion air fire valve.

490

cabin pressure

ventilating air, ram 혹은 blower에 의해 heater의 burner head end로 들어가고, heated radiator surface를 지나서 뜨거워지고, outlet end를 통해서 plenum assembly 로 가서 distribution system duct로 간다.

1-14. 냉방장치 (Cooling System)

냉방장치는 A/C가 지상에 있을때나 비행중에 안락한 분위기를 제공한다. 이 system은 A/C의 내부를 지나는 공기흐름이 정확한 양의 air에 알맞은 온도와 습도를 갖게한다.

기체가 큰 공간이기 때문에 냉방장치의 용량이 상당히 커야한다.

가장많이 사용하는 두가지 type이 air cycle과 vapor cycle이다.

1) 공기 사이클 냉각장치 (Air Cycle Cooling System)

공기 사이클 냉각장치는 expansion turbine(cooling turbine), 공기 대 공기 열교환 기(air-to-air heat exchanger), 그리고 여러개의 valve가 있어서 system을 지나는 공기흐름을 조절한다.

expansion turbine은 impeller와 turbine이 같은 축에 있다.

cabin compressor로부터의 고압공기는 turbine section을 지나도록 되있다.

air가 turbine을 통과하면서, 이것이 turbine과 impeller를 회전시킨다.

압축된 공기가 turbine을 회전시키는 일을 하고, 이 air는 압력과 온도가 감소한다. 이온도감소가 냉각공기를 만들어 air conditioning에 사용한다.

expansion turbine에 들어가기 전에, 가압된 공기가 air-to-air heat exchanger를 통한다.

이 unit은 외부온도(ambinet temperature)의 바깥 공기를 이용해서 압축된 공기를 냉각시킨다. 분명한 것은 열교환기(heat exchanger)는 압축된 공기를 외부의 공기온도(ambient air temperature)와 같은 온도로 차게 만든다.

열교환기의 기본적인 목적은 압축열을 제거하여 expansion turbine이 상당히 냉각된 air를 받아서 자체의 냉각과정(cooling process)을 시작한다.

expansion turbine의 impeller part는 몇가지 기능을 한다.

일부에서, impeller는 외부공기가 강제로 열교환기를 지나도록 한다.

이 방법으로, 열교환기의 효율은 expansion turbine의 속도가 커지면 따라서 커진다. 일부 다른 곳에서는 impeller는 cabin supercharger 공기를 더 압축해서 열교환기와 turbine을 지나는 air를 돕는다.

valve는 expansion turbine을 지나는 압축된 공기흐름을 조절한다.

냉각(cooling)을 증가시키기 위해, valve가 열려 turbine 쪽으로 더많은 양의 압축공기를 가도록 한다. 냉각이 필요 없을때는 turbine air는 차단된다.

turbine air valve와 함께 사용되는 다른 valve는 열교환기를 지나는 외부공기(ambient air)의 흐름을 조절한다.

이 valve의 전체적인 조절효과는 열교환기 냉각공기 흐름을 증가시켜서 turbine에서의 냉각을 증가시킨다.

air cycle system을 구동시키는 power는 cabin supercharger 압축공기에서 온다.

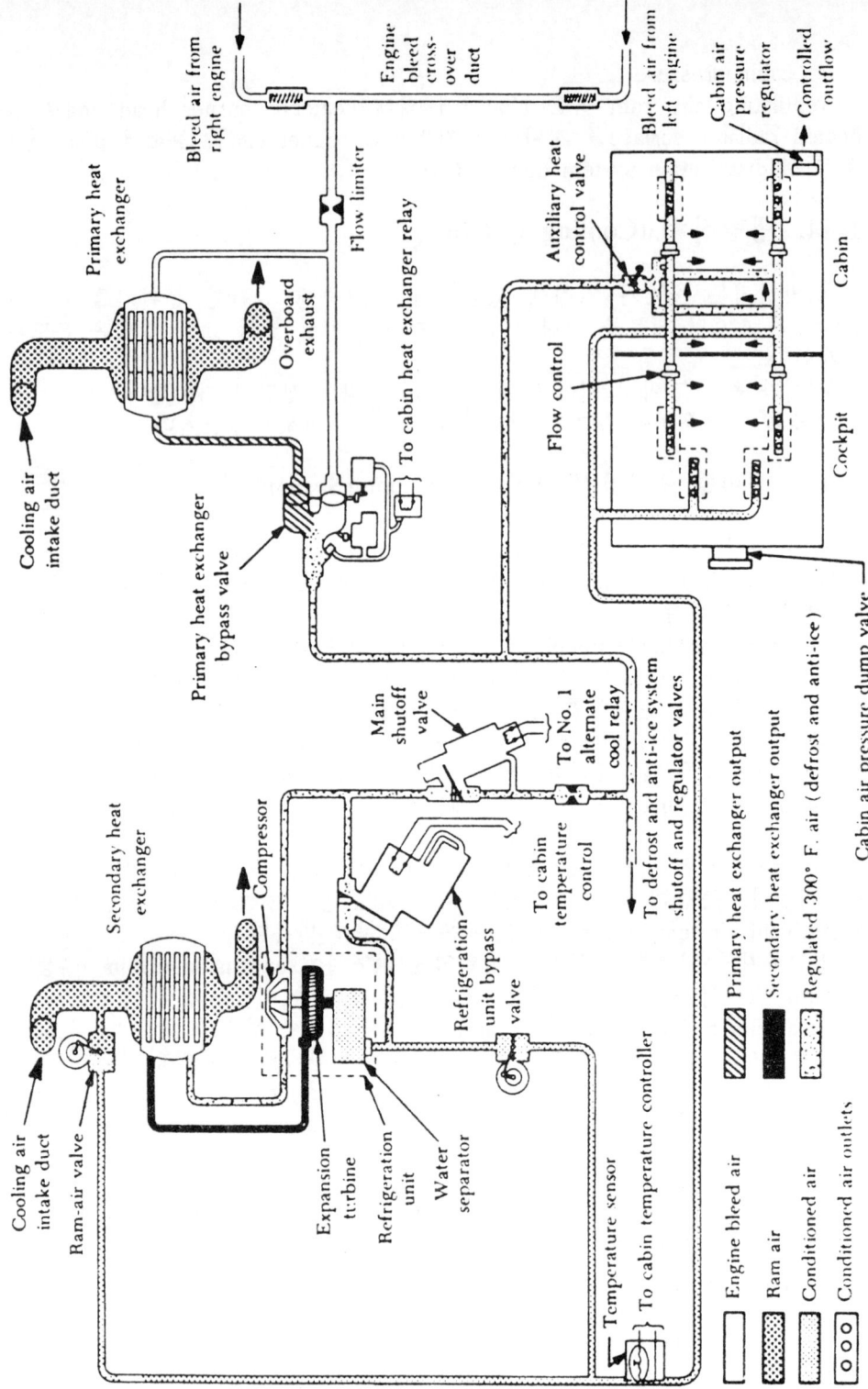

Fig. 1-27   Cabin air conditioning and pressurization system flow schematic.

air cycle system을 사용하면, supercharger에 load가 증가한다. turbine에서 더많은 냉각이 요구되면 supercharger에 더큰 back pressure가 생겨서 필요한 air를 공급하기 위해서는 더많은 일을 해야한다.

최대냉각(maximum cooling)과 최대여압(maximum pressurization)은 동시에 될수 없다. 이 두가지를 동시에 얻으려고 하면 supercharger가 surge 하거나 불만족스럽게 작동한다.

A. System 작동

이 system의 구성도이다. 이 system은 일차 열교환기(primary heat exchanger), primary heat exchanger bypass valve, 흐름 제한기(flow limiter), 냉각유닛(refrigeration unit), main shutoff valve, 이차 열교환기(secondary heat exchanger), refrigeration unit bypass valve, ram-air shutoff valve, air temperature control system 등으로 구성된다.

객실압력 조절기(cabin pressure regulator)와 dump valve는 여압장치(pressurization system)에 포함된다. 객실공기 냉난방(cabin air conditioning)과 여압장치(pressurization system)를 위한 air는 양쪽 engine의 압축기(compressor)에서 공급된다. engine bleed line은 cross-connection으로 되어있고, check valve가 있어서 양쪽 엔진으로부터 air를 공급받는다.

흐름제한 노즐(flow-limiting nozzle)은 양쪽 공급라인에 있어서 만약 line이 파열되면 나머지 system의 완전한 압력 손실을 방지한다. 그리고 파열된 것으로부터 과다하게 뜨거운 공기가 유실 되는것을 막는다.

Fig. 1-27에서 보면 초기의 hot air input는 우측에 있다. engine manifold로부터 air는 흐름제한기(flow limiter)를 통해서 일차 열교환기(primary heat exchanger)로 가고, 동시에 bypass valve로도 한다. 열교환기를 위한 냉각공기는 inlet duct으로부터 오고, overboard로 배출된다. 일차 열교환기로부터 air 공급은 300°F의 일정한 온도로 조절된다. bypass valve는 upstream air pressure와 downstream temperature-sensing element에 의해 자동적으로 조절된다. 이것이 temperature data를 제공해서 valve가 heat exchanger로부터 cooled air와 hot engine bleed air가 섞여서 일정한 온도를 유지하게 한다. cabin air는 다른 flow limiter와 shutoff valve를 통해서 다음으로 간다. shutoff valve는 system의 main shut off valve로 cockpit에서 조종된다. shutoff valve로부터 air가 refrigeration unit bypass valve로 보내져서 refrigeration unit의 compressor section으로 가고, 다시 이차 열교환기(secondary heat exchanger)로 간다. bypass valve는 60°F~120°F 사이의 선택된 온도로 자동적으로 유지된다. 이것은 refrigeration unit을 bypass하는 hot air와 refrigeration unit output과 섞어서 조절한다. secondary heat exchanger core를 위한 cooling air는 inlet duct에서 얻는다. 일부 type에서는 turbine-driven fan이 heat exchanger를 통해서 air를 빨아들인다. 그리고 다른 type은 hydraulic으로 구동되는 blower를 사용한다. cabin air를 cooling한 다음, cooling air는 overboard로 버려진다. cabin air가 secondary heat exchanger를 떠나면서 이것이 expansion turbine으로 보내진다. 이 cabin air의 air pressure가 turbine을 회전시킨다. 이 기능으로 인해서, 수분분리기(water separator)로 들어오기 이전보다 더 냉각되고, air속의 습기도 줄어든다. water separator에서 나온 air가 temperature sensor를 지나서 cabin으로 간다. 또한 air는 duct와 diffuser를 통해 cabin 공간으로

들어간다. alternate ram-air system이 있어서 normal system이 작동하지 않을때, cabin이 smoke 등으로 가득할때, 냄새나 연기등이 있을때, 환기용 공기(ventilating air)를 공급한다. air conditioning과 ram-air system은 cockpit의 single S/W에 의해 조종된다.

이 S/W는 3-position S/W로 off, normal, ram 등이 있다.

"off" position에서 모든 cabin air conditioning, pressurization, ventilating equipment는 "off" 된다.

"normal" position에서, air conditioning과 pressurization equipment는 정상기능을 하고, ram air는 "off" 된다.

"ram" position에서 main shutoff valve는 닫히고, cabin air pressure regulator와 cabin safety dump valve는 open 된다. 이 ram air가 secondary heat exchanger cooling air inlet duct에서 cabin air supply duct로 가게되어 cabin cooling과 ventilation을 하게된다.

air pressure regualtor와 safety dump valve가 자화되어 open되면, cabin에 있는 air와 들어오는 ram air는 계속 밖으로 overboard되어 cabin에 신선한 공기가 흐르게 한다. air conditioning system의 duct는 primary heat exchanger bypass valve의 down stream의 constant-temperature line과 추가적인 heating을 위해 cabin compartment가 hot air를 공급하는 사이에 duct가 있다. 이 air의 조절은 auxiliary heat control valve에 의해서 제공되는데, 이것은 곧 bufferfly type valve이다.

heat control valve는 수동으로 작동되는 heat control handle에 의해서 조절되고, 이것은 cable에 의해 연결된다.

temperature control system은 cabin temperature controller, temperature selector knob, two-position temperature control S/W, modulating bypass valve, control network 등으로 구성된다.

temperature control S/W가 "auto" position에 있으면 bypass valve가 valve gate position을 찾아서 temperature controller setting에 알맞는 duct temperature가 되게 한다. 이것은 control network을 통해서 이루어 지는데, 이것은 sensing element에서 cabin temperature controller까지 signal을 보내서 temperature control knob의 setting과 맞는 valve position을 갖게 된다.

temperature control S/W가 "man" position에 있으면 duct 온도의 참고없이 controller는 bypass valve를 직접 조종한다.

이 mode의 작동에서 원하는 온도는 air temperature knob를 관찰해서 유지한다.

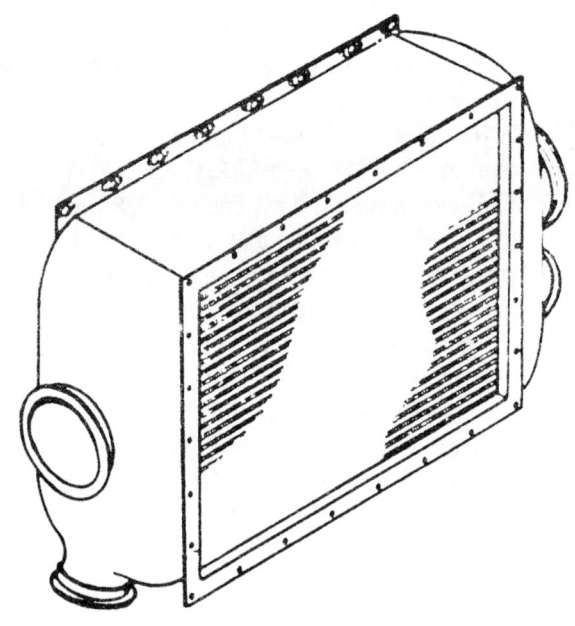

Fig. 1-28 Primary heat exchanger.

494

2) Air Cycle System 구성품 및 작동

A. 일차 열교환기 (Primaray heat exchanger)

이것은 engine bleed air나 supercharger discharge air온도를 열교환기 core에 있는 vein을 통하게해서 감소시킨다.
비행중에 core는 ram air에 의해 냉각된다.
일차 열교환기 (primary heat exchanger)에서 냉각되는 공기의 양은 primaray heat exchanger bypass valve에 의해 조절된다.

B. 일차 열 교환기 바이패스 뱁브 (Primary heat exchanger bypass valve)

Fig. 1-29는 primary heat exchanger bypass valve로 일차 열교환기 (primary heat exchanger) 출구의 high-pressure duct에 위치해 있다.
앞에서 설명한것과 같이 이것은 일차 열교환기 공기를 조절하고, 일차 열교환기 bypass air를 300°F의 온도로 일정한 output을 유지시켜준다.

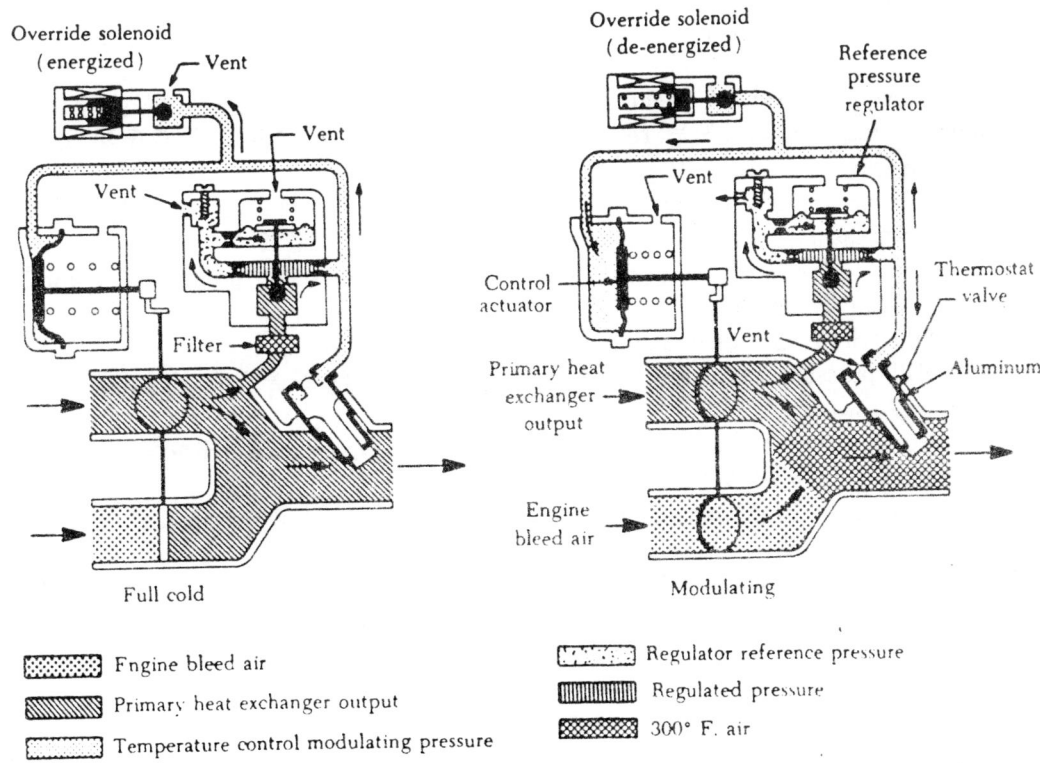

Fig. 1-29   Primary heat exchanger bypass valve.

이 unit은 regulator body assembly로 되어 있고, 이것은 pressure regulator, temperature control actuator, solenoid valve, pneumatic thermostat 등으로 구성된다. unit의 body assembly는 두 inlet port가 있는데, "hot"과 "cold"로 표시되어 있고, 그리고 하나의 outlet port가 있다.

두개의 inlet port는 butterfly valve가 있고, 이것은 shaft에 붙어있어서 housing assembly의 너비를 덮을수 있고, actuator control arm이 달려있다.

butterfly는 서로 90°로 위치해 있고, 하나가 "open" 위치로 움직이면, 다른 하나는 "close" 위치로 움직인다.

actuator shaft는 조정스톱 screw가 있어서 actuator 범위를 제한하고, pointer는 butterfly의 위치를 나타낸다.

temperature control actuator는 bypass valve body에 붙어있고 housing으로 구성되어 있고, cover는 스프링 힘을 받는 diaphram assembly를 갖고 있다.

diaphram assembly는 butterfly control arm에 붙어있어서 actuator를 control pressure chamber와 ambient sensing chamber로 나눈다.

ambient chamber는 diaphram spring과 actuator rod를 갖고있다.

Fig. 1-29와 같이 일차 열교환기로 부터의 압력은 filter를 통해서 temperature control actuator의 control pressure chamber로 들어간다.

이 내부의 압력은 reference pressure라고 한다.

reference pressure가 actuator diaphram에 가해져서 butterfly의 position을 조종하고, 이것은 bypass line으로부터 hot air와 열교환기로 부터의 cooled air의 비율을 조절한다.

bypass valve의 전체작동은 reference air pressure와 heat와의 비율이 가장 중요하다. control actuator에 가해지는 reference pressure가 커지면 커질수록 출구쪽 air의 온도는 더 높다.

압력조절기(pressure regulator)는 bypass valve가 있어서 control actuator에 정해진 reference air pressure를 공급해서 조절된 온도에 고도의 영향을 없앤다.

A/C 고도가 높아지면서, control actuator의 constant reference pressure는 control actuator diaphram을 ambient 쪽으로 더 움직인다.

이것이 butterfly를 움직여서 outlet temperature가 상승하게 한다.

압력조절기(pressure regulator)는 pneumatic thermostat의 도움으로 이상태를 없앤다.

variable-orifice type thermostat은 spring-loaded ball-type valve와 core assembly에 seat assembly로 구성되어 있다.

core assembly는 high-expansion element(aluminum)과 low-expansion element(Invar)로 구성된다.

Fig. 1-29와 같이 aluminum housing과 Invar core의 끝이 outlet duct으로 뻗쳐있다.

aluminum housing의 linear expansion은 Invar core와 ball-type valve assembly를 valve seat에서 움직이게 한다.

이 움직임으로 reference air pressure가 대기중으로 vent된다.

temperature control actuator diaphram에 가해진 pressure는 butterfly의 위치를 조절한다.

bypass valve regulating mechanism은 electromagnetic valve(override solenoidvalve)

롤 자화해서 오직 cold air만 공급한다.

electromagnetic valve는 자화되면, 모든 reference air pressure를 대기중으로 내보낸다.

reference air pressure가 없으면, temperature control actuator의 spring-loaded diaphram은 butterfly를 "full cold" 위치로 return시킨다.

electrical circuitry에서, solenoid는 windshield anti-ice control S/W가 "off" position에 있을때만 자화할수 있다.

C. Shuttoff valve

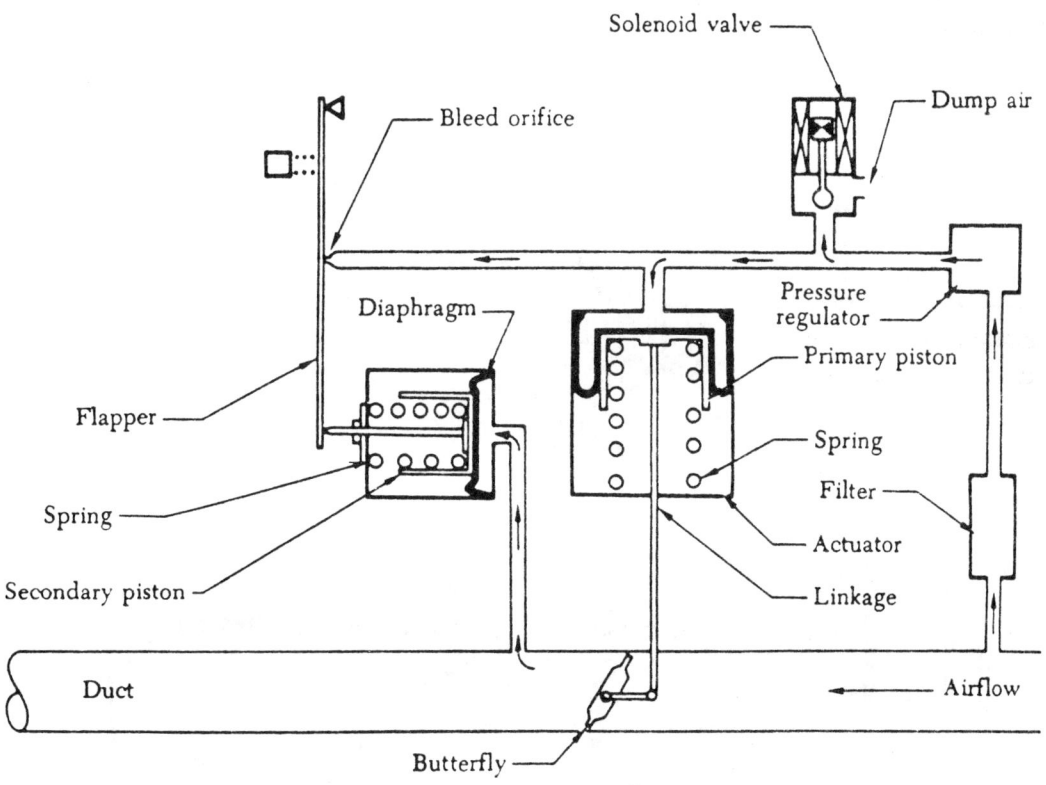

Fig. 1-30   Shutoff valvel.

Fig. 1-30은 shutoff valve로 unit으로의 air pressure를 조절한다.

이것은 또한 냉난방(cabin air conditioning)과 여압장치(pressurization system)의 main shutoff valve이다. valve는 electrical power와 최소 15 PSI의 upstream pressure (control air)를 필요로 한다. 이것이 downstream pressure(출구쪽 조절된 air)를 115 PSI로 조절한다. 이것을 open/close valve이지만, 주로 open 기능을 한다.

이것은 airflow line의 spring-loaded valve에 의해 이루어지고, 이 valve는 primary piston에 의해 조절된다.

filter를 지나는 upstream air pressure bleed와 regulating mechanism이 primary piston에 작용해서 valve를 open한다.

downstream pressure가 115 PSI로 상승하면, 이것이 secondary piston에 작용해서 mechanism linkage를 통해서 bleed orifice를 open해서 primary piston에 작용하는 공기량을 제한한다.

primary piston이 spring힘에 의해 "closed" position에 있기 때문에 이것을 부분적으로 닫혀 있어서 downstream pressure를 115 PSI로 제한한다.

shutoff valve는 solenoid valve에 의해 작동되어 spring load는 "off" 된다.

"off" position에서 upsream으로로부터의 control air는 이것이 primary pistion을 작동하기전에 대기중으로 vent된다.

cockpit S/W가 작동하면, solenoid가 energize되어 vent가 닫히고, pressure가 bulldup되어 primary piston을 작동시킨다.

D. Refrigeration bypass valve

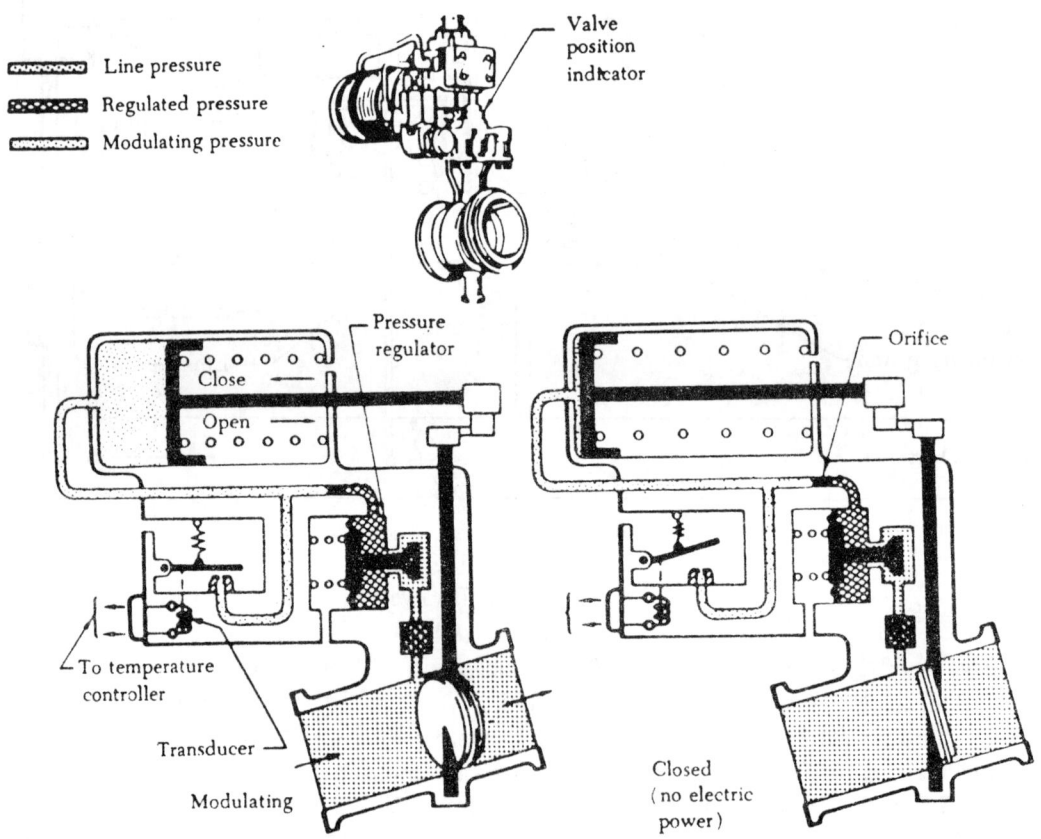

Fig. 1-31   Refrigeration bypass valve.

Fig. 1-31은 refrigeration bypass valve로 temperature control system과 함께 작동해서 refrigeration unit으로 bypass air의 흐름을 조절한다.

이 action은 자동적으로, temperature controller를 통해 선택된 온도에서 cabin air가 머물게 한다.

valve는 electric 혹은 pneumatic으로 작동된다.

이것의 작동은 temperature-sensing element의 downstream으로부터의 signal에 작동하고, "open" position에서 temperature control system을 통해 조절되지만, upstream pneumatic pressure는 valve를 open한다.

electrical power가 공급되면, coil과 armature(transducer)가 자화되어 valve의 pressure chamber의 bleed port를 닫는다.

이 결과로 chamber에 pressure가 상승되어 piston이 butterfly valve를 회전시켜서 cabin air duct가 "open" position으로 된다.

온도가 바뀌거나 새온도가 선택되면 valve는 re-position된다.

re-positioning은 transducer의 action으로 이루어진다.

bypass valve나 구성품이 고장나면 valve가 fail-safe(closed) position으로 움직인다.

E. 이차 열교환기 (Secondary heat exchanger)

이차 열교환기의 기능은 객실여압(cabin pressurization)과 냉난방(air conditioning)을 위한 air를 부분적으로 냉각시켜서 refrigeration unit의 효율적인 작동을 가능하게 한다.

heat exchanger assembly는 aluminum alloy tube로 되어있다.

tube는 가압된 cabin air가 흐르고, 겉으로는 cooling air가 가로질러서 흐른다.

이차 열교환기는 일차 열교환기(primary heat exchanger)와 똑같은 방법으로 작동한다.

cabin air가 더 냉각되어 heat exchanger core의 tube를 통과한다.

cooling air는 강제로 이차 열교환기를 통과하고, engine air inlet으로 return 되거나 대기중으로 나가버린다.

cabin air는 refrigeration bypass valve에 의해 조절되고, 이것은 이차 열교환기로 가거나 refrigeration unit bypass line으로 가서 temperature control system의 요구에 맞는 온도로 된다.

F. Refrigeration unit

Refrigeration unit이나 turbine은 냉난방 장치(air conditioning system)에 사용되어 cabin을 위한 pressurized air를 냉각시킨다.

unit의 작동은 전적으로 자동이고, power는 turbine wheel을 통과해서 지나는 압축된 공기의 압력과 온도에서 나오게 된다.

refrigeration cycle은 전체 refrigeration unit의 bypass를 제공하는 refrigeration bypasss valve에 의해 요구되는 cabin cooling에 맞게 조절된다.

따라서 cabin temperature는 refrigeration unit을 통해 지나는 bypass air와 섞여서 조절된다.

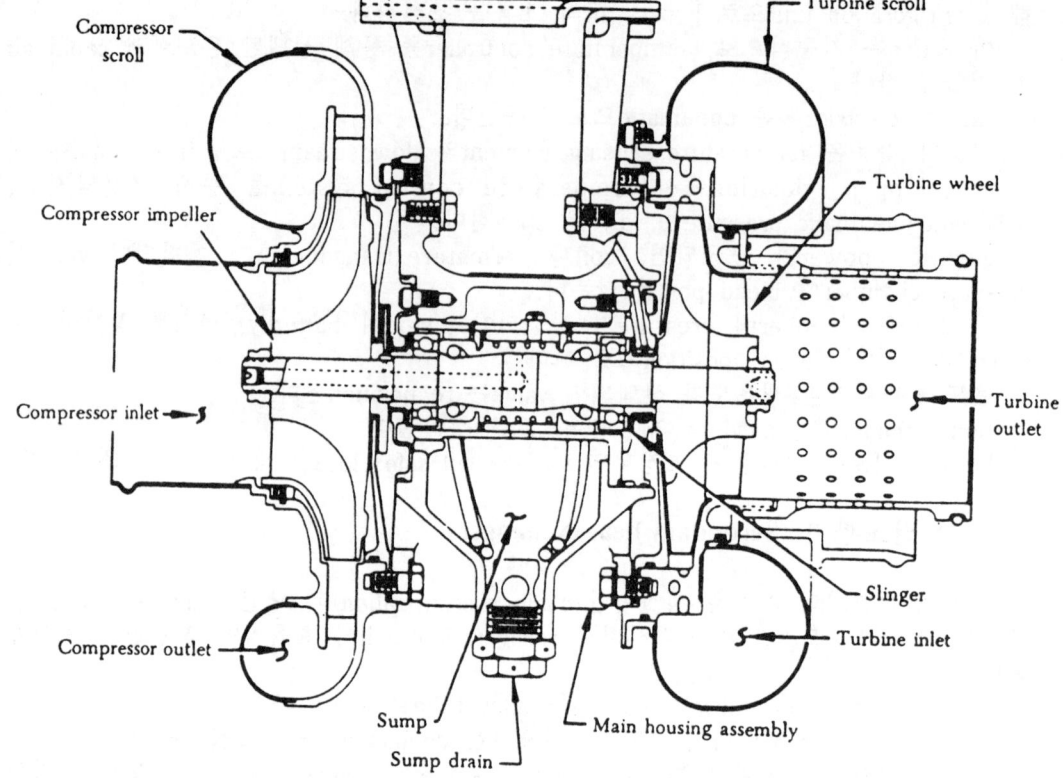

Fig. 1-32   Schematic of a refrigeration turbine.

Fig. 1-32는 refrigeration turbine으로, 3개의 주요 section으로 구성되는데,
ⓐ main housing assembly
ⓑ turbine scroll assembly
ⓒ compressor scroll assembly 등이다.

main housing assembly는 두개의 scroll assembly의 mounting을 제공하고 두개의 shaft bearing의 support를 제공한다. 이것은 또한 oil reservoir로 oil이 wick에 의해 bearing으로 공급된다. filler cap에는 dip strick이 있어서 oil level을 점검한다.

turbine scroll assembly는 두개의 반쪽이 turbine nozzle로 구성된다.

compressor scroll assembly는 두개의 반쪽의 diffuser로 구성된다.

common shaft가 두 assembly에 사용되고, housing assembly의 bearing에 의해 지지된다. oil slinger가 각 bearing의 outboard에 설치되어 있어 이것이 shaft를 운반한다.

이 sliger가 oil/air mist를 bearing을 통해서 pump하여 윤활을 한다.

air/oil seal은 각 sliger와 인접한 wheel 사이에 있다.

air 공급은 refrigeration turbine을 돌리고 차거워진다.

impeller는 이 turbine에 의해 구동되고, refrigeration unit을 강제로 지나게 한다.

냉각 과정은 air expansion turbine의 turbine wheel을 지나면서 hot compressed air 가 팽창하면서 시작된다.

이 결과로 온도가 떨어지고, air의 압력이 감소한다.

이 압축된 뜨거운 공기가 팽창하면서 turbine wheel에 energy를 방출해서 이것이 high speed로 turbine을 회전시킨다.

turbine wheel과 compressor wheel이 common shaft(공동축)의 양쪽끝에 있어서, turbine wheel의 회전은 compressor wheel을 회전시키게 한다.

따라서 압축된 고도의 공기가 turbine wheel에 방출한 energy가 결국은 compressor wheel을 더 빠른 속도로 회전시킨다.

compressor에 의해 turbine에 강요되는 load는 turbine이 최대의 효율로 회전하는 범위로 한다.

air temperature의 감소는 cabin temperature를 원하는 상태로 유지하는데 도움을 준다.

G. 수분분리기 (Water separators)

Fig. 1-33은 수분분리기로 냉난방 장치(air conditioning system)에 사용해서 air의

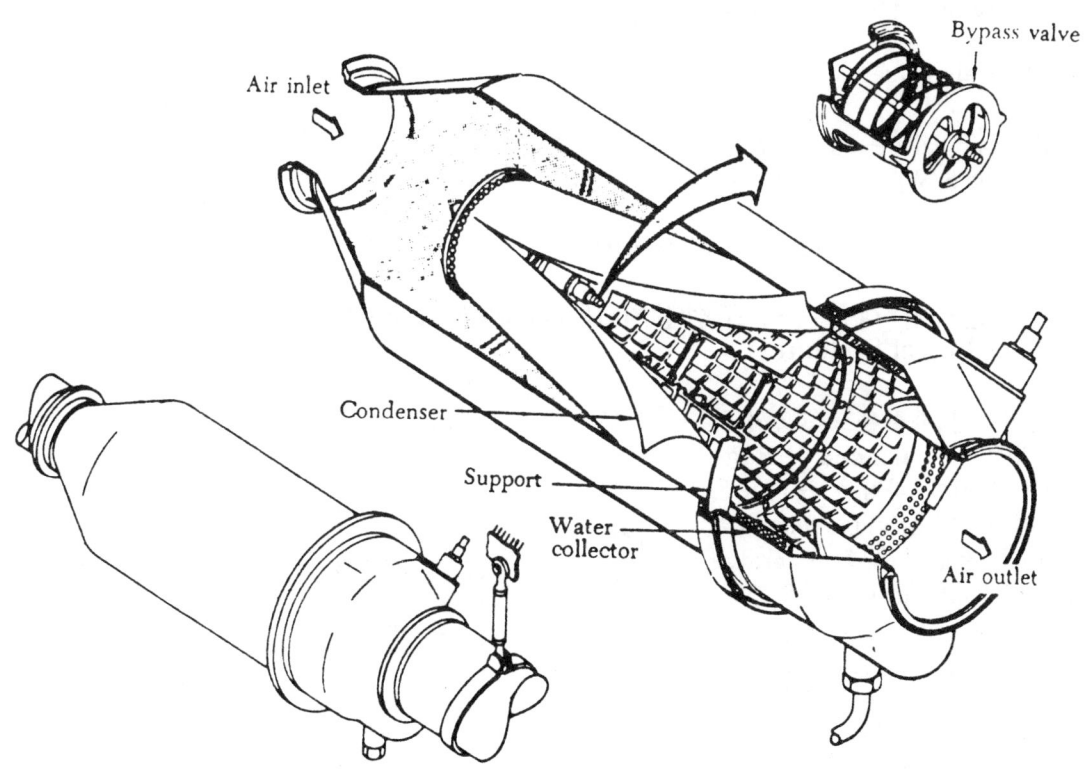

Fig. 1-33. Water separator.

과다한 습기를 제거한다.

대부분의 냉각장치(refrigeration system)의 수분분리기(water separator)는 cooling turbine의 discharge duct에 설치되있다.

수분분리기는 conditioned air를 condenser나 coalescent bag을 통과시켜서 습기를 제거시킨다.

air의 fog나 mist 형태의 아주작은 수분은 condenser를 통과하면서 액체로 형성된다. 습기가 있는 air가 coalescent support의 vane을 통과하면서, 수분은 소용돌이 공기가 운반해서 collector의 벽으로 던져진다.

water는 collector sump로 drain되고, overboard로 drain 된다.

일부 수분분리기는 pressure-relief와 altitude-sensitive bypass valve를 갖고있다. 고공에서는 air속에 아주작은 양의 습기가 있어서 water separator의 bypass valve는 정해진 고도에서 open된다.

일반적으로 20,000 ft에서는 cold air는 직접 water separator를 지나서 coalescent bag를 bypass 시켜서 system back pressure를 감소시킨다.

만약 coalescent bag에 장애가 있으면 bypass valve는 open된다.

coalescent bag condition indicator가 water separator에 있어서 bag이 더러우면 지시한다.

indicator는 bag의 압력감소(pressure drop)를 감지해서 압력감소가 크면 지시한다. indicator는 pressure sensitive여서 bag의 상태는 system이 작동해야 알수있다.

H. Ram-air valve

Ram-air valve는 정상작동 중에는 닫혀있다.

cockpit S/W가 "RAM"에 있으면 energize되어 open된다.

ram-air valve가 open되어 있으면 air inlet duct로부터의 air가 valve를 통하게 되고, cabin air supply duct로 직접 들어간다.

1-15. 전기적 객실온도 조정장치 (Electronic Cabin Temperature Control System)

전기적인 객실온도 조정장치의 작동은 balanced bridge circuit 원리에 바탕을 둔다. 온도변화로 인한 bridge circuit의 "leg"의 저항의 변화는 bridge circuit을 unbalance로 만든다.

전기적 조절기(electronic regulator)는 이 unbalance의 결과로 전기적 signal을 받아서 이 signal을 증폭해서 mixing valve actuator를 조종한다.

electronic temperature control system에는 3개의 unit이

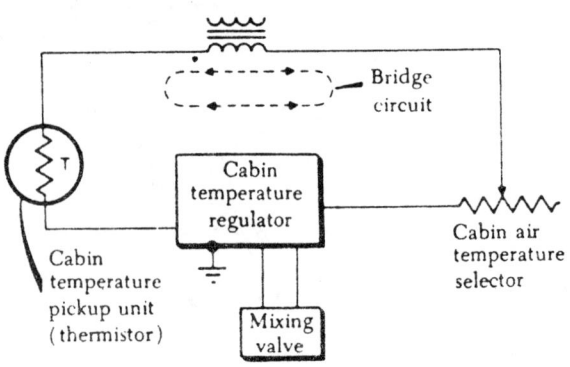

Fig. 1-34 Electronic air temperature control system (simplified).'

502

사용된다.

    ⓐ cabin temperature pickup (thermistor)
    ⓑ manual temperature selector
    ⓒ electronic regulator

Fig. 1-34는 electronic temperature control system의 간단한 구성도이다.

1) 객실온도 감지유닛 (Cabin Temperature Pickup Unit)

객실온도 감지유닛 (temperature sensing unit)은 저항체로 구성되어 있고, 이 저항은 온도변화에 상당히 민감하다.

온도감지유닛 (temperature pickup unit)은 cabin이나 cabin air supply duct에 위치해있다.

공급공기의 온도가 변하면서 감지 unit의 저항치도 따라서 변하고, 이것이 감지유닛의 전압강하의 변화를 일으키게 한다.

객실온도감지는 thermistor type unit이다.

resistance bulb의 둘러싼 온도가 증가하면서 bulb의 저항은 감소한다.

2) 객실 공기온도 선택 (Cabin Air Temperature Selector)

객실 공기온도 선택은 cabin에 가감저항기 (rheostat)가 있다.

이것은 객실온도 감지유닛의 effective temperature control point를 다르게해서 selective temperature control을 가능하게 한다.

rheostat는 객실온도 감지유닛이 공급공기의 명확한 온도를 요구하게 한다.

3) 객실 공기온도 조정 조절기 (Cabin Air Temperature Control Regulator)

객실 공기온도 조정 조절기는 air temperature selector rheostat, air duct temperature pickup unit등과 연결되어 미리 선택된 수치로 cabin으로 들어오는 air의 온도를 자동적으로 조절한다.

온도조절기 (temperature regulator)는 전기적인 장치로 온도조절 범위를 갖고 있다.

이 범위는 32°F~117°F 까지이다.

조절기의 출구는 mixing valve의 butterfly의 위치를 조절해서 이것이 cabin으로 가는 inlet air의 온도를 조절한다.

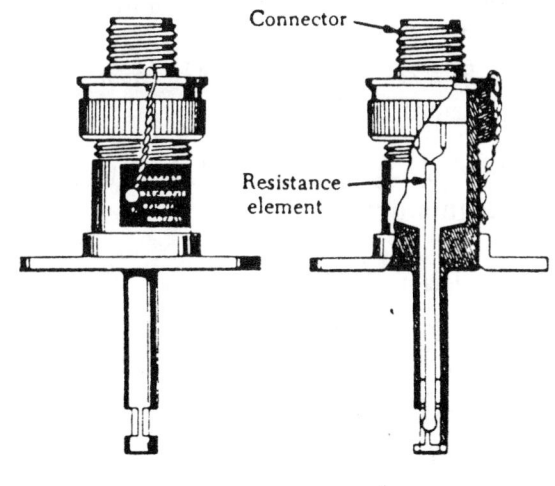

Fig. 1-35 Thermistor.

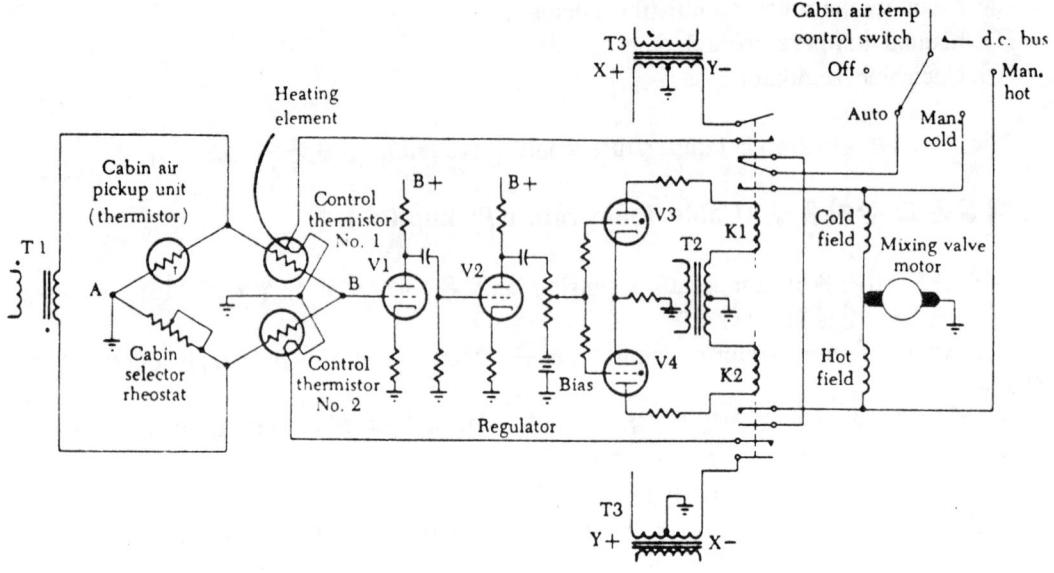

Fig. 1-36 Air temperature control system(simplified).

4) System 작동

Fig. 1-36은 air temperature control system의 전기적인 구성도이다.

대부분의 air temperature control system에서 하나의 S/W가 temperature control의 mode를 선택한다.

이 S/W는 4개의 position을 갖고 있는데, "off" "auto" "man, hot", "man, cold" 이다. "off" position에서, air temperature control system은 작동하지 않는다.

S/W가 "auto" range에 있으면, air temperature control system은 automatic mode 에 있다. S/W가 "man, hot"이나 "man, cold"에 있으면 air temperature control system은 manual mode에 있다.

1-16. 전기적 온도조정 조절기 (Electronic Temperature Control Regulator)

Cabin selector rheostat과 cabin air pickup unit(thermister)는 mixing valve motor 의 회전량과 방향을 결정한다.

이 기능이 cabin air temperature regulator를 조종한다.

Fig. 1-36에서 보면 cabin selector rheostat과 cabin air pickup unit은 bridge circuit에 연결되어 있고, 또다른 두개 thermistor가 regulator에 연결되어 있다.

bridge circuit은 AC source(T₁)에 의해 자화된다.

만약 cabin air pickup unit과 cabin selector rheostat의 저항이 똑같으면 point A와

B에는 전위차가 없다. Point A와 B는 V1(grid와 cathode)을 위한 signal reference point이다.

만약 cabin air temperature가 증가하면 cabin air temperature pickup unit의 저항치는 감소하는데 이유는 pickup unit을 지나는 공기흐름 때문이다.

pickup unit의 저항의 감소는 pickup unit에서 만들어지는 voltage를 감소시켜서 point A와 B 사이의 전위차를 만든다.

이 signal은 V1의 grid에 들어가는데, voltage amplification(V1과 V2)의 두 단계를 통해서이다.

증폭된 signal이 두개의 thyratron tube(V3와 V4)의 grid에 공급된다.

thyratron tube(개스로 채워진 triode거나 tetrode)는 signal phase 탐지에 사용한다.

예를들어, 만약 V3의 grid의 signal이 plate의 signal phase이 일때, V3가 conduct되어, relay K1의 coil을 통해 전류가 흐르게해서 이 contact을 닫게한다.

한 set의 contact이 direct current를 위한 회로를 완성해서 전류가 mixing valve motor의 cold-field coil로 흐른다.

이것이 더많은 hot air를 refrigeration unit으로 들어가게해서 cabin air를 cooling한다. 동시에 K1의 나머지 set는 AC power(T3)의 source를 bridge circuit의 No.1 thermistor의 heating element에 연결시켜서 No.1 thermistor의 저항이 감소되게 한다. No.1 thermistor의 전압강화(voltage drop)의 결과는 point A와 B사이에 balanced bridge를 만든다.

이것이 다시 realy K1을 비자화 시켜서 mixing valve motor의 회전을 중지시킨다.

이 지점에서 heater voltage는 thermistor No.1으로부터 제거되고, 냉각되어 다시 unbalancing bridge가 된다.

이것이 mixing valve motor를 더 cool position으로 회전하게 한다.

cycling은 pickup unit과 selector rheostat의 전압강하(voltage drop)가 같아질 때까지 계속된다. cabin air temperature가 setting보다 더 차거웠으면 bridge는 반대방향으로 unbalanced 되어야 한다.

이것이 regulator의 relay K2가 energize되게 하고, 이것이 mixing valve motor의 hot-field coil을 자화시킨다.

bridge는 다른 방법으로 unbalance된다.

즉, cabin selector rheostat을 re-positioning한다.

다시 정리하면, mixing valve는 bride가 re-balance될 때까지 air의 temperature를 조절한다.

1-17. 증기 사이클 장치 (Vapor Cycle System[FREON])

증기사이클 냉각장치는 대형 수송용 항공기에 사용한다.

이 sysem은 air cycle system보다 훨씬 큰 냉각용량을 갖고 있고, 지상에서 engine이 작동하지 않을때도 cooling을 할수있다.

A/C freon system은 일반 냉장고나 가정용 air conditioner와 비슷하다.

이 system은 비슷한 component와 작동원리를 갖고있고, 대부분 power는 electrical system에 의존한다.

vapor cycle system은, liquid는 여기에 작용하는 pressure를 변화시켜서 어느 온도

에서든지 vaporize 시킬수 있다.

water는 해면상 기압이 14.7 PSIA이고, 온도를 212°F까지 올리면 끓는다.

같은 물을 밀폐된 tank에 90 PSIA로 채우면 320°F 이하에서는 끓지않는다.

만약 pressure를 vacuum pump로 0.95 PSIA로 낮추면 100°F에서 끓는다.

만약 pressure를 더 낮추면 물은 더낮은 온도에서 끓는다.

예를들어 0.12 PSIA로 낮추면 40°F에서 끓는다.

1) 냉동사이클(Refrigeration Cycle)

열역학(Thermodynamics)의 기본법칙은 열은 높은 온도에서 낮은 온도로 흐른다는 것이다.

만약 반대쪽으로 흐르게 하려면 energy 가 공급되어야 한다.

air conditioner에서 이 방법은 gas가 압축되면, 압축 gas의 온도가 상승하고, 비슷하게 압축개스가 팽창하면 온도가 낮아진다.

열(heat)이 거꾸로 흐르게 하기위해서 gas를 압축해서 온도가 바깥의 공기온도 보다 높아지게 한다.

열이 high temperature gas에서 lower temperature surrounding air(heat sink)로 흘러서, 이것이 gas가 갖고있는 열을 낮춘다.

gas를 저압력에서 팽창시키면, 이것이 temperature drop을 만든다.

열은 heat source에서 gas로 흘러서 gas를 다시 압축한다. 다시 cycle이 시작한다.

이렇게 열이 거꾸로 흐르게 하는데는 기계적인 에너지가 필요한데, 이것은 compressor가 공급한다.

Fig. 1-37은 refrigeration cycle이다.

이 refrigeration cycle는 liquid의 비등점(boiling point)은 커지는데 이것은 liquid 주변의 증기압력(vapor pressure)이 커지기 때문이다. cycle은 다음과 같이 작동한다.

액체냉각제(liquid refrigerant)가 고압력으로 receiver속에 있고, 이것이 expansion valve를 통해 evaporator로 들어간다.

evaporator의 압력은 충분히 낮아서 액체냉가제(liquid refrigerant)의 비등점은 차거워진 air나 heat source의 온도보다 낮다.

heat이 공간(space)으로부터 흘러서 냉각용액으로 가서 이것

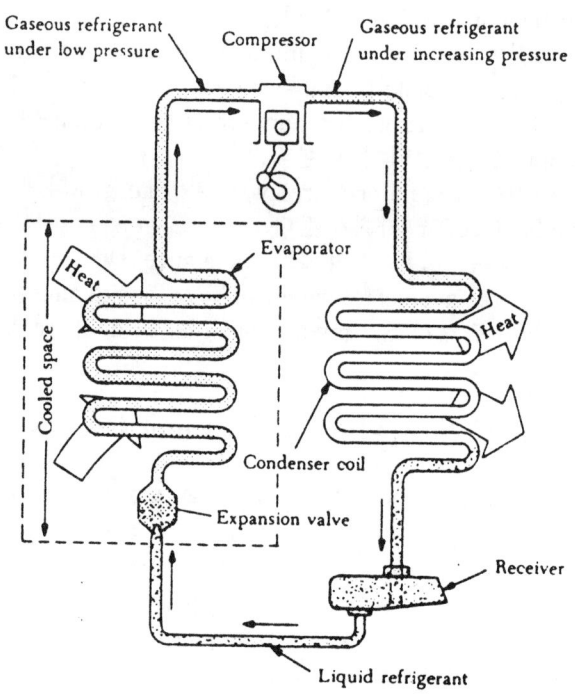

Fig. 1-37 Refrigeration cycle.

이 끓기 시작한다. (liquid에서 vapor로 바뀐다)

evaporator로부터 cold vapor가 compressor로 들어가서 압력이 증가되어 비등점도 높아진다. 고온과 고압의 냉각용액이 condenser로 들어간다.

여기서 열이 냉각용액에서 outside air로 흘러가고, vapor를 압축 (condensing) 해서 liquid로 만든다.

cycle이 반복되어 선택된 온도로 cooled space를 유지한다.

liquid가 낮은 온도에서 끓는것이 냉각제로 사용하기에는 가장 알맞다.

비교적 많은양의 열이 liquid가 vapor로 바뀔때 흡수된다.

이런 이유로, liquid freon이 대부분의 vapor cycle refrigeration unit에 사용된다.

freon은 fluid로 대략 39°F에서 끓는다.

다른 fluid와 비슷하게 96 PSIG의 압력 상태에서 비등점을 대략 150°F까지 올릴 수 있다. 이 압력과 온도는 특정한 freon의 수치이다.

실제수치는 각 freon type에 따라 모두 다르다.

freon은 다른 fluid와 비슷해서 액체 (liquid) 에서 증기 (vapor) 로 바뀔때 열을 흡수하는 특성이 있다. 바꾸어 말하면, fluid는 vapor에서 liquid로 바뀔때 열을 발산한다.

freon cooling system에서 liquid에서 vapor로의 변화는 (evaporation이나 boiling) cabin air에서 열을 흡수할때 발생하고, vapor에서 liquid (condensation) 로의 변화는 열을 A/C밖으로 방출할때 발생한다.

vapor의 압력은 응축과정 이전에 높아져서 응축온도는 상당히 높다. 그러므로 freon은 150°F에서 응축되어 outside air에 열을 잃어서 대략 100°F가 된다.

1 pound의 냉각액체 (refrigerant liquid) 가 evaporator를 통해서 흐를때 흡수할수 있는 열의 양을 "refrigeration effect" 라고 알려져 있다.

1 pound가 evaporator를 통해 흐를때 liquid가 증기화 (vaporize) 하기에 필요한 만큼의 열을 흡수한다.

만약 liquid가 expansion valve에 접근하면서, evaporator에서 증기화 할때의 온도와 같은 온도였다면, 냉각제 (refrigerant) 가 흡수할수 있는 열의 크기는 latent heat (잠열) 과 같다.

이것이 비등점에서 liquid의 상태를 바꾸는데 필요한 열의 크기이다.

액체냉각제 (liquid refrigerant) 가 evaporator로 들어가면, 이것이 outlet에 도착하기 전에 완전히 증기화된다.

liquid가 낮은 온도에서 증기화 되기 때문에 증기는 liquid가 완전히 증발된 후에도 차갑다.

찬증기 (cold vapor) 가 evaporator의 balance를 통과하면서 계속해서 열을 흡수해서 마침내 과열 (superheat) 이 된다.

vapor가 evaporator의 열을 흡수해서 이것이 과열 (superheat) 상태가 된다.

이것은 사실, 1 pound의 refrigerant의 refrigerating effect를 크게 한다.

1-18. Freon System 구성품

Fig. 1-38과 같이 freon system의 주요 구성품은 evaporator, compressor, condenser, 그리고 expansion valve 등이다.

작은 item으로 condenser fan, receiver (freon storage), dryer, surge valve, temperature control등이 있다.

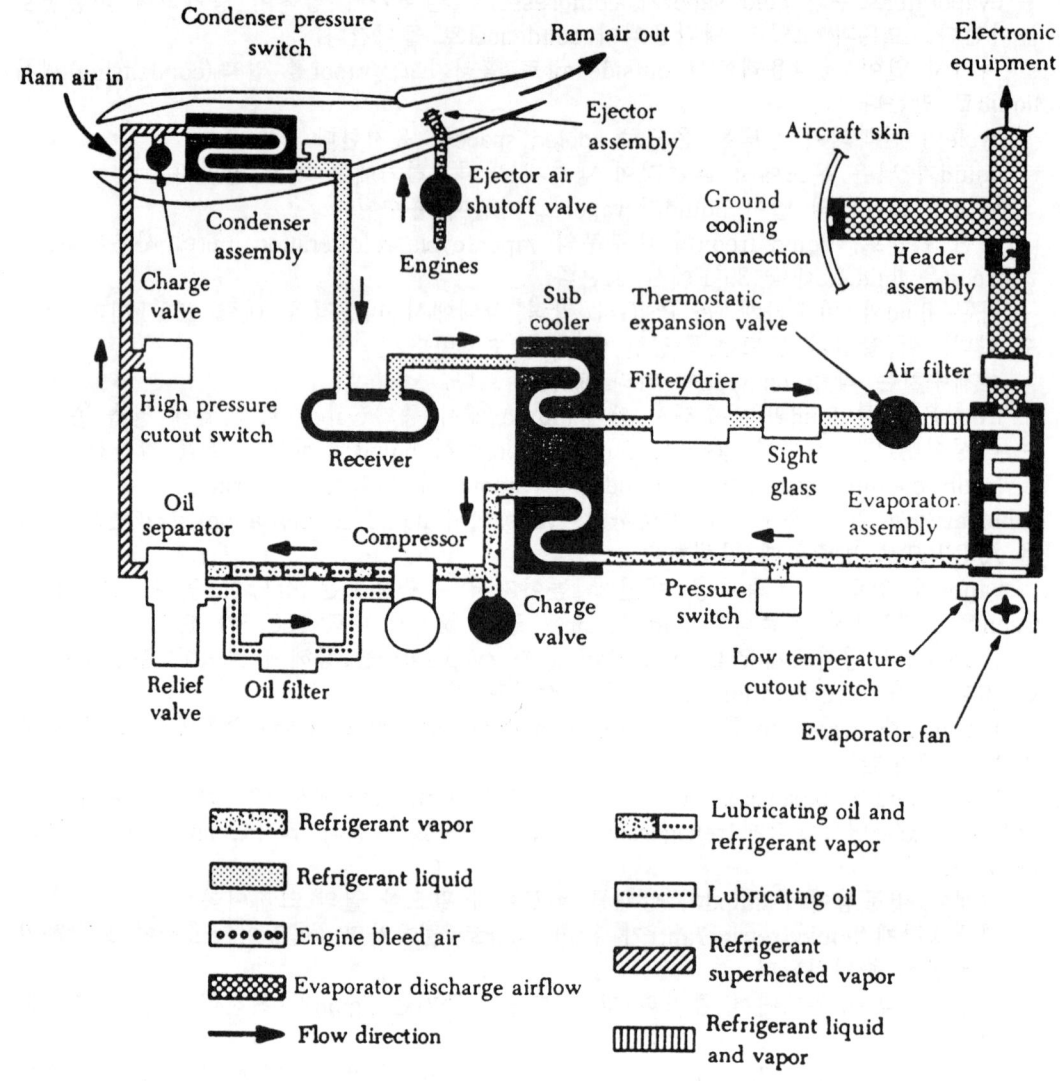

Fig. 1-38 Vapor cycle system flow schematic.

1) Freon System Operational Cycle Compressor

System의 작동원리는 compressor의 기능을 먼저 설명한다.
compressor는 freon이 vapor 상태일때 압력을 증가시킨다.
이 높은 압력이 freon의 응축온도를 상승시켜서 system을 통하는 freon의 순환에
필요한 힘을 만든다.

compressor는 electric motor나 air turbine drive mechanism에 의해 구동된다.

compressor는 centrifugal type이나 piston type이다.

compressor는 expansion valve와 연결되어 gas 상태의 freon에 작동하도록 설계되었고, evaporator와 condenser 사이의 차이를 유지한다.

만약 액체 냉각제(liquid refrigerant)가 compressor로 들어가면 부적당한 작동이 발생한다

이 type의 malfunction을 "slugging"이라고 부른다.

automatic control과 적절한 작동절차가 slugging을 막는다.

2) Condenser

Freon gas는 condenser로 pump된다.

condenser에서 gas가 열교환기(heat exchanger)를 지나면서 여기서 outside (ambient) air가 freon의 열을 흡수한다.

고압력 freon gas에서 열이 제거되면 상태변화가 생겨서 액체(liquid)로 변한다.

이 응축과정에서 freon에서 방출한 열을 cabin air에서 얻는다. (pick up)

condenser unit을 지나는 외부 공기흐름은 냉각 필요성에 따라 controllable inlet이나 outlet door에 의해 이루어진다.

condenser cooling air fan이나 air ejector는 가끔 외부공기를 강제로 condenser로 통하게 한다. 이것은 지상에서 system에서 작동할때 중요하다.

3) Receiver

Condenser의 액체 프레온(liquid freon)이 receiver로 흐르는데 이 receiver는 액체 냉각제(liquid refrigerant)의 reservoir의 역할을 한다.

receiver의 fluid level은 system 요구에 따라 다르다.

peak cooling period 중에는 load가 적을때보다 liquid가 적다.

receiver의 가장 중요한 기능은 thermostatic expansion valve로 많은 냉각요구 상태에서 냉각제(refrigerant)가 부족하지 않게한다.

4) Subcooler

일부 vapor cycle system은 subcooler를 사용해서 액체 냉각제(liquid refrigerant)가 receiver를 떠난후에 온도를 낮춘다.

냉각제를 냉각시켜 미리 증기화 되는것을 막는다.

maximum cooling은 냉각제가 액체에서 기체 상태로 바뀔때 발생한다.

만약 냉각제가 evaporator에 도착하기 전에 증기화되면 system의 냉각 효율은 감소한다.

subcooler는 열교환기로 receiver로부터의 액체 freon이 evaporator로 가서 찬 freon gas가 evaporator를 떠나서 compressor로 간다.

evaporator로의 liquid는 evaporator를 떠나는 찬개스에 비해 상당히 따뜻한 편이다.

비록 evaporator를 떠나는 gas가 evaporator를 통해 순환하면서 air로부터 열을 흡

수하지만 이것은 온도는 계속해서 40°F 근처이다.

이 찬 gas가 subcooler를 통해서 들어가서 여기서 추가적인 열을 얻는데, receiver 로부터 오는 상당히 따뜻한 liquid freon으로부터 열을 얻는다.

subcooler에서의 heat exchange가 liquid freon이 미리 기화되는 것을 일으키지 못 하는 수준으로 유지해서 evaporator로 간다.

subcooling은 일정한 압력에서 액체 냉각제의 냉각을 말하는 것으로 응축된 온도 이하로 된다.

freon vapor는 117 PSIG에서 100°F의 온도에서 응축된다.

만약 vapor가 완전히 응축된후에 liquid가 76°F까지 계속 냉각되면, 이때는 24°F만 큼 subcool된 것이다.

subcooling을 통해서 liquid는 expansion valve에 공급되어 미리 기화되는 것을 막 기에 충분히 차가워서 system이 더 효율을 갖는다.

5) Filter/Drier

Filter/Drier unit은 subcooler와 sight glass 사이에 설치되어 있다.

이것은 sheet-metal housing으로 inlet과 outlet이 연결되어 있고, 알루미나 건조제 (alumina desiccant) filter screen과 filter pad를 갖고 있다.

알루미나 건조제는 습기흡수의 역할을 해서 dry freon이 expansion valve로 간다.

원추형 screen과 fiber glass pad가 filtering device의 역할을 해서 오염균 (contaminant) 을 제거한다.

expansion valve에서의 습기는 evaportor의 flooding이나 starvation을 만든다.

6) Sight Glass

Refrigerant unit의 추가보급 여부를 알기위해 liquid line sight glass나 liquid level gage가 filter/drier와 thermostatic expansion valve 사이의 line에 설치된다.

일부 system에서 sight glass는 filter/drier의 part이다. refrigeration unit 작동중에 sight glass를 통해서 freon 냉각제가 꾸준히 흐르는것을 볼수 있으면 충분한 상태이 고, 만약 bubble(거품)이 sightglass에 나타나면 냉각제를 보급해야 한다.

7) Expansion Valve

다음단계를 위해 expansion valve로 liquid freon이 흘러간다.

condenser에서 나오는 freon은 고압력 액체 냉각제이다.

expansion vavle는 freon 압력을 낮추어 이것이 liquid freon의 온도를 낮춘다.

liquid freon이 차거우면 evaporator를 지나는 cabin air가 더 차거워진다.

expansion valve는 evaporator 가까이에 붙어있고, evaporator로 가는 냉각제의 흐 름을 측정한다.

효율적인 evaporator 작동은 evaporation의 열교환기로 들어가는 액체 냉각제의 정 확한 측정에 달려있다.

만약 evaporator에 더해지는 열이 일정하면 orifice size는 계산할수 있고, 냉각제 공급을 조절하는데 사용한다.

그러나 실제에서는 heat load가 변해서 refrigerant throttling device를 사용해서 evaporator의 starvation(부족)이나 flooding을 막는다.

이것이 evaporator에 영향을 주어서 system이 효율적으로 작동한다.

이 variable-orifice effect는 thermostatic expansion valve에 의해 이루어지는데, 이것이 evaporator 상태를 감지해서 냉각제(refrigerant)를 측정해서 만족한 양을 조절한다. evaporator를 떠나는 gas의 온도와 압력을 감지해서 expansion valve는 evaporator의 flooding 가능성을 없애서 액체 냉각제(liquid refrigerant)를 compressor로 return한다.

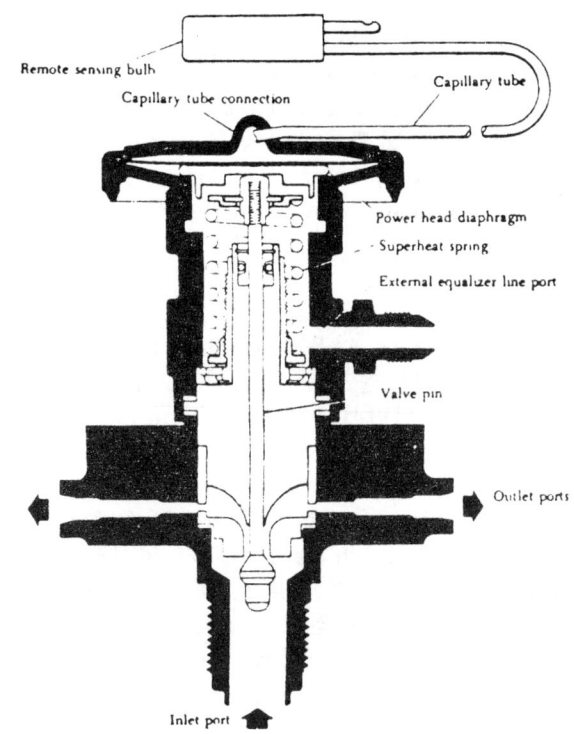

Fig. 1-39 Schematic of thermostatic expansion valve.

Fig. 1-39는 expansion valve의 구성도로 inlet과 outlet port를 갖고 있는 housing으로 구성된다. outlet port로의 refrigerant의 흐름은 metering valve pin의 위치에 의해서 조절된다. valve pin positioning은 superheat spring setting, remote sensing bulb, external equalizer port를 통해 공급되는 evaporator 유출압력등에 의해 만들어진 압력에 의해 조절된다.

remote sensing bulb는 냉각제로 채워져 있고, bulb는 evaporator에 붙어있다.

bulb안의 압력은 evaporator를 떠나는 냉각제압력에 일치한다.

이 힘은 valve의 power head section의 diaphram의 top에서 감지되고, 압력이 증가하면, valve가 "open" 쪽으로 움직인다.

diaphram의 bottom side는 superheat spring의 힘으로 superheat spring의 힘으로 evaporator 유출압력이 valve pin을 닫는쪽으로 작용한다.

만약 evaporator를 떠나는 gas의 온도가 superheat valve가 원하는 것보다 높으면 remote bulb에 의해 감지된다.

bulb에서 발생하는 압력은 valve의 power section의 diaphram에 전달되어 valve pin이 open되게 한다.

evaporator를 떠나는 gas의 온도가 감소되면, remote bulb의 압력이 감소되어 valve pin은 "closed" 위치로 움직인다.

superheat spring은 evaporator를 떠나는 gas의 superheat의 정도를 조절하도록 설계되었다.

어떤 압력에서 액체가 기체로 바뀌는데 필요한 온도보다 vapor의 온도가 높으면

superheat 되었다고 말한다.

이것은 compressor로 return되는 freon을 기체상태로 유지시켜 준다.

equalizer port는 superheat setting이 갖고있는 evaporator 자체의 압력강하 (pressure drop) 효과를 보상한다.

equalizer는 evaporator 방출압력을 감지해서 power head diaphram에 곧바로 영향을 주어서 expansion valve pin 위치가 원하는 superheat 수치에 유지시켜 준다.

8) Evaporator

Expansion valve 다음의 cooling flow line에 있는것이 evaporator로서 열교환기로 냉각공기를 위한 통로를 형성하고, freon 냉각제를 위한 통로를 형성한다. air가 evaporator를 지나면서 차거워진다. evaporator에서 freon은 액체에서 기화상태로 바뀐다. 사실, evaporator에서 freon이 끓고, freon의 압력은 조절되어 boiling (기화)이 발생하는 온도는 cabin air temperature 보다낮다.

정확한 boiling 온도를 만들어내는 압력 (saturated pressure)은 너무 낮으면 안된다. 너무 낮으면 cabin air의 습기가 얼어서 evaporator의 통로를 막는다.

freon이 evaporator를 통과해 지나면서 완전히 기체상태로 바뀐다.

이것이 최대냉각을 얻고, liquid freon이 compressor로 가는것을 막는다.

evaporator는 cabin air에서 열을 얻어서 cabin air는 차거워진다.

freon system의 모든 다른 구성품은 실제 냉각이 발생하는 evaporator를 보조하도록 설계한다.

evaporator를 떠난후에 기화된 냉각제는 compressor로 들어가고 압축된다.

열은 condenser의 벽을 통해서 뽑아내어 condenser의 바깥주변의 순환하는 air에 의해서 밖으로 보낸다.

vapor가 액체로 응축되면서 열을 빼앗기고, 이열은 다시 evaporator에서 액체가 기화상태로 바뀔때 다시 얻는다.

condenser로부터 액체 냉각제 (liquid refrigerant)가 receiver로 들어가서 cycle이 반복된다.

1-19. Vapor Cycle System 설명 (Boieing 707 and 720 A/C)

Vapor cycle air conditioning system은
ⓐ air turbine centrifugal compressor
ⓑ primary heat exchanger
ⓒ refrigeration unit
ⓓ heater
ⓔ airflow 조절 valve 등이다.

Fig. 1-40은 vapor cycle system의 구성도이다.

1) Air Turbine Compressor

객실과 조종석은 두개의 air turbine centrifugal compressor (turbo-compressor)에

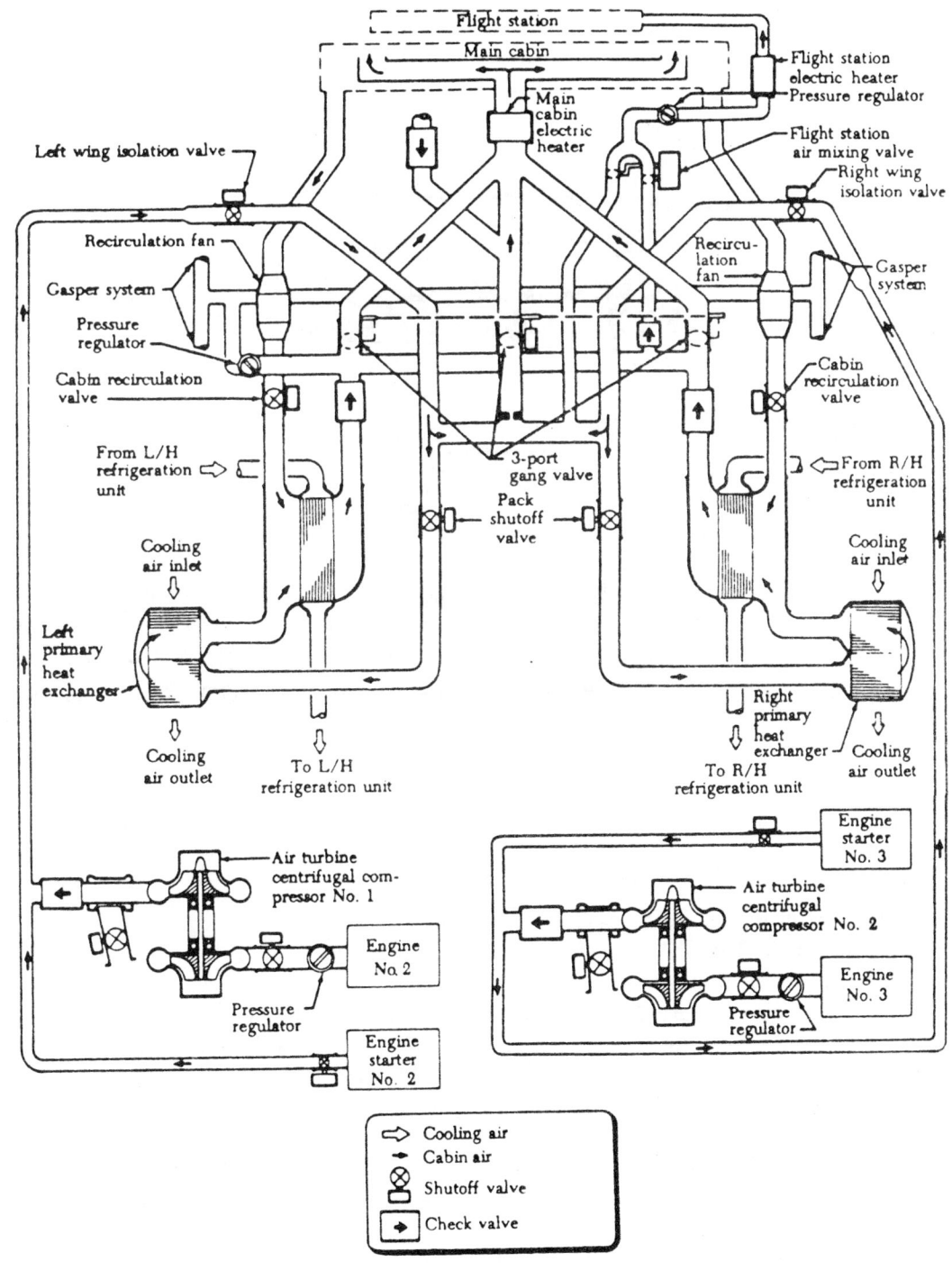

Fig. 1-40   Schematic of vapor cycle air conditioning system on Boeing 707 and 720 airplanes.

513

의해 여압된다.

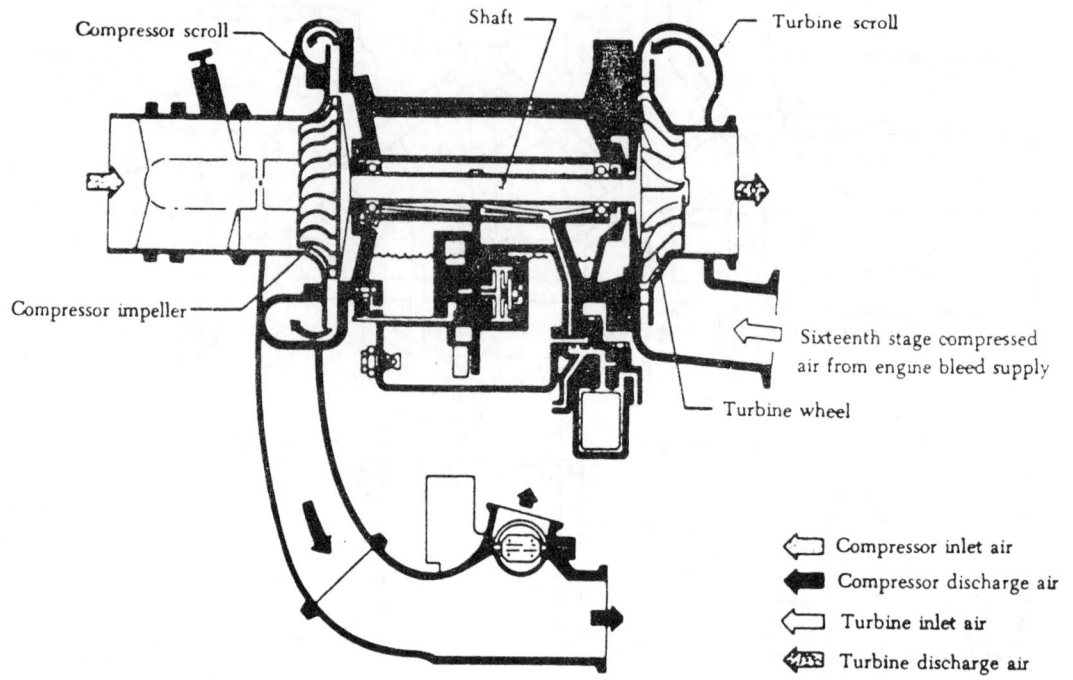

Fig. 1-41   Schematic of air turbine centrifugal compressor.

Fig. 1-41은 compressor로 turbine section과 compressor section으로 나눈다.

turbine section inlet duct은 engine bleed air manifold의 16단계 압축공기와 연결된다.

이 bleed air는 170 PSI의 압력을 갖고 있다.

이 고압력 고속도 공기는 turbine inlet으로의 air duct leading에 위치해 있는 차압조절기 (differential pressure regulator)에 의해 76 PSI로 감소된다.

이 조절된 air pressure는 turbine을 49,000 rpm으로 회전시킨다.

compressor가 직접 turbine에 연결되어 있어서, 이것도 같은 속도로 회전한다.

compressor output은 최대 50 PSI에서 대략 1070 cu. ft의 air/minute이다.

compressor section inlet은 ram-air-scoop에 연결되고, outlet은 duct를 통해서 냉난방 장치 (air conditioning system)에 연결된다.

air flow가 duct를 지나고, wing isolation valve를 지나 shutoff valve를 통과하고, 일차 열교환기 (primary heat exchanger)로 간다.

2) 일차 열 교환기 (Primary Heat Exchanger)

Vapor cycle system에는 두개의 일차 열교환기 (primary (air-to-air) heat

514

exchanger)가 좌측과 우측에 위치해 있다.

각 일차 열교환기는 duct assembly, core assembly, pan assembly로 구성된다. 용접된 duct assembly는 inlet outlet 통로를 갖고 있다. tube type core assembly는 unit의 중심부분을 형성한다. pan assembly는 tube를 둘러싸고 있다. 객실 환기용 공기 (cabin ventilating air)가 core assembly의 tube의 안쪽을 지나서 흐른다. ram air는 tube의 바깥 공간과 주변을 강제로 지나게 된다. Fig. 1-42는 일차 열교환기의 구성도이다. 일차 열교환기는 객실 환기용 공기가 torbo-compressor에서 오면 압축으로 인해 10%의 열을 제거하고, 이것이 air를 차게해서 바깥 온도보다 10°~25° 정도 높은 온도를 만든다.

3) Refrigeration Unit

일차 열교환기에서 유출공기가 refrigeration unit으로 보내진다.

두개의 refrigeration unit이 vapor cycle system의 좌,우측에 위치해 있다.

각 refrigeration unit은 electric motor driven freon compressor, air-cooled refrigerant condenser, receiver(freon container), evaporator heat exchanger, dual control valve, heat exchanger(liquid-to-gas) 그리고 unit 작동에 필요한 electrical componet 등으로 구성되어 있다. system에 사용하는 냉각제는 freon 114 이다.

윤활오일이 refrigeration unit의 freon에 첨가되어 compressor bearing의 윤활을 한다.

air가 원하는 온도로 차가워지면 cabin과 flight deck로 보내진다.

4) 전기 히터 (Electric Heater)

Main cabin ventilating air와 flight compartment ventilating air는 분리되서 가열되는데, 각각 electric heater에 의해서 이루어진다.

flight compartment heater는 core로 되어 있는데 이 core는 9개의 electrical heater element가 4각형의 aluminum shell assembly에 붙어있고, 3개의 protector, A.C power가 element에 연결되어 있고, thermal protector에 control circuit이 연결되어 있다. main cabin heater는 상당히 큰 용량을 갖고 있다.

5) Air Routing / Valve

Three-port gang valve(Fig. 1-40)가 선택된 온도에 맞게 cabin으로 가는 hot air나 cold air를 조절한다.

1-20. 냉난방 및 여압장치 점검 (Air Conditioning and Pressurization System Mointenance)

1) Freon 12

Freon 12는 가장많이 사용하는 냉각제 (refrigerant) 이다. 이것은 낮거나 높은 온도에서 안정되어 냉난방 장치 (air conditioning system)의 seal이나 material에 반응하지 않고 불연성이다. freon-12는 14.7 PSI--21.6°F에서 끓는다.

이것이 피부에 닿으면 동상 상태가 되며 눈에 들어가면, 깨끗한 mineral oil이나 petroleum jelly로 닦아내고 붕산수(boric acid)로 닦고, 곧바로 병원으로 간다.

freon는 색깔이 없고, 냄새도 없고, 유독(non-toxic)하지 않지만 공기보다는 무겁다. 밖에서 가열하면 독가스(phosgene gas)를 만들어 치명적이다. freon 작업을 할때는 얼굴을 가리고, 장갑을 끼고, 기타 보호용 옷을 입는다.

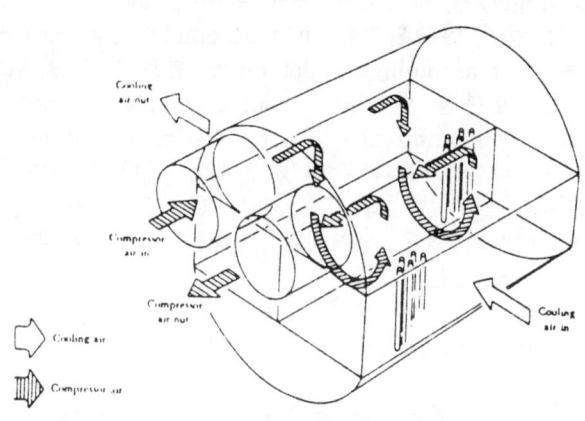

Fig. 1-42   Schematic of primary heat exchanger.

2) Manifold Set

Freon system을 정비하기 위해서 open하면 freon의 일부와 oil을 잃는다.

효율적인 작동을 위해 이것을 보충해야 한다. 이작업을 위해 special gage set과 inter connected house가 필요하다.

manifold set은 mainfold에 3개의 fitting이 있고, refrigerant service hose가 붙어있다. 두개의 hand valve에는 "0" ring type seal이 있고, 두개의 gage가 있는데 하나는 system의 low pressure 용이고, 나머지 하나는 high pressure 용이다.

low pressure gage는 compound gage로 대기압도 같이 지시한다.

이것은 약 30 inches of mercurg gage pressure(below atmospheric)에서 60 PSI gage pressure까지 지시한다.

high pressure gage는 0~600 PSI gage 압력을 나타낸다.

low pressure gage는 manifold의 low side fitting에 연결한다.

high pressure gage는 마찬가지로 high side fitting에 연결한다.

manifold의 center filting은 hand valve에 의해 low service fitting과 high service fitting 혹은 gage로부터 분리할수(isolate) 있다.

이 valve를 시계방향으로 완전히 돌리면, center fitting은 분리된다.

만약 low pressure valve가 open되면(반시계 방향으로 돌리면) center fitting은 low pressure gage 쪽으로 open되고 low side service line이 open된다.

high pressure valve가 open되면 high side도 마찬가지다.

system을 servicing할때 manifold의 filting에 special hose를 연결한다.

high pressure charging hose를 high side의 service vlave에 붙이는데, compressor discharge, receiver dryer, 혹은 expansion valve의 inlet등 어디든 상관없다.

low pressure hose는 compressor inlet, expansion valve의 discharge side의 service valve에 연결한다.

system evacuation을 위해 vacuum pump를 center hose에 연결하고, charging

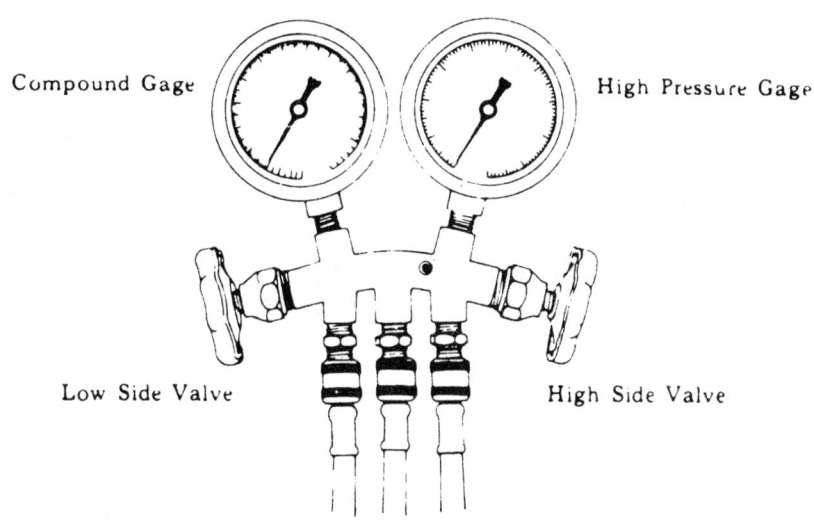

Fig. 1-43   Freon manifold set.

hose는 Schrader valve가 있어서 valve를 depress하는 pin이 있어야 한다.

3) 개스 정화 (Purging the System)

Freon system을 정비를 위해서 open하면 system을 깨끗히 해야한다.
manifold를 앞에서 설명한 것처럼 연결한다.
그러나 center hose는 vacuum pump에 아직 연결되지 않았다.
center hose를 깨끗한 towel로 막고, 양쪽 valve를 천천히 open한다.
이것이 gas가 밖으로 나가게 하지만 system의 oil은 그대로 남아있다.
두 gage 모두 "0"가 되면 system을 open한다.

4) 습기 배출 (Evacuating the System)

단지 몇방울의 습기(moisture)가 냉난방 장치(air conditioning system)를 오염시키
거나 완전히 block 시킨다. 만약 이 습기가 expansion valve에서 얼게되면 valve의 기
능이 정지된다. evacuation에 의해 계통의 수분을 제거한다. 언제든지 system이 open
되면 recharging 하기전에 반드시 evacuate해야 한다. mainfold set을 system에 연결
하고, center hose는 vacuum pump에 연결한다. pump가 압력을 감소시키고, 기화된
습기를 system에서 빼낸다. pump를 사용해서 air conditioning system을 evacuating하
는데 1분에 0.8 cubic ft의 air를 pump해서 이것은 약 29.62 inHg(gage pressure)로
evacuate하는 것과 같다. 이 압력에서 물은 45°F에서 끓는다. system evacuating이나
pumping에 보통 60분이 소요된다.

5) 재충전 (Re Charging)

System은 배출(evacuation)로 비어있는 상태이고, 모든 valve를 닫고, center hose
를 냉각제 보급기(refrigerant supply)에 연결한다.

container valve를 open하고, system으로 연결된 high side hose를 느슨하게 푼다.
약간의 freon이 밖으로 나간다. 이것이 manifold set을 정화한다. hose를 다시 조
인다. high pressure valve를 open하면, 이것이 freon이 system으로 들어가게 한다.

low pressure gage가 지시하기 시작하고, system의 진공(vacuum)은 차츰 없어진
다. 두 valve를 잠근다. engine을 start해서 1250 rpm에 set한다. control을 full
cooling에 set한다. freon container를 똑바로(upright)해서 vapor가 나오게 한다. low
pressure valve를 open해서 system으로 vapor가 들어가게 한다. 가능한 정해진 양의
freon를 system에 넣는다. valve를 닫고, manifold set을 remove하고 operation check
을 실시한다.

6) 압축기 오일 점검 (Checking Compressor Oil)

Compressor는 refrigeration system의 기밀된 유닛(sealed unit)이다. 언제든지
system을 배출(evacuate)하면 oil양을 점검해야 한다. filler plug를 열고, dipstrick을
이용해서 오일양을 점검한다. 제작자가 정한 범위내에 있어야 한다.

제2장 산소장치일반 (Oxygen System General)

2-1. 산소장치 종류

대기는 산소(oxygen) 21%, 질소(nitrogen) 78%, 기타 1% 등으로 구성되어 있다. 이중에서 산소가 가장 중요하다. 고도가 높아지면서 air와 air pressure가 감소한다. 결과적으로, 생존을 위해 이용할수 있는 산소의 양이 줄어든다. 항공기 산소장치 (A/C oxygen system)는 대략 40,000ft의 고도에서 허파의 산소가 충분해서 정상활동을 할수 있도록 산소를 공급한다.

현대의 수송용 항공기는 순항고도에서 객실여압(cabin pressurization)을 하여 객실 압력 고도(cabin pressure altitude)를 8,000~15,000ft 사이를 유지하므로 이러한 상태 에서는 산소는 필요치 않다. 그렇지만 객실여압의 고장등에 대비해서 산소장비 (oxygen equipment)가 준비되어야 한다. 휴대용 산소장비(portable oxygen equipment)가 응급(first-aid)의 목적으로 준비되어 있다. 일부 A/C는 continuous-flow oxygen system이 있어서 승객과 승무원이 이용할수 있다.

pressure demand system이 crew system에 널리 사용되고, 특히 대형 수송용 A/C 에 많이 사용한다. 대부분의 A/C는 이 두 system을 모두 사용하고, 휴대용 장비 (portable equipment)도 준비되어 있다.

1) Continuous Flow System

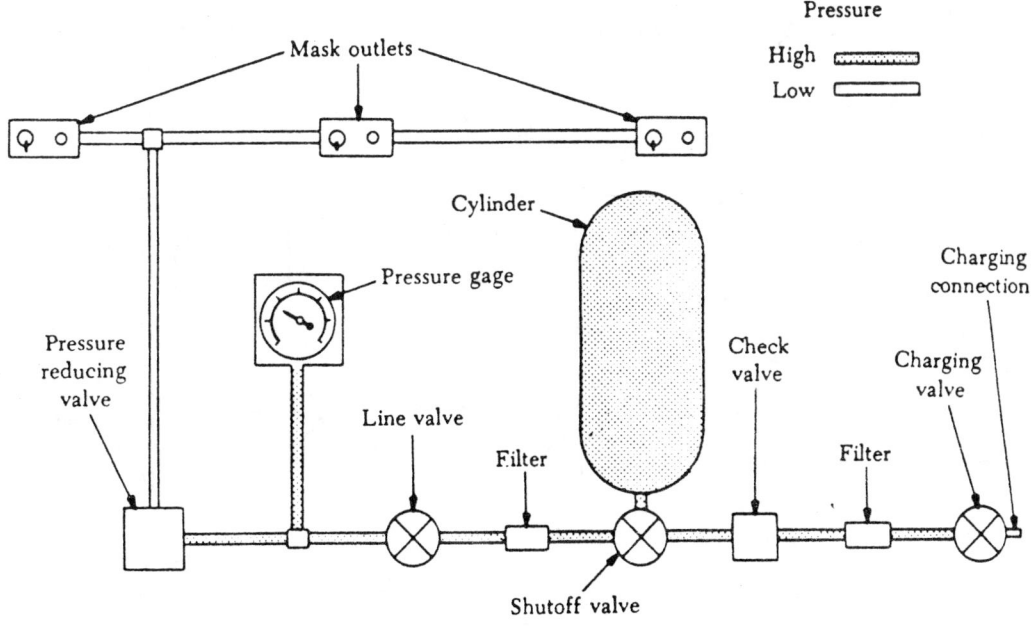

Fig. 2-1   Continuous-flow oxygen system.

Fig. 2-1은 기초적인 continuous-flow oxygen system이다.

Line valve를 "on"하면 산소가 충전된 cylinder에서 high-pressure line을 통해 pressure-reducing valve로 가고, 여기서 mask outlet에서 필요한 압력으로 감소시킨다. outlet의 조절된 orifice는 mask로 공급되는 산소의 양을 조절한다.

passenger system은 산소 플러그가 승객 좌석근처의 cabin wall에 위치하여 산소마스크(oxygen mask)를 여기에 연결할수 있거나 만약 여압이 안될경우에 각 승객에게 자동적으로 mask가 떨어지도록 한다

어느 경우든 산소는 공급되고, 가끔 자동적으로 manifold에서 공급된다.

system의 automatic control(barometric control valve)은 승무원에 의해 수동으로도 작동될 수 있다.

2) Pressure-demand System

Fig. 2-2는 간단한 pressure-demand oxygen system이다.

각 조종사에게 pressure-demand regulator가 있어서 각자 필요한 만큼 regulator를 조절할수 있다.

3) 휴대용 산소장비 (Portable Oxygen Equipment)

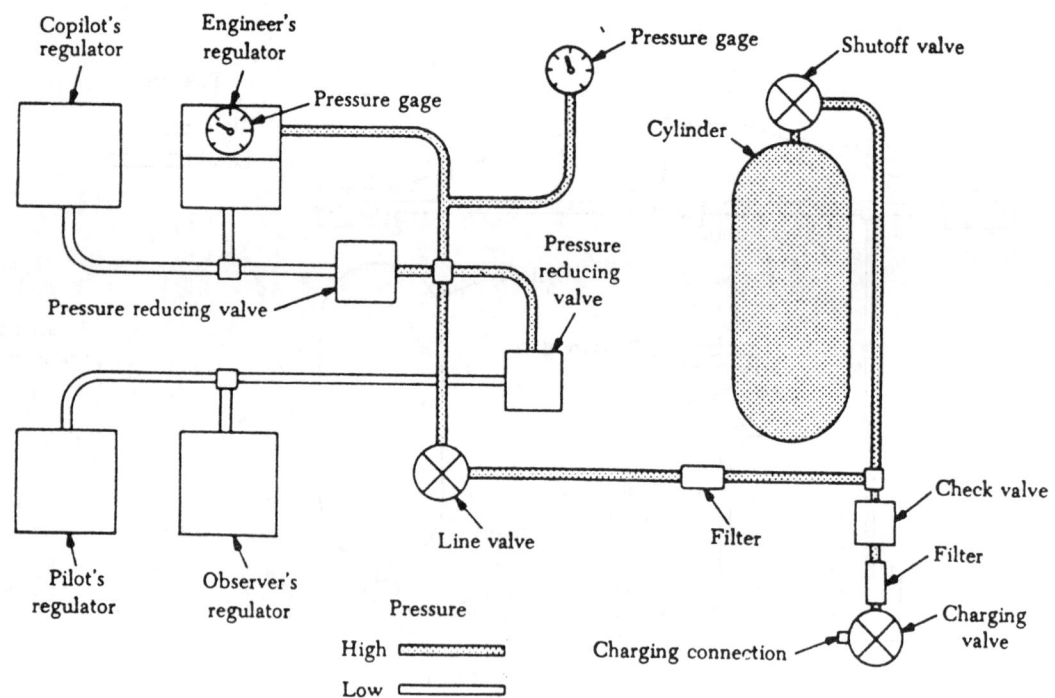

Fig. 2-2 Typical pressure-demand oxygen system.

휴대용 산소장비는 경량의 강철합금 oxygen cylinder로 되어있고, flow control/reducing valve와 pressure gage가 붙어있다.

호흡용 마스크(breathing mask)에는 유연성의 tube가 연결되어 있고, bag이 달려 있다.

충전된 cylinder 압력은 1800 PSI 이지만 cylinder 용량은 각각 다르다.

가장 많이쓰는 휴대용 장비는 120-liter 용량의 실린더이다. 사용하는 장비에 따라 다르지만 최소 두가지의 흐름비율은 선택할수 있는데 normal이나 high이다. 일부 장비는 3개의 흐름비율 선택이 normal, high, emergency 등으로 할수 있고, 이것은 2, 4, 10 liter per minute와 같다. 이 흐름비율(flow rate)로 120 liter cylinder는 60, 30, 12분간 사용할 수 있다.

또한 위에서 설명한 산소장치에는 특별한 연기방지 안면마스크(facial)와 투명한 눈보호용 visor가 함께 구비되어 있다.

2-2. Oxygen Cylinder

Oxygen high pressure나 low-pressure oxygen cylinder에 저장된다.

high-pressure cylinder는 heat-treated alloy로 제작되거나 바깥에 wire로 둘러싸서 부서지는 손상(shaltering)을 막는다.

모든 high-pressure cylinder는 녹색(green color)이나 "AVIATORS' BREATHING OXYGEN"의 흰색으로 1-inch 크기로 쓰여있는 것으로 식별할수 있다.

high-pressure cylinder는 각각 다른 용량과 모양으로 제작된다.

이 cylinder 최대 충전은 2,000 PSI가 가능하지만 정상적으로 1800~1850 PSI의 pressure로 채운다.

두가지 type의 low-pressure oxygen cylinder가 있다.

하나는 stainless steel로 만들어졌고, 다른하나는 열처리된(heat-treated) low-alloy steel로 만든다.

stainless steel cylinder는 narrow stainless-steel band를 seam 용접으로 cylinder body에 붙여서 nonshatterable로 제작한다.

low-alloy steel cylinder는 보강밴드는 없지만 열처리(heat treatment) 과정을 통해서 nonshatterble로 만든다.

이것은 body에 "NONSHATTERABLE" 이라고 쓰여있다.

두가지의 low-pressure cylinder는 서로 다른 크기로 엷은노랑(light yellow)으로 칠해져 있다. 이 color는 이것은 low-pressure oxygen에만 사용한다는 뜻이다.

cylinder는 최대충전 450 PSI가 가능하지만 정상적으로 400~425 PSI로 채운다. 압력감소가 50 PSI까지 되면 cylinder는 빈(empty)것으로 취급한다. cylinder는 두가지 type의 valve로 되어야 한다. 하나는 self-opening valve coupling assembly가 oxygen tubing에 붙어 있으면 이 valve는 자동적으로 open되어 valve outlet으로 연결된다. 이 coupling check valve를 자리에서 뜨게해서 cylinder에서 oxygen이 oxygen system을 채우게 된다. 다른 type은 hand-wheel, 수동식 valve이다.

이 valve는 cylinder가 A/C에 설치될때 "full on" 위치에서 safety wire가 되어있어야 한다.

이 valve는 oxygen system의 부품을 제거 및 교환 할때는 꼭닫아야 하고, cylinler 가 A/C에서 제거될때도 닫아야 한다.

cylinder에 disk가 있어서 만약 cylinder 압력이 불안전상태 이상으로 상승하면 rupture(파열)되도록 한다.

disk는 보통 valve body에 있어서 위험한 압력 상승의 경우에 A/C의 밖으로 cylinder를 vent시킨다.

2-3. 고체 산소장치 (Solid State Oxygen System)

비상시 공급되는 산소는 25000ft 이상을 비행하는 여압 항공기에 반드시 필요하다.

화학적 산소 발생기 (chemical oxygen generator)는 압축산소 실린더(compressed oxygen cylinder)와 다르고, 액체산소(liquid oxygen)는 공급할 때 oxygen으로 전환된다.

Fig. 2-3은 120 standard cu. ft oxygen(10 lbs)이다.

Fig. 2-4는 system 작동에 필요한 hardware이다.

이 고체 산소 발생장치는 공간을 고려할때 가장 효율적이다.

또한 이 system은 장비품이나 정비가 적게든다.

solid state는 chemical source로 sodium chlorate, formuld 염산나트륨(NaClO3)이다.

478°F까지 가열하면, 염산나트륨(sodium chlorate)은 무게의 45%까지 gaseous oxygen을 방출한다. 염산나트륨을 분해하기에 필요한 열은 iron이 염소산염과 섞여서 이루어진다.

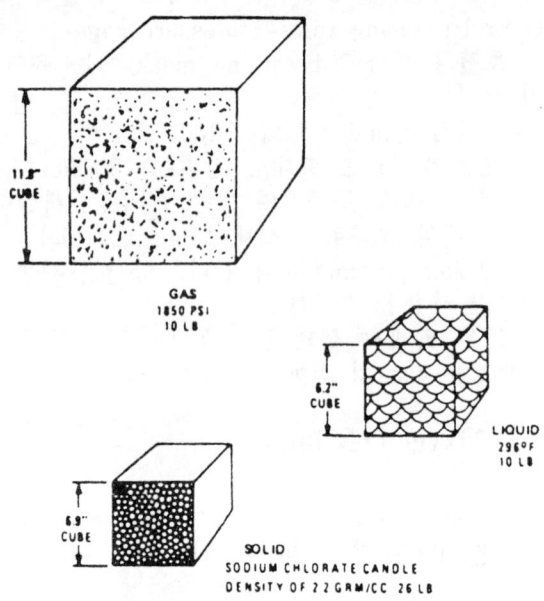

Fig. 2-3   Volume comparison.

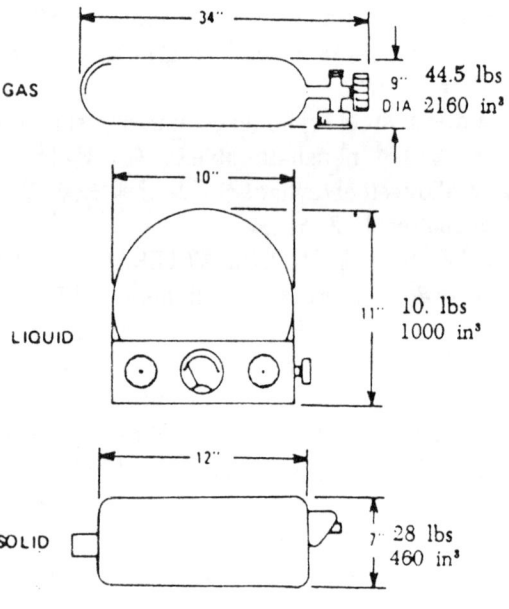

Fig.2-4   Weight and volume comparison--gas. liquid and solid oxygen storage.

522

1) 산소발생기 (Oxygen Generator)

Fig. 2-5는 기초적인 산소발생기 구성도이다.

center axial position은 염산나트륨(sodium chlorate)의 core iron, 기타 다른 혼합성분으로 되어있다.

이 item은 oxygen candle로 부르고, 이유는 한쪽끝에서 점화되기 때문이고, 촛불과 똑같은 방법으로 타들어간다.

core의 주변은 다공성 포장으로 되어 있으며 이것은 core를 지지해주고, gas가 outlet 쪽으로 흘러나갈때 소금입자(salt particle)를 여과한다.

container의 outlet end는 chemical filter와 particular filter가 있어서 gas를 마지막으로 깨끗이해서 의학적으로 순수한 호흡용 산소를 공급한다.

맨처음의 device로는 package의 integral part이다. 이것

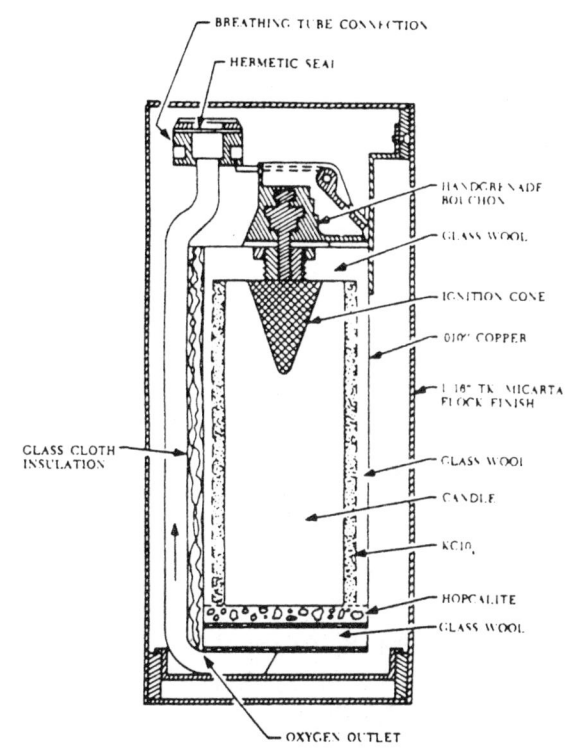

Fig. 2-5   Apparatus for burning chlorate candles.

은 기계적인 격발장치(mechanical percussion device)거나 전기적인 폭관(electric squib)이다. 전체 assembly는 얇은 shell의 용기에 들어있다.

작동에서, core의 한쪽끝에서 burning이 시작되는데 이것은 squib나 percussion device의 작동에 의한 것이다.

산소방출비율(oxygen evolution rate)은 core의 단면적과 burn rate에 비례한다. burn rate는 chlorate내의 연료의 집중에 의해 결정한다. 어떤 경우는 core의 한쪽끝이 다른 쪽보다 크다.

이것의 목적은 처음의 몇분간에는 높은 산소방출비율(oxygen evolution rate)을 가능하게한 경우로 비상강하시(emergency descent) 공급등의 경우이다.

이것은 on/off valve와 mechanical controller도 없다. refill은 단순히 교환하거나 전체를 바꾼다.

2-4. 산소 연결관 (Oxygen Plumbing)

Tubing과 filting이 oxygen system plumbing을 만들고 여러가지 component를 연결한다. 모든 line은 금속이고, 유연성이 필요한 곳에는 고무호스를 사용한다.

몇가지의 다른 크기와 형태의 oxygen tubing이 있다. low-pressure gaseous system에 가장 자주 사용하는 것이 알루미늄 합금으로 만든 것이다.

이 tubing은 부식과 응력등에 잘 견디고, 무게가 가볍고, 쉽게 성형할 수 있다. high-pressure gaseous supply line은 동합금으로 만든다.

A/C에 설치된 oxygen tubing은 tubing의 양쪽끝에 붙어 있는 color-coded tape으로 식별한다.

이 color-code는 일정한 간격으로 계속 붙어있다.

tape coding은 green band 위에 "BREATHING OXYGEN"이라고 적혀있고, 흰색바탕에 검은색 사각형이 그려져있다.

1) Oxygen System Fitting

Tube간의 연결은 fitting에 의해 서로 연결되거나 system component에 연결된다.

tube간의 fitting은 flared tube connection을 받을수 있게 straight thread로 되어 있다.

tube와 구성품간(cylinder, regulator, idicator) fitting은 tubing 끝부분에 straight thread가 있어서 다른쪽 끝에는 external pipe thread(tapered)가 되어 있어 component에 연결된다.

oxygen system fitting은 aluminum alloy, steel, brass 등으로 만든다.

이 fitting은 flare나 fareless 중 어느 한가지이다.

Fig. 2-7은 flarless type fitting이다.

flareless fitting에는 sleeve가 flareless seat에 끼워져야 한다.

presetting은 sleeve의 cutting edge를 만들어 tube를 쥐게 되어 sleeve와 tubing 사이에 seal

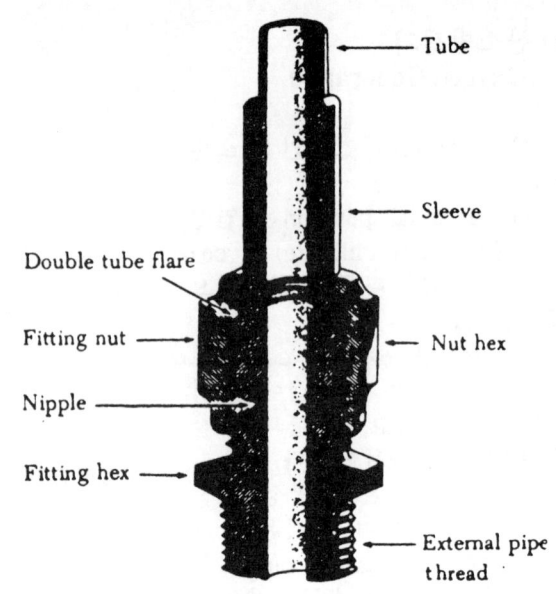

Fig. 2-6　Sectional view of a typical oxygen system fitting.

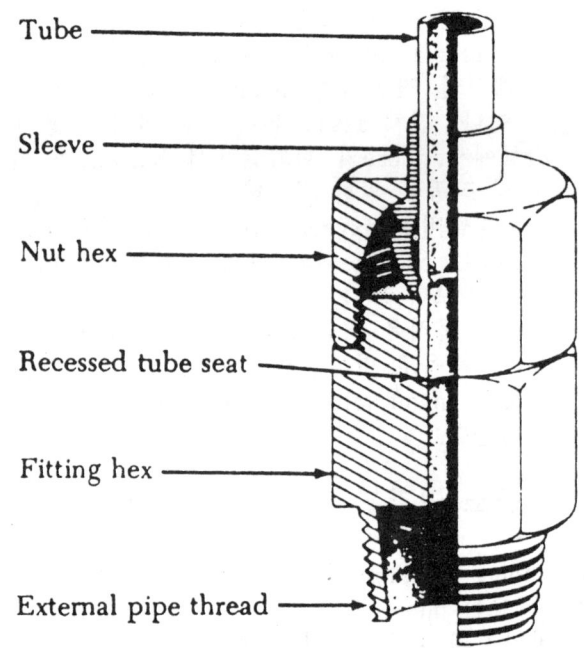

Fig. 2-7　A typical flareless fitting.

을 형성한다.

oxygen system을 sealing 하기위해 tapered pipe thread connection과 thread 고착을 막기 위해 허가된 thread compound를 사용한다.

oxygen system에는 oil grease, 다른 hydrocarbon등을 어떤 fitting에도 사용해서는 안된다.

oxygen tubing과 electrical wire이 사이의 간격은 6 inch를 유지하는 것이 바람직하다.

이것이 불가능하면, electrical wire를 clip으로 안전하게해서 oxygen tubing과 2 inch 이상을 떨어지게 유지한다.

2-5. Oxygen Valve

5가지 type의 valve를 high-pressure gaseous oxygen system에서 볼수 있다.

filler valve, check valve, shutoff valve, pressure reducer valve, 그리고 pressure relief valve등이다.

low-pressure system은 filler valve와 check valve를 갖고 있다.

1) Filler Valve

Oxygen system filler valve 는 "OXYGEN FILLER VALVE" 라고 밖에 적혀 있다.

두가지 type의 oxygen filler valve가 사용되는데 low-pressure filler valve와 high-pressure filler vavle이다.

Fig. 2-8은 low-pressure filler valve로 low-pressure cylinder의 system에 사용한다. low pressure oxygen system을 servicing할때 재충전 adapter를 filler valve casing 쪽으로 밀어 놓는다.

이것이 filler valve를 seat에서 떨어지게해서 oxygen이 servicing cart에서 A/C oxygen cylinder로 들어간다.

filler valve는 spring-loaded locking device를 갖고 있어서 recharging adapter를 붙잡아준다.

filler valve에서 adapter가

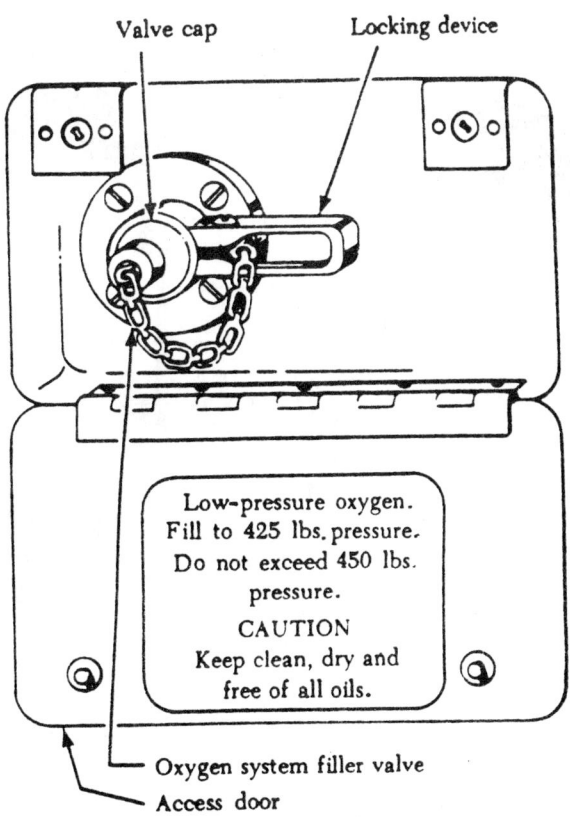

Fig. 2-8   Low-pressure gaseous oxygen filler valve.

remove되면 거꾸로 흐르는 oxygen이 check valve에 의해 차단된다.

high-pressure valve는 oxygen supply connector에 연결되고 manual valve는 oxygen 흐름을 조절한다.

oxygen system을 service 하기위해 high-pressure filler valve를 사용하고, A/C filler valve의 recharging adapter에 연결한다.

filler valve의 manual valve를 open하고 bottle을 채운다. recharging이 끝나면 valve 를 닫고 recharging adapter를 제거하고 valve cap을 닫는다.

2) Check Valve

Check valve는 하나 이상의 storage cylinder를 갖고있는 A/C의 cylinder 사이에 있다. 이것은 oxygen의 역류를 막고, 어느 하나의 storage cylinder의 누설로 인한 모든 oxygen 손실을 막는다.

oxygen이 오직 한쪽으로 흐르는지 점검한다.

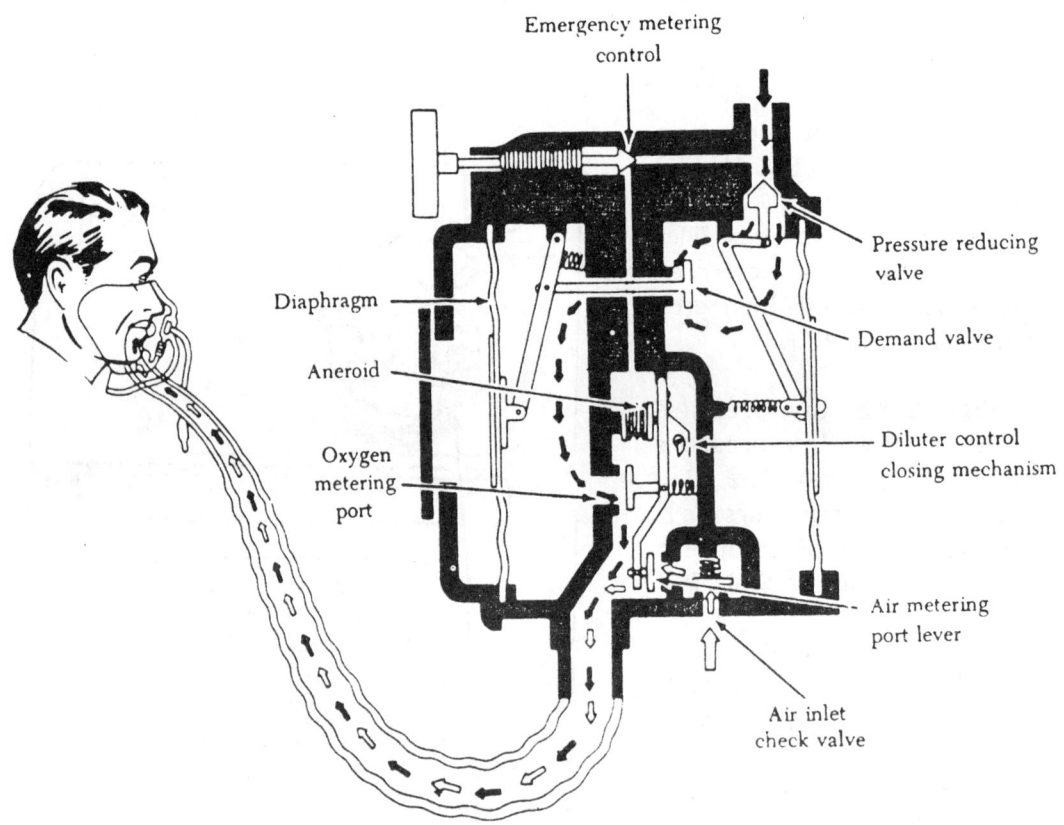

Fig. 2-9   Schematic of a diluter-demand regulator.

흐르는 방향은 화살표로 표시한다

2가지 type의 check valve가 흔히 사용되는데, 하나의 type는 spring-loaded ball을 갖고 있는 housing으로 되어 있다.

pressure가 inlet 쪽으로 가해지면, ball이 spring 힘을 누르고 oxygen이 흐른다.

pressure가 같으면 spring이 ball을 re-seat 시켜서 oxygen의 역류를 막는다.

다른 type은 bell-mouth hollow cylinder로 captive ball과 잘 맞는다.

pressure가 bell-mouthed end(inlet)에 공급되면 ball이 oxygen을 흐르게 허용한다.

역류되는 ball이 seat로 움직여서 inlet을 막아서 역류를 막는다.

3) Shutoff Valve

수동으로 조절되는 two-position(on, off) shutoff valve는 cylinder로부터 나오는 oxygen의 흐름을 조절한다.

정상 작동에서 knob는 valve를 조절해서 "on" position에 있게 한다.

valve를 열때는 knob를 아주 천천히 "on" position으로 한다.

그렇치 않으면 high pressurized oxygen이 갑자기 들어가서 line을 파열시킨다.

4) Pressure-Reducer Valve

High-pressure oxygen system에서 pressure-reducing valve는 supply cylinder와 cockpit나 cabin equipment 사이에 설치된다.

이 valve는 oxygen supply cylinder의 high pressure를 system의 low-pressure part 가 요구하는 300~400 PSI까지 낮춘다.

5) Pressure-Relief Valve

Pressure-relief valve는 high-pressure system의 main supply line에 있다.

relief valve는 만약 reducer가 고장나면 pressure reducer의 system downstream(출 구쪽)에서 high pressure oxy-gen이 system으로 들어가는 것을 막는다.

relief valve는 기체표면에 blowout plug로 vent 되도록 한다.

2-6. 조절기 (Regulator)

1) Diluter-Demand Regulator

이것은 숨쉴때 들이쉬는 숨에 맞게 산소가 공급되는 것으로부터 이름이 유래되었다.

산소공급을 계속하기 위해

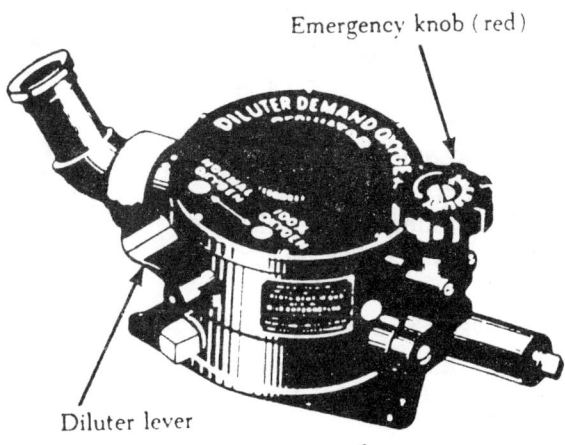

Fig. 2-10   Diluter-demand regulator control.

527

산소는 자동적으로 regulator에서 회석 되어진다. 이 회석은 고도 34,000ft 이하에서 발생한다.

diluter-demand regulator의 특징은 diaphram-operated valve로 demand valve라고 부르고, 들이쉴때 diaphram의 약간의 suction에 의해 open된다. 그리고 내쉴때 닫힌다. demand valve의 upstream(입구쪽으로 들어가는것)의 reducing valve는 working pressure를 조절한

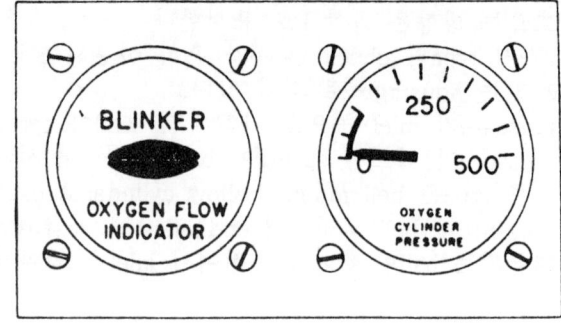

Fig. 2-11   Flow indicator and pressure gage.

다. demand valve의 downstream(통해서 나오는쪽)은 diluter control의 colsing mechanism이다.

이것은 aneroid assembly(sealed, evacuated bellows)로 되어있고, 이것이 air inlet valve를 조절한다.

diluter lever가 "Normal oxygen"에 위치하면 ground level의 대기압에 아주적은 oxygen이 더해진다.

고도가 증가하면서 air inlet는 bellows에 의해 점차 닫혀서 34,000ft 까지는 oxygen이 집중되고, 이 고도에서 air inlet이 완전히 닫혀서 100% oxygen을 공급한다. 고도가 감소되면서 이 과정은 거꾸로된다.

Fig. 2-10은 diluter control이고, 어느 고도에서든 lever를 돌려서 100% oxygen을 줄수있게 한다. diluter control은 모든 보통의 작동에서는 "Normal oxygen" 에 set 한다.

다음 목적으로 "100% oxygen"을 선택할수 있다.

   ⓐ 배기가스(exhaust gas) 특성이 있거나 해로운 gas가 A/C내에 있을때.

   ⓑ bend나 chock를 피하기 위해.

   ⓒ oxygen 부족을 느낄때 등이다.

diluter-demand regulator는 emergency valve가 있고, red knob에 의해 작동된다.

이 valve를 open하면 순수한 산소의 일정한 흐름이 mask로 가게 되는데 이때는 고도에 관계없다.

아래 설명은 diluter-demand

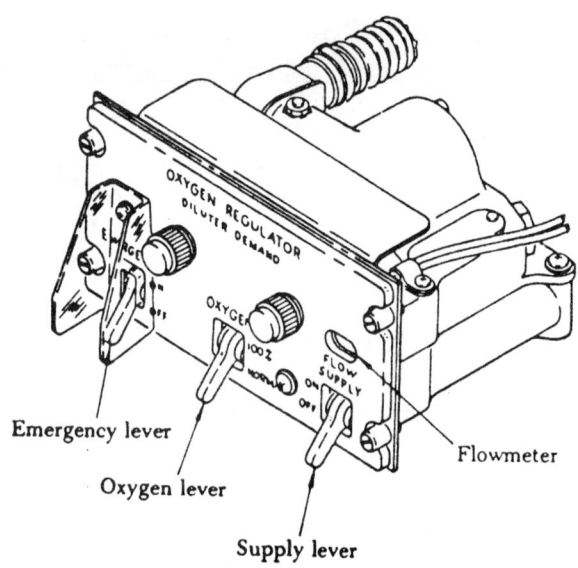

Emergency lever

Oxygen lever

Supply lever

Flowmeter

Fig. 2-12   Typical narrow panel oxygen regulator.

528

regulator의 작동을 점검하는 절차이다.

우선, oxygen system pressure gage를 점검해서 425~450 PSI 사이를 지시해야 하고, 다음의 순서로 system을 점검해야 한다.

ⓐ oxygen mask를 각 diluter demand regulator에 연결한다.

ⓑ diluter-demand regulator의 auto-mix lever를 100% oxygen"으로 돌리고, 주의깊게 oxygen이 새는지 여부를 듣는다.

ⓒ mask로 정상적으로 호흡한다. oxygen flowmeter는 매번 숨쉴 때마다 깜박거린다.

Fig. 2-11은 oxygen flowmeter와 pressure gage이다.

ⓓ auto-mix lever를 "100% oxygen"에 놓고 mask와 regulator hose의 open end를 입에대고 hose에 가볍게 분다(blow). 너무세게 불지 말것. 왜냐하면 regulator의 relief valve가 vent된다. 이상태에서 어느정도의 저항이 계속 있어야 한다. 그렇치 않으면 diaphram이나 air-metering system의 일부 part가 누설되는 것이다.

ⓔ auto-mix lever를 "normal oxygen"으로 돌린다.

ⓕ dilutor-demand regulator의 emergency valve를 몇초동안 "on" position으로 돌린다. oxygen이 꾸준히 흘러서 emergency valve를 turn off하면 그만 흐른다.

ⓖ emergency valve를 "off" position내에 satety wire로 고정시킨다.

이때 사용하는 safety wire는 QQ-W-341이나 가열냉각된 copper wire, 0.0179 in diameter를 사용한다. 다른 type의 diluter-demand regulator가 narrow panel type이다.

이 type regulator face에는 float-type flow indicator가 있어서 oxygen이 regulator를 통해 mask로 흐르는 signal을 나타낸다. regulator face는 3개의 manual control lever가 있다. supply lever는 oxygen supply valve를 열거나 닫는다. emergency lever는 pressurized oxygen을 얻는다. oxygen selector lever는 air/oxygen mixture나 오직 oxygen을 선택한다.

Fig. 2-13은 narrow panel oxygen regulator 작동이다.

supply lever가 "on" position에 있고, oxygen selection lever가 "normal" position, 그리고, emergency lever가 "off" position에 있으면 oxygen이 regulator inlet로 들어간다. demand diaphram에 충분한 차압이 있으면 demand valve가 open되어 mask로 oxygen이 공급된다.

mask를 사용해서 숨쉬는 cycle 중에는 이 차압이 계속 존재한다.

demand valve를 지난 후에

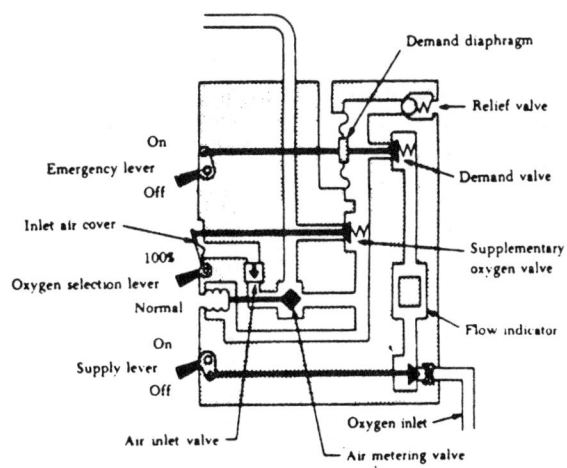

Fig. 2-13   Schematic of a narrow panel. oxygen regulator.

529

는 oxygen이 air와 섞여서 air inlet port를 통해 들어간다. 혼합비는 aneroid-controlled air metering valve에 의해 결정된다.

high oxygen ratio는 고고도에서 이루어지고 high air ratio는 낮은 고도에서 이루어진다.

air inlet valve는 oxygen이 흐르는 동시에 air flow도 시작하게 해준다.

air가 추가로 더해지는것은 oxygen selection lever를 "100%" 로 돌리면 중단된다.

이 lever가 "normal"에 있으면 air가 air inlet port를 통해서 들어가고, 필요한 만큼이 oxygen에 더해져서 알맞는 air/oxygen 혼합을 만든다.

regulator outlet의 positive pressure emergency lever를 "on"해서 얻는다.

이것은 mechanical load를 demand diaphram에서 주어서 positive outlet pressure를 제공한다.

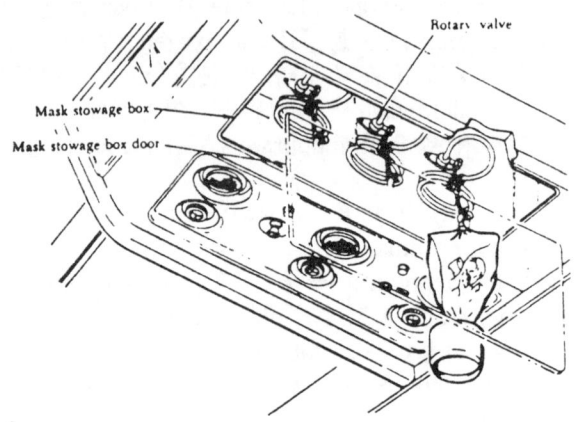

Fig. 2-14   Typical passenger service unit.

2) Continuos-Flow Regulator

Hand-adjustable과 automatic type의 continuous-flow regulator는 승객과 승무원의 산소공급을 위한 것이다.

hand-adjustable, continuous-flow regulator는 조절할수 있는 rate로 사용자의 mask에 연속적인 산소를 공급한다.

이 system은 pressure gage, flow indicator, 그리고 oxygen flow를 조절하는 manual control knob등이 있다.

pressure gage는 cylinder oxygen의 PSI를 나타낸다.

flow indicator는 altitude 단위로 calibrate되어 있다. manual control knob는 산소 흐름을 조절한다. 사용자는 manual control knob를 flow indicator의 고도를 cabin altimeter reading과 맞을때까지 조절할수 있다.

automatic continuous-flow regulator는 수송용 항공기에 사용되어 cabin pressure가 15,

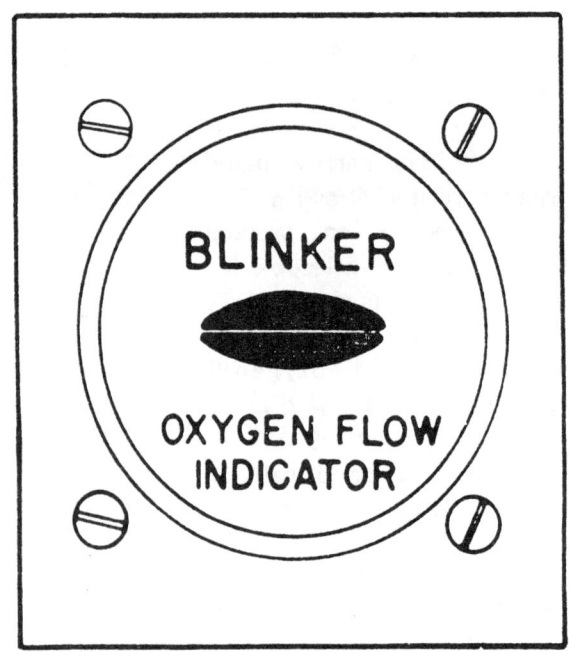

Fig. 2-15   Oxygen flow indicator.

000ft에 상당하는 고도에 이르면 각 passenger에게 자동적으로 산소를 공급한다.

system의 작동은 전기적으로 작동하는 장치에 의해 자동적으로 작동한다.

이 system은 automatic regulator가 고장이면 전기적으로 혹은 수동으로 작동한다.

Fig. 2-14는 passenger service unit이다.

처음 몇초간 산소가 흐를때 50~100 PSI의 pressure surge가 oxygen mask box door를 open 되게한다.

2-7. 산소장치 흐름 지시계기 (Oxygen System Flow Indicator)

Oxygen system에 사용하는 flow indicator는 산소가 regu-lator를 통해서 흐를때 육안 indicator을 준다.

Fig. 2-15는 blinker type indicator로 사용자가 들이쉬고, 내 쉴때마다 열리고 닫히고 한다. flow indicator를 점검하기 위해 diluter lever를 "100% oxygen"에 set하고, mask와 regulator hose에서 정상호흡을 한다.

만약 blinker가 매번 숨쉴때마다 열리고 닫히면 정상적으로 작동하는 것이다.

2-8. 압력 게이지 (Pressure Gage)

Pressure gage는 bourdon tube-type이다.

Fig. 2-16에 두개의 oxygen gage가 있는데 하나는 low-pressure gage이고, 다른 하나는 high-pressure gage이다. low-pressure system에서 ser-vicing cart pressure가 425 PSI 일때 A/C gage는 35 PSI 안에 있어야 한다. 같은 방법으로 high-pressure system을 점검하지만, servicing pressure가 1850 PSI일때 tolerance로 100 PSI는 허용된다.

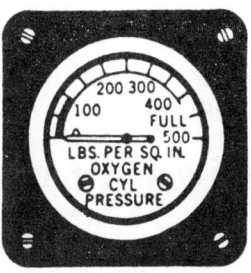

Low-pressure gage   High-pressure gage

Fig. 2-16　Oxygen pressure gages.

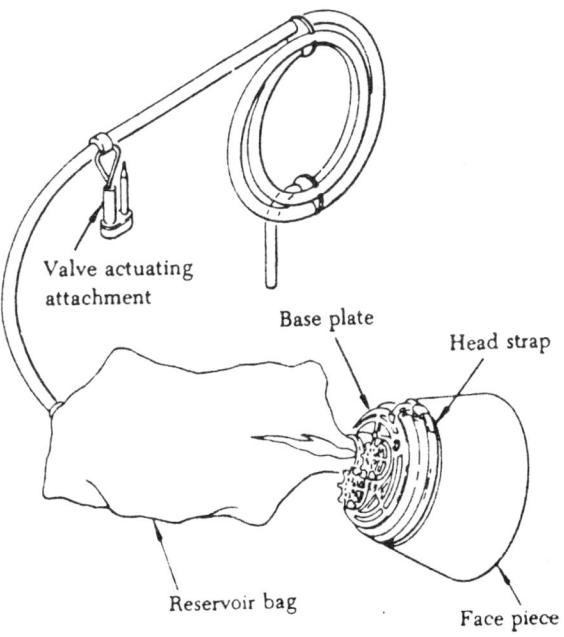

Fig. 2-17　Passenger oxygen mask.

2-9. Oxygen Mask

Fig. 2-17은 passenger mask이다.

mask를 닦을때는 부드러운 soap와 water solution으로 닦고 나중에 깨끗한 물로 씻는다.

2-10. 산소 공급

A/C filler valve에 연결하기 전에 connecting hose를 깨끗히 한다.

너무 빠르게 넣으면 overheating이 생기므로 cylinder valve를 천천히 열고, charging 중에는 자주 압력을 점검한다.

A/C에 사용하는 geseous breathing oxygen은 water vapor가 없고, 최소한 99.5% 이상 순수해야 한다.

이 oxygen은 220~250 cuft high-pressure cylinder에서 공급한다.

cylinder는 짙은 녹색으로 구별할수 있고, cylinder의 윗부분에 흰색 band가 칠해져 있다.

또한 cylinder 길이 방향으로 "OXYGEN AVIATORS' BREATING" 이라고 쓰여있다.

제3장 Ice and Rain Protection

3-1. 제빙장치 (Deicing System)

1) 결빙의 영향 (Icing Effect)

A/C에 ice가 생기면 성능과 효율에 여러가지로 영향을 미친다. ice가 형성되면 항력(drag)이 커지고 양력(lift)이 감소된다. 이것은 심한 진동을 일으키고 계기의 지시를 방해한다. 조종면(control surface)이 unbalance가 된다. fixed slot에 ice로 채워지고, movable slot는 움직이지 못한다.

radio 수신에도 방해를 받는다.

icing을 막는 방법(anti-icing)이나 형성된 얼음을 제거(deicing)하는 방법은 A/C에 따라 다르다.

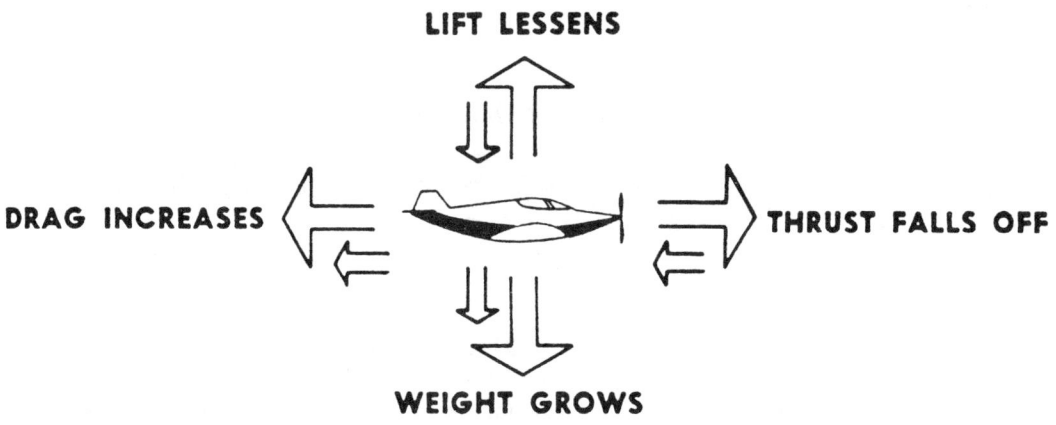

Effects of Icing are Cumulative

LIFT LESSENS

DRAG INCREASES

THRUST FALLS OFF

WEIGHT GROWS

Stalling Speed Increases

Fig. 3-1   Effects of Structural icing.

2) 결빙 방지 (Ice prevention) 종류

A/C의 얼음형성을 막거나 제거하는 데는 몇가지 방법이 있는데
ⓐ hot air를 이용해서 표면을 가열한다.
ⓑ electrical element에 의해 가열시킨다.
ⓒ 형성된 얼음을 부순다. 이때는 inflatable boot를 이용한다.

533

ⓓ alcohol을 뿌린다.

표면의 anti-ice는 표면의 수분을 증발시킬 수 있는 온도까지 heating을 하거나, freezing을 막을수 있을 정도로만 heating 하거나 얼음이 형성되게 한 다음, 깨버린다.

결빙을 막거나 제거하는 system은 icing 상태가 존재할때 비행안전에 해가 되서는 안된다. 항공기 결빙은 아래의 방법으로 조절한다.

얼음의 위치	조절방법
1. wing의 L/E	pneumatic, thermal
2. vertical과 horizontal stabilizer의 L/E	pneumatic, thermal
3. windshield, window, radom	electrical, alcohol
4. heater와 engine air inlet	electrical
5. stall warning transmitter	electrical
6. pitot tube	electical
7. flight control	pneumatic thermal
8. propeller blade L/E	electrical alcohol
9. carburetor	thermal, alcohol
10. lavatory drain	electrical

3-2. 압축공기식 제빙장치 (Pneumatic Deicing System)

압축공기식 제빙장치는 boot나 shoe라고 부르는 고무 제빙기(rubber deicer)를 wing과 stabilizer의 전연(leading edge)에 붙인다.

deicer는 팽창식 tube로 되어 있다. 작동중에, tube는 압축된 공기로 팽창되고, 수축된다.

FIG. 3-2는 반복되는 cycle을 보여주고 있다. 이 수축과 팽창이 얼음을 깨거나 떼어 버린다. 일단 깨지거나 떨어진 얼음은 공기흐름으로 인해 깨끗이 없어진다.

decier tube는 engine-driven air pump(vacuum pump)에 의해 부풀어지거나 gas-turbine engine compressor의 bleed air로 부풀어진다.

팽창진행(inflation sequence)은 분배밸브(distributor valve)나 solenoid operated valve에 의해 조종된다.

3-3. 제빙 부트 구조 (Deicer Boot Construction)

deicer boot는 부드럽고 유연한 고무나 고무를 입힌 직물(rubberized fabric)로 만들고 관 모양의 air cell을 갖고 있다.

deicer의 바깥겹은 전도성의 neoprene이어서 다른 chemical이나 element에 쉽게 변하지 않는다.

neoprene는 전도성 표면을 만들어 정전기를 흩어지게 한다.

이 정전기가 쌓이면 결국은 radio 장비의 간섭을 일으킨다.

제빙 부트는 wing의 전연(leading edge), 기미 조정면(tail surface)등에 시멘트나 fairing strip 혹은 screw등으로 붙인다.

Fig. 3-3은 새로운 type의 deicer boot로서 시멘트로 표면에 완전히 붙인다. 이 type boot의 후연(trailing edge)은 taper가 있어서 매끄러운 날개를 만든다.

이 type은 fairing strip, screw 등을 쓰지 않아서 제빙 장치의 무게를 줄인다.

deicer boot air cell은 꼬이지 않는 유연성 hose에 의해 system pressure와 vacuum line에 연결한다.

deicer boot이외에, pneumatic deicing system은 pressurized air source, oil spearator, air pressure와 suction relief valve, pressure regulator와 shutoff valve, inflation timer, distribution valve나 control valve등으로 구성된다.

Fig. 3-4는 pneumatic system의 구성도이다. 이 system에서 system작동을 위한 air pressure는 engine compressor의 air bleed에 의해 공급된다.

compressor로 부터의 bleed air는 pressure regulator로 가게 된다.

regulator는 turbine bleed air의 pressure를 제빙 장치 압력으로 낮춘다.

ejector는 regulator의 출구쪽(down stream)에 위치하고 있어서 boot 수축에 필요한 vacuum을 제공한다.

air pressure와 suction relief valve 그리고 regulator는 pneumatic system 압력을 유지하고, 원하는 setting의 suction을 유지한다.

timer는 s/w circuit의 연속으로, solenoid-operated rotating step s/w에 의해 작동된다.

timer는 deicing s/w가 "on" position에 있을때 자화된다.

system이 작동할때, 분배 밸브(distributor valve)의 deicer port는 닫혀서 system operating pressure가 deicer가 연결된 port로 공급된다. 팽창 과정의 끝에서 deicer pressure port는 shut off되고, deicer의 air는 exhaust port를 통하여 외부로 배출된다.

deicer로부터 공기 흐름이 low pressure(대략 1 PSI)에 이르면 exhaust port는 닫

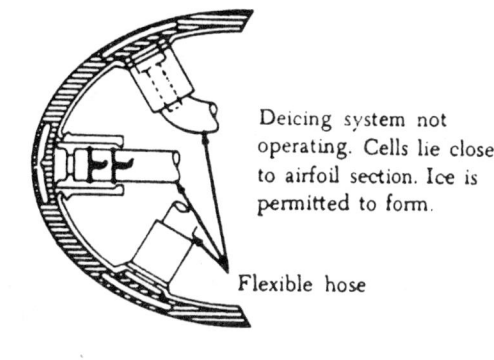

Deicing system not operating. Cells lie close to airfoil section. Ice is permitted to form.

Flexible hose

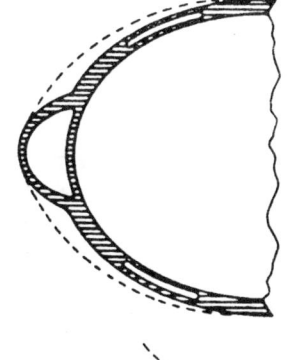

After deicer system has been put into operation, center cell inflates, cracking ice.

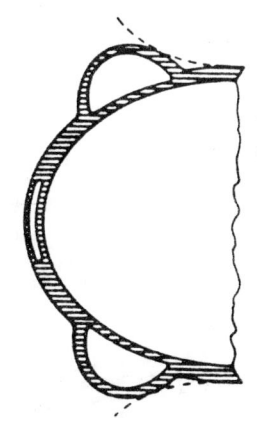

When center cell deflates, outer cells inflate. This raises cracked ice causing it to be blown off by air stream.

Fig. 3-2   Deicer boot inflation cycle.

한다.

vacuum이 exhaust로 다시 공급되어, deicer로 부터의 air가 남아 있다.

이 cycle은 system작동하는 동안 계속 반복된다.

만약 system이 멈추면, system timer는 자동적으로, starting position으로 return된다. pneumatic deicing system은 engine-driven air pump를 이용한다.

inflatable deicer는 wing 전연과 수평 안정판 전연(horizontal stabilizer L/E)에 있다. 이 system은 두개의 engine-driven air(vacuum) pump, 두개의 primary oil separator, 두개의 com-

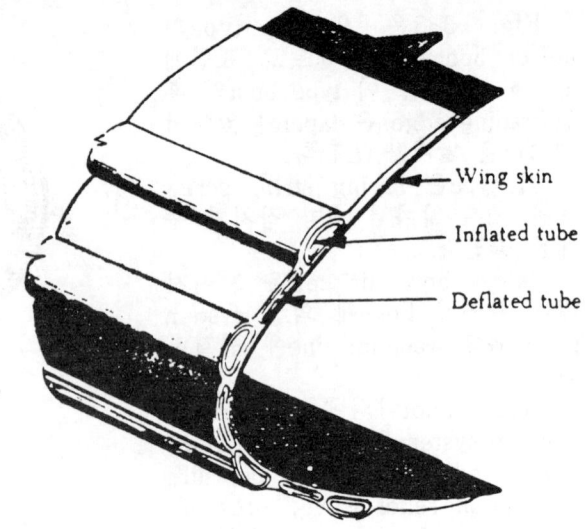

Fig. 3-3   Deicer boot cross section.

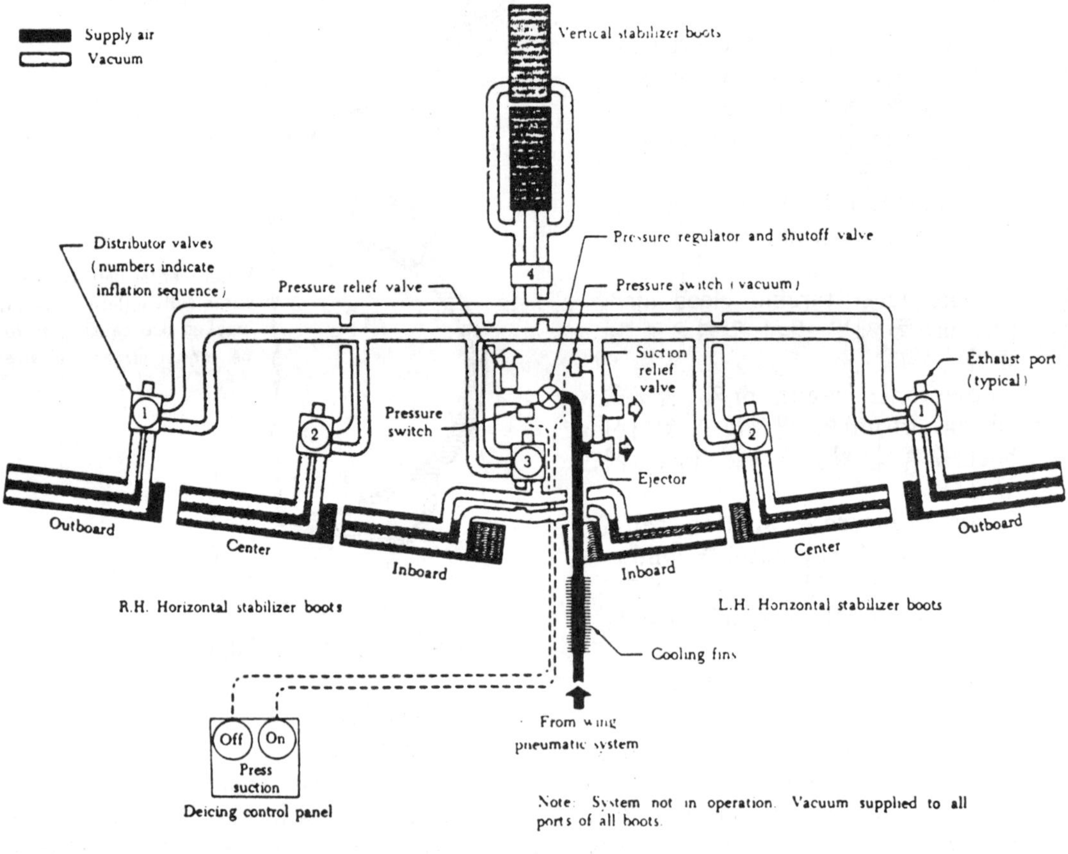

Fig. 3-4   Schematic of a pneumatic deicing system.

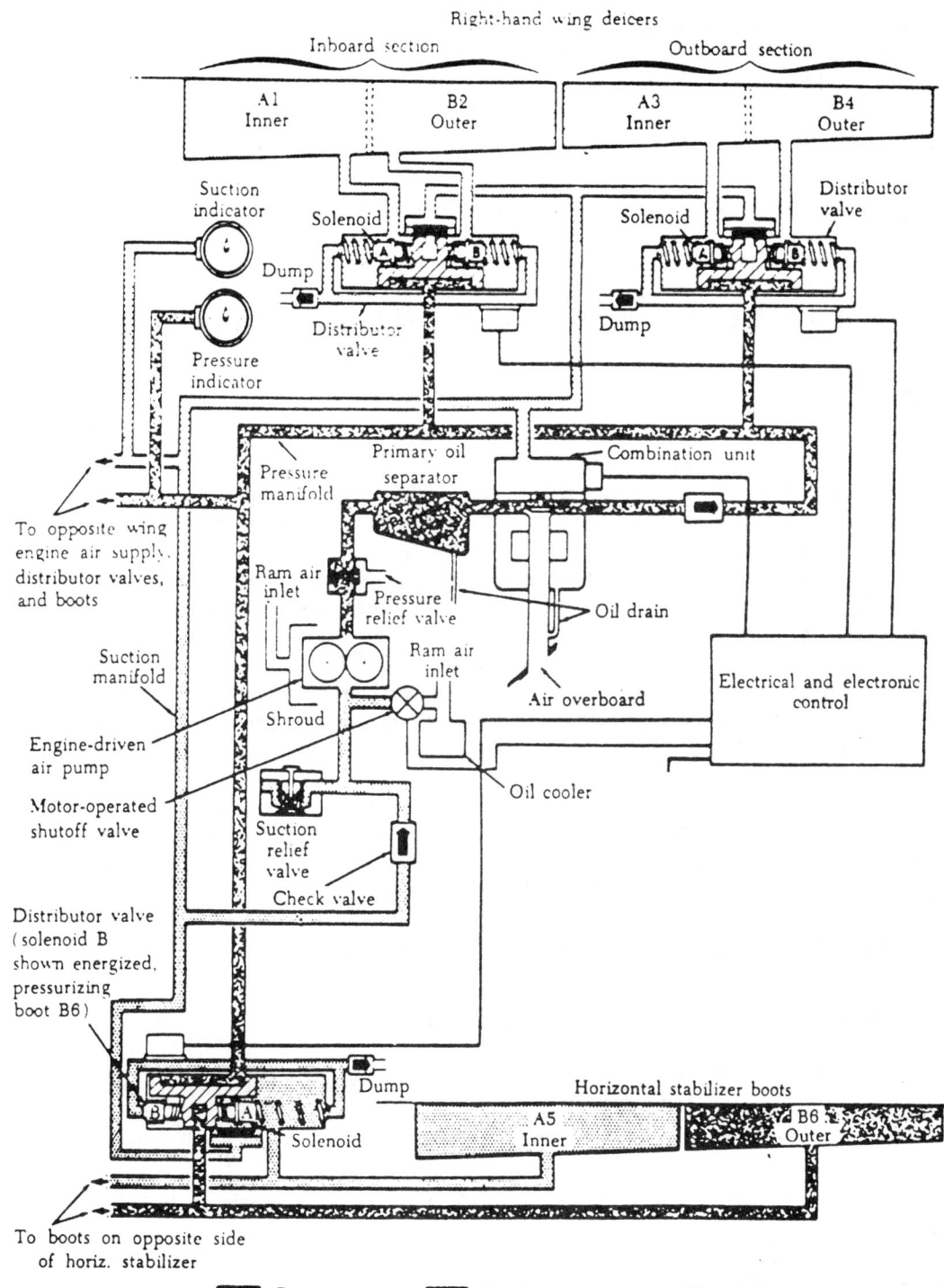

Fig. 3-5 A pneumatic deicing system using an engine-driven air pump.

537

bination unit, 6개의 distributor valve, electronic timer, 그리고 deicing control panel 의 control S/W등이다. system pressure를 지시하기 위해, suction indicator와 pressure indicator가 포함된다.

1) Pneumatic system 작동

Fig. 3-5에서와 같이 deicer boot가 각 section에 붙어 있다.
우측 wing boot는 두 section을 포함하는데,
ⓐ inboard(inner boot A1과 outer boot B2) section
ⓑ outboard(inner boot A3와 outer boot B4) section
우측 수평 안정판(horizontal stabilizer)은 두개의 boot section(inner boot A5와 outer boot B6)이 있다.
각 distributor valve는 각 wing boot section을 작동시키고, 다른 distributor valve가 두개의 horizontal stabilizer boot section을 작동시킨다.
각각의 distributor valve는 pressure inlet port, suction outlet port, dump port, 그리고 두개의 추가적인 port(A와 B)가 있다.
distributor valve A와 B port는 관계된 boot A와 B port에 연결된다.
pressure와 suction은 distributor valve solenoid servo valve의 움직임에 의해 A와 B port를 통해 교대로 된다.
각 distributor valve는 common pressure manifold와 common sunction manifold에 연결된다. pneumatic deicing system이 "on"되면, pressure와 suction은 engine-driven air(vacuum) pump에 의해서 공급된다.
각 pump의 suction side는 suction manifold에 연결된다.
각 pump의 pressure side는 pressure relief valve를 통해서 pressure manifold로 연결된다. pressure relief valve는 17 PSI로 pressure manifold의 pressure를 유지한다.
pressurized air가 primary oil separator를 지난다. oil separator는 air의 oil를 제거한 후에 combination unit으로 전달한다.
comination unit은 15 PSI로 조절하여 filter를 통해서 distributor valve로 간다. pneumatic deicing system이 off되면 pump suction은 adjustable suction relief valve에 의해 4 inHg로 조절되어 deicing boot가 수축된 상태로 붙잡고 있다. air pump pressure는 combination unit 에 의해 외부로 배출된다.

3-4. 제빙장치 구성품 (Deicing system component)

1) 엔진 구동 공기 펌프 (Engine-Driven air pump)

엔진 구동 공기 펌프는 rotary, 4-vane, positive displacement type이고 engine 의 accessory drive gear box에 붙어 있다.
각 pump의 compression side는 air pressure를 공급해서 wing과 tail deicer boot를 팽창 시킨다.
suction은 각 pump의 inlet side에서 공급되어 팽창되지 않을때는 boot를 붙잡고 있다.
한가지 type의 pump는 윤활을 위해 engine oil을 사용하고, drive gear는 accessory drive gear box의 drive gear와 맞물린다.
윤활과 기밀을 위해 pump에서 oil을 가져오고, pressure side를 통해 discharge되어 oil separator로 간다.

여기서, 대부분의 oil은 air에서 분리되어 engine oil sump로 되돌려진다.

new pump를 장착할때는, 상당히 주의해서 gasket의 oil passage, pump, engine mounting pad등이 나란해야 한다.

만약 oil passage가 맞지 않으면, 윤활부족으로 인해 pump가 손상된다. dry pump라고 부르는 다른 type의 vacuum pump는 특별히 compounded carbon part에 의해 pump lubrication이 제공된다. pump는 rotor를 위해 carbon vane으로 제작된다.

이 material은 rotor bearing으로 사용한다. carbon vane material은 조절된 rate로 마모되어 적절한 윤활을 제공한다.

이것이 external lubricant의 필요성을 없앤다.

air type의 pump를 사용할때,

Outlet port

Intake port

Holes in adapter flange for engine pad lubrication. If this type pump is used, be sure the holes are open and not covered by the flange gasket at installation.

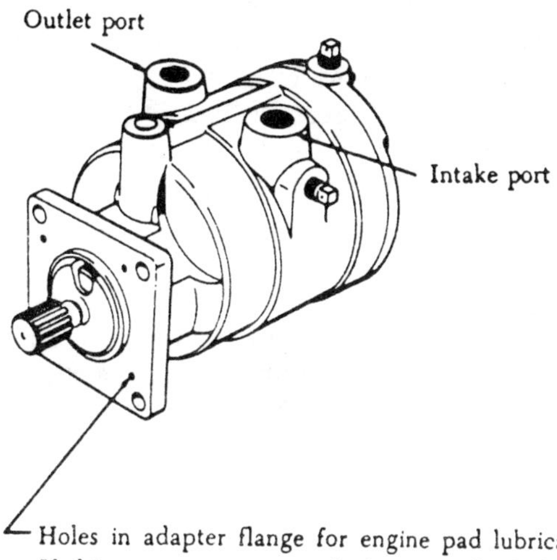

Fig. 3-6 Lubrication of wet type vacuum pump.

oil, grease, degreasing fluid등은 system으로 들어오지 못하게 막아야 한다.

2) Safety valve

air pressure safety valve는 engine-driven air pump type의 pressure side에 설치된다. 이 valve는 primary oil separator와 pump 사이의 pump의 air pressure side에 위치한다. safety valve는 정해진 pressure에 도달하면, high pump RPM에서 초과하는 air는 버린다.

3) Oil separator

oil separator는 wet-type air pump에 필요하다. 각 separator는 air inlet port, air oultet port 그리고 oil drain line이 engine oil sump로 연결되어 있다. air pump는 내부윤활이 됨으로, 압축된 공기에서 oil을 분리하는 수단이 있어야 한다. oil separator는 air에서 oil을 75%정도까지 제거한다.

4) Combination regulator, unloading valve, oil separator

combination regulator, unloading valve, 그리고 oil separator는 diaphram-controlled, spring-loaded unloading valve, oil filter와 drain으로 구성되어 있고, diaphram type air pressure regulator valve는 조절 screw가 있고, solenoid selector valve가 있다.

assembly는 air pressure inlet port, exhaust port, solenoid distributor valve까지의 outlet, engine-driven air pump의 suction side로의 outlet, 그리고 oil drain이 있다.

combination unit은 3가지 기능을 한다.
ⓐ air에 남아 있는 잔류 oil이 pressure manifold로 들어가지전에 primary oil separator에 의해 oil을 제거한다.
ⓑ system의 air pressure를 조절한다.
ⓒ deicer system이 사용되지 않을때 air를 대기중으로 방출해서 pressure load 가 없는 상태로 air pump를 작동한다.

5) Suction regulating valve

adjustable suction regulator valve는 각 engine nacelle에 장착한다. 각 valve의 한 쪽은 engine driven air pump의 inlet(suction) side에 연결되고, 다른 한쪽은 main suction manifold line에 연결된다.
suction valve의 목적은 deicer system suction을 자동적으로 유지한다.

6) Solenoid distributor valve

solenoid distributor valve는 deicer boot 근처에 위치해 있다. 각 distributor valve 는 pressure inlet port, suction outlet port, 두개 port(A와 B), 그리고 low pressure area로의 overboard port pipe등으로 구성된다. 각 distributor는 A와 B, 두개의 solenoid를 갖고 있다.
pressure inlet port는 manifold pressure line과 붙어 있어서 deicer system이 작동 할때 항상 대략 15 PSI pressure를 이용할 수 있다.
suction port는 main suction line과 연결된다. 이것은 대략 4 inHg의 suction을 distributor valve에서 항상 이용할 수 있다.
port A와 B는 boot에 suction과 pressure를 연결하고 distributor valve에 의해 조절 된다.
low pressure area로의 port pipe는 boot에 pressrized air를 허용하고, distributor valve servo에 의해 조절되어 overboard된다.
distributor valve는 boot에 suction을 공급해서 비행중에 boot를 꼭잡고 (holddown) 있다. 그렇지만, distributor valve의 solenoid가 electronic timer cycle control에 의해 자화되면, 이것이 servo valve를 움직여, boot의 inlet을 suction에서 pressure로 바꾼 다.
이것이 boot를 정해진 시간만큼 완전히 팽창(fully inflate) 하게 한다. 이 간격은 electronic timer에 의해 조종된다.
solenoid가 de-energize되면, valve를 통하는 air는 정지한다. air는 intergral check valve를 통해 boot 밖으로 방출되는데, pressure가 대략 1 inHg에 이르면 boot는 suction manifold에 연결되어 나머지 air가 배출되고, 이것이 다시 suction에 의해 boot가 붙어 있는다.

7) Electronic timer

electronic timer는 작동순서(operating sequence)와 deicing system의 time interval 을 조절하는데 사용한다. deicing sytem이 "on"되면, electronic timer가 unloading valve의 solenoid를 energize한다.
solenoid가 servo valve를 닫고, 그래서 unloading valve에 air pressure를 보내서 combination unit의 regulator valve가 차지할때까지 unloading valve를 닫고 있다.

regulator valve는 대략 15 PSI pressure에서 전체 manifold system을 유지하려고 하고, separator에서 초과되는 air를 외부로 배출시켜서 unload를 만든다.

pressure manifold line은 distributor valve에 연결된다. electronic timer는 distributor valve의 작동순서를 조절한다.

3-5. 서멀 방빙장치 (Thermal anti-icing system)

thermal system은 얼음이 형성되는 것을 막거나, airfoil leading edge의 deicing의 목적으로, airfoil의 L/E의 안쪽을 따라서 heated air duct을 사용한다. 그렇지만, electrically heated element도 L/E의 anti-icing이나 deicing에 사용한다. heated air를 공급하는데 방법이 몇가지 있다.

combustion heater에 의한 heated ram air, engine exhaust heat exchanger, 그리고 turbine compressor의 hot air bleeding 등이다.

anti-icing system이 "on"하고 있는 동안에는 leading edge에 계속해서 heated air가 공급되어 얼음형성을 막는다.

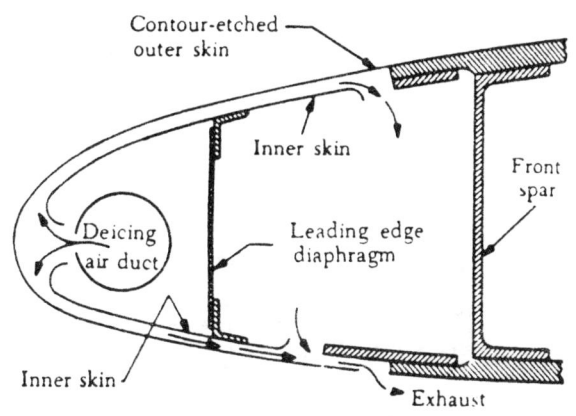

Fig. 3-7 A typical heated leading edge.

system이 L/E의 deice로 설계되면, cycle system동안에 더 뜨거운 air가 공급된다. system은 automatic temperature control이 있다.

온도는 처음에 정해진 대로 유지되는데 이것은 heated air와 cold air로 이루어진다. engine failure의 경우에, valve를 통해서 다른 나머지 engine으로부터 전체 anti-icing system에 가열된 air를 공급한다.

어떤 type은 wing의 가장 중요한 부분부터 deice하고, 그리고 덜 중요한 부분으로 heated air를 보낸다.

airfoil의 일부는 얼음형성으로 부터 보호되어야 하는데, 이것은 Fig. 3-7과 같이 double skin을 통해서 한다.

ducting을 통해서 heated air가 gap을 통과한다. 이것이 outer skin에 충분한 열을 제공해서 얼음을 녹이든지, 얼음형성을 막는다. air는 wing tip이나 얼음형성이 많은 곳으로 해서 대기중으로 빠져 나간다. air가 combustion heater에 의해 가열될때, wing을 위해서는 하나이상의 heater가 필요하다.

다른 heater는 tail area에 위치해 있어서 vertical과 horizontal stabilizer의 leading edge를 위해 hot air를 제공한다.

1) 연소히터 방빙장치 (Combustion Heater Anti-icing System)

combustion heater를 사용하는 anti-icing system은 각 wing과 미부익에 분리된 system이 있다. anti-icing system은 overheat s/w, thermal cycling s/w, balance control, duct pressure safety s/w등에 의해 자동적으로 조절된다.

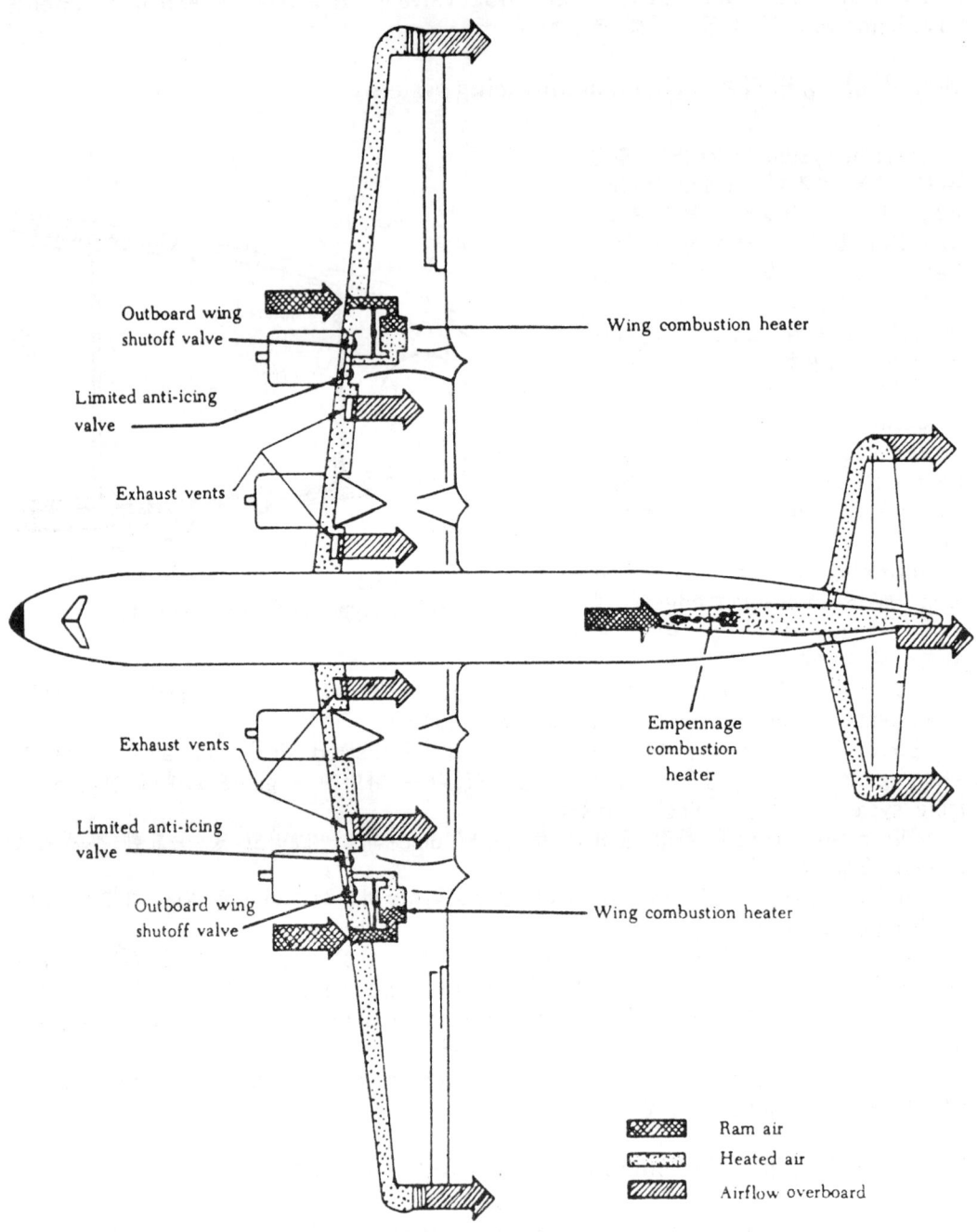

Outboard wing shutoff valve

Wing combustion heater

Limited anti-icing valve

Exhaust vents

Exhaust vents

Empennage combustion heater

Limited anti-icing valve

Outboard wing shutoff valve

Wing combustion heater

Ram air

Heated air

Airflow overboard

Fig. 3-8   Airflow diagram of a typical anti-icing system.

overheat과 cycling s/w는 heater가 일정한 간격으로 작동하게 하고, overheating이 생기면 heater 작동을 완전히 중단한다. balance control은 양쪽 wing이 똑같이 heating 되도록 유지한다.

duct pressure safety s/w는 만약 ram air pressure가 일정한 양 만큼 감소되면 heater ignition circuit을 차단한다.

이것이 충분한 ram air가 통과해서 흐르지 않을때 heater의 overheating을 보호한다.

Fig. 3-8은 combustion heater로 wing과 미부익 방빙(empennage anti-icing)을 하는 airflow diagram이다.

2) 배기히터 방빙장치 (Exhauat Heater Anti-icing System)

wing과 tail leading edge의 anti-icing은 왕복엔진의 tailpipe주변의 heat muff로부터의 뜨거운 공기를 조절한다. 이 assembly를 augmentor라고 부른다.

각 augmentor의 후미 section에 adjustable vane이 있어서 close에서 open까지 위 position을 통해서 조절한다. 각 vane이 부분적으로 닫히면 cooling air와 exhaust gas의 흐름을 제한한다.

이것이 heat muff의 온도를 상승하게 해서 anti-icing system의 열을 제공한다.

engine으로 부터의 뜨거운 공기는 같은 wing section의 wing leading edge의 anti-icing system에 공급한다.

single engine 작동중에, crossover duct system이 좌우측 wing leading edge duct에 연결된다.

이 duct는 뜨거운 공기를 wing section에 공급한다. crossover duct의 check valve는 가열된 공기의 역류를 막고, 작동하지 않는 engine으로 부터 anti-icing system으

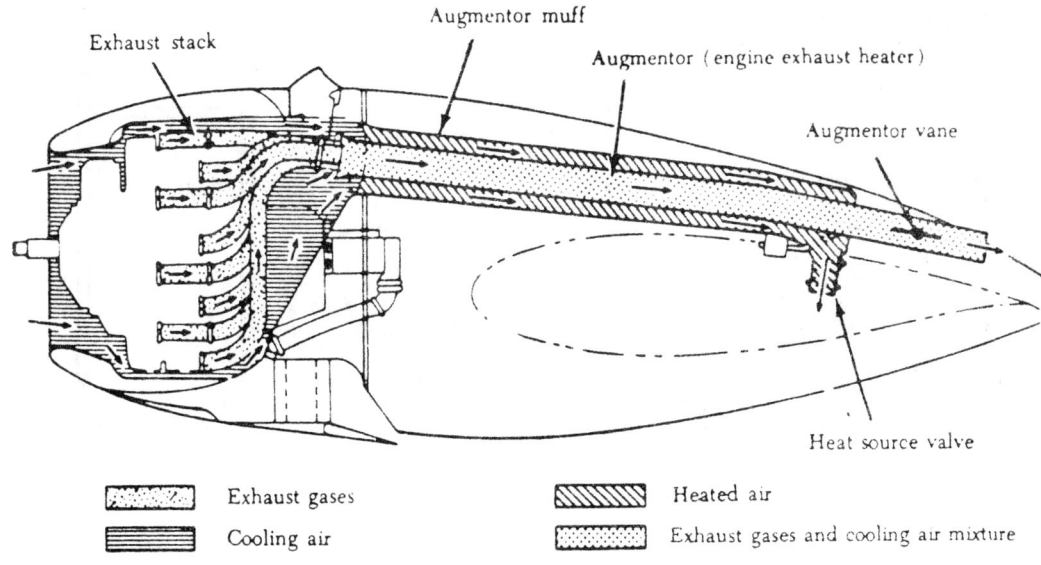

Fig. 3-9 Heat source for thermal anti-icing system.

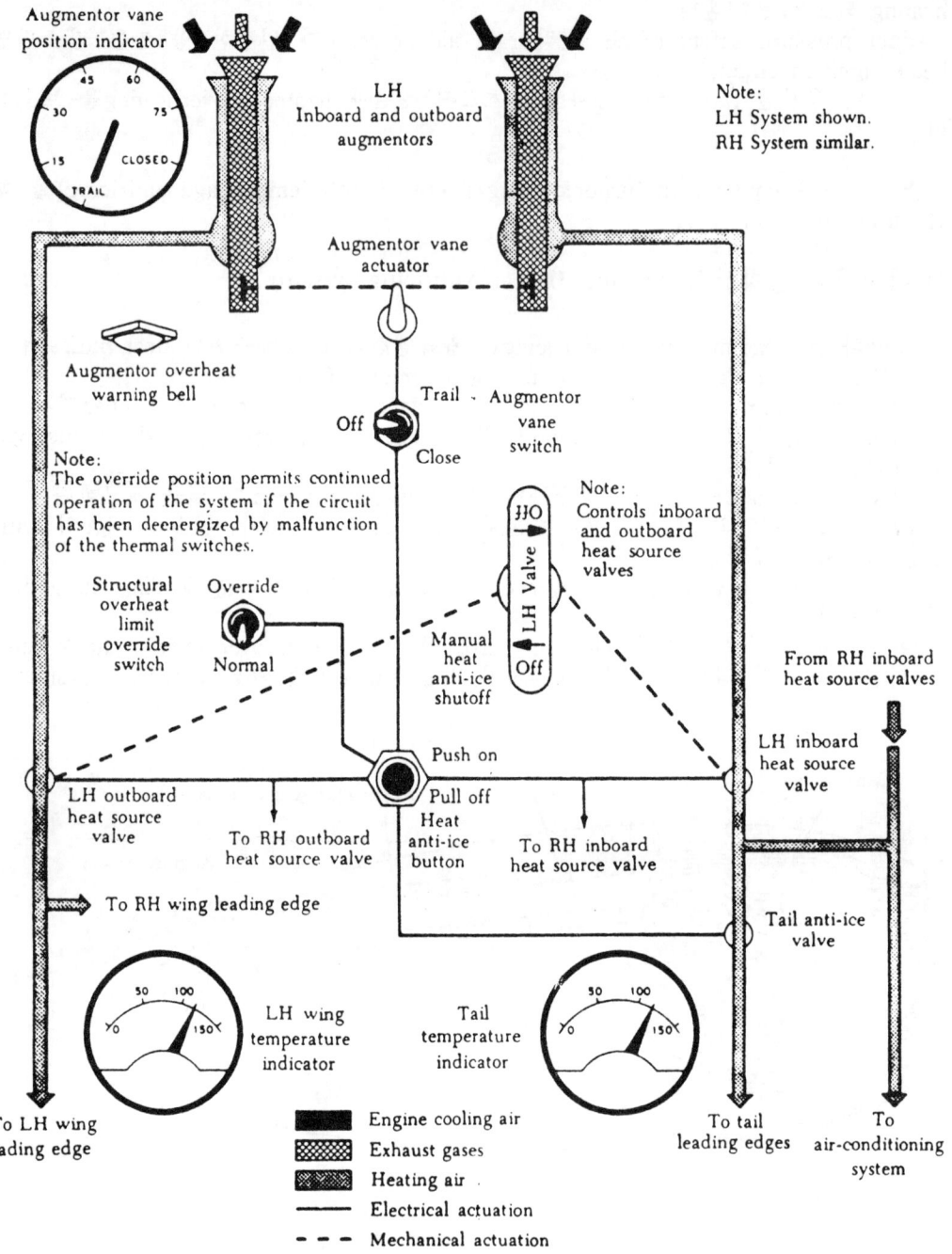

Augmentor vane position indicator

45 60
30 75
15 CLOSED
TRAIL

LH
Inboard and outboard augmentors

Note:
LH System shown.
RH System similar.

Augmentor vane actuator

Augmentor overheat warning bell

Trail · Augmentor
Off   vane
Close   switch

Note:
The override position permits continued operation of the system if the circuit has been deenergized by malfunction of the thermal switches.

Note:
Controls inboard and outboard heat source valves

HO
LH Valve
Off

Structural overheat limit override switch

Override

Normal

Manual heat anti-ice shutoff

From RH inboard heat source valves

LH inboard heat source valve

LH outboard heat source valve

Push on

Pull off
Heat anti-ice button

To RH outboard heat source valve

To RH inboard heat source valve

To RH wing leading edge

Tail anti-ice valve

50 100
0 150

LH wing temperature indicator

Tail temperature indicator

50 100
0 150

To LH wing leading edge

To tail leading edges

To air-conditioning system

Engine cooling air
Exhaust gases
Heating air
——— Electrical actuation
- - - Mechanical actuation

Fig. 3-10 Wing and tail anti-icing system schematic.

544

로 찬 공기가 들어오는 것을 막는다.

Fig. 3-10은 exhaust heater를 사용하는 anti-icing system의 구성도이다. wing과 tail anti-icing system은 heat anti-ice button의 작동에 의해 전기적으로 조절된다.

botton이 "off" position에 있으면, outboard heat source valve와 tail anti-ice valve 는 닫힌다. anti-ice system이 "off"되면, inboard heat source valve는 cabin tamperature control system에 의해 조절된다.

augmentor vane은 augmentor vane s/w에 의해 작동한다. heat anti-ice button을 "on" position으로 하면 heat source valve와 tail anti-icing valve를 open 한다.

holding coil은 button을 "on" position으로 유지한다. 게다가, augmentor vane control circuit은 자동적으로 arm된다.

vane은 augmentor vane s/w를 "close"에 놓으면 닫힌다.

이것이 system으로부터 최대의 열을 제공한다.

safety circuit은 anti-icing system duct의 thermostatic limit s/w에 의해 조절되고, duct가 overheat되면 anti-ice button을 "off" position으로 되게한다.

overheating이 발생하면, heat source valve와 tail anti-icing shutoff valve는 닫히고, augmentor vane은 trail(open) position으로 간다. heat source valve는 manual heat anti-ice shutoff handle에 의해 수동으로 닫힌다.

수동작동은, 만약 electrical control circuit의 valve가 고장나면 필요하다. 이 system에서 handle은 cable system과 clutch mechanism에 의해 valve에 연결된다.

일단 heat source valve가 수동으로 작동되면, manual override system이 re-set되기 전에는 전기로 작동하지 않는다.

3) 엔진브리드 에어 방빙장치 (Engine Bleed Air Anti-icing System)

anti-icing을 위한 heated air는 engine compressor의 bleeding air에서 얻는다.

이 system 에서 상당히 많은 양의 hot air를 쓸수 있어서 만족스러운 anti-icing과 deicing을 할수 있다.

이 system은 여섯개의 section으로 나누며 각 section은

ⓐ shutoff valve
ⓑ temperature indicator
ⓒ overheat warning light등이 있다.

각 anti-icing section의 shutoff valve는 pressure regulating type이다. valve는 bleed air system에서 ejector로 가는 air flow를 조절하고, 여기서 small nozzle을 통해서 mixing chamber로 eject된다.

hot bleed air가 ambient air와 섞인다. 이 섞인 air의 온도는 대략 350°F이고, leading edge로 간다.

각 shutoff valve는 pneumatic으로 작동되고 electric으로 조절된다. 각 shutoff valve 는 anti-icing을 정지하게하고, anti-icing이 필요하면 air flow를 조절한다. thermal s/w가 shutoff valve의 control solenoid에 연결되어 valve가 닫히게 하고, leading edge 의 온도가 대략 185°F에 이르면 bleed air를 shutoff한다. 온도가 떨어지면, valve가 open되고, leading edge로 hot bleed air가 들어간다. 각 anti-icing section의 온도지시계는 anti-icing control panel에 있다.

각 indicator는 leading edge area에 있는 resistance-type temperature bulb 연결되어 있다.

temperature bulb는 L/E의 후미지역의 공기의 온도를 감지한다.

overheat warning system은 과열로 인해 A/C structure의 손상을 보호하기 위한 것

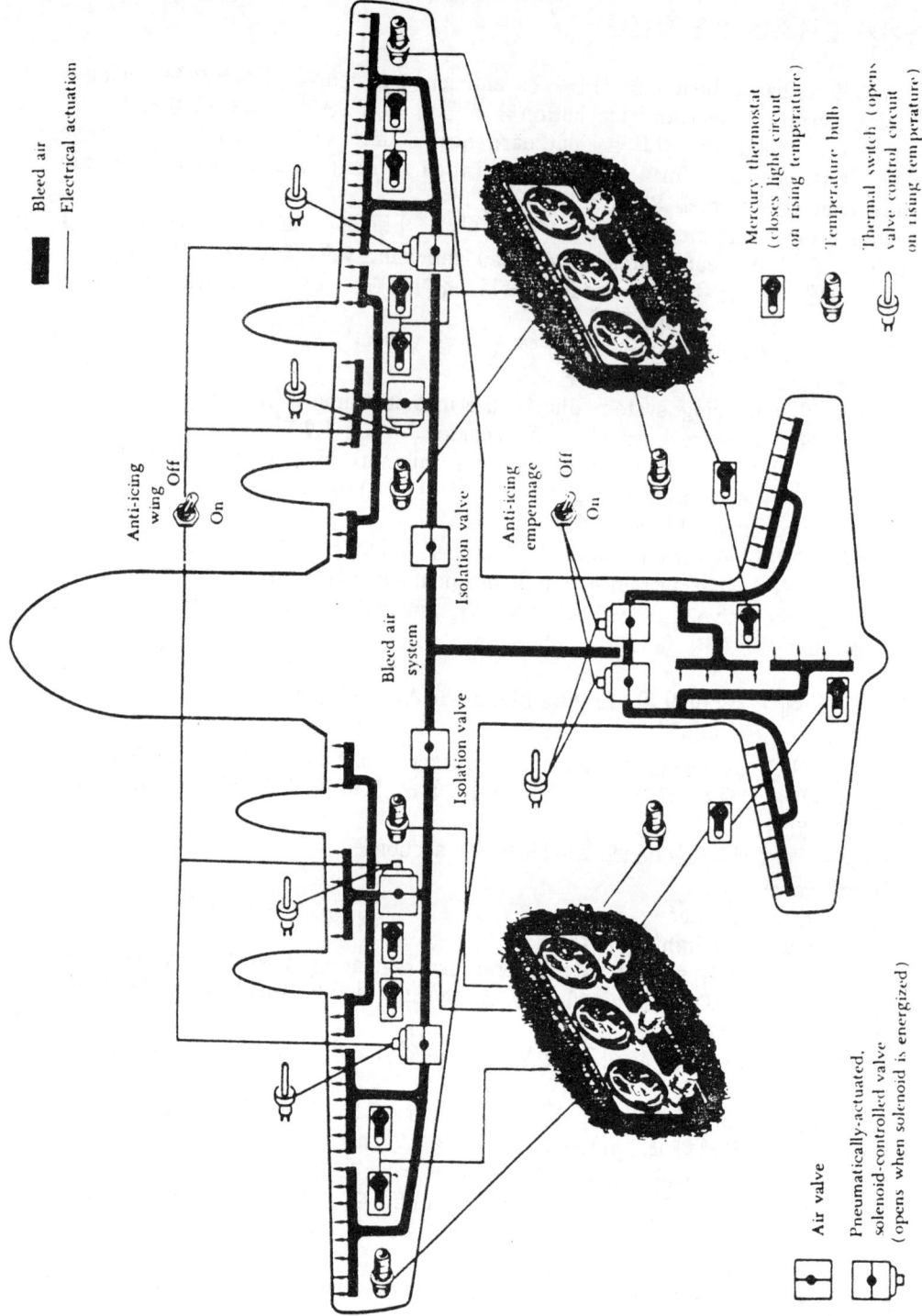

Fig. 3-11   Schematic of a typical thermal anti-icing system.

546

이다.

만약 normal cyclic system이 고장나면, termperature sensor가 작동하여 circuit을 open해서 valve는 hot air flow를 pneumatic으로 차단한다.

3-6. Pneumatic System Ducting

ducting은 aluminum alloy, titanium, stainless steel, 혹은 molded fiber glass tube 등으로 구성된다.

tube나 duct는 end flange를 bolt로 조이거나 band type vee-clamp에 의해 조인다.

ducting은 fiber glass와 같이 fire-resistant, heat insulating material로 쌓여 있다. 일부 ducting은 얇은 stainless steel expansion bellows를 갖고 있다. 이 bellows는 온 도변화에 따른 ducing의 팽창이나 굴곡등을 흡수해 준다.

ducting의 연결되는 부분은 sealing ring에 의해 sealing된다. 특별히 규정되어 있는 경우에, duct는 pressure test를 해야 하는데, 이때는 제작사의 지침에 따른다. pressure testing은 여압 A/C에는 상당히 중요한데, ducting이 새면 cabin pressure를 유지하기 힘들기 때문이다.

air leak는 가끔 소리로 찾을 수도 있지만, thermal insulation material에 hole에 의해 찾는 경우도 있다. 그리고 soapy water를 사용하기도 한다.

3-7. 항공기 지상제빙 (Ground Deicing of A/C)

A/C의 외부 표면의 ice, snow, frost등이 쌓이면 결정적으로 performance에 영향을 준다. 이것은 airfoil 표면을 지나는 공기 흐름을 방해해서 공기 역학적 양력을 감소시키고, 항력을 증가시킨다. 또한 A/C 전체 무게에 영향을 준다.

control, hinge, valve, micros/w, 등에 습기가 얼어 붙으면 A/C 작동에 심한 영향을 준다.

1) 서리 제거 (Frost removal)

frost 서리제거는 A/C를 따뜻한 hangar나 frost remover나 deicing fluid를 사용해서 제거한다.

이 fluid는 ethylene glycol과 isopropyl alcohol을 포함하고 있어서 spray 되거나 손으로 뿌린다. 이것은 최소 비행 2시간 전에 해야 한다.

deicing fluid는 window나 A/C 외부에 역효과를 미친다.

그러므로, 제작사가 추천하는 것을 올바르게 사용한다.

2) 눈과 얼음제거 (Ice and Snow Removal)

가장 다루기 힘든것이 빙점 약간 바로 위의 온도에서 wet snow나 deep snow로서 brush등으로 제거한다.

antenna, vent, stall warning device, vortex generator 등을 다치지 않도록 조심해야 한다.

light, dry snow는 0° 이하의 온도에서 생기는데, 불어서 없애는 방법이 가장 좋으며 이때는 hot air를 쓰지 않는다.

heavy ice와 쌓인 눈은 deicing fluid로 제거한다. 이것을 힘으로 깨려고 해서는 절되로 안된다.

deicing을 끝낸후에 A/C를 검사해서 비행에 지장이 없는지 확인한다.

이때 특히 control gap이나 hinge등에 눈이나 얼음등이 남아 있지 않는지 세심하게 검사한다. drain port와 pressure sensing port가 막히지는 않았는지 검사한다.

조종면(control surface)은 움직여봐서 완전히 자유롭게 움직이는지 확인한다.

landing gear mechanism, door, bay, 그리고 wheal brake를 검사해서 눈이나 얼음이 있는지 보고, uplock의 작동과 micro s/w를 점검한다.

눈이나 얼음이 turbine engine intake로 들어가서 compressor에서 얼어붙는다. 이런 이유로 손으로 compressor를 돌릴 수 없을때는 hot air로 part가 완전히 자유롭게 회전할때까지 녹인다.

3-8. Windshield Icing Control System

window area를 ice, frost 등으로 부터 안전하게 하기 위해 window anti-icing, deicing, deforgging, demisting system을 사용한다. 이 system은 A/C와 제작사에 따라 다르다.

일부 windshield는 공간에 double panel이 있어서 surface사이에 뜨거운 공기를 순환시켜서 icing과 fogging을 조절한다.

다른 것은 windshield wiper와 anti-icing fluid를 뿌린다. 현대 항공기 window에는 electrical heating element가 window와 함께 제작되어 있다. 이 방법은 여압 항공기에 사용하고 몇겹의 tempered glass가 강도를 더해 주어 여압에 견딜 수 있다.

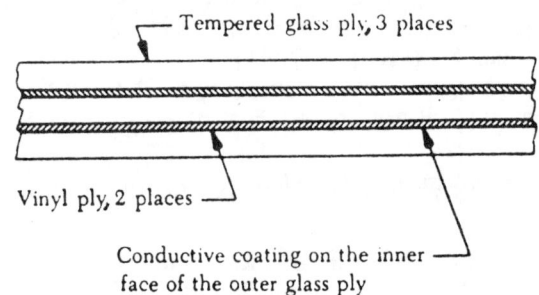

Fig. 3-12 Section through a laminated windshield.

투명한 conductive material(stannic oxide)의 층은 heating element와 투명한 vinyl plastic의 층으로 되어 있다.

vinyl과 glass ply가 pressure와 heat에 의해 결합되어 졌다.

conductive coating은 heating element를 제공하는 것 이외에 wind shield의 정전기를 분산시킨다.

일부 A/C에서 thermal electric s/w는 icing이나 frosting이 일어날 수 있는 온도가 되면 자동적으로 system을 "on" 시킨다. system은 이런 온도에서는 계속 "on"되어 있거나 일부 A/C system은 on-and-off pattern으로 작동한다.

thermal overheat s/w는 overheating 상태가 투명한 area에 damage를 줄 경우는 system을 "off"시킨다. 전기로 가열되는 windshield system은 다음을 포함하고 있다.

ⓐ windshield autotransformer와 heat control relay
ⓑ heat control toggle s/w
ⓒ indicating light
ⓓ windshield control unit
ⓔ temperature-sensing element(thermistor)

이 system은 windshield heat control circuit breaker를 통해 115 VAC bus에서 power를 받는다. windshield heat control s/w가 "high"에 set되면, windshield control unit의 좌우측 amplifier에 115 V, 400 Hz AC가 공급된다. windshield heat control

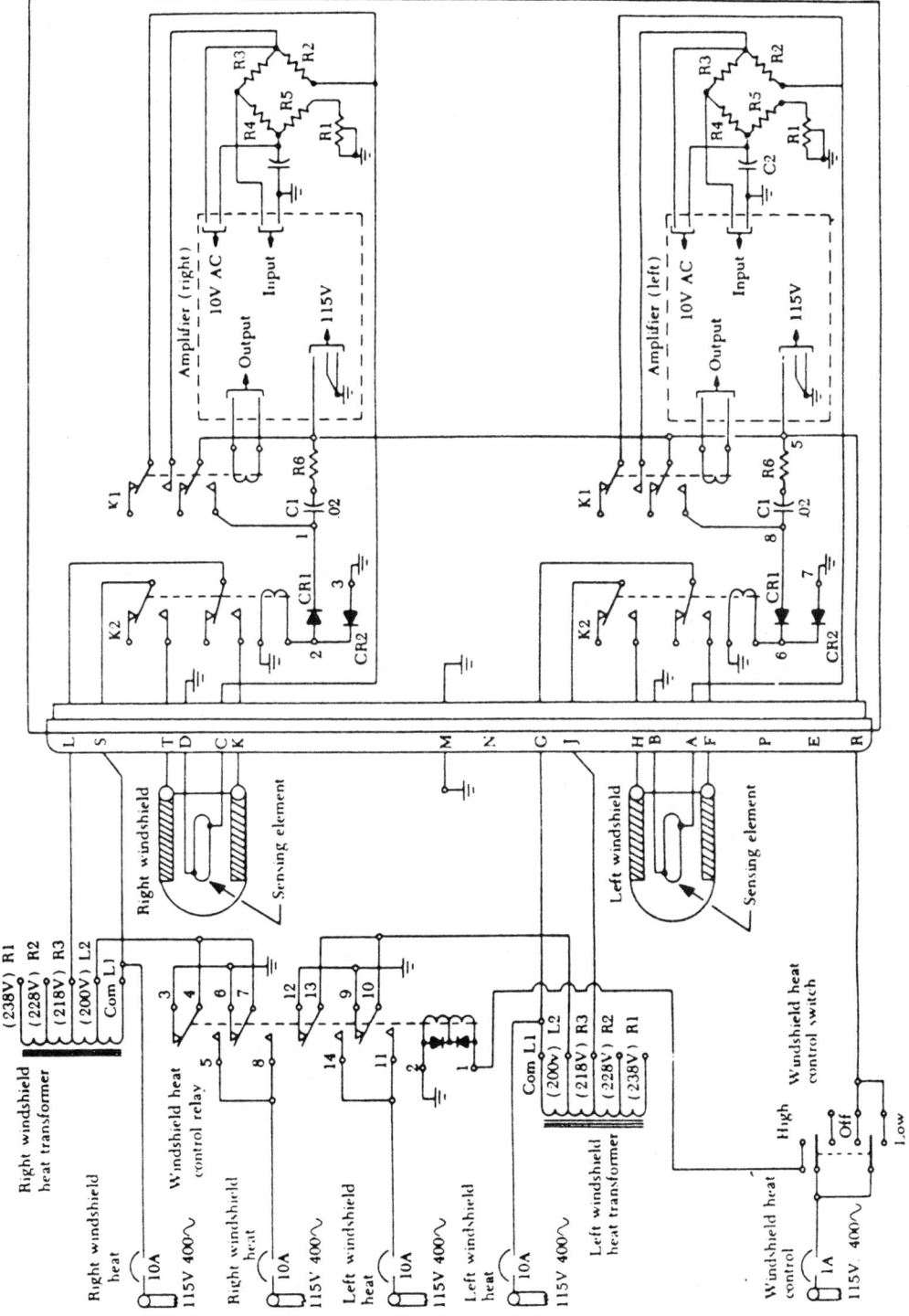

Fig. 3-13 Windshield temperature control circuit.

549

relay가 자화되어 200 V, 400 Hz AC가 windshield heat autotransformer에 공급된다. 이 transformer는 28 V AC power를 windshield control unit relay를 통해서 windshield heating current bus bar에 제공한다.

각 windshield의 sensing element는 positive temperature coefficient의 저항을 갖고 있고, bridge circuit의 한쪽 leg을 형성한다.

windshield 온도가 정해진 수치보다 높을때 sensing element는 bridge 균형에 필요한 저항보다 큰 수치를 갖고 있어서, 이것이 amplifier로 흐르는 전류를 감소시키고, control unit의 relay는 비자화된다. windshield의 온도가 떨어지면서, sensing element의 저항치도 같이 떨어지고, amplifier를 지나는 전류는 다시 충분한 크기여서 control unit의 relay를 작동한다.

이것이 windshield heater를 자화한다.

windshield heat control s/w가 "low"에 set 되면, 115 V, 400 Hz AC가 windshield control unit의 좌우측 amplifier에 공급되고 windshield heat autotransformer로 공급된다.

이 상태에서, trransformer는 121 V AC power를 windshield control unit relay를 통해서 windshield heating current bus bar에 공급한다. windshield의 sensing element가 앞의 설명과 똑같이 작용해서 적절한 windshield온도를 조절한다. temperature control unit은 두개의 sealed relay와 두개의 3-stage electronic amplifier가 있다.

unit은 windshield 온도를 40~49℃ (105° ~120° F)를 유지하도록 조절되어 있다.

각 windshield panel의 sensing element는 positive temperature coefficient의 저항을 갖고 있고, amplifier의 전류흐름을 조절하는 brige의 leg를 형성한다.

ampifier의 final stage는 sealed relay를 조절해서 A. C power를 windshield heating current bus bar에 공급한다.

windshield 온도가 정해진 온도이상일때, sensing element는 bridge balance에 필요한 것보다 더 큰 저항치를 갖게 된다.

이것이 amplifier를 통하는 전류를 감소시켜서 control unit의 relay가 비자화된다. windshield의 온도가 떨어지면서, sensing element의 저항치도 함께 떨어지고 amplifier를 통하는 전류는 다시 충분한 크기가 되어 control unit의 relay를 작동시킨다.

이것이 circuit을 자화한다. heated windshield가 갖고 있는 몇가지 문제점은 충분리 (delamination), 긁힘 (scratche), arcing, 퇴색 (discoloration) 등이다.

delamination(ply가 분리되는 것)은 좋은 것은 아니지만, A/C 제작사가 정한 수치 내에 있으면 그렇게 해롭지는 않다.

windshield panel의 arcing은 conductive coating의 파손을 나타낸다.

arcing이 생긴 곳은 반드시 overheating이 되어 더 큰 damage를 주게된다.

temperature-sensing element 근처의 arcing은 특별히 문제가 되는데, heat control system을 망치기 때문이다. windshield wiper는 절대로 dry panel 상태로 작동해서는 안된다. 왜냐하면, 이것이 표면 damage를 크게하기 때문이다.

1) 윈도우 제상장치 (Window Defrost System)

window defrost system은 cabin heating system에서 pilot의 windshield와 side window에 duct나 outlet을 통해서 heated air를 공급한다. 따뜻한 날씨로 heated air가 defrosting이 필요없을때 system은 defog용으로 사용한다. 이것은 blower를 사용해서 window에 ambinent air를 불어서 안개를 없앤다.

2) Alcohol Deicing System

alcohol deicing system은 windshield와 carburetor의 얼음을 제거한다.

Fig. 3-14는 two-engine system으로 3개의 deicing pump를 사용한다. alcohol supply tank로부터 fluid가 solenoid에 의해 조절되고, 이 solenoid는 어느 하나의 alcohol pump가 "on"되면 자화된다.

solenoid valve로 부터 alcohol이 filtering되고, alcohol pump로 가서, system의 plumbing line을 통해 carburetor와 windshield로 분배된다.

toggle s/w는 carburetor alcohol pump의 작동을 조절한다.

s/w가 "on" position에 있으면, alcohol pump는 on되고, solenoid-operated alcohol shutoff valve는 open된다.

windshield deicer pump와 solenoid-operated alcohol shutoff valve는 rheostat-type s/w에 의해 조절된다. rheostat이 "off" position에서 떨어지면, shutoff valve는 open되고, alcohol pump는 fluid를 wind shield로 pump한다.

rheostat이 "off" position으로 return되면, shutoff valve는 닫히고, pump는 작동을 그만둔다.

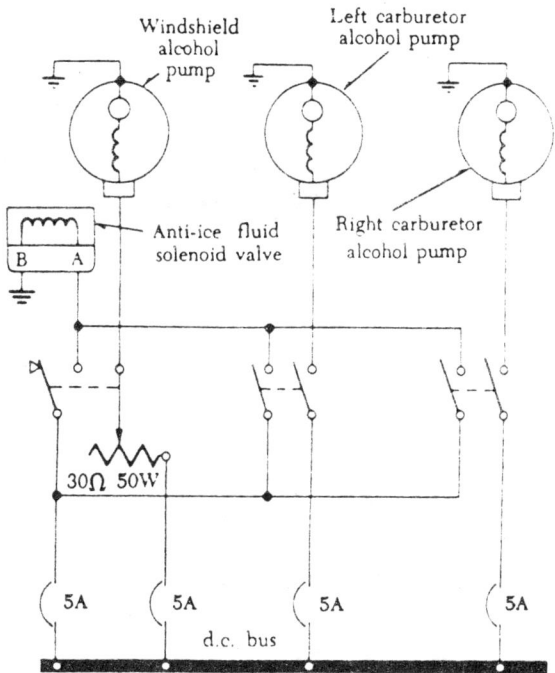

Fig. 3-14 Carburetor and windshield deicing system.

3-9. Pitot Tube Anti-icing 및 Water and Toilet Drain Heater

pitot tube의 구멍에 얼음이 형성되는 것을 막기 위해 같이 제작된 electric heating element가 있다.

s/w는 cockpit에 위치해 있고, heater의 power를 조절한다.

지상에서 pitot tube를 점검할때 오랫동안 "on" 해서는 절대 안된다. circuit에 ammeter나 loadmeter가 장착되어 있으면, heater가 "on"되면 전류 소모를 지시한다.

toilet drain line, water line, drain master, waste water drain등이 비행중에 freezing temperature에 관계됨으로 heater를 사용한다.

heater를 사용해서 hose, ribbon, blanket등을 가열하거나 patch heater는 line을 둘러 싼다. 그리고 gasket heater도 있다.

heater circuit에 thermostat이 있어서 초과된 heating을 원치 않을때 power 소모를 줄인다.

heater는 low voltage output을 갖고 있어서 연속적인 작동으로 overheating이 되지

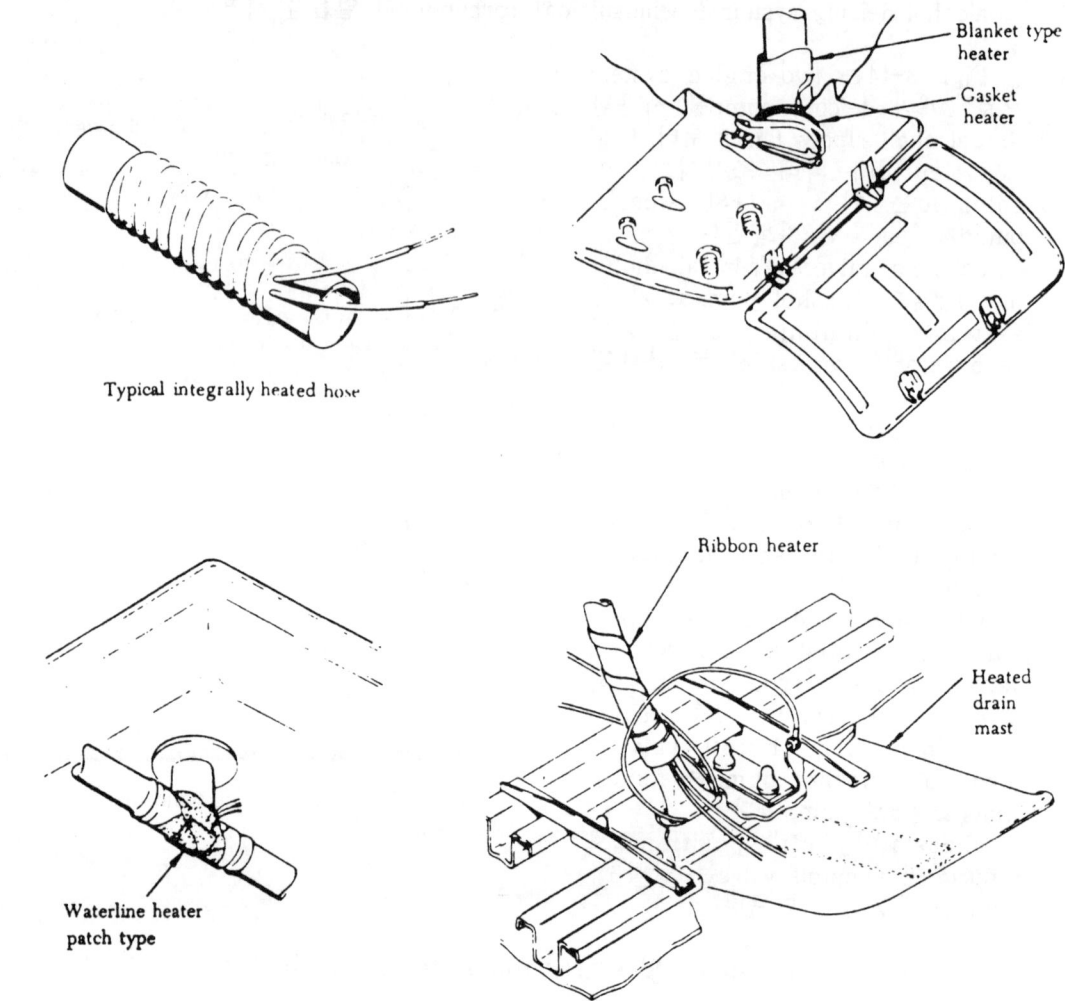

Fig. 3-15   Typical water and drain line heater.

않는다.

3-10. 비 제거 장치 (Rain Eliminating system)

비행중에 windshield에 비가 있으면 위험하므로 없애야 한다. windshield를 깨끗이 하기 위해, rain은 닦아 버리든지 날려 버린다. 그리고 또다른 방법은 chemical rain repellant를 사용하는 것이다. 일부 A/C의 windshield는 windshield 밑에 jet nozzle이 있어서 air로 rain을 불어 없앤다. 다른 type은 windshield wiper를 사용하는 것이다.

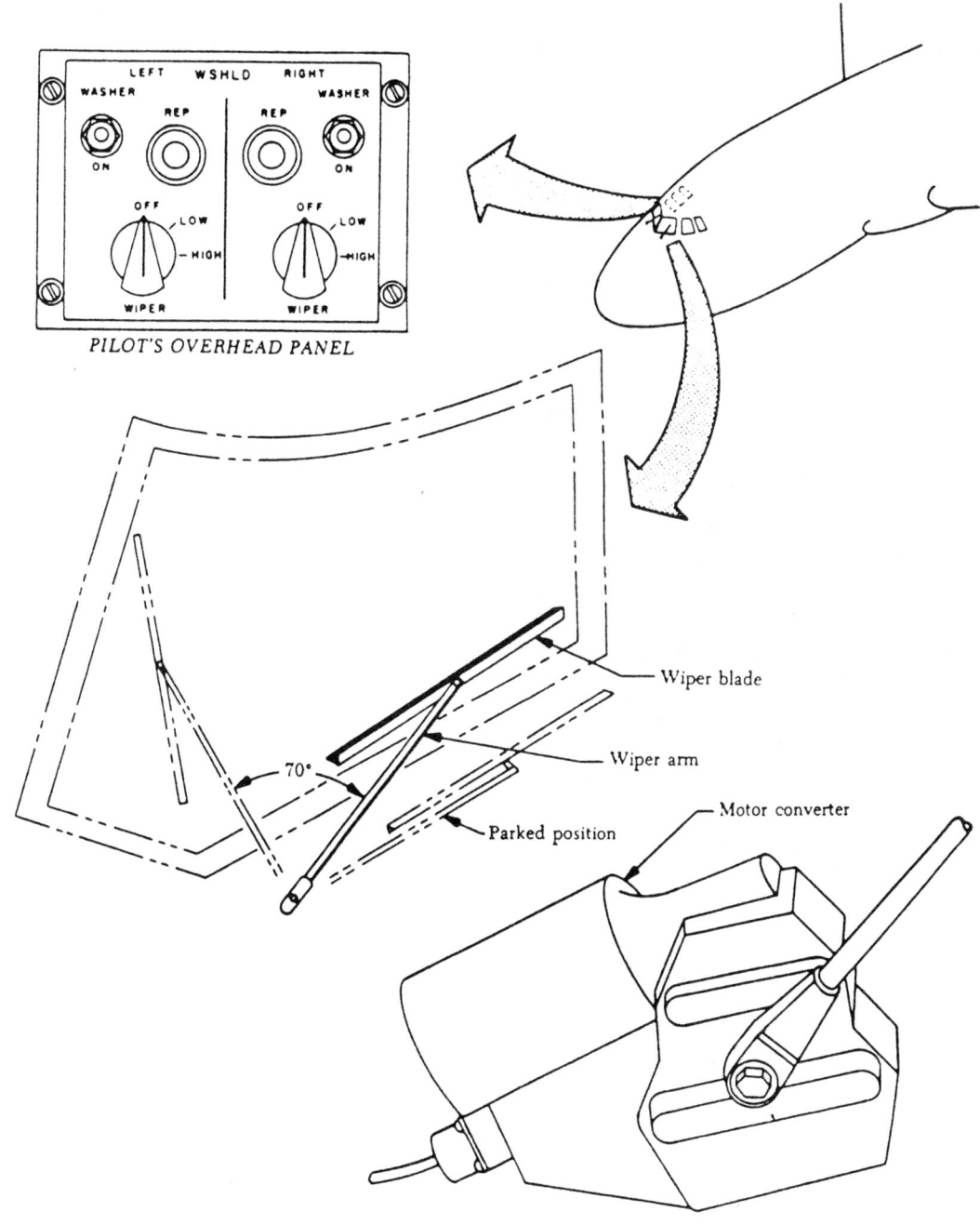

LEFT WSHLD RIGHT

PILOT'S OVERHEAD PANEL

Wiper blade

Wiper arm

70°

Parked position

Motor converter

Fig. 3-16 Electrical windshield wiper system.

1) 전기적 윈드쉴드 와이퍼 장치 (Electrical windshield wiper system)

전기적 windshield wiper system에서 wiper blade는 electric motor에 의해 작동되는데, 이 motor는 A/C electrical system에서 power를 받는다.

Fig. 3-16은 electrical windshield wiper이다. 각 wiper는 motor-converter assembly에 의해 작동된다.

converter는 motor의 회전운동을 왕복운동으로 바꾸어 wiper arm을 움직인다.

windshield wiper는 wiper control s/w를 원하는 wiper 속도에 setting한다.

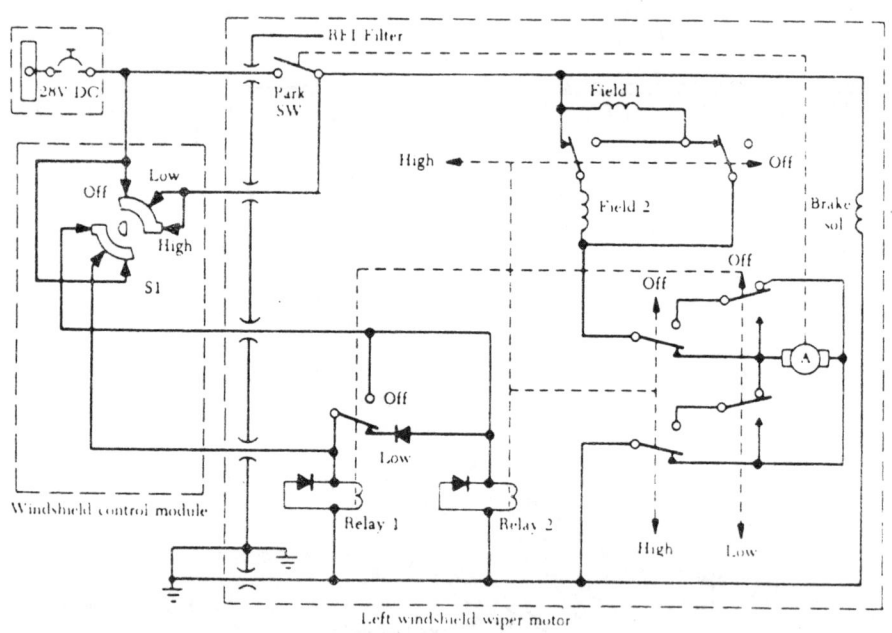

Fig. 3-17 Windshield wiper circuit diagram.

Fig. 3-17과 같이 "high" position에 선택되면, Relay 1, 2가 자화한다. 두개의 relay가 자화되어, Field 1, 2가 자화된다(병렬로 된다). 회로가 완성되어 motor가 250 stroke per minute으로 작동한다.

"low" position에 선택되면, Relay 1이 자화된다. 이것이 Field 1, 2를 직렬로 자화 시킨다. motor는 160 stroke per minute로 작동한다. s/w를 "off" position에 놓으면, relay가 normal position으로 간다. 그렇지만 wiper motor는 wiper arm이 "park" position에 도착할때까지 계속 작동한다.

두 relay가 open되고, park s/w가 닫히면, motor의 여자(excitation)는 거부로 된다. 이것이 wiper를 windshield의 낮은쪽으로 움직이게 해서 cam-operating park s/w를 "open"한다. 이것이 motor를 비자화하고, brake solenoid에 가해진 brake를 release한다.

2) Hydraulic Windshield Wiper System

hydraulic windshield wiper가 A/C의 main hydraulic system의 pressure에 의해 작동된다.

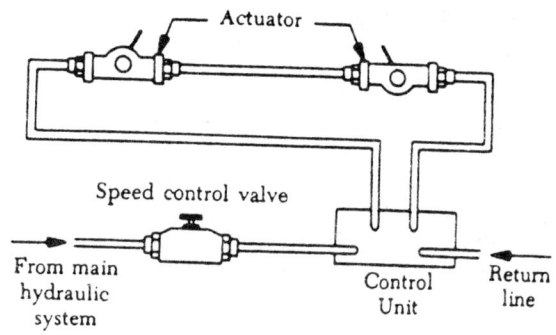

Fig. 3-18은 hydraulic wind-shield wiper system이다. speed control valve는 start, stop등에 사용하고, windshield wiper의 작동 속도등을 조절한다. speed control valve는 variable restrictor type이다.

이 valve의 handle을 반시계방향으로 돌리면, fluid opening의 크기가 증가해서 control unit으로 들어가고, windshield wiper의 속

Fig. 3-18 Hydraulic wind-hield wiper schematic.

도가 빨라진다. control unit은 hydraulic fluid를 wiper actuator로 보내고, actuator의 discharger fluid를 main hydraulic system으로 return한다.

wiper actuator는 hydraulic energy를 왕복운동으로 전환해서 wiper arm을 움직인다.

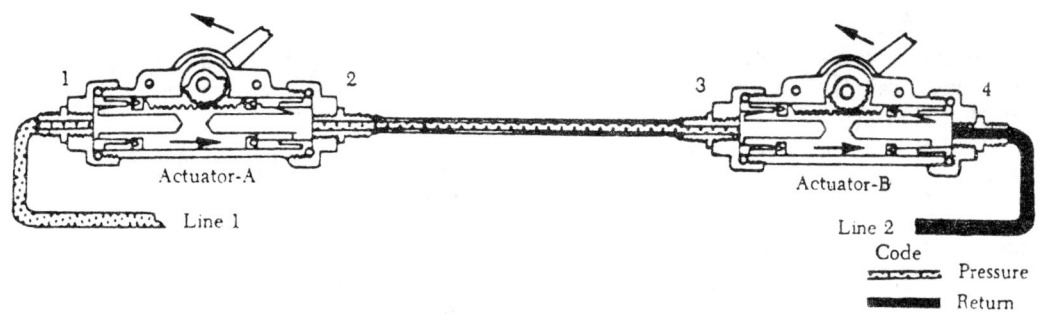

Fig. 3-19 Windshield wiper actuators.

Fig. 3-19는 actuator의 구조이다.

각 actuator는 two-port housing, piston rack, pision gear등으로 구성된다. pision gear의 이빨은 piston rack에 맞물린다. 그래서 가압된 fluid가 actuator로 들어가면, piston rack를 움직이고, pision gear가 회전한다. pision gear가 shaft를 통해서 wiper blade에 연결됨으로, blade는 원호형(ARC)으로 회전한다. control unit의 한 line은 actuator A의 No.1 port에 연결되고 다른 line은 actuator B의 No.4 port에 연결된다.

speed control valve를 돌리면 fluid가 main hydraulic system에서 control unit으로 가고 pressure가 한 line으로 가고 다시 다른 line으로 간다. line No.1이 pressure 상태에 놓이면, fluid가 port No.1으로 흐르고, actuator A 의 좌측 chamber로 흐른다.

이것이 piston rack을 우측으로 움직여 pinion과 wiper blade가 반시계방향 ARC로 회전한다. piston rack이 우측으로 움직이면서, actuator A의 우측 chamber의 fluid가 connecting line을 통해서 port, No.2의 fluid를 나오게 해서 actuator B로 간다.

이것이 actuator B의 piston rack을 우측으로 움직이게 해서 pision과 wiper blade가 반시계방향으로 회전한다.

piston rack이 우측으로 움직이면서 actuator B의 우측 chamber의 fluid가 No. 4 port에서 control unit을 통해서 No. 2 line 으로 가고, hydraulic system return line으로 간다. No. 2 line 이 control unit의 fluid에 의해 pressurize되면, fluid의 흐름방향 과 actuator의 움직임이 거꾸로 된다.

3) Pneumatic Rain 제거장치

windshield wiper는 두가지 문 제를 갖고 있다.

하나는 slipstream aerodyna- mic force가 window에 wiper blade loading pressure를 감소 시 켜서 비효율적인 wiping 이나 streaking을 만든다. 나머지 하나 는 heavy rain시에 wiper의 동작 이 계속되지 않는다.

결과적으로 heavy rain시에 만 족스러운 vision을 제공하지 못한 다. turbine-powerd A/C에서 pneumatic rain removal system은

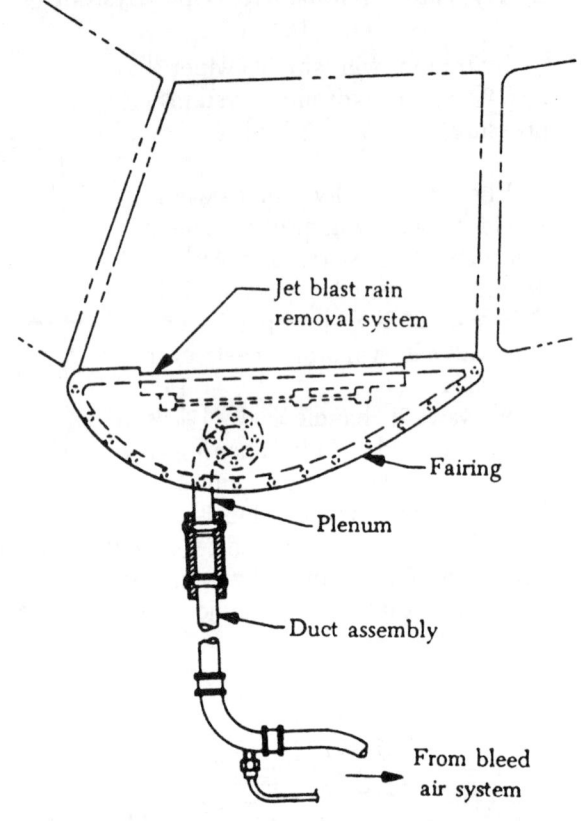

Fig. 3-20 Typical pneumatic rain removal system.

high pressure, high temperature의 engine compressor bleed air를 windshield에 불어 댄다.

분사공기(air blast)가 벽을 만들어서 rain drop이 windshield표면에 부딪히지 못하 게 한다.

4) Windshield Rain Repellant

chemical을 glass에 뿌리면 투명한 film을 형성해서 water가 달라 붙지 못하게 한 다. rain repellant system은 cockpit의 s/w나 button에 의해 chemical repellast를 뿌린 다. 적당한 양의 repellast가 s/w를 누르고 있는 시간에 관계없이 뿌려진다.

control s/w를 작동시켜면, electrically-operated solenoid valve를 open해서 이것이 repellant가 discharge nozzle로 흐르게 한다. liquid repellant는 windshield의 표면에 뿌려진다. 이 system은 dry window에서 작동시켜서는 안되는데, 많은 양의 회석되지 않은 repellant가 window 가시도를 제한한다. 한번뿌려지면, 천천히 repellant가 없어 져서 정기적으로 계속 뿌려야 한다.

연습문제(Ⅰ)

1. High pressure oxygen system(고압산소 시스템)의 압력은 어느정도 되는가?
   답) 보통 1800에서 2400 PSI

2. 고압 산소통은 주로 무엇으로 만들어졌는가?
   답) Stainless steel(스테인레스 스틸)

3. 산소통의 산소양을 측정하는 방법은?
   답) 계량기를 읽는다.

4. 산소시스템의 새는곳을 찾기 위하여 쓰기 적합한것은?
   답) 비눗물을 사용, 거품이 일어나는 곳을 찾는다.

5. 산소통은 어떤 test들이 필요한가?
   답) 3AA 산소통은 5년마다 hydrostatic test를 하고 3HT 산소통은 3년마다 test한다.

6. 산소 라인은 무슨색으로 표시되어 있나?
   답) 네모가 그려진 초록색.

7. 비행기에 쓰이는 산소와 일반 쓰이는 산소와 다른점은?
   답) 'ANIATION BREATHING OXYGEN'이라 표시되어 있으며 수분이 없어야 한다.

8. 산소마스크를 소독하는 과정을 설명해보라.
   답) 비눗물로 씻고 물로 행군다음 merthiolate로 소독한다.

9. Diluter-demand oxygen system은 어떻게 작동하는가?
   답) 사용자가 숨을 들어마실때만 산소가 공급된다.

10. Continuous flow oxygen system은 어떻게 작동하는가?
    답) 계속적으로 마스크로 산소가 공급된다.

11. 어떤 경우에 조종사가 dilute demand에서 100% oxygen 시스템으로 바꾸게 되는가?
    답) 조종석내의 공기가 오염되었을때.

12. Combustion heater의 세가지 작동법은?
    답) START, RUN, 그리고 PURGE, 이렇게 세가지가 있다.
    START는 연료, 점화기, blower 모두 작동시키는 것이고,
    RUN은 점화기를 끈 상태로 작동시키는 것이고,

PURGE는 blower만 작동시키는 것이다.

13. Combustion heater를 통과하는 두 타입의 공기는?
    답) Combustion air(연소공기)와 유통된 공기.

14. Combustion heater에 쓰이는 연료는 어떠한것을 쓰고 있는가?
    답) Aviation fuel. (일반연료)

15. Combustion heater의 배기관이 샌다면 어떤 결과를 초래하는가?
    답) Carbon monoxide(일산화탄소)에 중독될 염려가 있다.

16. Exhaust heater muff(배기가스를 이용한 히터)는 주로 어떤타입의 비행기에
    쓰이는가?
    답) 주로 소형 왕복엔진 비행기에 쓰인다.

17. Exhaust heater의 공기는 어디로부터 들어오는 것인가?
    답) 바깥공기

18. Exhaust heater의 배기관이 샌 경우 어떤일이 일어날수 있는가?
    답) 조종석 내에서 일산화탄소에 중독될 가능성이 많다.

19. Exhaust heater를 검사하는 방법은?
    답) 2 psi의 수압을 쓰는 hydrostatic testing을 한다.
       또는 최소 10배이상 보이는 돋보기로 세밀히 검사한다.

20. Vapor cycle system에 쓰이는 냉각제(retrigerant)로는 어떤것이 쓰인는가?
    답) Freon R-12

21. Vapor cycle machine의 주요원리를 설명해보라.
    답) Expansion chamber에서 팽창된 냉각제 freon이 저압 액체에서 evaporator로
       가면서 저압기체로 변한다. 그후 compressor(압축기)를 통과하면서 저압에서
       고압기체가 된다. 이 고압기체는 condenser에서 바깥으로 들어오는 공기와
       부딪히며 기체에서 액체로 응축한다. 그리고 receiver를 통해 다시 expansion
       chamber로 돌아가며 저압액체로 바뀐다.

22. Vapor cycle system을 깨끗이 씻어내는 방법은?
    답) Vacuum pump로 냉각제를 빼낸다음 dry nitrogen(질소)를 사용하여 수분을
       제거한다.

23. Compressor가 망가지는 주요원인은?
    답) Compressor의 윤활이 잘 되어있지 않거나 액체가 투입됐을 경우.

24. Evaporator에 얼음이 얼었다면 이것은 무엇을 말하는가?

답) System안에 수분이 들어있다.

25. Sight glass를 들여다보니 거품이 일고 있다. 이것은 무슨 뜻인가?
   답) 냉각제 freon이 부족하다.

26. Expansion valve와 evaporator 사이의 거리는 무엇에 의해 결정되어지나?
   답) 냉각제 freon의 온도

27. Air cycle machine의 turbine은 어떤 작동을 하는가?
   답) Discharge fan을 돌려준다.

28. Air cycle machine의 turbine은 어떤 힘으로 돌아가는가?
   답) 엔진으로부터 오는 compressed air(압축공기).

29. Air cycle machine의 expansion은 무슨 역할을 하는가?
   답) 공기를 식혀준다.

30. Air cycle machine의 공기는 어디서 오는 것인가?
   답) 엔진의 compressor에서.

31. Heat exchanger의 역할은?
   답) 엔진 compressor에서 오는 뜨거운 공기를 식혀준다.

32. Anti-ice란 말이 있고 De-ice란 말이 있다. 두개다 얼음을 방지한다는 말이지만
   약간 다른 뜻을 각자 가지고 있다. 설명해 보라.
   답) anti-ice라는 말은 얼음이 생기기 이전에 미리 방지한다는 말이고 de-ice란
      말은 이미 생겨버린 얼음을 제거한다는 말이다.

33. Wing anti-ice system(날개 얼음방지 시스템)에 쓰이는 열은 어디에서 부터
   오는 것인가?
   답) 엔진의 compressor에서 부터

34. 얼음을 방지하기 위하여 주로 어느 부분을 가열 시키는가?
   답) 날개의 leading edge 안쪽

35. 비행기 조종석의 앞 유리창은 주로 어떻게 가열시키는가?
   답) 전기를 통하게 하여 열을 발산시킨다.

36. Wing de-icer system(날개 얼음 제거 장치)은 어떻게 작동되는가?
   답) pneumatic pump에 의해서 압력된 공기가 distributor valve를 통해서 고무로
      만들어진 de-icing boot에 투입되면서 부풀어지는 boot에 의해 얼음이 떨어져
      나가도록 되어 있다.

37. De-icer boot를 씻는데 적당한 것은?
   답) 비눗물이면 적당하다.

38. De-icer line은 어떤 색의 테이프가 감겨져 있는가?
   답) 다이아몬드가 그려진 회색

39. 프로펠러의 anti-icing system은 어떤 것들이 있나?
   답) electric parting strips와 alcohol slinger system

40. 프로펠러의 de-icing system은 어떠한 것들이 있는가?
   답) hot boot과 electrical shedding zones

41. Pitot tube의 얼음을 방지하는 방법은?
   답) 전기로 뜨겁게 한다.

42. 보통 평일날의 평상기온과 평상기압은?
   답) 14.7 PSI/29.92 inHg, 59°F/15℃

43. Oxygen partial pressure(산소 부분압력)는 무엇을 뜻하는가?
   답) Oxygen partial pressure는 보통 대기압력의 21%를 뜻한다.

44. Hypoxia(하이팍시아)란 무엇인가?
   답) 혈액내의 산소가 이산화탄소로 인해 모자라게 될때 체내에 큰 타격을 주는
   것을 말한다. 보통 oxygen partial pressure가 1.8 psi보다 낮아질때 일어날수
   있는 현상이다.

45. Differential pressure range란 무엇인가?
   답) 비행기의 고도가 바뀜에 따라 기체내의 고도도 바꾸어 일정한 압력차이를
   두는 것을 말한다.

46. Isobaric pressure range란 무엇인가?
   답) 기체내의 고도를 미리 맞추어 놓고 비행기의 고도가 바뀌어도 상관없이
   일정한 기체고도를 유지하는 것을 말한다.

47. Unpressurized range란 무엇인가?
   답) 0에서 12,500 feet까지는 기체내의 pressurizing system이 없이도 안전하다는
   뜻이다.

48. 기내의 기압은 무엇에 의해 조종되어지나?
   답) Pressure cabin relief valve

49. Negative pressure relief valve의 역할은 무엇인가?
   답) 기체내의 기압이 바깥기압보다 낮아지는 것을 방지한다.

50. Outflow valve의 역할을 무엇인가?
    답) 기내의 기압을 밖으로 내보내면서 기체의 고도를 조절한다.

51. Mixing valve의 역할은 무엇인가?
    답) 기내로 들어오는 공기의 온도를 조절한다.

52. Cabin differential pressure를 계산하는 법을 설명해 보라.
    답) Cabin pressure-altitude pressure = differential cabin pressure.
    (기내압력-현재 고도의 압력 = 기내압력과 바깥압력의 차이)

연습문제(Ⅱ)

1. 다음중 turbojet engine의 어느부분이 비행기의 pressurization과 air-conditioning system에 필요한 공기를 제공하는가?
   (1) 배기가스 (exhaust gas)
   (2) 압축기 (compressor)
   (3) 연소관 (combustion chamber)
   (4) Intake   (2)

2. 다음중 air-cycle cooling system의 작동중 압력과 온도가 떨어지는 역할을 하는 부분은?
   (1) Water separator
   (2) Expansion turbine
   (3) 열 교환기 (heat exchanger)
   (4) 냉동 bypass valve   (2)

3. Freon vapor-cycle cooling system에서 condenser를 위한 cooling air는 어디로부터 오는가?
   (1) Turbine engien compressor
   (2) 바깥공기
   (3) 배기가스
   (4) 기내공기   (2)

4. Condition heater의 유통된 공기는 어디에 쓰이는가?
   (1) Groung blower에 연소된 공기를 제공한다.
   (2) 필요한 곳곳에 열을 전달해준다.
   (3) 가열된 thermo switch를 식혀준다.
   (4) 산소를 제공한다   (2)

5. 비행기내의 air-conditioning과 pressurization에 쓰이는 공기는 어떤 공기인가?
   (1) Compressed air
   (2) 바깥공기
   (3) Air-condition에서 나오는 공기
   (4) Bleed air   (4)

6. Combustion air system 내에서 air pressure가 증가했을때 너무 많은양의 공기가 heater내로 들어가는 것을 방지하는 것은?
   (1) Combustion air relief valve 또는 differential pressure regulator
   (2) Differential pressure regulator
   (3) Combustion air relief valve
   (4) Combustion air relief valve와 differential pressure regulator가 동시에 작동한다.   (1)

562

7. Cabin pressure regulator가 isobaric range(등압범위)내에서 작동중 cabin pressure 를 일정하게 유지하는 것은?
   (1) Solenoid air valve
   (2) Cabin pressure safety valve
   (3) 조종석과 기체내에 들어가는 공기양을 조절
   (4) Regulator bellow의 움직임   (4)

8. Cabin pressure regulator의 작동을 조절하는 것은?
   (1) Cabin air pressure
   (2) 바깥 공기압력
   (3) Bleed air pressure
   (4) 압축공기   (1)

9. Air-cycle cooling system의 기본요소는?
   (1) 압축공기, 열교환기, turbine
   (2) Heater, coolers, compressor
   (3) 바깥공기, compressor engine bleed air
   (4) 열교환기, 증발기   (1)

10. Pressurize된 비행기의 dump valve의 목적은?
    (1) Cabin내의 positive 압력을 제거한다.
    (2) Negative 압력의 차이를 제거한다.
    (3) Compressor의 load를 제거한다.
    (4) 최대 압력차이 이상의 압력을 제거한다.   (1)

11. 만약 액체 냉각제가 vapor-cycle cooling system의 low side에 투입되었고 바깥온도는 아주 낮았다면 어느 component에 손상이 갈 염려가 있는가?
    (1) Compressor
    (2) Receiver-dryer
    (3) Condenser
    (4) Evaporator   (1)

12. Vapor-cycle cooling system이 충분양의 freon으로 채워졌는지 알수있는 방법은?
    (1) Sight glass의 거품이 사라진다.
    (2) Compressor의 load가 커지고 RPM이 떨어진다.
    (3) Evaporator의 바깥에 서리가 낀다.
    (4) Compressor의 RPM이 높아진다.   (1)

13. 만약 vapor-cycle cooling system이 freon을 받아들이지 않는다면 무엇이 잘못된 것인가?
    (1) Evaporator
    (2) Expansion valve
    (3) Condenser

(4) Receiver-dryer   (2)

14. Vapor-cycle cooling system의 evaporator에 서리나 얼음이 생기다면 이것은 무슨 뜻인가?
    (1) System내에 freon이 너무 많다.
    (2) Evaporator내에 수분이 들어갔다.
    (3) Evaporator내의 공기흐름이 부적당하다.
    (4) 습기가 너무많다.   (3)

15. Oxygen cylinder는 보통 무엇으로 시험하는가?
    (1) 고압 nitrogen
    (2) 압축공기
    (3) 산소
    (4) 물   (4)

16. 보통 일반적인 oxygen cylinder는 몇년에 한번씩 물로 시험하는가?
    (1) 매 5년
    (2) 매 4년
    (3) 매 3년
    (4) 매 12년   (1)

17. DOT 3HT oxygen cylinder는 몇년에 한번씩 물로 시험하는가?
    (1) 매 3년
    (2) 매 5년
    (3) 매 7년
    (4) 매 10년   (1)

18. 다음중 rebreather bag을 사용하는 oxygen system의 type은?
    (1) Pressure demand
    (2) Diluter demand
    (3) Continuous flow
    (4) Demand   (3)

19. 대형 비행기의 cabin pressurization을 위하여 사용되는 positive-displacement compressor는 어떤 방법으로 oil이 전혀 섞이진 않은 공기롤 전달할수 있는가?
    (1) 각기 나뉘어진 bearing chamber, rubber seals, labyrinth seal을 compressor 내에서 사용하기 때문
    (2) Air-oil separator사용
    (3) Dry type pump사용
    (4) Compressor내의 특수 윤활유롤 사용   (1)

20. Pressurize된 비행기의 비상시스템으로써 가장 간단하고 유지비가 적게 드는 것은?

(1) Liquid oxygen system
(2) Chemical oxygen candle system
(3) High pressure oxygen system
(4) Low pressure oxygen system   (3)

21. Oxygen gas에 제일 혼히 오염되는 원인은?
    (1) 수분
    (2) 먼지
    (3) Fungus
    (4) Ozone   (1)

22. Air-cycle air conditioning system에서 제일 마지막 cooling이 일어나는 곳은?
    (1) Refrigeration compressor
    (2) 열교환기
    (3) Expanision turbine
    (4) 온도 조절기   (3)

23. Vapor-cycle cooling system에서 열이 흡수되면서 gas에서 액체로 변하는 곳은?
    (1) Condenser
    (2) Evaporator
    (3) Compressor
    (4) Expansion valve   (1)

24. Vapor-cycle cooling system에서 열을 흡수하면서 액체에서 기체로 변하는 곳은?
    (1) Condenser
    (2) Evaporator
    (3) Compressor
    (4) Expansion valve   (2)

25. Pressurize된 비행기의 cabin pressure는 주로 어떻게 조절되는가?
    (1) Maximum safe cabin altitude와 동일하는 압력이 이르렀을때
        pressurization pump의 작동을 정지시키는 valve로
    (2) pressure-sensitive switch로 pressurization pump를 작동시켰다
        정지시켰다 함으로써
    (3) 자동 outflow valve로 필요이상의 압력을 기체밖으로 내보낸다.
    (4) Pressurization pump의 output pressure를 조절하는 pressure-sensitive
        switch로   (3)

26. Exhaust gas를 heater의 근원으로 쓰는 비행기의 exhaust system을 검사할때는?
    (1) Engine overhaul을 할때 모든 exhaust system을 새것으로 바꾼다.
    (2) 기간적으로 carbon monoxide (일산화탄소) detectioon test를 시도한다.
    (3) Magnetic-particle inspection을 사용한다.
    (4) 매 100시간마다 exhaust system을 갈아줘야 한다.   (2)

27. Pressurize된 비행기가 정상비행 고도중에 auxiliary ventilation을 선택했다면?
    (1) Cabin pressure의 증가
    (2) Cabin compresser의 overspeed
    (3) Cabin altitude의 증가
    (4) 공기 efficiency의 증가   (3)

28. Cabin pressure control setting은 무엇과 적접적인 관계가 있는가?
    (1) Outflow valve opening
    (2) Cabin supercharger의 압축비례
    (3) Pneumatic system pressure
    (4) Turbo compressor speed   (1)

29. Freon cooling system의 evaporator의 역할은?
    (1) Compressor와 condenser 사이의 freon을 액체화 시킨다.
    (2) Cabin air의 온도를 낮춘다.
    (3) Freon gas로부터 바깥공기까지 열을 전달한다.
    (4) 수분을 증발시킨다.   (2)

30. Air-conditioning system의 mixing valve의 목적은?
    (1) Cabin air에 건조한 공기를 제공하여 cabin air의 습기를 줄인다.
    (2) 뜨겁고, 시원하고 차가운 공기의 제공을 조절한다.
    (3) Cabin의 모든곳에 평등하게 공기를 배분한다.
    (4) 조절된 공기와 비상 바깥공기를 섞는다.   (2)

31. Pressurization system 내에서 cabin altitude가 비행기의 altitude 보다 높아지는
    것을 방지하는 기구는?
    (1) Cabin rate-of-descent control
    (2) Negative pressure relief valve
    (3) Supercharger overspeed valve
    (4) Compression ratio limit switch   (2)

32. Cabin의 climb rate가 아주 빠른 속도로 증가한다면?
    (1) Outflow valve가 천천히 닫히도록 조절한다.
    (2) Cabin compressor 속도를 높인다.
    (3) Outflow valve가 더 빨리 닫히도록 조절한다.
    (4) Cabin compressor 속도를 낮춘다.   (3)

33. Vapor-cycle cooling system의 thermostatic expansion valve의 위치는 무엇에 의해
    조절되는가?
    (1) Evaporator로 들어오는 freon의 온도와 압력
    (2) Condenser를 나가는 freon 의 온도와 압력
    (3) Thermostatic expansion valve를 나가는 freon의 온도와 압력
    (4) Evaporator를 나가는 freon의 온도와 압력   (4)

34. Vapor-cycle cooling system이 사용되지 않는 경우 system에서 freon이 새는지 알아보는 법은?
   (1) Oil이 새는것
   (2) Sight glass의 거품이 이는것
   (3) System에 물이 묻어있는것
   (4) 주위에 freon 냄새가 나는것   (1)

35. Freon cooling system의 condenser의 역할은?
   (1) Feon gas의 열을 바깥 공기로 내보낸다.
   (2) Cabin air의 수분을 제거한다.
   (3) Freon 액체를 변화시킨다.
   (4) Cabin air의 열을 freon 액체로 전달시킨다.   (1)

36. Freon cooling system의 expansion valve는 metering device로 쓰이면서 ___?___ .
   (1) Freon 기체의 압력을 줄인다.
   (2) Freon 액체의 압력을 증가시킨다.
   (3) Freon 기체의 압력을 증가시킨다.
   (4) Freon 액체의 압력을 줄인다.   (4)

37. Cabin air compressor가 정지되었을때 기체내의 압력을 잃어버리는 것을 방지하는 것은?
   (1) Fire wall shutoff valve
   (2) Supercharger
   (3) Cabin outflow valve
   (4) Delivery air duct check valve   (4)

38. Cabin outflow valve의 중요 목적은?
   (1) 일정한 공기양을 계속적으로 내보낸다.
   (2) Overpressurization을 방지한다.
   (3) 원하는 cabin pressure를 유지한다.
   (4) 바깥공기의 출입을 조절한다.   (3)

39. Combustion heater fuel system의 filter를 다시 끼운후에는 system을 pressurize 시킨후 _____?_____ .
   (1) Fuel flow control valve를 새로 맞춰야 한다.
   (2) 모든 connection에 새는곳이 있는지 검사한다
   (3) Fuel filter bypass valve를 reset 시킨다.
   (4) Filter를 통과한 fuel의 sample을 수집한다.   (2)

40. Combustion heater의 thermostat 회로는 무슨 역할을 하는가?
   (1) Fuel을 On, Off 시킨다.
   (2) Heater의 BTU output을 조절한다.
   (3) Heater의 ignition transformer의 voltage를 조절한다.

(4) Heater output의 일부롤 밖으로 내보낸다. (1)

41. Air-cycle cooling system은 어떻게 차가운 공기를 만들어 내는가?
    (1) Cooling fan을 통하여
    (2) Compressor롤 통하여
    (3) 냉각제롤 포함한 cooling coil을 통하여
    (4) Expansion turbine을 통해 열을 제거한다. (4)

42. 다음 freon refrigeration system에서 expansion valve의 바로 다음 기구는 무엇
    인가? (그림 1)
    (1) Condenser
    (2) Compressor
    (3) Cooling turbine
    (4) Evaporator coil (4)

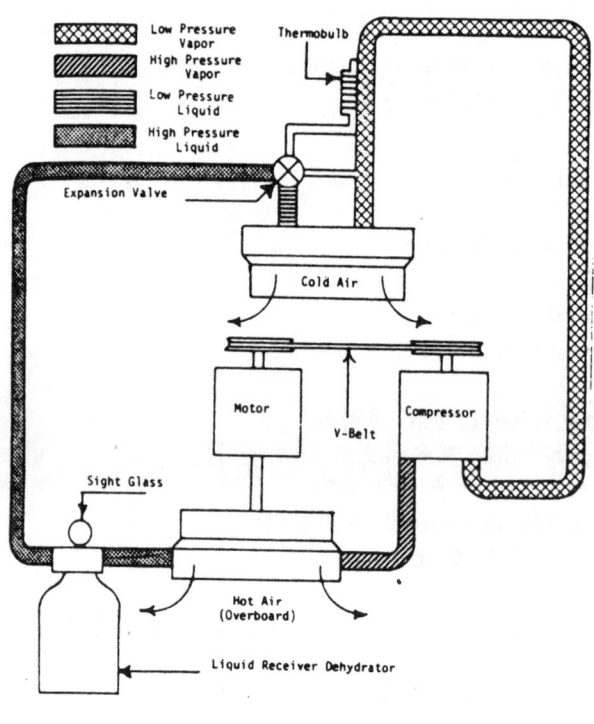

그림 1

43. Pressurization control system의 isobaric metering valve가 OPEN 위치로 움직
    인다면?
    (1) Cabin pressure가 증가
    (2) Cabin altitud가 즐어든다.
    (3) Cabin pressure가 낮아진다.
    (4) Outflow valve가 닫힌다. (3)

44. Freon system의 sight glass에 계속적으로 거품이 보인다면?
    (1) Freon이 너무 많다.
    (2) Freon이 극도로 섞여있다.
    (3) 적당한 공기양이 섞여있다.
    (4) Freon이 너무 적다.   (4)

45. 다음중 freon-12를 다룰때 갖춰야 할것은?
    (1) Mask
    (2) 귀막이
    (3) Rubber shoes
    (4) Goggle (눈보호개)   (4)

46. 비행기 기체는 다섯개의 major stress를 받고있다. pressurization은 이 중의
    무슨 stress와 연관있는가?
    (1) Tension stress
    (2) Compression stress
    (3) Torsion stress
    (4) Shear stress   (1)

47. Freon air-conditioner system을 evacuate (안의것을 비우는 것)하는 이유는?
    (1) 새는 곳을 찾기위하여
    (2) 오염된 fluid를 빼내기 위하여
    (3) 모든 check valve가 seal 되었는가 확인하기 위하여
    (4) 수분을 빼내기 위하여   (4)

48. Pressurized 비행기의 cabin pressurization의 범위는 어떻게 나뉘어 지는가?
    (1) Isobaric, differential, maximum differential
    (2) Differential, unpressuirzed, isobaric
    (3) Ambient, unpressurized, isobaric
    (4) Unpressurized, differential, ambient   (2)

49. Pressurization controller는 무엇을 사용하는가?
    (1) Bleed air pressure, 바깥 공기온도, cabin rate of climb
    (2) Barometric pressure, cabin altitude, cabin rate of change
    (3) Cabin rate of climb, bleed air volume, cabin pressure
    (4) 바깥 공기온도, cabin rate of climb, cabin pressure   (2)

50. Vapor-cycle cooling system에서 freon의 reservior 역할을 하는것은?
    (1) Receiver-dryer
    (2) Evaporator
    (3) Compressor
    (4) Condensor   (1)

51. Vapor-cycle cooling system에서 condenser로 들어가는 freon의 상태는?
   (1) 고압 액체
   (2) 저압 액체
   (3) 고압 기체
   (4) 저압 기체   (3)

52. 소형비행기에서 air-conditioning compressor는 무엇이 돌려주는가?
   (1) 전기 motor
   (2) 바깥공기
   (3) 엔진
   (4) 유압 motor   (3)

53. Vapor-cycle cooling system에서 evaporator를 나가는 freon의 상태는?
   (1) 고압 액체
   (2) 저압 액체
   (3) 저압 기체
   (4) 고압 기체   (3)

54. Vapor-cycle cooling system에서 condenser를 나가는 freon의 상태는?
   (1) 저압 액체
   (2) 고압 액체
   (3) 고압 기체
   (4) 저압 기체   (2)

55. Vapor-cycle cooling system에 freon을 투입시킬때 freon 병을 어떤 위치로
   하는것이 좋은가?
   (1) Outlet을 위로하여 세로로 세운다.
   (2) 더운물에 병을 담그고 세로로 세운다.
   (3) 더운물에 병을 담그고 가로로 눕인다.
   (4) Outlet을 아래로 하여 세로로 세운다.   (1)

56. Freon air-conditioning system의 evaporator 온도가 40~50°F 라면
   system의 정상 pressure는?
   (1) 저압은 100~125 psi,   고압은 300~ 350 psi
   (2) 저압은 10~ 20 psi,   고압은 150~ 200 psi
   (3) 저압은 65~ 95 psi,   고압은 95~1755 psi
   (4) 저압은 20~ 30 psi,   고압은 225~ 300 psi   (4)

57. Freon air-conditioning system을 purging(정화)시킬때 가능한 천천히
   freon을 빼내는것이 좋다. 그 이유는?
   (1) Freon이 주위의 공기를 오염시키는 것을 방지
   (2) Refrigerant oil을 되도록 소모하지 않는다.
   (3) Expansion valve의 손상을 방지한다.

    (4) 너무 빨리하면 system 내에서 freon이 응축된다   (2)

58. Vapor-cycle cooling system의 expansion valve 양쪽에 연결된 두 line의 온도가 동일하다면 이것은 무슨 뜻인가?
    (1) 정상이다.
    (2) Expansion valve가 제구실을 하지못하고 있다.
    (3) Compressor가 너무 많은양의 freon을 pumping 시키고있다.
    (4) System내의 freon 양이 너무 많다.   (2)

59. Refrigerant-12가 화염위를 지나가게 된다면?
    (1) 아무 이상 없다.
    (2) 불에 흡수된다.
    (3) Phosgene gas로 변화한다.
    (4) Carbon tetrachloride 기체로 변한다.   (3)

60. Vapor-cycle cooling system에 쓰이는 oil은 어떤 oil인가?
    (1) 농축도가 낮은 engine oil
    (2) 농축도가 높은 engine oil
    (3) 특수 refrigeration oil
    (4) 물을 흡수하는 특수 synthetic oil   (3)

61. 비행기의 oxygen system에 새는곳이 있나 검사할때 쓰이는 것은?
    (1) Neutral cleaning solvent
    (2) Dye check
    (3) 비눗물로 거품 testing
    (4) 눈으로만 연결된 부분을 확인한다.   (3)

62. Oxygen bottle pressure가 최소 범위보다 낮게 내려간다면?
    (1) Pressure reducer의 작동이 불가능하다.
    (2) Bottle thermal plug가 파괴된다.
    (3) 자동 altitude control valve가 열린다.
    (4) Bottle내에 수분으로 인한 부식이 생긴다.   (4)

63. Continuous-flow oxygen system에서 알맞은 양의 oxygen을 mask로 보내주는 것은?
    (1) Calibrated orifice
    (2) Line valve
    (3) Pressure reducing valve
    (4) Pilot regulator   (1)

64. Diluter-demand oxygen regulator에서 demand valve는 언제 작동되는가?
    (1) Diluter control이 정상적으로 setting 되었을때
    (2) 사용자가 100 % oxygen을 요구할때

(3) 사용자가 숨을 들이 쉴때
(4) Cylinder pressure가 500 psi를 초과할때　　　　　　　　　　　　(3)

65. 비행기내에서 쓰이는 oxygen과 일반 oxygen과 다른점은?
　　(1) 비행기 oxygen은 다른 gas와 함게 섞여있다.
　　(2) 비행기 oxygen은 모든 수분이 제거되었다.
　　(3) 비행기 oxygen은 적당한 양의 hydrogen이 포함되었다.
　　(4) 비행기 oxygen은 regulator를 윤활시키기 위해 nontoxic lubricant가
　　　　섞여있다.　　　　　　　　　　　　　　　　　　　　　　　　　　　(2)

66. Oxygen system에서 고압의 cylinder pressure를 낮은 system pressure로
　　줄이는 역할을 하는 것은?
　　(1) Pressure reducer valve
　　(2) Pressure relief valve
　　(3) 고정된 calibrated orifice
　　(4) Diluter-demand regualtor　　　　　　　　　　　　　　　　　　　(1)

67. 만약 pressure reducer가 작동을 안할경우 cylinder의 고압산소가
　　system내에 들어오는 것을 방지하는 것은?
　　(1) Check valve
　　(2) Cylinder control valve
　　(3) Pressure relief valve
　　(4) Manifold control valve　　　　　　　　　　　　　　　　　　　　(3)

68. 비행기에 쓰이는 고압 산소통에는 무엇이라고 표시되어 있는가?
　　(1) 초록색통에 1 inch의 하얀글씨로 "BREATHING OXYGEN".
　　(2) 노란색통에 1 inch의 하얀글씨로 "AVIATOR'S BREATHING OXYGEN".
　　(3) 노란색통에 1 inch의 하얀글씨로 "BREATHING OXYGEN".
　　(4) 초록색통에 1 inch의 하얀글씨로 "AVIATOR'S BREATHING OXYGEN".
　　　　　　　　　　　　　　　　　　　　　　　　　　　　　　　　　　(4)

69. Oxygen system의 leakage check을 하고난 한시간이 지난후 oxygen
　　pressure gauge는 63°F의 온도에서 460 psi를 가르켰다. 그후 6시간이
　　지난후 온도는 50°F인 상태에서 다음중 어느 pressure들이 허락되는
　　범위내에 들어오는가? (6시간내에 최대 압력차이는 5 psi이다.) (그림2)
　　(1) 455～460 psi
　　(2) 446～450 psi
　　(3) 456～460 psi
　　(4) 445～450 psi　　　　　　　　　　　　　　　　　　　　　　　　(4)

70. Pressurize되지 않은 비행기의 oxygen system은 주로 무슨 type인가?
　　(1) Continuous-flow, pressure-demand
　　(2) Continuous-flow

PRESSURE TEMPERATURE CORRECTION CHART

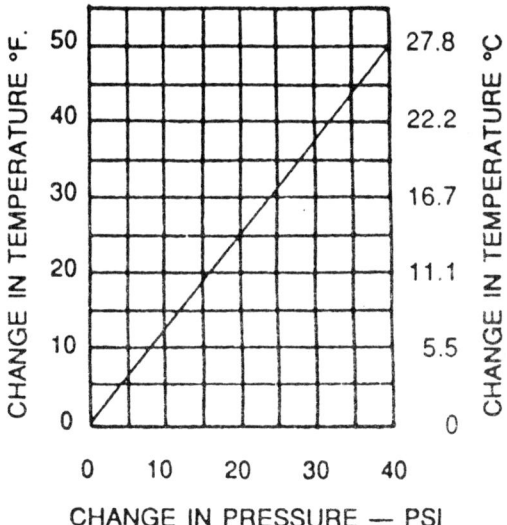

Correction of pressure during leakage test for change in temperature. Add pressure change if temperature rises. Subtract pressure change if temperature falls.

그림 2

    (3) pressure-demand
    (4) 사용되지 않는다.   (1)

71. 고압 산소통을 새로 설치하기 이전에 확인해야 할것은?
    (1) 옳은 type인가 보고 또, 정상 기일내에 수압 test롤 합격한 것인지
    (2) 다른 비행기에서 한번이상 쓰인 것이어야 한다.
    (3) NTSB롤 합격한것
    (4) 기체 mechanic의 검열을 통과한것   (1)

72. 오염된 oxygen system은 무엇으로 정화(purge) 시키는가?
    (1) 비눗물
    (2) Oxygen
    (3) 압축공기
    (4) Nitrogen   (2)

73. 고압 산소통안의 산소양을 알아보는 방법은?
    (1) 산소통의 무게롤 잰다.
    (2) 산소통에 설치된 측량기롤 읽는다.
    (3) Mask의 pressure롤 잰다.
    (4) Flow indicator롤 사용한다.   (2)

제5편   프로펠러

제1장. 프로펠러 이론

1-1. 프로펠러의 기초원리 (Basic Propeller Principle)

A/C propeller는 두개나 그 이상의 blade로 구성되고 central hub에 붙어 있다.

A/C propeller의 각 blade는 rotating wing과 같다.

propeller blade는 힘(force)을 만들어내는데, 즉 thrust를 만들어 A/C를 공기중에서 끌어 당기거나 밀거나한다.

propeller blade를 회전시키는데 필요한 power는 engine에서 얻는다.

propeller는 shaft에 붙어있고 이 shaft는 low-horsepower engine의 경우에는 crankshaft의 연장이며 high-horsepower engine은 propeller shaft에 blade가 붙어있고 이 shaft는 engine crankshaft에 gear로 물려있다.

어느 경우든지 engine이 blade를 공기중에서 high speed로 회전시켜서 propeller가 engine의 회전력(rotating power)을 추력(thrust)으로 변형시킨다.

1) 공기역학적 요소 (Aerodynamic Factor)

A/C가 공기중을 움직이면서 진행방향과 반대로 항력(drag force)을 만든다.

만약 항공기가 수평비행을 할때는 최소한 항력과 같은 크기의 힘이 가해져야 하는데 이 drag와 똑같은 크기의 힘은 전방으로 작용한다.

이 힘을 추력(thrust)이라고 부른다.

추력(thrust)에 의해 이루어진 일(work)은 추력(thrust) × 거리(distance)로 나타낸다(work = thrust × dastance). thrust에 의해 소모된 power는 thrust × velocity와 같고 이것이 A/C를 움직인다 (power = thrust × velocity).

만약 power가 horsepower unit으로 측정되면 thrust에 의해 소모된 power는 thrust horsepower로 나타낸다.

engine은 rotating shaft를 통해서 brake horsepower를 공급하고 propeller가 이

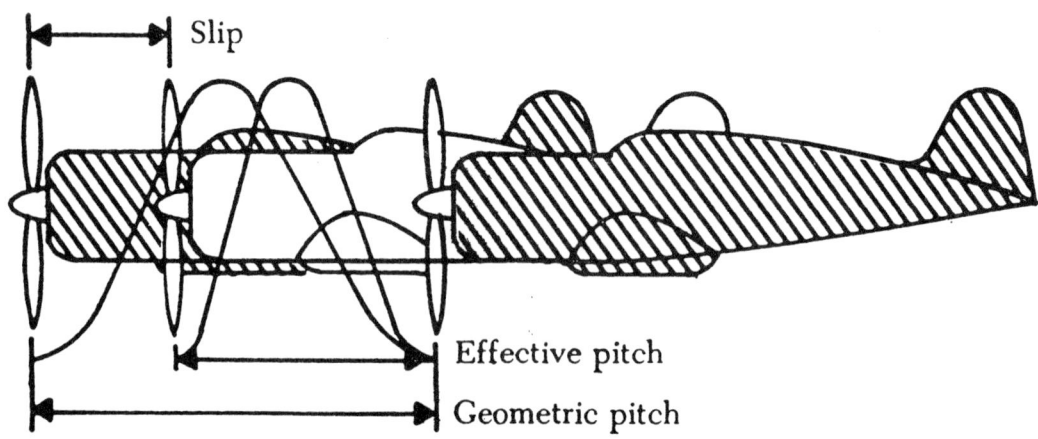

Fig. 1-1 Effective and geometric pitch.

brake horsepower를 thrust horsepower로 바꾼다.

이 과정에서 일부 power가 소모된다.

maximum efficiency를 위해서 propeller는 가능한 이 소모를 최소로 유지해야 한다. 어느 기계의 효율은 power input에 대한 power output의 비율 (ratio)로 나타내므로 propeller 효율은 thrust horsepower와 brake horsepower와의 비율이라 할수 있다.

propeller 효율은 50~87% 까지이고, 이것은 주로 propeller의 "slip"에 좌우된다.

Fig. 1-1과 같이 propeller slip은 propeller의 기하학적 피치 (geometric pitch)와 유효 피치 (effective pitch) 사이의 차이이다.

geometric pitch는 propeller가 한바퀴 회전할때 진행해야 하는 거리이고, effective pitch는 실제로 진행한 거리이다.

그래서 geometric이나 이론상의 피치 (theoretical pitch)는 slip이 없는 상태를 가정한 것이지만, 실제는 그렇지 않고, effective pitch나 실제의 피치 (actual pitch)는 propeller의 slippage를 감안한 것이다.

Fig. 1-2에서 보는것과 같이 propeller는 불규칙하게 꼬여있는 airfoil 형태이다.

여러가지 목적으로 blade는 segment로 나누는데, 이것의 표시는 blade hub 중심으로 부터의 거리를 station number로 표시한다.

blade segment는 각각 6 inch 간격으로 되어 있다.

blade shank는 hub 근처의 propeller blade의 둥근 부분이다.

blade butt는 blade base나 root 라고도 부르고 blade의 끝으로 propeller hub에 닿는 부분이다.

blade tip은 hub로부터 가장 먼쪽의 끝이고 blade의 마지막 6 inch 부분이다.

Fig. 1-3은 일반적인 propeller blade의 단면이다.

blade back은 camber 형태거나

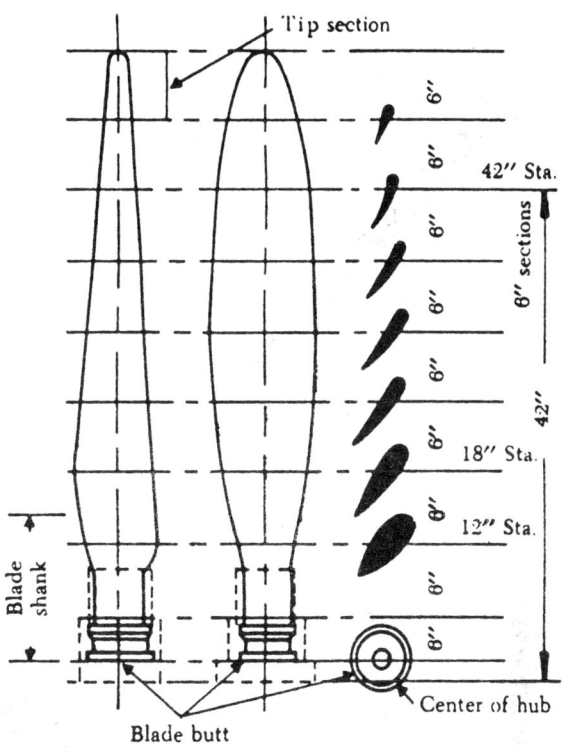

Fig. 1-2   Typical propeller blade elements.

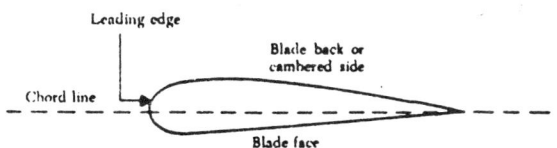

Fig. 1-3   Cross section of a propeller blade.

575

blade의 curve 쪽을 말하고, A/C wing의 upper surface와 비슷하다. blade face는 propeller blade의 flat side이다.

chord line은 leading edge에서 trailing edge 까지의 blade를 지나는 가상선이다.

leading edge는 blade의 가장 두꺼운 쪽이고 propeller가 회전할 때 공기와 부딪히는 부분이다.

blade angle은 각도로 표시하

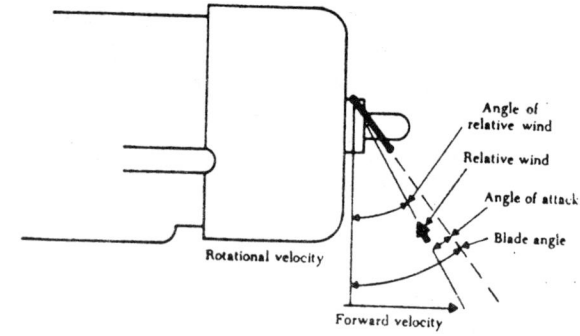

Fig. 1-4 Propeller aerodynamic factors.

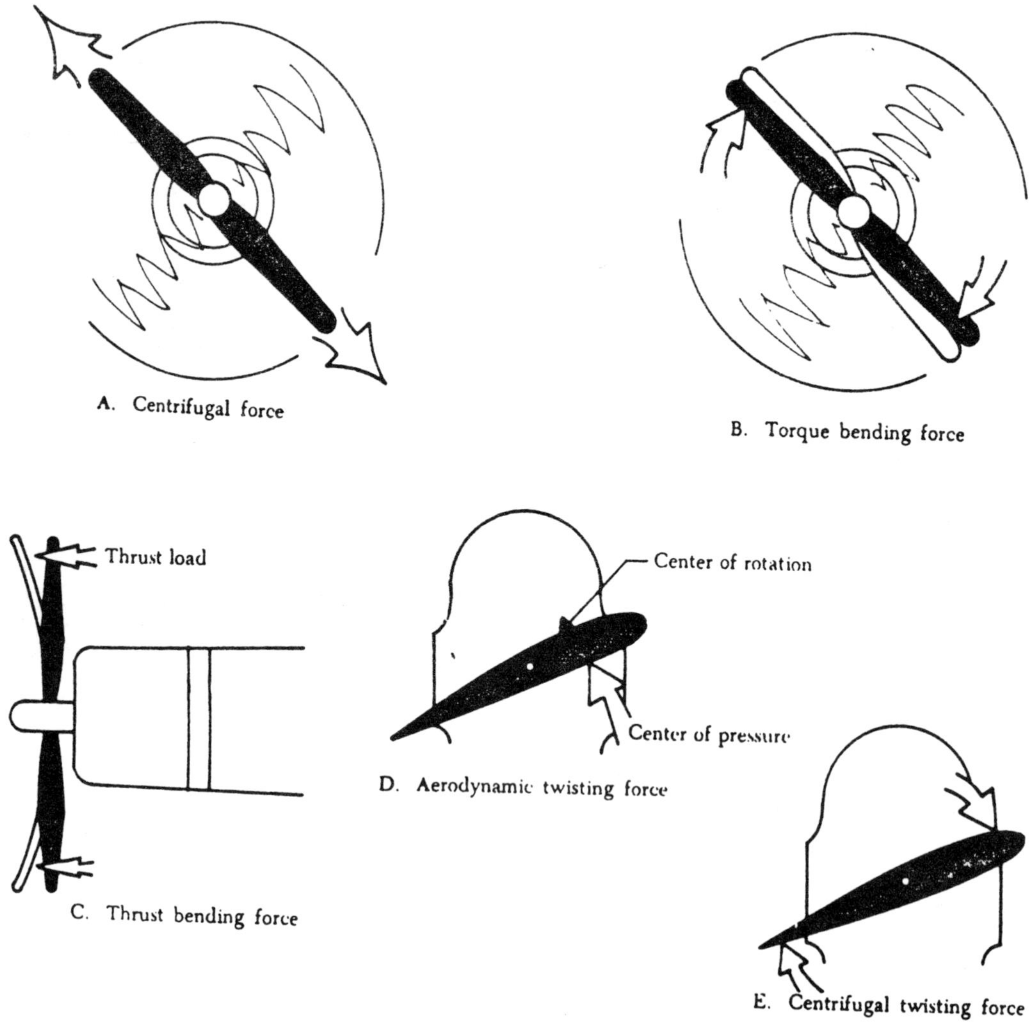

A. Centrifugal force

B. Torque bending force

C. Thrust bending force

D. Aerodynamic twisting force

E. Centrifugal twisting force

Fig. 1-5 Forces acting on a rotating propeller.

고 blade의 chord와 회전면(plane of rotation)과 이루는 각도를 말한다.

propeller blade의 chord는 airfoil의 chord처럼 같은 방법으로 결정한다.

대부분의 propeller가 flat blade face를 갖고 있어서 chord line은 propeller blade의 face를 따라서 그어진다.

pitch는 blade angle과 같지 않다. 왜냐하면 pitch는 blade angle에 의해 결정되기 때문이다.

rotating propeller에는 centrifugal, twisting, 그리고 bending force가 작용한다.

Fig. 1-5는 rotating propeller에 작용하는 힘을 나타내고 있다.

Fig. 1-5(A)의 centrifugal force는 rotating propeller를 hub에서 바깥쪽으로 튀어나가게 하는 힘이다.

Fig. 1-5(B)는 torque bending force로 공기저항에 의해서 회전방향 반대쪽으로 propeller blade를 휘게(bend) 만든다.

thrust bending force(Fig. 1-5, C)는 thrust load로 A/C가 공기속으로 끌어지면서 propeller blade가 전방으로 휘는 경우이다.

aerodynamic twisting force(Fig. 1-5, D)는 blade를 high blade angle로 만드는 힘이다.

centrifugal twisting force가 aerodynamic twisting force보다 크기 때문에 blade를 low blade angle로 만드는 힘으로 작용한다.

propeller는 몇가지 stress에 견딜수 있어야 한다.

이것은 주로 centrifugal force와 thrust에 의한 것이며 hub 근처에서 가장 크다.

이 stress는 r.p.m에 비례해서 커진다. blade face는 centrifugal force와 bending의 tension등에 영향을 받는다.

이런 이유로, nick나 scratch가 blade에 있으면 중대한 결과를 초래한다.

1-2. 프로펠러의 작동 (Propeller Operation)

Propeller의 작동을 이해하기 위해, propeller의 회전운동과 전방으로의 움직임을 이해해야 한다.

Fig. 1-6과 같이 propeller 힘의 vector에서 보는바와 같이 propeller blade의 section이 아래로, 그리고 전방으로 움직인다.

propeller blade를 치는 air(relative wind)의 각도를 영각(angle of attack)이라고 한다.

이각도에 의해 생기는 공기흐름으로 인해 dynamic pressure가 propeller blade의 engine쪽에서 생기고, 이 힘은 반대쪽보다 커서 이것이 thrust를 만든다.

blade의 모양이 thrust를 만드는데, 이 wing의 모양과 같기 때문이다.

계속해서 공기가 propeller를 거쳐 지나가면서 한쪽의 pressure가 다른쪽보다 작다.

wing에서 처럼 이것이 pressure가 작은 쪽에서 reaction force를 만들게 된다.

wing의 경우 wing의 뒤쪽이 pressure가 낮아서 force(lift)가 위쪽으로 작용한다.

propeller의 경우는 수직으로 달려 있어서 pressure가 작은 쪽은 propeller의 전방쪽이다. 그래서 force(thrust)가 전방으로 작용한다.

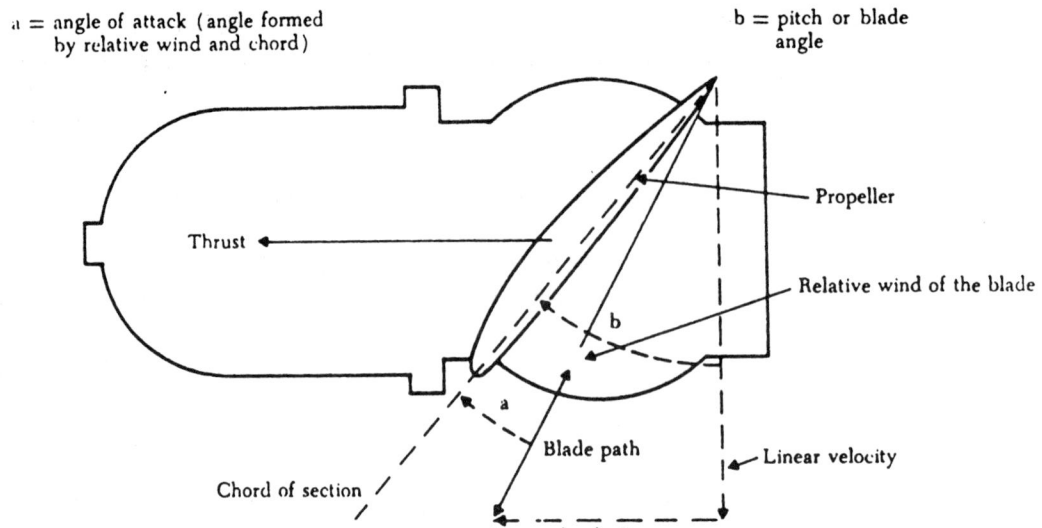

a = angle of attack (angle formed by relative wind and chord)

b = pitch or blade angle

Propeller

Relative wind of the blade

Thrust

Linear velocity

Blade path

Chord of section

Forward velocity

Fig. 1-6 Propeller forces.

그러므로 thrust는 propeller의 모양과 blade의 angle of attack에 의한 것이다.

propeller는 takeoff, climb, cruising, high speed 등에서 maximum propeller efficiency를 갖도록 되어 있다.

이 상태가 변하면 propeller와 engine의 효율이 떨어진다.

정속 프로펠러(constant-speed propeller)에서 blade angle이 비행중의 모든 여건에 맞는 최대 효율을 낼수있게 조절된다.

이륙중에 maximum power와 thrust가 필요하면 constant-speed propeller는 low propeller blade angle이나 pitch로 유지한다.

low blade angle은 angle of attack을 작게해서 상대풍(relative wind)에 효율적으로 작용한다.

동시에, propeller의 매회전마다 작은량의 air만 허용한다.

이것이 engine의 load를 덜어 주어서 높은 r.p.m으로 회전할 수 있게 해주고 maximum의 fuel을 heat energy로 전환시킨다.

높은 r.p.m이 또한 최대 thrust를 만드는데, 이것은 각 회전시에 취급하는 air는 작지만 r.p.m수는 증가되어 slip stream velocity가 빨라지고 낮은 A/C 속도여서 thrust가 최대가 된다.

이륙후에 A/C의 속도가 빨라지면서, constant-speed propeller는 higher angle (pitch)로 바꾼다. 다시, higher blade angle이 angle of attack을 작게하고, 상대풍 (relative wind)에 효율적이다.

higher blade angle은 매회전당 취급하는 airmass를 증가시킨다.

이것이 engine r.p.m을 감소시키고 연료소모를 줄이며, engine 마모를 줄여서 thrust가 최대 상태를 유지한다.

A/C가 이륙후 상승하기 위해서, engine의 power output은 manifold pressure를 감

소 시켜서 climb power로 감소시키고, 낮은 r. p. m의 high blade angle로 만든다.

그래서 torque는 감소되서 engine의 감소된 power에 맞게된다.

blade angle이 커지면서 angle of attack는 작아진다.

순항고도(cruising altitude)에서 A/C가 수평비행을 할때, 이륙이나, 상승할때 보다 작은 power가 필요해서 낮추고, 낮은 r. p. m의 큰 blade angle로 해서 engine power를 감소시킨다. 다시 이것이 torque를 낮춰서 감소된 engine power와 맞게된다.

제2장. 프로펠러의 종류

2-1. 프로펠러의 형태 (Types of Propeller)

여러가지 type의 propeller가 있는데 가장 단순한 것이 fixed-pitch, ground adjustable propeller이다. propeller system은 더욱 복잡해져서 단순한 형태에서 controllable-pitch, automatic system까지 다양하다.

1) 고정피치 프로펠러 (Fixed-Pitch Propeller)

명칭이 뜻하는 것처럼 fixed-pitch propeller는 blade pitch나 blade angle을 갖고 있는데, 처음부터 이런 각도로 제작된 형태이다.

blade angle은 propeller가 만들어진 이후는 바꿀수 없다. 일반적으로 이 type의 propeller는 one piece로, wood나 aluminum alloy로 제작된다. fixed-pitch propeller는 하나의 전방회전 속도에서 가장 좋은 효율을 갖도록 설계된다. 이것은 A/C와 engine speed에 맞게 설계되어서 이런 조건이 달라지면 propeller와 engine의 효율이 감소한다.

fixed-pitch propeller는 저출력, 저속, 짧은 항속거리, 저고도 등에 적합하다.

2) 지상조절 프로펠러 (Ground-Adjustable Propeller)

Ground adjustable propeller는 fixed-pitch propeller처럼 작동한다.
pitch나 blade angle은 propeller가 돌지 않을 때만 바꿀수 있다.
이것은 blade를 잡고 있는 clamping mechanism을 느슨하게 해서 이루어진다.
clamping mechanism을 조인후에, propeller의 pitch는 비행중에는 바꿀수 없다.
fixed-pitch propeller와 마찬가지로, ground-adjustable propeller는, 저출력, 저속, 짧은 항속거리, 저고도에 적합하다.

3) Controllable-Pitch Propeller

이 propeller는 blade pitch, angle 등이 propeller가 회전하는 중에 변한다.
이것이 비행여건에 맞는 best performance를 만든다.
pitch position의 수는 제한되어 있다. 즉, two-position controllable propeller나 pitch를 minimum과 maximum pitch setting 사이의 각도로 조절할수 있는 것 등이다.
controllable-pitch propeller는 비행여건에 맞는 원하는 engine r.p.m을 얻을수 있다. airfoil이 공기속을 지나면서, 이것이 두힘(lift와 drag)을 만들어 낸다.
propeller blade angle이 커지면, angle of attack이 커져서 더많은 lift와 drag를 만든다. 이것이 주어진 r.p.m에서 propeller를 회전시키는데 필요한 horsepower를 크게 한다. engine은 같은 horsepower를 만들기 때문에, propeller는 속도가 줄어든다.
만약 blade angle이 감소되면, propeller 속도는 커진다. blade angle을 크거나 작게해서 engine r.p.m을 조절한다. propeller-governor를 사용해서 propeller pitch를 크거나 작게한다. A/C가 상승하면 propeller의 blade angle 감소되어 engine 속도의 감소를 막는다.

그러므로, engine은 power output을 유지하고, throttle setting이 변하지 않는다.

A/C가 급강하 할때, 같은 throttle setting으로, blade angle을 크게해서 overspeeding을 막고, power output는 그대로 유지된다.

만약 throttle setting이 climbing이나 diving에 맞게 바뀌면, 일정한 engine r. p. m을 유지하기 위해 blade angle이 바뀌어야 한다. power output이 throttle setting에 의해서 변한다.

governor-controlled, constant-speed propeller는 blade angle이 자동적으로 변해서 engine r. p. m을 일정하게 유지한다.

대부분의 pitch-changing mechanism은 oil pressure(hydraulically)에 의해 작동되고, piston-dual-cylinder type에 사용된다.

piston이 cylinder 내에서 움직이거나, cylinder가 고정된 piston뒤를 움직인다.

piston의 직선운동이 몇가지 type의 mechanical linkage를 거쳐서 blade angle을 바꾸기에 필요한 rotary motion으로 바뀐다.

mechanical connection은 gear를 통해서이고, pitch-changing mechanism이 각 blade에 붙어있는 gear에 맞물린 drive gear와 powergear를 회전시킨다.

hydraulic pitch-changing mechanism type의 작동을 위한 oil pressure는 engine lubricating system에서 나온다.

engine lubricating system이 사용될때 engine oil pressure는 pump에 의해 커져서 propeller를 작동시킨다.

높은 oil pressure는 빠른 blade-angle change를 가능하게 해준다.

hydraulic pitch-changing mechanism에 사용되는 governor는 engine crankshaft에 gear로 연결되어 r. p. m변화에 민감하다.

propeller hydraulic pitch-changing mechanism의 작동을 위한 pressurize oil이 governor에 의해 조절된다.

r. p. m이 governor에 setting된 것보다 커지면, governor가 propeller pitch-changing mechanism을 돌려서 blade의 각도가 커지게 한다.

이 각도가 engine에 load를 크게해서 r. p. m을 감소시킨다.

r. p. m이 governor setting 보다 낮아지면 반대현상이 일어난다.

이렇게 해서 propeller governor가 engine r. p. m을 일정하게 유지한다.

4) Automatic Propeller

Automatic propeller system에서 control system이 pitch를 조절하고, 정해진 engine r. p. m을 유지해 준다.

예를들어, 만약 engine speed가 증가하면 control은 자동적으로 원하는 r. p. m에 다시 설정될때까지 blade angle을 크게한다.

automatic propeller는 가끔 "constant speed" propeller라고도 부른다.

5) Reverse-Pitch Propeller

Reverse-pitch propeller는 controllable propeller로, 작동중에 blade angle을 negative pitch로 바꿀수 있다.

reversible pitch의 목적은 engine power를 사용해서 low speed에서 높은 negative thrust를 만든다.

reverse pitch는 비행중 급강하시에 사용하기도 하고, 주로 착륙후에 지상 활주 중
에 aerodynamic brake의 역할을 한다.

6) Feathering Propeller

Feathering propeller는 controllable propeller로 pitch angle을 바꿀수 있는
mechanism을 갖고 있어서 "power off" propeller에 최소의 wind milling 효과를 만들
게 한다.

feathering propeller는 multi-engine A/C에 사용해서 engine 고장시에 propeller

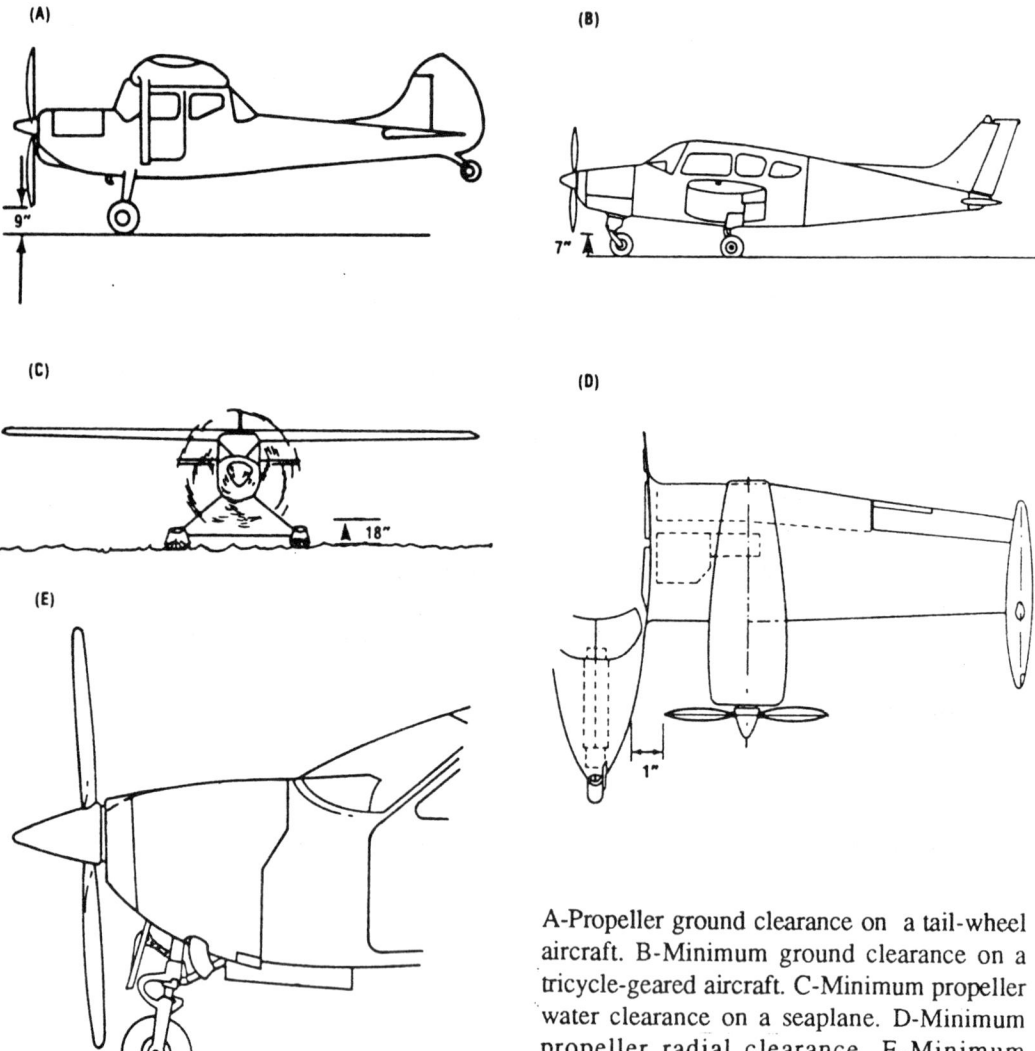

A-Propeller ground clearance on a tail-wheel
aircraft. B-Minimum ground clearance on a
tricycle-geared aircraft. C-Minimum propeller
water clearance on a seaplane. D-Minimum
propeller radial clearance. E-Minimum
longitudinal clearance.

Fig. 2-1 Propeller clearance.

drag를 최소로 한다.

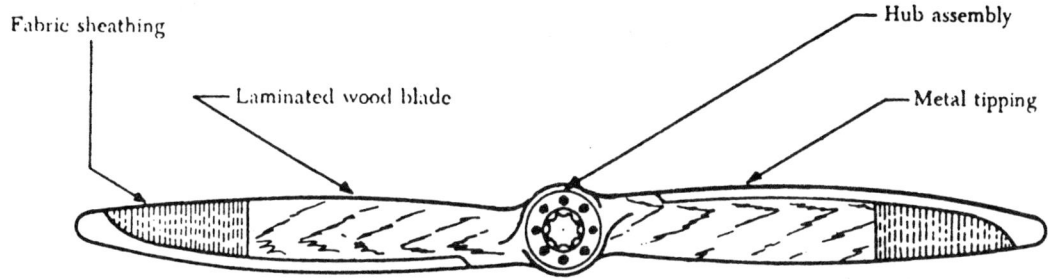

Fig. 2-2   Fixed-pitch wooden propeller assembly.

2-2. 프로펠러의 분류 (Classification of Propeller)

1) Tractor Propeller

Tractor propeller는 supporting structure의 전방에 있는 drive shaft의 앞쪽 끝에 붙어 있다.

대부분의 A/C는 이 type이다. 이 type의 가장 큰 장점은 propeller에서 stress 발생이 적어서 상대적으로 안정된 공기속을 회전한다.

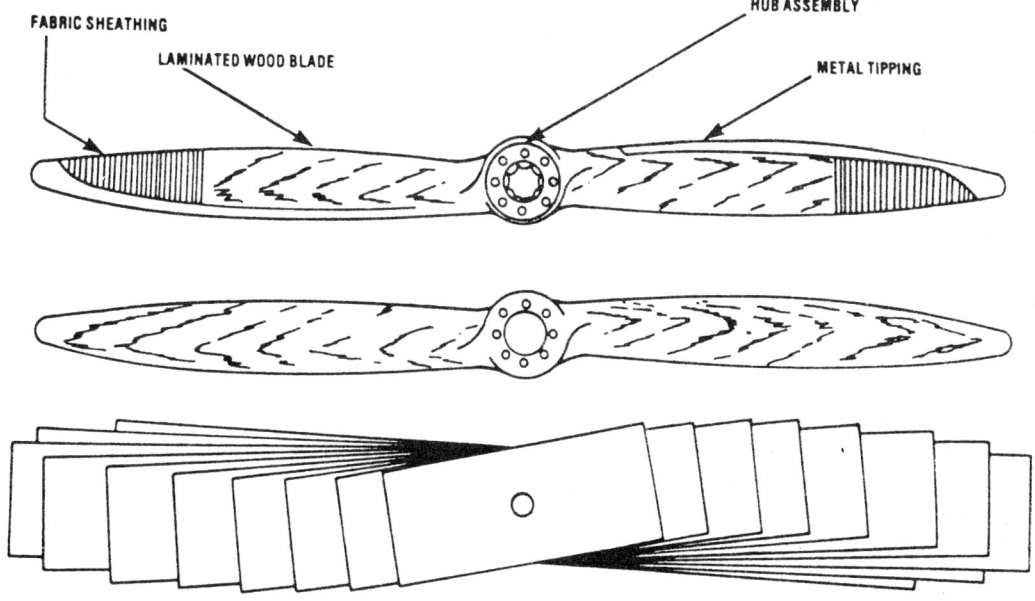

Fig. 2-3   Three stages of wood propeller production: glued planks, white, and finished propeller.

2) Pusher Propeller

Pusher propeller는 supporting structure 뒤쪽의 drive shaft의 뒤쪽끝에 붙어있다.
pusher propeller는 fixed와 variable-pitch propeller로 제작된다.
seaplane과 amphibious A/C는 대부분 이 type이다.
landplane에서, propeller에서 지면까지의 간격이 waterplane의 propeller에서 수면
까지의 간격보다 작다. pusher propeller는 tractor propeller보다 damage가 심하다.

2-3. 경비행기에 사용되는 프로펠러
(Propeller Used on Light A/C)

Light A/C는 governor로 조절되는 constant-speed propeller가 많이 장착되어 있다.
그러나, fixed-pitch propeller를 장착하고 있는 A/C의 숫자도 많다.

1) Fixed-Pitch Wooden propeller

Fig. 2-2는 fixed-pitch wooden propeller로 제작된 후에는 blade pitch는 바꿀수 없다.
blade angle의 선택은, engine이 최대효율로 작동할때, level flight중에 A/C에 정상적으로 사용할수 있는 propeller를 선택한다.
fixed-pitch propeller는 blade pitch를 바꿀수 없기 때문에 최대 engine 효율이 대형 A/C보다 덜 중요한 low-horsepower engine에 사용한다. wooden fixed-pitch propeller는 무게가 가볍고, 견고하고, 제작이 간단하며, 생산이 경제적이고, 교환이 쉬워서 소형 A/C에 적합하다.
wood propeller는 통나무로 제작되는 것이 아니고, 잘 성장한 hard-wood의 얇은 겹을 붙

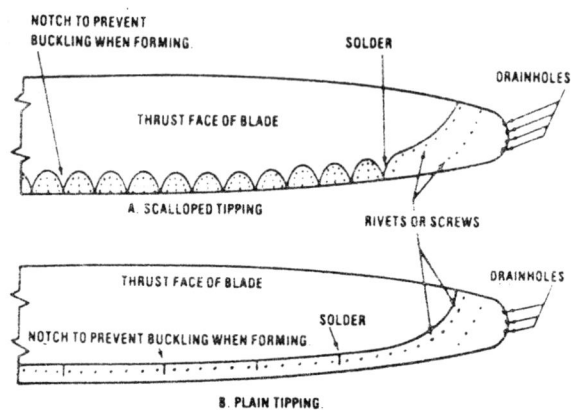

Fig. 2-4   Two styles of metal tipping installations.

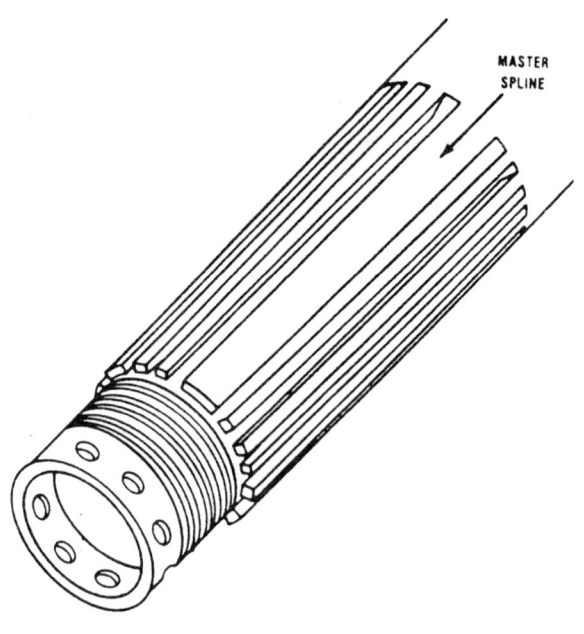

Fig. 2-5   Splined crankshaft.

584

여서 제작한다.

mahogany, cherry, black walnut, oak등이 널리 쓰이지만 brich가 가장 널리 쓰인다.

5~9겹의 얇은 나무로, 각각 3/4 inch의 두께이다. 몇겹을 접착제로(waterproof 의 resinous glue) 붙인다.

propeller 모양으로 다듬은 다음 각 층이 포함하고 있는 수분이 대략 비슷해질 때까지 대략 1주일가량 건조시킨다.

template와 bench protractor를 사용해서 적절한 굴곡과 각 station마다 blade angle을 얻는다.

propeller blade의 마무리 작업이 끝난 후에 fabric covering을 씌운다.

이작업이 끝나면 Fig. 2-4와 같이 metal tipping을 하는데, 대부분은 leading edge 와 각 blade의 tip으로 landing, taxing, takeoff중의 FOD 에 의한 damage를 막는다.

metal tipping은 terneplate, Monel metal, 혹은 brass등이 쓰인다.

이작업에는 countersunk wood screw와 rivet을 사용한다.

screw의 head는 납땜해서 풀리는것을 방지하고, 납땜으로 채워서 매끈한 표면을 만든다.

metal과 wood 사이의 tip-ping에 습기가 모여서 tipping 에 작은 hole을 만들어 cen-trifugal force에 의해 습기가 drain 되게한다.

이 drain hole은 항상 뚫려 있어야 한다.

wood는 습기에 따라 swel-ling, shrinking, warping등에 약해서 protective coating을 해서 습기가 빠르게 변하는것을 막는다.

모든 작업이 끝나면 blance 를 잡아야 한다.

engine crankshaft에 woo-den propeller를 장착할때 몇 가지 type의 hub를 사용한다.

forged steel hub를 사용해 서 splined crankshaft에 조립

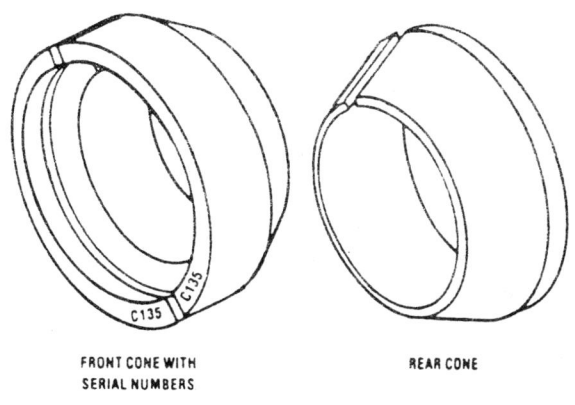

FRONT CONE WITH
SERIAL NUMBERS

REAR CONE

Fig. 2-6   Front and rear cones.

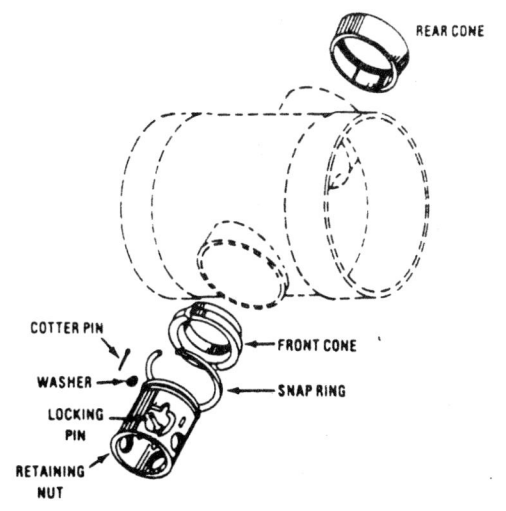

REAR CONE

COTTER PIN

FRONT CONE

WASHER

SNAP RING

LOCKING
PIN

RETAINING
NUT

Fig. 2-7   Typical splined shaft installation.

585

한다.

이것은 테이퍼진 forged steel hub를 테이퍼진 crank shaft에 연결하거나 steel flange를 crankshaft에 볼트로 연결한다.

front와 rear cone을 사용해서 splined shaft에 propeller가 자리잡게 한다.

rear cone은 one-piece bronze cone으로 shaft 주위에 딱맞고, hub의 rear cone seat에 딱 맞는다.

front cone은 two-piece, split type steel cone으로 내부 원둘레에 groove가 있어서 propeller retaining nut의 flange에 딱맞는다.

fixed-pitch wooden propeller에 사용하는 hub assembly로 propeller에 steel fitting을 집어넣어 propeller shaft에 고정시킨다.

Fig. 2-9와 같이 두개의 main part가 있다.

face plate와 flange plate이다.

face plate는 steel disk로 hub의 전방 face를 형성한다. flange plate는 steel flange로 internal bore spline이 있어서 propeller shaft를 받아들인다. flange plate의 끝에는 flange disk가 있어서 faceplate를 받아들이고, faceplate의 bore가 여기에 맞게 되어있다.

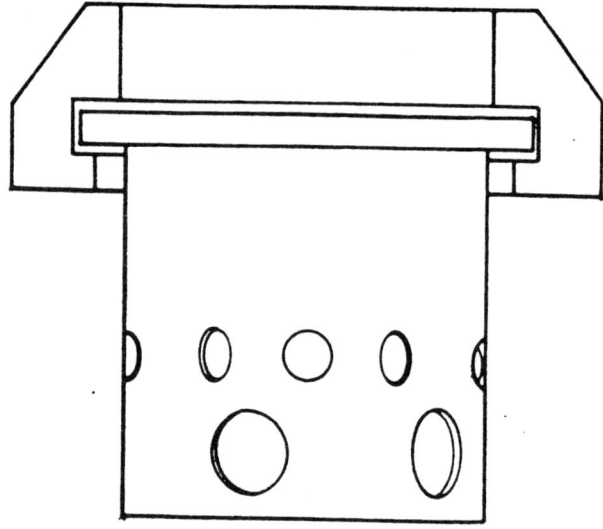

Fig. 2-8   Front cone half installed on retaining nut.

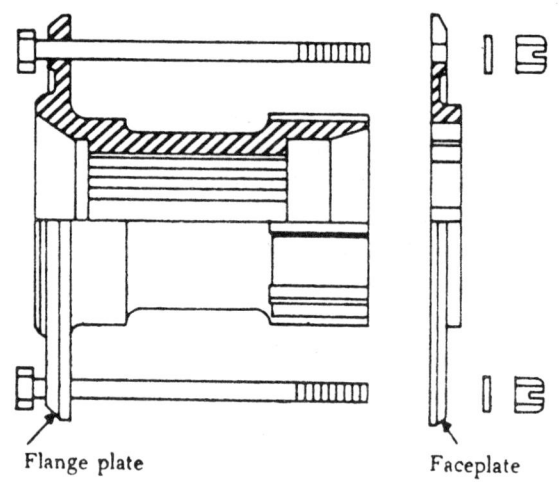

Flange plate   Faceplate

Fig. 2-9   Hub assembly.

2) Metal Fixed-Pitch Propeller

Metal fixed-pitch propeller는 wooden propeller와 겉모양이 비슷하다. metal fixed-pitch propeller가 경 A/C에 가장 많이 사용된다. 초기의 metal propeller는 Duralumin으로 제작되었다.

wooden propeller에 비해 가볍고, 정비비용이 무척 싸고, hub 근처의 effective pitch 때문에 더많은 cooling 효과를 주고, blade를 약간 twisting 할수있다.

이 type의 propeller는 one-piece의 anodized aluminum alloy로 제작된다.

propeller hub의 serial number, model number등 식별이 가능하다.

2-4. 정속 프로펠러 (Constant-Speed Propeller)

Hartzell, Sensenick, Mc-Canley propeller등은 경 A/C에 사용한다. blade counter weight에 centrifugal force가 작용해서 blade pitch를 크게 한다.

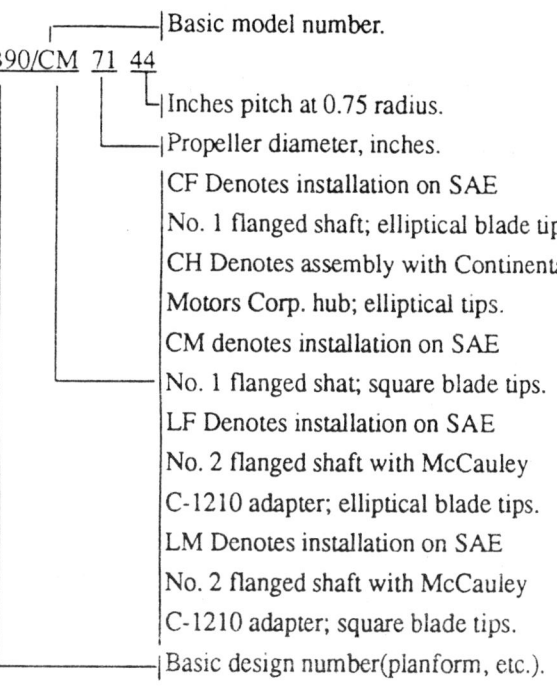

Fig. 2-10　Complete propeller model number.

1B90/CM 71 44

- Basic model number.
- Inches pitch at 0.75 radius.
- Propeller diameter, inches.
- CF Denotes installation on SAE No. 1 flanged shaft; elliptical blade tips.
- CH Denotes assembly with Continental Motors Corp. hub; elliptical tips.
- CM denotes installation on SAE No. 1 flanged shat; square blade tips.
- LF Denotes installation on SAE No. 2 flanged shaft with McCauley C-1210 adapter; elliptical blade tips.
- LM Denotes installation on SAE No. 2 flanged shaft with McCauley C-1210 adapter; square blade tips.
- Basic design number(planform, etc.).

1) 경항공기용 정속 프로펠러 (Constant-Speed Propeller for Light A/C)

대부분의 light A/C는 governor regulated, constant-speed propeller를 사용한다.
steel hub는 central spider로 되어 있는데, 이것은 aluminum blade를 support한다.
blade clamp는 blade shank와 blade retention bearing을 연결한다.
hydraulic cylinder는 회전축에 붙어있고, blade clamp에 연결되어 있다.
blade가 hub spider에 붙어있어서 angular adjustment가 가능하다.
blade의 centrifugal force는 약 25 ton 정도이고, blade clamp를 통해서 hub spider에 전달되고, 다시 ball bearing을 통한다.
propeller thrust와 engine torque는 blade shank 내부의 bushing을 통해서 blade에서 hub spider로 전달된다.
propeller는 counterweight가 blade clamp에 붙어있고, counterweight에서 centrifugal force를 이용해서 blade의 pitch를 크게한다.
centrifugal force는 propeller의 회전에 의한 것으로, counter weight를 회전면 (plane of ration)으로 옮기려해서 blade의 pitch를 크게한다.
blade의 pitch를 조절하기 위해서, hydraulic piston-cylinder element가 hub spider의 전방에 붙어있다.
piston이 sliding rod와 fork system으로 blade clamp에 붙어있고(non-feathering model) link system으로 (feathering mode) 되어있다.
piston은 governor에 의해 공급되는 oil pressure 공급에 의해 전방으로 작용해서 이것이 counterweight에 의해서 생긴 힘을 극복(overcome) 한다.

2) Constant Speed, Non-Feathering

만약 engine speed가 governor에서 정해놓은 r. p. m이하로 떨어지면, engine driven governor flyweight의 rotational force는 작아진다.

이것이 speeder spring이 pilot valve를 아래로 움직인다.

pilot valve가 아래로 움직이면(downward position) gear type pump로부터의 oil flow가 passage를 지나 propeller로 가서 cylinder를 바깥쪽(outward)으로 움직인다.

이것이 계속해서, blade angle을 감소시켜서 engine이 on-speed setting으로 돌아간다.

만약 engine speed가 governor가 set된 r. p. m보다 높아지면 flyweight이 speeder spring의 힘을 이겨서 pilot valve가 위로 움직인다.

이것에 의해 propeller안의 oil은 governor drive shaft를 통해서 drain된다.

oil이 propeller를 떠나면서, centrifugal force가 counterweight에 작용해서 blade가 high angle로 되어 engine r. p. m을 감소시킨다.

engine이 governor에 의해 set된 정확한 r. p. m에 이르면, flyweight의 centrifugal reaction이 speeder spring의 힘과 균형을 이루어 pilot valve의 위치를 정하게 되고, oil의 흐름이 중단된다.

이 상태에서 propeller blade angle은 변하지 않는다.

r. p. m setting은 speeder spring을 압축하는 크기에 따라서 정해진다.

speeder rack의 위치는 오직 수동으로만 조절된다.

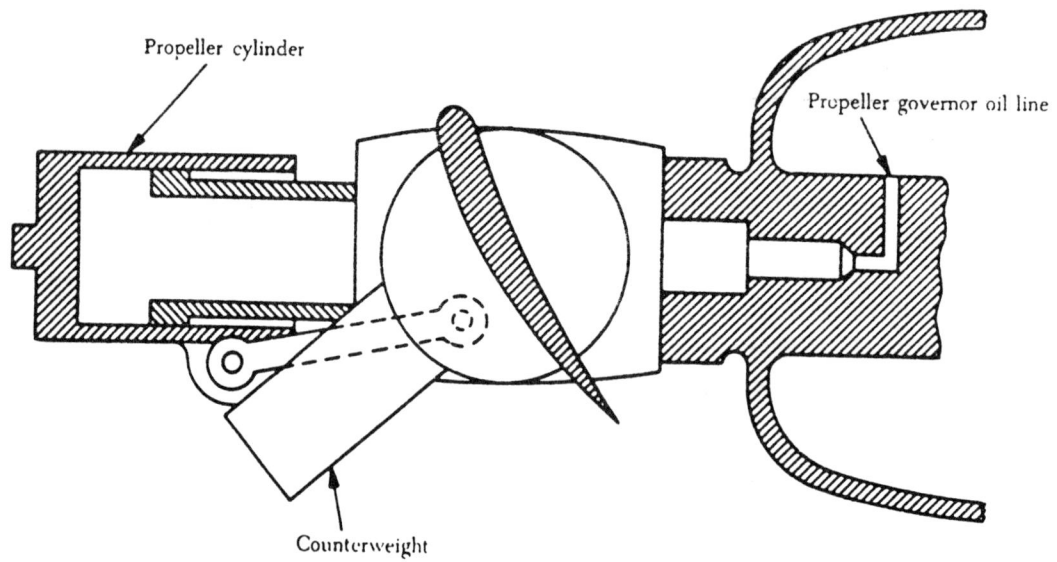

Fig. 2-11　Pitch change mechanism for a counterweight propeller.

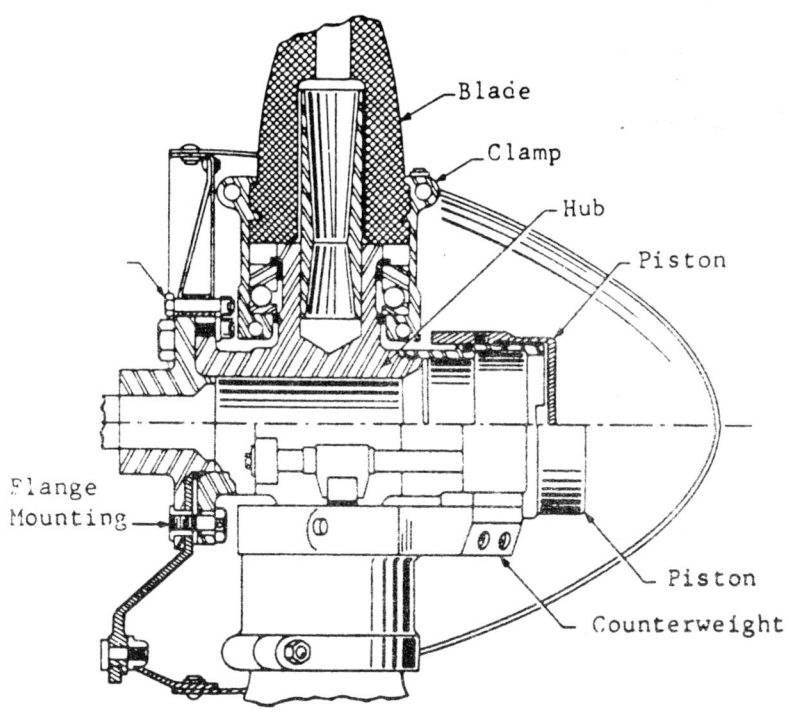

Fig. 2-12   Constant Speed Propeller.

3) Constant-speed Feathering Porpeller

Feathering propeller의 작동은 non-feathering propeller와 비슷하고 한가지 다른점은 feathering spring이 counterweight를 도와서 pitch를 크게한다.

A. Feathering

Feathering은 governor oil pressure를 releasing해서 이루어지고, counterweight와 feathering spring이 blade를 feather 시킨다.

이것은 governor pitch control을 끝까지 뒤로 잡아당기면, 이것이 governor의 port 를 open해서 propeller의 oil이 engine으로 간다.

feather 되는 시간은 propeller에서 engine까지의 oil passage와, spring과 counterweight에 의해 가해지는 힘에 좌우된다.

governor를 통하는 passage가 크고, spring의 힘이 크면 feathering action이 빠르다. 대개 3~10초 정도 걸린다.

B. Unfeathering

Unfeathering은 governor control을 normal flight range에 놓고 engine을 starting 한다.

engine이 몇바퀴 crank 하면서 governor가 blade를 unfeather하기 시작해서 곧 wind-milling이 발생하고, unfeathering의 과정이 가속된다.

engine carnking을 돕기 위해서 feathering blade angle은 80~85°에 setting을 한다.

엔진이 지상에 정지되어 있을때 feathering spring이 propeller를 feathering 시키는 것을 막기 위해서 removable high-pitch stop이 있다.

이것은 spring-loaded latch로 되어있고, stationary hub에 조여져 있고, movable blade clamp에 연결되어 있는 high-pitch stop-plate에 engage 된다.

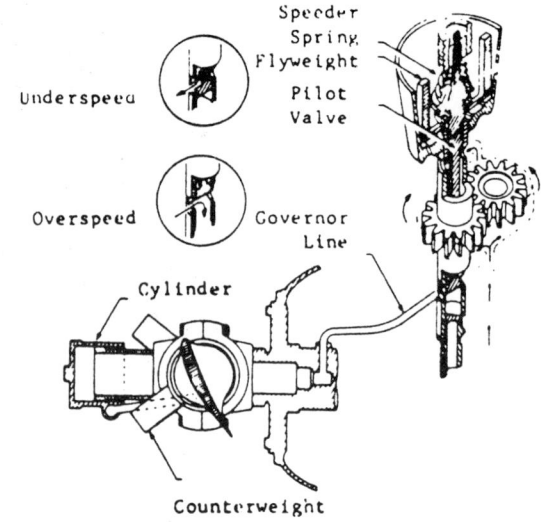

Fig. 2-13   On-Speed, basic operation.

propeller가 600r. p. m 이상의 속도로 회전하고 있는 동안은 centrifugal force가 high-pitch stop-plate에서 latch를 disengage 시켜서 propeller pitch가 feathering position으로 커진다.

낮은 r. p. m에서, 혹은 engine이 정지해 있을때 latch spring이 latch를 high-pitch stop에 engage 시켜서 feathering spring에 의해서 pitch가 더 커지는 것을 막는다.

만약 governor oil pressure가 "0"으로 떨어지면 (원인이 무엇이든) propeller가 feathering한다.

만약 engine의 oil이 떨어지면, 혹은 engine part의 고장이나 파열 등으로 oil pressure가 떨어지면 propeller는 자동적으로 feather되어 더 이상의 engine damage를 막는다.

2-5. Hartzell "Compact" Propeller

Hub shell은 두쪽으로 만들어 bolt로 조인다.

이 hub shell이 pitch change mechanism을 갖고 있고, 내부에 blade root가 있다.

hydraulic cylinder는 pitch changing power를 제공하고, hub의 전방에 붙어있다.

constant speed propeller는 governor의 oil pressure를 이용해서 blade를 high pitch로 움직인다.

blade의 centrifugal twisting moment는 governor oil pressure가 없을때 propeller를 low pitch로 만든다.

feathering propeller는 governor의 oil pressure를 이용해서 blade를 low pitch (High rpm)로 만든다.

blade의 centrifugal twisting moment로 blade를 low pitch로 만든다.

이 두가지 힘은 cylinder head와 piston 사이에 갇혀있는 압축된 공기에 의해 생기는 힘이고, 이것이 governor oil pressure가 없는 상태에서 blade를 high pitch로 만든다. feathering은 governor oil pressure가 없는 경우에 압축된 공기에 의해서 이루어

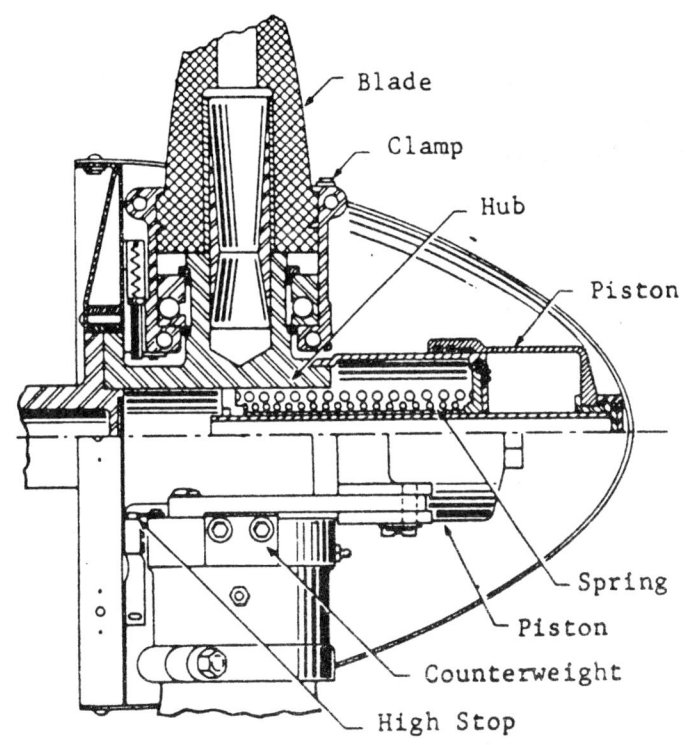

Fig. 2-14   Constant-speed feathering.

진다. feathering은 governor control을 맨끝까지 뒤로 움직여서 이루어진다.

propeller는 정지되어 있을때, centrifugal responsive pin에 의해서 feathering을 막는다. 이 pin이 pistorn rod의 shoulder에 engage된다

이 pin은 propeller가 700 r. p. m 이상으로 돌때 centrifugal force에 의해 밖으로 밀려 나온다.

governor는 single action이나 double action의 작동이 가능하다.

single-action governor가 oil pressure를 cylinder의 뒤쪽으로 보내서 pitch를 감소시키고, centrifugal force가 pitch를 증가시킬때는 cylinder의 oil pressure를 drain시킨다.

propeller의 counter weight는 single-action governor에 사용된다.

counterweight와 centrifugal force가 함께 작용해서 pitch를 증가시킨다.

이런 propeller는 pitch를 크게 하는데 counterweight를 쓰지않고, governor의 oil을 사용해서 blade의 centrifugal force를 극복해서 pitch를 크게 한다.

이 경우에 plug "B"는 remove 되고, governor의 passage "C"가 장착된다.

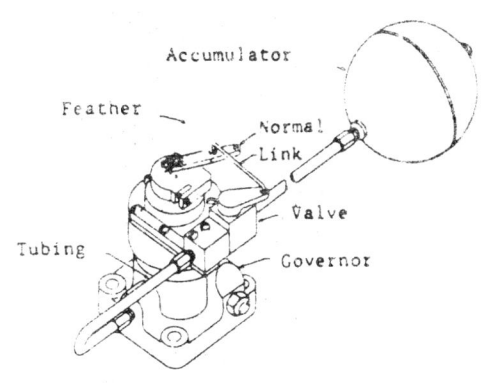

Fig. 2-15   Unfeathering system.

이것이 governor oil pressure를 cylinder의 뒤쪽에 들여 보내서 pitch를 감소시킨 다. oil pressure가 cylinder의 전방향 쪽으로 보내지면, pitch가 증가한다.

2-6. Hamilton Standard Hydromatic Propeller

Hydromatic propeller는 4개의 주요 부 분으로 구성된다.

ⓐ hub assembly
ⓑ dome assembly
ⓒ distributor valve assembly(single-acting propeller의 feathering을 위한것)
　혹은 engine shaft-extension assembly (nonfeathering이나 double-acting pro- peller)
ⓓ anti-icing assembly

hub assembly는 기본적인 propeller mechanism이다.
이것은 blade와 blade를 잡고 있는 mechanism으로 구성되어 있다.
blade는 spider에 의해 support 되고

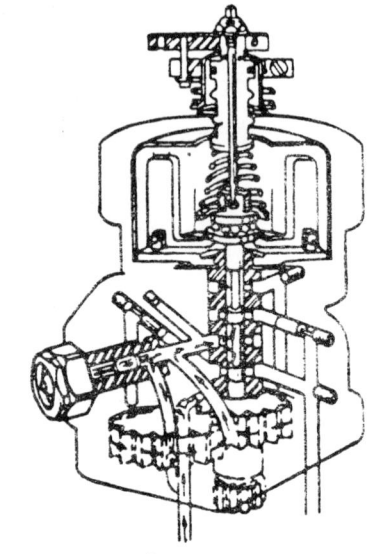

ON-SPEED

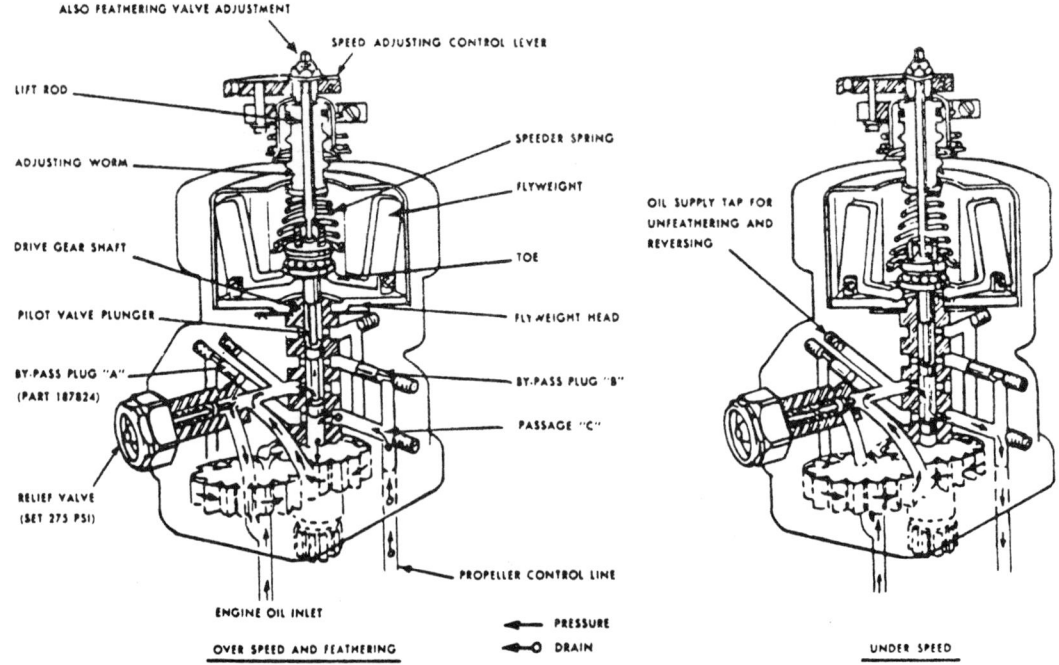

Fig.2-16　Woodward Governor X210,000 Series.

barrel에 의해 유지된다. 각 blade는 dome assembly의 조절로 축에 대해서 자유롭게 움직일수 있다. dome assembly는 blade를 위한 pitch-changing mechanism을 갖고있다.

이것은 다음과 같은 component로 되어있다.

(1) rotating cam
(2) fixed cam
(3) piston
(4) dome shell

dome assembly가 propeller hub에 장착될때 fixed cam이 hub에 비교해서 고정되어 있다.

rotating cam은 fixed cam 내부에서 회전하고, blade의 gear segment와 맞물려 있다.

dome shell 내부에 작동하는 piston은 engine oil과 governor oil pressure를 힘으로 바꾸어 cam을 통해 작용해서 propeller blade를 회전시킨다.

distributor valve나 engine-shaft-extention assembly는 governor를 위한 oil passage를 제공하거나 auxiliary oil을 piston 안쪽의 inboard쪽에 제공하고, engine oil이 outboard side로 가게한다.

unfeathering 작동중에, auxiliary pressure 상태에서 distributor가 shift되어 이 passage를 거꾸로 만들어 auxiliary pump로부터의 oil이 piston의 outboard 쪽으로 간다.

inboardside의 oil은 engine으로 돌아간다.

engine-shaftextension assembly는 propeller와 함께 사용되지만 feathering 능력은 없다. blade와 hub assembly는 거의 동일하고 governor는 제작이나 작동원리가 비슷하다.

가장 큰 차이는 pitch-changing mechanism이다.

hydromatic propeller는 counterweight가 사용되지 않고, mechanism의 moving part는 완전히 봉해져 있다.

oil pressure와 blade의 centrifugal twisting moment가 함께 blade를 낮은 angle로 만든다. hydromatic propeller의 장점은 넓은 blade angle 범위와 feathering과 reversing이 가능한 것이다.

1) 작동원리 (Principles of Operation)

Hydramatic propeller의 pitch-changing mechanism은 mechanical-hydraulic system으로 hydraulic force가 piston에 작용하고, 이것이 blade에 mechanical twisting force로 변형되어 작용한다.

piston의 직선운동이 cylindical cam에 의해서 회전운동(rotary motion)으로 전환된다. cam base의 bevel gear는 bevel gear segment와 맞물려서 blade의 butt end에 붙어서 blade를 회전시킨다.

이 blade pitch-changing action은 Fig. 2-18의 도해를 통해서 이해할 수 있다.

centrifugal force가 rotating blade에 작용해서 blade를 low pitch로 만든다.

두번째 힘은 engine oil pressure로 propeller piston의 outboard side에 공급되어

blade가 low pitch로 움직이는 것을 돕는다.

propeller governor oil은 engine oil에서 공급받고, engine-driven propeller governor에 의해 pressure가 커지고, 이것이 propeller piston의 inboard side에 pressure를 가한다.

이 힘이 blade를 hig pitch로 움직인다.

이 high-pressure oil을 propeller piston의 inboard side에 constant-speed control

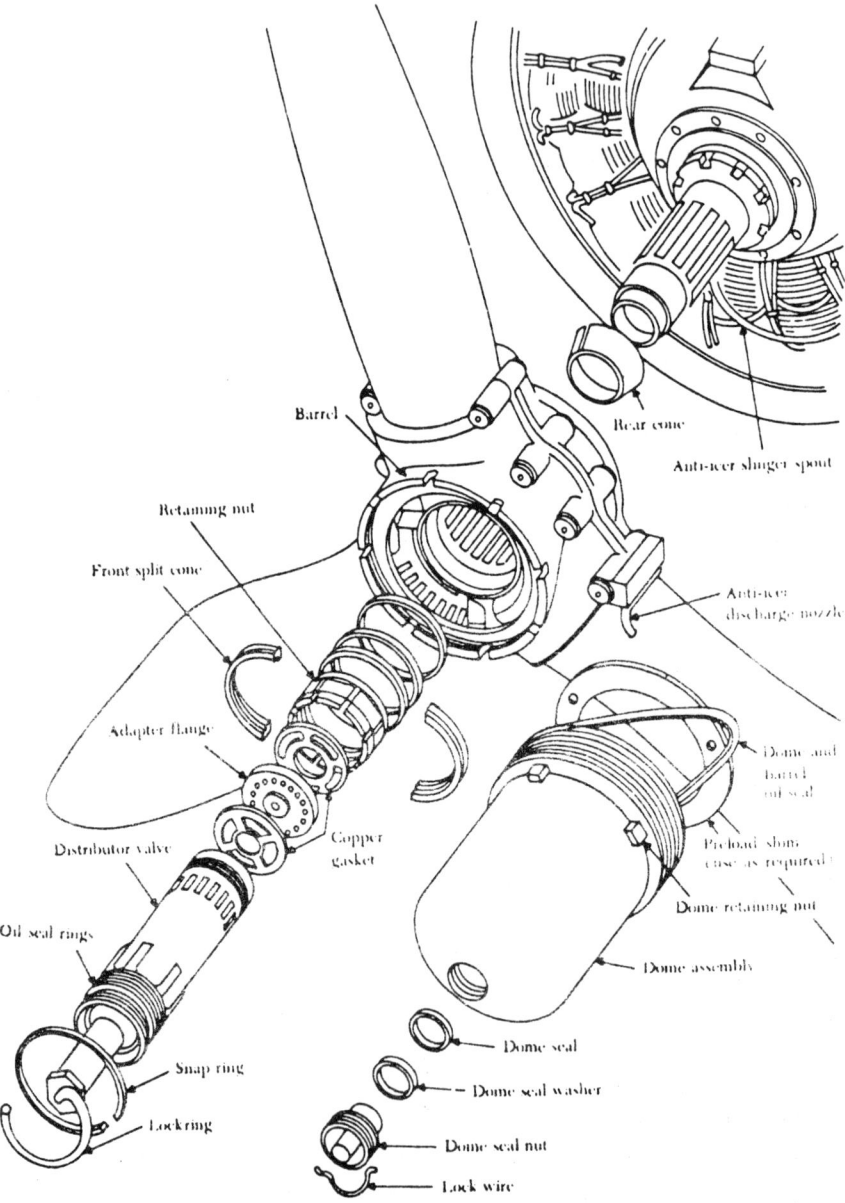

Fig. 2-17 Typical hydromatic propeller installation.

594

unit을 통해서 공급하거나 drain 시키거나 해서 high pitch로 만드는 힘의 균형을 유지하고, low pitch 만드는 두가지 힘을 조절한다.

이 방법으로 propeller balde angle은 정해진 r.p.m을 유지하도록 조절된다.

hamilton standard propeller에 작용하는 propeller control force는 centrifugal twisting force와 governor의 high pressure oil 이다.

rotating propeller의 각 blade에 작용하는 centrifugal line에 대한 twisting moment의 결과인 component force를 포함해서 이 힘이 항상 blade를 low pitch로 만든다.

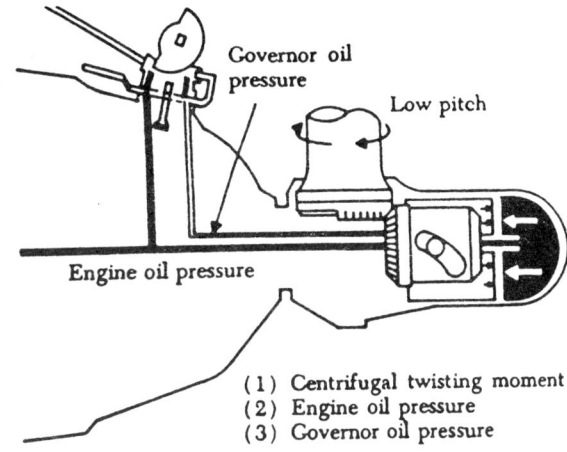

(1) Centrifugal twisting moment
(2) Engine oil pressure
(3) Governor oil pressure

Fig. 2-18 Diagram of hydromatic propeller operational forces.

governor pump output oil은 governor에 의해 propeller piston의 양쪽에 보내진다.

piston쪽의 oil은 이 high pressure oil을 governor pump의 intake 쪽으로 return 시킨다.

engine의 pressurized oil은 propeller로 직접 들어가지 않고 governor로 공급된다.

constant-speed 작동중에 double acting governor mechanism은 oil을 piston에 보내서 정해진 setting에 맞는 속도를 유지한다.

2) Underspeed Condition

underspeeding은 blade가 constant-speed 작동에 필요한 것보다 더 큰 blade angle을 갖고 있을때 생긴다.

Fig. 2-19의 화살표 방향은 blade가 다시 설정된 on-speed 작동으로 움직이는 것을 나타낸다.

engine speed가 governor에서 set된 r.p.m 이하로 떨어지면 flyweight에 의해 가해지던 centrifugal force가 감소되어 speeder spring이 pilot valve를 낮추어 propeller governor metering port를 open한다.

이때 oil이 inboard end에서 distributor valve inboard inlet을 통해서 distributor land 사이의 valve port를 통해 propeller shaft governor oil passage로 간다.

여기서 oil이 propeller shaft oil transfer ring을 통해서 propeller governor metering port까지 가서 governor drive gear shaft와 pilot valve를 통해 engine nose case로 drain된다.

engine scavenge pump가 engine nose case의 oil을 oil tank로 보낸다.

oil이 inboard piston end에서 drain되면서 engine oil이 propeller shaft engine oil passage와 distributor valve port를 통해서 흐른다.

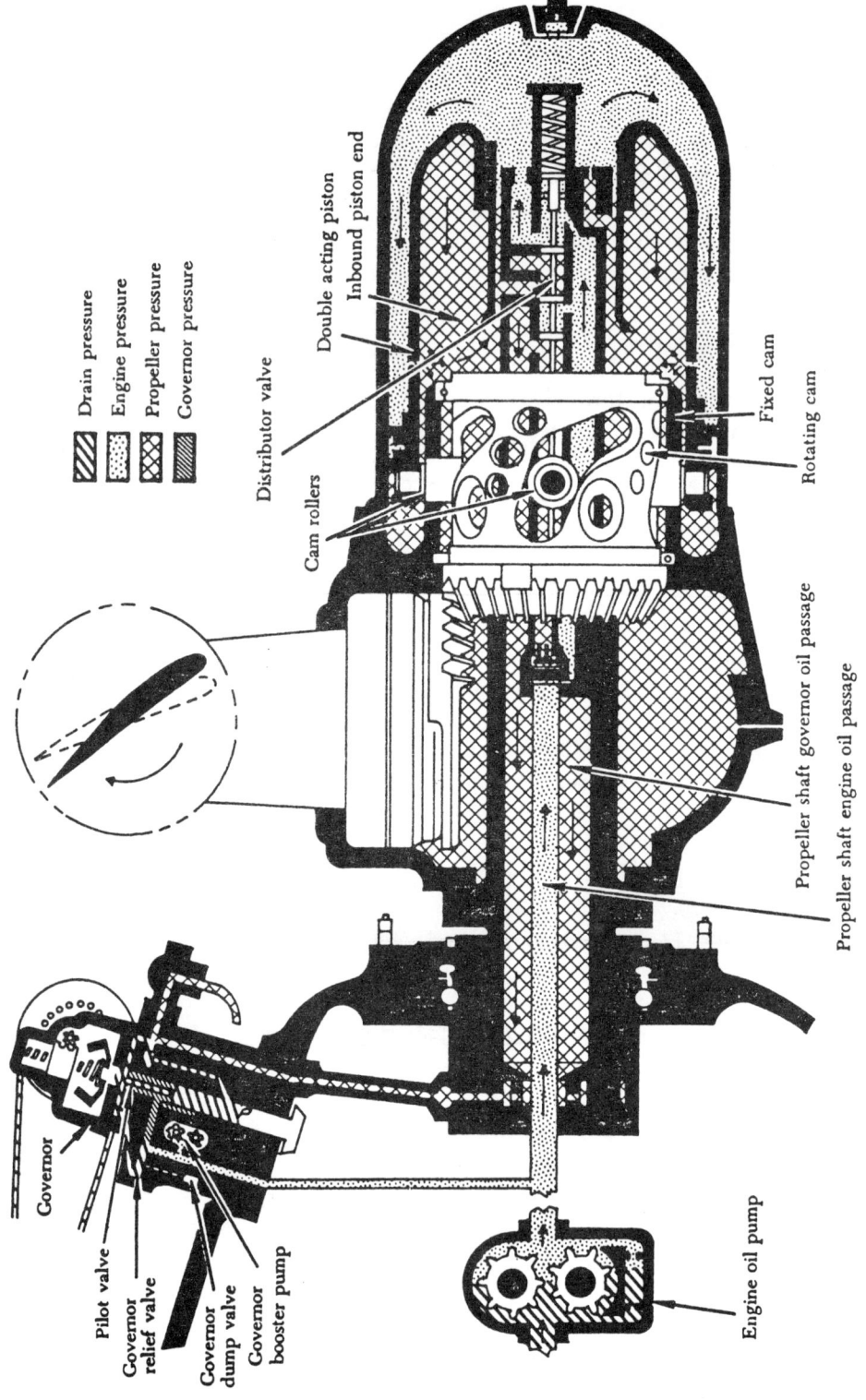

Drain pressure
Engine pressure
Propeller pressure
Governor pressure

Distributor valve

Double acting piston

Inbound piston end

Fixed cam

Rotating cam

Cam rollers

Propeller shaft governor oil passage

Propeller shaft engine oil passage

Governor

Pilot valve

Governor relief valve

Governor dump valve

Governor booster pump

Engine oil pump

Fig. 2-19   Propeller operation(underspeed condition).

distributor valve outboard 출구에서 나와서 outboard piston end로 간다.

blade centrifugal twisting moment의 도움으로 이 oil이 piston inboard로 움직인다. piston motion이 cam roller를 통하고 bevel gear를 통해서 blade에 전달된다.

이것이 blade를 low angle로 움직인다.

blade가 low angle이라고 가정하면, engine speed가 커지고 pilot valve가 governor flyweight의 증가된 centrifugal force에 의해 들려진다.

propeller governor metering port는 점차적으로 닫히고 inboard piston end로부터의 oil 흐름이 줄어든다.

이 oil 흐름의 감소가 low pitch로 바뀌는 blade angle 비율을 감소시킨다.

engine이 governor가 set된 r. p. m에 이르면 pilot valve는 neutral position에 있어서 모든 oil 흐름을 막는다.

pilot valve는 제자리에 잡혀 있는데, 이유는 flyweight centrifugal force가 speeder spring force와 같기 때문이다.

control force가 똑같아서 propeller와 governor는 on-speed 상태로 작동한다.

3) Overspeed Condition

만약 propeller가 control이 set된 r. p. m 이상으로 작동하면 blade는 constant speed operation에 필요한 것보다 low angle를 이룬다.

Fig. 2-20에서 화살표는 blade가 propeller를 on-speed 상태로 움직이는 것을 나타낸다.

engine speed가 governor에서 set된 것보다 높은 r. p. m으로 커지면 flyweight가 speeder spring을 누르고 바깥쪽으로 움직여서 pilot valve를 들어올린다.

이것이 propeller governor metering port를 open해서 governor booster pump로 부터 governor oil이 들어와서 propeller governor metering port를 통해 engine oil transfer ring으로 간다.

ring의 oil passage를 통해 propeller shaft governor oil passage를 지나서 distributor land 사이의 distributor valve port를 지나서 distributor valve inboard 출구를 경유해서 inboard piston으로 간다.

이 흐름의 결과로 piston과 붙어있는 roller가 outboard로 움직이고 rotating cam이 cam track에 의해 회전된다.

piston이 outboard로 움직이면서 outboard piston end에서 oil이 배출된다.

이 oil이 distributor valve outboard 입구로 들어가고 distributor valve port를 통해서 valve land의 outboard end를 거쳐 port를 지나서 propeller shaft engine oil passage로 간다. 여기서부터 oil은 engine lubricating system으로 흩어진다.

underspeed와 마찬가지로 overspeed 동안에 distributor valve에 같은 균형잡힌 힘이 있다.

piston의 outboard motion이 propeller blade를 high angle로 움직여서 engine r. p. m을 감소시킨다.

engine r. p. m이 감소되면 governor flyweight의 rotating speed로 감소된다.

결과적으로 안쪽으로 움직여서 pilot valve가 낮아져서 propeller governor metering port가 닫힌다.

이 port가 닫히면 propeller로 흐르는 oil flow가 중단되어 propeller와 governor는

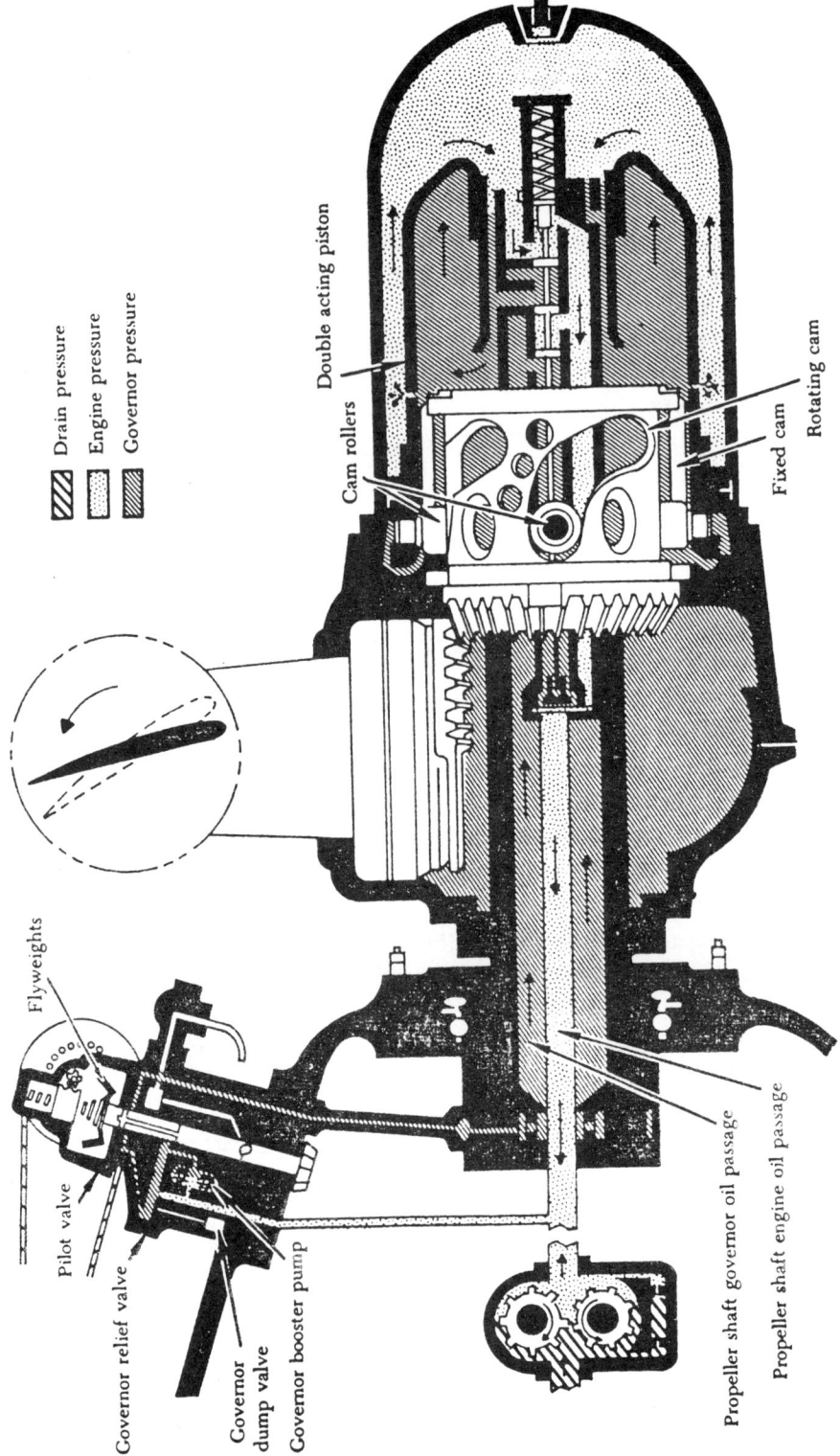

Fig. 2-20   Propeller operation (overspeed condition).

on-speed가 된다.

4) Feathering Operation

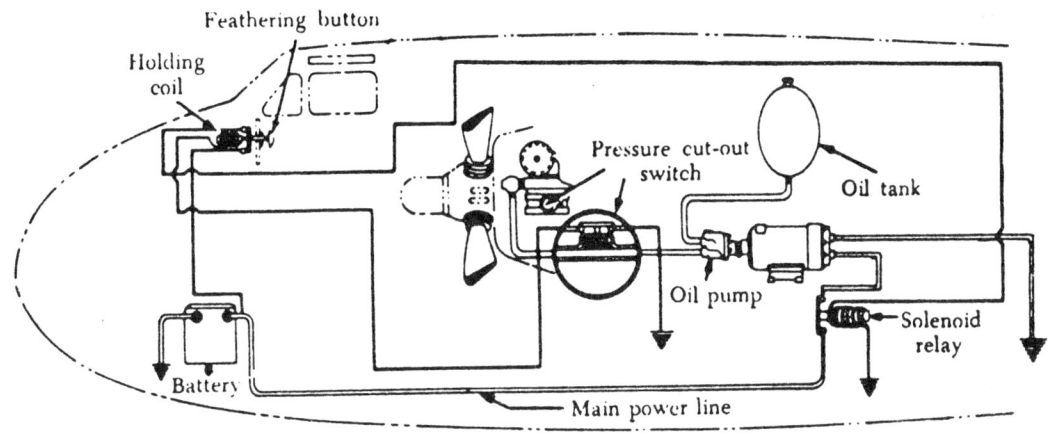

Fig. 2-21   Typical feathering installation.

Fig. 2-21은 일반적인 hydromatic propeller feathering 장치이다.

feathering push-button S/W를 누르면 battery에서 push-button holding coil을 통하고 battery에서 solenoil relay를 통해서 low-current circuit이 완성된다,

circuit이 닫혀 있는 동안 holding coil이 push button을 누르고 있는 상태를 유지한다. solenoid가 닫혀서 battery에서 feathering motor pump unit까지 high-current circuit 형성된다.

feathering pump가 oil tank에서 engine oil을 가져다가 pressure를 높여서 governor high-pressure transfer valve connection으로 보낸다.

auxiliary oil이 high-pressure transfer valve connection으로 들어와서 governor transfer valve를 바꾸어 (shift) 이것이 propeller에서 governor로의 hydraulic을 분리시키고 동시에 propeller governor oil line을 auxiliary oil에 open한다.

oil이 engine transfer ring을 지나고 propeller shaft governor oil passage를 지나 land 사이의 distributor valve port를 지나서 마지막으로 valve inboard 출구를 경유해서 inboard piston으로 간다.

distributor valve는 feathering operation 중에는 shift되지 않는다.

이것은 단순히 auxiltry oil을 위해서 inboard piston으로의 oil passage way를 제공하고 engine oil을 위한 outboard piston의 oil passage way를 제공한다.

distributor valve spring이 engine oil pressure에 의해 뒷받침되어 이것은 piston을 움직이는데 필요한 pressure differential이 되어 distributor valve에 작용된다.

propeller piston은 auxiliary oil pressure 상태에서 outboard로 움직인다.

이 piston 움직임이 piston roller를 통해 전달되어 fixed cam과 rotating cam의 cam track에 반대로 작용하고 bevel gear에 의해 blade-twisting moment로 전환된다.

feathering과 unfeathering 중에만 cam track이 사용된다.

engine pressure 상태의 oil이 outboard piston end에서 배출되어 distributor valve outboard inlet을 통과해서 valve land의 outboard end를 지나서 valve port를 통과해서 propeller shaft engine oil passage로 들어가고 마지막으로 engine lubricating system으로 공급된다.

이것이 blade를 full high-pitch(feather) angle로 만든다.

fuel-feathered position에 이른후에 더이상의 움직임은 fixed cam base의 high-angle stop ring과 rotating cam teeth의 stop lug 사이의 contact이 막는다.

inboard piston end의 pressure가 갑자기 커져서 set된 pressure에 이르면 electric cutout S/W가 자동적으로 open 된다.

이 cutout pressure는 distributor valve를 shift하는데 필요한 것보다 작다.

S/W가 open되면 holding oil이 de-energize되어 feathering push-button control S/W를 release한다.

이 S/W가 release되면 solenoid relay S/W가 떨어져서 feathering pump motor를 차단한다. (shutoff)

piston의 inboard와 outboard end의 양쪽의 pressure는 "0"으로 떨어지고 이것은 모든 힘이 균형을 갖기 때문이고 blade는 feathered position에 머물러 있다,

한편, governor high-pressure transfer valve는 propeller governor line의 pressure가 valve를 open 시키는데 필요한 pressure 이하로 떨어지자 마자 normal position으로 shift된다.

5) Unfeathering Operation

Hydromatic propeller를 unfeather 시키기 위해 feathering S/W push-button control S/W를 누르고 있다.

propeller를 feathering 시킬때 low-current control circuit이 battery에서 holding coil을 통해, battery에서 solenoid를 통해 완성된다.

battery로부터의 high-current circuit은 motor-pump unit을 start하고 high pressure의 oil이 governor transfer valve로 간다.

auxiliary oil이 high-pressure transfer valve connection을 통해서 들어가서 governor transfer valve를 shift시켜서 propeller line에서 governor를 분리시키고 anxiliary oil이 들어간다.

oil이 engine oil transfer ring을 통해서 흘러서 propeller shaft governor oil passage를 통과하고 distributor valve assembly로 간다.

unfeathering operation이 시작되면 piston이 extreame outboard position에 있게 되어 oil이 distributor valve inboard outlet을 경유해서 cylinder의 inboard piston end로 들어간다.

piston의 inboard end의 pressure가 증가하면서 distributor valve land에 맞서는 pressure가 buildup된다.

pressure가 distributor valve spring과 이 spring 뒤의 oil pressure와 결합된 힘보다 커지면 valve는 shift된다.

일단 valve가 shift되면 distributor valve assembly에서 propeller 까지의 passage는 거꾸로 된다.

land와 port를 통해서 distributor valve outlet을 경유하는 outboard piston 사이의 passage가 open된다.

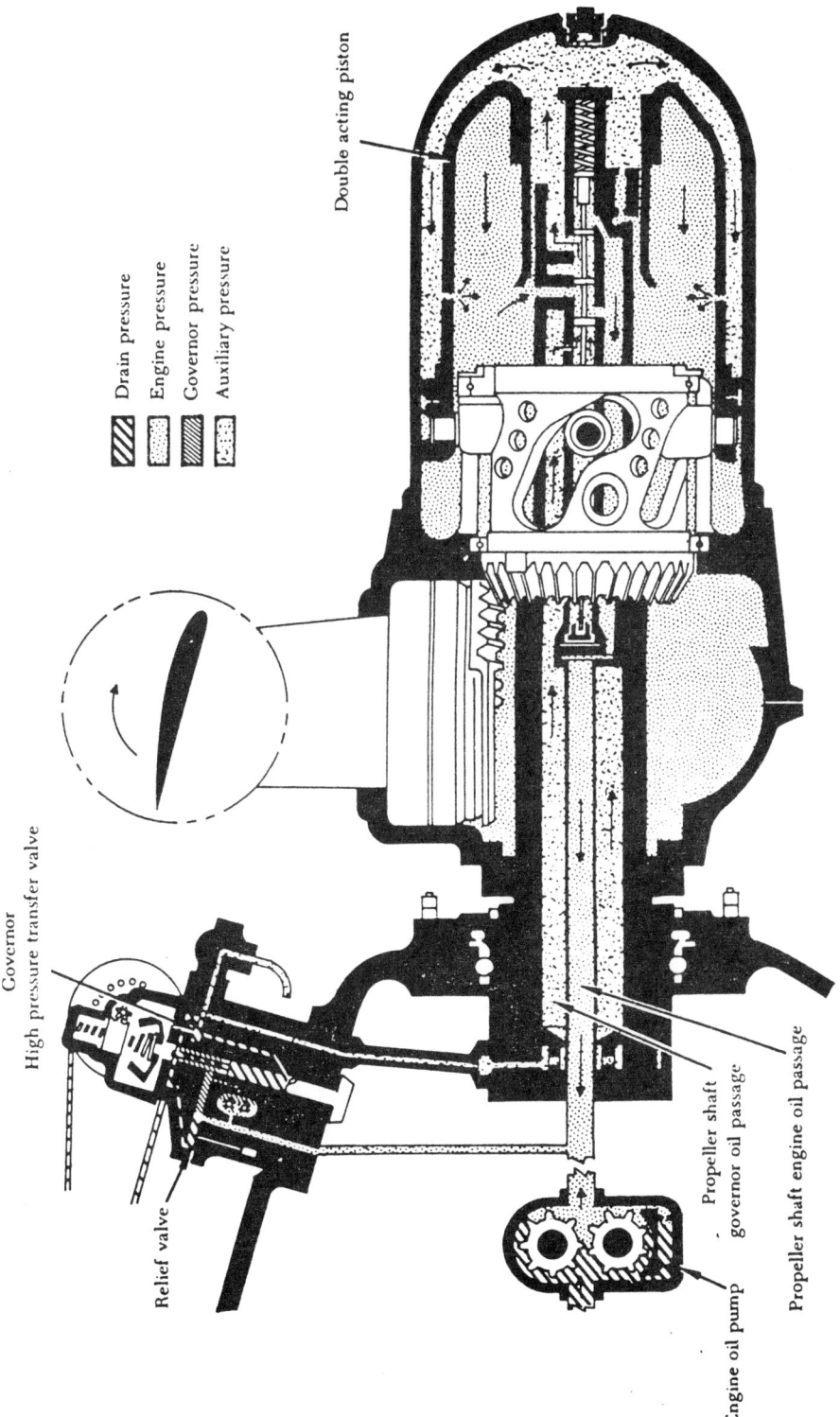

Double acting piston

Drain pressure
Engine pressure
Governor pressure
Auxiliary pressure

Governor
High pressure transfer valve

Relief valve

Propeller shaft
governor oil passage

Propeller shaft engine oil passage

Engine oil pump

Fig. 2-22   Propeller operation(unfeathering condition).

601

piston이 auxiliary pump oil pressure 상태에서 inboard로 움직이면 valve land 사이의 inlet port를 통해 inboard piston end로부터 oil이 배출되어 propeller shaft engine oil passage로 들어가고 여기서 engine lubricating system으로 discharge된다. 동시에 cutout S/W의 pressure가 커져서 S/W가 open된다.

그렇지만, feathering pump와 motor unit 까지의 circuit는 feathering S/W가 붙어 있는 동안은 완전한 회로가 된다.

propeller piston의 inboard end가 drain에 연결되어 auxiliary pressure가 piston의 outboard end로 흘러 들어가고 piston이 inboard로 움직인다.

이것이 blade를 unfeather 시킨다.

blade가 unfeather 되면서 이것이 windmill 되기 시작하고 centrifugal twisting moment에 의해 low pitch로 가는 힘을 도와서 unfeathering operating을 돕는다.

engine속도가 1000 rpm으로 커지면 feathering pump motor를 shutoff한다.

distributor valve와 governor transfer valve의 pressure는 감소되어 distributor valve가 governor high-pressure transfer valve spring에 의해 shift된다.

이것이 governor를 propeller와 다시 연결시켜서 distributor valve를 통하는 같은 oil passage를 만들어 constant speed와 feathering operation에 사용한다.

제3장. 프로펠러 조정장치

3-1. Hydraulic Governor

Constant-speed propeller operation에서 blade angle을 조절하는데 작용하는 3가지의 힘은 다음과 같다.

ⓐ centrifugal twisting moment.
centrifugal force가 rotating blade에 작용해서 blade가 low pitch로 된다.

ⓑ outboard piston side의 engine oil pressure는 contrifugal twisting moment와 함께 low pitch로 만든다.

ⓒ inboard piston side의 propeller-governor oil은 처음의 두힘과 균형을 이루고 blade를 high pitch로 만든다.

1) Governor Mechanism

Fig. 3-1은 engine-driven propeller governor로 lubricating system에서 oil을 받아서 pressure를 크게 한 다음 pitch-changing mechanism을 작동시킨다.

이것은 gear pump가 있어서 engine oil pressure를 크게 하고 pilot valve가 flyweight에 의해 작동해서 이것이 governor를 통하는 oil의 흐름을 조절하고 relief valve system은 governor의 operating pressure를 조절한다.

governor는 기본적인 control force인 engine oil pressure를 만드는것 이외에 이 3가지 control force를 metering 해서 들여 보내거나 drain해서 균형을 이루게 한다.

propeller-governor metering port의 pilot valve의 pisition이 oil의 양을 조절하는데 이 oil이 propeller로 들어가거나 나오거나 한다.

rack 위의 spring에 의해 governor control이 고장났을 경우에 rack의 position을 cruising r.p.m position으로 return 시킨다.

2) Propeller governor의 Setting

Propeller governor는 adjustable stop이 있어서 engine의 maximum speed를 제한한다.

take off r.p.m에 이르면 propeller는 low-pitch stop으로 움직인다.

propeller blade angle이 크면 engine load가 커져서 이것이 정해진 maximum engine speed에 머물게 한다.

propeller, propeller governor, 혹은 engine 장착시에 아래의 사항을 준수해서 powerplant가 takeoff r.p.m을 얻게해야 한다.

ⓐ ground run up중에 throttle을 takeoff position으로 해서 r.p.m과 manifold pressure를 관찰한다.

ⓑ 만약 r.p.m이 takeoff r.p.m 보다 높거나 낮으면 governor의 adjustable stop을 계속 조절해서 정해진 rpm을 얻는다.

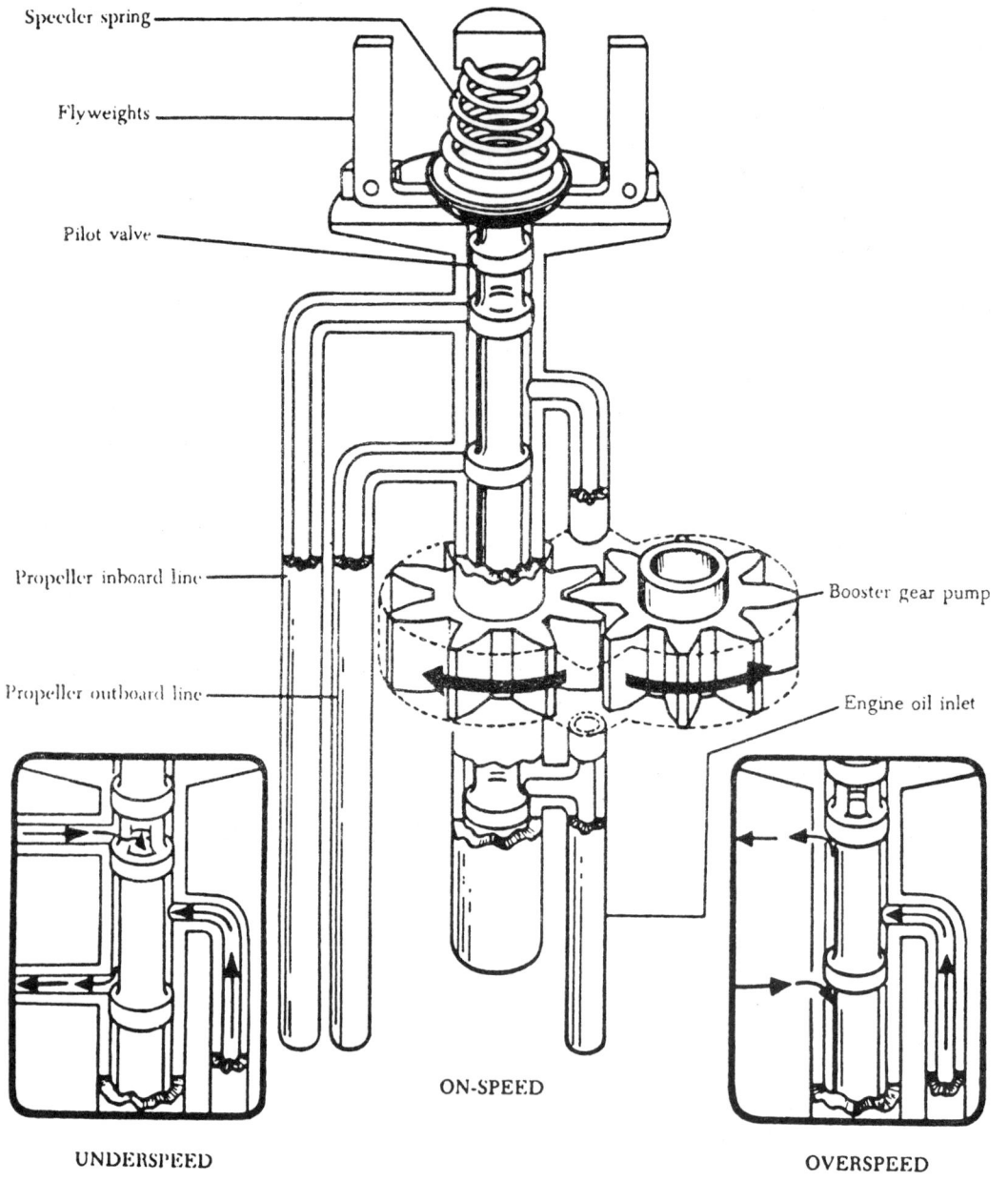

Speeder spring

Flyweights

Pilot valve

Propeller inboard line

Propeller outboard line

Booster gear pump

Engine oil inlet

UNDERSPEED

ON-SPEED

OVERSPEED

Fig. 3-1   Propeller governor operating diagram.

604

3-2. Propeller Synchronization

4-engine과 twin-engine A/C는
propeller synchronization system이 있
다.

이 system은 controlling과 synch-
ronizing engine r. p. m을 제공한다.

synchronization은 vibration을 감소
시키고, unsynchronized propeller 작동
에 의해서 생기는 것을 제거한다.

1) Master Motor Synchronizer

이것은 초기의 type으로 아직도 사
용되고 있다.

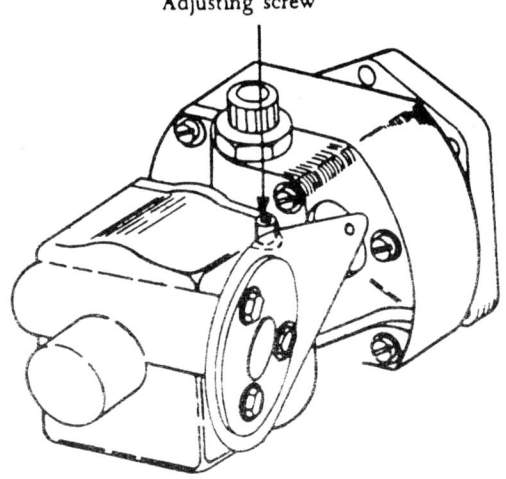

Fig. 3-2 Propeller r.p.m. adjusting screw.

synchronizer master unit, 4개의
alternator, tachometer, engine r. p. m control lever, S/W, wiring 등으로 되어있다.

이 component들은 자동적으로 각 엔진의 속도를 조절해서 원하는 r. p. m으로 모든
엔진을 synchronize시킨다.

synchronizer master unit은 master motor가 있고 이것은 4개의 contractor unit을
구동시키고 각 contactor unit은 alternator에 연결된다.

alternator는 small, 3-phase, alternating-current generator로 engine의 accessory
drive에 의해 구동된다.

generator에 의해 만들어지는 주파수는 engine accessory speed와 비례한다.

automatic operation에서 원하는 engine rpm은 manual adjusting r. p. m control
lever에 의해서 set된다.

engine과 master motor 사이의 r. p. m의 차이는 해당되는 contactor unit을 engine
on-speed가 될때까지 propeller의 pitch-changing mechanism을 작동시킨다.

2) One-Engine Master System

Synchronizer system은 light twin-engine A/C에도 장착되어 있다.

일반적으로 이런 system은 좌측엔진에 special propeller governor, 우측엔진의
slave governor, synchronizer control unit과 우측 engine nacelle의 actuator 등으로 구
성되어 있다.

propeller governor는 magnetic pickup이 있어서 propeller 회전수를 synchronizer
unit에 signal로 보낸다.

synchrouizer는 transistorized unit로 두 propeller governor pickup에서 오는 signal
을 비교한다.

만약 두 signal이 다르면 synchronization이 되지 않는 것이고 synchronizer control
이 D. C pulse를 발생시켜서 slave propeller unit으로 보낸다,

control signal이 actuator로 보내지는데 이 actuator는 두개의 rotary solenoid로 구
성되고 common shaft에 붙어있다.

slave propeller의 r. p. m을 빠르게 하는 signal이 solenoid로 보내지고 이것이 shaft
룰 시계방향으로 회전시킨다.

rpm을 감소시키는 signal은 다른 solenoid로 보내져서 shaft룰 반대 방향으로 움직
인다.

각 pulse signal이 shaft룰 정해진 양만큼 회전시킨다.

이 거리(distance)룰 "step" 이라고 부른다.

shaft에 붙어 있는 flexible cable은 trimming unit의 다른 끝에 연결된다.

trimming unit의 vernier action이 governor arm을 조절한다.

3-3. Propeller Ice Control System

1) Propeller Icing의 영향

Propeller blade에 얼음이 형성되면 blade airfoil section을 변형시켜서 이것이
propeller 효율을 잃게 한다.

일반적으로 얼음은 propeller blade에 비대칭적으로 형성되어 propeller의 불균형과

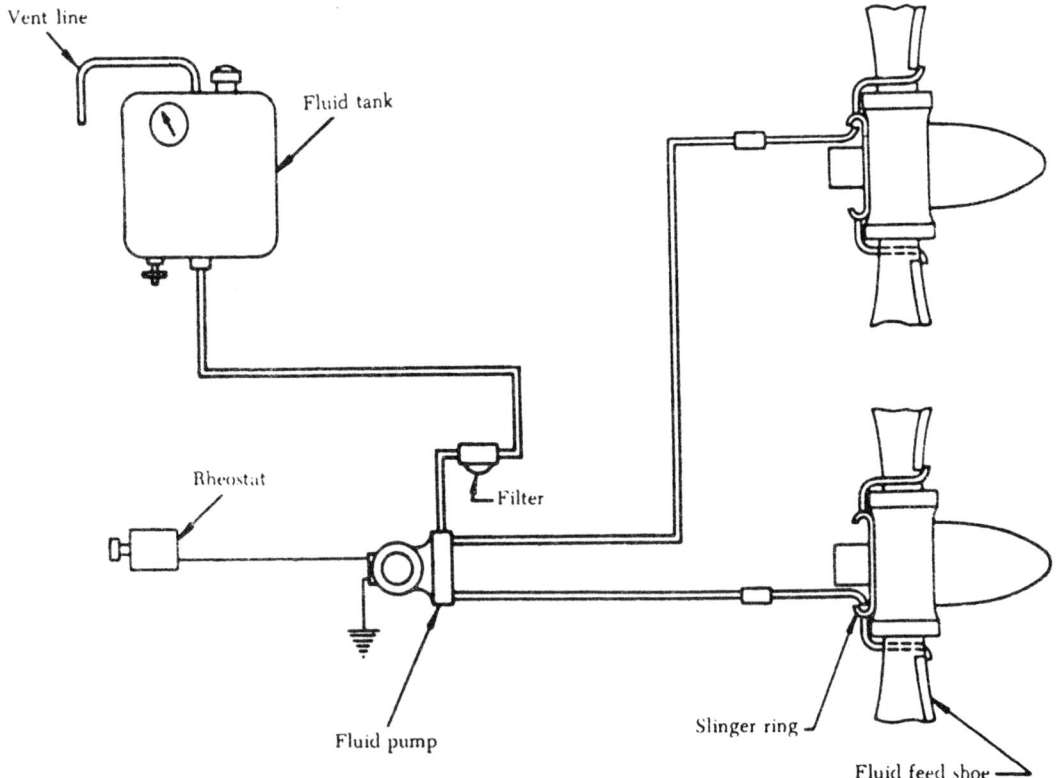

Fig. 3-3   Typical propeller fluid anti-icing system.

진동를 일으킨다.

2) Fluid System

Fig. 3-3은 일반적인 fluid system으로 tank가 있어서 anti-icing fluid를 저장한다. 이 fluid는 pump에 의해서 각 propeller에 보내진다.

control system은 pumping rate를 다르게 해서 propeller에 공급되는 fluid의 양을 조절하는데 이것은 얼음상태에 따라 다르다.

fluid는 engine nose case의 stationary nozzle에서 propeller assembly 뒤쪽에 붙어 있는 원형의 U-shaped channel slinger ring으로 들어간다. fluid는 centrifugal force의 pressure로 nozzle을 통해서 각 blade shank로 전달된다. blade shank 주변의 airflow 가 anti-icing fluid를 얼음이 생기지 않는 지역으로 (blade leading edge의 feel shoe, boot) 분산된다.

이 feed shoe는 좁은 rubber strip으로 blade shank에서 propeller radius의 75%에 되는 blade station까지 뻗쳐있다. feed shoe는 몇개의 parallel open channel이 있어서 fluid가 blade shank에서 blade tip 쪽으로 centrifugal force에 의해 퍼져나간다.

fluid가 channel에서부터 가로 방향으로 blade의 leading edge를 지나 흐른다.

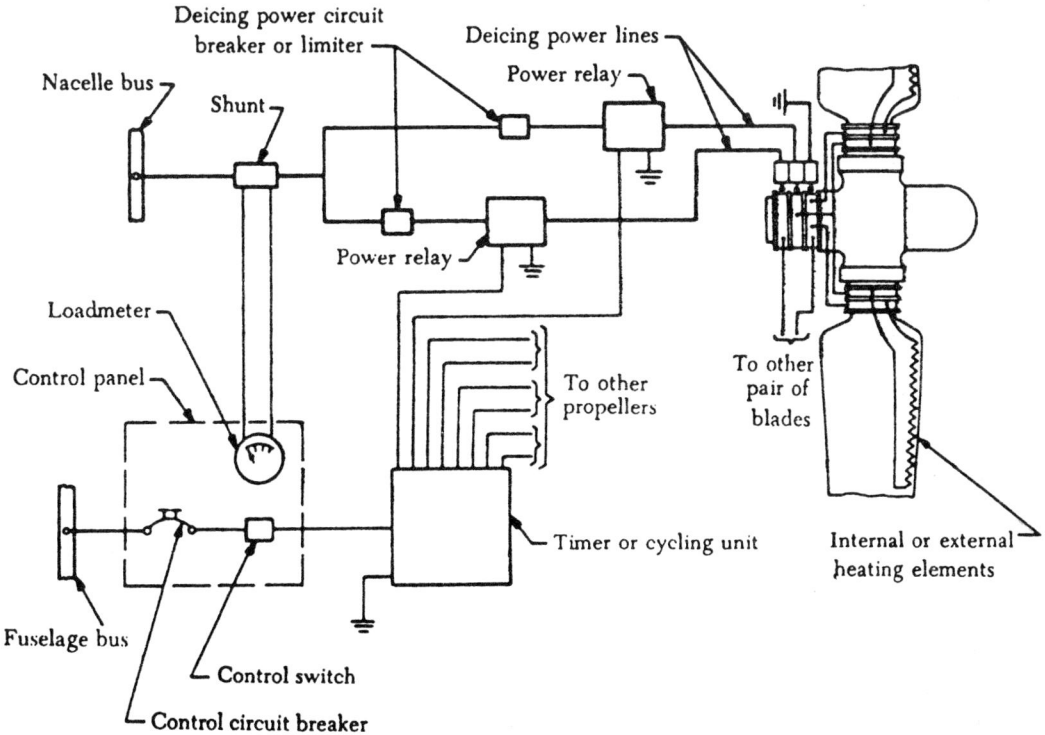

Fig. 3-4   Typical electrical deicing system.

isopropyl alcohol이 anti-icing system에 사용되는데 쉽게 구할수 있고 값이 싸기 때문이다.

3) Electrical Deicing System

Fig. 3-4는 electrical propeller icing control system으로 electrical engrgy source, resistance heating element, system control, 필요한 wiring 등으로 구성되어 있다.

heating element는 propeller spinner와 blade의 내외부에 붙어있다.

electrical power는 A/C system에서 오고 electrical lead를 통해서 propeller hub로 전달되어 slip ring과 brush에서 끝난다.

flexible connect는 hub에서 blade element까지 power를 전달하는데 사용한다.

icing control은 electrical energy를 heating element의 heat energy로 전환시킨다.

electrical deicing system은 heating element에 간헐적인 power를 공급할수 있게 되어 있다.

heating interval을 적절히 조절하면 runback을 돕는다.

왜냐하면, 열은 blade의 접촉면의 얼음만 녹을 정도로 되어야 하기 때문이다.

만약 열이 내부표면을 녹이는 것보다 많이 공급되면 그러나 모든 water를 증발시키기에 부족할때는 water가 unheated surface로 흘러서(run back) 얼어버린다.

이 run back이 blade나 sur-

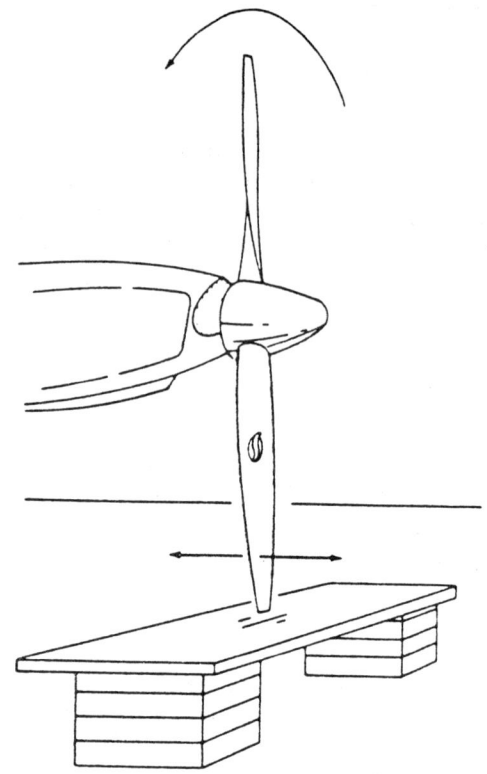

Fig. 3-5   Tracking a propeller with a reference board.

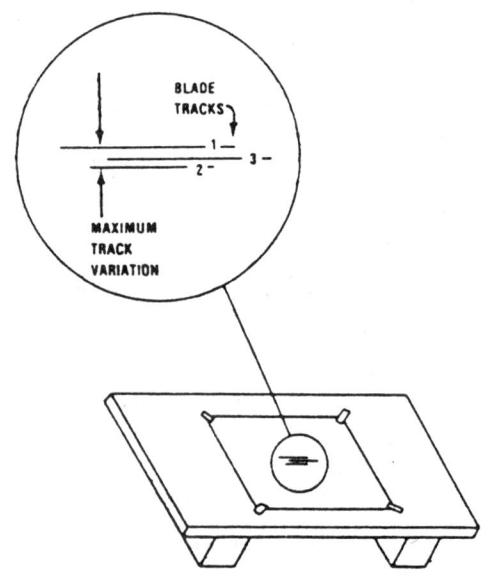

Fig. 3-6   Tracking marks for a 3-bladed propeller.

face의 uncontrolled icing을 형성한다.

cycling timer가 사용되어 heating element circuit을 15~30초 간격으로 energize시킨다. 완전한 cycle time은 2분이다.

cycling timer는 electric motor driven contactor로 circuit의 분리된 section의 power contactor를 조절한다.

propeller electrical deicing system의 control은 on-off S/W ammeter나 loadmeter, protective device(current limiter나 circuit breaker) 등을 포함한다.

ammeter나 loadmeter는 각 circuit current를 관찰할수 있고 timer 작용을 살펴 볼 수 있다.

element의 overheating을 막기위해 propeller deicing system은 일반적으로 propeller가 회전할때 혹은 ground runup에서 짧은 시간동안 작동한다.

4) Propeller Vibration

Powerplant vibration이 있으며 이것이 engine vibration인지, propeller vibration인지 판단하기가 매우 어려울때가 많다. 엔진이 1200~1500 r.p.m으로 회전할때, propeller hub, dome, spinner 등을 관찰해서 결정한다.

만약 propeller hub가 진원을 만들지 못할때 vibration은 propeller에 의해서 생긴다.

만약 propeller hub가 정상적으로 회전할때는 대부분 engine vibration에 의한 것이다.

propeller vibration이 과다한 powerplant vibration 때문에 생긴 경우는 대부분 propeller blade unbalance, propeller의 tracking이 안맞을때, propeller blade angle setting이 다를때 등이다.

propeller blade tracking을 점검하고 low-pitch blade-angle setting을 점검한다.

만약 propeller tracking과 low blade-angle setting이 정확하면 propeller는 static이나 dynamic balance가 틀린 경우여서 교환하거나 balance를 맞춘다.

5) Blade Tracking

Blade tracking은 propeller blade의 tip의 위치를 결정하는

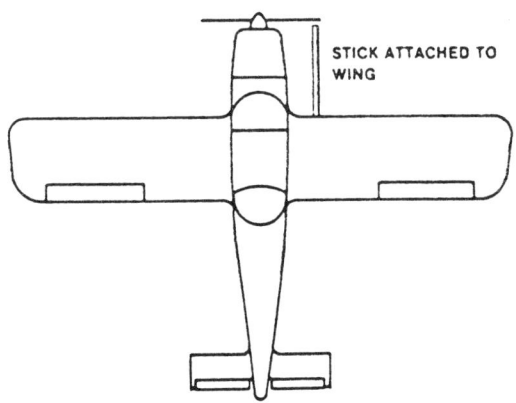

Fig. 3-7   Blade track can also be checked with a pointer attached to the airplane.

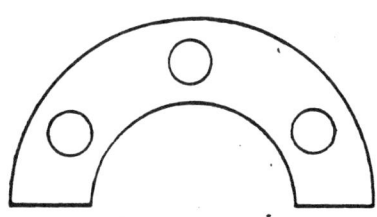

Fig. 3-8   A tracking shim.

609

과정이다.

　tracking은 blade간의 blade의 상대적인 위치를 나타내는 것이지 actual path를 나타내지 않는다.

　Fig. 3-5는 referfnce board를 사용해서 tracking을 하는 모습이다.
　Fig. 3-5는 A/C wing에 설치한 pointer를 이용해서 tracking을 점검하는 방법이다.
　tracking이 안맞을 경우 Fig. 3-8과 3-9와 같이 manufacturer가 정한 shim을 사용해서 propeller의 track을 조정한다.

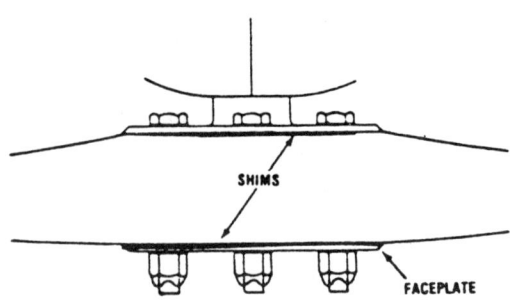

Fig. 3-9　Adjusting propeller track on a wood propeller by installing shims.

제4장. 프로펠러 각도 점검 및 조절

장착할때 부적절한 blade-angle setting이 발견되거나 engine performance에 의해 나타나면 다음과 같은 순서를 따른다.

ⓐ manual에서 blade-angle setting과 station을 찾는다.
blade station이나 reference line을 propeller blade에 표시할때 scribe나 다른 날카로운 것을 사용해선 안된다.

ⓑ propeller가 엔진에 달린 상태로 universal propeller protractor를 사용해서 blade angle을 측정한다.

1) Universal Propeller Protractor

Universal propeller protractor를 사용해서 propeller가 balancing stand나 A/C engine에 장착되어 있을때 prop blade angle을 측정한다.

2) Propeller Balancing

Propeller의 unbalance는 A/C의 vibration의 근원으로 static이나 dynatmic balance가

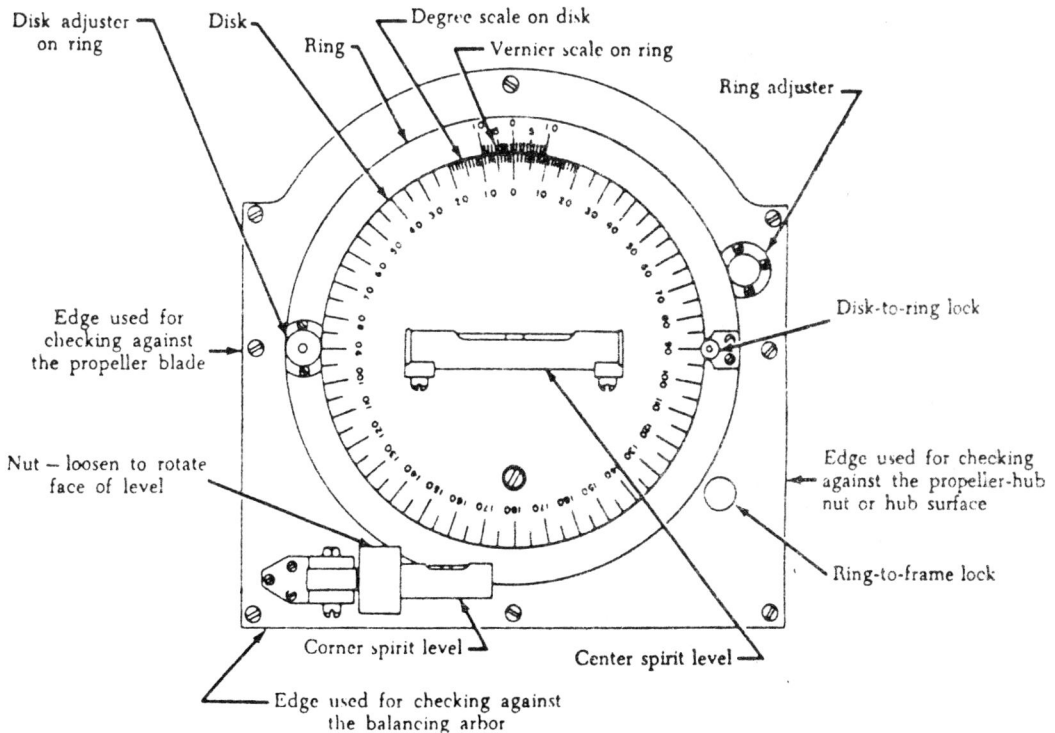

Fig. 4-1   Universal protractor.

필요하다.

propeller static unbalance는 propeller의 C. G (center of gravity)가 회전축과 일치하지 않는 것을 말한다.

dynamic unbalance는 blade나 counterweight가 같은 회전면 (plane of rotation)에 있지 않을 때이다.

A. Static Balancing

Static balancing은 suspension method나 knife-edge method로 할 수 있다.

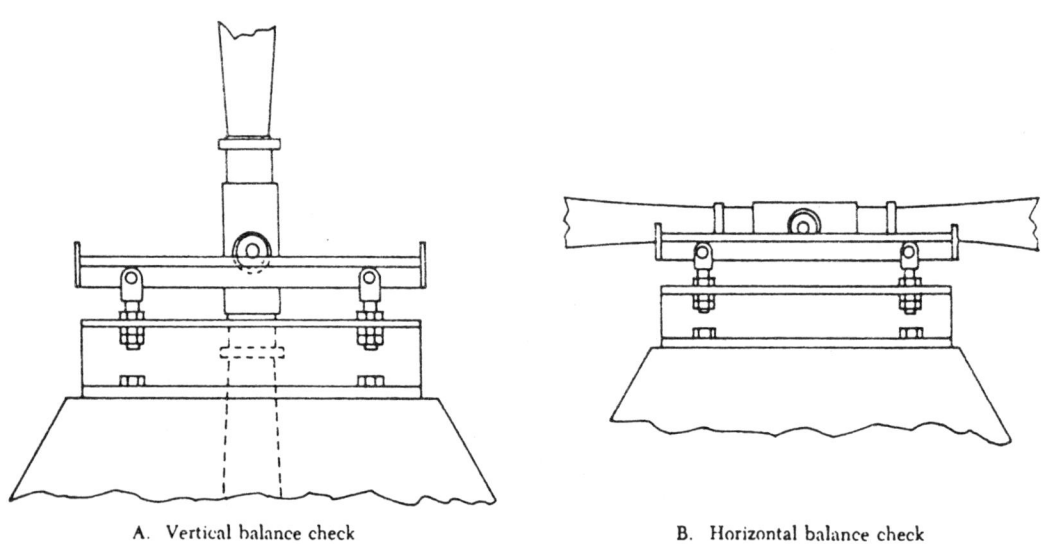

A. Vertical balance check   B. Horizontal balance check

Fig. 4-2   Positions of two-bladed propeller during balance check.

Fig. 4-2는 knife-edge test stand로 두개의 steel edge가 조립된 propeller 양쪽에 놓인다.

이 stand는 진동이 없고 공기가 드나들지 않는 방이 알맞다.

propeller assembly balance를 점검하는 방법은 다음과 같다.

ⓐ propeller의 engine shaft hole에 bushing을 넣는다.

ⓑ bushing에 mandrel이나 arbor를 넣는다.

ⓒ Fig. 4-2와 같이 propeller assembly를 stand에 놓는다.

propeller는 자유롭게 회전할수 있어야 한다.

만약 propeller가 적절하게 balance가 잡혀있으면 (static balance) 어느 곳이든지 원하는 곳에서 정지해 있어야 한다.

two-blade propeller assembly의 balance를 점검할때 vertical position을 먼저 점검하고 horizontal position을 나중에 점검한다.

612

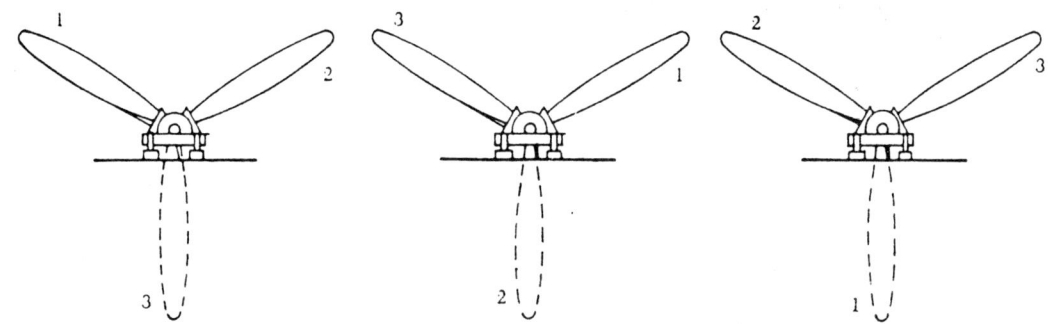

Fig. 4-3   Positions of three-bladed propeller during balance check.

Fig. 4-3은 3-blade propeller assembly를 점검하는 것이다.

propeller static balance 점검중에 모든 blade는 같은 blade angle을 갖고 있어야 한다. 다음은 propeller assembly의 static balance를 점검할때 계속 회전하는 경향이 있을때 다음과 같은 행동을 취한다.

ⓐ 만약 propeller assembly나 part의 무게가 허용범위내에 있을때 permanent fixed weight를 정해진 장소에 더한다.

ⓑ 만약 propeller assembly나 part의 무게가 허용한계와 같을때는 정해진 위치에서 무게를 줄인다.

무게를 더하거나 떼어내는 위치는 propeller manufacturer에 의해 정해진다.

제5장. Turboprop Propeller

Turboprop propeller는 gas turbine engine에서 reduction gear assembly를 통해서 작동된다.

이것은 가장 효율이 좋은 power source이다.

propeller, reduction gear assembly, turbine engine은 turboprop powerplant라고 말한다.

turboporp engine은 대형 4-engine transport A/C에서부터 소형의 twin-engine A/C 까지 사용된다.

tarbojet engine과 달라서 turboprop engine은 thrust를 간접적으로 만든다. 왜냐하면, compressor와 turbine assembly가 propeller의 torque를 만들어 주고 이것은 다시 propulsive force(추진력)의 대부분을 생산해서 A/C를 움직인다.

turboprop fuel control과 propeller governor가 연결되고 서로 연계되어 작동한다.

power lever가 cockpit의 singal을 fuel control에 가게 해서 engine의 power를 조절한다.

fuel control과 propeller governor는 함께 r.p.m fuel flow, propeller blade angle을 설정해서 충분한 propeller thrust를 만들어 원하는 power를 얻는다.

propeller control system은 2가지 type의 control로 나누어 진다.

하나는 flight이고 다른 하나는 ground operation이다.

flight를 위한 것으로 propeller blade angle과 fuel flow는 power lever setting에 맞게 정해진 schedule에 따라 자동적으로 통제된다.

"flight idle" power lever position 이하에서는 r.p.m blade angle schedule은 engine을 효과적으로 취급하지 못한다.

여기서 ground handling range는 "beta range"라고 부른다.

throttle quadrant의 beta range에서 propeller blade angle은 porpeller governor에 의해 통제되는 것이 아니고 power lever position에 의해 조절된다.

power lever가 start position 이하로 움직이면 propeller pitch는 reverse되어 A/C의 landing후에 급속한 감속을 위한 reverse thrust를 제공한다.

turboprop의 특성으로 power의 변화는 engine speed와는 관계가 없고. turbine inlet temperature에 관계가 있다. 비행중에 propeller는 일정한 engine 속도를 유지한다.

이 속도는 engine의 rated speed의 100%로 알려져 있다.

이것은 설계속도로 대부분의 power를 얻고 전체효율이 가장 좋다.

power change는 fuel flow 변화에 영향을 받는다.

fuel flow가 증가하면 turbine inlet temperature가 증가하고 turbine에서 이용할수 있는 energy가 증가한다. turbine은 더 많

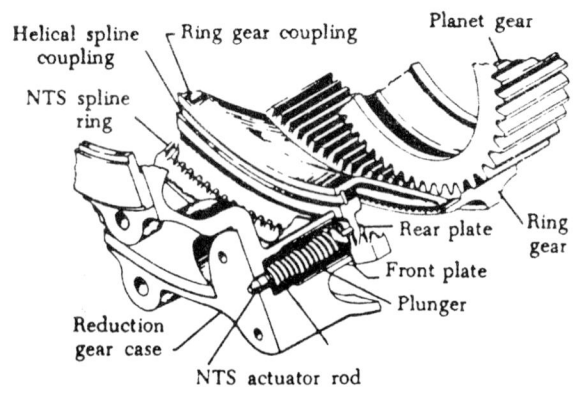

Fig. 5-1 Negative torque signal components.

은 energy를 흡수하고, 이것을 torque의 형태로 propeller에 전달한다.

propeller는 증가된 torque를 흡수하기 위해 blade angle을 증가시키고, 이것이 일정한 engine r. p. m을 유지한다.

NTS(negative torque signal) control system은 propeller blade angle을 증가시키는 signal을 제공해서 negative shaft torque를 제한한다.

미리 정해진 negative torque가 reduction gearbox에 공급되면 stationary ring gear가 spring 힘을 밀고 전방으로 움직이면 helical spline에 의해서 torque reaction이 발생한다.

전방으로 움직이면, ring gear가 두개의 operating rod를 reduction gear nose를 통해서 밀어 붙인다.

하나나 두개의 rod가 propeller에 signal을 주는데 사용되어 propeller blade angle을 크게한다.

이 action(high blade angle로 가는것)은 negative torque가 없어질때까지 계속되어 propeller가 normal operation으로 return된다.

NTS system 기능은 일시적인 연료차단, propeller에 air gust load 공급, lean fuel scheduling으로 정상강하, low power setting에서 high compressor air bleed 상태 유지, normal shutdown 등이다.

TSS(thrust sensitive signal)는 safety 장치로 propeller feather lever를 움직이게 한다.

만약 이륙중에 power loss가 생기면, propeller drag가 feathered propeller를 제한해서 multi-engine A/C의 yawing 위험을 줄인다.

이 device는 자동적으로 blade angle을 크게 하고, propeller가 feather되게 한다.

TSS system은 reduction gearbox의 우측에 S/W assembly로 되어있다.

gearbox의 내부에서 S/W로 plunger가 뻗쳐있다.

plunger의 spring 힘이 gearbox 내부의 thrust signal lever를 눌러서 prop shaft thrust bearing의 outer ring을 접촉한다.

propeller positive thrust가 정해진 수치를 넘으면, prop shaft와 ball bearing이 전방으로 움직여서 thrust와 roller bearing assembly 사이에 위치한 두개의 spring을 압축한다. thrust signal lever가 outer ring을 따르고, TSS plunger가 front gearbox로 들어간다.

TSS system은 take off와 automatic operation을 위한 준비가 된다. propeller thrust가 정해진 수치이하로 떨어지면, spring 힘이 prop shaft를 뒤쪽으로 움직인다. 이것이 발생하면, TSS plunger는 바깥으로 움직여 auto feather system을 energize 시킨다. 이 signal이 propeller blade angle을 크게 한다.

Fig. 5-2는 safety coupling으로 만약 power unit이 정해진

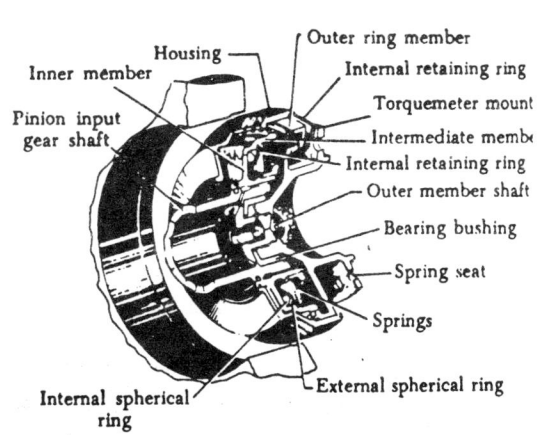

Fig. 5-2   Safety coupling.

- Housing
- Inner member
- Pinion input gear shaft
- Internal spherical ring
- Outer ring member
- Internal retaining ring
- Torquemeter mount
- Intermediate membe
- Internal retaining ring
- Outer member shaft
- Bearing bushing
- Spring seat
- Springs
- External spherical ring

negative torque valve이상으로 NTS를 작동하기에 충분히 큰 상태가 되면 power unit 으로부터 reduction gear를 분리시킨다.

coupling은 내부에 pinion shaft 밖에 extension shaft, 중간에 helical teeth를 통해 서 inner member를 연결하고, straight teeth를 통해서 outer member를 연결한다.

helical teeth의 reaction이, positive torque가 공급될때, 중간 member를 전방으로 움직이고, negative torque가 공급되면 뒤쪽으로 빠진다.

이때 정해진 negative torque를 초과하면, coupling member가 자동적으로 분리된 다.

feathering이나 power unit shutdown 중에 자동적으로 reengage된다.

safety coupling은 negative torque가 초과될때만 작동한다.

1) Reduction Gear Assembly

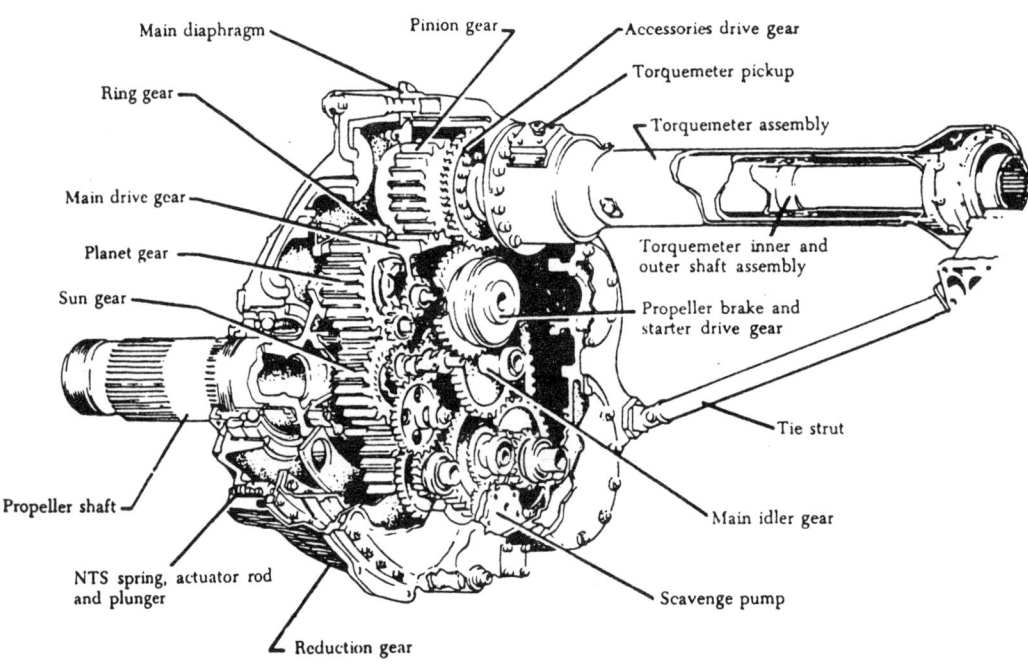

Fig. 5-3 Reduction gear and torquemeter assemblies.

Fig. 5-3은 reduction gear assembly로 propeller drive shaft, NTS system, TSS system, safety coupling, propeller brake, 독립적인 dry sump oil system, 필요한 gearing 등으로 구성된다.

propeller brake는 비행중에 feather되면 propeller의 windmilling을 막고, engine shutdown후에 propeller가 정지하는 시간을 단축시킨다.

propeller brake는 friction-cone-type이고, stationary inner member와 rotating outer member로 되어있다.

작동중에 reduction gear oil pressure가 brack를 release position으로 잡고 있다.

이것은 oil pressure가 outer member를 inner member로부터 떨어진 상태로 잡고 있기 때문이다.

propeller가 feather나 engine shutdown 되면, reduction gear oil pressure가 떨어지고, hydraulic force가 줄어들어, spring 힘이 outer member를 inner member와 접촉시킨다.

power unit이 extension shaft와 torque meter assembly를 통해서 reduction gear assembly를 구동시킨다.

reduction gear assembly는 torque meter housing에 의해서 power unit에 붙어있다.

tie strut이 큰 overhanging moment를 전달하는 것을 돕고, propeller와 reduction gear에 의해 만들어지는 힘을 돕는다.

strut의 front end는 편심 pin이 있어서 이것이 locking한다.

2) Turbo-Propeller Assembly

Turbo propeller는 turbine engine에 의해 만들어진 power를 효율적으로 사용하는 수단이다.

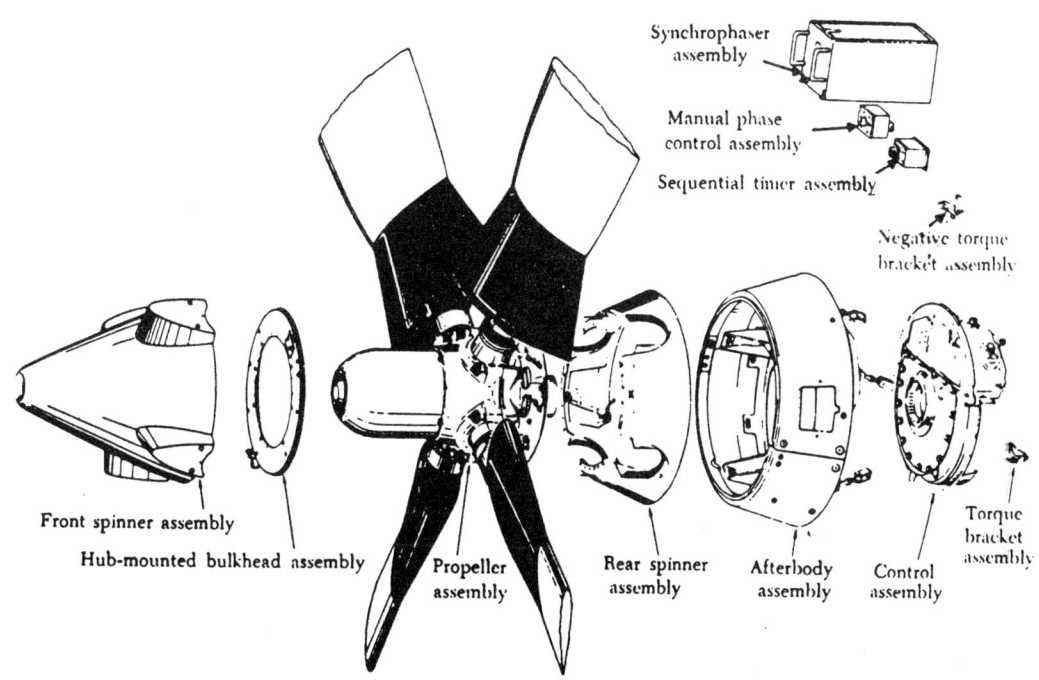

Fig. 5-4   Propeller assembly and associated parts.

propeller assembly는 control assembly와 함께 flight idle(alpha range) 상태에서 engine의 일정한 r. p. m을 유지한다.

ground handling과 reversing(beta range)에서 propeller는 "0"나 negative thrust를 만들도록 작동시킬수 있다.

propeller assembly는 barrel, dome, low-pitch shop assembly, pitch lock regulator assembly, blade assembly, deicing contact ring holder assembly 등으로 되어 있다.

control assembly는 non-rotating assembly로 propeller assembly barrel의 후미에 붙어있다.

이것은 oil reservoir, pump, valve, control device 등으로 되어있다.

이것은 또한 brush housing이 있어서 electric power를 공급한다.

spinner assembly는 cone-shaped으로 propeller에 붙어있어 drag를 감소시킨다.

이것은 또 ram air를 들어가게 해서 propeller control에 사용하는 oil을 냉각시킨다. aftbody assembly는 nonrotating component로 engine gearbox에 붙어있고, 내부에 control assembly가 있다. spinner와 함께, engine nacelle에 stream lined flow를 만든다.

synchrophasing system은 master propeller와 slave propeller 사이의 정해진 angular 관계를 유지시켜준다.

이 system의 3개의 unit은 pulse generator, electronic synchrophaser, speed bias servo assembly 등이다.

manual phase control은 master와 slave propeller 사이의 원하는 phase angle 관계를 미리 정한다.

그리고, 정해진 엔진속도에 맞게 미세한 조정을 한다.

이 master trim은 master engine speed의 대략 ±1% r. p. m까지 가능하다.

propeller 작동은 cockpit power lever와 emergency engine shutdown handle의 mechanical linkage에 의해서 조절된다.

reverse position에서 "flight idle" position까지의 nongoverning이나 taxi range는 beta range라고 한다.

"flight idle" position에서 "take off" position 까지의 governing이나 flight range는 alpha range라고 한다.

ground hadling을 위한 beta range control은 전적으로 hydro mechanical과 pilot valve를 작동하는 cam과 lever system을 사용해서 얻는다.

하나의 cam shaft(alpha shaft)는 power lever motion에 따라 움직이고, 원하는 blade angle schedule(beta range)을 설정한다.

다른 cam shaft(beta shaft)는 blade feed back gearing으로 작동된다.

이것의 위치가 beta range의 실제의 blade angle position의 signal을 제공한다.

또한 pilot valve는 이 cam과 lever의 상호작용에 의해 움직여서 oil을 high나 low pitch metering해서 실제의 blade angle이 scheduled angle과 맞게 한다.

beta range(flight idle 이하)에서 propeller governing action이 막힌다.

power lever가 flight idle 이하의 blade angle로 움직이면, speed set cam이 추가적인 힘을 speeder spring에 더하게 된다.

이것이 pilot valve를 underspeed 상태로 잡고 있는다.

constant-speed governing(alpha range control)은 flyball-actuator governor에 의해

이루어진다.

flyweight와 pilot valve는 propeller rotation에 의해 gearing을 통해서 구동된다.

alpha range에서 governor는 speed set cam에 의해서 normal 100% r.p.m setting 이 되고 pilot valve는 off-speed 상태에 맞게 자유롭게 움직인다.

feathering은 feather button engine emergency shutdown handle, 혹은 auto-feather system등에 의해서 시작된다.

feathering은 feathering valve에 의해 유압으로 이루어지고, 이것이 다른 control 기능을 bypass하고, pitch change oil이 propeller로 가게 한다.

feathering operation은 모든 정상 control function과 분리된다.

pump manifold의 pressure는 pilot valve로 가기전에 control feather valve를 통해서 main과 standby regulating valve로 간다.

pilot valve의 output은 low나 high pitch이고, 이것이 feather valve를 거쳐서 간다.

valve가 feathering되면, pump manifold는 직접 high-pitch line으로 연결된다.

이것이 control system에서 propeller line을 분리시키고, standby pump bypass를 닫는다,

normal feathering은 feather button을 누르면 시작된다.

이것은 feathering S/W의 holding coil auxiliary pump, feather solenoid 등으로 전류를 보내서 feather valve가 propeller를 feathering 시킨다.

propeller가 완전히 feather되면, oil pressure가 buildup되어 pressure cutout S/W를 작동해서 이것이 auxiliary pump와 feather solenoid가 relay system을 통해서 de-energize 시킨다.

feathering은 engine emergency shutdown handle이나 S/W를 "shutdown" position 으로 하면 된다.

unfeathering은 feather button을 "unfeather" position으로 잡아당긴다.

이 action이 voltage가 auxiliary motor로 가서 auxiliary pump를 작동시킨다.

propeller governor는 propeller가 feather 상태로 underspeed position에 있기 때문에 blade는 auxiliary pump pressure 상태에서 pitch가 감소되는 방향으로 움직인다.

3) Blade Cuff

Blade cuff는 metal, wood, plastic으로 되어 있고, blade의 shank end에 붙어있다. outer surface는 둥근 shank를 airfoil section으로 변형시킨다.

cuff는 engine nacell로 cooling air flow를 증가시키는 것이 목적이다.

연습문제(Ⅰ)

1. 프로펠러의 목적은 무엇인가?
   답) 추진력을 생산해 비행기를 앞으로 끌어 당기는 역할을 한다.

2. 프로펠러의 두 타입은?
   답) Tractor type과 pusher type. tractor는 앞에서 비행기를 끄는 타입이고 pusher 는 뒤에서 미는 타입이다.

3. 프로펠러의 blade 각도를 바꿀수 없는 프로펠러는 어떤 타입인가?
   답) Fixed pitch propeller. (각도가 고정된 프로펠러)

4. 목재로 된 프로펠러의 가장자리에 metal tipping이 된 목적은 무엇인가?
   답) 착륙, 이륙 또는 taxiing 할때 프로펠러가 다른 물체와 부딪혀 생기는 손상을 줄이기 위해서이다.

5. 프로펠러 blade의 각도를 재기 위해 쓰이는 도구는?
   답) Universal propeller protractor

6. 프로펠러가 회전할 때 프로펠러에 어떤 aerodynamical force 영향을 주는가?
   답) Centrifugal(원심력), Twisting(비틀어짐), Bending(휘어짐)

7. 프로펠러 blade의 'back'과 'face'는 무엇인가?
   답) 엔진쪽을 바라보는 납작한 면을 face라 하고 그 반대쪽을 back이라 한다.

8. 알루미늄과 강철 프로펠러를 닦아낼 때 쓰이는 것은?
   답) Cleaning solvent와 브러쉬

9. Two bladed propeller(두날 프로펠러)의 static balance(정적균형)을 검사할때 프로펠러의 위치는?
   답) 첫번째 세로로 세워서 검사하고 다음 가로로 검사한다.

10. Hydraulic counterweight propeller(유압과 추를 사용하여 blade의 각도를 변경시 키는 프로펠러)에서 counterweight에 작용하는 원심력은 프로펠러의 pitch(각도) 를 어떻게 하는가?
    답) 원심력은 각도를 높인다.

11. Couterweight를 사용하는 프로펠러 비행기의 시동을 끌때 항상 프로펠러를 high pitch(높은 각도)로 바꾸고 시동을 끄는 이유는 무엇인가?
    답) 프로펠러의 piston이 바깥쪽으로 나가면 low pitch, 안쪽으로 들어오면 high pitch가 되는데 low pitch로 해놓으면 piston이 바깥공기와 접촉되기 때문에 항상 piston을 안쪽으로 해놓고 시동을 끄는 것이다.

12. 프로펠러의 splined shaft에 cone이 쓰이는 이유는?
    답) 프로펠러를 shaft(축)의 중심에 고정시키는 역할을 한다.

13. 프로펠러의 feathering이란 무엇인가?
    답) 프로펠러의 blade를 최대한의 높은 각도로 바꿔주는 것을 feathering이라 한
    다. 공중에서 비상사태로 인해 엔진을 정지시켜야 할때 프로펠러를
    feathering 시킨다.

14. Constant speed counterweight propeller의 feathering은 어떻게 이루어 지는가?
    답) Propeller governor의 오일압력을 줄여서 counterweight의 원심력으로
    feathering 시킨다.

연습문제 (Ⅱ)

1. A/C propeller de-ice system에서 어떻게 engine에서 propeller hub assembly로 electrical power를 공급하는가?
   (1) Slip ring과 segment plate에 의해
   (2) Slip ring과 brush에 의해
   (3) Collector ring과 transducer에 의해
   (4) Flexible electrical connector에 의해   (2)

2. Propeller의 slinger ring은 어떻게 anti-icing fluid를 방출하는가?
   (1) Elector valve에 의해
   (2) Pump pressure에 의해
   (3) Centripetal force에 의해
   (4) Centrifugal force에 의해   (4)

3. 대부분의 reciprocating multiengine A/C에서 automatic propeller synchronization은 다음 중 무엇을 통해서 이루어지는가?
   (1) Blade S/W
   (2) Throttle lever
   (3) Propeller governor
   (4) Propeller control lever   (3)

4. Propeller anti icing system에 일반적으로 사용하는 fluid의 종류는?
   (1) Ethylene glycol
   (2) Isopropyl alcohol
   (3) Denatured alcohol
   (4) Ethyl alcohol   (2)

5. Multiengine A/C의 automatic propeller synchronizing system의 기능을 가장 잘 설명한 것은?
   (1) Vibration을 증가시키고, noise를 감소시킨다.
   (2) Propeller의 tip speed를 조절한다.
   (3) Engine rpm을 조절하고, vibration을 감소시킨다.
   (4) Engine의 power output을 조절한다.   (3)

6. A/C가 비행중에 propeller에 얼음이 생기면, 어떤 현상이 나타나는가?
   (1) Thrust를 감소시키고, 과도한 진동(vibration)을 일으킨다.
   (2) Stall speed를 증가시키고, noise를 증가시킨다.
   (3) Stall speed를 감소시키고, noise를 증가시킨다.
   (4) Thrust를 증가시키고, 과도한 진동(vibration)을 일으킨다. (1)

7. Propeller anti-icing system에서 pump의 output을 조종하는 unit은?

(1) Pressure relief valve
(2) Rheostat
(3) Cycling timer
(4) Current limiter   (2)

8. Propeller electric deicing boot의 작동상태는 어떻게 점검할 수 있는가?
   (1) Ammeter나 loadmeter의 current flow를 관찰한다.
   (2) Ammeter의 움직임을 점검하고, boot의 heating 상태를 만져본다.
   (3) Inflation과 deflation 순서를 정한다.
   (4) 만져보고 판단한다.   (1)

9. Propeller synchrophasing system은 pilot에 의해서 noise와 vibration을
   줄일 수 있다. 옳게 설명한 것은?
   (1) A/C engine의 propeller 사이의 phase angle을 조절해서
   (2) 모든 propeller의 r. p. m을 다르게 한다.
   (3) 모든 propeller의 회전면(plane of rotation)을 조절한다.
   (4) 모든 propeller의 pitch angle을 정확히 똑같게 setting한다.   (1)

10. Propeller balancing에 사용하는 arbor(축)의 목적을 정확히 설명한 것은?
    (1) Balance knif에 propeller를 지시한다.
    (2) Balance stand의 수평을 유지한다.
    (3) 더하거나 빼는 무게를 나타낸다.
    (4) Propeller blade에 무게가 더해지는 곳을 표시한다.   (1)

11. 만약 metal propeller의 blade가 tip 손상에 의해 짧아지면 나머지 blade는?
    (1) 무게의 균형을 위해 shank를 갈아낸다.
    (2) Blade angle을 다시 조정해서 짧아진 blade를 보상한다.
    (3) 제작사에 보내서 작업을 의뢰한다.
    (4) 짧아진 blade에 맞게 짧게한다.   (4)

12. Wood propeller의 마지막 balance에 관한 설명 중 맞는 것은?
    (1) 작은 구멍을 뚫어서 납땜으로 채우거나 납(lead)을 더해서 가벼운
        blade의 무게를 더한다.
    (2) 마지막 balance는 propeller를 장착한 다음에 해야한다.
    (3) 각 blade의 tip에 있는 3개의 구멍은 깊이가 모두 틀려서 마지막
        horizontal balance를 쉽게 한다.
    (4) 만약 분리된 metal hub를 사용하면, 마지막 balance는 hub가
        propeller에 장착된 후에 실시한다.   (4)

13. 엔진이 거칠어 지는 것(roughness)은 propeller unbalance 때문에 생길
    경우가 많다. unbalanced propeller의 영향은?
    (1) 모든 speed에서 대략 똑같다.
    (2) Propeller의 critical range 이외에서는 알 수 없다.

(3) Low r.p.m에서 크다.

(4) High r.p.m에서 크다.   (4)

14. Wood propeller의 horizontal unbalance를 바로 잡는 방법은?
    (1) Putty
    (2) Brass screw
    (3) Shellac
    (4) Solder   (4)

15. Propeller aerodynamic(thrust) unbalance를 제거하는 방법은?
    (1) Blande의 곡면(contour) angle setting을 정확히 해서
    (2) Static balancing으로
    (3) Dynamic balancing으로
    (4) Propeller blade의 회전면(plane of rotation)을 똑같이 유지해서   (1)

16. 유압으로 조절되는 constant-speed propeller가 fixed throttle setting에서
    propeller의 constant speed range에서 작동한다. 만약 cockpit propeller
    control에 의해 propeller governor control spring(speeder spring)의
    tension이 감소되면 propeller blade angle은?
    (1) 증가하고, engine MAP는 증가, engine r.p.m은 감소
    (2) 감소하고, engine MAP는 증가, engine r.p.m은 감소
    (3) 감소하고, engine MAP는 감소, engine r.p.m은 증가
    (4) 감소하고, engine MAP는 감소, engine r.p.m은 증가   (1)

17. Propeller governor의 pulley stop screw는 adjustable인데 이유를 옳게
    설명한 것은?
    (1) Takeoff시에 maximum engine speed를 제한한다.
    (2) Cruising을 위한 적절한 blade angle을 유지한다.
    (3) Takeoff시에 maximum porpeller pitch를 제한한다.
    (4) Climbing(상승)을 위해 가장 효율적인 engine speed를 유지한다.   (1)

18. Constant-speed propeller control이 increase r.p.m position보다 낮은
    속도에서 엔진이 작동하면, propeller는?
    (1) Full low r.p.m position에 머물러 있다.
    (2) Full high pitch position에 머물러 있다.
    (3) High pitch stop에 도달하기 전까지는 정상적인 방법으로 engine
        r.p.m을 유지한다.
    (4) Full low pitch position에 머물러 있다.   (2)

19. Engine power가 증가되면 constant-speed propeller의 기능은?
    (1) r.p.m을 유지하고 blade angle이 감소되고, 낮은 받음각을 유지한다.
    (2) r.p.m이 증가하고 blade angle이 감소되고, 낮은 받음각을 유지한다.
    (3) r.p.m을 유지하고 blade angle을 증가시키고 낮은 받음각을 유지한다.

(4) r.p.m을 증가시키고, blade angle를 증가시키고 높은 받음각을 유지한다. (3)

20. Propeller governor는?
    (1) Pitch changing mechangism으로 oil이 들어가거나 나오게 한다.
    (2) Accumulator assembly의 relief valve를 조절한다.
    (3) Boost pump speeder spring의 spring tension을 조절한다.
    (4) Linkage와 counterweight이 들어가거나 나오게 한다. (1)

21. Propeller의 on speed condition은?
    (1) Governor flyweight에 작용하는 contrifugal force가 speeder spring의 tension보다 크다.
    (2) Speeder spring의 tension이 governor flyweight에 작용하는 centrifugal force보다 크다.
    (3) Speeder spring의 tension이 governor flyweight에 작용하는 centrifugal force보다 작다.
    (4) Governor flyweight의 centrifugal force가 speeder spring force와 같다. (4)

22. Constant-speed propeller의 governor에 있는 pilot valve를 작동(actuate) 시키는 것은?
    (1) Engine oil pressure
    (2) Governor flyweight
    (3) Propeller control lever
    (4) Governor pump oil pressure (2)

23. Hydromatic, constant-speed propeller에서 cockpit control lever가 움직이면 어떤 작용이 발생하는가?
    (1) Speeder spring의 tension이 변한다.
    (2) Transfer valve의 위치가 바뀐다.
    (3) Governor booster pump pressure가 달라진다.
    (4) Governor bypass valve가 oil pressure가 propeller dome으로 직접 갈 수 있게 위치한다. (1)

24. Propeller governor control spring(speed spring)의 tension이 커지면 propeller blade gangle과 engine r.p.m은 어떻게 되는가?
    (1) Blade angle은 증가하고, r.p.m도 증가한다.
    (2) Blade angle은 감소하고, r.p.m도 감소한다.
    (3) Blade angle은 증가하고, r.p.m은 감소한다.
    (4) Blade angle은 감소하고, r.p.m은 증가한다. (4)

25. 비행중에 hydromatic constant-speed propeller의 속도변화는?
    (1) Governor booster pump의 output을 따르게 해서

(2) 높은 manifold pressure로 throttle을 전진 시켜서

(3) Governor에 있는 pilot valve의 회전속도를 변화 시켜서

(4) Governor flyweight에 걸리는 load tension을 변화 시켜서 (4)

26. Propeller governor counterweight에 작용하는 contrifugal force가 speeder spring의 tension을 이기면 (overcome) propeller의 speed condition은?
    (1) Onspeed
    (2) Underspeed
    (3) Onspeed와 underspeed의 중간
    (4) Overspeed (4)

27. Propeller에 가장 큰 stress를 주는 operational force는?
    (1) Aerodynamic twisting force
    (2) Centrifugal force
    (3) Thrust bending force
    (4) Torque bending force (2)

28. Propeller blade angle을 크게 하는 operational force는?
    (1) Centrifugal twisting force
    (2) Aerodynamic twisting force
    (3) Thrust bending force
    (4) Torque bending force (2)

29. Turboprop이 장착된 대형 항공기에서 propeller control은 어떻게 이루어 지는가?
    (1) Engine에 의해 독립적으로
    (2) Feathering과 reversing을 제외한 engine r. p. m을 다르게 해서
    (3) Propeller와 engine 사이의 gear ratio를 다르게 해서
    (4) Engine power lever에 의해 (4)

30. Operating propeller blade에 미치는 aerodynamic twisting force의 영향은?
    (1) Blade를 회전방향의 반대쪽으로 굽히려 한다.
    (2) Blade를 high blade angle로 만든다.
    (3) Blade를 전방으로 굽혀지게 한다.
    (4) Blade를 low blade angle로 만든다. (2)

31. High r. p. m position에서 reversing action이 시작되면 hydromatic propeller의 blade의 움직임은?
    (1) Low pitch에서 직접 reverse pitch로 간다.
    (2) 움직임이 없다. 왜냐하면 이 type의 propeller는 high r. p. m position에서 reverse pitch로 할 수 없기 때문이다.
    (3) Low pitch에서 high pitch로 가고, 다시 reverse pitch로 간다.
    (4) Low pitch에서 feather position으로 가고, 다시 reverse pitch로 간다. (1)

32. Propeller가 소금기 있는 곳에 노출 되었을때 다음 중 어느 것으로 세척
하는가?
 (1) Caustic solution
 (2) Steel wool
 (3) Fresh water
 (4) Soapy water   (3)

33. Steel propeller hub의 crack을 검사하는 방법은?
 (1) Anodizing으로
 (2) Magnafluxing으로
 (3) Electro testing으로
 (4) Etching으로   (2)

34. Aluminum alloy adjustable pitch propeller에서 수리할 수 없는 blade area는?
 (1) Shank
 (2) Leading edge
 (3) Tip
 (4) Trailing edge   (1)

35. Propeller blade station이 필요할 때는?
 (1) Blade angle을 측정할때
 (2) Propeller를 장착하거나 장탈할때
 (3) Propeller balancing을 할때
 (4) Propeller에 index를 표시할때   (1)

36. Propeller blade angle을 정의할때 airfoil section의 chrod line과 다음이
 이루는 각이라고 한다.
 (1) 회전면 (plane of rotation)
 (2) 상대풍 (relative wind)
 (3) Propeller thrust line
 (4) pitch change 동안의 blade 회전축   (1)

37. Constant-speed propeller의 blade pitch angle이 가장 클 때는 어느 때인가?
 (1) Landing을 위해서 접근중일 때
 (2) 이륙후 상승할 때
 (3) High-speed로 고고도에서 순항중일 때
 (4) Sea level에서 이륙할 때   (3)

38. 만약 hydromatic propeller가 feather되고 즉시 스스로 unfeather되면 가능한
 문제점은 무엇인가?
 (1) Governor가 high pitch에서 분리되지 않는다.
 (2) Dome pressure relief valve가 닫힌 위치로 고정되어 있다.
 (3) Distributor relief valve가 닫힌 위치로 고정되어 있다.

(4) Pressure cutout S/W가 닫힌 위치로 고정되어 있다.   (4)

39. Propeller가 1회전할 때 전방으로 실제로 움직인 거리를 무엇이라고 하는가?
    (1) Effective pitch
    (2) Geometric pitch
    (3) Relative pitch
    (4) Resultant pitch   (1)

40. Hydromatic propeller의 pitch-changing mechanism의 윤활은 어떻게 이루어
    지는가?
    (1) Pitch-changing oil에 의해
    (2) Propeller 제작사가 정한 시간마다 grease gun으로 인가된 grease를
        주입해서
    (3) Working surface에 인가된 grease를 주입한다.
    (4) 오직 propeller overhaul중에 모두 grease를 바른다.   (1)

41. Propeller blade station은 다음 어디부터 측정하는가?
    (1) Blade shank의 index mark에서
    (2) Hub center line
    (3) Blade base
    (4) Blade tip   (2)

42. 회전하는 propeller에 의해 만들어지는 thrust는 다음의 결과에 의해서이다.
    옳은 것을 고르면?
    (1) Propeller slipage
    (2) Propeller blade 뒤의 low pressure 때문에
    (3) Propeller blade 바로 전방에서 pressure가 낮아지기 때문에
    (4) 상대풍(relative wind)의 각도와 propeller의 회전속도 때문에   (3)

43. Constant-speed counterweight propeller를 엔진이 정지하기 전에 full high
    pitch에 놓는 이유를 가장 잘 설명한 것은?
    (1) Pitch changing mechanism의 노출과 부식을 방지하기 위해서
    (2) Oil이 차거워질때 piston의 hydraulic lock을 방지하기 위해
    (3) 다음 start할때 engine의 overheating을 방지하기 위해
    (4) Engine 온도를 더 빨리 떨어지게 하기위해   (1)

44. Constant-speed propeller의 low pitch stop의 기능을 가장 잘 설명한 것은?
    (1) Throttle을 open해서 takeoff manifold pressure에 이를때 engine이 sea
        level에서 정해진 takeoff r. p. m으로 회전하게 한다.
    (2) 최대허용 engine r. p. m은 manifold pressure altitude, forward speed의
        조합으로도 초과할 수 없다.
    (3) Engine mainfold pressure가 throttle opening과 altitude forward speed의
        조합에 의해 초과할 수 없게 한다.

(4) 정해진 고도에서 강하할때 cruising power의 조절을 가능케 한다.   (1)

45. 회전하는 propeller blade의 받음각(angle of attack)은 blade chord나 face와 다음이 이루는 각이다. 옳은 것은?
    (1) Blade의 회전면
    (2) Full low-pitch blade angle
    (3) Relative air stream
    (4) 같은 thrust 생산에 필요한 geometric pitch angle   (3)

46. Operating propeller의 CTM(centrifugal twisting moment)은 다음과 같은 성질을 갖고 있다. 옳은 것을 고르면?
    (1) Pitch angle을 크게한다.
    (2) Pitch angle을 감소한다.
    (3) 회전방향으로 blade를 굽힌다.
    (4) 비행방향의 뒤쪽으로 blade를 굽힌다.   (2)

47. Propeller blade의 curve진 쪽이나 camber진 쪽으로 wing air foil section의 위쪽 표면과 같은 곳으로 이것의 식별 중 옳은 것은?
    (1) Blade back
    (2) Blade chord
    (3) Blade leading edge
    (4) Blade face   (1)

48. Constant-speed propeller가 low r.p.m position에 있고 feathering action이 시작될때 full-feathering의 blade 움직임을 가장 잘 설명한 것은?
    (1) High pitch에서 low pitch를 거쳐 feather position으로
    (2) Low pitch에서 직접 feather position으로
    (3) High pitch에서 직접 feather position으로
    (4) Low pitch에서 high pitch를 거쳐 feather position으로   (3)

49. Hydromatic propeller feathering button S/W의 holding coil은 solenoid relay를 닫힌 상태로 잡고 있어서 propeller의 다음 component에 power를 공급한다. 옳은 것은?
    (1) Governor
    (2) Synhchronizer
    (3) Dome feathering mechanism
    (4) Feathering pump motor   (4)

50. Wood propeller blade의 leading edge와 blade tip을 덮고 있는 metal tipping의 첫번째 목적은?
    (1) Blade의 lateral strength를 증가시킨다.
    (2) Blade의 leading edge와 tip의 impact damage를 막는다.
    (3) Blade의 longitudinal strength를 증가시킨다.

(4) Blade 전구간에 airfoil 형태를 만든다.　　　　　　　　　　(2)

51. Blade angle은 crankshaft에 수직한 선과 다음에 의해서 이루어지는 선에
　　의해서 만들어지는 각도이다.
　　(1) Relative wind
　　(2) Apparent wind
　　(3) Blade의 chord
　　(4) Blade face　　　　　　　　　　　　　　　　　　　　　(3)

52. Propeller blade station number의 증가를 옳게 나타낸 것은?
　　(1) Hub에서 tip으로
　　(2) Tip에서 hub로
　　(3) Leading edge에서 trailing edge로
　　(4) Trailing edge에서 leading edge로　　　　　　　　　　　(1)

53. Normal pitch angle로 회전하는 propeller blade에 작동하는 aerodynamic
　　force는 다음과 같은 성질이 있다.
　　(1) Pitch angle을 감소시킨다.
　　(2) Pitch angle을 크게 한다.
　　(3) Blade를 비행방향의 뒤쪽으로 휘게 한다.
　　(4) Blade를 회전방향으로 휘게 한다.　　　　　　　　　　　(2)

54. Hydromatic propeller pitch change gear의 preload는 다음과 같이 조절할 수
　　있다. 옳은 것은?
　　(1) Vernier preload lockplate를 시계방향으로 움직여서 preload를 크게하고,
　　　　반시계방향은 preload를 감소시킨다.
　　(2) Stop plate를 조절해서 stationary cam내의 movable cam의 움직임을
　　　　제한한다.
　　(3) Spider shim plate와 blade bushing face 사이의 spider shim 두께를
　　　　다르게 해서
　　(4) Fixed cam base와 dome-barrel shelf 사이의 shim의 두께를
　　　　다르게 해서　　　　　　　　　　　　　　　　　　　(4)

55. Constant-speed counterweight type propeller의 blade를 high pitch
　　position으로 움직이는 힘으로 작용하는 것은 다음 중 어느 것인가?
　　(1) Propeller piston-cylinder arrangement에 작용하는 engine oil pressure
　　(2) Propeller piston-cylinder arrangement에 작용하는 engine oil pressure와
　　　　counterweight에 작용하는 centrifugal force
　　(3) Counterweight에 작용하는 centrifugal force
　　(4) Propeller piston-cylinder arrangement에 작용하는 propeller governor
　　　　oil pressure　　　　　　　　　　　　　　　　　　　(3)

56. Hydromatic propeller의 distributor valve assembly는 위치를 바꾸고

propeller로의 oil passage롤 거꾸로 하는데 이런 현상이 발생할 때는 propeller가 어떤 상태에 있을 때인가, 옳은 것은?
(1) unfeather 상태에 있을 때
(2) Feather 상태에 있을 때
(3) Overspeed condition에 있을 때
(4) Underspeed condition에 있을 때   (1)

57. High r.p.m position에서 feathering action이 시작될때 feathering propeller의 blade 움직임을 가장 잘 설명한 것은?
(1) High pitch에서 low pitch롤 거쳐 feather position으로
(2) Low pitch에서 reverse pitch롤 거쳐 feather position으로
(3) 움직임이 없다. 왜냐하면 feather propeller는 high r.p.m에서 feather 할 수 없기 때문이다.
(4) Low pitch에서 high pitch롤 거쳐 feather position으로   (4)

58. Fixed-pitch propeller의 blade angle에 관한 설명 중 옳은 것은?
(1) Tip에서 가장 크다.
(2) Hub에서 tip까지 일정하다.
(3) Tip에서 가장 적다.
(4) Hub에서부터 멀어질수록 커진다.   (3)

59. Propeller overhaul중에 etching을 하는 목적은 다음 어느 것인가?
(1) Blade 결함을 찾는다.
(2) 감항성이 없는 component롤 식별한다.
(3) Blade롤 식별한다.
(4) Overhaul station 이름과 번호를 나타낸다.   (1)

60. Constant-speed propeller의 constant speed range롤 조절하는 것은 무엇에 의해서인가?
(1) Engine r.p.m
(2) Airspeed에 맞는 상승이나 강하 각도
(3) Blade의 수
(4) Propeller pitch range의 mechanical limit에 의해   (4)

61. Constant-speed propeller가 이륙을 위한 준비상태로 맞는 것은?
(1) High pitch, high r.p.m
(2) Low pitch, low r.p.m
(3) High pitch, low r.p.m
(4) Low pitch, high r.p.m   (4)

62. Constant-speed나 two position counterweight propeller에서 high pitch stop과 low pitch stop이 위치해 있는 곳은?
(1) Pitch change thrust plate의 face

(2) Hub와 blade assembly

(3) Counterweigh assembly

(4) Dome assembly (3)

63. Constant-speed counterweigh propeller와 twoposition counterweight propeller에 관한 설명 중 옳은 것은?

(1) Blade angle의 변화는 hydraulic과 centrifugal의 두 힘에 의해서 이루어진다.

(2) Blade angle의 움직이는 범위는 15°나 20°이다.

(3) 비행중에는 많은 수의 blade angle position이 있기 때문에 propeller 효율이 크게 개선된다.

(4) Pilot이 r. p. m을 선택하고, propeller pitch 변화는 선택된 r. p. m을 유지한다. (1)

64. Engine-propeller는 하나나 그 이상의 critical range가 있어서 연속적인 작동을 제한한다. critical range를 두는 이유는?

(1) Propeller 진동(vibration)이 심하기 때문에

(2) Slipstream에 turbulence가 심하기 때문에

(3) 낮거나 negative thrust 상태이기 때문에

(4) 비효율적인 propeller pitch angle 때문에 (1)

65. 아래 설명 중에서 wood propeller를 사용할 수 없는 이유로 알맞는 것은?

(1) Metal tipping을 안전하게 하는 screw head의 납땜이 없어졌을때

(2) Oversize hub나 bolt hole, 혹은 elongated bolt hole이 있을때

(3) Metal tipping에 습기제거 hole이 없을때

(4) Propeller에 protective coating이 없을때 (2)

66. Counter weight나 hydromatic propeller의 회전하는 blade의 centrifugal load는 다음 중 어디로 전달되는가?

(1) Barrel

(2) Spider

(3) Dome assembly

(4) Barrel support assembly (2)

67. Aluminum alloy blade의 leading edge에 있는 nick(찍힌것)은 가능한 한 빨리 제거하는 것이 좋다. 다음 중 옳게 설명한 것은?

(1) Vibratory stress를 일으킨다.

(2) Horizontal balance를 위해서

(3) Blade의 공기역학 특성을 개선한다.

(4) Fatigue crack이 발생하는 것을 제거한다. (4)

68. Propeller의 suff의 목적을 가장 잘 설명한 것은?

(1) Anti-icing fluid를 분배한다.

(2) Propeller를 보강한다.

(3) 매끈한 airflow를 만들어 drag를 줄인다.

(4) Engine nacelle로 cooling air의 흐름을 증가시킨다. (4)

69. Three-way propeller valve의 목적을 가장 잘 설명한 것은?
(1) Engine oil system에서 propeller cylinder로 oil이 흐르게 한다.
(2) Governor가 on-speed 상태를 유지하게 한다.
(3) Engine의 oil이 governor를 거쳐 propeller로 가게 한다.
(4) Propeller의 constant-speed 작동을 하게 한다. (1)

70. Propeller의 가장 중요한 목적은?
(1) A/C의 fixed air foil에 양력을 만든다.
(2) Air foil을 지지하는 충분한 slipstream을 만든다.
(3) Engine horse power를 thrust로 바꾼다.
(4) 비행중에 A/C에 static과 dynamic 안정성을 제공한다. (3)

71. Constant-speed propeller는 다음 무엇에 의해서 최대효율을 얻는가?
(1) A/C 속도가 하면서 blade pitch가 커질때
(2) 비행중 모든 조건에 맞는 blade angle로 조절해서
(3) Blade tip 근처의 turbulence를 감소시켜서
(4) Blade의 양력계수를 크게해서 (2)

72. Propeller blade에 작용하는 centrifugal twisting force의 설명으로 맞는 것은?
(1) Aerodynamic twisting force보다 크고, blade를 큰 각도로 움직이려 한다.
(2) Aerodynamic twisting force보다 작고, blade를 작은 각도로 움직이려 한다.
(3) Aerodynamic twisting force보다 작고, blade를 큰 각도로 움직이려 한다.
(4) Aerodynamic twisting force보다 크고, blade를 작은 각도로 움직이려 한다. (4)

73. Propeller의 geometric pitch는 다음과 같이 정의할 수 있다. 옳은 것은?
(1) Effective pitch(유효피치) - slippage
(2) Effective pitch + slippage
(3) Blade chord와 회전면이 이루는 각도
(4) Blade face와 회전면이 이루는 각도 (2)

74. Propeller blade angle을 가장 잘 설명한 것은?
(1) Blade의 chord와 상대풍(relative wind)이 이루는 각
(2) 상대풍과 propeller의 회전면이 이루는 각
(3) Blade의 chord와 propeller의 회전면이 이루는 각

(4) Geometric pitch (기하학적 피치) 와 effective pitch (유효피치)　　　(3)

75. Propeller blade tip이 회전방향의 반대방향으로 쳐지는것 (lag) 을 유발시키는 힘은 다음 중 어느 것인가?
    (1) Thrust bending force
    (2) Aerodynamic-twisting force
    (3) Centrifugal-twisting force
    (4) Torque-bending force　　　(4)

76. 다음중 어떤 힘이 propeller blade의 tip을 전방 (forward) 으로 굽히는 힘으로 작용하는가?
    (1) Torque-bending force
    (2) Aerodynamic-twisting force
    (3) Centrifugal-twisting force
    (4) Thrust-bending force　　　(4)

77. Constant-speed propeller가 이륙 중에 필요한 회전속도와 blade pitch angle을 가장 잘 설명한 것은?
    (1) Low-speed와 low pitch angle
    (2) Low-speed와 high-pitch angle
    (3) High-speed와 low-pitch angle
    (4) High-speed와 high-pitch angle　　　(3)

78. Fixed-pitch wood propeller의 metal tip에 있는 drill hole을 가장 잘 설명한 것은?
    (1) Propeller의 무게를 감소시킨다.
    (2) Wood의 결이 갈라지는 것을 최소화시킨다.
    (3) Propeller의 균형을 유지한다.
    (4) Blade내의 습기분포를 일정하게 한다.　　　(4)

79. Hydromatic propeller에 있는 piston-to-dome seal의 손상은 다음에 의해서 알수 있다. 맞는 것은?
    (1) Propeller hub와 blade에 oil이 쌓인다.
    (2) Engine nose case에 많은 oil이 쌓이고, cowling에도 다소의 oil이 붙어있다.
    (3) Blade와 engine cowling의 바깥부분에 oil이 붙어있고, propeller hub에는 oil이 붙어있지 않다.
    (4) Pitch change mechanism의 느린 (sluggish) 작동　　　(4)

80. Hydromatic propeller를 장착할때 dome이 붙어있는 상태에서 blade의 위치는 다음 중 어느 것인가?
    (1) Reverse pitch
    (2) Full-feathered

(3) Low pitch

(4) High pitch (2)

81. Hydromatic propeller에서 정상적으로 blade가 full feather position에 이른 후에 oil pressure의 공급은 어떻게 이루어 지는가?
    (1) Feathering push button을 잡아당겨서
    (2) Electric cutout pressure S/W에 의해서
    (3) Fixed cam의 base에 있는 high-angle slop ring에 의해서
    (4) Rotating cam의 teeth에 있는 stop lug에 의해서 (2)

82. Hydromatic porpeller의 부적절한 pitch change gear preload는 다음 중 어떤 영향을 미치는가?
    (1) Blade에 불충분한 drag가 주어져서 불규칙한 tracking을 만든다.
    (2) Blade와 spider 사이에 과도한 간격이 생긴다.
    (3) Gear teeth에 과도한 binding이나 backlash가 생긴다.
    (4) Propeller가 작동후에 축에서 느슨해진다. (3)

83. Spline shaft에 설치되는 propeller의 front cone과 rear cone의 기본적인 목적을 가장 잘 설명한 것은?
    (1) Spline shaft에 propeller hub를 자리잡게 한다.
    (2) Propeller와 spline shaft 사이의 metal-to-metal 접촉을 막는다.
    (3) Propeller의 spline과 shaft의 spline 사이의 stress를 감소시킨다.
    (4) Propeller를 항공 역학적으로 균형을 맞춘다. (1)

84. 새 fixed-pitch wood propeller의 장착에 관한 설명 중 옳은 것은?
    (1) 만약 hub flange가 crankshaft와 맞붙어 있으면 final track은 propeller가 장착되기 전에 해야 한다.
    (2) 만약 분리된 metal hub가 사용되면 final track은 hub가 propeller에 장착되기 전에 실시해야 한다.
    (3) Propeller 장착에 NAS close-tolerance bolt를 사용해야 한다.
    (4) 최초 비행후 bolt의 견고한 상태를 점검한다. 비행시간 25시간 후에 다시 점검한다. (4)

85. 만약 propeller cone이나 hub cone seat에 galling과 wear의 흔적이 있으면 이것은 다음과 같은 결함이 있기 때문이다. 옳은 것은?
    (1) Cone과 cone seat이 이전의 작동 중에 충분히 윤활되지 않았다.
    (2) Pitch change stop이 부적절하게 놓여 있어서 cone seat이 high pitch stop 처럼 작용되어 었다.
    (3) Propeller retaining nut가 이전의 작동 중에 충분히 조여지지 않았다.
    (4) 장착중에 front cone이 완전하게 crankashaft spline에 닿지 (bottom) 않았다. (3)

86. 유압으로 작동되는 constant-speed propeller가 장착된 A/C에서 모든

ignition과 magneto 점검은 propeller가 어느 상태에 있을때 행해지는가?
(1) High r. p. m
(2) 정상순항 r. p. m
(3) Low r. p. m
(4) High pitch range (1)

87. Hydromatic propeller의 rear cone 주변의 oil 누출은 다음 중 어느 결함을 나타내는가?
(1) Piston gasket
(2) Blade-barrel packing
(3) spider-shaft oil seal
(4) Dome-barrel oil seal (3)

88. Crankshaft와 propeller hub 사이의 최대 taper 접촉은 다음 중 무엇을 사용해서 판단할 수 있는가?
(1) Telescoping gauge
(2) Bearing blue color transfer
(3) Micrometer
(4) Surface gauge (2)

89. Propeller blade tracking은 다음 중 무엇을 결정하는 과정인가?
(1) A/C longitudinal 축과의 상대적인 propeller의 회전면
(2) 진동(vibration)을 방지하기 위해 각 blade는 같은 받음각 (angle of attack)을 갖고 있다.
(3) Blade angle은 각각 정해진 허용 오차내에 있는가
(4) 각각의 propeller blade의 tip의 위치 (4)

90. Fixed-pitch wooden propeller를 적절하게 장착하고, bolt로 정해진 torque를 주었는데, 1/16 inch track의 허용한계를 벗어났다. 다음 중 시정방법을 옳게 설명한 것은?
(1) 가장 전방쪽의 bolt를 약간 overtightening한다.
(2) Out-of-track 상태를 바로 잡을수 없으므로 propeller는 버린다.
(3) 일정치 않은 aerodynamic force를 바로잡기 위해 blade를 reprofiling한다.
(4) Inner flange와 propeller 사이에 paper shim을 끼워넣는다. (4)

91. Propeller-feathering pump는 다음 무엇에 의해 shut off할 수 있는가?
(1) Feather button S/W를 누른 후 15초 후에
(2) Propeller governor에 있는 micro S/W에 의해
(3) Oil pressure S/W에 의해
(4) Propeller piston이 limit S/W를 작동 시킬때 (3)

저자 약력

조용욱   금오공고 졸
　　　　　대한항공 근무
　　　　　미국 Northrop 대학졸
　　　　　교통부 항공 정비면허 소지
　　　　　미국 FAA 항공 정비면허 소지

최태원   동래고 졸
　　　　　울산대 졸
　　　　　미국 Northrop Institute of Technology 졸
　　　　　미국 FAA 항공 정비면허 소지
　　　　　미국 University of Southern california 대학원
　　　　　United Flight Tech 근무

강지일   재미교포
　　　　　Califonia Polytech 수학
　　　　　BMS 대학 수학
　　　　　UCLA 수학
　　　　　미국 Northrop Institute of Technology 졸
　　　　　미국 FAA 항공 정비면허 소지

항공기장비 1

1993년 3월 5일 초판 발행
2014년 3월 2일 개정판 발행

저　자	조용욱 · 최태원 · 강지일
발행처	청　연
주　소	서울시 금천구 시흥대로 484 (2F)
등　록	제18-75호
전　화	02)851-8643
팩　스	02)851-8644

정가 : 30,000원